现代
机械设计手册

第二版

机械工程材料

方昆凡　主编

化学工业出版社
·北　京·

《现代机械设计手册》第二版单行本共20个分册，涵盖了机械常规设计的所有内容。各分册分别为：《机械零部件结构设计与禁忌》《机械制图及精度设计》《机械工程材料》《连接件与紧固件》《轴及其连接件设计》《轴承》《机架、导轨及机械振动设计》《弹簧设计》《机构设计》《机械传动设计》《减速器和变速器》《润滑和密封设计》《液力传动设计》《液压传动与控制设计》《气压传动与控制设计》《智能装备系统设计》《工业机器人系统设计》《疲劳强度可靠性设计》《逆向设计与数字化设计》《创新设计与绿色设计》。

本书为《机械工程材料》，主要介绍了钢铁材料、有色金属材料、粉末冶金材料、复合材料、3D打印材料、非金属材料等。本书可作为机械设计人员和有关工程技术人员的工具书，也可供高等院校相关专业师生参考。

图书在版编目（CIP）数据

现代机械设计手册：单行本. 机械工程材料/方昆凡主编. —2版. —北京：化学工业出版社，2020.2
ISBN 978-7-122-35645-1

Ⅰ.①现… Ⅱ.①方… Ⅲ.①机械设计-手册②机械制造材料-手册 Ⅳ.①TH122-62②TH14-62

中国版本图书馆CIP数据核字（2019）第252660号

责任编辑：张兴辉 王烨 贾娜 邢涛 项潋 曾越 金林茹 装帧设计：尹琳琳
责任校对：边 涛

出版发行：化学工业出版社（北京市东城区青年湖南街13号 邮政编码100011）
印 装：大厂聚鑫印刷有限责任公司
787mm×1092mm 1/16 印张45¼ 字数1569千字 2020年2月北京第2版第1次印刷

购书咨询：010-64518888 售后服务：010-64518899
网 址：http://www.cip.com.cn
凡购买本书，如有缺损质量问题，本社销售中心负责调换。

定 价：139.00元

《现代机械设计手册》第二版单行本出版说明

《现代机械设计手册》是一部面向“中国制造 2025”，适应智能装备设计开发新要求、技术先进、数据可靠、符合现代机械设计潮流的现代化机械设计大型工具书，涵盖现代机械零部件设计、智能装备及控制设计、现代机械设计方法三部分内容。旨在将传统设计和现代设计有机结合，力求体现“内容权威、凸显现代、实用可靠、简明便查”的特色。

《现代机械设计手册》自 2011 年出版以来，赢得了广大机械设计工作者的青睐和好评，先后荣获全国优秀畅销书、中国机械工业科学技术奖等，第二版于 2019 年初出版发行。为了给读者提供篇幅较小、便携便查、定价低廉、针对性更强的实用性工具书，根据读者的反映和建议，我们在深入调研的基础上，决定推出《现代机械设计手册》第二版单行本。

《现代机械设计手册》第二版单行本，保留了《现代机械设计手册》（第二版 6 卷本）的优势和特色，结合机械设计人员工作细分的实际状况，从设计工作的实际出发，将原来的 6 卷 35 篇重新整合为 20 个分册，分别为：《机械零部件结构设计与禁忌》《机械制图及精度设计》《机械工程材料》《连接件与紧固件》《轴及其连接件设计》《轴承》《机架、导轨及机械振动设计》《弹簧设计》《机构设计》《机械传动设计》《减速器和变速器》《润滑和密封设计》《液力传动设计》《液压传动与控制设计》《气压传动与控制设计》《智能装备系统设计》《工业机器人系统设计》《疲劳强度可靠性设计》《逆向设计与数字化设计》《创新设计与绿色设计》。

《现代机械设计手册》第二版单行本，是为了适应机械设计行业发展和广大读者的需要而编辑出版的，将与《现代机械设计手册》第二版（6 卷本）一起，成为机械设计工作者、工程技术人员和广大读者的良师益友。

化学工业出版社

前言

FORWORD

《现代机械设计手册》第一版自2011年3月出版以来，赢得了机械设计人员、工程技术人员和高等院校专业师生广泛的青睐和好评，荣获了2011年全国优秀畅销书（科技类）。同时，因其在机械设计领域重要的科学价值、实用价值和现实意义，《现代机械设计手册》还荣获2009年国家出版基金资助和2012年中国机械工业科学技术奖。

《现代机械设计手册》第一版出版距今已经8年，在这期间，我国的装备制造业发生了许多重大的变化，尤其是2015年国家部署并颁布了实现中国制造业发展的十年行动纲领——中国制造2025，发布了针对“中国制造2025”的五大“工程实施指南”，为机械制造业的未来发展指明了方向。在国家政策号召和驱使下，我国的机械工业获得了快速的发展，自主创新的能力不断加强，一批高技术、高性能、高精尖的现代化装备不断涌现，各种新材料、新工艺、新结构、新产品、新方法、新技术不断产生、发展并投入实际应用，大大提升了我国机械设计与制造的技术水平和国际竞争力。《现代机械设计手册》第二版最重要的原则就是紧密结合“中国制造2025”国家规划和创新驱动发展战略，在内容上与时俱进，全面体现创新、智能、节能、环保的主题，进一步呈现机械设计的现代感。鉴于此，《现代机械设计手册》第二版被列入了“十三五国家重点出版物规划项目”。

在本版手册的修订过程中，我们广泛深入机械制造企业、设计院、科研院所和高等院校进行调研，听取各方面读者的意见和建议，最终确定了《现代机械设计手册》第二版的根本宗旨：一方面，新版手册进一步加强机、电、液、控制技术的有机融合，以全面适应机器人等智能化装备系统设计开发的新要求；另一方面，随着现代机械设计方法和工程设计软件的广泛应用和普及，新版手册继续促进传动设计与现代设计的有机结合，将各种新的设计技术、计算技术、设计工具全面融入传统的机械设计实际工作中。

《现代机械设计手册》第二版共6卷35篇，它是一部面向“中国制造2025”，适应智能装备设计开发新要求、技术先进、数据可靠、符合现代机械设计潮流的现代化的机械设计大型工具书，涵盖现代机械零部件及传动设计、智能装备及控制设计、现代机械设计方法及应用三部分内容，具有以下六大特色。

1. 权威性。《现代机械设计手册》阵容强大，编、审人员大都来自设计、生产、教学和科研第一线，具有深厚的理论功底、丰富的设计实践经验。他们中很多人都是所属领域的知名专家，在业内有广泛的影响力和知名度，获得过多项国家和省部级科技进步奖、发明奖和技术专利，承担了许多机械领域国家重要的科研和攻关项目。这支专业、权威的编审队伍确保了手册准确、实用的内容质量。

2. 现代感。追求现代感，体现现代机械设计气氛，满足时代要求，是《现代机械设计手册》的基本宗旨。“现代”二字主要体现在：新标准、新技术、新材料、新结构、新工艺、新产品、智能化、现代的设计理念、现代的设计方法和现代的设计手段等几个方面。第二版重点加强机械智能化产品设计（3D打印、智能零部件、节能元器件）、智能装备（机器人及智能化装备）控制及系统设计、数字化设计等内容。

（1）“零件结构设计”等篇进一步完善零部件结构设计的内容，结合目前的3D打印（增材制造）技术，增加3D打印工艺下零件结构设计的相关技术内容。

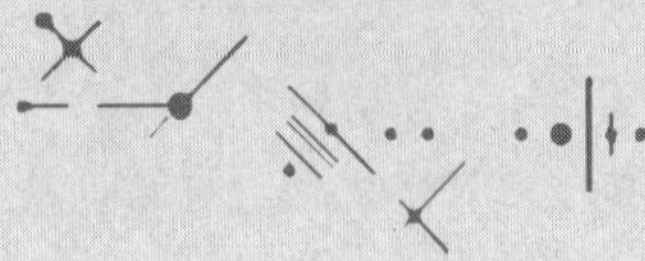

“机械工程材料”篇增加3D打印材料以及新型材料的内容。

（2）机械零部件及传动设计各篇增加了新型智能零部件、节能元器件及其应用技术，例如“滑动轴承”篇增加了新型的智能轴承，“润滑”篇增加了微量润滑技术等内容。

（3）全面增加了工业机器人设计及应用的内容：新增了“工业机器人系统设计”篇；“智能装备系统设计”篇增加了工业机器人应用开发的内容；“机构”篇增加了自动化机构及机构创新的内容；“减速器、变速器”篇增加了工业机器人减速器选用设计的内容；“带传动、链传动”篇增加并完善了工业机器人适用的同步带传动设计的内容；“齿轮传动”篇增加了RV减速器传动设计、谐波齿轮传动设计的内容等。

（4）“气压传动与控制”“液压传动与控制”篇重点加强并完善了控制技术的内容，新增了气动系统自动控制、气动人工肌肉、液压和气动新型智能元器件及新产品等内容。

（5）继续加强第5卷机电控制系统设计的相关内容：除增加“工业机器人系统设计”篇外，原“机电一体化系统设计”篇充实扩充形成“智能装备系统设计”篇，增加并完善了智能装备系统设计的相关内容，增加智能装备系统开发实例等。

“传感器”篇增加了机器人传感器、航空航天装备用传感器、微机械传感器、智能传感器、无线传感器的技术原理和产品，加强传感器应用和选用的内容。

“控制元器件和控制单元”篇和“电动机”篇全面更新产品，重点推荐了一些新型的智能和节能产品，并加强产品选用的内容。

（6）第6卷进一步加强现代机械设计方法应用的内容：在3D打印、数字化设计等智能制造理念的倡导下，“逆向设计”“数字化设计”等篇全面更新，体现了“智能工厂”的全数字化设计的时代特征，增加了相关设计应用实例。

增加“绿色设计”篇；“创新设计”篇进一步完善了机械创新设计原理，全面更新创新实例。

（7）在贯彻新标准方面，收录并合理编排了目前最新颁布的国家和行业标准。

3. 实用性。新版手册继续加强实用性，内容的选定、深度的把握、资料的取舍和章节的编排，都坚持从设计和生产的实际需要出发：例如机械零部件数据资料主要依据最新国家和行业标准，并给出了相应的设计实例供设计人员参考；第5卷机电控制设计部分，完全站在机械设计人员的角度来编写——注重产品如何选用，摒弃或简化了控制的基本原理，突出机电系统设计，控制元器件、传感器、电动机部分注重介绍主流产品的技术参数、性能、应用场合、选用原则，并给出了相应的设计选用实例；第6卷现代机械设计方法中简化了烦琐的数学推导，突出了最终的计算结果，结合具体的算例将设计方法通俗地呈现出来，便于读者理解和掌握。

为方便广大读者的使用，手册在具体内容的表述上，采用以图表为主的编写风格。这样既增加了手册的信息容量，更重要的是方便了读者的查阅使用，有利于提高设计人员的工作效率和设计速度。

为了进一步增加手册的承载容量和时效性，本版修订将部分篇章的内容放入二维码中，读者可以用手机扫描查看、下载打印或存储在PC端进行查看和使用。二维码内容主要涵盖以下几方面的内容：即将被废止的旧标准（新标准一旦正式颁布，会及时将二维码内容更新为新标准的内容）；部分推荐产品及参数；其他相关内容。

4. 通用性。本手册以通用的机械零部件和控制元器件设计、选用内容为主，主要包括机械设计基础资料、机械制图和几何精度设计、机械工程材料、机械通用零部件设计、机械传动系统设计、液压和气压传动系统设计、机构设计、机架设计、机械振动设计、智能装备系统设计、控制元器件和控制单元等，既适用于传统的通用机械零部件设计选用，又适用于智能化装备的整机系统设计开发，能够满足各类机械设计人员的工作需求。

5. 准确性。本手册尽量采用原始资料，公式、图表、数据力求准确可靠，方法、工艺、技术力求成熟。所有材料、零部件和元器件、产品和工艺方面的标准均采用最新公布的标准资料，对于标准规范的编写，手册没有简单地照抄照搬，而是采取选用、摘录、合理编排的方式，强调其科学性和准确性，尽量避免差错和谬误。所有设计方法、计算公式、参数选用均经过长期检验，设计实例、各种算例均来自工程实际。手册中收录通用性强、标准化程度高的产品，供设计人员在了解企业实际生产品种、规格尺寸、技术参数，以及产品质量和用户的实际反映后选用。

6. 全面性。本手册一方面根据机械设计人员的需要，按照“基本、常用、重要、发展”的原则选取内容，另一方面兼顾了制造企业和大型设计院两大群体的设计特点，即制造企业侧重基础性的设计内容，而大型的设计院、工程公司侧重于产品的选用。因此，本手册力求实现零部件设计与整机系统开发的和谐统一，促进机械设计与控制设计的有机融合，强调产品设计与工艺技术的紧密结合，重视工艺技术与选用材料的合理搭配，倡导结构设计与造型设计的完美统一，以全面适应新时代机械新产品设计开发的需要。

经过广大编审人员和出版社的不懈努力，新版《现代机械设计手册》将以崭新的风貌和鲜明的时代气息展现在广大机械设计工作者面前。值此出版之际，谨向所有给过我们大力支持的单位和各界朋友表示衷心的感谢！

主　编

目录

CONTENTS

第 4 篇 机械工程材料

第 1 章 钢铁材料

第 2 章 有色金属材料

第3章 粉末冶金材料

第4章 复合材料

第5章 3D打印材料

第 6 章 非金属材料

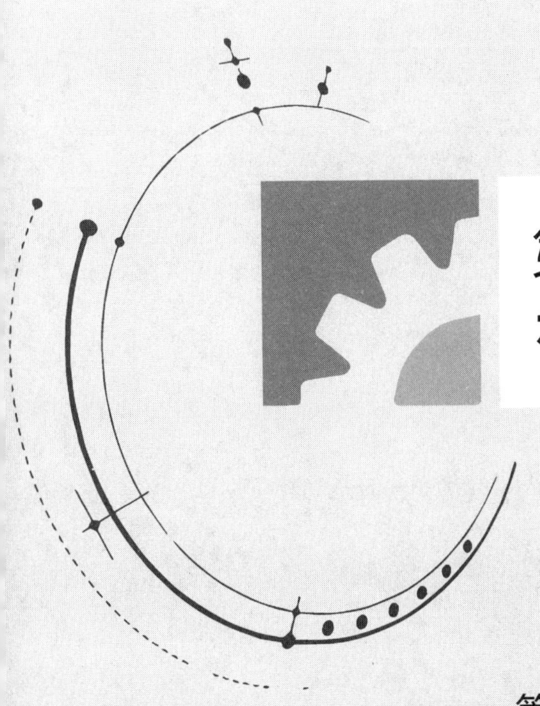

第4篇
机械工程材料

篇主编：方昆凡

撰　稿：方昆凡　单宝峰　石加联　梁　京
夏永发　陈述平　崔虹雯　黄　英

审　稿：谭建荣

第1章　钢铁材料

1.1　钢铁材料牌号表示方法

1.1.1　钢铁产品牌号表示方法

表 4-1-1　常用化学元素符号（GB/T 221—2008）

元素名称	铁	锰	铬	镍	钴	铜	钨	钼	钒	钛	锂	铍	镁	钙	锆	锡	铅	铋	铯	钡
化学元素符号	Fe	Mn	Cr	Ni	Co	Cu	W	Mo	V	Ti	Li	Be	Mg	Ca	Zr	Sn	Pb	Bi	Cs	Ba
元素名称	钐	锕	硼	碳	硅	硒	碲	砷	硫	磷	铝	铌	钽	镧	铈	钕	氮	氧	氢	混合稀土元素符号用“RE”表示
化学元素符号	Sm	Ac	B	C	Si	Se	Te	As	S	P	Al	Nb	Ta	La	Ce	Nd	N	O	H	

注：1. GB/T 221—2008《钢铁产品牌号表示方法》代替 GB/T 221—2000。

2. 粉末冶金材料、铸铁（件）、铸钢（件）、铁合金、高温合金和金属间化合物高温材料、耐蚀合金、精密合金等产品的牌号表示方法应分别符合下列国家标准规定。

GB/T 4309　粉末冶金材料分类和牌号表示方法

GB/T 5612　铸铁牌号表示方法

GB/T 5613　铸钢牌号表示方法

GB/T 7738　铁合金产品牌号表示方法

GB/T 14992　高温合金和金属间化合物高温材料的分类和牌号

GB/T 15007　耐蚀合金牌号

GB/T 15018　精密合金牌号

3. 产品牌号中的元素含量用质量分数表示。

表 4-1-2　钢铁产品用途、特性和工艺方法表示符号（GB/T 221—2008）

产品名称	采用的汉字及汉语拼音或英文单词			采用字母	位置
	汉字	汉语拼音	英文单词		
碳素结构钢 低合金结构钢	屈	QU	—	Q	牌号头
热轧光圆钢筋	热轧光圆钢筋	—	Hot Rolled Plain Bars	HPB	牌号头
热轧带肋钢筋	热轧带肋钢筋	—	Hot Rolled Ribbed Bars	HRB	牌号头
细晶粒热轧带肋钢筋	热轧带肋钢筋＋细	—	Hot Rolled Ribbed Bars＋Fine	HRBF	牌号头

续表

产品名称	采用的汉字及汉语拼音或英文单词			采用字母	位置
	汉字	汉语拼音	英文单词		
冷轧带肋钢筋	冷轧带肋钢筋	—	Cold Rolled Ribbed Bars	CRB	牌号头
预应力混凝土用螺纹钢筋	预应力、螺纹、钢筋	—	Prestressing、Screw、Bars	PSB	牌号头
焊接气瓶用钢	焊瓶	HAN PING	—	HP	牌号头
管线用钢	管线	—	Line	L	牌号头
船用锚链钢	船锚	CHUAN MAO	—	CM	牌号头
煤机用钢	煤	MEI	—	M	牌号头
锅炉和压力容器用钢	容	RONG	—	R	牌号尾
锅炉用钢(管)	锅	GUO	—	G	牌号尾
低温压力容器用钢	低容	DI RONG	—	DR	牌号尾
桥梁用钢	桥	QIAO	—	Q	牌号尾
耐候钢	耐候	NAI HOU	—	NH	牌号尾
高耐候钢	高耐候	GAO NAI HOU	—	GNH	牌号尾
汽车大梁用钢	梁	LIANG	—	L	牌号尾
高性能建筑结构用钢	高建	GAO JIAN	—	GJ	牌号尾
低焊接裂纹敏感性钢	低焊接裂纹敏感性	—	Crack Free	CF	牌号尾
保证淬透性钢	淬透性	—	Hardenability	H	牌号尾
矿用钢	矿	KUANG	—	K	牌号尾
船用钢	采用国际符号				
沸腾钢	沸	FEI	—	F	牌号尾
半镇静钢	半	BAN	—	b	牌号尾
镇静钢	镇	ZHEN	—	Z	牌号尾
特殊镇静钢	特镇	TE ZHEN	—	TZ	牌号尾
质量等级	—	—	—	A、B、C、D、E	牌号尾

第4篇

表 4-1-3 钢铁产品牌号表示方法及示例（GB/T 221—2008）

<table>
<tr><th colspan="2">产　品</th><th colspan="6">牌号表示方法说明和牌号组成及示例</th></tr>
<tr><td rowspan="7">生铁</td><td rowspan="2">产品名称</td><td rowspan="7">生铁产品牌号通常由两部分组成
第一部分：表示产品用途、特性及工艺方法的大写汉语拼音字母
第二部分：表示主要元素平均含量(以千分之几计)的阿拉伯数字。炼钢用生铁、铸造用生铁、球墨铸铁用生铁、耐磨生铁为硅元素平均含量。脱碳低磷粒铁为碳元素平均含量，含钒生铁为钒元素平均含量</td><td colspan="3">第一部分</td><td rowspan="2">第二部分</td><td rowspan="2">牌号示例</td></tr>
<tr><td>采用汉字</td><td>汉语拼音</td><td>采用字母</td></tr>
<tr><td>炼钢用生铁</td><td>炼</td><td>LIAN</td><td>L</td><td>含硅量为0.85%～1.25%的炼钢用生铁，阿拉伯数字为10</td><td>L10</td></tr>
<tr><td>铸造用生铁</td><td>铸</td><td>ZHU</td><td>Z</td><td>含硅量为2.80%～3.20%的铸造用生铁，阿拉伯数字为30</td><td>Z30</td></tr>
<tr><td>球墨铸铁用生铁</td><td>球</td><td>QIU</td><td>Q</td><td>含硅量为1.00%～1.40%的球墨铸铁用生铁，阿拉伯数字为12</td><td>Q12</td></tr>
<tr><td>耐磨生铁</td><td>耐磨</td><td>NAI MO</td><td>NM</td><td>含硅量为1.60%～2.00%的耐磨生铁，阿拉伯数字为18</td><td>NM18</td></tr>
<tr><td>脱碳低碳粒铁</td><td>脱粒</td><td>TUO LI</td><td>TL</td><td>含碳量为1.20%～1.60%的炼钢用脱碳低磷粒铁，阿拉伯数字为14</td><td>TL14</td></tr>
<tr><td></td><td>含钒生铁</td><td></td><td>钒</td><td>FAN</td><td>F</td><td>含钒量不小于0.40%的含钒生铁，阿拉伯数字为04</td><td>F04</td></tr>
<tr><td rowspan="15">碳素结构钢和低合金结构钢</td><td>产品名称</td><td rowspan="15">牌号通常由四部分组成
第一部分：前缀符号加强度值(N/mm² 或 MPa)，其中通用结构钢前缀符号为代表屈服强度的拼音字母“Q”，其他专用结构钢前缀符号见表4-1-2
第二部分(必要时)：钢的质量等级，用英文字母A、B、C、D、E、F表示
第三部分(必要时)：脱氧方法表示符号，参见表4-1-2，镇静钢、特殊镇静钢表示符号通常可不标
第四部分(必要时)：产品用途、特性及工艺方法表示符号，见表4-1-2
按需要，低合金高强度结构钢牌号也可以采用二位阿拉伯数字(表示平均含碳量，以万分之几计)加上表4-1-1规定的元素符号及必要时加代表产品用途、特性和工艺方法的表示符号(表4-1-2)，按顺序表示。如碳含量0.15%～0.26%，锰含量1.20%～1.60%的矿用钢牌号为20MnK</td><td>第一部分</td><td>第二部分</td><td>第三部分</td><td>第四部分</td><td>牌号示例</td></tr>
<tr><td>碳素结构钢</td><td>最小屈服强度235MPa</td><td>A级</td><td>沸腾钢</td><td>—</td><td>Q235AF</td></tr>
<tr><td>低合金高强度结构钢</td><td>最小屈服强度345MPa</td><td>D级</td><td>特殊镇静钢</td><td>—</td><td>Q345D</td></tr>
<tr><td>热轧光圆钢筋</td><td>屈服强度特征值235MPa</td><td>—</td><td>—</td><td>—</td><td>HPB235</td></tr>
<tr><td>热轧带肋钢筋</td><td>屈服强度特征值335MPa</td><td>—</td><td>—</td><td>—</td><td>HRB335</td></tr>
<tr><td>细晶粒热轧带肋钢筋</td><td>屈服强度特征值335MPa</td><td>—</td><td>—</td><td>—</td><td>HRBF335</td></tr>
<tr><td>冷轧带肋钢筋</td><td>最小抗拉强度550MPa</td><td>—</td><td>—</td><td>—</td><td>CRB550</td></tr>
<tr><td>预应力混凝土用螺纹钢筋</td><td>最小屈服强度830MPa</td><td>—</td><td>—</td><td>—</td><td>PSB830</td></tr>
<tr><td>焊接气瓶用钢</td><td>最小屈服强度345MPa</td><td>—</td><td>—</td><td>—</td><td>HP345</td></tr>
<tr><td>管线用钢</td><td>最小规定总延伸强度415MPa</td><td>—</td><td>—</td><td>—</td><td>L415</td></tr>
<tr><td>船用锚链钢</td><td>最小抗拉强度370MPa</td><td>—</td><td>—</td><td>—</td><td>CM370</td></tr>
<tr><td>煤机用钢</td><td>最小抗拉强度510MPa</td><td>—</td><td>—</td><td>—</td><td>M510</td></tr>
<tr><td>锅炉和压力容器用钢</td><td>最小屈服强度345MPa</td><td>—</td><td>特殊镇静钢</td><td>压力容器“容”的汉语拼音首位字母“R”</td><td>Q345R</td></tr>
</table>

续表

产品类别		牌号表示方法说明和牌号组成及示例						
	产品名称		第一部分	第二部分	第三部分	第四部分	第五部分	牌号示例
优质碳素结构钢和优质碳素弹簧钢	优质碳素结构钢	牌号通常由五部分组成 第一部分:以二位阿拉伯数字表示平均碳含量(以万分之几计) 第二部分(必要时):较高含锰量的优质碳素结构钢,加锰元素符号Mn 第三部分(必要时):钢材冶金质量,高级、特级优质钢分别以A、E表示,优质钢不用字母表示 第四部分(必要时):脱氧方式表示符号、沸腾钢、半镇静钢、镇静钢分别以F、b、Z表示,但镇静钢符号一般可省略 第五部分(必要时):产品用途、特性及工艺方法符号见表4-1-2	碳含量:0.05%~0.11%	锰含量:0.25%~0.50%	优质钢	沸腾钢	—	08F
	优质碳素结构钢		碳含量:0.47%~0.55%	锰含量:0.50%~0.80%	高级优质钢	镇静钢	—	50A
	优质碳素结构钢		碳含量:0.48%~0.56%	锰含量:0.70%~1.00%	特级优质钢	镇静钢	—	50MnE
	保证淬透性用钢		碳含量:0.42%~0.50%	锰含量:0.50%~0.85%	高级优质钢	镇静钢	保证淬透性钢表示符号"H"	45AH
	优质碳素弹簧钢		碳含量:0.62%~0.70%	锰含量:0.90%~1.20%	优质钢	镇静钢	—	65Mn
合金结构钢和合金弹簧钢	产品名称		第一部分	第二部分		第三部分	第四部分	牌号示例
	合金结构钢	合金结构钢和合金弹簧钢牌号的表示方法相同,牌号通常由四部分组成 第一部分:以二位阿拉伯数字表示平均碳含量(以万分之几计) 第二部分:合金元素含量,以化学元素符号及阿拉伯数字表示。具体表示方法为:平均含量小于1.50%时,牌号中仅标明元素,一般不标明含量;平均含量为1.50%~2.49%、2.50%~3.49%、3.50%~4.49%、4.50%~5.49%…时,在合金元素后相应写成2、3、4、5… 注:化学元素符号的排列顺序推荐按含量值递减排列。如果两个或多个元素的含量相等时,相应符号位置按英文字母的顺序排列 第三部分:钢材冶金质量,即高级优质钢、特级优质钢分别以A、E表示,优质钢不用字母表示 第四部分(必要时):产品用途、特性或工艺方法表示符号,见表4-1-2	碳含量:0.22%~0.29%	铬含量:1.50%~1.80% 钼含量:0.25%~0.35% 钒含量:0.15%~0.30%		高级优质钢	—	25Cr2MoVA
	锅炉和压力容器用钢		碳含量:≤0.22%	锰含量:1.20%~1.60% 钼含量:0.45%~0.65% 铌含量:0.025%~0.050%		特级优质钢	锅炉和压力容器用钢	18MnMoNbER
	优质弹簧钢		碳含量:0.56%~0.64%	硅含量:1.60%~2.00% 锰含量:0.70%~1.00%		优质钢	—	60Si2Mn

续表

产品类别	牌号表示方法说明和牌号组成及示例							
		第一部分			第二部分	第三部分	第四部分	牌号示例
		汉字	汉语拼音	采用字母				
车辆车轴用钢	牌号通常由两部分组成 第一部分：车辆车轴用钢表示符号“LZ”或机车车辆用钢表示符号“JZ” 第二部分：以二位阿拉伯数字表示平均碳含量(以万分之几计)	辆轴	LIANG ZHOU	LZ	碳含量：0.40%～0.48%	—	—	LZ45
机车车辆用钢		机轴	JI ZHOU	JZ	碳含量：0.40%～0.48%	—	—	JZ45
非调质机械结构钢	牌号通常由四部分组成 第一部分：非调质机械结构钢表示符号“F” 第二部分：以二位阿拉伯数字表示平均碳含量(以万分之几计) 第三部分：合金元素含量，以化学元素符号及阿拉伯数字表示，表示方法同合金结构钢第二部分 第四部分(必要时)：改善切削性能的非调质机械结构钢加硫元素符号 S	非	FEI	F	碳含量：0.32%～0.39%	钒含量：0.06%～0.13%	硫含量：0.035%～0.075%	F35VS
碳素工具钢	牌号通常由四部分组成 第一部分：碳素工具钢表示符号“T” 第二部分：阿拉伯数字表示平均含碳量(以千分之几计) 第三部分(必要时)：较高含锰量碳素工具钢，加锰元素符号 Mn 第四部分(必要时)：钢材冶金质量，高级优质钢以 A 表示，优质钢不用表示	碳	TAN	T	碳含量：0.80%～0.90%	锰含量：0.40%～0.60%	高级优质钢	T8MnA
合金工具钢	牌号通常由两部分组成 第一部分：平均碳含量小于 1.00%时，采用一位数字表示碳含量(以千分之几计)，平均碳含量不小于 1.00%时，不标明含碳量数字 第二部分：合金元素含量的表示方法同合金结构钢第二部分；低铬(平均铬含量小于 1%)，在铬含量(以千分之几计)前加数字“0”	碳含量：0.85%～0.95%			硅含量：1.20%～1.60% 铬含量：0.95%～1.25%	—	—	9SiCr
高速工具钢	高速工具钢牌号表示方法与合金结构钢相同，但在牌号头部一般不标明表示碳含量的阿拉伯数字，为了区别牌号，在牌号头部可以加“C”表示高碳高速工具钢	碳含量：0.80%～0.90%			钨含量：5.50%～6.75% 钼含量：4.50%～5.50% 铬含量：3.80%～4.40% 钒含量：1.75%～2.20%	—	—	W6Mo5Cr4V2
		碳含量：0.86%～0.94%			钨含量：5.90%～6.70% 钼含量：4.70%～5.20% 铬含量：3.80%～4.50% 钒含量：1.75%～2.10%	—	—	CW6Mo5Cr4V2

续表

产品类别	牌号表示方法说明和牌号组成及示例							
		第一部分			第二部分	第三部分	第四部分	牌号示例
		汉字	汉语拼音	采用字母				
高碳铬轴承钢	牌号通常由两部分组成 第一部分:(滚动)轴承钢表示符号“G”,但不标明碳含量 第二部分:合金元素Cr符号及其含量(以千分之几计),其他合金元素含量以化学元素符号及阿拉伯数字表示,表示方法同合金结构钢第二部分	滚	GUN	G	铬含量:1.40%~1.65%	硅含量:0.45%~0.75% 锰含量:0.95%~1.25%	—	GCr15SiMn
钢轨钢	钢轨钢和冷镦钢的牌号通常由三部分组成 第一部分:钢轨钢表示符号“U”、冷镦钢(铆螺钢)表示符号“ML” 第二部分:以阿拉伯数字表示平均碳含量,其方法与优质碳素结构钢第一部分或合金结构钢第一部分相同 第三部分:合金元素含量,以化学元素符号及阿拉伯数字表示,方法同合金结构钢的第二部分	轨	GUI	U	碳含量:0.66%~0.74%	硅含量:0.85%~1.15% 锰含量:0.85%~1.15%	—	U70MnSi
冷镦钢		铆螺	MAO LUO	ML	碳含量:0.26%~0.34%	铬含量:0.80%~1.10% 钼含量:0.15%~0.25%	—	ML30CrMo
焊接用钢	焊接用钢包括焊接用碳素钢、焊接用合金钢和焊接用不锈钢等 焊接用钢牌号通常由两部分组成 第一部分:焊接用钢表示符号“H” 第二部分:各类焊接用钢牌号表示方法。分别与优质碳素结构钢、合金结构钢和不锈钢的牌号表示方法相同	焊	HAN	H	碳含量:≤0.10%的高级优质碳素结构钢	—	—	H08A
		焊	HAN	H	碳含量:≤0.10% 铬含量:0.80%~1.10% 钼含量:0.40%~0.60% 的高级优质合金结构钢	—	—	H08CrMoA
电磁纯铁	电磁纯铁牌号由三部分组成,原料纯铁符号由两部分组成 第一部分:电磁纯铁表示符号“DT”;或原料纯铁表示符号“YT” 第二部分:以阿拉伯数字表示不同牌号的顺序号 第三部分:根据电磁纯铁电磁性能不同,分别采用加质量等级符号A、C、E	电铁	DIAN TIE	DT	顺序号4	磁性能A级	—	DT4A
原料纯铁		原铁	YUAN TIE	YT	顺序号1	—	—	YT1

续表

产品类别	牌号表示方法说明和牌号组成及示例
易切削钢	易切削钢牌号通常由三部分组成 第一部分：易切削钢表示符号“Y” 第二部分：以二位阿拉伯数字表示平均碳含量（以万分之几计） 第三部分：易切削元素符号，如：含钙、铅、锡等易切削元素的易切削钢分别以 Ca、Pb、Sn 表示。加硫和加硫磷易切削钢，通常不加易切削元素符号 S、P。较高锰含量的加硫或加硫磷易切削钢，本部分为锰元素符号“Mn”。为区分牌号，对较高硫含量的易切削，在牌号尾部加硫元素符号“S” 例如：碳含量为 0.42%～0.50%、钙含量为 0.002%～0.006%的易切削钢，其牌号表示为 Y45Ca 碳含量为 0.40%～0.48%、锰含量为 1.35%～1.65%、硫含量为 0.16%～0.24%的易切削钢，其牌号表示为 Y45Mn 碳含量为 0.40%～0.48%、锰含量为 1.35%～1.65%、硫含量为 0.24%～0.32%的易切削钢，其牌号表示为 Y45MnS
渗碳轴承钢	在牌号头部加符号“G”，采用合金结构钢的牌号表示方法。高级优质渗碳轴承钢，在牌号尾部加“A” 例如：碳含量为 0.17%～0.23%，铬含量为 0.35%～0.65%，镍含量为 0.40%～0.70%，钼含量为 0.15%～0.30%的高级优质渗碳轴承钢，其牌号表示为 G20CrNiMoA
高碳铬不锈轴承钢和高温轴承钢	在牌号头部加符号“G”，采用不锈钢和耐热钢的牌号表示方法 例如：碳含量为 0.90%～1.00%，铬含量为 17.0%～19.0%的高碳铬不锈轴承钢，其牌号表示为 G95Cr18；碳含量为 0.75%～0.85%，铬含量为3.75%～4.25%，钼含量为 4.00%～4.50%的高温轴承钢，其牌号表示为 G80Cr4Mo4V
不锈钢和耐热钢	牌号采用表 4-1-1 规定的化学元素符号和表示各元素含量的阿拉伯数字表示，各元素含量的阿拉伯数字表示应按下列规定 1. 碳含量 用两位或三位阿拉伯数字表示碳含量最佳控制值（以万分之几或十万分之几计） a. 只规定碳含量上限者，当碳含量上限不大于 0.10%时，以其上限的 3/4 表示碳含量；当碳含量上限大于 0.10%时，以其上限的 4/5 表示碳含量 例如：碳含量上限为 0.08%，碳含量以“06”表示；碳含量上限为 0.20%，碳含量以“16”表示；碳含量上限为 0.15%，碳含量以“12”表示 对超低碳不锈钢（即碳含量不大于 0.030%），用三位阿拉伯数字表示碳含量最佳控制值（以十万分之几计） 例如：碳含量上限为 0.030%时，其牌号中的碳含量以“022”表示；碳含量上限为 0.020%时，其牌号中的碳含量以“015”表示 b. 规定上、下限者，以平均碳含量×100 表示 例如：碳含量为 0.16%～0.25%时，其牌号中的碳含量以“20”表示 2. 合金元素含量 合金元素含量以化学元素符号及阿拉伯数字表示，表示方法同合金结构钢第二部分。钢中有意加入的铌、钛、锆、氮等合金元素，虽然含量很低，也应在牌号中标出 例如：碳含量不大于 0.08%，铬含量为 18.00%～20.00%，镍含量为 8.00%～11.00%的不锈钢，牌号为 06Cr19Ni10 碳含量不大于 0.030%，铬含量为 16.00%～19.00%，钛含量为 0.10%～1.00%的不锈钢，牌号为 022Cr18Ti 碳含量为 0.15%～0.25%，铬含量为 14.00%～16.00%，锰含量为 14.00%～16.00%，镍含量为 1.50%～3.00%，氮含量为 0.15%～0.30%的不锈钢，牌号为 20Cr15Mn15Ni2N 碳含量为不大于 0.25%，铬含量为 24.00%～26.00%，镍含量为 19.00%～22.00%的耐热钢，牌号为 20Cr25Ni20
冷轧电工钢	冷轧电工钢分为取向电工钢和无取向电工钢，牌号通常由三部分组成 第一部分：材料公称厚度（单位：mm）100 倍的数字 第二部分：普通级取向电工钢表示符号“Q”、高磁导率级取向电工钢表示符号“QG”或无取向电工钢表示符号“W” 第三部分：取向电工钢，磁极化强度在 1.7T 和频率在 50Hz，以 W/kg 为单位及相应厚度产品的最大比总损耗值的 100 倍；无取向电工钢，磁极化强度在 1.5T 和频率在 50Hz，以 W/kg 为单位及相应厚度产品的最大比总损耗值的 100 倍 例如：公称厚度为 0.30mm、比总损耗 $P1.7/50$ 为 1.30W/kg 的普通级取向电工钢，牌号为 30Q130 公称厚度为 0.30mm、比总损耗 $P1.7/50$ 为 1.10W/kg 的高磁导率级取向电工钢，牌号为 30QG110 公称厚度为 0.50mm、比总损耗 $P1.5/50$ 为 4.0W/kg 的无取向电工钢，牌号为 50W400

续表

<table>
<tr><th>产品类别</th><th>牌号表示方法说明和牌号组成及示例</th></tr>
<tr><td>高电阻电热合金</td><td>高电阻电热合金牌号采用表 4-1-1 规定的化学元素符号和阿拉伯数字表示。牌号表示方法与不锈钢和耐热钢的牌号表示方法相同(镍铬基合金不标出含碳量)
例如:铬含量为 18.00%～21.00%,镍含量为 34.00%～37.00%,碳含量不大于 0.08%的合金(其余为铁),其牌号表示为 06Cr20Ni35</td></tr>
<tr><td>铸钢</td><td>铸钢的符号用“ZG”表示
工程用铸钢在牌号中“ZG”后面的两组数字表示力学性能,第一组数字表示屈服强度,第二组数字表示抗拉强度,中间用“-”隔开
铸造碳钢在牌号中“ZG”后面一组数字表示其名义的万分碳含量
铸造合金钢在牌号中“ZG”后面的一组数字表示铸钢的名义万分碳含量,当平均碳含质量分数大于 1%时,在牌号中不表示其名义含量;当平均碳含质量分数小于 0.1%时,其第一位数字为“0”;只给出碳含量上限,未给出下限的铸钢,牌号中碳的含量用上限表示。铸造合金钢的合金元素含量在碳的名义含量数字后面排列各主要合金元素符号,每个元素符号后面用整数标出名义百分含量
锰元素平均含质量分数小于 0.9%时,在牌号中不标元素符号;平均含质量分数 0.9%～1.4%时,只标符号不注含量,其他合金元素平均含质量分数为 0.9%～1.4%时,在该元素符号后面标注数字 1
钼元素的平均含质量分数小于 0.15%,其他元素平均含质量分数小于 0.5%时,在牌号中不标元素符号;钼元素的平均含质量分数大于 0.15%,小于 0.9%,在牌号中只标元素符号不标含量
当钛、钒元素平均含质量分数小于 0.9%,铌、硼、氮、稀土等微量合金化元素的平均含质量分数小于 0.5%时,在牌号中标注其化学符号,但不标含量
当主要合金化元素多于 3 种时,可以在牌号中只标注前两种或前三种元素的名义含量
当牌号须标注两种以上主要合金化元素时,各元素符号的标注顺序按其名义含量的递减顺序排列,若两种元素名义含量相同,则按元素符号的字母顺序排列
在特殊情况下,当同一牌号分为几个品种时,可在牌号后面用“-”隔开,用阿拉伯数字标注品种序号
铸钢牌号表示方法符合 GB/T 5613—2014 的规定
例如:
ZG 200-400
200 之后的 400——抗拉强度(MPa)
200——屈服强度(MPa)
ZG——铸钢代号

ZG 15 Cr 1 Mo 1 V
V——钒的元素符号,其名义含量(质量分数) 小于 0.9%
1——钼的名义质量分数
Mo——钼的元素符号
1——铬的名义含量(质量分数)
Cr——铬的元素符号
15——碳的名义万分含量(质量分数)
ZG——铸钢代号</td></tr>
</table>

续表

产品类别	牌号表示方法说明和牌号组成及示例
铸铁	见下文

1)铸铁基本代号由表示该铸铁特征的汉语拼音字的第一个大写正体字母组成，当两种铸铁名称的代号字母相同时，可在该大写正体字母后加小写正体字母来区别。当要表示铸铁的组织特征或特殊性能时，代表铸铁组织特征或特殊性能的汉语拼音字母的第一个大写正体字母排列在基本代号的后面

2)合金化元素符号用国际化学元素符号表示，混合稀土元素用符号"RE"表示，名义含量及力学性能数值用阿拉伯数字表示

3)当以化学元素成分表示铸铁的牌号时，合金元素符号及名义含量(质量分数)排列在铸铁代号之后。在牌号中常规碳、硅、锰、硫、磷元素一般不标注，有特殊作用时，才标注其元素符号及含量。合金元素含量大于或等于1%时，在牌号中用整数标注，小于1%时，一般不标注，只有对该合金特性有较大影响时，才标注其合金化元素符号。合金化元素按其含量递减次序排列，含量相等时按元素符号的字母顺序排列

4)当以力学性能表示铸铁牌号时，力学性能数值排列在铸铁代号之后。当牌号中有合金元素符号时，抗拉强度值排列于元素符号及含量之后，之间用"-"隔开。牌号中代号后有一组数字时，此数字表示抗拉强度值(MPa)，当有两组数字时，第一组表示抗拉强度值(MPa)，第二组表示伸长率值(%)，两组数字间用"-"隔开

5)牌号结构形式示例：

QT 400-18
- 伸长率(%)
- 抗拉强度(MPa)
- 球墨铸铁代号

HTS Si 15 Cr 4 RE
- 稀土元素符号
- 铬元素符号及名义含量
- 硅元素符号及名义含量
- 耐蚀灰铸铁代号

铸铁名称	代号	示例
灰铸铁	HT	
灰铸铁	HT	HT250，HT Cr-300
奥氏体灰铸铁	HTA	HTA Ni20Cr2
冷硬灰铸铁	HTL	HTL Cr1Ni1Mo
耐磨灰铸铁	HTM	HTM Cu1CrMo
耐热灰铸铁	HTR	HTR Cr
耐蚀灰铸铁	HTS	HTS Ni2Cr
球墨铸铁	QT	
球墨铸铁	QT	QT400-18
奥氏体球墨铸铁	QTA	QTA Ni30Cr3
冷硬球墨铸铁	QTL	QTL Cr Mo
抗磨球墨铸铁	QTM	QTM Mn8-30
耐热球墨铸铁	QTR	QTR Si5
耐蚀球墨铸铁	QTS	QTS Ni20Cr2
蠕墨铸铁	RuT	RuT420
可锻铸铁	KT	
白心可锻铸铁	KTB	KTB350-04
黑心可锻铸铁	KTH	KTH350-10
珠光体可锻铸铁	KTZ	KTZ650-02
白口铸铁	BT	
抗磨白口铸铁	BTM	BTM Cr15Mo
耐热白口铸铁	BTR	BTRCr16
耐蚀白口铸铁	BTS	BTSCr28

QTM Mn 8-300
- 抗拉强度(MPa)
- 锰元素符号及名义含量
- 抗磨球墨铸铁代号

铸铁牌号表示方法符合GB/T 5612—2008(代替GB/T 5612—1985)的规定

1.1.2 钢铁及合金牌号统一数字代号体系

表 4-1-4 钢铁及合金牌号统一数字代号（GB/T 17616—2013）

钢铁及合金的类型	英文名称	前缀字母	统一数字代号
合金结构钢	Alloy structural steel	A	A×××××
轴承钢	Bearing steel	B	B×××××
铸铁、铸钢及铸造合金	Cast iron，cast steel and cast alloy	C	C×××××
电工用钢和纯铁	Electrical steel and iron	E	E×××××
铁合金和生铁	Ferro alloy and pig iron	F	F×××××
高温合金和耐蚀合金	Heat resisting and corrosion resisting alloy	H	H×××××
精密合金及其他特殊物理性能材料	Precision alloy and other special physical character materials	J	J×××××
低合金钢	Low alloy steel	L	L×××××
杂类材料	Miscellaneous materials	M	M×××××
粉末及粉末材料	Powders and powder materials	P	P×××××
快淬金属及合金	Quick quench materials and alloys	Q	Q×××××
不锈、耐蚀和耐热钢	Stainless，corrosion resisting and heat resisting steel	S	S×××××
工具钢	Tool steel	T	T×××××
非合金钢	Unalloyed steel	U	U×××××
焊接用钢及合金	Steel and alloy for welding	W	W×××××

注：1. GB/T 17616—2013《钢铁及合金牌号统一数字代号体系》与 GB/T 221—2008《钢铁产品牌号表示方法》同时并用。各类型钢铁及合金的细分类和主要编组及其产品牌号统一代号参见 GB/T 17616—2013。

2. 统一数字代号的结构由6位符号组成，左边第一位为大写的拉丁字母，其形式及含义如下：

□ × ××××

大写拉丁字母，代表不同的钢铁及合金类型

第一位阿拉伯数字，代表各类型钢铁及合金细分类

第二、三、四、五位阿拉伯数字代表不同分类内的编组和同一编组内的不同牌号的区别顺序号(各类型材料编组不同)

1.2 金属材料主要性能指标名称、符号及含义

表 4-1-5 金属材料主要性能指标名称、符号及含义

性能指标名称	符号	单位	含义及说明
密度	ρ	kg/m^3 g/cm^3	金属单位体积的质量称为密度，金属密度 $\rho=m/V$，式中，m 为物质质量，kg 或 g；V 为物质体积，m^3 或 cm^3。在机械工业中，一般利用金属材料的密度来计算零件的质量。国际单位制(SI 基本单位)质量的单位名称为千克(公斤)，符号为 kg。GB 3100—1993 关于“质量”的名称，在人民生活和贸易中，“质量”习惯称为“重量”，中国国家标准化管理委员会发布的各种材料国家标准至今仍将材料的“质量”称为材料的“重量”，因此，按习惯本篇将“重量”用于表示“质量”，特此说明
比热容	c	J/(kg·K)	单位质量的某种物质，在温度升高 1K(或 1℃)时吸收的热量，或者温度降低 1K(或 1℃)时所放出的热量，称为物质的比热容
热导率	λ	W/(m·K)	在单位时间内，当沿着热流方向的单位长度上温度降低 1K(或 1℃)时，单位面积容许导过的热量，称为此种材料的热导率或导热系数。实验得知，所导过的热量与温度梯度、热传递的横截面积及持续时间成正比，$q=-\lambda\dfrac{dt}{dn}$，式中，q 为热流量密度，W/m^2；$\dfrac{dt}{dn}$为某截面法向方向的温度梯度；负号表示热流方向沿着温度降低方向；λ 为热导率，W/(m·K)

续表

性能指标名称	符号	单位	含义及说明
线胀系数	α	K^{-1} $℃^{-1}$	金属温度每升高 1K(或 1℃)所增加的长度与原来长度的比值,称为线胀系数。线胀系数 $\alpha=\Delta L/[L_1(t_2-t_1)]$,式中,$\Delta L$ 为增加的长度,mm;t_2-t_1 为温度差,K 或℃;L_1 为原长度,mm。线胀系数的数值会随温度而变化,钢的线胀系数的数值一般为$(10\sim20)\times10^{-6}$
电阻率	ρ	Ω·m μΩ·cm	截面均匀的金属材料柱状试样的电阻值 $R=\rho\dfrac{L}{S}$,式中,L 为试样长度;S 为试样横截面积;ρ 为比例常数,称为电阻率,计算式为:$\rho=R\dfrac{S}{L}$。其单位在工程上也可用 $\Omega\cdot mm^2/m$。电阻率是计算和衡量金属在常温下电阻值大小的性能指标,ρ 值大,表明材料的电阻也大,其导电性能就差;反之,导电性能就好
电导率	κ	S/m	电阻率的倒数,称为电导率。在数值上它等于导体维持单位电位梯度(即电位差)时,流过单位面积的电流。电导率越大,材料的导电性能越好;在工业中,以导电性最好的银为标准材料,把银的电导率规定为 100%,其他金属材料与银相比,所得的百分数就是此种材料的电导率
摩擦因数	μ	—	根据摩擦定律,通常将摩擦力与施加在摩擦部位上的垂直载荷的比值,称为摩擦因数
磨损量 (磨耗量)	W V	g cm^3	在规定的试验条件下,试样经过一定时间或一定的距离摩擦之后,以试样被磨去的质量(g)或体积(cm^3)来表示磨损量,因此,分为质量磨损量 W 和体积磨损量 V
相对耐 磨系数	ε	—	在模拟耐磨试验机上,采用硬度为 52～53HRC 的 65Mn 钢作为标准试样,采取相同试验条件,标准试样的绝对磨损值(质量磨耗或体积磨耗)与被测材料的绝对磨损值之比,称为被测试材料的相对耐磨系数,相对耐磨系数的数值越大,表示此种材料的耐磨性能越好
比例极限 弹性极限		MPa	材料能够承受的没有偏离应力-应变比例特性的最大应力,称为比例极限。材料在应力完全释放时能够保持没有永久应变的最大应力,称为弹性极限。比例极限的定义在理论上具有重要意义,它是材料从弹性变形向塑性变形转变之点,但是很难准确测定,生产技术中应用此项指标评价材料性能有相当的困难。因此,GB/T 228.1—2010《金属材料　拉伸试验　第 1 部分:室温试验方法》中没有列入比例极限这项指标,而是采用规定塑性(非比例)延伸性能指标来代替。弹性极限和比例极限数值很相近。有关详细内容,参见 GB/T 10623—2008《金属材料　力学性能试验术语》和 GB/T 228.1—2010《金属材料　拉伸试验　第 1 部分:室温试验方法》
弹性模量 剪切模量	E G	MPa	低于比例极限的应力与相应应变的比值,称为弹性模量(E);在切应力与切应变成线性比例关系范围内,切应力与切应变之比,称为剪切模量(G)
断面收缩率	Z		断裂后试样横截面积的最大缩减量(S_0-S_u)与原始横截面积 S_0 之比的百分率,称为断面收缩率 Z,$Z=\dfrac{S_0-S_u}{S_0}\times100\%$,式中,$S_u$ 为断后最小横截面积,S_0 为原始横截面积,单位均为 mm^2(旧标准 GB/T 228—1987 中规定为断面收缩率 ψ)
断后伸长率	A、$A_{11.3}$$A_{x\,mm}$		断后标距的残余伸长与原始标距之比的百分率,称为断后伸长率 A。对于比例试样,若原始标距不为 $5.65\sqrt{S_0}$(S_0 为平行长度的原始横截面积),符号 A 应附以下脚注,说明所使用的比例系数。例如,$A_{11.3}$表示原始标距为 $11.3\sqrt{S_0}$的断后伸长率。对于非比例试样,符号 A 应附以下脚注,说明所使用的原始标距,以毫米(mm)表示。例如,A_{80mm}表示原始标距为 80mm 的断后伸长率(旧标准 GB/T 228—1987 中规定为伸长率 δ_5、δ_{10}、$\delta_{x\,mm}$)
断裂总伸长率	A_t		断裂时刻原始标距总伸长(弹性伸长加塑性伸长)与原始标距之比的百分率,称为断裂总伸长率

续表

性能指标名称	符号	单位	含义及说明
最大力总伸长率、最大力非比例伸长率	A_{gt} A_g		最大力时原始标距的伸长率与原始标距之比的百分率，称为最大力伸长率，应区分最大力总伸长率 A_{gt} 和最大力非比例伸长率 A_g
屈服点延伸率	A_e		呈现明显屈服(不连续屈服)现象的金属材料，屈服开始至均匀加工硬化开始之间引伸计标距的延伸与引伸计标距之比的百分率，称为屈服点延伸率
冲击吸收能量		J	使用摆锤冲击试验机冲断试样所需的能量(该能量已经对摩擦损失做了修正)，称为冲击吸收能量 K。用字母 V 或 U 表示缺口几何形状，即 KV 或 KU，用数字 2 或 8 以下标形式表示冲击刀刃半径，如 KV_2、KU_8
屈服强度、上屈服强度、下屈服强度	R_{eH} R_{eL}	MPa	当金属材料呈现屈服现象时，在试验期间达到塑性变形发生但力不增加的应力点称为屈服强度。GB/T 228.1—2010《金属材料 拉伸试验 第1部分》将屈服强度区分为上屈服强度和下屈服强度(旧标准 GB/T 228—1987 规定为屈服点 σ_s、上屈服点 σ_{sU} 和下屈服点 σ_{sL}) 试样发生屈服而力首次下降前的最高应力称为上屈服强度 R_{eH} 在屈服期间，不计初始瞬时效应时的最低应力称为下屈服强度 R_{eL}
规定塑性延伸强度	R_p	MPa	塑性延伸率等于规定的引伸计标距百分率时对应的应力，称为规定塑性延伸强度 R_p。使用的符号应附以下角注说明所规定的塑性延伸率，例如 $R_{p0.2}$ 表示规定塑性延伸率为 0.2%时的应力
规定总延伸强度	R_t	MPa	总伸长率等于规定的引伸计标距百分率时的应力，称为规定总延伸强度 R_t，使用的符号应附以下脚注说明所规定的总延伸率，例如 $R_{t0.5}$ 表示规定总伸长率为 0.5%时的应力
规定残余延伸强度	R_r	MPa	卸除应力后残余伸长率等于规定的引伸计标距百分率时对应的应力，称为规定残余延伸强度 R_r，使用的符号应附以下脚注说明所规定的百分率，例如 $R_{r0.2}$ 表示规定残余伸长率为 0.2%时的应力
抗拉强度	R_m	MPa	相应最大力 F_m 对应的应力称为抗拉强度 R_m，$R_m=F_m/S_0$；式中，F_m 为最大力，对于无明显屈服(不连续屈服)的金属材料，F_m 为试验期间的最大力；对于有不连续屈服的金属材料，F_m 为在加工硬化开始之后，试样所承受的最大力。S_0 为试样原始横截面积
抗扭强度	τ_m	MPa	相应最大扭矩的切应力称为抗扭强度(τ_m)
抗压强度	R_{mc}	MPa	对于脆性材料，试样压至破坏过程中的最大压缩应力，称为抗压强度(R_{mc})；对于在压缩中不以粉碎性破坏而失效的塑性材料，则抗压强度取决于规定应变和试样的几何形状
疲劳强度 条件疲劳强度	σ_N		材料在特定环境下，应力循环导致其失效的次数，称为疲劳寿命(N_f)，在指定疲劳寿命下，试样发生失效时的应力水平 S 值，称为疲劳强度 S(应力水平 S 是在试验控制条件下的应力强度，例如：应力幅值、最大应力和应力范围)。条件疲劳强度 σ_N 是在规定应力比下试样具有 N 次循环的应力幅值；σ_N 是在 N 次循环下的疲劳强度。σ_N 是一个特定应力比下的应力幅值，在此种情况下，试样具有 N 次循环的寿命(应力比是最小应力与最大应力的代数比值；或称力值比，即一个循环内最小力与最大力的比率)
疲劳极限	σ_D		疲劳极限 σ_D 是一个应力幅的值，在这个值下，试样在给定概率时被希望可以进行无限次数的应力循环。国标指出，某些材料没有疲劳极限，其他的材料在一定的环境下会显示出疲劳极限
扭转疲劳极限	τ_D		扭转疲劳极限 τ_D 是指定循环基数下的中值扭转疲劳强度。循环基数一般取 10^7 或更高

续表

性能指标名称	符号	单位	含义及说明
蠕变强度	$\sigma_{\frac{温度}{应变量/时间}}$	MPa	金属材料在高于一定温度下受到应力作用，即使应力小于屈服强度，试件也会随着时间的增长而缓慢地产生塑性变形，此种现象称为蠕变。在给定温度下和规定的使用时间内，使试样产生一定蠕变变形量的应力称为蠕变强度，例如 $\sigma_{\frac{500}{1/100000}}=100\text{MPa}$，表示材料在 500℃ 温度下，$10^5$ h 后应变量为 1% 的蠕变强度为 100MPa。蠕变强度是材料在高温长期负荷下对塑性变形抗力的性能指标
布氏硬度	HBW		对一定直径的硬质合金球施加试验力 F 压入试件表面，经规定保持时间后，卸除试验力，测量试件表面压痕的直径。布氏硬度与试验力除以压痕表面积的商成正比，即布氏硬度＝常数×试验力 F/压痕表面积＝$0.102\times 2F/[\pi D(D-\sqrt{D^2-d^2})]$。式中，$D$ 为球直径；d 为压痕平均直径。表示方法举例： 600　HBW　1/30/20 20——试验力保持时间 20s（规定时间 10～15s 范围内不注） 30——施加试验力（30kgf＝294.2N） 1——硬质合金球直径（1mm） HBW——硬度符号 600——布氏硬度值 （详见 GB/T 231.1—2009）
洛氏硬度《金属材料　洛氏硬度试验　第 1 部分：试验方法》	HRA、HRB、HRC、HRD、HRE、HRF、HRG、HRH、HRK、HRN、HRT	无量纲	采用金刚石圆锥体或一定直径的淬火钢球作压头，压入金属材料表面，取其压痕深度计算确定硬度的大小，这种方法测量的硬度为洛氏硬度。GB/T 230.1—2009《金属洛氏硬度　第 1 部分：试验方法（A、B、C、D、E、F、G、H、K、N、T 标尺）》中规定了 A、B、C、D、E、F、G、H、K、N、T 等标尺，以及相应的硬度符号、压头类型、总试验力等。由于压痕较浅，工件表面损伤小，适于批量、成品件及半成品件的硬度检验，对于晶粒粗大且组织不均的零件不宜采用。采用不同压头和试验力，洛氏硬度可以用于较硬或较软的材料，使用范围较广 硬度标尺 A，硬度符号为 HRA，顶角为 120°的圆锥金刚石压头，总试验力为 588.4N，HRA 主要用于测定硬质材料，如硬质合金、薄而硬的钢材及表面硬化层较薄的材料等 HRB 的压头为 1.5875mm 直径的钢球，总试验力为 980.7N，适用于测定低碳钢、软金属、铜合金、铝合金及可锻铸铁等中、低硬度材料的硬度 HRC 的压头为顶角 120°的金刚石圆锥体，总试验力为 1471N，适用于测定一般钢材、硬度较高的铸件、珠光体可锻铸铁及淬火回火的合金钢等材料硬度。 HRN 和 HRT 为表面洛氏硬度，HRN 压头为金刚石圆锥体，HRT 压头为直径 1.5875mm 的淬硬钢球，两者试验载荷均为 147.1N、294.2N 和 441.3N 表面洛氏硬度只适用于钢材表面渗碳、渗氮等处理的表层硬度、较薄、较小的试件硬度测定 表示方法举例： 70　HR　30T　W W——使用球形压头的类型（W 为硬质合金球，S 为钢球） 30T——洛氏标尺符号 HR——洛氏硬度符号 70——洛氏硬度值 （详见 GB/T 230.1—2018）
维氏硬度	HV	一般不注单位	维氏硬度试验是用一个相对面夹角为 136°的正四棱锥体金刚石压头，以规定的试验力（49.03～980.7N）压入试样表面，经一定规定时间后，卸除试验力，以其压痕表面积除试验力所得的商，即为维氏硬度值 维氏硬度试验法适用于测量面积较小、硬度值较高的试样和零件的硬度、各种表面处理后的渗层或镀层以及薄材的硬度，如 0.3～0.5mm 厚度金属材料、镀铬、渗碳、氮化、碳氮共渗层等的硬度测量（详见 GB/T 4340.1—2009） 表示方法举例：

续表

性能指标名称	符号	单位	含义及说明
维氏硬度	HV	一般不注单位	640 HV 30/20 20——试验力保持时间(20s)(规定时间为10～15s荷载不注) 30——试验力(30kgf＝294.2N) HV——维氏硬度符号 640——硬度值

注：1. GB/T 228.1—2010《金属材料　拉伸试验　第1部分：室温试验方法》代替GB/T 228—2002《金属材料室温拉伸试验方法》。

2. 本表所列有关金属材料室温拉伸性能名称、符号及含义均符合GB/T 228.1—2010、GB/T 10623—2008《金属材料　力学性能试验术语》、GB/T 22315—2008《金属材料　弹性模量和泊松比试验方法》、GB/T 24182—2009《金属力学性能试验出版标准中的符号及定义》。

3. 有关硬度试验参见GB/T 231.1—2009、GB/T 230.1—2009、GB/T 4340.1—2009等。

4. GB/T 228.1—2010和GB/T 228—1987旧标准名称、符号的对照参见下表：

新标准(GB/T 228.1—2010)		旧标准(GB/T 228—1987)		新标准(GB/T 228.1—2010)		旧标准(GB/T 228—1987)	
性能名称	符号	性能名称	符号	性能名称	符号	性能名称	符号
断面收缩率	Z	断面收缩率	ψ	上屈服强度	R_{eH}	上屈服点	σ_{sU}
断后伸长率	A $A_{11.3}$ $A_{x\text{mm}}$	断后伸长率	δ_5 δ_{10} $\delta_{x\text{mm}}$	下屈服强度	R_{eL}	下屈服点	σ_{sL}
				规定塑性延伸强度	R_p 如$R_{p0.2}$	规定非比例伸长应力	σ_p 如$\sigma_{p0.2}$
最大力总伸长率	A_{gt}	最大力下的总伸长率	δ_{gt}	规定总延伸强度	R_t 如$R_{t0.5}$	规定总伸长应力	σ_t 如$\sigma_{t0.5}$
最大力非比例伸长率	A_g	最大力下的非比例伸长率	δ_g	规定残余延伸强度	R_r 如$R_{r0.2}$	规定残余伸长应力	σ_r 如$\sigma_{r0.2}$
屈服点延伸率	A_e	屈服点伸长率	δ_s				
屈服强度	—	屈服点	σ_s	抗拉强度	R_m	抗拉强度	σ_b

1.3　钢铁材料的热处理及应用

表4-1-6　　钢铁材料的热处理及应用

热处理方法		作　　用	应用及说明
退火	完全退火	细化晶粒 消除魏氏组织和带状组织 降低硬度，提高塑性，利于切削加工 消除内应力 对于铸件可消除粗晶，提高冲击韧性、塑性和强度	用于亚共析钢的中小型铸件、锻件和热轧钢材 用于亚共析钢的预先热处理 不能用于过共析钢，否则会使过共析钢形成网状碳化物，降低其韧性 对于大型铸、锻件采用完全退火，由于应力作用，易造成变形、开裂，所以要及时消除应力
	不完全退火	降低硬度，提高塑性，改善切削加工性 消除内应力 得到球状珠光体	用于无网状碳化物组织的过共析钢，很少用于亚共析钢 用于高碳钢和轴承钢的预先热处理 当过共析钢中存在网状碳化物时，必须采用正火消除后，方可采用不完全退火
	球化退火	获得球状珠光体，消除过共析钢中的轻微网状组织 降低硬度，提高塑性和韧性 改善切削加工性 作为淬火前的预备热处理	用于改善w_C大于0.65%的碳素工具钢、合金工具钢及轴承钢的组织；从而获得良好的加工性能，并为最后热处理做好组织准备
	等温退火	采用等温退火，由于奥氏体等温分解是在恒温下进行，因而所得到的珠光体组织均匀(特别是对于大截面的零件)，从而获得均匀的力学性能 采用等温退火，可以使采用一般退火方法难于得到珠光体组织的钢得到珠光体，以利切削加工，并缩短生产周期	可根据等温退火的目的，在生产中广泛采用，特别是亚共析钢和共析钢 合金钢的退火，几乎用等温退火代替历来采用的完全退火 不同等温温度所得到的晶粒度和硬度不同，等温温度高，晶粒较粗、硬度低，反之，晶粒较细、硬度高
	扩散退火	消除铸锭和铸件的枝状偏析，使成分和组织均匀化，提高性能，同时也便于切削加工	主要用于铸锭和大型铸件 对于高合金钢锻件采用扩散退火，是为以后的热处理和机械加工做组织准备 因扩散退火生产周期长，电能或燃料消耗大，因此，一般要求不太严的零件不采用扩散退火

续表

热处理方法		作用	应用及说明
退火	再结晶退火	冷变形后的金属，经再结晶退火，可以消除加工硬化，从而消除内应力，降低硬度，提高塑性，以利于继续进行机械加工 热加工后，由于冷却速度快，再结晶进行得不完全，因而内应力大，硬度高，必须进行再结晶退火	用于恢复冷变形前的组织与性能(例如：冷轧、冷拉和冷冲制件)并消除内应力 用于冷变形的中间工序，以利于进一步加工 当钢件冷变形不均匀或处于临界变形量(5%～15%)时，施以再结晶退火，易造成晶粒粗大
	去除应力退火	消除内应力、稳定尺寸、减少加工和使用过程中的变形 降低硬度，便于切削加工	用于铸锻件和焊接件，如床身、发动机缸体、变速箱壳体等 用于高合金钢，主要是降低硬度，改善切削加工性能 对于高精度零件，为消除切削加工后的应力，稳定尺寸，采用更低温度(200～400℃)长时间保温 对于大工件和装炉量大时，可适当延长保温时间 对于一般铸件消除应力时，为避免造成第二阶段石墨化而引起强度降低，加热温度不应超过600℃
	高温退火	消除白口及游离渗碳体，并使渗碳体分解，改善切削性，提高塑性和韧性	用于灰铸铁、球墨铸铁件(出现白口时)，一般不用于可锻铸铁
	可锻化退火	使渗碳体发生分解，而获得团絮状石墨，从而使强度和塑性有明显提高	用于白口铸铁转变为可锻铸铁 退火冷却时，如果在650℃以前出炉空冷，则韧性好，但炉冷时存在脆性
	高温石墨化退火	消除铸态组织中的游离渗碳体，改善切削性、降低脆性及提高力学性能	多用于球墨铸铁(出现一定数量的游离渗碳体而造成白口时) 在冷却时，如果在600～400℃范围内缓冷时，则出现脆性，所以，在退火温度保温后，炉冷至600℃左右应立即出炉空冷
	低温石墨化退火	为了获得高韧性铁素体基体的球墨铸铁	多用于球墨铸铁(铸态组织中只出现珠光体而无游离渗碳体时) 如果在基体组织中不允许存在珠光体时，其加热保温时间应适当延长，反之，则可稍缩短
	低温退火	降低铸件的脆性，改善切削性及提高韧性	多用于灰铸铁和球墨铸铁(不出现渗碳体而只出现珠光体时) 如果铸态组织中存在游离渗碳体时，不采用这种退火，而采用高温退火
正火		提高低碳钢的硬度，改善切削加工性 细化晶粒改善组织(如消除魏氏组织、带状组织、大块状铁素体和网状碳化物)为最后热处理做组织准备 消除内应力，提高低碳钢性能，作为最后热处理	主要用于低碳钢、中碳钢和低合金钢，对于高碳钢和高碳合金钢不常采用(仅当有网状碳化物时采用)，因为高碳钢和高碳合金钢正火后会发生马氏体转变 用于淬火返修件，消除内应力和细化组织，以防重淬时产生变形和开裂 正火与退火比较，生产周期短，设备利用率高 另外，尚可提高钢的力学性能，因此，可根据材料和技术要求，在某些情况下用正火代替退火
高温正火		提高组织均匀性，改善切削性，提高强度、硬度、耐磨性，或消除白口及游离渗碳体	主要用于要求强度高、耐磨性好的球墨铸铁件 铸态组织中存在游离渗碳体时，正火温度取上限；含硅量较高的铸件应采用较快的冷却速度冷却，以防出现石墨化现象
低温正火		提高强度、韧性和塑性	主要用于强度、韧性要求较高，而对耐磨性要求不很高的球墨铸铁件 利用地方生铁熔铸球墨铸铁时，由于含硫、磷量较高，而难以保证塑性、韧性指标。采用低温正火恰好可以弥补由此而引起的塑性、韧性的不足

续表

热处理方法		作用	应用及说明
淬火	单液淬火	获得马氏体组织，提高工件的硬度、强度和耐磨性 淬火与随后的回火工序相结合，使工件获得良好的综合力学性能 改变某些钢的物理和化学性能	仅适用于形状简单的淬火件 碳钢直径超过12～15mm的采用水淬 直径较小的碳钢件或合金钢件采用油淬 单液淬火的优点是操作简单，且易实现淬火机械化和自动化；但其缺点是水淬容易变形、开裂，油淬容易产生硬度不足或硬度不均匀等现象
	双液淬火	获得马氏体组织，提高工件的硬度、强度和耐磨性 减少淬火工件的内应力，避免变形和开裂	主要用于形状比较复杂的碳素钢（特别是高碳钢）淬火件 典型的双液淬火操作是先水后油，即水淬油冷 严格控制在强冷却介质（如水）中的冷却时间，同时工件从强冷却介质中移入弱介质（如油）中时，速度要快
	分级淬火	与单液淬火方法的作用相同 减少淬火工件的内应力，比双液淬火更有效地避免变形和开裂	适用于形状复杂、直径不大于10～12mm的碳钢淬火件和直径不大于20～30mm的合金钢淬火件；也可用于要求变形小、精度高的滚动轴承和齿轮 这种淬火方法所使用的冷却剂，一般是先在熔盐中进行，然后再在空气中冷却 工件尺寸过大，会使淬火介质温度升高，难以达到临界淬火速度
	等温淬火	获得下贝氏体，更有效地减少淬火工件的变形与开裂倾向 在相同硬度下，比其他淬火方法使工件获得更高的塑性和韧性	适用于形状复杂，且要求较高硬度和冲击韧性的淬火工件，如弹簧、齿轮、丝锥等 等温冷却的时间和温度，按各钢种的C曲线而定。尺寸较大的工件可采用复合等温淬火，先在水或油中快冷一下再进入等温浴槽
回火	低温回火	获得回火马氏体，使工件具有高硬度和高耐磨性，同时韧性和稳定性得到改善	用于要求高硬度和耐磨工件的处理，如刃具、量具、冷冲模、渗碳零件及滚动轴承等 钢件经淬火后，为消除淬火应力、稳定组织、获得所要求的性能，必须随即进行回火 回火后的组织，视回火温度而定
	中温回火	获得回火托氏体，使工件具有足够的硬度，高的弹性极限和一定的韧性	用于处理弹簧、发条和热锻模具等 具有第二类回火脆性倾向的钢，回火后需水冷或油冷 要避免在第一类（不可逆）回火脆性（250～400℃）的温度范围内进行回火
	高温回火	获得回火索氏体，使工件具有良好的综合力学性能（即高的强度和良好的塑性、韧性相配合）	主要用于处理在复杂受力状态下工作的、用碳素或合金调质钢制造的结构零件，也可用正火加高温回火来代替中碳钢和合金钢的退火，以缩短工艺周期 淬火和随后高温回火相结合的工艺，统称为调质 具有第二类回火脆性的钢，回火后需水冷或油冷
时效		消除内应力，以减少工件在加工或使用时的变形 稳定尺寸，使工件在长期使用过程中，保持几何精度 人工时效是将工件加热至低温（钢加热至100～150℃、铸铁加热至500～600℃），较长时间（8～15h）保温，然后缓慢冷却到室温，达到消除工件内应力和稳定尺寸的目的 自然时效是将工件长时期（半年至一年或更长时间）放置在室温或露天条件下，不需要任何加热，使零件应力得以消除，尺寸稳定	用于精密工具、量具、模具和滚动轴承以及其他要求精度高的机械零件（如丝杠等） 从效果上看，自然时效比人工时效为优，但因自然时效周期太长，故生产上一般多采用人工时效

续表

热处理方法		作　　用	应用及说明
冷处理		进一步提高淬火工件的硬度和耐磨性 稳定尺寸，防止工件在使用过程中奥氏体发生分解而产生变形 提高钢的铁磁性	主要用于高合金钢、高碳钢和渗碳钢制造的精密零件 冷处理是将淬火后的工件置于0℃以下的低温介质（−30～−150℃）中，继续冷却，使淬火工件的残余奥氏体转变为马氏体的操作
表面淬火	火焰加热表面淬火	获得高硬度和高耐磨性的马氏体表面层，中心保持原来的组织和良好的韧性	适用于中碳钢和中碳合金钢的单件或小批生产的大型耐磨机械零件。如：轴类、大模数齿轮、锤头、锤杆等 设备简单，方法简便，淬硬层深一般可达2～6mm；不受工件形状限制，易实现局部淬火；无氧化脱碳现象；但加热温度不易控制，易过热
	高频感应加热（工作电流频率为10000～500000Hz）表面淬火	获得高硬度和高耐磨性的马氏体表面层，中心保持原来的组织和良好的韧性感应加热表面淬火特点 1）加热速度快，效率高，便于实现机械化和自动化 2）变形小，可减少氧化、脱碳倾向和晶粒长大现象，而且力学性能好 3）可选择不同频率以控制淬硬层深 4）适合成批生产 5）可取代多工序的化学热处理	多用于模数3以下的齿轮以及其他要求淬硬层深＜3mm的耐磨零件，如：主轴、凸轮轴、曲轴、活塞等
	中频感应加热（工作电流频率为500～10000Hz）表面淬火		用于模数6以上齿轮和要求淬硬层深3～7mm、承受扭转、压力负荷的耐磨零件，如：曲轴、磨床主轴、机床导轨等
	工频感应加热（工作电流频率为50Hz）表面淬火		适用于要求淬硬层深15～30mm、形状简单且承受较大压力负荷的中、大型耐磨零件，如：机车车轮、轧辊等
	超音频感应加热（一般采用频率为30000～40000Hz）表面淬火		适用于模数3～8的齿轮、淬硬层深1～3mm的其他耐磨零件，如链轮、花键轴、凸轮轴、曲轴等。与其他频率相比，质量显著提高，且可仿形淬火
	盐浴或铅浴快速加热表面淬火	获得高硬度和高耐磨性的马氏体表面层，中心保持原来的组织和良好的韧性	适用于模数2～8的齿轮和其他要求表面淬火的耐磨零件 设备造价低廉，适用于一般无高频设备的工厂；但劳动条件差，特别是铅浴毒性大
	电接触加热表面淬火	获得高硬度和高耐磨性的马氏体表面层，中心保持原来的组织和良好的韧性	适用于大型铸件（如机床导轨表面、内燃机气缸套内壁等）的表面淬火，以提高硬度和耐磨性 工件基本无变形，设备简单，操作容易
渗碳	气体渗碳	获得高碳的表面层，提高工件表面的硬度和耐磨性，而心部仍保持原有的高韧性和高塑性，并提高工件的抗疲劳性能	气体渗碳法可应用可控气氛进行，应用较为广泛，用于处理低碳钢和低碳合金钢制作的、在冲击条件下工作的渗碳耐磨零件，如汽车、拖拉机齿轮、活塞销、风动工具、机床主轴等
	液体渗碳	获得高碳的表面层，提高工件表面的硬度和耐磨性，而心部仍保持原有的高韧性和高塑性，并提高工件的抗疲劳性能	优点是：①生产周期短；②渗碳后可直接淬火、防止氧化脱碳；③温度、时间易于控制，加热均匀，工件变形小；④设备简单 缺点是：①劳动条件较差；②仅适用于少量、单件生产，对于大批量产品来说是不经济的
	固体渗碳	获得高碳的表面层，提高工件表面的硬度和耐磨性，而心部仍保持原有的高韧性和高塑性，并提高工件的抗疲劳性能	适用于设备条件较差的中小型工厂、特别是县以下的农机厂仍广泛采用这种方法来处理要求渗碳的耐磨零件

续表

热处理方法		作 用	应用及说明
渗氮	强化渗氮	1)提高工件表面硬度和耐磨性 2)提高工件抗疲劳强度、降低缺口敏感性 3)使工件表面具有良好的红硬性和一定的耐蚀性	承受冲击载荷、耐磨性和疲劳强度要求高的各种机械零件及工模具,如高速传动齿轮、高精度磨床主轴及镗杆等 在变向负荷条件下工作、疲劳强度要求高的零件,如柴油机主轴 在工作温度较高和腐蚀性条件下工作,要求变形小、耐磨的零件,如高压阀门、阀杆和某些重要模具等 强化渗氮有如下特点 1)工件表面具有比渗碳更高的硬度、耐磨性和抗疲劳强度以及较低的缺口敏感性 2)在水、蒸汽和碱性溶液中耐蚀性很强 3)在热状态下(500℃以下)仍保持其高硬度 4)处理温度低、变形小 5)渗氮前工件需进行调质处理,以保证零件具有均匀组织和良好的综合力学性能 6)劳动条件好,质量易控制 7)生产周期长、成本高 8)需选用含 Gr、Mo、Al 等合金元素的渗氮专用钢
	抗蚀渗氮	提高工件对水、盐水、蒸汽、潮湿空气以及碱性溶液等介质的耐蚀能力 使工件表面获得美观颜色	适用于钢和铸铁制造的、在腐蚀性条件下工作的零件,如自来水龙头、锅炉气管、水管阀门以及门把手等 可代替镀铬、镀镍、镀锌以及其他表面处理 抗蚀渗氮的特点 1)抗蚀渗氮比强化渗氮时间短、温度高、渗层薄(0.015～0.06mm) 2)对于中碳钢和高碳钢工件,为了弥补渗氮时造成力学性能的下降,渗氮后要进行一次淬火 3)欲加速渗氮过程,亦可采用二段渗氮 4)与镀铬、镀镍、镀锌等保护方法相比,抗蚀渗氮方法简单、经济 5)可采用任何钢种,都能得到良好的耐蚀效果
	氮碳共渗	氮碳共渗又称“活性渗氮”,它是一种较新的化学热处理工艺,分气体氮碳共渗和液体氮碳共渗两种。目前气体氮碳共渗工艺发展较快,它多采用含碳、氮的有机化合物,如尿素、甲酰胺等,直接送入渗氮罐内,热分解为氮碳共渗气氛,使活性氮、碳原子渗入工件表面(国外气体氮碳共渗多采用氨气加吸热型气体);其实质是低温氮、碳共渗过程,只不过是因为加热温度低(不超过 570℃),故以渗氮为主 氮碳共渗的作用 1)提高工件表面硬度和耐磨性 2)提高工件抗疲劳强度、降低缺口敏感性 3)使工件表面具有良好的红硬性和一定的耐蚀性	广泛用于处理高速钢刀具、模具、量具、齿轮、摩擦片、曲轴、凸轮轴和丝杠等,可大幅度提高零件或工具的使用寿命 氮碳共渗的优、缺点如下 优点是:与气体强化渗氮相比,气体氮碳共渗的生产周期短(仅 1～3h),不需专用渗氮钢材;氮碳共渗层硬而不脆,并具有一定的韧性,不易脱落;在干摩擦和高温摩擦条件下,具有抗擦伤和抗咬合性能;此外,设备简单、原料低廉,易上马 缺点是:氮碳共渗层薄,仅仅只有 0.01～0.02mm 液体氮碳共渗有毒性,影响操作人员身体健康,且溶盐废液也不好处理,故被气体氮碳共渗所取代而逐渐淘汰

续表

热处理方法		作　　用	应用及说明
渗氮	离子渗氮	离子渗氮是一种较新的化学热处理工艺，它是在真空容器中进行，工件为阴极，另设阳极，在高压直流电场作用下，当容器内通入氨气或分解氨气时，即可被电离，氮的正离子快速冲向阴极（工件），轰击需渗氮的工件表面，放出大量热能，伴有辉光放电现象，使工件表面被加热到渗氮温度。此时，氮的正离子在阴极获得电子后，变为氮原子而渗入工件表层 离子渗氮的作用 1）提高工件表面硬度和耐磨性 2）提高工件抗疲劳强度、降低缺口敏感性 3）使工件表面具有良好的热硬性和一定的耐蚀性	广泛应用于各种机械零件和工具 可代替其他强化渗氮 采用其他热处理方法强化造成工件变形超差而无法热处理的工件，可采用离子渗氮强化其表面 离子渗氮有下列特点 1）表面加热快，可大大缩短渗氮周期 2）除渗氮工件表面外，其余部分处于低温，因而比一般渗氮工件变形小，并节省加热功率 3）渗氮渗层可达 0.4mm，硬度可达 600～800HV 而且渗层韧性好，具有高的抗疲劳性和耐磨性 4）材料应用范围广，不需专用渗氮钢材 5）劳动条件好，无公害，耗气量小
碳氮共渗（氰化）	气体碳氮共渗	提高工件表面的硬度、耐磨性、耐蚀性和抗疲劳强度，兼有渗碳和渗氮的共同作用	气体碳氮共渗是应用最广泛的一种碳氮共渗方法 高温气体碳氮共渗主要用于处理一般碳钢和合金钢制作的结构件，适用于机床零件的大批量生产，可用以代替渗碳 低温气体碳氮共渗主要用于高速钢和高铬钢制作的切削刀具及其他工模具的表面化学热处理 气体碳氮共渗的特点 1）与渗碳相比：温度低，工件变形小，而且降低动力消耗，延长设备使用寿命（特别是低温碳氮共渗），此外，工件获得的硬度、耐磨性、耐蚀性和疲劳强度均比渗碳高 2）对于高温碳氮共渗，由于氮的渗入，增加了渗层的淬透性和回火稳定性，从而使普通碳钢在某些情况下可取代合金钢 3）生产周期短，且可利用一般气体渗碳炉
	液体碳氮共渗	提高工件表面的硬度、耐磨性、耐蚀性和疲劳强度，兼有渗碳和渗氮的共同作用 液体碳氮共渗主要依靠液体碳氮共渗盐（如氰化钠、氰化钾）在高温下分解，放出碳、氮两种原子渗入金属的表面，使其表面饱和碳、氮原子的一种操作，依据液体碳氮共渗盐浴温度的不同，可分为低温（500～560℃）、中温（800～870℃）或高温（900～950℃）液体碳氮共渗三种方法	高温碳氮共渗是以渗碳为主，常被渗碳所代替，目前很少采用，低温碳氮共渗仅适用于高速钢工具，目前又多被液体氮碳共渗、离子渗氮所代替；只有中温碳氮共渗尚在一些中、小工厂采用，用于处理结构钢零件 1）与渗碳相比：温度低，工件变形小，而且降低动力消耗，延长设备使用寿命（特别是低温碳氮共渗），此外，工件获得的硬度、耐磨性、耐蚀性和疲劳强度均比渗碳高 2）对于高温碳氮共渗，由于氮的渗入，增加了渗层的淬透性和回火稳定性，从而使普通碳钢在某些情况下可取代合金钢 3）盐介质有剧毒，故逐渐被淘汰
渗铝		使工件获得高温下的抗氧化性	用于高温下使用的零件，如热电偶套管、坩埚、浇注桶等
渗铬		使工件获得高的耐磨性和抗氧化性，对于高碳钢获得高硬度（1300HV）和耐蚀性	1）用于低碳钢，增加耐酸、耐蚀和抗氧化性，可制造阀门、蒸汽开关以及化学器械小零件 2）用于高碳钢制作样板和模具等，增加其耐磨性

续表

热处理方法		作　用	应用及说明
渗硅		使工件获得高硬度和高耐蚀性以及足够的塑性	用于化工、造纸和石油工业中的酸管及其附件、酸泵的活塞等
渗硼		使工件表面具有高硬度(可达 1200～2000HV)、高耐磨性和好的热硬性(850℃以下),同时,在硫酸、盐酸和碱内具有耐蚀性 渗硼后的工件,表面粗糙度变化很小,故可作为最后一道工序。渗硼几乎适用于所有钢种,但含硅量较高的钢,由于存在软带,故不适于作渗硼用钢 根据渗硼介质不同,可分为固体法、气体法和液体法,国内多采用液体渗硼	1)在浸蚀介质中工作的零件,如石油、采矿工业中用的高压阀门闸板、煤水泵的密封套、泥浆泵和深井泵的缸套、活塞等 2)模具类 3)工艺装备零件,如弹性夹头、十字头固定架等 4)磨料及高温条件下工作的零件
碳、氮、硼三元共渗		使工件表面具有高硬度和高耐磨性,提高工件使用寿命	应用于模具及石油机械的易损件等并且效果很好,正在推广使用
低温形变热处理	低温形变等温淬火	在保持较高韧性的前提下,提高强度至 2300～2400MPa	热作模具
	等温形变淬火	提高强度,显著提高珠光体转变产物的冲击韧性	适合于等温淬火的小零件,如小轴、小模数齿轮、垫片、弹簧、链节等
	连续冷却形变处理	可实现强度与韧性的良好配合	适用于小型精密耐磨、抗疲劳件
	诱发马氏体的低温形变	在保证韧性的前提下提高强度	18-8 型不锈钢、PH15-7Mo 过渡型不锈钢以及 TRIP 钢
	珠光体低温转变	使珠光体组织细化、晶粒畸变。冷硬化显著提高强度	制造钢琴丝和钢缆丝
	马氏体(回火马氏体、贝氏体)形变时效	使屈服强度提高 3 倍,冷脆温度下降	低碳钢淬成马氏体,室温下形变,最后回火
	预形变热处理	提高强度及韧性,省略预备热处理工序	适用于形状复杂、切削量大的高强钢零件
	晶粒多边化强化	提高高温持久强度和蠕变抗力	锅炉紧固件、汽轮机或燃气轮机零件
高温形变热处理	高温形变正火	提高钢材韧性,降低脆性转变温度,提高疲劳抗力	适用于改善以微量元素 V、Nb、Ti 强化的建筑结构材料塑性和碳钢及合金结构钢锻件的预备热处理
	高温形变等温淬火	提高强度及韧性	用于 0.4%C 钢缆绳高碳钢丝及小型紧固件
	亚温形变淬火	明显改善合金结构钢脆性,降低冷脆阀	在严寒地区工作的构件和冷冻设备构件
	利用形变强化遗传性的热处理	提高强度和韧性,取消毛坯预备热处理工艺	适用于形状复杂、切削量大的高强钢零件
	表面高温形变淬火	显著提高零件疲劳强度和耐磨性及使用寿命	高速传动轴、轴承套圈等圆柱形或环形零件,履带板和机铲等磨损零件
形变化学热处理	利用锻热渗碳淬火或碳氮共渗	节能,提高渗速,提高硬度及耐磨性	中等模数齿轮
	锻热淬火渗氮	加速渗氮或碳氮共渗过程,提高耐磨性	模具、刀具及要求耐磨的工件
	低温形变淬火渗硫	心部强度高,表面减摩	高强度摩擦偶件,如凿岩机活塞、牙轮钻等

1.4 铸铁

1.4.1 灰铸铁件

表 4-1-7　　灰铸铁件牌号、力学性能及应用（GB/T 9439—2010）

牌号	铸件壁厚/mm		最小抗拉强度 R_m（强制性值）(min)		铸件本体预期抗拉强度 R_m(min)/MPa	特性及应用
	>	≤	单铸试棒/MPa	附铸试棒或试块/MPa		
HT100	5	40	100	—	—	铁素体类型灰铸铁，强度低，具有优良的铸造性能，且工艺简单，铸造应力小，减振性能好，不需采用人工时效处理。适于生产受力很小、对强度无要求的零件，如形状简单、性能要求不高的托盘、罩、手轮、盖、把手、垂锤、支架、立柱、镶导轨的机床底座、高炉平衡锤、钢锭模等
HT150	5	10	150	—	155	铁素体珠光体类型灰铸铁，有一定的强度，铸造性能好，铸造应力小，工艺简单，不需采用人工时效，具有良好的减振性。适于生产：承受中等弯曲应力、摩擦面间压力大于 0.5MPa 及较弱腐蚀介质的铸件，如普通机床的底座、床身、工作台、支柱、齿轮箱、壳体、鼓风机底座、后盖板、高炉冷却壁、流渣槽、渣缸、炼焦炉保护板、轧钢机托辊、内燃机车水泵壳、阀体、轴承盖等；有相对运动和磨损的零件，如溜板；在纯碱及染料中工作的化工机械零件，如容器、塔器、泵壳零件、法兰等；圆周速度为 6～12m/s 的带轮及工作压力不太大的管件等
	10	20		—	130	
	20	40		120	110	
	40	80		110	95	
	80	150		100	80	
	150	300		90	—	
HT200	5	10	200	—	205	珠光体类型灰铸铁，具有较高强度，且有较好的耐磨性和耐热性，铸造性能良好，减振性能较好，有一定的耐蚀性能，但脆性较大，应进行人工时效处理。用于生产承受较大应力、要求保持良好气密性的铸件，如机床床身、刀架体、齿轮箱体、滑板、油缸、泵体、飞轮、气缸盖、风机座、轴承盖、阀套、活塞、导水套筒；也可用于生产需经表面淬火的零件
	10	20		—	180	
	20	40		170	155	
	40	80		150	130	
	80	150		140	115	
	150	300		130	—	
HT225	5	10	225	—	230	承受较大弯曲应力，要求保持气密性的铸件，如机床立柱、刀架、齿轮箱体、多数机床床身、滑板、箱体、油缸、泵体、阀体、刹车毂、飞轮、气缸盖、分离器本体、左半轴、右半轴壳、鼓风机座、带轮、轴承盖、叶轮、压缩机机身，轴承架、冷却器盖板、炼钢浇注平台、煤气喷嘴、真空过滤器销气盘、喉管、内燃机车缸体、阀套、汽轮机、气缸中部、隔板套、前轴承座主体、机架、电机接力器缸、活塞、导水套筒、前缸盖
	10	20		—	200	
	20	40		190	170	
	40	80		170	150	
	80	150		155	135	
	150	300		145	—	
HT250	5	10	250	—	250	珠光体类型灰铸铁，具有较好的强度、耐热性及耐磨性、良好的减振性、优良的铸造性，需经人工时效处理。用于生产：承受弯曲应力小于 294MPa，并且具有一定的密封性要求，在较弱的腐蚀介质中工作的零件，如要求高强度和具有一定耐腐蚀要求的填料箱体、塔器、容器、法兰、泵体、压盖；机床床身、立柱、气缸、齿轮、活塞、联轴器盘等；压力在 78.5MPa 以下的油缸、泵体、阀门；圆周速度为 12～15m/s 的带轮以及需要表面淬火的零件
	10	20		—	225	
	20	40		210	195	
	40	80		190	170	
	80	150		170	155	
	150	300		160	—	
HT275	10	20	275	—	250	常用于轨道板、气缸套、齿轮、机床立柱、齿轮箱体、机床床身、磨床转体、油缸泵体、阀体等零件
	20	40		230	220	
	40	80		205	190	
	80	150		190	175	
	150	300		(175)	—	

续表

牌号	铸件壁厚/mm		最小抗拉强度 R_m(强制性值)(min)		铸件本体预期抗拉强度 R_m(min)/MPa	特性及应用
	>	≤	单铸试棒/MPa	附铸试棒或试块/MPa		
HT300	10	20	300	—	270	基体为珠光体类型的铸铁，具有高强度、良好的耐磨性，但铸造性能差，白口倾向大，需采用人工时效处理。用于生产承受弯曲应力比较大、摩擦面之间的压力较高以及密封性要求较高的工作部位的零件，如：受力较大的车床、冲床的床身、机座、主轴箱、卡盘、齿轮，高压油缸、水缸、泵体、阀体，衬套、凸轮、气缸体、气缸盖、大型发动机的曲轴，镦模、冷冲模，圆周速度为20～25m/s的带轮以及需经表面淬火的零件
	20	40		250	240	
	40	80		220	210	
	80	150		210	195	
	150	300		(190)	—	
HT350	10	20	350	—	315	
	20	40		290	280	
	40	80		260	250	
	80	150		230	225	
	150	300		(210)	—	

注：1. 采用砂型或导热性与砂型相当的铸型生产灰铸铁件。

2. 灰铸铁件的生产方法由供方自行决定，如需方有特殊要求（其他铸型方式或热处理等），由供需双方商定。

3. 如需方的技术条件中包含化学成分的验收要求时，按需方规定执行。化学成分按供需双方商定的频次和数量进行检测。

4. 当需方对化学成分没有要求时，化学成分由供方自行确定，化学成分不作为铸件验收的依据。但化学成分的选取必须保证铸件材料满足GB/T 9439—2010所规定的力学性能和金相组织要求。

5. GB/T 9439—2010指出，在单铸试棒上还是在铸件本体上测定力学性能，以抗拉强度还是以硬度作为性能验收指标，均必须在订货协议或需方技术要求中明确规定；铸件的力学性能验收指标应在订货协议中明确规定。

6. 当铸件壁厚超过300mm时，其力学性能由供需双方商定。

7. 当某牌号的铁液浇注壁厚均匀、形状简单的铸件时，壁厚变化引起抗拉强度的变化，可从本表查出参考数据。

8. 当铸件壁厚不均匀，或有型芯时，此表只能给出不同壁厚处大致的抗拉强度值，铸件的设计应根据关键部位的实测值进行。

9. 表中括号内数值表示指导值，其余抗拉强度值均为强制性值，铸件本体预期抗拉强度值不作为强制性值。

表4-1-8 灰铸铁 ϕ30mm单铸试棒和 ϕ30mm附铸试棒的力学性能（GB/T 9439—2010）

力学性能	材料牌号①						
	HT150	HT200	HT225	HT250	HT275	HT300	HT350
	基体组织						
	铁素体+珠光体	珠光体					
抗拉强度 R_m/MPa	150～250	200～300	225～325	250～350	275～375	300～400	350～450
屈服强度 $R_{p0.1}$/MPa	98～165	130～195	150～210	165～228	180～245	195～260	228～285
伸长率 A/%	0.3～0.8	0.3～0.8	0.3～0.8	0.3～0.8	0.3～0.8	0.3～0.8	0.3～0.8
抗压强度 σ_{db}/MPa	600	720	780	840	900	960	1080
抗压屈服强度 $\sigma_{d0.1}$/MPa	195	260	290	325	360	390	455
抗弯强度 σ_{dB}/MPa	250	290	315	340	365	390	490
抗剪强度 σ_{aB}/MPa	170	230	260	290	320	345	400
扭转强度② τ_{tB}/MPa	170	230	260	290	320	345	400
弹性模量③ $E/10^3$MPa	78～103	88～113	95～115	103～118	105～128	108～137	123～143
泊松比 ν	0.26	0.26	0.26	0.26	0.26	0.26	0.26
弯曲疲劳强度④ σ_{bW}/MPa	70	90	105	120	130	140	145
反压应力疲劳极限⑤ σ_{zdW}/MPa	40	50	55	60	68	75	85
断裂韧性 K_{IC}/MPa$^{3/4}$	320	400	440	480	520	560	650

① 当对材料的机加工性能和抗磁性能有特殊要求时，可以选用HT100。如果试图通过热处理的方式改变材料金相组织而获得所要求的性能时，不宜选用HT100。

② 扭转疲劳强度 τ_{tB}(MPa)≈0.42R_m。

③ 取决于石墨的数量及形态以及加载量。

④ σ_{bW}≈(0.35～0.50)R_m。

⑤ σ_{zdW}≈0.53σ_{bW}≈0.26R_m。

表 4-1-9　**灰铸铁单铸试棒和附铸试棒（ϕ30mm）的物理性能**（GB/T 9439—2010）

特性		材料牌号						
		HT150	HT200	HT225	HT250	HT275	HT300	HT350
密度 ρ/kg・mm^{-3}		7.10	7.15	7.15	7.20	7.20	7.25	7.30
比热容 c/J・kg^{-1}・K^{-1}	20～200℃	460						
	20～600℃	535						
线胀系数 α/10^{-6}K^{-1}	−20～600℃	10.0						
	20～200℃	11.7						
	20～400℃	13.0						
热导率 λ/W・m^{-1}・K^{-1}	100℃	52.5	50.0	49.0	48.5	48.0	47.5	45.5
	200℃	51.0	49.0	48.0	47.5	47.0	46.0	44.5
	300℃	50.0	48.0	47.0	46.5	46.0	45.0	43.5
	400℃	49.0	47.0	46.0	45.0	44.5	44.0	42.0
	500℃	48.5	46.0	45.0	44.5	43.5	43.0	41.5
电阻率 ρ/Ω・mm^2・m^{-1}		0.80	0.77	0.75	0.73	0.72	0.70	0.67
矫磁性 H_o/A・m^{-1}		560～720						
室温下的最大磁导率 μ/Mh・m^{-1}		220～330						
B=1T 时的磁滞损耗/J・m^{-3}		2500～3000						

注：当对材料的机加工性能和抗磁性能有特殊要求时，可以选用 HT100。如果试图通过热处理的方式改变材料金相组织而获得所要求的性能时，不宜选用 HT100。

1.4.2　可锻铸铁件

表 4-1-10　**可锻铸铁件牌号、力学性能及应用**（GB/T 9440—2010）

	牌号	试样直径 d[1][2]/mm	力学性能 ≥ R_m/MPa	$R_{p0.2}$/MPa	A(L_0=3d)/%	硬度 HBW	冲击功[6] A_k/J	特性及应用	
黑心可锻铸铁	KTH275-05[3]	12或15	275	—	5	≤150	—	黑心可锻铸铁的强度、塑性和韧性均优于灰铸铁；具有良好的耐蚀性，在大气、水及盐水中的耐蚀性均优于碳素钢；切削性良好，车削时优于易切钢；耐热性高于灰铸铁和碳素钢；有良好的减振性，其减振性为铸钢的3倍、铁素体铸铁的2倍。黑心可锻铸铁件一般不宜焊接，适于制作薄壁零件	承受较低静载荷，气密性好，有一定的强度和韧性，用于制作管路弯头、三通、管配件、中低压阀门、瓷瓶铁帽
	KTH300-06[3]		300	—	6				承受中等动载荷和静载荷，强度和韧性均可。适于制作铁道扣板，输电线路的线夹本体及压板、楔子、碗头挂板，机床勾扳手、螺丝扳手，粗纺机和印花机上的盘头、龙筋、平衡锤、拉幅机轧头，钢丝绳轧头、桥梁零件、脚手架零件、窗铁件、销栓配件等
	KTH330-08		330	—	8				
	KTH350-10		350	200	10		90～130		承受较高的冲击、振动和扭转载荷，强度和韧度都较高，在寒冷条件（−40℃）下工作，不产生低温脆断，用于制作汽车和拖拉机中的后桥外壳、转向机构、差速器壳、制动器、弹簧钢板支座，农机中的犁刀、犁柱、护刃器、捆束器，以及铁道扣板、船用电机壳、瓷瓶铁帽等
	KTH370-12		370	—	12		—		
珠光体可锻铸铁	KTZ450-06		450	270	6	150～200	80～120	珠光体可锻铸铁的塑性、韧性比黑心可锻铸铁稍差，但其强度高，耐磨性好，低温性能优于球墨铸铁，切削加工性能良好（优于相同硬度的碳钢），可以替代有色金属合金、低合金钢、中低碳钢制作较高强度和耐磨性的零件，能承受较大的动、静载荷，抗磨损且具有韧性。KTZ450-06 用于制作插销、轴承座；KTZ550-04 用于制作汽车前轮轮毂、发动机支架、传动箱及拖拉机履带板；KTZ650-02 用于制作较高强度的零件，如柴油机活塞、差速器壳、摇臂及农机的犁刀、犁片、齿轮箱；KTZ700-02 用于制作高强度的零件，如曲轴、万向轴吊、传动齿轮、凸轮轴、活塞环等	
	KTZ500-05		500	300	5	165～215	—		
	KTZ550-04		550	340	4	180～230	70～110		
	KTZ600-03		600	390	3	195～245	—		
	KTZ650-02[4][5]		650	430	2	210～260	60～100		
	KTZ700-02		700	530	2	240～290	50～90		
	KTZ800-01[4]		800	600	1	270～320	30～40		

第4篇

续表

	牌号	试样直径 d①②/mm	力学性能 ≥ R_m/MPa	$R_{p0.2}$/MPa	A($L_0=3d$)/%	硬度 HBW	冲击功⑥ A_k/J	特性及应用
白心可锻铸铁	KTB350-04	6	270	—	10	≤230	30～80	将低碳低硅的白口铸铁和氧化铁一起加热，进行脱碳软化后的铸铁称为白心可锻铸铁，断口呈白色，表面层大量脱碳形成铁素体，心部为珠光体基体，且有少量残余游离碳，因而心部韧性难于提高，一般仅限于薄壁件的制造。由于工艺复杂、生产周期长、性能较差，国内在机械工业中较少应用，KTB380-12 适用于对强度有特殊要求和焊接后不需进行热处理的零件
		9	310	—	5			
		12	350	—	4			
		15	360	—	3			
	KTB360-12	6	280	—	16	≤200	130～180	
		9	320	170	15			
		12	360	190	12			
		15	370	200	7			
	KTB400-05	6	300	—	12	≤220	40～90	
		9	360	200	8			
		12	400	220	5			
		15	420	230	4			
	KTB450-07	6	330	—	12		80～130	
		9	400	230	10			
		12	450	260	7			
		15	480	280	4			
	KTB550-04	6	—	—	—	≤250	30～80	
		9	490	310	5			
		12	550	340	4			
		15	570	350	3			

① 如果需方没有明确要求，供方可以任意选取 6mm 或 12mm 两种试棒直径中的一种。

② 试样直径代表同样壁厚的铸件，如果铸件为薄壁件时，供需双方可以协商选取直径 6mm 或者 9mm 试样。

③ KTH275-05 和 KTH300-06 为专门用于保证压力密封性能，而不要求高强度或者高延展性的工作条件。

④ 油淬加回火。

⑤ 空冷加回火。

⑥ 冲击功 A_k 为冲击性能指导值。当需方要求时，A_k 的检测方法由供需双方协定。本表 A_k 值的试样为：无缺口，单铸试样尺寸为 10×10×55（单位为 mm）。本表的 A_k 值列于 GB/T 9440—2010 资料性附录中。

注：1. 可锻铸铁的生产方式由供方选定，但应保证达到订货的要求。

2. 可锻铸铁的化学成分由供方选定，化学成分不作为验收的依据，如有要求，则应在合同中规定。

1.4.3 蠕墨铸铁件

表 4-1-11　蠕墨铸铁件牌号及单铸试样的力学性能（GB/T 26655—2011）

牌号	抗拉强度 R_m(min)/MPa	0.2%屈服强度 $R_{p0.2}$(min)/MPa	伸长率 A(min)/%	典型的布氏硬度范围 HBW	主要基体组织
RuT300	300	210	2.0	140～210	铁素体
RuT350	350	245	1.5	160～220	铁素体＋珠光体
RuT400	400	280	1.0	180～240	珠光体＋铁素体
RuT450	450	315	1.0	200～250	珠光体
RuT500	500	350	0.5	220～260	珠光体

注：1. 单铸试样应在与铸件相同的铸型或导热性能相当的铸型中单独铸造，R_m 和 A 为检验项目，并按本表规定验收。$R_{p0.2}$ 一般不作为验收依据，需方有要求时，方可进行测定。

2. 布氏硬度（指导值）仅供参考。

表 4-1-12　蠕墨铸铁力学和物理性能（GB/T 26655—2011）

性能	温度	材料牌号 RuT300	RuT350	RuT400	RuT450	RuT500
抗拉强度 R_m（壁厚 15mm，模数 $M=0.75$）/MPa	23℃	300～375	350～425	400～475	450～525	500～575
	100℃	275～350	325～400	375～450	425～500	475～550
	400℃	225～300	275～350	300～375	350～425	400～475

续表

性能	温度	材料牌号				
		RuT300	RuT350	RuT400	RuT450	RuT500
0.2%屈服强度 $R_{p0.2}$/MPa	23℃	210～260	245～295	280～330	315～365	350～400
	100℃	190～240	220～270	265～305	290～340	325～375
	400℃	170～220	195～245	230～280	265～315	300～350
伸长率 A/%	23℃	2.0～5.0	1.5～4.0	1.0～3.5	1.0～2.5	0.5～2.0
	100℃	1.5～4.5	1.5～3.5	1.0～3.0	1.0～2.0	0.5～1.5
	400℃	1.0～4.0	1.0～3.0	1.0～2.5	0.5～1.5	0.5～1.5
弹性模量[割线模数(200～300MPa)]/GPa	23℃	130～145	135～150	140～150	145～155	145～160
	100℃	125～140	130～145	135～145	140～150	140～155
	400℃	120～135	125～140	130～140	135～145	135～150
疲劳系数（旋转-弯曲、拉-压、3 点弯曲）	23℃	0.50～0.55	0.47～0.52	0.45～0.50	0.45～0.50	0.43～0.48
	23℃	0.30～0.40	0.27～0.37	0.25～0.35	0.25～0.35	0.20～0.30
	23℃	0.65～0.75	0.62～0.72	0.60～0.70	0.60～0.70	0.55～0.65
泊松比		0.26	0.26	0.26	0.26	0.26
密度/g・cm^{-3}		7.0	7.0	7.0～7.1	7.0～7.2	7.0～7.2
热导率/W・m^{-1}・K^{-1}	23℃	47	43	39	38	36
	100℃	45	42	39	37	35
	400℃	42	40	38	36	34
线胀系数/10^{-6}K^{-1}	100℃	11	11	11	11	11
	400℃	12.5	12.5	12.5	12.5	12.5
比热容/J・g^{-1}・K^{-1}	100℃	0.475	0.475	0.475	0.475	0.475
基体组织		铁素体	铁素体＋珠光体	珠光体＋铁素体	珠光体	珠光体

表 4-1-13　蠕墨铸铁附铸试样力学性能及应用（GB/T 26655—2011）

牌号	主要壁厚 t/mm	抗拉强度 R_m(min)/MPa	0.2%屈服强度 $R_{p0.2}$(min)/MPa	伸长率 A(min)/%	典型布氏硬度范围 HBW	主要基体组织	性能特点	应用举例
RuT300A	t≤12.5	300	210	2.0	140～210	铁素体	强度低，塑韧性高 高的热导率和低的弹性模量 热应力积聚小 铁素体基体为主，长时间置于高温之中引起的生长小	排气歧管 大功率船用、机车、汽车和固定式内燃机缸盖 增压器壳体 纺织机、农机零件
	12.5<t≤30	300	210	2.0	140～210			
	30<t≤60	275	195	2.0	140～210			
	60<t≤120	250	175	2.0	140～210			
RuT350A	t≤12.5	350	245	1.5	160～220	铁素体＋珠光体	与合金灰铸铁比较，有较高强度并有一定的塑韧性 与球墨铸铁比较，有较好的铸造、机加工性能和较高工艺出品率	托架和联轴器，机床底座 大功率船用、机车、汽车和固定式内燃机缸盖 钢锭模、铝锭模 焦化炉炉门、门框、保护板、桥管阀体、装煤孔盖座，变速箱体，液压件
	12.5<t≤30	350	245	1.5	160～220			
	30<t≤60	325	230	1.5	160～220			
	60<t≤120	300	210	1.5	160～220			
RuT400A	t≤12.5	400	280	1.0	180～240	珠光体＋铁素体	有综合的强度、刚性和热导率性能较好的耐磨性	内燃机的缸体和缸盖 机床底座，托架和联轴器 载重卡车制动鼓、机车车辆制动盘 泵壳和液压件 钢锭模、铝锭模、玻璃模具
	12.5<t≤30	400	280	1.0	180～240			
	30<t≤60	375	260	1.0	180～240			
	60<t≤120	325	230	1.0	180～240			

续表

牌号	主要壁厚 t/mm	抗拉强度 R_m(min) /MPa	0.2%屈服强度 $R_{p0.2}$(min) /MPa	伸长率 A(min) /%	典型布氏硬度范围 HBW	主要基体组织	性能特点	应用举例
RuT450A	t≤12.5	450	315	1.0	200～250	珠光体	比 RuT400 有更高的强度、刚性和耐磨性，不过切削性稍差	汽车内燃机缸体和缸盖 气缸套 载重卡车制动盘 泵壳和液压件 玻璃模具，活塞环
	12.5<t≤30	450	315	1.0	200～250			
	30<t≤60	400	280	1.0	200～250			
	60<t≤120	375	260	1.0	200～250			
RuT500A	t≤12.5	500	350	0.5	220～260	珠光体	强度高，塑韧性低 耐磨性最好，切削性差	高负荷内燃机缸体 气缸套
	12.5<t≤30	500	350	0.5	220～260			
	30<t≤60	450	315	0.5	220～260			
	60<t≤120	400	280	0.5	220～260			

注：1. 蠕墨铸铁件的生产方法及化学成分在确保所要求的牌号及性能符合 GB/T 26655—2011 的情况下，由供方自行确定。如果有特殊要求时，化学成分及热处理可由供需双方协定。

2. 采用附铸试块时，牌号后加字母“A”。蠕墨铸铁附铸试样的力学性能应符合本表规定。

3. 从附铸试样测得的力学性能并不能准确地反映铸件本体的力学性能，但与单铸试棒上测得的值相比更接近于铸件的实际性能值。

4. 力学性能随铸件结构（形状）和冷却条件而变化，随铸件断面厚度增加而相应降低。

5. 一般铸件的质量≥2000kg、壁厚在 30～200mm 时，优先采用附铸试样。

6. $R_{p0.2}$一般不作为验收依据，需方要求时，方可进行测定。

7. 对于铸件指定部位的力学性能有要求时，由供需双方商定。

表 4-1-14　蠕墨铸铁常用牌号性能特点及应用

牌号	R_m /MPa ≥	$R_{p0.2}$ /MPa ≥	伸长率 A /% ≥	硬度 HBS	蠕化率 VG /% ≥	性能特点及应用举例	
RuT420	420	335	0.75	200～280	50	蠕墨铸铁是一种很有发展前景的新型材料，即蠕虫状石墨铸铁，材质性能介于球墨铸铁和灰铸铁之间。它既有球墨铸铁的强度、刚性及一定的韧性、良好的耐磨性，同时它的铸造性及热传导性又相近于灰铸铁。它用于制造液压件、排气管件、底座、大型机床床身、钢锭模及飞轮等铸件，有的铸件重量已高达数十吨	具有高强度、高耐磨性、高硬度以及较好的导热性，需经正火热处理，适于制造高强度或高耐磨性的重要铸件，如制动鼓、钢珠的研磨盘、气缸套、活塞环、玻璃模具、制动盘、吸淤泵体等
RuT380	380	300	0.75	193～274			
RuT340	340	270	1.0	170～249			具有较高的强度、硬度、耐磨性及导热率，适于制造较高强度、刚度及耐磨的零件，如大型齿轮箱体、盖、底座制动鼓、大型机床件、飞轮、起重机卷筒、烧结机滑板等
RuT300	300	240	1.5	140～217			具有良好的强度和硬度、一定的塑性及韧性、较高的热导率，致密性良好，适于制造较高强度及耐热疲劳的零件，如气缸盖、变速箱体、纺织机械零件、液压件、排气管、钢锭模及小型烧结机篦条等
RuT260	260	195	3.0	121～197			强度不高，硬度较低，有较高的塑性、韧性及热导率，铸件需经退火热处理，适用于制造受冲击及热疲劳的零件，如汽车及拖拉机的底盘零件、增压机废气进气壳体

注：1. 蠕墨铸铁件的力学性能以单铸试块的抗拉强度为验收条件，RuT260 增加伸长率验收项目。

2. 铸铁金相组织中石墨的蠕化率一般按本表规定，但可根据供需双方协商，另定蠕化率的要求。

3. 本表规定的力学性能可经热处理之后达到。

4. 各牌号主要基体金相组织：RuT420、RuT380 为珠光体，RuT340 为珠光体＋铁素体，RuT300 为铁素体＋珠光体，RuT260 为铁素体。

5. 本表所列牌号是机械制造中常用的非标准蠕墨铸铁牌号，此牌号原属于 JB/T 4403—1999 规定的牌号，性能数据系原标准资料，在生产中已有长期的使用经验，可作为采用 GB/T 26655—2011 新国标时参考之用。

1.4.4　球墨铸铁件

表 4-1-15　球墨铸铁单铸试样牌号及力学性能（GB/T 1348—2009）

材料牌号	抗拉强度 R_m(min)/MPa	屈服强度 $R_{p0.2}$(min)/MPa	伸长率 A (min)/%	布氏硬度 HBW	主要基体组织
QT350-22L	350	220	22	≤160	铁素体
QT350-22R	350	220	22	≤160	铁素体
QT350-22	350	220	22	≤160	铁素体
QT400-18L	400	240	18	120～175	铁素体
QT400-18R	400	250	18	120～175	铁素体
QT400-18	400	250	18	120～175	铁素体
QT400-15	400	250	15	120～180	铁素体
QT450-10	450	310	10	160～210	铁素体
QT500-7	500	320	7	170～230	铁素体＋珠光体
QT550-5	550	350	5	180～250	铁素体＋珠光体
QT600-3	600	370	3	190～270	珠光体＋铁素体
QT700-2	700	420	2	225～305	珠光体
QT800-2	800	480	2	245～335	珠光体或索氏体
QT900-2	900	600	2	280～360	回火马氏体或屈氏体＋索氏体
QT500-10	500	360	10	185～215	铁素体＋珠光体＋渗碳体

注：1. GB/T 1348—2009《球墨铸铁件》代替 GB/T 1348—1988，适用于砂型或导热性与砂型相当的铸型中铸造的普通和低合金球墨铸铁件，对于特种铸造方法生产的球墨铸铁件，亦可参照使用。牌号中的“L”表示此牌号有低温（－20℃或－40℃）冲击性能要求；字母“R”表示此牌号有室温（23℃）冲击性能要求。

2. 球墨铸铁的生产方法和化学成分由供方自行决定，但必须保证铸件材料满足 GB/T 1348—2009 规定的性能指标，化学成分不作为铸件验收依据。抗拉强度和伸长率为验收指标。除特殊规定，一般不做屈服强度试验。

3. 如需方有要求，冲击性能（V 形缺口单铸试样冲击功）按下述指标要求：QT350-22L，低温－40℃±2℃，三个试样平均值 12J，个别值 9J；QT350-22R，室温 23℃±5℃，三个试样平均值为 17J，个别值为 14J；QT400-18L，低温－20℃±2℃，三个试样平均值为 12J，个别值为 9J；QT400-18R，室温 23℃±5℃，三个试样平均值为 14J，个别值为 11J。此 4 个牌号材料可用于压力容器。

表 4-1-16　球墨铸铁附铸试样牌号及力学性能（GB/T 1348—2009）

材料牌号	铸件壁厚 /mm	抗拉强度 R_m(min) /MPa	屈服强度 $R_{p0.2}$(min) /MPa	伸长率 A (min)/%	布氏硬度 HBW	主要基体组织
QT350-22AL	≤30	350	220	22	≤160	铁素体
	＞30～60	330	210	18		
	＞60～200	320	200	15		
QT350-22AR	≤30	350	220	22	≤160	铁素体
	＞30～60	330	220	18		
	＞60～200	320	210	15		
QT350-22A	≤30	350	220	22	≤160	铁素体
	＞30～60	330	210	18		
	＞60～200	320	200	15		
QT400-18AL	≤30	380	240	18	120～175	铁素体
	＞30～60	370	230	15		
	＞60～200	360	220	12		
QT400-18AR	≤30	400	250	18	120～175	铁素体
	＞30～60	390	250	15		
	＞60～200	370	240	12		
QT400-18A	≤30	400	250	18	120～175	铁素体
	＞30～60	390	250	15		
	＞60～200	370	240	12		
QT400-15A	≤30	400	250	15	120～180	铁素体
	＞30～60	390	250	14		
	＞60～200	370	240	11		
QT450-10A	≤30	450	310	10	160～210	铁素体
	＞30～60	420	280	9		
	＞60～200	390	260	8		

续表

材料牌号	铸件壁厚/mm	抗拉强度 R_m(min)/MPa	屈服强度 $R_{p0.2}$(min)/MPa	伸长率 A(min)/%	布氏硬度 HBW	主要基体组织
QT500-7A	≤30	500	320	7	170～230	铁素体＋珠光体
	＞30～60	450	300	7		
	＞60～200	420	290	5		
QT550-5A	≤30	550	350	5	180～250	铁素体＋珠光体
	＞30～60	520	330	4		
	＞60～200	500	320	3		
QT600-3A	≤30	600	370	3	190～270	珠光体＋铁素体
	＞30～60	600	360	2		
	＞60～200	550	340	1		
QT700-2A	≤30	700	420	2	225～305	珠光体
	＞30～60	700	400	2		
	＞60～200	650	380	1		
QT800-2A	≤30	800	480	2	245～335	珠光体或索氏体
	＞30～60	由供需双方商定				
	＞60～200					
QT900-2A	≤30	900	600	2	280～360	回火马氏体或索氏体＋屈氏体
	＞30～60	由供需双方商定				
	＞60～200					
QT500-10A	≤30	500	360	10	185～215	铁素体＋珠光体＋渗碳体
	＞30～60	490	360	9		
	＞60～200	470	350	7		

注：1. 从附铸试样测得的力学性能并不能准确地反映铸件本体的力学性能，但与单铸试棒上测得的值相比更接近于铸件的实际性能值。

2. 伸长率在原始标距 $L_0=5d$ 上测得，d 是试样上原始标距处的直径。

3. 对于 QT350-22AL、QT350-22AR、QT400-18AL、QT400-18AR 四个牌号，如需方要求，可做冲击试验，其室温和低温下的冲击功指标应符合 GB/T 1348—2009 的有关规定。

4. 铸件本体试样性能指标，由供需双方商定，铸件本体的性能数值，由于铸件的复杂程度及壁厚的变化，目前尚无法统一规定，单铸和附铸试样铸件的力学性能可作为指导值，铸件本体性能值也许等于或低于表 4-1-15 和本表所给定的值。

表 4-1-17　　球墨铸铁材料硬度分类（GB/T 1348—2009）

材料硬度牌号	布氏硬度范围 HBW	其他性能(参考)	
		抗拉强度 R_m(min)/MPa	屈服强度 $R_{p0.2}$(min)/MPa
QT-130HBW	＜160	350	220
QT-150HBW	130～175	400	250
QT-155HBW	135～180	400	250
QT-185HBW	160～210	450	310
QT-200HBW	170～230	500	320
QT-215HBW	180～250	550	350
QT-230HBW	190～270	600	370
QT-265HBW	225～305	700	420
QT-300HBW	245～335	800	480
QT-330HBW	270～360	900	600

注：1. 球墨铸铁的抗拉强度和硬度是相互关联的，当需方确定硬度性能为重要质量要求时，双方商定可将硬度指标作为检验项目，并按本表规定。

2. 300HBW 和 330HBW 不适用于厚壁铸件。

3. 对于批量生产的铸件，用本表的材料硬度牌号，按以下程序来确定符合表 4-1-15 或表 4-1-16 各抗拉强度性能要求硬度范围。

1）从本表中选择硬度等级。

2）按本表中各硬度牌号所列出的抗拉强度和屈服强度，在表 4-1-15 或表 4-1-16 中选择相应的材料牌号。

3）只保留硬度值符合本表规定的硬度范围的试样。

4）围绕相差最接近 10HBW 的硬度值，测定每一个试样的抗拉强度、屈服强度、伸长率和布氏硬度。当供需双方为获得希望的统计置信度，对应于每个 HBW 值，为得到一个最小抗拉强度，可多次进行试验。

5）绘制抗拉强度性能柱状图，作为硬度的函数之一。

6）对每一个 HBW 值，选取对应的最小抗拉强度值作为过程能力的指标。

7）逐一列出满足表 4-1-15 和表 4-1-16 抗拉强度和屈服强度值的各牌号材料的最小硬度值。

8）逐一列出满足表 4-1-15 和表 4-1-16 伸长率的各牌号材料的最大硬度值。

材料最大和最小 HBW 值的硬度范围按上述步骤即可确定。硬度取样和测试方法按 GB/T 1348—2009 附录 C 的规定。

表 4-1-18 球墨铸铁常温物理性能和力学性能（GB/T 1348—2009）

特性值	单位	材料牌号									
		QT350-22	QT400-18	QT450-10	QT500-7	QT550-5	QT600-3	QT700-2	QT800-2	QT900-2	QT500-10
剪切强度	MPa	315	360	405	450	500	540	630	720	810	—
扭转强度	MPa	315	360	405	450	500	540	630	720	810	—
弹性模量 E（拉伸和压缩）	GPa	169	169	169	169	172	174	176	176	176	170
泊松比 ν	—	0.275	0.275	0.275	0.275	0.275	0.275	0.275	0.275	0.275	0.28～0.29
无缺口疲劳极限①（旋转弯曲）（ϕ10.6mm）	MPa	180	195	210	224	236	248	280	304	304	225
有缺口疲劳极限②（旋转弯曲）（ϕ10.6mm）	MPa	114	122	128	134	142	149	168	182	182	140
抗压强度	MPa	—	700	700	800	840	870	1000	1150	—	—
断裂韧性 K_{IC}	$MPa \cdot \sqrt{m}$	31	30	28	25	22	20	15	14	14	28
300℃时的热导率	W/(K·m)	36.2	36.2	36.2	35.2	34	32.5	31.1	31.1	31.1	—
20～500℃时的比热容	J/(kg·K)	515	515	515	515	515	515	515	515	515	—
20～400℃时的线胀系数	$10^{-6}K^{-1}$	12.5	12.5	12.5	12.5	12.5	12.5	12.5	12.5	12.5	—
密度	kg/dm^3	7.1	7.1	7.1	7.1	7.1	7.2	7.2	7.2	7.2	7.1
最大渗透性	$\mu H/m$	2136	2136	2136	1596	1200	866	501	501	501	—
磁滞损耗（B=1T）	J/m^3	600	600	600	1345	1800	2248	2700	2700	2700	—
电阻率	$\mu\Omega \cdot m$	0.50	0.50	0.50	0.51	0.52	0.53	0.54	0.54	0.54	—
主要基体组织	—	铁素体	铁素体	铁素体	铁素体-珠光体	铁素体-珠光体	珠光体-铁素体	珠光体	珠光体或索氏体	回火马氏体或索氏体＋屈氏体③	铁素体

① 对抗拉强度是370MPa的球墨铸铁件无缺口试样，退火铁素体球墨铸铁件的疲劳极限强度大约是抗拉强度的0.5倍。在珠光体球墨铸铁和（淬火＋回火）球墨铸铁中这个比率随着抗拉强度的增加而减少，疲劳极限强度大约是抗拉强度的0.4倍．当抗拉强度超过740MPa时这个比率将进一步减少。

② 对直径ϕ10.6mm的45°圆角R0.25mm的V形缺口试样，退火球墨铸铁件的疲劳极限强度降低到无缺口球墨铸铁件（抗拉强度是370MPa）疲劳极限的0.63倍。这个比率随着铁素体球墨铸铁件抗拉强度的增加而减少。对中等强度的球墨铸铁件、珠光体球墨铸铁件和（淬火＋回火）球墨铸铁件，有缺口试样的疲劳极限大约是无缺口试样疲劳极限强度的0.6倍。

③ 对大型铸件，可能是珠光体，也可能是回火马氏体或屈氏体＋索氏体。

注：本表为GB/T 1348—2009的资料性附录，本表未列的信息见表4-1-15和表4-1-16。

表 4-1-19 **球墨铸铁的特性及应用**（GB/T 1348—2009）

材料牌号	特性及应用举例
QT400-18L QT400-18R QT400-18	为铁素体型球墨铸铁，有良好的韧性和塑性，且有一定的抗温度急变性和耐蚀性能，焊接性和切削性较好，低温冲击值较高，在低温下的韧性和脆性转变温度较低。适用于制造承受高冲击振动、扭转等静负荷和动负荷的部位之零件，适于制作具有较高韧性和塑性的零件，特别适于制作低温条件下要求一定冲击性能的零件，如汽车、拖拉机中的牵引框、轮毂、驱动桥壳体、离合器壳体、差速器壳体、弹簧吊耳、阀体、阀盖、支架、压缩机中较高温度的高低压气缸、输气管、铁道垫板、农机用铧犁、犁柱、犁托、牵引架、收割机导架、护刃器等
QT400-15	为铁素体型球墨铸铁，具有良好的塑性和韧性，较好的焊接性和切削性，并有一定的抗温度急变性和耐蚀性能，在低温下有较低的韧性。适用于制作承受高扭转及冲击振动等静负荷和动负荷，要求塑性及韧性较高的零件，特别适于制作低温条件下要求一定冲击性能的零件，其应用情况与 QT400-18 相近
QT450-10	为铁素体型球墨铸铁，具有较高的韧性和塑性，在低温下的韧性和脆性转变温度较低，低温冲击韧性较高，且有一定的抗温度急变性和耐蚀性，焊接性能和切削性能均较好，与 QT400-18 相比较，其塑性稍低于 QT400-18，强度和小能量冲击力优于 QT400-18。其应用范围和 QT400-18 相近
QT500-7	为珠光体加铁素体类型的球墨铸铁，具有一定的强度和韧性，铸造工艺性能较好，切削加工性尚好；耐磨性和减振性能良好，缺口敏感性比钢低，能够采用不同的热处理方法改变其性能。在机械制造中应用广泛，适用于制作内燃机的机油泵齿轮、汽轮机中温气缸隔板及水轮机的阀门体、铁路机车的轴瓦、输电线路用的联板和硫头、机器座架、液压缸体、连杆、传动轴、飞轮、千斤顶座等
QT600-3	为珠光体类型球墨铸铁（珠光体含量大于 65%），具有较高的综合性能，中高等强度，中等塑性及韧性，良好的耐磨性、减振性及铸造工艺性，可以采用热处理方法改变其性能。主要用于制造各种动力机械曲轴、凸轮轴、连接轴、连杆、齿轮、离合器片、液压缸体等
QT700-2 QT800-2	为珠光体类型球墨铸铁，有较高强度，良好的耐磨性，较高的疲劳极限，且有一定的塑性和韧性。适用于制作强度要求较高的零件，如柴油机和汽油机的曲轴、汽油机的凸轮、气缸套、进排气门座、连杆；农机用的脚踏脱粒机齿条及轻载荷齿轮；机床用主轴；空压机、冷冻机、制氧机的曲轴、缸体、缸套、球磨机齿轴、矿车轮、桥式起重机大小车滚轮、小型水轮机的主轴等
QT900-2	高强度，高耐磨性，具有一定的韧性，较高的弯曲疲劳强度和接触疲劳强度。用于制作农机用的犁铧、耙片、低速农用轴承套圈，汽车用的传动轴、转向轴及螺旋锥齿轮，内燃机的凸轮轴及曲轴，拖拉机用减速齿轮等
QT500-10	机械加工性能优于 QT500-7，基体组织以铁素体为主，珠光体含量不超过 5%，渗碳体不超过 1%，适用于要求良好切削性能、较高韧性和强度中等的铸件

1.4.5 耐热铸铁件

表 4-1-20 耐热铸铁牌号、化学成分及室温力学性能和高温力学性能（GB/T 9437—2009）

铸铁牌号	化学成分(质量分数)/%							室温力学性能		高温力学性能				
	C	Si	Mn	P	S	Cr	Al	抗拉强度 R_m/MPa ≥	硬度 HBW	下列温度时短时抗拉强度 R_m/MPa ≥				
			≤							500℃	600℃	700℃	800℃	900℃
HTRCr	3.0～3.8	1.5～2.5	1.0	0.10	0.08	0.50～1.00	—	200	189～288	225	144	—	—	—
HTRCr2	3.0～3.8	2.0～3.0	1.0	0.10	0.08	1.00～2.00	—	150	207～288	243	166	—	—	—
HTRCr16	1.6～2.4	1.5～2.2	1.0	0.10	0.05	15.00～18.00	—	340	400～450	—	—	—	144	88
HTRSi5	2.4～3.2	4.5～5.5	0.8	0.10	0.08	0.5～1.00	—	140	160～270	—	—	41	27	—
QTRSi4	2.4～3.2	3.5～4.5	0.7	0.07	0.015	—	—	420	143～187	—	—	75	35	—
QTRSi4Mo	2.7～3.5	3.5～4.5	0.5	0.07	0.015	Mo 0.5～0.9	—	520	188～241	—	—	101	46	—
QTRSi4Mo1	2.7～3.5	4.0～4.5	0.3	0.05	0.015	Mo 1.0～1.5	Mg 0.01～0.05	550	200～240	—	—	101	46	—
QTRSi5	2.4～3.2	4.5～5.5	0.7	0.07	0.015	—	—	370	228～302	—	—	67	30	—
QTRAl4Si4	2.5～3.0	3.5～4.5	0.5	0.07	0.015	—	4.0～5.0	250	285～341	—	—	—	82	32
QTRAl5Si5	2.3～2.8	4.5～5.2	0.5	0.07	0.015	—	5.0～5.8	200	302～363	—	—	—	167	75
QTRAl22	1.6～2.2	1.0～2.0	0.7	0.07	0.015	—	20.0～24.0	300	241～364	—	—	—	130	77

注：1. GB/T 9437—2009《耐热铸铁件》代替 GB/T 9437—1988。适用于砂型铸造或导热性与砂型相仿的铸型中浇注而成的且工作在 1100℃以下的耐热铸铁件。

2. 铸件的几何形状与尺寸应符合图样的要求。其尺寸公差和加工余量应符合 GB/T 6414 的规定，其质量偏差应符合 GB/T 11351 的规定。

3. 铸件表面粗糙度应符合 GB/T 6060.1 的规定，由供需双方商定标准等级。

4. 铸件应清理干净，修整多余部分，去除浇冒口残余、芯骨、粘砂及内腔残余物等。铸件允许的浇冒口残余、披缝、飞刺残余、内腔清洁度等，应符合需方图样、技术要求或供需双方订货协定。

表 4-1-21　　**耐热铸铁的使用条件及应用**（GB/T 9437—2009）

铸铁牌号	使用条件	应用举例
HTRCr	在空气炉气中，耐热温度到 550℃。具有高的抗氧化性和体积稳定性	适用于急冷急热的，薄壁，细长件。用于炉条、高炉支梁式水箱、金属型、玻璃模等
HTRCr2	在空气炉气中，耐热温度到 600℃。具有高的抗氧化性和体积稳定性	适用于急冷急热的，薄壁，细长件。用于煤气炉内灰盆、矿山烧结车挡板等
HTRCr16	在空气炉气中耐热温度到 900℃。具有高的室温及高温强度，高的抗氧化性，但常温脆性较大。耐硝酸的腐蚀	可在室温及高温下作抗磨件使用。用于退火罐、煤粉烧嘴、炉栅、水泥焙烧炉零件、化工机械等零件
HTRSi5	在空气炉气中，耐热温度到 700℃。耐热性较好，承受机械和热冲击能力较差	用于炉条、煤粉烧嘴、锅炉用梳形定位析、换热器针状管、二硫化碳反应瓶等
QTRSi4	在空气炉气中耐热温度到 650℃。力学性能抗裂性较 RQTSi5 好	用于玻璃窑烟道闸门、玻璃引上机墙板、加热炉两端管架等
QTRSi4Mo	在空气炉气中耐热温度到 680℃。高温力学性能较好	用于内燃机排气歧管、罩式退火炉导向器、烧结机中后热筛板、加热炉吊梁等
QTRSi4Mo1	在空气炉气中耐热温度到 800℃。高温力学性能好	用于内燃机排气歧管、罩式退火炉导向器、烧结机中后热筛板、加热炉吊梁等
QTRSi5	在空气炉气中耐热温度到 800℃。常温及高温性能显著优于 RTSi5	用于煤粉烧嘴、炉条、辐射管、烟道闸门、加热炉中间管架等
QTRAl4Si4	在空气炉气中耐热温度到 900℃。耐热性良好	适用于高温轻载荷下工作的耐热件。用于烧结机篦条，炉用件等
QTRAl5Si5	在空气炉气中耐热温度到 1050℃。耐热性良好	
QTRAl22	在空气炉气中耐热温度到 1100℃。具有优良的抗氧化能力，较高的室温和高温强度，韧性好，抗高温硫蚀性好	适用于高温(1100℃)、载荷较小、温度变化较缓的工件。用于锅炉用侧密封块、链式加热炉炉爪、黄铁矿焙烧炉零件等

1.4.6 抗磨白口铸铁件

表 4-1-22　　**抗磨白口铸铁牌号及其化学成分**（GB/T 8263—2010）

牌号	化学成分(质量分数)/%								
	C	Si	Mn	Cr	Mo	Ni	Cu	S	P
BTMNi4Cr2-DT	2.4～3.0	≤0.8	≤2.0	1.5～3.0	≤1.0	3.3～5.0	—	≤0.10	≤0.10
BTMNi4Cr2-GT	3.0～3.6	≤0.8	≤2.0	1.5～3.0	≤1.0	3.3～5.0	—	≤0.10	≤0.10
BTMCr9Ni5	2.5～3.6	1.5～2.2	≤2.0	8.0～10.0	≤1.0	4.5～7.0	—	≤0.06	≤0.06
BTMCr2	2.1～3.6	≤1.5	≤2.0	1.0～3.0	—	—	—	≤0.10	≤0.10
BTMCr8	2.1～3.6	1.5～2.2	≤2.0	7.0～10.0	≤3.0	≤1.0	≤1.2	≤0.06	≤0.06
BTMCr12-DT	1.1～2.0	≤1.5	≤2.0	11.0～14.0	≤3.0	≤2.5	≤1.2	≤0.06	≤0.06
BTMCr12-GT	2.0～3.6	≤1.5	≤2.0	11.0～14.0	≤3.0	≤2.5	≤1.2	≤0.06	≤0.06
BTMCr15	2.0～3.6	≤1.2	≤2.0	14.0～18.0	≤3.0	≤2.5	≤1.2	≤0.06	≤0.06
BTMCr20	2.0～3.3	≤1.2	≤2.0	18.0～23.0	≤3.0	≤2.5	≤1.2	≤0.06	≤0.06
BTMCr26	2.0～3.3	≤1.2	≤2.0	23.0～30.0	≤3.0	≤2.5	≤1.2	≤0.06	≤0.06

注：1. 牌号中，“DT”和“GT”分别是“低碳”和“高碳”的汉语拼音大写字母，表示该牌号含碳量的高低。
2. 允许加入微量 V、Ti、Nb、B 和 RE 等元素。

表 4-1-23 抗磨白口铸铁力学性能、特性及应用（GB/T 8263—2010）

<table>
<tr><th rowspan="3">牌号</th><th colspan="6">硬度</th><th colspan="2" rowspan="3">特性及应用举例</th></tr>
<tr><th colspan="2">铸态或铸态并去应力处理</th><th colspan="2">硬化态或硬化态并去应力处理</th><th colspan="2">软化退火态</th></tr>
<tr><th>HRC</th><th>HBW</th><th>HRC</th><th>HBW</th><th>HRC</th><th>HBW</th></tr>
<tr><td>BTMNi4Cr2-DT</td><td>≥53</td><td>≥550</td><td>≥56</td><td>≥600</td><td>—</td><td>—</td><td rowspan="3">镍硬铸铁用于许多磨损工况，抗腐蚀磨损性能良好、硬度高，通常可与其他白口铸铁、合金钢或高锰钢竞争，当代替钢时，应保证使用条件下不碎裂。在较多情况下不如高铬钼白口铸铁</td><td>冲击疲劳载荷中等，抗磨性较好，适用于中等冲击负荷的磨料磨损，用于磨辊、磨道、磨环、衬板及 ϕ50mm 以下磨球</td></tr>
<tr><td>BTMNi4Cr2-GT</td><td>≥53</td><td>≥550</td><td>≥56</td><td>≥600</td><td>—</td><td>—</td><td>有较高硬度和抗磨性，硬度高于 BTMTBNi4Cr2-DT，用于较小冲击负荷的磨料磨损，如衬板、磨辊、磨环、输送矿浆或固体物料管道及磨球</td></tr>
<tr><td>BTMCr9Ni5</td><td>≥50</td><td>≥500</td><td>≥56</td><td>≥600</td><td>—</td><td>—</td><td>淬透性好、高硬度、耐磨性良好、抗冲击疲劳性能较高，耐蚀性能较好，用于中等冲击负荷磨料磨损，如杂质泵叶轮、护套以及输送弯管</td></tr>
<tr><td>BTMCr2</td><td>≥45</td><td>≥435</td><td>—</td><td>—</td><td>—</td><td>—</td><td colspan="2">用于较小冲击载荷的磨料磨损工况，广泛用于制造磨球（水泥球磨机、电厂球磨机、冶金业湿态球磨机），也用于制作衬板和破碎机辊套</td></tr>
<tr><td>BTMCr8</td><td>≥46</td><td>≥450</td><td>≥56</td><td>≥600</td><td>≤41</td><td>≤400</td><td colspan="2">有一定耐蚀性，可用于中等冲击载荷的磨料磨损和冲击腐蚀磨损的工况，有良好的综合力学性能，热处理后硬度高、韧度高，用于电力、冶金、水泥行业的球磨机磨球制作及制造衬板</td></tr>
<tr><td>BTMCr12-DT</td><td>—</td><td>—</td><td>≥50</td><td>≥500</td><td>≤41</td><td>≤400</td><td rowspan="5">高铬铸铁含铬量高，有良好的硬度、耐蚀性及抗氧化性，同时具有高于普通白口铸铁的韧性，应用于各种磨料磨损及各种高温磨损和腐蚀磨损的工况，如冶金矿山磨球、磨煤机和水泥立磨机的磨辊、磨盘、辊道、破碎机小锤头、抛丸机叶片高温环境中的抗磨零部件</td><td>有较高韧度，硬度适宜，可用于中等冲击载荷的磨料磨损，如大型水泥球磨机磨损件，磨球应用广泛、小型破碎机锤头</td></tr>
<tr><td>BTMCr12-GT</td><td>≥46</td><td>≥450</td><td>≥58</td><td>≥600</td><td>≤41</td><td>≤400</td><td>可用于中等冲击载荷的磨料磨损，如水泥球磨机磨球和衬板、磨煤机磨球、渣浆泵泵体、叶轮、盖板、冶金轧辊、板锤、叶片、锤头</td></tr>
<tr><td>BTMCr15</td><td>≥46</td><td>≥450</td><td>≥58</td><td>≥650</td><td>≤41</td><td>≤400</td><td>有很好的淬透性、较好耐磨性、硬度和韧度较高，耐蚀性良好，用于较大冲击载荷的磨料磨损，厚壁耐磨件，如磨辊、衬瓦、板锤以及腐蚀磨损及高温磨损件（轧管机顶头、穿孔机导板、渣浆泵过流件、矿用磨球）</td></tr>
<tr><td>BTMCr20</td><td>≥46</td><td>≥450</td><td>≥58</td><td>≥650</td><td>≤41</td><td>≤400</td><td rowspan="2">淬透性很好，有良好的耐蚀性和抗高温氧化性，适用于较大冲击载荷的磨料磨损，如厚大铸件磨辊和衬瓦、板锤；湿式磨机磨球、腐蚀磨损渣浆泵过流件、高温磨损件（炉用零件、轧机导板）磨机衬板</td></tr>
<tr><td>BTMCr26</td><td>≥46</td><td>≥450</td><td>≥58</td><td>≥600</td><td>≤41</td><td>≤400</td></tr>
</table>

注：1. GB/T 8263—2010 规定的抗磨白口铸铁，碳主要以碳化物的形式分布于金属基体组织中，具有良好的抗磨料磨损性能；由硬颗粒或凸出物的作用而造成的材料迁移所导致的磨损，称为磨料磨损。抗磨白口铸铁适用于生产制作矿山、冶金、电力、建材和机械制造等行业的易磨损件。

2. 生产方法由供方确定，金相组织一般不作为验收依据，热处理规范及金相组织参见 GB/T 8263—2010 的规定。

3. 抗磨白口铸铁件的硬度作为验收依据，其指标符合本表规定，其他力学性能在需方要求时，可由供需双方商定性能指标及试验方法。

4. 在清理铸件或处理铸件缺陷过程中，不能采用火焰切割、电弧切割、电焊切割和补焊。

1.4.7　高硅耐蚀铸铁件

表 4-1-24　　高硅耐蚀铸铁牌号、化学成分、性能及应用（GB/T 8491—2009）

牌号	化学成分(质量分数)/%									最小抗弯强度 σ_{dB}/MPa	最小挠度 f/mm	性能和适用条件	应用举例
	C	Si	Mn	P	S	Cr	Mo	Cu	R残留量				
HTSSi11Cu2CrR	≤1.20	10.00～12.00	≤0.50	≤0.10	≤0.10	0.60～0.80	—	1.80～2.20	≤0.10	190	0.80	具有较好的力学性能，可以用一般的机械加工方法进行生产。在浓度大于或等于10%的硫酸、浓度小于或等于46%的硝酸或由上述两种介质组成的混合酸、浓度大于或等于70%的硫酸加氯、苯、苯磺酸等介质中具有较稳定的耐蚀性能，但不允许有急剧的交变载荷、冲击载荷和温度突变	卧式离心机、潜水泵、阀门、旋塞、塔罐、冷却排水管、弯头等化工设备和零部件等
HTSSi15R	0.65～1.10	14.20～14.75	≤1.50			≤0.50	≤0.50	≤0.50		118	0.66	在氧化性酸（例如：各种温度和浓度的硝酸、硫酸、铬酸等）各种有机酸和一系列盐溶液介质中都有良好的耐蚀性，但在卤素的酸、盐溶液（如氢氟酸和氯化物等）和强碱溶液中不耐蚀。不允许有急剧的交变载荷、冲击载荷和温度突变	各种离心泵、阀类、旋塞、管道配件、塔罐、低压容器及各种非标准零部件等
HTSSi15Cr4MoR	0.75～1.15	14.20～14.75	≤1.50			3.25～5.00	0.40～0.60	≤0.50		118	0.66	适用于强氯化物的环境	
HTSSi15Cr4R	0.70～1.10	14.2～14.75	≤1.50			3.25～5.00	≤0.20	≤0.50		118	0.66	具有优良的耐电化学腐蚀性能，并有改善抗氧化性条件的耐蚀性能。高硅铬铸铁中和铬可提高其钝化性和点蚀击穿电位，但不允许有急剧的交变载荷和温度突变	在外加电流的阴极保护系统中，大量用作辅助阳极铸件

注：1. GB/T 8491—2009《高硅耐蚀铸铁件》代替 GB/T 8491—1987，本表各牌号以化学成分作为验收条件，力学性能一般不作为验收依据。如果需方有要求，则应对其试棒进行弯曲试验，以测定其抗弯强度和挠度，试验结果应符合本表规定。

2. 铸件的几何形状、尺寸公差等技术要求应符合 GB/T 8491—2009 的有关规定，并在需方提供的图样上反映清楚。

3. 除另有规定外，铸铁的生产工艺由供方自行确定。

1.4.8 铬锰钨系抗磨铸铁件

表 4-1-25 铬锰钨系抗磨铸铁件牌号、化学成分及性能（GB/T 24597—2009）

牌号	化学成分(质量分数)/%							硬度 HRC		淬硬深度 /mm
	C	Si	Cr	Mn	W	P	S	软化退火态	硬化态	
BTMCr18Mn3W2	2.8～3.5	0.3～1.0	16～22	2.5～3.5	1.5～2.5	≤0.08	≤0.06	≤45	≥60	100
BTMCr18Mn3W	2.8～3.5	0.3～1.0	16～22	2.5～3.5	1.0～1.5	≤0.08	≤0.06	≤45	≥60	80
BTMCr18Mn2W	2.8～3.5	0.3～1.0	16～22	2.0～2.5	0.3～1.0	≤0.08	≤0.06	≤45	≥60	65
BTMCr12Mn3W2	2.0～2.8	0.3～1.0	10～16	2.5～3.5	1.5～2.5	≤0.08	≤0.06	≤40	≥58	80
BTMCr12Mn3W	2.0～2.8	0.3～1.0	10～16	2.5～3.5	1.0～1.5	≤0.08	≤0.06	≤40	≥58	65
BTMCr12Mn2W	2.0～2.8	0.3～1.0	10～16	2.0～2.5	0.3～1.0	≤0.08	≤0.06	≤40	≥58	50
应用	含锰、含钨的高铬抗磨铸铁，具有良好的抗磨料磨损性能，用于冶金、电力、建材等部门在磨料磨损工作条件下的零、部件									

注：1. 铸件断面深度 40%部位的硬度，应不低于表面硬度值的 96%。

2. 各牌号的化学成分中，铬碳比应当大于等于 5。

3. 淬硬深度指在风冷硬化条件下铸件心部硬度分别达到 58HRC 以上（BTMCr18Mn3W2、BTMCr18Mn3W、BTMCr18Mn2W）或 56HRC 以上（BTMCr12Mn3W2、BTMCr12Mn3W、BTMCr12Mn2W）的铸件厚度 1/2 处至铸件表面的距离。

1.4.9 奥氏体铸铁件

表 4-1-26 奥氏体铸铁件牌号及力学性能（GB/T 26648—2011）

分类	材料牌号	化学成分(质量分数)/%							
		C≤	Si	Mn	Cu	Ni	Cr	P≤	S≤
一般工程用牌号	HTANi15Cu6Cr2	3.0	1.0～2.8	0.5～1.5	5.5～7.5	13.5～17.5	1.0～3.5	0.25	0.12
	QTANi20Cr2	3.0	1.5～3.0	0.5～1.5	≤0.5	18.0～22.0	1.0～3.5	0.05	0.03
	QTANi20Cr2Nb①	3.0	1.5～2.4	0.5～1.5	≤0.5	18.0～22.0	1.0～3.5	0.05	0.03
	QTANi22	3.0	1.5～3.0	1.5～2.5	≤0.5	21.0～24.0	≤0.50	0.05	0.03
	QTANi23Mn4	2.6	1.5～2.5	4.0～4.5	≤0.5	22.0～24.0	≤0.2	0.05	0.03
	QTANi35	2.4	1.5～3.0	0.5～1.5	≤0.5	34.0～36.0	≤0.2	0.05	0.03
	QTANi35Si5Cr2	2.3	4.0～6.0	0.5～1.5	≤0.5	34.0～36.0	1.5～2.5	0.05	0.03
特殊用途牌号	HTANi13Mn7	3.0	1.5～3.0	6.0～7.0	≤0.5	12.0～14.0	≤0.2	0.25	0.12
	QTANi13Mn7	3.0	2.0～3.0	6.0～7.0	≤0.5	12.0～14.0	≤0.2	0.05	0.03
	QTANi30Cr3	2.6	1.5～3.0	0.5～1.5	≤0.5	28.0～32.0	2.5～3.5	0.05	0.03
	QTANi30Si5Cr5	2.6	5.0～6.0	0.5～1.5	≤0.5	28.0～32.0	4.5～5.5	0.05	0.03
	QTANi35Cr3	2.4	1.5～3.0	1.5～2.5	≤0.5	34.0～36.0	2.0～3.0	0.05	0.03

分类	材料牌号	力学性能				
		抗拉强度 R_m /MPa ≥	屈服强度 $R_{p0.2}$ /MPa ≥	伸长率 A /% ≥	冲击功(V 形缺口) /J ≥	布氏硬度 HBW
一般工程用牌号	HTANi15Cu6Cr2	170	—	—	—	120～215
	QTANi20Cr2	370	210	7	13	140～255
	QTANi20Cr2Nb①	370	210	7	13	140～200
	QTANi22	370	170	20	20	130～170
	QTANi23Mn4	440	210	25	24	150～180
	QTANi35	370	210	20	—	130～180
	QTANi35Si5Cr2	370	200	10	—	130～170
特殊用途牌号	HTANi13Mn7	140	—	—	—	120～150
	QTANi13Mn7	390	210	15	16	120～150
	QTANi30Cr3	370	210	7	—	140～200
	QTANi30Si5Cr5	390	240	—	—	170～250
	QTANi35Cr3	370	210	7	—	140～190

① 当 Nb%≤[0.353～0.032(Si%+64×Mg%)] 时，此牌号材料具有良好的焊接性，适用于焊接产品，Nb 的含量的正常范围是 0.12%～0.20%。

注：1. GB/T 26648—2011 规定，以铁、镍、碳为主，添加硅、锰、铜和铬等元素，经熔炼而成，室温下具有稳定的以奥氏体基体为主的铸铁，称为奥氏体铸铁。

2. 奥氏体铸铁件的牌号、化学成分及力学性能均应符合本表规定。验收项目由供需双方协定。一般情况下，奥氏体灰铸铁和 QTANi30Si5Cr5 以 R_m 为验收项目；奥氏体球墨铸铁以 R_m 和 A 作为验收项目。对于屈服强度、冲击性能和硬度有要求时，经供需双方协定，亦可作为验收依据。

表 4-1-27　　奥氏体球墨铸铁在不同温度下的力学性能（GB/T 26648—2011）

特性	单位	温度/℃	牌号				
			QTANi20Cr2、QTANi20Cr2Nb	QTANi22	QTANi30Cr3	QTANi30Si5Cr5	QTANi35Cr3
抗拉强度 R_m ≥	MPa	20	417	437	410	450	427
		430	380	368	—	—	—
		540	335	295	337	426	332
		650	250	197	293	337	286
		760	155	121	186	153	175
屈服强度 $R_{p0.2}$ ≥	MPa	20	246	240	276	312	288
		430	197	184	—	—	—
		540	197	165	199	291	181
		650	176	170	193	139	170
		760	119	117	107	130	131
伸长率 A ≥	%	20	10.5	35	7.5	3.5	7
		430	12	23	—	—	—
		540	10.5	19	7.5	4	9
		650	10.5	10	7	11	6.5
		760	15	13	18	30	24.5
抗蠕变强度(1000h)	MPa	540	197	148	—	—	—
		595	(127)	(95)	165	120	176
		650	84	63	(105)	(67)	105
		705	(60)	(42)	68	44	70
		760	(39)	(28)	(42)	(21)	(39)
最小蠕变速率时的应力(1%/1000h)	MPa	540	162	91	—	—	(190)
		595	(92)	(63)	—	—	(112)
		650	56	40	—	—	(67)
		705	(34)	(24)	—	—	56
最小蠕变速率时的应力(1%/10000h)	MPa	540	63	—	—	—	—
		595	(39)	—	—	—	70
		650	24	—	—	—	—
		705	(15)	—	—	—	39
蠕变断裂伸长率(1000h)(min)	%	540	6	14	—	—	—
		595	—	—	7	10.5	6.5
		650	13	13	—	—	—
		705	—	—	12.5	25	13.5

注：本表各牌号括号内的力学性能数值是采用插值法计算所得。

表 4-1-28　　QTANi23Mn4 的低温力学性能（GB/T 26648—2011）

温度/℃	抗拉强度 R_m/MPa	屈服强度 $R_{p0.2}$/MPa	伸长率 A/%	断面收缩率/%	冲击功/J
+20	450	220	35	32	29
0	450	240	35	32	31
−50	460	260	38	35	32
−100	490	300	40	37	34
−150	530	350	38	35	33
−183	580	430	33	27	29
−196	620	450	27	25	27

表 4-1-29　　奥氏体铸铁力学性能的补充数值（GB/T 26648—2011）

牌号	抗拉强度 R_m/MPa	抗压强度/MPa	屈服强度 $R_{p0.2}$/MPa	伸长率 A/%	冲击功/J	弹性模量/GPa	布氏硬度 HBW
HTANi13Mn7	140～220	630～840	—	—	—	70～90	120～150
HTANi15Cu6Cr2	170～210	700～840	—	2	—	85～105	120～215
QTANi13Mn7	390～470	—	210～260	15～18	15～25	140～150	120～150
QTANi20Cr2	370～480	—	210～250	7～20	11～24	112～130	140～255
QTANi20Cr2Nb	370～480	—	210～250	8～20	11～24	112～130	140～200
QTANi22	370～450	—	170～250	20～40	17～29	85～112	130～170
QTANi23Mn4	440～480	—	210～240	25～45	20～30	120～140	150～180
QTANi30Cr3	370～480	—	210～260	7～18	5	92～105	140～200

续表

牌号	抗拉强度 R_m /MPa	抗压强度 /MPa	屈服强度 $R_{p0.2}$ /MPa	伸长率 A /%	冲击功 /J	弹性模量 /GPa	布氏硬度 HBW
QTANi30Si5Cr5	390～500	—	240～310	1～4	1～3	90	170～250
QTANi35	370～420	—	210～240	20～40	18	112～140	130～180
QTANi35Cr3	370～450	—	210～290	7～10	4	112～123	140～190
QTANi35Si5Cr2	380～500	—	210～270	10～20	7～12	130～150	130～170

注：本表为 GB/T 26648—2011 附录中的参考资料。

表 4-1-30 奥氏体铸铁特性及应用（GB/T 26648—2011）

分类	牌号	特性	应用
一般工程用奥氏体铸铁	HTANi15Cu6Cr2	良好的耐蚀性，尤其是在碱、稀酸、海水和盐溶液内。良好的耐热性、承载性，热膨胀系数高，含低铬时无磁性	泵、阀、炉子构件、衬套、活塞环托架，无磁性铸件
	QTANi20Cr2	良好的耐蚀性和耐热性，较强的承载性，较高的热膨胀系数，含低铬时无磁性。若增加 1%Mo(质量分数)可提高高温力学性能	泵、阀、压缩机、衬套、涡轮增压器外壳、排气歧管、无磁性铸件
	QTANi20Cr2Nb	适用于焊接产品，其他性能同 QTANi20Cr2	同 QTANi20Cr2
	QTANi22	伸长率较高，比 QTANi20Cr2 的耐蚀性和耐热性低，高的热膨胀系数，－100℃仍具韧性，无磁性	泵、阀、压缩机、衬套、涡轮增压器外壳、排气歧管、无磁性铸件
	QTANi23Mn4	伸长率特别高，－196℃仍具韧性，无磁性	适用于－196℃的制冷工程用铸件
	QTANi35	热膨胀系数最低，耐热冲击	要求尺寸稳定性好的机床零件、科研仪器、玻璃模具
	QTANi35Si5Cr2	抗热性好，其伸长率和抗蠕变能力高于 QTANi35Cr3，若增加 1% Mo(质量分数)，抗蠕变能力会更强	燃气涡轮壳体铸件、排气歧管、涡轮增压器外壳
特殊用途奥氏体铸铁	HTANi13Mn7	无磁性	无磁性铸件，如：涡轮发电机端盖、开关设备外壳、绝缘体法兰、终端设备、管道
	QTANi13Mn7	无磁性，与 HTANi13Mn7 性能相似，力学性能有所改善	无磁性铸件，如：涡轮发电机端盖、开关设备外壳、绝缘体法兰、终端设备、管道
	QTANi30Cr3	力学性能与 QTANi20Cr2Nb 相似，但耐腐蚀性和耐热性较好，中等热膨胀系数，优良的耐热冲击性，增加 1% Mo(质量分数)，具有良好的耐高温性	泵、锅炉、阀门、过滤器零件、排气歧管、涡轮增压器外壳
	QTANi30Si5Cr5	优良的耐腐蚀性和耐热性，中等热膨胀系数	泵、排气歧管、涡轮增压器外壳、工业熔炉铸件
	QTANi35Cr3	与 QTANi35 相似，增加 1% Mo(质量分数)，具有良好的耐高温性	燃气轮机外壳，玻璃模具

1.4.10 低温铁素体球墨铸铁件

表 4-1-31 低温铁素体球墨铸铁单铸试样性能（GB/T 32247—2015）

	材料牌号	抗拉强度 R_m (min)/MPa	屈服强度 $R_{p0.2}$ (min)/MPa	断后伸长率 A (min)/%	布氏硬度 HBW
单铸试样力学性能	QT350-22L (－50℃、－60℃)	350	220	22	≤160
	QT400-18L (－40℃、－50℃、－60℃)	400	240	18	≤170

续表

V形缺口冲击吸收能量（牌号后的温度表示该牌号的适用温度）	材料牌号	最小冲击吸收能量 K_V/J					
		−40℃±2℃		−50℃±2℃		−60℃±2℃	
		三个试样平均值	单个试样	三个试样平均值	单个试样	三个试样平均值	单个试样
	QT350-22L(−50℃)	—	—	12	9	—	—
	QT350-22L(−60℃)	—	—	—	—	12	9
	QT400-18L(−40℃)	12	9	—	—	—	—
	QT400-18L(−50℃)	—	—	12	9	—	—
	QT400-18L(−60℃)	—	—	—	—	12	9

注：1. 低温铁素体球墨铸铁件的生产方法、化学成分和热处理工艺，可由供方自行决定，但应满足GB/T 32247—2015规定的力学性能指标，化学成分不作为铸件的验收依据。

2. 当需方对铸件的化学成分、热处理方法有特殊要求时，由供需双方协定。

3. 铸件力学性能一般以试样的V型缺口冲击吸收能量、抗拉强度、屈服强度和断后伸长率作为验收依据。

4. 如在铸件的本体上取样，取样部位及力学性能指标，由供需双方商定。本体试样的力学性能指标一般低于单铸试块。

5. 从附铸试样上测得的力学性能并不能准确地反映铸件本体的力学性能，但与单铸试样上测得的值相比更接近于铸件的实际性能值；本体性能值也许等于或低于本表及表4-1-32所给定的值。

6. 基体组织以铁素体为主。如需方有特殊要求，由供需双方商定。

7. 石墨形态以球状为主。球化级别一般不低于GB/T 9441规定的2级；石墨大小≥5级。如需方有特殊要求，球化级别由供需双方商定。

8. 铸件几何形状及其尺寸公差应符合铸件图样的规定。

9. 铸件的尺寸公差按GB/T 6414的有关规定执行。有特殊要求的可按图样或有关技术协议要求执行。

10. 括号内的温度即该牌号的适用温度。

表4-1-32 低温铁素体球墨铸铁附铸试样的性能（GB/T 32247—2015）

	材料牌号	铸件厚度/mm	试块厚度/mm	抗拉强度 R_m(min)/MPa	屈服强度 $R_{p0.2}$(min)/MPa	断后伸长率 A(min)/%	布氏硬度HBW
附铸试样的力学性能	QT350-22AL(−50℃、−60℃)	≤30	25	350	220	22	≤160
		>30～60	40	330	210	18	
		>60～200	70	由供需双方商定			
	QT400-18AL(−40℃、−50℃、−60℃)	≤30	25	390	240	18	≤170
		>30～60	40	370	230	15	
		>60～200	70	由供需双方商定			

	材料牌号	铸件壁厚/mm	试块厚度/mm	最小冲击吸收能量 K_V/J					
				−40℃±2℃		−50℃±2℃		−60℃±2℃	
				三个试样平均值	单个试样	三个试样平均值	单个试样	三个试样平均值	单个试样
附铸试样V形缺口冲击吸收能量	QT350-22AL(−50℃)	≤30	25	—	—	12	9	—	—
		>30～60	40	—	—	12	9	—	—
		>60～200	70	—	—	—	—	—	—
	QT350-22AL(−60℃)	≤30	25	—	—	—	—	12	9
		>30～60	40	—	—	—	—	12	9
		>60～200	70	—	—	—	—	—	—
	QT400-18AL(−40℃)	≤30	25	12	9	—	—	—	—
		>30～60	40	12	9	—	—	—	—
		>60～200	70	—	—	—	—	—	—
	QT400-18AL(−50℃)	≤30	25	—	—	12	9	—	—
		>30～60	40	—	—	12	9	—	—
		>60～200	70	—	—	—	—	—	—
	QT400-18AL(−60℃)	≤30	25	—	—	—	—	12	9
		>30～60	40	—	—	—	—	12	9
		>60～200	70	—	—	—	—	—	—

注：需方要求提供附铸试样性能时，方可按本表规定。

1.5 铸钢

1.5.1 一般工程用铸造碳钢件

表 4-1-33 一般工程用铸造碳钢件牌号、化学成分、特性及应用（GB/T 11352—2009）

牌号	化学成分(质量分数)/% 最高含量						力学性能(最小值)						与旧标准 GB 979—67 牌号对照	特性及应用举例	
	C	Si	Mn	S	P	残余元素	R_{eH} ($R_{p0.2}$) /MPa	R_m /MPa	A_5 /%	按合同规定 Z /%	按合同规定 A_{KV} /J	按合同规定 A_{KU} /J			
ZG200-400	0.20	0.50	0.80	0.04		Ni 0.30 Cr 0.35 Cu 0.30 Mo 0.20 V 0.05 残余元素总量不超过 1.00%	200	400	25	40	30	47	ZG15	低碳铸钢，韧性及塑性均好，强度和硬度较低，低温冲击韧性大，脆性转变温度低，导磁、导电性能良好，焊接性好，切削性尚可，但铸造性较差	适于制作受力不大，但要求韧性良好的零件，如机座、变速箱体、电气吸盘等
ZG230-450	0.30		0.90				230	450	22	32	25	35	ZG25		适于制作负荷不大、韧性较好的零件，如轴承盖、底板、阀体、机座、轧钢机架、铁道车辆摇枕、箱体、砧座、犁柱、底板等
ZG270-500	0.40						270	500	18	25	22	27	ZG35	中碳铸钢，有一定的韧性和塑性，强度和硬度较高，焊接性尚可，切削性良好，铸造性能高于低碳铸钢	应用广泛，用于制作各种零件，如飞轮、车钩、水压机工作缸、机架、蒸汽锤、气缸、轴承座、连杆、箱体、曲轴等
ZG310-570	0.50	0.60					310	570	15	21	15	24	ZG45		适于制作重载荷零件，如联轴器、大齿轮、缸体、气缸、机架、制动轮、轴、辊子等
ZG340-640	0.60						340	640	10	18	10	16	ZG55	高碳铸钢，强度、硬度和耐磨性均高，塑性及韧性低，切削加工性尚可，焊接性较差，铸造时流动性较好，但裂纹敏感性较大	适于制作起重运输机齿轮、联轴器、齿轮、车轮、棘轮、叉头等

注：1. GB/T 11352—2009《一般工程用铸造碳钢件》代替 GB/T 11352—1989。
2. 各牌号化学成分应按本表规定；力学性能按本表规定，其中断面收缩率和冲击韧性如需方无要求时，由供方选择其中之一。
3. 除另有规定外，热处理工艺由供方自定，铸钢件的热处理按 GB/T 16923 钢件的正火与退火和 GB/T 16924 钢件的淬火与回火的规定执行。
4. 本表力学性能适用于厚度 100mm 以下的铸件，当铸件厚度超过 100mm 时，表中 R_{eH} 屈服强度仅供设计使用。
5. 各牌号碳含量上限减少 0.01%，允许增加 0.04%的锰。对 ZG200-400 锰最高至 1.00%，其余四个牌号锰最高至 1.20%。
6. 如需方无要求时，残余元素可不进行分析。

1.5.2 熔模铸造碳钢件

表 4-1-34 熔模铸造碳钢件牌号、化学成分及力学性能（GB/T 31204—2014）

牌号及化学成分	牌号	化学成分(质量分数)/% ≤										
		C	Si	Mn①	S	P	残余元素②					
							Cr	Ni	Cu	Mo	V	Ti
	ZG200-400	0.20	0.60	0.80	0.035	0.035	0.35	0.40	0.40	0.20	0.05	0.05
	ZG230-450	0.30		0.90								
	ZG270-500	0.40										
	ZG310-570	0.50										
	ZG340-640	0.60										

力学性能	牌号	屈服强度 $R_{eL}(R_{p0.2})$/MPa ≥	抗拉强度 R_m/MPa ≥	伸长率 A/% ≥	主要基体组织	供需双方商定		
						断面收缩率 Z/% ≥	冲击吸收能量/J	
							K_V	K_U
	ZG200-400	200	400	25	铁素体+珠光体	40	30	47
	ZG230-450	230	450	22		32	25	35
	ZG270-500	270	500	18		25	22	27
	ZG310-570	310	570	15		21	15	24
	ZG340-640	340	640	10		18	10	16

铸件分类及用途	类别	用　途	检验项目
	Ⅰ	承受重载荷或工作条件复杂的用于重要部位,铸件损坏将危及整机正常工作	化学成分、力学性能、尺寸公差、表面粗糙度、表面及内部缺陷、其他特殊要求
	Ⅱ	承受中等载荷,用于重要部位,铸件损坏影响部件正常工作	化学成分、力学性能、尺寸公差、表面粗糙度、表面及内部缺陷
	Ⅲ	承受轻载荷,用于一般部位	力学性能、尺寸公差、表面粗糙度、表面缺陷

① 对上限每减少 0.01%的碳，允许增加 0.04%的锰；对 ZG200-400，锰最高至 1.00%，其余 4 个牌号锰最高至 1.20%。

② 残余元素总量不超过 1.00%，如无特殊要求，残余元素不作为验收依据。

注：1. 当铸件厚度超过 100mm 时，屈服强度仅供设计使用。

2. 冲击吸收能量 U 型试样缺口为 2mm。

3. 熔模铸造碳钢件牌号表示方法按 GB/T 11352 进行，示例如下：

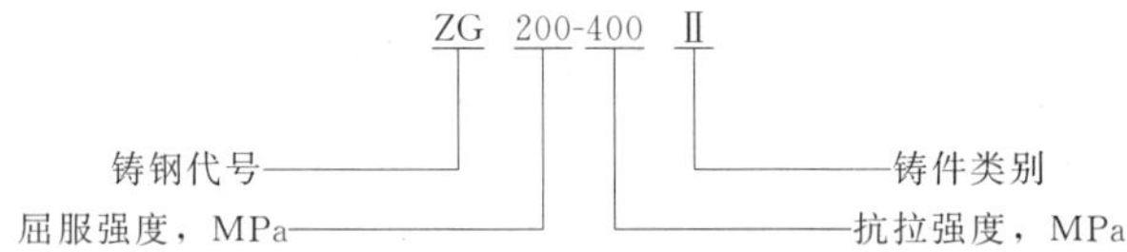

1.5.3 焊接结构用铸钢件

表 4-1-35 焊接结构用铸钢牌号、化学成分及力学性能（GB/T 7659—2010）

牌号	化学成分(质量分数)/%					单铸试块室温力学性能				
	主要元素					拉伸性能			根据合同选择	
	C	Si	Mn	P	S	上屈服强度 R_{eH} (min) /MPa	抗拉强度 R_m (min) /MPa	断后伸长率 A (min) /%	断面收缩率 Z (min) /%	冲击吸收功 A_{KV2} (min) /J
ZG200-400H	≤0.20	≤0.60	≤0.80	≤0.025	≤0.025	200	400	25	40	45
ZG230-450H	≤0.20	≤0.60	≤1.20	≤0.025	≤0.025	230	450	22	35	45
ZG270-480H	0.17～0.25	≤0.60	0.80～1.20	≤0.025	≤0.025	270	480	20	35	40

续表

牌号	化学成分(质量分数)/%					单铸试块室温力学性能				
	主要元素					拉伸性能			根据合同选择	
	C	Si	Mn	P	S	上屈服强度 R_{eH}(min)/MPa	抗拉强度 R_m(min)/MPa	断后伸长率 A(min)/%	断面收缩率 Z(min)/%	冲击吸收功 A_{KV2}(min)/J
ZG300-500H	0.17～0.25	≤0.60	1.00～1.60	≤0.025	≤0.025	300	500	20	21	40
ZG340-550H	0.17～0.25	≤0.80	1.00～1.60	≤0.025	≤0.025	340	550	15	21	35

注：1. 本表各牌号的铸钢，具有良好的焊接性能，适用于一般工程结构用且焊接性好的铸钢件。

2. 本表各牌号均含有残余元素，包括 Ni、Cr、Cu、Mo、V 等，残余元素总和应≤1.0%，且不作分析。

3. 各牌号的化学成分和单铸试块室温力学性能应符合本表规定。

4. 铸件热处理工艺，在无特殊要求时，由供方决定。

1.5.4　奥氏体锰钢铸件

表 4-1-36　奥氏体锰钢铸件牌号、化学成分、力学性及应用（GB/T 5680—2010）

	牌号	化学成分(质量分数)/%								
		C	Si	Mn	P	S	Cr	Mo	Ni	W
牌号及化学成分	ZG120Mn7Mo1	1.05～1.35	0.3～0.9	6～8	≤0.060	≤0.040	—	0.9～1.2	—	—
	ZG110Mn13Mo1	0.75～1.35	0.3～0.9	11～14	≤0.060	≤0.040	—	0.9～1.2	—	—
	ZG100Mn13	0.90～1.05	0.3～0.9	11～14	≤0.060	≤0.040	—	—	—	—
	ZG120Mn13	1.05～1.35	0.3～0.9	11～14	≤0.060	≤0.040	—	—	—	—
	ZG120Mn13Cr2	1.05～1.35	0.3～0.9	11～14	≤0.060	≤0.040	1.5～2.5	—	—	—
	ZG120Mn13W1	1.05～1.35	0.3～0.9	11～14	≤0.060	≤0.040	—	—	—	0.9～1.2
	ZG120Mn13Ni3	1.05～1.35	0.3～0.9	11～14	≤0.060	≤0.040	—	—	3～4	—
	ZG90Mn14Mo1	0.70～1.00	0.3～0.6	13～15	≤0.070	≤0.040	—	1.0～1.8	—	—
	ZG120Mn17	1.05～1.35	0.3～0.9	16～19	≤0.060	≤0.040	—	—	—	—
	ZG120Mn17Cr2	1.05～1.35	0.3～0.9	16～19	≤0.060	≤0.040	1.5～2.5	—	—	—

	牌号	力学性能			
部分牌号力学性能（经水韧处理后）		下屈服强度 R_{eL}/MPa	抗拉强度 R_m/MPa	断后伸长率 A/%	冲击吸收能量 K_{U2}/J
	ZG120Mn13	—	≥685	≥25	≥118
	ZG120Mn13Cr2	≥390	≥735	≥20	—
特性及应用	奥氏体锰钢铸件经水韧处理(水淬固溶处理)后，能形成单一的奥氏体组织，具有高强度，塑性、韧性均良好，在受冲击和大压力而塑性变形时，产生高耐磨的表面层，里层仍具有优良的韧性，因此，具有优良的抗冲击负荷的性能，适用于铸造各种耐冲击、抗磨损的零件。具有非磁性，可作为抗磁化零件之用。但其焊接性和切削性较差。铸造奥氏体锰钢适用于冶金、建材、电力、建筑、铁路、国防、煤炭、化工和机械等行业受不同程度冲击负荷的耐磨零件，如辊套、齿板、铲齿、破碎壁、提梁、履带板、斗前壁等，ZG120Mn17 和 ZG120Mn17Cr2 等牌号可以制作高要求的特殊耐磨损铸钢件				

注：1. 奥氏体锰钢铸件的牌号的化学成分应符合本表规定。

2. 除另有规定外，奥氏体锰钢铸钢的炼钢方法及铸造工艺由供方自行确定。

3. 当铸件厚度小于 45mm 且含碳量少于 0.8%时，ZG90Mn14Mo1 可以不经过热处理而直接供货。厚度大于或等于 45mm 且含碳量高于或等于 0.8%的 ZG90Mn14Mo1 以及其他所有牌号的铸件必须进行水韧处理（水淬固溶处理），铸件应均匀地加热和保温，水韧处理温度不低于 1040℃，且须快速入水处理，铸件入水后水温不得超过 50℃。

4. 除非供需双方另有约定，室温条件下铸件硬度应不高于 300HBW。

5. 经供需双方商定，室温条件下可对锰钢铸件、试块和试样做金相组织、力学性能（下屈服强度、抗拉强度、断后伸长率、冲击吸收能）、弯曲性能和无损探伤检验，可选择其中一项或多项作为产品验收的必检项目，具体要求参见 GB/T 5680—2010 附录 A。本表列出的两个牌号的力学性能为附录 A 的规范性附录资料。

6. 铸件不允许有裂纹和影响使用性能的夹渣、夹砂、冷隔、气孔、缩孔、缩松、缺肉等铸造缺陷。

7. 铸件浇口、冒口、毛刺、粘砂等应清除干净，浇口、冒口打磨残余量应符合供需双方认可的规定。

8. 铸件表面粗糙度应按 GB/T 6060.1 选定，并在图样或订货合同规定。

9. 铸件的几何形状，尺寸、形位和重量偏差应符合图样或订货合同规定。如图样和订货合同中无规定时，由供方按 GB/T 6414 中 CT11 级确定尺寸公差，有关形状和位置公差按 GB/T 5680—2010 的附录 B 规定，铸件质量偏差应符合 GB/T 11351 中 MT11 级的规定。

1.5.5 大型低合金钢铸件

表 4-1-37 大型低合金钢铸件铸钢牌号及化学成分（JB/T 6402—2006）

材料牌号	化学成分(质量分数)/%								
	C	Si	Mn	P	S	Cr	Ni	Mo	Cu
ZG20Mn	0.16～0.22	0.60～0.80	1.00～1.30	≤0.030	≤0.030	—	≤0.40	—	—
ZG30Mn	0.27～0.34	0.30～0.50	1.20～1.50	≤0.030	≤0.030	—	—	—	—
ZG35Mn	0.30～0.40	0.60～0.80	1.10～1.40	≤0.030	≤0.030	—	—	—	—
ZG40Mn	0.35～0.45	0.30～0.45	1.20～1.50	≤0.030	≤0.030	—	—	—	—
ZG40Mn2	0.35～0.45	0.20～0.40	1.60～1.80	≤0.030	≤0.030	—	—	—	—
ZG45Mn2	0.42～0.49	0.20～0.40	1.60～1.80	≤0.030	≤0.030	—	—	—	—
ZG50Mn2	0.45～0.55	0.20～0.40	1.50～1.80	≤0.030	≤0.030	—	—	—	—
ZG35SiMnMo	0.32～0.40	1.10～1.40	1.10～1.40	≤0.030	≤0.030	—	—	0.20～0.30	≤0.30
ZG35CrMnSi	0.30～0.40	0.50～0.75	0.90～1.20	≤0.030	≤0.030	0.50～0.80	—	—	—
ZG20MnMo	0.17～0.23	0.20～0.40	1.10～1.40	≤0.030	≤0.030	—	—	0.20～0.35	≤0.30
ZG30Cr1MnMo	0.25～0.35	0.17～0.45	0.90～1.20	≤0.030	≤0.030	0.90～1.20	—	0.20～0.30	—
ZG55CrMnMo	0.50～0.60	0.25～0.60	1.20～1.60	≤0.030	≤0.030	0.60～0.90	—	0.20～0.30	≤0.30
ZG40Cr1	0.35～0.45	0.20～0.40	0.50～0.80	≤0.030	≤0.030	0.80～1.10	—	—	—
ZG34Cr2Ni2Mo	0.30～0.37	0.30～0.60	0.60～1.00	≤0.030	≤0.030	1.40～1.70	1.40～1.70	0.15～0.35	—
ZG15Cr1Mo	0.12～0.20	≤0.60	0.50～0.80	≤0.030	≤0.030	1.00～1.50	—	0.45～0.65	—
ZG20CrMo	0.17～0.25	0.20～0.45	0.50～0.80	≤0.030	≤0.030	0.50～0.80	—	0.45～0.65	—
ZG35Cr1Mo	0.30～0.37	0.30～0.50	0.50～0.80	≤0.030	≤0.030	0.80～1.20	—	0.20～0.30	—
ZG42Cr1Mo	0.38～0.45	0.30～0.60	0.60～1.00	≤0.030	≤0.030	0.80～1.20	—	0.20～0.30	—
ZG50Cr1Mo	0.46～0.54	0.25～0.50	0.50～0.80	≤0.030	≤0.030	0.90～1.20	—	0.15～0.25	—
ZG65Mn	0.60～0.70	0.17～0.37	0.90～1.20	≤0.030	≤0.030	—	—	—	—
ZG28NiCrMo	0.25～0.30	0.30～0.80	0.60～0.90	≤0.030	≤0.030	0.35～0.85	0.40～0.80	0.35～0.55	—
ZG30NiCrMo	0.25～0.35	0.30～0.60	0.70～1.00	≤0.030	≤0.030	0.60～0.90	0.60～1.00	0.35～0.50	—
ZG35NiCrMo	0.30～0.37	0.60～0.90	0.70～1.00	≤0.030	≤0.030	0.40～0.90	0.60～0.90	0.40～0.50	—

注：残余元素含量的质量分数：Ni≤0.30%，Cr≤0.30%，Cu≤0.25%，Mo≤0.15%，V≤0.05%，残余元素总含量≤1.0%。如需方无要求，残余元素不作验收依据。

表 4-1-38 大型低合金钢铸件铸钢的力学性能及应用（JB/T 6402—2006）

材料牌号	热处理状态	R_{eH} /MPa	R_m /MPa	A /%	Z /%	A_{kU} /J	A_{kV} /J	A_{kDVM} /J	硬度 HBW	应用举例
		≥								
ZG20Mn	正火＋回火	285	495	18	30	39	—	—	145	焊接及流动性良好，用于制作水压机缸、叶片、喷嘴体、阀、弯头等
	调质	300	500～650	24	—	—	45	—	150～190	
ZG30Mn	正火＋回火	300	558	18	30	—	—	—	163	用于承受摩擦和冲击的零件，如齿轮等
ZG35Mn	正火＋回火	345	570	12	20	24	—	—	—	用于承受摩擦的零件
	调质	415	640	12	25	27	—	27	200～240	
ZG40Mn	正火＋回火	295	640	12	30	—	—	—	163	用于承受摩擦和冲击的零件，如齿轮等
ZG40Mn2	正火＋回火	395	590	20	40	30	—	—	179	用于承受摩擦的零件，如齿轮等
	调质	685	835	13	45	35	—	35	269～302	
ZG45Mn2	正火＋回火	392	637	15	30	—	—	—	179	用于模块、齿轮等
ZG50Mn2	正火＋回火	445	785	18	37	—	—	—	—	用于高强度零件，如齿轮、齿轮缘等
ZG35SiMnMo	正火＋回火	395	640	12	20	24	—	—	—	用于承受负荷较大的零件
	调质	490	690	12	25	27	—	27	—	
ZG35CrMnSi	正火＋回火	345	690	14	30	—	—	—	217	用于承受冲击、摩擦的零件，如齿轮、滚轮等
ZG20MnMo	正火＋回火	295	490	16	—	39	—	—	156	用于受压容器，如泵壳等
ZG30Cr1MnMo	正火＋回火	392	686	15	30	—	—	—	—	用于拉坯和立柱
ZG55CrMnMo	正火＋回火	不规定	不规定	—	—	—	—	—	—	有一定的红硬性，用于锻模等
ZG40Cr1	正火＋回火	345	630	18	26	—	—	—	212	用于高强度齿轮
ZG34Cr2Ni2Mo	调质	700	950～1000	12	—	—	32	—	240～290	用于特别要求的零件，如锥齿轮、小齿轮、吊车行走轮、轴等
ZG15Cr1Mo	正火＋回火	275	490	20	35	24	—	—	140～220	用于汽轮机
ZG20CrMo	正火＋回火	245	460	18	30	30	—	—	135～180	用于齿轮、锥齿轮及高压缸零件等
	调质	245	460	18	30	24	—	—	—	
ZG35Cr1Mo	正火＋回火	392	588	12	20	23.5	—	—	—	用于齿轮、电炉支承轮轴套、齿圈等
	调质	510	686	12	25	31	—	27	201	
ZG42Cr1Mo	正火＋回火	343	569	12	20	—	30	—	—	用于承受高负荷零件、齿轮、锥齿轮等
	调质	490	690～830	11	—	—	—	21	200～250	
ZG50Cr1Mo	调质	520	740～880	11	—	—	—	34	200～260	用于减速器零件、齿轮、小齿轮等
ZG65Mn	正火＋回火	不规定	不规定	—	—	—	—	—	—	用于球磨机衬板等
ZG28NiCrMo	—	420	630	20	40	—	—	—	—	适用于直径大于 300mm 的齿轮铸件
ZG30NiCrMo	—	590	730	17	35	—	—	—	—	适用于直径大于 300mm 的齿轮铸件
ZG35NiCrMo	—	660	830	14	30	—	—	—	—	适用于直径大于 300mm 的齿轮铸件

注：1. 铸件用钢应采用感应炉、电弧炉、钢包精炼炉熔炼或其他经供需双方确认的熔炼方法。
2. 铸造方法除另有规定外，供方可根据力学性能要求进行热处理。
3. 铸件材料的力学性能应符合本表规定，如果需方无特殊要求时，A_{kU}、A_{kV}、A_{kDVM}由供方任选一种进行试验。
4. 需方无特殊要求时，硬度不作验收依据，仅供设计参考。
5. 需方应向供方提供大型铸件的图样、材料牌号及交货状态，其他技术要求由供需双方协商确定。

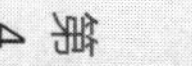

1.5.6 耐磨钢铸件

表 4-1-39 耐磨钢铸件的牌号、化学成分、力学性能及应用（GB/T 26651—2011）

牌号	化学成分(质量分数)/%							力学性能			
	C	Si	Mn	Cr	Mo	Ni	S	P	表面硬度 HRC	冲击吸收能量 K_{V2}/J	冲击吸收能量 K_{N2}/J
ZG30Mn2Si	0.25～0.35	0.5～1.2	1.2～2.2	—	—	—	≤0.04	≤0.04	≥45	≥12	—
ZG30Mn2SiCr	0.25～0.35	0.5～1.2	1.2～2.2	0.5～1.2	—	—	≤0.04	≤0.04	≥45	≥12	—
ZG30CrMnSiMo	0.25～0.35	0.5～1.8	0.6～1.6	0.5～1.8	0.2～0.8	—	≤0.04	≤0.04	≥45	≥12	—
ZG30CrNiMo	0.25～0.35	0.4～0.8	0.4～1.0	0.5～2.0	0.2～0.8	0.3～2.0	≤0.04	≤0.04	≥45	≥12	—
ZG40CrNiMo	0.35～0.45	0.4～0.8	0.4～1.0	0.5～2.0	0.2～0.8	0.3～2.0	≤0.04	≤0.04	≥50	—	≥25
ZG42Cr2Si2MnMo	0.38～0.48	1.5～1.8	0.8～1.2	1.8～2.2	0.2～0.6	—	≤0.04	≤0.04	≥50	—	≥25
ZG45Cr2Mo	0.40～0.48	0.8～1.2	0.4～1.0	1.7～2.0	0.8～1.2	≤0.5	≤0.04	≤0.04	≥50	—	≥25
ZG30Cr5Mo	0.25～0.35	0.4～1.0	0.5～1.2	4.0～6.0	0.2～0.8	≤0.5	≤0.04	≤0.04	≥42	≥12	—
ZG40Cr5Mo	0.35～0.45	0.4～1.0	0.5～1.2	4.0～6.0	0.2～0.8	≤0.5	≤0.04	≤0.04	≥44	—	≥25
ZG50Cr5Mo	0.45～0.55	0.4～1.0	0.5～1.2	4.0～6.0	0.2～0.8	≤0.5	≤0.04	≤0.04	≥46	—	≥15
ZG60Cr5Mo	0.55～0.65	0.4～1.0	0.5～1.2	4.0～6.0	0.2～0.8	≤0.5	≤0.04	≤0.04	≥48	—	≥10
应用	GB/T 26651—2011 规定了奥氏体锰钢之外的合金耐磨钢铸件的牌号，适用于冶金建材、电力、建筑、铁路、船舶、煤炭、化工和机械等行业的耐磨钢铸件之用。其他类型的要求耐磨性能良好的各种铸件，亦可选用本表规定的材料牌号										

注：1. 各牌号的化学成分应符合本表之规定。
2. 本表规定成分外，允许加入微量 V、Ti、Nb、B 和 RE 等元素。
3. 铸件的尺寸、公差、几何公差等技术要求应符合图样或合同规定，否则，应符合 GB/T 26651—2011 的有关规定。

1.5.7 工程结构用中、高强度不锈钢铸件

表 4-1-40 工程结构用中、高强度不锈钢铸件牌号及化学成分（GB/T 6967—2009）

铸钢牌号	化学成分(质量分数)/%								残余元素 ≤			
	C	Si	Mn	P	S	Cr	Ni	Mo	Cu	V	W	总量
		≤										
ZG20Cr13	0.16～0.24	0.80	0.80	0.035	0.025	11.5～13.5	—	—	0.50	0.05	0.10	0.50
ZG15Cr13	≤0.15	0.80	0.80	0.035	0.025	11.5～13.5	—	—	0.50	0.05	0.10	0.50
ZG15Cr13Ni1	≤0.15	0.80	0.80	0.035	0.025	11.5～13.5	≤1.00	≤0.50	0.50	0.05	0.10	0.50
ZG10Cr13Ni1Mo	≤0.10	0.80	0.80	0.035	0.025	11.5～13.5	0.8～1.80	0.20～0.50	0.50	0.05	0.10	0.50
ZG06Cr13Ni4Mo	≤0.06	0.80	1.00	0.035	0.025	11.5～13.5	3.5～5.0	0.40～1.00	0.50	0.05	0.10	0.50
ZG06Cr13Ni5Mo	≤0.06	0.80	1.00	0.035	0.025	11.5～13.5	4.5～6.0	0.40～1.00	0.50	0.05	0.10	0.50
ZG06Cr16Ni5Mo	≤0.06	0.80	1.00	0.035	0.025	15.5～17.0	4.5～6.0	0.40～1.00	0.50	0.05	0.10	0.50
ZG04Cr13Ni4Mo	≤0.04	0.80	1.50	0.030	0.010	11.5～13.5	3.5～5.0	0.40～1.00	0.50	0.05	0.10	0.50
ZG04Cr13Ni5Mo	≤0.04	0.80	1.50	0.030	0.010	11.5～13.5	4.5～6.0	0.40～1.00	0.50	0.05	0.10	0.50

表 4-1-41　**工程结构用中、高强度不锈钢铸件力学性能、特性及应用举例**（GB/T 6967—2009）

铸钢牌号		室温力学性能						特性及应用举例
		屈服强度 $R_{p0.2}$ /MPa ≥	抗拉强度 R_m /MPa ≥	伸长率 A_5/% ≥	断面收缩率 Z/% ≥	冲击吸收功 A_{KV} /J ≥	布氏硬度 HBW	
ZG15Cr13		345	540	18	40	—	163～229	耐大气腐蚀性好，力学性能较好，可用于承受冲击负荷且韧性较高的零件，可耐有机酸水溶液、聚乙烯醇、碳酸氢钠、橡胶液，还可做水轮机转轮叶片、水压机阀
ZG20Cr13		390	590	16	35	—	170～235	
ZG15Cr13Ni1		450	590	16	35	20	170～241	
ZG10Cr13Ni1Mo		450	620	16	35	27	170～241	综合力学性能高，耐大气腐蚀，水中抗疲劳性能均好，钢的焊接性良好，焊后不必热处理，铸造性能尚好，耐泥砂磨损，可用于制作大型水轮机转轮（叶片）
ZG06Cr13Ni4Mo		550	750	15	35	50	221～294	
ZG06Cr13Ni5Mo		560	750	15	35	50	221～294	
ZG06Cr16Ni5Mo		550	750	15	35	50	221～294	
ZG04Cr13Ni4Mo	HT1①	580	780	18	50	80	221～294	
	HT2②	830	900	12	35	35	294～350	
ZG04Cr13Ni5Mo	HT1①	580	780	18	50	80	221～294	
	HT2②	830	900	12	35	35	294～350	

① 回火温度应在 600～650℃。

② 回火温度应在 500～550℃。

注：1. 本表中牌号为 ZG15Cr13、ZG20Cr13、ZG15Cr13Ni1 铸钢的力学性能适用于壁厚小于或等于 150mm 的铸件。牌号为 ZG10Cr13Ni1Mo、ZG06Cr13Ni4Mo、ZG06Cr13Ni5Mo、ZG06Cr16Ni5Mo、ZG04Cr13Ni4Mo、ZG04Cr13Ni5Mo 的铸钢适用于壁厚小于或等于 300mm 的铸件。

2. ZG04Cr13Ni4Mo（HT2）、ZG04Cr13Ni5Mo（HT2）用于大中型铸焊结构铸件时，供需双方应另行商定。

3. 需方要求做低温冲击试验时，其技术要求由供需双方商定。其中 ZG06Cr16Ni5Mo、ZG06Cr13Ni4Mo、ZG04Cr13Ni4Mo、ZG06Cr13Ni5Mo 和 ZG04Cr13Ni5Mo 温度为 0℃ 的冲击吸收功应符合本表规定。

1.5.8 高温承压马氏体不锈钢和合金钢通用铸件

表 4-1-42 高温承压马氏体不锈钢和合金钢通用铸件牌号及化学成分（GB/T 32255—2015）

牌号	化学成分(质量分数)/%										
	C	Si	Mn	P	S	Cr	Mo	Ni	V	Cu	其他
ZG19Mo	0.15～0.23	0.60	0.50～1.00	0.025	0.020①	0.30	0.40～0.60	0.40	0.05	0.30	—
ZG17Cr1Mo	0.15～0.20	0.60	0.50～1.00	0.025	0.020①	1.00～1.50	0.45～0.65	0.40	0.05	0.30	—
ZG17Cr2Mo1	0.13～0.20	0.60	0.50～0.90	0.025	0.020①	2.00～2.50	0.90～1.20	0.40	0.05	0.30	—
ZG13MoCrV	0.10～0.15	0.45	0.40～0.70	0.030	0.020①	0.30～0.50	0.40～0.60	0.40	0.22～0.30	0.30	Sn 0.025
ZG17Cr1Mo1V	0.15～0.20	0.60	0.50～0.90	0.020	0.015	1.20～1.50	0.90～1.10	0.40	0.20～0.30	0.30	Sn 0.025
ZG16Cr5Mo	0.12～0.19	0.80	0.50～0.80	0.025	0.025	4.00～6.00	0.45～0.65	0.40	0.05	0.30	—
ZG16Cr9Mo1	0.12～0.19	1.00	0.35～0.65	0.030	0.030	8.00～10.00	0.90～1.20	0.40	0.05	0.30	—
ZG10Cr9Mo1VNbN	0.08～0.12	0.20～0.50	0.30～0.60	0.030	0.010	8.00～9.50	0.85～1.05	0.40	0.18～0.25	—	Nb 0.06～0.10 N 0.03～0.07 Al 0.02，Ti 0.01 Zr 0.01
ZG12Cr9Mo1VNbN	0.11～0.14	0.20～0.50	0.40～0.80	0.020	0.010	8.00～9.50	0.85～1.05	0.40	0.18～0.25	—	Nb 0.05～0.08 N 0.04～0.06 Al 0.02
ZG08Cr12Ni1Mo	0.05～0.10	0.40	0.50～0.80	0.030	0.020	11.50～12.50	0.50	0.80～1.50	0.08	0.30	—
ZG06Cr13Ni4Mo	0.06	1.00	1.00	0.035	0.025	12.00～13.50	0.70	3.50～5.00	0.08	0.30	—
ZG23Cr12Mo1NiV	0.20～0.26	0.40	0.50～0.80	0.030	0.020	11.30～12.20	1.00～1.20	1.00	0.25～0.35	0.30	W 0.50

① 对于测量壁厚<28mm 的铸件，允许 S 含量为 0.030%。

表 4-1-43 高温承压马氏体不锈钢和合金钢通用铸件力学性能（GB/T 32255—2015）

牌号	热处理状态		厚度 t /mm ≤	屈服强度 $R_{p0.2}$ /MPa ≥	抗拉强度 R_m /MPa	断后伸长率 A /% ≥	冲击吸收能量 K_{V2} /J ≥	应用
	正火或淬火温度/℃	回火温度/℃						
ZG19Mo	920～980	650～730	100	245	440～590	22	27	本表各牌号的铸件适用于工作温度不高于600℃条件下使用，如铸造阀门、法兰、管件等，其他高温承压铸件也可以采用
ZG17Cr1Mo	920～960	680～730	100	315	490～690	20	27	
ZG17Cr2Mo1	930～970	680～740	150	400	590～740	18	40	
ZG13MoCrV	950～1000	680～720	100	295	510～660	17	27	
ZG17Cr1Mo1V	1020～1070	680～740	150	440	590～780	15	27	
ZG16Cr5Mo	930～990	680～730	150	420	630～760	16	27	
ZG16Cr9Mo1	960～1020	680～730	150	415	620～795	18	27	
ZG10Cr9Mo1VNbN	1040～1080	730～800	100	415	585～760	16	27	

续表

牌号	热处理状态		厚度 t /mm ≤	屈服强度 $R_{p0.2}$ /MPa ≥	抗拉强度 R_m /MPa	断后伸长率 A /% ≥	冲击吸收能量 K_{V2} /J ≥	应用
	正火或淬火温度/℃	回火温度/℃						
ZG12Cr9Mo1VNbN	1040～1090	730～780	100	450	630～750	16	35	本表各牌号的铸件适用于工作温度不高于600℃条件下使用，如铸造阀门、法兰、管件等，其他高温承压铸件也可以采用
ZG08Cr12Ni1Mo	1000～1060	680～730	300	355	540～690	18	45	
	1000～1060	600～680	300	500	600～800	16	40	
ZG06Cr13Ni4Mo	1000～1060	630～680 +590～620	300	550	760～960	15	27	
ZG23Cr12Mo1NiV	1030～1080	700～750	150	540	740～880	15	27	

表 4-1-44　高温承压马氏体不锈钢和合金钢通用铸件不同热处理温度下的最小屈服强度（GB/T 32255—2015）

牌号	热处理状态	下列温度(℃)的屈服强度 $R_{p0.2}$/MPa ≥								
		100	200	300	350	400	450	500	550	600
ZG19Mo	正火+回火，淬火+回火	—	190	165	155	150	145	135	—	—
ZG17Cr1Mo	正火+回火，淬火+回火	—	250	230	215	200	190	175	160	—
ZG17Cr2Mo1	正火+回火，淬火+回火	264	244	230	—	214	—	194	144	—
ZG13MoCrV	淬火+回火	—	385	365	350	335	320	300	260	—
ZG17Cr1Mo1V	淬火+回火	—	355	345	330	315	305	280	240	—
ZG16Cr5Mo	正火+回火	—	390	380	—	370	—	305	250	—
ZG16Cr9Mo1	正火+回火	—	375	355	345	320	295	265	—	—
ZG10Cr9Mo1VNbN	正火+回火	410	380	360	350	340	320	300	270	215
ZG12Cr9Mo1VNbN	正火+回火-1	—	275	265	—	255	—	—	—	—
ZG08Cr12Ni1Mo	正火+回火-2	—	410	390	—	370	—	—	—	—
ZG06Cr13Ni4Mo	正火+回火	—	450	430	410	390	370	340	290	—
ZG23Cr12Mo1NiV	淬火+回火	515	485	465	440	—	—	—	—	—

表 4-1-45　高温承压马氏体不锈钢和合金钢通用铸件牌号与 BS EN 10213：2007、ASTM A217—2012 牌号的对照（GB/T 32255—2015）

牌　号	BS EN 10213:2007 铸钢牌号	ASTM A217—2012 铸钢牌号
ZG19Mo	G20Mo5	WC1
ZG17Cr1Mo	G17CrMo5-5	WC6
ZG17Cr2Mo1	G17CrMo9-10	WC9
ZG13MoCrV	G12MoCrV5-2	—
ZG17Cr1Mo1V	G17CrMoV5-10	—
ZG16Cr5Mo	GX15CrMo5	C5
ZG16Cr9Mo1	GX15CrMo9-1	C12
ZG10Cr9Mo1VNbN	GX10CrMoV9-1	C12A
ZG12Cr9Mo1VNbN	—	—
ZG08Cr12Ni1Mo	GX8CrNi12-1	CA15
ZG06Cr13Ni4Mo	GX4CrNi13-4	—
ZG23Cr12Mo1NiV	GX23CrMoV12-1	—

1.5.9 低温承压通用铸钢件

表 4-1-46 低温承压通用铸钢件牌号及化学成分（GB/T 32238—2015）

牌号	化学成分（质量分数）[③]/%										
	C	Si	Mn	P	S	Cr	Mo	Ni	V	Cu	其他
ZG240-450	0.15～0.20	0.60	1.00～1.60	0.030	0.025[①]	0.30[②]	0.12[②]	0.40[②]	0.03[②]	0.30[②]	—
ZG300-500	0.17～0.23	0.60	1.00～1.60	0.030	0.025[①]	0.30[②]	0.12[②]	0.40[②]	0.03[②]	0.30[②]	—
ZG18Mo	0.15～0.20	0.60	0.60～1.00	0.030	0.025	0.30	0.45～0.65	0.40	0.05	0.30	—
ZG17Ni3Cr2Mo	0.15～0.19	0.50	0.55～0.80	0.030	0.025	1.30～1.80	0.45～0.60	3.00～3.50	0.05	0.30	—
ZG09Ni3	0.06～0.12	0.60	0.50～0.80	0.030	0.025	0.30	0.20	2.00～3.00	0.05	0.30	—
ZG09Ni4	0.06～0.12	0.60	0.50～0.80	0.030	0.025	0.30	0.20	3.50～5.00	0.08	0.30	—
ZG09Ni5	0.06～0.12	0.60	0.50～0.80	0.030	0.025	0.30	0.20	4.00～5.00	0.05	0.30	—
ZG07Ni9	0.03～0.11	0.60	0.50～0.80	0.030	0.025	0.30	0.20	8.50～10.0	0.05	0.30	—
ZG05Cr13Ni4Mo	0.05	1.00	1.00	0.035	0.025	12.0～13.5	0.70	3.50～5.00	0.08	0.30	—

① 对于测量壁厚<28mm 的铸件，允许 S 含量为 0.030%。

② $w(Cr)+w(Mo)+w(Ni)+w(V)+w(Cu)\leqslant 1.00\%$。

③ 表中化学成分各元素的规定值，除给出范围值者之外，其余均为最大值。

表 4-1-47 低温承压通用铸钢力学性能（GB/T 32238—2015）

牌号	热处理状态		厚度 t /mm ≤	室温拉伸试验			冲击试验		应用
	正火或淬火温度/℃	回火温度/℃		屈服强度 $R_{p0.2}$/MPa ≥	抗拉强度 R_m/MPa	断后伸长率 A/% ≥	试验温度/℃	冲击吸取能量 K_{V2}/J ≥	
ZG240-450	890～980	600～700	50	240	450～600	20	−40	27	本表各牌号铸件适于工作温度−196～−30℃的条件下工作，如铸造阀门、法兰、管件等承压钢铸件。其他低温承压通用铸钢件也可以采用
ZG300-500	900～980		30	300	480～620	20	−40	27	
	900～940	610～660	100	300	500～650	22	−30	27	
ZG18Mo	920～980	650～730	200	240	440～790	23	−45	27	
ZG17Ni3Cr2Mo	890～930	600～640	35	600	750～900	15	−80	27	
ZG09Ni3	830～890	600～650	35	280	480～630	24	−70	27	
ZG09Ni4	820～900	590～640	35	360	500～650	20	−90	27	
ZG09Ni5	800～880	580～660	35	390	510～710	24	−110	27	
ZG07Ni9	770～850	540～620	35	510	690～840	20	−196	27	
ZG05Cr13Ni4Mo	1000～1050	670～690+590～620	300	500	700～900	15	−120	27	

表 4-1-48 GB/T 32238—2015 铸钢牌号与 BS EN 10213：2007、ASTM A352—2012 铸钢牌号对照

GB/T 32238—2015 铸钢牌号	BS EN 10213:2007 铸钢牌号	ASTM A352—2012 铸钢牌号
ZG240-450	G17Mn5	LCC
ZG300-500	G20Mn5	
ZG18Mo	G18Mo5	LC1
ZG17Ni3Cr2Mo	G17NiCrMo13-6	LC2-1
ZG09Ni3	G9Ni10	LC2
ZG09Ni4	G9Ni14	LC3
ZG09Ni5		LC4
ZG07Ni9		LC9
ZG05Cr13Ni4Mo	GX3CrNi13-4	CA6NM

1.5.10 承压钢铸钢件

表 4-1-49 承压钢铸钢件牌号及化学成分（GB/T 16253—1996） %

牌号[①] \ 化学成分(质量分数)[②]	C	Si	Mn	P	S	Cr	Mo	Ni	其他
碳素钢									
ZG240-450A	0.25	0.60	1.20	0.035	0.035	—	—	—	—
ZG240-450AG	0.25	0.60	1.20	0.035	0.035	—	—	—	—
ZG240-450B	0.20	0.60	1.00～1.60	0.035	0.035	—	—	—	—
ZG240-450BG	0.20	0.60	1.00～1.60	0.035	0.035	—	—	—	—
ZG240-450BD	0.20	0.60	1.00～1.60	0.030	0.030	—	—	—	—
ZG280-520[③④]	0.25	0.60	1.20	0.035	0.035	—	—	—	—
ZG280-520G[③④]	0.25	0.60	1.20	0.035	0.035	—	—	—	—
ZG280-520D[③]	0.25	0.60	1.20	0.030	0.030	—	—	—	—
铁素体和马氏体合金钢									
ZG19MoG	0.15～0.23	0.30～0.60	0.50～1.00	0.035	0.035	0.030	0.40～0.60	—	—
ZG29Cr1MoD	0.29	0.30～0.60	0.50～0.80	0.030	0.030	0.90～1.20	0.15～0.30	—	—
ZG15Cr1MoG	0.10～0.20	0.30～0.60	0.50～0.80	0.035	0.035	1.00～1.50	0.45～0.65	—	—
ZG14MoVG	0.10～0.17	0.30～0.60	0.40～0.70	0.035	0.035	0.30～0.60	0.40～0.60	0.40	V 0.22～0.32
ZG12Cr2Mo1G	0.08～0.15	0.30～0.60	0.50～0.80	0.035	0.035	2.00～2.50	0.90～1.20	—	—
ZG16Cr2Mo1G	0.13～0.20	0.30～0.60	0.50～0.80	0.035	0.035	2.00～2.50	0.90～1.20	—	—
ZG20Cr2Mo1D	0.20	0.30～0.60	0.50～0.80	0.030	0.030	2.00～2.50	0.90～1.20	—	—
ZG17Cr1Mo1VG	0.13～0.20	0.30～0.60	0.50～0.80	0.035	0.035	1.20～1.60[⑤]	0.90～1.20	⑥	V 0.15～0.35
ZG16Cr5MoG	0.12～0.19	0.80	0.50～0.80	0.035	0.035	4.00～6.00	0.45～0.65	—	—
ZG14Cr9Mo1G	0.10～0.17	0.80	0.50～0.80	0.035	0.035	8.00～10.0	1.00～1.30	—	—
ZG14Cr12Ni1MoG	0.10～0.17	0.80	1.00	0.035	0.035	11.5～13.5	0.50	1.00	—
ZG08Cr12Ni1MoG	0.05～0.10	0.80	0.40～0.80	0.035	0.035	11.5～13.0	0.20～0.50	0.80～1.80	—
ZG08Cr12Ni4Mo1G	0.08	1.00	1.50	0.035	0.035	11.5～13.5	1.00	3.50～5.00	—

第 4 篇

续表

牌号①＼化学成分(质量分数)②	C	Si	Mn	P	S	Cr	Mo	Ni	其他
铁素体和马氏体合金钢									
ZG08Cr12Ni4Mo1D	0.08	1.00	1.50	0.035	0.035	11.5～13.5	1.00	3.50～5.00	—
ZG23Cr12Mo1NiVG	0.20～0.26	0.20～0.40	0.50～0.70	0.035	0.035	11.3～12.3	1.00～1.20	0.70～1.00	V 0.25～0.35
ZG14Ni4D	0.14	0.30～0.60	0.50～0.80	0.030	0.030	—	—	3.00～4.00	—
ZG24Ni2MoD	0.24	0.30～0.60	0.80～1.20	0.030	0.030	—	0.15～0.30	1.50～2.00	—
ZG22Ni3Cr2MoAD	0.22	0.60	0.40～0.80	0.030	0.030	1.35～2.00	0.35～0.60	2.50～3.50	—
ZG22Ni3Cr2MoBD	0.22	0.60	0.40～0.80	0.030	0.030	1.50～2.00	0.35～0.60	2.75～3.90	—
奥氏体不锈钢									
ZG03Cr18Ni10	0.03	2.00	2.00	0.045	0.035	17.0～19.0	—	9.0～12.0	—
ZG07Cr20Ni10	0.07	2.00	2.00	0.045	0.035	18.0～21.0	—	8.0～11.0	—
ZG07Cr20Ni10G	0.04～0.10	2.00	2.00	0.045	0.035	18.0～21.0	—	8.0～12.0	—
ZG07Cr18Ni10D	0.07	2.00	2.00	0.045	0.035	17.0～20.0	—	9.0～12.0	—
ZG08Cr20Ni10Nb	0.08	2.00	2.00	0.045	0.035	18.0～21.0	—	9.0～12.0	Nb 8×C≤1.0
ZG03Cr19Ni11Mo2	0.03	2.00	2.00	0.045	0.035	17.0～21.0	2.0～2.5	9.0～13.0	—
ZG07Cr19Ni11Mo2	0.07	2.00	2.00	0.045	0.035	17.0～21.0	2.0～2.5	9.0～13.0	—
ZG07Cr19Ni11Mo2G	0.04～0.10	2.00	2.00	0.045	0.035	17.0～21.0	2.0～2.5	9.0～13.0	—
ZG08Cr19Ni11Mo2Nb	0.08	2.00	2.00	0.045	0.035	17.0～21.0	2.0～2.5	9.0～13.0	Nb 8×C≤1.0
ZG03Cr19Ni11Mo3	0.03	2.00	2.00	0.045	0.035	17.0～21.0	2.5～3.0	9.0～13.0	—
ZG07Cr19Ni11Mo3	0.07	2.00	2.00	0.045	0.035	17.0～21.0	2.5～3.0	9.0～13.0	—

① 牌号尾部的符号“A”“B”表示不同级别，“G”表示用于高温，“D”表示用于低温。

② 除规定范围者外，均为最大值。

③ 碳低于最大值时，每降低0.01%的碳，允许锰比上限高0.04%，直到最大锰含量（质量分数）达1.40%为止。

④ 对某些产品，经供、需双方同意，可按C≤0.30%、Mn≤0.90%供应。

⑤ 对薄截面铸件，铬的最小含量（质量分数）允许为1.00%。

⑥ 根据壁厚，镍的含量（质量分数）可以小于1.00%。

表 4-1-50 承压钢铸钢热处理和力学性能（GB/T 16253—1996）

牌号	力学性能[①] σ_s	σ_b	δ_5	ψ	A_{kV}		热处理[②③] 类型	奥氏体化温度/℃	冷却	回火温度/℃	冷却	铸件主要截面的最大厚度 T/mm
	MPa		%		℃	J						
碳素钢												
ZG240-450A	240	450～600	22	35	室温	27	A	890～980	f	—	—	40
							N(+T)		a	600～700	—	
							(Q+T)		l			
ZG240-450AG	240	450～600	22	35	室温	27	N(+T)	890～980	a	600～700	a、f	40
							Q+T		l			
ZG240-450B	240	450～600	22	35	室温	45	A	890～980	f	—	—	40
							N(+T)		a	600～700	a、f	
							(Q+T)		l			
ZG240-450BG	240	450～600	22	35	室温	45	N(+T)	890～980	a	600～700	a、f	40
							Q+T		l			
ZG240-450BD	240	450～600	22	—	−40	27	N(+T)	890～980	a	600～700	a、f	40
							Q+T		l			
ZG280-520	280	520～670[④]	18	30	室温	35	A	890～980	f	—	—	40
							N(+T)		a	600～700	a、f	
							(Q+T)		l			
ZG280-520G	280	520～670[④]	18	30	室温	35	N(+T)	890～980	a	600～700	a、f	40
							Q+T		l			
ZG280-520D	280	520～670[④]	18	—	−35	27	(N+T)	890～980	a	600～700	a、f	40
							Q+T		l			
铁素体和马氏体合金钢												
ZG19MoG	250	450～600	21	35	室温	25	N+T	900～960	a	630～710	a、f	100
							Q+T		l			
ZG29Cr1MoD	370	550～700	16	30	−45	27	(N+T)	850～910	a	640～690	a、f	75
							Q+T		l			
ZG15Cr1MoG	290	490～640	18	35	室温	27	N+T	900～960	a	650～720	a、f	150
							Q+T		l			
ZG14MoVG	320	550～650	17	30	室温	27	N+T	950～1000	a	680～750	a、f	150
ZG12Cr2Mo1G	280	510～660	18	35	室温	25	N+T	930～970	a	680～750	a、f	150
ZG16Cr2Mo1G	390	600～750	18	35	室温	40	(N+T)	930～970	a	680～750	a、f	150
							Nac+T		ac			
							Q+T		l			

第4篇

续表

牌　　号	力学性能[1]						热处理[2][3]					铸件主要截面的最大厚度 T/mm
	σ_s	σ_b	δ_5	ψ	A_{kV}		类型	奥氏体化温度/℃	冷却	回火温度/℃	冷却	
	MPa		%		℃	J						
铁素体和马氏体合金钢												
ZG20Cr2Mo1D	390	600～750	18	—	−50	27	(N+T) (Nac+T) Q+T	930～970	a ac l	680～750	a、f	100
ZG17Cr1Mo1VG	420	590～740	15	35	室温	24	Nac+T Q+T	940～980	ac l	680～750	a、f	150
ZG16Cr5MoG	420	630～780	16	35	室温	25	N+T	930～990	a	620～750	a、f	150
ZG14Cr9Mo1G	420	630～780	16	35	室温	20	N+T	930～990	a	620～750	a、f	150
ZG14Cr12Ni1MoG	450	620～770	14	30	室温	20	N+T	950～1050	a	620～750	a、f	300
ZG08Cr12Ni1MoG	360	540～690	18	35	室温	35	N+T	1000～1050[5]	a	650～720	a、f	300
ZG08Cr12Ni4Mo1G	550	750～900	15	35	室温	45	N+T	950～1050	a	570～620	a、f	300
ZG08Cr12Ni4Mo1D	550	750～900	15	—	−80	27	Nac+T (N+T)	950～1050	ac a	570～620	a、f	300
ZG23Cr12Mo1NiVG	540	740～880	15	20	室温[6]	21	N+T	1020～1070	a	680～750	a、f	300
ZG14Ni4D	300	460～610	20	—	−70	27	Q+T	820～870	l	590～660	a[7]	40
ZG24Ni2MoD	380	520～670	20	—	−35	27	Q+T	900～950	l	600～670	a[7]	100
ZG22Ni3Cr2MoAD	450	620～800	16	—	−80	27	(N+T) Nac+T Q+T	900～950	a ac l	580～650	a[7]	100
ZG22Ni3Cr2MoBD	655	800～950	13	—	−60	27	(N+T) Nac+T Q+T	900～950	a ac l	580～650	a[7]	100
奥氏体不锈钢												
ZG03Cr18Ni10	210	440～640	30	—	—	—	S	1040 1100	l[8]	—	—	150
ZG07Cr20Ni10	210	440～640	30	—	—	—	S	1040 1100	l[8]	—	—	150
ZG07Cr20Ni10G	230	470～670	30	—	—	—	S	1040 1100	l[8]	—	—	150
ZG07Cr18Ni10D	210	440～640	30	—	−195[9]	—	S	1040 1100	l[8]	—	—	150
ZG08Cr20Ni10Nb	210	440～640	25	—	—	—	S	1040 1100	l[8]	—	—	150

续表

牌号	力学性能①						热处理②③					铸件主要截面的最大厚度 T/mm
	σ_s	σ_b	δ_5	ψ	A_{kV}		类型	奥氏体化温度/℃	冷却	回火温度/℃	冷却	
	MPa		%		℃	J						
奥氏体不锈钢												
ZG03Cr19Ni11Mo2	210	440～620	30	—	—	—	S	≥1050	l⑧	—	—	150
ZG07Cr19Ni11Mo2	210	440～640	30	—	—	—	S	≥1050	l⑧	—	—	150
ZG07Cr19Ni11Mo2G	230	470～670	30	—	—	—	S	≥1050	l⑧	—	—	150
ZG08Cr19Ni11Mo2Nb	210	440～640	25	—	—	—	S	≥1050	l⑧	—	—	150
ZG03Cr19Ni11Mo3	210	440～640	30	—	—	—	S	≥1050	l⑧	—	—	150
ZG07Cr19Ni11Mo3	210	440～640	30	—	—	—	S	≥1050	l⑧	—	—	150

① 除规定范围者外，均为最小值。
② 热处理类型符号的含义：
A：退火（加热到 A_{C3}以上，炉冷）
N：正火（加热到 A_{C3}以上，空冷）
Q：淬火（加热到 A_{C3}以上，液体淬火）
T：回火
Nac：(加热到 A_{C3}以上，快速空冷)
S：固溶处理
括号内的热处理方法只适用于特定情况。
③ 冷却方式符号的含义：
a：空冷　f：炉冷　l：液体淬火或液冷　ac：快速空冷
④ 如满足最低屈服强度要求，则抗拉强度下限允许降至 500MPa。
⑤ 冷却到 100℃以下后，可采用亚临界热处理：820～870℃，随后空冷。
⑥ 该铸钢一般用于温度超过 525℃的场合。
⑦ 如需方不限制，也可用液冷。
⑧ 根据铸件厚度情况，也可快速空冷。
⑨ 该温度下的冲击值已经过试验验证。

注：1. 本表 σ_s，对非奥氏体钢为上屈服点 σ_{su}，或规定总伸长应力 $\sigma_{t0.5}$，或规定非比例伸长应力 $\sigma_{p0.2}$；对奥氏体钢为 $\sigma_{p1.0}$。如测定 σ_p，其低于本表值的差额不得超过 30MPa。
2. ψ 和 A_{kV} 由制造厂任选一项检验。
3. 承压铸钢具有高的强度和韧性，主要用于按《压力容器安全技术监察规程》要求生产的压力容器和不按《压力容器安全技术监察规程》要求生产的承压钢铸件，如电站锅炉和工业锅炉铸钢件、石油和天然气井口封隔用防喷器壳体、顶盖等承压铸件。
4. 本表室温和低温力学性能是采用 28mm 厚Ⅰ型试块的性能数据。铸件最大截面尺寸厚度必须按本表规定。
5. 承压铸钢件在高温下工作，设计时应符合表 4-1-51 和表 4-1-52 的要求。

表 4-1-51 承压钢铸钢高温力学性能（GB/T 16253—1996）

牌号	参考热处理[1]	下列各温度(℃)下的 $\sigma_{p0.2}$ 或 $\sigma_{p1.0}$[2]/MPa ≥											
		20	50[3]	100	150	200	250	300	350	400	450	500	550
ZG240-450AG	N(+T),Q+T	240	235	215	195	175	160	145	140	135	130	—	—
ZG240-450BG	N(+T),Q+T	240	235	215	195	175	160	145	140	135	130	—	—
ZG280-520G	N(+T),Q+T	280	265	250	230	215	200	190	180	170	155	—	—
ZG19MoG	N+T,Q+T	250	240	230	215	205	185	170	160	155	150	140	—
ZG15Cr1MoG	N+T,Q+T	290	285	275	260	250	240	230	220	205	195	180	160
ZG12Cr2Mo1G	N+T,(Q+T)	280	275	270	260	255	245	240	235	230	220	205	180
ZG16Cr2Mo1G	N+T,Q+T(Nac+T)	390	380	375	365	355	345	340	330	315	300	280	240
ZG17Cr1Mo1VG	Nac+T,Q+T	420	410	400	395	385	375	365	350	335	320	300	260
ZG14Cr9Mo1G	N+T	420	410	395	385	375	365	355	335	320	295	265	—
ZG08Cr12Ni1MoG	N+T	360	335	305	285	275	270	265	260	255	—	—	—
ZG08Cr12Ni1Mo1G	N+T	550	535	515	500	485	470	455	440	—	—	—	—
ZG23Cr12Mo1NiVG	N+T	540	510	480	460	450	440	430	410	390	370	340	290
ZG07Cr20Ni10G	Q	230	195	170	—	—	—	130	125	120	116	113	10
ZG07Cr19Ni11Mo2G	Q	230	195	—	155	145	135	—	125	120	116	113	10

① 温度及冷却条件见表 4-1-50。
② 对 ZG240-450AG～ZG23Cr12Mo1NiVG 共 12 个牌号为 $\sigma_{p0.2}$，对 ZG07Cr20Ni10G 和 ZG07Cr19Ni11Mo2G 为 $\sigma_{p1.0}$。奥氏体钢的 $\sigma_{p0.2}$ 比 $\sigma_{p1.0}$ 低 30MPa。
③ 50℃的应力值是用内插法得到的，仅供设计之用，不作验证。

表 4-1-52 承压钢铸钢高温断裂应力[1]（GB/T 16253—1996）

牌号	参考热处理[2]	断裂时间/10^4h	下列各温度(℃)下计算的断裂平均应力[3]/MPa																			
			400	410	420	430	440	450	460	470	480	490	500	510	520	530	540	550	560	570	580	590	600
ZG240-450AG ZG240-450BG ZG280-520G	N+T Q+T	1	225	208	191	175	160	145	130	117	105	94	84	—	—	—	—	—	—	—	—	—	—
		10	177	157	138	121	105	90	78	68	59	53	50	—	—	—	—	—	—	—	—	—	—
		20	163	142	123	105	88	74	63	55	50	45	41	—	—	—	—	—	—	—	—	—	—
ZG19MoG	N+T Q+T	1	360	346	330	312	293	275	250	228	205	182	160	134	110	90	74	66	—	—	—	—	—
		10	310	292	273	252	229	205	180	157	132	108	85	68	54	43	35	30	—	—	—	—	—
		20	290	271	251	229	206	180	156	131	109	88	70	54	41	32	26	23	—	—	—	—	—

续表

牌号	参考热处理②	断裂时间/10^4h	下列各温度(℃)下计算的断裂平均应力③/MPa																				
			400	410	420	430	440	450	460	470	480	490	500	510	520	530	540	550	560	570	580	590	600
ZG15Cr1MoG④	N+T Q+T	1	—	—	—	—	—	321	292	265	238	212	187	165	145	127	112	98	—	—	—	—	—
		10	—	—	—	—	—	244	214	186	160	137	117	98	83	70	61	55	—	—	—	—	—
		20	—	—	—	—	—	222	191	163	138	116	96	80	67	56	49	44	—	—	—	—	—
ZG12Cr2Mo1G	N+T	1	—	—	—	—	—	281	261	241	221	201	182	163	147	133	121	110	96	85	76	68	61
		3	—	—	—	—	—	255	234	212	191	171	153	137	123	111	100	88	79	70	61	54	48
		5	—	—	—	—	—	242	220	198	176	157	140	125	113	101	89	80	71	62	54	47	42
		10	—	—	—	—	—	222	199	177	156	139	124	111	99	85	79	69	59	51	44	38	34
ZG16Cr2Mo1G	N+T Nac+T Q+T	1	404	374	348	324	302	282	262	242	224	206	188	170	152	136	120	106	93	81	72	63	58
		10	324	298	274	254	236	218	201	184	166	150	136	120	106	92	79	66	56	46	38	32	28
		20	304	278	256	236	218	200	183	166	151	134	120	104	90	76	64	52	42	34	28	24	22
ZG17Cr1Mo1VG	Nac+T Q+T	1	479	451	423	395	368	342	316	291	266	243	222	203	187	171	157	144	131	119	107	96	86
		10	419	390	360	332	303	275	249	224	201	180	160	144	129	114	101	88	76	64	53	41	30
		20	395	364	335	307	279	253	226	202	180	160	141	125	110	96	83	71	59	47	36	25	14
ZG23Cr12Mo1NiVG	N+T	1	504	479	454	430	407	383	359	336	313	291	269	248	227	206	185	167	148	130	114	98	83
		10	426	401	377	354	331	309	288	267	247	227	207	187	171	152	135	118	103	88	74	60	49
		20	394	369	245	322	300	279	259	241	223	205	187	169	151	134	118	103	88	74	61	49	39
ZG07Cr20Ni10G	Q	1	—	—	—	—	—	—	—	—	—	—	150	139	131	124	117	110	104	98	91	85	80
		10	—	—	—	—	—	—	—	—	—	—	115	108	100	93	86	80	75	69	64	59	55
		25	—	—	—	—	—	—	—	—	—	—	102	94	88	81	75	70	65	60	56	51	47

① 如能取得更多的数据，表列数值可以修正。

② 温度及冷却条件见表4-1-50。

③ 下面划有横线的数值是根据试验数据外推得到的，故误差较大。

④ 持久性能是在碳含量（质量分数）为0.15%～0.20%的铸件上获得的。

第4篇

1.5.11 一般用途耐热钢和合金铸件

表 4-1-53 一般用途耐热钢和合金铸件牌号和化学成分（GB/T 8492—2014）

材料牌号	主要元素含量(质量分数)/%								
	C	Si	Mn	P	S	Cr	Mo	Ni	其他
ZG30Cr7Si2	0.20～0.35	1.0～2.5	0.5～1.0	0.04	0.04	6～8	0.5	0.5	
ZG40Cr13Si2	0.30～0.50	1.0～2.5	0.5～1.0	0.04	0.03	12～14	0.5	1	
ZG40Cr17Si2	0.30～0.50	1.0～2.5	0.5～1.0	0.04	0.03	16～19	0.5	1	
ZG40Cr24Si2	0.30～0.50	1.0～2.5	0.5～1.0	0.04	0.03	23～26	0.5	1	
ZG40Cr28Si2	0.30～0.50	1.0～2.5	0.5～1.0	0.04	0.03	27～30	0.5	1	
ZGCr29Si2	1.20～1.40	1.0～2.5	0.5～1.0	0.04	0.03	27～30	0.5	1	
ZG25Cr18Ni9Si2	0.15～0.35	1.0～2.5	2.0	0.04	0.03	17～19	0.5	8～10	
ZG25Cr20Ni14Si2	0.15～0.35	1.0～2.5	2.0	0.04	0.03	19～21	0.5	13～15	
ZG40Cr22Ni10Si2	0.30～0.50	1.0～2.5	2.0	0.04	0.03	21～23	0.5	9～11	
ZG40Cr24Ni24Si2Nb	0.25～0.5	1.0～2.5	2.0	0.04	0.03	23～25	0.5	23～25	Nb 1.2～1.8
ZG40Cr25Ni12Si2	0.30～0.50	1.0～2.5	2.0	0.04	0.03	24～27	0.5	11～14	
ZG40Cr25Ni20Si2	0.30～0.50	1.0～2.5	2.0	0.04	0.03	24～27	0.5	19～22	
ZG40Cr27Ni4Si2	0.30～0.50	1.0～2.5	1.5	0.04	0.03	25～28	0.5	3～6	
ZG45Cr20Co20Ni20Mo3W3	0.35～0.60	1.0	2.0	0.04	0.03	19～22	2.5～3.0	18～22	Co 18～22 W 2～3
ZG10Ni31Cr20Nb1	0.05～0.12	1.2	1.2	0.04	0.03	19～23	0.5	30～34	Nb 0.8～1.5
ZG40Ni35Cr17Si2	0.30～0.50	1.0～2.5	2.0	0.04	0.03	16～18	0.5	34～36	
ZG40Ni35Cr26Si2	0.30～0.50	1.0～2.5	2.0	0.04	0.03	24～27	0.5	33～36	
ZG40Ni35Cr26Si2Nb1	0.30～0.50	1.0～2.5	2.0	0.04	0.03	24～27	0.5	33～36	Nb 0.8～1.8
ZG40Ni38Cr19Si2	0.30～0.50	1.0～2.5	2.0	0.04	0.03	18～21	0.5	36～39	
ZG40Ni38Cr19Si2Nb1	0.30～0.50	1.0～2.5	2.0	0.04	0.03	18～21	0.5	36～39	Nb 1.2～1.8
ZNiCr28Fe17W5Si2C0.4	0.35～0.55	1.0～2.5	1.5	0.04	0.03	27 ～30		47～50	W 4～6
ZNiCr50Nb1C0.1	0.10	0.5	0.5	0.02	0.02	47～52	0.5	*a*	N 0.16 N+C 0.2 Nb 1.4～1.7
ZNiCr19Fe18Si1C0.5	0.40～0.60	0.5～2.0	1.5	0.04	0.03	16～21	0.5	50～55	
ZNiFe18Cr15Si1C0.5	0.35～0.65	2.0	1.3	0.04	0.03	13～19		64～69	
ZNiCr25Fe20Co15W5Si1C0.46	0.44～0.48	1.0～2.0	2.0	0.04	0.03	24 ～26		33～37	W 4～6 Co 14～16
ZCoCr28Fe18C0.3	0.50	1.0	1.0	0.04	0.03	25～30	0.5	1	Co 48～52 Fe 20 最大值

注：1. 表中的单个值表示最大值。
2. *a* 为余量。

表 4-1-54　一般用途耐热钢和合金铸件室温力学性能和最高使用温度（GB/T 8492—2014）

牌号	屈服强度 $R_{p0.2}$/MPa ≥	抗拉强度 R_m/MPa ≥	断后伸长率 A/% ≥	布氏硬度 HBW	最高使用温度[①] /℃
ZG30Cr7Si2	—	—	—	—	750
ZG40Cr13Si2	—	—	—	300[②]	850
ZG40Cr17Si2	—	—	—	300[②]	900
ZG40Cr24Si2	—	—	—	300[②]	1050
ZG40Cr28Si2	—	—	—	320[②]	1100
ZGCr29Si2	—	—	—	400[②]	1100
ZG25Cr18Ni9Si2	230	450	15	—	900
ZG25Cr20Ni14Si2	230	450	10	—	900
ZG40Cr22Ni10Si2	230	450	8	—	950
ZG40Cr24Ni24Si2Nb1	220	400	4	—	1050
ZG40Cr25Ni12Si2	220	450	6	—	1050
ZG40Cr25Ni20Si2	220	450	6	—	1100
ZG40Cr27Ni4Si2	250	400	3	400[③]	1100
ZG45Cr20Co20Ni20Mo3W3	320	400	6	—	1150
ZG10Ni31Cr20Nb1	170	440	20	—	1000
ZG40Ni35Cr17Si2	220	420	6	—	980
ZG40Ni35Cr26Si2	220	440	6	—	1050
ZG40Ni35Cr26Si2Nb1	220	440	4	—	1050
ZG40Ni38Cr19Si2	220	420	6	—	1050
ZG40Ni38Cr19Si2Nb1	220	420	4	—	1100
ZNiCr28Fe17W5Si2C0. 4	220	400	3	—	1200
ZNiCr50Nb1C0. 1	230	540	8	—	1050
ZNiCr19Fe18Si1C0. 5	220	440	5	—	1100
ZNiFe18Cr15Si1C0. 5	200	400	3	—	1100
ZNiCr25Fe20Co15W5Si1C0. 46	270	480	5	—	1200
ZCoCr28Fe18C0. 3	④	④	④	④	1200
特性及应用	在高温条件下，具有良好的化学稳定性和较高的强度，能够承受各种负荷，在高温蒸汽、高温空气、燃气环境条件下工作，具有高温强度较高，良好的抗氧化性，耐热铸钢具有较好的铸造性，当耐热铸钢为高合金含量时，其高温强度优于某些变形耐热钢，由于工艺成本低，在工程中应用非常广泛，如锅炉、汽轮机、动力机械、工业炉、航空、石油工业中各种高温零部件均可采用				

① 最高使用温度取决于实际使用条件，所列数据仅供用户参考。这些数据适用于氧化气氛，实际的合金成分对其也有影响。

② 退火态最大 HBS 硬度值，铸件也可以铸态提供，此时硬度限制就不适用。

③ 最大 HBW 值。

④ 由供需双方协商确定。

注：1. 当供需双方协定要求提供室温力学性能时，其力学性能应按本表规定。

2. ZG30Cr7Si2、ZG40Cr13Si2、ZG40Cr17Si2、ZG40Cr24Si2、ZG40Cr28Si2、ZGCr29Si2 可以在 800～850℃进行退火处理。若需要 ZG30Cr7Si2 也可铸态下供货。其他牌号耐热钢和合金铸件，不需要热处理。若需热处理，则热处理工艺由供需双方商定，并在订货合同中注明。

3. 本表列出的最高使用温度为参考数据，这些数据仅适用于牌号间的比较，在实际应用时，还应考虑环境、载荷等实际使用条件。

1.5.12 通用耐蚀钢铸件

表 4-1-55 通用耐蚀钢铸件牌号及化学成分（GB/T 2100—2017）

牌 号	化学成分(质量分数)/%								
	C	Si	Mn	P	S	Cr	Mo	Ni	其他
ZG15Cr13	0.15	0.80	0.80	0.035	0.025	11.50～13.50	0.50	1.00	—
ZG20Cr13	0.16～0.24	1.00	0.60	0.035	0.025	11.50～14.00	—	—	—
ZG10Cr13Ni2Mo	0.10	1.00	1.00	0.035	0.025	12.00～13.50	0.20～0.50	1.00～2.00	—
ZG06Cr13Ni4Mo	0.06	1.00	1.00	0.035	0.025	12.00～13.50	0.70	3.50～5.00	Cu 0.50，V 0.05 W 0.10
ZG06Cr13Ni4	0.06	1.00	1.00	0.035	0.025	12.00～13.00	0.70	3.50～5.00	—
ZG06Cr16Ni5Mo	0.06	0.80	1.00	0.035	0.025	15.00～17.00	0.70～1.50	4.00～6.00	—
ZG10Cr12Ni1	0.10	0.40	0.50～0.80	0.030	0.020	11.5～12.50	0.50	0.8～1.5	Cu 0.30 V 0.30
ZG03Cr19Ni11	0.03	1.50	2.00	0.035	0.025	18.00～20.00	—	9.00～12.00	N 0.20
ZG03Cr19Ni11N	0.03	1.50	2.00	0.040	0.030	18.00～20.00	—	9.00～12.00	N 0.12～0.20
ZG07Cr19Ni10	0.07	1.50	1.50	0.040	0.030	18.00～20.00	—	8.00～11.00	—
ZG07Cr19Ni11Nb	0.07	1.50	1.50	0.040	0.030	18.00～20.00	—	9.00～12.00	Nb 8×C～1.00
ZG03Cr19Ni11Mo2	0.03	1.50	2.00	0.035	0.025	18.00～20.00	2.00～2.50	9.00～12.00	N 0.20
ZG03Cr19Ni11Mo2N	0.03	1.50	2.00	0.035	0.030	18.00～20.00	2.00～2.50	9.00～12.00	N 0.10～0.20
ZG05Cr26Ni6Mo2N	0.05	1.00	2.00	0.035	0.025	25.00～27.00	1.30～2.00	4.50～6.50	N 0.12～0.20
ZG07Cr19Ni11Mo2	0.07	1.50	1.50	0.040	0.030	18.00～20.00	2.00～2.50	9.00～12.00	—
ZG07Cr19Ni11Mo2Nb	0.07	1.50	1.50	0.040	0.030	18.00～20.00	2.00～2.50	9.00～12.00	Nb 8×C～1.00
ZG03Cr19Ni11Mo3	0.03	1.50	1.50	0.040	0.030	18.00～20.00	3.00～3.50	9.00～12.00	—
ZG03Cr19Ni11Mo3N	0.03	1.50	1.50	0.040	0.030	18.00～20.00	3.00～3.50	9.00～12.00	N 0.10～0.20
ZG03Cr22Ni6Mo3N	0.03	1.00	2.00	0.035	0.025	21.00～23.00	2.50～3.50	4.50～6.50	N 0.12～0.20
ZG03Cr25Ni7Mo4WCuN	0.03	1.00	1.50	0.030	0.020	24.00～26.00	3.00～4.00	6.00～8.50	Cu 1.00 N 0.15～0.25 W 1.00
ZG03Cr26Ni7Mo4CuN	0.03	1.00	1.00	0.035	0.025	25.00～27.00	3.00～5.00	6.00～8.00	N 0.12～0.22 Cu 1.30
ZG07Cr19Ni12Mo3	0.07	1.50	1.50	0.040	0.030	18.00～20.00	3.00～3.50	10.00～13.00	—

续表

牌　　号	化学成分(质量分数)/%								
	C	Si	Mn	P	S	Cr	Mo	Ni	其他
ZG025Cr20Ni25Mo7Cu1N	0.025	1.00	2.00	0.035	0.020	19.00～21.00	6.00～7.00	24.00～26.00	N 0.15～0.25 Cu 0.50～1.50
ZG025Cr20Ni19Mo7CuN	0.025	1.00	1.20	0.030	0.010	19.50～20.50	6.00～7.00	17.50～19.50	N 0.18～0.24 Cu 0.50～1.00
ZG03Cr26Ni6Mo3Cu3N	0.03	1.00	1.50	0.035	0.025	24.50～26.50	2.50～3.50	5.00～7.00	N 0.12～0.22 Cu 2.75～3.50
ZG03Cr26Ni6Mo3Cu1N	0.03	1.00	2.00	0.030	0.020	24.50～26.50	2.50～3.50	5.50～7.00	N 0.12～0.25 Cu 0.80～1.30
ZG03Cr26Ni6Mo3N	0.03	1.00	2.00	0.035	0.025	24.50～26.50	2.50～3.50	5.50～7.00	N 0.12～0.25

注：1. GB/T 2100—2017 代替 GB/T 2100—2002。

2. 表中的单个值为元素成分的最大值。

3. 国标规定炼钢方法需采用电弧炉加精炼炉精炼方法或者由供方自行决定。

表 4-1-56　　通用耐蚀钢铸件力学性能（GB/T 2100—2017）

牌号	厚度 t/mm ≤	屈服强度 $R_{p0.2}$ /MPa ≥	抗拉强度 R_m/MPa ≥	断后伸长率 A/% ≥	冲击吸收能量 K_{V2}/J ≥
ZG15Cr13	150	450	620	15	20
ZG20Cr13	150	390	590	15	20
ZG10Cr13Ni2Mo	300	440	590	15	27
ZG06Cr13Ni4Mo	300	550	760	15	50
ZG06Cr13Ni4	300	550	750	15	50
ZG06Cr16Ni5Mo	300	540	760	15	60
ZG10Cr12Ni1	150	355	540	18	45
ZG03Cr19Ni11	150	185	440	30	80
ZG03Cr19Ni11N	150	230	510	30	80
ZG07Cr19Ni10	150	175	440	30	60
ZG07Cr19Ni11Nb	150	175	440	25	40
ZG03Cr19Ni11Mo2	150	195	440	30	80
ZG03Cr19Ni11Mo2N	150	230	510	30	80
ZG05Cr26Ni6Mo2N	150	420	600	20	30
ZG07Cr19Ni11Mo2	150	185	440	30	60
ZG07Cr19Ni11Mo2Nb	150	185	440	25	40
ZG03Cr19Ni11Mo3	150	180	440	30	80
ZG03Cr19Ni11Mo3N	150	230	510	30	80
ZG03Cr22Ni6Mo3N	150	420	600	20	30
ZG03Cr25Ni7Mo4WCuN	150	480	650	22	50
ZG03Cr26Ni7Mo4CuN	150	480	650	22	50
ZG07Cr19Ni12Mo3	150	205	440	30	60
ZG025Cr20Ni25Mo7Cu1N	50	210	480	30	60
ZG025Cr20Ni19Mo7CuN	50	260	500	35	50

续表

牌号	厚度 t/mm ≤	屈服强度 $R_{p0.2}$/MPa ≥	抗拉强度 R_m/MPa ≥	断后伸长率 A/% ≥	冲击吸收能量 K_{V2}/J ≥
ZG03Cr26Ni6Mo3Cu3N	150	480	650	22	50
ZG03Cr26Ni6Mo3Cu1N	200	480	650	22	60
ZG03Cr26Ni6Mo3N	150	480	650	22	50

注：1. 铸件的几何公差、尺寸公差应符合图样或合同规定，如图样或合同中无规定，则按 GB/T 6414《铸件几何公差、尺寸公差与机械加工余量》选定。

2. 除订货合同中规定不准许焊补或重大焊补外，供方对铸件可进行焊补。如铸件需进行重大焊补时，应经需方同意，并做焊补记录，包括焊补位置图、补焊工艺参数、焊材、补焊设备、补焊工艺评定报告等，并在质量证明书中注明。

3. 通用耐蚀铸钢牌号适用于各种腐蚀工况的铸件，在不同腐蚀场合均可应用，GB/T 2100—2017 较 GB/T 2100—2002 相比，增加了 ZG06Cr13Ni4Mo 等 9 种材料牌号，可以更好地满足化学工业、化肥、化纤、石油、医药等行业各种通用耐蚀铸件及铸焊结构件之用。

4. 铸件均应进行热处理，参考性热处理工艺资料参见表 4-1-57。

表 4-1-57 通用耐蚀钢铸件热处理工艺（GB/T 2100—2017）

牌 号	热处理工艺
ZG15Cr13	加热到 950～1050℃，保温，空冷；并在 650～750℃，回火，空冷
ZG20Cr13	加热到 950～1050℃，保温，空冷或油冷；并在 680～740℃，回火，空冷
ZG10Cr13Ni2Mo	加热到 1000～1050℃，保温，空冷；并在 620～720℃，回火，空冷或炉冷
ZG06Cr13Ni4Mo	加热到 1000～1050℃，保温，空冷；并在 570～620℃，回火，空冷或炉冷
ZG06Cr13Ni4	加热到 1000～1050℃，保温，空冷；并在 570～620℃，回火，空冷或炉冷
ZG06Cr16Ni5Mo	加热到 1020～1070℃，保温，空冷；并在 580～630℃，回火，空冷或炉冷
ZG10Cr12Ni1	加热到 1020～1060℃，保温，空冷；并在 680～730℃，回火，空冷或炉冷
ZG03Cr19Ni11	加热到 1050～1150℃，保温，固溶处理，水淬。也可根据铸件厚度空冷或其他快冷方法
ZG03Cr19Ni11N	加热到 1050～1150℃，保温，固溶处理，水淬。也可根据铸件厚度空冷或其他快冷方法
ZG07Cr19Ni10	加热到 1050～1150℃，保温，固溶处理，水淬。也可根据铸件厚度空冷或其他快冷方法
ZG07Cr19Ni11Nb	加热到 1050～1150℃，保温，固溶处理，水淬。也可根据铸件厚度空冷或其他快冷方法
ZG03Cr19Ni11Mo2	加热到 1080～1150℃，保温，固溶处理，水淬。也可根据铸件厚度空冷或其他快冷方法
ZG03Cr19Ni11Mo2N	加热到 1080～1150℃，保温，固溶处理，水淬。也可根据铸件厚度空冷或其他快冷方法
ZG05Cr26Ni6Mo2N	加热到 1120～1150℃，保温，固溶处理，水淬。也可为防止形状复杂的铸件开裂，可随炉冷却至 1010～1040℃时再固溶处理，水淬
ZG07Cr19Ni11Mo2	加热到 1080～1150℃，保温，固溶处理，水淬。也可根据铸件厚度空冷或其他快冷方法
ZG07Cr19Ni11Mo2Nb	加热到 1080～1150℃，保温，固溶处理，水淬。也可根据铸件厚度空冷或其他快冷方法
ZG03Cr19Ni11Mo3	加热到≥1120℃，保温，固溶处理，水淬。也可根据铸件厚度空冷或其他快冷方法
ZG03Cr19Ni11Mo3N	加热到≥1120℃，保温，固溶处理，水淬。也可根据铸件厚度空冷或其他快冷方法
ZG03Cr22Ni6Mo3N	加热到 1120～1150℃，保温，固溶处理，水淬。也可为防止形状复杂的铸件开裂，可随炉冷却至 1010～1040℃时再固溶处理，水淬
ZG03Cr25Ni7Mo4WCuN	加热到 1120～1150℃，保温，固溶处理，水淬。也可为防止形状复杂的铸件开裂，可随炉冷却至 1010～1040℃时再固溶处理，水淬
ZG03Cr26Ni7Mo4CuN	加热到 1120～1150℃，保温，固溶处理，水淬。也可为防止形状复杂的铸件开裂，可随炉冷却至 1010～1040℃时再固溶处理，水淬
ZG07Cr19Ni12Mo3	加热到 1120～1180℃，保温，固溶处理，水淬。也可根据铸件厚度空冷或其他快冷方法
ZG025Cr20Ni25Mo7Cu1N	加热到 1200～1240℃，保温，固溶处理，水淬
ZG025Cr20Ni19Mo7CuN	加热到 1080～1150℃，保温，固溶处理，水淬。也可根据铸件厚度空冷或其他快冷方法
ZG03Cr26Ni6Mo3Cu3N	加热到 1120～1150℃，保温，固溶处理，水淬。为防止形状复杂的铸件开裂，也可随炉冷却至 1010～1040℃时再固溶处理，水淬
ZG03Cr26Ni6Mo3Cu1N	加热到 1120～1150℃，保温，固溶处理，水淬。为防止形状复杂的铸件开裂，也可随炉冷却至 1010～1040℃时再固溶处理，水淬
ZG03Cr26Ni6Mo3N	加热到 1120～1150℃，保温，固溶处理，水淬。为防止形状复杂的铸件开裂，也可随炉冷却至 1010～1040℃时再固溶处理，水淬

注：本表为 GB/T 2100—2017 资料性附录中的关于通用耐蚀钢铸件的参考性热处理工艺。

1.6 机械结构用钢

1.6.1 碳素结构钢

表 4-1-58 碳素结构钢牌号、力学性能及应用（GB/T 700—2006）

牌号	统一数字代号	等级	屈服强度 R_{eH}/MPa ≥ 厚度(或直径)/mm						抗拉强度 R_m/MPa	断后伸长率 A/% ≥ 厚度(或直径)/mm					冲击试验（V形缺口）		冷弯试验180° B=2a		
			≤16	>16~40	>40~60	>60~100	>100~150	>150~200		≤40	>40~60	>60~100	>100~150	>150~200	温度/℃	冲击吸收功(纵向)/J ≥	试样方向	钢材厚度(或直径)/mm ≤60 弯心直径 d	钢材厚度(或直径)/mm >60~100 弯心直径 d
Q195	U11952	—	195	185	—	—	—	—	315~430	33	—	—	—	—	—	—	纵	0	—
																	横	0.5a	
Q215	U12152	A	215	205	195	185	175	165	335~450	31	30	29	27	26	—	—	纵	0.5a	1.5a
	U12155	B													+20	27	横	a	2a
Q235	U12352	A	235	225	215	215	195	185	370~500	26	25	24	22	21	—	—	纵	a	2a
	U12355	B													+20	27			
	U12358	C													0		横	1.5a	2.5a
	U12359	D													−20				
Q275	U12752	A	275	265	255	245	225	215	410~540	22	21	20	18	17	—	—	纵	1.5a	2.5a
	U12755	B													+20	27			
	U12758	C													0		横	2a	3a
	U12759	D													−20				
应用举例	Q195和Q215具有良好的韧性，较高的伸长率，焊接性良好，适于制作地脚螺栓、铆钉、炉撑、钢丝网屋面板、低碳钢丝、焊管、薄板、拉杆、犁板、短轴、心轴、垫圈、支架、小负荷凸轮、负荷不高的焊接件等 Q235具有一定的强度和伸长率，韧性良好，且有良好的铸造性、冲压和焊接性，是一般机械制造中常用的材料，广泛用于制作一般机械零件，如轴、销、拉杆、套圈、螺栓、螺母、气缸、齿轮、支架、机架及焊接件、建筑构件、桥梁等用的角钢、I字钢、槽钢、H型钢、垫板及钢筋等 Q275有较高的强度，一定的焊接性能、切削加工性及塑性良好，用于制作较高强度要求的机械零件，如齿轮、心轴、销轴、转轴、链、螺栓、垫圈、刹车板、农机用各种机架、输送链和链节等																			

注：1. 各牌号的化学成分应符合GB/T 700—2006的有关规定。
2. 碳素结构钢钢板、钢带、型钢及钢棒的尺寸规格应符合相应标准的规定。
3. Q195的屈服强度值仅供参考，不作交货条件。
4. 厚度大于100mm的钢材，抗拉强度下限允许降低20MPa。宽带钢（包括剪切钢板）抗拉强度上限不作交货条件。
5. 厚度小于25mm的Q235B级钢材，如供方能保证冲击吸收功值合格，经需方同意，可不作检验。
6. 弯曲试验中的B为试样宽度，a为试样厚度（或直径）。
7. 厚度不小于12mm或直径不小于16mm的钢材应做冲击试验，试样尺寸为10mm×10mm×55mm，并符合本表规定。

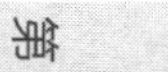

1.6.2 优质碳素结构钢

表 4-1-59 优质碳素结构钢牌号、统一数字代号及力学性能（摘自 GB/T 699—2015）

统一数字代号	牌号	试样毛坯尺寸/mm	推荐的热处理制度			力学性能					交货硬度 HBW	
			正火	淬火	回火	抗拉强度 R_m/MPa	下屈服强度 R_{eL}/MPa	断后伸长率 A/%	断面收缩率 Z/%	冲击吸收能量 K_{U2}/J	未热处理钢	退火钢
			加热温度/℃			≥					≤	
U20082	08	25	930	—	—	325	195	33	60	—	131	—
U20102	10	25	930	—	—	335	205	31	55	—	137	—
U20152	15	25	920	—	—	375	225	27	55	—	143	—
U20202	20	25	910	—	—	410	245	25	55	—	156	—
U20252	25	25	900	870	600	450	275	23	50	71	170	—
U20302	30	25	880	860	600	490	295	21	50	63	179	—
U20352	35	25	870	850	600	530	315	20	45	55	197	—
U20402	40	25	860	840	600	570	335	19	45	47	217	187
U20452	45	25	850	840	600	600	355	16	40	39	229	197
U20502	50	25	830	830	600	630	375	14	40	31	241	207
U20552	55	25	820	—	—	645	380	13	35	—	255	217
U20602	60	25	810	—	—	675	400	12	35	—	255	229
U20652	65	25	810	—	—	695	410	10	30	—	255	229
U20702	70	25	790	—	—	715	420	9	30	—	269	229
U20702	75	试样	—	820	480	1080	880	7	30	—	285	241
U20802	80	试样	—	820	480	1080	930	6	30	—	285	241
U20852	85	试样	—	820	480	1130	980	6	30	—	302	255
U21152	15Mn	25	920	—	—	410	245	26	55	—	163	—
U21202	20Mn	25	910	—	—	450	275	24	50	—	197	—
U21252	25Mn	25	900	870	600	490	295	22	50	71	207	—
U21302	30Mn	25	880	860	600	540	315	20	45	63	217	187
U21352	35Mn	25	870	850	600	560	335	18	45	55	229	197
U21402	40Mn	25	860	840	600	590	355	17	45	47	229	207
U21452	45Mn	25	850	840	600	620	375	15	40	39	241	217
U21502	50Mn	25	830	830	600	645	390	13	40	31	255	217
U21602	60Mn	25	810	—	—	690	410	11	35	—	269	229
U21652	65Mn	25	830	—	—	735	430	9	30	—	285	229
U21702	70Mn	25	790	—	—	785	450	8	30	—	285	229

注：1. GB/T 699—2015《优质碳素结构钢》代替 GB/T 699—1999。各牌号的化学成分应符合 GB/T 699—2015 的规定。

2. GB/T 699—2015 适用于公称直径或厚度不大于 250mm 的热轧和锻制优质碳素结构钢棒材，经双方协定，也可以供应公称直径或厚度大于 250mm 热轧和锻制优质碳素结构棒材；热轧钢棒尺寸规格应符合 GB/T 702 的规定，锻制钢棒尺寸规格应符合 GB/T 908 的规定，具体要求均应在合同中注明。

3. 钢棒按用途分为压力加工用钢（UP）和切削加工用钢（UC）两类。压力加工用钢细分为热加工用钢（UHP）、顶锻用钢（UP）和冷拔坯料用钢（UCD）；按表面不同分为压力加工表面 SPP、酸洗 SA、喷丸（砂）SS、剥皮 SF 和磨光 SP 共五种。

4. 优质碳素结构钢的冶炼方法由生产厂家自定（除非合同中另有规定）。

5. 钢棒通常以热轧或热锻状态交货，在合同中可按需方要求注明，钢棒可以按热处理（退火、正火、高温回火）状态或特殊表面状态（酸洗、喷丸、剥皮或磨光）交货。

6. 试样毛坯经正火后制成试样测定钢棒的纵向拉伸性能应符合本表的规定。如供方能保证拉伸性能合格时，可不进行试验。

7. 根据需方要求，用热处理（淬火＋回火）毛坯制成试样测定牌号为 25～50、25Mn～50Mn 钢棒的纵向冲击吸收能量应符合本表的规定。公称直径小于 16mm 的圆钢和公称厚度不大于 12mm 的方钢、扁钢，不做冲击试验。

8. 切削加工用钢棒或冷拔坯料用钢棒的交货硬度应符合本表规定。未热处理钢材的硬度，供方若能保证合格时，可不检验。高温回火或正火后钢棒的硬度值由供需双方协商确定。

9. 根据需方要求，牌号为 25～60 钢棒的抗拉强度允许比本表规定值降低 20MPa，但其断后伸长率同时提高 2%（绝对值）。

10. 表中的力学性能适用于公称直径或厚度不大于 80mm 的钢棒。

11. 公称直径或厚度大于 80～250mm 的钢棒，允许其断后伸长率、断面收缩率比本表的规定分别降低 2%（绝对值）和 5%（绝对值）。

12. 公称直径或厚度大于 120～250mm 的钢棒允许改锻（轧）成 70～80mm 的试料取样检验，其结果应符合本表的规定。

13. 钢棒尺寸小于试样毛坯尺寸时，用原尺寸钢棒进行热处理。

14. 留有加工余量的试样，其性能为淬火＋回火状态下的性能（本表中牌号为 75、80、85，试样毛坯尺寸一栏标注“试样”者）。

15. 热处理温度允许调整范围：正火±30℃，淬火±20℃，回火±50℃；推荐保温时间：正火不少于 30min，空冷；淬火不少于 30min，75、80 和 85 钢油冷，其他钢棒水冷；600℃回火不少于 1h。

16. 当屈服现象不明显时，可用规定塑性延伸强度 $R_{p0.2}$ 代替。

17. 棒材的顶锻、低倍组织、脱碳层及表面质量等要求，应在合同中注明，并符合 GB/T 699—2015 的有关规定。

表 4-1-60　优质碳素结构钢的特性及应用

牌号	特性及应用举例
08	强度和硬度均很低，韧性和塑性优良，焊接性良好，深冲压等变形冷加工性能良好，淬硬性和淬透性均很差，是塑性很好的冷冲压钢。用于生产薄钢板及冷轧钢带，广泛用于制造深冲压、拉延的盖罩件及焊接件，也可制作心部强度不高而表面硬化的渗碳或氰化零件，如离合器盘、齿轮等
10	塑性和韧性高，焊接性好，在冷状态下，易于挤压成形和压模成形，强度低，淬透性和淬硬性差，在热处理或冷拉处理后切削性能提高。可以采用弯曲、冷冲、热压及焊接等多种方法，制作各种负荷小、要求高韧性的零件（如钢管垫片、摩擦片、汽车车身、容器、防护罩、深冲器具、轴承安全架、冷镦螺栓螺母），以及较小负荷的焊接件、渗碳件（如齿轮、链滚、套筒、链轮）等
15	塑性和韧性高，焊接性和冷冲压性良好，切削性差，但经水韧处理或正火之后，切削性能提高，强度、淬硬性和淬透性较低。用于制作受载较小且韧性高的零件、渗碳件、紧固件，不需热处理的低负荷零件，焊接性能较好的中小结构件，如螺栓、法兰、小轴、销子、滚子、摩擦片、套筒、起重钩和农机用的链轮、链条、轴套等
20	焊接性高，经热处理可得到良好的切削加工性，无回火脆性，其强度稍高于15钢。适于制作韧性较高、负荷不大的各种零件，如杠杆、轴套、螺钉、拉杆、吊钩等；也用于制作要求表面硬度较高而心部强度较低的渗碳件或氰化零件，如链滚子、轴和不重要的齿轮、链轮等；还用于制作在压力小于600MPa及温度低于450℃的非腐蚀性介质中工作的管路零件
25	具有较好的塑性、韧性、冷冲压性、焊接性及切削性，无回火脆性，淬透性及淬硬性不高，具有一定的强度。一般在热轧及正火后使用，用于制作焊接结构件、负荷较小的零件，如轴、辊子、垫圈、螺栓、螺母、连接器；还用于制作压力小于600MPa、温度低于450℃的锅炉零件，如应力不大的螺栓、螺母、螺钉、汽车、拖拉机中的冲压板、横梁、车架、脚踏板等
30	具有一定的强度和硬度；塑性和焊接性较好，一般在正火状态下使用，尺寸不大的钢材经调质后，可得到良好的综合力学性能和较好的切削性能。适于制作受载不大、温度低于150℃、截面尺寸小的零件，如化工机械中的螺栓、拉杆、套筒、轴、丝杠；还可制作表面耐磨、心部强度较高的渗碳或氰化零件、焊接构件及冷镦锻零件等
35	具有良好的塑性和切削加工性，中等强度，焊接性能不佳，一般不用做焊接件，适于冷拉、冷镦、冷冲压等冷作加工。广泛用于制作各种锻件、热压件、冷拉及冷镦钢材、无缝钢管，以及负荷较大但截面尺寸较小的各种零件，如曲轴、销轴、横梁、连杆、星轮、轮圈、垫圈、钩环、螺栓等
40	具有较高强度，切削性能良好，焊接性能差，一般在正火、调质或高频表面淬火后使用。适于制作机器中的运动零件，心部强度要求不高、表面耐磨的淬火零件，负荷较大的调质小尺寸零件，应力不大的大型正火零件，如传动轴、心轴、曲轴、曲柄销、拉杆、辊子、活塞杆、齿轮、链轮等
45	具有较高强度，一定的塑性和韧性，切削性良好，调质后能得到优良的综合力学性能，淬透性较差，焊接性不好，冷变形塑性低，是一种应用广泛的较高强度的中碳钢，一般淬火及回火后使用。适于制作较高强度的运动零件，如空压机、泵活塞、蒸汽透平机的叶轮、重型机械中的轴、连杆、蜗杆、齿条、销子等；可代替渗碳钢用以制造表面耐磨零件（经高频或火焰表面淬火），如曲轴、齿轮、机床主轴、活塞销、传动轴等，农机中等负荷的轴、脱粒滚筒、链轮、齿轮及钳工工具等
50	具有高强度的中碳钢，切削性能中等，焊接性差，冷变形时塑性低，淬透性较差，一般于淬火及回火后使用。适于制作耐磨性高、动负荷及冲击作用不大的零件，如锻造齿轮、拉杆、轧辊、摩擦盘、不重要弹簧、发动机曲轴、机床主轴、农机中的掘土犁铧、翻土板、铲子、轴及重载心轴等
55	高强度中碳钢，弹性性能较高，塑性及韧性低，热处理后可得到高强度、高硬度，中等切削性能，焊接性差，冷变形性能低，一般在正火或淬火回火后使用。适用于制作高强度耐磨零件、弹性零件及铸钢件，如齿轮、连杆、轮圈、轮缘、扁弹簧、轧辊等
60	具有很高的强度与弹性，冷变形塑性低，切削性能不好，淬透性低，焊接性差，淬火时产生淬火裂纹的倾向，因此，小工件才采用淬火，大工件多采用正火。适用于制作耐磨、高强度、受力较大及要求良好弹性的弹性零件，如轧辊、轴、弹簧圈、弹簧、垫圈、离合器、凸轮等

续表

牌号	特性及应用举例
65	应用广泛的碳素弹簧钢，经热处理后的疲劳强度与合金弹簧钢相近，并可得到良好的弹性及较高的强度，切削性和淬透性都差，小尺寸零件多采用淬火，大尺寸零件多采用正火或水淬油冷，一般在淬火、中温回火状态下使用，也可在正火状态下使用。适用于制作弹簧垫圈、弹簧环、气门弹簧、小负荷扁弹簧、螺旋弹簧等；在正火状态下，可以用于制造凸轮、轴、轧辊、钢绳等耐磨零件
70	性能和65钢相近，但强度和弹性优于65钢，由于淬透性低，直径大于12～15mm的工件不能淬透。适于制作强度不高、尺寸较小的扁形、圆形、方形弹簧，以及带钢、钢丝、车轮圈、电车车轮及犁铧等
75,80	性能和65钢相近，强度稍高，弹性稍差，一般在淬火、回火状态下使用。适于制作强度不高、截面尺寸较小的螺旋弹簧、板弹簧以及承受摩擦负荷的零件
85	耐磨性优良的高碳钢，强度和硬度均优于65钢和70钢，但弹性稍低，淬透性也差。主要适于制作截面尺寸不大、强度不高的振动弹簧，如普通机器中的扁形弹簧、圆形螺旋弹簧、铁道车辆和汽车、拖拉机中的板簧和螺旋弹簧，以及清棉机锯片、摩擦盘、钢丝、带钢等
15Mn,20Mn	高锰低碳渗碳钢，性能和15钢相近，淬透性、强度和塑性均高于15钢，切削性良好，低温冲击性及焊接性均好，一般在渗碳、正火或热轧状态下使用，20Mn的强度和淬透性比15Mn稍高。主要用于制作中心部力学性能较高的渗碳或氰化零件，如凸轮轴、曲柄轴、活塞销、齿轮、滚动轴承套圈、圆柱和圆锥轴承中的滚动体；在正火或热轧状态下用于制作韧性高而应力小的零件，如螺钉、螺母、支架、铰链及焊接构件；还可制作低温条件下工作的油罐等容器
25Mn	性能和20Mn及25钢相近，但强度稍优。适于制作渗碳件及焊接件，如连杆、销、凸轮轴、齿轮、联轴器、铰链等
30Mn	强度及淬透性均比30钢高，切削性能良好，冷变形时塑性尚好，焊接性能中等，有回火脆性倾向，锻后应回火，一般在正火或调质状态下使用。通常用于制造低负荷的零件，如杠杆、拉杆、小轴、刹车踏板、螺栓、螺钉、螺母等；采用冷拉钢可制作高应力的细小零件，如农机的钩环、链环、刀片、横向刹车机齿轮等
35Mn	强度和淬透性均优于30Mn，切削加工性好，冷变形塑性中等，焊接性较差，常作为调质钢使用。一般用于制作负荷中等的零件，如传动轴、啮合杆、螺栓，采用淬火回火处理后可制作耐磨性能好的零件，如齿轮、心轴等
40Mn	经热处理后，综合力学性能优于40钢，淬透性高于40钢，切削性能良好，冷变形时塑性中等，存在回火脆性、过热敏感性，水淬时易于产生裂纹，焊接性差，在正火或淬火、回火状态下使用，调质后可代替40Cr。适于制作疲劳负荷下的零件，如曲轴、连杆、辊子、轴、高应力的螺栓等
45Mn	强度、韧性及淬透性均优于45钢，是中碳调质钢，调质后可得到较好的综合力学性能，切削加工性尚好，焊接性差，冷变形塑性低，有回火脆性倾向，一般在调质状态下应用，也可在淬火、回火或正火状态下应用。适于制作承受较大负荷及磨损条件下工作的零件，如曲轴、花键轴、轴、连杆、万向节轴、汽车半轴、啮合杆、齿轮、离合器盘、螺栓、螺母等
50Mn	性能与50钢相近，但淬透性较高，经热处理后的强度、硬度及弹性均比50钢好，有过热敏感性及回火脆性倾向，焊接性差，一般在淬火、回火后应用。常用于制作高耐磨性、高应力的零件，如心轴、齿轮轴、齿轮、摩擦盘、板弹簧等；高频淬火后可用于制造火车轴、蜗杆、连杆及汽车曲轴等
60Mn	强度较高，淬透性良好，脱碳倾向小，有过热敏感性及回火脆性倾向，水淬易产生裂纹，通常在淬火回火后应用。适于制作尺寸较大的螺旋弹簧、各种扁弹簧、圆弹簧、板簧、弹簧片、弹簧环、发条及冷拉钢丝等
65Mn	具有高强度和高硬度，淬透性较好，且弹性良好，是一种高锰弹簧钢，适于油淬，水淬易产生裂纹，退火后的切削性较好，冷作变形塑性差，焊接性差，一般不宜作焊接件，通常在淬火、中温回火状态下应用。经淬火及低温回火或调质，表面淬火处理，用于制造受摩擦、高弹性、高强度的机械零件，如收割机铲、犁，切碎机切刀，翻土板、整地机械圆盘，机床主轴、丝杠、弹簧卡头、钢轨、螺旋滚子、轴承套圈；经淬火、中温回火处理后，用于制造中负荷的板弹簧(厚度5～15mm)、螺旋弹簧、弹簧垫圈、弹簧卡环、弹簧发条、轻型汽车离合器弹簧、制动弹簧、气门弹簧等
70Mn	淬透性优于70钢，热处理后可得到的力学性能高于70钢，但冷作变形塑性差，焊接性能低，热处理时易于产生过热敏感性及回火脆性，易于脱碳，水淬易产生裂纹，一般在淬火、回火状态下应用。适于制造耐磨及承受较大负荷的零件，如止推环、离合器盘、弹簧垫圈、锁紧圈、盘簧等

1.6.3　非调质机械结构钢

表 4-1-61　非调质机械结构钢牌号、力学性能、钢材规格及应用（GB/T 15712—2016）

<table>
<tr><td rowspan="3"></td><td rowspan="2">牌号</td><td rowspan="2">公称直径或边长/mm</td><td>抗拉强度 R_m/MPa</td><td>下屈服强度 R_{eL}/MPa</td><td>断后伸长率 A/%</td><td>断面收缩率 Z/%</td><td>冲击吸收能量 K_{U2}/J</td></tr>
<tr><td colspan="5">不小于</td></tr>
<tr><td>F35VS
（L22358）</td><td>≤40</td><td>590</td><td>390</td><td>18</td><td>40</td><td>47</td></tr>
<tr><td rowspan="12">直接切削加工用非调质机械结构钢牌号及力学性能</td><td>F40VS
（L22408）</td><td>≤40</td><td>640</td><td>420</td><td>16</td><td>35</td><td>37</td></tr>
<tr><td>F45VS
（L22458）</td><td>≤40</td><td>685</td><td>440</td><td>15</td><td>30</td><td>35</td></tr>
<tr><td>F30MnVS
（L22308）</td><td>≤60</td><td>700</td><td>450</td><td>14</td><td>30</td><td>实测值</td></tr>
<tr><td rowspan="2">F35MnVS
（L22358）</td><td>≤40</td><td>735</td><td>460</td><td>17</td><td>35</td><td>37</td></tr>
<tr><td>>40～60</td><td>710</td><td>440</td><td>15</td><td>33</td><td>35</td></tr>
<tr><td>F38MnVS
（L22388）</td><td>≤60</td><td>800</td><td>520</td><td>12</td><td>25</td><td>实测值</td></tr>
<tr><td rowspan="2">F40MnVS
（L22408）</td><td>≤40</td><td>785</td><td>490</td><td>15</td><td>33</td><td>32</td></tr>
<tr><td>>40～60</td><td>760</td><td>470</td><td>13</td><td>30</td><td>28</td></tr>
<tr><td rowspan="2">F45MnVS
（L22458）</td><td>≤40</td><td>835</td><td>510</td><td>13</td><td>28</td><td>28</td></tr>
<tr><td>>40～60</td><td>810</td><td>490</td><td>12</td><td>28</td><td>25</td></tr>
<tr><td>F49MnVS
（L22498）</td><td>≤60</td><td>780</td><td>450</td><td>8</td><td>20</td><td>实测值</td></tr>
<tr><td></td><td></td><td></td><td></td><td></td><td></td><td></td></tr>
<tr><td>钢材尺寸规格</td><td colspan="7">热轧钢材尺寸规格符合 GB/T 702—2017 规定，尺寸精度要求应于合同中注明，未注明者按 2 组精度执行
银亮钢材尺寸规格符合 GB/T 3207—2008 规定，尺寸精度要求应于合同中注明，未注明者按 11 级精度执行</td></tr>
<tr><td rowspan="6">应用举例</td><td>钢号</td><td colspan="6">性能特点及应用举例</td></tr>
<tr><td>F35VS
F40VS</td><td colspan="6">热轧空冷后具有良好的综合力学性能，加工性能优于调质态的 40 钢，用于制造 CA15 发动机和空气压缩机的连杆及其他零件，可代替 40 钢</td></tr>
<tr><td>F45VS</td><td colspan="6">属于 685MPa 级易切削非调质钢，比 F35VS 钢有更高的强度，用于制造汽车发动机曲轴、凸轮轴、连杆，以及机械行业的轴类、蜗杆等零件，可代替 45 钢</td></tr>
<tr><td>F35MnVS</td><td colspan="6">与 F35VS 钢相比，有更好的综合力学性能，用于制造 CA6102 发动机的连杆及其他零件，可代替 55 钢</td></tr>
<tr><td>F40MnVS</td><td colspan="6">比 F35MnVS 钢有更高的强度，其塑性和疲劳性能均优于调质态的 45 钢，加工性能优于 45、40Cr、40MnB 钢，可代替 45、40Cr 和 40MnB 钢制造汽车、拖拉机和机床的零部件</td></tr>
<tr><td>F45MnVS</td><td colspan="6">属于 785MPa 级易切削非调质钢，与 F40MnVS 钢相比，耐磨性较高，韧性稍低，加工性能优于调质态的 45 钢，疲劳性能和耐磨性亦佳，主要取代调质态的 45 钢，用来制造拖拉机、机床等的轴类零件</td></tr>
</table>

注：1. 非调质机械结构钢是一种通过微合金化、控制轧制（锻制）和控制冷却等强韧化方法，取消了调质热处理，达到或接近调质钢力学性能的优质或特殊质量的结构钢。钢材按规定分为两类：UC—直接切削加工用非调质机械结构钢；UHP—热压力加工用非调质机械结构钢。两类钢共计 16 个牌号，UC 类牌号见本表，UHP 牌号参见 GB/T 15712—2016 规定。

2. UC 和 UHP 两类牌号的化学成分参见 GB/T 15712—2016 的规定。

3. 直接切削加工用钢材，直径或边长不大于 60mm 钢材的力学性能应符合本表的规定。直径不大于 16mm 的圆钢或边长不大于 12mm 的方钢不做冲击试验；直径或边长大于 60mm 的钢材力学性能可由供需双方协商。

4. 热压力加工用钢材，根据需方要求可检验力学性能及硬度，其试验方法和验收指标由供需双方协商，本表仅供参考。但直径不小于 60mm 的 F12Mn2VBS 钢，应先改锻成直径 30mm 圆坯，经 450～650℃ 回火，其力学性能应符合：抗拉强度 R_m≥685MPa，下屈服强度 R_{eL}≥490MPa，断后伸长率 A≥16%，断面收缩率 Z≥45%。

5. 冲击吸收能量一栏中“实测”者，只提供实测数据，不作为判定依据。

1.6.4 易切削结构钢

表 4-1-62 易切削结构钢牌号、力学性能、钢材品种规格及应用（GB/T 8731—2008）

	牌号	冷拉条钢和盘条					热轧条钢和盘条			
		抗拉强度 R_m/MPa 钢材公称尺寸/mm			断后伸长率 A/% ≥	布氏硬度 HBW	抗拉强度 R_m/MPa	断后伸长率 A/% ≥	断面收缩率 Z/% ≥	布氏硬度 HBW ≤
		8～20	＞20～30	＞30						
牌号和力学性能	Y08	480～810	460～710	360～710	7.0	140～217	360～570	25	40	163
	Y12	530～755	510～735	490～685	7.0	152～217	390～540	22	36	170
	Y15	530～755	510～735	490～685	7.0	152～217	390～540	22	36	170
	Y20	570～785	530～745	510～705	7.0	167～217	450～600	20	30	175
	Y30	600～825	560～765	540～735	6.0	174～223	510～655	15	25	187
	Y35	625～845	590～785	570～765	6.0	176～229	510～655	14	22	187
	Y45	695～980	655～880	580～880	6.0	196～255	560～800	12	20	229
	Y08MnS	480～810	460～710	360～710	7.0	140～217	350～500	25	40	165
	Y15Mn	530～755	510～735	490～685	7.0	152～217	390～540	22	36	170
	Y45Mn	695～980	655～880	580～880	6.0	196～255	610～900	12	20	241
	Y45MnS	695～980	655～880	580～880	6.0	196～255	610～900	12	20	241
	Y08Pb	480～810	460～710	360～710	7.0	140～217	360～570	25	40	165
	Y12Pb	480～810	460～710	360～710	7.0	140～217	360～570	22	36	170
	Y15Pb	530～755	510～735	490～685	7.0	152～217	390～540	22	36	170
	Y45MnSPb	695～980	655～880	580～880	6.0	196～255	610～900	12	20	241
	Y08Sn	480～705	460～685	440～635	7.5	140～200	350～500	25	40	165
	Y15Sn	530～755	510～735	490～685	7.0	152～217	390～540	22	36	165
	Y45Sn	695～920	655～855	635～835	6.0	196～255	600～745	12	26	241
	Y45MnSn	695～920	655～855	635～835	6.0	196～255	610～850	12	26	241
	Y45Ca	695～920	655～855	635～835	6.0	196～255	600～745	12	26	241

续表

钢材品种及尺寸规格

钢材品种	尺寸规格应符合的标准
热轧圆钢、方钢、扁钢、六角钢和八角钢	GB/T 702—2008
锻制圆钢、方钢、扁钢	GB/T 908—2008
热轧盘条	GB/T 14981—2009
冷拉圆钢、方钢、六角钢	GB/T 905—1994
冷拉圆钢丝、方钢丝、六角钢丝	GB/T 342—2017
热轧钢板和钢带	GB/T 709—2006
冷轧钢板和钢带	GB/T 708—2006

特性及应用举例

牌号	特　性	应用举例
Y12	钢中磷含量高，切削加工性能比 15 钢有明显提高。其强度接近 15Mn 钢，而塑性略低，焊接性较好	用于自动机床加工标准件，切削速度可达 60m/min，常用于制作对力学性能要求不高的零件，如双头螺栓、螺杆、螺母、销钉以及手表零件、仪表的精密小件等
Y12Pb	钢中添加铅，改善其可加工性，故切削加工性比 Y12 钢好，其强度和塑性同 Y12 钢	
Y15	该钢与 Y12 钢相比，硫含量提高，切削加工性好，塑性相同，而强度略高	用于自动切削机床加工紧固件和标准件，如双头螺栓、螺钉、螺母、管接头、弹簧座等
Y15Pb	切削加工性比 Y15 钢好，加工表面光洁。其强度和塑性同 Y15 钢	
Y20	切削加工性能比 20 钢可提高 30%～40%，但略低于 Y15 钢。其强度较 Y15 钢高，而塑性稍低	用于小型机器上不易加工的复杂断面零件，如纺织机的零件、内燃机的凸轮轴，以及表面要求耐磨的仪器、仪表零件。制作件可渗碳
Y30	切削加工性能较 Y20 略好。其强度高于 Y20 钢，与 35 钢接近，而塑性稍低	用于制作要求抗拉强度较高的部件，一般以冷拉状态使用
Y35	切削加工性能与 Y30 钢相近。其强度略高于 Y30 钢，而塑性稍低	用于制作要求抗拉强度较高的部件，一般以冷拉状态使用
Y40Mn	切削加工性能优于 45 钢，并有较高的强度和硬度	用于制造对性能要求高的部件，如机床丝杠、花键轴、齿条等，一般以冷拉状态使用
Y45Ca	适于高速切削加工，切削速度比 45 钢提高 1 倍以上。热处理后具有良好的力学性能，强度和面缩率略高于 Y40Mn 钢，而伸长率略低	用于制作要求抗拉强度高的重要部件，如机床的齿轮轴、花键轴等

注：1. 各牌号的化学成分应符合 GB/T 8731—2008 的规定。

2. 钢材以热轧、热锻或冷轧、冷拉、银亮等状态交货，交货状态应在合同中注明。

3. 热轧条钢和盘条的布氏硬度应符合本表的规定，本表所列的其他力学性能数值为以 GB/T 8731—2008 为参考性的资料附录，热轧、调质、冷拉及冷拉高温回火状态的条钢和盘条的力学性能，经供需双方协商，参考执行。其他产品的力学性能及硬度由供需双方协商确定。

1.6.5 耐候结构钢

表 4-1-63 耐候结构钢牌号、力学性能、钢材尺寸规格及应用（GB/T 4171—2008）

分类	牌号	拉伸试验									180°弯曲试验 弯心直径（a 为钢板厚度）			尺寸规格			应用举例
		下屈服强度 R_{eL}/MPa ≥				抗拉强度 R_m/MPa	断后伸长率 A/% ≥							钢板和钢带厚度范围/mm ≤	型钢尺寸范围/mm ≤	产品标准规定	
		≤16	>16～40	>40～60	>60		≤16	>16～40	>40～60	>60	≤6	>6～16	>16				
焊接耐候钢	Q235NH	235	225	215	215	360～510	25	25	24	23	a	a	$2a$	100	100	热轧钢板和钢带尺寸规格按 GB/T 709 规定 冷轧钢板和钢带尺寸规格按 GB/T 708 规定 型钢尺寸规格按相关产品标准规定	耐候钢是通过添加少量合金元素如 Cu、P、Cr、Ni 等，使其在金属基体表面上形成保护层，以提高耐大气腐蚀性能的钢。焊接耐候钢适于制作车辆、桥梁、集装箱、建筑或其他结构件之用，与高耐候性钢相比，具有较好的焊接性能，以热轧方式生产
	Q295NH	295	285	275	255	430～560	24	24	23	22	a	$2a$	$3a$	100	100		
	Q355NH	355	345	335	325	490～630	22	22	21	20	a	$2a$	$3a$	100	100		
	Q415NH	415	405	395	—	520～680	22	22	20	—	a	$2a$	$3a$	60	—		
	Q460NH	460	450	440	—	570～730	20	20	19	—	a	$2a$	$3a$	60	—		
	Q500NH	500	490	480	—	600～760	18	16	15	—	a	$2a$	$3a$	60	—		
	Q550NH	550	540	530	—	620～780	16	16	15	—	a	$2a$	$3a$	60	—		
高耐候钢	Q295GNH	295	285	—	—	430～560	24	24	—	—	a	$2a$	$3a$	20	40		适于制作车辆、集装箱、建筑、塔架或其他结构件之用，其耐大气腐蚀性能优于焊接耐候钢，以热轧或冷轧方式生产
	Q355GNH	355	345	—	—	490～630	22	22	—	—	a	$2a$	$3a$	20	40		
	Q265GNH	265	—	—	—	≥410	27	—	—	—	a	—	—	3.5	—		
	Q310GNH	310	—	—	—	≥450	26	—	—	—	a	—	—	3.5	—		

注：1. GB/T 4171—2008 代替 GB/T 4171—2000 高耐候结构钢、GB/T 4172—2000 焊接结构用耐候钢、GB/T 18982—2003 集装箱用耐腐蚀钢板和钢带。

2. 各牌号的化学成分应符合 GB/T 4171—2008 的规定。

3. 钢的牌号说明：Q355GNHC，Q—屈服强度中“屈”字汉语拼音首位字母；355—下屈服强度下限值，MPa；G、N、H—“高”“耐”和“候”字汉语拼音首位字母；C—钢的质量等级，分为 A、B、C、D、E 五个等级。

4. 钢材的冲击试验应符合 GB/T 4171—2008 的规定。

5. 热轧钢材以热轧、控轧或正火状态交货，牌号为 Q460NH、Q500NH、Q550NH 的钢材可以淬火加回火状态交货；冷轧钢材一般以退火状态交货。

1.6.6 低合金高强度结构钢

表 4-1-64 **低合金高强度结构钢的牌号、钢材尺寸规格及力学性能**（GB/T 1591—2018）

项目	内容
牌号及化学成分的规定	热轧钢的牌号及化学成分应符合 GB/T 1591—2018 的规定，热轧、正火、正火轧制、热机械轧制的各类钢材的牌号参见本表的规定
钢材尺寸规格	热轧钢棒的尺寸、外形、质量及允许偏差应符合 GB/T 702 的规定，具体组别应在合同注明 热轧型钢的尺寸、外形、质量及允许偏差应符合 GB/T 706 的规定，具体组别应在合同注明 热轧钢板和钢带的尺寸、外形、质量及允许偏差应符合 GB/T 709 的规定，具体精度类别应在合同中注明热轧 H 型钢和剖分 T 型钢尺寸、质量及允许偏差应符合 GB/T 11263 的规定按需方要求，供需双方协定，可供应其他尺寸规格的钢材

热轧钢材牌号及力学性能

牌号		上屈服强度 R_{eH}①/MPa 不小于									抗拉强度 R_m/MPa				断后伸长率 A/% 不小于						
		公称厚度或直径/mm																			
钢级	质量等级	≤16	>16~40	>40~63	>63~80	>80~100	>100~150	>150~200	>200~250	>250~400	≤100	>100~150	>150~250	>250~400	试样方向	≤40	>40~63	>63~100	>100~150	>150~250	>250~400
Q355	B、C	355	345	335	325	315	295	285	275	—	470~630	450~600	450~600	—	纵向	22	21	20	18	17	17②
	D									265②				450~600②	横向	20	19	18	18	17	17②
Q390	B、C、D	390	380	360	340	340	320	—	—	—	490~650	470~620	—	—	纵向	21	20	20	19		
															横向	20	19	19	18		
Q420③	B、C	420	410	390	370	370	350	—	—	—	520~680	500~650	—	—	纵向	20	19	19	19		
Q460③	C	460	450	430	410	410	390	—	—	—	550~720	530~700	—	—	纵向	18	17	17	17		

①当屈服不明显时，可用规定塑性延伸强度 $R_{p0.2}$ 代替上屈服强度。
②只适用于质量等级为 D 的钢板。
③只适用于型钢和棒材。

正火、正火轧制钢材的牌号及力学性能

牌号		上屈服强度 R_{eH}/MPa 不小于								抗拉强度 R_m/MPa			断后伸长率 A/% 不小于					
		公称厚度或直径/mm																
钢级	质量等级	≤16	>16~40	>40~63	>63~80	>80~100	>100~150	>150~200	>200~250	≤100	>100~200	>200~250	≤16	>16~40	>40~63	>63~80	>80~200	>200~250
Q355N	B、C、D、E、F	355	345	335	325	315	295	285	275	470~630	450~600	450~600	22	22	22	21	21	21
Q390N	B、C、D、E	390	380	360	340	340	320	310	300	490~650	470~620	470~620	20	20	20	19	19	19

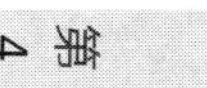

第4篇

续表

	牌号		上屈服强度 R_{eH}/MPa 不小于								抗拉强度 R_m/MPa			断后伸长率 A/% 不小于					
			公称厚度或直径/mm																
	钢级	质量等级	≤16	>16~40	>40~63	>63~80	>80~100	>100~150	>150~200	>200~250	≤100	>100~200	>200~250	≤16	>16~40	>40~63	>63~80	>80~200	>200~250
正火、正火轧制钢材的牌号及力学性能	Q420N	B、C、D、E	420	400	390	370	360	340	330	320	520~680	500~650	500~650	19	19	19	18	18	18
	Q460N	C、D、E	460	440	430	410	400	380	370	370	540~720	530~710	510~690	17	17	17	17	17	16

注：1. 正火状态包含正火加回火状态。当屈服不明显时，可用规定塑性延伸强度 $R_{p0.2}$ 代替 R_{eH}

2. 钢材加热至高于相变点温度以上的一个合适的温度，然后在空气中冷却至低于某相变点温度的热处理工艺，称为正火(N)。正火轧制(+N)是最终变形在一定温度范围内的轧制过程中进行，使钢材达到一种正火后的状态，以便即使正火后也可达到规定的力学性能数值的轧制工艺(在科技出版物中将正火轧制也称为“控制轧制”)

	牌号		上屈服强度 R_{eH}/MPa 不小于						抗拉强度 R_m/MPa					断后伸长率 A/% 不小于
			公称厚度或直径/mm											
	钢级	质量等级	≤16	>16~40	>40~63	>63~80	>80~100	>100~120	≤40	>40~63	>63~80	>80~100	>100~120	
热机械轧制(TMCP)钢材的牌号及力学性能	Q355M	B、C、D、E、F	355	345	335	325	325	320	470~630	450~610	440~600	440~600	430~590	22
	Q390M	B、C、D、E	390	380	360	340	340	335	490~650	480~640	470~630	460~620	450~610	20
	Q420M	B、C、D、E	420	400	390	380	370	365	520~680	500~660	480~640	470~630	460~620	19
	Q460M	C、D、E	460	440	430	410	400	385	540~720	530~710	510~690	500~680	490~660	17
	Q500M	C、D、E	500	490	480	460	450	—	610~770	600~760	590~750	540~730	—	17
	Q550M	C、D、E	550	540	530	510	500	—	670~830	620~810	600~790	590~780	—	16
	Q620M	C、D、E	620	610	600	580	—	—	710~880	690~880	670~860	—	—	15
	Q690M	C、D、E	690	680	670	650	—	—	770~940	750~920	730~900	—	—	14

注：1. 热机械轧制(TMCP)状态包含热机械轧制(TMCP)加回火状态。当屈服不明显时，可用规定塑性延伸强度 $R_{p0.2}$ 代替上屈服强度 R_{eH}

2. 热机械轧制(M)是一种钢材的最终变形在一定温度范围内进行的轧制工艺，从而保证钢材获得仅通过热处理无法获得的性能。也称 TMCP(热机械控制过程)，在科技出版物中也称“控制轧制”

续表

	牌号		以下试验温度的冲击吸收能量最小值 K_{V2}/J									
	钢级	质量等级	20℃		0℃		−20℃		−40℃		−60℃	
			纵向	横向	纵向	横向	纵向	横向	纵向	横向	纵向	横向
夏比(V形缺口)冲击试验	Q355、Q390、Q420	B	34	27	—	—	—	—	—	—	—	—
	Q355、Q390、Q420、Q460	C	—	—	34	27	—	—	—	—	—	—
	Q355、Q390	D	—	—	—	—	34①	27①	—	—	—	—
	Q355N、Q390N、Q420N	B	34	27	—	—	—	—	—	—	—	—
	Q355N、Q390N Q420N、Q460N	C	—	—	34	27	—	—	—	—	—	—
		D	55	31	47	27	40②	20	—	—	—	—
		E	63	40	55	34	47	27	31③	20③	—	—
	Q355N	F	63	40	55	34	47	27	31	20	27	16
	Q355M、Q390M、Q420M	B	34	27	—	—	—	—	—	—	—	—
	Q355M、Q390M、Q420M Q460M	C	—	—	34	27	—	—	—	—	—	—
		D	55	31	47	27	40②	20	—	—	—	—
		E	63	40	55	34	47	27	31③	20③	—	—
	Q355M	F	63	40	55	34	47	27	31	20	27	16
	Q500M、Q550M、Q620M Q690M	C	—	—	55	34	—	—	—	—	—	—
		D	—	—	—	—	47②	27	—	—	—	—
		E	—	—	—	—	—	—	31③	20③	—	—

①仅适用于厚度大于 250mm 的 Q355D 钢板。
②当需方指定时,D 级钢可做−30℃冲击试验时,冲击吸收能量纵向不小于 27J。
③当需方指定时,E 级钢可做−50℃冲击时,冲击吸收能量纵向不小于 27J、横向不小于 16J。
注:1. 当需方未指定试验温度时,正火、正火轧制和热机械轧制的 C、D、E、F 级钢材分别做 0℃、−20℃、−40℃、−60℃冲击。
2. 冲击试验取纵向试样。经供需双方协商,也可取横向试样。

注：1. GB/T 1591—2018 低合金高强度结构钢代替 GB/T 1591—2008。

2. 低合金高强度结构钢的应用举例：钢级 Q355 的结构钢具有良好的综合力学性能，塑性和焊接性良好，冲击韧性较好，一般在热轧或正火状态下使用，适于制作桥梁、船舶、车辆、管道、锅炉、各种容器、油罐、电站、厂房结构，低温压力容器等结构件。钢级 Q390 的结构钢具有良好的综合力学性能，焊接性及冲击韧度较好，一般在热轧状态下使用，适于制作锅炉，中、高压石油化工容器、桥梁、船舶、起重机、较高负荷的焊接件、连接构件等。钢级 Q420 的结构钢具有良好的综合力学性能，优良的低温韧性，焊接性好，冷热加工性良好，一般在热轧或正火状态下使用，适于制作高压容器、重型机械、桥梁、船舶、机车车辆、锅炉及其他大型焊接结构件。钢级 Q460 结构钢，具有高强度，在正火加回火或淬火加回火处理后具有很高的综合力学性能，C、D、E 级钢可保证良好的韧性。主要用于各种大型工程结构及要求高强度、重负荷的轻型结构。

3. 牌号表示方法及示例

a）钢的牌号由代表屈服强度“屈”字的汉语拼音首字母 Q、规定的最小上屈服强度数值、交货状态代号、质量等级符号（B、C、D、E、F）四个部分组成。

交货状态为热轧时，交货状态代号 AR 或 WAR 可省略；交货状态为正火或正火轧制状态时，交货状态代号均用 N 表示。

Q+规定的最小上屈服强度数值+交货状态代号，简称为“钢级”。

b）示例：Q355ND。其中：

Q—钢的屈服强度的“屈”字汉语拼音的首字母；

355—规定的最小上屈服强度数值，单位为 MPa；

N—交货状态为正火或正火轧制；

D—质量等级为 D 级。

c）当需方要求钢板具有厚度方向性能时，则在上述规定的牌号后加上代表厚度方向（Z 向）性能级别的符号，如：Q355NDZ25。

第 4 篇

1.6.7　弹簧钢

表 4-1-65　　弹簧钢牌号及力学性能（GB/T 1222—2016）

统一数字代号	牌号	热处理制度[①]			力学性能　≥				
		淬火温度 /℃	淬火介质	回火温度 /℃	抗拉强度 R_m /MPa	下屈服强度 R_{eL}[②] /MPa	断后伸长率 A /%	断后伸长率 $A_{11.3}$ /%	断面收缩率 Z /%
U20652	65	840	油	500	980	785	—	9.0	35
U20702	70	830	油	480	1030	835	—	8.0	30
U20802	80	820	油	480	1080	930	—	6.0	30
U20852	85	820	油	480	1130	980	—	6.0	30
U21653	65Mn	830	油	540	980	785	—	8.0	30
U21702	70Mn	③	—	—	785	450	8.0	—	30
A76282	28SiMnB[④]	900	水或油	320	1275	1180	—	5.0	25
A77406	40SiMnVBE[④]	880	油	320	1800	1680	9.0	—	40
A77552	55SiMnVB	860	油	460	1375	1225	—	5.0	30
A11383	38Si2	880	水	450	1300	1150	8.0	—	35
A11603	60Si2Mn	870	油	440	1570	1375	—	5.0	20
A22553	55CrMn	840	油	485	1225	1080	9.0	—	20
A22603	60CrMn	840	油	490	1225	1080	9.0	—	20
A22609	60CrMnB	840	油	490	1225	1080	9.0	—	20
A34603	60CrMnMo	860	油	450	1450	1300	6.0	—	30
A21553	55SiCr	860	油	450	1450	1300	6.0	—	25
A21603	60Si2Cr	870	油	420	1765	1570	6.0	—	20
A24563	56Si2MnCr	860	油	450	1500	1350	6.0	—	25
A45523	52SiCrMnNi	860	油	450	1450	1300	6.0	—	35
A28553	55SiCrV	860	油	400	1650	1600	5.0	—	35
A28603	60Si2CrV	850	油	410	1860	1665	6.0	—	20
A28600	60Si2MnCrV	860	油	400	1700	1650	5.0	—	30
A23503	50CrV	850	油	500	1275	1130	10.0	—	40
A25513	51CrMnV	850	油	450	1350	1200	6.0	—	30
A26523	52CrMnMoV	860	油	450	1450	1300	6.0	—	35
A27303	30W4Cr2V[⑤]	1075	油	600	1470	1325	7.0	—	40

① 表中热处理温度允许调整范围为：淬火，±20℃；回火，±50℃（28MnSiB 钢±30℃）。根据需方要求，其他钢回火可按±30℃进行。

② 当检测钢材屈服现象不明显时，可用 $R_{p0.2}$代替 R_{eL}。

③ 70Mn 的推荐热处理制度为：正火 790℃，允许调整范围为±30℃。

④ 硬度参见表 4-1-66。

⑤ 30W4Cr2V 除抗拉强度外，其他力学性能检验结果供参考，不作为交货依据。

注：1. 弹簧钢牌号的化学成分应符合 GB/T 1222—2016 的规定。

2. 弹簧钢材可以热处理或非热处理状态交货，要求热处理状态交货时，应在合同中注明。

3. 按供需双方协议，并在合同中注明，弹簧钢材可以剥皮、磨光或其他表面状态交货。

4. 力学性能测试采用直径 10mm 的比例试样。留有一定加工余量的试样毛坯（尺寸一般为 11～12mm），经热处理并去除加工余量后，测定钢材纵向力学性能，应符合本表规定。本表适用于直径或边长不大于 80mm 的棒材，厚度不大于 40mm 的扁钢。直径或边长大于 80mm 的棒材，厚度大于 40mm 的扁钢，允许其断后伸长率、断面收缩率较本表规定分别降低 1%、5%（绝对值）。

5. 盘条通常不检验力学性能，如需方要求检验力学性能，则具体指标由供需双方协定。

6. 对于直径或边长小于 11mm 的棒材，用原尺寸钢材进行热处理。

7. 对于厚度小于 11mm 的扁钢，可以采用矩形试样。但此种情况断面收缩率不作为验收条件。

表 4-1-66　弹簧钢材种类、尺寸规格、交货状态及硬度（GB/T 1222—2016）

1. 热轧棒材尺寸、外形及允许偏差应符合 GB/T 702（热轧圆钢、方钢）规定，要求应在合同中注明	2. 锻制棒材尺寸、外形及允许偏差应符合 GB/T 908（锻制圆钢、方钢）规定，要求应在合同中注明
3. 冷拉棒材尺寸、外形及允许偏差应符合 GB/T 905（冷拉圆钢、方钢、六角钢）规定，要求应在合同中注明	4. 盘条尺寸及允许偏差应符合 GB/T 14981（盘条）规定，要求应在合同中注明

5. 银亮钢尺寸、外形及其允许偏差应符合 GB/T 3207 的规定，要求应在合同中注明

6. 热轧扁钢尺寸、截面形状

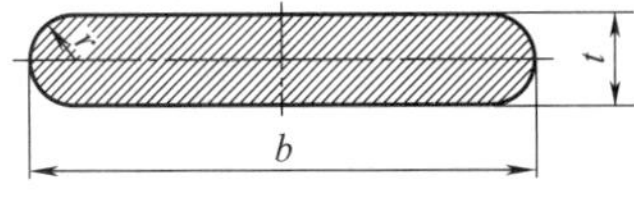

图(a) 平面半圆弧扁钢

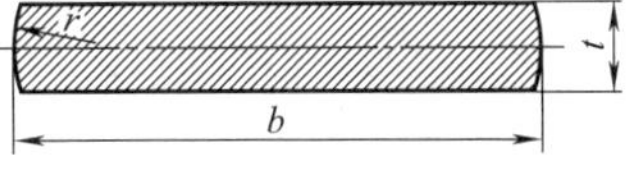

图(b) 平面大圆弧扁钢

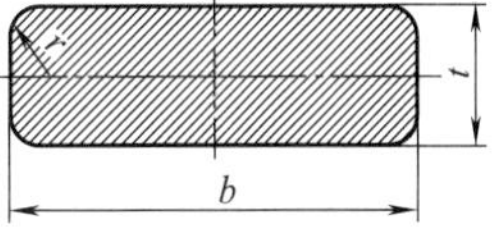

图(c) 平面矩形扁钢

b—扁钢宽度；t—扁钢厚度；r—扁钢侧面圆弧半径

热轧扁钢尺寸规格见下表

扁钢截面形状	宽度 b/mm															侧面圆弧半径 r
	45	50	55	60	70	75	80	90	100	110	120	130	140	150	160	只在孔型上控制，不作为验收条件
平面半圆弧扁钢厚度 t	5～10	5～20	5～12	5～24	5～30	6～20	5～35	6～40	7～40	7～40	8～40	8～40	9～40	9～40	9～40	$r≈1/2t$
平面大圆弧扁钢厚度 t	—	—	—	5～15	5～21	—	5～24	5～30	6～30	6～30	7～30	8～30	9～30	10～30	—	$r≈30$mm
平面矩形弹簧扁钢厚度 t	—	—	—	20～40	20～50	—	25～60	25～60	25～60	27～60	27～60	30～60	30～60	30～60	—	$t≤40$mm，$r≈8$mm；$t>40$mm，$r≈12$mm
厚度 t 尺寸系列	5～60（间格为 1）															

7. 钢材按下列状态交货，合同中应注明交货状态（或代码）

压力加工方式		热处理方式		表面粗糙度	
名称	代码	名称	代码	名称	代码
热轧	WHR	不处理	无或 NA	无要求	无或 NF
冷拉	WCD	去应力退火	A	1 级	FB
锻制	WHF	软化退火	SA	2 级	FA

注：例如：热轧去应力退火的弹簧钢，代码为 WHR＋A；热轧软化退火表面粗糙度为 1 级的弹簧钢，代码为 WHR＋SA＋FB

8. 钢材交货状态及交货状态的硬度见下表，如果供方能保证合格时，此项硬度检验可以不作测试

牌号	交货状态	代码	布氏硬度 HBW 不大于
65，70，80	热轧	WHR	285
85，65Mn，70Mn，28SiMnB			302
60Si2Mn，50CrV，55SiMnVB 55CrMn，60CrMn			321
60Si2Cr，60Si2CrV，60CrMnB 55SiCr，30W4Cr2V，40SiMnVBE	热轧	WHR	供需双方协商
	热轧＋去应力退火	WHR＋A	321
38Si2	热轧	WHR	321
	去应力退火	A	280
	软化退火	SA	217
56Si2MnCr，51CrMnV，55SiCrV 60Si2MnCrV，52SiCrMnNi 52CrMnMoV，60CrMnMo	热轧	WHR	供需双方协商
	去应力退火	A	280
	软化退火	SA	248
所有牌号	冷拉＋去应力退火	WCD＋A	321
	冷拉	WCD	供需双方协商

表 4-1-67　40SiMnVBE 钢在不同尺寸和热处理状态下的力学性能（GB /T 1222—2016）

直径 mm	状态	拉伸性能				硬度 HRC	冲击吸收能量							
							U 形试样 K_{U2}/J					V 形试样 K_V/J		
		抗拉强度 R_m /MPa	规定非比例延伸强度 $R_{p0.2}$ /MPa	断后伸长率 A /%	断面收缩率 Z /%		室温	−20℃	−30℃	−40℃	−60℃	室温	−20℃	−40℃
10	控制轧制后 870℃油淬＋320℃回火	2030～2140	1900～2010	12～15	48～55	—	—	—	—	—	—	—	—	—
10	880℃油淬火＋280℃回火	1970	1780	11	42	58.5	65	—	54	—	61	—	—	—
10	880℃油淬火＋320℃回火	1905	1760	10.5	44	52.5	50	—	50	—	50	—	—	—
10	880℃油淬火＋480℃回火	1310	1260	13	49	41.5	58	—	46	—	39	—	—	—
20	880℃油淬火＋640℃回火	1028	938(R_{el})	19	57	33.0	97	66	—	—	—	81	47	—
36	880℃盐水淬火＋300℃回火	1940	1625	9.5	36	53.0	31	—	—	21	—	—	—	—
36	880℃盐水淬火＋520℃回火	1225	1125	13.5	47	39.5	50	—	—	40	—	33	—	22
45	880℃盐水淬火＋600℃回火	1085	980	15.5	48	35.0	47	—	—	34	—	30	—	17
50	880℃盐水淬火＋320℃回火	1775	1565	7.0	23	51.0	27	—	22	—	18	—	—	—
50	880℃盐水淬火＋500℃回火	1275	1165	12	42.5	40.5	42	—	—	36	—	30	—	20
65	880℃盐水淬火＋490℃回火	1255	1115	12	41	40.5	41	—	—	34	—	29	—	22
75	880℃盐水淬火＋320℃回火	1565	1320	8.0	23.5	47.0	31	—	20	—	21	—	—	—
75	880℃盐水淬火＋480℃回火	1240	1055	11.5	37	40.0	35	—	—	32	—	23	—	20

注：本表为 GB/T 1222—2016 资料性附录提供的参考数据。40SiMnVBE 属于专利钢号，因此，使用此牌号时，应按相关技术政策和专利技术规定处理。

表 4-1-68　弹簧钢部分牌号的末端淬透性（GB/T 1222—2016）

	钢牌号	符号	端淬温度/℃	淬透性带范围	离开淬火端下列距离(mm)处的硬度值　HRC														
					1.5	3	5	7	9	11	13	15	20	25	30	35	40	45	50
末端淬透性（H 带）	38Si2	+H	880±5	最大	61	58	51	44	40	37	34	32	29	27	26	25	25	25	24
				最小	54	48	38	31	27	24	21	19	—	—	—	—	—	—	—
	56Si2MnCr	+H	850±5	最大	65	65	64	63	62	60	57	54	47	42	39	37	36	36	35
				最小	60	58	55	50	44	40	37	35	32	30	28	26	25	24	24
	51CrMnV	+H	850±5	最大	65	65	64	64	63	63	63	62	62	62	61	60	60	59	58
				最小	57	56	55	54	53	51	50	48	44	41	37	35	34	33	32
	55SiCrV	+H	860±5	最大	67	66	65	63	62	60	57	55	47	43	40	38	37	36	35
				最小	57	56	55	50	44	40	37	35	32	30	28	26	25	24	24
	60Si2MnCrV	+H	860±5	最大	66	65	65	64	63	61	59	57	51	46	42	40	38	38	37
				最小	60	59	57	54	49	45	42	39	35	32	31	30	29	28	28
	52Si2CrMnNi	+H	860±5	最大	63	63	63	62	62	62	61	61	60	59	57	56	54	52	49
				最小	56	56	55	55	54	53	52	51	47	42	38	35	33	31	30
	52CrMnMoV	+H	850±5	最大	67	67	67	67	67	67	67	67	66	66	66	65	65	65	64
				最小	57	56	56	55	53	52	51	50	48	47	46	46	45	44	44
	60CrMnMo	+H	850±5	最大	66	66	66	66	66	65	65	65	65	64	64	64	64	64	64
				最小	57	57	57	57	57	56	56	56	56	55	55	53	53	52	50
末端淬透性（HH 带）	38Si2	+HH	880±5	最大	61	58	51	44	40	37	34	32	29	27	26	25	25	25	24
				最小	56	51	42	35	31	28	25	23	—	—	—	—	—	—	—
	56Si2MnCr	+HH	850±5	最大	65	65	64	63	62	60	57	54	47	42	39	37	36	36	35
				最小	62	60	58	54	50	47	44	41	37	34	32	30	29	28	28
	51CrMnV	+HH	850±5	最大	65	65	64	64	63	63	63	62	62	62	61	60	60	59	58
				最小	60	59	58	57	56	55	54	53	50	48	45	43	43	42	41
	55SiCrV	+HH	860±5	最大	67	66	65	63	62	60	57	55	47	43	40	38	37	36	35
				最小	60	59	58	54	50	47	44	42	37	34	32	30	29	28	28
	60Si2MnCrV	+HH	860±5	最大	66	65	65	64	63	61	59	57	51	46	42	40	38	38	37
				最小	62	61	60	57	54	50	48	45	40	37	35	33	32	31	31
	52Si2CrMnNi	+HH	860±5	最大	63	63	63	62	62	62	61	61	60	59	57	56	54	52	49
				最小	58	58	58	57	57	56	55	54	51	48	44	42	40	38	36
	52CrMnMoV	+HH	850±5	最大	67	67	67	67	67	67	67	67	66	66	66	65	65	65	64
				最小	60	60	60	59	58	57	56	56	54	53	53	52	52	51	51
	60CrMnMo	+HH	850±5	最大	66	66	66	66	66	65	65	65	65	64	64	64	64	64	64
				最小	60	60	60	60	60	59	59	59	59	58	58	57	57	56	55

表 4-1-69 弹簧钢各牌号的应用（GB/T 1222—2016）

牌号	主要用途
65,70 80,85	应用非常广泛，但多用于工作温度不高的小型弹簧或不太重要的较大尺寸弹簧及一般机械用的弹簧
65Mn,70Mn	制造各种小截面扁簧、圆簧、发条等，亦可制弹簧环、气门簧、减振器和离合器簧片、刹车簧等
28SiMnB	用于制造汽车钢板弹簧
40SiMnVBE	制作重型、中、小型汽车的板簧，亦可制作其他中型断面的板簧和螺旋弹簧
55SiMnVB	
38Si2	主要用于制造轨道扣件用弹条
60Si2Mn	应用广泛，主要制造各种弹簧，如汽车、机车、拖拉机的板簧、螺旋弹簧，一般要求的汽车稳定杆、低应力的货车转向架弹簧，轨道扣件用弹条
55CrMn	用于制作汽车稳定杆，亦可制作较大规格的板簧、螺旋弹簧
60CrMn	
60CrMnB	适用于制造较厚的钢板弹簧、汽车导向臂等产品
60CrMnMo	大型土木建筑、重型车辆、机械等使用的超大型弹簧
60Si2Cr	多用于制造载荷大的重要弹簧、工程机械弹簧等
55SiCr	用于制作汽车悬挂用螺旋弹簧，气门弹簧
56Si2MnCr	一般用于冷拉钢丝、淬回火钢丝制作悬架弹簧，或板厚大于 10～15mm 的大型板簧等
52Si2CrMnNi	铬硅锰镍钢，欧洲客户用于制作载重卡车用大规格稳定杆
55SiCrV	用于制作汽车悬挂用螺旋弹簧、气门弹簧
60Si2CrV	用于制造高强度级别的变截面板簧，货车转向架用螺旋弹簧，亦可制造载荷大的重要大型弹簧、工程机械弹簧等
50CrV 51CrMnV	适宜制造工作应力高、疲劳性能要求严格的螺旋弹簧、汽车板簧等；亦可用作较大截面的高负荷重要弹簧及工作温度小于 300℃ 的阀门弹簧、活塞弹簧、安全阀弹簧
52CrMnMoV	用作汽车板簧、高速客车转向架弹簧、汽车导向臂等
60Si2MnCrV	可用于制作大载荷的汽车板簧
30W4Cr2V	主要用于工作温度 500℃ 以下的耐热弹簧，如汽轮机主蒸汽阀弹簧、锅炉安全阀弹簧等

1.6.8　合金结构钢

表 4-1-70　**合金结构钢牌号、统一数字代号及力学性能**（GB/T 3077—2015）

钢组	统一数字代号	牌号	试样毛坯尺寸/mm	推荐的热处理制度					力学性能					供货状态为退火或高温回火，钢棒布氏硬度 HBW
				淬火			回火		抗拉强度 R_m /MPa	下屈服强度 R_{eL} /MPa	断后伸长率 A /%	断面收缩率 Z /%	冲击吸收能量 K_{U2}/J	
				加热温度/℃ 第1次淬火	加热温度/℃ 第2次淬火	冷却剂	加热温度/℃	冷却剂	不小于					不大于
Mn	A00202	20Mn2	15	850	—	水、油	200	水、空气	785	590	10	40	47	187
				880	—	水、油	440	水、空气						
	A00302	30Mn2	25	840	—	水	500	水	785	635	12	45	63	207
	A00352	35Mn2	25	840	—	水	500	水	835	685	12	45	55	207
	A00402	40Mn2	25	840	—	水、油	540	水	885	735	12	45	55	217
	A00452	45Mn2	25	840	—	油	550	水、油	885	735	10	45	47	217
	A00502	50Mn2	25	820	—	油	550	水、油	930	785	9	40	39	229
MnV	A01202	20MnV	15	880	—	水、油	200	水、空气	785	590	10	40	55	187
SiMn	A10272	27SiMn	25	920	—	水	450	水、油	980	835	12	40	39	217
	A10352	35SiMn	25	900	—	水	570	水、油	885	735	15	45	47	229
	A10422	42SiMn	25	880	—	水	590	水	885	735	15	40	47	229
SiMnMoV	A14202	20SiMn2MoV	试样	900	—	油	200	水、空气	1380	—	10	45	55	269
	A14262	25SiMn2MoV	试样	900	—	油	200	水、空气	1470	—	10	40	47	269
	A14372	37SiMn2MoV	25	870	—	水、油	650	水、空气	980	835	12	50	63	269
B	A70402	40B	25	840	—	水	550	水	785	635	12	45	55	207
	A70452	45B	25	840	—	水	550	水	835	685	12	45	47	217
	A70502	50B	20	840	—	油	600	空气	785	540	10	45	39	207
MnB	A712502	25MnB	25	850	—	油	500	水、油	835	635	10	45	47	207
	A713502	35MnB	25	850	—	油	500	水、油	930	735	10	45	47	207
	A71402	40MnB	25	850	—	油	500	水、油	980	785	10	45	47	207
	A71452	45MnB	25	840	—	油	500	水、油	1030	835	9	40	39	217

续表

钢组	统一数字代号	牌号	试样毛坯尺寸/mm	推荐的热处理制度					力学性能					供货状态为退火或高温回火，钢棒布氏硬度HBW
				淬火			回火		抗拉强度 R_m /MPa	下屈服强度 R_{eL} /MPa	断后伸长率 A /%	断面收缩率 Z /%	冲击吸收能量 K_{U2} /J	
				加热温度/℃		冷却剂	加热温度/℃	冷却剂						
				第1次淬火	第2次淬火				不小于					不大于
MnMoB	A72202	20MnMoB	15	880	—	油	200	油、空气	1080	885	10	50	55	207
MnVB	A73152	15MnVB	15	860	—	油	200	水、空气	885	635	10	45	55	207
	A73202	20MnVB	15	860	—	油	200	水、空气	1080	885	10	45	55	207
	A73402	40MnVB	25	850	—	油	520	水、油	980	785	10	45	47	207
MnTiB	A74202	20MnTiB	15	860	—	油	200	水、空气	1130	930	10	45	55	187
	A74252	25MnTiBRE	试样	860	—	油	200	水、空气	1380	—	10	40	47	229
Cr	A20152	15Cr	15	880	770～820	水、油	180	油、空气	685	490	12	45	55	179
	A20202	20Cr	15	880	780～820	水、油	200	水、空气	835	540	10	40	47	179
	A20302	30Cr	25	860	—	油	500	水、油	885	685	11	45	47	187
	A20352	35Cr	25	860	—	油	500	水、油	930	735	11	45	47	207
	A20402	40Cr	25	850	—	油	520	水、油	980	785	9	45	47	207
	A20452	45Cr	25	840	—	油	520	水、油	1030	835	9	40	39	217
	A20502	50Cr	25	830	—	油	520	水、油	1080	930	9	40	39	229
CrSi	A21382	38CrSi	25	900	—	油	600	水、油	980	835	12	50	55	255
CrMo	A30122	12CrMo	30	900	—	空气	650	空气	410	265	24	60	110	179
	A30152	15CrMo	30	900	—	空气	650	空气	440	295	22	60	94	179
	A30202	20CrMo	15	880	—	水、油	500	水、油	885	685	12	50	78	197
	A30252	25CrMo	25	870	—	水、油	600	水、油	900	600	14	55	68	229
	A30302	30CrMo	15	880	—	油	540	水、油	930	735	12	50	71	229
	A30352	35CrMo	25	850	—	油	550	水、油	980	835	12	45	63	229
	A30422	42CrMo	25	850	—	油	560	水、油	1080	930	12	45	63	229
	A30502	50CrMo	25	840	—	油	560	水、油	1130	930	11	45	48	248

续表

钢组	统一数字代号	牌号	试样毛坯尺寸/mm	推荐的热处理制度					力学性能					供货状态为退火或高温回火，钢棒布氏硬度HBW
				淬火			回火		抗拉强度 R_m/MPa	下屈服强度 R_{eL}/MPa	断后伸长率 A/%	断面收缩率 Z/%	冲击吸收能量 K_{U2}/J	
				加热温度/℃ 第1次淬火	加热温度/℃ 第2次淬火	冷却剂	加热温度/℃	冷却剂	不小于					不大于
CrMoV	A31122	12CrMoV	30	970	—	空气	750	空气	440	225	22	50	78	241
	A31352	35CrMoV	25	900	—	油	630	水、油	1080	930	10	50	71	241
	A31132	12Cr1MoV	30	970	—	空气	750	空气	490	245	22	50	71	179
	A31252	25Cr2MoV	25	900	—	油	640	空气	930	785	14	55	63	241
	A31262	25Cr2Mo1V	25	1040	—	空气	700	空气	735	590	16	50	47	241
CrMoAl	A33382	38CrMoAl	30	940	—	水、油	640	水、油	980	835	14	50	71	229
CrV	A23402	40CrV	25	880	—	油	650	水、油	885	735	10	50	71	241
	A23502	50CrV	25	850	—	油	500	水、油	1280	1130	10	40	—	255
CrMn	A22152	15CrMn	15	880	—	油	200	水、空气	785	590	12	50	47	179
	A22202	20CrMn	15	850	—	油	200	水、空气	930	735	10	45	47	187
	A22402	40CrMn	25	840	—	油	550	水、油	980	835	9	45	47	229
CrMnSi	A24202	20CrMnSi	25	880	—	油	480	水、油	785	635	12	45	55	207
	A24252	25CrMnSi	25	880	—	油	480	水、油	1080	885	10	40	39	217
	A24302	30CrMnSi	25	880	—	油	540	水、油	1080	835	10	45	39	229
	A24352	35CrMnSi	试样	加热到880℃，于280～310℃等温淬火					1620	1280	9	40	31	241
			试样	950	890	油	230	空气、油						
CrMnMo	A34202	20CrMnMo	15	850	—	油	200	水、空气	1180	885	10	45	55	217
	A34402	40CrMnMo	25	850	—	油	600	水、油	980	785	10	45	63	217
CrMnTi	A26202	20CrMnTi	15	880	870	油	200	水、空气	1080	850	10	45	55	217
	A26302	30CrMnTi	试样	880	850	油	200	水、空气	1470	—	9	40	47	229
CrNi	A40202	20CrNi	25	850	—	水、油	460	水、油	785	590	10	50	63	197
	A40402	40CrNi	25	820	—	油	500	水、油	980	785	10	45	55	241

续表

钢组	统一数字代号	牌号	试样毛坯尺寸/mm	推荐的热处理制度					力学性能					供货状态为退火或高温回火,钢棒布氏硬度HBW
				淬火			回火		抗拉强度 R_m/MPa	下屈服强度 R_{eL}/MPa	断后伸长率 A/%	断面收缩率 Z/%	冲击吸收能量 K_{U2}/J	
				加热温度/℃ 第1次淬火	加热温度/℃ 第2次淬火	冷却剂	加热温度/℃	冷却剂	不小于					不大于
CrNi	A40452	45CrNi	25	820	—	油	530	水、油	980	785	10	45	55	255
	A40502	50CrNi	25	820	—	油	500	水、油	1080	835	8	40	39	255
	A41122	12CrNi2	15	860	780	水、油	200	水、空气	785	590	12	50	63	207
	A41342	34CrNi2	25	840	—	水、油	530	水、油	930	735	11	45	71	241
	A42122	12CrNi3	15	860	780	油	200	水、空气	930	685	11	50	71	217
	A42202	20CrNi3	25	830	—	水、油	480	水、油	930	735	11	55	78	241
	A42302	30CrNi3	25	820	—	油	500	水、油	980	785	9	45	63	241
	A42372	37CrNi3	25	820	—	油	500	水、油	1130	980	10	50	47	269
	A43122	12Cr2Ni4	15	860	780	油	200	水、空气	1080	835	10	50	71	269
	A43202	20Cr2Ni4	15	880	780	油	200	水、空气	1180	1080	10	45	63	269
CrNiMo	A50152	15CrNiMo	15	850	—	油	200	空气	930	750	10	40	46	197
	A50202	20CrNiMo	15	850	—	油	200	空气	980	785	9	40	47	197
	A50302	30CrNiMo	25	850	—	油	500	水、油	980	785	10	50	63	269
	A50402	40CrNiMo	25	850	—	油	600	水、油	980	835	12	55	78	269
	A50400	40CrNi2Mo	25	正火 890	850	油	560～580	空气	1050	980	12	45	48	269
			试样	正火 890	850	油	220两次回火	空气	1790	1500	6	25	—	
	A50300	30Cr2Ni2Mo 30Cr2Ni4Mo	25	850	—	油	520	水、油	980	835	10	50	71	269
	A50342	34Cr2Ni2Mo	25	850	—	油	540	水、油	1080	930	10	50	71	269
	A50352	35Cr2Ni4Mo	25	850	—	油	560	水、油	1130	980	10	50	71	269

续表

钢组	统一数字代号	牌号	试样毛坯尺寸/mm	推荐的热处理制度					力学性能					供货状态为退火或高温回火，钢棒布氏硬度HBW
				淬火			回火		抗拉强度 R_m/MPa	下屈服强度 R_{eL}/MPa	断后伸长率 A/%	断面收缩率 Z/%	冲击吸收能量 K_{U2}/J	
				加热温度/℃		冷却剂	加热温度/℃	冷却剂						
				第1次淬火	第2次淬火				不小于					不大于
CrMnNiMo	A50182	18CrMnNiMo	15	830	—	油	200	空气	1180	885	10	45	71	269
CrNiMoV	A51452	45CrNiMoV	试样	860	—	油	460	油	1470	1330	7	35	31	269
CrNiW	A52182	18Cr2Ni4W	15	950	850	空气	200	水、空气	1180	835	10	45	78	269
	A52252	25Cr2Ni4W	25	850	—	油	550	水、油	1080	930	11	45	71	269

注：1. GB/T 3077—2015《合金结构钢》代替 GB/T 3077—1999。

2. 本表合金结构钢的牌号化学成分应符合 GB/T 3077—2015 的规定。

3. GB/T 3077—2015 适用于公称直径或厚度不大于 250mm 的热轧和锻制合金结构钢棒材，供需双方协商，也可供应公称尺寸（直径或厚度）大于 250mm 的热轧和锻制合金结构钢棒材。热轧钢棒尺寸规格应符合 GB/T 702 的规定；热锻钢棒尺寸规格应符合 GB/T 908 的规定。

4. GB/T 3077—2015 规定的钢棒按冶金质量分为优质钢、高级优质钢（牌号后加“A”）、特级优质钢（牌号后加“E”）。按钢棒用钢的质量等级规定了钢中硫、磷及残余元素含量的要求、钢棒酸浸低倍组织要求、非金属夹杂物要求、钢棒表面质量要求等，应符合 GB/T 3077—2015 的规定。

5. 钢棒通常以热轧或热锻状态交货；供需双方协定，也可以热处理（退火、正火或高温回火），钢棒表面经磨光、剥皮或其他精整方法交货。

6. 本表为试样毛坯按表中推荐的热处理制度处理后，测定的钢棒的纵向力学性能。

7. 表中所列热处理温度允许调整范围：淬火±15℃，低温回火±20℃，高温回火±50℃。

8. 硼钢在淬火前可先经正火，正火温度不应高于其淬火温度，铬锰钛钢第一次淬火可以用正火代替。

9. 表中所列力学性能适用于公称直径或厚度不大于 80mm 的钢棒。公称直径或厚度大于 80mm 的钢棒的力学性能应符合下列规定：

a）公称尺寸大于 80～100mm 的钢棒，允许其断后伸长率、断面收缩率及冲击吸收能量较表中的规定分别降低 1%（绝对值）、5%（绝对值）及 5%；

b）公称尺寸大于 100～150mm 的钢棒，允许其断后伸长率、断面收缩率及冲击吸收能量较表中分别降低 2%（绝对值）、10%（绝对值）及 10%；

c）公称尺寸大于 150～250mm 的钢棒，允许其断后伸长率、断面收缩率及冲击吸收能量较表中分别降低 3%（绝对值）、15%（绝对值）及 15%；

d）允许将取样用坯改锻（轧）成截面 70～80mm 后取样，其检验结果应符合表中规定。

10. 以退火或高温回火状态交货的钢棒，其布氏硬度应符合表中的规定。

11. 钢棒尺寸小于试样毛坯尺寸时，用原尺寸钢棒进行热处理。

12. 当屈服现象不明显时，可用规定塑性延伸强度 $R_{p0.2}$ 代替。

13. 直径小于 16mm 的圆钢和厚度小于 12mm 的方钢、扁钢，不做冲击试验。

表 4-1-71　　合金结构钢室温及高温物理性能

牌号	密度 ρ /g·cm^{-3}	弹性模量 E/GPa				切变模量 G/GPa				比热容 c/J·g^{-1}·K^{-1}			
		20℃	100℃	300℃	500℃	20℃	100℃	300℃	500℃	20℃	200℃	400℃	600℃
20Mn2	7.85	210	—	185	175 (400℃)	—	—	—	—	0.586 (900℃)	0.620 (1100℃)	—	—
30Mn2	7.80	211	—	—	—	—	—	—	—	—	—	—	—
35Mn2	7.85	208	—	—	—	—	—	—	—	—	—	—	—
40Mn2	7.80	—	—	—	—	—	—	—	—	—	—	—	—
45Mn2	7.80	208	—	—	—	84.4		—	—	—	—	—	—
50Mn2	7.85	210	195 (200℃)	185	171	80	—	81.5	83.1	0.461	—	—	—
20MnV	7.85	210	185 (200℃)	175 (400℃)	165	81	—	—	—	—	—	—	—
35SiMn	7.85	214	211.5	205	189	84	83	81	73.5	0.461	—	—	—
15Cr	7.83	210	195 (200℃)	—	—	81	75 (200℃)	—	—	0.641	0.523	—	—
20Cr	7.83	207	—	—	—	—	—	—	—	—	—	—	—
30Cr	7.83	218.5	215	201 (200℃)	179.5	85	83	76	66	—	—	—	—
35Cr	7.85	210	195 (200℃)	185	175 (400℃)	81	75 (200℃)	71	67 (400℃)	0.461	—	—	—
40Cr	7.85	210	205	185	175 (400℃)	81	79	71	67 (400℃)	0.461	—	—	—
45Cr	7.82	210	—	210.2 (350℃)	210.9	81	—	79.45 (350℃)	80.15	0.461	—	—	—
50Cr	7.82	—	—	210.2 (350℃)	210.9	—	—	—	—	—	—	—	—
38CrSi	7.85	223	220	211	192.5	87	84	80	75	0.461	—	—	—
12CrMo	7.85	210.5	—	—	173.7 (450℃)	—	—	—	—	—	—	—	—
15CrMo	7.85	210	200	185	165	—	—	—	—	0.486	—	—	—
20CrMo	7.85	205	200	188 (200℃)	—	79	74	72 (200℃)	—	0.461	—	—	—
30CrMo	7.82	219.5	216	205	186	84	83	75.5	66	—	—	—	—
35CrMo	7.82	210	205	185	—	81	79	71	—	0.461	—	—	—
42CrMo	7.85	210	205	185	165	81	79	71	—	0.461	—	—	—
12CrMoV	7.80	210	—	—	—	—	—	—	—	—	—	—	—

续表

牌号	密度 ρ /g·cm^{-3}	弹性模量 E/GPa				切变模量 G/GPa				比热容 c/J·g^{-1}·K^{-1}			
		20℃	100℃	300℃	500℃	20℃	100℃	300℃	500℃	20℃	200℃	400℃	600℃
35CrMoV	7.84	217	213	203.5	183.5	85.5	83.5	76	68	—	—	—	—
12Cr1MoV	7.80	—	—	—	—	—	—	—	—	—	—	—	—
25Cr2MoV	7.84	210	—	—	—	—	—	—	—	—	—	—	—
25Cr2Mo1V	7.85	221	215	204	190	—	—	—	—	—	—	—	—
35CrMoAl	7.72	203	—	—	—	—	—	—	—	—	—	—	—
40CrV	7.85	210	195 (200℃)	185	175 (400℃)	81	75 (200℃)	71	67 (400℃)	—	—	—	—
50CrV	7.85	210	195 (200℃)	185	175 (400℃)	83	—	—	—	0.461	—	—	—
15CrMn	7.85	210	188 (200℃)	—	—	81	72 (200℃)	—	—	0.461	—	—	—
20CrMn	7.85	210	188 (200℃)	—	—	81	72 (200℃)	—	—	0.461	—	—	—
30CrMnSi	7.75	215.8	212	203	—	—	—	—	—	0.473	0.582	0.699	0.841
20CrMnTi	7.8	—	—	—	—	—	—	—	—	—	—	—	—
40CrNi	7.82	—	—	—	—	—	—	—	—	—	—	—	—
45CrNi	7.82	—	—	—	—	—	—	—	—	—	—	—	—
50CrNi	7.82	—	—	—	—	—	—	—	—	—	—	—	—
12CrNi2	7.88	—	—	—	—	—	—	—	—	0.452 (58℃)	—	0.691 (490℃)	0.720 (920℃)
12CrNi3	7.88	204	—	—	—	—	—	—	—	—	—	0.657 (380℃)	0.645 (425℃)
20CrNi3	7.88	204	—	—	—	81.5	—	—	—	—	—	0.657 (380℃)	0.645 (425℃)
30CrNi3	7.83	212	210	202	184	83	—	—	—	0.465 (34℃)	0.544 (204℃)	0.641 (512℃)	—
37CrNi3	7.8	199	—	—	—	—	—	—	—	—	—	—	—
12Cr2Ni4	7.84	204	—	—	—	—	—	—	—	—	—	0.657 (380℃)	0.645 (425℃)
40CrNiMo	7.85	204	—	—	—	—	—	—	—	0.149	—	—	—
18Cr2Ni4W	7.94	204	—	168	142	86.36	—	—	—	0.486 (70℃)	0.515 (230℃)	0.775 (530℃)	0.721 (900℃)
25Cr2Ni4W	7.9	200	—	—	—	—	—	—	—	0.465 (70℃)	—	0.754 (535℃)	0.825 (900℃)

续表

牌号	热导率 λ/W·m^{-1}·K^{-1}					线胀系数 α/10^{-6}K^{-1}					20℃时的电阻率
	20℃	100℃	300℃	500℃	700℃	20～100℃	20～200℃	20～400℃	20～600℃	20～800℃	ρ/$10^{-6}\Omega\cdot$m
20Mn2	—	40.06	42.29	37.26	30.98	—	12.1	13.5	14.1	—	—
30Mn2	—	39.78	37.01	—	—	—	—	—	—	—	—
35Mn2	—	39.78	36.01	—	—	—	12.1	13.5	14.1	—	—
40Mn2	—	37.68 (200℃)	37.26	36.01 (400℃)	—	—	11.5 (约 100℃)	—	—	—	—
45Mn2	—	44.38	41.03	35.17	—	11.3	12.7 (约 300℃)	14.7	—	—	—
50Mn2	—	40.61	37.68	35.17	—	11.3	12.2	14.2 (约 300℃)	15.4	—	—
20MnV	41.87	—	—	—	—	11.1	12.1	13.5 (约 450℃)	14.1	—	—
35SiMn	—	45.22 (200℃)	42.71	41.03 (400℃)	36.43 (600℃)	11.5	12.6	14.1	14.6	—	—
15Cr	43.96	41.87	39.78 (200℃)	—	—	11.3	11.6	13.2	14.2	—	0.16
20Cr	—	—	—	—	—	11.3	11.6	13.2	14.2	—	—
30Cr	—	46.06	38.94	35.59 (400℃)	—	—	11.8～12.1	13.7	14.1	—	—
35Cr	43.12	—	—	—	—	11.0	12.5	13.5	—	—	0.19
40Cr	41.87	40.19	33.49	31.82 (400℃)	—	1.10	12.5	13.5	—	—	0.19
45Cr	—	—	—	—	—	12.8	13.0	13.8 (约 300℃)	—	—	—
50Cr	—	—	—	—	—	12.8	—	13.8 (约 300℃)	—	—	—
38CrSi	—	36.84 (200℃)	35.59	34.75 (400℃)	33.49 (600℃)	11.7	12.7	14.0	14.8	—	—
12CrMo	—	50.24	48.57 (400℃)	46.89	43.96	11.2	12.5	12.9	13.5	13.8 (约 700℃)	—

续表

牌号	热导率 λ/W·m^{-1}·K^{-1}					线胀系数 α/$10^{-6}K^{-1}$					20℃时的电阻率 ρ/$10^{-6}\Omega\cdot m$
	20℃	100℃	300℃	500℃	700℃	20～100℃	20～200℃	20～400℃	20～600℃	20～800℃	
15CrMo	53.59	51.08	44.38	34.75	—	11.1	12.1	13.5	14.1	—	—
20CrMo	43.96	41.87	39.78（200℃）	—	—	11.0	12.0	—	—	—	0.16
30CrMo	—	35.59	32.66	30.98	—	12.3	12.5	13.9	14.6	—	—
35CrMo	—	40.61	38.52	37.26（400℃）	—	12.3	12.6	13.9	14.6	—	0.18
42CrMo	41.87	—	—	—	—	11.1	12.1	13.5	14.1	—	0.19
12CrMoV	45.64	—	—	—	—	10.8	11.8	12.8	13.6	13.8（约 700℃）	—
35CrMoV	—	41.87	41.03	40.61（400℃）	—	11.8	12.5	13.0	13.7	14.0（约 700℃）	—
12Cr1MoV	35.59	35.59	35.17	32.24	30.56（600℃）	10.8	11.8	12.8	13.6	13.8（约 700℃）	—
25Cr2MoV	—	41.87	41.03	41.03	—	11.3	11.4～12.7	13.9	14～14.6	—	—
25Cr2Mo1V	—	27.21	21.77	19.26	17.17（600℃）	12.5	12.9	13.7	14.7	—	—
38CrMoAl	—	—	—	—	—	12.3	13.1	13.5	13.8	—	—
40CrV	—	52.34	45.22	41.87（400℃）	—	11	—	12.9（300℃）	14.5	—	—
50CrV	46.06	—	—	—	—	11.3	12.4	12.9	17.35	—	0.19
15CrMn	41.87	39.78	37.68（200℃）	—	—	11	12	—	—	—	0.16
20CrMn	41.87	39.78	37.68（200℃）	—	—	11	12	—	—	—	0.16
30CrMnSi	27.63	29.31	30.56	29.52	27.21	11	11.72	13.62	14.22	13.43	0.21

续表

牌号	热导率 λ/W·m^{-1}·K^{-1}					线胀系数 α/10^{-6}K^{-1}					20℃时的电阻率
	20℃	100℃	300℃	500℃	700℃	20～100℃	20～200℃	20～400℃	20～600℃	20～800℃	ρ/10^{-6}Ω·m
20CrMnTi	—	—	—	—	—	—	11.7	13.7	14.4	14.5（约700℃）	—
40CrNi	46.06	44.80	41.03	39.36（400℃）	—	11.9	13.4	14.1	14.9	15.1（约700℃）	—
45CrNi	—	44.80	41.03	39.36（400℃）	—	11.8	12.3	13.4	14.0	—	—
50CrNi	—	—	—	—	—	11.8	12.3	13.4	14.0	—	—
12CrNi2	21.77（35℃）	23.87（125℃）	30.15（230℃）	30.98（480℃）	25.54（760℃）	12.6	13.8	14.8	14.3	—	—
12CrNi3	30.98（60℃）	—	—	25.54（500℃）	21.35（750℃）	11.8	13.0	14.7	15.6	—	—
20CrNi3	30.98（60℃）	—	—	25.54	21.35（750℃）	11.8	13.0	14.7	15.6	—	—
30CrNi3	—	37.68（200℃）	36.01（300℃）	34.75（400℃）	32.66（600℃）	11.6	13.2	13.4	13.5	—	—
37CrNi3	34.33	—	—	—	—	11.8	—	12.8（约300℃）	—	—	—
12Cr2Ni4	30.98（60℃）	—	—	25.54	20.93（750℃）	11.8	13.0	14.7	15.6	—	—
40CrNiMo	—	46.06	41.87	37.68	—	—	11.4	14.0	14.7	15.0（约700℃）	—
18Cr2Ni4W	23.86（70℃）	25.12（230℃）	—	28.05（530℃）	24.28（900℃）	14.5	14.5	14.3	14.2	—	—
25Cr2Ni4W	27.21（40℃）	—	25.96（200℃）	25.54	23.03（950℃）	10.7	13.1	14.6	13.2	—	—

表 4-1-72　合金结构钢高温力学性能

牌号	材料状态	高温短时力学性能/MPa						蠕变强度/MPa					持久强度/MPa				
12CrMo	920℃正火，680～690℃回火，空冷（ϕ273mm×26mm管）	温度	20℃	200℃	400℃	500℃	600℃	温度	480℃	500℃	540℃	—	温度	480℃	510℃	540℃	—
		R_m	445	445	450	395	305	$\sigma_{1/10^4}$	215	—	—		$\sigma_{b/10^4}$	245	155	110	
		$R_{p0.2}$	280	250	250	235	220	$\sigma_{1/10^5}$	145	70	35		$\sigma_{b/10^5}$	200	120	70	
15CrMo	900～920℃正火，630～650℃回火	温度	20℃	350℃	400℃	500℃	600℃	温度	450℃	475℃	520℃	560℃	温度	450℃	475℃	500℃	550℃
		R_m	530	500	495	440	305	$\sigma_{1/10^4}$	195	165	135	—	$\sigma_{b/10^4}$	—	—	175～195	80～100
		$R_{p0.2}$	345	250	245	265	240	$\sigma_{1/10^5}$	145	100	55	35	$\sigma_{b/10^5}$	235	175	110～135	50～70
	钢管	温度	250℃	300℃	400℃	450℃	—	—	—	—	—	—	温度	475℃	500℃	525℃	550℃
		计算用 $R_{p0.2}$	225	215	195	190							$\sigma_{b/10^5}$	185	150	110	75
20CrMo	860～870℃淬火，油冷，690～700℃回火，炉冷（切向试样）	温度	20℃	320℃	420℃	520℃	570℃	温度	420℃	475℃	520℃	—	温度	420℃	470℃	520℃	—
		R_m	565	535	530	440	400	$\sigma_{1/10^4}$	—	—	130		$\sigma_{b/10^4}$	390	295	165	
		$R_{p0.2}$	435	425	420	365	350	$\sigma_{1/10^5}$	285	135	60		$\sigma_{b/10^5}$	375	255	120～135	
30CrMo	880℃油淬，600℃回火	温度	20℃	200℃	300℃	400℃	500℃	温度	425℃	450℃	500℃	550℃	温度	450℃	500℃	525℃	550℃
		R_m	825	800	845	745	690	$\sigma_{1/10^4}$	—	—	140	60	$\sigma_{b/10^4}$	295	185	145	110
		$R_{p0.2}$	735	685	690	610	580	$\sigma_{1/10^5}$	135	110	70	35	$\sigma_{b/10^5}$	225	130	105	77
	880℃正火	温度	20℃	400℃	450℃	500℃	—	—	—	—	—	—	—	—	—	—	—
		R_m	750	750	660	540											
		$R_{p0.2}$	465	525	505	380											
35CrMo	880℃淬火，油冷，650℃回火	温度	20℃	400℃	450℃	500℃	—	温度	450℃	500℃	550℃	—	—	—	—	—	—
		R_m	880	735	670	545		$\sigma_{1/10^4}$	155	85	50						
		$R_{p0.2}$	770	575	555	485		$\sigma_{1/10^5}$	105	50	25						
12CrMoV	980～1000℃正火，740～760℃回火，（ϕ275m×29mm钢管）纵向	温度	20℃	200℃	400℃	500℃	600℃	温度	480℃	510℃	540℃	565℃	温度	480℃	510℃	540℃	565℃
		R_m	490	450	430	345	215	$\sigma_{1/10^4}$	225	165	120	100	$\sigma_{b/10^4}$	245	185	145	110
		$R_{p0.2}$	305	255	215	205	155	$\sigma_{1/10^5}$	175	135	90	50	$\sigma_{b/10^5}$	195	155	120	70
12Cr1MoV	1000～1020℃套筒正火，740～760℃回火（钢管）	温度	20℃	480℃	520℃	560℃	580℃	温度	480℃	520℃	560℃	580℃	温度	480℃	560℃	580℃	600℃
		$R_{p0.2}$	—	415	360～375	300～310	270～280	$\sigma_{1/10^5}$	—	—	—	50～55	$\sigma_{b/10^5}$	—	—	85～100	60～70

续表

牌号	材料状态	高温短时力学性能/MPa						蠕变强度/MPa					持久强度/MPa				
12Cr1MoV	1000～1020℃正火，740℃回火	温度	20℃	480℃	520℃	560℃	—	温度	480℃	520℃	560℃	580℃	温度	480℃	560℃	580℃	600℃
		R_m	535	480	455	380		$\sigma_{1/10^5}$	185	125	80	60	$\sigma_{b/10^5}$	195	100	80	60
		$R_{p0.2}$	370	335	325	280											
38CrMoAl	934～900℃淬火，油冷，600℃回火，空冷	温度	20℃	200℃	300℃	400℃	500℃	温度	450℃	500℃	550℃	—	—	—	—	—	—
		R_m	815	795	825	725	460	$\sigma_{1/10^5}$	195	85	15						
		$R_{p0.2}$	655	590	565	545	420										
20CrMn	—	—	—	—	—	—	—	温度	20℃	400℃	450℃	500℃	—	—	—	—	—
								DVM蠕变强度	735	215	80	40					
30CrMn-SiA	880℃淬火，油冷，560℃回火	温度	20℃	250℃	350℃	400℃	450℃	温度	400℃	450℃	500℃	550℃	温度	400℃	450℃	500℃	550℃
		R_m	1055	1005	975	900	775	$\sigma_{0.2/200}$	160	110	55	22	$\sigma_{b/200}$	590	450	255	120
		$R_{p0.2}$	945	840	815	785	700										
40Mn2	—	温度	20℃	300℃	350℃	400℃	—	温度	400℃	450℃	500℃	—	—	—	—	—	—
		R_{eL}	540	410	375	325		$\sigma_{1/10^4}$	165	100	6						
								$\sigma_{1/10^5}$	120	70	35						
								DVM蠕变强度	205	110	60						
20MnV	退火状态	温度	20℃	200℃	250℃	300℃	350℃	—	—	—	—	—	—	—	—	—	—
		$R_{p0.2}$	315	265	245	225	215										
40MnB	—	温度	250℃	350℃	450℃	550℃	—	—	—	—	—	—	—	—	—	—	—
		R_m	835	750	545	400											
		$R_{p0.2}$	640	560	430	175											
40Cr	820～840℃淬火，油冷 550℃回火，（ϕ28～55mm）	温度	20℃	200℃	300℃	400℃	500℃	温度	425℃	—	—	—	—	—	—	—	—
		R_m	935	890	880	685	490										
		$R_{p0.2}$	790	710	680	615	390	$\sigma_{1/10^4}$	125								
	820～840℃油淬，680℃回火（ϕ28～55mm）	温度	20℃	200℃	400℃	500℃	600℃	—	—	—	—	—	—	—	—	—	—
		R_m	695	640	595	420	245										
		$R_{p0.2}$	570	475	425	365	210										

注：表中所列高温力学性能，除注明者外，均为单个试样数据，仅供参考。

表 4-1-73 合金结构钢特性及应用

牌号	特性及应用举例
20Mn2	具有中等强度，冷变形时塑性高，切削加工性能良好，低温冲击韧性和焊接性均优于20Cr，当截面尺寸较小时，20Mn2性能和20Cr相近，淬透性比相应的碳钢高，热处理时有过热、脱碳敏感性及回火脆性倾向，适于制作截面尺寸小于50mm的渗碳零件，如小齿轮、小轴、十字头销、活塞销、柴油机套筒、气门顶杆、变速齿轮操纵杆等，热轧及正火状态下用于制造螺栓、螺母以及铆焊件等
30Mn2	具有高强度和高韧性，优良的耐磨性能，拉丝、冷镦及热处理工艺性均良好，中等切削加工性能，当截面尺寸小时可得到良好的静强度和疲劳强度，淬透性较高，淬火变形小，有过热、脱碳敏感性及回火脆性，焊接性能不佳，一般不宜制作焊接件，通常在调质处理后应用，适于制造汽车、拖拉机的车架、纵横梁、变速箱齿轮、轴、冷镦螺栓、较大截面的调质件，以及心部强度要求较高的渗碳件，如起重机的后车轴等
35Mn2	强度、耐磨性、淬透性均高于30Mn2，塑性稍低，冷变形时塑性尚好，具有一定的切削加工性，焊接性差，水淬易产生裂纹，一般在调质或正火状态下使用，适于制作直径小于20mm的较小零件，可以代替40Cr，用于制作小尺寸的冷镦螺栓、小轴、轴套、小连杆、操纵杆、曲轴、风机配件、农机用锄铲柄、锄铲、D级高强度抽油杆等
40Mn2	强度、塑性及耐磨性均优于40钢，具有良好的热处理工艺性及切削加工性，焊接性差，水淬易产生裂纹，一般在调质状态下使用，适于制作重负荷的各种零件，如曲轴、半轴、轴、杠杆、操纵杆、蜗杆、活塞杆、加固环、弹簧、承载的螺栓，当制作直径小于40mm的零件时，其静强度和疲劳性能与40Cr相近，可替代40Cr制造小尺寸的重要零件
45Mn2	具有较高强度、耐磨性及淬透性，调质后综合力学性能良好，适于油淬再高温回火，可在调质状态或正火状态下使用，切削加工性尚好，焊接性差，冷变形塑性低，热处理有过热敏感性和回火脆性倾向，水淬易产生裂纹，用于制造承受高应力及耐磨性好的零件，还可代替40Cr用于制造直径小于60mm的零件，在汽车、拖拉机及通用机械中应用较多，如制造车轴、轴、万向接头轴、齿轮轴、蜗杆、齿轮、摩擦盘、车厢轴、电车轴、蒸汽机车轴、重负荷机架、重要螺柱等
50Mn2	具有高强度、高弹性、高耐磨性能，切削性能较好，淬透性较高，冷变形塑性低，焊接性能低，水淬易产生裂纹，调质处理后综合力学性能得到提高，可在调质或正火或回火状态下使用，适于制造高应力、高磨损的大型零件，如通用机械的齿轮轴、曲轴、轴、连杆、蜗杆、万向接头轴、齿轮、汽车传动轴、花键轴、承受强大冲击的心轴、重型机器用滚动轴承支撑的主轴、大齿轮、手卷簧、板弹簧等，还可代替45Cr用于制造直径小于80mm的零件
20MnV	具有良好的性能，淬透性好，焊接性较好，有一定的切削加工性，其强度、韧性及塑性均优于15Cr和20Mn2，可代替20Cr、20CrNi使用，适于制作高压容器、锅炉、大型高压管道的工作温度不超过450～475℃的焊接构件，还用于制造冷轧、冷拉、冷冲压加工的零件，如齿轮、自行车链条、活塞销等
27SiMn	具有较高的强度和耐磨性，淬透性高，冷变形塑性中等，切削加工性能良好，焊接性能尚可，综合性能优于30Mn2，热处理后其韧性降低较少，水淬时能保持较高的韧性，可在调质、正火或热轧供货状态下使用，用于制造高韧性、高耐磨性的热冲压件，不需热处理或正火状态下使用的零件，如拖拉机的履带销等，还可以作铸钢件
35SiMn	性能良好，调质处理后具有高的静强度、疲劳强度和耐磨性，韧性及淬透性良好，冷变形时塑性中等，切削性良好，焊接性差，可以代替40Cr或部分代替40CrNi使用，在调质状态下用于制造中速、中负荷的零件，在淬火、回火状态下用于制造高负荷、小冲击的零件，截面较大、表面淬火的零件，如汽轮机主轴、轮毂、叶轮以及各种重要的紧固件、传动轴、主轴、连杆、心轴、齿轮、蜗杆、曲轴、发电机轴、飞轮、各种锻件、锄铲柄、犁辕、薄壁无缝钢管等

续表

牌 号	特性及应用举例
42SiMn	强度、耐磨性及淬透性均优于35SiMn，其他性能与之相近，强度和耐磨性比40Cr好，可以代替40CrNi使用，在高频淬火及中温回火状态下用于制造中速、中负荷的齿轮传动件，在调质后高频淬火、低温回火状态下用于制造较大截面、表面高硬度、较高耐磨性的零件；如齿轮、主轴、轴等，在淬火后低、中温回火状态下用于制造中速、重载的零件，如主轴、齿轮、液压泵转子、滑块等
20SiMn2MoV 25SiMn2MoV	高强度、高韧性、低碳淬火新型结构钢，有较高的淬透性，油淬变形及裂纹倾向小，锻造工艺性良好，焊接性较好，复杂形状零件焊接前应预热至300℃，焊后缓冷，切削性差，一般在淬火及低温回火状态下使用，在低温回火状态下可以替代调质的35CrMo、35CrNi3MoA、40CrNiMoA等中碳合金结构钢使用，适于制造较重负荷、应力状况复杂或低温下长期工作的零件，如石油机械中的吊卡、吊环、射孔器及较大截面的连接件
37SiMn2MoV	具有优良的综合力学性能，是一种高级调质钢，热处理工艺性良好，淬透性好，淬裂敏感性小，回火稳定性高，回火脆性倾向很小，高温强度较好，低温韧性较高，调质处理能得到高强度和高韧性，一般在调质状态下使用，适于制造重载、大截面的重要零件，如重型机械中的齿轮、轴、连杆、转子、高压无缝钢管等，石油化工用的高压容器及大螺栓，高温条件下的大螺栓等在450℃以下的紧固件，淬火低温回火后可作为超高强度钢使用，还可代替35CrMo、40CrNiMo使用
40B	调质后的综合力学性能良好，可代替40Cr使用，其硬度、韧性、淬透性均优于40钢，一般在调质状态下使用，用于制作截面大且性能要求高的零件，如轴、拉杆、齿轮、凸轮、拖拉机曲柄等
45B	强度、耐磨性、淬透性均高于45钢，一般在调质状态下使用，用于制造截面较大、强度要求高的零件，如拖拉机的连杆、曲轴等，可代替40Cr用于制造小尺寸零件
50B	经调质处理的综合力学性能高于50钢，淬透性好，正火时硬度偏低，切削性能尚可，一般在调质状态下使用，可代替50、50Mn、50Mn2用于制造强度较高、淬透性较好的小尺寸零件，如凸轮、轴齿轮、拉杆等
40MnB	高强度、高硬度、良好的韧性和塑性，经高温回火后，其低温冲击韧性良好，调质或淬火低温回火后，承受动载荷能力有所提高，淬透性良好，冷热加工性良好，工作温度范围为−20～425℃，一般在调质状态下使用，用于制造拖拉机、汽车及其他通用机械中直径小于70mm的调质零件，如汽车半轴、转向轴、花键轴、蜗杆、机床轴、齿轮轴等，可代替40Cr制造中等截面的零件，如卷扬机中轴，还可代替40CrNi用于制造小尺寸零件，也可用于制作需经表面硬化处理的机械零件
45MnB	强度和淬透性均高于40Cr，塑性和韧性稍低，热加工和切削加工性良好，热处理变形小，用于代替40Cr、45Cr和45Mn2制造中、小截面的耐磨调质件及高频淬火零件，如钻床主轴、拖拉机曲轴、机床齿轮、凸轮、花键轴、轴套等
20MnMoB	强度高，耐磨性优良，疲劳强度高，综合力学性能好，淬透性与20CrNi3相近，是常用的渗碳钢。多用于中负荷的心部强度要求较高的渗碳齿轮及其他渗碳零件，如齿轮轴、油泵转子、活塞销等，一般可替12CrNi3A或20CrMnTi使用
15MnVB	焊接性能良好，淬透性好，经淬火低温回火可得到较高的强度、良好的塑性及低温冲击韧性，采用淬火低温回火，用以制造高强度的重要连接零件，如汽车上的气缸盖螺栓、半轴螺栓、连杆螺栓以及中负荷的渗碳零件
20MnVB	具有高强度、高耐磨性及良好的淬透性能，切削加工性、渗碳及热处理工艺性均良好，综合性能和20CrMnTi、20CrNi相近，可代替20CrMnTi、20Cr、20CrNi使用，高温时脱碳较严重，适于制作较大负荷的中小渗碳件，如重型机床上的轴、大模数齿轮、汽车桥的主、从动齿轮等
40MnVB	具有高强度、高韧性和良好的塑性，淬透性良好，较小的过热敏感性，冷拉和切削加工性均好，综合性能优于40Cr，调质状态下使用，适用于代替40Cr、45Cr及38CrSi制作低温回火、中温或高温回火状态的零件，还可以部分代替42CrMo、40CrNi制造重要调质的零件，如机床和汽车上的齿轮、轴等

续表

牌号	特性及应用举例
20MnTiB	具有良好的力学性能和工艺性能，正火后切削性能良好，热处理后的疲劳强度较高，多用于制作汽车、拖拉机用尺寸较小、中负荷的各种齿轮及渗碳零件，还可代替20CrMnTi使用，制造冲击耐磨、高速的汽车、拖拉机重要零件，如齿轮、齿轮轴、十字轴、蜗杆、爪牙离合器等
25MnTiBRE	具有良好的工艺性能，淬透性较好，冷热加工性良好，综合性能优于20CrMnTi，正火后切削性良好，低温冲击性较好，热处理变形比铬钢大，但可以控制工艺条件进行调整，常用于代替20CrMnTi、20CrMo使用，制造中负荷的拖拉机齿轮、推土机齿轮、汽车变速箱齿轮、轴等渗碳氰化零件
15Cr	强度和淬透性均高于15钢，冷弯塑性高，焊接性良好，退火后切削性良好，热处理变形较大，一般作为渗碳钢用于制造表面耐磨、心部强度和韧性较高、尺寸较小的各种渗碳零件，如曲轴、活塞销、联轴器、小凸轮轴、小齿轮、滑阀、活塞、衬套、轴承圈、螺钉等，还可以作为淬火钢用于制造具有一定强度和韧性要求的小型零件
20Cr	强度和淬透性均优于15Cr和20钢，淬火低温回火后，能得到良好的综合力学性能及低温冲击性能，冷弯时塑性较高，热处理后切削性良好，焊接性较好，一般作为渗碳钢使用，适于制造小尺寸截面、形状简单、较高转速、负荷较小、表面耐磨、心部强度较高的各种渗碳件或氰化零件，如小齿轮、小轴、阀、活塞销、衬套、棘轮、凸轮、蜗杆、爪形离合器等，还可以作为调质钢制造低速中负荷的零件
30Cr	强度和淬透性比30钢高，冷弯变形塑性中等，热处理后切削加工性良好，焊接性中等，一般在调质后使用，也可正火后使用，用于制造耐磨性要求高或受冲击的各种零件，如齿轮、轴、连杆、螺栓等，高频表面淬火可制造表面高硬度且耐磨的零件
35Cr	强度和韧性较高，力学性能和30Cr相近，淬透性稍高于30Cr，强度高于35钢，用途和30Cr基本相同，用于制作耐磨性要求或受冲击的各种零件，如轴类、齿轮、滚子、螺栓及其他重要的调质件
40Cr	具有良好的综合力学性能和较高的疲劳强度，淬透性良好，低温冲击性能较好，油淬可以提高疲劳强度，水淬时形状复杂的零件易产生裂纹，冷弯塑性中等，切削性能良好，焊接性较差，一般在调质状态下使用，也可氰化和高频淬火，是应用最广泛的钢种。经调质并高频表面淬火处理可用于制造表面高硬度、高耐磨的零件，如齿轮、轴、主轴、曲轴、心轴套筒、销子、连杆、进气阀、螺钉等；经调质处理可用于制造中速、中载的零件，如机床齿轮、轴、蜗杆、花键轴、顶针套等；经淬火及中温回火处理可用于制造重载、中速、冲击的零件，如油泵转子、滑块、齿轮、主轴套等；经淬火及低温回火处理可用于制造重载、低冲击、耐磨的零件，如蜗杆、轴类；经氰化处理可用于制造尺寸较大、低温韧性较高的传动零件，如轴、齿轮等；可代替40Cr使用的钢有40MnB、45MnB、45MnVB、42MnV、35SiMn、42SiMn、40MnMoV、40MnWB等
45Cr	综合性能与40Cr相近，强度、耐磨性及淬透性均优于40Cr，但韧性稍低于40Cr，应用和40Cr相似，主要用于制造表面高频淬火的零件，如齿轮、轴、销、套筒等
50Cr	切削性能良好，淬透性好，冷弯时塑性低，焊接性不好，在油淬及回火后可得到高硬度、高强度，水淬易产生裂纹，一般在淬火及回火或调质状态下使用，用于制造重型负荷、耐磨性好的零件，如重型矿山机械中的高耐磨、高强度的油膜轴承套、齿轮、热轧辊、传动轴、支撑辊的心轴、柴油机连杆、离合器、螺栓等，还可以制造高频淬火零件、中等弹性的弹簧等
38CrSi	高强度，淬透性好，较高的耐磨性及韧性，低温冲击性较高，回火稳定性好，焊接性差，一般在淬火回火后使用，用于制造强度和耐磨性较高的各种零件，如小模数齿轮、履带轴、小轴、起重钩、进气阀、铆钉机压头、螺栓等
12CrMo	耐热钢，热强度高，无热脆性，冷弯形塑性及切削性良好，焊接性能尚可，一般在正火及高温回火后使用，如制造工作温度510℃的锅炉、汽轮机的主汽管、管壁温度不大于540℃的各种导管、过热器管等，淬火回火后还可制造各种高温弹性零件
15CrMo	耐热性和韧性均低于12CrMo，但强度高于12CrMo，在500～550℃温度以下，持久强度较高，切削性及冷应变塑性良好，有一定的焊接性能，焊前应预热至300℃，焊后应处理，一般在正火及高温回火状态下使用，用于制造510℃的锅炉过热器、中压高压蒸汽导管、温度至510℃的主汽管，淬火、回火后，可用于制造常温条件下的各种重要零件

续表

牌　号	特性及应用举例
20CrMo	热强性能较高，在500～520℃温度时仍能保持良好的热强度，淬透性较好，无回火脆性，冷应变塑性、焊接性及切削加工性均良好，一般在调质或渗碳淬火状态下使用，用于制造化工设备中非腐蚀介质及250℃以下温度、氮氢介质的高压管及各种紧固件，汽轮机及锅炉中的叶片、隔板、锻件、轧制型材，一般机器中的齿轮、轴等重要渗碳零件，还可代替1Cr13用于制造中压、低压汽轮机的工作叶片
30CrMo	高强度，高韧性，在500℃以下温度，具有良好的高温强度，切削性能好，冷弯形塑性中等，淬透性较高，焊接性能良好，一般在调质状态下使用，用于制造约30MPa、工作温度400℃以下的导管，锅炉和汽轮机中工作温度低于450℃的紧固件，工作温度低于500℃、高压用的螺母及法兰，通用机械中受载荷大的主轴、齿轮、螺栓、操纵轮，化工设备中低于250℃、氮氢介质中的高压导管以及焊接件
35CrMo	低温韧性好，高温下具有高持久强度和蠕变强度，工作温度可高至500℃，低温至－110℃，并且静强度及冲击韧性均高，较高的疲劳强度，淬透性良好，淬火变形小，切削性能中等，焊接性差，一般调质处理后使用，也可在高中频表面淬火或淬火后低、中温回火后使用，适于制造承受冲击、弯扭、高负荷的各种重要零件，如轧机人字齿轮、曲轴、连杆、汽轮发电机主轴、发动机传动零件、大型电机轴、工作温度不高于400℃的锅炉用螺栓，还可代替40CrNi用于制造高负荷的传动轴、发电机转子、大截面齿轮等
42CrMo	性能和用途与35CrMo相近，但强度和淬透性均优于35CrMo，因此，用于制造比35CrMo强度要求更高的重要零件，如齿轮、连杆、发动机气缸、弹簧、1200～2000mm石油钻杆接头，可以代替含镍较高的调质钢使用
12CrMoV	耐热钢，具有良好的高温力学性能，冷变形时塑性高，切削性能良好，焊接性能尚可，可在－40～560℃工作温度中使用，一般在高温回火状态下使用，用于制造540℃的汽轮机主汽管道、转向导叶环、温度低于570℃的各种过热器管等
12Cr1MoV	热强性及抗氧化性高于12CrMoV，具有蠕变极限与持久强度相近的特点，有一定的焊接性能，一般在正火及高温回火后使用，用于制造使用温度不高于585℃的高压设备中的过热管、导管、散热器管及有关的锻件
25Cr2MoV	中碳耐热钢，具有高的室温强度和韧性，高温性能良好，松弛稳定性高，无热脆倾向，淬透性良好，冷变形塑性尚可，中等切削加工性，焊接性差，一般在调质状态下使用，也可在正火及高温回火后使用。用于制造低于550℃高温且长期工况下的螺母，低于530℃工况的螺栓，510℃以下长期工作的其他连接件。也用于制作汽轮机整体转子、套筒、主汽阀和调节阀等(蒸汽温度参数可高达535℃)
25Cr2Mo1V	中碳耐热钢，Cr、Mo、V的含量均高于25Cr2MoV，因此，耐热性能和热强性均优于25Cr2MoV。用于制作蒸气温度参数高达565℃的汽轮机前气缸、阀杆、螺栓等高温工况下的零件
38CrMoAl	高级氮化钢，具有优良的氮化性能和很高的力学性能，耐热性和耐蚀性均良好，氮化处理可得到高表面硬度、高疲劳强度及良好的抗过热性，工作温度不高于500℃，焊接性和淬透性均差，一般在调质及氮化后使用，用于制造高疲劳强度、高耐磨性、热处理后尺寸精度极少降低的小型氮化零件，如气缸套、底盖、活塞螺栓、检验规、精密磨床主轴、车床主轴、镗杆、高精度丝杠、齿轮、高压阀门、汽轮机的调速器、塑料挤压机上的耐磨零件等
35CrMoV	较高强度，淬透性良好，焊接性差，冷变形时塑性低，调质处理使用，制造高应力的重要零件，如500～520℃以下工作的汽轮机叶轮，高级涡轮鼓风机的转子、盖盘、发电机轴等
40CrV	调质钢，高强度和高屈服点，综合性能高于40Cr，有一定的冷变形塑性及切削加工工艺性，用于制造变载、高负荷的各种重要零件，如机车连杆、曲轴、螺旋桨、横梁、螺栓、不渗碳的齿轮、高压气缸等

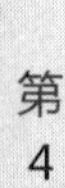

续表

牌　　号	特性及应用举例
50CrV	较高级的合金弹簧钢，具有良好的力学性能，淬渗性好，回火稳定性良好，疲劳强度高，工作温度可达 500℃，低温冲击韧性良好，焊接性差，切削性尚好，冷应变塑性低，热加工时有形成白点的敏感性，一般在淬火、中温回火后使用，多用于制造工作温度低于 210℃ 的各种弹簧、大截面的高负荷的重要弹簧，如内燃机气门弹簧、锅炉安全阀弹簧、轿车缓冲弹簧等，也可在非腐蚀条件下用于制作工作温度低于 400℃ 的其他大截面调质零件
15CrMn	渗碳钢，淬透性较好，切削性良好，低温冲击性较高，渗碳、淬火后使用，用于制造齿轮、蜗轮、塑料模、密封轴套等
20CrMn	渗碳钢，也可作为调质钢，低温冲击性好，淬火变形小，切削性能良好，焊接性差，可制造渗碳零件或大负荷的调质零件，如轴、齿轮、套筒、变速用摩擦轮等
40CrMn	高强度，切削性良好，淬透性较高，淬火变形小，调质状态下使用，用于制造高速重载荷但冲击较小的零件（如齿轮、轴、离合器、水泵转子等），高速及弯曲载荷的零件，如连杆、轴等
20CrMnSi	具有较高的强度和韧性，抗冲击性强，良好的耐磨性及低温冲击韧性，有较高的塑性和良好的焊接性，经淬火、200℃ 回火后综合力学性能优于调质态，淬透性较低，热处理时回火脆性较大，冷变形塑性高，冷作工艺性良好，用于制作强度较高的焊接件、薄板冲压件、冷拉零件、矿山设备的链条、高强度的圆环链、高强度螺栓等
25CrMnSi	与 20CrMnSi 相比较，强度稍高、韧性略有下降。经热处理可得到强度、塑性、韧性的良好的综合效果，在适宜条件下，可与相应的铬钼钢替用。用于制作高强度的焊接结构件、重要的焊接和冲压件、拉杆等
30CrMnSi	具有高强度和高韧性，淬透性较高，冷变形塑性中等，良好的切削加工性，焊接性能较好，水淬零件的断面尺寸可以到 100mm，油淬零件断面尺寸可以到 50mm，断面尺寸小于或等于 25mm 的零件，推荐采用等温淬火，得到下贝氏体组织，使强度与塑性得到良好的配合，韧性大大提高，而且变形最小，降低缺口敏感性，有回火脆性倾向，等温淬火时应控制冷却介质的温度，不可过高，否则降低冲击韧性，其横向性能比纵向性能低得多，特别是冲击韧度几乎降低一半，用于制造各种重要用途的零件，高速重载、耐磨但工作温度不高的零件，变负荷的焊接构件，如中小型齿轮、高压鼓风机叶片、轴套、轴、阀板、螺栓、螺母及无腐蚀管道等
35CrMnSi	超高强度低合金钢，综合性能良好，高强度，韧性良好，淬透性和焊接性均较好，耐蚀和抗氧化性能低，工作温度不超过 200℃，一般在低温回火或等温淬火后使用，用于制造高强度、重载、中速的零件，如飞机起落架、高压鼓风机叶片等
20CrMnMo	高强度渗碳钢，塑性及韧性较高，热处理后具有良好的综合力学性能，常用于制造高强度、高硬度、高韧性的重要渗碳零件，如曲轴、凸轮轴、连杆、齿轮、齿轮轴、销轴等，还可以代替 12Cr2Ni4 使用
40CrMnMo	淬透性良好，回火稳定性较高，调质后具有良好的综合力学性能，用于制造重载及截面较大的齿轮、齿轮轴、卡车后桥半轴、偏心轴、连杆等
20CrMnTi	渗碳钢或作调质钢，淬火低温回火后综合力学性能良好，低温冲击性也佳，渗碳可以得到良好的抗弯强度和耐磨性，冷热加工性均较好，淬透性好，焊接性中等，渗碳及淬火后具有硬度高且耐磨性好的表面及坚韧的心部，加热时过热敏感性小，渗碳后在不低于 800℃ 时可直接淬火，淬火后变形小，是一种很常用的齿轮材料，适用于制造中载或重载、冲击耐磨、高速的汽车、拖拉机齿轮及其他重要零件，如十字轴、蜗杆、齿轮、轴齿轮、爪牙离合器等，可代替 20SiMnVB 使用
30CrMnTi	渗碳钢，也可做调质钢，热处理工艺好，淬火变形小，渗碳及淬火后耐磨性好，静强度高，适用于制造心部强度很高的渗碳零件（如齿轮轴、齿轮、蜗杆等）、调质件（如较大截面的主动齿轮）

第
4
篇

续表

牌号	特性及应用举例
20CrNi	高强度，高韧性，良好的淬透性，渗碳及淬火后心部韧性好，表面硬度高，冷变形时塑性中等，切削性能尚可，焊接性差，一般渗碳及淬火后使用，用于制造重载大型重要的渗碳零件，如花键轴、键齿轮、活塞销等，还可以制造高冲击韧性的调质零件
40CrNi	合金调质钢，高强度，高韧性，良好的淬透性，调质处理后综合力学性能好，低温冲击性良好，水淬易产生裂纹，切削性能较好，焊接性差，一般均调质后使用，用于制造锻造和冷冲压且截面尺寸较大的重要调质件，如连杆、曲轴、齿轮轴、螺钉等，与45CrNi性能相近，强度和淬透性稍低，可以互相代替使用
45CrNi	与40CrNi相近，强度和淬透性有所提高，冲击韧度稍有下降。其用途与40CrNi相近，用于制造重要的调质件，如内燃机曲轴、汽车及拖拉机主轴、变速箱轴、气门、螺栓、螺杆等
50CrNi	高级调质钢，高强度，高韧性，高塑性，淬透性良好，用于制造截面较大的重要调质零件，如机床主轴、齿轮、曲轴等
12CrNi2	低碳合金渗碳钢，高强度、高韧性及高淬透性，冷加工塑性中等，切削性、低温韧性及焊接性均较好，适于制造心部韧性较高、强度要求不高的中小重要渗碳件或氰化零件，如活塞销、轴套、推杆、小轴、小齿轮、齿套等
12CrNi3	高级渗碳钢，具有高强度、高淬透性，韧性良好，切削性和焊接性尚好，冷变形塑性中等，白点敏感性较高，有回火脆性，渗碳后需二次淬火，特殊要求需作冷处理，可用做合金结构钢的调质件或渗碳件，制造截面大、载荷高、韧性好、缺口不敏感、冲击耐磨、表面硬度高、心部韧性好的各种重要零件，如传动轴、主轴、凸轮轴、连杆、齿轮、轴套、油泵转子、活塞销、重要螺杆等
20CrNi3	低温冲击韧性良好，但有白点敏感性和回火脆性倾向；经调质或淬火低温回火后具有良好的综合力学性能。切削加工性较好，中等焊接性能，主要在调质后使用，也可作为渗碳钢应用。用于制造高负荷的重要零件，如齿轮、凸轮、机床主轴、蜗杆、螺栓、销钉等
30CrNi3	高淬透性，较高强度和韧性，淬火回火后具有良好的力学性能，切削加工性良好，冷变形塑性低，焊接性差，一般用于制造大型、较高负荷的重要零件或锻件、热冲压件，如轴、蜗杆、连杆、曲轴、传动轴、齿轮、螺栓等
37CrNi3	高韧性，淬透性能好，低温冲击性能良好，一般在调质状态下使用，用于制造重载、冲击、截面较大的零件，低温、受冲击的零件，热锻、热冲压的零件，如转子轴、叶轮、重要的紧固件等
12Cr2Ni4	高强度，高韧性，淬透性良好，渗碳合金钢，渗碳淬火后表面硬度高、耐磨性好，冷变形塑性中等，切削加工性较好，焊接性差，一般采用渗碳及二次淬火、低温回火，用于制造高负荷的大型渗碳件，如齿轮、蜗轮、蜗杆、轴等，采用淬火及低温回火后用于制造高强度、高韧性的机械零件
20Cr2Ni4	强度、韧性及淬透性均高于12Cr2Ni4，冷变形塑性中等，切削性尚好，焊接性差，用于制造性能要求高于12Cr2Ni4的大型渗碳零件，如大齿轮轴，也可用于制造强度和韧性均高的调质件
40CrNiMo	具有高强度、高韧性及良好的淬透性，又有抗过热的稳定性，但白点敏感性高，有回火脆性，焊接性较差，焊前需高温预热，焊后需进行消除应力处理，在调质后使用，一般用于制作强度高、塑性好的重要零件，如轴、齿轮、紧固件等

续表

牌　　号	特性及应用举例
20CrNiMo	淬透性与 20CrNi 相近，强度高于 20CrNi，是引进美国的 AISI/SAE 标准的钢号 8720。一般用于制作中小型汽车、拖拉机的齿轮；替代 12CrNi3 制造心部性能要求较高的渗碳和碳氮共渗零件，如冶金采矿用牙轮钻头的牙爪和牙轮体
45CrNiMoV	具有一定的韧性，适用于成形加工，但冷变形塑性较低，焊接性较差，淬透性高，经调质其强度和综合力学性能较好（优于 40CrNiMo），耐蚀性能较低。因受回火温度影响，使用温度不宜过高，一般在淬火、低温或中温回火后使用。一般用于制造强度高或承受高载荷的大尺寸零件，如飞机发动机曲轴、起落架、大梁；压力容器类高强度结构零件。在机械工程中用于重型机械的重负荷的扭力轴、变速箱轴、摩擦离合器轴等。作为高强度钢应用时需经淬火、低或中温回火处理
18Cr2Ni4W	强度和韧性均高，淬透性良好，力学性能优于 12Cr2Ni4，是一种高级合金钢。经渗碳及二次淬火并低温回火处理后，表面硬度和耐磨性较高，心部的强度和韧性很高。工艺性能较低，锻造时变形抗力较大，锻件正火后硬度较高，回温回火可软化，切削性较差。通常渗碳后淬火、回火使用，也可在调质状态下使用。一般用于制造要求高强度、韧性良好、缺口敏感性低的大截面渗碳零件，如大型齿轮、传动轴、曲轴、花键轴、活塞销、高精度机床进刀蜗轮等；调质后渗碳可用于制作大功率高速发动机的曲轴；制作重负荷及振动且高强度的调质件，如中型或重型机器的连杆、减速器轴、曲轴等
25Cr2Ni4W	性能与 18Cr2Ni4W 相近，综合力学性能良好，能在较高温度下工作。可用于渗氮或碳氮共渗处理。用途也可参照 18Cr2Ni4W，多用于在动负荷工作条件下的大截面零件，如挖掘机轴、齿轮、汽轮机主轴、叶轮、连杆、曲轴、减速器轴等

1.6.9　不锈钢和耐热钢

1.6.9.1　不锈钢

表 4-1-74　　不锈钢钢棒分类和产品规格（GB/T 1220—2007）

按组织特征分类	按使用加工方法分类及代号		产品形状	尺寸规格标准及要求
奥氏体型	压力加工用钢 UP	使用加工方法应在合同中注明，未注明者按切削加工用钢供货	热轧圆钢、方钢	GB/T 702，具体要求在合同中注明，未注明者按 GB/T 702 的 2 组执行
奥氏体-铁素体型	热压力加工 UHP		热轧扁钢	GB/T 704，具体要求在合同中注明，未注明者按 GB/T 704 普通级执行
铁素体型	热顶锻用 UHF		热轧六角钢、八角钢	GB/T 705，具体要求在合同中注明，未注明者按 GB/T 705 的 2 组执行
马氏体型	冷拔坯料 UCD		锻制圆钢、方钢	GB/T 908，具体要求在合同中注明，未注明者按 GB/T 908 的 2 组执行
沉淀硬化型	切削加工用钢 UC		锻制扁钢	GB/T 16761，具体要求在合同中注明，未注明者按 GB/T 16761 的 2 组执行

注：GB/T 1220—2007 规定的热轧和锻制不锈钢棒的尺寸（直径、边长、厚度或对边距离）不大于 250mm，经供需双方协商，也可供应尺寸大于 250mm 的热轧和锻制不锈钢棒。

表 4-1-75 不锈钢棒牌号及力学性能（GB/T 1220—2007）

类型	序号	统一数字代号	新牌号	旧牌号	热处理/℃	规定非比例延伸强度 $R_{p0.2}$[①]/MPa	抗拉强度 R_m/MPa	断后伸长率 A/%	断面收缩率 Z[②]/%	冲击吸收功 A_{KU2}[③]/J	硬度[①] HBW	硬度[①] HRB	硬度[①] HV
						≥	≥	≥	≥	≥	≤	≤	≤
奥氏体型	1	S35350	12Cr17Mn6Ni5N	1Cr17Mn6Ni5N	1010～1120，快冷	275	520	40	45	—	241	100	253
	2	S35450	12Cr18Mn9Ni5N	1Cr18Mn8Ni5N	1010～1120，快冷	275	520	40	45		207	95	218
	3	S30110	12Cr17Ni7	1Cr17Ni7	1010～1150，快冷	205	520	40	60		187	90	200
	4	S30210	12Cr18Ni9	1Cr18Ni9	1010～1150，快冷	205	520	40	60		187	90	200
	5	S30317	Y12Cr18Ni9	Y1Cr18Ni9	1010～1150，快冷	205	520	40	50		187	90	200
	6	S30327	Y12Cr18Ni9Se	Y1Cr18Ni9Se	1010～1150，快冷	205	520	40	50		187	90	200
	7	S30408	06Cr19Ni10	0Cr18Ni9	1010～1150，快冷	205	520	40	60		187	90	200
	8	S30403	022Cr19Ni10	00Cr19Ni10	1010～1150，快冷	175	480	40	60		187	90	200
	9	S30488	06Cr18Ni9Cu3	0Cr18Ni9Cu3	1010～1150，快冷	175	480	40	60		187	90	200
	10	S30458	06Cr19Ni10N	0Cr19Ni9N	1010～1150，快冷	275	550	35	50		217	95	220
	11	S30478	06Cr19Ni9NbN	0Cr19Ni10NbN	1010～1150，快冷	345	685	35	50		250	100	260
	12	S30453	022Cr19Ni10N	00Cr18Ni10N	1010～1150，快冷	245	550	40	50		217	95	220
	13	S30510	10Cr18Ni12	1Cr18Ni12	1010～1150，快冷	175	480	40	60		187	90	200
	14	S30908	06Cr23Ni13	0Cr23Ni13	1030～1150，快冷	205	520	40	60		187	90	200
	15	S31008	06Cr25Ni20	0Cr25Ni20	1030～1180，快冷	205	520	40	50		187	90	200
	16	S31608	06Cr17Ni12Mo2	0Cr17Ni12Mo2	1010～1150，快冷	205	520	40	60		187	90	200
	17	S31603	022Cr17Ni12Mo2	00Cr17Ni14Mo2	1010～1150，快冷	175	480	40	60		187	90	200
	18	S31668	06Cr17Ni12Mo2Ti	0Cr18Ni12Mo3Ti	1000～1100，快冷	205	530	40	55		187	90	200
	19	S31658	06Cr17Ni12Mo2N	0Cr17Ni12Mo2N	1010～1150，快冷	275	550	35	50		217	95	220
	20	S31653	022Cr17Ni12Mo2N	00Cr17Ni13Mo2N	1010～1150，快冷	245	550	40	50		217	95	220
	21	S31688	06Cr18Ni12Mo2Cu2	0Cr18Ni12Mo2Cu2	1010～1150，快冷	205	520	40	60		187	90	200
	22	S31683	022Cr18Ni14Mo2Cu2	00Cr18Ni14Mo2Cu2	1010～1150，快冷	175	480	40	60		187	90	200

续表

类型	序号	统一数字代号	新牌号	旧牌号	热处理/℃	规定非比例延伸强度 $R_{p0.2}$[①]/MPa	抗拉强度 R_m/MPa	断后伸长率 A/%	断面收缩率 Z[②]/%	冲击吸收功 A_{KU2}[③]/J	硬度[①] HBW	硬度[①] HRB	硬度[①] HV
						≥					≤		
奥氏体型	23	S31708	06Cr19Ni13Mo3	0Cr19Ni13Mo3	1010～1150,快冷	205	520	40	60	—	187	90	200
	24	S31703	022Cr19Ni13Mo3	00Cr19Ni13Mo3	1010～1150,快冷	175	480	40	60		187	90	200
	25	S31794	03Cr18Ni16Mo5	0Cr18Ni16Mo5	1030～1180,快冷	175	480	40	45		187	90	200
	26	S32168	06Cr18Ni11Ti	0Cr18Ni10Ti	920～1150,快冷	205	520	40	50		187	90	200
	27	S34778	06Cr18Ni11Nb	0Cr18Ni11Nb	980～1150,快冷	205	520	40	50		187	90	200
	28	S38148	06Cr18Ni13Si4	0Cr18Ni13Si4	1010～1150,快冷	205	520	40	60		207	95	218
奥氏体-铁素体型	29	S21860	14Cr18Ni11Si4AlTi	1Cr18Ni11Si4AlTi	930～1050,快冷	440	715	25	40	63	—	—	—
	30	S21953	022Cr19Ni5Mo3Si2N	00Cr18Ni5Mo3Si2	920～1150,快冷	390	590	20	40	—	290	30	300
	31	S22253	022Cr22Ni5Mo3N		950～1200,快冷	450	620	25	—	—	290	—	—
	32	S22053	022Cr23Ni5Mo3N		950～1200,快冷	450	655	25	—	—	290	—	—
	33	S22553	022Cr25Ni6Mo2N		950～1200,快冷	450	620	20	—	—	260	—	—
	34	S25554	03Cr25Ni6Mo3Cu2N		1000～1200,快冷	550	750	25	—	—	290	—	—
铁素体型	35	S11348	06Cr13Al	0Cr13Al	780～830,空冷或缓冷	175	410	20	60	78	183	—	—
	36	S11203	022Cr12	00Cr12	700～820,空冷或缓冷	195	360	22	60	—	183		
	37	S11710	10Cr17	1Cr17	780～850,空冷或缓冷	205	450	22	50	—	183		
	38	S11717	Y10Cr17	Y1Cr17	680～820,空冷或缓冷	205	450	22	50	—	183		
	39	S11790	10Cr17Mo	1Cr17Mo	780～850,空冷或缓冷	205	450	22	60	—	183		
	40	S12791	008Cr27Mo	00Cr27Mo	900～1050,快冷	245	410	20	45	—	219		
	41	S13091	008Cr30Mo2	00Cr30Mo2	900～1050,快冷	295	450	20	45	—	228		

续表

类型	序号	统一数字代号	新牌号	旧牌号	热处理 /℃	规定非比例延伸强度 $R_{p0.2}$[①] /MPa	抗拉强度 R_m/MPa	断后伸长率 A /%	断面收缩率 Z[②] /%	冲击吸收功 A_{KU2}[③] /J	硬度[①] HBW	硬度[①] HRC	硬度[①] HV
						≥					≤		
马氏体型	42	S40310	12Cr12	1Cr12	钢棒退火：800～900缓冷或750快冷 试样淬火回火：950～1000油冷，700～750快冷（序号42～45）；920～980油冷，600～750快冷（序号46～48）	390	590	25	55	118	≥170	—	
	43	S41008	06Cr13	0Cr13		345	490	24	60	—	—	—	
	44	S41010	12Cr13	1Cr13		345	540	22	55	78	≥159	—	
	45	S41617	Y12Cr13	Y1Cr13		345	540	17	45	55	≥159	—	
	46	S42020	20Cr13	2Cr13		440	640	20	50	63	≥192	—	
	47	S42030	30Cr13	3Cr13		540	735	12	40	24	≥217	—	
	48	S42037	Y30Cr13	Y3Cr13		540	735	8	35	24	≥217	—	
	49	S42040	40Cr13	4Cr13	钢棒退火 试样淬火回火	—	—	—	—	—	—	≥50	
	50	S43110	14Cr17Ni2	1Cr17Ni2		—	1080	10	—	39	—	—	
	51	S43120	17Cr16Ni2[④]	1		700	900～1050	12	45	25(A_{KV})	—	—	
				2		600	800～950	14					
	52	S44070	68Cr17	7Cr17	钢棒退火：800～900缓冷 试样淬火回火：1010～1070油淬100～180快冷	—	—	—	—	—	—	≥54	
	53	S44080	85Cr17	8Cr17		—	—	—	—	—	—	≥56	
	54	S44096	108Cr17	11Cr17		—	—	—	—	—	—	≥58	
	55	S44097	Y108Cr17	Y11Cr17		—	—	—	—	—	—	≥58	
	56	S44090	95Cr18	9Cr18	钢棒退火 试样淬火回火	—	—	—	—	—	—	≥55	
	57	S45710	13Cr13Mo	1Cr13Mo		490	690	20	60	78	≥192	—	
	58	S45830	32Cr13Mo	3Cr13Mo		—	—	—	—	—	—	≥50	
	59	S45990	102Cr17Mo	9Cr18Mo		—	—	—	—	—	—	≥55	
	60	S46990	90Cr18MoV	9Cr18MoV		—	—	—	—	—	—	≥55	

续表

类型	序号	统一数字代号	新牌号	旧牌号	热处理/℃			规定非比例延伸强度 $R_{p0.2}$[①]/MPa	抗拉强度 R_m/MPa	断后伸长率 A/%	断面收缩率 Z[②]/%	冲击吸收功 A_{KU2}[③]/J	硬度[①]		
								≥					HBW	HRC	HV
沉淀硬化型	61	S51550	05Cr15Ni5Cu4Nb		固溶处理		0 组	—	—	—	—	—	≤363	≤38	—
					沉淀硬化	480 时效	1 组	1180	1310	10	35		≥375	≥40	
						550 时效	2 组	1000	1070	12	45		≥331	≥35	
						580 时效	3 组	865	1000	13	45		≥302	≥31	
						620 时效	4 组	725	930	16	50		≥277	≥28	
	62	S51740	05Cr17Ni4Cu4Nb	0Cr17Ni4Cu4Nb	固溶处理		0 组	—	—	—	—		≤363	≤38	
					沉淀硬化	480 时效	1 组	1180	1310	10	40		≥375	≥40	
						550 时效	2 组	1000	1070	12	45		≥331	≥35	
						580 时效	3 组	865	1000	13	45		≥302	≥31	
						620 时效	4 组	725	930	16	50		≥277	≥28	
	63	S51770	07Cr17Ni7Al	0Cr17Ni7Al	固溶处理		0 组	≤380	≤1030	20	—		≤299	—	
					沉淀硬化	510 时效	1 组	1030	1230	4	10		≥388	—	
						565 时效	2 组	960	1140	5	25		≥363	—	
	64	S51570	07Cr15Ni7Mo2Al	0Cr15Ni7Mo2Al	固溶处理		0 组	—	—	—	—		≤269	—	
					沉淀硬化	510 时效	1 组	1210	1320	6	20		≥388	—	
						565 时效	2 组	1100	1210	7	25		≥375	—	

① 规定非比例延伸强度 $R_{p0.2}$ 和硬度，仅当需方要求时（合同注明）才进行测定（序号 1～41），序号 42～64 的 $R_{p0.2}$ 和硬度按本表规定，序号 61～64 选择 HBW 或 HRC 均可。

② 扁钢不适用，但需方要求时，由供需双方商定。

③ 直径或对边距离小于或等于 16mm 的圆钢、六角钢、八角钢和边长或厚度小于或等于 12mm 的方钢、扁钢不做冲击试验。A_{KU2} 指深度 2mm U 型缺口试样的冲击吸收功。

④ 17Cr16Ni2 钢性能组别应在合同中注明，未注明时，由供方自行选择。

注：1. 各牌号的化学成分应符合 GB/T 1220—2007 的规定。

2. 本表为热处理钢棒或热处理试样的力学性能。序号 49、50、51、56～64 的热处理制度参见 GB/T 1220—2007 附录的规定。

3. 序号 1～28 仅适用于直径、边长、厚度或对边距离小于或等于 180mm 的钢棒。大于 180mm 的钢棒，可改锻成 180mm 的样坯检验，或由供需双方协商，规定允许降低其力学性能的数值。

4. 序号 29～64 仅适用于直径、边长、厚度或对边距离小于或等于 75mm 的钢棒。大于 75mm 的钢棒，可改锻成 75mm 的样坯检验或由供需双方协商，规定允许降低其力学性能的数值。

表 4-1-76　不锈钢棒 GB/T 4334.1 中 10%草酸浸蚀试验的判别（GB/T 1220—2007）

<table>
<tr><th>GB/T 20878 中序号</th><th>统一数字代号</th><th>新牌号</th><th>旧牌号</th><th>试验状态</th><th>GB/T 4334.2 硫酸-硫酸铁腐蚀试验</th><th>GB/T 4334.3 65%硝酸腐蚀试验</th><th>GB/T 4334.5 硫酸-硫酸铜腐蚀试验</th></tr>
<tr><td>17</td><td>S30408</td><td>06Cr19Ni10</td><td>0Cr18Ni9</td><td rowspan="4">固溶处理</td><td rowspan="4">沟状组织</td><td>沟状组织
凹坑组织Ⅱ</td><td rowspan="4">沟状组织</td></tr>
<tr><td>38</td><td>S31608</td><td>06Cr17Ni12Mo2</td><td>0Cr17Ni12Mo2</td><td rowspan="3">—</td></tr>
<tr><td>45</td><td>S31688</td><td>06Cr18Ni12Mo2Cu2</td><td>0Cr18Ni12Mo2Cu2</td></tr>
<tr><td>49</td><td>S31708</td><td>06Cr19Ni13Mo3①</td><td>0Cr19Ni13Mo3①</td></tr>
<tr><td>18</td><td>S30403</td><td>022Cr19Ni10</td><td>00Cr19Ni10</td><td rowspan="6">敏化处理</td><td rowspan="4">沟状组织</td><td>沟状组织
凹坑组织Ⅱ</td><td rowspan="6">沟状组织</td></tr>
<tr><td>39</td><td>S31603</td><td>022Cr17Ni12Mo2</td><td>00Cr17Ni14Mo2</td><td rowspan="5">—</td></tr>
<tr><td>46</td><td>S31683</td><td>022Cr18Ni14Mo2Cu2</td><td>00Cr18Ni14Mo2Cu2</td></tr>
<tr><td>50</td><td>S31703</td><td>022Cr19Ni13Mo3</td><td>00Cr19Ni13Mo3</td></tr>
<tr><td>55</td><td>S32168</td><td>06Cr18Ni11Ti</td><td>0Cr18Ni10Ti</td><td rowspan="2">—</td></tr>
<tr><td>62</td><td>S34778</td><td>06Cr18Ni11Nb</td><td>0Cr18Ni11Nb</td></tr>
</table>

① 可进行敏化处理，但试验前应由供需双方协商确定。

注：1. 按需方要求，并由供需双方协商采用合适的试验方法，且在合同中注明，奥氏体型和奥氏体-铁素体型不锈钢棒可进行晶间腐蚀试验，其耐蚀性能应符合本表的规定。

2. 本表以外牌号不锈钢棒的耐蚀性能由供需双方协商确定。

表 4-1-77　不锈钢棒晶间腐蚀试验（GB/T 1220—2007）

<table>
<tr><th rowspan="2">GB/T 20878 中序号</th><th rowspan="2">统一数字代号</th><th rowspan="2">新牌号</th><th rowspan="2">旧牌号</th><th colspan="2">GB/T 4334.2</th><th colspan="2">GB/T 4334.3</th><th colspan="2">GB/T 4334.5</th></tr>
<tr><th>试验状态</th><th>腐蚀减重 /g·m⁻²·h⁻¹</th><th>试验状态</th><th>腐蚀减重 /g·m⁻²·h⁻¹</th><th>试验状态</th><th>试验弯曲面的状态</th></tr>
<tr><td>17</td><td>S30408</td><td>06Cr19Ni10</td><td>0Cr18Ni9</td><td rowspan="4">固溶处理</td><td rowspan="4">协议</td><td>固溶处理</td><td>协议</td><td rowspan="4">固溶处理</td><td rowspan="11">不允许有晶间腐蚀裂纹</td></tr>
<tr><td>38</td><td>S31608</td><td>06Cr17Ni12Mo2</td><td>0Cr17Ni12Mo2</td><td colspan="2" rowspan="3">—</td></tr>
<tr><td>45</td><td>S31688</td><td>06Cr18Ni12Mo2Cu2</td><td>0Cr18Ni12Mo2Cu2</td></tr>
<tr><td>49</td><td>S31708</td><td>06Cr19Ni13Mo3①</td><td>0Cr19Ni13Mo3①</td></tr>
<tr><td>18</td><td>S30403</td><td>022Cr19Ni10</td><td>00Cr19Ni10</td><td rowspan="4">敏化处理</td><td rowspan="4">协议</td><td>敏化处理</td><td>协议</td><td rowspan="7">敏化处理</td></tr>
<tr><td>39</td><td>S31603</td><td>022Cr17Ni12Mo2</td><td>00Cr17Ni14Mo2</td><td colspan="2" rowspan="6">—</td></tr>
<tr><td>46</td><td>S31683</td><td>022Cr18Ni14Mo2Cu2</td><td>00Cr18Ni14Mo2Cu2</td></tr>
<tr><td>50</td><td>S31703</td><td>022Cr19Ni13Mo3</td><td>00Cr19Ni13Mo3</td></tr>
<tr><td>41</td><td>S31668</td><td>06Cr17Ni12Mo2Ti</td><td>0Cr18Ni12Mo3Ti</td><td colspan="2" rowspan="3">—</td></tr>
<tr><td>55</td><td>S32168</td><td>06Cr18Ni11Ti</td><td>0Cr18Ni10Ti</td></tr>
<tr><td>62</td><td>S34778</td><td>06Cr18Ni11Nb</td><td>0Cr18Ni11Nb</td></tr>
</table>

① 可进行敏化处理，但试验前应由供需双方协商确定。

注：1. 按需方要求，并由供需双方协商采用合适的试验方法，且在合同中注明，奥氏体型和奥氏体-铁素体型不锈钢棒可进行晶间腐蚀试验，其耐蚀性能应符合本表规定。

2. 本表以外牌号不锈钢棒的耐蚀性能由供需双方协商确定。

表 4-1-78　　不锈钢的耐腐蚀性能

牌号	介质条件			腐蚀速率/mm·a^{-1}	介质条件			腐蚀速率/mm·a^{-1}	介质条件			腐蚀速率/mm·a^{-1}
	介质	质量分数/%	温度/℃		介质	质量分数/%	温度/℃		介质	质量分数/%	温度/℃	
20Cr13 (2Cr13)	硝酸	5	20	<0.1	硝酸	65	沸	3.0～10.0	醋酸	10	20	<1.0
		5	沸	3.0～10.0		90	20	<0.1		5	沸	>10.0
		20	20	<0.1		90	沸	<10.0	柠檬酸	1	20	<0.1
		20	沸	1.0～3.0	硼酸	50～饱和	100	<0.1		20	沸	<10.0
		50	20	<0.1					氢氧化钠	20	50	<0.1
		50	沸	<3.0	醋酸	1	90	<0.1				
		65	20	<0.1		5	20	<1.0				
30Cr13 (3Cr13)	硫酸	2～50	20～100	腐蚀破坏	硫酸	52	60	8.6	硫酸	65	20	0.03
		52	15	2.11		63.4	15	2.1				
14Cr17Ni2 (1Cr17Ni2)	硝酸	10	50	<0.1	醋酸	10	75	<3.0	氢氧化钠	10	90	<0.1
		10	85	<0.1		10	90	3.0～10.0		20	50	
		30	60	<0.1		15	20	<1.0		20	沸	
		30	沸	<0.1		15	40	>3.0		30	沸	
		50	50	<0.1		25	50	<1.0		30	100	<1.0
		50	80	0.1～1.0		25	90	<3.0		40	90	
		50	沸	<3.0		25	沸	3.0～10.0		50	100	
		60	60	<0.1	磷酸	5	20	<0.1		60	90	
	硫酸	1	20	3.0～10.0		5	85	<0.1	氢氧化钾	25	沸	<0.1
		5	20	>10.0		10	20	<3.0		50	20	<0.1
		10	20	>10.0		25	20	3.0～10.0		50	沸	<1.0
	硫酸铝	10	50	<0.1	盐酸	1	20	<3.0		68	120	<1.0
		10	沸	1.0～3.0		2	20	3.0～10.0		熔体	300	>10.0
						5	20	>10.0				
06Cr19Ni10 (0Cr18Ni9)	硝酸	1～5	20	<0.1	硫酸	0.4	36～40	0.0001	盐酸	0.5	20	0.1～1.0
		1～5	80	<0.1		2	20	0～0.014		0.5	沸	>10
		5	沸	<0.1		2	100	3.0～6.5		3	20	0.1～1.0
		20	20～80	<0.1		5	50	3.0～4.5		5	20	0.1～1.0
		50	20～50	<0.1		10～50	20	2.0～5.0		10	20	0.1～1.0
		50	80	<0.1		10～65	50～100	不可用		30	20	>10
		50	沸	<0.1		90～95	20	0.006～0.008	氢氰酸	10	20	0.1～1.0
		60	20～60	<0.1	亚硫酸	2	20	<1.0		10	100	3.0～10
		60	沸	0.1～1.0		20	20	<0.1	氢氧化钠	10	90	<0.1
		65	20	<0.1	磷酸	1	20	<0.1		50	90	<0.1
		65	85	<0.1		1	沸	<0.1		50	100	0.1～1.0
		65	沸	0.1～1.0		10	20	<0.1	高锰酸钾	90	300	1.0～3.0
		90	20	<0.1		10	沸	<0.1		熔盐	318	3.0～10
		90	70	0.1～1.0		40	100	0.1～1.0	氟化钠	5～10	20	<0.1
		90	沸	1.0～3.0		65	80	<0.1		10	沸	<0.1
		99	20	0.1～1.0		65	110	>10	苯	5	20	0.1～1.0
		99	沸	3.0～10		80	60	<0.1		纯苯	20～沸	<0.1
10Cr17 (1Cr17)	硝酸	5	20	<0.1	磷酸	10	20	<1.0	醋酸	10	20	<0.1
		5	沸	<0.1								
		20	20	<0.1		10	沸	<1.0		10	100	1.0～3.0
		20	沸	<1.9								
		30	80	0.03		45	20～沸	0.1～3.0	硫酸	5	20	>10.0
		65	85	<1.0								
		65	沸	2.20		80	20	<1.0		50	20	>10.0
		90	70	1.0～3.0								
		90	沸	1.0～3.0		80	110～120	>10.0		80	20	1.0～3.0

注：带括号的牌号为旧牌号。本表为参考资料。

第4篇

表 4-1-79　　**不锈钢的特性和用途**（GB/T 1220—2007）

统一数字代号	牌　号	特性与用途
奥氏体型		
S35350	12Cr17Mn6Ni5N	节镍钢，性能与 12Cr17Ni7(1Cr17Ni7)相近，可代替 12Cr17Ni7(1Cr17Ni7)使用。在固溶态无磁，冷加工后具有轻微磁性。主要用于制造旅馆装备、厨房用具、水池、交通工具等
S35450	12Cr18Mn9Ni5N	节镍钢，是 Cr-Mn-Ni-N 型最典型、发展比较完善的钢。在 800℃以下具有很好的抗氧化性，且保持较高的强度，可代替 12Cr18Ni9(1Cr18Ni9)使用。主要用于制作 800℃以下经受弱介质腐蚀和承受负荷的零件，如炊具、餐具等
S30110	12Cr17Ni7	亚稳定奥氏体不锈钢，是最易冷变形强化的钢。经冷加工有高的强度和硬度，并仍保留足够的塑韧性，在大气条件下具有较好的耐蚀性。主要用于以冷加工状态承受较高负荷，又希望减轻装备重量和不生锈的设备、部件，如铁道车辆，装饰板、传送带、紧固件等
S30210	12Cr18Ni9	历史最悠久的奥氏体不锈钢，在固溶态具有良好的塑性、韧性和冷加工性，在氧化性酸和大气、水、蒸汽等介质中耐蚀性也好。经冷加工有高的强度，但伸长率比 12Cr17Ni7(1Cr17Ni7)稍差。主要用于对耐蚀性和强度要求不高的结构件和焊接件，如建筑物外表装饰材料；也可用于无磁部件和低温装置的部件。但在敏化态或焊后，具有晶间腐蚀倾向，不宜用作焊接结构材料
S30317	Y12Cr18Ni9	12Cr18Ni9(1Cr18Ni9)改进切削性能钢。最适用于快速切削(如自动车床)制作辊、轴、螺栓、螺母等
S30327	Y12Cr18Ni9Se	除调整 12Cr18Ni9(1Cr18Ni9)钢的磷、硫含量外，还加入硒，提高 12Cr18Ni9(1Cr18Ni9)钢的切削性能。用于小切削量，也适用于热加工或冷顶锻，如螺钉、铆钉等
S30408	06Cr19Ni10	在 12Cr18Ni9(1Cr18Ni9)钢基础上发展演变的钢，性能类似于 12Cr18Ni9(1Cr18Ni9)钢，但耐蚀性优于 12Cr18Ni9(1Cr18Ni9)钢，可用作薄截面尺寸的焊接件，是应用量最大、使用范围最广的不锈钢。适用于制造深冲成形部件和输酸管道、容器、结构件等，也可以制造无磁、低温设备和部件
S30403	022Cr19Ni10	为解决因 $Cr_{23}C_6$ 析出致使 06Cr19Ni10(0Cr18Ni9)钢在一些条件下存在严重的晶间腐蚀倾向而发展的超低碳奥氏体不锈钢，其敏化态耐晶间腐蚀能力显著优于 06Cr18Ni9(0Cr18Ni9)钢。除强度稍低外，其他性能同 06Cr18Ni9Ti(0Cr18Ni9Ti)钢，主要用于需焊接且焊接后又不能进行固溶处理的耐蚀设备和部件
S30488	06Cr18Ni9Cu3	在 06Cr19Ni10(0Cr18Ni9)基础上为改进其冷成形性能而发展的不锈钢。铜的加入，使钢的冷作硬化倾向小，冷作硬化率降低，可以在较小的成形力下获得最大的冷变形。主要用于制作冷镦紧固件、深拉等冷成型的部件
S30458	06Cr19Ni10N	在 06Cr19Ni10(0Cr18Ni9)钢基础上添加氮，不仅防止塑性降低，而且提高钢的强度和加工硬化倾向，改善钢的耐点蚀、晶间腐性，使材料的厚度减少。用于有一定耐蚀性要求，并要求较高强度和减轻重量的设备或结构部件
S30478	06Cr19Ni9NbN	在 06Cr19Ni10(0Cr18Ni9)钢基础上添加氮和铌，提高钢的耐点蚀和晶间腐蚀性能，具有与 06Cr19Ni10N(0Cr19Ni9N)钢相同的特性和用途
S30453	022Cr19Ni10N	06Cr19Ni10N(0Cr19Ni9N)的超低碳钢。因 06Cr19Ni10N(0Cr19Ni9N)钢在 450～900℃加热后耐晶间腐蚀性能明显下降，因此对于焊接设备构件，推荐用 022Cr19Ni10N(00Cr18Ni10N)钢
S30510	10Cr18Ni12	在 12Cr18Ni9(1Cr18Ni9)钢基础上，通过提高钢中镍含量而发展起来的不锈钢。加工硬化性比 12Cr18Ni9(1Cr18Ni9)钢低。适宜用于旋压加工、特殊拉拔，如作冷镦钢用等
S30908	06Cr23Ni13	高铬镍奥氏体不锈钢，耐蚀性比 06Cr19Ni10(0Cr18Ni9)钢好，但实际上多作为耐热钢使用
S31008	06Cr25Ni20	高铬镍奥氏体不锈钢，在氧化性介质中具有优良的耐蚀性，同时具有良好的高温力学性能，抗氧化性比 06Cr23Ni13(0Cr23Ni13)钢好，耐点蚀和耐应力腐蚀能力优于 18-8 型不锈钢，既可用于耐蚀部件又可作为耐热钢使用

第 4 篇

续表

统一数字代号	牌　　号	特性与用途
		奥氏体型
S31608	06Cr17Ni12Mo2	在10Cr18Ni12(1Cr18Ni12)钢基础上加入钼，使钢具有良好的耐还原性介质和耐点腐蚀能力。在海水和其他各种介质中，耐蚀性优于06Cr19Ni10(0Cr18Ni9)钢。主要用于耐点蚀材料
S31603	022Cr17Ni12Mo2	06Cr17Ni12Mo2(0Cr17Ni12Mo2)的超低碳钢，具有良好的耐敏化态晶间腐蚀的性能。适用于制造厚截面尺寸的焊接部件和设备，如石油化工、化肥、造纸、印染及原子能工业用设备的耐蚀材料
S31668	06Cr17Ni12Mo2Ti	为解决06Cr17Ni12Mo2(0Cr17Ni12Mo2)钢的晶间腐蚀而发展起来的钢种，有良好的耐晶间腐蚀性，其他性能与06Cr17N12Mo2(0Cr17Ni12Mo2)钢相近。适合于制造焊接部件
S31658	06Cr17Ni12Mo2N	在06Cr17Ni12Mo2(0Cr17Ni12Mo2)中加入氮，提高强度，同时又不降低塑性，使材料的使用厚度减薄。用于耐蚀性好的高强度部件
S31653	022Cr17Ni12Mo2N	在022Cr17Ni12Mo2(00Cr17Ni14Mo2)钢中加入氮，具有与022Cr17Ni12Mo2(00Cr17Ni14Mo2)钢同样特性，用途与06Cr17Ni12Mo2N(0Cr17Ni12Mo2N)相同，但耐晶间腐蚀性能更好。主要用于化肥、造纸、制药、高压设备等领域
S31688	06Cr18Ni12Mo2Cu2	在06Cr17Ni12Mo2(0Cr17Ni12Mo2)钢基础上加入约2% Cu，其耐蚀性、耐点蚀性好。主要用于制作耐硫酸材料，也可用作焊接结构件和管道、容器等
S31683	022Cr18Ni14Mo2Cu2	06Cr18Ni12Mo2Cu2(0Cr18Ni12Mo2Cu2)的超低碳钢。比06Cr18Ni12Mo2Cu2(0Cr18Ni12Mo2Cu2)钢的耐晶间腐蚀性能好。用途同06Cr18Ni12Mo2Cu2(0Cr18Ni12Mo2Cu2)钢
S31708	06Cr19Ni13Mo3	耐点蚀和抗蠕变能力优于06Cr17Ni12Mo2(0Cr17Ni12Mo2)。用于制作造纸、印染设备、石油化工及耐有机酸腐蚀的装备等
S31703	022Cr19Ni13Mo3	06Cr19Ni13Mo3(0Cr19Ni13Mo3)的超低碳钢，比06Cr19Ni13Mo3(0Cr19Ni13Mo3)钢耐晶间腐蚀性能好，在焊接整体件时抑制析出碳。用途与06Cr19Ni13Mo3(0Cr19Ni13Mo3)钢相同
S31794	03Cr18Ni16Mo5	耐点蚀性能优于022Cr17Ni12Mo2(00Cr17Ni14Mo2)和06Cr17Ni12Mo2Ti(0Cr18Ni12Mo3Ti)的一种高钼不锈钢，在硫酸、甲酸、乙酸等介质中的耐蚀性要比一般含2%～4% Mo的常用Cr-Ni钢更好。主要用于处理含氯离子溶液的热交换器，乙酸设备，磷酸设备，漂白装置等，以及022Cr17Ni12Mo2(00Cr17Ni14Mo2)和06Cr17Ni12Mo2Ti(0Cr18Ni12Mo3Ti)钢不适用环境中使用
S32168	06Cr18Ni11Ti	钛稳定化的奥氏体不锈钢，添加钛提高耐晶间腐蚀性能，并具有良好的高温力学性能。可用超低碳奥氏体不锈钢代替。除专用(高温或抗氢腐蚀)外，一般情况不推荐使用
S34778	06Cr18Ni11Nb	铌稳定化的奥氏体不锈钢，添加铌提高耐晶间腐蚀性能，在酸、碱、盐等腐蚀介质中的耐蚀性同06Cr18Ni11Ti(0Cr18Ni10Ti)，焊接性能良好。既可作耐蚀材料又可作耐热钢使用，主要用于火电厂、石油化工等领域，如制作容器、管道、热交换器、轴类等；也可作为焊接材料使用
S38148	06Cr18Ni13Si4	在06Cr19Ni10(0Cr18Ni9)中增加镍，添加硅，提高耐应力腐蚀断裂性能。用于含氯离子环境，如汽车排气净化装置等
		奥氏体-铁素体型
S21860	14Cr18Ni11Si4AlTi	含硅使钢的强度和耐浓硝酸腐蚀性能提高，可用于制作抗高温、浓硝酸介质的零件和设备，如排酸阀门等
S21953	022Cr19Ni5Mo3Si2N	在瑞典3RE60钢基础上，加入0.05%～0.10% N形成的一种耐氯化物应力腐蚀的专用不锈钢。耐点蚀性能与022Cr17Ni12Mo2(00Cr17Ni14Mo2)相当。适用于含氯离子的环境，用于炼油、化肥、造纸、石油、化工等工业制造热交换器、冷凝器等。也可代替022Cr19Ni10(00Cr19Ni10)和022Cr17Ni12Mo2(00Cr17Ni14Mo2)钢在易发生应力腐蚀破坏的环境下使用
S22253	022Cr22Ni5Mo3N	在瑞典SAF2205钢基础上研制的，是目前世界上双相不锈钢中应用最普遍的钢。对含硫化氢、二氧化碳、氯化物的环境具有阻抗性，可进行冷、热加工及成型，焊接性良好，适用于作结构材料，用来代替022Cr19Ni10(00Cr19Ni10)和022Cr17Ni12Mo2(00Cr17Ni14Mo2)奥氏体不锈钢使用。用于制作油井管，化工储罐，热交换器，冷凝冷却器等易产生点蚀和应力腐蚀的受压设备

续表

统一数字代号	牌　　号	特性与用途
奥氏体-铁素体型		
S22053	022Cr23Ni5Mo3N	从 022Cr22Ni5Mo3N 基础上派生出来的，具有更窄的区间。特性和用途同 022Cr22Ni5Mo3N
S22553	022Cr25Ni6Mo2N	在 0Cr26Ni5Mo2 钢基础上调高钼含量、调低碳含量、添加氮，具有高强度、耐氯化物应力腐蚀、可焊接等特点，是耐点蚀性最好的钢。代替 0Cr26Ni5Mo2 钢使用。主要应用于化工、化肥、石油化工等工业领域，主要制作热交换器、蒸发器等
S25554	03Cr25Ni6Mo3Cu2N	在英国 Ferralium alloy 255 合金基础上研制的，具有良好的力学性能和耐局部腐蚀性能，尤其是耐磨损性能优于一般的奥氏体不锈钢，是海水环境中的理想材料。适用作舰船用的螺旋推进器、轴、潜艇密封件等，也适用于在化工、石油化工、天然气、纸浆、造纸等领域应用
铁素体型		
S11348	06Cr13Al	低铬纯铁素体不锈钢，非淬硬性钢。具有相当于低铬钢的不锈性和抗氧化性，塑性、韧性和冷成形性优于铬含量更高的其他铁素体不锈钢。主要用于 12Cr13(1Cr13)或 10Cr17(1Cr17)由于空气可淬硬而不适用的地方，如石油精制装置、压力容器衬里，蒸汽涡轮叶片和复合钢板等
S11203	022Cr12	比 022Cr13(0Cr13)碳含量低，焊接部位弯曲性能、加工性能、耐高温氧化性能好。作汽车排气处理装置，锅炉燃烧室、喷嘴等
S11710	10Cr17	具有耐蚀性、力学性能和热导率高的特点，在大气、水蒸气等介质中具有不锈性，但当介质中含有较高氯离子时，不锈性则不足。主要用于生产硝酸、硝铵的化工设备，如吸收塔、热交换器、储槽等；薄板主要用于建筑内装饰、日用办公设备、厨房器具、汽车装饰、气体燃烧器等。由于它的脆性转变温度在室温以上，且对缺口敏感，不适用制作室温以下的承受载荷的设备和部件，且通常使用的钢材其截面尺寸一般不允许超过 4mm
S11717	Y10Cr17	10Cr17(1Cr17)改进的切削钢。主要用于大切削量自动车床机加零件，如螺栓，螺母等
S11790	10Cr17Mo	在 10Cr17(1Cr17)钢中加入钼，提高钢的耐点蚀、耐缝隙腐蚀性及强度等，比 10Cr17(1Cr17)钢抗盐溶液性强。主要用作汽车轮毂、紧固件以及汽车外装饰材料使用
S12791	008Cr27Mo	高纯铁素体不锈钢中发展最早的钢，性能类似于 008Cr30Mo2(00Cr30Mo2)。适用于既要求耐蚀性又要求软磁性的用途
S13091	008Cr30Mo2	高纯铁素体不锈钢。脆性转变温度低，耐卤离子应力腐蚀破坏性好，耐蚀性与纯镍相当，并具有良好的韧性、加工成形性和可焊接性。主要用于化学加工工业（醋酸、乳酸等有机酸，苛性钠浓缩工程）成套设备，食品工业、石油精炼工业、电力工业、水处理和污染控制等用热交换器、压力容器、罐和其他设备等
马氏体型		
S40310	12Cr12	作为汽轮机叶片及高应力部件之良好的不锈耐热钢
S41008	06Cr13	作较高韧性及受冲击负荷的零件，如汽轮机叶片、结构架、衬里、螺栓、螺母等
S41010	12Cr13	半马氏体型不锈钢，经淬火回火处理后具有较高的强度、韧性，良好的耐蚀性和机加工性能。主要用于韧性要求较高且具有不锈性的受冲击载荷的部件，如刃具、叶片、紧固件、水压机阀、热裂解抗硫腐蚀设备等；也可制作在常温条件耐弱腐蚀介质的设备和部件
S41617	Y12Cr13	不锈钢中切削性能最好的钢，自动车床用
S42020	20Cr13	马氏体型不锈钢，其主要性能类似于 12Cr13(1Cr13)。由于碳含量较高，其强度、硬度高于 12Cr13(1Cr13)，而韧性和耐蚀性略低。主要用于制造承受高应力负荷的零件，如汽轮机叶片、热油泵、轴和轴套、叶轮、水压机阀片等，也可用于造纸工业和医疗器械以及日用消费领域的刀具、餐具等
S42030	30Cr13	马氏体型不锈钢，较 12Cr13(1Cr13)和 20Cr13(2Cr13)钢具有更高的强度、硬度和更好的淬透性，在室温的稀硝酸和弱的有机酸中具有一定的耐蚀性，但不及 12Cr13(1Cr13)和 20Cr13(2Cr13)钢。主要用于高强度部件，以及在承受高应力载荷并在一定腐蚀介质条件下的磨损件，如 300℃以下工作的刀具、弹簧，400℃以下工作的轴、螺栓、阀门、轴承等

续表

统一数字代号	牌　号	特性与用途
马氏体型		
S42037	Y30Cr13	改善 30Cr13(3Cr13)切削性能的钢。用途与 30Cr13(3Cr13)相似,需要更好的切削性能
S42040	40Cr13	特性与用途类似于 30Cr13(3Cr13)钢,其强度、硬度高于 30Cr13(3Cr13)钢,而韧性和耐蚀性略低。主要用于制造外科医疗用具、轴承、阀门、弹簧等。40Cr13(4Cr13)钢可焊性差,通常不制造焊接部件
S43110	14Cr17Ni2	热处理后具有较高的力学性能,耐蚀性优于 12Cr13(1Cr13)和 10Cr17(1Cr17)。一般用于既要求高力学性能的可淬硬性,又要求耐硝酸、有机酸腐蚀的轴类、活塞杆、泵、阀等零部件以及弹簧和紧固件
S43120	17Cr16Ni2	加工性能比 14Cr17Ni2(1Cr17Ni2)明显改善,适用于制作要求较高强度、韧性、塑性和良好耐蚀性的零部件及在潮湿介质中工作的承力件
S44070	68Cr17	高铬马氏体型不锈钢,比 20Cr13(2Cr13)有较高的淬火硬度。在淬火回火状态下,具有高强度和硬度,并兼有不锈、耐蚀性能。一般用于制造要求具有不锈性或耐稀氧化性酸、有机酸和盐类腐蚀的刀具、量具、轴类、杆件、阀门、钩件等耐磨蚀的部件
S44080	85Cr17	可淬硬性不锈钢。性能与用途类似于 68Cr17(7Cr17),但硬化状态下,比 68Cr17(7Cr17)硬,而比 108Cr17(11Cr17)韧性高。用于制作刃具、阀座等
S44096	108Cr17	在可淬硬性不锈钢,不锈钢中硬度最高。性能与用途类似于 68Cr17(7Cr17)。主要用于制作喷嘴、轴承等
S44097	Y108Cr17	108Cr17(11Cr17)改进的切削性钢种。自动车床用
S44090	95Cr18	高碳马氏体不锈钢。较 Cr17 型马氏体型不锈钢耐蚀性有所改善,其他性能与 Cr17 型马氏体型不锈钢相似。主要用于制造耐蚀高强度耐磨损部件,如轴、泵、阀件、杆类、弹簧、紧固件等。由于钢中极易形成不均匀的碳化物而影响钢的质量和性能,需在生产时予以注意
S45710	13Cr13Mo	比 12Cr13(1Cr13)钢耐蚀性高的高强度钢。用于制作汽轮机叶片、高温部件等
S45830	32Cr13Mo	在 30Cr13(3Cr13)钢基础上加入钼,改善了钢的强度和硬度,并增强了二次硬化效应,且耐蚀性优于 30Cr13(3Cr13)钢。主要用途同 30Cr13(3Cr13)钢
S45990	102Cr17Mo	性能与用途类似于 95Cr18(9Cr18)钢。由于钢中加入了钼和钒,热强性和抗回火能力均优于 95Cr18(9Cr18)钢。主要用来制造承受摩擦并在腐蚀介质中工作的零件,如量具、刃具等
S46990	90Cr18MoV	
沉淀硬化型		
S51550	05Cr15Ni5Cu4Nb	在 05Cr17Ni4Cu4Nb(0Cr17Ni4Cu4Nb)钢基础上发展的马氏体沉淀硬化不锈钢,除高强度外,还具有高的横向韧性和良好的可锻性,耐蚀性与 05Cr17Ni4Cu4Nb(0Cr17Ni4Cu4Nb)钢相当。主要应用于具有高强度、良好韧性,又要求有优良耐蚀性的服役环境,如高强度锻件、高压系统阀门部件、飞机部件等
S51740	05Cr17Ni4Cu4Nb	添加铜和铌的马氏体沉淀硬化不锈钢,强度可通过改变热处理工艺予以调整,耐蚀性优于 Cr13 型及 95Cr18(9Cr18)和 14Cr17Ni2(1Cr17Ni2)钢,抗腐蚀疲劳及抗水滴冲蚀能力优于 12% Cr 马氏体型不锈钢,焊接工艺简便,易于加工制造,但较难进行深度冷成形。主要用于既要求具有不锈性又要求耐弱酸、碱、盐腐蚀的高强度部件。如汽轮机末级动叶片以及在腐蚀环境下、工作温度低于 300℃的结构件
S51770	07Cr17Ni7Al	添加铝的半奥氏体沉淀硬化不锈钢,成分接近 18-8 型奥氏体不锈钢,具有良好的冶金和制造加工工艺性能。可用于 350℃以下长期工作的结构件、容器、管道、弹簧、垫圈、计器部件。该钢热处理工艺复杂,在全世界范围内有被马氏体时效钢取代的趋势,但目前仍具有广泛应用的领域
S51570	07Cr15Ni7Mo2Al	以 2% Mo 取代 07Cr17Ni7Al(0Cr17Ni7Al)钢中 2% Cr 的半奥氏体沉淀硬化不锈钢,使之耐还原性介质腐蚀能力有所改善,综合性能优于 07Cr17Ni7Al(0Cr17Ni7Al)。用于宇航、石油化工和能源等领域有一定耐蚀要求的高强度容器、零件及结构件

1.6.9.2 耐热钢

表 4-1-80 耐热钢棒分类和产品规格标准（GB/T 1221—2007）

<table>
<tr><td colspan="2">分类及符号</td><td colspan="13">压力加工用钢 UP　　冷拔坯料 UCD
热压力加工 UHP　　切削加工用钢 UC
热顶锻用钢 UHF</td></tr>
<tr><td colspan="2">热轧圆钢、方钢</td><td colspan="13">尺寸规格按 GB/T 702 规定，具体要求应在合同中注明，未注明者按该标准 2 组执行</td></tr>
<tr><td colspan="2">热轧扁钢</td><td colspan="13">尺寸规格按 GB/T 702 规定，具体要求应在合同中注明，未注明者按该标准普通级执行</td></tr>
<tr><td colspan="2">热轧六角钢</td><td colspan="13">尺寸规格按 GB/T 702 规定，具体要求应在合同中注明，未注明者按该标准 2 组执行</td></tr>
<tr><td colspan="2">锻制圆钢、方钢</td><td colspan="13">尺寸规格按 GB/T 908 规定，具体要求应在合同中注明，未注明者按该标准 2 组执行</td></tr>
<tr><td colspan="2">锻制扁钢</td><td colspan="13">尺寸规格按 GB/T 908 规定，具体要求应在合同中注明，未注明者按该标准 2 组执行</td></tr>
<tr><td rowspan="19">冷加工钢棒</td><td rowspan="8">尺寸允许偏差/mm</td><td colspan="3" rowspan="2">公称尺寸</td><td colspan="10">允许偏差级别</td></tr>
<tr><td colspan="4">h10</td><td colspan="3">h11</td><td colspan="3">h12</td></tr>
<tr><td colspan="3">≥6～10</td><td colspan="4">0
−0.058</td><td colspan="3">0
−0.09</td><td colspan="3">0
−0.15</td></tr>
<tr><td colspan="3">>10～18</td><td colspan="4">0
−0.070</td><td colspan="3">0
−0.11</td><td colspan="3">0
−0.18</td></tr>
<tr><td colspan="3">>18～30</td><td colspan="4">0
−0.084</td><td colspan="3">0
−0.13</td><td colspan="3">0
−0.21</td></tr>
<tr><td colspan="3">>30～50</td><td colspan="4">0
−0.100</td><td colspan="3">0
−0.16</td><td colspan="3">0
−0.25</td></tr>
<tr><td colspan="3">>50～80</td><td colspan="4">0
−0.12</td><td colspan="3">0
−0.19</td><td colspan="3">0
−0.30</td></tr>
<tr><td colspan="3">>80～120</td><td colspan="4">0
−0.14</td><td colspan="3">0
−0.22</td><td colspan="3">0
−0.35</td></tr>
<tr><td rowspan="4">允许偏差级别适用范围</td><td colspan="3" rowspan="2">形状及加工方法</td><td colspan="6">圆钢</td><td rowspan="2">方钢</td><td colspan="2" rowspan="2">六角钢</td><td rowspan="2">扁钢</td></tr>
<tr><td colspan="2">冷拉</td><td colspan="2">磨光</td><td colspan="2">切削</td></tr>
<tr><td colspan="3" rowspan="2">适用级别</td><td colspan="2">h11</td><td colspan="2">h10</td><td colspan="2">h11</td><td>h11</td><td colspan="2">h11</td><td>h11</td></tr>
<tr><td colspan="2">h12</td><td colspan="2">h11</td><td colspan="2">h12</td><td>h12</td><td colspan="2">h12</td><td>h12</td></tr>
<tr><td rowspan="7">弯曲度
圆度
不方度
边长差</td><td rowspan="3">级别</td><td colspan="8">不同截面尺寸的弯曲度
/mm·m^-1 ≤</td><td colspan="2" rowspan="3">总弯曲度
/mm
≤</td><td colspan="2" rowspan="3">圆度、不方度、边长差
/mm
≤</td></tr>
<tr><td>≤7</td><td colspan="2">>7～25</td><td colspan="2">>25～50</td><td colspan="2">>50～80</td><td>>80</td></tr>
<tr><td colspan="8">mm</td></tr>
<tr><td>h10～h11</td><td rowspan="4">4</td><td colspan="2">3</td><td colspan="2">2</td><td colspan="2">1</td><td rowspan="4">协议</td><td colspan="2" rowspan="4">总长度与每米允许弯曲度的乘积</td><td colspan="2" rowspan="4">公称尺寸公差的 50%</td></tr>
<tr><td>h12</td><td colspan="2">4</td><td colspan="2">3</td><td colspan="2">2</td></tr>
<tr><td>自动切削圆钢</td><td colspan="2">2</td><td colspan="2">2</td><td colspan="2">1</td></tr>
<tr><td>自动切削六角钢</td><td colspan="2">2</td><td colspan="2">1</td><td colspan="2">1</td></tr>
</table>

注：1. 冷加工钢样的允许偏差级别应在合同中注明，未注明者，按 h11 级执行。
2. 冷加工后进行热处理、酸洗的钢棒，其允许偏差应为本表所列的较松偏差的 2 倍。
3. 冷加工钢棒按供需双方协议，可以规定本表以外的允许偏差级别。
4. 边长差为同一截面上的直径、边长或对边距离的最大值与最小值之差。

表 4-1-81 **耐热钢棒牌号及力学性能**（GB/T 1221—2007）

类型	序号	统一数字代号	新牌号	旧牌号	热处理/℃	规定非比例延伸强度 $R_{p0.2}$[②]/MPa	抗拉强度 R_m/MPa	断后伸长率 A/%	断面收缩率 Z[③]/%	布氏硬度 HBW[②]
						≥				
奥氏体型	1	S35650	53Cr21Mn9Ni4N	5Cr21Mn9Ni4N	固溶 1100～1200，快冷 时效 730～780，空冷	560	885	8	—	≥302
	2	S35750	26Cr18Mn12Si2N	3Cr18Mn12Si2N	固溶 1100～1150，快冷	390	685	35	45	≤248
	3	S35850	22Cr20Mn10Ni2Si2N	2Cr20Mn9Ni2Si2N	固溶 1100～1150，快冷	390	635	35	45	≤248
	4	S30408	06Cr19Ni10	0Cr18Ni9	固溶 1010～1150，快冷	205	520	40	60	≤187
	5	S30850	22Cr21Ni12N	2Cr21Ni12N	固溶 1050～1150，快冷 时效 750～800，空冷	430	820	26	20	≤269
	6	S30920	16Cr23Ni13	2Cr23Ni13	固溶 1030～1150，快冷	205	560	45	50	≤201
	7	S30908	06Cr23Ni13	0Cr23Ni13	固溶 1030～1150，快冷	205	520	40	60	≤187
	8	S31020	20Cr25Ni20	2Cr25Ni20	固溶 1030～1180，快冷	205	590	40	50	≤201
	9	S31008	06Cr25Ni20	0Cr25Ni20	固溶 1030～1180，快冷	205	520	40	50	≤187
	10	S31608	06Cr17Ni12Mo2	0Cr17Ni12Mo2	固溶 1010～1150，快冷	205	520	40	60	≤187
	11	S31708	06Cr19Ni13Mo3	0Cr19Ni13Mo3	固溶 1010～1150，快冷	205	520	40	60	≤187
	12	S32168	06Cr18Ni11Ti[①]	0Cr18Ni10Ti[①]	固溶 920～1150，快冷	205	520	40	50	≤187
	13	S32590	45Cr14Ni14W2Mo	4Cr14Ni14W2Mo	退火 820～850，快冷	315	705	20	35	≤248
	14	S33010	12Cr16Ni35	1Cr16Ni35	固溶 1030～1180，快冷	205	560	40	50	≤201
	15	S34778	06Cr18Ni11Nb[①]	0Cr18Ni11Nb[①]	固溶 980～1150，快冷	205	520	40	50	≤187
	16	S38148	06Cr18Ni13Si4	0Cr18Ni13Si4	固溶 1010～1150，快冷	205	520	40	60	≤207
	17	S38240	16Cr20Ni14Si2	1Cr20Ni14Si2	固溶 1080～1130，快冷	295	590	35	50	≤187
	18	S38340	16Cr25Ni20Si2	1Cr25Ni20Si2	固溶 1080～1130，快冷	295	590	35	50	≤187
铁素体型[④]	19	S11348	06Cr13Al	0Cr13Al	780～830，空冷或缓冷	175	410	20	60	≤183
	20	S11203	022Cr12	00Cr12	700～820，空冷或缓冷	195	360	22	60	≤183
	21	S11710	10Cr17	1Cr17	780～850，空冷或缓冷	205	450	22	50	≤183
	22	S12550	16Cr25N	2Cr25N	780～880，快冷	275	510	20	40	≤201
马氏体型	23	S41010	12Cr13	1Cr13	淬火＋回火	345	540	22	55	159
	24	S42020	20Cr13	2Cr13		440	640	20	50	192
	25	S43110	14Cr17Ni2	1Cr17Ni2		—	1080	10	—	—
	26	S43120	17Cr16Ni2[⑤]	1		700	900～1050	12	45	—
				2		600	800～950	14		
	27	S45110	12Cr5Mo	1Cr5Mo		390	590	18	—	—

第4篇

续表

类型	序号	统一数字代号	新牌号	旧牌号	热处理/℃		组别	规定非比例延伸强度 $R_{p0.2}$②/MPa	抗拉强度 R_m/MPa	断后伸长率 A/%	断面收缩率 Z③/%	布氏硬度 HBW②
								≥				
马氏体型	28	S45610	12Cr12Mo	1Cr12Mo	淬火＋回火			550	685	18	60	217～248
	29	S45710	13Cr13Mo	1Cr13Mo				490	690	20	60	192
	30	S46010	14Cr11MoV	1Cr11MoV				490	685	16	55	—
	31	S46250	18Cr12MoVNbN	2Cr12MoVNbN				685	835	15	30	≤321
	32	S47010	15Cr12WMoV	1Cr12WMoV				585	735	15	45	—
	33	S47220	22Cr12NiWMoV	2Cr12NiMoWV				735	885	10	25	≤341
	34	S47310	13Cr11Ni2W2MoV⑤	1Cr11Ni2W2MoV⑤			1	735	885	15	55	269～321
							2	885	1080	12	50	311～388
	35	S47450	18Cr11NiMoNbVN	(2Cr11NiMoNbVN)				760	930	12	32	277～331
	36	S48040	42Cr9Si2	4Cr9Si2				590	885	19	50	—
	37	S48045	45Cr9Si3					685	930	15	35	≥269
	38	S48140	40Cr10Si2Mo	4Cr10Si2Mo				685	885	10	35	—
	39	S48380	80Cr20Si2Ni	8Cr20Si2Ni				685	885	10	15	≥262
沉淀硬化型④	40	S51740	05Cr17Ni4Cu4Nb	0Cr17Ni4Cu4Nb	固溶处理		0组	—	—	—	—	≤363
					沉淀硬化	480，时效	1组	1180	1310	10	40	≥375
						550，时效	2组	1000	1070	12	45	≥331
						580，时效	3组	865	1000	13	45	≥302
						620，时效	4组	725	930	16	50	≥277
	41	S51770	07Cr17Ni7Al	0Cr17Ni7Al	固溶处理		0组	≤380	≤1030	20	—	≤229
					沉淀硬化	510，时效	1组	1030	1230	4	10	≥388
						565，时效	2组	960	1140	5	25	≥363
	42	S51525	06Cr15Ni25Ti2MoAlVB	0Cr15Ni25Ti2MoAlVB	固溶＋时效			590	900	15	18	≥248

① 53Cr21Mn9Ni4N 和 22Cr21Ni12N 仅适用于直径、边长及对边距离或厚度小于或等于 25mm 的钢棒；大于 25mm 的钢棒，可改锻成 25mm 的样坯检验或由供需双方协商确定允许降低其力学性能的数值。其余牌号仅适用于直径、边长及对边距离或厚度小于或等于 180mm 的钢棒。大于 180mm 的钢棒，可改锻成 180mm 的样坯检验或由供需双方协商确定，允许降低其力学性能数值。

② 规定非比例延伸强度和硬度，仅当需方要求时（合同中注明）才进行测量（序号 1～22）。

③ 扁钢不适用，但需方要求时，可由供需双方协商确定。

④ 仅适用于直径、边长、及对边距离或厚度小于或等于 75mm 的钢棒。大于 75mm 的钢棒，可改锻成 75mm 的样坯检验或由供需双方协商确定允许降低其力学性能的数值（序号 19～42）。

⑤ 17Cr16Ni2 和 13Cr11Ni2W2MoV 钢的性能组别应在合同中注明，未注明时，由供方自行选择。

注：1. 牌号的化学成分应符合 GB/T 1221—2007 的规定。

2. 马氏体型钢的硬度为淬火回火后的硬度（序号 23～39）。

3. 本表为热处理钢棒或试样的力学性能。马氏体和沉淀硬化型钢各牌号的典型热处理制度参见 GB/T 1221—2007 附录的规定。

4. 沉淀硬化型钢硬度也可根据钢棒尺寸或状态选择洛氏硬度测定其数值参见 GB/T 1221—2007 的相关规定。

表 4-1-82

耐热钢的高温力学性能

牌号	材料状态	试验温度/℃	热处理	高温短时间力学性能						高温长时间力学性能					
										蠕变强度/MPa			持久强度/MPa		
				σ_b/MPa	σ_s/MPa	δ_5/%	ψ/%	a_K/kJ·m^{-2}	硬度HBW	$\sigma_1/10^3$	$\sigma_1/10^4$	$\sigma_1/10^5$	$\sigma_b/10^3$	$\sigma_b/10^4$	$\sigma_b/10^5$
12Cr13 (1Cr13)	调质	20	1030～1050℃淬油,750℃回火	610	410	22	60	1100	—	—	—	—	—	—	—
		20	1030～1050℃淬油,680～700℃回火空冷	711	583	21.7	67.9	1530	—	—	—	—	—	—	—
		100	—	680	520	14	—	—	—	—	—	—	—	—	—
		200	—	640	490	12	—	—	—	—	—	—	—	—	—
		200	1030～1050℃淬油,750℃回火	540	370	16	60	—	—	—	—	—	—	—	—
		300	—	600	480	12	—	—	—	—	—	—	—	—	—
		300	1030～1050℃淬油,680～700℃回火空冷	657	564	14.1	66	1890	—	—	—	—	—	—	—
		400	—	560	430	14	—	—	—	—	—	—	—	—	—
		400	1030～1050℃淬油,750℃回火	500	370	16.5	58	2000	—	—	123	—	—	—	—
		430	1030～1050℃淬油,750℃回火	—	—	—	—	—	—	—	—	—	300	210	—
		450	1030～1050℃淬油,750℃回火	—	—	—	—	—	—	—	—	105	—	—	—
		470	1030～1050℃淬油,750℃回火	—	—	—	—	—	—	—	—	—	300	260	220
		500	1030～1050℃淬油,750℃回火	370	280	18	64	2400	—	—	95	57	270	220	190
		500	1030～1050℃淬油,680～700℃回火空冷	534	453	17.3	69.5	1930	—	—	—	—	—	—	—
		500	—	420	300	18	—	—	—	—	—	—	—	—	—
		530	1030～1050℃淬油,750℃回火	—	—	—	—	—	—	—	—	—	230	190	160
		550	1030～1050℃淬油,680～700℃回火空冷	455	428	19.8	73.3	—	—	—	—	—	—	—	—
		600	1030～1050℃淬油,750℃回火	230	180	18	70	2250	—	—	—	—	—	—	—
		600	1030～1050℃淬油,680～700℃回火空冷	330	320	27.3	85.2	1950	—	—	—	—	—	—	—
		700	—	100	70	63	—	—	—	—	—	—	—	—	—
		800	—	40	10	66	—	—	—	—	—	—	—	—	—
12Cr5Mo (1Cr5Mo)	退火	30	860℃炉冷	470	180	39	80	—	≤163	—	—	—	—	—	—
		400	860℃炉冷	365	145	3	77	—	≤163	—	—	—	—	—	—
		450	860℃炉冷	—	—	—	—	—	—	—	120	—	—	—	—
		480	860℃炉冷	335	140	28	77	—	≤163	—	106	81	—	—	—
		500	860℃炉冷	—	—	—	—	—	—	—	90～100	80	—	140	114
		540	860℃炉冷	310	120	28	74	—	≤163	—	71	53	—	—	—

续表

牌号	材料状态	试验温度/℃	热处理	高温短时间力学性能						高温长时间力学性能					
				σ_b /MPa	σ_s /MPa	δ_5 /%	ψ /%	a_K /kJ·m^{-2}	硬度 HBW	蠕变强度/MPa			持久强度/MPa		
										$\sigma_1/10^3$	$\sigma_1/10^4$	$\sigma_1/10^5$	$\sigma_b/10^3$	$\sigma_b/10^4$	$\sigma_b/10^5$
12Cr5Mo (1Cr5Mo)	退火	550	860℃炉冷	—	—	—	—	—	—	—	—	45	—	92	71
		550	860℃炉冷	—	—	—	—	—	—	—	—	—	—	60	50～40
		575	860℃炉冷	—	—	—	—	—	—	—	—	—	—	74	57
		590	860℃炉冷	240	105	38	87	—	≤163	—	—	—	—	—	—
		600	860℃炉冷	—	—	—	—	—	—	—	40	20	—	50	45
		650	860℃炉冷	180	75	46	91	—	≤163	—	21	12	—	—	20
		705	860℃炉冷	135	70	65	95	—	≤163	—	13	6	—	—	10
		760	860℃炉冷	90	50	65	96	—	≤163	—	—	—	—	—	—
	正火，回火	25	900℃空冷，540℃回火，6h	1270	1205	17	61	—	353	—	—	—	—	—	—
		315	900℃空冷，540℃回火，6h	1345	1045	13	51.5	—	—	—	—	—	—	—	—
		425	900℃空冷，540℃回火，6h	1250	990	14	55.4	—	—	—	—	—	—	—	—
		500	1000℃空冷，700℃回火	—	—	—	—	—	—	—	—	—	—	228	190
		525	1000℃空冷，700℃回火	—	—	—	—	—	—	—	—	—	—	168	128
		540	900℃空冷，540℃回火，6h	905	790	13.5	52.5	—	—	—	—	—	—	—	—
		550	1000℃空冷，700℃回火	—	—	—	—	—	—	—	—	—	—	120	88
		575	1000℃空冷，700℃回火	—	—	—	—	—	—	—	—	—	—	92	68
		600	1000℃空冷，700℃回火	—	—	—	—	—	—	—	—	—	—	70	53
	调质	25	900℃淬油，540℃回火，6h	1235	1190	17	64.5	—	341	—	—	—	—	—	—
		315	900℃淬油，540℃回火，6h	1170	935	15	55.5	—	—	—	—	—	—	—	—
		425	900℃淬油，540℃回火，6h	1090	900	16.5	60	—	—	—	—	—	—	—	—
		540	900℃淬油，540℃回火，6h	820	690	16.5	62	—	—	—	—	—	—	—	—
14Cr11MoV (1Cr11MoV)	调质	20	1050℃空冷，680℃回火空冷	856	739	17.4	67.7	580	—	—	—	—	—	—	—
		20	1050℃空冷，740℃回火	745	580	19	66	1500	—	—	—	—	—	—	—
		20	1050℃淬油或淬空气，720～740℃回火空冷	700	500	15	—	600	—	—	—	—	—	—	—
		400	1050℃淬油或淬空气，720～740℃回火空冷	560	420	15	—	800	—	—	—	—	—	—	—

续表

牌号	材料状态	试验温度/℃	热处理	高温短时间力学性能						高温长时间力学性能					
				σ_b/MPa	σ_s/MPa	δ_5/%	ψ/%	a_K/$kJ\cdot m^{-2}$	硬度HBW	蠕变强度/MPa			持久强度/MPa		
										$\sigma_1/10^3$	$\sigma_1/10^4$	$\sigma_1/10^5$	$\sigma_b/10^3$	$\sigma_b/10^4$	$\sigma_b/10^5$
14Cr11MoV (1Cr11MoV)	调质	500	1050℃淬油或淬空气，720～740℃回火空冷	480	400	15	—	800	—	—	—	—	—	—	—
		500	1050℃空冷，680℃回火空冷	494	366	14.2	79.4	1840	—	—	—	—	260	196 208	152 170
		550	1050℃空冷，740℃回火	540	450	16.5	66	—	—	—	—	90	240	200	130 150
15Cr12WMoV (1Cr12WMoV)	调质	580	1100℃淬油，680～700℃回火，空冷或油冷	—	—	—	—	—	—	—	—	5.5	—	—	120
42Cr9Si2 (4Cr9Si2)	调质	20	1100℃淬油，800℃回火油冷	900	650	20	58	—	—	—	—	—	—	—	—
		200	1100℃淬油，800℃回火油冷	840	560	18	64	—	—	—	—	—	—	—	—
		300	1100℃淬油，800℃回火油冷	800	530	17.6	63	—	—	—	—	—	—	—	—
		400	1100℃淬油，800℃回火油冷	800	460	18	62	—	—	—	—	—	—	—	—
		475	1100℃淬油，800℃回火油冷	—	—	—	—	—	—	—	130	116	—	—	—
		500	1100℃淬油，800℃回火油冷	600	420	17.5	65	—	—	—	110	95	—	—	—
		550	1100℃淬油，800℃回火油冷	—	—	—	—	—	—	—	58	60	—	—	—
		600	1100℃淬油，800℃回火油冷	530	400	17.5	80	—	—	—	27	20	—	—	—
		700	1100℃淬油，800℃回火油冷	220	170	18.5	92	—	—	—	—	—	—	—	—
		800	1100℃淬油，800℃回火油冷	80	50	22	92	—	—	—	—	—	—	—	—
		1000	1100℃淬油，800℃回火油冷	60	30	26	87	—	—	—	—	—	—	—	—
40Cr10Si2Mo (4Cr10Si2Mo)	调质	20	1100℃淬油，800℃回火水冷	960	680	19	40.5	300	—	—	—	—	—	—	—
		100	1100℃淬油，800℃回火水冷	861	580	13.5	25.5	—	—	—	—	—	—	—	—
		200	1100℃淬油，800℃回火水冷	83.5	520	17.5	39	700	—	—	—	—	—	—	—
		300	1100℃淬油，800℃回火水冷	850	530	14.5	35.5	830	—	—	—	—	—	—	—
		400	1100℃淬油，800℃回火水冷	780	490	13	24	870	—	—	—	—	—	—	—
		500	1100℃淬油，800℃回火水冷	680	465	21	41	890	—	—	200	130	300	220	160
		550	—	—	—	—	—	—	—	110	100	40	170	130	90
		600	1100℃淬油，800℃回火水冷	440	375	30	70.5	—	—	—	50	20	—	—	—
		700	1100℃淬油，800℃回火水冷	225	205	41	91.5	1150	—	—	—	—	—	—	—

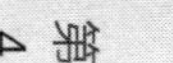

续表

牌号	材料状态	试验温度/℃	热处理	高温短时间力学性能						高温长时间力学性能					
				σ_b/MPa	σ_s/MPa	δ_5/%	ψ/%	a_K/kJ·m^{-2}	硬度HBW	蠕变强度/MPa			持久强度/MPa		
										$\sigma_1/10^3$	$\sigma_1/10^4$	$\sigma_1/10^5$	$\sigma_b/10^3$	$\sigma_b/10^4$	$\sigma_b/10^5$
(1Cr18Ni9Ti)	固溶或固溶、时效	20	1050℃淬水或淬空气	620	280	41	63	—	—	—	—	—	—	—	—
		20	1050～1100℃空冷①	577	244	69.7	79.6	2800	—	—	—	—	—	—	—
		20	1130～1160℃淬水，800℃时效10h或700℃时效20h	655	310	55	75.5	2500	—	—	—	—	—	—	—
		200	1130～1160℃淬水，800℃时效10h或700℃时效20h	465	205	38	70	3700	—	—	—	—	—	—	—
		300	1130～1160℃淬水，800℃时效10h或700℃时效20h	460	220	29	66	3350	—	—	—	—	—	—	—
		300	1050℃淬水或淬空气	460	200	31	65	—	—	—	—	—	—	—	—
		400	1050℃淬水或淬空气	450	180	31	65	—	—	—	—	—	—	—	—
		400	1130～1160℃淬水，800℃时效10h或700℃时效20h	445	220	26.5	64	3170	—	—	—	—	—	—	—
		500	1130～1160℃淬水，800℃时效10h或700℃时效20h	430	210	30	64.5	3650	—	—	—	—	—	—	—
		500	1050℃淬水或淬空气	450	180	29	65	—	—	—	—	—	—	—	—
		550	1050～1100℃空冷①	436	144	37.3	66.2	2880	—	—	—	—	—	—	—
		550	1130～1160℃淬水，800℃时效10h或700℃时效20h	455	180	40.5	61	3650	—	—	—	—	240～290	190～240	140～200
		600	1130～1160℃淬水，800℃时效10h或700℃时效20h	360	210	28.5	64.5	3600	—	—	150	75～80	180～220	130～170	90～130
		600	1050℃淬水或淬空气	400	180	25	61	—	—	—	—	—	—	—	—
		600	1050～1100℃空冷①	378	183	31	62.5	3030	—	—	200	76	—	—	—
		650	1050～1100℃空冷①	408	132	34.6	65.6	2920	—	—	—	—	—	—	—
		650	1050～1100℃空冷①	366	133	20	58.8	3200	—	—	—	—	—	—	—
		650	1130～1160℃淬水，800℃时效10h或700℃时效20h	355	195	30	68.3	3550	—	—	—	—	110～140	60～100	40～70
		700	1130～1160℃淬水，800℃时效10h或700℃时效20h	275	210	29.5	57.5	3400	—	—	—	—	70～120	50～70	30～50
		700	1050℃淬水或淬空气	280	160	26	59	—	—	—	—	—	—	—	—
		800	1050℃淬水或淬空气	180	100	35	59	—	—	—	—	—	—	—	—

续表

牌号	材料状态	试验温度/℃	热处理	高温短时间力学性能						高温长时间力学性能					
										蠕变强度/MPa			持久强度/MPa		
				σ_b/MPa	σ_s/MPa	δ_5/%	ψ/%	a_K/kJ·m^{-2}	硬度HBW	$\sigma_1/10^3$	$\sigma_1/10^4$	$\sigma_1/10^5$	$\sigma_b/10^3$	$\sigma_b/10^4$	$\sigma_b/10^5$
45Cr14Ni14W2Mo (4Cr14Ni14W2Mo)	固溶并时效	550	1175℃淬水，750℃时效5h，700℃时效1000h	550	275	18	43	—	—	—	—	—	—	—	—
		600	1175℃淬水，750℃时效5h	501	256	15.6	26.3	670	—	—	180	80	220	180	150
		600	1175℃淬水，750℃时效5h 550℃时效1000h 600℃时效1000h 700℃时效1000h	570	270	20	—	—	—	—	—	—	—	—	—
		600		570	315	21	19	—	—	—	—	—	—	—	—
		600		490	260	20	46	—	—	—	—	—	—	—	—
		650	1175℃淬水，750℃时效5h	448	241	12.6	24.9	750	—	175	80	40	170	130	100
		650	1175℃淬水，750℃时效5h 550℃时效1000h 600℃时效1000h 700℃时效1000h	550	270	17	—	—	—	—	—	—	—	—	—
		650		485	300	18.5	24	—	—	—	—	—	—	—	—
		650		480	275	20	43	—	—	—	—	—	—	—	—
		700	1175℃淬水，750℃时效5h	345	223	10.5	22	790	—	90	37	16	78	23	—
		700	1175℃淬水，750℃时效5h 550℃时效1000h 600℃时效1000h 700℃时效1000h	410	250	26.5	—	—	—	—	—	—	—	—	—
		700		410	285	25	30	—	—	—	—	—	—	—	—
		700		400	260	17	39	—	—	—	—	—	—	—	—
		750	1175℃淬水，750℃时效5h	288	201	8.8	17.5	830	—	—	—	—	—	—	—

① 管材 ϕ219mm×12mm。

注：1. 本表数据供参考。

2. 括号内牌号为旧牌号；1Cr18Ni9Ti在GB/T 1221—2007被删掉，暂保留此资料作参考。

表 4-1-83　　**耐热钢特性及应用**（GB/T 1221—2007）

统一数字代号	牌　　号	特性和应用举例
S35650	53Cr21Mn9Ni4N	Cr-Mn-Ni-N 型奥氏体阀门钢。用于制作以经受高温强度为主的汽油及柴油机用排气阀
S35750	26Cr18Mn12Si2N	有较高的高温强度和一定的抗氧化性，并且有较好的抗硫及抗增碳性。用于吊挂支架、渗碳炉构件、加热炉传送带、料盘、炉爪
S35850	22Cr20Mn10Ni2Si2N	特性和用途同 26Cr18Mn12Ni2N（3Cr18Mn12Si2N），还可用作盐浴坩埚和加热炉管道等
S30408	06Cr19Ni10	通用耐氧化钢，可承受 870℃以下反复加热
S30850	22Cr21Ni12N	Cr-Ni-N 型耐热钢。用于制造以抗氧化为主的汽油及柴油机用排气阀
S30920	16Cr23Ni13	承受 980℃以下反复加热的抗氧化钢。加热炉部件，重油燃烧器
S30908	06Cr23Ni13	耐蚀性比 06Cr19Ni10（0Cr18Ni9）钢好，可承受 980℃以下反复加热。炉用材料
S31020	20Cr25Ni20	承受 1035℃以下反复加热的抗氧化钢。主要用于制作炉用部件、喷嘴、燃烧室
S31008	06Cr25Ni20	抗氧化性比 06Cr23Ni13（0Cr23Ni13）钢好，可承受 1035℃以下反复加热。炉用材料、汽车排气净化装置等
S31608	06Cr17Ni12Mo2	高温具有优良的蠕变强度，用于制作热交换用部件、高温耐蚀螺栓
S31708	06Cr19Ni13Mo3	耐点蚀和抗蠕变能力优于 06Cr17Ni12Mo2（0Cr17Ni12Mo2）。用于制作造纸、印染设备、石油化工及耐有机酸腐蚀的装备、热交换用部件等
S32168	06Cr18Ni11Ti	用于制作在 400～900℃腐蚀条件下使用的部件，高温用焊接结构部件
S32590	45Cr14Ni14W2Mo	中碳奥氏体型阀门钢。在 700℃以下有较高的热强度性，在 800℃以下有良好的抗氧化性能。用于制造 700℃以下工作的内燃机、柴油机重负荷进、排气阀和紧固件，500℃以下工作的航空发动机及其他产品零件。也可作为渗氮钢使用
S33010	12Cr16Ni35	抗渗碳，易渗氮，1035℃以下反复加热。炉用钢料、石油裂解装置
S34778	06Cr18Ni11Nb	用于制作在 400～900℃腐蚀条件下使用的部件，高温用焊接结构部件
S38148	06Cr18Ni13Si4	具有与 06Cr25Ni20（0Cr25Ni20）相当的抗氧化性。用于含氯离子环境，如汽车排气净化装置等
S38240	16Cr20Ni14Si2	具有较高的高温强度及抗氧化性，对含硫气氛较敏感，在 600～800℃有析出相的脆化倾向，适用于制作承受应力的各种炉用构件
S38340	16Cr25Ni20Si2	
S11348	06Cr13Al	冷加工硬化少，主要用于制作燃气涡轮压缩机叶片、退火箱、淬火台架等
S11203	022Cr12	比 022Cr13（0Cr13）碳含量低，焊接部位弯曲性能、加工性能、耐高温氧化性能好。作汽车排气处理装置，锅炉燃烧室、喷嘴等
S11710	10Cr17	作 900℃以下耐氧化用部件、散热器、炉用部件、油喷嘴等
S12550	16Cr25N	耐高温腐蚀性强，1082℃以下不产生易剥落的氧化皮。常用于抗硫气氛，如燃烧室、退火箱、玻璃模具、阀、搅拌杆等
S41010	12Cr13	用于制作 800℃以下耐氧化用部件
S42020	20Cr13	淬火状态下硬度高，耐蚀性良好。用于制作汽轮机叶片
S43110	14Cr17Ni2	作具有较高程度的耐硝酸、有机酸腐蚀的轴类、活塞杆、泵、阀等零部件以及弹簧、紧固件、容器和设备
S43120	17Cr16Ni2	改善 14Cr17Ni2（1Cr17Ni2）钢的加工性能，可代替 14Cr17Ni2（1Cr17Ni2）钢使用
S45110	12Cr5Mo	在中高温下有好的力学性能。能抗石油裂化过程中产生的腐蚀。用于制作再热蒸汽管、石油裂解管、锅炉吊架、蒸汽轮机气缸衬套、泵的零件、阀、活塞杆、高压加氢设备部件、紧固件
S45610	12Cr12Mo	铬钼马氏体耐热钢。用于制作汽轮机叶片
S45710	13Cr13Mo	比 12Cr13（1Cr13）耐蚀性高的高强度钢。用于制作汽轮机叶片，高温、高压蒸汽用机械部件等

续表

统一数字代号	牌　　号	特性和应用举例
S46010	14Cr11MoV	铬钼钢马氏体耐热钢。有较高的热强性，良好的减振性及组织稳定性。用于涡轮叶片及导向叶片
S46250	18Cr12MoVNbN	铬钼钒铌氮马氏体耐热钢。用于制作高温结构部件，如汽轮机叶片、盘、叶轮轴、螺栓等
S47010	15Cr12WMoV	铬钼钨钒马氏体耐热钢。有较高的热强性，良好的减振性及组织稳定性。用于涡轮叶片、紧固件、转子及轮盘
S47220	22Cr12NiWMoV	性能与用途类似于 13Cr11Ni2W2MoV(1Cr11Ni2W2MoV)。用于制作汽轮机叶片
S47310	13Cr11Ni2W2MoV	铬镍钨钼钒马氏体耐热钢。具有良好的韧性和抗氧化性能，在淡水和湿空气中有较好的耐蚀性
S47450	18Cr11NiMoNbVN	具有良好的强韧性、抗蠕变性能和抗松弛性能，主要用于制作汽轮机高温紧固件和动叶片
S48040	42Cr9Si2	铬硅马氏体阀门钢，750℃以下耐氧化。用于制作内燃机进气阀，轻负荷发动机的排气阀
S48045	45Cr9Si3	
S48140	40Cr10Si2Mo	铬硅钼马氏体阀门钢，经淬火回火后使用。因含有钼和硅，高温强度抗蠕变性能及抗氧化性能比 40Cr13(4Cr13)高。用于制作进、排气阀门，鱼雷，火箭部件，预燃烧室等
S48380	80Cr20Si2Ni	铬硅镍马氏体阀门钢。用于制作以耐磨性为主的进气阀、排气阀、阀座等
S51740	05Cr17Ni4Cu4Nb	添加铜和铌的马氏体沉淀硬化型钢，作燃气透平压缩机叶片、燃气涡轮发动机周围材料
S51770	07Cr17Ni7Al	添加铝的半奥氏体沉淀硬化型钢，用于制作高温弹簧、膜片、固定器、波纹管
S51525	06Cr15Ni25Ti2MoAlVB	奥氏体沉淀硬化型钢，具有高的缺口强度，在温度低于 980℃时抗氧化性能与 06Cr25Ni20(0Cr25Ni20)相当。主要用于 700℃以下的工作环境，要求具有高强度和优良耐蚀性的部件或设备，如汽轮机转子、叶片、骨架、燃烧室部件和螺栓等

1.6.9.3 不锈钢和耐热钢的物理性能

表 4-1-84　　不锈钢和耐热钢的物理性能参数（GB/T 20878—2007）

统一数字代号	牌　　号	密度(20℃)/kg·dm⁻³	熔点/℃	比热容(0～100℃)/kJ·kg⁻¹·K⁻¹	热导率/W·m⁻¹·K⁻¹		线胀系数/10⁻⁶K⁻¹		电阻率(20℃)/Ω·mm²·m⁻¹	纵向弹性模量(20℃)/GPa	磁性
					100℃	500℃	0～100℃	0～500℃			
奥氏体型											
S35350	12Cr17Mn6Ni5N	7.93	1398～1453	0.50	16.3		15.7		0.69	197	
S35450	12Cr18Mn9Ni5N	7.93		0.50	16.3	19.0	14.8	18.7	0.69	197	
S35020	20Cr13Mn9Ni4	7.85		0.49					0.90	202	
S30110	12Cr17Ni7	7.93	1398～1420	0.50	16.3	21.5	16.9	18.7	0.73	193	
S30103	022Cr17Ni7	7.93		0.50	16.3	21.5	16.9	18.7	0.73	193	
S30153	022Cr17Ni7N	7.93		0.50	16.3		16.0	18.0	0.73	200	
S30220	17Cr18Ni9	7.85	1398～1453	0.50	18.8	23.5	16.0	18.0	0.73	196	无①
S30210	12Cr18Ni9	7.93	1398～1420	0.50	16.3	21.5	17.3	18.7	0.73	193	
S30240	12Cr18Ni9Si3	7.93	1370～1398	0.50	15.9	21.6	16.2	20.2	0.73	193	
S30317	Y12Cr18Ni9	7.98	1398～1420	0.50	16.3	21.5	17.3	18.4	0.73	193	
S30317	Y12Cr18Ni9Se	7.93	1398～1420	0.50	16.3	21.5	17.3	18.7	0.73	193	
S30408	06Cr19Ni10	7.93	1398～1454	0.50	16.3	21.5	17.2	18.4	0.73	193	
S30403	022Cr19Ni10	7.90		0.50	16.3	21.5	16.8	18.3			

第 4 篇

续表

统一数字代号	牌号	密度(20℃)/kg·dm^{-3}	熔点/℃	比热容(0~100℃)/kJ·kg^{-1}·K^{-1}	热导率/W·m^{-1}·K^{-1}		线胀系数/10^{-6}K^{-1}		电阻率(20℃)/Ω·mm^2·m^{-1}	纵向弹性模量(20℃)/GPa	磁性
					100℃	500℃	0~100℃	0~500℃			
奥氏体型											
S30409	07Cr19Ni10	7.90		0.50	16.3	21.5	16.8	18.3	0.73		无[1]
S30480	06Cr18Ni9Cu2	8.00		0.50	16.3	21.5	17.3	18.7	0.72	200	
S30458	06Cr19Ni10N	7.93	1398~1454	0.50	16.3	21.5	16.5	18.5	0.72	196	
S30453	022Cr19Ni10N	7.93		0.50	16.3	21.5	16.5	18.5	0.73	200	
S30510	10Cr18Ni12	7.93	1398~1453	0.50	16.3	21.5	17.3	18.7	0.72	193	
S38408	06Cr16Ni18	8.03	1430	0.50	16.2		17.3		0.75	193	
S30808	06Cr20Ni11	8.00	1398~1453	0.50	15.5	21.6	17.3	18.7	0.72	193	
S30850	22Cr21Ni12N	7.73			20.9(24℃)			16.5			
S30920	16Cr23Ni13	7.98	1398~1453	0.50	13.8	18.7	14.9	18.0	0.78	200	
S30908	06Cr23Ni13	7.98	1397~1453	0.50	15.5	18.6	14.9	18.0	0.78	193	
S31010	14Cr23Ni18	7.90	1400~1454	0.50	15.9	18.8	15.4	19.2	1.0	196	
S31020	20Cr25Ni20	7.98	1398~1453	0.50	14.2	18.6	15.8	17.5	0.78	200	
S31008	06Cr25Ni20	7.98	1397~1453	0.50	16.3	21.5	14.4	17.5	0.78	200	
S31053	022Cr25Ni22Mo2N	8.02		0.45	12.0		15.8		1.0	200	
S31252	015Cr20Ni18Mo6CuN	8.00	1325~1400	0.50	13.5(20℃)		16.5		0.85	200	
S31608	06Cr17Ni12Mo2	8.00	1370~1397	0.50	16.3	21.5	16.0	18.5	0.74	193	
S31603	022Cr17Ni12Mo2	8.00		0.50	16.3	21.5	16.0	18.5	0.74	193	
S31668	06Cr17Ni12Mo2Ti	7.90		0.50	16.0	24.0	15.7	17.6	0.75	199	
S31658	06Cr17Ni12Mo2N	8.00		0.50	16.3	21.5	16.5	18.0	0.73	200	
S31653	022Cr17Ni12Mo2N	8.04		0.47	16.5		15.0			200	
S31688	06Cr18Ni12Mo2Cu2	7.96		0.50	16.1	21.7	16.6		0.74	186	
S31683	022Cr18Ni14Mo2Cu2	7.96		0.50	16.1	21.7	16.0	18.6	0.74	191	
S31782	015Cr21Ni26Mo5Cu2	8.00		0.50	13.7		15.0			188	
S31708	06Cr19Ni13Mo3	8.00	1370~1397	0.50	16.3	21.5	16.0	18.5	0.74	193	
S31703	022Cr19Ni13Mo3	7.98	1375~1400	0.50	14.4	21.5	16.5		0.79	200	
S31723	022Cr19Ni16Mo5N	8.00		0.50	12.8		15.2				
S32168	06Cr18Ni11Ti	8.03	1398~1427	0.50	16.3	22.2	16.6	18.6	0.72	193	
S32590	45Cr14Ni14W2Mo	8.00		0.51	15.9	22.2	16.6	18.0	0.81	177	
S32720	24Cr18Ni8W2	7.98		0.50	15.9	23.0	19.5	25.1			
S33010	12Cr16Ni35	8.00	1318~1427	0.46	12.6	19.7	16.6		1.02	196	
S34778	06Cr18Ni11Nb	8.03	1398~1427	0.50	16.3	22.2	16.6	18.6	0.73	193	
S38148	06Cr18Ni13Si4	7.75	1400~1430	0.50	16.3		13.8				
S38240	16Cr20Ni14Si2	7.90		0.50	15.0		16.5		0.85		
奥氏体-铁素体型											
S21860	14Cr18Ni11Si4AlTi	7.51		0.48	13.0	19.0	16.3	19.7	1.04	180	有
S21953	022Cr19Ni5Mo3Si2N	7.70		0.46	20.0	24.0(300℃)	12.2	13.5(300℃)		196	
S22160	12Cr21Ni5Ti	7.80			17.6	23.0	10.0	17.4	0.79	187	

续表

统一数字代号	牌号	密度(20℃)/kg·dm^{-3}	熔点/℃	比热容(0～100℃)/kJ·kg^{-1}·K^{-1}	热导率/W·m^{-1}·K^{-1}		线胀系数/10^{-6}K^{-1}		电阻率(20℃)/Ω·mm^2·m^{-1}	纵向弹性模量(20℃)/GPa	磁性
					100℃	500℃	0～100℃	0～500℃			
奥氏体-铁素体型											
S22253	022Cr22Ni5Mo3N	7.80	1420～1462	0.46	19.0	23.0(300℃)	13.7	14.7(300℃)	0.88	186	
S23043	022Cr23Ni4MoCuN	7.80		0.50	16.0		13.0			200	
S22553	022Cr25Ni6Mo2N	7.80		0.50	21.0	25.0	13.4(200℃)	24.0(300℃)		196	
S22583	022Cr25Ni7Mo3WCuN	7.80		0.50		25.0	11.5(200℃)	12.7(400℃)	0.75	228	
S25554	03Cr25Ni6Mo3Cu2N	7.80		0.46	13.5		12.3			210	
S25073	022Cr25Ni7Mo4N	7.80			14		12.0			185(200℃)	
铁素体型											
S11348	06Cr13Al	7.75	1480～1530	0.46	24.2		10.8		0.60	200	
S11168	06Cr11Ti	7.75		0.46	25.0		10.6	12.0	0.60		
S11163	022Cr11Ti	7.75		0.46	24.9	28.5	10.6	12.0	0.57	201	有
S11203	022Cr12	7.75		0.46	24.9	28.5	10.6	12.0	0.57	201	
S11510	10Cr15	7.70		0.46	26.0		10.3	11.9	0.59	200	
S11710	10Cr17	7.70	1480～1508	0.46	26.0		10.5	11.9	0.60	200	
S11717	Y10Cr17	7.78	1427～1510	0.46	26.0		10.4	11.4	0.60	200	
S11863	022Cr18Ti	7.70		0.46	35.1(20℃)		10.4		0.60	200	
S11790	10Cr17Mo	7.70		0.46	26.0		11.9		0.60	200	
S11770	10Cr17MoNb	7.70		0.44	30.0		11.7		0.70	220	
S11862	019Cr18MoTi	7.70		0.46	35.1		10.4		0.60	200	
S11972	019Cr19Mo2NbTi	7.75		0.46	36.9		10.6(200℃)		0.60	200	
S12791	008Cr27Mo	7.67		0.46	26.0		11.0		0.64	206	
S13091	008Cr30Mo2	7.64		0.50	26.0		11.0		0.64	210	
马氏体型											
S40310	12Cr12	7.80	1480～1530	0.46	24.2		9.9	11.7	0.57	200	
S41008	06Cr13	7.75		0.46	25.0		10.6	12.0	0.60	220	
S41010	12Cr13	7.70	1480～1530	0.46	24.2	28.9	11.0	11.7	0.57	200	
S41595	04Cr13Ni5Mo	7.79		0.47	16.30		10.7			201	
S41617	Y12Cr13	7.78	1482～1532	0.46	25.0		9.9	11.5	0.57	200	
S42020	20Cr13	7.75	1470～1510	0.46	22.2	26.4	10.3	12.2	0.55	200	
S42030	30Cr13	7.76	1365	0.47	25.1	25.5	10.5	12.0	0.52	219	
S42037	Y30Cr13	7.78	1454～1510	0.46	25.1		10.3	11.7	0.57	219	有
S42040	40Cr13	7.75		0.46	28.1	28.9	10.5	12.0	0.59	215	
S43110	14Cr17Ni2	7.75		0.46	20.2	25.1	10.3	12.4	0.72	193	
S43120	17Cr16Ni2	7.71		0.46	27.8	31.8	10.0	11.0	0.70	212	
S44070	68Cr17	7.78	1371～1508	0.46	24.2		10.2	11.7	0.60	200	
S44080	85Cr17	7.78	1371～1508	0.46	24.2		10.2	11.9	0.60	200	
S44096	108Cr17	7.78	1371～1482	0.46	24.0		10.2	11.7	0.60	200	
S44097	Y108Cr17	7.78	1371～1482	0.46	24.2		10.1		0.60	200	

续表

统一数字代号	牌　号	密度(20℃)/kg·dm^{-3}	熔点/℃	比热容(0~100℃)/kJ·kg^{-1}·K^{-1}	热导率/W·m^{-1}·K^{-1}		线胀系数/10^{-6}K^{-1}		电阻率(20℃)/Ω·mm^2·m^{-1}	纵向弹性模量(20℃)/GPa	磁性
					100℃	500℃	0~100℃	0~500℃			
马氏体型											
S44090	95Cr18	7.70	1377~1510	0.48	29.3		10.5	12.0	0.60	200	有
S45990	102Cr17Mo	7.70		0.43	16.0		10.4	11.6	0.80	215	
S46990	90Cr18MoV	7.70		0.46	29.3		10.5	12.0	0.65	211	
S46110	158Cr12MoV	7.70					10.9	12.2(600℃)			
S46250	18Cr12MoVNbN	7.75			27.2		9.3			218	
S47220	22Cr12NiWMoV	7.78		0.46	25.1		10.6(260℃)	11.5		206	
S47310	13Cr11Ni2W2MoV	7.80		0.48	22.2	28.1	9.3	11.7		196	
S47410	14Cr12Ni2WMoVNb	7.80		0.47	23.0	25.1	9.9	11.4			
S48040	42Cr9Si2				16.7(20℃)			12.0	0.79		
S48140	40Cr10Si2Mo	7.62			15.9	25.1	10.4	12.1	0.84	206	
S48380	80Cr20Si2Ni	7.60						12.3(600℃)	0.95		
沉淀硬化型											
S51380	04Cr13Ni8Mo2Al	7.76			14.0		10.4		1.00	195	有
S51290	022Cr12Ni9Cu2NbTi	7.7	1400~1440	0.46	17.2		10.6		0.90	199	
S51550	05Cr15Ni5Cu4Nb	7.78	1397~1435	0.46	17.9	23.0	10.8	12.0	0.98	195	
S51740	05Cr17Ni4Cu4Nb	7.78	1397~1435	0.46	17.2	23.0	10.8	12.0	0.98	196	
S51770	07Cr17Ni7Al	7.93	1390~1430	0.50	16.3	20.9	15.3	17.1	0.80	200	
S51570	07Cr15Ni7Mo2Al	7.80	1415~1450	0.46	18.0	22.2	10.5	11.8	0.80	185	
S51240	07Cr12Ni4Mn5Mo3Al	7.80			17.6	23.9	16.2	18.9	0.80	195	
S51750	09Cr17Ni5Mo3N				15.4		17.3		0.79	203	
S51525	06Cr15Ni25Ti2MoAlVB	7.94	1371~1427	0.46	15.1	23.8(600℃)	16.9	17.6	0.91	198	无①

① 冷变形后稍有磁性。

注：GB/T 20878—2007《不锈钢和耐热钢　牌号及化学成分》规定了 143 个牌号及其化学成分，制订和修订各种不锈钢和耐热钢（包括钢锭和半成品）产品标准时，均应符合此标准的牌号及化学成分的规定。本表部分不锈钢和耐热钢牌号的物理性能参数系引自 GB/T 20878—2007 资料性附录。

1.6.10　工模具钢

表 4-1-85　　工模具钢材分类及尺寸规格（GB/T 1299—2014）

分　类		尺寸规格的规定			
热轧圆钢和方钢		热轧圆钢和方钢尺寸规格按 GB/T 702—2017 中 2 组的规定，如要求其他组别尺寸极限偏差应在合同中注明；通常长度为 2000~7000mm，允许搭交不超过总重 10%、长度不小于 1000mm 的短尺料，定尺或倍尺交货时，长度应在合同中注明			
热轧扁钢	公称宽度 10~310mm 尺寸规格/mm	公称宽度	允许偏差(不大于)	公称厚度	允许偏差(不大于)
		10	+0.70	≥4~6	+0.40
		>10~18	+0.80	>6~10	+0.50
		>18~30	+1.20	>10~14	+0.60
		>30~50	+1.60	>14~25	+0.80
		>50~80	+2.30	>25~30	+1.20
		>80~160	+2.50	>30~60	+1.40
		>160~200	+2.80	>60~100	+1.60
		>200~250	+3.00	—	—
		>250~310	+3.20	—	—

续表

<table>
<tr><th colspan="2">分 类</th><th colspan="9">尺寸规格的规定</th></tr>
<tr><td rowspan="10">热轧扁钢</td><td rowspan="10">公称宽度>310～850mm尺寸规格/mm</td><td rowspan="4">公称厚度</td><td colspan="8">尺寸允许偏差</td></tr>
<tr><td colspan="4">1 组</td><td colspan="2">2 组</td><td colspan="2">3 组</td></tr>
<tr><td colspan="2">公称宽度>300～455</td><td colspan="2">公称宽度>455～850</td><td colspan="2">公称宽度>300～850</td><td colspan="2">公称宽度>510～850</td></tr>
<tr><td>厚度允许偏差</td><td>宽度允许偏差</td><td>厚度允许偏差</td><td>宽度允许偏差</td><td>厚度允许偏差</td><td>宽度允许偏差</td><td>厚度允许偏差</td><td>宽度允许偏差</td></tr>
<tr><td>6～12</td><td>+1.2
0</td><td>+5.0
0</td><td>+1.5
0</td><td>+7.0
0</td><td>+1.5
0</td><td rowspan="6">+15.0
0</td><td rowspan="4">协议</td><td rowspan="4">协议</td></tr>
<tr><td>>12～20</td><td>+1.2
0</td><td>+6.0
−2.0</td><td>+1.5
0</td><td>+7.0
−3.0</td><td>+1.6
0</td></tr>
<tr><td>>20～70</td><td rowspan="2">+1.4
0</td><td rowspan="2">+6.0
−2.0</td><td rowspan="2">+1.7
0</td><td rowspan="2">+7.0
−3.0</td><td>+1.8
0</td></tr>
<tr><td>>70～90</td><td rowspan="3">+3.0
0</td></tr>
<tr><td>>90～100</td><td rowspan="2">+2.0
0</td><td rowspan="2">+7.0
−3.0</td><td rowspan="2">+2.0
0</td><td rowspan="2">+10.0
−3.0</td><td rowspan="2">+6.0
0</td><td rowspan="2">+15.0
0</td></tr>
<tr><td>>100～200</td></tr>
</table>

分类	公称宽度	通常长度	短尺长度	短尺搭交率
热轧扁钢 交货长度/mm	10～310	2000～6000	≥1000	短尺长度的交货量应不超过该批钢材总重量的 10%
	>310～850	1000～6000	≥500	

分类	公称宽度/mm	尺寸允许偏差组别	弯曲度(平面、侧面) 每米弯曲度 不大于	弯曲度(平面、侧面) 总弯曲度 不大于
热轧扁钢 弯曲度	10～310	—	4.0	钢材长度的 0.40%
	>310～850	1 组	3.0	钢材长度的 0.30%
		2 组、3 组	4.0	钢材长度的 0.40%

分类	公称宽度	尺寸允许偏差组别	圆角半径 R(不大于)
热轧扁钢 圆角半径/mm	10～310	—	允许稍带钝角
	>310～850	1 组	4.0
		2 组、3 组	10.0

分类	公称宽度	切斜度	
热轧扁钢 切斜度	10～310	宽度≤100	≤6.0
		宽度>100	≤8.0
	>310～850	厚度	≤厚度的 8%
		宽度	≤宽度的 4%

分类		尺寸规格的规定
锻制钢棒	锻制圆钢和方钢	公称直径或边长 90～400mm 锻制圆钢和方钢尺寸及极限偏差应符合 GB/T 908—2008 表 3 中 2 组的规定。大于 400～800mm 者，尺寸规格参见 GB/T 1299—2014 规定。交货长度不小于 1000mm
	锻制扁钢	公称宽度 40～300mm 锻制扁钢，尺寸规格符合 GB/T 908—2008 表 4 中 2 组规定，当公称宽度>300～1500mm 时，尺寸规定见 GB/T 1299—2014 规定。交货长度不小于 1000mm
冷拉钢棒		冷拉钢棒的尺寸规格应符合 GB/T 905 的规定，尺寸极限偏差按 h11 级
银亮钢棒		银亮钢棒尺寸规格按 GB/T 3207 的规定，公称尺寸极限偏差按 h11 级

第 4 篇

表 4-1-86 刃具模具用非合金钢牌号、交货状态的硬度值和试样的淬火硬度值及应用（GB/T 1299—2014）

统一数字代号	牌号	退火交货状态的钢材硬度 HBW ≤	试样淬火硬度			主要特点及用途
			淬火温度/℃	冷却剂	洛氏硬度 HRC ≥	
T00070	T7	187	800～820	水	62	亚共析钢，具有较好的塑性、韧性和强度，以及一定的硬度，能承受震动和冲击负荷，但切削性能力差。用于制造承受冲击负荷不大，且要求具有适当硬度和耐磨性极较好韧性的工具
T00080	T8	187	780～800	水	62	淬透性、韧性均优于 T10 钢，耐磨性也较高，但淬火加热容易过热，变形也大，塑性和强度比较低，大、中截面模具易残存网状碳化物，适用于制作小型拉拔、拉伸、挤压模具
T01080	T8Mn	187	780～800	水	62	共析钢，具有较高的淬透性和硬度，但塑性和强度较低。用于制造断面较大的木工工具、手锯锯条、刻印工具、铆钉冲模、煤矿用凿等
T00090	T9	192	760～780	水	62	过共析钢，具有较高的强度，但塑性和强度较低。用于制造要求较高硬度且有一定韧性的各种工具，如刻印工具、铆钉冲模、冲头、木工工具、凿岩工具等
T00100	T10	197	760～780	水	62	性能较好的非合金工具钢，耐磨性也较高，淬火时过热敏感性小，经适当热处理可得到较高强度和一定韧性，适合制作要求耐磨性较高而受冲击载荷较小的模具
T00110	T11	207	760～780	水	62	过共析钢，具有较好的综合力学性能（如硬度、耐磨性和韧性等），在加热时对晶粒长大和形成碳化物网的敏感性小。用于制造在工作时切削刃口不变热的工具，如锯、丝锥、锉刀、刮刀、扩孔钻、板牙、尺寸不大和断面无急剧变化的冷冲模及木工刀具等
T00120	T12	207	760～780	水	62	过共析钢，由于含碳量高，淬火后仍有较多的过剩碳化物，所以硬度和耐磨性高，但韧性低且淬火变形大。不适于制造切削速度高和受冲击负荷的工具，用于制造不受冲击负荷、切削速度不高、切削刃口不变热的工具，如车刀、铣刀、钻头、丝锥、锉刀、刮刀、扩孔钻、板牙及断面尺寸小的冷切边模和冲孔模等
T00130	T13	217	760～780	水	62	过共析钢，由于含碳量高，淬火后有更多的过剩碳化物，所以硬度更高，但韧性更差，又由于碳化物数量增加且分布不均匀，故力学性能较差，不适于制造切削速度较高和受冲击负荷的工具。用于制造不受冲击负荷，但要求极高硬度的金属切削工具，如剃刀、刮刀、拉丝工具、锉刀、刻纹用工具，以及坚硬岩石加工用工具和雕刻用工具等

表 4-1-87 量具刃具用钢牌号、交货状态的硬度值和试样的淬火硬度值及应用（GB/T 1299—2014）

统一数字代号	牌号	退火交货状态的钢材硬度 HBW	试样淬火硬度			主要特点及用途
			淬火温度/℃	冷却剂	洛氏硬度 HRC ≥	
T31219	9SiCr	197～241	820～860	油	62	比铬钢具有更高的淬透性和淬硬性，且回火稳定性好。适宜制造形状复杂、变形小、耐磨性要求高的低速切削刃具，如钻头、螺纹工具、手动铰刀、搓丝板及滚丝轮等；也可以制作冷作模具（如冲模、打印模等）、冷轧辊、矫正辊以及细长杆件
T30108	8MnSi	≤229	800～820	油	60	在 T8 钢基础上同时加入 Si、Mn 元素形成的低合金工具钢，具有较高的回火稳定性、较高的淬透性和耐磨性，热处理变形成较非合金工具钢小。适宜制造木工工具、冷冲模及冲头；也可制造冷加工用的模具
T30200	Cr06	187～241	780～810	水	64	在非合金工具钢基础上添加一定量的 Cr，淬透性和耐磨性较非合金工具钢高，冷加工塑性变形和切削加工性能较好，适宜制造木工工具，也可制造简单冷加工模具，如冲孔模、冷压模等
T31200	Cr2	179～229	830～860	油	62	在 T10 的基础上添加一定量的 Cr，淬透性提高，硬度、耐磨性也比非合金工具钢高，接触疲劳强度也高，淬火变形小。适宜制造木工工具、冷冲模及冲头，也用于制作中小尺寸冷作模具
T31209	9Cr2	179～217	820～850	油	62	与 Cr2 钢性能基本相似，但韧性好于 Cr2 钢。适宜制造木工工具、冷轧辊、冷冲模及冲头、钢印冲孔模等
T30800	W	187～229	800～830	水	62	在非合金工具钢基础上添加一定量的 W，热处理后具有更高的硬度和耐磨性，且过热敏感性小，热处理变形小，回火稳定性好。适宜制造小型麻花钻头，也可用于制造丝锥、锉刀、板牙以及温度不高、切削速度不快的工具

表 4-1-88 耐冲击工具用钢牌号、交货状态的硬度值和试样的淬火硬度值及应用（GB/T 1299—2014）

统一数字代号	牌号	退火交货状态的钢材硬度 HBW	试样淬火硬度			主要特点及用途
			淬火温度/℃	冷却剂	洛氏硬度 HRC ≥	
T40294	4CrW2Si	179～217	860～900	油	53	在铬硅钢的基础上添加一定量的钨，具有一定的淬透性和高温强度。适宜制造高冲击载荷下操作的工具，如风动工具、冲裁切边复合模、冲模、冷切用的剪刀等冲剪工具，以及部分小型热作模具
T40295	5CrW2Si	207～255	860～900	油	55	在铬硅钢的基础上添加一定量的钨，具有一定的淬透性和高温强度。适宜制造冷剪金属的刀片、铲搓丝板的铲刀、冷冲裁和切边的凹模，以及长期工作的木工工具等
T40296	6CrW2Si	229～285	860～900	油	57	在铬硅钢的基础上添加一定量的钨，淬火硬度较高，有一定的高温强度。适宜制造承受冲击载荷而有要求耐磨性高的工具，如风动工具、凿子和模具，冷剪机刀片，冲裁切边用凹槽，空气锤用工具等
T40356	6CrMnSi2Mo1V	≤229	667℃ ± 15℃ 预热，885℃（盐浴）或 900℃（炉控气氛）± 6℃ 加热，保温 5～15min 油冷，58～204℃ 回火		58	相当于 ASTM A681 中 S5 钢。具有较高的淬透性和耐磨性、回火稳定性，钢种淬火温度较低，模具使用过程很少发生崩刃和断裂，适宜制造在高冲击载荷下操作的工具、冲模、冷冲裁切边用凹模等
T40355	5Cr3MnSiMo1	≤235	667℃ ± 15℃ 预热，941℃（盐浴）或 955℃（炉控气氛）± 6℃ 加热，保温 5～15min 油冷，56～204℃ 回火		56	相当于 ASTM A681 中 S7 钢。淬透性较好，有较高的强度和回火稳定性，综合性能良好。适宜制造在较高温度、高冲击载荷下工作的工具、冲模，也可用于制造锤锻模具
T40376	6CrW2SiV	≤225	870～910	油	58	中碳油淬型耐冲击冷作工具钢，具有良好的耐冲击和耐磨损性能的配合。同时具有良好的抗疲劳性能和高的尺寸稳定性。适宜制作刀片、冷成型工具和精密冲裁模以及热冲孔工具等

表 4-1-89 轧辊用钢牌号、交货状态的硬度值和试样的淬火硬度值及应用（GB/T 1299—2014）

统一数字代号	牌号	退火交货状态的钢材硬度 HBW	试样淬火硬度			主要特点及用途
			淬火温度/℃	冷却剂	洛氏硬度 HRC ≥	
T42239	9Cr2V	≤229	830～900	空气	64	2%Cr 系列，高碳含量保证轧辊有高硬度；加铬，可增加钢的淬透性；加钒，可提高钢的耐磨性和细化钢的晶粒。适宜制作冷轧工作辊、支承辊等
T42309	9Cr2Mo					2%Cr 系列，高碳含量保证轧辊有高硬度，加铬、钼可增加钢的淬透性和耐磨性。该类钢锻造性能良好，控制较低的终锻温度与合适的变形量可细化晶粒，消除沿晶界分布的网状碳化物，并使其均匀分布。适宜制作冷轧工作辊、支承辊和矫正辊
T42319	9Cr2MoV		880～900			2%Cr 系列，但综合性能优于 9Cr2 系列钢。若采用电渣重熔工艺生产，其辊坯的性能更优良。适宜制造冷轧工作辊、支承辊和矫正辊
T42518	8Cr3NiMoV	≤269	900～920			3%Cr 系列，经淬火及冷处理后的淬硬层深度可达 30mm 左右。用于制作冷轧工作辊，使用寿命高于含 2%铬钢
T42519	9Cr5NiMoV		930～950			即 MC5 钢，淬透性高，其成品轧辊单边的淬硬层可达 35～40mm（≥HSD85），耐磨性好，适宜制造要求淬硬层深，轧制条件恶劣，抗事故性高的冷轧辊

表 4-1-90　热作模具用钢牌号、交货状态的硬度值和试样的淬火硬度值及应用（GB/T 1299—2014）

(1)热作模具用钢牌号、交货状态的硬度值和试样的淬火硬度值

统一数字代号	牌号	退火交货状态的钢材硬度 HBW	试样淬火硬度		
			淬火温度/℃	冷却剂	洛氏硬度 HRC
T22345	5CrMnMo	197～241	820～850	油	
T22505	5CrNiMo	197～241	830～860	油	
T23504	4CrNi4Mo	≤285	840～870	油或空气	
T23514	4Cr2NiMoV	≤220	910～960	油	
T23515	5CrNi2MoV	≤255	850～880	油	
T23535	5Cr2NiMoVSi	≤255	960～1010	油	
T42208	8Cr3	207～255	850～880	油	
T23274	4Cr5W2VSi	≤229	1030～1050	油或空气	
T23273	3Cr2W8V	≤255	1075～1125	油	
T23352	4Cr5MoSiV①	≤229	790℃ ± 15℃ 预热，1010℃（盐浴）或1020℃（炉控气氛）1020℃ ± 6℃ 加热，保温5～15min 油冷，550℃ ± 6℃ 回火两次回火，每次 2h		
T23353	4Cr5MoSiV1①	≤229	790℃ ± 15℃ 预热，1000℃（盐浴）或1010℃（炉控气氛）± 6℃ 加热，保温 5～15min 油冷，550℃ ± 6℃ 回火两次回火，每次 2h		②
T23354	4Cr3Mo3SiV①	≤229	790℃ ± 15℃ 预热，1010℃（盐浴）或1020℃（炉控气氛）1020℃ ± 6℃ 加热，保温5～15min 油冷，550℃ ± 6℃ 回火两次回火，每次 2h		
T23355	5Cr4Mo3SiMnVA1	≤255	1090～1120	②	
T23364	4CrMnSiMoV	≤255	870～930	油	
T23375	5Cr5WMoSi	≤248	990～1020	油	
T23324	4Cr5MoWVSi	≤235	1000～1030	油或空气	
T23323	3Cr3Mo3W2V	≤255	1060～1130	油	
T23325	5Cr4W5Mo2V	≤269	1100～1150	油	
T23314	4Cr5Mo2V	≤220	1000～1030	油	
T23313	3Cr3Mo3V	≤229	1010～1050	油	
T23314	4Cr5Mo3V	≤229	1000～1030	油或空气	
T23393	3Cr3Mo3VCo3	≤229	1000～1050	油	

(2)热作模具用钢的主要特点及用途

统一数字代号	牌　号	主要特点及用途
T22345	5CrMnMo	具有与5CrNiMo相似的性能，淬透性较5CrNiMo略差，在高温下工作，耐热疲劳性逊于5CrNiMo，适宜制作要求具有较高强度和高耐磨性的各种类型的锻模
T22505	5CrNiMo	具有良好的韧性、强度和较高的耐磨性，在加热到500℃时仍能保持硬度在300HBW左右。由于含有Mo元素，钢对回火脆性不敏感，适宜制作各种大、中型锻模
T23504	4CrNi4Mo	具有良好的淬透性、韧性和抛光性能，可空冷硬化。适宜制作热作模具和塑料模具，也可用于制作部分冷作模具
T23514	4Cr2NiMoV	5CrMnMo钢的改进型，具有较高的室温强度及韧性，较好的回火稳定性、淬透性及抗热疲劳性能。适宜制作热锻模具

续表

统一数字代号	牌　号	主要特点及用途
T23515	5CrNi2MoV	与 5CrNiMo 钢类似，具有良好的淬透性和热稳定性。适宜制作大型锻压模具和热剪
T23535	5Cr2NiMoVSi	具有良好的淬透性和热稳定性。适宜制作各种大型热锻模
T23208	8Cr3	具有一定的室温、高温力学性能。适宜制作热冲孔模的冲头、热切边模的凹模镶块、热顶锻模、热弯曲模，以及工作温度低于 500℃、受冲击较小且要求耐磨的工作零件，如热剪刀片等。也可用于制作冷轧工作辊
T23274	4Cr5W2VSi	压铸模用钢，在中温下具有较高的热强度、硬度、耐磨性、韧性和较好的热疲劳性能，可空冷硬化。适宜制作热挤压用的模具和芯棒，铝、锌等轻金属的压铸模，热顶锻结构钢和耐热钢用的工具，以及成形某些零件用的高速锤锻模
T23273	3Cr2W8V	在高温下具有高的强度和硬度（650℃时硬度 300HBW 左右），抗冷热交变疲劳性能较好，但韧性较差。适宜制作高温下高应力但不受冲击载荷的凸模、凹模，如平锻机上用的凸凹模、镶块、铜合金挤压模、压铸用模具；也可用来制作同时承受大压应力、弯应力、拉应力的模具，如反挤压模具等；还可以制作高温下受力的热金属切刀等
T23352	4Cr5MoSiV	具有良好的韧性、热强性和热疲劳性能，可空冷硬化。在较低的奥氏体化温度下空淬，热处理变形小，空淬时产生的氧化皮倾向较小，且可以抵抗熔融铝的冲蚀作用。适宜制作铝压铸模、热挤压模和穿孔芯棒、塑料模等
T23353	4Cr5MoSiV1	压铸模用钢，相当于 ASTM A681 中 H13 钢，具有良好的韧性和较好的热强性、热疲劳性能和一定的耐磨性。可空冷淬硬，热处理变形小。适宜制作铝、铜及其合金铸件用的压铸模，热挤压模、穿孔用的工具、芯棒、压机锻模、塑料模等
T22354	4Cr3Mo3SiV	相当于 ASTM A681 中 H10 钢，具有非常好的淬透性、很高的韧性和高温强度。适宜制作热挤压模、热冲模、热锻模、压铸模等
T23355	5Cr4Mo3SiMnVA1	热作、冷作兼用的模具钢。具有较高的热强性、高温硬度、抗回火稳定性，并具有较好的耐磨性、抗热疲劳性、韧性和热加工塑性。模具工作温度可达 700℃，抗氧化性好。用于热作模具钢时，其高温强度和热疲劳性能优于 3Cr2W8V 钢。用于冷作模具钢时，比 Cr12 型和低合金模具钢具有较高的韧性。主要用于轴承行业的热挤压模和标准件行业的冷镦模
T23364	4CrMnSiMoV	低合金大截面热锻模用钢，具有良好的淬透性、较高的热强性、耐热疲劳性能、耐磨性和韧性、较好的抗回火性能和冷热加工性能等特点。主要用于制作 5CrNiMo 钢不能满足要求的、大型锤锻模和机锻模
T23375	5Cr5WMoSi	具有良好淬透性和韧性、热处理尺寸稳定性好和中等的耐磨性。适宜制作硬度为 55～60HRC 的冲头。也适宜制作冷作模具、非金属刀具材料
T23324	4Cr5MoWVSi	具有良好的韧性和热强性。可空冷硬化，热处理变形小，空淬时产生的氧化皮倾向较小，而且可以抵抗熔融铝的冲蚀作用。适宜制作铝压铸模、锻压模、热挤压模和穿孔芯棒等
T23323	3Cr3Mo3W2V	ASTM A681 中 H10 改进型钢种，具有高的强韧性和抗冷热疲劳性能，热稳定性好。适宜制作热挤压模、热冲模、热锻模、压铸模等
T23325	5Cr4W5Mo2V	具有较高的回火抗力和热稳定性，高的热强性、高温硬度和耐磨性，但其韧性和抗热疲劳性能低于 4Cr5MoSiV1 钢。适宜制作对高温强度和抗磨损性能有较高要求的热作模具，可替代 3Cr2W8V
T23314	4Cr5Mo2V	4Cr5MoSiV1 改进型钢，具有良好的淬透性、韧性、热强性、耐热疲劳性，热处理变形小。适宜制作铝、铜及其合金的压铸模具、热挤压模、穿孔用的工具、芯棒

续表

统一数字代号	牌号	主要特点及用途
T23313	3Cr3Mo3V	具有较高热强性和韧性、良好的抗回火稳定性和疲劳性能。适宜制作镦锻模、热挤压模和压铸模等
T23314	4Cr5Mo3V	具有良好的高温强度、良好的抗回火稳定性和高抗热疲劳性。适宜制作热挤压模、温锻模和压铸模具和其他热成形模具
T23393	3Cr3Mo3VCo3	具有高的热强性、良好的回火稳定性和抗热疲劳性等特点。适宜制作热挤压模、温锻模和压铸模具

① 试样在盐浴中保持时间为5min；在炉控气氛中保持时间为5～15min。
② 根据需方要求，并在合同中注明，可提供实测值。

表 4-1-91 冷作模具用钢牌号、交货状态的硬度值和试样的淬火硬度值及应用（GB/T 1299—2014）

(1)冷作模具用钢交货状态的硬度值和试样的淬火硬度值

统一数字代号	牌号	退火交货状态的钢材硬度 HBW	试样淬火硬度		
			淬火温度/℃	冷却剂	洛氏硬度 HRC ≥
T20019	9Mn2V	≤229	780～810	油	62
T20299	9CrWMn	197～241	800～830	油	62
T21290	CrWMn	207～255	800～830	油	62
T20250	MnCrWV	≤255	790～820	油	62
T21347	7CrMn2Mo	≤235	820～870	空气	61
T21355	5Cr8MoVSi	≤229	1000～1050	油	59
T21357	7CrSiMnMoV	≤235	870～900℃油冷或空冷，150℃±10℃回火空冷		60
T21350	Cr8Mo2SiV	≤255	1020～1040	油或空气	62
T21320	Cr4W2MoV	≤269	960～980或1020～1040	油	60
T21386	6Cr4W3Mo2VN①	≤255	1100～1160	油	60
T21836	6W6Mo5Cr4V	≤269	1180～1200	油	60
T21830	W6Mo5Cr4V2②	≤255	730～840℃预热，1210～1230℃(盐浴或控制气氛)加热，保温5～15min油冷，540～560℃回火两次(盐浴或控制气氛)，每次2h		64(盐浴) 63(炉控气氛)
T21209	Cr8	≤255	920～980	油	63
T21200	Cr12	217～269	950～1000	油	60
T21290	Cr12W	≤255	950～980	油	60
T21317	7Cr7Mo2V2Si	≤255	1100～1150	油或空气	60
T21318	Cr5Mo1V①	≤255	790℃±15℃预热，940℃(盐浴)或950℃(炉控气氛)±6℃加热，保温5～15min油冷；200℃±6℃回火一次，2h		60
T21319	Cr12MoV	207～255	950～1000	油	58
T21310	Cr12Mo1V1①	≤255	820℃±15℃预热，1000℃(盐浴)±6℃或1010℃(炉控气氛)±6℃加热，保温10～20min空冷，200℃±6℃回火一次，2h		59

(2)冷作模具用钢的主要特点及用途

统一数字代号	牌号	主要特点及用途
T20019	9Mn2V	具有较高的硬度和耐磨性，淬火时变形较小，淬透性好。适宜制作各种精密量具、样板，也可用于制造尺寸较小的冲模及冷压模、雕刻模、落料模等，以及机床的丝杠等结构件

续表

统一数字代号	牌　号	主要特点及用途
T20299	9CrWMn	具有一定的淬透性和耐磨性，淬火变形较小，碳化物分布均匀且颗粒细小，适宜制作截面不大而变形复杂的冷冲模
T21290	CrWMn	油淬钢。由于钨形成碳化物，在淬火和低温回火后比 9SiCr 钢具有更多的过剩碳化物，更高的硬度和耐磨性和较好的韧性。但该钢对形成碳化物网较敏感，若有网状碳化物的存在，工模具的刃部有剥落的危险，从而降低工模具的使用寿命。有碳化物网的钢必须根据其严重程度进行锻造或正火。适宜制作丝锥、板牙、铰刀、小型冲模等
T20250	MnCrWV	国际广泛采用的高碳低合金油淬钢，具有较高的淬透性，热处理变形小，硬度高，耐磨性较好。适宜制作钢板冲裁模、剪切刀、落料模、量具和热固性塑料成型模等
T21347	7CrMn2Mo	空淬钢，热处理变形小，适宜制作需要接近尺寸公差的制品如修边模、塑料模、压弯工具、冲切模和精压模等
T21355	5Cr8MoVSi	ASTM A681 中 A8 钢的改良钢种，具有良好淬透性、韧性、热处理尺寸稳定性。适宜制作硬度为 55～60HRC 的冲头和冷锻模具。也可用于制作非金属刀具材料
T21357	7CrSiMnMoV	火焰淬火钢，淬火温度范围宽，淬透性良好，空冷即可淬硬，硬度达到 62～64HRC，具有淬火操作方便、成本低、过热敏感性小、空冷变形小等优点，适宜制作汽车冷弯模具
T21350	Cr8Mo2SiV	高韧性、高耐磨性钢，具有高的淬透性和耐磨性，淬火时尺寸变化小，适宜制作冷剪切模、切边模、滚边模、量规、拉丝模、搓丝板、冷冲模等
T21320	Cr4W2MoV	具有较高的淬透性、淬硬性、耐磨性和尺寸稳定性，适宜制作各种冲模、冷镦模、落料模、冷挤凹模及搓丝板等工模具
T21386	6Cr4W3Mo2VNb	即 65Nb 钢。加入铌以提高钢的强韧性和改善工艺性。适宜制作冷挤压、厚板冷冲、冷镦等承受较大载荷的冷作模具，也可用于制作温热挤压模具
T21836	6W6Mo5Cr4V	低碳型高速钢，较 W6Mo5Cr4V2 的碳、钒含量均低，具有较高的韧性，用于冷作模具钢，主要用于制作钢铁材料冷挤压模具
T21830	W6Mo5Cr4V2	钨钼系高速钢的代表牌号。具有韧性高，热塑好，耐磨性、红硬性高等特点。用于冷作模具钢，适宜制作各种类型的工具，大型热塑成型的刀具；还可以制作高负荷下耐磨性零件，如冷挤压模具，温挤压模具等
T21209	Cr8	具有较好的淬透性和高的耐磨性，适宜制作要求耐磨性较高的各类冷作模具钢，与 Cr12 相比具有较好的韧性
T21200	Cr12	相当于 ASTM A681 中 D3 钢，具有良好的耐磨性，适宜制作受冲击负荷较小的要求较高耐磨的冷冲模及冲头、冷剪切刀、钻套、量规、拉丝模等
T21290	Cr12W	莱氏体钢。具有较高的耐磨性和淬透性，但塑性、韧性较低。适宜制作高强度、高耐磨性，且受热不大于 300～400℃ 的工模具，如钢板深拉伸模、拉丝模，螺纹搓丝板、冷冲模、剪切刀、锯条等
T21317	7Cr7Mo2V2Si	比 Cr12 钢和 W6Mo5Cr4V2 钢具有更高的强度和韧性，更好地耐磨性，且冷热加工的工艺性能优良，热处理变形小，通用性强，适宜制作承受高负荷的冷挤压模具，冷镦模具、冷冲模具等
T21318	Cr5Mo1V	空淬钢，具有良好的空淬特性，耐磨性介于高碳油淬模具钢和高碳高铬耐磨型模具钢之间，但其韧性较好，通用性强，特别适宜制作既要求好的耐磨性又要求好的韧性工模具，如下料模和成型模、轧辊、冲头、压延模和滚丝模等
T21319	Cr12MoV	莱氏体钢。具有高的淬透性和耐磨性，淬火时尺寸变化小，比 Cr12 钢的碳化物分布均匀和较高的韧性。适宜制作形状复杂的冲孔模、冷剪切刀、拉伸模、拉丝模、搓丝板、冷挤压模、量具等
T21310	Cr12Mo1V1	莱氏体钢。具有高的淬透性、淬硬性和高的耐磨性；高温抗氧化性能好，热处理变形小；适宜制作各种高精度、长寿命的冷作模具、刃具和量具，如形状复杂的冲孔凹模、冷挤压模、滚丝轮、搓丝板、冷剪切刀和精密量具等

① 试样在盐浴中保持时间为 10min；在炉控气氛中保持时间为 10～20min。

② 试样在盐浴中保持时间为 5min；在炉控气氛中保持时间为 5～15min。

表 4-1-92　**塑料模具用钢牌号、交货状态的硬度值和试样的淬火硬度值及应用**（GB/T 1299—2014）

（1）塑料模具用钢牌号、交货状态的硬度值和试样的淬火硬度值

统一数字代号	牌　号	交货状态的钢材硬度		试样淬火硬度		
		退火硬度 HBW（不大于）	预硬化硬度 HRC	淬火温度 /℃	冷却剂	洛氏硬度 HRC ≥
T10450	SM45	热轧交货状态硬度 155～215		—	—	—
T10500	SM50	热轧交货状态硬度 165～225		—	—	—
T10550	SM55	热轧交货状态硬度 170～230		—	—	—
T25303	3Cr2Mo	235	28～36	850～880	油	52
T25553	3Cr2MnNiMo	235	30～36	830～870	油或空气	48
T25344	4Cr2Mn1MoS	235	28～36	830～870	油	51
T25378	8Cr2MnWMoVS	235	40～48	860～900	空气	62
T25515	5CrNiMnMoVSCa	255	35～45	860～920	油	62
T25512	2CrNiMoMnV	235	30～38	850～930	油或空气	48
T25572	2CrNi3MoAl	—	38～43	—	—	—
T25611	1Ni3MnCuMoAl	—	38～42	—	—	—
A64060	06Ni6CrMoVTiAl	255	43～48	850～880 固溶，油或空冷 500～540 时效，空冷		实测
A64000	00Ni18Co8Mo5TiAl	协议	协议	805～825 固溶，空冷 460～530 时效，空冷		协议
S42023	2Cr13	200	30～36	1000～1050	油	45
S42043	4Cr13	235	30～36	1050～1100	油	50
T25444	4Cr13NiVSi	235	30～36	1000～1030	油	50
T25402	2Cr17Ni2	285	28～32	1000～1050	油	49
T25303	3Cr17Mo	285	33～38	1000～1040	油	46
T25513	3Cr17NiMoV	285	33～38	1030～1070	油	50
S44093	9Cr18	255	协议	1000～1050	油	55
S46993	9Cr18MoV	269	协议	1050～1075	油	55

（2）塑料模具用钢的主要特点及用途

统一数字代号	牌　号	主要特点及用途
T10450	SM45	非合金塑料模具钢，切削加工性能好，淬火后具有较高的硬度，调质处理后具有良好的强韧性和一定的耐磨性，适宜制作中、小型的中、低档次的塑料模具
T10500	SM50	非合金塑料模具钢，切削加工性能好，适宜制作形状简单的小型塑料模具或精度要求不高、使用寿命不需要很长的塑料模具等，但焊接性能、冷变形性能差
T10550	SM55	非合金塑料模具钢，切削加工性能中等。适宜制作成形状简单的小型塑料模具或精度要求不高、使用寿命较短的塑料模具
T25303	3Cr2Mo	预硬型钢，相当于 ASTM A681 中的 P20 钢，其综合性能好，淬透性高，较大截面钢材也可获得均匀的硬度，并且同时具有很好的抛光性能，模具表面光洁度高
T25553	3Cr2MnNiMo	预硬型钢，相当于瑞典 ASSAB 公司的 718 钢，其综合力学性能好，淬透性高，大截面钢材在调质处理后具有较均匀的硬度分布，有很好的抛光性能
T25344	4Cr2Mn1MoS	易切削预硬化型钢，其使用性能与 3Cr2MnNiMo 相似，但具有更优良的机械加工性能
T25378	8Cr2MnWMoVS	预硬化型易切削钢，适宜制作各种类型的塑料模、胶木模、陶土瓷料模以及印制电路板的冲孔模。由于淬火硬度高，耐磨性好，综合力学性能好，热处理变形小，也可用于制作精密的冷冲模具等

续表

统一数字代号	牌 号	主要特点及用途
T25515	5CrNiMnMoVSCa	预硬化型易切削钢，钢中加入S元素改善钢的切削加工工艺性能，加入Ca元素主要是改善硫化物的组织形状，改善钢的力学性能，降低钢的各向异性。适宜制作各种类型的精密注塑模具、压塑模具和橡胶模具
T25512	2CrNiMoMnV	预硬化型镜面塑料模具钢，是3Cr2MnNiMo钢的改进型，其淬透性高、硬度均匀，并具有良好的抛光性能、电火花加工性能和蚀花（皮纹加工）性能，适用于渗氮处理，适宜制作大中型镜面塑料模具
T25572	2CrNi3MoAl	时效硬化钢。由于固溶处理工序是在切削加工制成模具之前进行的，从而避免了模具的淬火变形，因而模具的热处理变形小，综合力学性能好，适宜制作复杂、精密的塑料模具
T25611	1Ni3MnCuMoAl	即10Ni3MnCuAl，一种镍铜铝系时效硬化型钢，其淬透性好，热处理变形小，镜面加工性能好，适宜制作高镜面的塑料模具、高外观质量的家用电器塑料模具
A64060	06Ni6CrMoVTiAl	低合金马氏体时效钢，简称06Ni钢，经固溶处理（也可在粗加工后进行）后，硬度为25～28HRC。在机械加工成所需要的模具形状和经钳工修整及抛光后，再进行时效处理。使硬度明显增加，模具变形小，可直接使用，保证模具有高的精度和使用寿命
A64000	00Ni18Co8Mo5TiAl	沉淀硬化型超高强度钢，简称18Ni(250)钢，具有高强韧性，低硬化指数，良好成形性和焊接性。适宜制作铝合金挤压模和铸件模、精密模具及冷冲模等工模具等
S42023	2Cr13	耐腐蚀型钢，属于Cr13型不锈钢，机械加工性能较好，经热处理后具有优良的耐蚀性能、较好的强韧性，适宜制作承受高负荷并在腐蚀介质作用下的塑料模具钢和透明塑料制品模具等
S42043	4Cr13	耐腐蚀型钢，属于Cr13型不锈钢，力学性能较好，经热处理（淬火及回火）后，具有优良的耐蚀性能、抛光性能、较高的强度和耐磨性，适宜制作承受高负荷并在腐蚀介质作用下的塑料模具钢和透明塑料制品模具等
T25444	4Cr13NiVSi	耐腐蚀预硬化型钢，属于Cr13型不锈钢，淬回火硬度高，有超镜面加工性，可预硬至31～35HRC，镜面加工性好。适宜制作要求高精度、高耐磨、高耐蚀塑料模具；也用于制作透明塑料制品模具
T25402	2Cr17Ni2	耐腐蚀预硬化型钢，具有好的抛光性能；在玻璃模具的应用中具有好的抗氧化性。适用制作耐腐蚀塑料模具，并且不需采用Cr、Ni涂层
T25303	3Cr17Mo	耐腐蚀预硬化型钢，属于Cr17型不锈钢，具有优良的强韧性和较高的耐蚀性，适宜制作各种类型的要求高精度、高耐磨又要求耐蚀性的塑料模具和透明塑料制品模具
T25513	3Cr17NiMoV	耐腐蚀预硬化型钢，属于Cr17型不锈钢，具有优良的强韧性和较高的耐蚀性，适宜制作各种要求高精度、高耐磨又要求耐蚀的塑料模具和压制透明的塑料制品模具
S44093	9Cr18	耐腐蚀、耐磨型钢，属于高碳马氏体钢，淬火后具有很高的硬度和耐磨性，较Cr17型马氏体钢的耐蚀性能有所改善，在大气、水及某些酸类和盐类的水溶液中有优良的不锈耐蚀性。适宜制作要求耐蚀、高强度和耐磨损的零部件，如轴、杆类、弹簧、紧固件等
S46993	9Cr18MoV	耐腐蚀、耐磨型钢，属于高碳铬不锈钢，基本性能和用途与9Cr18钢相近，但热强性和抗回火性能更好。适宜制作承受摩擦并在腐蚀介质中工作的零件，如量具、不锈切片机械刃具及剪切工具、手术刀片、高耐磨设备零件等

表 4-1-93　特殊用途模具用钢牌号、交货状态的硬度值和试样的淬火硬度及应用（GB/T 1299—2014）

（1）特殊用途模具用钢牌号、交货状态的硬度值和试样的淬火硬度值

统一数字代号	牌　　号	交货状态的钢材硬度	试样淬火硬度	
		退火硬度 HBW	热处理制度	洛氏硬度 HRC ≥
T26377	7Mn15Cr2Al3V2WMo	—	1170～1190℃固溶，水冷 650～700℃时效，空冷	45
S31049	2Cr25Ni20Si2	—	1040～1150℃固溶，水或空冷	按需方要求，并在合同中注明，可提供实测数据
S51740	0Cr17Ni4Cu4Nb	协议	1020～1060℃固溶，空冷 470～630℃时效，空冷	
H21231	Ni25Cr15Ti2MoMn	≤300	950～980℃固溶，水或空冷 720+620℃时效，空冷	
H07718	Ni53Cr19Mo3TiNb	≤300	980～1000℃固溶，水、油或空冷 710～730℃时效，空冷	

（2）特殊用模具用钢的主要特点及用途

统一数字代号	牌　　号	主要特点及用途
T26377	7Mn15Cr2Al3V2WMo	一种高 Mn-V 系无磁钢。在各种状态下都能保持稳定的奥氏体，具有非常低的磁导率，高的硬度、强度，较好的耐磨性。适宜制作无磁模具、无磁轴承及其他要求在强磁场中不产生磁感应的结构零件；也可以用来制造在 700～800℃下使用的热作模具
S31049	2Cr25Ni20Si2	奥氏体型耐热钢，具有较好的耐蚀性能。最高使用温度可达 1200℃。连续使用最高温度为 1150℃；间歇使用最高温度为 1050～1100℃。适宜制作加热炉的各种构件，也用于制造玻璃模具等
S51740	0Cr17Ni4Cu4Nb	马氏体沉淀硬化不锈钢。含碳量低，其耐蚀性和可焊性比一般马氏体不锈钢好。此钢耐酸性能好、切削性好、热处理工艺简单。在 400℃以上长期使用时有脆化倾向，适宜制作工作温度在 400℃以下，要求耐酸蚀、高强度的部件；也适宜制作在腐蚀介质作用下要求高性能、高精密的塑料模具等
H21231	Ni25Cr15Ti2MoMn	即 GH2132B，Fe-25Ni-15Cr 基时效强化型高温合金，加入钼、钛、铝、钒和微量硼综合强化，特点是高温耐磨性好，高温抗变形能力强，高温抗氧化性能优良，无缺口敏感性，热疲劳性能优良。适宜制作在 650℃以下长期工作的高温承力部件和热作模具，如铜排模、热挤压模和内筒等
H07718	Ni53Cr19Mo3TiNb	即 In718 合金，以体心四方的 γ''相和面心立方的 γ'相沉淀强化的镍基高温合金，在合金中加入铝、钛以形成金属间化合物进行 γ'(Ni3AlTi)相沉淀强化。具有高温强度高、高温稳定性好、抗氧化性好、冷热疲劳性能及冲击韧性优异等特点，适宜制作在 600℃以上使用的热锻模、冲头、热挤压模、压铸模等

第4篇

1.6.11　非合金塑料模具钢

表 4-1-94　非合金塑料模具钢牌号、硬度及钢材尺寸规格（GB/T 35840.1—2018）

牌号及钢材交货状态的硬度	牌　　号	热轧交货状态硬度　HBW	牌号的化学成分应符合 GB/T 35840.1—2018 的规定
	SM45	155～215	
	SM50	165～225	
	SM55	170～230	
钢材分类和尺寸规格	圆钢、方钢和扁钢尺寸规格应分别符合 GB/T 1299—2014 的相关规定，通常按实际重量交货 钢板尺寸规格应符号 GB/T 709 的规定，通常按理论质量交货（钢密度按 7.85g/cm³ 计算）		

注：1. GB/T 35840.1—2018 适用于制造塑料模具用热轧或锻造非合金圆钢、方钢、扁钢及钢板等产品。
2. 钢材应进行超声波检测和低倍组织检验，并应符合 GB/T 35840.1—2018。
3. 钢材应进行非金属夹杂物检验，并应符合 GB/T 10561 的要求。
4. 如要求检验钢材力学性能，则应在合同中规定。

1.6.12　超级新型钢铁材料

表 4-1-95　　超级新型钢铁材料若干品种材料名称、性能及应用

序号	材料名称	工艺	R_m/MPa	R_{eL}/MPa	A/%	Z/%	K_{U2}/J	σ_{-1}/MPa
1	0.28C-1.9Mn-1.2Ni-0.15V 贝氏体(B)非调质钢(C、Mn、Ni、V 均为质量分数,%)	热轧	1240	815	16.0	56.0	66	
		热轧＋220°回火	831.5	744.5	20.5	69.0	171	
2	FAS2340(Mn-Cr-V-B 系)	轧制态	88.5	585	17	42		
	FAS 2340(Mn-Cr-V-B 系)	锻压态	900	600		64		420
3	ADVANS850FS		920	648	19	52		497
4	C70S6		968	550	12	34		373
5	FAS2225	轧制态	1040	650	17	48	68	506
	FAS2225	锻压态	1030	875	15	43	73	
6	Imported	轧制态	1040	640	16	45	61	510
7	F38MnVS	锻压态	858	660	22	63		470
8	40Cr-QT		878	773	20	67		440
9	17CrNiMo6H		1290	945	15	60	112(A_k)	
10	C250		1900	1840 $R_{p0.2}$	11	58	28(A_{kV})	
	C300		2050	2000 $R_{p0.2}$	10	50	23(A_{kV})	
	C350		2420	2350 $R_{p0.2}$	7	35	15(A_{kV})	

注：1. 本表摘选了若干新型金属材料，属于科研院所和生产企业研发的超级钢铁材料新品种，具有优越的性能，服役寿命长、总成本较低、节能环保，以适应现代工业技术发展的需求。各工业发达国家都非常重视材料科学的研究和发展，我国关于“新一代钢铁材料的研究发展规划”，已成为我国材料工业发展的重要部分，成为促进国民经济迅速发展的基础，例如，我国将常用的碳素钢、低合金钢和合金结构钢在不提高成本的前提下，按“超细晶粒钢”等研究技术，将其强度提高 1 倍(碳素钢达到 400MPa 级，低合金钢达 800MPa 级，合金结构钢达 1500MPa 级)，并且应满足韧性和各种使用性能的要求。国外以日本为例，在其“超级钢材料国家研究计划”中，将开发的新钢材料“实际使用强度提高 1 倍（如开发 800MPa 级的一般焊接结构用钢、1500MPa 级的超强钢等)，结构的寿命提高 1 倍，降低总成本，降低对环境的污染度”。面对材料工业发展的新时期，作为装备工业工程中，在装备设计选材时，在常规选材的同时，应重视新材料的选择和应用，以进一步提高机器装备的综合性能，获取更佳的综合经济效果。限于篇幅，本篇在新型金属材料的技术资料仅摘选若干，读者需用时，应按有关技术法规查询相关专利和专业技术资料。

2. 序号 1 是一种奥氏体非调质钢采用回火工艺更进一步提高其韧性，是替代合金调质钢的非调质钢，具有优良的强度和韧性、高效节能、成本较低、环保良好、在汽车等行业中获得较广应用。

3. 序号 2 是一种新开发的高强度中碳非调质钢，可适应表面感应淬火，减少淬火变形、降低热处理成本，材料疲劳性能与调质钢相近，此材料的各项性能指标与日本生产的同级别牌号相近。其性能优于调质钢 42CrMoH，可代替 42CrMoH 用于制造 52～62mm 大杆径重载商用车汽车半轴。FAS2340 是一种大杆径汽车半轴用的新型非调质钢，并已在生产中批量应用，效果很好。

4. 序号 4 为综合性能优异的胀断连杆用中碳非调质钢，具有高强度和高屈强比，具有优良的高周疲劳性能，成功地用于胀断工艺制造对疲劳性能要求高的汽车发动机连杆。

5. 序号 5FAS2225 材料是一种新开发的 1000MPa 级的优质高强度高韧性奥氏体非调质钢，可用于代替传统的 Cr 及 Cr-Mo 型调质钢制造汽车前轴等要求高强度和高韧性的重要零件。该新品种采用高的含 Mn 量，获得粒状奥氏体组织，从而不采用贵金属 Mo，明显降低成本。添加了适量微合金化元素 V 以提高钢的强韧性，且疲劳寿命很高，各项性能指标与日本同类调质钢性能相近，国内已批量用于载重汽车前轴的生产，效果很好。

6. 序号 9 是一种优质高强度高韧性的齿轮用钢，由抚顺钢厂、大冶钢厂和长城钢厂研究生产。此钢力学性能很高，淬透性能指标 J_{10}＝42HRC，J_{15}＝41HRC。晶粒度为 7～8 级，主要用于制作重型汽车驱动桥齿轮。

7. 序号 10 为马氏体时效型超高强度钢，主要用于航空传动轴件用钢，如航空用发动机风扇轴、低压涡轮轴等部件，也可用于航天固体燃料发动机火箭壳体。同时，也适用于轻便车用桥梁、夹具、挤出压头、模具、自动机床导板和模架、铸模、特高要求的高强度齿轮、直升机用轻量起落架及飞机制动钢等。

1.7 各国钢铁牌号对照

1.7.1 铸铁国内外牌号对照

表 4-1-96 灰铸铁和球墨铸铁国内外牌号对照

	中国 GB/T 9439—2010	国际 ISO 185:2005	欧洲 EN 1561:1997	日本 JIS G5501:1995	美国 ASTM A48/A48M:2003
灰铸铁	HT100 (HT10-26)	JL/100	GJL-100 JL-1010	FC100 (FC10)	No. 20A F11401
	HT150 (HT15-33)	JL/150	GJL-150 JL-1020	FC150 (FC15)	No. 25A F11701
	HT200 (HT20-40)	JL/200	GJL-200 JL-1030	FC200 (FC20)	No. 30A F12101
	HT225	—	—	—	—
	HT250 (HT25-47)	JL/250	GJL-250 JL-1040	FC250 (FC25)	No. 35A F12401 | No. 40A F12801
	HT275	—	—	—	—
	HT300 (HT30-54)	JL/300	GJL-300 JL-1050	FC300 (FC30)	No. 45A F13301
	HT350 (HT36-61)	JL/350	GJL-350 JL-1060	FC350 (FC35)	No. 50A F13501
球墨铸铁	中国 GB/T 1348—2009 (硬度牌号)	国际 ISO 1083:2004	欧洲 EN 1563:1997+Al:2002	日本 JIS G5502:2001	美国 ASTM A536:1984
	QT400-18 (QT-H150)	JS/400-18	GJS400-18 JS1020	FCD400-18	60-40-18 F32800
	QT400-15 (QT-H155)	JS/400-15	GJS400-15 JS1030	FCD400-15	60-42-10 F32900
	QT430-10 (QT-H185)	JS/450-10	GJS450-10 JS1040	FCD450-10	65-42-15 F33100
	QT500-7 (QT-H200)	JS/500-7	GJS500-7 JS1050	FCD500-7	70-50-05
	QT600-3 (QT-H230)	JS/600-3	GJS600-3 JS1060	FCD600-3	80-60-03 F34100
	QT700-2 (QT-H260)	JS/700-2	GJS700-2 JS1070	FCD700-2	100-70-03 F34800
	QT800-2 (QT-H300)	JS/800-2	GJS800-2 JS1080	FCD800-2	120-90-02 F36200
	QT900-2 (QT-H330)	JS/900-2	GJS900-2 JS1090	—	120-90-02 F36200

注：中国牌号括号内为相应旧标准牌号。

表 4-1-97 可锻铸铁国内外牌号对照

中国 GB/T 9440—2010		国际 ISO 5922:2005	欧洲 EN 1562:1997	日本 JIS G5705:2000	美国 ASTM A 220/A220:1999
黑心可锻铸铁	KTH275-05	—	—	—	—
	KTH300-06	JMB/300-6	GJMB300-6 JM1000	FCMB30-06	—
	KTH330-08	—	CJMB350-10 JM1030	FCMB31-08 (FCMB32)	—
	KTH350-10	JMB/350-10	GJMB350-10 JM1030	FCMB35-10	32510(ASTM A47/A47M:1999) F22200
	KTH370-12	—	—	—	—

续表

中国 GB/T 9440—2010		国际 ISO 5922:2005	欧洲 EN 1562:1997	日本 JIS G5705:2000	美国 ASTM A 220/A220:1999
白心可锻铸铁	KTB350-04	JMW/350-4	GJMW350-4 JM1010	FCMW34-04 (FCMW34)	—
	KTB360-12	JMW/360-12	—	FCMW38-12	
	KTB400-05	JMW/400-5	GJMW400-5 JM1030	FCMW40-05	
	KTB450-07	JMW/450-7	GJMW450-7 JM1040	FCMW45-07 (FCMW45)	
	KTB550-04	—	—	—	
珠光体可锻铸铁	KTZ450-06	—	—	FCMP45-06	310M6 (45006) F23131
	KTZ500-05	—	—	—	—
	KTZ550-04	—	—	FCMP55-04	410M4 (60004) F24130
	KTZ600-03	—	—	—	—
	KTZ650-02	—	—	FCMP65-02	550M2 (80002) F25530
	KTZ700-02	—	—	FCMP70-02	620M1 (90001) F26230
	KTZ800-01	—	—	—	—

1.7.2 铸钢国内外牌号对照

表 4-1-98　一般工程用铸造碳钢、焊接结构用铸钢国内外牌号对照

	中国 GB/T 11352—2009	国际 ISO 3755:1999	欧洲 EN 10213—2:1995	日本 JIS G7821:2001	美国 ASTM A27/A27M:2005
一般工程用铸造碳钢	ZG200-400	200-400W	GP240GH	200-400W	Grade60-30 (415-205) J03000
	ZG230-450	230-450W	GP240GR	230-450W	Grade65-35 (450-240) J03001
	ZG270-500	270-480W	GP280GH	270-480W	Grade70-40 (485-275) J03501
	ZG310-570	340-550W	—	350-550W	—
	ZG340-640	340-550W	—	340-550W	—
焊接结构用铸钢	中国 GB/T 7659—2010	国际 ISO 3755:1999	欧洲 EN 10213—2:1995	日本 JIS G5102:1991	美国 ASTM A216/A216M:2004
	ZG200-400H	200-400W	GP240GH	SCW410	GradeWCA
	ZG230-450H	230-450W	GP240GR	SCW450	GradeWCB
	ZG275-480H	270-480W	GP280GH	SCW480	GradeWCC

表 4-1-99 低合金铸钢和中高强度不锈钢铸钢国内外牌号对照

	中国 GB/T 14408—2014	国际 ISO 9477:1997	日本 JIS G5111:1991	美国 ASTM A148/A148M:2005
低合金铸钢	ZGD270-480	—	SCMn1A	Grade80-40 (550-275)
	ZGD290-510	—	SCMn1B	Grade80-40 (550-275)
	ZGD345-510	—	SCMn2A	Grade80-50 (550-345)
	ZGD410-620	410-620	SCMnCr4A	Grade90-60 (620-415)
	ZGD535-720	540-720	SCMnCrM3A	Grade105-85 (725-585)
	ZGD650-830	620-820	SCNCrM2B	Grade115-95 (795-655)
	ZGD730-910	—	—	—
	ZGD840-1030	840-1030	—	Grade135-125 (930-860)
	ZGD1030-1240 ZGD1240-1450	—	—	—
中高强度不锈钢铸钢	中国 GB/T 6967—2009	国际 ISO 11972:1998 (ISO 4491:1994)	日本 JIS G5121:2003	美国 ASTM A743/ A743M:2003
	ZG20Cr13	(C39CH)	SCS2	CA-40
	ZG10Cr13NiMo	(C39CNiH)	SCS3	CA-15M
	ZG06Cr13Ni4Mo	(C39NiH)	SCS6	CA-6NM
	ZG06Cr16Ni5Mo	GX4CrNiMo16-5-1	SCS31	CA-6NM

表 4-1-100 一般用途耐蚀铸钢国内外牌号对照

中国 GB/T 2100—2017	国际 ISO 11972:1998(E)	欧洲 EN 10283:1998E	日本 JIS G5121:2003	美国 ASTM A743/ A743M:2003
ZG15Cr12	GX12Cr12	GX12Cr12 1.4011	SCS1X	CA-15 J91150
ZG20Cr13	C39CH (ISO 4991—1994)	—	SCS2	CA-40 J92253
ZG10Cr12NiMo	GX8CrNiMo12-1	GX7CrNiMo12-1 1.4008	SCS3	CA-15M J91151
ZG06Cr12Ni4(QT1)	GX4CrNi12-4 (QT1)	GX4CrNi13-4 1.4317	SCS6X	CA-6NM J91540
ZG06Cr12Ni4(QT2)	GX4CrNi12-4 (QT2)	GX4CrNi13-4 1.4317	SCS6X	CA-6NM J91540
ZG06Cr16Ni5Mo	GX4CrNiMo16-5-1	GX4CrNiMo16-5-1 1.4405	SCS31	CA-6NM J91540
ZG03Cr18Ni10	GX2CrNi18-10	GX2CrNi19-11 1.4309	SCS36	CF-3 J92500
ZG03Cr18Ni10N	GX2CrNiN18-10	GX2CrNi19-11 1.4309	SCS36N	CF-3A J92500
ZG07Cr19Ni9	GX5CrNi19-9	GX5CrNi19-9 1.4308	SCS13X	CF-8 J92600
ZG08Cr19Ni10N	GX6CrNiNb19-10	GX5CrNiNb19-11 1.4552	SCS21X	CF-8C J92710
ZG03Cr19Ni11Mo2	GX2CrNiMo19-11-2	GX2CrNiMo19-11-2 1.4409	SCS16AX	CF-3M J92800

续表

中国 GB/T 2100—2017	国际 ISO 11972:1998(E)	欧洲 EN 10283:1998E	日本 JIS G5121:2003	美国 ASTM A743/ A743M:2003
ZG03Cr19Ni11Mo2N	GX2CrNiMoN19-11-2	GX2CrNiMo19-11-2 1.4409	SCS16AXN	CF-3MN J92804
ZG07Cr19Ni11Mo2	GX5CrNiMo19-11-2	GX5CrNiMo19-11-2 1.4408	SCS14X	CF-8M J93000
ZG08Cr19Ni11Mo2Nb	GX6CrNiNb19-11-2	GX5CrNiNb19-11-2 1.4581	SCS14XNb	—
ZG03Cr19Ni11Mo3	GX2CrNiMo19-11-3	—	SCS35	CF-3M J92800
ZG03Cr19Ni11Mo3N	GX2CrNiMoN19-11-3	GX2CrNiMoN17-13-4 1.446	SCS35N	CF-3MN J92804
ZG07Cr19Ni11Mo3	GX5CrNiMo19-11-3	GX5CrNiMo19-11-3 1.4412	SCS34	CG-8M J93000
ZG03Cr26Ni5Cu3Mo3N	GX2CrNiCuMoN26-5-3-3	GX2CrNiCuMoN26-5-3 1.4517	SCS32	—
ZC03Cr26Ni5Mo3N	GX2CrNiMoN26-5-3	GX2CrNiMoN25-6-3 1.4468	SCS33	—

表 4-1-101　一般用途耐热钢和合金铸钢国内外牌号对照

中国 GB/T 8492—2014	国际 ISO 11973:1999(E)	欧洲 EN 10295:2002E	日本 JIS G5122:2003	美国 ASTM A297/ A297M—1997
ZG30Cr7Si2	GX30CrSi7	GX30CrSi7 1.4710	SCH4	—
ZG40Cr13Si2	GX40CrSi13	GX40CrSi13 1.4729	SCH1X	—
ZG40Cr17Si2	GX40CrSi17	GX40CrSi17 1.4740	SCH5	—
ZG40Cr24Si2	GX40CrSi24	GX40CrSi24 1.4745	SCH2X1	HC(28Cr) J92605
ZG40Cr28Si2	GX40CrSi28	GX40CrSi28 1.4776	SCH2X2	HC(28Cr) J92605
ZGCr29Si2	GX130CrSi29	GX130CrSi29 1.4777	SCH6	HC(28Cr) J92605
ZG25Cr18Ni9Si2	GX25CrNiSi18-9	GX25CrNiSi18-9 1.4825	SCH31	HF(19Cr-9Ni) J92603
ZG25Cr20Ni14Si2	GX25CrNiSi20-14	GX25CrNiSi20-14 1.4832	SCH32	—
ZG40Cr22Ni10Si2	GX40CrNiSi22-10	GX40CrNiSi22-10 1.4826	SCH12X	HF(19Cr-9Ni) J96203
ZG40Cr24Ni24Si2Nb	GX40CrNiSiNb24-24	GX40CrNiSiNb24-24 1.4855	SCH33	HN(20Cr-25Ni) J94213
ZG40Cr25Ni12Si2	GX40CrNiSi25-12	GX40CrNiSi25-12 1.4837	SCH13X	HH(25Cr-12Ni) J93503
ZG40Cr25Ni20Si2	GX40CrNiSi25-20	GX40CrNiSi25-20 1.4848	SCH22X	HK(25Cr-20Ni) J94224
ZG40Cr27Ni4Si2	GX40CrNiSi27-4	GX40CrNiSi27-4 1.4823	SGH11X	HD(28Cr-5Ni) J93005

续表

中国 GB/T 8492—2014	国际 ISO 11973:1999(E)	欧洲 EN 10295:2002E	日本 JIS G5122:2003	美国 ASTM A297/ A297M—1997
40Cr20Co20Ni20Mo3W3	GX40NiCrCo20-20-20	GX40NiCrCo20-20-20 1.4874	SCH41	—
ZG10Ni31Cr20Nb1	GX10NiCrNb31-20	GX10NiCrNb31-20 1.4859	SCH34	—
ZG40Ni35Cr17Si2	GX40NiCrSi35-17	GX40NiCrSi35-17 1.4806	SCH15X	HT(17Cr-35Ni) J94605
ZG40Ni35Cr26Si2	GX40NiCrSi35-26	GX40NiCrSi35-26 1.4857	SCH24X	HP(26Cr-35Ni) J95705
ZG40Ni35Cr26Si2Nb1	GX40NiCrSiNb35-26	GX40NiCrSiNb35-26 1.4852	SCH24XNb	HP(26Cr-35Ni) J95705
ZG40Ni38Cr19Si2	GX40NiCrSi38-19	GX40NiCrSi38-19 1.4885	SCH20X	HU(19Cr-38Ni) J95405
ZG40Ni38Cr19Si2Nb1	GX40NiCrSiNb38-19	GX40NiCrSiNb38-19 1.4849	SCH20XNb	HU(19Cr-38Ni) J95405
ZNiCr28Fe17W5Si2C0.4	GX45NiCrWSi48-28-5	C-NiCr28W 2.4879	SCH42	—
ZNiCr50Nb1C0.1	GX10NiCrNb50-50	G-NiCr50Nb 2.4680	SCH43	50Cr-50Ni
ZNiCr19Fe18Si1C0.5	GX50NiCr52-19	—	SCH44	—
ZNiFe18Cr15Si1C0.5	GX50NiCr65-15	C-NiCr15 2.4815	SCH45	—
NiCr25Fe20Co15W5Si1C0.46	GX45NiCrCoW 32-25-15-10	—	SCH46	—
Z60Cr28Fe18C0.3	GX30CoCr50-28	G-CoCr28 2.4778	SCH47	—

1.7.3 结构钢国内外牌号对照

表 4-1-102 碳素结构钢国内外牌号对照

中国 GB/T 700—2006	国际 ISO 630:1995	欧洲 EN 10025-2:2004	日本 JIS G3101:2004 (JIS G3106:2004)	美国 ASTM A573/ A573M:2000
Q195 U11952	E185	S185 1.0035	—	Gr. C [205]
Q215A U12152	—	—	SS330	Gr. 58 [220]
Q215B U12155	—	—	SS330	Gr. 58 [220]
Q235A U12352	E235A	S235JR 1.0038	SS400	Gr. 65 [240]
Q235B U12355	E235B	S235JR 1.0038	SS400	Gr. 65 [240]
Q235C U12358	E235C	S235J0 1.0114	(SM400A)	Gr. 65 [240]
Q235D U12359	E235D	S235J2 1.0117	(SM400B)	Gr. 65 [240] (ASTM A283/A283M:2003)
Q275A U12752	E275A	S275JR 1.0044	SS490	Gr. 70 [290]

第4篇

续表

中国 GB/T 700—2006	国际 ISO 630:1995	欧洲 EN 10025-2:2004	日本 JIS G3101:2004 (JIS G3106:2004)	美国 ASTM A573/ A573M:2000
Q275B U12753	E275B	S275JR 1.0044	(SM490A)	Gr. 70 [290]
Q275C U12758	E275C	S275J0 1.0143	(SM490B)	Cr. 70 [290]
Q275D U12759	E275D	S275J2 1.0145	(SM490B)	Cr. 70 [290]

表 4-1-103　**优质碳素结构钢国内外牌号对照**

中国 GB/T 699—2015	国际 ISO 683-18:1996	欧洲 EN 10083-1: 1991+Al:1996 (EN 10084:1998)	日本 JIS G4051:2005 (JIS G3506:2004)	美国 ASTM A29/ A29M:2005
08 U20082	C10	(C10E) 1.1121	S10C	1008
10 U20102	C10	(C10E) 1.1121	S10C	1010
15 U20152	C15E4	(C15E) 1.1141	S15C	1015
20 U20202	C20E4	C20E 1.1151	S20C	1015
25 U20252	C25E4	C25E 1.1158	S25C	1025
30 U20302	C30E4	C30E 1.1178	S30C	1030
35 U20352	C35E4	C35E 1.1181	S35C	1035
40 U20402	C40E4	C40E 1.1186	S40C	1040
45 U20402	C45E4	C45E 1.1191	S45C	1045
50 U20502	C50E4	C50E 1.1206	S50C	1050
55 U20552	C55E4	C55E 1.1203	S55C	1055
60 U20602	C60E4	C60E 1.1221	S58C	1060
65 U20652	C60E4	C60E 1.1221	(SWRH67A)	1065
70 U20702	DC (ISO 8458-3:1992)	C70D 1.0615 (EN 10016-2:1994)	(SWRH72A)	1070
75 U20752		C76D 1.0614 (EN 10016-2:1994)	(SWRH77A)	1075
80 U20802		C80D 1.0622 (EN 10016-2:1994)	(SWRH82A)	1080

第4篇

续表

中国 GB/T 699—2015	国际 ISO 683-18:1996	欧洲 EN 10083-1: 1991+Al:1996 (EN 10084:1998)	日本 JIS G4051:2005 (JIS G3506:2004)	美国 ASTM A29/ A29M:2005
85 U20852	—	C85D 1.0616 (EN 10016-2:1994)	(SWRH82B)	1084
15Mn U21152	CC15K (ISO 4954:1993)	(C16E) 1.1148	—	1019
20Mn U21202	C20E4	C22E 1.1151	—	1022
25Mn U21252	C25E4	C25E 1.1158	—	1026
30Mn U21302	C30E4	C30E 1.1178	—	1030
35Mn U21352	C35E4	C35E 1.1181	—	1037
40Mn U21402	C40E4	C40E 1.1186	(SWRH42B)	1043
45Mn U21452	C45E4	C45E 1.1191	(SWRH47B)	1046
50Mn U21502	C50E4	C50E 1.1206	(SWRH52B)	1053
60Mn U21602	C60E4	C60E 1.1221	(SWRH62B)	1060
65Mn U21652	C60E4	C60E 1.1221	—	1565
75Mn U21702	DC (ISO 8458-3:1992)	—	—	1572

表 4-1-104　　低合金高强度结构钢国内外牌号对照（GB/T 1591—2018）

GB/T 1591—2018	GB/T 1591—2008 (旧国标)	ISO 630-2: 2011	ISO 630-3: 2012	EN 10025-2: 2004	EN 10025-3: 2004	EN 10025-4: 2004
Q355B(AR)	Q345B(热轧)	S355B	—	S355JR	—	—
Q355C(AR)	Q345C(热轧)	S355C	—	S355J0	—	—
Q355D(AR)	Q345D(热轧)	S355D	—	S355J2	—	—
Q355NB	Q345B(正火/正火轧制)	—	—	—	—	—
Q355NC	Q345C(正火/正火轧制)	—	—	—	—	—
Q355ND	Q345D(正火/正火轧制)	—	S355ND	—	S355N	—
Q355NE	Q345E(正火/正火轧制)	—	S355NE	—	S355NL	—
Q355NF	—	—	—	—	—	—
Q355MB	Q345B(TMCP)	—	—	—	—	—
Q355MC	Q345C(TMCP)	—	—	—	—	—
Q355MD	Q345D(TMCP)	—	S355MD	—	—	S355M
Q355ME	Q345E(TMCP)	—	S355ME	—	—	S355ML
Q355MF	—	—	—	—	—	—
Q390B(AR)	Q390B(热轧)	—	—	—	—	—
Q390C(AR)	Q390C(热轧)	—	—	—	—	—
Q390D(AR)	Q390D(热轧)	—	—	—	—	—
Q390NB	Q390B(正火/正火轧制)	—	—	—	—	—
Q390NC	Q390C(正火/正火轧制)	—	—	—	—	—
Q390ND	Q390D(正火/正火轧制)	—	—	—	—	—

续表

GB/T 1591—2018	GB/T 1591—2008（旧国标）	ISO 630-2：2011	ISO 630-3：2012	EN 10025-2：2004	EN 10025-3：2004	EN 10025-4：2004
Q390NE	Q390E(正火/正火轧制)	—	—	—	—	—
Q390MB	Q390B(TMCP)	—	—	—	—	—
Q390MC	Q390C(TMCP)	—	—	—	—	—
Q390MD	Q390D(TMCP)	—	—	—	—	—
Q390ME	Q390E(TMCP)	—	—	—	—	—
Q420B(AR)	Q420B(热轧)	—	—	—	—	—
Q420C(AR)	Q420C(热轧)	—	—	—	—	—
Q420NB	Q420B(正火/正火轧制)	—	—	—	—	—
Q420NC	Q420C(正火/正火轧制)	—	—	—	—	—
Q420ND	Q420D(正火/正火轧制)	—	S420ND	—	S420N	—
Q420NE	Q420E(正火/正火轧制)	—	S420NE	—	S420NL	—
Q420MB	Q420B(TMCP)	—	—	—	—	—
Q420MC	Q420C(TMCP)	—	—	—	—	—
Q420MD	Q420D(TMCP)	—	S420MD	—	—	S420M
Q420ME	Q420E(TMCP)	—	S420ME	—	—	S420ML
Q460C(AR)	Q460C(热轧)	S450C	—	S450J0	—	—
Q460NC	Q460C(正火/正火轧制)	—	—	—	—	—
Q460ND	Q460D(正火/正火轧制)	—	S460ND	—	S460N	—
Q460NE	Q460E(正火/正火轧制)	—	S460NE	—	S460NL	—
Q460MC	Q460C(TMCP)	—	—	—	—	—
Q460MD	Q460D(TMCP)	—	S460MD	—	—	S460M
Q460ME	Q460E(TMCP)	—	S460ME	—	—	S460ML
Q500MC	Q500C(TMCP)	—	—	—	—	—
Q500MD	Q500D(TMCP)	—	—	—	—	—
Q500ME	Q500E(TMCP)	—	—	—	—	—
Q550MC	Q550C(TMCP)	—	—	—	—	—
Q550MD	Q550D(TMCP)	—	—	—	—	—
Q550ME	Q550E(TMCP)	—	—	—	—	—
Q620MC	Q620C(TMCP)	—	—	—	—	—
Q620MD	Q620D(TMCP)	—	—	—	—	—
Q620ME	Q620E(TMCP)	—	—	—	—	—
Q690MC	Q690C(TMCP)	—	—	—	—	—
Q690MD	Q690D(TMCP)	—	—	—	—	—
Q690ME	Q690E(TMCP)	—	—	—	—	—

表 4-1-105　易切削结构钢国内外牌号对照

中国 GB/T 8731—2008	国际 ISO 683-9:1988	欧洲 EN 10087:1998	日本 JIS G4804:1999	美国 ASTM A29/A29M:2005
Y12 U71122	9S20	10S20	SUM12	1109
Y12Pb U72122	11SMnPb28	10SPb20	SUM22L	12L13
Y15 U71152	12SMn35	15S20	SUM22	1119
Y15Pb U72152	12MnPb35	9SMnPb28	SUM24L	12L14
Y20 U70202	17SMn20	15S20	SUM32	1117

续表

中国 GB/T 8731—2008	国际 ISO 683-9:1988	欧洲 EN 10087:1998	日本 JIS G4804:1999	美国 ASTM A29/A29M:2005
Y30 U70302	35S20	35S20	SUM41	1132
Y35 U70352	35SMn20	35S20	SUM41	1140
Y40Mn U20409	44Mn28	45S20	SUM42	1141

表 4-1-106 耐候性结构钢国内外牌号对照

	中国 GB/T 4171—2008	国际 ISO 4952:2003	欧洲 EN 10025-5:2004	日本 JIS G3125:2004	美国 ASTM A588/A588A:2005
高耐候性结构钢	Q265GNH	—	—	SPA-C	CradeA K11430
	Q295GNH	—	—	SPA-C	GradeA K11430
	Q310GNH	Fe355W-1A	S355J2WP 1. 8946	SPA-H	GradeC K11538
	Q355GNH	Fe355W-1A	S355J2WP 1. 8946	SPA-H	GradeC K11538
焊接结构用耐候钢	中国 GB/T 4171—2008	国际 ISO 4952:2003	欧洲 EN 10025-5:2004	日本 JIS G3114:2004	美国 ASTM A588/A588M:2005
	Q235NH	Fe235WB	S235J2W 1. 8961	SMA400AP	GradeA K11430
	Q295NH	Fe355W-1A	S355J2WP 1. 8946	SMA400BW	GradeA K11430
	Q355NH	Fe355W-2B	S355J2WP 1. 8946	SMA490BP	GradeC K11538
	Q460NH	—	—	SMA570P	GradeE K12202 (ASTM A633/A633M:2001)

表 4-1-107 弹簧钢标准牌号与其他标准牌号对照（GB/T 1224—2016）

GB/T 1222—2016标准牌号	GB/T 33164.1—2016	GB/T 33164.2—2016	GB/T 19530—2004	GB/T 3279—2009	ISO 683-14	EN 10089	JIS G 4801
65	—	—	—	—	—	—	(SUP2)
70	—	—	—	—	—	—	—
80	—	—	—	—	—	—	—
85	—	—	—	85	—	—	(SUP3)
65Mn	—	—	65Mn	65Mn	—	—	—
70Mn	—	—	70Mn	—	—	—	—
28SiMnB	28SiMnB	—	—	—	—	—	—
40SiMnVBE	—	—	—	—	—	—	—
55SiMnVB	55SiMnVB	—	—	—	—	—	—
38Si2	—	—	—	—	38Si7	38Si7	—
60Si2Mn	60Si2Mn	60Si2Mn	60Si2MnA	60Si2Mn/60Si2MnA	—	—	SUP6
55CrMn	55CrMn	55CrMn	—	—	55Cr3	55Cr3	SUP9
65CrMn	60CrMn	60CrMn	—	—	60Cr3	60Cr3	SUP9A
60CrMnB	60CrMnB	—	—	—	—	—	SUP11A

第4篇

续表

GB/T 1222—2016 标准牌号	GB/T 33164.1—2016	GB/T 33164.2—2016	GB/T 19530—2004	GB/T 3279—2009	ISO 683-14	EN 10089	JIS G 4801
60CrMnMo	60CrMnMo	—	—	—	60CrMo3-3	60CrMo3-3	SUP13
55SiCr	—	55SiCr	55SiCrA	—	55SiCr6-3	54SiCr6	—
60Si2Cr	—	60Si2Cr	60Si2CrA	—	—	—	—
56Si2MnCr	—	—	—	—	—	56SiCr7	—
52Si2CrMnNi	—	—	—	—	—	52SiCrNi5	—
55SiCrV	—	55SiCrV	—	—	—	54SiCrV6	—
60Si2CrV	60Si2CrV	—	60Si2CrVA	60Si2CrV/60Si2CrVA	—	—	—
60Si2MnCrV	—	—	—	—	—	60SiCrV7	—
50CrV	50CrV	50CrV	50CrVA	50CrVA	—	—	SUP10
51CrMnV	51CrMnV	51CrMnV	—	—	—	51CrV4	—
52CrMnMoV	52CrMnMoV	52CrMnMoV	—	—	52CrMoV4	52CrMoV4	—
30W4Cr2V	—	—	—	—	—	—	—

注：GB/T 33164.1～2—2016 汽车悬架系统用弹簧钢第 1 部分：热轧扁钢，第 2 部分：热轧圆钢和盘条。
GB/T 19530—2004 油淬火—回火弹簧钢丝用热轧盘条。
GB/T 3279—2009 弹簧钢热轧钢板。

表 4-1-108　合金结构钢国内外牌号对照（GB/T 3077—2015）

GB/T 3077—2015	EN 10083-3:2006	ASTM A29/A29M-2012	JIS G 4053—2008
20Mn2	—	1524	SMn420
30Mn2	—	1330	SMn433
35Mn2	—	1335	SMn438
40Mn2	—	1340	SMn443
45Mn2	—	1345	SMn443
50Mn2	—	1552	—
20MnV	—	—	—
27SiMn	—	—	—
35SiMn	—	—	—
42SiMn	—	—	—
20SiMn2MoV	—	—	—
25SiMn2MoV	—	—	—
37SiMn2MoV	—	—	—
40B	—	—	—
45B	—	—	—
50B	—	—	—
25MnB	20MnB5	—	—
35MnB	30MnB5	—	—
40MnB	38MnB5	—	—
45MnB	—	—	—
20MnMoB	—	—	—
15MnVB	—	—	—
20MnVB	—	—	—
40MnVB	—	—	—
20MnTiB	—	—	—
25MnTiBRE	—	—	—
15Cr	—	5115	SCr415
20Cr	—	5120	SCr420
30Cr	—	5130	SCr430
35Cr	34Cr4	5135	SCr435
40Cr	41Cr4	5140	SCr440

续表

GB/T 3077—2015	EN 10083-3:2006	ASTM A29/A29M-2012	JIS G 4053—2008
45Cr	41Cr4	5145	SCr445
50Cr	—	5150	SCr445
38CrSi	—	—	—
12CrMo	—	—	—
15CrMo	—	—	SCM415
20CrMo	—	4120	SCM420
25CrMo	25CrMo4	4130	SCM430
30CrMo	34CrMo4	4130	SCM430
35CrMo	34CrMo4	4135	SCM435
42CrMo	42CrMo4	4140、4142	SCM440
50CrMo	50CrMo4	4150	SCM445
12CrMoV	—	—	—
35CrMoV	—	—	—
12Cr1MoV	—	—	—
25Cr2MoV	—	—	—
25Cr2Mo1V	—	—	—
38CrMoAl	—	—	SACM645
40CrV	—	—	—
50CrV	51CrV4	6150	—
15CrMn	—	—	—
20CrMn	—	—	—
40CrMn	—	—	—
20CrMnSi	—	—	—
25CrMnSi	—	—	—
30CrMnSi	—	—	—
35CrMnSi	—	—	—
20CrMnMo	—	—	—
40CrMnMo	42CrMo4	4140、4142	SCM440
20CrMnTi	—	—	—
30CrMnTi	—	—	—
20CrNi	—	—	—
40CrNi	—	—	SNC236
45CrNi	—	—	—
50CrNi	—	—	—
12CrNi2	—	—	SNC415
34CrNi2	35NiCr6	—	—
12CrNi3	—	—	SNC815
20CrNi3	—	—	—
30CrNi3	—	—	SNC631
37CrNi3	—	—	SNC836
12Cr2Ni4	—	—	—
20Cr2Ni4	—	—	—
15CrNiMo	—	—	—
20CrNiMo	—	8620	SNCM220
30CrNiMo	—	—	—
30Cr2Ni2Mo	30CrNiMo8	—	SNCM431
30Cr2Ni4Mo	30NiCrMo16-6	—	—
34Cr2Ni2Mo	34CrNiMo6	—	—
35Cr2Ni4Mo	36NiCrMo16	—	—

续表

GB/T 3077—2015	EN 10083-3:2006	ASTM A29/A29M-2012	JIS G 4053—2008
40CrNiMo	39NiCrMo3	—	—
40CrNi2Mo	—	4340	SNCM439
18CrMnNiMo	—	—	—
45CrNiMoV	—	—	—
18Cr2Ni4W	—	—	—
25Cr2Ni4W	—	—	—

表 4-1-109　不锈钢和耐热钢国内外牌号对照

中国 GB/T 20878—2007	国际 ISO/TS 15510:2003(E) [ISO 4955:2005(E)]	欧洲 EN 10088-1:2005E	日本 JIS G4303:2005 (JIS G4311:1991)	美国 ASTM A959:2004
12Cr17Mn6Ni5N S35350	X12CrMnNiN17-7-5	X12CrMnNiN17-7-5 1.4372	SUS201	201 S20100
12Cr18Mn5Ni5N S35450	—	X12CrMnNiN18-9-5 1.4373	SUS202	202 S20200
12Cr17Ni7 S30110	X5CrNi17-7	X5CrNi17-7 1.4319	SUS301	301 S30100
022Cr17Ni7 S30103	X2CrNiN18-7	X2CrNiN18-7 1.4318	SUS301L (JIS G4304:2005)	301L S30103
022Cr17Ni7N S30153	X2CrNiN18-7	X2CrNiN18-7 1.4318	SUS301L (JIS 4304:2005)	301LN S30153
12Cr18Ni9 S30210	X10CrNi18-8	X9CrNi18-9 1.4325	SUS302	302 S30200
12Cr18Ni9Si3 S30240	X12CrNiSi18-9-3	—	SUS302B (JIS G4304:2005)	302B S30215
Y12Cr18Ni9 S30317	X10CrNiSi18-9	X8GrNiSi18-9 1.4305	SUS303	303 S30300
Y12Cr18Ni9Se S30327	—	—	SUS303Se	303Se S30323
06Cr19Ni10 S30408	X7CrNi18-10	X5CrNi18-10 1.4301	SUS304	304 S30400
022Cr19Ni10 S30403	X2CrNi19-11	X2CrNi19-11 1.4306	SUS304L	304L S30403
07Cr19Ni10 S30409	(X7CrNi18-9)	X6CrNi18-10 1.4948	SUS304HTP (JIS G3459:2004)	304H S30409
05Cr19Ni10Si2CeN S30450	(X6CrNiSiNCe19-10)	X6CrNiSiNCe19-10 1.4818	—	S30415
06Cr18Ni9Cu3S 30488	X3CrNiCu18-9-4	X3CrNiCu18-9-4 1.4567	SUSXM7	—
06Cr19Ni10N S30458	X5CrNiN18-8	X5CrNiN19-9 1.4315	SUS304N1	304N S30451
06Cr19Ni9NbN S30478	—	—	SUS304N2	XM-21 S30452
022Cr19Ni10N S30453	X2CrNiN18-9	X2CrNiN18-10 1.4311	SUS304LN	304LN S30453
10Cr18Ni12 S30510	X6CrNi18-2	X4CrNi18-12 1.4303	SUS305	305 S30500
06Cr18Ni12 S30508	—	—	SUS305J1 (JIS G4309:1999)	308 S30800

续表

中国 GB/T 20878—2007	国际 ISO/TS 15510:2003(E) [ISO 4955:2005(E)]	欧洲 EN 10088-1:2005E	日本 JIS G4303:2005 (JIS G4311:1991)	美国 ASTM A959:2004
16Cr23Ni13 S30920	—	X15CrNi20-12 1.4828	(SUH309)	309 S30900
06Cr23Ni13 S30908	(X12CrNi23-13)	X12CrNi23-13 1.4833	SUS309S	309S S30908
20Cr25Ni20 S31020	—	—	SUS310	310 S31000
06Cr25Ni20 S31008	(X8CrNi25-21)	X8CrNi25-21 1.4845	SUS310S	310S S31008
022Cr25Ni22Mo2N S31053	X1CrNiMoN25-22-2	X1CrNiMoN25-22-2 1.4466	—	310MoLN S31050
015Cr20Ni18Mo6CuN S31252	X1CrNiMoN20-18-7	X1CrNiMoN20-18-7 1.4547	—	S31254
06Cr17Ni12Mo2 S31608	X5CrNiMo17-12-2	X5CrNiMo17-12-2 1.4401	SUS316	316 S31600
022Cr17Ni12Mo2 S31603	X2CrNiMo17-12-2	X2CrNiMo17-12-2 1.4404	SUS316L	316L S31603
07Cr17Ni12Mo2 S31609	—	X3CrNiMo17-13-3 1.4436	—	316H S31609
06Cr17Ni12Mo3Ti S31668	X6CrNiMoTi17-12-2	X6CrNiMoTi17-12-2 1.4571	SUS316Ti	316Ti S31635
06Cr17Ni12Mo2Nb S31678	X6CrNiMoNb17-12-2	X6CrNiMoNb17-12-2 1.4580	—	316Nb S31640
06Cr17Ni12Mo2N S31658	—	X2CrNiMoN17-11-2 1.4406	SUS316N	316N S31651
022Cr17Ni12Mo2N S31653	X2CrNiMoN17-12-3	X2CrNiMoN17-13-3 1.4429	SUS316LN	316LN S31653
06Cr19Ni13Mo3 S31708	—	X3CrNiMo17-13-3 1.4436	SUS317	317 S31700
022Cr19Ni13Mo3 S31703	X2CrNiMo19-14-4	X2CrNiMo18-15-4 1.4438	SUS317L	317L S31703
022Cr19Ni16Mo5N S31723	X2CrNiMoN18-15-5	X12CrNiMoN17-13-5 1.4439	—	317LMN S31726
022Cr19Ni13Mo4N S31753	X2CrNiMoN18-12-4	X2CrNiMoN18-12-4 1.4434	SUS317LN	317LN S31753
06Cr18Ni11Ti S32168	X6CrNiTi18-10	X6CrNiTi18-10 1.4541	SUS321	321 S32100
07Cr19Ni11Ti S32169	(X7CrNiT18-10)	X6CrNiTi18-10 1.4541	SUS321HTP (JIS G3459:2004)	321H S32109
015Cr24Ni22Mo8Mn3CuN S32652	X1CrNiMoCuN24-22-8	X1CrNiMoCuN 24-22-8 1.4652	—	S32654
12Cr16Ni35 S33010	—	X12CrNiSi35-16 1.4864	(SUH330)	—
022Cr24Ni17MoMn6NbN S34553	X2CrNiMnMoN 25-18-6-5	X2CrNiMnMoN 25-18-6-5 1.4565	—	S34565

续表

中国 GB/T 20878—2007	国际 ISO/TS 15510:2003(E) [ISO 4955:2005(E)]	欧洲 EN 10088-1:2005E	日本 JIS G4303:2005 (JIS G4311:1991)	美国 ASTM A959:2004
06Cr18Ni11Nb S34778	X6CrNiNb18-10	X6CrNiNb18-10 1. 4550	SUS347	347 S34700
07Cr18Ni11Nb S34779	(X7CrNiNb18-10)	X7CrNiNb18-10 1. 4912	SUS347HTP (JIS G3459:2004)	347H S34709
06Cr18Ni13Si4 S38148	—	X1CrNiSi18-15-4 1. 4361	SUSXM15J1	XM-15 S38100
16Cr20Ni14Si2 S38240	(X15CrNiSi20-12)	X15CrNiSi20-12 1. 4828	—	—
022Cr22Ni5Mo3N S22253	X2CrNiMoN22-5-3	X2CrNiMoN22-5-3 1. 4462	SUS329J3L	S31803
022Cr23Ni5Mo3N S22053	X2CrNiMoN22-5-3	X2CrNiMoN22-5-3 1. 4462	—	2205 S32205
022Cr23Ni4MoCuN S23043	X2CrNiN23-4	X2CrNiN23-4 1. 4362	—	2304 S32304
022Cr25Ni6Mo2N S22553	X3CrNiMoN27-5-2	X3CrNiMoN27-5-2 1. 4460	—	S31200
022Cr25Ni7Mo3WCuN S22583	—	—	SUS329J4L	S31260
03Cr25Ni6Mo3Cu2N S25554	X2CrNiMoCuN25-6-3	X2CrNiMoCuN25-6-3 1. 4507	SUS329J4L	255 S32550
022Cr25Ni7Mo4N S25073	X2CrNiMoN25-7-4	X2CrNiMoN25-7-4 1. 4410	—	2507 S32750
022Cr25Ni7Mo4WCuN S27603	X2CrNiMoWN25-7-4	X2CrNiMoWN25-7-4 1. 4501	—	S32760
06Cr13Al S11348	X6CrAl13	X6CrAl13 1. 4002	SUS405	405 S40500
06Cr11Ti S11168	X6CrTi12	X6CrNiTi12 1. 4516	SUH409 (JIS G4312:1991)	S40900
022Cr11Ti S11163	(X2CrTi12)	X2CrTi12 1. 4512	SUH409L (JIS G4312:1991)	S40900
022Cr12Ni S11213	X2CrNi12	X2CrNi12 1. 4003	—	S40977
022Cr12 S11203	—	X2CrNi12 1. 4003	SUS410L	—
10Cr15 S11510	—	X15Cr13 1. 4024	SUS429 (JIS G4304:2005)	429 S42900
10Cr17 S11710	(X6Cr17)	X6Cr17 1. 4016	SUS430	430 S43000
Y10Cr17 S11717	X14CrS17	X14CrMoS17 1. 4104	SUS430F	430F S43020
022Cr18Ti S11863	(X3CrTi17)	X3CrTi17 1. 4510	SUS430LX (JIS G4304:2005)	439 S43035

续表

中国 GB/T 20878—2007	国际 ISO/TS 15510:2003(E) [ISO 4955:2005(E)]	欧洲 EN 10088-1:2005E	日本 JIS G4303:2005 (JIS G4311:1991)	美国 ASTM A959:2004
10Cr17Mo S11790	X6CrMo17-1	X6CrMo17-1 1.4113	SUS434	434 S43400
10Cr17MoNb S1170	X6CrMoNb17-1	X6CrMoNb17-1 1.4526	—	436 S43600
022Cr18NbTi S11873	(X2CrTiNb18)	X2CrTiNb18 1.4509	—	S43940
019Cr19Mo2NbTi S11972	X2CrMoTi18-2	X2CrMoTi18-2 1.4521	SUS444TP (JIS G3459:2004)	444 S44400
16Cr25N S12550	—	—	SUS446 (JIS G4312:1991)	446 S44600
008Cr27Mo S12791	—	—	SUSXM27	XM-27 S44627
12Cr12 S40310	—	—	SUS403	403 S40300
06Cr13 S41008	(X6Cr13)	X6Cr13 1.4000	SUS410S (JIS G4304:2005)	410S S41008
12Cr13 S41010	X12Cr13	X12Cr13 1.4006	SUS410	410 S41000
04Cr13Ni5Mo S41595	X2CrNiMo13-4	X3CrNiMo13-4 1.4313	—	S41500
Y12Cr13 S41617	X12CrS13	X12CrS13 1.4005	SUS416	416 S41600
20Cr13 S42020	X20Cr13	X20Cr13 1.4021	SUS420J1	420 S42000
30Cr13 S42030	X30Cr13	X30Cr13 1.4028	SUS420J2	420 S42000
Y30Cr13 S42037	—	X29CrS13 1.4029	SUS420F	420F S42020
40Cr13 S42040	X39Cr13	X39Cr13 1.4031	—	—
17Cr16Ni2 S43120	X17CrNi16-2	X17CrNi16-2 1.4057	SUS431	431 S43100
68Cr17 S44070	—	X70CrMo15 1.4109	SUS440A	440A S44002
85Cr17 S44080	—	—	SUS440B	440B S44003
108Cr17 S44096	X105CrMo17	X105CrMo17 1.4125	SUS440C	440C S44004
Y108Cr17 S44097	—	—	SUS440F	440F S44020
102Cr17Mo S45990	X105CrMo17	X105CrMo17 1.4125	SUS440C	440C S44004

续表

中国 GB/T 20878—2007	国际 ISO/TS 15510:2003(E) [ISO 4955:2005(E)]	欧洲 EN 10088-1:2005E	日本 JIS G4303:2005 (JIS G4311:1991)	美国 ASTM A959:2004
90Cr18MoV S46990	—	X90CrMoV18 1.4112	SUS440B	440B S44003
22Cr12NiWMoV S47220	—	—	(SUH616)	616 S42200
05Cr15Ni5Cu4Nb S51550	X5CrNiCuNb16-4	X5CrNiCuNb16-4 1.4542	—	XM-12 S15500
05Cr17Nl4Cu4Nb S51740	X5CrNiCuNb16-4	X5CrNiCuNb16-4 1.4542	SUS630	630 S17400
07Cr17Ni7Al S51770	X7CrNiAl17-7	X7CrNiAl17-7 1.4568	SUS631	631 S17700
07Cr15Ni7Mo2Al S51570	X8CrNiMoAl15-7-2	—	—	632 S15700
06Cr17Ni7AlTi S51778	(X7CrNiTi18-10)	—	—	635 S17600
Cr15Ni25Ti12MoAlVB S55525	X6NiCrTiMoVB25-15-2 (ISO/TR 4956:1984)	X5NiCrTiMoVB 25-15-2 1.4606	(SUH660)	660 S66286

表 4-1-110　**高速工具钢国内外牌号对照**

中国 GB/T 9943—2008	国际 ISO 4957:1999	欧洲 EN ISO 4957:1999	日本 JIS G4403:2000	美国 ASTM A600:1992(2004)
W3Mo3Cr4V2 T63342	HS3-3-2	HS3-3-2	—	—
W18Cr4V T51841	HS18-0-1	HS18-0-1	SKH2	T1 T12001
W2Mo8Cr4V T62841	HS1-8-1	HS1-8-1	SKH50	M1 T11301
W2Mo9Cr4V2 T62942	HS2-9-2	HS2-9-2	SKH58	M7 T11307
W6Mo5Cr4V2 T66541	HS6-5-2	HS6-5-2	SKH51	M2 T11302
CW6Mo5Cr4V2 T66542	HS6-5-2C	HS6-5-2C	SKH51	M2(高碳) T11302
W6Mo6Cr4V2 T66642	HS6-6-2	HS6-6-2	SKH52	—
W6Mo5Cr4V3 T66543	HS6-5-3	HS6-5-3	SKH53	M3 T11313
CW6Mo5Cr4V3 T66545	HS6-5-3C	HS6-5-3C	SKH53	M3(高碳) T11323
W6Mo5Cr4V4 T66544	HS6-5-4	HS6-5-4	SKH54	—
W12Cr4V5Co5 T71245	—	—	SKH10	T15 T12015
W6Mo5Cr4V2Co5 T76545	HS6-5-2-5	HS6-5-2-5	SKH55	—
W6Mo5Cr4V3Co8 T76438	HS6-5-3-8	HS6-5-3-8	SKH56	M36 T11336

续表

中国 GB/T 9943—2008	国际 ISO 4957:1999	欧洲 EN ISO 4957:1999	日本 JIS G4403:2000	美国 ASTM A600:1992(2004)
W7Mo4Cr4V2Co5 T77445	—	—	SKH55	M41 T11341
W2Mo9Cr4VCo8 T72948	HS2-9-1-8	HS2-9-1-8	SKH59	M42 T11342
W10Mo4Cr4V3Co10 T71010	HS10-4-3-10	HS10-4-3-10	SKH57	M48

表 4-1-111 工模具钢国内外牌号对照

钢 类	GB/T 1299—2014	ASTM A 686/ASTM A681	JIS G4401/JIS G4404	ISO 4957
刃具模具用非合金钢	T7	—	SK70	C70U
	T8	—	SK80	C80U
	T8Mn	W1-8	SK85	—
	T9	W1-8 1/2	SK90	C90U
	T10	W1-10	SK105	C105U
	T11	W1-11	—	—
	T12	W1-11 1/2	SK120	C120U
	T13	—	—	—
量具刃具用钢	9SiCr	—	—	—
	8MnSi	—	—	—
	Cr06	—	SKS8	—
	Cr2	L3	—	—
	9Cr2	—	—	—
	W	F1	SKS2	—
耐冲击工具用钢	4CrW2Si	—	SKS41	—
	5CrW2Si	S1	—	—
	6CrW2Si	—	—	—
	6CrMnSi2Mo1V	S5	—	—
	5Cr3MnSiMo1V	S7	—	—
	6CrW2SiV	—	—	60WCrV8
轧辊用钢	9Cr2V	—	—	—
	9Cr2Mo	—	—	—
	9Cr2MoV	—	—	—
	8Cr3NiMoV	—	—	—
	9Cr5NiMoV	—	—	—
冷作模具用钢	9Mn2V	02	—	—
	9CrWMn	01	SKS3	95MnCr5
	CrWMn	—	SKS31	—
	MnCrWV	—	—	95MnWCr5
	7CrMn2Mo	—	—	70MnMoCr8
	5Cr8MoVSi	—	—	—
	7CrSiMnMoV	—	—	—
	Cr8Mo2VSi	—	—	—
	Cr4W2MoV	—	—	—
	6Cr4W3Mo2VNb	—	—	—
	6W6Mo5Cr4V	—	—	—
	W6Mo5Cr4V2	—	—	—

续表

钢　类	GB/T 1299—2014	ASTM A 686/ASTM A681	JIS G4401/JIS G4404	ISO 4957
冷作模具用钢	Cr8	—	—	—
	Cr12	D8	SKD1	X210Cr12
	Cr12W	—	SKD2	X210CrW12
	7Cr7Mo2V2Si	—	—	—
	Cr5Mo1V	A2	SKD12	X100CrMoV5
	Cr12MoV	—	—	—
	Cr12Mo1V1	D2	SKD10	X153CrMoV12
热作模具用钢	5CrMnMo	—	—	—
	5CrNiMo	L6	—	—
	4CrNi4Mo	—	SKT6	45CrNiMo16
	4Cr2NiMoV	—	—	—
	5CrNi2MoV	—	SKT4	55NiCrMoV7
	5Cr2NiMoVSi	—	—	—
	8Cr3	—	—	—
	4Cr5W2VSi	—	—	—
	3Cr2W8V	H21	SKD5	X30WCrV9-3
	4Cr5MoSiV	H11	SKD6	X37CrMoV5-1
	4Cr5MoSiV1	H13	SKD61	X40CrMoV5-1
	4Cr3Mo3SiV	H10	—	—
	5Cr4Mo3SiMnVA1	—	—	—
	4CrMnSiMoV	—	—	—
	5Cr5WMoSi	A8	—	—
	4Cr5MoWVSi	H12	—	X35CrWMoV5
	3Cr3Mo3W2V	—	—	—
	5Cr4W5Mo2V	—	—	—
	4Cr5Mo2V	—	—	—
	3Cr3Mo3V	—	SKD7	32CrMoV12-28
	4Cr5Mo3V	—	—	—
	3Cr3Mo3VCo3	—	—	—
塑料模具钢	SM45	—	—	C45U
	SM50	—	—	—
	SM55	—	—	—
	3Cr2Mo	P20	—	35CrMo7
	3Cr2MnNiMo	—	—	40CrMnNiMo8-6-4
	4Cr2Mn1MoS	—	—	—
	8Cr2MnWMoVS	—	—	—
	5CrNiMnMoVSCa	—	—	—
	2CrNiMoMnV	—	—	—
	2CrNi3MoAl	—	—	—
	1Ni3MnCuAl	—	—	—
	06Ni6CrMoVTiAl	—	—	—
	00Ni18Co8Mo5TiAl	—	—	—
	2Cr13	—	—	—
	4Cr13	—	—	—
	4Cr13NiVSi	—	—	—
	2Cr17Ni2	—	—	—
	3Cr17Mo	—	—	X38CrMo16
	3Cr17NiMoV	—	—	—
	9Cr18	—	—	—
	9Cr18MoV	—	—	—
特殊用途模具钢	7Mn15Cr2Al3V2Mo	—	—	—
	2Cr25Ni20Si2	—	—	—
	0Cr17Ni4Cu4Nb	—	—	—
	Ni25Cr15Ti2MoMn	—	—	—
	Ni53Cr19Mo3TiNb	—	—	—

1.8　型材

1.8.1　热轧钢棒

表 4-1-112　　热轧圆钢和方钢尺寸及理论质量（GB/T 702—2017）

圆钢公称直径 d/mm 方钢公称边长 a/mm	理论质量/kg·m^{-1}		圆钢公称直径 d/mm 方钢公称边长 a/mm	理论质量/kg·m^{-1}	
	圆钢	方钢		圆钢	方钢
5.5	0.187	0.237	75	34.7	44.2
6	0.222	0.283	80	39.5	50.2
6.5	0.260	0.332	85	44.5	56.7
7	0.302	0.385	90	49.9	63.6
8	0.395	0.502	95	55.6	70.8
9	0.499	0.636	100	61.7	78.5
10	0.617	0.785	105	68.0	86.5
11	0.746	0.950	110	74.6	95.0
12	0.888	1.13	115	81.5	104
13	1.04	1.33	120	88.8	113
14	1.21	1.54	125	96.3	123
15	1.39	1.77	130	104	133
16	1.58	2.01	135	112	143
17	1.78	2.27	140	121	154
18	2.00	2.54	145	130	165
19	2.23	2.83	150	139	177
20	2.47	3.14	155	148	189
21	2.72	3.46	160	158	201
22	2.98	3.80	165	168	214
23	3.26	4.15	170	178	227
24	3.55	4.52	180	200	254
25	3.85	4.91	190	223	283
26	4.17	5.31	200	247	314
27	4.49	5.72	210	272	323
28	4.83	6.15	220	298	344
29	5.19	6.60	230	326	364
30	5.55	7.07	240	355	385
31	5.92	7.54	250	385	406
32	6.31	8.04	260	417	426
33	6.71	8.55	270	449	447
34	7.13	9.07	280	483	468
35	7.55	9.62	290	519	488
36	7.99	10.2	300	555	509
38	8.90	11.3	310	592	
40	9.86	12.6	320	631	
42	10.9	13.8	330	671	
45	12.5	15.9	340	713	
48	14.2	18.1	350	755	
50	15.4	19.6	360	799	
53	17.3	22.1	370	844	
55	18.7	23.7	380	890	
56	19.3	24.6			
58	20.7	26.4			
60	22.2	28.3			
63	24.5	31.2			
65	26.0	33.2			
68	28.5	36.3			
70	30.2	38.5			

注：1. GB/T 702—2017 代替 GB/T 702—2008。

2. GB/T 702—2017 热轧钢棒按截面形状分为圆钢、方钢、扁钢、六角钢和八角钢共 5 种。

3. 热轧钢棒的尺寸精度及几何精度应符合 GB/T 702—2017 的规定。

4. 热轧圆钢和方钢棒材的长度为 2000～12000mm；对于碳素工具钢和合金工具钢钢棒公称尺寸＞75mm 时，其长度为 1000～8000mm。

5. 棒材理论质量按密度 7.85g/cm^3 计算所得；产品通常按实际质量交货，经双方协定，亦可按理论质量交货，但应在合同中注明。

表 4-1-113　**热轧扁钢尺寸及理论质量**（GB/T 702—2017）

	公称宽度/mm	厚度/mm																								
		3	4	5	6	7	8	9	10	11	12	14	16	18	20	22	25	28	30	32	36	40	45	50	56	60
		理论质量/kg·m^{-1}																								
一般用途热轧扁钢	10	0.24	0.31	0.39	0.47	0.55	0.63																			
	12	0.28	0.38	0.47	0.57	0.66	0.75																			
	14	0.33	0.44	0.55	0.66	0.77	0.88																			
	16	0.38	0.50	0.63	0.75	0.88	1.00	1.15	1.26																	
	18	0.42	0.57	0.71	0.85	0.99	1.13	1.27	1.41																	
	20	0.47	0.63	0.78	0.94	1.10	1.26	1.41	1.57	1.73	1.88															
	22	0.52	0.69	0.86	1.04	1.21	1.38	1.55	1.73	1.90	2.07															
	25	0.59	0.78	0.98	1.18	1.37	1.57	1.77	1.96	2.16	2.36	2.75	3.14													
	28	0.66	0.88	1.10	1.32	1.54	1.76	1.98	2.20	2.42	2.64	3.08	3.53													
	30	0.71	0.94	1.18	1.41	1.65	1.88	2.12	2.36	2.59	2.83	3.30	3.77	4.24	4.71											
	32	0.75	1.00	1.26	1.51	1.76	2.01	2.26	2.55	2.76	3.01	3.52	4.02	4.52	5.02											
	35	0.82	1.10	1.37	1.65	1.92	2.20	2.47	2.75	3.02	3.30	3.85	4.40	4.95	5.50	6.04	6.87	7.69								
	40	0.94	1.26	1.57	1.88	2.20	2.51	2.83	3.14	3.45	3.77	4.40	5.02	5.65	6.28	6.91	7.85	8.79								
	45	1.06	1.41	1.77	2.12	2.47	2.83	3.18	3.53	3.89	4.24	4.95	5.65	6.36	7.07	7.77	8.83	9.89	10.60	11.30	12.72					
	50	1.18	1.57	1.96	2.36	2.75	3.14	3.53	3.93	4.32	4.71	5.50	6.28	7.06	7.85	8.64	9.81	10.99	11.78	12.56	14.13					
	55		1.73	2.16	2.59	3.02	3.45	3.89	4.32	4.75	5.18	6.04	5.91	7.77	8.64	9.50	10.79	12.09	12.95	13.82	15.54					
	60		1.88	2.36	2.83	3.30	3.77	4.24	4.71	5.18	5.65	6.59	7.54	8.48	9.42	10.36	11.78	13.19	14.13	15.07	16.96	18.84	21.20			
	65		2.04	2.55	3.06	3.57	4.08	4.59	5.10	5.61	6.12	7.14	8.16	9.18	10.20	11.23	12.76	14.29	15.31	16.33	18.37	20.41	22.96			
	70		2.20	2.75	3.30	3.85	4.40	4.95	5.50	6.04	6.59	7.69	8.79	9.89	10.99	12.09	13.74	15.39	16.49	17.58	19.78	21.98	24.73			
	75		2.36	2.94	3.53	4.12	4.71	5.30	5.89	6.48	7.07	8.24	9.42	10.60	11.78	12.95	14.72	16.48	17.66	18.84	21.20	23.55	26.49			
	80		2.51	3.14	3.77	4.40	5.02	5.65	6.28	6.91	7.54	8.79	10.05	11.30	12.56	13.82	15.70	17.58	18.84	20.10	22.61	25.12	28.26	31.40	35.17	
	85			3.34	4.00	4.67	5.34	6.01	6.67	7.34	8.01	9.34	10.68	12.01	13.34	14.68	16.68	18.68	20.02	21.35	24.02	26.69	30.03	33.36	37.37	40.04
	90			3.53	4.24	4.95	5.65	6.36	7.07	7.77	8.48	9.89	11.30	12.72	14.13	15.54	17.66	19.78	21.20	22.61	25.43	28.26	31.79	35.32	39.56	42.39
	95			3.73	4.47	5.22	5.97	6.71	7.46	8.20	8.95	10.44	11.93	13.42	14.92	16.41	18.64	20.88	22.37	23.86	26.85	29.83	33.56	37.29	41.76	44.74
	100			3.92	4.71	5.50	6.28	7.06	7.85	8.64	9.42	10.99	12.56	14.13	15.70	17.27	19.62	21.98	23.55	25.12	28.26	31.40	35.32	39.25	43.96	47.10
	105			4.12	4.95	5.77	6.59	7.42	8.24	9.07	9.89	11.54	13.19	14.84	16.48	18.13	20.61	23.08	24.73	26.38	29.67	32.97	37.09	41.21	46.16	49.46
	110			4.32	5.18	6.04	6.91	7.77	8.64	9.50	10.36	12.09	13.82	15.54	17.27	19.00	21.59	24.18	25.90	27.63	31.09	34.54	38.86	43.18	48.36	51.81
	120			4.71	5.65	6.59	7.54	8.48	9.42	10.36	11.30	13.19	15.07	16.96	18.84	20.72	23.55	26.38	28.26	30.14	33.91	37.68	42.39	47.10	52.75	56.52
	125				5.89	6.87	7.85	8.83	9.81	10.79	11.78	13.74	15.70	17.66	19.62	21.58	24.53	27.48	29.44	31.40	35.32	39.25	44.16	49.06	54.95	58.88
	130				6.12	7.14	8.16	9.18	10.20	11.23	12.25	14.29	16.33	18.37	20.41	22.45	25.51	28.57	30.62	32.66	36.74	40.82	45.92	51.02	57.15	61.23
	140					7.69	8.79	9.89	10.99	12.09	13.19	15.39	17.58	19.78	21.98	24.18	27.48	30.77	32.97	35.17	39.56	43.96	49.46	54.95	61.54	65.94
	150					8.24	9.42	10.60	11.78	12.95	14.13	16.48	18.84	21.20	23.55	25.90	29.44	32.97	35.32	37.68	42.39	47.10	52.99	58.88	65.94	70.65
	160					8.79	10.05	11.30	12.56	13.82	15.07	17.58	20.10	22.61	25.12	27.63	31.40	35.17	37.68	40.19	45.22	50.24	56.52	62.80	70.34	75.36
	180					9.89	11.30	12.72	14.13	15.54	16.96	19.78	22.61	25.43	28.26	31.09	35.32	39.56	42.39	45.22	50.87	56.52	63.58	70.65	79.13	84.78
	200					10.99	12.56	14.13	15.70	17.27	18.84	21.98	25.12	28.26	31.40	34.54	39.25	43.96	47.10	50.24	56.52	62.80	70.65	78.50	87.92	94.20

续表

	公称宽度/mm	扁钢公称厚度/mm																					
		4	6	8	10	13	16	18	20	23	25	28	32	36	40	45	50	56	63	71	80	90	100
		理论质量/kg·m^{-1}																					
热轧工具钢扁钢	10	0.31	0.47	0.63																			
	13	0.41	0.61	0.82	1.02																		
	16	0.50	0.75	1.00	1.26	1.63																	
	20	0.63	0.94	1.26	1.57	2.04	2.51	2.83															
	25	0.79	1.18	1.57	1.96	2.55	3.14	3.53	3.93	4.51													
	32	1.00	1.51	2.01	2.51	3.27	4.02	4.52	5.02	5.78	6.28	7.03											
	40	1.26	1.88	2.51	3.14	4.08	5.02	5.65	6.28	7.22	7.85	8.79	10.05	11.30									
	50	1.57	2.36	3.14	3.93	5.10	6.28	7.07	7.85	9.03	9.81	10.99	12.56	14.18	15.70	17.66							
	63	1.98	2.97	3.96	4.95	6.43	7.91	8.90	9.89	11.37	12.36	13.85	15.83	17.80	19.78	22.25	24.73	27.69					
	71	2.23	3.34	4.46	5.57	7.25	8.92	10.03	11.15	12.82	13.93	15.61	17.84	20.06	22.29	25.08	27.87	31.21	35.11				
	80	2.51	3.77	5.02	6.28	8.16	10.05	11.30	12.56	14.44	15.70	17.58	20.10	22.61	26.12	28.26	31.40	35.17	39.56	44.59			
	90	2.83	4.24	5.65	7.07	9.18	11.30	12.72	14.13	16.25	17.66	19.78	22.61	25.43	28.26	31.79	35.33	39.56	44.51	50.16	56.52		
	100	3.14	4.71	6.28	7.85	10.21	12.56	14.13	15.70	18.06	19.63	21.98	25.12	28.26	31.40	35.33	39.25	43.96	49.46	55.74	62.80	70.65	
	112	3.52	5.28	7.03	8.79	11.43	14.07	15.83	17.58	20.22	21.98	24.62	28.13	31.65	35.17	39.56	43.96	49.24	55.39	62.42	70.34	79.13	87.92
	125	3.93	5.89	7.85	9.81	12.76	15.70	17.66	19.63	22.57	24.53	27.48	31.40	35.33	39.25	44.16	49.06	54.95	61.82	69.67	78.50	88.31	98.13
	140	4.40	6.59	8.79	10.99	14.29	17.58	19.78	21.98	25.28	27.48	30.77	35.17	39.56	43.96	49.46	54.95	61.54	69.24	78.03	87.92	98.91	109.90
	160	5.02	7.54	10.05	12.56	16.33	20.10	22.61	25.12	28.89	31.40	35.17	40.19	45.22	50.24	56.52	62.80	70.34	79.13	89.18	100.48	113.04	125.60
	180	5.65	8.48	11.30	14.13	18.37	22.61	25.43	28.26	32.50	35.33	39.56	45.22	50.87	56.52	63.59	70.65	79.13	89.02	100.32	113.04	127.17	141.30
	200	6.28	9.42	12.56	15.70	20.41	25.12	28.26	31.40	36.11	39.25	43.96	50.24	56.52	62.80	70.65	78.50	87.92	98.91	111.47	125.60	141.30	157.00
	224	7.03	10.55	14.07	17.58	22.86	28.13	31.65	35.17	40.44	43.96	49.24	56.27	63.30	70.34	79.13	87.92	98.47	110.78	124.85	140.67	158.26	175.84
	250	7.85	11.78	15.70	19.63	25.51	31.40	35.33	39.25	45.14	49.06	54.95	62.80	70.65	78.50	88.31	98.13	109.90	123.64	139.34	157.00	176.63	196.25
	280	8.79	13.19	17.58	21.98	28.57	35.17	39.56	43.96	50.55	54.95	61.54	70.34	79.13	87.92	98.91	109.90	123.09	138.47	156.06	175.84	197.82	219.80
	310	9.73	14.60	19.47	24.34	31.64	38.94	43.80	48.67	55.97	60.84	68.14	77.87	87.61	97.34	109.51	121.68	136.28	153.31	172.78	194.68	219.02	243.35

注：1. 一般用途热轧扁钢通常长度为 2000～12000mm；热轧工具钢扁钢公称宽度≤70mm、＞70mm，其通常长度分别为≥2000mm、≥1000mm。

2. 对于高合金钢棒材，理论质量应采用相应牌号的密度计算。

3. 参见表 4-1-112 的注。

表 4-1-114　**热轧六角钢和八角钢尺寸及理论质量**（GB/T 702—2017）

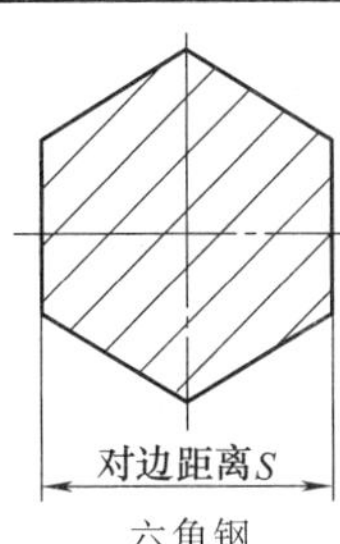

六角钢

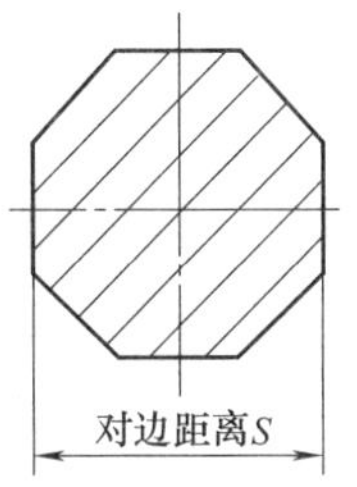

八角钢

对边距离 S/mm	截面面积 A/cm²		理论质量/kg·m⁻¹	
	六角钢	八角钢	六角钢	八角钢
8	0.5543	—	0.435	—
9	0.7015	—	0.551	—
10	0.866	—	0.68	—
11	1.048	—	0.823	—
12	1.247	—	0.979	—
13	1.464	—	1.05	—
14	1.697	—	1.33	—
15	1.949	—	1.53	—
16	2.217	2.120	1.74	1.66
17	2.503	—	1.96	—
18	2.806	2.683	2.20	2.16
19	3.126	—	2.45	—
20	3.464	3.312	2.72	2.60
21	3.819	—	3.00	—
22	4.192	4.008	3.29	3.15
23	4.581	—	3.60	—
24	4.988	—	3.92	—
25	5.413	5.175	4.25	4.06
26	5.854	—	4.60	—
27	6.314	—	4.96	—
28	6.790	6.492	5.33	5.10
30	7.794	7.452	6.12	5.85
32	8.868	8.479	6.96	6.66
34	10.011	9.572	7.86	7.51
36	11.223	10.73	8.81	8.42
38	12.505	11.96	9.82	9.39
40	13.86	13.25	10.88	10.40
42	15.28	—	11.99	—
45	17.54	—	13.77	—
48	19.95	—	15.66	—
50	21.65	—	17.00	—
53	24.33	—	19.10	—
56	27.16	—	21.32	—
58	29.13	—	22.87	—
60	31.18	—	24.50	—
63	34.37	—	26.98	—
65	36.59	—	28.72	—
68	40.04	—	31.43	—
70	42.43	—	33.30	—

注：表中的理论质量按密度 7.85g/m³ 计算。表中截面面积（A）计算公式：$A=\frac{1}{4}nS^2\tan\frac{\phi}{2}\times\frac{1}{100}$

六角形　$A=\frac{3}{2}S^2\tan30°\times\frac{1}{100}\approx0.866S^2\times\frac{1}{100}$

八角形　$A=2S^2\tan22°30'\times\frac{1}{100}\approx0.828S^2\times\frac{1}{100}$

式中　n——正 n 边形边数；

ϕ——正 n 边形圆内角，$\phi=360/n$。

第4篇

1.8.2 冷拉圆钢、方钢、六角钢及优质结构钢冷拉钢材

表 4-1-115 冷拉圆钢、方钢和六角钢尺寸规格

	尺寸 d、a、s /mm	圆钢		方钢		六角钢	
		截面面积 /mm²	理论质量 /kg·m⁻¹	截面面积 /mm²	理论质量 /kg·m⁻¹	截面面积 /mm²	理论质量 /kg·m⁻¹
冷拉圆钢、方钢和六角钢尺寸规格（GB/T 905—1994）	3.0	7.069	0.0555	9.000	0.0706	7.794	0.0612
	3.2	8.042	0.0631	10.24	0.0804	8.868	0.0696
	3.5	9.621	0.0755	12.25	0.0962	10.61	0.0833
	4.0	12.57	0.0986	16.00	0.126	13.86	0.109
	4.5	15.90	0.125	20.25	0.159	17.54	0.138
	5.0	19.63	0.154	25.00	0.196	21.65	0.170
	5.5	23.76	0.187	30.25	0.237	26.20	0.206
	6.0	28.27	0.222	36.00	0.283	31.18	0.245
	6.3	31.17	0.245	39.69	0.312	34.37	0.270
	7.0	38.48	0.302	49.00	0.385	42.44	0.333
	7.5	44.18	0.347	56.25	0.442	—	—
	8.0	50.27	0.395	64.00	0.502	55.43	0.435
	8.5	56.75	0.445	72.25	0.567	—	—
	9.0	63.62	0.499	81.00	0.636	70.15	0.551
	9.5	70.88	0.556	90.25	0.708	—	—
	10.0	78.54	0.617	100.0	0.785	86.60	0.680
	10.5	86.59	0.680	110.2	0.865	—	—
	11.0	95.03	0.746	121.0	0.950	104.8	0.823
	11.5	103.9	0.815	132.2	1.04	—	—
	12.0	113.1	0.888	144.0	1.13	124.7	0.979
	13.0	132.7	1.04	169.0	1.33	146.4	1.15
	14.0	153.9	1.21	196.0	1.54	169.7	1.33
	15.0	176.7	1.39	225.0	1.77	194.9	1.53
	16.0	201.1	1.58	256.0	2.01	221.7	1.74
	17.0	227.0	1.78	289.0	2.27	250.3	1.96
	18.0	254.5	2.00	324.0	2.54	280.6	2.20
	19.0	283.5	2.23	361.0	2.83	312.6	2.45
	20.0	314.2	2.47	400.0	3.14	346.4	2.72
	21.0	346.4	2.72	441.0	3.46	381.9	3.00
	22.0	380.1	2.98	484.0	3.80	419.2	3.29
	24.0	452.4	3.55	576.0	4.52	498.8	3.92
	25.0	490.9	3.85	625.0	4.91	541.3	4.25
	26.0	530.9	4.17	676.0	5.31	585.4	4.60
	28.0	615.8	4.83	784.0	6.15	679.0	5.33
	30.0	706.9	5.55	900.0	7.06	779.4	6.12
	32.0	804.2	6.31	1024	8.04	886.8	6.96
	34.0	907.9	7.13	1156	9.07	1001	7.86
	35.0	962.1	7.55	1225	9.62	—	—
	36.0	—	—	—	—	1122	8.81
	38.0	1134	8.90	1444	11.3	1251	9.82
	40.0	1257	9.86	1600	12.6	1386	10.9
	42.0	1385	10.9	1764	13.8	1528	12.0
	45.0	1590	12.5	2025	15.9	1754	13.8
	48.0	1810	14.2	2304	18.1	1995	15.7
	50.0	1968	15.4	2500	19.6	2165	17.0

续表

	尺寸 d、a、s /mm	圆钢		方钢		六角钢	
		截面面积 /mm²	理论质量 /kg·m⁻¹	截面面积 /mm²	理论质量 /kg·m⁻¹	截面面积 /mm²	理论质量 /kg·m⁻¹
冷拉圆钢、方钢和六角钢尺寸规格（GB/T 905—1994）	52.0	2206	17.3	2809	22.0	2433	19.1
	55.0	—	—	—	—	2620	20.5
	56.0	2463	19.3	3136	24.6	—	—
	60.0	2827	22.2	3600	28.3	3118	24.5
	63.0	3117	24.5	3969	31.2	—	—
	65.0	—	—	—	—	3654	28.7
	67.0	3526	27.7	4489	35.2	—	—
	70.0	3848	30.2	4900	38.5	4244	33.3
	75.0	4418	34.7	5625	44.2	4871	38.2
	80.0	5027	39.5	6400	50.2	5543	43.5

	牌号	交货状态硬度 HBW ≤		牌号	交货状态硬度 HBW ≤	
		冷拉、冷拉磨光	退火、光亮退火、高温回火或正火后回火		冷拉、冷拉磨光	退火、光亮退火、高温回火或正火后回火
优质结构钢冷拉钢材牌号及硬度值（GB/T 3078—2008）	10	229	179	20CrV	255	217
	15	229	179	40CrVA	269	229
	20	229	179	45CrVA	302	255
	25	229	179	38CrSi	269	255
	30	229	179	20CrMnSiA	255	217
	35	241	187	25CrMnSiA	269	229
	40	241	207	30CrMnSiA	269	229
	45	255	229	35CrMnSiA	285	241
	50	255	229	20CrMnTi	255	207
	55	269	241	15CrMo	229	187
	60	269	241	20CrMo	241	197
	65	—	255	30CrMo	269	229
	15Mn	207	163	35CrMo	269	241
	20Mn	229	187	42CrMo	285	255
	25Mn	241	197	20CrMnMo	269	229
	30Mn	241	197	40CrMnMo	269	241
	35Mn	255	207	35CrMoVA	285	255
	40Mn	269	217	38CrMoAlA	269	229
	45Mn	269	229	15CrA	229	179
	50Mn	269	229	20Cr	229	179
	60Mn	—	225	30Cr	241	187
	65Mn	—	269	35Cr	269	217
	20Mn2	241	197	40Cr	269	217
	35Mn2	255	207	45Cr	269	229
	40Mn2	269	217	20CrNi	255	207
	45Mn2	269	229	40CrNi	—	255
	50Mn2	285	229	45CrNi	—	269
	27SiMn	255	217	12CrNi2A	269	217
	35SiMn	269	229	12CrNi3A	269	229
	42SiMn	—	241	20CrNi3A	269	241
	20MnV	229	187	30CrNi3(A)	—	255
	40B	241	207	37CrNi3A	—	269
	45B	255	229	12Cr2Ni4A	—	255
	50B	255	229	20Cr2Ni4A	—	269
	40MnB	269	217	40CrNiMoA	—	269
	45MnB	269	229	45CrNiMoVA	—	269
	40MnVB	269	217	18Cr2Ni4WA	—	269
	20SiMnVB	269	217	25Cr2Ni4WA	—	269

续表

	牌号	冷拉			退火		
		抗拉强度 R_m/MPa	断后伸长率 A/%	断面收缩率 Z/%	抗拉强度 R_m/MPa	断后伸长率 A/%	断面收缩率 Z/%
		≥			≥		
优质结构钢冷拉钢材力学性能（GB/T 3078—2008）	10	440	8	50	295	26	55
	15	470	8	45	345	28	55
	20	510	7.5	40	390	21	50
	25	540	7	40	410	19	50
	30	560	7	35	440	17	45
	35	590	6.5	35	470	15	45
	40	610	6	35	510	14	40
	45	635	6	30	540	13	40
	50	655	6	30	560	12	40
	15Mn	490	7.5	40	390	21	50
	50Mn	685	5.5	30	590	10	35
	50Mn2	735	5	25	635	9	30

注：1. 本表理论质量按密度 7.85kg/dm³ 计算，对高合金钢应按相应牌号的密度计算理论质量。d—圆钢直径，a—方钢边长，s—六角钢对边距离。

2. 按需方要求，经供需双方协议，可以供应中间尺寸的钢材。

3. 钢材通常长度为 2000～6000mm，允许交付长度不小于 1500mm 钢材，其质量不超过批总质量的 10%，高合金钢钢材允许交付不小于 1000mm 的钢材，质量不超过批总质量的 10%。按需方要求，可供应长度大于 6000mm 钢材。

4. 按定尺、倍尺长度交货，应在合同中注明，其长度允许偏差不大于 $^{+50}_{0}$mm。

5. 钢材以直条交货，经双方协议，钢材可成盘交货，盘径和盘重双方协定。

6. 圆钢允许偏差为 h8、h9、h10、h11、h12；方钢为 h10、h11、h12、h13；六角钢为 h10、h11、h12、h13；其尺寸的分段及尺寸的允许偏差和极限与配合标准公差等级和孔、轴的极限偏差（GB/T 1800.2—2009）基本尺寸小于 80mm 轴的极限偏差数值相同，其允许偏差值参见 GB/T 1800.2—2009 轴的极限偏差表。

7. 按需方要求，可供应圆度不大于直径公差 50%的圆钢。

8. 钢材不应有显著扭转，方钢不得有显著脱方。对于方钢、六角钢的顶角圆弧半径和对角线有特殊要求时，由供需双方协议；钢材端头不应有切弯和影响使用的剪切变形。

9. 经供需双方协议供自动切削用直条交货的六角钢，尺寸为 7～25mm 时，每米弯曲度不大于 2mm，尺寸大于 25mm 时，每米弯曲度不大于 1mm。尺寸小于 7mm 直条交货钢材，每米弯曲度不大于 4mm。自动切削用圆钢应在合同中注明。尺寸大于或等于 7mm 的直条交货的钢材弯曲度应符合下列规定：

级　别	弯曲度/mm·m^{-1}　≤			总弯曲度/mm　≤
	尺寸(d、a、s)/mm			
	7～25	>25～50	>50～80	7～80
8、9 级(h8、h9)	1	0.75	0.50	总长度与每米允许弯曲度的乘积
10、11 级(h10、h11)	3	2	1	
12、13 级(h12、h13)	4	3	2	
供自动切削用圆钢	2	2	1	

10. GB/T 3078—2008 优质结构钢冷拉钢材分为：压力加工用钢（UP）、热压力加工用钢（UHP）、冷顶锻用钢（UCF）、热顶锻用钢（UHF）、切削加工用钢（UC）。钢材分类应在合同中注明。

11. GB/T 3078—2008 优质结构钢冷拉钢材适用于采用优质碳素结构钢和合金结构钢冷拉而成的圆钢、方钢和六角钢，其化学成分符合 GB/T 699 和 GB/T 3077 相应牌号的规定。冷拉钢材的尺寸规格符合 GB/T 905 的规定（参见本表）。磨光钢材尺寸规格符合 GB/T 3207 的规定。

12. 钢材以冷拉、冷拉磨光、退火、光亮退火、高温回火或正火后回火交货，其硬度应符合本表规定，正火交货钢材硬度值由供需双方商定。截面尺寸小于 5mm 的钢材，不进行硬度试验或由双方商定。

13. 根据需方要求，并在合同中注明，钢材可进行力学性能测试，交货状态力学性能按本表规定，本表未列入的牌号，用热处理毛坯制成的试样，其力学性能指标应符合 GB/T 699、GB/T 3077 的规定。

14. 标记示例：用 40Cr 制造，尺寸偏差为 11 级，直径 d（或边长 a 或对边距离 s）为 20mm 的冷拉钢材，标记为：冷拉圆钢 $\frac{\text{11-20-GB/T 905—1994}}{\text{40Cr-GB/T 3078—2008}}$。

1.8.3 银亮钢

表 4-1-116　　银亮钢分类、材料牌号及应用（GB/T 3207—2008）

分类及代号	剥皮材，代号 SF，通过车削剥去表皮去除轧制缺陷和脱碳层后，经矫直，表面粗糙度 $Ra \leqslant 3.0\mu m$ 磨光材，代号 SP，拉拔或剥皮后，经磨光处理，表面粗糙度 $Ra \leqslant 5.0\mu m$ 抛光材、代号 SB，经拉拔、车削剥皮或磨光后，再进行抛光处理，表面粗糙度 $Ra \leqslant 0.6\mu m$	
材料要求	牌号	可以采用相关技术标准规定的牌号
	化学成分	化学成分符合相应技术标准的规定
	力学性能	银亮钢的力学性能（不含试样热处理的性能）和工艺性能允许比相应技术标准的规定波动±10% 试样经热处理的力学性能应符合相应技术标准的规定
用途	银亮钢经加工处理，表面无轧制缺陷和脱碳层，具有一定表面质量和尺寸精度，适用于对表面质量有较高要求的，可简化钢材使用后加工要求的机械及相关各行业零件制件	

表 4-1-117　　银亮钢尺寸规格及允许偏差（GB/T 3207—2008）

尺寸规格

公称直径 d/mm	参考截面面积/mm²	参考质量 /kg·m⁻¹	公称直径 d/mm	参考截面面积/mm²	参考质量 /kg·m⁻¹	公称直径 d/mm	参考截面面积/mm²	参考质量 /kg·m⁻¹
1.00	0.7854	0.006	12.0	113.1	0.888	58.0	2642	20.7
1.10	0.9503	0.007	13.0	132.7	1.04	60.0	2827	22.2
1.20	1.131	0.009	14.0	153.9	1.21	63.0	3117	24.5
1.40	1.539	0.012	15.0	176.7	1.39	65.0	3318	26.0
1.50	1.767	0.014	16.0	201.1	1.58	68.0	3632	28.5
1.60	2.001	0.016	17.0	227.0	1.78	70.0	3848	30.2
1.80	2.545	0.020	18.0	254.5	2.00	75.0	4418	34.7
2.00	3.142	0.025	19.0	283.5	2.23	80.0	5027	39.5
2.20	3.801	0.030	20.0	314.2	2.47	85.0	5675	44.5
2.50	4.909	0.039	21.0	346.4	2.72	90.0	6362	49.9
2.80	6.158	0.049	22.0	380.1	2.98	95.0	7088	55.6
3.00	7.069	0.056	24.0	452.4	3.55	100.0	7854	61.7
3.20	8.042	0.063	25.0	490.9	3.85	105.0	8659	68.0
3.50	9.621	0.076	26.0	530.9	4.17	110.0	9503	74.6
4.00	12.57	0.099	28.0	615.8	4.83	115.0	10390	81.5
4.50	15.90	0.125	30.0	706.9	5.55	120.0	11310	88.8
5.00	19.63	0.154	32.0	804.2	6.31	125.0	12270	96.3
5.50	23.76	0.187	33.0	855.3	6.71	130.0	13270	104
6.00	28.27	0.222	34.0	907.9	7.13	135.0	14310	112
6.30	31.17	0.244	35.0	962.1	7.55	140.0	15390	121
7.0	38.48	0.302	36.0	1018	7.99	145.0	16510	130
7.5	44.18	0.347	38.0	1134	8.90	150.0	17670	139
8.0	50.27	0.395	40.0	1257	9.90	155.0	18870	148
8.5	56.75	0.445	42.0	1385	10.9	160.0	20110	158
9.0	63.62	0.499	45.0	1590	12.5	165.0	21380	168
9.5	70.88	0.556	48.0	1810	14.2	170.0	22700	178
10.0	78.54	0.617	50.0	1963	15.4	175.0	24050	189
10.5	86.59	0.680	53.0	2206	17.3	180.0	25450	200
11.0	95.03	0.746	55.0	2376	18.6			
11.5	103.9	0.815	56.0	2463	19.3			

直径允许偏差

公称直径/mm	允许偏差/mm							
	6(h6)	7(h7)	8(h8)	9(h9)	10(h10)	11(h11)	12(h12)	13(h13)
1.0～3.0	0 −0.006	0 −0.010	0 −0.014	0 −0.025	0 −0.040	0 −0.060	0 −0.10	0 −0.14
>3.0～6.0	0 −0.008	0 −0.012	0 −0.018	0 −0.030	0 −0.048	0 −0.075	0 −0.12	0 −0.18
>6.0～10.0	0 −0.009	0 −0.015	0 −0.022	0 −0.036	0 −0.058	0 −0.090	0 −0.150	0 −0.22

续表

	公称直径/mm	允许偏差/mm							
		6(h6)	7(h7)	8(h8)	9(h9)	10(h10)	11(h11)	12(h12)	13(h13)
直径允许偏差	>10.0～18.0	0 −0.011	0 −0.018	0 −0.027	0 −0.043	0 −0.070	0 −0.11	0 −0.18	0 −0.27
	>18.0～30.0	0 −0.013	0 −0.021	0 −0.033	0 −0.052	0 −0.084	0 −0.13	0 −0.21	0 −0.33
	>30.0～50.0	0 −0.016	0 −0.025	0 −0.039	0 −0.062	0 −0.100	0 −0.16	0 −0.25	0 −0.39
	>50.0～80.0	0 −0.019	0 −0.030	0 −0.046	0 −0.074	0 −0.12	0 −0.19	0 −0.30	0 −0.46
	>80.0～120.0	0 −0.022	0 −0.035	0 −0.054	0 −0.087	0 −0.14	0 −0.22	0 −0.35	0 −0.54
	>120.0～180.0	0 −0.025	0 −0.040	0 −0.063	0 −0.100	0 −0.16	0 −0.25	0 −0.40	0 −0.63

注：1. 银亮钢截面为圆形，通常以直条交货，公称直径≤30mm时，通常长度为2～6m；公称直径>30mm时，通常长度为2～7m。剥皮材（SF）和抛光材（SB）平直度≤1mm/m；磨光材（SP）平直度≤2mm/m。

2. 银亮钢的直径允许偏差级别应在合同中注明或按相应产品标准的规定。未注明者直径不大于80mm按11级（h11）供货，直径大于80mm的按12级（h12）供货。

3. 银亮钢可按剥皮、磨光、抛光冷加工方法中之任一种交货，按需方要求并在合同中注明，银亮钢成品可以热处理状态供货。

1.8.4 热轧工字钢

表 4-1-118　　热轧工字钢尺寸规格（GB/T 706—2016）

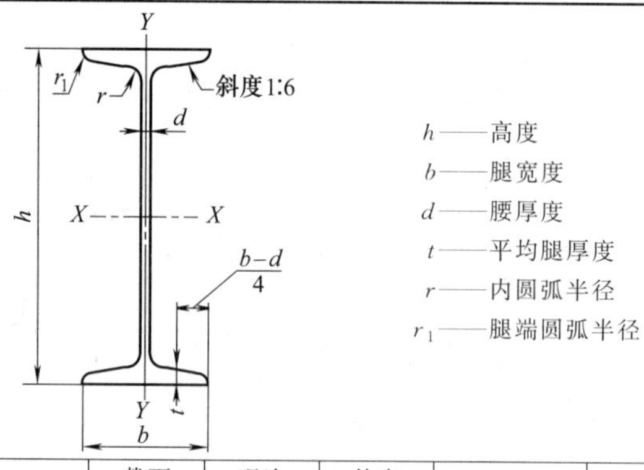

型号	截面尺寸/mm						截面面积 /cm²	理论质量 /kg·m⁻¹	外表面积 /m²·m⁻¹	惯性矩/cm⁴		惯性半径/cm		截面模数 /cm³	
	h	b	d	t	r	r_1				I_x	I_y	i_x	i_y	W_x	W_y
10	100	68	4.5	7.6	6.5	3.3	14.33	11.3	0.432	245	33.0	4.14	1.52	49.0	9.72
12	120	74	5.0	8.4	7.0	3.5	17.80	14.0	0.493	436	46.9	4.95	1.62	72.7	12.7
12.6	126	74	5.0	8.4	7.0	3.5	18.10	14.2	0.505	488	46.9	5.20	1.61	77.5	12.7
14	140	80	5.5	9.1	7.5	3.8	21.50	16.9	0.553	712	64.4	5.76	1.73	102	16.1
16	160	88	6.0	9.9	8.0	4.0	26.11	20.5	0.621	1130	93.1	6.58	1.89	141	21.2
18	180	94	6.5	10.7	8.5	4.3	30.74	24.1	0.681	1660	122	7.36	2.00	185	26.0
20a	200	100	7.0	11.4	9.0	4.5	35.55	27.9	0.742	2370	158	8.15	2.12	237	31.5
20b		102	9.0				39.55	31.1	0.746	2500	169	7.96	2.06	250	33.1
22a	220	110	7.5	12.3	9.5	4.8	42.10	33.1	0.817	3400	225	8.99	2.31	309	40.9
22b		112	9.5				46.50	36.5	0.821	3570	239	8.78	2.27	325	42.7
24a	240	116	8.0	13.0	10.0	5.0	47.71	37.5	0.878	4570	280	9.77	2.42	381	48.4
24b		118	10.0				52.51	41.2	0.882	4800	297	9.57	2.38	400	50.4
25a	250	116	8.0				48.51	38.1	0.898	5020	280	10.2	2.40	402	48.3
25b		118	10.0				53.51	42.0	0.902	5280	309	9.94	2.40	423	52.4

续表

型号	截面尺寸/mm						截面面积/cm²	理论质量/kg·m⁻¹	外表面积/m²·m⁻¹	惯性矩/cm⁴		惯性半径/cm		截面模数/cm³	
	h	b	d	t	r	r_1				I_x	I_y	i_x	i_y	W_x	W_y
27a	270	122	8.5	13.7	10.5	5.3	54.52	42.8	0.958	6550	345	10.9	2.51	485	56.6
27b		124	10.5				59.92	47.0	0.962	6870	366	10.7	2.47	509	58.9
28a	280	122	8.5				55.37	43.5	0.978	7110	345	11.3	2.50	508	56.6
28b		124	10.5				60.97	47.9	0.982	7480	379	11.1	2.49	534	61.2
30a	300	126	9.0	14.4	11.0	5.5	61.22	48.1	1.031	8950	400	12.1	2.55	597	63.5
30b		128	11.0				67.22	52.8	1.035	9400	422	11.8	2.50	627	65.9
30c		130	13.0				73.22	57.5	1.039	9850	445	11.6	2.46	657	68.5
32a	320	130	9.5	15.0	11.5	5.8	67.12	52.7	1.084	11100	460	12.8	2.62	692	70.8
32b		132	11.5				73.52	57.7	1.088	11600	502	12.6	2.61	726	76.0
32c		134	13.5				79.92	62.7	1.092	12200	544	12.3	2.61	760	81.2
36a	360	136	10.0	15.8	12.0	6.0	76.44	60.0	1.185	15800	552	14.4	2.69	875	81.2
36b		138	12.0				83.64	65.7	1.189	16500	582	14.1	2.64	919	84.3
36c		140	14.0				90.84	71.3	1.193	17300	612	13.8	2.60	962	87.4
40a	400	142	10.5	16.5	12.5	6.3	86.07	67.6	1.285	21700	660	15.9	2.77	1090	93.2
40b		144	12.5				94.07	73.8	1.289	22800	692	15.6	2.71	1140	96.2
40c		146	14.5				102.1	80.1	1.293	23900	727	15.2	2.65	1190	99.6
45a	450	150	11.5	18.0	13.5	6.8	102.4	80.4	1.411	32200	855	17.7	2.89	1430	114
45b		152	13.5				111.4	87.4	1.415	33800	894	17.4	2.84	1500	118
45c		154	15.5				120.4	94.5	1.419	35300	938	17.1	2.79	1570	122
50a	500	158	12.0	20.0	14.0	7.0	119.2	93.6	1.539	46500	1120	19.7	3.07	1860	142
50b		160	14.0				129.2	101	1.543	48600	1170	19.4	3.01	1940	146
50c		162	16.0				139.2	109	1.547	50600	1220	19.0	2.96	2080	151
55a	550	166	12.5	21.0	14.5	7.3	134.1	105	1.667	62900	1370	21.6	3.19	2290	164
55b		168	14.5				145.1	114	1.671	65600	1420	21.2	3.14	2390	170
55c		170	16.5				156.1	123	1.675	68400	1480	20.9	3.08	2490	175
56a	560	166	12.5				135.4	106	1.687	65600	1370	22.0	3.18	2340	165
56b		168	14.5				146.6	115	1.691	68500	1490	21.6	3.16	2450	174
56c		170	16.5				157.8	124	1.695	71400	1560	21.3	3.16	2550	183
63a	630	176	13.0	22.0	15.0	7.5	154.6	121	1.862	93900	1700	24.5	3.31	2980	193
63b		178	15.0				167.2	131	1.866	98100	1810	24.2	3.29	3160	204
63c		180	17.0				179.8	141	1.870	102000	1920	23.8	3.27	3300	214

注：1. GB/T 706—2016《热轧型钢》代替 GB/T 706—2008，包括热轧工字钢、热轧槽钢、热轧等边角钢和热轧不等边角钢共 4 种，型钢的截面尺寸、截面面积、理论质量及截面特性参数参见表 4-1-118～表 4-1-121。

2. 型钢牌号、化学成分和力学性能应符合 GB/T 700 或 GB/T 1591 的有关规定。

3. 型钢按理论质量交货，并以热轧状态交货，表中 r、r_1 数据仅用于孔型设计，不作为交货条件。

4. 热轧型钢规格表示方法

工字钢："Ⅰ"与高度值×腿宽度值×腰厚度值

如：Ⅰ450×150×11.5（简记为Ⅰ45a）。

槽钢："［"与高度值×腿宽度值×腰厚度值

如：［200×75×9（简记为［20b）。

等边角钢："∠"与边宽度值×边宽度值×边厚度值

如：∠200×200×24（简记为∠200×24）。

不等边角钢："∠"与长边宽度值×短边宽度值×边厚度值

如：∠160×100×16。

1.8.5　热轧槽钢

表 4-1-119　　热轧槽钢尺寸规格（GB/T 706—2016）

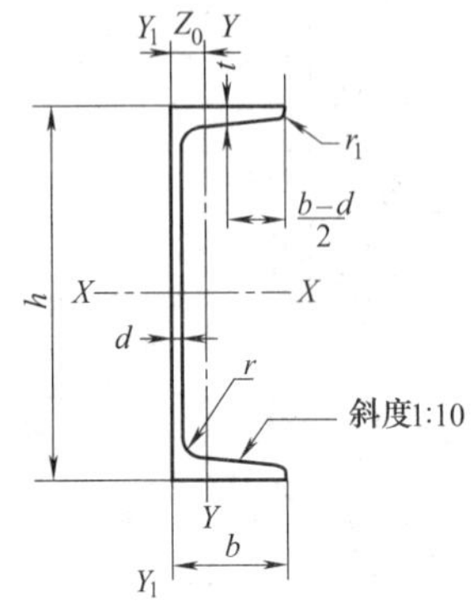

h——高度
b——腿宽度
d——腰厚度
t——平均腿厚度
r——内圆弧半径
r_1——腿端圆弧半径
Z_0——YY 轴与 Y_1Y_1 轴间距

型号	截面尺寸 /mm						截面面积 /cm^2	理论质量 /kg·m^{-1}	外表面积 /m^2·m^{-1}	惯性矩 /cm^4			惯性半径 /cm		截面模数 /cm^3		重心距离 /cm
	h	b	d	t	r	r_1				I_x	I_y	I_{y1}	i_x	i_y	W_x	W_y	Z_0
5	50	37	4.5	7.0	7.0	3.5	6.925	5.44	0.226	26.0	8.30	20.9	1.94	1.10	10.4	3.55	1.35
6.3	63	40	4.8	7.5	7.5	3.8	8.446	6.63	0.262	50.8	11.9	28.4	2.45	1.19	16.1	4.50	1.36
6.5	65	40	4.3	7.5	7.5	3.8	8.292	6.51	0.267	55.2	12.0	28.3	2.54	1.19	17.0	4.59	1.38
8	80	43	5.0	8.0	8.0	4.0	10.24	8.04	0.307	101	16.6	37.4	3.15	1.27	25.3	5.79	1.43
10	100	48	5.3	8.5	8.5	4.2	12.74	10.0	0.365	198	25.6	54.9	3.95	1.41	39.7	7.80	1.52
12	120	53	5.5	9.0	9.0	4.5	15.36	12.1	0.423	346	37.4	77.7	4.75	1.56	57.7	10.2	1.62
12.6	126	53	5.5	9.0	9.0	4.5	15.69	12.3	0.435	391	38.0	77.1	4.95	1.57	62.1	10.2	1.59
14a	140	58	6.0	9.5	9.5	4.8	18.51	14.5	0.480	564	53.2	107	5.52	1.70	80.5	13.0	1.71
14b		60	8.0				21.31	16.7	0.484	609	61.1	121	5.35	1.69	87.1	14.1	1.67
16a	160	63	6.5	10.0	10.0	5.0	21.95	17.2	0.538	866	73.3	144	6.28	1.83	108	16.3	1.80
16b		65	8.5				25.15	19.8	0.542	935	83.4	161	6.10	1.82	117	17.6	1.75
18a	180	68	7.0	10.5	10.5	5.2	25.69	20.2	0.596	1270	98.6	190	7.04	1.96	141	20.0	1.88
18b		70	9.0				29.29	23.0	0.600	1370	111	210	6.84	1.95	152	21.5	1.84
20a	200	73	7.0	11.0	11.0	5.5	28.83	22.6	0.654	1780	128	244	7.86	2.11	178	24.2	2.01
20b		75	9.0				32.83	25.8	0.658	1910	144	268	7.64	2.09	191	25.9	1.95
22a	220	77	7.0	11.5	11.5	5.8	31.83	25.0	0.709	2390	158	298	8.67	2.23	218	28.2	2.10
22b		79	9.0				36.23	28.5	0.713	2570	176	326	8.42	2.21	234	30.1	2.03
24a	240	78	7.0	12.0	12.0	6.0	34.21	26.9	0.752	3050	174	325	9.45	2.25	254	30.5	2.10
24b		80	9.0				39.01	30.6	0.756	3280	194	355	9.17	2.23	274	32.5	2.03
24c		82	11.0				43.81	34.4	0.760	3510	213	388	8.96	2.21	293	34.4	2.00
25a	250	78	7.0				34.91	27.4	0.722	3370	176	322	9.82	2.24	270	30.6	2.07
25b		80	9.0				39.91	31.3	0.776	3530	196	353	9.41	2.22	282	32.7	1.98
25c		82	11.0				44.91	35.3	0.780	3690	218	384	9.07	2.21	295	35.9	1.92
27a	270	82	7.5	12.5	12.5	6.2	39.27	30.8	0.826	4360	216	393	10.5	2.34	323	35.5	2.13
27b		84	9.5				44.67	35.1	0.830	4690	239	428	10.3	2.31	347	37.7	2.06
27c		86	11.5				50.07	39.3	0.834	5020	261	467	10.1	2.28	372	39.8	2.03
28a	280	82	7.5				40.02	31.4	0.846	4760	218	388	10.9	2.33	340	35.7	2.10
28b		84	9.5				45.62	35.8	0.850	5130	242	428	10.6	2.30	366	37.9	2.02
28c		86	11.5				51.22	40.2	0.854	5500	268	463	10.4	2.29	393	40.3	1.95
30a	300	85	7.5	13.5	13.5	6.8	43.89	34.5	0.897	6050	260	467	11.7	2.43	403	41.1	2.17
30b		87	9.5				49.89	39.2	0.901	6500	289	515	11.4	2.41	433	44.0	2.13
30c		89	11.5				55.89	43.9	0.905	6950	316	560	11.2	2.38	463	46.4	2.09

续表

型号	截面尺寸/mm						截面面积/cm^2	理论质量/$kg \cdot m^{-1}$	外表面积/$m^2 \cdot m^{-1}$	惯性矩/cm^4			惯性半径/cm		截面模数/cm^3		重心距离/cm
	h	b	d	t	r	r_1				I_x	I_y	I_{y1}	i_x	i_y	W_x	W_y	Z_0
32a	320	88	8.0	14.0	14.0	7.0	48.50	38.1	0.947	7600	305	552	12.5	2.50	475	46.5	2.24
32b		90	10.0				54.90	43.1	0.951	8140	336	593	12.2	2.47	509	49.2	2.16
32c		92	12.0				61.30	48.1	0.955	8690	374	643	11.9	2.47	543	52.6	2.09
36a	360	96	9.0	16.0	16.0	8.0	60.89	47.8	1.053	11900	455	818	14.0	2.73	660	63.5	2.44
36b		98	11.0				68.09	53.5	1.057	12700	497	880	13.6	2.70	703	66.9	2.37
36c		100	13.0				75.29	59.1	1.061	13400	536	948	13.4	2.67	746	70.0	2.34
40a	400	100	10.5	18.0	18.0	9.0	75.04	58.9	1.144	17600	592	1070	15.3	2.81	879	78.8	2.49
40b		102	12.5				83.04	65.2	1.148	18600	640	1140	15.0	2.78	932	82.5	2.44
40c		104	14.5				91.04	71.5	1.152	19700	688	1220	14.7	2.75	986	86.2	2.42

注：参见表 4-1-118 的注。

1.8.6　热轧等边角钢

表 4-1-120　　**热轧等边角钢尺寸规格**（GB/T 706—2016）

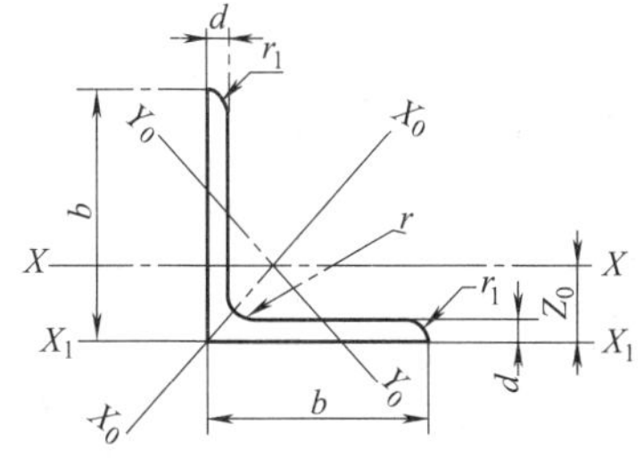

b——边宽度
d——边厚度
r——内圆弧半径
r_1——边端圆弧半径
Z_0——重心距离

型号	截面尺寸/mm			截面面积/cm^2	理论质量/$kg \cdot m^{-1}$	外表面积/$m^2 \cdot m^{-1}$	惯性矩/cm^4				惯性半径/cm			截面模数/cm^3			重心距离/cm
	b	d	r				I_x	I_{x1}	I_{x0}	I_{y0}	i_x	i_{x0}	i_{y0}	W_x	W_{x0}	W_{y0}	Z_0
2	20	3	3.5	1.132	0.89	0.078	0.40	0.81	0.63	0.17	0.59	0.75	0.39	0.29	0.45	0.20	0.60
		4		1.459	1.15	0.077	0.50	1.09	0.78	0.22	0.58	0.73	0.38	0.36	0.55	0.24	0.64
2.5	25	3		1.432	1.12	0.098	0.82	1.57	1.29	0.34	0.76	0.95	0.49	0.46	0.73	0.33	0.73
		4		1.859	1.46	0.097	1.03	2.11	1.62	0.43	0.74	0.93	0.48	0.59	0.92	0.40	0.76
3.0	30	3	4.5	1.749	1.37	0.117	1.46	2.71	2.31	0.61	0.91	1.15	0.59	0.68	1.09	0.51	0.85
		4		2.276	1.79	0.117	1.84	3.63	2.92	0.77	0.90	1.13	0.58	0.87	1.37	0.62	0.89
3.6	36	3		2.109	1.66	0.141	2.58	4.68	4.09	1.07	1.11	1.39	0.71	0.99	1.61	0.76	1.00
		4		2.756	2.16	0.141	3.29	6.25	5.22	1.37	1.09	1.38	0.70	1.28	2.05	0.93	1.04
		5		3.382	2.65	0.141	3.95	7.84	6.24	1.65	1.08	1.36	0.7	1.56	2.45	1.00	1.07
4	40	3	5	2.359	1.85	0.157	3.59	6.41	5.69	1.49	1.23	1.55	0.79	1.23	2.01	0.96	1.09
		4		3.086	2.42	0.157	4.60	8.56	7.29	1.91	1.22	1.54	0.79	1.60	2.58	1.19	1.13
		5		3.792	2.98	0.156	5.53	10.7	8.76	2.30	1.21	1.52	0.78	1.96	3.10	1.39	1.17
4.5	45	3		2.659	2.09	0.177	5.17	9.12	8.20	2.14	1.40	1.76	0.89	1.58	2.58	1.24	1.22
		4		3.486	2.74	0.177	6.65	12.2	10.6	2.75	1.38	1.74	0.89	2.05	3.32	1.54	1.26
		5		4.292	3.37	0.176	8.04	15.2	12.7	3.33	1.37	1.72	0.88	2.51	4.00	1.81	1.30
		6		5.077	3.99	0.176	9.33	18.4	14.8	3.89	1.36	1.70	0.80	2.95	4.64	2.06	1.33

第4篇

续表

型号	截面尺寸/mm			截面面积/cm²	理论质量/kg·m⁻¹	外表面积/m²·m⁻¹	惯性矩/cm⁴				惯性半径/cm			截面模数/cm³			重心距离/cm
	b	d	r				I_x	I_{x1}	I_{x0}	I_{y0}	i_x	i_{x0}	i_{y0}	W_x	W_{x0}	W_{y0}	Z_0
5	50	3	5.5	2.971	2.33	0.197	7.18	12.5	11.4	2.98	1.55	1.96	1.00	1.96	3.22	1.57	1.34
		4		3.897	3.06	0.197	9.26	16.7	14.7	3.82	1.54	1.94	0.99	2.56	4.16	1.96	1.38
		5		4.803	3.77	0.196	11.2	20.9	17.8	4.64	1.53	1.92	0.98	3.13	5.03	2.31	1.42
		6		5.688	4.46	0.196	13.1	25.1	20.7	5.42	1.52	1.91	0.98	3.68	5.85	2.63	1.46
5.6	56	3	6	3.343	2.62	0.221	10.2	17.6	16.1	4.24	1.75	2.20	1.13	2.48	4.08	2.02	1.48
		4		4.39	3.45	0.220	13.2	23.4	20.9	5.46	1.73	2.18	1.11	3.24	5.28	2.52	1.53
		5		5.415	4.25	0.220	16.0	29.3	25.4	6.61	1.72	2.17	1.10	3.97	6.42	2.98	1.57
		6		6.42	5.04	0.220	18.7	35.3	29.7	7.73	1.71	2.15	1.10	4.68	7.49	3.40	1.61
		7		7.404	5.81	0.219	21.2	41.2	33.6	8.82	1.69	2.13	1.09	5.36	8.49	3.80	1.64
		8		8.367	6.57	0.219	23.6	47.2	37.4	9.89	1.68	2.11	1.09	6.03	9.44	4.16	1.68
6	60	5	6.5	5.829	4.58	0.236	19.9	36.1	31.6	8.21	1.85	2.33	1.19	4.59	7.44	3.48	1.67
		6		6.914	5.43	0.235	23.4	43.3	36.9	9.60	1.83	2.31	1.18	5.41	8.70	3.98	1.70
		7		7.977	6.26	0.235	26.4	50.7	41.9	11.0	1.82	2.29	1.17	6.21	9.88	4.45	1.74
		8		9.02	7.08	0.235	29.5	58.0	46.7	12.3	1.81	2.27	1.17	6.98	11.0	4.88	1.78
6.3	63	4	7	4.978	3.91	0.248	19.0	33.4	30.2	7.89	1.96	2.46	1.26	4.13	6.78	3.29	1.70
		5		6.143	4.82	0.248	23.2	41.7	36.8	9.57	1.94	2.45	1.25	5.08	8.25	3.90	1.74
		6		7.288	5.72	0.247	27.1	50.1	43.0	11.2	1.93	2.43	1.24	6.00	9.66	4.46	1.78
		7		8.412	6.60	0.247	30.9	58.6	49.0	12.8	1.92	2.41	1.23	6.88	11.0	4.98	1.82
		8		9.515	7.47	0.247	34.5	67.1	54.6	14.3	1.90	2.40	1.23	7.75	12.3	5.47	1.85
		10		11.66	9.15	0.246	41.1	84.3	64.9	17.3	1.88	2.36	1.22	9.39	14.6	6.36	1.93
7	70	4	8	5.570	4.37	0.275	26.4	45.7	41.8	11.0	2.18	2.74	1.40	5.14	8.44	4.17	1.86
		5		6.876	5.40	0.275	32.2	57.2	51.1	13.3	2.16	2.73	1.39	6.32	10.3	4.95	1.91
		6		8.160	6.41	0.275	37.8	68.7	59.9	15.6	2.15	2.71	1.38	7.48	12.1	5.67	1.95
		7		9.424	7.40	0.275	43.1	80.3	68.4	17.8	2.14	2.69	1.38	8.59	13.8	6.34	1.99
		8		10.67	8.37	0.274	48.2	91.9	76.4	20.0	2.12	2.68	1.37	9.68	15.4	6.98	2.03
7.5	75	5	9	7.412	5.82	0.295	40.0	70.6	63.3	16.6	2.33	2.92	1.50	7.32	11.9	5.77	2.04
		6		8.797	6.91	0.294	47.0	84.6	74.4	19.5	2.31	2.90	1.49	8.64	14.0	6.67	2.07
		7		10.16	7.98	0.294	53.6	98.7	85.0	22.2	2.30	2.89	1.48	9.93	16.0	7.44	2.11
		8		11.50	9.03	0.294	60.0	113	95.1	24.9	2.28	2.88	1.47	11.2	17.9	8.19	2.15
		9		12.83	10.1	0.294	66.1	127	105	27.5	2.27	2.86	1.46	12.4	19.8	8.89	2.18
		10		14.13	11.1	0.293	72.0	142	114	30.1	2.26	2.84	1.46	13.6	21.5	9.56	2.22
8	80	5		7.912	6.21	0.315	48.8	85.4	77.3	20.3	2.48	3.13	1.60	8.34	13.7	6.66	2.15
		6		9.397	7.38	0.314	57.4	103	91.0	23.7	2.47	3.11	1.59	9.87	16.1	7.65	2.19
		7		10.86	8.53	0.314	65.6	120	104	27.1	2.46	3.10	1.58	11.4	18.4	8.58	2.23
		8		12.30	9.66	0.314	73.5	137	117	30.4	2.44	3.08	1.57	12.8	20.6	9.46	2.27
		9		13.73	10.8	0.314	81.1	154	129	33.6	2.43	3.06	1.56	14.3	22.7	10.3	2.31
		10		15.13	11.9	0.313	88.4	172	140	36.8	2.42	3.04	1.56	15.6	24.8	11.1	2.35
9	90	6	10	10.64	8.35	0.354	82.8	146	131	34.3	2.79	3.51	1.80	12.6	20.6	9.95	2.44
		7		12.30	9.66	0.354	94.8	170	150	39.2	2.78	3.50	1.78	14.5	23.6	11.2	2.48
		8		13.94	10.9	0.353	106	195	169	44.0	2.76	3.48	1.78	16.4	26.6	12.4	2.52
		9		15.57	12.2	0.353	118	219	187	48.7	2.75	3.46	1.77	18.3	29.4	13.5	2.56
		10		17.17	13.5	0.353	129	244	204	53.3	2.74	3.45	1.76	20.1	32.0	14.5	2.59
		12		20.31	15.9	0.352	149	294	236	62.2	2.71	3.41	1.75	23.6	37.1	16.5	2.67
10	100	6	12	11.93	9.37	0.393	115	200	182	47.9	3.10	3.90	2.00	15.7	25.7	12.7	2.67
		7		13.80	10.8	0.393	132	234	209	54.7	3.09	3.89	1.99	18.1	29.6	14.3	2.71
		8		15.64	12.3	0.393	148	267	235	61.4	3.08	3.88	1.98	20.5	33.2	15.8	2.76
		9		17.46	13.7	0.392	164	300	260	68.0	3.07	3.86	1.97	22.8	36.8	17.2	2.80
		10		19.26	15.1	0.392	180	334	285	74.4	3.05	3.84	1.96	25.1	40.3	18.5	2.84
		12		22.80	17.9	0.391	209	402	331	86.8	3.03	3.81	1.95	29.5	46.8	21.1	2.91
		14		26.26	20.6	0.391	237	471	374	99.0	3.00	3.77	1.94	33.7	52.9	23.4	2.99
		16		29.63	23.3	0.390	263	540	414	111	2.98	3.74	1.94	37.8	58.6	25.6	3.06

续表

型号	截面尺寸/mm			截面面积/cm²	理论质量/kg·m⁻¹	外表面积/m²·m⁻¹	惯性矩/cm⁴				惯性半径/cm			截面模数/cm³			重心距离/cm
	b	d	r				I_x	I_{x1}	I_{x0}	I_{y0}	i_x	i_{x0}	i_{y0}	W_x	W_{x0}	W_{y0}	Z_0
11	110	7	12	15.20	11.9	0.433	177	311	281	73.4	3.41	4.30	2.20	22.1	36.1	17.5	2.96
		8		17.24	13.5	0.433	199	355	316	82.4	3.40	4.28	2.19	25.0	40.7	19.4	3.01
		10		21.26	16.7	0.432	242	445	384	100	3.38	4.25	2.17	30.6	49.4	22.9	3.09
		12		25.20	19.8	0.431	283	535	448	117	3.35	4.22	2.15	36.1	57.6	26.2	3.16
		14		29.06	22.8	0.431	321	625	508	133	3.32	4.18	2.14	41.3	65.3	29.1	3.24
12.5	125	8	14	19.75	15.5	0.492	297	521	471	123	3.88	4.88	2.50	32.5	53.3	25.9	3.37
		10		24.37	19.1	0.491	362	652	574	149	3.85	4.85	2.48	40.0	64.9	30.6	3.45
		12		28.91	22.7	0.491	423	783	671	175	3.83	4.82	2.46	41.2	76.0	35.0	3.53
		14		33.37	26.2	0.490	482	916	764	200	3.80	4.78	2.45	54.2	86.4	39.1	3.61
		16		37.74	29.6	0.489	537	1050	851	224	3.77	4.75	2.43	60.9	96.3	43.0	3.68
14	140	10		27.37	21.5	0.551	515	915	817	212	4.34	5.46	2.78	50.6	82.6	39.2	3.82
		12		32.51	25.5	0.551	604	1100	959	249	4.31	5.43	2.76	59.8	96.9	45.0	3.90
		14		37.57	29.5	0.550	689	1280	1090	284	4.28	5.40	2.75	68.8	110	50.5	3.98
		16		42.54	33.4	0.549	770	1470	1220	319	4.26	5.36	2.74	77.5	123	55.6	4.06
15	150	8		23.75	18.6	0.592	521	900	827	215	4.69	5.90	3.01	47.4	78.0	38.1	3.99
		10		29.37	23.1	0.591	638	1130	1010	262	4.66	5.87	2.99	58.4	95.5	45.5	4.08
		12		34.91	27.4	0.591	749	1350	1190	308	4.63	5.84	2.97	69.0	112	52.4	4.15
		14		40.37	31.7	0.590	856	1580	1360	352	4.60	5.80	2.95	79.5	128	58.8	4.23
		15		43.06	33.8	0.590	907	1690	1440	374	4.59	5.78	2.95	84.6	136	61.9	4.27
		16		45.74	35.9	0.589	958	1810	1520	395	4.58	5.77	2.94	89.6	143	64.9	4.31
16	160	10	16	31.50	24.7	0.630	780	1370	1240	322	4.98	6.27	3.20	66.7	109	52.8	4.31
		12		37.44	29.4	0.630	917	1640	1460	377	4.95	6.24	3.18	79.0	129	60.7	4.39
		14		43.30	34.0	0.629	1050	1910	1670	432	4.92	6.20	3.16	91.0	147	68.2	4.47
		16		49.07	38.5	0.629	1180	2190	1870	485	4.89	6.17	3.14	103	165	75.3	4.55
18	180	12		42.24	33.2	0.710	1320	2330	2100	543	5.59	7.05	3.58	101	165	78.4	4.89
		14		48.90	38.4	0.709	1510	2720	2410	622	5.56	7.02	3.56	116	189	88.4	4.97
		16		55.47	43.5	0.709	1700	3120	2700	699	5.54	6.98	3.55	131	212	97.8	5.05
		18		61.96	48.6	0.708	1880	3500	2990	762	5.50	6.94	3.51	146	235	105	5.13
20	200	14	18	54.64	42.9	0.788	2100	3730	3340	864	6.20	7.82	3.98	145	236	112	5.46
		16		62.01	48.7	0.788	2370	4270	3760	971	6.18	7.79	3.96	164	266	124	5.54
		18		69.30	54.4	0.787	2620	4810	4160	1080	6.15	7.75	3.94	182	294	136	5.62
		20		76.51	60.1	0.787	2870	5350	4550	1180	6.12	7.72	3.93	200	322	147	5.69
		24		90.66	71.2	0.785	3340	6460	5290	1380	6.07	7.64	3.90	236	374	167	5.87
22	220	16	21	68.67	53.9	0.866	3190	5680	5060	1310	6.81	8.59	4.37	200	326	154	6.03
		18		76.75	60.3	0.866	3540	6400	5620	1450	6.79	8.55	4.35	223	361	168	6.11
		20		84.76	66.5	0.865	3870	7110	6150	1590	6.76	8.52	4.34	245	395	182	6.18
		22		92.68	72.8	0.865	4200	7830	6670	1730	6.73	8.48	4.32	267	429	195	6.26
		24		100.5	78.9	0.864	4520	8550	7170	1870	6.71	8.45	4.31	289	461	208	6.33
		26		108.3	85.0	0.864	4830	9280	7690	2000	6.68	8.41	4.30	310	492	221	6.41
25	250	18	24	87.84	69.0	0.985	5270	9380	8370	2170	7.75	9.76	4.97	290	473	224	6.84
		20		97.05	76.2	0.984	5780	10400	9180	2380	7.72	9.73	4.95	320	519	243	6.92
		22		106.2	83.3	0.983	6280	11500	9970	2580	7.69	9.69	4.93	349	564	261	7.00
		24		115.2	90.4	0.983	6770	12500	10700	2790	7.67	9.66	4.92	378	608	278	7.07
		26		124.2	97.5	0.982	7240	13600	11500	2980	7.64	9.62	4.90	406	650	295	7.15
		28		133.0	104	0.982	7700	14600	12200	3180	7.61	9.58	4.89	433	691	311	7.22
		30		141.8	111	0.981	8160	15700	12900	3380	7.58	9.55	4.88	461	731	327	7.30
		32		150.5	118	0.981	8600	16800	13600	3570	7.56	9.51	4.87	488	770	342	7.37
		35		163.4	128	0.980	9240	18400	14600	3850	7.52	9.46	4.86	527	827	364	7.48

注：参见表 4-1-118 的注。

第4篇

1.8.7 热轧不等边角钢

表 4-1-121 热轧不等边角钢尺寸规格（GB/T 706—2016）

B——长边宽度
b——短边宽度
d——边厚度
r——内圆弧半径
r_1——边端圆弧半径
X_0——重心距离
Y_0——重心距离

型号	截面尺寸/mm				截面面积/cm^2	理论质量/$kg \cdot m^{-1}$	外表面积/$m^2 \cdot m^{-1}$	惯性矩/cm^4					惯性半径/cm			截面模数/cm^3			tanα	重心距离/cm	
	B	b	d	r				I_x	I_{x1}	I_y	I_{y1}	I_u	i_x	i_y	i_u	W_x	W_y	W_u		X_0	Y_0
2.5/1.6	25	16	3	3.5	1.162	0.91	0.080	0.70	1.56	0.22	0.43	0.14	0.78	0.44	0.34	0.43	0.19	0.16	0.392	0.42	0.86
			4		1.499	1.18	0.079	0.88	2.09	0.27	0.59	0.17	0.77	0.43	0.34	0.55	0.24	0.20	0.381	0.46	0.90
3.2/2	32	20	3		1.492	1.17	0.102	1.53	3.27	0.46	0.82	0.28	1.01	0.55	0.43	0.72	0.30	0.25	0.382	0.49	1.08
			4		1.939	1.52	0.101	1.93	4.37	0.57	1.12	0.35	1.00	0.54	0.42	0.93	0.39	0.32	0.374	0.53	1.12
4/2.5	40	25	3	4	1.890	1.48	0.127	3.08	5.39	0.93	1.59	0.56	1.28	0.70	0.54	1.15	0.49	0.40	0.385	0.59	1.32
			4		2.467	1.94	0.127	3.93	8.53	1.18	2.14	0.71	1.36	0.69	0.54	1.49	0.63	0.52	0.381	0.63	1.37
4.5/2.8	45	28	3	5	2.149	1.69	0.143	4.45	9.10	1.34	2.23	0.80	1.44	0.79	0.61	1.47	0.62	0.51	0.383	0.64	1.47
			4		2.806	2.20	0.143	5.69	12.1	1.70	3.00	1.02	1.42	0.78	0.60	1.91	0.80	0.66	0.380	0.68	1.51
5/3.2	50	32	3	5.5	2.431	1.91	0.161	6.24	12.5	2.02	3.31	1.20	1.60	0.91	0.70	1.84	0.82	0.68	0.404	0.73	1.60
			4		3.177	2.49	0.160	8.02	16.7	2.58	4.45	1.53	1.59	0.90	0.69	2.39	1.06	0.87	0.402	0.77	1.65
5.6/3.6	56	36	3	6	2.743	2.15	0.181	8.88	17.5	2.92	4.70	1.73	1.80	1.03	0.79	2.32	1.05	0.87	0.408	0.80	1.78
			4		3.590	2.82	0.180	11.5	23.4	3.76	6.33	2.23	1.79	1.02	0.79	3.03	1.37	1.13	0.408	0.85	1.82
			5		4.415	3.47	0.180	13.9	29.3	4.49	7.94	2.67	1.77	1.01	0.78	3.71	1.65	1.36	0.404	0.88	1.87

续表

型号	截面尺寸/mm				截面面积/cm²	理论质量/kg·m⁻¹	外表面积/m²·m⁻¹	惯性矩/cm⁴					惯性半径/cm			截面模数/cm³			tanα	重心距离/cm	
	B	b	d	r				I_x	I_{x1}	I_y	I_{y1}	I_u	i_x	i_y	i_u	W_x	W_y	W_u		X_0	Y_0
6.3/4	63	40	4	7	4.058	3.19	0.202	16.5	33.3	5.23	8.63	3.12	2.02	1.14	0.88	3.87	1.70	1.40	0.398	0.92	2.04
			5		4.993	3.92	0.202	20.0	41.6	6.31	10.9	3.76	2.00	1.12	0.87	4.74	2.07	1.71	0.396	0.95	2.08
			6		5.908	4.64	0.201	23.4	50.0	7.29	13.1	4.34	1.96	1.11	0.86	5.59	2.43	1.99	0.393	0.99	2.12
			7		6.802	5.34	0.201	26.5	58.1	8.24	15.5	4.97	1.98	1.10	0.86	6.40	2.78	2.29	0.389	1.03	2.15
7/4.5	70	45	4	7.5	4.553	3.57	0.226	23.2	45.9	7.55	12.3	4.40	2.26	1.29	0.98	4.86	2.17	1.77	0.410	1.02	2.24
			5		5.609	4.40	0.225	28.0	57.1	9.13	15.4	5.40	2.23	1.28	0.98	5.92	2.65	2.19	0.407	1.06	2.28
			6		6.644	5.22	0.225	32.5	68.4	10.6	18.6	6.35	2.21	1.26	0.98	6.95	3.12	2.59	0.404	1.09	2.32
			7		7.658	6.01	0.225	37.2	80.0	12.0	21.8	7.16	2.20	1.25	0.97	8.03	3.57	2.94	0.402	1.13	2.36
7.5/5	75	50	5	8	6.126	4.81	0.245	34.9	70.0	12.6	21.0	7.41	2.39	1.44	1.10	6.83	3.3	2.74	0.435	1.17	2.40
			6		7.260	5.70	0.245	41.1	84.3	14.7	25.4	8.54	2.38	1.42	1.08	8.12	3.88	3.19	0.435	1.21	2.44
			8		9.467	7.43	0.244	52.4	113	18.5	34.2	10.9	2.35	1.40	1.07	10.5	4.99	4.10	0.429	1.29	2.52
			10		11.59	9.10	0.244	62.7	141	22.0	43.4	13.1	2.33	1.38	1.06	12.8	6.04	4.99	0.423	1.36	2.60
8/5	80	50	5		6.376	5.00	0.255	42.0	85.2	12.8	21.1	7.66	2.56	1.42	1.10	7.78	3.32	2.74	0.388	1.14	2.60
			6		7.560	5.93	0.255	49.5	103	15.0	25.4	8.85	2.56	1.41	1.08	9.25	3.91	3.20	0.387	1.18	2.65
			7		8.724	6.85	0.255	56.2	119	17.0	29.8	10.2	2.54	1.39	1.08	10.6	4.48	3.70	0.384	1.21	2.69
			8		9.867	7.75	0.254	62.8	136	18.9	34.3	11.4	2.52	1.38	1.07	11.9	5.03	4.16	0.381	1.25	2.73
9/5.6	90	56	5	9	7.212	5.66	0.287	60.5	121	18.3	29.5	11.0	2.90	1.59	1.23	9.92	4.21	3.49	0.385	1.25	2.91
			6		8.557	6.72	0.286	71.0	146	21.4	35.6	12.9	2.88	1.58	1.23	11.7	4.96	4.13	0.384	1.29	2.95
			7		9.881	7.76	0.286	81.0	170	24.4	41.7	14.7	2.86	1.57	1.22	13.5	5.70	4.72	0.382	1.33	3.00
			8		11.18	8.78	0.286	91.0	194	27.2	47.9	16.3	2.85	1.56	1.21	15.3	6.41	5.29	0.380	1.36	3.04
10/6.3	100	63	6	10	9.618	7.55	0.320	99.1	200	30.9	50.5	18.4	3.21	1.79	1.38	14.6	6.35	5.25	0.394	1.43	3.24
			7		11.11	8.72	0.320	113	233	35.3	59.1	21.0	3.20	1.78	1.38	16.9	7.29	6.02	0.394	1.47	3.28
			8		12.58	9.88	0.319	127	266	39.4	67.9	23.5	3.18	1.77	1.37	19.1	8.21	6.78	0.391	1.50	3.32
			10		15.47	12.1	0.319	154	333	47.1	85.7	28.3	3.15	1.74	1.35	23.3	9.98	8.24	0.387	1.58	3.40
10/8	100	80	6		10.64	8.35	0.354	107	200	61.2	103	31.7	3.17	2.40	1.72	15.2	10.2	8.37	0.627	1.97	2.95
			7		12.30	9.66	0.354	123	233	70.1	120	36.2	3.16	2.39	1.72	17.5	11.7	9.60	0.626	2.01	3.00
			8		13.94	10.9	0.353	138	267	78.6	137	40.6	3.14	2.37	1.71	19.8	13.2	10.8	0.625	2.05	3.04
			10		17.17	13.5	0.353	167	334	94.7	172	49.1	3.12	2.35	1.69	24.2	16.1	13.1	0.622	2.13	3.12
11/7	110	70	6		10.64	8.35	0.354	133	266	42.9	69.1	25.4	3.54	2.01	1.54	17.9	7.90	6.53	0.403	1.57	3.53
			7		12.30	9.66	0.354	153	310	49.0	80.8	29.0	3.53	2.00	1.53	20.6	9.09	7.50	0.402	1.61	3.57
			8		13.94	10.9	0.353	172	354	54.9	92.7	32.5	3.51	1.98	1.53	23.3	10.3	8.45	0.401	1.65	3.62
			10		17.17	13.5	0.353	208	443	65.9	117	39.2	3.48	1.96	1.51	28.5	12.5	10.3	0.397	1.72	3.70

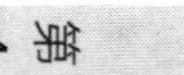

续表

型号	截面尺寸/mm				截面面积/cm²	理论质量/kg·m⁻¹	外表面积/m²·m⁻¹	惯性矩/cm⁴					惯性半径/cm			截面模数/cm³			tanα	重心距离/cm	
	B	b	d	r				I_x	I_{x1}	I_y	I_{y1}	I_u	i_x	i_y	i_u	W_x	W_y	W_u		X_0	Y_0
12.5/8	125	80	7	11	14.10	11.1	0.403	228	455	74.4	120	43.8	4.02	2.30	1.76	26.9	12.0	9.92	0.408	1.80	4.01
			8		15.99	12.6	0.403	257	520	83.5	138	49.2	4.01	2.28	1.75	30.4	13.6	11.2	0.407	1.84	4.06
			10		19.71	15.5	0.402	312	650	101	173	59.5	3.98	2.26	1.74	37.3	16.6	13.6	0.404	1.92	4.14
			12		23.35	18.3	0.402	364	780	117	210	69.4	3.95	2.24	1.72	44.0	19.4	16.0	0.400	2.00	4.22
14/9	140	90	8	12	18.04	14.2	0.453	366	731	121	196	70.8	4.50	2.59	1.98	38.5	17.3	14.3	0.411	2.04	4.50
			10		22.26	17.5	0.452	446	913	140	246	85.8	4.47	2.56	1.96	47.3	21.2	17.5	0.409	2.12	4.58
			12		26.40	20.7	0.451	522	1100	170	297	100	4.44	2.54	1.95	55.9	25.0	20.5	0.406	2.19	4.66
			14		30.46	23.9	0.451	594	1280	192	349	114	4.42	2.51	1.94	64.2	28.5	23.5	0.403	2.27	4.74
15/9	150	90	8		18.84	14.8	0.473	442	898	123	196	74.1	4.84	2.55	1.98	43.9	17.5	14.5	0.364	1.97	4.92
			10		23.26	18.3	0.472	539	1120	149	246	89.9	4.81	2.53	1.97	54.0	21.4	17.7	0.362	2.05	5.01
			12		27.60	21.7	0.471	632	1350	173	297	105	4.79	2.50	1.95	63.8	25.1	20.8	0.359	2.12	5.09
			14		31.86	25.0	0.471	721	1570	196	350	120	4.76	2.48	1.94	73.3	28.8	23.8	0.356	2.20	5.17
			15		33.95	26.7	0.471	764	1680	207	376	127	4.74	2.47	1.93	78.0	30.5	25.3	0.354	2.24	5.21
			16		36.03	28.3	0.470	806	1800	217	403	134	4.73	2.45	1.93	82.6	32.3	26.8	0.352	2.27	5.25
16/10	160	100	10	13	25.32	19.9	0.512	669	1360	205	337	122	5.14	2.85	2.19	62.1	26.6	21.9	0.390	2.28	5.24
			12		30.05	23.6	0.511	785	1640	239	406	142	5.11	2.82	2.17	73.5	31.3	25.8	0.388	2.36	5.32
			14		34.71	27.2	0.510	896	1910	271	476	162	5.08	2.80	2.16	84.6	35.8	29.6	0.385	2.43	5.40
			16		39.28	30.8	0.510	1000	2180	302	548	183	5.05	2.77	2.16	95.3	40.2	33.4	0.382	2.51	5.48
18/11	180	110	10	14	28.37	22.3	0.571	956	1940	278	447	167	5.80	3.13	2.42	79.0	32.5	26.9	0.376	2.44	5.89
			12		33.71	26.5	0.571	1120	2330	325	539	195	5.78	3.10	2.40	93.5	38.3	31.7	0.374	2.52	5.98
			14		38.97	30.6	0.570	1290	2720	370	632	222	5.75	3.08	2.39	108	44.0	36.3	0.372	2.59	6.06
			16		44.14	34.6	0.569	1440	3110	412	726	249	5.72	3.06	2.38	122	49.4	40.9	0.369	2.67	6.14
20/12.5	200	125	12		37.91	29.8	0.641	1570	3190	483	788	286	6.44	3.57	2.74	117	50.0	41.2	0.392	2.83	6.54
			14		43.87	34.4	0.640	1800	3730	551	922	327	6.41	3.54	2.73	135	57.4	47.3	0.390	2.91	6.62
			16		49.74	39.0	0.639	2020	4260	615	1060	366	6.38	3.52	2.71	152	64.9	53.3	0.388	2.99	6.70
			18		55.53	43.6	0.639	2240	4790	677	1200	405	6.35	3.49	2.70	169	71.7	59.2	0.385	3.06	6.78

注：参见表 4-1-118 的注。

第4篇

1.8.8 冷弯型钢通用技术要求

表 4-1-122　　冷弯型钢的牌号及力学性能（GB/T 6725—2017）

尺寸规格	冷弯型钢尺寸、外形、质量及允许偏差应分别符合 GB/T 6723 通用冷弯开口型钢、GB/T 6728 结构用冷弯空心型钢、GB/T 6726 汽车用冷弯空心型钢等的规定				
牌号及化学成分	产品的牌号及化学成分应分别符合 GB/T 699、GB/T 700、GB/T 714、GB/T 1591、GB/T 2518、GB/T 3280、GB/T 3524、GB/T 4171、GB/T 12754、GB/T 33162 等标准的规定				
力学性能	产品屈服强度等级	壁厚 t /mm	下屈服强度 R_{eL} /MPa	抗拉强度 R_m /MPa	断后伸长率 A /%
	195	—	≥195	315～490	30
	215	—	≥215	335～510	28
	235	≤19	≥235	370～560	≥24
	345		≥345	470～680	≥20
	390		≥390	490～700	≥17
	420		≥420	520～730	协议
	460		≥460	550～770	协议
	500		≥500	610～820	协议
	550		≥550	670～880	协议
	620		≥620	710～940	协议
	690		≥690	770～1000	协议
	750		≥750	750～1010	协议

注：1. 冷弯型产品力学性能应符合本表规定。其他钢级及特殊要求，可由供需双方协定。

2. 经供需双方协商，并在合同中注明，可对厚度不小于 6mm 的冷弯型钢进行冲击试验。冲击试验结果及其复验应符合 GB/T 699、GB/T 700、GB/T 714、GB/T 1591、GB/T 4171 等相关标准的规定。

3. 对于断面尺寸不大于 60mm×60mm（包括等周长尺寸的圆及矩形冷弯型钢）的冷弯型钢产品或边（短边）厚比不大于 14mm 的冷弯型钢产品，平板部分断后伸长率允许比表中规定降低 3%（绝对值），采用的拉伸试样宽度为 12.5mm。

4. 冷弯焊接空心型钢焊缝处不得有开焊、搭焊、烧穿及超过厚度偏差之半的错位与弧坑。

5. 焊缝处的缺陷允许补焊、打磨，但补焊修磨后应达到本标准所规定的要求。

6. 焊缝处的外毛刺应予以清除，清除后的焊缝余高通常不超过 0.5mm。焊缝处的内毛刺一般不清除，如有特殊要求，由供需双方协商确定。

7. 经供需双方协商，并在合同中注明，可检验焊缝的力学性能和工艺性能，以及进行无损检测。

1.8.9 结构用冷弯空心型钢

表 4-1-123　　方形冷弯空心型钢尺寸规格（GB/T 6728—2017）

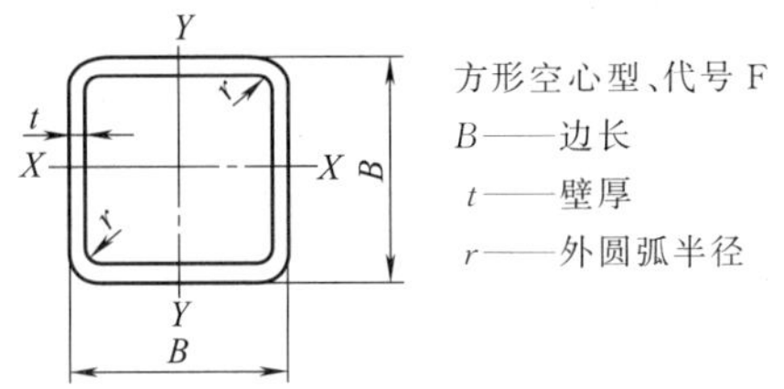

第4篇

续表

边长 B/mm	尺寸允许偏差/mm	壁厚 t/mm	理论质量 M/kg·m^{-1}	截面面积 A/cm^2	惯性矩 $I_x=I_y$/cm^4	惯性半径 $r_x=r_y$/cm	截面模数 $W_x=W_y$/cm^3	扭转常数 I_t/cm^4	扭转常数 C_t/cm^3
20	±0.50	1.2	0.679	0.865	0.498	0.759	0.498	0.823	0.75
		1.5	0.826	1.052	0.583	0.744	0.583	0.985	0.88
		1.75	0.941	1.199	0.642	0.732	0.642	1.106	0.98
		2.0	1.050	1.340	0.692	0.720	0.692	1.215	1.06
25	±0.50	1.2	0.867	1.105	1.025	0.963	0.820	1.655	1.24
		1.5	1.061	1.352	1.216	0.948	0.973	1.998	1.47
		1.75	1.215	1.548	1.357	0.936	1.086	2.261	1.65
		2.0	1.363	1.736	1.482	0.923	1.186	2.502	1.80
30	±0.50	1.5	1.296	1.652	2.195	1.152	1.463	3.555	2.21
		1.75	1.490	1.898	2.470	1.140	1.646	4.048	2.49
		2.0	1.677	2.136	2.721	1.128	1.814	4.511	2.75
		2.5	2.032	2.589	3.154	1.103	2.102	5.347	3.20
		3.0	2.361	3.008	3.500	1.078	2.333	6.060	3.58
40	±0.50	1.5	1.767	2.525	5.489	1.561	2.744	8.728	4.13
		1.75	2.039	2.598	6.237	1.549	3.118	10.009	4.69
		2.0	2.305	2.936	6.939	1.537	3.469	11.238	5.23
		2.5	2.817	3.589	8.213	1.512	4.106	13.539	6.21
		3.0	3.303	4.208	9.320	1.488	4.660	15.628	7.07
		4.0	4.198	5.347	11.064	1.438	5.532	19.152	8.48
50	±0.50	1.5	2.238	2.852	11.065	1.969	4.426	17.395	6.65
		1.75	2.589	3.298	12.641	1.957	5.056	20.025	7.60
		2.0	2.933	3.736	14.146	1.945	5.658	22.578	8.51
		2.5	3.602	4.589	16.941	1.921	6.776	27.436	10.22
		3.0	4.245	5.408	19.463	1.897	7.785	31.972	11.77
		4.0	5.454	6.947	23.725	1.847	9.490	40.047	14.43
60	±0.60	2.0	3.560	4.540	25.120	2.350	8.380	39.810	12.60
		2.5	4.387	5.589	30.340	2.329	10.113	48.539	15.22
		3.0	5.187	6.608	35.130	2.305	11.710	56.892	17.65
		4.0	6.710	8.547	43.539	2.266	14.513	72.188	21.97
		5.0	8.129	10.356	50.468	2.207	16.822	85.560	25.61
70	±0.65	2.5	5.170	6.590	49.400	2.740	14.100	78.500	21.20
		3.0	6.129	7.808	57.522	2.714	16.434	92.188	24.74
		4.0	7.966	10.147	72.108	2.665	20.602	117.975	31.11
		5.0	9.699	12.356	84.602	2.616	24.172	141.183	36.65
80	±0.70	2.5	5.957	7.589	75.147	3.147	18.787	118.52	28.22
		3.0	7.071	9.008	87.838	3.122	21.959	139.660	33.02
		4.0	9.222	11.747	111.031	3.074	27.757	179.808	41.84
		5.0	11.269	14.356	131.414	3.025	32.853	216.628	49.68
90	±0.75	3.0	8.013	10.208	127.277	3.531	28.283	201.108	42.51
		4.0	10.478	13.347	161.907	3.482	35.979	260.088	54.17
		5.0	12.839	16.356	192.903	3.434	42.867	314.896	64.71
		6.0	15.097	19.232	220.420	3.385	48.982	365.452	74.16
100	±0.80	4.0	11.734	11.947	226.337	3.891	45.267	361.213	68.10
		5.0	14.409	18.356	271.071	3.842	54.214	438.986	81.72
		6.0	16.981	21.632	311.415	3.794	62.283	511.558	94.12
110	±0.90	4.0	12.99	16.548	305.94	4.300	55.625	486.47	83.63
		5.0	15.98	20.356	367.95	4.252	66.900	593.60	100.74
		6.0	18.866	24.033	424.57	4.203	77.194	694.85	116.47

续表

边长 B/mm	尺寸允许偏差/mm	壁厚 t/mm	理论质量 M/kg·m^{-1}	截面面积 A/cm^2	惯性矩 $I_x=I_y$/cm^4	惯性半径 $r_x=r_y$/cm	截面模数 $W_x=W_y$/cm^3	扭转常数	
								I_t/cm^4	C_t/cm^3
120	±0.90	4.0	14.246	18.147	402.260	4.708	67.043	635.603	100.75
		5.0	17.549	22.356	485.441	4.659	80.906	776.632	121.75
		6.0	20.749	26.432	562.094	4.611	93.683	910.281	141.22
		8.0	26.840	34.191	696.639	4.513	116.106	1155.010	174.58
130	±1.00	4.0	15.502	19.748	516.97	5.117	79.534	814.72	119.48
		5.0	19.120	24.356	625.68	5.068	96.258	998.22	144.77
		6.0	22.634	28.833	726.64	5.020	111.79	1173.6	168.36
		8.0	28.921	36.842	882.86	4.895	135.82	1502.1	209.54
140	±1.10	4.0	16.758	21.347	651.598	5.524	53.085	1022.176	139.8
		5.0	20.689	26.356	790.523	5.476	112.931	1253.565	169.78
		6.0	24.517	31.232	920.359	5.428	131.479	1475.020	197.9
		8.0	31.864	40.591	1153.735	5.331	164.819	1887.605	247.69
150	±1.20	4.0	18.014	22.948	807.82	5.933	107.71	1264.8	161.73
		5.0	22.26	28.356	982.12	5.885	130.95	1554.1	196.79
		6.0	26.402	33.633	1145.9	5.837	152.79	1832.7	229.84
		8.0	33.945	43.242	1411.8	5.714	188.25	2364.1	289.03
160	±1.20	4.0	19.270	24.547	987.152	6.341	123.394	1540.134	185.25
		5.0	23.829	30.356	1202.317	6.293	150.289	1893.787	225.79
		6.0	28.285	36.032	1405.408	6.245	175.676	2234.573	264.18
		8.0	36.888	46.991	1776.496	6.148	222.062	2876.940	333.56
170	±1.30	4.0	20.526	26.148	1191.3	6.750	140.15	1855.8	210.37
		5.0	25.400	32.356	1453.3	6.702	170.97	2285.3	256.80
		6.0	30.170	38.433	1701.6	6.654	200.18	2701.0	300.91
		8.0	38.969	49.642	2118.2	6.532	249.2	3503.1	381.28
180	±1.40	4.0	21.800	27.70	1422	7.16	158	2210	237
		5.0	27.000	34.40	1737	7.11	193	2724	290
		6.0	32.100	40.80	2037	7.06	226	3223	340
		8.0	41.500	52.80	2546	6.94	283	4189	432
190	±1.50	4.0	23.00	29.30	1680	7.57	176	2607	265
		5.0	28.50	36.40	2055	7.52	216	3216	325
		6.0	33.90	43.20	2413	7.47	254	3807	381
		8.0	44.00	56.00	3208	7.35	319	4958	486
200	±1.60	4.0	24.30	30.90	1968	7.97	197	3049	295
		5.0	30.10	38.40	2410	7.93	241	3763	362
		6.0	35.80	45.60	2833	7.88	283	4459	426
		8.0	46.50	59.20	3566	7.76	357	5815	544
		10	57.00	72.60	4251	7.65	425	7072	651
220	±1.80	5.0	33.2	42.4	3238	8.74	294	5038	442
		6.0	39.6	50.4	3813	8.70	347	5976	521
		8.0	51.5	65.6	4828	8.58	439	7815	668
		10	63.2	80.6	5782	8.47	526	9533	804
		12	73.5	93.7	6487	8.32	590	11149	922
250	±2.00	5.0	38.0	48.4	4805	9.97	384	7443	577
		6.0	45.2	57.6	5672	9.92	454	8843	681
		8.0	59.1	75.2	7299	9.80	578	11598	878
		10	72.7	92.6	8707	9.70	697	14197	1062
		12	84.8	108	9859	9.55	789	16691	1226

续表

边长 B/mm	尺寸允许偏差/mm	壁厚 t/mm	理论质量 M/kg·m^{-1}	截面面积 A/cm^2	惯性矩 $I_x=I_y$/cm^4	惯性半径 $r_x=r_y$/cm	截面模数 $W_x=W_y$/cm^3	扭转常数 I_t/cm^4	扭转常数 C_t/cm^3
280	±2.20	5.0	42.7	54.4	6810	11.2	486	10513	730
		6.0	50.9	64.8	8054	11.1	575	12504	863
		8.0	66.6	84.8	10317	11.0	737	16436	1117
		10	82.1	104.6	12479	10.9	891	20173	1356
		12	96.1	122.5	14232	10.8	1017	23804	1574
300	±2.40	6.0	54.7	69.6	9964	12.0	664	15434	997
		8.0	71.6	91.2	12801	11.8	853	20312	1293
		10	88.4	113	15519	11.7	1035	24966	1572
		12	104	132	17767	11.6	1184	29514	1829
350	±2.80	6.0	64.1	81.6	16008	14.0	915	24683	1372
		8.0	84.2	107	20618	13.9	1182	32557	1787
		10	104	133	25189	13.8	1439	40127	2182
		12	123	156	29054	13.6	1660	47598	2552
400	±3.20	8.0	96.7	123	31269	15.9	1564	48934	2362
		10	120	153	38216	15.8	1911	60431	2892
		12	141	180	44319	15.7	2216	71843	3395
		14	163	208	50414	15.6	2521	82735	3877
450	±3.60	8.0	109	139	44966	18.0	1999	70043	3016
		10	135	173	55100	17.9	2449	86629	3702
		12	160	204	64164	17.7	2851	103150	4357
		14	185	236	73210	17.6	3254	119000	4989
500	±4.00	8.0	122	155	62172	20.0	2487	96483	3750
		10	151	193	76341	19.9	3054	119470	4612
		12	179	228	89187	19.8	3568	142420	5440
		14	207	264	102010	19.7	4080	164530	6241
		16	235	299	114260	19.6	4570	186140	7013

注：参见表4-1-125的注。

表4-1-124　　矩形冷弯空心型钢尺寸规格（GB/T 6728—2017）

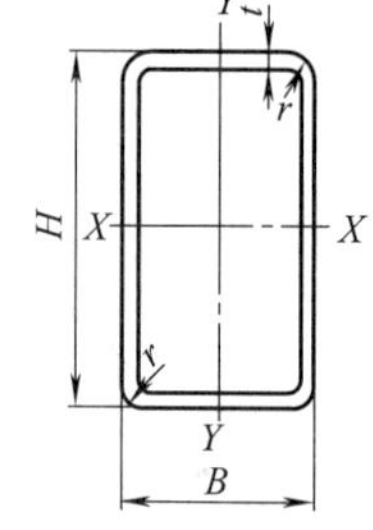

矩形空心型，代号J
H——长边
B——短边
t——壁厚
r——外圆弧半径

边长/mm H	边长/mm B	尺寸允许偏差/mm	壁厚 t/mm	理论质量 M/kg·m^{-1}	截面面积 A/cm^2	惯性矩/cm^4 I_x	惯性矩/cm^4 I_y	惯性半径/cm r_x	惯性半径/cm r_y	截面模数/cm^3 W_x	截面模数/cm^3 W_y	扭转常数 I_t/cm^4	扭转常数 C_t/cm^3
30	20	±0.50	1.5	1.06	1.35	1.59	0.84	1.08	0.788	1.06	0.84	1.83	1.40
			1.75	1.22	1.55	1.77	0.93	1.07	0.777	1.18	0.93	2.07	1.56
			2.0	1.36	1.74	1.94	1.02	1.06	0.765	1.29	1.02	2.29	1.71
			2.5	1.64	2.09	2.21	1.15	1.03	0.742	1.47	1.15	2.68	1.95

续表

边长/mm		尺寸允许偏差/mm	壁厚 t/mm	理论质量 M/kg·m^{-1}	截面面积 A/cm^2	惯性矩/cm^4		惯性半径/cm		截面模数/cm^3		扭转常数	
H	B					I_x	I_y	r_x	r_y	W_x	W_y	I_t/cm^4	C_t/cm^3
40	20	±0.50	1.5	1.30	1.65	3.27	1.10	1.41	0.815	1.63	1.10	2.74	1.91
			1.75	1.49	1.90	3.68	1.23	1.39	0.804	1.84	1.23	3.11	2.14
			2.0	1.68	2.14	4.05	1.34	1.38	0.793	2.02	1.34	3.45	2.36
			2.5	2.03	2.59	4.69	1.54	1.35	0.770	2.35	1.54	4.06	2.72
			3.0	2.36	3.01	5.21	1.68	1.32	0.748	2.60	1.68	4.57	3.00
40	25	±0.50	1.5	1.41	1.80	3.82	1.84	1.46	1.010	1.91	1.47	4.06	2.46
			1.75	1.63	2.07	4.32	2.07	1.44	0.999	2.16	1.66	4.63	2.78
			2.0	1.83	2.34	4.77	2.28	1.43	0.988	2.39	1.82	5.17	3.07
			2.5	2.23	2.84	5.57	2.64	1.40	0.965	2.79	2.11	6.15	3.59
			3.0	2.60	3.31	6.24	2.94	1.37	0.942	3.12	2.35	7.00	4.01
40	30	±0.50	1.5	1.53	1.95	4.38	2.81	1.50	1.199	2.19	1.87	5.52	3.02
			1.75	1.77	2.25	4.96	3.17	1.48	1.187	2.48	2.11	6.31	3.42
			2.0	1.99	2.54	5.49	3.51	1.47	1.176	2.75	2.34	7.07	3.79
			2.5	2.42	3.09	6.45	4.10	1.45	1.153	3.23	2.74	8.47	4.46
			3.0	2.83	3.61	7.27	4.60	1.42	1.129	3.63	3.07	9.72	5.03
50	25	±0.50	1.5	1.65	2.10	6.65	2.25	1.78	1.04	2.66	1.80	5.52	3.41
			1.75	1.90	2.42	7.55	2.54	1.76	1.024	3.02	2.03	6.32	3.54
			2.0	2.15	2.74	8.38	2.81	1.75	1.013	3.35	2.25	7.06	3.92
			2.5	2.62	2.34	9.89	3.28	1.72	0.991	3.95	2.62	8.43	4.60
			3.0	3.07	3.91	11.17	3.67	1.69	0.969	4.47	2.93	9.64	5.18
50	30	±0.50	1.5	1.767	2.252	7.535	3.415	1.829	1.231	3.014	2.276	7.587	3.83
			1.75	2.039	2.598	8.566	3.868	1.815	1.220	3.426	2.579	8.682	4.35
			2.0	2.305	2.936	9.535	4.291	1.801	1.208	3.814	2.861	9.727	4.84
			2.5	2.817	3.589	11.296	5.050	1.774	1.186	4.518	3.366	11.666	5.72
			3.0	3.303	4.206	12.827	5.696	1.745	1.163	5.130	3.797	13.401	6.49
			4.0	4.198	5.347	15.239	6.682	1.688	1.117	6.095	4.455	16.244	7.77
50	40	±0.50	1.5	2.003	2.552	9.300	6.602	1.908	1.608	3.720	3.301	12.238	5.24
			1.75	2.314	2.948	10.603	7.518	1.896	1.596	4.241	3.759	14.059	5.97
			2.0	2.619	3.336	11.840	8.348	1.883	1.585	4.736	4.192	15.817	6.673
			2.5	3.210	4.089	14.121	9.976	1.858	1.562	5.648	4.988	19.222	7.965
			3.0	3.775	4.808	16.149	11.382	1.833	1.539	6.460	5.691	22.336	9.123
			4.0	4.826	6.148	19.493	13.677	1.781	1.492	7.797	6.839	27.82	11.06
55	25	±0.50	1.5	1.767	2.252	8.453	2.460	1.937	1.045	3.074	1.968	6.273	3.458
			1.75	2.039	2.598	9.606	2.779	1.922	1.034	3.493	2.223	7.156	3.916
			2.0	2.305	2.936	10.689	3.073	1.907	1.023	3.886	2.459	7.992	4.342
55	40	±0.50	1.5	2.121	2.702	11.674	7.158	2.078	1.627	4.245	3.579	14.017	5.794
			1.75	2.452	3.123	13.329	8.158	2.065	1.616	4.847	4.079	16.175	6.614
			2.0	2.776	3.536	14.904	9.107	2.052	1.604	5.419	4.553	18.208	7.394
55	50	±0.60	1.75	2.726	3.473	15.811	13.660	2.133	1.983	5.749	5.464	23.173	8.415
			2.0	3.090	3.936	17.714	15.298	2.121	1.971	6.441	6.119	26.142	9.433

续表

边长/mm H	边长/mm B	尺寸允许偏差/mm	壁厚 t/mm	理论质量 M/kg·m^{-1}	截面面积 A/cm^2	惯性矩/cm^4 I_x	惯性矩/cm^4 I_y	惯性半径/cm r_x	惯性半径/cm r_y	截面模数/cm^3 W_x	截面模数/cm^3 W_y	扭转常数 I_t/cm^4	扭转常数 C_t/cm^3
60	30	±0.60	2.0	2.620	3.337	15.046	5.078	2.123	1.234	5.015	3.385	12.57	5.881
			2.5	3.209	4.089	17.933	5.998	2.094	1.211	5.977	3.998	15.054	6.981
			3.0	3.774	4.808	20.496	6.794	2.064	1.188	6.832	4.529	17.335	7.950
			4.0	4.826	6.147	24.691	8.045	2.004	1.143	8.230	5.363	21.141	9.523
60	40	±0.60	2.0	2.934	3.737	18.412	9.831	2.220	1.622	6.137	4.915	20.702	8.116
			2.5	3.602	4.589	22.069	11.734	2.192	1.595	7.356	5.867	25.045	9.722
			3.0	4.245	5.408	25.374	13.436	2.166	1.576	8.458	6.718	29.121	11.175
			4.0	5.451	6.947	30.974	16.269	2.111	1.530	10.324	8.134	36.298	13.653
70	50	±0.60	2.0	3.562	4.537	31.475	18.758	2.634	2.033	8.993	7.503	37.454	12.196
			3.0	5.187	6.608	44.046	26.099	2.581	1.987	12.584	10.439	53.426	17.06
			4.0	6.710	8.547	54.663	32.210	2.528	1.941	15.618	12.884	67.613	21.189
			5.0	8.129	10.356	63.435	37.179	2.171	1.894	18.121	14.871	79.908	24.642
80	40	±0.70	2.0	3.561	4.536	37.355	12.720	2.869	1.674	9.339	6.361	30.881	11.004
			2.5	4.387	5.589	45.103	15.255	2.840	1.652	11.275	7.627	37.467	13.283
			3.0	5.187	6.608	52.246	17.552	2.811	1.629	13.061	8.776	43.680	15.283
			4.0	6.710	8.547	64.780	21.474	2.752	1.585	16.195	10.737	54.787	18.844
			5.0	8.129	10.356	75.080	24.567	2.692	1.540	18.770	12.283	64.110	21.744
80	60	±0.70	3.0	6.129	7.808	70.042	44.886	2.995	2.397	17.510	14.962	88.111	24.143
			4.0	7.966	10.147	87.945	56.105	2.943	2.351	21.976	18.701	112.583	30.332
			5.0	9.699	12.356	103.247	65.634	2.890	2.304	25.811	21.878	134.503	35.673
90	40	±0.75	3.0	5.658	7.208	70.487	19.610	3.127	1.649	15.663	9.805	51.193	17.339
			4.0	7.338	9.347	87.894	24.077	3.066	1.604	19.532	12.038	64.320	21.441
			5.0	8.914	11.356	102.487	27.651	3.004	1.560	22.774	13.825	75.426	24.819
90	50	±0.75	2.0	4.190	5.337	57.878	23.368	3.293	2.093	12.862	9.347	53.366	15.882
			2.5	5.172	6.589	70.263	28.236	3.266	2.070	15.614	11.294	65.299	19.235
			3.0	6.129	7.808	81.845	32.735	3.237	2.047	18.187	13.094	76.433	22.316
			4.0	7.966	10.147	102.696	40.695	3.181	2.002	22.821	16.278	97.162	27.961
			5.0	9.699	12.356	120.570	47.345	3.123	1.957	26.793	18.938	115.436	36.774
90	55	±0.75	2.0	4.346	5.536	61.75	28.957	3.340	2.287	13.733	10.53	62.724	17.601
			2.5	5.368	6.839	75.049	33.065	3.313	2.264	16.678	12.751	76.877	21.357
90	60	±0.75	3.0	6.600	8.408	93.203	49.764	3.329	2.432	20.711	16.588	104.552	27.391
			4.0	8.594	10.947	117.499	62.387	3.276	2.387	26.111	20.795	133.852	34.501
			5.0	10.484	13.356	138.653	73.218	3.222	2.311	30.811	24.406	160.273	40.712
95	50	±0.75	2.0	4.347	5.537	66.084	24.521	3.455	2.104	13.912	9.808	57.458	16.804
			2.5	5.369	6.839	80.306	29.647	3.247	2.082	16.906	11.895	70.324	20.364
100	50	±0.80	3.0	6.690	8.408	106.451	36.053	3.558	2.070	21.290	14.421	88.311	25.012
			4.0	8.594	10.947	134.124	44.938	3.500	2.026	26.824	17.975	112.409	31.35
			5.0	10.484	13.356	158.155	52.429	3.441	1.981	31.631	20.971	133.758	36.804
120	50	±0.90	2.5	6.350	8.089	143.97	36.704	4.219	2.130	23.995	14.682	96.026	26.006
			3.0	7.543	9.608	168.58	42.693	4.189	2.108	28.097	17.077	112.87	30.317

续表

边长/mm		尺寸允许偏差/mm	壁厚 t/mm	理论质量 M/kg·m^{-1}	截面面积 A/cm^2	惯性矩/cm^4		惯性半径/cm		截面模数/cm^3		扭转常数	
H	B					I_x	I_y	r_x	r_y	W_x	W_y	I_t/cm^4	C_t/cm^3
120	60	±0.90	3.0	8.013	10.208	189.113	64.398	4.304	2.511	31.581	21.466	156.029	37.138
			4.0	10.478	13.347	240.724	81.235	4.246	2.466	40.120	27.078	200.407	47.048
			5.0	12.839	16.356	286.941	95.968	4.188	2.422	47.823	31.989	240.869	55.846
			6.0	15.097	19.232	327.950	108.716	4.129	2.377	54.658	36.238	277.361	63.597
120	80	±0.90	3.0	8.955	11.408	230.189	123.430	4.491	3.289	38.364	30.857	255.128	50.799
			4.0	11.734	11.947	294.569	157.281	4.439	3.243	49.094	39.320	330.438	64.927
			5.0	14.409	18.356	353.108	187.747	4.385	3.198	58.850	46.936	400.735	77.772
			6.0	16.981	21.632	105.998	214.977	4.332	3.152	67.666	53.744	165.940	83.399
140	80	±1.00	4.0	12.990	16.547	429.582	180.407	5.095	3.301	61.368	45.101	410.713	76.478
			5.0	15.979	20.356	517.023	215.914	5.039	3.256	73.860	53.978	498.815	91.834
			6.0	18.865	24.032	569.935	247.905	4.983	3.211	85.276	61.976	580.919	105.83
150	100	±1.20	4.0	14.874	18.947	594.585	318.551	5.601	4.110	79.278	63.710	660.613	104.94
			5.0	18.334	23.356	719.164	383.988	5.549	4.054	95.888	79.797	806.733	126.81
			6.0	21.691	27.632	834.615	444.135	5.495	4.009	111.282	88.827	915.022	147.07
			8.0	28.096	35.791	1039.101	519.308	5.388	3.917	138.546	109.861	1147.710	181.85
160	60	±1.20	3	9.898	12.608	389.86	83.915	5.561	2.580	48.732	27.972	228.15	50.14
			4.5	14.498	18.469	552.08	116.66	5.468	2.513	69.01	38.886	324.96	70.085
160	80	±1.20	4.0	14.216	18.117	597.691	203.532	5.738	3.348	71.711	50.883	493.129	88.031
			5.0	17.519	22.356	721.650	214.089	5.681	3.304	90.206	61.020	599.175	105.9
			6.0	20.749	26.433	835.936	286.832	5.623	3.259	104.192	76.208	698.881	122.27
			8.0	26.810	33.644	1036.485	343.599	5.505	3.170	129.560	85.899	876.599	149.54
180	65	±1.20	3.0	11.075	14.108	550.35	111.78	6.246	2.815	61.15	34.393	306.75	61.849
			4.5	16.264	20.719	784.13	156.47	6.152	2.748	87.125	48.144	438.91	86.993
180	100	±1.30	4.0	16.758	21.317	926.020	373.879	6.586	4.184	102.891	74.755	852.708	127.06
			5.0	20.689	26.356	1124.156	451.738	6.530	4.140	124.906	90.347	1012.589	153.88
			6.0	24.517	31.232	1309.527	523.767	6.475	4.095	145.503	104.753	1222.933	178.88
			8.0	31.861	40.391	1643.149	651.132	6.362	4.002	182.572	130.226	1554.606	222.49
200			4.0	18.014	22.941	1199.680	410.261	7.230	4.230	119.968	82.152	984.151	141.81
			5.0	22.259	28.356	1459.270	496.905	7.173	4.186	145.920	99.381	1203.878	171.94
			6.0	26.101	33.632	1703.224	576.855	7.116	4.141	170.332	115.371	1412.986	200.1
			8.0	34.376	43.791	2145.993	719.014	7.000	4.052	214.599	143.802	1798.551	249.6
200	120	±1.40	4.0	19.3	24.5	1353	618	7.43	5.02	135	103	1345	172
			5.0	23.8	30.4	1649	750	7.37	4.97	165	125	1652	210
			6.0	28.3	36.0	1929	874	7.32	4.93	193	146	1947	245
			8.0	36.5	46.4	2386	1079	7.17	4.82	239	180	2507	308
200	150	±1.50	4.0	21.2	26.9	1584	1021	7.67	6.16	158	136	1942	219
			5.0	26.2	33.4	1935	1245	7.62	6.11	193	166	2391	267
			6.0	31.1	39.6	2268	1457	7.56	6.06	227	194	2826	312
			8.0	40.2	51.2	2892	1815	7.43	5.95	283	242	3664	396
220	140	±1.50	4.0	21.8	27.7	1892	948	8.26	5.84	172	135	1987	224

续表

边长/mm H	边长/mm B	尺寸允许偏差/mm	壁厚 t/mm	理论质量 M/kg·m⁻¹	截面面积 A/cm²	惯性矩/cm⁴ I_x	惯性矩/cm⁴ I_y	惯性半径/cm r_x	惯性半径/cm r_y	截面模数/cm³ W_x	截面模数/cm³ W_y	扭转常数 I_t/cm⁴	扭转常数 C_t/cm³
220	140	±1.50	5.0	27.0	34.4	2313	1155	8.21	5.80	210	165	2447	274
			6.0	32.1	40.8	2714	1352	8.15	5.75	247	193	2891	321
			8.0	41.5	52.8	3389	1685	8.01	5.65	308	241	3746	407
250	150	±1.60	4.0	24.3	30.9	2697	1234	9.34	6.32	216	165	2665	275
			5.0	30.1	38.4	3304	1508	9.28	6.27	264	201	3285	337
			6.0	35.8	45.6	3886	1768	9.23	6.23	311	236	3886	396
			8.0	46.5	59.2	4886	2219	9.08	6.12	391	296	5050	504
260	180	±1.80	5.0	33.2	42.4	4121	2350	9.86	7.45	317	261	4695	426
			6.0	39.6	50.4	4856	2763	9.81	7.40	374	307	5566	501
			8.0	51.5	65.6	6145	3493	9.68	7.29	473	388	7267	642
			10	63.2	80.6	7363	4174	9.56	7.20	566	646	8850	772
300	200	±2.00	5.0	38.0	48.4	6241	3361	11.4	8.34	416	336	6836	552
			6.0	45.2	57.6	7370	3962	11.3	8.29	491	396	8115	651
			8.0	59.1	75.2	9389	5042	11.2	8.19	626	504	10627	838
			10	72.7	92.6	11313	6058	11.1	8.09	754	606	12987	1012
350	250	±2.20	5.0	45.8	58.4	10520	6306	13.4	10.4	601	504	12234	817
			6.0	54.7	69.6	12457	7458	13.4	10.3	712	594	14554	967
			8.0	71.6	91.2	16001	9573	13.2	10.2	914	766	19136	1253
			10	88.4	113	19407	11588	13.1	10.1	1109	927	23500	1522
400	200	±2.40	5.0	45.8	58.4	12490	4311	14.6	8.60	624	431	10519	742
			6.0	54.7	69.6	14789	5092	14.5	8.55	739	509	12069	877
			8.0	71.6	91.2	18974	6517	14.4	8.45	949	652	15820	1133
			10	88.4	113	23003	7864	14.3	8.36	1150	786	19368	1373
			12	104	132	26248	8977	14.1	8.24	1312	898	22782	1591
400	250	±2.60	5.0	49.7	63.4	14440	7056	15.1	10.6	722	565	14773	937
			6.0	59.4	75.6	17118	8352	15.0	10.5	856	668	17580	1110
			8.0	77.9	99.2	22048	10744	14.9	10.4	1102	860	23127	1440
			10	96.2	122	26806	13029	14.8	10.3	1340	1042	28423	1753
			12	113	144	30766	14926	14.6	10.2	1538	1197	33597	2042
450	250	±2.80	6.0	64.1	81.6	22724	9245	16.7	10.6	1010	740	20687	1253
			8.0	84.2	107	29336	11916	16.5	10.5	1304	953	27222	1628
			10	104	133	35737	14470	16.4	10.4	1588	1158	33473	1983
			12	123	156	41137	16663	16.2	10.3	1828	1333	39591	2314
500	300	±3.20	6.0	73.5	93.6	33012	15151	18.8	12.7	1321	1010	32420	1688
			8.0	96.7	123	42805	19624	18.6	12.6	1712	1308	42767	2202
			10	120	153	52328	23933	18.5	12.5	2093	1596	52736	2693
			12	141	180	60604	27726	18.3	12.4	2424	1848	62581	3156
550	350	±3.60	8.0	109	139	59783	30040	20.7	14.7	2174	1717	63051	2856
			10	135	173	73276	36752	20.6	14.6	2665	2100	77901	3503
			12	160	204	85249	42769	20.4	14.5	3100	2444	92646	4118
			14	185	236	97269	48731	20.3	14.4	3537	2784	106760	4710

续表

边长/mm H	边长/mm B	尺寸允许偏差/mm	壁厚 t/mm	理论质量 M/kg·m^{-1}	截面面积 A/cm^2	惯性矩/cm^4 I_x	惯性矩/cm^4 I_y	惯性半径/cm r_x	惯性半径/cm r_y	截面模数/cm^3 W_x	截面模数/cm^3 W_y	扭转常数 I_t/cm^4	扭转常数 C_t/cm^3
600	400	±4.00	8.0	122	155	80670	43564	22.8	16.8	2689	2178	88672	3591
			10	151	193	99081	53429	22.7	16.7	3303	2672	109720	4413
			12	179	228	115670	62391	22.5	16.5	3856	3120	130680	5201
			14	207	264	132310	71282	22.4	16.4	4410	3564	150850	5962
			16	235	299	148210	79760	22.3	16.3	4940	3988	170510	6694

注：参见表 4-1-125 的注。

表 4-1-125　　圆形冷弯空心型钢尺寸规格（GB/T 6728—2017）

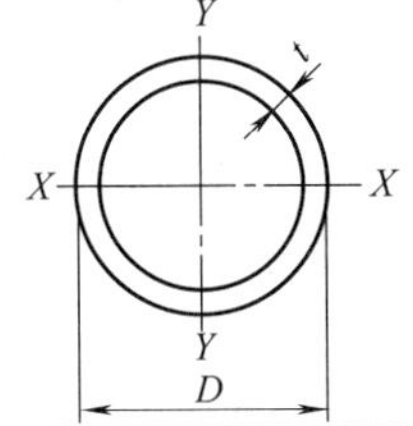

圆形空心型代号 Y
D——外径
t——壁厚

外径 D/mm	尺寸允许偏差/mm	壁厚 t/mm	理论质量 M/kg·m^{-1}	截面面积 A/cm^2	惯性矩 I/cm^4	惯性半径 R/cm	弹性模数 Z/cm^3	塑性模数 S/cm^3	扭转常数 J/cm^4	扭转常数 C/cm^3	每米长度表面积 A_s/m^2
21.3 (21.3)	±0.5	1.2	0.59	0.76	0.38	0.712	0.36	0.49	0.77	0.72	0.067
		1.5	0.73	0.93	0.46	0.702	0.43	0.59	0.92	0.86	0.067
		1.75	0.84	1.07	0.52	0.694	0.49	0.67	1.04	0.97	0.067
		2.0	0.95	1.21	0.57	0.686	0.54	0.75	1.14	1.07	0.067
		2.5	1.16	1.48	0.66	0.671	0.62	0.89	1.33	1.25	0.067
		3.0	1.35	1.72	0.74	0.655	0.70	1.01	1.48	1.39	0.067
26.8 (26.9)	±0.5	1.2	0.76	0.97	0.79	0.906	0.59	0.79	1.58	1.18	0.084
		1.5	0.94	1.19	0.96	0.896	0.71	0.96	1.91	1.43	0.084
		1.75	1.08	1.38	1.09	0.888	0.81	1.1	2.17	1.62	0.084
		2.0	1.22	1.56	1.21	0.879	0.90	1.23	2.41	1.80	0.084
		2.5	1.50	1.91	1.42	0.864	1.06	1.48	2.85	2.12	0.084
		3.0	1.76	2.24	1.61	0.848	1.20	1.71	3.23	2.41	0.084
33.5 (33.7)	±0.5	1.5	1.18	1.51	1.93	1.132	1.15	1.54	3.87	2.31	0.105
		2.0	1.55	1.98	2.46	1.116	1.47	1.99	4.93	2.94	0.105
		2.5	1.91	2.43	2.94	1.099	1.76	2.41	5.89	3.51	0.105
		3.0	2.26	2.87	3.37	1.084	2.01	2.80	6.75	4.03	0.105
		3.5	2.59	3.29	3.76	1.068	2.24	3.16	7.52	4.49	0.105
		4.0	2.91	3.71	4.11	1.053	2.45	3.50	8.21	4.90	0.105
42.3 (42.4)	±0.5	1.5	1.51	1.92	4.01	1.443	1.89	2.50	8.01	3.79	0.133
		2.0	1.99	2.53	5.15	1.427	2.44	3.25	10.31	4.87	0.133
		2.5	2.45	3.13	6.21	1.410	2.94	3.97	12.43	5.88	0.133
		3.0	2.91	3.70	7.19	1.394	3.40	4.64	14.39	6.80	0.133
		4.0	3.78	4.81	8.92	1.361	4.22	5.89	17.84	8.44	0.133
48 (48.3)	±0.5	1.5	1.72	2.19	5.93	1.645	2.47	3.24	11.86	4.94	0.151
		2.0	2.27	2.89	7.66	1.628	3.19	4.23	15.32	6.38	0.151
		2.5	2.81	3.57	9.28	1.611	3.86	5.18	18.55	7.73	0.151
		3.0	3.33	4.24	10.78	1.594	4.49	6.08	21.57	9.89	0.151
		4.0	4.34	5.53	13.49	1.562	5.62	7.77	26.98	11.24	0.151
		5.0	5.30	6.75	15.82	1.530	6.59	9.29	31.65	13.18	0.151

续表

外径 D/mm	尺寸允许偏差/mm	壁厚 t/mm	理论质量 M/kg·m⁻¹	截面面积 A/cm²	惯性矩 I/cm⁴	惯性半径 R/cm	弹性模数 Z/cm³	塑性模数 S/cm³	扭转常数		每米长度表面积 A_s/m^2
									J/cm⁴	C/cm³	
60 (60.3)	±0.6	2.0	2.86	3.64	15.34	2.052	5.11	6.73	30.68	10.23	0.188
		2.5	3.55	4.52	18.70	2.035	6.23	8.27	37.40	12.47	0.188
		3.0	4.22	5.37	21.88	2.018	7.29	9.76	43.76	14.58	0.188
		4.0	5.52	7.04	27.73	1.985	9.24	12.56	55.45	18.48	0.188
		5.0	6.78	8.64	32.94	1.953	10.98	15.17	65.88	21.96	0.188
75.5 (76.1)	±0.76	2.5	4.50	5.73	38.24	2.582	10.13	13.33	76.47	20.26	0.237
		3.0	5.36	6.83	44.97	2.565	11.91	15.78	89.94	23.82	0.237
		4.0	7.05	8.98	57.59	2.531	15.26	20.47	115.19	30.51	0.237
		5.0	8.69	11.07	69.15	2.499	18.32	24.89	138.29	36.63	0.237
88.5 (88.9)	±0.90	3.0	6.33	8.06	73.73	3.025	16.66	21.94	147.45	33.32	0.278
		4.0	8.34	10.62	94.99	2.991	21.46	28.58	189.97	42.93	0.278
		5.0	10.30	13.12	114.72	2.957	25.93	34.90	229.44	51.85	0.278
		6.0	12.21	15.55	133.00	2.925	30.06	40.91	266.01	60.11	0.278
114 (114.3)	±1.15	4.0	10.85	13.82	209.35	3.892	36.73	48.42	418.70	73.46	0.358
		5.0	13.44	17.12	254.81	3.858	44.70	59.45	509.61	89.41	0.358
		6.0	15.98	20.36	297.73	3.824	52.23	70.06	595.46	104.47	0.358
140 (139.7)	±1.40	4.0	13.42	17.09	395.47	4.810	56.50	74.01	790.94	112.99	0.440
		5.0	16.65	21.21	483.76	4.776	69.11	91.17	967.52	138.22	0.440
		6.0	19.83	25.26	568.03	4.742	85.15	107.81	1136.13	162.30	0.440
165 (168.3)	±1.65	4	15.88	20.23	655.94	5.69	79.51	103.71	1311.89	159.02	0.518
		5	19.73	25.13	805.04	5.66	97.58	128.04	1610.07	195.16	0.518
		6	23.53	29.97	948.47	5.63	114.97	151.76	1896.93	229.93	0.518
		8	30.97	39.46	1218.92	5.56	147.75	197.36	2437.84	295.50	0.518
219.1 (219.1)	±2.20	5	26.4	33.60	1928	7.57	176	229	3856	352	0.688
		6	31.53	40.17	2282	7.54	208	273	4564	417	0.688
		8	41.6	53.10	2960	7.47	270	357	5919	540	0.688
		10	51.6	65.70	3598	7.40	328	438	7197	657	0.688
273 (273)	±2.75	5	33.0	42.1	3781	9.48	277	359	7562	554	0.858
		6	39.5	50.3	4487	9.44	329	428	8974	657	0.858
		8	52.3	66.6	5852	9.37	429	562	11700	857	0.858
		10	64.9	82.6	7154	9.31	524	692	14310	1048	0.858
325 (323.9)	±3.25	5	39.5	50.3	6436	11.32	396	512	12871	792	1.20
		6	47.2	60.1	7651	11.28	471	611	15303	942	1.20
		8	62.5	79.7	10014	11.21	616	804	20028	1232	1.20
		10	77.7	99.0	12287	11.14	756	993	24573	1512	1.20
		12	92.6	118.0	14472	11.07	891	1176	28943	1781	1.20
355.6 (355.6)	±3.55	6	51.7	65.9	10071	12.4	566	733	20141	1133	1.12
		8	68.6	87.4	13200	12.3	742	967	26400	1485	1.12
		10	85.2	109.0	16220	12.2	912	1195	32450	1825	1.12
		12	101.7	130.0	19140	12.2	1076	1417	38279	2153	1.12
406.4 (406.4)	±4.10	8	78.6	100	19870	14.1	978	1270	39750	1956	1.28
		10	97.8	125	24480	14.0	1205	1572	48950	2409	1.28
		12	116.7	149	28937	14.0	1424	1867	57874	2848	1.28
457 (457)	±4.6	8	88.6	113	28450	15.9	1245	1613	56890	2490	1.44
		10	110.0	140	35090	15.8	1536	1998	70180	3071	1.44
		12	131.7	168	41556	15.7	1819	2377	83113	3637	1.44

续表

外径 D/mm	尺寸允许偏差 /mm	壁厚 t/mm	理论质量 M/kg·m^{-1}	截面面积 A/cm^2	惯性矩 I/cm^4	惯性半径 R/cm	弹性模数 Z/cm^3	塑性模数 S/cm^3	扭转常数 J/cm^4	扭转常数 C/cm^3	每米长度表面积 A_s/m^2
508 (508)	±5.10	8	98.6	126	39280	17.7	1546	2000	78560	3093	1.60
		10	123.0	156	48520	17.6	1910	2480	97040	3621	1.60
		12	146.8	187	57536	17.5	2265	2953	115072	4530	1.60
610	±6.10	8	118.8	151	68552	21.3	2248	2899	137103	4495	1.92
		10	148.0	189	84847	21.2	2781	3600	169694	5564	1.92
		12.5	184.2	235	104755	21.1	3435	4463	209510	6869	1.92
		16	234.4	299	131782	21.0	4321	5647	263563	8641	1.92

注：1. 括号内为 ISO 4019 所列规格。

2. GB/T 6728—2017 结构用冷弯空心型钢主要用于制造各种钢结构，受力部件要求承受拉力、弯曲力、扭转力、剪切力等各种应力，具有良好的塑性、焊接性、一定的抗拉强度和屈服强度，具有良好的综合性能，主要用于农业机械、轻工机械、房屋构件、家具以及各种机械结构件。

3. 冷弯型钢按截面形状分为正方形、长方形和圆形三种。GB/T 6728—2017 新标准取消了 GB/T 6728—2002 中关于异型钢的规定。新标准规定冷弯薄壁型钢的尺寸规格及技术要求应符合 GB/T 50018 的规定。

4. GB/T 6728—2017 结构用冷弯型钢的牌号、化学成分、力学性能等技术要求应符合 GB/T 6725—2017《冷弯型钢通用技术要求》的规定。

5. 本表冷弯型钢交货长度一般为 4000～12000mm。

6. 型钢弯曲度每米不大于 2mm，总弯曲度不大于总长度的 0.15%。

7. 本表理论质量按密度 7.85g/cm^3 计算。

8. 标记示例：用 Q235 钢制造，尺寸为 150mm×100mm×6mm 冷弯矩形空心型钢，标记为：冷弯空心型钢（矩形管）$\frac{\text{J150×100×b-GB/T 6728—2017}}{\text{Q235-GB/T 700}}$。

表 4-1-126　冷弯型钢弯角外圆弧半径 r 值（GB/T 6728—2017）

厚度 t/mm	弯角外圆弧半径 r 碳素钢 (R_{eL}≤320MPa)	弯角外圆弧半径 r 低合金钢 (R_{eL}>320MPa)	厚度 t/mm	弯角外圆弧半径 r 碳素钢 (R_{eL}≤320MPa)	弯角外圆弧半径 r 低合金钢 (R_{eL}>320MPa)
t≤3	(1.0～2.5)t	(1.5～2.5)t	6<t≤10	(2.0～3.0)t	(2.0～3.5)t
3<t≤6	(1.5～2.5)t	(2.0～3.0)t	t>10	(2.0～3.5)t	(2.5～4.0)t

注：R_{eL}值指标准中规定的最低值。

1.8.10　通用冷弯开口型钢

冷弯型钢具有一定的抗拉强度和屈服强度，良好的塑性和焊接性，综合性能较佳，适于制作各种钢结构和受力部件。GB/T 6723—2017 通用冷弯开口型钢代替 GB/T 6723—2008，该标准规定的产品主要用于制造各种机械结构件、农机具构架、车辆、船舶、工程机械、集装箱以及建筑业的梁、柱、屋面檩条及墙骨架等。型钢按截面形状分为 9 种，其截面形状及代号为：冷弯等边角钢（JD），见图 4-1-1；冷弯不等边角钢（JB），见图 4-1-2；冷弯等边槽钢（CD），见图 4-1-3；冷弯不等边槽钢（CB），见图 4-1-4；冷弯内卷边槽钢（CN），见图 4-1-5；冷弯外卷边槽钢（CW），见图 4-1-6；冷弯 Z 型钢（Z），见图 4-1-7；冷弯卷边 Z 型钢（ZJ），见图 4-1-8，冷弯卷边等边角钢（JJ），见图 4-1-9；标准规定的 9 种冷弯开口型钢的基本尺寸及主要参数见表 4-1-127～表 4-1-135。

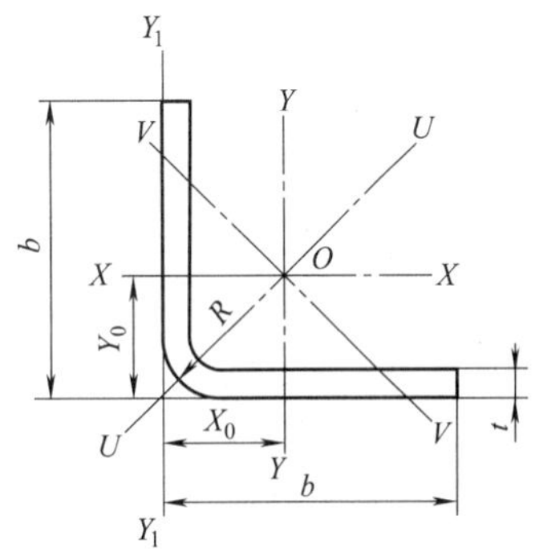

图 4-1-1　冷弯等边角钢（JD）

第 4 篇

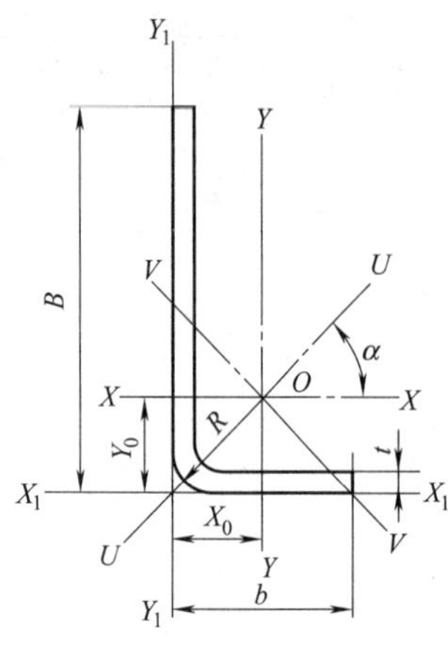

图 4-1-2 冷弯不等边角钢（JB）

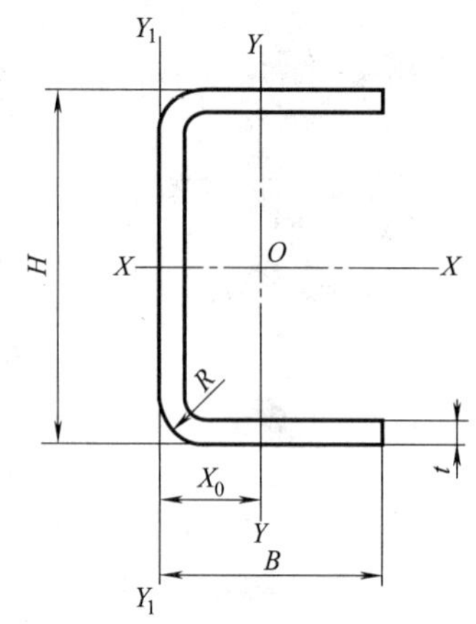

图 4-1-3 冷弯等边槽钢（CD）

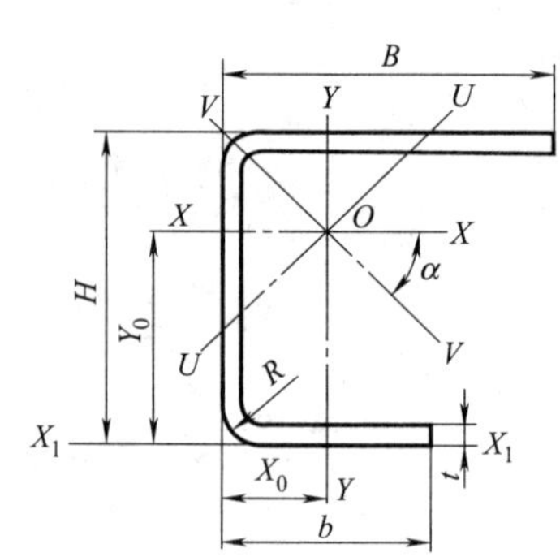

图 4-1-4 冷弯不等边槽钢（CB）

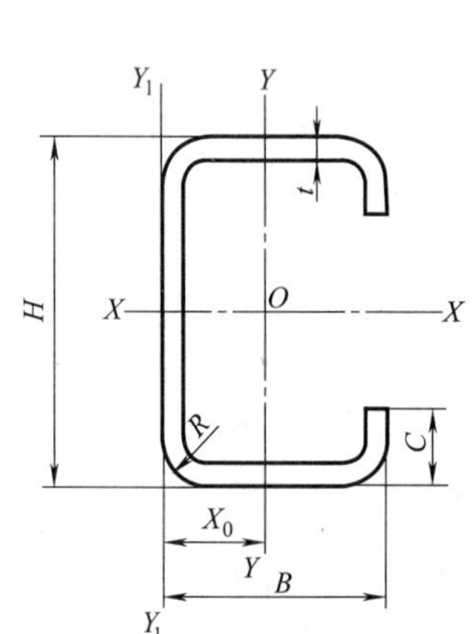

图 4-1-5 冷弯内卷边槽钢（CN）

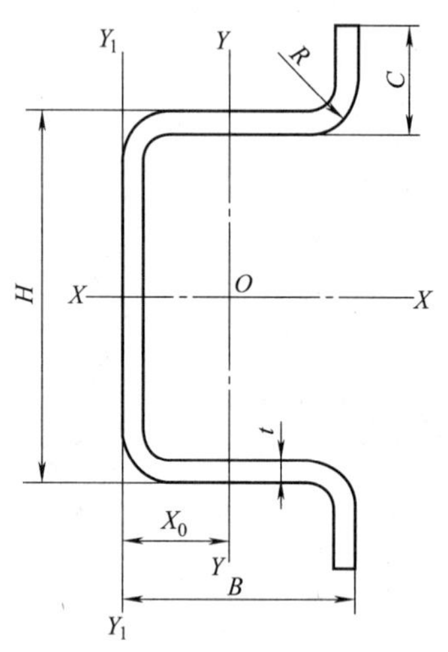

图 4-1-6 冷弯外卷边槽钢（CW）

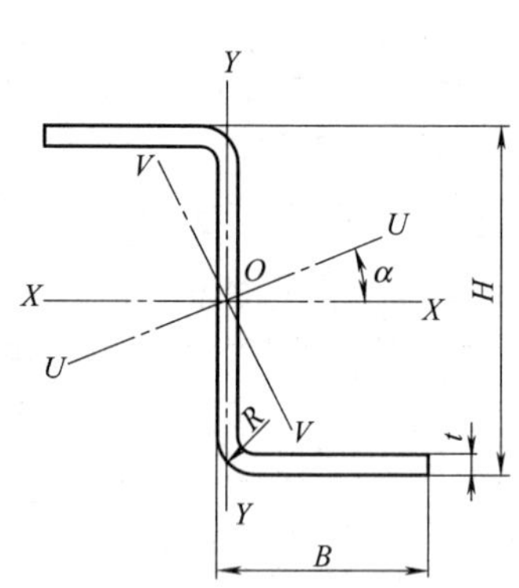

图 4-1-7 冷弯 Z 型钢（Z）

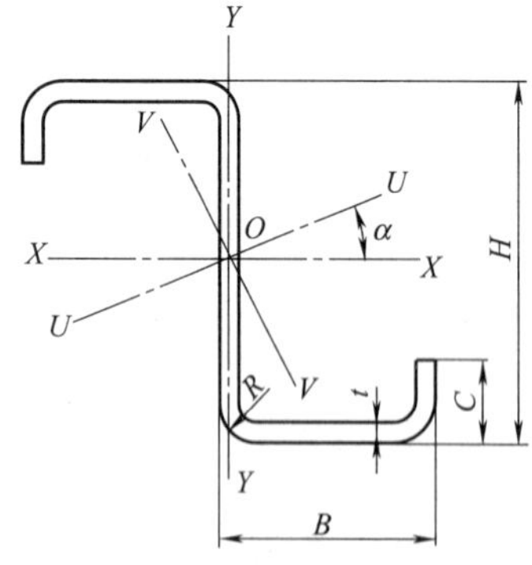

图 4-1-8 冷弯卷边 Z 型钢（ZJ）

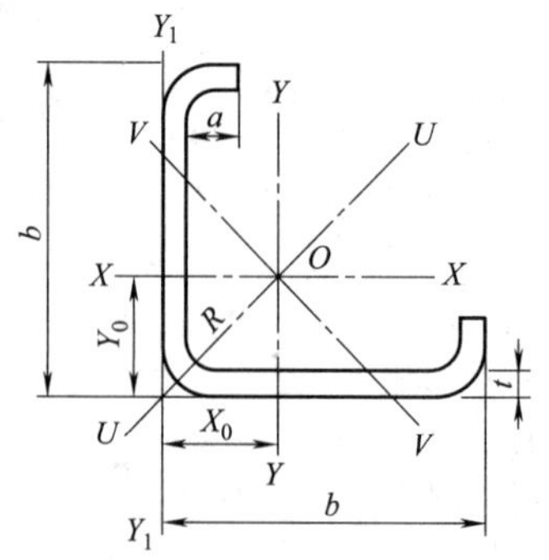

图 4-1-9 冷弯卷边等边角钢（JJ）

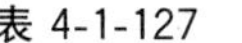

表 4-1-127 冷弯等边角钢基本尺寸及主要参数（GB/T 6723—2017）

规格	尺寸/mm		理论质量	截面面积	重心	惯性矩/cm⁴			回转半径/cm			截面模数/cm³	
$b \times b \times t$	b	t	/kg·m^{-1}	/cm^2	Y_0/cm	$I_x = I_y$	I_u	I_v	$r_x = r_y$	r_u	r_v	$W_{y\max} = W_{x\max}$	$W_{y\min} = W_{x\min}$
20×20×1.2	20	1.2	0.354	0.451	0.559	0.179	0.292	0.066	0.630	0.804	0.385	0.321	0.124
20×20×2.0		2.0	0.566	0.721	0.599	0.278	0.457	0.099	0.621	0.796	0.371	0.464	0.198
30×30×1.6	30	1.6	0.714	0.909	0.829	0.817	1.328	0.307	0.948	1.208	0.581	0.986	0.376
30×30×2.0		2.0	0.880	1.121	0.849	0.998	1.626	0.369	0.943	1.204	0.573	1.175	0.464
30×30×3.0		3.0	1.274	1.623	0.898	1.409	2.316	0.503	0.931	1.194	0.556	1.568	0.671
40×40×1.6	40	1.6	0.965	1.229	1.079	1.985	3.213	0.758	1.270	1.616	0.785	1.839	0.679
40×40×2.0		2.0	1.194	1.521	1.099	2.438	3.956	0.919	1.265	1.612	0.777	2.218	0.840
40×40×2.5		2.5	1.47	1.87	1.132	2.96	4.85	1.07	1.26	1.61	0.76	2.62	1.03
40×40×3.0		3.0	1.745	2.223	1.148	3.496	5.710	1.282	1.253	1.602	0.759	3.043	1.226
50×50×2.0	50	2.0	1.508	1.921	1.349	4.848	7.845	1.850	1.588	2.020	0.981	3.593	1.327
50×50×2.5		2.5	1.86	2.37	1.381	5.93	9.65	2.20	1.58	2.02	0.96	4.29	1.64
50×50×3.0		3.0	2.216	2.823	1.398	7.015	11.414	2.616	1.576	2.010	0.962	5.015	1.948
50×50×4.0		4.0	2.894	3.686	1.448	9.022	14.755	3.290	1.564	2.000	0.944	6.229	2.540
60×60×2.0	60	2.0	1.822	2.321	1.599	8.478	13.694	3.262	1.910	2.428	1.185	5.302	1.926
60×60×2.5		2.5	2.25	2.87	1.630	10.41	16.90	3.91	1.90	2.43	1.17	6.38	2.38
60×60×3.0		3.0	2.687	3.423	1.648	12.342	20.028	4.657	1.898	2.418	1.166	7.486	2.836
60×60×4.0		4.0	3.522	4.486	1.698	15.970	26.030	5.911	1.886	2.408	1.147	9.403	3.712
70×70×3.0	70	3.0	3.158	4.023	1.898	19.853	32.152	7.553	2.221	2.826	1.370	10.456	3.891
70×70×4.0		4.0	4.150	5.286	1.948	25.799	41.944	9.654	2.209	2.816	1.351	13.242	5.107
75×75×2.5	75	2.5	2.84	3.62	2.005	20.65	33.43	7.87	2.39	3.04	1.48	10.30	3.76
75×75×3.0		3.0	3.39	4.31	2.031	24.47	39.70	9.23	2.38	3.03	1.46	12.05	4.47
80×80×4.0	80	4.0	4.778	6.086	2.198	39.009	63.299	14.719	2.531	3.224	1.555	17.745	6.723
80×80×5.0		5.0	5.895	7.510	2.247	47.677	77.622	17.731	2.519	3.214	1.536	21.209	8.288
100×100×4.0	100	4.0	6.034	7.686	2.698	77.571	125.528	29.613	3.176	4.041	1.962	28.749	10.623
100×100×5.0		5.0	7.465	9.510	2.747	95.237	154.539	35.335	3.164	4.031	1.943	34.659	13.132
150×150×6.0	150	6.0	13.458	17.254	4.062	391.442	635.468	147.415	4.763	6.069	2.923	96.367	35.787
150×150×8.0		8.0	17.685	22.673	4.169	508.593	830.207	186.979	4.736	6.051	2.872	121.994	46.957
150×150×10		10	21.783	27.927	4.277	619.211	1016.638	221.785	4.709	6.034	2.818	144.777	57.746
200×200×6.0	200	6.0	18.138	23.254	5.310	945.753	1529.328	362.177	6.377	8.110	3.947	178.108	64.381
200×200×8.0		8.0	23.925	30.673	5.416	1237.149	2008.393	465.905	6.351	8.091	3.897	228.425	84.829
200×200×10		10	29.583	37.927	5.522	1516.787	2472.471	561.104	6.324	8.074	3.846	274.681	104.765
250×250×8.0	250	8.0	30.164	38.672	6.664	2453.559	3970.580	936.538	7.965	10.133	4.921	368.181	133.811
250×250×10		10	37.383	47.927	6.770	3020.384	4903.304	1137.464	7.939	10.114	4.872	446.142	165.682

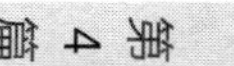

续表

规格	尺寸/mm		理论质量	截面面积	重心	惯性矩/cm⁴			回转半径/cm			截面模数/cm³	
$b\times b\times t$	b	t	/kg·m⁻¹	/cm²	Y_0/cm	$I_x=I_y$	I_u	I_v	$r_x=r_y$	r_u	r_v	$W_{y\max}=W_{x\max}$	$W_{y\min}=W_{x\min}$
250×250×12	250	12	44.472	57.015	6.876	3568.836	5812.612	1325.061	7.912	10.097	4.821	519.028	196.912
300×300×10	300	10	45.183	57.927	8.018	5286.252	8559.138	2013.367	9.553	12.155	5.896	659.298	240.481
300×300×12		12	53.832	69.015	8.124	6263.069	10167.49	2358.645	9.526	12.138	5.846	770.934	286.299
300×300×14		14	62.022	79.516	8.277	7182.256	11740.00	2624.502	9.504	12.150	5.745	867.737	330.629
300×300×16		16	70.312	90.144	8.392	8095.516	13279.70	2911.336	9.477	12.137	5.683	964.671	374.654

注：1. GB/T 6723—2017 通用冷弯开口型钢有关的技术要求应符合 GB/T 6725—2017《冷弯型钢通用技术要求》的相关规定（见表 4-1-121）

2. 标记示例：用牌号为 Q345 制成高度为 160mm、中腿边长为 60mm、小腿边长为 20mm、壁厚为 3mm 的冷弯内卷边槽钢，其标记为：

$$\text{冷弯内卷边槽钢}\frac{\text{CN160×60×20×3—GB/T 6723—2017}}{\text{Q345—GB/T 1591—2018}}。$$

表 4-1-128　**冷弯不等边角钢基本尺寸及主要参数**（GB/T 6723—2017）

规格	尺寸/mm			理论质量	截面面积	重心/cm		惯性矩/cm⁴				回转半径/cm				截面模数/cm³			
$B\times b\times t$	B	b	t	/kg·m⁻¹	/cm²	Y_0	X_0	I_x	I_y	I_u	I_v	r_x	r_y	r_u	r_v	$W_{x\max}$	$W_{x\min}$	$W_{y\max}$	$W_{y\min}$
30×20×2.0	30	20	2.0	0.723	0.921	1.011	0.490	0.860	0.318	1.014	0.164	0.966	0.587	1.049	0.421	0.850	0.432	0.648	0.210
30×20×3.0			3.0	1.039	1.323	1.068	0.536	1.201	0.441	1.421	0.220	0.952	0.577	1.036	0.408	1.123	0.621	0.823	0.301
50×30×2.5	50	30	2.5	1.473	1.877	1.706	0.674	4.962	1.419	5.597	0.783	1.625	0.869	1.726	0.645	2.907	1.506	2.103	0.610
50×30×4.0			4.0	2.266	2.886	1.794	0.741	7.419	2.104	8.395	1.128	1.603	0.853	1.705	0.625	4.134	2.314	2.838	0.931
60×40×2.5	60	40	2.5	1.866	2.377	1.939	0.913	9.078	3.376	10.665	1.790	1.954	1.191	2.117	0.867	4.682	2.235	3.694	1.094
60×40×4.0			4.0	2.894	3.686	2.023	0.981	13.774	5.091	16.239	2.625	1.932	1.175	2.098	0.843	6.807	3.463	5.184	1.686
70×40×3.0	70	40	3.0	2.452	3.123	2.402	0.861	16.301	4.142	18.092	2.351	2.284	1.151	2.406	0.867	6.785	3.545	4.810	1.319
70×40×4.0			4.0	3.208	4.086	2.461	0.905	21.038	5.317	23.381	2.973	2.268	1.140	2.391	0.853	8.546	4.635	5.872	1.718
80×50×3.0	80	50	3.0	2.923	3.723	2.631	1.096	25.450	8.086	29.092	4.444	2.614	1.473	2.795	1.092	9.670	4.740	7.371	2.071
80×50×4.0			4.0	3.836	4.886	2.688	1.141	33.025	10.449	37.810	5.664	2.599	1.462	2.781	1.076	12.281	6.218	9.151	2.708
100×60×3.0	100	60	3.0	3.629	4.623	3.297	1.259	49.787	14.347	56.038	8.096	3.281	1.761	3.481	1.323	15.100	7.427	11.389	3.026
100×60×4.0			4.0	4.778	6.086	3.354	1.304	64.939	18.640	73.177	10.402	3.266	1.749	3.467	1.307	19.356	9.772	14.289	3.969
100×60×5.0			5.0	5.895	7.510	3.412	1.349	79.395	22.707	89.566	12.536	3.251	1.738	3.453	1.291	23.263	12.053	16.830	4.882
150×120×6.0	150	120	6.0	12.054	15.454	4.500	2.962	362.949	211.071	475.645	98.375	4.846	3.696	5.548	2.532	80.655	34.567	71.260	23.354
150×120×8.0			8.0	15.813	20.273	4.615	3.064	470.343	273.077	619.416	124.003	4.817	3.670	5.528	2.473	101.916	45.291	89.124	30.559
150×120×10			10	19.443	24.927	4.732	3.167	571.010	331.066	755.971	146.105	4.786	3.644	5.507	2.421	120.670	55.611	104.536	37.481
200×160×8.0	200	160	8.0	21.429	27.473	6.000	3.950	1147.099	667.089	1503.275	310.914	6.462	4.928	7.397	3.364	191.183	81.936	168.883	55.360
200×160×10			10	24.463	33.927	6.115	4.051	1403.661	815.267	1846.212	372.716	6.432	4.902	7.377	3.314	229.544	101.092	201.251	68.229
200×160×12			12	31.368	40.215	6.231	4.154	1648.244	956.261	2176.288	428.217	6.402	4.876	7.356	3.263	264.523	119.707	230.202	80.724
250×220×10	250	220	10	35.043	44.927	7.188	5.652	2894.335	2122.346	4102.990	913.691	8.026	6.873	9.556	4.510	402.662	162.494	375.504	129.823
250×220×12			12	41.664	53.415	7.299	5.756	3417.040	2504.222	4859.116	1062.097	7.998	6.847	9.538	4.459	468.151	193.042	435.063	154.163
250×220×14			14	47.826	61.316	7.466	5.904	3895.841	2856.311	5590.119	1162.033	7.971	6.825	9.548	4.353	521.811	222.188	483.793	177.455
300×260×12	300	260	12	50.088	64.215	8.686	6.638	5970.485	4218.566	8347.648	1841.403	9.642	8.105	11.402	5.355	687.369	280.120	635.517	217.879
300×260×14			14	57.654	73.916	8.851	6.782	6835.520	4831.275	9625.709	2041.085	9.616	8.085	11.412	5.255	772.288	323.208	712.367	251.393
300×260×16			16	65.320	83.744	8.972	6.894	7697.062	5438.329	10876.951	2258.440	9.587	8.059	11.397	5.193	857.898	366.039	788.850	284.640

表 4-1-129 冷弯等边槽钢基本尺寸及主要参数（GB/T 6723—2017）

规格	尺寸/mm			理论质量	截面面积	重心 X_0	惯性矩/cm⁴		回转半径/cm		截面模数/cm³		
$H\times B\times t$	H	B	t	/kg·m⁻¹	/cm²	/cm	I_x	I_y	r_x	r_y	W_x	$W_{y\max}$	$W_{y\min}$
20×10×1.5	20	10	1.5	0.401	0.511	0.324	0.281	0.047	0.741	0.305	0.281	0.146	0.070
20×10×2.0			2.0	0.505	0.643	0.349	0.330	0.058	0.716	0.300	0.330	0.165	0.089
50×30×2.0	50	30	2.0	1.604	2.043	0.922	8.093	1.872	1.990	0.957	3.237	2.029	0.901
50×30×3.0			3.0	2.314	2.947	0.975	11.119	2.632	1.942	0.994	4.447	2.699	1.299
50×50×3.0		50	3.0	3.256	4.147	1.850	17.755	10.834	2.069	1.616	7.102	5.855	3.440
60×30×2.5	60	30	2.5	2.15	2.74	0.883	14.38	2.40	2.31	0.94	4.89	2.71	1.13
80×40×2.5	80	40	2.5	2.94	3.74	1.132	36.70	5.92	3.13	1.26	9.18	5.23	2.06
80×40×3.0			3.0	3.48	4.34	1.159	42.66	6.93	3.10	1.25	10.67	5.98	2.44
100×40×2.5	100	40	2.5	3.33	4.24	1.013	62.07	6.37	3.83	1.23	12.41	6.29	2.13
100×40×3.0			3.0	3.95	5.03	1.039	72.44	7.47	3.80	1.22	14.49	7.19	2.52
100×50×3.0	100	50	3.0	4.433	5.647	1.398	87.275	14.030	3.931	1.576	17.455	10.031	3.896
100×50×4.0			4.0	5.788	7.373	1.448	111.051	18.045	3.880	1.564	22.210	12.458	5.081
120×40×2.5	120	40	2.5	3.72	4.74	0.919	95.02	6.72	4.50	1.19	15.99	7.32	2.18
120×40×3.0			3.0	4.42	5.63	0.944	112.28	7.90	4.47	1.19	18.71	8.37	2.58
140×50×3.0	140	50	3.0	5.36	6.83	1.187	191.53	15.52	5.30	1.51	27.36	13.08	4.07
140×50×3.5			3.5	6.20	7.89	1.211	218.88	17.79	5.27	1.50	31.27	14.69	4.70
140×60×3.0	140	60	3.0	5.846	7.447	1.527	220.977	25.929	5.447	1.865	31.568	16.970	5.798
140×60×4.0			4.0	7.672	9.773	1.575	284.429	33.601	5.394	1.854	40.632	21.324	7.594
140×60×5.0			5.0	9.436	12.021	1.623	343.066	40.823	5.342	1.842	49.009	25.145	9.327
160×60×3.0	160	60	3.0	6.30	8.03	1.432	300.87	26.90	6.12	1.83	37.61	18.79	5.89
160×60×3.5			3.5	7.20	9.29	1.456	344.94	30.92	6.09	1.82	43.12	21.23	6.81
200×80×4.0	200	80	4.0	10.812	13.773	1.966	821.120	83.686	7.721	2.464	82.112	42.564	13.869
200×80×5.0			5.0	13.361	17.021	2.013	1000.710	102.441	7.667	2.453	100.071	50.886	17.111
200×80×6.0			6.0	15.849	20.190	2.060	1170.516	120.388	7.614	2.441	117.051	58.436	20.267
250×130×6.0	250	130	6.0	22.703	29.107	3.630	2876.401	497.071	9.941	4.132	230.112	136.934	53.049
250×130×8.0			8.0	29.755	38.147	3.739	3687.729	642.760	9.832	4.105	295.018	171.907	69.405
300×150×6.0	300	150	6.0	26.915	34.507	4.062	4911.518	782.884	11.930	4.763	327.435	192.734	71.575
300×150×8.0			8.0	35.371	45.347	4.169	6337.148	1017.186	11.822	4.736	422.477	243.988	93.914
300×150×10			10	43.566	55.854	4.277	7660.498	1238.423	11.711	4.708	510.700	289.554	115.492
350×180×8.0	350	180	8.0	42.235	54.147	4.983	10488.540	1771.765	13.918	5.721	599.345	355.562	136.112
350×180×10			10	52.146	66.854	5.092	12749.074	2166.713	13.809	5.693	728.519	425.513	167.858
350×180×12			12	61.799	79.230	5.501	14869.892	2542.823	13.700	5.665	849.708	462.247	203.442
400×200×10	400	200	10	59.166	75.854	5.522	18932.658	3033.575	15.799	6.324	946.633	549.362	209.530

续表

规格	尺寸/mm			理论质量	截面面积	重心 X_0	惯性矩/cm^4		回转半径/cm		截面模数/cm^3		
$H\times B\times t$	H	B	t	/kg·m^{-1}	/cm^2	/cm	I_x	I_y	r_x	r_y	W_x	W_{ymax}	W_{ymin}
400×200×12	400	200	12	70.223	90.030	5.630	22159.727	3569.548	15.689	6.297	1107.986	634.022	248.403
400×200×14			14	80.366	103.033	5.791	24854.034	4051.828	15.531	6.271	1242.702	699.677	285.159
450×220×10	450	220	10	66.186	84.854	5.956	26844.416	4103.714	17.787	6.954	1193.085	689.005	255.779
450×220×12			12	78.647	100.830	6.063	31506.135	4838.741	17.676	6.927	1400.273	798.077	303.617
450×220×14			14	90.194	115.633	6.219	35494.843	5510.415	17.520	6.903	1577.549	886.061	349.180
500×250×12	500	250	12	88.943	114.030	6.876	44593.265	7137.673	19.775	7.912	1783.731	1038.056	393.824
500×250×14			14	102.206	131.033	7.032	50455.689	8152.938	19.623	7.888	2018.228	1159.405	453.748
550×280×12	550	280	12	99.239	127.230	7.691	60862.568	10068.396	21.872	8.896	2213.184	1309.114	495.760
550×280×14			14	114.218	146.433	7.846	69095.642	11527.579	21.722	8.873	2512.569	1469.230	571.975
600×300×14	600	300	14	124.046	159.033	8.276	89412.972	14364.512	23.711	9.504	2980.432	1735.683	661.228
600×300×16			16	140.624	180.287	8.392	100367.430	16191.032	23.595	9.477	3345.581	1929.341	749.307

表 4-1-130　冷弯不等边槽钢基本尺寸及主要参数（GB/T 6723—2017）

规格	尺寸/mm				理论质量	截面面积	重心/cm		惯性矩/cm^4				回转半径/cm				截面模数/cm^3			
$H\times B\times b\times t$	H	B	b	t	/kg·m^{-1}	/cm^2	X_0	Y_0	I_x	I_y	I_u	I_v	r_x	r_y	r_u	r_v	W_{xmax}	W_{xmin}	W_{ymax}	W_{ymin}
50×32×20×2.5	50	32	20	2.5	1.840	2.344	0.817	2.803	8.536	1.853	8.769	1.619	1.908	0.889	1.934	0.831	3.887	3.044	2.266	0.777
50×32×20×3.0				3.0	2.169	2.764	0.842	2.806	9.804	2.155	10.083	1.876	1.883	0.883	1.909	0.823	4.468	3.494	2.559	0.914
80×40×20×2.5	80	40	20	2.5	2.586	3.294	0.828	4.588	28.922	3.775	29.607	3.090	2.962	1.070	2.997	0.968	8.476	6.303	4.555	1.190
80×40×20×3.0				3.0	3.064	3.904	0.852	4.591	33.654	4.431	34.473	3.611	2.936	1.065	2.971	0.961	9.874	7.329	5.200	1.407
100×60×30×3.0	100	60	30	3.0	4.242	5.404	1.326	5.807	77.936	14.880	80.845	11.970	3.797	1.659	3.867	1.488	18.590	13.419	11.220	3.183
150×60×50×3.0	150		50		5.890	7.504	1.304	7.793	245.876	21.452	246.257	21.071	5.724	1.690	5.728	1.675	34.120	31.547	16.440	4.569
200×70×60×4.0	200	70	60	4.0	9.832	12.605	1.469	10.311	706.995	47.735	707.582	47.149	7.489	1.946	7.492	1.934	72.969	68.567	32.495	8.630
200×70×60×5.0				5.0	12.061	15.463	1.527	10.315	848.963	57.959	849.689	57.233	7.410	1.936	7.413	1.924	87.658	82.304	37.956	10.590
250×80×70×5.0	250	80	70	5.0	14.791	18.963	1.647	12.823	1616.200	92.101	1617.030	91.271	9.232	2.204	9.234	2.194	132.726	126.039	55.920	14.497
250×80×70×6.0				6.0	17.555	22.507	1.696	12.825	1891.478	108.125	1892.465	107.139	9.167	2.192	9.170	2.182	155.358	147.484	63.753	17.152
300×90×80×6.0	300	90	80	6.0	20.831	26.707	1.822	15.330	3222.869	161.726	3223.981	160.613	10.985	2.461	10.987	2.452	219.691	210.233	88.763	22.531
300×90×80×8.0				8.0	27.259	34.947	1.918	15.334	4115.825	207.555	4117.270	206.110	10.852	2.437	10.854	2.429	280.637	268.412	108.214	29.307
350×100×90×6.0	350	100	90	6.0	24.107	30.907	1.953	17.834	5064.502	230.463	5065.739	229.226	12.801	2.731	12.802	2.723	295.031	283.980	118.005	28.640
350×100×90×8.0				8.0	31.627	40.547	2.048	17.837	6506.423	297.082	6508.041	295.464	12.668	2.707	12.669	2.699	379.096	364.771	145.060	37.359
400×150×100×8.0	400	150	100	8.0	38.491	49.347	2.882	21.589	10787.704	763.610	10843.850	707.463	14.786	3.934	14.824	3.786	585.938	499.685	264.958	63.015
400×150×100×10				10	47.466	60.854	2.981	21.602	13071.444	931.170	13141.358	861.255	14.656	3.912	14.695	3.762	710.482	605.103	312.368	77.475
450×200×150×10	450	200	150	10	59.166	75.854	4.402	23.950	22328.149	2337.132	22430.862	2234.420	17.157	5.551	17.196	5.427	1060.720	932.282	530.925	149.835
450×200×150×12				12	70.223	90.030	4.504	23.960	26133.270	2750.039	26256.075	2627.235	17.037	5.527	17.077	5.402	1242.076	1090.704	610.577	177.468
500×250×200×12	500	250	200	12	84.263	108.030	6.008	26.355	40821.990	5579.208	40985.443	5415.752	19.439	7.186	19.478	7.080	1726.453	1548.928	928.630	293.766
500×250×200×14				14	96.746	124.033	6.159	26.371	46087.838	6369.068	46277.561	6179.346	19.276	7.166	19.306	7.058	1950.478	1747.671	1034.107	338.043
550×300×250×14	550	300	250	14	113.126	145.033	7.714	28.794	67847.216	11314.348	68086.256	11075.308	21.629	8.832	21.667	8.739	2588.995	2356.297	1466.729	507.689
550×300×250×16				16	128.144	164.287	7.831	28.800	76016.861	12738.984	76288.341	12467.503	21.511	8.806	21.549	8.711	2901.407	2639.474	1626.738	574.631

表 4-1-131　冷弯内卷边槽钢基本尺寸及主要参数（GB/T 6723—2017）

规格	尺寸/mm				理论质量	截面面积	重心/cm	惯性矩/cm⁴		回转半径/cm		截面模数/cm³		
$H\times B\times C\times t$	H	B	C	t	/kg·m⁻¹	/cm²	X_0	I_x	I_y	r_x	r_y	W_x	W_{ymax}	W_{ymin}
60×30×10×2.5	60	30	10	2.5	2.363	3.010	1.043	16.009	3.353	2.306	1.055	5.336	3.214	1.713
60×30×10×3.0				3.0	2.743	3.495	1.036	18.077	3.688	2.274	1.027	6.025	3.559	1.878
80×40×15×2.0	80	40	15	2.0	2.72	3.47	1.452	34.16	7.79	3.14	1.50	8.54	5.36	3.06
100×50×15×2.5	100	50	15	2.5	4.11	5.23	1.706	81.34	17.19	3.94	1.81	16.27	10.08	5.22
100×50×20×2.5	100	50	20	2.5	4.325	5.510	1.853	84.932	19.889	3.925	1.899	16.986	10.730	6.321
100×50×20×3.0				3.0	5.098	6.495	1.848	98.560	22.802	3.895	1.873	19.712	12.333	7.235
120×50×20×2.5	120	50	20	2.5	4.70	5.98	1.706	129.40	20.96	4.56	1.87	21.57	12.28	6.36
120×60×20×3.0	120	60	20	3.0	6.01	7.65	2.106	170.68	37.36	4.72	2.21	28.45	17.74	9.59
140×50×20×2.0	140	50	20	2.0	4.14	5.27	1.590	154.03	18.56	5.41	1.88	22.00	11.68	5.44
140×50×20×2.5	140	50	20	2.5	5.09	6.48	1.580	186.78	22.11	5.39	1.85	26.68	13.96	6.47
140×60×20×2.5	140	60	20	2.5	5.503	7.010	1.974	212.137	34.786	5.500	2.227	30.305	17.615	8.642
140×60×20×3.0				3.0	6.511	8.295	1.969	248.006	40.132	5.467	2.199	35.429	20.379	9.956
160×60×20×2.0	160	60	20	2.0	4.76	6.07	1.850	236.59	29.99	6.24	2.22	29.57	16.19	7.23
160×60×20×2.5				2.5	5.87	7.48	1.850	288.13	35.96	6.21	2.19	36.02	19.47	8.66
160×70×20×3.0	160	70	20	3.0	7.42	9.45	2.224	373.64	60.42	6.29	2.53	46.71	27.17	12.65
180×60×20×3.0	180	60	20	3.0	7.453	9.495	1.739	449.695	43.611	6.881	2.143	49.966	25.073	10.235
180×70×20×3.0		70			7.924	10.095	2.106	496.693	63.712	7.014	2.512	55.188	30.248	13.019
180×70×20×2.0	180	70	20	2.0	5.39	6.87	2.110	343.93	45.18	7.08	2.57	38.21	21.37	9.25
180×70×20×2.5	180	70	20	2.5	6.66	9.48	2.110	420.20	54.42	7.04	2.53	46.69	25.82	11.12
200×60×20×3.0	200	60	20	3.0	7.924	10.095	1.644	578.425	45.041	7.569	2.112	57.842	27.382	10.342
200×70×20×2.0	200	70	20	2.0	5.71	7.27	2.000	440.04	46.71	7.78	2.54	44.00	23.32	9.35
200×70×20×2.5	200	70	20	2.5	7.05	8.98	2.000	538.21	56.27	7.74	2.50	53.82	28.18	11.25
200×70×20×3.0	200	70	20	3.0	8.395	10.695	1.996	636.643	65.883	7.715	2.481	63.664	32.999	13.167
220×75×20×2.0	220	75	20	2.0	6.18	7.87	2.080	574.45	56.88	8.54	2.69	52.22	27.35	10.50
220×75×20×2.5	220	75	20	2.5	7.64	9.73	2.070	703.76	68.66	8.50	2.66	63.98	33.11	12.65
250×40×15×3.0	250	40	15	3.0	7.924	10.095	0.790	773.495	14.809	8.753	1.211	61.879	18.734	4.614
300×40×15×3.0	300	40			9.102	11.595	0.707	1231.616	15.356	10.306	1.150	82.107	21.700	4.664
400×50×15×3.0	400	50			11.928	15.195	0.783	2837.843	28.888	13.666	1.378	141.892	36.879	6.851
450×70×30×6.0	450	70	30	6.0	28.092	36.015	1.421	8796.963	159.703	15.629	2.106	390.976	112.388	28.626
450×70×30×8.0				8.0	36.421	46.693	1.429	11030.645	182.734	15.370	1.978	490.251	127.875	32.801
500×100×40×6.0	500	100	40	6.0	34.176	43.815	2.297	14275.246	479.809	18.050	3.309	571.010	208.885	62.289
500×100×40×8.0				8.0	44.533	57.093	2.293	18150.796	578.026	17.830	3.182	726.032	252.083	75.000
500×100×40×10				10	54.372	69.708	2.289	21594.366	648.778	17.601	3.051	863.775	283.433	84.137
550×120×50×8.0	550	120	50	8.0	51.397	65.893	2.940	26259.069	1069.797	19.963	4.029	954.875	363.877	118.079
550×120×50×10				10	62.952	80.708	2.933	31484.498	1229.103	19.751	3.902	1144.891	419.060	135.558
550×120×50×12				12	73.990	94.859	2.926	36186.756	1349.879	19.531	3.772	1315.882	461.339	148.763
600×150×60×12	600	150	60	12	86.158	110.459	3.902	54745.539	2755.348	21.852	4.994	1824.851	706.137	248.274
600×150×60×14				14	97.395	124.865	3.840	57733.224	2867.742	21.503	4.792	1924.441	746.808	256.966
600×150×60×16				16	109.025	139.775	3.819	63178.379	3010.816	21.260	4.641	2105.946	788.378	269.280

表 4-1-132 冷弯外卷边槽钢基本尺寸及主要参数（GB/T 6723—2017）

规格	尺寸/mm				理论质量	截面面积	重心/cm	惯性矩/cm^4		回转半径/cm		截面模数/cm^3		
$H\times B\times C\times t$	H	B	C	t	/kg·m^{-1}	/cm^2	X_0	I_x	I_y	r_x	r_y	W_x	$W_{y\max}$	$W_{y\min}$
30×30×16×2.5	30	30	16	2.5	2.009	2.560	1.526	6.010	3.126	1.532	1.105	2.109	2.047	2.122
50×20×15×3.0	50	20	15	3.0	2.272	2.895	0.823	13.863	1.539	2.188	0.729	3.746	1.869	1.309
60×25×32×2.5	60	25	32	2.5	3.030	3.860	1.279	42.431	3.959	3.315	1.012	7.131	3.095	3.243
60×25×32×3.0	60	25	32	3.0	3.544	4.515	1.279	49.003	4.438	3.294	0.991	8.305	3.469	3.635
80×40×20×4.0	80	40	20	4.0	5.296	6.746	1.573	79.594	14.537	3.434	1.467	14.213	9.241	5.900
100×30×15×3.0	100	30	15	3.0	3.921	4.995	0.932	77.669	5.575	3.943	1.056	12.527	5.979	2.696
150×40×20×4.0	150	40	20	4.0	7.497	9.611	1.176	325.197	18.311	5.817	1.380	35.736	15.571	6.484
150×40×20×5.0				5.0	8.913	11.427	1.158	370.697	19.357	5.696	1.302	41.189	16.716	6.811
200×50×30×4.0	200	50	30	4.0	10.305	13.211	1.525	834.155	44.255	7.946	1.830	66.203	29.020	12.735
200×50×30×5.0				5.0	12.423	15.927	1.511	976.969	49.376	7.832	1.761	78.158	32.678	10.999
250×60×40×5.0	250	60	40	5.0	15.933	20.427	1.856	2029.828	99.403	9.968	2.206	126.864	53.558	23.987
250×60×40×6.0				6.0	18.732	24.015	1.853	2342.687	111.005	9.877	2.150	147.339	59.906	26.768
300×70×50×6.0	300	70	50	6.0	22.944	29.415	2.195	4246.582	197.478	12.015	2.591	218.896	89.967	41.098
300×70×50×8.0				8.0	29.557	37.893	2.191	5304.784	233.118	11.832	2.480	276.291	106.398	48.475
350×80×60×6.0	350	80	60	6.0	27.156	34.815	2.533	6973.923	319.329	14.153	3.029	304.538	126.068	58.410
350×80×60×8.0				8.0	35.173	45.093	2.475	8804.763	365.038	13.973	2.845	387.875	147.490	66.070
400×90×70×8.0	400	90	70	8.0	40.789	52.293	2.773	13577.846	548.603	16.114	3.239	518.238	197.837	88.101
400×90×70×10				10	49.692	63.708	2.868	16171.507	672.619	15.932	3.249	621.981	234.525	109.690
450×100×80×8.0	450	100	80	8.0	46.405	59.493	3.206	19821.232	855.920	18.253	3.793	667.382	266.974	125.982
450×100×80×10				10	56.712	72.708	3.205	23751.957	987.987	18.074	3.686	805.151	308.264	145.399
500×150×90×10	500	150	90	10	69.972	89.708	5.003	38191.923	2907.975	20.633	5.694	1157.331	581.246	290.885
500×150×90×12				12	82.414	105.659	4.992	44274.544	3291.816	20.470	5.582	1349.834	659.418	328.918
550×200×100×12	550	200	100	12	98.326	126.059	6.564	66449.957	6427.780	22.959	7.141	1830.577	979.247	478.400
550×200×100×14				14	111.591	143.065	6.815	74080.384	7829.699	22.755	7.398	2052.088	1148.892	593.834
600×250×150×14	600	250	150	14	138.891	178.065	9.717	125436.851	17163.911	26.541	9.818	2876.992	1766.380	1123.072
600×250×150×16				16	156.449	200.575	9.700	139827.681	18879.946	26.403	9.702	3221.836	1946.386	1233.983

表 4-1-133　冷弯 Z 形钢基本尺寸及主要参数（GB/T 6723—2017）

规格	尺寸/mm			理论质量/kg·m^{-1}	截面面积/cm^2	惯性矩/cm^4				回转半径/cm	惯性积矩/cm^4	截面模数/cm^3		角度
$H\times B\times t$	H	B	t			I_x	I_y	I_u	I_v	r_v	I_{xy}	W_x	W_y	tanα
80×40×2.5	80	40	2.5	2.947	3.755	37.021	9.707	43.307	3.421	0.954	14.532	9.255	2.505	0.432
80×40×3.0			3.0	3.491	4.447	43.148	11.429	50.606	3.970	0.944	17.094	10.787	2.968	0.436
100×50×2.5	100	50	2.5	3.732	4.755	74.429	19.321	86.840	6.910	1.205	28.947	14.885	3.963	0.428
100×50×3.0			3.0	4.433	5.647	87.275	22.837	102.038	8.073	1.195	34.194	17.455	4.708	0.431
140×70×3.0	140	70	3.0	6.291	8.065	249.769	64.316	290.867	23.218	1.697	96.492	35.681	9.389	0.426
140×70×4.0			4.0	8.272	10.605	322.421	83.925	376.599	29.747	1.675	125.922	46.061	12.342	0.430
200×100×3.0	200	100	3.0	9.099	11.665	749.379	191.180	870.468	70.091	2.451	286.800	74.938	19.409	0.422
200×100×4.0			4.0	12.016	15.405	977.164	251.093	1137.292	90.965	2.430	376.703	97.716	25.622	0.425
300×120×4.0	300	120	4.0	16.384	21.005	2871.420	438.304	3124.579	185.144	2.969	824.655	191.428	37.144	0.307
300×120×5.0			5.0	20.251	25.963	3506.942	541.080	3823.534	224.489	2.940	1019.410	233.796	46.049	0.311
400×150×6.0	400	150	6.0	31.595	40.507	9598.705	1271.376	10321.169	548.912	3.681	2556.980	479.935	86.488	0.283
400×150×8.0			8.0	41.611	53.347	12449.116	1661.661	13404.115	706.662	3.640	3348.736	622.456	113.812	0.285

表 4-1-134　冷弯卷边 Z 形钢基本尺寸及主要参数（GB/T 6723—2017）

规格	尺寸/mm				理论质量/kg·m^{-1}	截面面积/cm^2	惯性矩/cm^4				回转半径/cm	惯性积矩/cm^4	截面模数/cm^3		角度
$H\times B\times C\times t$	H	B	C	t			I_x	I_y	I_u	I_v	r_v	I_{xy}	W_x	W_y	tanα
100×40×20×2.0	100	40	20	2.0	3.208	4.086	60.618	17.202	71.373	6.448	1.256	24.136	12.123	4.410	0.445
100×40×20×2.5				2.5	3.933	5.010	73.047	20.324	85.730	7.641	1.234	28.802	14.609	5.245	0.440
120×50×20×2.0	120	50	20	2.0	3.82	4.87	106.97	30.23	126.06	11.14	1.51	42.77	17.83	6.17	0.446
120×50×20×2.5				2.5	4.70	5.98	129.39	35.91	152.05	13.25	1.49	51.30	21.57	7.37	0.442
120×50×20×3.0				3.0	5.54	7.05	150.14	40.88	175.92	15.11	1.46	58.99	25.02	8.43	0.437
140×50×20×2.5	140	50	20	2.5	5.110	6.510	188.502	36.358	210.140	14.720	1.503	61.321	26.928	7.458	0.352
140×50×20×3.0				3.0	6.040	7.695	219.848	41.554	244.527	16.875	1.480	70.775	31.406	8.567	0.348

续表

规格	尺寸/mm				理论质量/kg·m^{-1}	截面面积/cm^2	惯性矩/cm^4				回转半径/cm	惯性积矩/cm^4	截面模数/cm^3		角度
$H\times B\times C\times t$	H	B	C	t			I_x	I_y	I_u	I_v	r_v	I_{xy}	W_x	W_y	tanα
160×60×20×2.5	160	60	20	2.5	5.87	7.48	288.12	58.15	323.13	23.14	1.76	96.32	36.01	9.90	0.364
160×60×20×3.0	160	60	20	3.0	6.95	8.85	336.66	66.66	376.76	26.56	1.73	111.51	42.08	11.39	0.360
160×70×20×2.5	160	70	20	2.5	6.27	7.98	319.13	87.74	374.76	32.11	2.01	126.37	39.89	12.76	0.440
160×70×20×3.0	160	70	20	3.0	7.42	9.45	373.64	101.10	437.72	37.03	1.98	146.86	46.71	14.76	0.436
180×70×20×2.5	180	70	20	2.5	6.680	8.510	422.926	88.578	476.503	35.002	2.028	144.165	46.991	12.884	0.371
180×70×20×3.0	180	70	20	3.0	7.924	10.095	496.693	102.345	558.511	40.527	2.003	167.926	55.188	14.940	0.368
230×75×25×3.0	230	75	25	3.0	9.573	12.195	951.373	138.928	1030.579	59.722	2.212	265.752	82.728	18.901	0.298
230×75×25×4.0	230	75	25	4.0	12.518	15.946	1222.685	173.031	1320.991	74.725	2.164	335.933	106.320	23.703	0.292
250×75×25×3.0	250	75	25	3.0	10.044	12.795	1160.008	138.933	1236.730	62.211	2.205	290.214	92.800	18.902	0.264
250×75×25×4.0	250	75	25	4.0	13.146	16.746	1492.957	173.042	1588.130	77.869	2.156	366.984	119.436	23.704	0.259
300×100×30×4.0	300	100	30	4.0	16.545	21.211	2828.642	416.757	3066.877	178.522	2.901	794.575	188.576	42.526	0.300
300×100×30×6.0	300	100	30	6.0	23.880	30.615	3944.956	548.081	4258.604	234.434	2.767	1078.794	262.997	56.503	0.291
400×120×40×8.0	400	120	40	8.0	40.789	52.293	11648.355	1293.651	12363.204	578.802	3.327	2813.016	582.418	111.522	0.254
400×120×40×10	400	120	40	10	49.692	63.708	13835.982	1463.588	14645.376	654.194	3.204	3266.384	691.799	127.269	0.248

表 4-1-135　冷弯卷边等边角钢基本尺寸及主要参数（GB/T 6723—2017）

规格	尺寸/mm			理论质量/kg·m^{-1}	截面面积/cm^2	重心 Y_0/cm	惯性矩/cm^4			回转半径/cm			截面模数/cm^3	
$b\times a\times t$	b	a	t				$I_x=I_y$	I_u	I_v	$r_x=r_y$	r_u	r_v	$W_{y\max}=W_{x\max}$	$W_{y\min}=W_{x\min}$
40×15×2.0	40	15	2.0	1.53	1.95	1.404	3.93	5.74	2.12	1.42	1.72	1.04	2.80	1.51
60×20×2.0	60	20	2.0	2.32	2.95	2.026	13.83	20.56	7.11	2.17	2.64	1.55	6.83	3.48
75×20×2.0	75	20	2.0	2.79	3.55	2.396	25.60	39.01	12.19	2.69	3.31	1.81	10.68	5.02
75×20×2.5	75	20	2.5	3.42	4.36	2.401	30.76	46.91	14.60	2.66	3.28	1.83	12.81	6.03

1.8.11 热轧H型钢和剖分T型钢

表 4-1-136 热轧H型钢尺寸规格（GB/T 11263—2017）

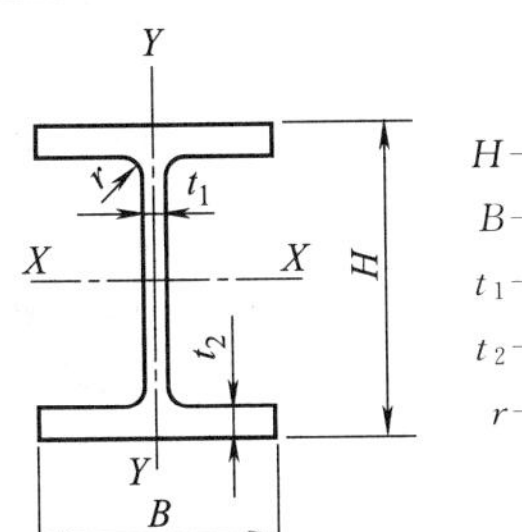

H——高度
B——宽度
t_1——腹板厚度
t_2——翼缘厚度
r——圆角半径

规格表示方法
符号H后加注 $H\times B\times t_1\times t_2$
例：H596×199×10×15

类别	型号（高度×宽度）/mm	截面尺寸/mm					截面面积/cm²	理论质量/kg·m⁻¹	表面积/m²·m⁻¹	惯性矩/cm⁴		惯性半径/cm		截面模数/cm³	
		H	B	t_1	t_2	r				I_x	I_y	i_x	i_y	W_x	W_y
HW	100×100	100	100	6	8	8	21.58	16.9	0.574	378	134	4.18	2.48	75.6	26.7
	125×125	125	125	6.5	9	8	30.00	23.6	0.723	839	293	5.28	3.12	134	46.9
	150×150	150	150	7	10	8	39.64	31.1	0.872	1620	563	6.39	3.76	216	75.1
	175×175	175	175	7.5	11	13	51.42	40.4	1.01	2900	984	7.50	4.37	331	112
	200×200	200	200	8	12	13	63.53	49.9	1.16	4720	1600	8.61	5.02	472	160
		(200)	204	12	12	13	71.53	56.2	1.17	4980	1700	8.34	4.87	498	167
	250×250	(244)	252	11	11	13	81.31	63.8	1.45	8700	2940	10.3	6.01	713	233
		250	250	9	14	13	91.43	71.8	1.46	10700	3650	10.8	6.31	860	292
		(250)	255	14	14	13	103.9	81.6	1.47	11400	3880	10.5	6.10	912	304
	300×300	(294)	302	12	12	13	106.3	83.5	1.75	16600	5510	12.5	7.20	1130	365
		300	300	10	15	13	118.5	93.0	1.76	20200	6750	13.1	7.55	1350	450
		(300)	305	15	15	13	133.5	105	1.77	21300	7100	12.6	7.29	1420	466
	350×350	(338)	351	13	13	13	133.3	105	2.03	27700	9380	14.4	8.38	1640	534
		(344)	348	10	16	13	144.0	113	2.04	32800	11200	15.1	8.83	1910	646
		(344)	354	16	16	13	164.7	129	2.05	34900	11800	14.6	8.48	2030	669
		350	350	12	19	13	171.9	135	2.05	39800	13600	15.2	8.88	2280	776
		(350)	357	19	19	13	196.4	154	2.07	42300	14400	14.7	8.57	2420	808
	400×400	(388)	402	15	15	22	178.5	140	2.32	49000	16300	16.6	9.54	2520	809
		(394)	398	11	18	22	186.8	147	2.32	56100	18900	17.3	10.1	2850	951
		(394)	405	18	18	22	214.4	168	2.33	59700	20000	16.7	9.64	3030	985
		400	400	13	21	22	218.7	172	2.34	66600	22400	17.5	10.1	3330	1120
		(400)	408	21	21	22	250.7	197	2.35	70900	23800	16.8	9.74	3540	1170
		(414)	405	18	28	22	295.4	232	2.37	92800	31000	17.7	10.2	4480	1530
		(428)	407	20	35	22	360.7	283	2.41	119000	39400	18.2	10.4	5570	1930
		(458)	417	30	50	22	528.6	415	2.49	187000	60500	18.8	10.7	8170	2900
		(498)	432	45	70	22	770.1	604	2.60	298000	94400	19.7	11.1	12000	4370
	500×500	(492)	465	15	20	22	258.0	202	2.78	117000	33500	21.3	11.4	4770	1440
		(502)	465	15	25	22	304.5	239	2.80	146000	41900	21.9	11.7	5810	1800
		(502)	470	20	25	22	329.6	259	2.81	151000	43300	21.4	11.5	6020	1840

续表

类别	型号（高度×宽度）/mm	截面尺寸/mm					截面面积/cm^2	理论质量/$kg\cdot m^{-1}$	表面积/$m^2\cdot m^{-1}$	惯性矩/cm^4		惯性半径/cm		截面模数/cm^3	
		H	B	t_1	t_2	r				I_x	I_y	i_x	i_y	W_x	W_y
HM	150×100	148	100	6	9	8	26.34	20.7	0.670	1000	150	6.16	2.38	135	30.1
	200×150	194	150	6	9	8	38.10	29.9	0.962	2630	507	8.30	3.64	271	67.6
	250×175	244	175	7	11	13	55.49	43.6	1.15	6040	984	10.4	4.21	495	112
	300×200	294	200	8	12	13	71.05	55.8	1.35	11100	1600	12.5	4.74	756	160
		(298)	201	9	14	13	82.03	64.4	1.36	13100	1900	12.6	4.80	878	189
	350×250	340	250	9	14	13	99.53	78.1	1.64	21200	3650	14.6	6.05	1250	292
	400×300	390	300	10	16	13	133.3	105	1.94	37900	7200	16.9	7.35	1940	480
	450×300	440	300	11	18	13	153.9	121	2.04	54700	8110	18.9	7.25	2490	540
	500×300	(482)	300	11	15	13	141.2	111	2.12	58300	6760	20.3	6.91	2420	450
		488	300	11	18	13	159.2	125	2.13	68900	8110	20.8	7.13	2820	540
	550×300	(544)	300	11	15	13	148.0	116	2.24	76400	6760	22.7	6.75	2810	450
		(550)	300	11	18	13	166.0	130	2.26	89800	8110	23.3	6.98	3270	540
	600×300	(582)	300	12	17	13	169.2	133	2.32	98900	7660	24.2	6.72	3400	511
		588	300	12	20	13	187.2	147	2.33	114000	9010	24.7	6.93	3890	601
		(594)	302	14	23	13	217.1	170	2.35	134000	10600	24.8	6.97	4500	700
HN	(100×50)	100	50	5	7	8	11.84	9.30	0.376	187	14.8	3.97	1.11	37.5	5.91
	(125×60)	125	60	6	8	8	16.68	13.1	0.464	409	29.1	4.95	1.32	65.4	9.71
	150×75	150	75	5	7	8	17.84	14.0	0.576	666	49.5	6.10	1.66	88.8	13.2
	175×90	175	90	5	8	8	22.89	18.0	0.686	1210	97.5	7.25	2.06	138	21.7
	200×100	(198)	99	4.5	7	8	22.68	17.8	0.769	1540	113	8.24	2.23	156	22.9
		200	100	5.5	8	8	26.66	20.9	0.775	1810	134	8.22	2.23	181	26.7
	250×125	(248)	124	5	8	8	31.98	25.1	0.968	3450	255	10.4	2.82	278	41.1
		250	125	6	9	8	36.96	29.0	0.974	3960	294	10.4	2.81	317	47.0
	300×150	(298)	149	5.5	8	13	40.80	32.0	1.16	6320	442	12.4	3.29	424	59.3
		300	150	6.5	9	13	46.78	36.7	1.16	7210	508	12.4	3.29	481	67.7
	350×175	(346)	174	6	9	13	52.45	41.2	1.35	11000	791	14.5	3.88	638	91.0
		350	175	7	11	13	62.91	49.4	1.36	13500	984	14.6	3.95	771	112
	400×150	400	150	8	13	13	70.37	55.2	1.36	18600	734	16.3	3.22	929	97.8
	400×200	(396)	199	7	11	13	71.41	56.1	1.55	19800	1450	16.6	4.50	999	145
		400	200	8	13	13	83.37	65.4	1.56	23500	1740	16.8	4.56	1170	174
	450×150	(446)	150	7	12	13	66.99	52.6	1.46	22000	677	18.1	3.17	985	90.3
		450	151	8	14	13	77.49	60.8	1.47	25700	806	18.2	3.22	1140	107
	450×200	(446)	199	8	12	13	82.97	65.1	1.65	28100	1580	18.4	4.36	1260	159
		450	200	9	14	13	95.43	74.9	1.66	32900	1870	18.6	4.42	1460	187
	475×150	(470)	150	7	13	13	71.53	56.2	1.50	26200	733	19.1	3.20	1110	97.8
		(475)	151.5	8.5	15.5	13	86.15	67.6	1.52	31700	901	19.2	3.23	1330	119
		482	153.5	10.5	19	13	106.4	83.5	1.53	39600	1150	19.3	3.28	1640	150
	500×150	(492)	150	7	12	13	70.21	55.1	1.55	27500	677	19.8	3.10	1120	90.3
		(500)	152	9	16	13	92.21	72.4	1.57	37000	940	20.0	3.19	1480	124
		504	153	10	18	13	103.3	81.1	1.58	41900	1080	20.1	3.23	1660	141
	500×200	(496)	199	9	14	13	99.29	77.9	1.75	40800	1840	20.3	4.30	1650	185
		500	200	10	16	13	112.3	88.1	1.76	46800	2140	20.4	4.36	1870	214
		(506)	201	11	19	13	129.3	102	1.77	55500	2580	20.7	4.46	2190	257
	550×200	(546)	199	9	14	13	103.8	81.5	1.85	50800	1840	22.1	4.21	1860	185
		550	200	10	16	13	117.3	92.0	1.86	58200	2140	22.3	4.27	2120	214
	600×200	(596)	199	10	15	13	117.8	92.4	1.95	66600	1980	23.8	4.09	2240	199
		600	200	11	17	13	131.7	103	1.96	75600	2270	24.0	4.15	2520	227
		(606)	201	12	20	13	149.8	118	1.97	88300	2720	24.3	4.25	2910	270

续表

类别	型号(高度×宽度)/mm	截面尺寸/mm					截面面积/cm²	理论质量/kg·m⁻¹	表面积/m²·m⁻¹	惯性矩/cm⁴		惯性半径/cm		截面模数/cm³	
		H	B	t_1	t_2	r				I_x	I_y	i_x	i_y	W_x	W_y
HN	625×200	(625)	198.5	13.5	17.5	13	150.6	118	1.99	88500	2300	24.2	3.90	2830	231
		630	200	15	20	13	170.0	133	2.01	101000	2690	24.4	3.97	3220	268
		(638)	202	17	24	13	198.7	156	2.03	122000	3320	24.8	4.09	3820	329
	650×300	(646)	299	12	18	18	183.6	144	2.43	131000	8030	26.7	6.61	4080	537
		(650)	300	13	20	18	202.1	159	2.44	146000	9010	26.9	6.67	4500	601
		(654)	301	14	22	18	220.6	173	2.45	161000	10000	27.4	6.81	4930	666
	700×300	(692)	300	13	20	18	207.5	163	2.53	168000	9020	28.5	6.59	4870	601
		700	300	13	24	18	231.5	182	2.54	197000	10800	29.2	6.83	5640	721
	750×300	(734)	299	12	16	18	182.7	143	2.61	161000	7140	29.7	6.25	4390	478
		(742)	300	13	20	18	214.0	168	2.63	197000	9020	30.4	6.49	5320	601
		(750)	300	13	24	18	238.0	187	2.64	231000	10800	31.1	6.74	6150	721
		(758)	303	16	28	18	284.8	224	2.67	276000	13000	31.1	6.75	7270	859
	800×300	(792)	300	14	22	18	239.5	188	2.73	248000	9920	32.2	6.43	6270	661
		800	300	14	26	18	263.5	207	2.74	286000	11700	33.0	6.66	7160	781
	850×300	(834)	298	14	19	18	227.5	179	2.80	251000	8400	33.2	6.07	6020	564
		(842)	299	15	23	18	259.7	204	2.82	298000	10300	33.9	6.28	7080	687
		(850)	300	16	27	18	292.1	229	2.84	346000	12200	34.4	6.45	8140	812
		(858)	301	17	31	18	324.7	255	2.86	395000	14100	34.9	6.59	9210	939
	900×300	(890)	299	15	23	18	266.9	210	2.92	339000	10300	35.6	6.20	7610	687
		900	300	16	28	18	305.8	240	2.94	404000	12600	36.4	6.42	8990	842
		(912)	302	18	34	18	360.1	283	2.97	491000	15700	36.9	6.59	10800	1040
	1000×300	(970)	297	16	21	18	276.0	217	3.07	393000	9210	37.8	5.77	8110	620
		(980)	298	17	26	18	315.5	248	3.09	472000	11500	38.7	6.04	9630	772
		(990)	298	17	31	18	345.3	271	3.11	544000	13700	39.7	6.30	11000	921
		(1000)	300	19	36	18	395.1	310	3.13	634000	16300	40.1	6.41	12700	1080
		(1008)	302	21	40	18	439.3	345	3.15	712000	18400	40.3	6.47	14100	1220
HT	100×50	95	48	3.2	4.5	8	7.620	5.98	0.362	115	8.39	3.88	1.04	24.2	3.49
		97	49	4	5.5	8	9.370	7.36	0.368	143	10.9	3.91	1.07	29.6	4.45
	100×100	96	99	4.5	6	8	16.20	12.7	0.565	272	97.2	4.09	2.44	56.7	19.6
	125×60	118	58	3.2	4.5	8	9.250	7.26	0.448	218	14.7	4.85	1.26	37.0	5.08
		120	59	4	5.5	8	11.39	8.94	0.454	271	19.0	4.87	1.29	45.2	6.43
	125×125	119	123	4.5	6	8	20.12	15.8	0.707	532	186	5.14	3.04	89.5	30.3
	150×75	145	73	3.2	4.5	8	11.47	9.00	0.562	416	29.3	6.01	1.59	57.3	8.02
		147	74	4	5.5	8	14.12	11.1	0.568	516	37.3	6.04	1.62	70.2	10.1
	150×100	139	97	3.2	4.5	8	13.43	10.6	0.646	476	68.6	5.94	2.25	68.4	14.1
		142	99	4.5	6	8	18.27	14.3	0.657	654	97.2	5.98	2.30	92.1	19.6
	150×150	144	148	5	7	8	27.76	21.8	0.856	1090	378	6.25	3.69	151	51.1
		147	149	6	8.5	8	33.67	26.4	0.864	1350	469	6.32	3.73	183	63.0
	175×90	168	88	3.2	4.5	8	13.55	10.6	0.668	670	51.2	7.02	1.94	79.7	11.6
		171	89	4	6	8	17.58	13.8	0.676	894	70.7	7.13	2.00	105	15.9
	175×175	167	173	5	7	13	33.32	26.2	0.994	1780	605	7.30	4.26	213	69.9
		172	175	6.5	9.5	13	44.64	35.0	1.01	2470	850	7.43	4.36	287	97.1
	200×100	193	98	3.2	4.5	8	15.25	12.0	0.758	994	70.7	8.07	2.15	103	14.4
		196	99	4	6	8	19.78	15.5	0.766	1320	97.2	8.18	2.21	135	19.6
	200×150	188	149	4.5	6	8	26.34	20.7	0.949	1730	331	8.09	3.54	184	44.4
	200×200	192	198	6	8	13	43.69	34.3	1.14	3060	1040	8.37	4.86	319	105
	250×125	244	124	4.5	6	8	25.86	20.3	0.961	2650	191	10.1	2.71	217	30.8

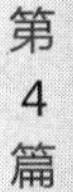

续表

类别	型号（高度×宽度）/mm	截面尺寸/mm					截面面积/cm²	理论质量/kg·m⁻¹	表面积/m²·m⁻¹	惯性矩/cm⁴		惯性半径/cm		截面模数/cm³	
		H	B	t_1	t_2	r				I_x	I_y	i_x	i_y	W_x	W_y
HT	250×175	238	173	4.5	8	13	39.12	30.7	1.14	4240	691	10.4	4.20	356	79.9
	300×150	294	148	4.5	6	13	31.90	25.0	1.15	4800	325	12.3	3.19	327	43.9
	300×200	286	198	6	8	13	49.33	38.7	1.33	7360	1040	12.2	4.58	515	105
	350×175	340	173	4.5	6	13	36.97	29.0	1.34	7490	518	14.2	3.74	441	59.9
	400×150	390	148	6	8	13	47.57	37.3	1.34	11700	434	15.7	3.01	602	58.6
	400×200	390	198	6	8	13	55.57	43.6	1.54	14700	1040	16.2	4.31	752	105

注：1. 产品的牌号、化学成分及力学性能应符合 GB/T 700 碳素结构钢、GB/T 712 船舶及海洋工程用结构钢、GB/T 桥梁用结构钢、GB/T 1591 低合金高强度结构钢、GB/T 4171 耐候结构钢、GB/T 建筑结构用钢板等标准的规定。

2. 产品以热轧状态交货。

3. 产品交货长度应在合同中注明，通常定尺长度为 12000mm。

4. 表中同一型号的产品，其内侧尺寸高度一致。

5. 表中截面面积计算公式为：$t_1(H-2t_2)+2Bt_2+0.858r^2$。

6. 加括号的表示规格为市场非常用规格。

表 4-1-137 **热轧剖分 T 型钢尺寸规格**（GB/T 11263—2017）

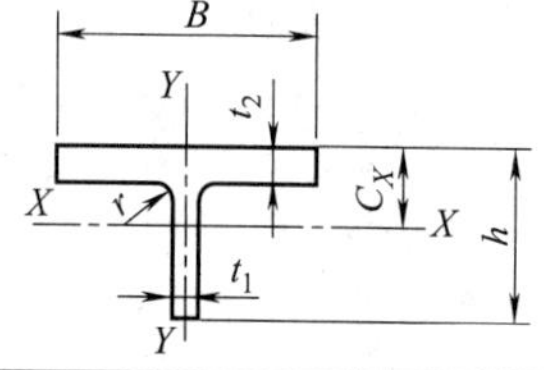

h——高度　B——宽度

t_1——腹板厚度　t_2——翼缘厚度

C_X——重心距离　r——圆角半径

标记：T 后加高度×宽度×腹板厚度×翼缘厚度

例如：T200×400×13×21

类别	型号（高度×宽度）/mm	截面尺寸/mm					截面面积/cm²	理论质量/kg·m⁻¹	表面积/m²·m⁻¹	惯性矩/cm⁴		惯性半径/cm		截面模数/cm³		重心距离 C_X/cm	对应 H 型钢系列型号
		h	B	t_1	t_2	r				I_x	I_y	i_x	i_y	W_x	W_y		
TW	50×100	50	100	6	8	8	10.79	8.47	0.293	16.1	66.8	1.22	2.48	4.02	13.4	1.00	100×100
	62.5×125	62.5	125	6.5	9	8	15.00	11.8	0.368	35.0	147	1.52	3.12	6.91	23.5	1.19	125×125
	75×150	75	150	7	10	8	19.82	15.6	0.443	66.4	282	1.82	3.76	10.8	37.5	1.37	150×150
	87.5×175	87.5	175	7.5	11	13	25.71	20.2	0.514	115	492	2.11	4.37	15.9	56.2	1.55	175×175
	100×200	100	200	8	12	13	31.76	24.9	0.589	184	801	2.40	5.02	22.3	80.1	1.73	200×200
		100	204	12	12	13	35.76	28.1	0.597	256	851	2.67	4.87	32.4	83.4	2.09	
	125×250	125	250	9	14	13	45.71	35.9	0.739	412	1820	3.00	6.31	39.5	146	2.08	250×250
		125	255	14	14	13	51.96	40.8	0.749	589	1940	3.36	6.10	59.4	152	2.58	
	150×300	147	302	12	12	13	53.16	41.7	0.887	857	2760	4.01	7.20	72.3	183	2.85	300×300
		150	300	10	15	13	59.22	46.5	0.889	798	3380	3.67	7.55	63.7	225	2.47	
		150	305	15	15	13	66.72	52.4	0.899	1110	3550	4.07	7.29	92.5	233	3.04	
	175×350	172	348	10	16	13	72.00	56.5	1.03	1230	5620	4.13	8.83	84.7	323	2.67	350×350
		175	350	12	19	13	85.94	67.5	1.04	1520	6790	4.20	8.88	104	388	2.87	
	200×400	194	402	15	15	22	89.22	70.0	1.17	2480	8130	5.27	9.54	158	404	3.70	400×400
		197	398	11	18	22	93.40	73.3	1.17	2050	9460	4.67	10.1	123	475	3.01	
		200	400	13	21	22	109.3	85.8	1.18	2480	11200	4.75	10.1	147	560	3.21	
		200	408	21	21	22	125.3	98.4	1.2	3650	11900	5.39	9.74	229	584	4.07	
		207	405	18	28	22	147.7	116	1.21	3620	15500	4.95	10.2	213	766	3.68	
		214	407	20	35	22	180.3	142	1.22	4380	19700	4.92	10.4	250	967	3.90	
TM	75×100	74	100	6	9	8	13.17	10.3	0.341	51.7	75.2	1.98	2.38	8.84	15.0	1.56	150×100
	100×150	97	150	6	9	8	19.05	15.0	0.487	124	253	2.55	3.64	15.8	33.8	1.80	200×150
	125×175	122	175	7	11	13	27.74	21.8	0.583	288	492	3.22	4.21	29.1	56.2	2.28	250×175
	150×200	147	200	8	12	13	35.52	27.9	0.683	571	801	4.00	4.74	48.2	80.1	2.85	300×200
		149	201	9	14	13	41.01	32.2	0.689	661	949	4.01	4.80	55.2	94.4	2.92	

续表

类别	型号(高度×宽度)/mm	截面尺寸/mm h	B	t_1	t_2	r	截面面积/cm^2	理论质量/$kg \cdot m^{-1}$	表面积/$m^2 \cdot m^{-1}$	惯性矩/cm^4 I_x	I_y	惯性半径/cm i_x	i_y	截面模数/cm^3 W_x	W_y	重心距离 C_X/cm	对应H型钢系列型号
TM	175×250	170	250	9	14	13	49.76	39.1	0.829	1020	1820	4.51	6.05	73.2	146	3.11	350×250
	200×300	195	300	10	16	13	66.62	52.3	0.979	1730	3600	5.09	7.35	108	240	3.43	400×300
	225×300	220	300	11	18	13	76.94	60.4	1.03	2680	4050	5.89	7.25	150	270	4.09	450×300
	250×300	241	300	11	15	13	70.58	55.4	1.07	3400	3380	6.93	6.91	178	225	5.00	500×300
		244	300	11	18	13	79.58	62.5	1.08	3610	4050	6.73	7.13	184	270	4.72	
	275×300	272	300	11	15	13	73.99	58.1	1.13	4790	3380	8.04	6.75	225	225	5.96	550×300
		275	300	11	18	13	82.99	65.2	1.14	5090	4050	7.82	6.98	232	270	5.59	
	300×300	291	300	12	17	13	84.60	66.4	1.17	6320	3830	8.64	6.72	280	255	6.51	600×300
		294	300	12	20	13	93.60	73.5	1.18	6680	4500	8.44	6.93	288	300	6.17	
		297	302	14	23	13	108.5	85.2	1.19	7890	5290	8.52	6.97	339	350	6.41	
TN	50×50	50	50	5	7	8	5.920	4.65	0.193	11.8	7.39	1.41	1.11	3.18	2.950	1.28	100×50
	62.5×60	62.5	60	6	8	8	8.340	6.55	0.238	27.5	14.6	1.81	1.32	5.96	4.85	1.64	125×60
	75×75	75	75	5	7	8	8.920	7.00	0.293	42.6	24.7	2.18	1.66	7.46	6.59	1.79	150×75
	87.5×90	85.5	89	4	6	8	8.790	6.90	0.342	53.7	35.3	2.47	2.00	8.02	7.94	1.86	175×90
		87.5	90	5	8	8	11.44	8.98	0.348	70.6	48.7	2.48	2.06	10.4	10.8	1.93	
	100×100	99	99	4.5	7	8	11.34	8.90	0.389	93.5	56.7	2.87	2.23	12.1	11.5	2.17	200×100
		100	100	5.5	8	8	13.33	10.5	0.393	114	66.9	2.92	2.23	14.8	13.4	2.31	
	125×125	124	124	5	8	8	15.99	12.6	0.489	207	127	3.59	2.82	21.3	20.5	2.66	250×125
		125	125	6	9	8	18.48	14.5	0.493	248	147	3.66	2.81	25.6	23.5	2.81	
	150×150	149	149	5.5	8	13	20.40	16.0	0.585	393	221	4.39	3.29	33.8	29.7	3.26	300×150
		150	150	6.5	9	13	23.39	18.4	0.589	464	254	4.45	3.29	40.0	33.8	3.41	
	175×175	173	174	6	9	13	26.22	20.6	0.683	679	396	5.08	3.88	50.0	45.5	3.72	350×175
		175	175	7	11	13	31.45	24.7	0.689	814	492	5.08	3.95	59.3	56.2	3.76	
	200×200	198	199	7	11	13	35.70	28.0	0.783	1190	723	5.77	4.50	76.4	72.7	4.20	400×200
		200	200	8	13	13	41.68	32.7	0.789	1390	868	5.78	4.56	88.6	86.8	4.26	
	225×150	223	150	7	12	13	33.49	26.3	0.735	1570	338	6.84	3.17	93.7	45.1	5.54	450×150
		225	151	8	14	13	38.74	30.4	0.741	1830	403	6.87	3.22	108	53.4	5.62	
	225×200	223	199	8	12	13	41.48	32.6	0.833	1870	789	6.71	4.36	109	79.3	5.15	450×200
		225	200	9	14	13	47.71	37.5	0.839	2150	935	6.71	4.42	124	93.5	5.19	
	237.5×150	235	150	7	13	13	35.76	28.1	0.759	1850	367	7.18	3.20	104	48.9	7.50	475×150
		237.5	151.5	8.5	15.5	13	43.07	33.8	0.767	2270	451	7.25	3.23	128	59.5	7.57	
		241	153.5	10.5	19	13	53.20	41.8	0.778	2860	575	7.33	3.28	160	75.0	7.67	
	250×150	246	150	7	12	13	35.10	27.6	0.781	2060	339	7.66	3.10	113	45.1	6.36	500×150
		250	152	9	16	13	46.10	36.2	0.793	2750	470	7.71	3.19	149	61.9	6.53	
		252	153	10	18	13	51.66	40.6	0.799	3100	540	7.74	3.23	167	70.5	6.62	
	250×200	248	199	9	14	13	49.64	39.0	0.883	2820	921	7.54	4.30	150	92.6	5.97	500×200
		250	200	10	16	13	56.12	44.1	0.889	3200	1070	7.54	4.36	169	107	6.03	
		253	201	11	19	13	64.65	50.8	0.897	3660	1290	7.52	4.46	189	128	6.00	
	275×200	273	199	9	14	13	51.89	40.7	0.933	3690	921	8.43	4.21	180	92.6	6.85	550×200
		275	200	10	16	13	58.62	46.0	0.939	4180	1070	8.44	4.27	203	107	6.89	
	300×200	298	199	10	15	13	58.87	46.2	0.983	5150	988	9.35	4.09	235	99.3	7.92	600×200
		300	200	11	17	13	65.85	51.7	0.989	5770	1140	9.35	4.15	262	114	7.95	
		303	201	12	20	13	74.88	58.8	0.997	6530	1360	9.33	4.25	291	135	7.88	
	312.5×200	312.5	198.5	13.5	17.5	13	75.28	59.1	1.01	7460	1150	9.95	3.90	338	116	9.15	625×200
		315	200	15	20	13	84.97	66.7	1.02	8470	1340	9.98	3.97	380	134	9.21	
		319	202	17	24	13	99.35	78.0	1.03	9960	1160	10.0	4.08	440	165	9.26	

续表

类别	型号(高度×宽度)/mm	截面尺寸/mm					截面面积/cm²	理论质量/kg·m⁻¹	表面积/m²·m⁻¹	惯性矩/cm⁴		惯性半径/cm		截面模数/cm³		重心距离 C_X/cm	对应H型钢系列型号
		h	B	t_1	t_2	r				I_x	I_y	i_x	i_y	W_x	W_y		
TN	325×300	323	299	12	18	18	91.81	72.1	1.23	8570	4020	9.66	6.61	344	269	7.36	650×300
		325	300	13	20	18	101.0	79.3	1.23	9430	4510	9.66	6.67	376	300	7.40	
		327	301	14	22	18	110.3	86.59	1.24	10300	5010	9.66	6.73	408	333	7.45	
	350×300	346	300	13	20	18	103.8	81.5	1.28	11300	4510	10.4	6.59	424	301	8.09	700×300
		350	300	13	24	18	115.8	90.9	1.28	12000	5410	10.2	6.83	438	361	7.63	
	400×300	396	300	14	22	18	119.8	94.0	1.38	17600	4960	12.1	6.43	592	331	9.78	800×300
		400	300	14	26	18	131.8	103	1.38	18700	5860	11.9	6.66	610	391	9.27	
	450×300	445	299	15	23	18	133.5	105	1.47	25900	5140	13.9	6.20	789	344	11.7	900×300
		450	300	16	28	18	152.9	120	1.48	29100	6320	13.8	6.42	865	421	11.4	
		456	302	18	34	18	180.0	141	1.50	34100	7830	13.8	6.59	997	518	11.3	

表 4-1-138　热轧H型钢截面尺寸、截面面积、理论重量及截面特性（GB/T 11263—2017）

系列	型号	截面尺寸/mm					截面面积/cm²	理论质量/kg·m⁻¹	表面积/m²·m⁻¹	惯性矩/cm⁴		惯性半径/cm		截面模数/cm³	
		H	B	t_1	t_2	r				I_x	I_y	i_x	i_y	W_x	W_y
W4	W4×13	106	103	7.1	8.8	6	24.70	19.3	0.599	476	161	4.39	2.55	89.8	31.2
W5	W5×16	127	127	6.1	9.1	8	30.40	23.8	0.736	886	311	5.41	3.20	139	49.0
	W5×19	131	128	6.9	10.9	8	35.90	28.1	0.746	1100	381	5.53	3.26	168	59.6
W6	W6×8.5	148	100	4.3	4.9	6	16.30	13.0	0.677	611	81.8	6.17	2.26	82.5	16.4
	W6×9	150	100	4.3	5.5	6	17.30	13.5	0.681	685	91.8	6.3	2.30	91.3	18.4
	W6×12	153	102	5.8	7.1	6	22.90	18.0	0.692	915	126	6.33	2.35	120	24.7
	W6×15	152	152	5.8	6.6	6	28.60	22.5	0.890	1200	387	6.51	3.69	159	50.9
	W6×16	160	102	6.6	10.3	6	30.60	24.0	0.704	1340	183	6.63	2.45	168	35.8
	W6×20	157	153	6.6	9.3	6	37.90	29.8	0.902	1710	556	6.73	3.83	218	72.6
	W6×25	162	154	8.1	11.6	6	47.40	37.1	0.913	2220	707	6.85	3.87	274	91.8
W8	W8×10	200	100	4.3	5.2	8	19.10	15.0	0.778	1280	86.9	8.18	2.13	128	17.4
	W8×13	203	102	5.8	6.5	8	24.80	19.3	0.789	1660	115	8.18	2.16	164	22.6
	W8×15	206	102	6.2	8.0	8	28.60	22.5	0.794	2000	142	8.36	2.23	194	27.8
	W8×18	207	133	5.8	8.4	8	33.90	26.6	0.921	2580	330	8.73	3.12	250	49.6
	W8×21	210	134	6.4	10.2	8	39.70	31.3	0.929	3140	410	8.86	3.20	299	61.1
	W8×24	201	166	6.2	10.2	10	45.70	35.9	1.04	3460	778	8.68	4.12	344	93.8
	W8×28	206	166	7.2	11.8	10	53.20	41.7	1.04	4130	901	8.81	4.12	401	108
	W8×31	203	203	7.2	11.0	10	58.90	46.1	1.19	4540	1530	8.81	5.12	448	151
	W8×35	206	204	7.9	12.6	10	66.50	52.0	1.20	5270	1780	8.90	5.18	512	175
	W8×40	210	205	9.1	14.2	10	75.50	59.0	1.20	6110	2040	8.99	5.20	582	199
	W8×48	216	206	10.2	17.4	10	91.00	71.0	1.22	7660	2540	9.17	5.28	709	246
	W8×58	222	209	13.0	20.6	10	110.0	86.0	1.24	9470	3140	9.26	5.33	853	300
	W8×67	229	210	14.5	23.7	10	127.0	100	1.25	11300	3660	9.45	5.38	989	349
W10	W10×12	251	101	4.8	5.3	8	22.80	17.9	0.883	2250	91.3	9.93	2.00	179	18.1
	W10×15	254	102	5.8	6.9	8	28.50	22.3	0.891	2900	123	10.1	2.07	228	24.0
	W10×17	257	102	6.1	8.4	8	32.20	25.3	0.896	3430	149	10.3	2.15	267	29.2
	W10×19	260	102	6.4	10.0	8	36.30	28.4	0.901	4000	178	10.5	2.21	308	34.8
	W10×22	258	146	6.1	9.1	8	41.90	32.7	1.07	4890	473	10.8	3.36	379	64.7
	W10×26	262	147	6.6	11.2	8	49.10	38.5	1.09	6010	594	11.0	3.47	459	80.8
	W10×30	266	148	7.6	13.0	8	57.00	44.8	1.10	7120	703	11.1	3.5	535	95.1
	W10×33	247	202	7.4	11.0	13	62.60	49.1	1.26	7070	1510	10.6	4.92	572	150
	W10×39	252	203	8.0	13.5	13	74.20	58.0	1.28	8740	1880	10.8	5.04	693	186

续表

系列	型号	截面尺寸/mm					截面面积/cm²	理论质量/kg·m⁻¹	表面积/m²·m⁻¹	惯性矩/cm⁴		惯性半径/cm		截面模数/cm³	
		H	B	t_1	t_2	r				I_x	I_y	i_x	i_y	W_x	W_y
W10	W10×45	257	204	8.9	15.7	13	85.80	67.0	1.29	10400	2220	11.0	5.10	807	218
	W10×49	253	254	8.6	14.2	13	92.90	73.0	1.48	11300	3880	11.0	6.46	892	306
	W10×54	256	255	9.4	15.6	13	102.0	80.0	1.49	12600	4310	11.1	6.50	982	338
	W10×60	260	256	10.7	17.3	13	114.0	89.0	1.50	14300	4840	11.2	6.51	1100	378
	W10×68	264	257	11.9	19.6	13	129.0	101	1.51	16400	5550	11.3	6.56	1240	432
	W10×77	269	259	13.5	22.1	13	146.0	115	1.52	18900	6410	11.4	6.62	1410	495
	W10×88	275	261	15.4	25.1	13	167.0	131	1.54	22200	7450	11.5	6.68	1610	571
	W10×100	282	263	17.3	28.4	13	190.0	149	1.56	25900	8620	11.7	6.74	1840	656
	W10×112	289	265	19.2	31.8	13	212.0	167	1.58	30000	9880	11.9	6.81	2080	746
W12	W12×14	303	101	5.1	5.7	8	26.80	21.0	0.986	3710	98.3	11.7	1.91	245	19.5
	W12×16	305	101	5.6	6.7	8	30.40	23.8	0.989	4280	116	11.9	1.95	281	22.9
	W12×19	309	102	6.0	8.9	8	35.90	28.3	1.00	5440	158	12.3	2.09	352	31
	W12×22	313	102	6.6	10.8	8	41.80	32.7	1.01	6510	192	12.5	2.14	416	37.6
	W12×26	310	165	5.8	9.7	8	49.40	38.7	1.25	8520	727	13.1	3.84	550	88.1
	W12×30	313	166	6.6	11.2	8	56.70	44.5	1.26	9930	855	13.2	3.88	635	103
	W12×35	317	167	7.6	13.2	8	66.50	52.0	1.27	11800	1030	13.3	3.92	747	123
	W12×40	303	203	7.5	13.1	15	76.10	60.0	1.38	12900	1830	13	4.91	849	180
	W12×45	306	204	8.5	14.6	15	85.20	67.0	1.39	14500	2070	13.1	4.93	948	203
	W12×50	310	205	9.4	16.3	15	94.80	74.0	1.40	16500	2340	13.2	4.97	1060	229
	W12×65	308	305	9.9	15.4	15	123.0	97.0	1.79	22200	7290	13.4	7.69	1440	478
	W12×72	311	306	10.9	17.0	15	136.0	107	1.80	24800	8120	13.5	7.72	1590	531
	W12×79	314	307	11.9	18.7	15	150.0	117	1.81	27500	9020	13.6	7.76	1750	588
	W12×87	318	308	13.1	20.6	15	165.0	129	1.82	30800	10000	13.7	7.8	1940	652
	W12×96	323	309	14.0	22.9	15	182.0	143	1.83	34800	11300	13.8	7.86	2150	729
	W12×106	327	310	15.5	25.1	15	201.0	158	1.84	38600	12500	13.9	7.89	2360	805
	W12×120	333	313	18.0	28.1	15	228.0	179	1.86	44500	14400	14.0	7.95	2670	919
	W12×136	341	315	20.0	31.8	15	257.0	202	1.88	52000	16600	14.2	8.02	3050	1050
	W12×152	348	317	22.1	35.6	15	288.0	226	1.89	59600	18900	14.4	8.10	3420	1190
	W12×170	356	319	24.4	39.6	15	323.0	253	1.91	68200	21500	14.6	8.16	3830	1350
	W12×190	365	322	26.9	44.1	15	360.0	283	1.94	78700	24600	14.8	8.26	4310	1530
	W12×210	374	325	30.0	48.3	15	399.0	313	1.96	89600	27700	15.0	8.33	4790	1700
W14	W14×30	352	171	6.9	9.8	10	57.10	44.6	1.36	12200	818	14.6	3.78	691	95.7
	W14×34	355	171	7.2	11.6	10	64.50	51.0	1.36	14100	968	14.8	3.88	796	113
	W14×38	358	172	7.9	13.1	10	72.30	58.0	1.37	16000	1110	14.9	3.93	896	129
	W14×43	347	203	7.7	13.5	15	81.30	64.0	1.46	17800	1880	14.8	4.81	1030	186
	W14×48	350	204	8.6	15.1	15	91.00	72.0	1.47	20100	2140	14.9	4.85	1150	210
	W14×53	354	205	9.4	16.8	15	101.0	79.0	1.48	22600	2420	15.0	4.89	1280	236
	W14×61	353	254	9.5	16.4	15	115.0	91.0	1.68	26700	4480	15.2	6.23	1510	353
	W14×68	357	255	10.5	18.3	15	129.0	101	1.69	30100	5060	15.3	6.27	1690	397
	W14×74	360	256	11.4	19.9	15	141.0	110	1.70	33100	5570	15.4	6.30	1840	435
	W14×82	363	257	13.0	21.7	15	155.0	122	1.70	36500	6150	15.4	6.30	2010	478
	W14×90	356	369	11.2	18.0	15	171.0	134	2.14	41500	15100	15.6	9.40	2330	817
	W14×99	360	370	12.3	19.8	15	188.0	147	2.15	46300	16700	15.7	9.43	2570	904
	W14×109	364	371	13.3	21.8	15	206.0	162	2.16	51500	18600	15.8	9.49	2830	1000
	W14×120	368	373	15.0	23.9	15	228.0	179	2.17	57400	20700	15.9	9.52	3120	1110
	W14×132	372	374	16.4	26.2	15	250.0	196	2.18	63600	22900	15.9	9.56	3420	1220

续表

系列	型号	截面尺寸 /mm					截面面积 /cm^2	理论质量 /kg·m^{-1}	表面积 /m^2·m^{-1}	惯性矩 /cm^4		惯性半径 /cm		截面模数 /cm^3	
		H	B	t_1	t_2	r				I_x	I_y	i_x	i_y	W_x	W_y
W16	W16×26	399	140	6.4	8.8	10	49.50	38.8	1.33	12600	404	15.9	2.84	634	57.7
	W16×31	403	140	7	11.2	10	58.80	46.1	1.33	15600	514	16.3	2.95	772	73.4
	W16×67	415	260	10.0	16.9	10	127.0	100	1.83	39800	4950	17.7	6.25	1920	381
	W16×77	420	261	11.6	19.3	10	146.0	114	1.84	46100	5720	17.8	6.27	2200	439
	W16×89	425	263	13.3	22.2	10	169.0	132	1.86	53800	6740	17.9	6.33	2530	512
	W16×100	431	265	14.9	25.0	10	190.0	149	1.88	61800	7770	18.0	6.39	2870	586
W18	W18×50	457	190	9.0	14.5	10	94.80	74.0	1.64	33200	1660	18.8	4.19	1460	175
	W18×55	460	191	9.9	16.0	10	105.0	82.0	1.65	37000	1860	18.8	4.22	1610	195
	W18×60	463	192	10.5	17.7	10	114.0	89.0	1.66	40900	2090	19.0	4.29	1770	218
	W18×65	466	193	11.4	19.0	10	123.0	97.0	1.66	44500	2280	19.0	4.31	1910	237
	W18×71	469	194	12.6	20.6	10	134.0	106	1.67	48800	2510	19	4.32	2080	259
	W18×76	463	280	10.8	17.3	10	144.0	113	2.01	55600	6330	19.6	6.63	2400	452
	W18×86	467	282	12.2	19.6	10	163.0	128	2.02	63700	7330	19.7	6.7	2730	520
	W18×97	472	283	13.6	22.1	10	184.0	144	2.03	72600	8360	19.9	6.74	3080	591
	W18×106	476	284	15.0	23.9	10	201.0	158	2.04	79600	9140	19.9	6.74	3350	643
	W18×119	482	286	16.6	26.9	10	226.0	177	2.06	91000	10500	20.1	6.82	3780	735
	W18×130	489	283	17.0	30.5	10	247.0	193	2.06	102000	11500	20.4	6.85	4190	816
	W18×143	495	285	18.5	33.5	10	271.0	213	2.08	114000	12900	20.5	6.91	4620	909
	W18×158	501	287	20.6	36.6	10	299.0	235	2.09	127000	14500	20.6	6.95	5080	1010
	W18×175	509	289	22.6	40.4	10	331.0	260	2.11	144000	16300	20.8	7.01	5650	1130
	W18×192	517	291	24.4	44.4	10	365.0	286	2.13	161000	18300	21.0	7.09	6230	1260
	W18×211	525	293	25.9	48.5	10	401.0	315	2.15	180000	20400	21.2	7.14	6850	1390
W21	W21×44	525	165	8.9	11.4	13	83.90	66.0	1.67	35100	857	20.5	3.20	1340	104
	W21×50	529	166	9.7	13.6	13	94.80	74.0	1.68	41100	1040	20.8	3.31	1550	125
	W21×57	535	166	10.3	16.5	13	108.0	85.0	1.69	48600	1260	21.2	3.42	1820	152
	W21×48	524	207	9.0	10.9	13	91.80	72.0	1.84	40100	1620	20.9	4.20	1530	156
	W21×55	528	209	9.5	13.3	13	105.0	82.0	1.85	47700	2030	21.3	4.40	1810	194
	W21×62	533	209	10.2	15.6	13	118.0	92.0	1.86	55300	2380	21.7	4.49	2070	228
	W21×68	537	210	10.9	17.4	13	129.0	101	1.87	61700	2690	21.9	4.56	2300	256
	W21×73	539	211	11.6	18.8	13	139.0	109	1.88	66800	2950	21.9	4.61	2480	280
	W21×83	544	212	13.1	21.2	13	157.0	123	1.89	76100	3380	22.0	4.64	2800	319
	W21×93	549	214	14.7	23.6	13	176.0	138	1.90	86100	3870	22.1	4.69	3140	362
	W21×101	543	312	12.7	20.3	13	192.0	150	2.29	101000	10300	22.9	7.32	3720	659
	W21×111	546	313	14.0	22.2	13	211.0	165	2.29	111000	11400	23.0	7.34	4070	726
	W21×122	551	315	15.2	24.4	13	232.0	182	2.31	124000	12700	23.1	7.41	4490	808
	W21×132	554	316	16.5	26.3	13	250.0	196	2.32	134000	13900	23.1	7.44	4840	877
	W21×147	560	318	18.3	29.2	13	279.0	219	2.33	151000	15700	23.3	7.50	5400	986
	W21×166	571	315	19.0	34.5	13	315.0	248	2.34	178000	18000	23.8	7.57	6220	1140
	W21×182	577	317	21.1	37.6	13	346.0	272	2.36	197000	20000	23.9	7.61	6820	1260
	W21×201	585	319	23.1	41.4	13	382.0	300	2.38	221000	22500	24.1	7.67	7550	1410

续表

系列	型号	截面尺寸 /mm					截面面积 /cm²	理论质量 /kg·m⁻¹	表面积 /m²·m⁻¹	惯性矩 /cm⁴		惯性半径 /cm		截面模数 /cm³	
		H	B	t_1	t_2	r				I_x	I_y	i_x	i_y	W_x	W_y
W24	W24×55	599	178	10.0	12.8	13	105.0	82.0	1.87	56000	1210	23.2	3.40	1870	136
	W24×62	603	179	10.9	15.0	13	117.0	92.0	1.88	64700	1440	23.5	3.50	2150	161
	W24×68	603	228	10.5	14.9	13	130.0	101	2.07	76400	2950	24.3	4.77	2530	259
	W24×76	608	228	11.2	17.3	13	145.0	113	2.08	87600	3430	24.6	4.87	2880	300
	W24×84	612	229	11.9	19.6	13	159.0	125	2.09	98600	3930	24.9	4.97	3220	343
	W24×94	617	230	13.1	22.2	13	179.0	140	2.11	112000	4510	25.0	5.03	3630	393
	W24×103	623	229	14.0	24.9	13	196.0	153	2.11	125000	5000	25.3	5.05	4020	437
	W24×104	611	324	12.7	19.0	13	197.0	155	2.47	129000	10800	25.6	7.39	4220	666
	W24×117	616	325	14.0	21.6	13	222.0	174	2.48	147000	12400	25.7	7.46	4780	761
	W24×131	622	327	15.4	24.4	13	248.0	195	2.50	168000	14200	26.0	7.56	5400	871
	W24×146	628	328	16.5	27.7	13	277.0	217	2.51	191000	16300	26.2	7.67	6080	995
	W24×162	635	329	17.9	31.0	13	308.0	241	2.53	215000	18400	26.4	7.74	6790	1120
	W24×176	641	327	19.0	34.0	13	333.0	262	2.53	236000	19800	26.6	7.72	7360	1210
	W24×192	647	329	20.6	37.1	13	361.0	285	2.55	261000	22100	26.8	7.79	8060	1340
	W24×207	653	330	22.1	39.9	13	391.0	307	2.56	284000	24000	26.9	7.82	8690	1450
	W24×229	661	333	24.4	43.9	13	434.0	341	2.58	318000	27100	27.1	7.90	9630	1630
	W24×250	669	335	26.4	48.0	13	474.0	372	2.60	353000	30200	27.3	7.98	10600	1800
W27	W27×84	678	253	11.7	16.3	15	160.0	125	2.32	118000	4410	27.2	5.25	3500	349
	W27×94	684	254	12.4	18.9	15	179.0	140	2.33	136000	5170	27.6	5.39	3980	407
	W27×102	688	254	13.1	21.1	15	194.0	152	2.34	151000	5780	27.9	5.46	4380	455
	W27×114	693	256	14.5	23.6	15	216.0	170	2.36	170000	6620	28.0	5.53	4900	517
	W27×129	702	254	15.5	27.9	15	244.0	192	2.36	198000	7640	28.5	5.60	5640	602
	W27×146	695	355	15.4	24.8	13	277.0	217	2.74	234000	18500	29.1	8.18	6730	1040
	W27×161	701	356	16.8	27.4	16	306.0	240	2.74	261000	20600	29.2	8.21	7460	1160
	W27×178	706	358	18.4	30.2	16	337.0	265	2.76	291000	23100	29.4	8.28	8230	1290
	W27×217	722	359	21.1	38.1	13.4	411.0	323	2.78	369000	29400	30.0	8.46	10200	1640
W30	W30×90	750	264	11.9	15.5	18.7	170.4	134	2.50	151000	4770	29.8	5.29	4030	361
	W30×99	753	265	13.2	17	17	188.0	147	2.51	166000	5290	29.8	5.31	4410	399
	W30×108	758	266	13.8	19.3	17	205.0	161	2.52	186000	6070	30.2	5.45	4910	457
	W30×116	762	267	14.4	21.6	17	221.0	173	2.53	206000	6870	30.5	5.57	5400	515
	W30×124	766	267	14.9	23.6	17	235.0	185	2.54	223000	7510	30.8	5.65	5820	563
	W30×132	770	268	15.6	25.4	17	251.0	196	2.55	240000	8180	31.0	5.71	6240	610

注 1. 型号以英制单位表示。

2. 截面尺寸中 r 只做参考。

3. 本表 4-1-139～表 4-1-143 有关热轧 H 型钢截面尺寸、截面面积、理论重量及截面特性的产品系列及型号是 GB/T 11263—2017 新国标在附录中提供的资料，此类资料是新国标提供的美国、英国、俄罗斯、欧盟最新标准和美国超重规格热轧 H 型钢的产品资料、以适应国内外钢结构生产和应用发展的需要，因而使新国标整体达到国际产品标准化的水平，较好地完成了国内标准由生产型和应用型向国际贸易型和应用型的转变，逐步与国际标准接轨、使新国标具有国际先进水平。

表 4-1-139 热轧H型钢截面尺寸、截面面积、理论质量及截面特性（GB/T 11263—2017）

系列	型号	截面尺寸 /cm					截面面积 /cm²	理论质量 /kg·m⁻¹	表面积 /m²·m⁻¹	惯性矩 /cm⁴		惯性半径 /cm		截面模数 /cm³	
		H	B	t_1	t_2	r				I_x	I_y	i_x	i_y	W_x	W_y
UC152×152	152×152×23	152.4	152.2	5.8	6.8	7.6	29.25	23.0	0.889	1250	400	6.54	3.7	164	52.6
	152×152×30	157.6	152.9	6.5	9.4	7.6	38.26	30.0	0.901	1750	560	6.76	3.83	222	73.3
	152×152×37	161.8	154.4	8	11.5	7.6	47.11	37.0	0.912	2210	706	6.85	3.87	273	91.5
UB203×133	203×133×25	203.2	133.2	5.7	7.8	7.6	31.97	25.1	0.915	2340	308	8.56	3.1	230	46.2
	203×133×30	257.2	101.9	6	8.4	7.6	38.21	30.0	0.897	3410	149	10.3	2.15	266	29.2
UC203×203	203×203×46	203.2	203.6	7.2	11	10.2	58.73	46.1	1.19	4570	1550	8.82	5.13	450	152
	203×203×52	206.2	204.3	7.9	12.5	10.2	66.28	52.0	1.20	5260	1780	8.91	5.18	510	174
	203×203×60	209.6	205.8	9.4	14.2	10.2	76.37	60.0	1.21	6120	2060	8.96	5.20	584	201
	203×203×71	215.8	206.4	10	17.3	10.2	90.43	71.0	1.22	7620	2540	9.18	5.30	706	246
	203×203×86	222.2	209.1	12.7	20.5	10.2	109.6	86.1	1.24	9450	3130	9.28	5.34	850	299
UB254×102	254×102×22	254	101.6	5.7	6.8	7.6	28.02	22.0	0.890	2840	119	10.1	2.06	224	23.5
	254×102×25	257.2	101.9	6	6.8	7.6	32.04	25.2	0.897	2970	120	10.1	2.04	231	23.6
	254×102×28	28.3	260.4	102.2	6.3	10	36.08	28.3	0.877	44.4	2020	0.945	6.37	31.4	155
UC254×254	254×254×73	254.1	254.6	8.6	14.2	12.7	93.10	73.1	1.49	11400	3910	11.1	6.48	898	307
	254×254×89	260.3	256.3	10.3	17.3	12.7	113.3	88.9	1.50	14300	4860	11.2	6.55	1100	379
	254×254×107	266.7	258.8	12.8	20.5	12.7	136.4	107	1.52	17500	5930	11.3	6.59	1310	458
	254×254×132	276.3	261.3	15.3	25.3	12.7	168.1	132	1.55	22500	7530	11.6	6.69	1630	576
	254×254×167	289.1	265.2	19.2	31.7	12.7	212.9	167	1.58	30000	9870	11.9	6.81	2080	744
UB305×165	305×165×40	303.4	165	6	10.2	8.9	51.32	40.3	1.24	8500	764	12.9	3.86	560	92.6
	305×165×46	306.6	165.7	6.7	11.8	8.9	58.75	46.1	1.25	9900	896	13.0	3.90	646	108
	305×165×54	310.4	166.9	7.9	13.7	8.9	68.77	54.0	1.26	11700	1060	13.0	3.93	754	127
UBP305×305	305×305×79	299.3	306.4	11	11.1	15.2	100.5	78.9	1.78	16400	5330	12.8	7.28	1100	348
	305×305×88	301.7	307.8	12.4	12.3	15.2	112.1	88.0	1.78	18400	5980	12.8	7.31	1220	389
	305×305×95	303.7	308.7	13.3	13.3	15.2	120.9	94.9	1.79	20000	6530	12.9	7.35	1320	423
	305×305×110	307.9	310.7	15.3	15.4	15.2	140.1	110	1.80	23600	7710	13.0	7.42	1530	496
	305×305×126	312.3	312.9	17.5	17.6	15.2	160.6	126	1.82	27400	9000	13.1	7.49	1760	575
	305×305×149	318.5	316	20.6	20.7	15.2	189.9	149	1.83	33100	10900	13.2	7.58	2080	691
	305×305×186	328.3	320.9	25.5	25.6	15.2	236.9	186	1.86	42600	14100	13.4	7.73	2600	881
	305×305×223	337.9	325.7	30.3	30.4	15.2	284.0	223	1.89	52700	17600	13.6	7.87	3120	1080
UC305×305	305×305×97	307.9	305.3	9.9	15.4	15.2	123.4	96.9	1.79	22200	7310	13.4	7.69	1450	479
	305×305×118	314.5	307.4	12	18.7	15.2	150.2	118	1.81	27700	9060	13.6	7.77	1760	589
	305×305×137	320.5	309.2	13.8	21.7	15.2	174.4	137	1.82	32800	10700	13.7	7.83	2050	692

续表

系列	型号	截面尺寸/cm					截面面积/cm²	理论质量/kg·m⁻¹	表面积/m²·m⁻¹	惯性矩/cm⁴		惯性半径/cm		截面模数/cm³	
		H	B	t_1	t_2	r				I_x	I_y	i_x	i_y	W_x	W_y
UC305×305	305×305×158	327.1	311.2	15.8	25	15.2	201.4	158	1.84	38700	12600	13.9	7.90	2370	808
	305×305×180	326.7	319.7	24.8	24.8	15.2	229.3	180	1.86	41000	13500	13.4	7.69	2510	847
	305×305×198	339.9	314.5	19.1	31.4	15.2	252.4	198	1.87	50900	16300	14.2	8.04	3000	1040
	305×305×240	352.5	318.4	23	37.7	15.2	305.8	240	1.91	64200	20300	14.5	8.15	3640	1280
	305×305×283	365.3	322.2	26.8	44.1	15.2	360.4	283	1.94	78900	24600	14.8	8.27	4320	1530
UC356×368	356×368×129	355.6	368.6	10.4	17.5	15.2	164.3	129	2.14	40200	14600	15.6	9.43	2260	793
	356×368×153	362	370.5	12.3	20.7	15.2	194.8	153	2.16	48600	17600	15.8	9.49	2680	948
	356×368×177	368.2	372.6	14.4	23.8	15.2	225.5	177	2.17	57100	20500	15.9	9.54	3100	1100
	356×368×202	374.6	374.7	16.5	27	15.2	257.2	202	2.19	66300	23700	16.1	9.6	3540	1260
UB406×140	406×140×39	398	141.8	6.4	8.6	10.2	49.65	39.0	1.33	12500	410	15.9	2.87	629	57.8
	406×140×46	403.2	142.2	6.8	11.2	10.2	58.64	46.0	1.34	15700	538	16.4	3.03	778	75.7
UB457×191	457×191×67	453.4	189.9	8.5	12.7	10.2	85.51	67.1	1.63	29400	1450	18.5	4.12	1300	153
	457×191×74	457	190.4	9	14.5	10.2	94.63	74.3	1.64	33300	1670	18.8	4.20	1460	176
	457×191×82	460	191.3	9.9	16	10.2	104.5	82.0	1.65	37100	1870	18.8	4.23	1610	196
	457×191×89	463.4	191.9	10.5	17.7	10.2	113.8	89.3	1.66	41000	2090	19.0	4.29	1770	218
	457×191×98	467.2	192.8	11.4	19.6	10.2	125.3	98.3	1.67	45700	2350	19.1	4.33	1960	243
UB533×210	533×210×82	528.3	208.8	9.6	13.2	12.7	104.7	82.2	1.85	47500	2010	21.3	4.38	1800	192
	533×210×92	533.1	209.3	10.1	15.6	12.7	117.4	92.1	1.86	55200	2390	21.7	4.51	2070	228
	533×210×101	536.7	210	10.8	17.4	12.7	128.7	101	1.87	61500	2690	21.9	4.57	2290	256
	533×210×109	539.5	210.8	11.6	18.8	12.7	138.9	109	1.88	66800	2940	21.9	4.60	2480	279
	533×210×122	544.5	211.9	12.7	21.3	12.7	155.4	122	1.89	76000	3390	22.1	4.67	2790	320
UB610×229	610×229×101	602.6	227.6	10.5	14.8	12.7	128.9	101	2.07	75800	2910	24.2	4.75	2520	256
	610×229×113	607.6	228.2	11.1	17.3	12.7	143.9	113	2.08	87300	3430	24.6	4.88	2870	301
	610×229×125	612.2	229	11.9	19.6	12.7	159.3	125	2.09	98600	3930	24.9	4.97	3220	343
	610×229×140	617.2	230.2	13.1	22.1	12.7	178.2	140	2.11	112000	4510	25.0	5.03	3620	391
UB610×305	610×305×149	612.4	304.8	11.8	19.7	16.5	190.0	149	2.39	126000	9310	25.7	7.00	4110	611
	610×305×179	620.2	307.1	14.1	23.6	16.5	228.1	179	2.41	153000	11400	25.9	7.07	4930	743
	610×305×238	635.8	311.4	18.4	31.4	16.5	303.3	238	2.45	209000	15800	26.3	7.23	6590	1020
UB686×254	686×254×125	677.9	253	11.7	16.2	15.2	159.5	125	2.32	118000	4380	27.2	5.24	3480	346
	686×254×140	683.5	253.7	12.4	19	15.2	178.4	140	2.33	136000	5180	27.6	5.39	3990	409
	686×254×152	687.5	254.5	13.2	21	15.2	194.1	152	2.34	150000	5780	27.8	5.46	4370	455
	686×254×170	692.9	255.8	14.5	23.7	15.2	216.8	170	2.35	170000	6630	28.0	5.53	4920	518
UB762×267	762×267×147	754	265.2	12.8	17.5	16.5	187.2	147	2.51	169000	5460	30.0	5.40	4470	411
	762×267×173	762.2	266.7	14.3	21.6	16.5	220.4	173	2.53	205000	6850	30.5	5.58	5390	514
	762×267×197	769.8	268	15.6	25.4	16.5	250.6	197	2.55	240000	8170	30.9	5.71	6230	610

表 4-1-140 热轧H型钢截面尺寸、截面面积、理论质量及截面特性（GB/T 11263—2017）

型号	截面尺寸/mm					截面面积	理论质量	表面积	惯性矩/cm^4		惯性半径/cm		截面模数/cm^3	
	H	B	t_1	t_2	r	/cm^2	/$kg \cdot m^{-1}$	/$m^2 \cdot m^{-1}$	I_x	I_y	i_x	i_y	W_x	W_y
12B2	120	64	4.4	6.3	7	13.21	10.4	0.475	318	27.7	4.90	1.45	53	8.65
14B1	137.4	73	3.8	5.6	7	13.39	10.5	0.547	435	36.4	5.70	1.65	63.3	9.98
14B2	140	73	4.7	6.9	7	16.43	12.9	0.551	541	44.9	5.74	1.65	77.3	12.3
16B1	157	82	4	5.9	9	16.18	12.7	0.619	689	54.4	6.53	1.83	87.8	13.3
16B2	160	82	5	7.4	9	20.09	15.8	0.623	869	68.3	6.58	1.84	109	16.7
18B1	177	91	4.3	6.5	9	19.58	15.4	0.694	1060	81.9	7.37	2.05	120	18
18B2	180	91	5.3	8	9	23.95	18.8	0.698	1320	101	7.42	2.05	146	22.2
20B1	200	100	5.5	8	11	27.16	21.3	0.770	1840	134	8.24	2.22	184	26.8
23B1	230	110	5.6	9	12	32.91	25.8	0.868	3000	200	9.54	2.47	260	36.4
25B1	248	124	5	8	12	32.68	25.7	0.961	3540	255	10.4	2.79	285	41.1
25B2	250	125	6	9	12	37.66	29.6	0.967	4050	294	10.4	2.79	324	47
26B1	258	120	5.8	8.5	12	35.62	28.0	0.964	4020	246	10.6	2.63	312	40.9
26B2	261	120	6	10	12	39.70	31.2	0.969	4650	289	10.8	2.70	357	48.1
30B1	298	149	5.5	8	13	40.80	32.0	1.16	6320	442	12.4	3.29	424	59.3
30B2	300	150	6.5	9	13	46.78	36.7	1.16	7210	508	12.4	3.29	481	67.7
35B1	346	174	6	9	14	52.68	41.4	1.35	11100	792	14.5	3.88	641	91
35B2	350	175	7	11	14	63.14	49.6	1.36	13600	984	14.7	3.95	775	112
40B1	396	199	7	11	16	72.16	56.6	1.55	20000	1450	16.7	4.48	1010	145
40B2	400	200	8	13	16	84.12	66.0	1.56	23700	1740	16.8	4.54	1190	174
45B1	446	199	8	12	18	84.30	66.2	1.64	28700	1580	18.5	4.33	1290	159
45B2	450	200	9	14	18	96.76	76.0	1.65	33500	1870	18.6	4.4	1490	187
50B1	492	199	8.8	12	20	92.38	72.5	1.73	36800	1580	20.0	4.14	1500	159
50B2	496	199	9	14	20	101.3	79.5	1.74	41900	1840	20.3	4.27	1690	185
50B3	500	200	10	16	20	114.2	89.7	1.75	47800	2140	20.5	4.33	1910	214
55B1	543	220	9.5	13.5	24	113.4	89.0	1.91	55700	2410	22.2	4.61	2050	219
55B2	547	220	10	15.5	24	124.8	97.9	1.91	62800	2760	22.4	4.7	2300	251
60B1	596	199	10	15	22	120.5	94.6	1.93	68700	1980	23.9	4.05	2310	199
60B2	600	200	11	17	22	134.4	106	1.94	77600	2280	24.0	4.12	2590	228
70B0	693	230	11.8	15.2	24	153.1	120	2.24	114000	3100	27.3	4.50	3300	269
70B1	691	260	12	15.5	24	164.7	129	2.36	126000	4560	27.6	5.26	3640	351
70B2	697	260	12.5	18.5	24	183.6	144	2.37	146000	5440	28.2	5.44	4190	418
20SH1	194	150	6	9	13	39.01	30.6	0.954	2690	507	8.30	3.61	277	67.6
23SH1	226	155	6.5	10	14	46.08	36.2	1.03	4260	622	9.62	3.67	377	80.2
25SH1	244	175	7	11	16	56.24	44.1	1.15	6120	984	10.4	4.18	502	113
26SH1	251	180	7	10	16	54.37	42.7	1.18	6220	974	10.7	4.23	496	108
26SH2	255	180	7.5	12	16	62.73	49.2	1.19	7430	1170	10.9	4.32	583	130
30SH1	294	200	8	12	18	72.38	56.8	1.34	11300	1600	12.5	4.71	771	160
30SH2	300	201	9	15	18	87.38	68.6	1.36	14200	2030	12.8	4.82	947	202

续表

型号	截面尺寸/mm					截面面积/cm^2	理论质量/$kg \cdot m^{-1}$	表面积/$m^2 \cdot m^{-1}$	惯性矩/cm^4		惯性半径/cm		截面模数/cm^3	
	H	B	t_1	t_2	r				I_x	I_y	i_x	i_y	W_x	W_y
30SH3	299	200	9	15	18	87.00	68.3	1.35	14000	2000	12.7	4.8	939	200
35SH1	334	249	8	11	20	83.17	65.3	1.61	17100	2830	14.3	5.84	1020	228
35SH2	340	250	9	14	20	101.5	79.7	1.63	21700	3650	14.6	6.00	1280	292
35SH3	345	250	10.5	16	20	116.3	91.3	1.63	25100	4170	14.7	5.99	1460	334
40SH1	383	299	9.5	12.5	22	112.9	88.6	1.91	30600	5580	16.4	7.03	1600	373
40SH2	390	300	10	16	22	136.0	107	1.92	38700	7210	16.9	7.28	1980	481
40SH3	396	300	14.5	18	22	157.2	123	1.93	44700	8110	16.9	7.18	2260	541
45SH1	440	300	11	18	24	157.4	124	2.02	56100	8110	18.9	7.18	2550	541
50SH1	482	300	11	15	26	145.5	114	2.1	60400	6760	20.4	6.82	2500	451
50SH2	487	300	14.5	17.5	26	176.3	138	2.1	71900	7900	20.2	6.69	2950	527
50SH3	493	300	15.5	20.5	26	198.9	156	2.11	83400	9250	20.5	6.82	3380	617
50SH4	499	300	16.5	23.5	26	221.4	174	2.12	95300	10600	20.7	6.92	3820	707
60SH1	582	300	12	17	28	174.5	137	2.29	103000	7670	24.3	6.63	3530	511
60SH2	589	300	16	20.5	28	217.4	171	2.3	126000	9260	24.1	6.53	4290	617
60SH3	597	300	18	24.5	28	252.4	198	2.31	150000	11100	24.4	6.62	5030	738
60SH4	605	300	20	28.5	28	298.3	226	2.32	174000	12900	24.6	6.7	5770	859
70SH1	692	300	13	20	28	211.5	166	2.51	172000	9020	28.6	6.53	4980	602
70SH2	698	300	15	23	28	242.5	190	2.52	199000	10400	28.6	6.54	5700	692
70SH3	707	300	18	27.5	28	289.1	227	2.53	239000	12400	28.8	6.56	6760	828
70SH4	715	300	20.5	31.5	28	329.4	259	2.54	275000	14200	28.9	6.58	7700	949
70SH5	725	300	23	36.5	28	375.7	295	2.56	320000	16500	29.2	6.63	8820	1100
80SH1	782	300	13.5	17	28	209.7	165	2.69	205000	7680	31.3	6.05	5250	512
80SH2	792	300	14	22	28	243.5	191	2.71	254000	9930	32.3	6.39	6410	662
20K1	196	199	6.5	10	13	52.69	41.4	1.15	3850	1310	8.54	4.99	392	132
20K2	200	200	8	12	13	63.53	49.9	1.16	4720	1600	8.62	5.02	472	160
23K1	227	240	7	10.5	14	66.51	52.2	1.38	6590	2420	9.95	6.03	580	202
23K2	230	240	8	12	14	75.77	59.5	1.38	7600	2770	10.0	6.04	661	231
25K1	246	249	8	12	16	79.72	62.6	1.44	9170	3090	10.7	6.23	746	248
25K2	250	250	9	14	16	92.18	72.4	1.45	10800	3650	10.8	6.29	867	292
25K3	253	251	10	15.5	16	102.2	80.2	1.46	12200	4090	10.9	6.32	961	326
26K1	255	260	8	12	16	83.08	65.2	1.51	10300	3520	11.1	6.51	809	271
26K2	258	260	9	13.5	16	93.19	73.2	1.51	11700	3960	11.2	6.52	907	304
26K3	262	260	10	15.5	16	105.9	83.1	1.52	13600	4540	11.3	6.55	1040	350
30K1	298	299	9	14	18	110.8	87.0	1.74	18800	6240	13.0	7.51	1270	417
30K2	300	300	10	15	18	119.8	94.0	1.75	20400	6750	13.1	7.51	1360	450
30K3	300	305	15	15	18	134.8	106	1.76	21500	7100	12.6	7.26	1440	466
30K4	304	301	11	17	18	134.8	106	1.76	23400	7730	13.2	7.57	1540	514
35K1	342	348	10	15	20	139.0	109	2.02	31200	10500	15.0	8.71	1830	606
35K2	350	350	12	19	20	173.8	137	2.04	40300	13600	15.2	8.84	2300	776
35K3	353	350	13	20	20	184.1	145	2.05	43000	14300	15.3	8.81	2430	817
40K1	394	398	11	18	22	186.8	147	2.32	56100	18900	17.3	10.1	2850	951

续表

型号	截面尺寸/mm					截面面积/cm²	理论质量/kg·m⁻¹	表面积/m²·m⁻¹	惯性矩/cm⁴		惯性半径/cm		截面模数/cm³	
	H	B	t_1	t_2	r				I_x	I_y	i_x	i_y	W_x	W_y
40K2	400	400	13	21	22	218.7	172	2.34	66600	22400	17.5	10.1	3330	1120
40K3	406	403	16	24	22	254.9	200	2.35	78000	26200	17.5	10.1	3840	1300
40K4	414	405	18	28	22	295.4	232	2.37	92800	31000	17.7	10.2	4480	1530
40K5	429	400	23	35.5	22	370.5	291	2.37	120000	37900	18.0	10.1	5610	1900

表 4-1-141 热轧 H 型钢截面尺寸、截面面积、理论重量及截面特性（GB/T 11263—2017）

型号	截面尺寸/mm					截面面积/cm²	理论质量/kg·m⁻¹	表面积/m²·m⁻¹	惯性矩/cm⁴		惯性半径/cm		截面模数/cm³	
	H	B	t_1	t_2	r				I_x	I_y	i_x	i_y	W_x	W_y
HEA120	114	120	5	8	12	25.30	19.9	0.677	606	231	4.89	3.02	106	38.5
HEB120	120	120	6.5	11	12	34.00	26.7	0.686	864	318	5.04	3.06	144	52.9
HEM120	140	126	12.5	21	12	66.40	52.1	0.738	2020	703	5.51	3.25	288	112
HEA140	133	140	5.5	8.5	12	31.40	24.7	0.794	1030	389	5.73	3.52	155	55.6
HEA140	140	140	7	12	12	43.00	33.7	0.805	1510	550	5.93	3.58	216	78.5
HEM140	160	146	13	22	12	80.60	63.2	0.857	3290	1140	6.39	3.77	411	157
HEA160	152	160	6	9	15	38.80	30.4	0.906	1670	616	6.57	3.98	220	76.9
HEB160	160	160	8	13	15	54.30	42.6	0.918	2490	889	6.78	4.05	312	111
HEM160	180	166	14	23	15	97.10	76.2	0.970	5100	1760	7.25	4.26	566	212
HEA180	171	180	6	9.5	15	45.30	35.5	1.02	2510	925	7.45	4.52	294	103
HEB180	180	180	8.5	14	15	65.30	51.2	1.04	3830	1360	7.66	4.57	426	151
HEM180	200	185	14.5	24	15	113.3	88.9	1.09	7480	2580	8.13	4.77	748	277
HEA200	190	200	6.5	10	18	53.80	42.3	1.14	3690	1340	8.28	4.98	389	134
HEB200	200	200	9	15	18	78.10	61.3	1.15	5700	2000	8.54	5.07	570	200
HEM200	220	206	15	25	18	131.3	103	1.20	10600	3650	9.00	5.27	967	354
HEA220	210	220	7	11	18	64.30	50.5	1.26	5410	1950	9.17	5.51	515	178
HEB220	220	220	9.5	16	18	91.00	71.5	1.27	8090	2840	9.43	5.59	736	258
HEM220	240	226	15.5	26	18	149.4	117	1.32	14600	5010	9.89	5.79	1220	444
HEA240	230	240	7.5	12	21	76.80	60.3	1.37	7760	2770	10.1	6.00	675	231
HEB240	240	240	10	17	21	106.0	83.2	1.38	11300	3920	10.3	6.08	938	327
HEM240	270	248	18	32	21	199.6	157	1.46	24300	8150	11.0	6.39	1800	657
HEA260	250	260	7.5	12.5	24	86.80	68.2	1.48	10500	3670	11.0	6.50	836	282
HEB260	260	260	10	17.5	24	118.4	93.0	1.50	14900	5130	11.2	6.58	1150	395
HEM260	290	268	18	32.5	24	219.6	172	1.57	31300	10400	11.9	6.90	2160	780
HEA280	270	280	8	13	24	97.30	76.4	1.60	13700	4760	11.9	7.00	1010	340
HEB280	280	280	10.5	18	24	131.4	103	1.62	19300	6590	12.1	7.09	1380	471
HEM280	310	288	18.5	33	24	240.2	189	1.69	39500	13200	12.8	7.40	2550	914
HEA300	290	300	8.5	14	27	112.5	88.3	1.72	18300	6310	12.7	7.49	1260	421
HEB300	300	300	11	19	27	149.1	117	1.73	25200	8560	13.0	7.58	1680	571
HEM300	340	310	21	39	27	303.1	238	1.83	59200	19400	14.0	8.00	3480	1250
HEA320	310	300	9	15.5	27	124.4	97.6	1.76	22900	6990	13.6	7.49	1480	466
HEB320	320	300	11.5	20.5	27	161.3	127	1.77	30800	9240	13.8	7.57	1930	616

续表

型号	截面尺寸/mm					截面面积/cm²	理论质量/kg·m⁻¹	表面积/m²·m⁻¹	惯性矩/cm⁴		惯性半径/cm		截面模数/cm³	
	H	B	t_1	t_2	r				I_x	I_y	i_x	i_y	W_x	W_y
HEM320	359	309	21	40	27	312.0	245	1.87	68100	19700	14.8	7.95	3800	1280
HEA340	330	300	9.5	16.5	27	133.5	105	1.79	27700	7440	14.4	7.46	1680	496
HEB340	340	300	12	21.5	27	170.9	134	1.81	36700	9690	14.6	7.53	2160	646
HEM340	377	309	21	40	27	315.8	248	1.90	76400	19700	15.6	7.90	4050	1280
HEA360	350	300	10	17.5	27	142.8	112	1.83	33100	7890	15.2	7.43	1890	526
HEB360	360	300	12.5	22.5	27	180.6	142	1.85	43200	10100	15.5	7.49	2400	676
HEM360	395	308	21	40	27	318.8	250	1.93	84900	19500	16.3	7.83	4300	1270
HEA400	390	300	11	19	27	159.0	125	1.91	45100	8560	16.8	7.34	2310	571
HEB400	400	300	13.5	24	27	197.8	155	1.93	57700	10800	17.1	7.4	2880	721
HEM400	432	307	21	40	27	325.8	256	2.00	104000	19300	17.9	7.7	4820	1260
HEA450	440	300	11.5	21	27	178.0	140	2.01	63700	9470	18.9	7.29	2900	631
HEB450	450	300	14	26	27	218.0	171	2.03	79900	11700	19.1	7.33	3550	781
HEM450	478	307	21	40	27	335.4	263	2.10	131000	19300	19.8	7.59	5500	1260
HEA500	490	300	12	23	27	197.5	155	2.11	87000	10400	21.0	7.24	3550	691
HEB500	500	300	14.5	28	27	238.6	187	2.12	107000	12600	21.2	7.27	4290	842
HEM500	524	306	21	40	27	344.3	270	2.18	162000	19200	21.7	7.46	6180	1250
HEA550	540	300	12.5	24	27	211.8	166	2.21	112000	10800	23.0	7.15	4150	721
HEB550	550	300	15	29	27	254.1	199	2.22	137000	13100	23.2	7.17	4970	872
HEM550	572	306	21	40	27	354.4	278	2.28	198000	19200	23.6	7.35	6920	1250
HEA600	590	300	13	25	27	226.5	178	2.31	141000	11300	25.0	7.05	4790	751
HEB600	600	300	15.5	30	27	270.0	212	2.32	171000	13500	25.2	7.08	5700	902
HEM600	620	305	21	40	27	363.7	285	2.37	237000	19000	25.6	7.22	7660	1240
HEA650	640	300	13.5	26	27	241.6	190	2.41	175000	11700	26.9	6.97	5470	782
HEB650	650	300	16	31	27	286.3	225	2.42	211000	14000	27.1	6.99	6480	932
HEM650	668	305	21	40	27	373.7	293	2.47	282000	19000	27.5	7.13	8430	1240
HEA700	690	300	14.5	27	27	260.5	204	2.50	215000	12200	28.8	6.84	6240	812
HEB700	700	300	17	32	27	306.4	241	2.52	257000	14400	29.0	6.87	7340	963
HEM700	716	304	21	40	27	383.0	301	2.56	329000	18800	29.3	7.01	9200	1240
HEA800	790	300	15	28	30	285.8	224	2.70	303000	12600	32.6	6.65	7680	843
HEB800	800	300	17.5	33	30	334.2	262	2.71	359000	14900	32.8	6.68	8980	994
HEM800	814	303	21	40	30	404.3	317	2.75	443000	18600	33.1	6.79	10900	1230
IPE120	120	64	4.4	6.3	7	13.20	10.4	0.475	318	27.7	4.90	1.45	53	8.65
IPE140	140	73	4.7	6.9	7	16.40	12.9	0.551	541	44.9	5.74	1.65	77.3	12.3
IPE160	160	82	5	7.4	9	20.10	15.8	0.623	869	68.3	6.58	1.84	109	16.7
IPE180	180	91	5.3	8	9	23.90	18.8	0.698	1320	101	7.42	2.05	146	22.2
IPE200	200	100	5.6	8.5	12	28.50	22.4	0.768	1940	142	8.26	2.24	194	28.5
IPE220	220	110	5.9	9.2	12	33.40	26.2	0.848	2770	205	9.11	2.48	252	37.3

续表

型号	截面尺寸/mm					截面面积/cm^2	理论质量/$kg \cdot m^{-1}$	表面积/$m^2 \cdot m^{-1}$	惯性矩/cm^4		惯性半径/cm		截面模数/cm^3	
	H	B	t_1	t_2	r				I_x	I_y	i_x	i_y	W_x	W_y
IPE240	240	120	6.2	9.8	15	39.10	30.7	0.922	3890	284	9.97	2.69	324	47.3
IPE280	270	135	6.6	10.2	15	45.90	36.1	1.04	5790	420	11.2	3.02	429	62.2
IPE300	300	150	7.1	10.7	15	53.80	42.2	1.16	8360	604	12.5	3.35	557	80.5
IPE330	330	160	7.5	11.5	18	62.60	49.1	1.25	11800	788	13.7	3.55	713	98.5
IPE360	360	170	8	12.7	18	72.70	57.1	1.35	16300	1040	15.0	3.79	904	123
IPE400	400	180	8.6	13.5	21	84.50	66.3	1.47	23100	1320	16.5	3.95	1160	146
IPE450	450	190	9.4	14.6	21	98.80	77.6	1.61	33700	1680	18.5	4.12	1500	176
IPE500	500	200	10.2	16	21	116.0	90.7	1.74	48200	2140	20.4	4.31	1930	214
IPE550	550	210	11.1	17.2	24	134.0	106	1.88	67100	2670	22.3	4.45	2440	254
IPE600	600	220	12	19	24	156.0	122	2.01	92100	3390	24.3	4.66	3070	308

表 4-1-142 超厚超重 H 型钢截面尺寸、截面面积、理论重量及截面特性（GB/T 11263—2017）

类别	型号（高度×宽度）/in	截面尺寸/mm					截面面积/cm^2	理论质量/$kg \cdot m^{-1}$	表面积/$m^2 \cdot m^{-1}$	惯性矩/cm^4		惯性半径/cm		截面模数/cm^3	
		H	B	t_1	t_2	r				I_x	I_y	i_x	i_y	W_x	W_y
W14	W14×16	375	394	17.3	27.7	15	275.5	216	2.27	71100	28300	16.1	10.1	3790	1430
		380	395	18.9	30.2	15	300.9	237	2.28	78800	31000	16.2	10.2	4150	1570
		387	398	21.1	33.3	15	334.6	262	2.30	89400	35000	16.3	10.2	4620	1760
		393	399	22.6	36.6	15	366.3	287	2.31	99700	38800	16.5	10.3	5070	1940
		399	401	24.9	39.6	15	399.2	314	2.33	110000	42600	16.6	10.3	5530	2120
		407	404	27.2	43.7	15	442.0	347	2.35	125000	48100	16.8	10.4	6140	2380
		416	406	29.8	48.0	15	487.1	382	2.37	141000	53600	17.0	10.5	6790	2640
		425	409	32.8	52.6	15	537.1	421	2.39	160000	60100	17.2	10.6	7510	2940
		435	412	35.8	57.4	15	589.5	463	2.42	180000	67000	17.5	10.7	8280	3250
		446	416	39.1	62.7	15	649.0	509	2.45	205000	75400	17.8	10.8	9170	3630
		455	418	42.0	67.6	15	701.4	551	2.47	226000	82500	18.0	10.8	9940	3950
		465	421	45.0	72.3	15	754.9	592	2.50	250000	90200	18.2	10.9	10800	4280
		474	424	47.6	77.1	15	808.0	634	2.52	274000	98300	18.4	11.0	11600	4630
		483	428	51.2	81.5	15	863.4	677	2.55	299000	107000	18.6	11.1	12400	4990
		498	432	55.6	88.9	15	948.1	744	2.59	342000	120000	19.0	11.2	13700	5550
		514	437	60.5	97.0	15	1043	818	2.63	392000	136000	19.4	11.4	15300	6200
		531	442	65.9	106.0	15	1149	900	2.67	450000	153000	19.8	11.6	17000	6940
		550	448	71.9	115.0	15	1262	990	2.72	519000	173000	20.3	11.7	18900	7740
		569	454	78.0	125.0	15	1386	1090	2.77	596000	196000	20.7	11.9	20900	8650
W24	W24×12.75	679	338	29.5	53.1	13	529.4	415	2.63	400000	34300	27.5	8.05	11800	2030
		689	340	32.0	57.9	13	578.6	455	2.65	445000	38100	27.7	8.11	12900	2240
		699	343	35.1	63.0	13	634.8	498	2.68	495000	42600	27.9	8.19	14200	24.80
		711	347	38.6	69.1	13	702.1	551	2.71	558000	48400	28.2	8.30	15700	2790
W36	W36×12	903	304	15.2	20.1	19	256.5	201	2.96	325000	9440	35.6	6.07	7200	621
		911	304	15.9	23.9	19	285.7	223	2.97	377000	11200	36.3	6.27	8270	738

续表

类别	型号(高度×宽度)/in	截面尺寸/mm					截面面积/cm^2	理论质量/$kg \cdot m^{-1}$	表面积/$m^2 \cdot m^{-1}$	惯性矩/cm^4		惯性半径/cm		截面模数/cm^3	
		H	B	t_1	t_2	r				I_x	I_y	i_x	i_y	W_x	W_y
W36	W36×12	915	305	16.5	25.9	19	303.5	238	2.98	406000	12300	36.6	6.36	8880	806
		919	306	17.3	27.9	19	323.2	253	2.99	437000	13400	36.8	6.43	9520	874
		923	307	18.4	30.0	19	346.1	271	3.00	472000	14500	36.9	6.48	10200	946
		927	308	19.4	32.0	19	367.6	289	3.01	504000	15600	37.0	6.52	10900	1020
		932	309	21.1	34.5	19	398.4	313	3.03	548000	17000	37.1	6.54	11800	1100
W36	W36×16.5	912	418	19.3	32.0	24	436.1	342	3.42	625000	39000	37.9	9.46	13700	1870
		916	419	20.3	34.3	24	464.4	365	3.43	670000	42100	38.0	9.52	14600	2010
		921	420	21.3	36.6	24	493.0	387	3.44	718000	45300	38.2	9.58	15600	2160
		928	422	22.5	39.9	24	532.5	417	3.46	788000	50100	38.5	9.70	17000	2370
		933	423	24.0	42.7	24	569.6	446	3.47	847000	54000	38.6	9.73	18200	2550
		942	422	25.9	47.0	24	621.3	488	3.48	935000	59000	38.8	9.75	19900	2800
		950	425	28.4	51.1	24	680.1	534	3.50	1031000	65600	38.9	9.82	21700	3090
		960	427	31.0	55.9	24	745.3	585	3.52	1143000	72800	39.2	9.88	23800	3410
		972	431	34.5	62.0	24	831.9	653	3.56	1292000	83000	39.4	9.99	26600	3850
		996	437	40.9	73.9	24	997.7	784	3.62	1593000	103000	40.0	10.2	32000	4730
		1028	446	50.0	89.9	24	1231	967	3.70	2033000	134000	40.6	10.4	39500	6000
W40	W40×12	970	300	16.0	21.1	30	282.8	222	3.06	408000	9550	38.0	5.81	8410	636
		980	300	16.5	26.0	30	316.8	249	3.08	481000	11800	39.0	6.09	9820	784
		990	300	16.5	31.0	30	346.8	272	3.10	554000	14000	40.0	6.35	11200	934
		1000	300	19.1	35.9	30	400.4	314	3.11	644000	16200	40.1	6.37	12900	1080
		1008	302	21.1	40.0	30	445.1	350	3.13	723000	18500	40.3	6.44	14300	1220
		1016	303	24.4	43.9	30	500.2	393	3.14	808000	20500	40.2	6.40	15900	1350
		1020	304	26.0	46.0	30	528.7	415	3.15	853000	21700	40.2	6.41	16700	1430
		1036	309	31.0	54.0	30	629.1	494	3.19	1028000	26800	40.4	6.53	19800	1740
		1056	314	36.0	64.0	30	743.7	584	3.24	1246000	33400	40.9	6.70	23600	2130
	W40×16	982	400	16.5	27.1	30	376.8	296	3.48	620000	29000	40.5	8.76	12600	1450
		990	400	16.5	31.0	30	408.8	321	3.50	696000	33100	41.3	9.00	14100	1660
		1000	400	19.0	36.1	30	472.0	371	3.51	814000	38600	41.5	9.03	16300	1930
		1008	402	21.1	40.0	30	524.2	412	3.53	910000	43400	41.6	9.09	18100	2160
		1012	402	23.6	41.9	30	563.7	443	3.53	967000	45500	41.4	8.98	19100	2260
		1020	404	25.4	46.0	30	615.1	483	3.55	1067000	50700	41.7	9.08	20900	2510
		1030	407	28.4	51.1	30	687.2	539	3.58	1203000	57600	41.8	9.16	23400	2830
		1040	409	31.0	55.9	30	752.7	591	3.60	1331000	64000	42.1	9.22	25600	3130
		1048	412	34.0	60.0	30	817.6	642	3.62	1451000	70300	42.1	9.27	27700	3410
		1068	417	39.0	70.0	30	953.4	748	3.67	1732000	85100	42.6	9.45	32400	4080
		1092	424	45.5	82.0	30	1125.3	883	3.74	2096000	105000	43.2	9.66	38400	4950
W44	W44×16	1090	400	18.0	31.0	20	436.5	343	3.71	867000	33100	44.6	8.71	15900	1660
		1100	400	20.0	36.0	20	497.0	390	3.73	1005000	38500	45.0	8.80	18300	1920
		1108	402	22.0	40.0	20	551.2	433	3.75	1126000	43400	45.2	8.87	20300	2160
		1118	405	26.0	45.0	20	635.2	499	3.77	1294000	50000	45.1	8.87	23100	2470

表 4-1-143 热轧工字钢与热轧 H 型钢型号及截面特性参数对比（GB/T 11263—2017）

工字钢规格	H型钢规格	H型钢与工字钢性能参数对比					
		横截面积	W_x	W_y	I_x	惯性半径	
						i_x	i_y
I10	H125×60	1.16	1.34	1.00	1.67	1.20	0.87
I12	H125×60	0.94	0.90	0.76	0.94	1.00	0.81
	H150×75	1.00	1.22	1.04	1.53	1.23	1.02
I12.6	H150×75	0.99	1.15	1.04	1.36	1.18	1.03
I14	H175×90	1.06	1.35	1.35	1.70	1.26	1.19
I16	H175×90	0.88	0.98	1.02	1.07	1.10	1.09
	H198×99	0.87	1.11	1.08	1.36	1.25	1.19
	H200×100	1.02	1.28	1.26	1.60	1.25	1.19
I18	H200×100	0.87	0.98	1.03	1.09	1.12	1.12
	H248×124	1.04	1.50	1.58	2.08	1.41	1.41
I20a	H248×124	0.90	1.17	1.30	1.46	1.28	1.33
	H250×125	1.04	1.34	1.49	1.68	1.28	1.33
I20b	H248×124	0.81	1.11	1.24	1.38	1.31	1.37
	H250×125	0.93	1.27	1.42	1.59	1.31	1.37
I22a	H250×125	0.88	1.03	1.15	1.17	1.16	1.22
	H298×149	0.97	1.37	1.45	1.86	1.38	1.42
I22b	H250×125	0.79	0.98	1.10	1.11	1.18	1.24
	H298×149	0.88	1.30	1.39	1.77	1.41	1.45
	H300×150	1.01	1.48	1.59	2.02	1.41	1.45
I24a	H298×149	0.85	1.11	1.23	1.38	1.27	1.36
I24b	H298×149	0.78	1.06	1.18	1.32	1.30	1.38
I25a	H298×149	0.84	1.05	1.23	1.26	1.22	1.37
	H300×150	0.96	1.20	1.40	1.44	1.22	1.37
I25b	H298×149	0.76	1.00	1.13	1.20	1.25	1.37
	H300×150	0.87	1.14	1.29	1.37	1.25	1.37
	H346×174	0.98	1.51	1.74	2.08	1.46	1.62
I27a	H346×174	0.96	1.32	1.61	1.68	1.33	1.55
I27b	H346×174	0.87	1.25	1.54	1.60	1.36	1.57
I28a	H346×174	0.95	1.26	1.61	1.55	1.28	1.55
I28b	H346×174	0.86	1.19	1.49	1.47	1.31	1.56
	H350×175	1.03	1.44	1.85	1.80	1.32	1.59
I30a	H350×175	1.03	1.29	1.78	1.51	1.21	1.55
I30b	H350×175	0.94	1.23	1.71	1.44	1.25	1.58
I30c	H350×175	0.86	1.17	1.65	1.37	1.27	1.61
I32a	H350×175	0.94	1.11	1.60	1.22	1.15	1.51
I32b	H350×175	0.86	1.06	1.49	1.16	1.17	1.52
	H400×150	0.96	1.28	1.29	1.60	1.29	1.24
	H396×199	0.97	1.38	1.91	1.71	1.32	1.72
I32c	H350×175	0.79	1.01	1.39	1.11	1.20	1.52
	H400×150	0.88	1.22	1.20	1.52	1.33	1.24
	H396×199	0.89	1.31	1.79	1.62	1.35	1.72
I36a	H400×150	0.92	1.06	1.20	1.18	1.13	1.20
	H396×199	0.93	1.14	1.79	1.25	1.15	1.67
I36b	H400×150	0.84	1.01	1.16	1.13	1.16	1.22

工字钢规格	H型钢规格	H型钢与工字钢性能参数对比					
		横截面积	W_x	W_y	I_x	惯性半径	
						i_x	i_y
I36b	H396×199	0.85	1.09	1.72	1.20	1.18	1.70
	H400×200	1.00	1.27	2.06	1.42	1.19	1.73
	H446×199	0.99	1.37	1.89	1.70	1.30	1.65
I36C	H396×199	0.79	1.04	1.66	1.14	1.20	1.73
	H400×200	0.92	1.22	1.99	1.36	1.22	1.75
	H446×199	0.91	1.31	1.82	1.62	1.33	1.68
I40a	H400×200	0.97	1.07	1.87	1.08	1.06	1.65
	H446×199	0.96	1.16	1.71	1.29	1.16	1.57
I40b	H400×200	0.89	1.03	1.81	1.03	1.08	1.68
	H446×199	0.88	1.11	1.65	1.23	1.18	1.61
	H450×200	1.01	1.28	1.94	1.44	1.19	1.63
I40c	H400×200	0.82	0.98	1.75	0.98	1.11	1.72
	H446×199	0.81	1.06	1.60	1.18	1.21	1.65
	H450×200	0.93	1.23	1.88	1.38	1.22	1.67
I45a	H450×200	0.93	1.02	1.64	1.02	1.05	1.53
	H496×199	0.97	1.15	1.62	1.27	1.15	1.49
I45b	H450×200	0.86	0.97	1.58	0.97	1.07	1.56
	H496×199	0.89	1.10	1.57	1.21	1.17	1.52
	H500×200	1.01	1.25	1.81	1.38	1.17	1.54
I45c	H450×200	0.79	0.93	1.53	0.93	1.09	1.59
	H496×199	0.82	1.05	1.52	1.16	1.19	1.54
	H500×200	0.93	1.19	1.75	1.33	1.19	1.56
	H596×199	0.98	1.43	1.63	1.89	1.39	1.47
I50a	H500×200	0.94	1.01	1.51	1.01	1.04	1.42
	H596×199	0.99	1.20	1.40	1.43	1.21	1.34
I50b	H506×201	1.00	1.13	1.76	1.14	1.07	1.48
	H596×199	0.91	1.15	1.36	1.37	1.23	1.36
	H600×200	1.02	1.30	1.55	1.56	1.24	1.38
I50c	H500×200	0.81	0.90	1.42	0.92	1.07	1.47
	H506×201	0.93	1.05	1.70	1.10	1.09	1.51
	H596×199	0.85	1.08	1.32	1.32	1.25	1.39
I55a	H600×200	0.98	1.10	1.38	1.20	1.11	1.30
I55b	H600×200	0.91	1.05	1.34	1.15	1.13	1.32
I55c	H600×200	0.84	1.01	1.30	1.11	1.15	1.35
I56a	H596×199	0.87	0.96	1.21	1.02	1.08	1.29
	H600×200	0.97	1.08	1.38	1.15	1.09	1.31
I56b	H606×201	1.02	1.19	1.55	1.29	1.13	1.35
I56c	H600×200	0.83	0.99	1.24	1.06	1.13	1.32
	H606×201	0.95	1.15	1.48	1.24	1.14	1.35
I63a	H582×300	1.09	1.14	2.65	1.05	0.99	2.03
I63b	H582×300	1.01	1.08	2.50	1.01	1.00	2.05
I63c	H582×300	0.94	1.03	2.39	0.97	1.02	2.06

注：1. 表中“H 型钢与工字钢性能参数对比”的数值，是“H 型钢参数值/工字钢参数值”。

2. 本表为 GB/T 11263—2017 附录资料，按照截面积大体相近，并且绕 x 轴的抗弯强度不低于相应热轧工字钢的原则，计算了热轧工字钢与热轧 H 型钢有关规格的性能参数对比，供有关技术人员选用热轧 H 型钢产品时参考。

1.8.12 热轧轻轨

表 4-1-144　热轧轻轨尺寸规格（GB/T 11264—2012）

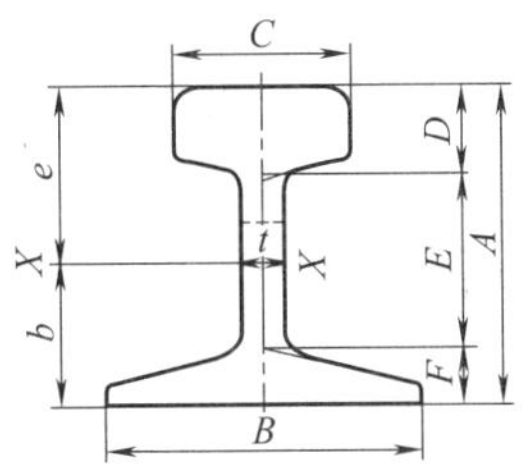

项目	型号/kg·m^{-1}	截面尺寸/mm 轨高 A	底宽 B	头宽 C	头高 D	腰高 E	底高 F	腰厚 t	截面面积 A/cm^2	理论质量 W/kg·m^{-1}	截面特性参数 重心位置 c/cm	重心位置 e/cm	惯性矩 I/cm^4	截面模数 W/cm^3	回转半径 i/cm
型号及尺寸规格	9	63.50	63.50	32.10	17.48	35.72	10.30	5.90	11.39	8.94	3.09	3.26	62.41	19.10	2.33
	12	69.85	69.85	38.10	19.85	37.70	12.30	7.54	15.54	12.20	3.40	3.59	98.82	27.60	2.51
	15	79.37	79.37	42.86	22.22	43.65	13.50	8.33	19.33	15.20	3.89	4.05	156.10	38.60	2.83
	22	93.66	93.66	50.80	26.99	50.00	16.67	10.72	28.39	22.30	4.52	4.85	339.00	69.60	3.45
	30	107.95	107.95	60.33	30.95	57.55	19.45	12.30	38.32	30.10	5.21	5.59	606.00	108.00	3.98
	18	90.00	80.00	40.00	32.00	42.30	15.70	10.00	23.07	18.06	4.29	4.71			
	24	107.00	92.00	51.00	32.00	58.00	17.00	10.90	31.24	24.46	5.31	5.40			

项目	牌号	型号/kg·m^{-1}	抗拉强度 R_m /MPa	布氏硬度 HBW
牌号、化学成分及力学性能	50Q	≤12	≥569	—
	55Q	≤12	≥685	—
		15～30		≥197
	45SiMnP	≤12	≥569	—
	50SiMnP	≤12	≥685	—
		15～30		≥197
	轻轨用钢的牌号、其化学成分应符合 GB/T 11264—2012 的有关规定			
轻轨的长度	轻轨的长度为 5.0～12.0m，按 0.5m 进级，产品交货长度应在合同中注明			
应用	热轧轻轨适用于矿业、林业、建筑、港口、城市交通小型机车的轨道之用。以 50Q、45SiMnP 制作的 9kg/m、12kg/m 轻轨比较轻便，多用于建筑工地、港口轻便运输车辆或施工机具轨道；以 55Q、50SiMnP 制作的 15kg/m、22kg/m、30kg/m 轻轨耐磨性良好、高强度、综合性能优良、多用于工厂、矿山、林业及城市交通小型机车、车辆的轨道；以 45SiMnP、50SiMnP 制成的轻轨耐磨、耐蚀性能均优，多用于矿井、港口等有侵蚀工况的轨道			

1.8.13 起重机钢轨

表 4-1-145　起重机钢轨尺寸规格（YB/T 5055—2014）　mm

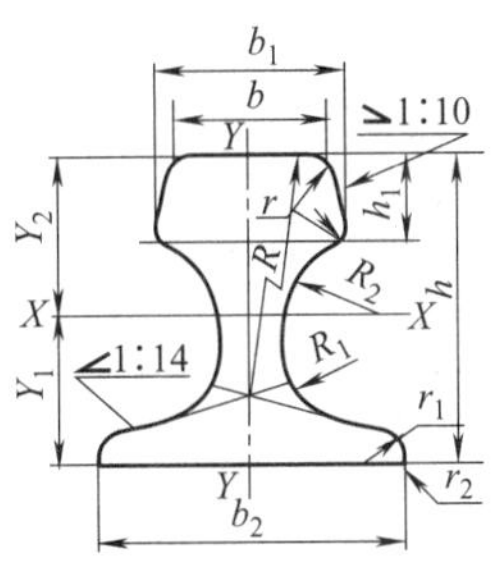

续表

型号	b	b_1	b_2	s	h	h_1	h_2	R	R_1	R_2	r	r_1	r_2
QU70	70	76.5	120	28	120	32.5	24	400	23	38	6	6	1.5
QU80	80	87	130	32	130	35	26	400	26	44	8	6	1.5
QU100	100	108	150	38	150	40	30	450	30	50	8	8	2
QU120	120	129	170	44	170	45	35	500	34	56	8	8	2

型号	截面积 /cm^2	理论质量 /kg·m^{-1}	参考数值						
			重心距离		惯性矩		截面模数		
			Y_1	Y_2	I_x	I_y	$W_1=\frac{I_x}{Y_1}$	$W_2=\frac{I_x}{Y_2}$	$W_3=\frac{I_y}{b_2/2}$
			cm		cm^4		cm^3		
QU70	67.30	52.80	5.93	6.07	1081.99	327.16	182.46	178.12	54.53
QU80	81.13	63.69	6.43	6.57	1547.40	482.39	240.65	235.52	74.21
QU100	113.32	88.96	7.60	7.40	2864.73	940.98	376.94	387.12	125.45
QU120	150.44	118.10	8.43	8.57	4923.79	1694.83	584.08	574.54	199.39

注：1. 钢轨的牌号为 U71Mn，抗拉强度不小于 900MPa。

2. 钢轨标准长度为 9m、9.5m、10m、10.5m、11m、11.5m、12m、12.5m。

3. 起重机钢轨主要用于起重机大车及小车轨道。

1.8.14 重轨

表 4-1-146 **重轨尺寸规格**（GB 2585—2007）

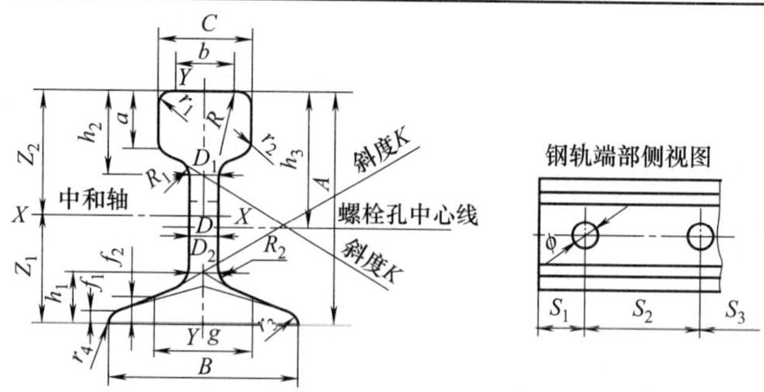

钢轨规格 /kg·m^{-1}	尺寸/mm																				
	h_1	h_2	h_3	a	b	g	f_1	f_2	r_1	r_2	r_3	r_4	S_1	S_2	S_3	ϕ	R	R_1	R_2	D_1	D_2
38	24	39	74.5	27.7	43.9	79.0	9.0	10.8	13	4.0	4.0	2.0	56	110	160	29	300	7	7	16.3	16.3
43	27	42	77.5	30.4	46.0	78.0	11.0	14.0	13	2.0	4.0	2.5	56	110	160	29	300	10	15	17.6	16.9
50	27	42	83.5	33.3	46.0	—	10.5	—	13	2.5	4.0	2.0	66	150	140	31	300	12	20	19.4	—
60	30.5	48.5	97.0	36.3	50.7	91.4	12.0	15.3	13	2.0	4.0	2.0	76	140	140	31	300	25	20	20.8	20.4
75	32.3	55.3	111.6	46.0	47.8	—	13.5	—	15	5.0	4.0	2.0	96	220	130	31	500	17	25	24.8	23.2

钢轨规格 /kg·m^{-1}	主要尺寸				截面面积 F	重心距离		惯性矩		截面模数			斜度 K	通常长度 /m
	A	B	C	D		至轨底 Z_1	至轨顶 Z_2	J_x	J_y	轨底 $W_1=\frac{J_x}{Z_1}$	轨顶 $W_2=\frac{J_x}{Z_2}$	$W_3=\frac{J_y}{B/2}$		
	mm				cm^2	cm		cm^4		cm^3				
38	134	114	68	13.0	49.5	6.67	6.73	1204.4	209.3	180.6	178.9	36.7	1∶3	12.5,25,50,100
43	140	114	70	14.5	57.0	6.90	7.10	1489.0	260.0	217.3	208.3	45.0	1∶3	12.5,25,50,100
50	152	132	70	15.5	65.8	7.10	8.10	2037.0	377.0	287.2	251.3	57.1	1∶4	12.5,25,50,100
60	176	150	73	16.5	77.45	8.12	9.48	3217.0	524.0	369.0	339.4	69.9	1∶3	12.5,25,50,100
75	192	150	75	20.0	95.037	8.82	10.38	4489.0	665.0	509.0	432.0	89.0	1∶4	12.5,25,50,100

注：1. 重轨钢号有 U74（抗拉强度 R_m 不小于 780MPa），U71Mn、U70MnSi、U71MnSiCu（三者抗拉强度 R_m 不小于 880MPa），U75V、U76N6RE（两者抗拉强度 R_m 不小于 980MPa），U70Mn（抗拉强度 R_m 不小于 880MPa），其化学成分符合 GB 2585 的规定。

2. 钢轨以热轧状态交货。

1.9 钢板和钢带

1.9.1 热轧钢板和钢带

表 4-1-147 **热轧钢板和钢带尺寸规格**（GB/T 709—2006）

分　类	尺寸范围/mm	推荐的公称尺寸
单轧钢板公称厚度	3～400	厚度小于 30mm 的钢板按 0.5mm 倍数的任何尺寸，厚度不小于 30mm 的钢板按 1mm 倍数的任何尺寸
单轧钢板公称宽度	600～4800	按 10mm 或 50mm 倍数的任何尺寸
钢带、连轧钢板公称厚度	0.8～25.4	按 0.1mm 倍数的任何尺寸
钢带、连轧钢板公称宽度	600～2200	按 10mm 倍数的任何尺寸
纵切钢带公称宽度	120～900	按 10mm 倍数的任何尺寸
钢板公称长度	2000～20000	按 50mm 或 100mm 倍数的任何尺寸

注：1. 根据需方要求，经供需双方协议，可以供应本表以外的其他尺寸的钢板和钢带。

2. 热轧钢板、钢带宽度及长度允许偏差、平面度及其他技术要求应符合 GB/T 709—2006 的有关规定。

3. 单张轧制钢板简称为单轧钢板。

表 4-1-148 **单张轧制钢板厚度允许偏差**（GB/T 709—2006）

公称厚度/mm	下列公称宽度的厚度允许偏差/mm															
	≤1500				>1500～2500				>2500～4000				>4000～4800			
	N	A	B	C	N	A	B	C	N	A	B	C	N	A	B	C
3.00～5.00	±0.45	+0.55 −0.35	+0.60 −0.30	+0.90 0	±0.55	+0.70 −0.40	+0.80 −0.30	+1.10 0	±0.65	+0.85 −0.45	+1.00 −0.30	+1.30 0	—	—	—	—
>5.00～8.00	±0.50	+0.65 −0.35	+0.70 −0.30	+1.00 0	±0.60	+0.75 −0.45	+0.90 −0.30	+1.20 0	±0.75	+0.95 −0.55	+1.20 −0.30	+1.50 0	—	—	—	—
>8.00～15.0	±0.55	+0.70 −0.40	+0.80 −0.30	+1.10 0	±0.65	+0.85 −0.45	+1.00 −0.30	+1.30 0	±0.80	+1.05 −0.55	+1.30 −0.30	+1.60 0	±0.90	+1.20 −0.60	+1.50 −0.30	+1.80 0
>15.0～25.0	±0.65	+0.85 −0.45	+1.00 −0.30	+1.30 0	±0.75	+1.00 −0.50	+1.20 −0.30	+1.50 0	±0.90	+1.15 −0.65	+1.50 −0.30	+1.80 0	±1.10	+1.50 −0.70	+1.90 −0.30	+2.20
>25.0～40.0	±0.70	+0.90 −0.50	+1.10 −0.30	+1.40 0	±0.80	+1.05 −0.55	+1.30 −0.30	+1.60 0	±1.00	+1.30 −0.70	+1.70 −0.30	+2.00 0	±1.20	+1.60 −0.80	+2.10 −0.30	+2.40 0
>40.0～60.0	±0.80	+1.05 −0.55	+1.30 −0.30	+1.60 0	±0.90	+1.20 −0.60	+1.50 −0.30	+1.80 0	±1.10	+1.45 −0.75	+1.90 −0.30	+2.20 0	±1.30	+1.70 −0.90	+2.30 −0.30	+2.60 0
>60.0～100	±0.90	+1.20 −0.60	+1.50 −0.30	+1.80 0	±1.10	+1.50 −0.70	+1.80 −0.30	+2.20 0	±1.30	+1.75 −0.85	+2.30 −0.30	+2.60 0	±1.50	+2.00 −1.00	+2.70 −0.30	+3.00 0
>100～150	±1.20	+1.60 −0.80	+2.10 −0.30	+2.40 0	±1.40	+1.90 −0.90	+2.50 −0.30	+2.80 0	±1.60	+2.15 −1.05	+2.90 −0.30	+3.20 0	±1.80	+2.40 −1.20	+3.30 −0.30	+3.60 0
>150～200	±1.40	+1.90 −0.90	+2.50 −0.30	+2.80 0	±1.60	+2.20 −1.00	+2.90 −0.30	+3.20 0	±1.80	+2.45 −1.15	+3.30 −0.30	+3.60 0	±1.90	+2.50 −1.30	+3.50 −0.30	+3.80 0
>200～250	±1.60	+2.20 −1.00	+2.90 −0.30	+3.20 0	±1.80	+2.40 −1.20	+3.30 −0.30	+3.60 0	±2.00	+2.70 −1.30	+3.70 −0.30	+4.00 0	±2.20	+3.00 −1.40	+4.10 −0.30	+4.40 0
>250～300	±1.80	+2.40 −1.20	+3.30 −0.30	+3.60 0	±2.00	+2.70 −1.30	+3.70 −0.30	+4.00 0	±2.20	+2.95 −1.45	+4.10 −0.30	+4.40 0	±2.40	+3.20 −1.60	+4.50 −0.30	+4.80 0
>300～400	±2.00	+2.70 −1.30	+3.70 −0.30	+4.00 0	±2.20	+3.00 −1.40	+4.10 −0.30	+4.40 0	±2.40	+3.25 −1.55	+4.50 −0.30	+4.80 0	±2.60	+3.50 −1.70	+4.90 −0.30	+5.20 0

注：1. 厚度偏差分为 N、A、B、C 四类，单轧钢板厚度允许偏差应符合本表 N 类的规定。N 类偏差：正、负偏差相等；A：按公称厚度规定负偏差；B：固定负偏差为 0.3mm；C：固定负偏差为零，按公称厚度规定正偏差。

2. 单轧钢板厚度允许偏差应首选 N 类，但根据需方要求，并在合同中注明偏差类别，可以按 A、B、C 类规定单轧钢板的厚度允许偏差。

3. 可以供应公差值与本表 N 类公差值相等的限制正偏差的单轧钢板，正负偏差由供需双方协商规定。

4. 热轧钢带、连轧钢板厚度允许偏差应符合 GB/T 709—2006 的规定。

表 4-1-149　　热轧钢带、连轧钢板的厚度允许偏差（GB/T 709—2006）　　mm

公称厚度	钢带厚度允许偏差							
	普通精度　PT. A				较高精度　PT. B			
	公称宽度				公称宽度			
	600～1200	>1200～1500	>1500～1800	>1800	600～1200	>1200～1500	>1500～1800	>1800
0.8～1.5	±0.15	±0.17	—	—	±0.10	±0.12	—	—
>1.5～2.0	±0.17	±0.19	±0.21	—	±0.13	±0.14	±0.14	—
>2.0～2.5	±0.18	±0.21	±0.23	±0.25	±0.14	±0.15	±0.17	±0.20
>2.5～3.0	±0.20	±0.22	±0.24	±0.26	±0.15	±0.17	±0.19	±0.21
>3.0～4.0	±0.22	±0.24	±0.26	±0.27	±0.17	±0.18	±0.21	±0.22
>4.0～5.0	±0.24	±0.26	±0.28	±0.29	±0.19	±0.21	±0.22	±0.23
>5.0～6.0	±0.26	±0.28	±0.29	±0.31	±0.21	±0.22	±0.23	±0.25
>6.0～8.0	±0.29	±0.30	±0.31	±0.35	±0.23	±0.24	±0.25	±0.28
>8.0～10.0	±0.32	±0.33	±0.34	±0.40	±0.26	±0.26	±0.27	±0.32
>10.0～12.5	±0.35	±0.36	±0.37	±0.43	±0.28	±0.29	±0.30	±0.36
>12.5～15.0	±0.37	±0.38	±0.40	±0.46	±0.30	±0.31	±0.33	±0.39
>15.0～25.4	±0.40	±0.42	±0.45	±0.50	±0.32	±0.34	±0.37	±0.42

注：1. 规定最小屈服强度 R_e≥345MPa 的钢带，厚度允许偏差按本表规定增加 10%。
2. 需方要求按较高厚度精度 PT. B 供货时应在合同中注明，未注明者按普通精度供货。
3. 根据需方要求，可以在本表规定的公差值范围内调整钢带的正负偏差。
4. 热轧钢板和钢带宽度允许偏差及长度允许偏差应符合 GB/T 709—2006 的相关规定。

1.9.2　碳素结构钢和低合金结构钢热轧钢板和钢带

表 4-1-150　　碳素结构钢和低合金结构钢热轧钢板和钢带规格、牌号及力学性能（GB/T 3274—2017）

尺寸规格	热轧薄钢板和钢带厚度不大于 400mm，尺寸规格按 GB/T 709 热轧钢板和钢带的规定
牌号及力学性能	牌号和化学成分应符合 GB/T 700 碳素结构钢或 GB/T 1591 低合金高强度结构钢的规定 厚度不大于 3mm 的钢板和钢带抗拉强度及伸长率应符合 GB/T 700 或 GB/T 1591 的规定，按需方要求，钢板和钢带的屈服强度可按 GB/T 700、GB/T 1591 的规定，交货状态为热轧状态或退火状态
用途	碳素结构钢沸腾钢板大量用于制造各种冲压件、建筑及工程结构、性能要求不高的不重要的机器结构零件；镇静钢板主要用于低温承受冲击的构件、焊接结构件及其他对性能要求较高的构件；如机器外罩、开关箱、卷柜、通风管道等 低合金结构钢板均为镇静钢和半镇静钢板，具有较高的强度，综合性能好，能够减轻结构质量，在各工业部门应用较广泛

注：GB/T 3274—2017 代替 GB/T 912—2008 和 GB/T 3274—2007。

1.9.3　碳素结构钢和低合金结构钢热轧薄钢板和钢带

表 4-1-151　　碳素结构钢和低合金结构钢热轧薄钢板和钢带牌号、力学性能及规格（GB/T 912—2008）

牌号及力学性能	薄钢板和钢带的牌号及化学成分应符合 GB/T 700 或 GB/T 1591 的规定 厚度不大于 3mm 的薄钢板和钢带的抗拉强度及伸长率应符合 GB/T 700 或 GB/T 1591 的规定；根据需方要求，钢板和钢带的屈服强度可按 GB/T 700 或 GB/T 1591 的规定 钢板和钢带应做弯曲试验，试样弯心直径应符合 GB/T 700 或 GB/T 1591 的规定 产品以热轧状态或退火状态交货 薄钢板和钢带用于制作不经深冲压，对表面质量要求不高的制品，如开关箱、卷柜、机器外罩、通风管道等，也常用作焊接钢管和冷弯型钢的坯料
尺寸规格	厚度小于 3mm，尺寸及允许偏差应符合 GB/T 709—2006 的规定
用途	产品用于制作对表面要求不高不经深冲压的制品，如开关箱、卷柜、机器外罩、通风管道等，也可作为焊接钢管和冷弯型钢的坯料

第4篇

1.9.4　优质碳素结构钢热轧钢板和钢带

表 4-1-152　优质碳素结构钢热轧钢板和钢带牌号、规格及力学性能（GB/T 711—2017）

尺寸规格	钢板和钢带厚度不大于 100mm，宽度不小于 600mm，尺寸规格应符合 GB/T 709 的规定					
牌号及力学性能	牌号	抗拉强度 R_m/MPa	断后伸长率 A/%	牌号	抗拉强度 R_m/MPa	断后伸长率 A/%
		不小于			不小于	
	08	325	33	65	695	10
	08Al	325	33	70	715	9
	10	335	32	20Mn	450	24
	15	370	30	25Mn	490	22
	20	410	28	30Mn	540	20
	25	450	24	35Mn	560	18
	30	490	22	40Mn	590	17
	35	530	20	45Mn	620	15
	40	570	19	50Mn	650	13
	45	600	17	55Mn	675	12
	50	625	16	60Mn	695	11
	55	645	13	65Mn	735	9
	60	675	12	70Mn	785	8
化学成分的规定	牌号的化学成分应符合 GB/T 711—2017 的规定					

注：1. GB/T 711—2017 代替 GB/T 711—2008 和 GB/T 710—2008。

2. 钢板和钢带主要用于制作机器结构零件及部件。

3. 产品以热轧或热处理（正火、退火或高温回火）交货。

4. 产品力学性能应按本表规定；供需双方协定，45、45Mn 牌号力学性能可按实际值交货。

5. 热处理状态交货的钢板，当其伸长率较本表规定提高 2%以上（绝对值）时，允许抗拉强度比本表规定降低 40MPa。

6. 钢板和钢带厚度大于 20mm 时，厚度每增加 1mm 断后伸长率允许降低 0.25%（绝对值），厚度不大于 32mm 的总降低值不得大于 2%（绝对值），厚度大于 32mm 的总降低值不得大于 3%（绝对值）。

1.9.5　热轧花纹钢板及钢带

表 4-1-153　热轧花纹钢板及钢带尺寸规格（GB/T 33974—2017）

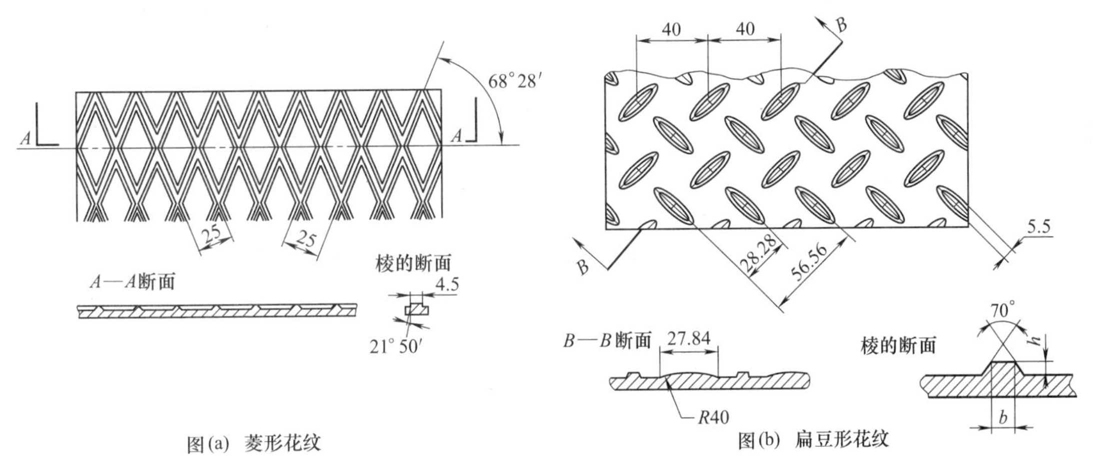

图(a)　菱形花纹　　图(b)　扁豆形花纹

第4篇

续表

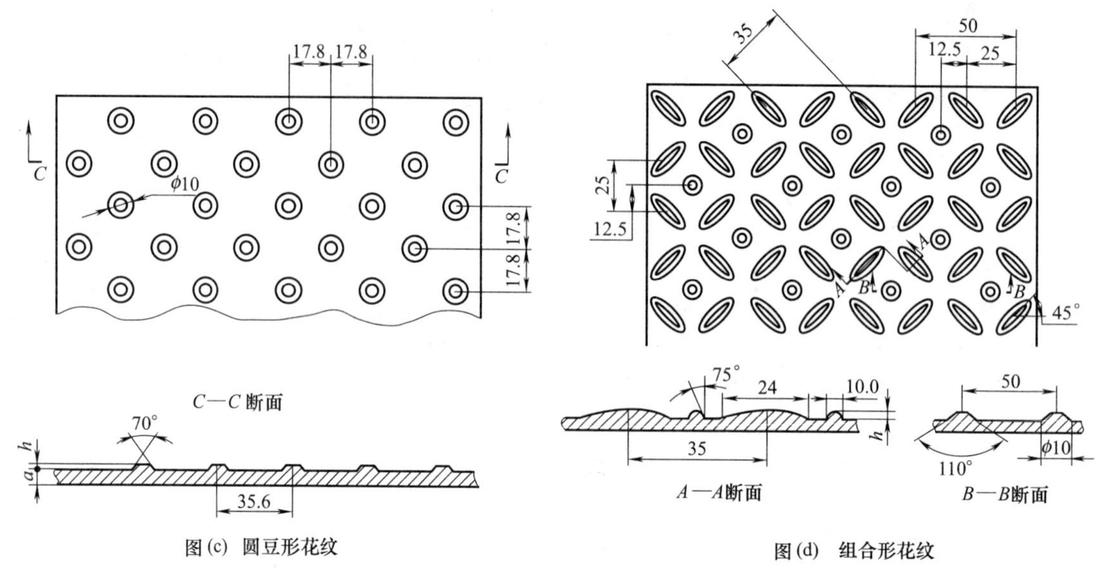

图(c)　圆豆形花纹

图(d)　组合形花纹

项目	内容
牌号及化学成分的规定	钢板和钢带的钢牌号和化学成分应符合 GB/T 700、GB/T 712、GB/T 1591、GB/T 4171 的规定，供需双方协定，可供应其他牌号的钢板和钢带
力学性能规定	按需方要求，并在合同中注明，可进行拉伸、弯曲性能试验，其性能指标应符合 GB/T 700、GB/T 712、GB/T 1591、GB/T 4171 的规定或双方协定。产品以热轧状态交货，一般以不切边状态(EM)交货，也可按切边状态(EC)交货

尺寸规格/mm	基本厚度	宽度	长度		备注
	1.4～16.0	600～2000	钢板	2000～16000	钢板钢带的尺寸规格应符合 GB/T 709 的规定。产品按实际重量交货，按需方要求，可按本表理论重量交货
			钢带	—	

钢板和钢带基本尺寸及理论重量

基本厚度	允许偏差	纹高/mm 不小于	钢板理论质量/kg·m^{-2} 菱形(LX)	圆豆形(YD)	扁豆形(BD)	组合形(ZH)
1.4	±0.25	0.18	11.9	11.2	11.1	11.1
1.5	±0.25	0.18	12.7	11.9	11.9	11.9
1.6	±0.25	0.20	13.6	12.7	12.8	12.8
1.8	±0.25	0.25	15.4	14.4	14.4	14.4
2.0	±0.25	0.28	17.1	16.0	16.2	16.1
2.5	±0.25	0.30	21.1	19.9	20.1	20.0
3.0	±0.30	0.40	25.6	23.9	24.6	24.3
3.5	±0.30	0.50	30.0	27.9	28.8	28.4
4.0	±0.40	0.60	34.4	31.9	32.8	32.4
4.5	±0.40	0.60	38.3	35.9	36.7	36.4
5.0	+0.40 −0.50	0.60	42.2	39.8	40.7	40.3
5.5	+0.40 −0.50	0.70	46.6	43.8	44.9	44.4
6.0	+0.40 −0.50	0.70	50.5	47.7	48.8	48.4
7.0	+0.40 −0.50	0.70	58.4	55.6	56.7	56.2
8.0	+0.50 −0.70	0.90	67.1	63.6	64.9	64.4

续表

	基本厚度	允许偏差	纹高/mm 不小于	钢板理论质量/kg·m^{-2}			
				菱形(LX)	圆豆形(YD)	扁豆形(BD)	组合形(ZH)
钢板和钢带基本尺寸及理论重量	10.0	+0.50 −0.70	1.00	83.2	79.3	80.8	80.2
	11.0	+0.50 −0.70	1.00	91.1	87.2	88.7	88.0
	12.0	+0.50 −0.70	1.00	98.9	95.0	96.5	95.9
	13.0	+0.50 −0.70	1.00	106.8	102.9	104.4	103.7
	14.0	+0.50 −0.70	1.00	114.6	110.7	112.2	111.6
	15.0	+0.50 −0.70	1.00	122.5	118.6	120.1	119.4
	16.0	+0.50 −0.70	1.00	130.3	126.4	127.9	127.3

注：1. 钢板和钢带花纹的尺寸，本表各图中的尺寸只作为生产厂生产过程中使用，不作为产品检验依据。

2. 产品适于制作厂房地板、扶梯、工作架踏板、汽车薄板、船舶甲板等。

3. 标记示例：牌号为 Q235B，尺寸为 3.0mm×1250mm×2500mm，不切边扁豆形花纹钢板、标记为：扁豆形（BD）花纹钢板 Q235B-3.0×1250（EM）×2500—GB/T 33974—2017。

1.9.6　高强度结构用调质钢板

表 4-1-154　高强度结构用调质钢板尺寸规格、牌号及力学性能（GB/T 16270—2009）

尺寸规格的规定	钢板的尺寸、外形、重量及允许偏差按 GB/T 709 的规定(见表 4-1-146，GB/T 16270—2009 规定板厚不大于 150mm)按供需双方协定，可供应其他尺寸规格的钢板											
牌号及力学性能	牌号	拉伸试验[①]							冲击试验[①]			
		屈服强度[②] R_{eH}/MPa ≥			抗拉强度 R_m/MPa			断后伸长率 A/%	冲击吸收能量(纵向) K_{V2}/J			
		厚度/mm			厚度/mm				试验温度/℃			
		≤50	>50~100	>100~150	≤50	>50~100	>100~150		0	−20	−40	−60
	Q460C Q460D Q460E Q460F	460	440	400	550~720		500~670	17	47	47	34	34
	Q500C Q500D Q500E Q500F	500	480	400	590~770		540~720	17	47	47	34	34
	Q550C Q550D Q550E Q550F	550	530	490	640~820		590~770	16	47	47	34	34
	Q620C Q620D Q620E Q620F	620	580	560	700~890		650~830	15	47	47	34	34

续表

	牌号	拉伸试验①							冲击试验①			
		屈服强度② R_{eH}/MPa ≥			抗拉强度 R_m/MPa			断后伸长率 A/%	冲击吸收能量(纵向) K_{V2}/J			
		厚度/mm			厚度/mm				试验温度/℃			
		≤50	>50～100	>100～150	≤50	>50～100	>100～150		0	-20	-40	-60
牌号及力学性能	Q690C	690	650	630	770～940	760～930	710～900	14	47			
	Q690D									47		
	Q690E										34	
	Q690F											34
	Q800C	800	740	—	840～1000	800～1000	—	13	34			
	Q800D									34		
	Q800E										27	
	Q800F											27
	Q890C	890	830	—	940～1100	880～1100	—	11	34			
	Q890D									34		
	Q890E										27	
	Q890F											27
	Q960C	960	—	—	980～1150	—	—	10	34			
	Q960D									34		
	Q960E										27	
	Q960F											27

① 拉伸试验适用于横向试样，冲击试验适用于纵向试样。

② 当屈服现象不明显时，采用 $R_{p0.2}$。

注：1. GB/T 16270—2009《高强度结构用调质钢板》代替 GB/T 16270—1996。

2. 牌号由代表屈服强度汉语拼音首位字母“Q”、规定最小屈服强度数值、质量等级符号（C、D、E、F）组成，如：Q460E。各牌号的化学成分应符合 GB/T 16270—2009 的规定。

3. 钢板按调质（淬火+回火）状态交货。

表 4-1-155 高强度结构用调质钢板牌号与旧标准、国外国际标准牌号近似对照（GB/T 16270—2009）

GB/T 16270—2009	GB/T 16270—1996	EN 10025-6:2004(E)	ISO 4950.3—2003
Q460QC	Q460C	—	—
Q460QD	Q460D	S460Q	E460DD
Q460QE	Q460E	S460QL	E460E
Q460QF	—	S460QL1	—
Q500QC	—	—	—
Q500QD	Q500D	S500Q	
Q500QE	Q500E	S500QL	
Q500QF	—	S500QL1	
Q550QC	—	—	—
Q550QD	Q550D	S550Q	E550DD
Q550QE	Q550E	S550QL	E550E
Q550QF	—	S550QL1	—
Q620QC	—	—	—
Q620QD	Q620D	S620Q	
Q620QE	Q620E	S620QL	
Q620QF	—	S620QL1	
Q690QC	—	—	—
Q690QD	Q690D	S690Q	E690DD
Q690QE	Q690E	S690QL	E690E
Q690F	—	S690QL1	

续表

GB/T 16270—2009	GB/T 16270—1996	EN 10025-6:2004(E)	ISO 4950.3—2003
Q800QC　Q800QE Q800QD　Q800QF	—	—	—
Q890QC Q890QD Q890QE Q890QF	—	— S890Q S890QL S890QL1	—
Q960QC Q960QD Q960QE Q960QF	—	— S960Q S960QL —	—

注：GB/T 16270—2009 参照 EN 10025-6：2004（E）《热轧结构钢　第 6 部分：高屈服强度结构用调质扁平钢交货技术条件》和 ISO 4950.3—2003《高屈服强度扁平钢　第 3 部分：调质钢》，结合国内生产情况，对 GB/T 16270—1996《高强度结构钢热处理和控轧钢板、钢带》修订而成。

1.9.7　工程机械用高强度耐磨钢板

表 4-1-156　工程机械用高强度耐磨钢板尺寸规格、牌号、化学成分及力学性能（GB/T 24186—2009）

尺寸规格的规定	钢板的尺寸、外形、质量及允许偏差，应符合 GB/T 709 的规定(见表 4-1-148，GB/T 24186 规定钢板最大厚度不大于 80mm)供需双方协议，可供应其他尺寸规格的钢板

牌号及化学成分	牌号	化学成分(质量分数)/%										
		C	Si	Mn	P	S	Cr	Ni	Mo	Ti	B	Als
		≤									范围	≥
	NM300	0.23	0.70	1.60	0.025	0.015	0.70	0.50	0.40	0.050	0.0005～0.006	0.010
	NM360	0.25	0.70	1.60	0.025	0.015	0.80	0.50	0.50	0.050	0.0005～0.006	0.010
	NM400	0.30	0.70	1.60	0.025	0.010	1.00	0.70	0.50	0.050	0.0005～0.006	0.010
	NM450	0.35	0.70	1.70	0.025	0.010	1.10	0.80	0.55	0.050	0.0005～0.006	0.010
	NM500	0.38	0.70	1.70	0.020	0.010	1.20	1.00	0.65	0.050	0.0005～0.006	0.010
	NM550	0.38	0.70	1.70	0.020	0.010	1.20	1.00	0.70	0.050	0.0005～0.006	0.010
	NM600	0.45	0.70	1.90	0.020	0.010	1.50	1.00	0.80	0.050	0.0005～0.006	0.010

力学性能	牌号	厚度/mm	抗拉强度 R_m/MPa	断后伸长率 A_{50mm}/%	−20℃冲击吸收能量(纵向)K_{V2}/J	表面布氏硬度 HBW
	NM300	≤80	≥1000	≥14	≥24	270～330
	NM360	≤80	≥1100	≥12	≥24	330～390
	NM400	≤80	≥1200	≥10	≥24	370～430
	NM450	≤80	≥1250	≥7	≥24	420～480
	NM500	≤70	—	—	—	≥470
	NM550	≤70	—	—	—	≥530
	NM600	≤60	—	—	—	≥570
用途	产品适用于矿山、建筑、农业等工程机械耐磨损结构部件的制作，也适用于其他工业技术领域耐磨零部件的制作					

注：1. GB/T 24186—2009 为国内首次发布的标准。

2. 抗拉强度、伸长率、冲击功是性能的特殊要求项目，如用户未在合同中注明，则只保证布氏硬度。

3. 钢的牌号由“耐磨”汉语拼音首位字母“NM”及规定的布氏硬度数值组成，如：NM500。

4. 钢板交货状态：淬火、淬火＋回火、TMCP＋回火、回火或热轧状态。

1.9.8 超高强度结构用热处理钢板

表 4-1-157 超高强度结构用热处理钢板尺寸规格、牌号及力学性能（GB/T 28909—2012）

尺寸规格	钢板的厚度不大于 50mm,其尺寸规格应符合 GB/T 709—2006 的规定						
牌号、化学成分的规定及力学性能	钢板用钢的牌号及化学成分应符合 GB/T 28909—2012 的规定						
	牌号	拉伸试验[1]				夏比(V形缺口)冲击试验[2]	
		规定塑性延伸强度 $R_{p0.2}$/MPa	抗拉强度 R_m/MPa		断后伸长率 A/%	冲击吸收能量 K_{V2}	
			≤30mm	>30～50mm		温度/℃	J
	Q1030D Q1030E	≥1030	1150～1500	1050～1400	≥10	−20 −40	≥27
	Q1100D Q1100E	≥1100	1200～1550	—	≥9	−20 −40	≥27
	Q1200D Q1200E	≥1200	1250～1600	—	≥9	−20 −40	≥27
	Q1300D Q1300E	≥1300	1350～1700	—	≥8	−20 −40	≥27
用途	适用于矿山、建筑、农业等工程机械中应用						

① 拉伸试验取横向试样。
② 冲击试验取纵向试样。

1.9.9 合金结构钢热轧厚钢板

表 4-1-158 合金结构钢热轧厚钢板牌号、尺寸规格及力学性能（GB/T 11251—2009）

牌号及化学成分的规定	应符合 GB/T 3077—2015 合金结构钢相关牌号及化学成分的规定							
尺寸规格的规定	应符合 GB/T 709—2006 热轧钢板的规定							
牌号及力学性能	牌号	力学性能			牌号	力学性能		
		抗拉强度 R_m/MPa	断后伸长率 A/% 不小于	布氏硬度 HBW 不大于		抗拉强度 R_m/MPa	断后伸长率 A/% 不小于	布氏硬度 HBW 不大于
	45Mn2	600～850	13	—	30Cr	500～700	19	—
	27SiMn	550～800	18	—	35Cr	550～750	18	—
	40B	500～700	20	—	40Cr	550～800	16	—
	45B	550～750	18	—	20CrMnSiA	450～700	21	—
	50B	550～750	16	—	25CrMnSiA	500～700 (980)[1]	20 (10)[1]	229
	15Cr	400～600	21	—	30CrMnSiA	550～750 (1080)[2]	19 (10)[2]	229
	20Cr	400～650	20	—	35CrMnSiA	600～800	16	—

① 供需双方协商，该牌号钢板在热处理试样淬火（850～890℃，油冷）、回火（450～550℃，水、油冷）状态的力学性能。
② 供需双方协商，该牌号钢板在热处理试样淬火（860～900℃，油冷）、回火（470～570℃，油冷）状态的力学性能。
注：1. 钢板应以热处理（正火、正火后回火）状态交货。本表为退火状态交货钢板的力学性能。若能保证标准规定的力学性能，也可以采用控制轧制和轧制后控温方法代替正火。
2. 25CrMnSiA、30CrMnSiA 的布氏硬度值仅当需方要求时才测定。
3. 钢板适用于制作各种机器结构零部件。

1.9.10 不锈钢热轧钢板和钢带

表 4-1-159 不锈钢热轧钢板和钢带尺寸规格（GB/T 4237—2015）

尺寸规格	产品名称	公称厚度/mm	公称宽度/mm
	厚钢板	3.0～200	600～4800
	宽钢带、卷切钢板、纵剪宽钢带	2.0～25.4	600～2500
	窄钢带、卷切钢带	2.0～13.0	<600
	钢板和钢带推荐的公称尺寸应符合 GB/T 709 的相关规定。经供需双方协定,可以供应其他尺寸的产品		
牌号及化学成分的规定	钢板和钢带的牌号及其化学成分应符合 GB/T 4237—2015 的规定,其牌号和不锈钢冷轧钢板和钢带的牌号相同,可参见表 4-1-165～表 4-1-171		

注：1. 不锈钢热轧钢板和钢带的力学性能应符合 GB/T 4237—2015 的有关规定。亦可参见表 4-1-165～表 4-1-171。
2. 不锈钢热轧钢板和钢带各种牌号的特性及应用，应符合 GB/T 4237—2015 的规定，亦可参见表 4-1-173。

表 4-1-160 不锈钢热轧钢板和钢带厚度及允许偏差（GB/T 4237—2015） mm

	公称厚度	公称宽度								
		≤1000		>1000～1500		>1500～2000		>2000～2500		>2500～4800
		PT. A	PT. B	PT. A	PT. B	PT. A	PT. B	PT. A	PT. B	
厚钢板厚度及允许偏差	3.0～4.0	±0.28	±0.25	±0.31	±0.28	±0.33	±0.31	±0.36	±0.32	±0.65
	>4.0～5.0	±0.31	±0.28	±0.33	±0.30	±0.36	±0.34	±0.41	±0.36	±0.65
	>5.0～6.0	±0.34	±0.31	±0.36	±0.33	±0.40	±0.37	±0.45	±0.40	±0.75
	>6.0～8.0	±0.38	±0.35	±0.40	±0.36	±0.44	±0.40	±0.50	±0.45	±0.75
	>8.0～10.0	±0.42	±0.39	±0.44	±0.40	±0.48	±0.43	±0.55	±0.50	±0.90
	>10.0～13.0	±0.45	±0.42	±0.48	±0.44	±0.52	±0.47	±0.60	±0.55	±0.90
	>13.0～25.0	±0.50	±0.45	±0.53	±0.48	±0.57	±0.52	±0.65	±0.60	±1.10
	>25.0～30.0	±0.53	±0.48	±0.56	±0.51	±0.60	±0.55	±0.70	±0.65	±1.20
	>30.0～34.0	±0.55	±0.50	±0.60	±0.55	±0.65	±0.60	±0.75	±0.70	±1.20
	>34.0～40.0	±0.65	±0.60	±0.70	±0.65	±0.70	±0.65	±0.85	±0.80	±1.20
	>40.0～50.0	±0.75	±0.70	±0.80	±0.75	±0.85	±0.80	±1.00	±0.95	±1.30
	>50.0～60.0	±0.90	±0.85	±0.95	±0.90	±1.00	±0.95	±1.10	±1.05	±1.30
	>60.0～80.0	±0.90	±0.85	±0.95	±0.90	±1.30	±1.25	±1.40	±1.35	±1.50
	>80.0～100.0	±1.00	±0.95	±1.00	±0.95	±1.50	±1.45	±1.60	±1.55	±1.60
	>100.0～150.0	±1.10	±1.05	±1.10	±1.05	±1.70	±1.65	±1.80	±1.75	±1.80
	>150.0～200.0	±1.20	±1.15	±1.20	±1.15	±2.00	±1.95	±2.10	±2.05	±2.10

	公称厚度	公称宽度							
		≤1200		>1200～1500		>1500～1800		>1800～2500	
		PT. A	PT. B	PT. A	PT. B	PT. A	PT. B	PT. A	PT. B
钢带、卷切钢板和卷切钢带厚度及允许偏差	2.0～2.5	±0.22	±0.20	±0.25	±0.23	±0.29	±0.27	—	—
	>2.5～3.0	±0.25	±0.23	±0.28	±0.26	±0.31	±0.28	±0.33	±0.31
	>3.0～4.0	±0.28	±0.26	±0.31	±0.28	±0.33	±0.31	±0.35	±0.32
	>4.0～5.0	±0.31	±0.28	±0.33	±0.30	±0.36	±0.33	±0.38	±0.35
	>5.0～6.0	±0.33	±0.31	±0.36	±0.33	±0.38	±0.35	±0.40	±0.37
	>6.0～8.0	±0.38	±0.35	±0.39	±0.36	±0.40	±0.37	±0.46	±0.43
	>8.0～10.0	±0.42	±0.39	±0.43	±0.40	±0.45	±0.41	±0.53	±0.49
	>10.0～25.4	±0.45	±0.42	±0.47	±0.44	±0.49	±0.45	±0.57	±0.53
	对于带头尾交货的宽钢带及其纵剪宽钢带，厚度偏差不适用于头尾不正常部分，其长度按下列公式计算：长度(m)＝90/公称厚度(mm)，但每卷总长度应不超过 20m 钢带包括窄钢带、宽钢带及纵剪宽钢带								

注：PT. A 为普通精度，PT. B 为较高精度。产品一般按普通精度（PT. A）的规定。如果需方要求并在合同中注明，可按较高精度（PT. B）规定执行。

1.9.11 冷轧钢板和钢带

表 4-1-161 冷轧钢板和钢带尺寸规格的规定（GB/T 708—2006）

	产品形态	分类及代号								
		边缘状态	厚度精度		宽度精度		长度精度		平面度精度	
			普通	较高	普通	较高	普通	较高	普通	较高
产品形态、尺寸精度及代号	钢带	不切边 EM	PT.A	PT.B	PW.A	—	—	—	—	—
		切边 EC	PT.A	PT.B	PW.A	PW.B	—	—	—	—
	钢板	不切边 EM	PT.A	PT.B	PW.A	—	PL.A	PL.B	PF.A	PF.B
		切边 EC	PT.A	PT.B	PW.A	PW.B	PL.A	PL.B	PF.A	PF.B
	纵切钢带	切边 EC	PT.A	PT.B	PW.A	—	—	—	—	—
尺寸规格的规定	钢板和钢带(包括纵切钢带)的公称厚度 0.30～4.00mm，公称厚度小于 1mm 者，按 0.05mm 倍数的任何尺寸；公称厚度不小于 1mm 者，按 0.1mm 倍数的任何尺寸									
	钢板和钢带公称宽度 600～2050mm，按 10mm 倍数的任何尺寸									
	钢板公称长度 1000～6000mm，按 50mm 倍数的任何尺寸									

续表

	公称厚度	厚度允许偏差					
		普通精度 PT.A			较高精度 PT.B		
		公称宽度			公称宽度		
		≤1200	>1200~1500	>1500	≤1200	>1200~1500	>1500
厚度允许偏差/mm	≤0.40	±0.04	±0.05	±0.06	±0.025	±0.035	±0.045
	>0.40~0.60	±0.05	±0.06	±0.07	±0.035	±0.045	±0.050
	>0.60~0.80	±0.06	±0.07	±0.08	±0.040	±0.050	±0.050
	>0.80~1.00	±0.07	±0.08	±0.09	±0.045	±0.060	±0.060
	>1.00~1.20	±0.08	±0.09	±0.10	±0.055	±0.070	±0.070
	>1.20~1.60	±0.10	±0.11	±0.11	±0.070	±0.080	±0.080
	>1.60~2.00	±0.12	±0.13	±0.13	±0.080	±0.090	±0.090
	>2.00~2.50	±0.14	±0.15	±0.15	±0.100	±0.110	±0.110
	>2.50~3.00	±0.16	±0.17	±0.17	±0.110	±0.120	±0.120
	>3.00~4.00	±0.17	±0.19	±0.19	±0.140	±0.150	±0.150
	1. 表内数据为规定的最小屈服强度小于280MPa的钢板和钢带的厚度允许偏差。 2. 距钢带焊缝处15m内的厚度允许偏差比表内规定值增加60%；距钢带两端各15m内的厚度允许偏差比表内规定值增加60% 3. 规定的最小屈服强度为280~<360MPa的钢板和钢带的厚度允许偏差比表内规定值增加20%；规定的最小屈服强度为不小于360MPa的钢板和钢带的厚度允许偏差比表内规定值增加40%						

注：钢板和钢带宽度、长度偏差、平面度、镰刀弯要求参见GB/T 708有关规定。

表 4-1-162 **钢板理论质量**

厚度/mm	理论质量/kg·m^{-2}	厚度/mm	理论质量/kg·m^{-2}	厚度/mm	理论质量/kg·m^{-2}	厚度/mm	理论质量/kg·m^{-2}
0.2	1.570	1.50	11.78	10.0	78.50	29	227.70
0.25	1.963	1.6	12.56	11	86.35	30	235.50
0.27	2.120	1.8	14.13	12	94.20	32	251.20
0.30	2.355	2.0	15.70	13	102.10	34	266.90
0.35	2.748	2.2	17.27	14	109.20	36	282.60
0.40	3.140	2.5	19.63	15	117.80	38	298.30
0.45	3.533	2.8	21.98	16	125.60	40	314.00
0.50	3.925	3.0	23.55	17	133.50	42	329.70
0.55	4.318	3.2	25.12	18	141.30	44	345.40
0.60	4.710	3.5	27.48	19	149.20	46	361.10
0.70	5.495	3.8	29.83	20	157.00	48	376.80
0.75	5.888	4.0	31.40	21	164.90	50	392.50
0.80	6.280	4.5	35.33	22	172.70	52	408.20
0.90	7.065	5.0	39.25	23	180.60	54	423.90
1.00	7.850	5.5	43.18	24	188.40	56	439.60
1.10	8.635	6.0	47.10	25	196.30	58	455.30
1.20	9.420	7.0	54.95	26	204.10	60	471.00
1.25	9.813	8.0	62.80	27	212.00		
1.40	10.990	9.0	70.65	28	219.80		

注：密度为7.85g/cm³。

1.9.12 不锈钢冷轧钢板和钢带

表 4-1-163 **不锈钢冷轧钢板和钢带尺寸规格**（GB/T 3280—2015）

<table>
<tr><td rowspan="6">尺寸规格</td><td colspan="3">钢板和钢带的公称厚度及公称宽度规定如下，其具体规定应执行GB/T 708的相关内容，厚度和宽度允许偏差应符合GB/T 3280的规定</td></tr>
<tr><td>形　　态</td><td>公称厚度/mm</td><td>公称宽度/mm</td></tr>
<tr><td>宽钢带、卷切钢板</td><td>≥0.10~≤8.00</td><td>≥600~<2100</td></tr>
<tr><td>纵剪宽钢带、卷切钢带Ⅰ</td><td>≥0.10~≤8.00</td><td><600</td></tr>
<tr><td>窄钢带、卷切钢带Ⅱ</td><td>≥0.01~≤3.00</td><td><600</td></tr>
<tr><td colspan="3">钢板的长度按GB/T 708的规定</td></tr>
<tr><td>交货状态</td><td colspan="3">钢板和钢带冷轧后，可经热处理及酸洗或类似处理后交货，当光亮处理时，可省去酸洗等处理，热处理制度参见GB/T 3280附录
根据需方要求，钢板和钢带可按不同冷作硬化状态交货
对于沉淀硬化型钢的热处理，需方应在合同中注明热处理种类，并应说明是对钢板、钢带本身还是对试样进行热处理</td></tr>
<tr><td>牌号及化学成分规定</td><td colspan="3">钢板和钢带的牌号参见表4-1-165~表4-1-171，其化学成分应符合GB/T 3280—2015的相关规定</td></tr>
</table>

表 4-1-164　不锈钢冷轧钢板和钢带厚度尺寸精度（GB/T 3280—2015）　mm

	公称厚度	PT. A 公称宽度		PT. B 公称宽度		
		＜1250	1250～2100	600～＜1000	1000～＜1250	1250～2100
宽钢带及卷切钢板、纵切宽钢带及卷切钢带Ⅰ的厚度允许偏差	0.10～＜0.25	±0.03	—	—	—	—
	0.25～＜0.30	±0.04	—	±0.038	±0.038	—
	0.30～＜0.60	±0.05	±0.08	±0.040	±0.040	±0.05
	0.60～＜0.80	±0.07	±0.09	±0.05	±0.05	±0.06
	0.80～＜1.00	±0.09	±0.10	±0.05	±0.06	±0.07
	1.00～＜1.25	±0.10	±0.12	±0.06	±0.07	±0.08
	1.25～＜1.60	±0.12	±0.15	±0.07	±0.08	±0.10
	1.60～＜2.00	±0.15	±0.17	±0.09	±0.10	±0.12
	2.00～＜2.50	±0.17	±0.20	±0.10	±0.11	±0.13
	2.50～＜3.15	±0.22	±0.25	±0.11	±0.12	±0.14
	3.15～＜4.00	±0.25	±0.30	±0.12	±0.13	±0.16
	4.00～＜5.00	±0.35	±0.40	—	—	—
	5.00～＜6.50	±0.40	±0.45	—	—	—
	6.50～8.00	±0.50	±0.50	—	—	—

	公称厚度	PT. A 公称宽度			PT. B 公称宽度		
		＜125	125～＜250	250～＜600	＜125	125～＜250	250～＜600
窄钢带及卷切钢带Ⅱ的厚度允许偏差	0.05～＜0.10	±0.10*t*	±0.12*t*	±0.15*t*	±0.06*t*	±0.10*t*	±0.10*t*
	0.10～＜0.20	±0.010	±0.015	±0.020	±0.008	±0.012	±0.015
	0.20～＜0.30	±0.015	±0.020	±0.025	±0.012	±0.015	±0.020
	0.30～＜0.40	±0.020	±0.025	±0.030	±0.015	±0.020	±0.025
	0.40～＜0.60	±0.025	±0.030	±0.035	±0.020	±0.025	±0.030
	0.60～＜1.00	±0.030	±0.035	±0.040	±0.025	±0.030	±0.035
	1.00～＜1.50	±0.035	±0.040	±0.045	±0.030	±0.035	±0.040
	1.50～＜2.00	±0.040	±0.050	±0.060	±0.035	±0.040	±0.050
	2.00～＜2.50	±0.050	±0.060	±0.070	±0.040	±0.050	±0.060
	2.50～3.00	±0.060	±0.070	±0.080	±0.050	±0.060	±0.070

注：1. 供需双方协商确定，偏差值可全为正偏差、负偏差或正负偏差不对称分布，但公差值应在表列范围之内。

2. 厚度小于 0.05mm 时，由供需双方协定确定。

3. 钢带边部毛刺高度应小于或等于产品公称厚度×10%。

表 4-1-165　经固溶处理的奥氏体型钢板和钢带的力学性能（GB/T 3280—2015）

统一数字代号	牌号	规定塑性延伸强度 $R_{p0.2}$/MPa	抗拉强度 R_m/MPa	断后伸长率[①] A/%	硬度值 HBW	HRB	HV
		不小于			不大于		
S30103	022Cr17Ni7	220	550	45	241	100	242
S30110	12Cr17Ni7	205	515	40	217	95	220
S30153	022Cr17Ni7N	240	550	45	241	100	242
S30210	12Cr18Ni9	205	515	40	201	92	210
S30240	12Cr18Ni9Si3	205	515	40	217	95	220
S30403	022Cr19Ni10	180	485	40	201	92	210
S30408	06Cr19Ni10	205	515	40	201	92	210
S30409	07Cr19Ni10	205	515	40	201	92	210
S30450	05Cr19Ni10Si2CeN	290	600	40	217	95	220
S30453	022Cr19Ni10N	205	515	40	217	95	220

（续）

统一数字代号	牌号	规定塑性延伸强度 $R_{p0.2}$/MPa	抗拉强度 R_m/MPa	断后伸长率[①] A/%	硬度值		
					HBW	HRB	HV
		不小于			不大于		
S30458	06Cr19Ni10N	240	550	30	217	95	220
S30478	06Cr19Ni9NbN	345	620	30	241	100	242
S30510	10Cr18Ni12	170	485	40	183	88	200
S30859	08Cr21Ni11Si2CeN	310	600	40	217	95	220
S30908	06Cr23Ni13	205	515	40	217	95	220
S31008	06Cr25Ni20	205	515	40	217	95	220
S31053	022Cr25Ni22Mo2N	270	580	25	217	95	220
S31252	015Cr20Ni18Mo6CuN	310	690	35	223	96	225
S31603	022Cr17Ni12Mo2	180	485	40	217	95	220
S31608	06Cr17Ni12Mo2	205	515	40	217	95	220
S31609	07Cr17Ni12Mo2	205	515	40	217	95	220
S31653	022Cr17Ni12Mo2N	205	515	40	217	95	220
S31658	06Cr17Ni12Mo2N	240	550	35	217	95	220
S31668	06Cr17Ni12Mo2Ti	205	515	40	217	95	220
S31678	06Cr17Ni12Mo2Nb	205	515	30	217	95	220
S31688	06Cr18Ni12Mo2Cu2	205	520	40	187	90	200
S31703	022Cr19Ni13Mo3	205	515	40	217	95	220
S31708	06Cr19Ni13Mo3	205	515	35	217	95	220
S31723	022Cr19Ni16Mo5N	240	550	40	223	96	225
S31753	022Cr19Ni13Mo4N	240	550	40	217	95	220
S31782	015Cr21Ni26Mo5Cu2	220	490	35	—	90	200
S32168	06Cr18Ni11Ti	205	515	40	217	95	220
S32169	07Cr19Ni11Ti	205	515	40	217	95	220
S32652	015Cr24Ni22Mo8Mn3CuN	430	750	40	250	—	252
S34553	022Cr24Ni17Mo5Mn6NbN	415	795	35	241	100	242
S34778	06Cr18Ni11Nb	205	515	40	201	92	210
S34779	07Cr18Ni11Nb	205	515	40	201	92	210
S38367	022Cr21Ni25Mo7N	310	690	30	—	100	258
S38926	015Cr20Ni25Mo7CuN	295	650	35	—	—	—

① 厚度不大于3mm时使用 A_{50mm} 试样。

表 4-1-166　不同冷作硬化状态钢板和钢带的力学性能（GB/T 3280—2015）

冷作硬化状态分类	统一数字代号	牌号	规定塑性延伸强度 $R_{p0.2}$/MPa	抗拉强度 R_m/MPa	断后伸长率[①] A/%		
					厚度 <0.4mm	厚度 0.4~<0.8mm	厚度 ≥0.8mm
			不小于				
H1/4状态	S30103	022Cr17Ni7	515	825	25	25	25
	S30110	12Cr17Ni7	515	860	25	25	25
	S30153	022Cr17Ni7N	515	825	25	25	25
	S30210	12Cr18Ni9	515	860	10	10	12
	S30403	022Cr19Ni10	515	860	8	8	10
	S30408	06Cr19Ni10	515	860	10	10	12
	S30453	022Cr19Ni10N	515	860	10	10	12
	S30458	06Cr19Ni10N	515	860	12	12	12
	S31603	022Cr17Ni12Mo2	515	860	8	8	8
	S31608	06Cr17Ni12Mo2	515	860	10	10	10
	S31658	06Cr17Ni12Mo2N	515	860	12	12	12

续表

冷作硬化状态分类	统一数字代号	牌号	规定塑性延伸强度 $R_{p0.2}$/MPa	抗拉强度 R_m/MPa	断后伸长率[①] A/% 厚度 <0.4mm	厚度 0.4~<0.8mm	厚度 ≥0.8mm
			不小于				
H1/2 状态	S30103	022Cr17Ni7	690	930	20	20	20
	S30110	12Cr17Ni7	760	1035	15	18	18
	S30153	022Cr17Ni7N	690	930	20	20	20
	S30210	12Cr18Ni9	760	1035	9	10	10
	S30403	022Cr19Ni10	760	1035	5	6	6
	S30408	06Cr19Ni10	760	1035	6	7	7
	S30453	022Cr19Ni10N	760	1035	6	7	7
	S30458	06Cr19Ni10N	760	1035	6	8	8
	S31603	022Cr17Ni12Mo2	760	1035	5	6	6
	S31608	06Cr17Ni12Mo2	760	1035	6	7	7
	S31658	06Cr17Ni12Mo2N	760	1035	6	8	8
H3/4 状态	S30110	12Cr17Ni7	930	1205	10	12	12
	S30210	12Cr18Ni9	930	1205	5	6	6
H 状态	S30110	12Cr17Ni7	965	1275	8	9	9
	S30210	12Cr18Ni9	965	1275	3	4	4
H2 状态	S30110	12Cr17Ni7	1790	1860	—	—	—

① 厚度不大于 3mm 时使用 A_{50mm} 试样。

表 4-1-167　经固溶处理的奥氏体—铁素体型钢板和钢带的力学性能（GB/T 3280—2015）

统一数字代号	牌　号	规定塑性延伸强度 $R_{p0.2}$/MPa	抗拉强度 R_m/MPa	断后伸长率[①] A/%	硬度值 HBW	硬度值 HRC
		不小于			不大于	
S21860	14Cr18Ni11Si4AlTi	—	715	25	—	—
S21953	022Cr19Ni5Mo3Si2N	440	630	25	290	31
S22053	022Cr23Ni5Mo3N	450	655	25	293	31
S22152	022Cr21Mn5Ni2N	450	620	25	—	25
S22153	022Cr21Ni3Mo2N	450	655	25	293	31
S22160	12Cr21Ni5Ti	—	635	20	—	—
S22193	022Cr21Mn3Ni3Mo2N	450	620	25	293	31
S22253	022Cr22Mn3Ni2MoN	450	655	30	293	31
S22293	022Cr22Ni5Mo3N	450	620	25	293	31
S22294	03Cr22Mn5Ni2MoCuN	450	650	30	290	—
S22353	022Cr23Ni2N	450	650	30	290	—
S22493	022Cr24Ni4Mn3Mo2CuN	540	740	25	290	—
S22553	022Cr25Ni6Mo2N	450	640	25	295	31
S23043	022Cr23Ni4MoCuN	400	600	25	290	31
S25073	022Cr25Ni7Mo4N	550	795	15	310	32
S25554	03Cr25Ni6Mo3Cu2N	550	760	15	302	32
S27603	022Cr25Ni7Mo4WCuN	550	750	25	270	—

① 厚度不大于 3mm 时使用 A_{50mm} 试样。

表 4-2-168　　经退火处理的铁素体型钢板和钢带的力学性能（GB/T 3280—2015）

统一数字代号	牌号	规定塑性延伸强度 $R_{p0.2}$/MPa	抗拉强度 R_m/MPa	断后伸长率[①] A/%	180°弯曲试验弯曲压头直径 D	硬度值		
						HBW	HRB	HV
		不小于				不大于		
S11163	022Cr11Ti	170	380	20	$D=2a$	179	88	200
S11173	022Cr11NbTi	170	380	20	$D=2a$	179	88	200
S11203	022Cr12	195	360	22	$D=2a$	183	88	200
S11213	022Cr12Ni	280	450	18	—	180	88	200
S11348	06Cr13Al	170	415	20	$D=2a$	179	88	200
S11510	10Cr15	205	450	22	$D=2a$	183	89	200
S11573	022Cr15NbTi	205	450	22	$D=2a$	183	89	200
S11710	10Cr17	205	420	22	$D=2a$	183	89	200
S11763	022Cr17Ti	175	360	22	$D=2a$	183	88	200
S11790	10Cr17Mo	240	450	22	$D=2a$	183	89	200
S11862	019Cr18MoTi	245	410	20	$D=2a$	217	96	230
S11863	022Cr18Ti	205	415	22	$D=2a$	183	89	200
S11873	022Cr18Nb	250	430	18	—	180	88	200
S11882	019Cr18CuNb	205	390	22	$D=2a$	192	90	200
S11972	019Cr19Mo2NbTi	275	415	20	$D=2a$	217	96	230
S11973	022Cr18NbTi	205	415	22	$D=2a$	183	89	200
S12182	019Cr21CuTi	205	390	22	$D=2a$	192	90	200
S12361	019Cr23Mo2Ti	245	410	20	$D=2a$	217	96	230
S12362	019Cr23MoTi	245	410	20	$D=2a$	217	96	230
S12763	022Cr27Ni2Mo4NbTi	450	585	18	$D=2a$	241	100	242
S12791	008Cr27Mo	275	450	22	$D=2a$	187	90	200
S12963	022Cr29Mo4NbTi	415	550	18	$D=2a$	255	25[②]	257
S13091	008Cr30Mo2	295	450	22	$D=2a$	207	95	220

① 厚度不大于 3mm 时使用 A_{50mm} 试样。
② 为 HRC 硬度值。
注：弯曲试验中的 a 为弯曲试样厚度。

表 4-1-169　　经退火处理的马氏体型钢板和钢带（17Cr16Ni2 除外）的力学性能（GB/T 3280—2015）

统一数字代号	牌号	规定塑性延伸强度 $R_{p0.2}$/MPa	抗拉强度 R_m/MPa	断后伸长率[①] A/%	180°弯曲试验弯曲压头直径 D	硬度值		
						HBW	HRB	HV
		不小于				不大于		
S40310	12Cr12	205	485	20	$D=2a$	217	96	210
S41008	06Cr13	205	415	22	$D=2a$	183	89	200
S41010	12Cr13	205	450	20	$D=2a$	217	96	210
S41595	04Cr13Ni5Mo	620	795	15	—	302	32[②]	308
S42020	20Cr13	225	520	18	—	223	97	234
S42030	30Cr13	225	540	18	—	235	99	247
S42040	40Cr13	225	590	15	—	—	—	—
S43120	17Cr16Ni2[③]	690	880～1080	12	—	262～326	—	—
		1050	1350	10	—	388	—	—
S44070	68Cr17	245	590	15	—	255	25[②]	269
S46050	50Cr15MoV	—	≤850	12	—	280	100	280

① 厚度不大于 3mm 时使用 A_{50mm} 试样。
② 为 HRC 硬度值。
③ 表列为淬火、回火后的力学性能。
注：a 为弯曲试样厚度。

第4篇

表 4-1-170　经固溶处理的沉淀硬化型钢板和钢带试样的力学性能（GB/T 3280—2015）

统一数字代号	牌　　号	钢材厚度/mm	规定塑性延伸强度 $R_{p0.2}$/MPa	抗拉强度 R_m/MPa	断后伸长率①A/%	硬度值 HRC	硬度值 HBW
			不大于	不大于	不小于	不大于	不大于
S51380	04Cr13Ni8Mo2Al	0.10～<8.0	—	—	—	38	363
S51290	022Cr12Ni9Cu2NbTi	0.30～8.0	1105	1205	3	36	331
S51770	07Cr17Ni7Al	0.10～<0.30	450	1035	—	—	—
		0.30～8.0	380	1035	20	92②	—
S51570	07Cr15Ni7Mo2Al	0.10～<8.0	450	1035	25	100②	—
S51750	09Cr17Ni5Mo3N	0.10～<0.30	585	1380	8	30	—
		0.30～8.0	585	1380	12	30	—
S51778	06Cr17Ni7AlTi	0.10～<1.50	515	825	4	32	—
		1.50～8.0	515	825	5	32	—

① 厚度不大于 3mm 时使用 A_{50mm} 试样。
② 为 HRB 硬度值。

表 4-1-171　经时效处理后的沉淀硬化型钢板和钢带试样的力学性能（GB/T 3280—2015）

统一数字代号	牌　　号	钢材厚度/mm	处理①温度/℃	规定塑性延伸强度 $R_{p0.2}$/MPa	抗拉强度 R_m/MPa	断后②③伸长率 A/%	硬度值 HRC	硬度值 HBW
				不小于	不小于	不小于	不小于	不小于
S51380	04Cr13Ni8Mo2Al	0.10～<0.50	510±6	1410	1515	6	45	—
		0.50～<5.0		1410	1515	8	45	—
		5.0～8.0		1410	1515	10	45	—
		0.10～<0.50	538±6	1310	1380	6	43	—
		0.50～<5.0		1310	1380	8	43	—
		5.0～8.0		1310	1380	10	43	—
S51290	022Cr12Ni9Cu2NbTi	0.10～<0.50	510±6 或 482±6	1410	1525	—	44	—
		0.50～<1.50		1410	1525	3	44	—
		1.50～8.0		1410	1525	4	44	—
S51770	07Cr17Ni7Al	0.10～<0.30	760±15	1035	1240	3	38	—
		0.30～<5.0	15±3	1035	1240	5	38	—
		5.0～8.0	566±6	965	1170	7	38	352
		0.10～<0.30	954±8	1310	1450	1	44	—
		0.30～<5.0	−73±6	1310	1450	3	44	—
		5.0～8.0	510±6	1240	1380	6	43	401
S51570	07Cr15Ni7Mo2Al	0.10～<0.30	760±15	1170	1310	3	40	—
		0.30～<5.0	15±3	1170	1310	5	40	—
		5.0～8.0	566±6	1170	1310	4	40	375
		0.10～<0.30	954±8	1380	1550	2	46	—
		0.30～<5.0	−73±6	1380	1550	4	46	—
		5.0～8.0	510±6	1380	1550	4	45	429
		0.10～1.2	冷轧	1205	1380	1	41	—
		0.10～1.2	冷轧+482	1580	1655	1	46	—
S51750	09Cr17Ni5Mo3N	0.10～<0.30	455±8	1035	1275	6	42	—
		0.30～5.0		1035	1275	8	42	—
		0.10～<0.30	540±8	1000	1140	6	36	—
		0.30～5.0		1000	1140	8	36	—
S51778	06Cr17Ni7AlTi	0.10～<0.80	510±8	1170	1310	3	39	—
		0.80～<1.50		1170	1310	4	39	—
		1.50～8.0		1170	1310	5	39	—
		0.10～<0.80	538±8	1105	1240	3	37	—
		0.80～<1.50		1105	1240	4	37	—
		1.50～8.0		1105	1240	5	37	—
		0.10～<0.80	566±8	1035	1170	3	35	—
		0.80～<1.50		1035	1170	4	35	—
		1.50～8.0		1035	1170	5	35	—

① 为推荐性热处理温度，供方应向需方提供推荐性热处理制度。
② 适用于沿宽度方向的试验，垂直于轧制方向且平行于钢板表面。
③ 厚度不大于 3mm 时使用 A_{50mm} 试样。

表 4-1-172　不锈钢冷轧钢板和钢带表面加工类型及表面状态要求（GB/T 3280—2015）

简称	加工类型	表面状态	备注
2E 表面	带氧化皮冷轧、热处理、除鳞	粗糙且无光泽	该表面类型为带氧化皮冷轧，除鳞方式为酸洗除鳞或机械除鳞加酸洗除鳞。这种表面适用于厚度精度较高、表面粗糙度要求较高的结构件或冷轧替代产品
2D 表面	冷轧、热处理、酸洗或除鳞	表面均匀、呈亚光状	冷轧后热处理、酸洗或除鳞。亚光表面经酸洗产生。可用毛面辊进行平整。毛面加工便于在深冲时将润滑剂保留在钢板表面。这种表面适用于加工深冲部件，但这些部件成形后还需进行抛光处理
2B 表面	冷轧、热处理、酸洗或除鳞、光亮加工	较 2D 表面光滑平直	在 2D 表面的基础上，对经热处理、除鳞后的钢板用抛光辊进行小压下量的平整。属最常用的表面加工。除极为复杂的深冲外，可用于任何用途
BA 表面	冷轧、光亮退火	平滑、光亮、反光	冷轧后在可控气氛炉内进行光亮退火。通常采用干氢或干氢与干氮混合气氛，以防止退火过程中的氧化现象。也是后工序再加工常用的表面加工
3# 表面	对单面或双面进行刷磨或亚光抛光	无方向纹理、不反光	需方可指定抛光带的等级或表面粗糙度。由于抛光带的等级或表面粗糙度的不同，表面所呈现的状态不同。这种表面适用于延伸产品还需进一步加工的场合。若钢板或钢带做成的产品不进行另外的加工或抛光处理时，建议用 4# 表面
4# 表面	对单面或双面进行通用抛光	无方向纹理、反光	经粗磨料粗磨后，再用粒度为 120#～150# 或更细的研磨料进行精磨。这种材料被广泛用于餐馆设备、厨房设备、店铺门面、乳制品设备等
6# 表面	单面或双面亚光缎面抛光，坦皮科研磨	呈亚光状、无方向纹理	表面反光率较 4# 表面差。是用 4# 表面加工的钢板在中粒度研磨料和油的介质中经坦皮科研磨而成。适用于不要求光泽度的建筑物和装饰。研磨粒度可由需方指定
7# 表面	高光泽度表面加工	光滑、高反光度	是由优良的基础表面进行擦磨而成。但表面磨痕无法消除，该表面主要适用于要求高光泽度的建筑物外墙装饰
8# 表面	镜面加工	无方向纹理、高反光度、影像清晰	该表面是用逐步细化的磨料抛光和用极细的铁丹大量擦磨而成。表面不留任何擦磨痕迹。该表面被广泛用于模压板和镜面板
TR 表面	冷作硬化处理	应材质及冷作量的大小而变化	对退火除鳞或光亮退火的钢板进行足够的冷作硬化处理，大大提高强度水平
HL 表面	冷轧、酸洗、平整、研磨	呈连续性磨纹状	用适当粒度的研磨材料进行抛光，使表面呈连续性磨纹

注：1. 单面抛光的钢板，另一面需进行粗磨，以保证必要的平直度。

2. 标准的抛光工艺在不同的钢种上所产生的效果不同。对于一些关键性的应用，订单中需要附“典型标样”做参照，以便于取得一致的看法。

3. 钢板不允许有影响使用的缺陷。允许有个别深度小于厚度公差之半的轻微麻点、擦划伤、压痕、凹坑、辊印和色差等不影响使用的缺陷。允许局部修磨，但应保证钢板最小厚度。

4. 钢带不允许有影响使用的缺陷。但成卷交货的钢带，允许有少量不正常的部分。对于不经抛光的钢带，表面允许有个别深度小于厚度公差之半的轻微麻点、擦划伤、压痕、凹坑、辊印和色差。

5. 钢带边缘应平整。切边钢带边缘不允许有深度大于宽度公差之半的切割不齐和大于钢带厚度公差的毛刺；不切边钢带不允许有大于宽度公差的裂边。

表 4-1-173　不锈钢的特性和用途（GB/T 3280—2015）

类型	统一数字代号	牌号	特性和用途
奥氏体型	S30110	12Cr17Ni7	经冷加工有高的强度。用于铁道车辆，传送带螺栓、螺母等
	S30103	022Cr17Ni7	是 12Cr17Ni7 的超低碳钢，具有良好的耐晶间腐蚀性、焊接性，用于铁道车辆
	S30153	022Cr17Ni7N	是 12Cr17Ni7 的超低碳含氮钢，强度高，具有良好的耐晶间腐蚀性、焊接性，用于结构件
	S30210	12Cr18Ni9	经冷加工有高的强度，但伸长率比 12Cr17Ni7 稍差。用于建筑装饰部件

第4篇

续表

类型	统一数字代号	牌号	特性和用途
奥氏体型	S30240	12Cr18Ni9Si3	抗氧化性比 12Cr18Ni9 好，900℃以下与 06Cr25Ni20 具有相同的抗氧化性和强度。用于汽车排气净化装置、工业炉等高温装置部件
	S30408	06Cr19Ni10	作为不锈耐热钢使用最广泛，用于食品设备、一般化工设备、原子能工业等
	S30403	022Cr19Ni10	比 06Cr19Ni10 碳含量更低的钢，耐晶间腐蚀性优越，焊接后不进行热处理
	S30409	07Cr19Ni10	在固溶态钢的塑性、韧性、冷加工性良好，在氧化性酸和大气、水等介质中耐蚀性好，但在敏化态或焊接后有晶腐倾向。耐蚀性优于 12Cr18Ni9。适于制造深冲成形部件和输酸管道、容器等
	S30450	05Cr19Ni10Si2CeN	加氮，提高钢的强度和加工硬化倾向，塑性不降低。改善钢的耐点蚀、晶间腐蚀性，可承受更重的负荷，使材料的厚度减少。用于结构用强度部件
	S30458	06Cr19Ni10N	在 06Cr19Ni10 的基础上加氮，提高钢的强度和加工硬化倾向，塑性不降低。改善钢的耐点蚀、晶间腐蚀性，使材料的厚度减少。用于有一定耐蚀性要求，并要求较高强度和减速轻重量的设备、结构部件
	S30478	06Cr19Ni9NbN	在 06Cr19Ni10 的基础上加氮和铌，提高钢的耐点蚀、晶间腐蚀性能，具有与 06Cr19Ni10N 相同的特性和用途
	S30453	022Cr19Ni10N	06Cr19Ni10N 的超低碳钢，因 06Cr19Ni10N 在 450～900℃加热后耐晶间腐蚀性将明显下降。因此对于焊接设备构件，推荐用 022Cr19Ni10N
	S30510	10Cr18Ni12	与 06Cr19Ni10 相比，加工硬化性低。用于手机配件、电器元件、发电机组配件等
	S30908	06Cr23Ni13	耐腐蚀性比 06Cr19Ni10 好，但实际上多作为耐热钢使用
	S31008	06Cr25Ni20	抗氧化性比 06Cr23Ni13 好，但实际上多作为耐热钢使用
	S31053	022Cr25Ni22Mo2N	钢中加氮提高钢的耐孔蚀性，且使钢具有更高的强度和稳定的奥氏体组织。适用于尿素生产中汽提塔的结构材料，性能远优于 022Cr17Ni12Mo2
	S31252	015Cr20Ni18Mo6CuN	一种高性价比超级奥氏体不锈钢，较低的 C 含量和高 Mo、高 N 含量，使其具有较好的耐晶间腐蚀能力、耐点腐蚀和耐缝隙腐蚀性能，主要用于海洋开发、海水淡化、热交换器、纸浆生产、烟气脱硫装置等领域
	S31608	06Cr17Ni12Mo2	在海水和其他各种介质中，耐蚀性比 06Cr19Ni10 好。主要用于耐点蚀材料
	S31603	022Cr17Ni12Mo2	为 06Cr17Ni12Mo2 的超低碳钢。超低碳奥氏体不锈钢对各种无机酸、碱类、盐类(如亚硫酸、硫酸、磷酸、醋酸、甲酸、氯盐、卤素、亚硫酸盐等)均有良好的耐蚀性。由于含碳量低，因此，焊接性能良好，适合于多层焊接，焊后一般不需热处理，且焊后无刀口腐蚀倾向。可用于制造合成纤维、石油化工、纺织、化肥、印染及原子能等工业设备，如塔、槽、容器、管道等
	S31609	07Cr17Ni12Mo2	与 06Cr17Ni12Mo2 相比，该钢种的 C 含量由≤0.08%调整至 0.04%～0.10%，耐高温性能增加，该钢种广泛应用于加热釜、锅炉、硬质合金传送带等
	S31668	06Cr17Ni12Mo2Ti	有良好的耐晶间腐蚀性，用于抵抗硫酸、磷酸、甲酸、乙酸的设备
	S31678	06Cr17Ni12Mo2Nb	比 06Cr17Ni12Mo2 具有更好的耐晶间腐蚀性
	S31658	06Cr17Ni12Mo2N	在 06Cr17Ni12Mo2 中加入 N，提高强度，不降低塑性，使材料的使用厚度减薄。用于耐蚀性较好的强度较高的部件
	S31653	022Cr17Ni12Mo2N	用途与 06Cr17Ni12Mo2N 相同但耐晶间腐蚀性更好

续表

类型	统一数字代号	牌号	特性和用途
奥氏体型	S31688	06Cr18Ni12Mo2Cu2	耐蚀性、耐点蚀性比06Cr17Ni12Mo2好。用于耐硫酸材料
	S31782	015Cr21Ni26Mo5Cu2	高Mo不锈钢，全面耐硫酸、磷酸、醋酸等腐蚀，又可解决氯化物孔蚀、缝隙腐蚀和应力腐蚀问题。主要用于石化、化工、化肥、海洋开发等的塔、槽、管、换热器等
	S31708	06Cr19Ni13Mo3	耐点蚀性比06Cr17Ni12Mo2好，用于染色设备材料等
	S31703	022Cr19Ni13Mo3	为06Cr19Ni13Mo3的超低碳钢，比06Cr19Ni13Mo3耐晶间腐蚀性好，主要用于电站冷凝管等
	S31723	022Cr19Ni16Mo5N	高Mo不锈钢，钢中含0.10%～0.20%，使其耐孔蚀性能进一步提高，此钢种在硫酸、甲酸、乙酸等介质中的耐蚀性要比一般含2%～4%Mo的常用Cr-Ni钢更好
	S31753	022Cr19Ni13Mo4N	在022Cr19Ni13Mo3中添加氮，具有高强度、高耐蚀性，用于罐箱、容器等
	S32168	06Cr18Ni11Ti	添加钛提高耐晶间腐蚀性，不推荐作装饰部件
	S32169	07Cr19Ni11Ti	与06Cr18Ni11Ti相比，该钢种的C含量由≤0.08%调整至0.04%～0.10%，耐高温性能增强，可用于锅炉行业
	S32652	015Cr24Ni22Mo8Mn3CuN	属于超级奥氏体不锈钢，高Mo、高N、高Cr使其具有优异的耐点蚀、耐缝隙腐蚀性能，主要用于海洋开发、海水淡化、纸浆生产、烟气脱硫装置等领域
	S34553	022Cr24Ni17Mo5Mn6NbN	这是一种高强度且耐腐蚀的超级奥氏体不锈钢，在氯化物环境中，具有优良的耐点蚀和耐缝隙腐蚀性能。此钢被推荐用于海水淡化、海上采油平台以及电厂烟气脱硫等装置
	S34778	06Cr18Ni11Nb	添加铌提高奥氏体不锈钢的稳定性。由于其良好的耐蚀性能、焊接性能，因此广泛应用于石油化工、合成纤维、食品、造纸等行业。在热电厂和核动力工业中，用于大型锅炉过热器、再热器、蒸汽管道、轴类和各类焊接结构件
	S34779	07Cr18Ni11Nb	与06Cr18Ni11Nb相比，该钢种的C含量由≤0.08%调整至0.04%～0.10%，耐高温性能增加，可用于锅炉行业
	S30859	08Cr21Ni11Si2CeN	21Cr-11Ni不锈钢的基础上，通过稀土铈和氮元素的合金化提高耐高温性能，与06Cr25Ni20相比，在优化使用性能的同时，还节约了贵重的Ni资源。该钢种主要用于锅炉行业
	S38926	015Cr20Ni25Mo7CuN	与015Cr20Ni18Mo6CuN相比，Ni含量由17.5%～18.5%提高至24.0%～26.0%，具有更好的耐应力腐蚀能力，被推荐用于海洋开发、核电装置等领域
	S38367	022Cr21Ni25Mo7N	与015Cr20Ni25Mo7CuN相比，Cr含量更高，耐点腐蚀性能更好，用于海洋开发、热交换器、核电装置等领域
奥氏体·铁素体型	S21860	14Cr18Ni11Si4AlTi	由于Si的存在，既通过α+β两相强化提高强度，又使此钢在浓硝酸和发烟硝酸中形成表面氧化硅膜从而使提高耐浓硝酸腐蚀性能。用于制作抗高温浓硝酸介质的零件和设备
	S21953	022Cr19Ni5Mo3Si2N	耐应力腐蚀破裂性能良好，耐点蚀性能与022Cr17Ni14Mo2相当，具有较高强度，适用于含氯离子的环境，用于炼油、化肥、造纸、石油、化工等工业制造热交换器、冷凝器等
	S22160	12Cr21Ni5Ti	可代替06Cr18Ni11Ti，有更好的力学性能，特别是强度较高，用于航天设备等
	S22293	022Cr22Ni5Mo3N	具有高强度，良好的耐应力腐蚀、耐点蚀、良好的焊接性能，在石化、造船、造纸、海水淡化、核电等领域具有广泛的用途

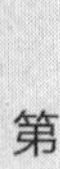

续表

类型	统一数字代号	牌号	特性和用途
奥氏体·铁素体型	S22053	022Cr23Ni5Mo3N	属于低合金双相不锈钢，强度高，能代替 S30403 和 S31603，可用于锅炉和压力容器，化工厂和炼油厂的管道
	S23043	022Cr23Ni4MoCuN	具有双相组织，优异的耐应力腐蚀断裂和其他形式耐蚀的性能以及良好的焊接性。主要用于石油石化、造纸、海水淡化等行业
	S22553	022Cr25Ni6Mo2N	耐腐蚀疲劳性能远比 S31603（尿素级）好，对低应力、低频率交变载荷条件下工作的尿素甲铵泵泵体选材有重要参考价值。主要应用于化工、化肥、石油化工等领域，多用于制造热交换器、蒸发器等，国内主要用在尿素装置，也可用于耐海水腐蚀部件等
	S25554	03Cr25Ni6Mo3Cu2N	该钢具有良好的力学性能和耐局部腐蚀性能，尤其是耐磨损腐蚀性能优于一般的不锈钢。海水环境中的理想材料，适用于制作舰船用的螺旋推进器、轴、潜艇密封件等，而且在化工、石油化工、天然气、纸浆、造纸等应用
	S25073	022Cr25Ni7Mo4N	是双相不锈钢中耐局部腐蚀最好的钢，特别是耐点蚀最好，并具有高强度、耐氯化物应力腐蚀、可焊接的特点。非常适用于化工、石油、石化和动力工业中以河水、地下水和海水等为冷却介质的换热设备
	S27603	022Cr25Ni7Mo4WCuN	在 022Cr25Ni7Mo3N 钢中加入 W、Cu 提高 Cr25 型双相钢的性能。特别是耐氯化物点蚀和缝隙腐蚀性能更佳，主要用于以水（含海水、卤水）为介质的热交换设备
	S22153	022Cr21Ni3MoN	含有 1.5%的 Mo，与 Cr、N 配合提高耐蚀性能，其耐蚀性优于 022Cr17Ni12Mo2，与 022Cr19Ni13Mo3 接近，是 022Cr17Ni12Mo2 的理想替代品。同时该钢种还具有较高的强度，可用于化学储罐、纸浆造纸、建筑屋顶、桥梁等领域
	S22294	03Cr22Mn5Ni2MoCuN	低 Ni、高 N 含量，使其具有高强度、良好的耐蚀性能和焊接性能的同时，制造成本大幅度降低。该钢种具有比 022Cr19Ni10 更好、与 022Cr17Ni12Mo2 相当的耐蚀性能，是 06Cr19Ni10、022Cr19Ni10 理想的替代品，用于石化、造船、造纸、核电、海水淡化、建筑等领域
	S22152	022Cr21Mn5Ni2N	合金 Ni、Mo 含量大幅降低，并含有较高 N 含量，具有高强度、良好的耐蚀性能、焊接性能以及较低的成本。该钢种具有与 022Cr19Ni10 相当的耐蚀性能，在一定范围内可替代 06Cr19Ni10、022Cr19Ni10，用于建筑、交通、石化等领域
	S22193	022Cr21Mn3Ni3Mo2N	含有 1%～2%的 Mo 以及较高的 N，具有良好的耐蚀性能、焊接性能，同时由于以 Mn、N 代 Ni，降低了成本。该钢种具有与 022Cr17Ni12Mo2 相当甚至更好的耐点蚀及耐均匀腐蚀性能，耐应力腐蚀性能也显著提高，是 022Cr1TiNi12Mo2 的理想替代品，用于建筑、储罐、造纸、石化等领域
	S22253	022Cr22Mn3Ni2MoN	含有较高的 Cr 和 N，材料耐点蚀和耐均匀腐蚀性高于 022Cr19Ni10，与 022Cr17Ni12Mo2 相当，耐应力腐蚀性能显著提高，并具有良好的焊接性能，可替代 022Cr19Ni10、022Cr17Ni12Mo2，用于建筑、储罐、石化、能源等领域
	S22353	022Cr23Ni2N	以较高的 N 代 Ni，Mo 含量较低，从而成本得到显著降低。由于含有约 23%的 Cr 以及约 0.2%的 N，材料耐点蚀和耐均匀腐蚀性与 022Cr17Ni12Mo2 相当甚至更高，耐应力腐蚀性显著提高，焊接性能优良，可替代 022Cr17Ni12Mo2。用于建筑、储罐、石化等领域
	S22493	022Cr24Ni4Mn3Mo2CuN	以较高的 N 及一定含量的 Mn 代 Ni，Cr 含量较低，从而成本得到降低。由于含有约 24%的 Cr 以及约 0.25%的 N，材料耐点蚀和耐均匀腐蚀性高于 022Cr17Ni12Mo2，接近 022Cr19Ni13Mo3，耐应力腐蚀性显著提高，焊接性能优良，可替代 022Cr17Ni12Mo20 以及 22Cr19Ni13Mo3。用于石化、造纸、建筑、储罐等领域

续表

类型	统一数字代号	牌号	特性和用途
铁素体型	S11348	06Cr13Al	从高温下冷却不产生显著硬化，主要用于制作石油化工、锅炉等行业在高温中工作的零件
	S11163	022Cr11Ti	超低碳钢，焊接性能好，用于汽车排气处理装置
	S11173	022Cr11NbTi	在钢中加入 Nb+Ti 细化晶粒，提高铁素体钢的耐晶间腐蚀性、改善焊后塑性，性能比 022Cr11Ti 更好，用于汽车排气处理装置
	S11213	022Cr12Ni	具有中等的耐蚀性、良好的强度、良好的可焊性、较好的耐湿磨性和滑动性。主要应用于运输、交通、结构、石化和采矿等行业
	S11203	022Cr12	焊接部位弯曲性能、加工性能好。多用于集装箱行业
	S11510	10Cr15	作为 10Cr17 改善焊接性的钢种。用于建筑内装饰、家用电器部件
	S11710	10Cr17	耐蚀性良好的通用钢种，用于建筑内装饰、家庭用具、家用电器部件。脆性转变温度均在室温以上，而且对缺口敏感，不适于制作室温以下的承载备件
	S11763	022Cr17NbTi	降低 10Cr17Mo 中的 C 和 N，单独或复合加入 Ti、Nb 或 Zr，使加工性和焊接性改善，用于建筑内外装饰、车辆部件
	S11790	10Cr17Mo	在钢中加入 Mo，提高钢的耐点蚀、耐缝隙腐蚀性及强度等，主要用于汽车排气系统，建筑内外装饰等
	S11862	019Cr18MoTi	在钢中加入 Mo，提高钢的耐点蚀、耐缝隙腐蚀性及强度等
	S11873	022Cr18Nb	加入不少于 0.3%的 Nb 和 0.1%～0.6%的 Ti，降低碳含量，改善加工性和焊接性能，且提高耐高温性能，用于烤箱炉管、汽车排气系统、燃气罩等领域
	S11972	019Cr19Mo2NbTi	含 Mo 比 022Cr18MoTi 多，耐蚀性提高，耐应力腐蚀破裂性好，用于储水槽太阳能温水器、热交换器、食品机器、染色机械等
	S12791	008Cr27Mo	用于性能、用途、耐蚀性和软磁性与 008Cr30Mo2 类似的用途
	S13091	008Cr30Mo2	高 Cr-Mo 系，C、N 降至极低。耐蚀性很好，耐卤离子应力腐蚀破裂、耐点腐蚀性好。用于制作与醋酸、乳酸等有机酸有关的设备、制造苛性碱设备
	S12182	019Cr21CuTi	耐蚀性、成形性、焊接性与 06Cr19Ni10 相当。适用于建筑内外装饰材料、电梯、家电、车辆部件、不锈钢制品、太阳能热水器等领域
	S11973	022Cr18NbTi	降低 10Cr17 中的 C，复合加入 Nb、Ti，高温性能优于 022Cr11Ti，用于车辆部件、厨房设备、建筑内外装饰等
	S11863	022Cr18Ti	降低 10Cr17 中的 C，单独加入 Ti，使耐蚀性、加工性和焊接性改善，用于车辆部件、电梯面板、管式换热器、家电等
	S12362	019Cr23MoTi	属高 Cr 系超纯铁素体不锈钢、耐蚀性优于 019Cr21CuTi，可用于太阳能热水器内胆、水箱、洗碗机、油烟机等
	S12361	019Cr23Mo2Ti	Mo 含量高于 019Cr23Mo，耐蚀性进一步提高，可作为 022Cr17Ni12Mo2 的替代钢种用于管式换热器、建筑屋顶、外墙等
	S12763	022Cr27Ni2Mo4NbTi	属于超级铁素体不锈钢，具有高 Cr 高 Mo 的特点，是一种耐海水腐蚀的材料，主要用于电站凝汽器、海水淡化热交换器等行业

续表

类型	统一数字代号	牌号	特性和用途
铁素体型	S12963	022Cr29Mo4NbTi	属于超级铁素体不锈钢，但通过提高 Cr 含量提高耐蚀性，用途与 022Cr27Ni2Mo3 一致
	S11573	022Cr15NbTi	超低 C、N 控制，复合加入 Nb、Ti，高温性能优于 022Cr18Ti，用于车辆部件等
	S11882	019Cr18CuNb	超低 C、N 控制，添加了 Nb、Cu，属中 Cr 超纯铁素体不锈钢，具有优良的表面质量和冷加工成形性能，用于汽车及建筑的外装饰部件、家电等
马氏体型	S40310	12Cr12	具有较好的耐热性。用于制造汽轮机叶片及高应力部件
	S41008	06Cr13	比 12Cr13 的耐蚀性、加工成形性更优良的钢种
	S41010	12Cr13	具有良好的耐蚀性，机械加工性，一般用途，刃具类
	S41595	04Cr13Ni5Mo	以具有高韧性的低碳马氏体并通过镍、钼等合金元素的补充强化为主要强化手段，具有高强度和良好的韧性、可焊接性及耐蚀性能。适用于厚截面尺寸并且要求焊接性能良好的使用条件，如大型的水电站转轮和转轮下环等
	S42020	20Cr13	淬火状态下硬度高，耐蚀性良好。用于汽轮机叶片
	S42030	30Cr13	比 20Cr13 淬火后的硬度高，作刃具、喷嘴、阀座、阀门等
	S42040	40Cr13	比 30Cr13 淬火后的硬度高，作刃具、喷嘴、阀座、阀门等
	S43120	17Cr16Ni2	马氏体不锈钢中强度和韧性匹配较好的钢种之一，对氧化酸、大多数有机酸及有机盐类的水溶液有良好的耐蚀性。用于制造耐一定程度的硝酸、有机酸腐蚀的零件、容器和设备
	S44070	68Cr17	硬化状态下，坚硬，韧性高，用于刃具、量具、轴承
	S46050	50Cr15MoV	C 含量提高至 0.5%，Cr 含量提高至 15%，并且添加了钼和钒元素，淬火后硬度可达 HRC56 左右，具有良好的耐蚀性、加工性和打磨性，用于刃具行业
沉淀硬化型	S51380	04Cr13Ni8Mo2Al	强度高，优良的断裂韧性，良好的横向力学性能和在海洋环境中的耐应力腐蚀性能，用于宇航、核反应堆和石油化工等领域
	S51290	022Cr12Ni9Cu2NbTi	具有良好的工艺性能，易于生产棒、丝、板、带和铸件，主要应用于要求耐蚀不锈的承力部件
	S51770	07Cr17Ni7Al	添加 Al 的沉淀硬化钢种。用于弹簧、垫圈、计器部件
	S51570	07Cr15Ni7Mo2Al	在固溶状态下加工成形性能良好，易于加工，加工后经调整处理、冷处理及时效处理，所析出的镍-铝强化相使钢的室温强度可达 1400MPa以上，并具有满足使用要求的塑韧性。由于钢中含有钼，使耐还原性介质腐蚀能力有所改善。广泛应用于宇航、石油化工及能源工业中的耐蚀及 400℃ 以下工作的承力构件、容器以及弹性元件制造
	S51750	09Cr17Ni5Mo3N	是一种在半奥氏体沉淀硬化不锈钢，具有较高的强度和良好的韧性，适宜制作中温高强度部件
	S51778	06Cr17Ni7AlTi	具有良好的冶金和制造加工工艺性能，可用于 350℃ 以下长期服役的不锈钢结构件、容器、弹簧、膜片等

表 4-1-174 国内外不锈钢牌号对照（GB/T 3280—2015）

中国			美国 ASTM A959	日本 JIS G4303、JIS G4311、JIS G4305 等	国际 ISO 15510 ISO 4955	欧洲 EN 10088-1 EN 10095
统一数字代号	牌号（GB/T 3280—2015）	旧牌号（GB/T 3280—1992）				
S30110	12Cr17Ni7	1Cr17Ni7	S30100,301	SUS301	X5CrNi17-7	X5CrNi17-7,1.4319
S30103	022Cr17Ni7	—	S30103,301L	SUS301L	—	—
S30153	022Cr17Ni7N	—	S30153,301LN	—	X2CrNiN18-7	X2CrNiN18-7,1.4318
S30210	12Cr18Ni9	1Cr18Ni9	S30200,302	SUS302	X10CrNi18-8	X10CrNi18-8,1.4310
S30240	12Cr18Ni9Si3	1Cr18Ni9Si3	S30215,302B	SUS302B	X12CrNiSi18-9-3	—
S30408	06Cr19Ni10	0Cr18Ni9	S30400,304	SUS304	X5CrNi18-10	X5CrNi18-10,1.4301
S30403	022Cr19Ni10	00Cr19Ni10	S30403,304L	SUS304L	X2CrNi18-9	X2CrNi18-9,1.4307
S30409	07Cr19Ni10	—	S30409,304H	SUH304H	X7CrNi18-9	X6CrNi18-10,1.4948
S30450	05Cr19Ni10Si2CeN	—	S30415	—	X6CrNiSiNCe19-10	X6CrNiSiNCe19-10,1.4818
S30458	06Cr19Ni10N	0Cr19Ni9N	S30451,304N	SUS304N1	X5CrNiN19-9	X5CrNiN19-9,1.4315
S30478	06Cr19Ni9NbN	0Cr19Ni10NbN	S30452,XM-21	SUS304N2	—	—
S30453	022Cr19Ni10N	00Cr18Ni10N	S30453,304LN	SUS304LN	X2CrNiN18-9	X2CrNiN18-10,1.4311
S30510	10Cr18Ni12	1Cr18Ni12	S30500,305	SUS305	X6CrNi18-12	X4CrNi18-12,1.4303
S30908	06Cr23Ni13	0Cr23Ni13	S30908,309S	SUS309S	X12CrNi23-13	X12CrNi23-13,1.4833
S31008	06Cr25Ni20	0Cr25Ni20	S31008,310S	SUS310S	X8CrNi25-21	X8CrNi25-21,1.4845
S31053	022Cr25Ni22Mo2N	—	S31050,310MoLN	—	X1CrNiMoN25-22-2	X1CrNiMoN25-22-2,1.4466
S31252	015Cr20Ni18Mo6CuN	—	S31254	SUS312L	X1CrNiMoN20-18-7	X1CrNiMoN20-18-7,1.4547
S31608	06Cr17Ni12Mo2	0Cr17Ni12Mo2	S31600,316	SUS316	X5CrNiMo17-12-2	X5CrNiMo17-12-2,1.4401
S31603	022Cr17Ni12Mo2	00Cr17Ni14Mo2	S31603,316L	SUS316L	X2CrNiMo17-12-2	X2CrNiMo17-12-2,1.4404
S31609	07Cr17Ni12Mo2	1Cr17Ni12Mo2	S31609,316H	—	—	X6CrNiMo17-13-2,1.4918
S31668	06Cr17Ni12Mo2Ti	0Cr18Ni12Mo3Ti	S31635,316Ti	SUS316Ti	X6CrNiMoTi17-12-2	X6CrNiMoTi17-12-2,1.4571
S31678	06Cr17Ni12Mo2Nb	—	S31640,316Nb	—	X6CrNiMoNb17-12-2	X6CrNiMoNb17-12-2,1.4580
S31658	06Cr17Ni12Mo2N	0Cr17Ni12Mo2N	S31651,316N	SUS316N	—	—
S31653	022Cr17Ni12Mo2N	00Cr17Ni13Mo2N	S31653,316LN	SUS316LN	X2CrNiMoN17-12-3	X2CrNiMoN17-11-2,1.4406
S31688	06Cr18Ni12Mo2Cu2	0Cr18Ni12Mo2Cu2	—	SUS316J1	—	—
S31782	015Cr21Ni26Mo5Cu2	—	N08904,904L	SUS890L	X1NiCrMoCu25-20-5	X1NiCrMoCu25-20-5,1.4539
S31708	06Cr19Ni13Mo3	0Cr19Ni13Mo3	S31700,317	SUS317	—	—
S31703	022Cr19Ni13Mo3	00Cr19Ni13Mo3	S31703,317L	SUS317L	X2CrNiMo19-14-4	X2CrNiMo18-15-4,1.4438
S31723	022Cr19Ni16Mo5N	—	S31726,317LMN	—	X2CrNiMoN18-15-5	X2CrNiMoN17-13-5,1.4439
S31753	022Cr19Ni13Mo4N	—	S31753,317LN	SUS317LN	X2CrNiMoN18-12-4	X2CrNiMoN18-12-4,1.4434
S32168	06Cr18Ni11Ti	0Cr18Ni10Ti	S32100,321	SUS321	X6CrNiTi18-10	X6CrNiTi18-10,1.4541

续表

中国			美国 ASTM A959	日本 JIS G4303、JIS G4311、JIS G4305 等	国际 ISO 15510 ISO 4955	欧洲 EN 10088-1 EN 10095
统一数字代号	牌号 (GB/T 3280—2015)	旧牌号 (GB/T 3280—1992)				
S32169	07Cr19Ni11Ti	1Cr18Ni11Ti	S32109,321H	SUH321H	X7CrNiTi18-10	X7CrNiTi18-10,1.4940
S32652	015Cr24Ni22Mo8Mn3CuN	—	S32654	—	X1CrNiMoCuN24-22-8	X1CrNiMoCuN24-22-8,1.4652
S34553	022Cr24Ni17Mo5Mn6NbN	—	S34565	—	X2CrNiMnMoN 25-18-6-5	X2CrNiMnMoN25-18-6-5, 1.4565
S34778	06Cr18Ni11Nb	0Cr18Ni11Nb	S34700,347	SUS347	X6CrNiNb18-10	X6CrNiNb18-10,1.4550
S34779	07Cr18Ni11Nb	1Cr19Ni11Nb	S34709,347H	SUS347H	X7CrNiNb18-10	X7CrNiNb18-10,1.4912
S30859	08Cr21Ni11Si2CeN	—	S30815	—	—	—
S38926	015Cr20Ni25Mo7CuN	—	N08926	—	—	X1NiCrMoCu25-20-7,1.4529
S38367	022Cr21Ni25Mo7N	—	N08367	—	—	—
S21860	14Cr18Ni11Si4AlTi	1Cr18Ni11Si4AlTi	—	—	—	—
S21953	022Cr19Ni5Mo3Si2N	00Cr18Ni5Mo3Si2	S31500	—	—	—
S22160	12Cr21Ni5Ti	1Cr21Ni5Ti	—	—	—	—
S22293	022Cr22Ni5Mo3N	—	S31803	SUS329J3L	X2CrNiMoN22-5-3	X2CrNiMoN22-5-3,1.4462
S22053	022Cr23Ni5Mo3N	—	S32205,2205	—	—	—
S23043	022Cr23Ni4MoCuN	—	S32304,2304	—	X2CrNiN23-4	X2CrNiN23-4,1.4362
S22553	022Cr25Ni6Mo2N	—	S31200	—	X3CrNiMoN27-5-2	X3CrNiMoN27-5-2,1.4460
S25554	03Cr25Ni6Mo3Cu2N	—	S32550,255	SUS329J4L	X2CrNiMoCuN25-6-3	X2CrNiMoCuN25-6-3,1.4507
S25073	022Cr25Ni7Mo4N	—	S32750,2507	—	X2CrNiMoN25-7-4	X2CrNiMoN25-7-4,1.4410
S27603	022Cr25Ni7Mo4WCuN	—	S32760	—	X2CrNiMoWN25-7-4	X2CrNiMoWN25-7-4,1.4501
S22153	022Cr21Ni3Mo2N	—	S32003	—	—	—
S22294	03Cr22Mn5Ni2MoCuN	—	S32101	—	X2CrMnNiN21-5-1	X2C5rMnNiN21-5-1,1.4162
S22152	022Cr21Mn5Ni2N	—	S32001	—	—	—
S22193	022Cr21Mn3Ni3Mo2N	—	S81921	—	—	—
S22253	022Cr22Mn3Ni2MoN	—	S82011	—	X2CrMnNiN21-5-1	—
S22353	022Cr23Ni2N	—	S32202	—	—	—
S22493	022Cr24Ni4Mn3Mo2CuN	—	S82441	—	—	—
S11348	06Cr13Al	0Cr13Al	S40500,405	SUS405	X6CrAl13	X6CrAl13,1.4002
S11163	022Cr11Ti	—	S40920	SUH409L	X2CrTi12	X2CrTi12,1.4512
S11173	022Cr11NbTi	—	S40930	—	—	—
S11213	022Cr12Ni	—	S40977	—	X2CrNi12	X2CrNi12,1.4003
S11203	022Cr12	00Cr12	—	SUS410L	—	—

第4篇

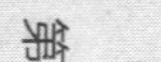
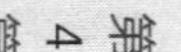

续表

中国			美国 ASTM A959	日本 JIS G4303、 JIS G4311、 JIS G4305 等	国际 ISO 15510 ISO 4955	欧洲 EN 10088-1 EN 10095
统一数字代号	牌号 （GB/T 3280—2015）	旧牌号 （GB/T 3280—1992）				
S11510	10Cr15	1Cr15	S42900,429	SUS429	—	—
S11710	10Cr17	1Cr17	S43000,430	SUS430	X6Cr17	X6Cr17,1.4016
S11763	022Cr17NbTi	00Cr17	S43035,439	SUS430LX	X3CrTi17	X3CrTi17,1.4510
S11790	10Cr17Mo	1Cr17Mo	S43400,434	SUS434	X6CrMo17-1	X6CrMo17-1,1.4113
S11862	019Cr18MoTi	—	—	SUS436L	—	—
S11873	022Cr18Nb	—	S43940	—	X2CrTiNb18	X2CrTiNb18,1.4509
S11972	019Cr19Mo2NbTi	00Cr18Mo2	S44400,444	SUS444	X2CrMoTi18-2	X2CrMoTi18-2,1.4521
S12791	008Cr27Mo	00Cr27Mo	S44627,XM-27	SUSXM27	—	—
S13091	008Cr30Mo2	00Cr30Mo2	—	SUS447J1	—	—
S12182	019Cr21CuTi	—	—	SUS443J1	—	—
S11973	022Cr18NbTi	—	S43932	—	—	—
S11863	022Cr18Ti	—	S43035,439	SUS430LX	X3CrTi17	X3CrTi17,1.4510
S12362	019Cr23MoTi	—	—	SUS445J1	—	—
S12361	019Cr23Mo2Ti	—	—	SUS445J2	—	—
S12763	022Cr27Ni2Mo4NbTi	—	S44660	—	—	—
S12963	022Cr29Mo4NbTi	—	S44735	—	—	—
S11573	022Cr15NbTi	—	S42900	SUS429	—	X1CrNb15,1.4595
S11882	019Cr18CuNb	—	—	SUS430J1L	—	—
S40310	12Cr12	1Cr12	S40300,403	SUS403	—	—
S41008	06Cr13	0Cr13	S41008,410S	SUS410S	X6Cr13	X6Cr13,1.4000
S41010	12Cr13	1Cr13	S41000,410	SUS410	X12Cr13	X12Cr13,1.4006
S41595	04Cr13Ni5Mo	—	S41500	SUSF6NM	X3CrNiMo13-4	X3CrNiMo13-4,1.4313
S42020	20Cr13	2Cr13	S42000,420	SUS420J1	X20Cr13	X20Cr13,1.4021
S42030	30Cr13	3Cr13	S42000,420	SUS420J2	X30Cr13	X30Cr13,1.4028
S42040	40Cr13	4Cr13	—	—	X39Cr13	X39Cr13,1.4031
S43120	17Cr16Ni2	—	S43100,431	SUS431	X17CrNi16-2	X17CrNi16-2,1.4057
S44070	68Cr17	7Cr17	S44002,440A	SUS440A	—	—
S46050	50Cr15MoV	—	—	—	X50CrMoV15	X50CrMoV15,1.4116
S51380	04Cr13Ni8Mo2Al	—	S13800,XM-13	—	—	—
S51290	022Cr12Ni9Cu2NbTi	—	S45500,XM-16	—	—	—
S51770	07Cr17Ni7Al	0Cr17Ni7Al	S17700,631	SUS631	X7CrNiAl17-7	X7CrNiAl17-7,1.4568
S51570	07Cr15Ni7Mo2Al	0Cr15Ni7Mo2Al	S15700,632	—	X8CrNiMoAl15-7-2	X8CrNiMoAl15-7-2,1.4532
S51750	09Cr17Ni5Mo3N	—	S35000,633	—	—	—
S51778	06Cr17Ni7AlTi	—	S17600,635	—	—	—

1.9.13　耐热钢钢板和钢带

表 4-1-175　耐热钢板和钢带尺寸规格及应用（GB/T 4238—2015）

尺寸规格	耐热钢冷轧钢板和钢带尺寸规格及允许偏差应符合 GB/T 3280 不锈钢冷轧钢板和钢带的规定 耐热钢热轧钢板和钢带的尺寸规格及允许偏差应符合 GB/T 4237 不锈钢热轧钢板和钢带的规定
交货状态	钢板和钢带经冷轧或热轧后，以热处理及酸洗或类似处理后的状态交货，经需方同意也可省去酸洗等处理 对于沉淀硬化型钢的热处理，需方应在合同中注明对钢板或试样、钢带或试样热处理的种类，如未注明则以固溶处理状态交货 钢板和钢带的热处理制度可参照原标准资料性附录
牌号及化学成分的规定	耐热钢钢板和钢带的牌号参见表 4-1-176～表 4-1-179，其牌号的化学成分应符合 GB/T 4238—2015 的规定

表 4-1-176　经固溶处理的奥氏体型耐热钢板和钢带的力学性能（GB/T 4238—2015）

统一数字代号	牌　　号	拉伸试验			硬度试验		
		规定塑性延伸强度 $R_{p0.2}$/MPa	抗拉强度 R_m/MPa	断后伸长率[①] A/%	HBW	HRB	HV
		不小于			不大于		
S30210	12Cr18Ni9	205	515	40	201	92	210
S30240	12Cr18Ni9Si3	205	515	40	217	95	220
S30408	06Cr19Ni10	205	515	40	201	92	210
S30409	07Cr19Ni10	205	515	40	201	92	210
S30450	05Cr19Ni10Si2CeN	290	600	40	217	95	220
S30808	06Cr20Ni11	205	515	40	183	88	200
S30859	08Cr21Ni11Si2CeN	310	600	40	217	95	220
S30920	16Cr23Ni13	205	515	40	217	95	220
S30908	06Cr23Ni13	205	515	40	217	95	220
S31020	20Cr25Ni20	205	515	40	217	95	220
S31008	06Cr25Ni20	205	515	40	217	95	220
S31608	06Cr17Ni12Mo2	205	515	40	217	95	220
S31609	07Cr17Ni12Mo2	205	515	40	217	95	220
S31708	06Cr19Ni13Mo3	205	515	35	217	95	220
S32168	06Cr18Ni11Ti	205	515	40	217	95	220
S32169	07Cr19Ni11Ti	205	515	40	217	95	220
S33010	12Cr16Ni35	205	560	—	201	92	210
S34778	06Cr18Ni11Nb	205	515	40	201	92	210
S34779	07Cr18Ni11Nb	205	515	40	201	92	210
S38240	16Cr20Ni14Si2	220	540	40	217	95	220
S38340	16Cr25Ni20Si2	220	540	35	217	95	220

① 厚度不大于 3mm 时使用 A_{50mm} 试样。

表 4-1-177 经退火处理的铁素体型和马氏体型耐热钢板和钢带的力学性能（GB/T 4238—2015）

分类	统一数字代号	牌号	拉伸试验			硬度试验			弯曲试验	
			规定塑性延伸强度 $R_{p0.2}$/MPa	抗拉强度 R_m/MPa	断后伸长率[①] A/%	HBW	HRB	HV	弯曲角度	弯曲压头直径 D
			不小于			不大于				
铁素体型耐热钢板和钢带	S11348	06Cr13Al	170	415	20	179	88	200	180°	$D=2a$
	S11163	022Cr11Ti	170	380	20	179	88	200	180°	$D=2a$
	S11173	022Cr11NbTi	170	380	20	179	88	200	180°	$D=2a$
	S11710	10Cr17	205	420	22	183	89	200	180°	$D=2a$
	S12550	16Cr25N	275	510	20	201	95	210	135°	—
马氏体型耐热钢板和钢带	S40310	12Cr12	205	485	25	217	88	210	180°	$D=2a$
	S41010	12Cr13	205	450	20	217	96	210	180°	$D=2a$
	S47220	22Cr12NiMoWV	275	510	20	200	95	210	—	$a\geqslant3$mm，$D=a$

① 厚度不大于 3mm 时使用 A_{50mm} 试样。

注：弯曲试验中的 a 为钢板或钢带的厚度。

表 4-1-178 经固溶处理的沉淀硬化型耐热钢板和钢带的试样的力学性能（GB/T 4238—2015）

统一数字代号	牌号	钢材厚度 /mm	规定塑性延伸强度 $R_{p0.2}$/MPa	抗拉强度 R_m/MPa	断后伸长率[①] A/%	硬度值	
						HRC	HBW
S51290	022Cr12Ni9Cu2NbTi	0.30～100	≤1105	≤1205	≥3	≤36	≤331
S51740	05Cr17Ni4Cu4Nb	0.4～100	≤1105	≤1255	≥3	≤38	≤363
S51770	07Cr17Ni7Al	0.1～<0.3	≤450	≤1035	—	—	—
		0.3～100	≤380	≤1035	≥20	≤92HRB	—
S51570	07Cr15Ni7Mo2Al	0.10～100	≤450	≤1035	≥25	≤100HRB	—
S51778	06Cr17Ni7AlTi	0.10～<0.80	≤515	≤825	≥3	≤32	—
		0.80～<1.50	≤515	≤825	≥4	≤32	—
		1.50～100	≤515	≤825	≥5	≤32	—
S51525	06Cr15Ni25Ti2MoAlVB[②]	<2	—	≥725	≥25	≤91HRB	≤192
		≥2	≥590	≥900	≥15	≤101HRB	≤248

① 厚度不大于 3mm 时使用 A_{50mm} 试样。

② 时效处理后的力学性能。

表 4-1-179 经时效处理后的耐热钢板和钢带的试样的力学性能（GB/T 4238—2015）

统一数字代号	牌号	钢材厚度 /mm	处理温度[①]	规定塑性延伸强度 $R_{p0.2}$/MPa	抗拉强度 R_m/MPa	断后伸长率[②③] A/%	硬度值	
				不小于			HRC	HBW
S51290	022Cr12Ni9Cu2NbTi	0.10～<0.75	510℃±10℃	1410	1525	—	≥44	—
		0.75～<1.50	或	1410	1525	3	≥44	—
		1.50～16	480℃±6℃	1410	1525	4	≥44	—
S51740	05Cr17Ni4Cu4Nb	0.1～<5.0	482℃±10℃	1170	1310	5	40～48	—
		5.0～<16		1170	1310	8	40～48	388～477
		16～100		1170	1310	10	40～48	388～477

续表

统一数字代号	牌号	钢材厚度/mm	处理温度①	规定塑性延伸强度 $R_{p0.2}$/MPa	抗拉强度 R_m/MPa	断后伸长率②③ A/%	硬度值	
				不小于			HRC	HBW
S51740	05Cr17Ni4Cu4Nb	0.1～<5.0	496℃±10℃	1070	1170	5	38～46	—
		5.0～<16		1070	1170	8	38～47	375～477
		16～100		1070	1170	10	38～47	375～477
S51740	05Cr17Ni4Cu4Nb	0.1～<5.0	552℃±10℃	1000	1070	5	35～43	—
		5.0～<16		1000	1070	8	33～42	321～415
		16～100		1000	1070	12	33～42	321～415
		0.1～<5.0	579℃±10℃	860	1000	5	31～40	—
		5.0～<16		860	1000	9	29～38	293～375
		16～100		860	1000	13	29～38	293～375
		0.1～<5.0	593℃±10℃	790	965	5	31～40	—
		5.0～<16		790	965	10	29～38	293～375
		16～100		790	965	14	29～38	293～375
		0.1～<5.0	621℃±10℃	725	930	8	28～38	—
		5.0～<16		725	930	10	26～36	269～352
		16～100		725	930	16	26～36	269～352
S51740	05Cr17Ni4Cu4Nb	0.1～<5.0	760℃±10℃ 621℃±10℃	515	790	9	26～36	255～331
		5.0～<16		515	790	11	24～34	248～321
		16～100		515	790	18	24～34	248～321
S51770	07Cr17Ni7Al	0.05～<0.30	760℃±15℃	1035	1240	3	≥38	—
		0.30～<5.0	15℃±3℃	1035	1240	5	≥38	—
		5.0～16	566℃±6℃	965	1170	7	≥38	≥352
		0.05～<0.30	954℃±8℃	1310	1450	1	≥44	—
		0.30～<5.0	−73℃±6℃	1310	1450	3	≥44	—
		5.0～16	510℃±6℃	1240	1380	6	≥43	≥401
S51570	07Cr15Ni7Mo2Al	0.05～<0.30	760℃±15℃	1170	1310	3	≥40	—
		0.30～<5.0	15℃±3℃	1170	1310	5	≥40	—
		5.0～16	566℃±10℃	1170	1310	4	≥40	≥375
		0.05～<0.30	954℃±8℃	1380	1550	2	≥46	—
		0.30～<5.0	−73℃±6℃	1380	1550	4	≥46	—
		5.0～16	510℃±6℃	1380	1550	4	≥45	≥429
S51778	06Cr17Ni7AlTi	0.10～<0.80	510℃±8℃	1170	1310	3	≥39	—
		0.80～<1.50		1170	1310	4	≥39	—
		1.50～16		1170	1310	5	≥39	—
		0.10～<0.75	538℃±8℃	1105	1240	3	≥37	—
		0.75～<1.50		1105	1240	4	≥37	—
		1.50～16		1105	1240	5	≥37	—
		0.10～<0.75	566℃±8℃	1035	1170	3	≥35	—
		0.75～<1.50		1035	1170	4	≥35	—
		1.50～16		1035	1170	5	≥35	—
S51525	06Cr15Ni25Ti2MoAlVB	2.0～<8.0	700～760℃	590	900	15	≥101	≥248

① 表中所列为推荐性热处理温度。供方应向需方提供推荐性热处理制度。

② 适用于沿宽度方向的试验。垂直于轧制方向且平行于钢板表面。

③ 厚度不大于 3mm 时使用 A_{50mm} 试样。

表 4-1-180　　国内外耐热钢牌号对照（GB/T 4238—2015）

中国			美国 ASTM A959	日本 JIS G4303、JIS G4311、JIS G4312 等	国际 ISO 15510 ISO 4955	欧洲 EN 10088-1 EN 10095
统一数字代号	牌号（GB/T 4238—2015）	旧牌号（GB/T 4238—2007）				
S30210	12Cr18Ni9	1Cr18Ni9	S30200，302	SUS302	X10CrNi18-8	X10CrNi18-8，1.4310
S30240	12Cr18Ni9Si3	1Cr18Ni9Si3	S30215，302B	SUS302B	X12CrNiSi18-9-3	—
S30408	06Cr19Ni10	0Cr18Ni9	S30400，304	SUS304	X5CrNi18-10	X5CrNi18-10，1.4301
S30409	07Cr19Ni10	—	S30409，304H	SUH304H	X7CrNi18-9	X6CrNi18-10，1.4948
S30450	05Cr19Ni10Si2CeN	—	S30415	—	X6CrNiSiNCe19-10	X6CrNiSiNCe19-10，1.4818
S30808	06Cr20Ni11	—	S30800，308	SUS308	—	—
S30920	16Cr23Ni13	2Cr23Ni13	S30900，309	SUH309	—	X15CrNiSi20-12，1.4828
S30908	06Cr23Ni13	0Cr23Ni13	S30908，309S	SUS309S	X12CrNi23-13	X12CrNi23-13，1.4833
S31020	20Cr25Ni20	2Cr25Ni20	S31000，310	SUH310	X15CrNi25-21	X15CrNi25-21，1.4821
S31008	06Cr25Ni20	0Cr25Ni20	S31008，310S	SUS310S	X8CrNi25-21	X8CrNi25-21，1.4845
S31608	06Cr17Ni12Mo2	0Cr17Ni12Mo2	S31600，316	SUS316	X5CrNiMo17-12-2	X5CrNiMo17-12-2，1.4401
S31609	07Cr17Ni12Mo2	1Cr17Ni12Mo2	S31609，316H	—	—	X6CrNiMo17-13-2，1.4918
S31708	06Cr19Ni13Mo3	0Cr19Ni13Mo3	S31700，317	SUS317	—	—
S32168	06Cr18Ni11Ti	0Cr18Ni10Ti	S32100，321	SUS321	X6CrNiTi18-10	X6CrNiTi18-10，1.4541
S32169	07Cr19Ni11Ti	1Cr18Ni11Ti	S32109，321H	SUH321H	X7CrNiTi18-10	X7CrNiTi18-10，1.4940
S33010	12Cr16Ni35	1Cr16Ni35	N08330，330	SUH330	X12CrNiSi35-16	X12CrNiSi35-16，1.4864
S34778	06Cr18Ni11Nb	0Cr18Ni11Nb	S34700，347	SUS347	X6CrNiNb18-10	X6CrNiNb18-10，1.4550
S34779	07Cr18Ni11Nb	1Cr19Ni11Nb	S34709，347H	SUS347H	X7CrNiNb18-10	X7CrNiNb18-10，1.4912
S38240	16Cr20Ni14Si2	1Cr20Ni14Si2	—	—	X15CrNiSi20-12	X15CrNiSi20-12，1.4828
S38340	16Cr25Ni20Si2	1Cr25Ni20Si2	—	—	X15CrNiSi25-12	X15CrNiSi25-12，1.4841
S30859	08Cr21Ni11Si2CeN	—	S30815	—	—	—
S11348	06Cr13Al	0Cr13Al	S40500，405	SUS405	X6CrAl13	X6CrAl13，1.4002
S11163	022Cr11Ti	—	S40920	SUH409L	X2CrTi12	X2CrTi12，1.4512
S11173	022Cr11NbTi	—	S40930	—	—	—
S11710	10Cr17	1Cr17	S43000，430	SUS430	X6Cr17	X6Cr17，1.4016
S12550	16Cr25N	2Cr25N	S44600，446	SUH446	—	—
S40310	12Cr12	1Cr12	S40300，403	SUS403	—	—
S41010	12Cr13	1Cr13	S41000，410	SUS410	X12Cr13	X12Cr13，1.4006
S47220	22Cr12NiMoWV	2Cr12NiMoWV	616	SUH616	—	—
S51290	022Cr12Ni9Cu2NbTi	—	S45500，XM-16	—	—	—
S51740	05Cr17Ni4Cu4Nb	07Cr17Ni4Cu4Nb	S17400，630	SUS630	X5CrNi CuNb16-4	X5CrNi CuNb16-4，1.4542
S51770	07Cr17Ni7Al	0Cr17Ni7Al	S17700，631	SUS631	X7CrNiAl17-7	X7CrNiAl17-7，1.4568
S51570	07Cr15Ni7Mo2Al	0Cr15Ni7Mo2Al	S15700，632	—	X8CrNiMoAl15-7-2	X8CrNiMoAl15-7-2，1.4532
S51778	06Cr17Ni7AlTi	—	S17600，635	—	—	—
S51525	06Cr15Ni25Ti2MoAlVB	0Cr15Ni25Ti2MoAlVB	S66286，660	SUH660	X6CrNiTiMoVB25-15-2	—

表 4-1-181 **耐热钢的特性和用途**（GB/T 4238—2015）

类型	统一数字代号	牌号	特性和用途
奥氏体型	S30210	12Cr18Ni9	有良好的耐热性及耐蚀性。用于焊芯、抗磁仪表、医疗器械、耐酸容器及设备衬里输送管道等设备和零件
	S30240	12Cr18Ni9Si3	抗氧化性优于 12Cr18Ni9，在 900℃以下具有较好的抗氧化性及强度。用于汽车排气净化装置，工业炉等高温装置部件
	S30408	06Cr19Ni10	作为不锈钢、耐热钢被广泛使用于一般化工设备及原子能工业设备
	S30409	07Cr19Ni10	与 06Cr19Ni10 相比，增加碳含量，适当控制奥氏体晶粒（一般为 7 级或更粗），有助于改善抗高温蠕变、高温持久性能
	S30450	05Cr19Ni10Si2CeN	在 600～950℃具有较好的高温使用性能，抗氧化温度可达 1050℃
	S30808	06Cr20Ni11	常用于制造锅炉、汽轮机、动力机械、工业炉和航空、石油化工等在高温下服役的零部件
	S30920	16Cr23Ni13	用于制作炉内支架、传送带、退火炉罩、电站锅炉防磨瓦等
	S30908	06Cr23Ni13	碳含量比 16Cr23Ni13 低，焊接性能较好，用途基本相同
	S31020	20Cr25Ni20	承受 1035℃以下反复加热的抗氧化钢。用于电热管、坩埚、炉用部件、喷嘴、燃烧室
	S31008	06Cr25Ni20	碳含量比 20Cr25Ni20 低，焊接性能较好。用途基本相同
	S31608	06Cr17Ni12Mo2	高温具有优良的蠕变强度。作热交换用部件、高温耐蚀螺栓
	S31609	07Cr17Ni12Mo2	与 06Cr17Ni12Mo2 相比，增加碳含量，适当控制奥氏体晶粒（一般为 7 级或更粗），有助于改善抗高温蠕变、高温持久性能
	S31708	06Cr19Ni13Mo3	高温具有良好的蠕变强度。作热交换用部件
	S32168	06Cr18Ni11Ti	用于制作在 400～900℃腐蚀条件下使用的部件，高温用焊接结构部件
	S32169	07Cr18Ni11Ti	与 06Cr18Ni11Ti 相比，增加碳含量，适当控制奥氏体晶粒（一般为 7 级或更粗），有助于改善抗高温蠕变、高温持久性能
	S33010	12Cr16Ni35	抗渗碳，氮化性大的钢种，1035℃以下反复加热。炉用钢料、石油裂解装置
	S34778	06Cr18Ni11Nb	用于制作在 400～900℃腐蚀条件下使用的部件、高温用焊接结构部件
	S34779	07Cr18Ni11Nb	与 06Cr18Ni11Nb 相比，增加碳含量，适当控制奥氏体晶粒（一般为 7 级或更粗），有助于改善抗高温蠕变、高温持久性能
	S38240	16Cr20Ni14Si2	具有高的抗氧化性。用于高温（1050℃）下的冶金电炉部件、锅炉挂件和加热炉构件的制作
	S38340	16Cr25Ni20Si2	在 600～800℃有析出相的脆化倾向。适于承受应力的各种炉用构件
	S30859	08Cr21Ni11Si2CeN	在 850～1100℃具有较好的高温使用性能，抗氧化温度可达 1150℃
铁素体型	S11348	06Cr13Al	用于燃气透平压缩机叶片、退火箱、淬火台架
	S11163	022Cr11Ti	添加了钛，焊接性及加工性优异。适用于汽车排气管、集装箱、热交换器等焊接后不需要热处理的情况
	S11173	022Cr11NbTi	比 022Cr11Ti 具有更好的焊接性能。汽车排气阀净化装置用材料
	S11710	10Cr17	适用于 900℃以下耐氧化部件、散热器、炉用部件、喷油嘴
	S12550	16Cr25N	耐高温腐蚀性强，1082℃以下不产生易剥落的氧化皮，用于燃烧室
马氏体型	S40310	12Cr12	作为汽轮机叶片以及高应力部件
	541010	12Cr13	适用于 800℃以下抗氧化用部件
	S47220	22Cr12NiMoWV	通常用来制作汽轮机叶片、轴、紧固件等
沉淀硬化型	S51290	022Cr12Ni9Cu2NbTi	适用于生产棒、丝、板、带和铸件，主要应用于要求耐蚀不锈的承力部件
	S51740	05Cr17Ni14Cu4Nb	添加铜的沉淀硬化性的钢种，适合轴类、汽轮机部件、胶合压板、钢带输送机用
	S51770	07Cr17Ni7Al	添加铝的沉淀硬化型钢种。适用于高温弹簧、膜片、固定器、波纹管
	S51570	07Cr15Ni7Mo2Al	适用于有一定耐蚀要求的高强度容器、零件及结构件
	S51778	06Cr17Ni7AlTi	具有良好的冶金和制造加工工艺性能。可用于 350℃以下长期服役的不锈钢结构件、容器、弹簧、膜片等
	S51525	06Cr15Ni25Ti2MoAlVB	适用于耐 700℃高温的汽轮机转子、螺栓、叶片、轴

1.10 钢管

1.10.1 无缝钢管尺寸规格

表 4-1-182 普通无缝钢管尺寸规格（GB/T 17395—2008）

外径/mm			壁厚/mm															
系列1	系列2	系列3	0.25	0.30	0.40	0.50	0.60	0.80	1.0	1.2	1.4	1.5	1.6	1.8	2.0	2.2(2.3)	2.5(2.6)	2.8
			单位长度理论质量/kg·m^{-1}															
	6		0.035	0.042	0.055	0.068	0.080	0.103	0.123	0.142	0.159	0.166	0.174	0.186	0.197			
	7		0.042	0.050	0.065	0.080	0.095	0.122	0.148	0.172	0.193	0.203	0.213	0.231	0.247	0.260	0.277	
	8		0.048	0.057	0.075	0.092	0.109	0.142	0.173	0.201	0.228	0.240	0.253	0.275	0.296	0.315	0.339	
	9		0.054	0.064	0.085	0.105	0.124	0.162	0.197	0.231	0.262	0.277	0.292	0.320	0.345	0.369	0.401	0.428
10(10.2)			0.060	0.072	0.095	0.117	0.139	0.182	0.222	0.260	0.297	0.314	0.331	0.364	0.395	0.423	0.462	0.497
	11		0.066	0.079	0.105	0.129	0.154	0.201	0.247	0.290	0.331	0.351	0.371	0.408	0.444	0.477	0.524	0.566
	12		0.072	0.087	0.114	0.142	0.169	0.221	0.271	0.320	0.366	0.388	0.410	0.453	0.493	0.532	0.586	0.635
	13(12.7)		0.079	0.094	0.124	0.154	0.183	0.241	0.296	0.349	0.401	0.425	0.450	0.497	0.543	0.586	0.647	0.704
13.5			0.082	0.098	0.129	0.160	0.191	0.251	0.308	0.364	0.418	0.444	0.470	0.519	0.567	0.613	0.678	0.739
		14	0.085	0.101	0.134	0.166	0.198	0.260	0.321	0.379	0.435	0.462	0.489	0.542	0.592	0.640	0.709	0.773
	16		0.097	0.116	0.154	0.191	0.228	0.300	0.370	0.438	0.504	0.536	0.568	0.630	0.691	0.749	0.832	0.911
17(17.2)			0.103	0.124	0.164	0.203	0.243	0.320	0.395	0.468	0.539	0.573	0.608	0.675	0.740	0.803	0.894	0.981
		18	0.109	0.131	0.174	0.216	0.257	0.339	0.419	0.497	0.573	0.610	0.647	0.719	0.789	0.857	0.956	1.05
	19		0.116	0.138	0.183	0.228	0.272	0.359	0.444	0.527	0.608	0.647	0.687	0.764	0.838	0.911	1.02	1.12
	20		0.122	0.146	0.193	0.240	0.287	0.379	0.469	0.556	0.642	0.684	0.726	0.808	0.888	0.966	1.08	1.19
21(21.3)					0.203	0.253	0.302	0.399	0.493	0.586	0.677	0.721	0.765	0.852	0.937	1.02	1.14	1.26
		22			0.213	0.265	0.317	0.418	0.518	0.616	0.711	0.758	0.805	0.897	0.986	1.07	1.20	1.33
	25				0.243	0.302	0.361	0.477	0.592	0.704	0.815	0.869	0.923	1.03	1.13	1.24	1.39	1.53
		25.4			0.247	0.307	0.367	0.485	0.602	0.716	0.829	0.884	0.939	1.05	1.15	1.26	1.41	1.56
27(26.9)					0.262	0.327	0.391	0.517	0.641	0.764	0.884	0.943	1.00	1.12	1.23	1.35	1.51	1.67
	28				0.272	0.339	0.405	0.537	0.666	0.793	0.918	0.980	1.04	1.16	1.28	1.40	1.57	1.74

续表

外径/mm			壁厚/mm															
系列 1	系列 2	系列 3	(2.9)3.0	3.2	3.5(3.6)	4.0	4.5	5.0	(5.4)5.5	6.0	(6.3)6.5	7.0(7.1)	7.5	8.0	8.5	(8.8)9.0	9.5	10
			单位长度理论质量/kg·m^{-1}															
	6																	
	7																	
	8																	
	9																	
10(10.2)			0.518	0.537	0.561													
	11		0.592	0.616	0.647													
	12		0.666	0.694	0.734	0.789												
	13(12.7)		0.740	0.773	0.820	0.888												
13.5			0.777	0.813	0.863	0.937												
		14	0.814	0.852	0.906	0.986												
	16		0.962	1.01	1.08	1.18	1.28	1.36										
17(17.2)			1.04	1.09	1.17	1.28	1.39	1.48										
		18	1.11	1.17	1.25	1.38	1.50	1.60										
	19		1.18	1.25	1.34	1.48	1.61	1.73	1.83	1.92								
	20		1.26	1.33	1.42	1.58	1.72	1.85	1.97	2.07								
21(21.3)			1.33	1.40	1.51	1.68	1.83	1.97	2.10	2.22								
		22	1.41	1.48	1.60	1.78	1.94	2.10	2.24	2.37								
	25		1.63	1.72	1.86	2.07	2.28	2.47	2.64	2.81	2.97	3.11						
		25.4	1.66	1.75	1.89	2.11	2.32	2.52	2.70	2.87	3.03	3.18						
27(26.9)			1.78	1.88	2.03	2.27	2.50	2.71	2.92	3.11	3.29	3.45						
	28		1.85	1.96	2.11	2.37	2.61	2.84	3.05	3.26	3.45	3.63						

续表

外径/mm			壁厚/mm															
系列1	系列2	系列3	0.25	0.30	0.40	0.50	0.60	0.80	1.0	1.2	1.4	1.5	1.6	1.8	2.0	2.2(2.3)	2.5(2.6)	2.8
			单位长度理论质量/kg·m^{-1}															
		30			0.292	0.364	0.435	0.576	0.715	0.852	0.987	1.05	1.12	1.25	1.38	1.51	1.70	1.88
	32(31.8)				0.312	0.388	0.465	0.616	0.765	0.911	1.06	1.13	1.20	1.34	1.48	1.62	1.82	2.02
34(33.7)					0.331	0.413	0.494	0.655	0.814	0.971	1.13	1.20	1.28	1.43	1.58	1.73	1.94	2.15
		35			0.341	0.425	0.509	0.675	0.838	1.00	1.16	1.24	1.32	1.47	1.63	1.78	2.00	2.22
	38				0.371	0.462	0.553	0.734	0.912	1.09	1.26	1.35	1.44	1.61	1.78	1.94	2.19	2.43
	40				0.391	0.487	0.583	0.773	0.962	1.15	1.33	1.42	1.52	1.70	1.87	2.05	2.31	2.57
42(42.4)									1.01	1.21	1.40	1.50	1.59	1.78	1.97	2.16	2.44	2.71
		45(44.5)							1.09	1.30	1.51	1.61	1.71	1.92	2.12	2.32	2.62	2.91
48(48.3)									1.16	1.38	1.61	1.72	1.83	2.05	2.27	2.48	2.81	3.12
	51								1.23	1.47	1.71	1.83	1.95	2.18	2.42	2.65	2.99	3.33
		54							1.31	1.56	1.82	1.94	2.07	2.32	2.56	2.81	3.18	3.54
	57								1.38	1.65	1.92	2.05	2.19	2.45	2.71	2.97	3.36	3.74
60(60.3)									1.46	1.74	2.02	2.16	2.30	2.58	2.86	3.14	3.55	3.95
	63(63.5)								1.53	1.83	2.13	2.28	2.42	2.72	3.01	3.30	3.73	4.16
	65								1.58	1.89	2.20	2.35	2.50	2.81	3.11	3.41	3.85	4.30
	68								1.65	1.98	2.30	2.46	2.62	2.94	3.26	3.57	4.04	4.50
	70								1.70	2.04	2.37	2.53	2.70	3.03	3.55	3.68	4.16	4.64
		73							1.78	2.12	2.47	2.64	2.82	3.16	3.50	3.84	4.35	4.85
76(76.1)									1.85	2.21	2.58	2.76	2.94	3.29	3.65	4.00	4.53	5.05
	77										2.61	2.79	2.98	3.34	3.70	4.06	4.59	5.12
	80										2.71	2.90	3.09	3.47	3.85	4.22	4.78	5.33

续表

外径/mm			壁厚/mm															
系列1	系列2	系列3	(2.9)3.0	3.2	3.5(3.6)	4.0	4.5	5.0	(5.4)5.5	6.0	(6.3)6.5	7.0(7.1)	7.5	8.0	8.5	(8.8)9.0	9.5	10
			单位长度理论质量/kg·m⁻¹															
		30	2.00	2.11	2.29	2.56	2.83	3.08	3.32	3.55	3.77	3.97	4.16	4.34				
	32(31.8)		2.15	2.27	2.46	2.76	3.05	3.33	3.59	3.85	4.09	4.32	4.53	4.74				
34(33.7)			2.29	2.43	2.63	2.96	3.27	3.58	3.87	4.14	4.41	4.66	4.90	5.13				
		35	2.37	2.51	2.72	3.06	3.38	3.70	4.00	4.29	4.57	4.83	5.09	5.33	5.56	5.77		
	38		2.59	2.75	2.98	3.35	3.72	4.07	4.41	4.74	5.05	5.35	5.64	5.92	6.18	6.44	6.68	6.91
	40		2.74	2.90	3.15	3.55	3.94	4.32	4.68	5.03	5.37	5.70	6.01	6.31	6.60	6.88	7.15	7.40
42(42.4)			2.89	3.06	3.32	3.75	4.16	4.56	4.95	5.33	5.69	6.04	6.38	6.71	7.02	7.32	7.61	7.89
		45(44.5)	3.11	3.30	3.58	4.04	4.49	4.93	5.36	5.77	6.17	6.56	6.94	7.30	7.65	7.99	8.32	8.63
48(48.3)			3.33	3.54	3.84	4.34	4.83	5.30	5.76	6.21	6.65	7.08	7.49	7.89	8.28	8.66	9.02	9.37
	51		3.55	3.77	4.10	4.64	5.16	5.67	6.17	6.66	7.13	7.60	8.05	8.48	8.91	9.32	9.72	10.11
		54	3.77	4.01	4.36	4.93	5.49	6.04	6.58	7.10	7.61	8.11	8.60	9.08	9.54	9.99	10.43	10.85
	57		4.00	4.25	4.62	5.23	5.83	6.41	6.99	7.55	8.10	8.63	9.16	9.67	10.17	10.65	11.13	11.59
60(60.3)			4.22	4.48	4.88	5.52	6.16	6.78	7.39	7.99	8.58	9.15	9.71	10.26	10.80	11.32	11.83	12.33
	63(63.5)		4.44	4.72	5.14	5.82	6.49	7.15	7.80	8.43	9.06	9.67	10.27	10.85	11.42	11.99	12.53	13.07
	65		4.59	4.88	5.31	6.02	6.71	7.40	8.07	8.73	9.38	10.01	10.64	11.25	11.84	12.43	13.00	13.56
	68		4.81	5.11	5.57	6.31	7.05	7.77	8.48	9.17	9.86	10.53	11.19	11.84	12.47	13.10	13.71	14.30
	70		4.96	5.27	5.74	6.51	7.27	8.02	8.75	9.47	10.18	10.88	11.56	12.23	12.89	13.54	14.17	14.80
		73	5.18	5.51	6.00	6.81	7.60	8.38	9.16	9.91	10.66	11.39	12.11	12.82	13.52	14.21	14.88	15.54
76(76.1)			5.40	5.75	6.26	7.10	7.93	8.75	9.56	10.36	11.14	11.91	12.67	13.42	14.15	14.87	15.58	16.28
	77		5.47	5.82	6.34	7.20	8.05	8.88	9.70	10.51	11.30	12.08	12.85	13.61	14.36	15.09	15.81	16.52
	80		5.70	6.06	6.60	7.50	8.38	9.25	10.11	10.95	11.78	12.60	13.41	14.21	14.99	15.76	16.52	17.26

续表

外径/mm			壁厚/mm															
系列1	系列2	系列3	11	12(12.5)	13	14(14.2)	15	16	17(17.5)	18	19	20	22(22.2)	24	25	26	28	30
			单位长度理论质量/kg·m^{-1}															
		30																
	32(31.8)																	
34(33.7)																		
		35																
	38																	
	40																	
42(42.4)																		
		45(44.5)	9.22	9.77														
48(48.3)			10.04	10.65														
	51		10.85	11.54														
		54	11.66	12.43	13.14	13.81												
	57		12.48	13.32	14.11	14.85												
60(60.3)			13.29	14.21	15.07	15.88	16.65	17.36										
	63(63.5)		14.11	15.09	16.03	16.92	17.76	18.55										
	65		14.65	15.68	16.67	17.61	18.50	19.33										
	68		15.46	16.57	17.63	18.64	19.61	20.52										
	70		16.01	17.16	18.27	19.33	20.35	21.31	22.22									
		73	16.82	18.05	19.24	20.37	21.46	22.49	23.48	24.41	25.30							
76(76.1)			17.63	18.94	20.20	21.41	22.57	23.68	24.74	25.75	26.71	27.62						
	77		17.90	19.24	20.52	21.75	22.94	24.07	25.15	26.19	27.18	28.11						
	80		18.72	20.12	21.48	22.79	24.05	25.25	26.41	27.52	28.58	29.59						

续表

外径/mm			壁厚/mm															
系列 1	系列 2	系列 3	0.25	0.30	0.40	0.50	0.60	0.80	1.0	1.2	1.4	1.5	1.6	1.8	2.0	2.2(2.3)	2.5(2.6)	2.8
			单位长度理论质量/kg·m⁻¹															
		83(82.5)									2.82	3.01	3.21	3.60	4.00	4.38	4.96	5.54
	85										2.89	3.09	3.29	3.69	4.09	4.49	5.09	5.68
89(88.9)											3.02	3.24	3.45	3.87	4.29	4.71	5.33	5.95
	95										3.23	3.46	3.69	4.14	4.59	5.03	5.70	6.37
	102(101.6)										3.47	3.72	3.96	4.45	4.93	5.41	6.13	6.85
		108									3.68	3.94	4.20	4.71	5.23	5.74	6.50	7.26
114(114.3)												4.16	4.44	4.98	5.52	6.07	6.87	7.68
	121											4.42	4.71	5.29	5.87	6.45	7.31	8.16
	127													5.56	6.17	6.77	7.68	8.58
	133																8.05	8.99
140(139.7)																		
		142(141.3)																
	146																	
		152(152.4)																
		159																
168(168.3)																		
		180(177.8)																
		194(193.7)																
	203																	
219(219.1)																		
		232																
		245(244.5)																
		267(267.4)																

续表

外径/mm			壁厚/mm															
系列1	系列2	系列3	(2.9)3.0	3.2	3.5(3.6)	4.0	4.5	5.0	(5.4)5.5	6.0	(6.3)6.5	7.0(7.1)	7.5	8.0	8.5	(8.8)9.0	9.5	10
			单位长度理论质量/$kg \cdot m^{-1}$															
		83(82.5)	5.92	6.30	6.86	7.79	8.71	9.62	10.51	11.39	12.26	13.12	13.96	14.80	15.62	16.42	17.22	18.00
	85		6.07	6.46	7.03	7.99	8.93	9.86	10.78	11.69	12.58	13.47	14.33	15.19	16.04	16.87	17.69	18.50
89(88.9)			6.36	6.77	7.38	8.38	9.38	10.36	11.33	12.28	13.22	14.16	15.07	15.98	16.87	17.76	18.63	19.48
	95		6.81	7.24	7.90	8.98	10.04	11.10	12.14	13.17	14.19	15.19	16.18	17.16	18.13	19.09	20.03	20.96
	102(101.6)		7.32	7.80	8.50	9.67	10.82	11.96	13.09	14.21	15.31	16.40	17.48	18.55	19.60	20.64	21.67	22.69
		108	7.77	8.27	9.02	10.26	11.49	12.70	13.90	15.09	16.27	17.44	18.59	19.73	20.86	21.97	23.08	24.17
114(114.3)			8.21	8.74	9.54	10.85	12.15	13.44	14.72	15.98	17.23	18.47	19.70	20.91	22.12	23.31	24.48	25.65
	121		8.73	9.30	10.14	11.54	12.93	14.30	15.67	17.02	18.35	19.68	20.99	22.29	23.58	24.86	26.12	27.37
	127		9.17	9.77	10.66	12.13	13.59	15.04	16.48	17.90	19.32	20.72	22.10	23.48	24.84	26.19	27.53	28.85
	133		9.62	10.24	11.18	12.73	14.26	15.78	17.29	18.79	20.28	21.75	23.21	24.66	26.10	27.52	28.93	30.33
140(139.7)			10.14	10.80	11.78	13.42	15.04	16.65	18.24	19.83	21.40	22.96	24.51	26.04	27.57	29.08	30.57	32.06
		142(141.3)	10.28	10.95	11.95	13.61	15.26	16.89	18.51	20.12	21.72	23.31	24.88	26.44	27.98	29.52	31.04	32.55
	146		10.58	11.27	12.30	14.01	15.70	17.39	19.06	20.72	22.36	24.00	25.62	27.23	28.82	30.41	31.98	33.54
		152(152.4)	11.02	11.74	12.82	14.60	16.37	18.13	19.87	21.60	23.32	25.03	26.73	28.41	30.08	31.74	33.39	35.02
		159			13.42	15.29	17.15	18.99	20.82	22.64	24.45	26.24	28.02	29.79	31.55	33.29	35.03	36.75
168(168.3)					14.20	16.18	18.14	20.10	22.04	23.97	25.89	27.79	29.69	31.57	33.43	35.29	37.13	38.97
		180(177.8)			15.23	17.36	19.48	21.58	23.67	25.75	27.81	29.87	31.91	33.93	35.95	37.95	39.95	41.92
		194(193.7)			16.44	18.74	21.03	23.31	25.57	27.82	30.06	32.28	34.50	36.70	38.89	41.06	43.23	45.38
	203				17.22	19.63	22.03	24.41	26.79	29.15	31.50	33.84	36.16	38.47	40.77	43.06	45.33	47.60
219(219.1)										31.52	34.06	36.60	39.12	41.63	44.13	46.61	49.08	51.54
		232								33.44	36.15	38.84	41.52	44.19	46.85	49.50	52.13	54.75
		245(244.5)								35.36	38.23	41.09	43.93	46.76	49.58	52.38	55.17	57.95
		267(267.4)								38.62	41.76	44.88	48.00	51.10	54.19	57.26	60.33	63.38

续表

外径/mm			壁厚/mm															
系列 1	系列 2	系列 3	11	12(12.5)	13	14(14.2)	15	16	17(17.5)	18	19	20	22(22.2)	24	25	26	28	30
			单位长度理论质量/kg·m^{-1}															
		83(82.5)	19.53	21.01	22.44	23.82	25.15	26.44	27.67	28.85	29.99	31.07	33.10					
	85		20.07	21.60	23.08	24.51	25.89	27.23	28.51	29.74	30.93	32.06	34.18					
89(88.9)			21.16	22.79	24.37	25.89	27.37	28.80	30.19	31.52	32.80	34.03	36.35	38.47				
	95		22.79	24.56	26.29	27.97	29.59	31.17	32.70	34.18	35.61	36.99	39.61	42.02				
	102(101.6)		24.69	26.63	28.53	30.38	32.18	33.93	35.64	37.29	38.89	40.44	43.40	46.17	47.47	48.73	51.10	
		108	26.31	28.41	30.46	32.45	34.40	36.30	38.15	39.95	41.70	43.40	46.66	49.71	51.17	52.58	55.24	57.71
114(114.3)			27.94	30.19	32.38	34.53	36.62	38.67	40.67	42.62	44.51	46.36	49.91	53.27	54.87	56.43	59.39	62.15
	121		29.84	32.26	34.62	36.94	39.21	41.43	43.60	45.72	47.79	49.82	53.71	57.41	59.19	60.91	64.22	67.33
	127		31.47	34.03	36.55	39.01	41.43	43.80	46.12	48.39	50.61	52.78	56.97	60.96	62.89	64.76	68.36	71.77
	133		33.10	35.81	38.47	41.09	43.65	46.17	48.63	51.05	53.42	55.74	60.22	64.51	66.59	68.61	72.50	76.20
140(139.7)			34.99	37.88	40.72	43.50	46.24	48.93	51.57	54.16	56.70	59.19	64.02	68.66	70.90	73.10	77.34	81.38
		142(141.3)	35.54	38.47	41.36	44.19	46.98	49.72	52.41	55.04	57.63	60.17	65.11	69.84	72.14	74.38	78.72	82.86
	146		36.62	39.66	42.64	45.57	48.46	51.30	54.08	56.82	59.51	62.15	67.28	72.21	74.60	76.94	81.48	85.82
		152(152.4)	38.25	41.43	44.56	47.65	50.68	53.66	56.60	59.48	62.32	65.11	70.53	75.76	78.30	80.79	85.62	90.26
		159	40.15	43.50	46.81	50.06	53.27	56.43	59.53	62.59	65.60	68.56	74.33	79.90	82.62	85.28	90.46	95.44
168(168.3)			42.59	46.17	49.69	53.17	56.60	59.98	63.31	66.59	69.82	73.00	79.21	85.23	88.17	91.05	96.67	102.10
		180(177.8)	45.85	49.72	53.54	57.31	61.04	64.71	68.34	71.91	75.44	78.92	85.72	92.33	95.56	98.74	104.96	110.98
		194(193.7)	49.64	53.86	58.03	62.15	66.22	70.24	74.21	78.13	82.00	85.82	93.32	100.62	104.20	107.72	114.63	121.33
	203		52.09	56.52	60.91	65.25	69.55	73.79	77.98	82.13	86.22	90.26	98.20	105.95	109.74	113.49	120.84	127.99
219(219.1)			56.43	61.26	66.04	70.78	75.46	80.10	84.69	89.23	93.71	98.15	106.88	115.42	119.61	123.75	131.89	139.83
		232	59.95	65.11	70.21	75.27	80.27	85.23	90.14	95.00	99.81	104.57	113.94	123.11	127.62	132.09	140.87	149.45
		245(244.5)	63.48	68.95	74.38	79.76	85.08	90.36	95.59	100.77	105.90	110.98	120.99	130.80	135.64	140.42	149.84	159.07
		267(267.4)	69.45	75.46	81.43	87.35	93.22	99.04	104.81	110.53	116.21	121.83	132.93	143.83	149.20	154.53	165.04	175.34

续表

外径/mm			壁厚/mm											
系列 1	系列 2	系列 3	32	34	36	38	40	42	45	48	50	55	60	65
			单位长度理论质量/kg·m^{-1}											
		83(82.5)												
	85													
89(88.9)														
	95													
	102(101.6)													
		108												
114(114.3)														
	121		70.24											
	127		74.97											
	133		79.71	83.01	86.12									
140(139.7)			85.23	88.88	92.33									
		142(141.3)	86.81	90.56	94.11									
	146		89.97	93.91	97.66	101.21	104.57							
		152(152.4)	94.70	98.94	102.99	106.83	110.48							
		159	100.22	104.81	109.20	113.39	117.39	121.19	126.51					
168(168.3)			107.33	112.36	117.19	121.83	126.27	130.51	136.50					
		180(177.8)	116.80	122.42	127.85	133.07	138.10	142.94	149.82	156.26	160.30			
		194(193.7)	127.85	134.16	140.27	146.19	151.92	157.44	165.36	172.83	177.56			
	203		134.95	141.71	148.27	154.63	160.79	166.76	175.34	183.48	188.66	200.75		
219(219.1)			147.57	155.12	162.47	169.62	176.58	183.33	193.10	202.42	208.39	222.45		
		232	157.83	166.02	174.01	181.81	189.40	196.80	207.53	217.81	224.42	240.08	254.51	267.70
		245(244.5)	168.09	176.92	185.55	193.99	202.22	210.26	221.95	233.20	240.45	257.71	273.74	288.54
		267(267.4)	185.45	195.37	205.09	214.60	223.93	233.05	246.37	259.24	267.58	287.55	306.30	323.81

续表

外径/mm			壁厚/mm													
系列 1	系列 2	系列 3	(6.3)6.5	7.0(7.1)	7.5	8.0	8.5	(8.8)9.0	9.5	10	11	12(12.5)	13	14(14.2)	15	16
			单位长度理论质量/kg·m^{-1}													
273			42.72	45.92	49.11	52.28	55.45	58.60	61.73	64.86	71.07	77.24	83.36	89.42	95.44	101.41
	299(298.5)				53.92	57.41	60.90	64.37	67.83	71.27	78.13	84.93	91.69	98.40	105.06	111.67
		302			54.47	58.00	61.52	65.03	68.53	72.01	78.94	85.82	92.65	99.44	106.17	112.85
		318.5			57.52	61.26	64.98	68.69	72.39	76.08	83.42	90.71	97.94	105.13	112.27	119.36
325(323.9)					58.73	62.54	66.35	70.14	73.92	77.68	85.18	92.63	100.03	107.38	114.68	121.93
	340(339.7)					65.50	69.49	73.47	77.43	81.38	89.25	97.07	104.84	112.56	120.23	127.85
	351					67.67	71.80	75.91	80.01	84.10	92.23	100.32	108.36	116.35	124.29	132.19
356(355.6)								77.02	81.18	85.33	93.59	101.80	109.97	118.08	126.14	134.16
		368						79.68	83.99	88.29	96.85	105.35	113.81	122.22	130.58	138.89
	377							81.68	86.10	90.51	99.29	108.02	116.70	125.33	133.91	142.45
	402							87.23	91.96	96.67	106.07	115.42	124.71	133.96	143.16	152.31
406(406.4)								88.12	92.89	97.66	107.15	116.60	126.00	135.34	144.64	153.89
		419						91.00	95.94	100.87	110.68	120.45	130.16	139.83	149.45	159.02
	426							92.55	97.58	102.59	112.58	122.52	132.41	142.25	152.04	161.78
	450							97.88	103.20	108.51	119.09	129.62	140.10	150.53	160.92	171.25
457								99.44	104.84	110.24	120.99	131.69	142.35	152.95	163.51	174.01
	473							102.99	108.59	114.18	125.33	136.43	147.48	158.48	169.42	180.33
	480							104.54	110.23	115.91	127.23	138.50	149.72	160.89	172.01	183.09
	500							108.98	114.92	120.84	132.65	144.42	156.13	167.80	179.41	190.98
508								110.76	116.79	122.81	134.82	146.79	158.70	170.56	182.37	194.14
	530							115.64	121.95	128.24	140.79	153.30	165.75	178.16	190.51	202.82
		560(559)						122.30	128.97	135.64	148.93	162.17	175.37	188.51	201.61	214.65
610								133.39	140.69	147.97	162.50	176.97	191.40	205.78	220.10	234.38

续表

外径/mm			壁厚/mm															
系列1	系列2	系列3	17(17.5)	18	19	20	22(22.2)	24	25	26	28	30	32	34	36	38	40	42
			单位长度理论质量/kg·m^{-1}															
273			107.33	113.20	119.02	124.79	136.18	147.38	152.90	158.38	169.18	179.78	190.19	200.40	210.41	220.23	229.85	239.27
	299(298.5)		118.23	124.74	131.20	137.61	150.29	162.77	168.93	175.05	187.13	199.02	210.71	222.20	233.50	244.59	255.49	266.20
		302	119.49	126.07	132.61	139.09	151.92	164.54	170.78	176.97	189.20	201.24	213.08	224.72	236.16	247.40	258.45	269.30
		318.5	126.40	133.39	140.34	147.23	160.87	174.31	180.95	187.55	200.60	213.45	226.10	238.55	250.81	262.87	274.73	286.39
325(323.9)			129.13	136.28	143.38	150.44	164.39	178.16	184.96	191.72	205.09	218.25	231.23	244.00	256.58	268.96	281.14	293.13
	340(339.7)		135.42	142.94	150.41	157.83	172.53	187.03	194.21	201.34	215.44	229.35	243.06	256.58	269.90	283.02	295.94	308.66
	351		140.03	147.82	155.57	163.26	178.50	193.54	200.99	208.39	223.04	237.49	251.75	265.80	279.66	293.32	306.79	320.06
356(355.6)			142.12	150.04	157.91	165.73	181.21	196.50	204.07	211.60	226.49	241.19	255.69	269.99	284.10	298.01	311.72	325.24
		368	147.16	155.37	163.53	171.64	187.72	203.61	211.47	219.29	234.78	250.07	265.16	280.06	294.75	309.26	323.56	337.67
	377		150.93	159.36	167.75	176.08	192.61	208.93	217.02	225.06	240.99	256.73	272.26	287.60	302.75	317.69	332.44	346.99
	402		161.41	170.46	179.46	188.41	206.17	223.73	232.44	241.09	258.26	275.22	291.99	308.57	324.94	341.12	357.10	372.88
406(406.4)			163.09	172.24	181.34	190.39	208.34	226.10	234.90	243.66	261.02	278.18	295.15	311.92	328.49	344.87	361.05	377.03
		419	168.54	178.01	187.43	196.80	215.39	233.79	242.92	251.99	269.99	287.80	305.41	322.82	340.03	357.05	373.87	390.49
	426		171.47	181.11	190.71	200.25	219.19	237.93	247.23	256.48	274.83	292.98	310.93	328.69	346.25	363.61	380.77	397.74
	450		181.53	191.77	201.95	212.09	232.21	252.14	262.03	271.87	291.40	310.74	329.87	348.81	367.56	386.10	404.45	422.60
457			184.47	194.88	205.23	215.54	236.01	256.28	266.34	276.36	296.23	315.91	335.40	354.68	373.77	392.66	411.35	429.85
	473		191.18	201.98	212.73	223.43	244.69	265.75	276.21	286.62	307.28	327.75	348.02	368.10	387.98	407.66	427.14	446.42
	480		194.11	205.09	216.01	226.89	248.49	269.90	280.53	291.11	312.12	332.93	353.55	373.97	394.19	414.22	434.04	453.67
	500		202.50	213.96	225.38	236.75	259.34	281.73	292.86	303.93	325.93	347.93	369.33	390.74	411.95	432.96	453.77	474.39
508			205.85	217.51	229.13	240.70	263.68	286.47	297.79	309.06	331.45	353.65	375.64	397.45	419.05	440.46	461.66	482.68
	530		215.07	227.28	239.44	251.55	275.62	299.49	311.35	323.17	346.64	369.92	393.01	415.89	438.58	461.07	483.37	505.46
		560(559)	227.65	240.60	253.50	266.34	291.89	317.25	329.85	342.40	367.36	392.12	416.68	441.06	465.22	489.19	512.96	536.54
610			248.61	262.79	276.92	291.01	319.02	346.84	360.68	374.46	401.88	429.11	456.14	482.97	509.61	536.04	562.28	588.33

续表

外径/mm			壁厚/mm														
系列 1	系列 2	系列 3	45	48	50	55	60	65	70	75	80	85	90	95	100	110	120
			单位长度理论质量/kg·m⁻¹														
273			253.03	266.34	274.98	295.69	315.17	333.42	350.44	366.22	380.77	394.09					
	299(298.5)		281.88	297.12	307.04	330.96	353.65	375.10	395.32	414.31	432.07	448.59	463.88	477.94	490.77		
		302	285.21	300.67	310.74	335.03	358.09	379.91	400.50	419.86	437.99	454.88	470.54	484.97	498.16		
		318.5	303.52	320.21	331.08	357.41	382.50	406.36	428.99	450.38	470.54	489.47	507.16	523.63	538.86		
325(323.9)			310.74	327.90	339.10	366.22	392.12	416.78	440.21	462.40	483.37	503.10	521.59	538.86	554.89		
	340(339.7)		327.38	345.66	357.59	386.57	414.31	440.83	466.10	490.15	512.96	534.54	554.89	574.00	591.88		
	351		339.59	358.68	371.16	401.49	430.59	458.46	485.09	510.49	534.66	557.60	579.30	599.77	619.01		
356(355.6)			345.14	364.60	377.32	408.27	437.99	466.47	493.72	519.74	544.53	568.08	590.40	611.48	631.34		
		368	358.46	378.80	392.12	424.55	455.75	485.71	514.44	541.94	568.20	593.23	617.03	639.60	660.93		
	377		368.44	389.46	403.22	436.76	469.06	500.14	529.98	558.58	585.96	612.10	637.01	660.68	683.13		
	402		396.19	419.05	434.04	470.67	506.06	540.21	573.13	604.82	635.28	664.51	692.50	719.25	744.78		
406(406.4)			400.63	423.78	438.98	476.09	511.97	546.62	580.04	612.22	643.17	672.89	701.37	728.63	754.64		
		419	415.05	439.17	455.01	493.72	531.21	567.46	602.48	636.27	668.82	700.14	730.23	759.08	786.70		
	426		422.82	447.46	463.64	503.22	541.57	578.68	614.57	649.22	682.63	714.82	745.77	775.48	803.97		
	450		449.46	475.87	493.23	535.77	577.08	617.16	656.00	693.61	729.98	765.12	799.03	831.71	863.15		
457			457.23	484.16	501.86	545.27	587.44	628.38	668.08	706.55	743.79	779.80	814.57	848.11	880.42		
	473		474.98	503.10	521.59	566.97	611.11	654.02	695.70	736.15	775.36	813.34	850.08	885.60	919.88		
	480		482.75	511.38	530.22	576.46	621.47	665.25	707.79	749.09	789.17	828.01	865.62	902.00	937.14		
	500		504.95	535.06	554.89	603.59	651.07	697.31	742.31	786.09	828.63	869.94	910.01	948.85	986.46	1057.98	
508			513.82	544.53	564.75	614.44	662.90	710.13	756.12	800.88	844.41	886.71	927.77	967.60	1006.19	1079.68	
	530		538.24	570.57	591.88	644.28	695.46	745.40	794.10	841.58	887.82	932.82	976.60	1019.14	1060.45	1139.36	1213.35
		560(559)	571.53	606.08	628.87	684.97	739.85	793.49	845.89	897.06	947.00	995.71	1043.18	1089.42	1134.43	1220.75	1302.13
610			627.02	665.27	690.52	752.79	813.83	873.64	932.21	989.55	1045.65	1100.52	1154.16	1206.57	1257.74	1356.39	1450.10

续表

外径/mm			壁厚/mm													
系列1	系列2	系列3	9	9.5	10	11	12(12.5)	13	14(14.2)	15	16	17(17.5)	18	19	20	22(22.2)
			单位长度理论质量/kg·m^{-1}													
	630		137.83	145.37	152.90	167.92	182.89	197.81	212.68	227.50	242.28	257.00	271.67	286.30	300.87	329.87
		660	144.49	152.40	160.30	176.06	191.77	207.43	223.04	238.60	254.11	269.58	284.99	300.35	315.67	346.15
		699					203.31	219.93	236.50	253.03	269.50	285.93	302.30	318.63	334.90	367.31
711							206.86	223.78	240.65	257.47	274.24	290.96	307.63	324.25	340.82	373.82
	720						209.52	226.66	243.75	260.80	277.79	294.73	311.62	328.47	345.26	378.70
	762														365.98	401.49
		788.5													379.05	415.87
813															391.13	429.16
		864													416.29	456.83
914																
		965														
1016																

外径/mm			壁厚/mm												
系列1	系列2	系列3	24	25	26	28	30	32	34	36	38	40	42	45	48
			单位长度理论质量/kg·m^{-1}												
	630		358.68	373.01	387.29	415.70	443.91	471.92	499.74	527.36	554.79	582.01	609.04	649.22	688.95
		660	376.43	391.50	406.52	436.41	466.10	495.60	524.90	554.00	582.90	611.61	640.12	682.51	724.46
		699	399.52	415.55	431.53	463.34	494.96	526.38	557.60	588.62	619.45	650.08	680.51	725.79	770.62
711			406.62	422.95	439.22	471.63	503.84	535.85	567.66	599.28	630.69	661.92	692.94	739.11	784.83
	720		411.95	428.49	444.99	477.84	510.49	542.95	575.21	607.27	639.13	670.79	702.26	749.09	795.48
	762		436.81	454.39	471.92	506.84	541.57	576.09	610.42	644.55	678.49	712.23	745.77	795.71	845.20
		788.5	452.49	470.73	488.92	525.14	561.17	597.01	632.64	668.08	703.32	738.37	773.21	825.11	876.57
813			466.99	485.83	504.62	542.06	579.30	616.34	653.18	689.83	726.28	762.54	798.59	852.30	905.57
		864	497.18	517.28	537.33	577.28	617.03	656.59	695.95	735.11	774.08	812.85	851.42	908.90	965.94
914				548.10	569.39	611.80	654.02	696.05	737.87	779.50	820.93	862.17	903.20	964.39	1025.13
		965		579.55	602.09	647.02	691.76	736.30	780.64	824.78	868.73	912.48	956.03	1020.99	1085.50
1016				610.99	634.79	682.24	729.49	776.54	823.40	870.06	916.52	962.79	1008.86	1077.59	1145.87

续表

外径/mm			壁厚/mm												
系列 1	系列 2	系列 3	50	55	60	65	70	75	80	85	90	95	100	110	120
			单位长度理论质量/kg·m^{-1}												
	630		715.19	779.92	843.43	905.70	966.73	1026.54	1085.11	1142.45	1198.55	1253.42	1307.06	1410.64	1509.29
		660	752.18	820.61	887.82	953.79	1018.52	1082.03	1144.30	1205.33	1265.14	1323.71	1381.05	1492.02	1598.07
		699	800.27	873.51	945.52	1016.30	1085.85	1154.16	1221.24	1287.09	1351.70	1415.08	1477.23	1597.82	1713.49
711			815.06	889.79	963.28	1035.54	1106.56	1176.36	1244.92	1312.24	1378.33	1443.19	1506.82	1630.38	1749.00
	720		826.16	902.00	976.60	1049.97	1122.10	1193.00	1262.67	1331.11	1398.31	1464.28	1529.02	1654.79	1775.63
	762		877.95	958.96	1038.74	1117.29	1194.61	1270.69	1345.53	1419.15	1491.53	1562.68	1632.60	1768.73	1899.93
		788.5	910.63	994.91	1077.96	1159.77	1240.35	1319.70	1397.82	1474.70	1550.35	1624.77	1697.95	1840.62	1978.35
813			940.84	1028.14	1114.21	1199.05	1282.65	1365.02	1446.15	1526.06	1604.73	1682.17	1758.37	1907.08	2050.86
		864	1003.73	1097.32	1189.67	1280.80	1370.69	1459.35	1546.77	1632.97	1717.92	1801.65	1884.14	2045.43	2201.78
914			1065.38	1165.14	1263.66	1360.95	1457.00	1551.83	1645.42	1737.78	1828.90	1918.79	2007.45	2181.07	2349.75
		965	1128.27	1234.31	1339.12	1442.70	1545.05	1646.16	1746.04	1844.68	1942.10	2038.28	2133.22	2319.42	2500.68
1016			1191.15	1303.49	1414.59	1524.45	1633.09	1740.49	1846.66	1951.59	2055.29	2157.76	2259.00	2457.77	2651.61

注：1. GB/T 17395—2008《无缝钢管尺寸、外形、重量及允许偏差》将无缝钢管分为：普通钢管、精密钢管和不锈钢钢管三类，钢管外径分为三个系列：系列 1 是通用系列，是推荐选用的系列；系列 2 是非通用系列；系列 3 是少数特殊专用系列。

2. 无缝钢管通常长度为 3000～12500mm，定尺长度和倍尺长度均应在通常长度范围内。

3. 无缝钢管外径允许偏差分为偏差等级 D1、D2、D3、D4（标准化外径偏差等级）和 ND1、ND2、ND3、ND4（非标准化外径偏差等级）。壁厚允许偏差分为 S1、S2、S3、S4、S5（标准化壁厚偏差等级）和 NS1、NS2、NS3、NS4（非标准化壁厚偏差等级）。其偏差值参见原标准。

4. 括号内尺寸为相应的 ISO 4200 的规格。

5. 本表理论质量按钢密度为 7.85kg/dm^3 计算所得。计算式：$W=\pi\rho(D-S)S/1000$，式中，W 为理论质量，kg/m；$\pi=3.1416$；ρ 为钢密度，kg/dm^3；D 和 S 分别为公称外径和公称壁厚，mm。

第 4 篇

表 4-1-183　**精密无缝钢管尺寸规格**（GB/T 17395—2008）

外径/mm		壁厚/mm																				
系列 2	系列 3	0.5	(0.8)	1.0	(1.2)	1.5	(1.8)	2.0	(2.2)	2.5	(2.8)	3.0	(3.5)	4	(4.5)	5	(5.5)	6	(7)	8	(9)	10
		单位长度理论质量/kg·m^{-1}																				
4		0.043	0.063	0.074	0.083																	
5		0.055	0.083	0.099	0.112																	
6		0.068	0.103	0.123	0.142	0.166	0.186	0.197														
8		0.092	0.142	0.173	0.201	0.240	0.275	0.296	0.315	0.339												
10		0.117	0.182	0.222	0.260	0.314	0.364	0.395	0.423	0.462												
12		0.142	0.221	0.271	0.320	0.388	0.453	0.493	0.532	0.586	0.635	0.666										
12.7		0.150	0.235	0.289	0.340	0.414	0.484	0.528	0.570	0.629	0.684	0.718										
	14	0.166	0.260	0.321	0.379	0.462	0.542	0.592	0.640	0.709	0.773	0.814	0.906									
16		0.191	0.300	0.370	0.438	0.536	0.630	0.691	0.749	0.832	0.911	0.962	1.08	1.18								
	18	0.216	0.339	0.419	0.497	0.610	0.719	0.789	0.857	0.956	1.05	1.11	1.25	1.38	1.50							
20		0.240	0.379	0.469	0.556	0.684	0.808	0.888	0.966	1.08	1.19	1.26	1.42	1.58	1.72	1.85						
	22	0.265	0.418	0.518	0.616	0.758	0.897	0.986	1.07	1.20	1.33	1.41	1.60	1.78	1.94	2.10						
25		0.302	0.477	0.592	0.704	0.869	1.03	1.13	1.24	1.39	1.53	1.63	1.86	2.07	2.28	2.47	2.64	2.81				
	28	0.339	0.537	0.666	0.793	0.980	1.16	1.28	1.40	1.57	1.74	1.85	2.11	2.37	2.61	2.84	3.05	3.26	3.63	3.95		
	30	0.364	0.576	0.715	0.852	1.05	1.25	1.38	1.51	1.70	1.88	2.00	2.29	2.56	2.83	3.08	3.32	3.55	3.97	4.34		
32		0.388	0.616	0.765	0.911	1.13	1.34	1.48	1.62	1.82	2.02	2.15	2.46	2.76	3.05	3.33	3.59	3.85	4.32	4.74		
	35	0.425	0.675	0.838	1.00	1.24	1.47	1.63	1.78	2.00	2.22	2.37	2.72	3.06	3.38	3.70	4.00	4.29	4.83	5.33		
38		0.462	0.734	0.912	1.09	1.35	1.61	1.78	1.94	2.19	2.43	2.59	2.98	3.35	3.72	4.07	4.41	4.74	5.35	5.92	6.44	6.91
40		0.487	0.773	0.962	1.15	1.42	1.70	1.87	2.05	2.31	2.57	2.74	3.15	3.55	3.94	4.32	4.68	5.03	5.70	6.31	6.88	7.40
42			0.813	1.01	1.21	1.50	1.78	1.97	2.16	2.44	2.71	2.89	3.32	3.75	4.16	4.56	4.95	5.33	6.04	6.71	7.32	7.89

续表

外径/mm		壁厚/mm																	
系列2	系列3	(0.8)	1.0	(1.2)	1.5	(1.8)	2.0	(2.2)	2.5	(2.8)	3.0	(3.5)	4	(4.5)	5	(5.5)	6	(7)	8
		单位长度理论质量/kg·m^{-1}																	
	45	0.872	1.09	1.30	1.61	1.92	2.12	2.32	2.62	2.91	3.11	3.58	4.04	4.49	4.93	5.36	5.77	6.56	7.30
48		0.931	1.16	1.38	1.72	2.05	2.27	2.48	2.81	3.12	3.33	3.84	4.34	4.83	5.30	5.76	6.21	7.08	7.89
50		0.971	1.21	1.44	1.79	2.14	2.37	2.59	2.93	3.26	3.48	4.01	4.54	5.05	5.55	6.04	6.51	7.42	8.29
	55	1.07	1.33	1.59	1.98	2.36	2.61	2.86	3.24	3.60	3.85	4.45	5.03	5.60	6.17	6.71	7.25	8.29	9.27
60		1.17	1.46	1.74	2.16	2.58	2.86	3.14	3.55	3.95	4.22	4.88	5.52	6.16	6.78	7.39	7.99	9.15	10.26
63		1.23	1.53	1.83	2.28	2.72	3.01	3.30	3.73	4.16	4.44	5.14	5.82	6.49	7.15	7.80	8.43	9.67	10.85
70		1.37	1.70	2.04	2.53	3.03	3.35	3.68	4.16	4.64	4.96	5.74	6.51	7.27	8.02	8.75	9.47	10.88	12.23
76		1.48	1.85	2.21	2.76	3.29	3.65	4.00	4.53	5.05	5.40	6.26	7.10	7.93	8.75	9.56	10.36	11.91	13.42
80		1.56	1.95	2.33	2.90	3.47	3.85	4.22	4.78	5.33	5.70	6.60	7.50	8.38	9.25	10.11	10.95	12.60	14.21
	90			2.63	3.27	3.92	4.34	4.76	5.39	6.02	6.44	7.47	8.48	9.49	10.48	11.46	12.43	14.33	16.18
100				2.92	3.64	4.36	4.83	5.31	6.01	6.71	7.18	8.33	9.47	10.60	11.71	12.82	13.91	16.05	18.15
	110			3.22	4.01	4.80	5.33	5.85	6.63	7.40	7.92	9.19	10.46	11.71	12.95	14.17	15.39	17.78	20.12
120						5.25	5.82	6.39	7.24	8.09	8.66	10.06	11.44	12.82	14.18	15.53	16.87	19.51	22.10
130						5.69	6.31	6.93	7.86	8.78	9.40	10.92	12.43	13.93	15.41	16.89	18.35	21.23	24.07
	140					6.13	6.81	7.48	8.48	9.47	10.14	11.78	13.42	15.04	16.65	18.24	19.83	22.96	26.04
150						6.58	7.30	8.02	9.09	10.16	10.88	12.65	14.40	16.15	17.88	19.60	21.31	24.69	28.02
160						7.02	7.79	8.56	9.71	10.86	11.62	13.51	15.39	17.26	19.11	20.96	22.79	26.41	29.99
170												14.37	16.38	18.37	20.35	22.31	24.27	28.14	31.96
	180														21.58	23.67	25.75	29.87	33.93
190																25.03	27.23	31.59	35.91
200																	28.71	33.32	37.88
	220																	36.77	41.83
	240																	40.22	45.77
	260																	43.68	49.72

第4篇

续表

外径/mm		壁厚/mm														
系列 2	系列 3	(9)	10	(11)	12.5	(14)	16	(18)	20	(22)	25					
		单位长度理论质量/kg·m^{-1}														
	45	7.99	8.63	9.22	10.02											
48		8.66	9.37	10.04	10.94											
50		9.10	9.86	10.58	11.56											
	55	10.21	11.10	11.94	13.10	14.16										
60		11.32	12.33	13.29	14.64	15.88	17.36									
63		11.99	13.07	14.11	15.57	16.92	18.55									
70		13.54	14.80	16.01	17.73	19.33	21.31									
76		14.87	16.28	17.63	19.58	21.41	23.68									
80		15.76	17.26	18.72	20.81	22.79	25.25	27.52								
	90	17.98	19.73	21.43	23.89	26.24	29.20	31.96	34.53	36.89						
100		20.20	22.20	24.14	26.97	29.69	33.15	36.40	39.46	42.32	46.24					
	110	22.42	24.66	26.86	30.06	33.15	37.09	40.84	44.39	47.74	52.41					
120		24.64	27.13	29.57	33.14	36.60	41.04	45.28	49.32	53.17	58.57					
130		26.86	29.59	32.28	36.22	40.05	44.98	49.72	54.26	58.60	64.74					
	140	29.08	32.06	34.99	39.30	43.50	48.93	54.16	59.19	64.02	70.90					
150		31.30	34.53	37.71	42.39	46.96	52.87	58.60	64.12	69.45	77.07					
160		33.52	36.99	40.42	45.47	50.41	56.82	63.03	69.05	74.87	83.23					
170		35.73	39.46	43.13	48.55	53.86	60.77	67.47	73.98	80.30	89.40					
	180	37.95	41.92	45.85	51.64	57.31	64.71	71.91	78.92	85.72	95.56					
190		40.17	44.39	48.56	54.72	60.77	68.66	76.35	83.85	91.15	101.73					
200		42.39	46.86	51.27	57.80	64.22	72.60	80.79	88.78	96.57	107.89					
	220	46.83	51.79	56.70	63.97	71.12	80.50	89.67	98.65	107.43	120.23					
	240	51.27	56.72	62.12	70.13	78.03	88.39	98.55	108.51	118.28	132.56					
	260	55.71	61.65	67.55	76.30	84.93	96.28	107.43	118.38	129.13	144.89					

注：1. 括号内尺寸不推荐使用。

2. 参见表 4-1-182 的注 1～3 和注 5。

3. 外径系列没有规定系列 1。

表 4-1-184　　**不锈钢无缝钢管尺寸规格**（GB/T 17395—2008）

外径/mm			壁厚/mm
系列 1	系列 2	系列 3	规格
	6		0.5～1.2
	7		0.5～1.2
	8		0.5～1.2
	9		0.5～1.2
10 (10.2)			0.5～2.0
	12		0.5～2.0
	12.7		0.5～3.2
13 (13.5)			0.5～3.2
		14	0.5～3.5
	16		0.5～4.0
17 (17.2)			0.5～4.0
		18	0.5～4.5
	19		0.5～4.5
	20		0.5～4.5
21 (21.3)			0.5～5.0
		22	0.5～5.0
	24		0.5～5.0
	25		0.5～6.0
		25.4	1.0～6.0
27 (26.9)			1.0～6.0
		30	1.0～6.5
	32 (31.8)		1.0～6.5
34 (33.7)			1.0～6.5
		35	1.0～6.5
	38		1.0～6.5
	40		1.0～6.5
42 (42.4)			1.0～7.5
		45 (44.5)	1.0～8.5
48 (48.3)			1.0～8.5
	51		1.0～9.0
		54	1.6～10
	57		1.6～10
60 (60.3)			1.6～10
	64 (63.5)		1.6～10
	68		1.6～12
	70		1.6～12
	73		1.6～12
76 (76.1)			1.6～12
		83 (82.5)	1.6～14
89 (88.9)			1.6～14
	95		1.6～14
	102 (101.6)		1.6～14
	108		1.6～14
114 (114.3)			1.6～14
	127		1.6～14
	133		1.6～14
140 (139.7)			1.6～16
	146		1.6～16
	152		1.6～16
	159		1.6～16
168 (168.3)			1.6～18
	180		2.0～18
	194		2.0～18
219 (219.1)			2.0～28
	245		2.0～28
273			2.0～28
325 (323.9)			2.5～28
	351		2.5～28
356 (355.6)			2.5～28
	377		2.5～28
406 (406.4)			2.5～28
	426		3.2～20
壁厚尺寸系列/mm	0.5,0.6,0.7,0.8,0.9,1.0,1.2,1.4,1.5,1.6,2.0,2.2(2.3),2.5(2.6),2.8(2.9),3.0,3.2,3.5(3.6),4.0,4.5,5.0,5.5(5.6),6.0,6.5(6.3),7.0(7.1),7.5,8.0,8.5,9.0(8.8),9.5,10,11,12(12.5),14(14.2),15,16,17(17.5),18,20,22(22.2),24,25,26,28		

注：1. 括号内尺寸表示相应英制规格。

2. 直径 194mm、219mm、245mm、273mm、325mm、351mm、356mm、377mm 的钢管无 6.0mm 的壁厚。

3. 不锈钢无缝钢管，在国标中没有列出单位长度理论重量，可参照表 4-1-182 的注 5 计算。

1.10.2 结构用无缝钢管和输送流体用无缝钢管

表 4-1-185 结构用无缝钢管（GB/T 8162—2018）和输送流体用无缝钢管（GB/T 8163—2018）牌号、尺寸规格及力学性能

<table>
<tr><td rowspan="15">钢管尺寸规格（GB/T 8162、GB/T 8163）</td><td>公称尺寸</td><td colspan="4">钢管的公称外径（D）和公称壁厚（S）应符合 GB/T 17395 无缝钢管的规定，按供需双方协定，可供应其他外径和壁厚的钢管</td></tr>
<tr><td rowspan="3">外径允许偏差</td><td>钢管种类</td><td colspan="3">允许偏差/mm</td></tr>
<tr><td>热轧（扩）钢管</td><td colspan="3">±1%D 或±0.5，取其中较大者</td></tr>
<tr><td>冷拔（轧）钢管</td><td colspan="3">±0.75%D 或±0.3，取其中较大者</td></tr>
<tr><td rowspan="6">热轧、热扩管壁厚允许偏差/mm</td><td>钢管种类</td><td>钢管公称外径 D</td><td>S/D</td><td>允许偏差</td></tr>
<tr><td rowspan="4">热轧钢管</td><td>≤102</td><td>—</td><td>±12.5%S 或±0.4，取其中较大者</td></tr>
<tr><td rowspan="3">>102</td><td>≤0.05</td><td>±15%S 或±0.4，取其中较大者</td></tr>
<tr><td>>0.05～0.10</td><td>±12.5%S 或±0.4，取其中较大者</td></tr>
<tr><td>>0.10</td><td>+12.5%S
−10%S</td></tr>
<tr><td>热扩钢管</td><td colspan="2">—</td><td>±15%S</td></tr>
<tr><td rowspan="4">冷拔（轧）管壁厚允许偏差/mm</td><td>钢管种类</td><td>钢管公称壁厚 S</td><td colspan="2">允许偏差</td></tr>
<tr><td rowspan="3">冷拔（轧）</td><td>≤3</td><td colspan="2">+15%S
−10%S 或±0.15，取其中较大者</td></tr>
<tr><td>>3～10</td><td colspan="2">+12.5%S
−10%S</td></tr>
<tr><td>>10</td><td colspan="2">±10%S</td></tr>
<tr><td>钢管长度</td><td colspan="4">钢管的通常长度为 3000～12000mm，供需双方协定可供应其他长度的钢管；钢管定尺长度或倍尺长度不大于 6000mm 时，其允许偏差为 $^{+30}_{0}$mm；大于 6000mm 时，其允许偏差为 $^{+50}_{0}$mm
钢管以倍尺长度交货时，每个倍尺长度应留出切口余量，D≤159mm 时，切口余量为 5～10mm；D>159mm 时，切口余量为 10～15mm
钢管长度交货要求，应由供需双方协定，并在合同中注明</td></tr>
</table>

类别	牌号	质量等级	抗拉强度 R_m/MPa	下屈服强度 R_{eL}①/MPa			断后伸长率② A/%	冲击试验	
				公称壁厚 S/mm				温度/℃	吸收能量 K_{V2}/J
				≤16	>16～30	>30			
				不小于					不小于
结构用优质碳素结构钢和低合金高强度结构钢无缝钢管的牌号及力学性能(GB/T 8162—2018)	10	—	≥335	205	195	185	24	—	—
	15	—	≥375	225	215	205	22	—	—
	20	—	≥410	245	235	225	20	—	—
	25	—	≥450	275	265	255	18	—	—
	35	—	≥510	305	295	285	17	—	—
	45	—	≥590	335	325	315	14	—	—
	20Mn	—	≥450	275	265	255	20	—	—
	25Mn	—	≥490	295	285	275	18	—	—
	Q345	A	470～630	345	325	295	20	—	—
		B						+20	34
		C					21	0	
		D						−20	
		E						−40	27
	Q390	A	490～650	390	370	350	18	—	—
		B						+20	34
		C					19	0	
		D						−20	
		E						−40	27

续表

	牌号	质量等级	抗拉强度 R_m/MPa	下屈服强度 R_{eL}①/MPa			断后伸长率② A/%	冲击试验	
				公称壁厚 S/mm				温度/℃	吸收能量 K_{V2}/J
				≤16	>16~30	>30			
				不小于					不小于
结构用优质碳素结构钢和低合金高强度结构钢无缝钢管的牌号及力学性能(GB/T 8162—2018)	Q420	A	520~680	420	400	380	18	—	—
		B						+20	34
		C					19	0	
		D						−20	
		E						−40	27
	Q460	C	550~720	460	440	420	17	0	34
		D						−20	
		E						−40	27
	Q500	C	610~770	500	480	440	17	0	55
		D						−20	47
		E						−40	31
	Q550	C	670~830	550	530	490	16	0	55
		D						−20	47
		E						−40	31
	Q620	C	710~880	620	590	550	15	0	55
		D						−20	47
		E						−40	31
	Q690	C	770~940	690	660	620	14	0	55
		D						−20	47
		E						−40	31

① 拉伸试验时，如不能测定 R_{eL}，可测定 $R_{p0.2}$ 代替 R_{eL}

② 如合同中无特殊规定，拉伸试验试样可沿钢管纵向或横向截取。如有分歧时，拉伸试验应以沿钢管纵向截取的试样作为仲裁试样

注：1. 低合金高强度结构钢钢管，当外径不小于70mm，且壁厚不小于6.5mm时，应进行纵向冲击试验，其夏比V型缺口冲击试验的试验温度和冲击吸收能量应符合本表的规定。冲击吸收能量按一组3个试样的算术平均值计算，允许其中一个试样的单个值低于规定值，但应不低于规定值的70%。

2. 本表中的冲击吸收能量为标准尺寸试样夏比V形缺口冲击吸收能量要求值。当钢管尺寸不能制备标准尺寸试样时，可制备小尺寸试样。当采用小尺寸冲击试样时，其最小夏比V形缺口冲击吸收能量要求值应为标准尺寸试样冲击吸收能量要求值乘以规定的递减系数 f，冲击试样尺寸应优先选择较大的尺寸，标准试样尺寸10mm×10mm(高×宽)，$f=1$；小试样尺寸为10mm×7.5mm、10mm×5mm，其 f 系数分别为0.75、0.5

续表

类别	牌号	推荐的热处理制度①					拉伸性能②			壁厚≥5mm钢管退火或高温回火交货状态布氏硬度 HBW
		淬火(正火)			回火		抗拉强度 R_m/MPa	下屈服强度⑦ R_{eL}/MPa	断后伸长率 A /%	
		温度/℃		冷却剂	温度/℃	冷却剂	不小于			不大于
		第一次	第二次							
结构用合金结构钢无缝钢管的牌号及力学性能（GB/T 8162—2018）	40Mn2	840	—	水、油	540	水、油	885	735	12	217
	45Mn2	840	—	水、油	550	水、油	885	735	10	217
	27SiMn	920	—	水	450	水、油	980	835	12	217
	40MnB③	850	—	油	500	水、油	980	785	10	207
	45MnB④	840	—	油	500	水、油	1030	835	9	217
	20Mn2B⑤⑥	880	—	油	200	水、空	980	785	10	187
	20Cr④⑥	880	800	水、油	200	水、空	835	540	10	179
							785	490	10	179
	30Cr	860	—	油	500	水、油	885	685	11	187
	35Cr	860	—	油	500	水、油	930	735	11	207
	40Cr	850	—	油	520	水、油	980	785	9	207
	45Cr	840	—	油	520	水、油	1030	835	9	217
	50Cr	830	—	油	520	水、油	1080	930	9	229
	38CrSi	900	—	油	600	水、油	980	835	12	255
	20CrMo④⑥	880	—	水、油	500	水、油	885	685	11	197
							845	635	12	197
	35CrMo	850	—	油	550	水、油	980	835	12	229
	42CrMo	850	—	油	560	水、油	1080	930	12	217
	38CrMoAl④	940	—	水、油	640	水、油	980	835	12	229
							930	785	14	229
	50CrVA	860	—	油	500	水、油	1275	1130	10	255
	20CrMn	850	—	油	200	水、空	930	735	10	187
	20CrMnSi⑥	880	—	油	480	水、油	785	635	12	207
	30CrMnSi⑥	880	—	油	520	水、油	1080	885	8	229
							980	835	10	229
	35CrMnSiA⑥	880	—	油	230	水、空	1620	—	9	229
	20CrMnTi⑤⑥	880	870	油	200	水、空	1080	835	10	217
	30CrMnTi⑤⑥	880	850	油	200	水、空	1470	—	9	229
	12CrNi2	860	780	水、油	200	水、空	785	590	12	207
	12CrNi3	860	780	油	200	水、空	930	685	11	217
	12Cr2Ni4	860	780	油	200	水、空	1080	835	10	269
	40CrNiMoA	850	—	油	600	水、油	980	835	12	269
	45CrNiMoVA	860	—	油	460	油	1470	1325	7	269

① 表中所列热处理温度允许调整范围：淬火±15℃，低温回火±20℃，高温回火±50℃

② 拉伸试验时，可截取横向或纵向试样，有异议时，以纵向试样为仲裁依据

③ 含硼钢在淬火前可先正火，正火温度应不高于其淬火温度

④ 按需方指定的一组数据交货，当需方未指定时，可按其中任一组数据交货

⑤ 含铬锰钛钢第一次淬火可用正火代替

⑥ 于280～320℃等温淬火

⑦ 拉伸试验时，如不能测定 R_{eL}，可测定 $R_{p0.2}$ 代替 R_{eL}

续表

	牌号	质量等级	拉伸性能			冲击试验	
			抗拉强度 R_m /MPa	下屈服强度 R_{eL}/MPa 不小于	断后伸长率 A /% 不小于	试验温度 /℃	冲击吸收能量 K_{V2}/J 不小于
输送流体用无缝钢管的牌号及力学性能(GB/T 8163—2018)	10	—	335～475	205	24	—	—
	20	—	410～530	245	20	—	—
	Q345	A	470～630	345	20	—	—
		B				+20	34
		C			21	0	
		D				−20	
		E				−40	27
	Q390	A	490～650	390	18	—	—
		B				+20	34
		C			19	0	
		D				−20	
		E				−40	27
	Q420	A	520～680	420	18	—	—
		B				+20	34
		C			19	0	
		D				−20	
		E				−40	27
	Q460	C	550～720	460	17	0	34
		D				−20	
		E				−40	27
	注：1. 拉伸试验时，如不能测定 R_{eL}，可测定 $R_{p0.2}$ 代替 R_{eL} 2. 牌号为 Q345、Q390、Q420、Q460 质量等级为 B、C、D、E 的钢管，当外径不小于 70mm，且壁厚不小于 6.5mm 时，应进行纵向冲击试验，其夏比 V 形缺口冲击试验的试验温度和冲击吸收能量应符合本表的规定。冲击吸收能量按一组 3 个试样的算术平均值计算，允许其中一个试样的单个值低于规定值，但应不低于规定值的 70%。 3. 本表规定的冲击吸收能量为标准尺寸试样夏比 V 形缺口冲击吸收能量要求值。当钢管尺寸不能制备标准尺寸试样时，可制备小尺寸试样。当采用小尺寸冲击试样时，其最小夏比 V 形缺口冲击吸收能量要求值应为标准尺寸试样冲击吸收能量要求值乘以规定的递减系数 f，标准试样尺寸 10mm×10mm(高×宽) $f=1$，小试样 10mm×7.5mm，$f=0.75$，小试样 10mm×5mm，$f=0.5$ 冲击试样尺寸应优先选择较大的尺寸						

1.10.3　奥氏体-铁素体型双相不锈钢无缝钢管

表 4-1-186　奥氏体-铁素体型双相不锈钢无缝钢管尺寸规格（GB/T 21833—2008）

制造方法	钢管尺寸规格的规定	钢管的尺寸/mm			允许偏差	
					普通级	高级
热轧(热挤压)钢管	公称外径 D 和公称壁厚 S 尺寸应符合 GB/T 17395—2008 的规定 钢管一般以通常长度交货，通常长度为 3000～12000mm，定尺和倍尺总长度应在通常长度范围内	公称外径 D	≤51		±0.40mm	±0.30mm
			>51～219	S≤35	±0.75%D	±0.5%D
				S>35	±1%D	±0.75%D
			>219		±1%D	±0.75%D
		公称壁厚 S	≤4.0		±0.45mm	±0.35mm
			>4.0～20		$^{+12.5}_{-10}$%S	±10%S
			>20	D<219	±10%S	±7.5%S
				D≥219	$^{+12.5}_{-10}$%S	±10%S
冷拔(轧)钢管		公称外径 D	12～30		±0.20mm	±0.15mm
			>30～50		±0.30mm	±0.25mm
			>50～89		±0.50mm	±0.40mm
			>89～140		±0.8%D	±0.7%D
			>140		±1%D	±0.9%D
		公称壁厚 S	≤3		±14%S	$^{+12}_{-10}$%S
			>3		$^{+12}_{-10}$%S	±10%S

注：1. 钢管适于在有腐蚀工况下使用，如承压设备、流体输送及热交换器等。

2. 钢管应经热处理并酸洗交货，经保护气氛热处理的钢管，可不经酸洗交货。按需方要求，并在合同中注明，钢管也可以冷加工状态交货，其弯曲度、力学性能、工艺性能、金相组织等由供需双方协商确定。

3. 钢管按理论重量交货，亦可按实际重量交货。钢管每米的理论质量按下式计算：

$$W=\pi\rho(D-S)S/1000$$

式中　W——钢管的理论质量，kg/m；

π——取 3.1416；

ρ——钢的密度，kg/dm³，0.22Cr19Ni5Mo3Si2N 的密度取 7.70kg/dm³，其他牌号的密度取 7.80kg/dm³；

D——钢管的公称外径，mm；

S——钢管的公称壁厚，mm。

表 4-1-187 奥氏体-铁素体型双相不锈钢无缝钢管牌号、室温纵向力学性能和高温力学性能（GB/T 21833—2008）

牌号	推荐热处理制度		拉伸性能			硬度		高温力学性能 $R_{p0.2}$/MPa（钢管固溶状态下，壁厚不大于30mm，下列温度下的 $R_{p0.2}$）				
			抗拉强度 R_m/MPa	规定非比例延伸强度 $R_{p0.2}$/MPa	断后伸长率 A/%	HBW	HRC	50℃	100℃	150℃	200℃	250℃
			≥			≤		≥				
022Cr19Ni5Mo3Si2N	980～1040℃	急冷	630	440	30	290	30	430	370	350	330	325
022Cr22Ni5Mo3N	1020～1100℃	急冷	620	450	25	290	30	415	360	335	310	295
022Cr23Ni4MoCuN	925～1050℃	急冷 $D \leqslant 25$mm	690	450	25			370	330	310	290	280
		急冷 $D > 25$mm	600	400	25	290	30					
022Cr23Ni5Mo3N	1020～1100℃	急冷	655	485	25	290	30					
022Cr24Ni7Mo4CuN	1080～1120℃	急冷	770	550	25	310		485	450	420	400	380
022Cr25Ni6Mo2N	1050～1100℃	急冷	690	450	25	280		—	—	—	—	—
022Cr25Ni7Mo3WCuN	1020～1100℃	急冷	690	450	25	290	30	—	—	—	—	—
022Cr25Ni7Mo4N	1025～1125℃	急冷	800	550	15	300	32	530	480	445	420	405
03Cr25Ni6Mo3Cu2N	≥1040℃	急冷	760	550	15	297	31	—	—	—	—	—
022Cr25Ni7Mo4WCuN	1100～1140℃	急冷	750	550	25	300		502	450	420	400	380
06Cr26Ni4Mo2	925～955℃	急冷	620	485	20	271	28	—	—	—	—	—
12Cr21Ni5Ti	950～1100℃	急冷	590	345	20			—	—	—	—	—

注：1. 本表各牌号的化学成分应符合 GB/T 21833—2008 的规定。
2. 壁厚大于或等于 1.7mm 的钢管应进行布氏或洛氏硬度试验，指标值按本表规定。
3. 钢管应逐根进行液压试验，最大试验压力为 20MPa，液压试验按 GB/T 21833—2008 的规定进行。
4. 钢管的压扁试验、金相检验等均应符合 GB/T 21833—2008 的规定。

表 4-1-188 奥氏体-铁素体型双相不锈钢无缝钢管与国外钢管标准的牌号对照（GB/T 21833—2008）

中国（GB/T 21833—2008）		美国	欧洲	国际	日本	中国原用旧牌号
统一数字代号	牌号	ASTM A789M-05b	EN 10216-5：2004	ISO 15156-3：2003	JIS G3459—2004	
S21953	022Cr19Ni5Mo3Si2N	S31500	X2CrNi3MoSi18-5-3 1.4424			00Cr18Ni5Mo3Si2N
S22253	022Cr22Ni5Mo3N	S31803	X2CrNiMo22-5-3 1.4462	S31803/2205	SUS329J3LTP	00Cr22Ni5Mo3N
S23043	022Cr23Ni4MoCuN	S32304	X2CrNiN23-4 1.4362			00Cr23Ni4N
S22053	022Cr23Ni5Mo3N	S32205				00Cr22Ni5Mo3N
S25203	022Cr24Ni7Mo4CuN	S32520	X2CrNiMoCuN25-6-3 1.4507	S32520/52N＋		00Cr25Ni7Mo4CuN
S22553	022Cr25Ni6Mo2N	S31200		S31200/44LN		00Cr25Ni6Mo2N
S22583	022Cr25Ni7Mo3WCuN	S31260			SUS329J4LTP	00Cr25Ni7Mo3WCuN
S25073	022Cr25Ni7Mo4N	S32750	X2CrNiMoN25-7-4 1.4410	S32750/2507		00Cr25Ni7Mo4N
S25554	03Cr25Ni6Mo3Cu2N	S32550		S32550/255		0Cr25Ni6Mo3Cu2N
S27603	022Cr25Ni7Mo4WCuN	S32760	X2GrNiMoCuWN25-7-4 1.4501	S32760a/Z100		0Cr25Ni7Mo4WCuN
S22693	06Cr26Ni4Mo2	S32900			SUS329J1LTP	0Cr26Ni5Mo2
S22160	12Cr21Ni5Ti					1Cr21Ni5Ti

1.10.4 流体输送用不锈钢无缝钢管

表 4-1-189 流体输送用不锈钢无缝钢管尺寸规格（GB/T 14976—2012）

外径和壁厚尺寸的规定	管材的外径和壁厚尺寸应符合 GB/T 17395 无缝钢管尺寸规格的规定，按需方要求，可以供应 GB/T 17395 规定的管材							
	热轧（挤、扩）钢管（W-H）				冷拔（轧）钢管（W-C）			
	尺寸		允许偏差		尺寸		允许偏差	
			普通级 PA	高级 PC			普通级 PA	高级 PC
外径和壁厚的允许偏差	公称外径 D	68～159	±1.25%D	±1%D	公称外径 D	6～10	±0.20	±0.15
						＞10～30	±0.30	±0.20
						＞30～50	±0.40	±0.30
		＞159	±1.5%D			＞50～219	±0.85%D	±0.75%D
						＞219	±0.9%D	±0.8%D
	公称壁厚 S	＜15	+15%S −12.5%S	±12.5%S	公称壁厚 S	≤3	±12%S	±10%S
		≥15	+20%S −15%S			＞3	+12.5%S −10%S	±10%S
长度	通常长度：热轧（挤、扩）钢管为 2000～12000mm 冷拔（轧）钢管为 1000～12000mm							

注：钢管按公称外径和公称壁厚交货时，其公称外径和壁厚的允许偏差应符合本表的规定；钢管也可按公称外径和最小壁厚交货，此时，公称外径允许偏差按本表规定，壁厚的允许偏差应按 GB/T 14976—2012 的相关规定执行。

表 4-1-190 流体输送用不锈钢无缝钢管牌号及力学性能（GB/T 14976—2012）

组织类型	GB/T 20878—2007		牌号	推荐热处理制度	力学性能			密度 ρ /kg·dm^{-3}
	序号	统一数字代号			抗拉强度 R_m /MPa	规定塑性延伸强度 $R_{p0.2}$ /MPa	断后伸长率 A /%	
					不小于			
奥氏体型	13	S30210	12Cr18Ni9	1010～1150℃，水冷或其他方式快冷	520	205	35	7.93
	17	S30438	06Cr19Ni10	1010～1150℃，水冷或其他方式快冷	520	205	35	7.93
	18	S30403	022Cr19Ni10	1010～1150℃，水冷或其他方式快冷	480	175	35	7.90
	23	S30458	06Cr19Ni10N	1010～1150℃，水冷或其他方式快冷	550	275	35	7.93
	24	S30478	06Cr19Ni9NbN	1010～1150℃，水冷或其他方式快冷	685	345	35	7.98
	25	S30453	022Cr19Ni10N	1010～1150℃，水冷或其他方式快冷	550	245	40	7.93
	32	S30908	06Cr23Ni13	1030～1150℃，水冷或其他方式快冷	520	205	40	7.98
	35	S31008	06Cr25Ni20	1030～1180℃，水冷或其他方式快冷	520	205	40	7.98
	38	S31608	06Cr17Ni12Mo2	1010～1150℃，水冷或其他方式快冷	520	205	35	8.00
	39	S31603	022Cr17Ni12Mo2	1010～1150℃，水冷或其他方式快冷	480	175	35	8.00
	40	S31609	07Cr17Ni12Mo2	≥1040℃，水冷或其他方式快冷	515	205	35	7.98
	41	S31668	06Cr17Ni12Mo2Ti	1000～1100℃，水冷或其他方式快冷	530	205	35	7.90
	43	S31658	06Cr17Ni12Mo2N	1010～1150℃，水冷或其他方式快冷	550	275	35	8.00
	44	S31653	022Cr17Ni12Mo2N	1010～1150℃，水冷或其他方式快冷	550	245	40	8.04
	45	S31688	06Cr18Ni12Mo2Cu2	1010～1150℃，水冷或其他方式快冷	520	205	35	7.96
	46	S31683	022Cr18Ni14Mo2Cu2	1010～1150℃，水冷或其他方式快冷	480	180	35	7.96
	49	S31708	06Cr19Ni13Mo3	1010～1150℃，水冷或其他方式快冷	520	205	35	8.00

续表

组织类型	GB/T 20878—2007 序号	GB/T 20878—2007 统一数字代号	牌　号	推荐热处理制度	力学性能 抗拉强度 R_m /MPa	力学性能 规定塑性延伸强度 $R_{p0.2}$ /MPa	力学性能 断后伸长率 A /%	密度 ρ /kg·dm^{-3}
					不小于			
奥氏体型	50	S31703	022Cr19Ni13Mo3	1010～1150℃，水冷或其他方式快冷	480	175	35	7.98
	55	S32168	06Cr18Ni11Ti	920～1150℃，水冷或其他方式快冷	520	205	35	8.03
	56	S32169	07Cr19Ni11Ti	冷拔(轧)≥1100℃，热轧(挤、扩)≥1050℃，水冷或其他方式快冷	520	205	35	7.93
	62	S34778	06Cr18Ni11Nb	980～1150℃，水冷或其他方式快冷	520	205	35	8.03
	63	S34779	07Cr18Ni11Nb	冷拔(轧)≥1100℃，热轧(挤、扩)≥1050℃，水冷或其他方式快冷	520	205	35	8.00
铁素体型	78	S11348	06Cr13Al	780～830℃，空冷或缓冷	415	205	20	7.75
	84	S11510	10Cr15	780～850℃，空冷或缓冷	415	240	20	7.70
	85	S11710	10Cr17	780～850℃，空冷或缓冷	415	240	20	7.70
	87	S11863	022Cr18Ti	780～950℃，空冷或缓冷	415	205	20	7.70
	92	S11972	019Cr19Mo2NbTi	800～1050℃，空冷	415	275	20	7.75
马氏体型	97	S41008	06Cr13	800～900℃，缓冷或 750℃空冷	370	180	22	7.75
	98	S41010	12Cr13	800～900℃，缓冷或 750℃空冷	415	205	20	7.70

注：钢管牌号的化学成分应符合 GB/T 14976—2012 的规定，钢管按熔炼成分验收。

表 4-1-191 国内外各标准中不锈钢牌号对照（GB/T 14976—2012）

中国 GB/T 20878—2007			美国 ASTM A 959-09	日本 JIS G 4303—2005 JIS G 4311—1991	国际 ISO/TS 15510:2003 ISO 4955:2005	欧洲 EN 10088:1-2005	苏联 ГОСТ 5632-1972
统一数字代号	新牌号	旧牌号					
S30210	12Cr18Ni9	1Cr18Ni9	S30200,302	SUS302	X10CrNi18-8	X10CrNi18-8,1.4310	12X18H9
S30408	06Cr19Ni10	0Cr18Ni9	S30400,304	SUS304	X5CrNi18-9	X5CrNi18-10,1.4301	—
S30403	022Cr19Ni10	00Cr19Ni10	S30403,304L	SUS304L	X2CrNi19-11	X2CrNi19-11,1.4306	03X18H11
S30458	06Cr19Ni10N	0Cr19Ni9N	S30451,304N	SUS304N1	X5CrNiN18-8	X5CrNiN19-9,1.4315	—
S30478	06Cr19Ni9NbN	0Cr19Ni10NbN	S30452,XM-21	SUS304N2	—	—	—
S30453	022Cr19Ni10N	00Cr18Ni10N	S30453,304LN	SUS304LN	X2CrNiN18-9	X2CrNiN18-10,1.4311	—
S30908	06Cr23Ni13	0Cr23Ni13	S30908,309S	SUS309S	X12CrNi23-13	X12CrNi23-13,1.4833	—
S31008	06Cr25Ni20	0Cr25Ni20	S31008,310S	SUS310S	X8CrNi25-21	X8CrNi25-21,1.4845	10X23H18
S31608	06Cr17Ni12Mo2	0Cr17Ni12Mo2	S31600,316	SUS316	X5CrNiMo17-12-2	X5CrNiMo17-12-2,1.4401	—
S31603	022Cr17Ni12Mo2	00Cr17Ni14Mo2	S31603,316L	SUS316L	X2CrNiMo17-12-2	X2CrNiMo17-12-2,1.4404	03X17H14M3
S31609	07Cr17Ni12Mo2	1Cr17Ni12Mo2	S31609,316H	—	—	X3CrNiMo17-13-3,1.4436	—
S31668	06Cr17Ni12Mo2Ti	0Cr18Ni12Mo3Ti	S31635,316Ti	SUS316Ti	X6CrNiMoTi17-12-2	X6CrNiMoTi17-12-2,1.4571	08X17H13M2T
S31658	06Cr17Ni12Mo2N	0Cr17Ni12Mo2N	S31651,316N	SUS316N	—	—	—
S31653	022Cr17Ni12Mo2N	00Cr17Ni13Mo2N	S31653,316LN	SUS316LN	X2CrNiMoN17-12-3	X2CrNiMoN17-13-3,1.4429	—
S31688	06Cr18Ni12Mo2Cu2	0Cr18Ni12Mo2Cu2	—	SUS316J1	—	—	—
S31683	022Cr18Ni14Mo2Cu2	00Cr18Ni14Mo2Cu2	—	SUS316J1L	—	—	—
S31708	06Cr19Ni13Mo3	0Cr19Ni13Mo3	S31700,317	SUS317	—	—	—
S31703	022Cr19Ni13Mo3	00Cr19Ni13Mo3	S31703,317L	SUS317L	X2CrNiMo19-14-4	X2CrNiMo18-15-4,1.4438	03X16H15M3Б
S32168	06Cr18Ni11Ti	0Cr18Ni10Ti	S32100,321	SUS321	X6CrNiTi18-10	X6CrNiTi18-10,1.4541	08X18H10T
S32169	07Cr19Ni11Ti	1Cr18Ni11Ti	S32109,321H	—	X7CrNiTi18-10	—	12X18H10T
S34778	06Cr18Ni11Nb	0Cr18Ni11Nb	S34700,347	SUS347	X6CrNiNb18-10	X6CrNiNb18-10,1.4550	08X18H12Б
S34779	07Cr18Ni11Nb	1Cr19Ni11Nb	S34709,347H	—	X7CrNiNb18-10	X7CrNiNb18-10,1.4912	—
S11348	06Cr13Al	0Cr13Al	S40500,405	SUS405	X6CrAl13	X6CrAl13,1.4002	—
S11510	10Cr15	1Cr15	S42900,429	—	—	—	—
S11710	10Cr17	1Cr17	S43000	SUS430	X6Cr17	X6Cr17,1.4016	12X17
S11863	022Cr18Ti	00Cr17	S43035,439	—	X3CrTi17	X3CrTi17,1.4510	08X17T
S11972	019Cr19Mo2NbTi	00Cr18Mo2	S44400,444	—	X2CrMoTi18-2	X2CrMoTi18-2,1.4521	—
S41008	06Cr13	0Cr13	S41008,410S	—	X6Cr13	X6Cr13,1.4000	08X13
S41010	12Cr13	1Cr13	S41000,410	SUS410	X12Cr13	X12Cr13,1.4006	12X13

1.10.5　流体输送用不锈钢复合钢管

表 4-1-192　　流体输送用不锈钢复合钢管尺寸规格（GB/T 32958—2016）　　mm

	制造工艺		外径范围(D)	总壁厚(t) 不小于	复层壁厚(t_1) 不小于
复合钢管外径和壁厚尺寸	总要求		21.3～1626	2.8	复层厚度不小于复合管总壁厚的8%，且不小于 0.25mm（焊接连接时不小于 0.5mm）
	衬里复合钢管		21.3～1422	2.8	0.25
	内覆复合钢管	螺旋缝埋弧焊(SAWH)	219.1～1626	3.0	0.50
		直缝埋弧焊(SAWL)	406.4～1626	6.4	1.00
		直缝高频焊(HFW)	219.1～711	2.8	0.50
		热压熔合、堆焊、离心铸造等	21.3～1422	2.8	0.25

	公称外径(D)	外径允许偏差		壁厚允许偏差①	
		管体	管端②	总壁厚③(t)	复层厚度(t_1)
外径和壁厚允许偏差	21.3～60.3	$^{+0.4}_{-0.8}$		±9%t	−10%t_1，正公差不限
	>60.3～168.3	±0.75%D	$^{+1.6}_{-0.4}$		
	>168.3～610	±0.75%D，但最大为±3.2	±0.5%D，但最大为±1.6		
	>610～1422	±0.5%D，但最大为±4.0	±1.6		
	>1422	协议	协议		

① 壁厚正偏差不适用于焊缝。

② 管端包括钢管每个端头 100mm 长度范围内的钢管。

③ 无缝钢管作为基管时，总壁厚允许偏差±12.5%t。

注：1. 复合钢管外径和总壁厚等具体尺寸规格应符合 GB/T 17395 无缝钢管尺寸规格或 GB/T 21835 焊接钢管尺寸规格的规定。

2. GB/T 32958—2016 规定的钢管适用于一般流体和化工弱腐蚀环境中输送流体的以不锈钢为复层、碳钢或低合金钢为基层的内覆或衬里复合钢管。

表 4-1-193　流体输送用不锈钢复合钢管基层、复层材料牌号及力学性能（GB/T 32958—2016）

	基层材料③	下屈服强度① R_{eL}/MPa	抗拉强度 R_m/MPa	断后伸长率 A/%	
				D≤168.3mm	D>168.3mm
		不小于			
基层材料牌号及力学性能	10	195	315	22	
	20	235	390	19	
	Q195	195②	315	15	20
	Q215A、Q215B	215	335	15	20
	Q235A、Q235B	235	370	15	20
	Q275A、Q275B	275	410	13	18
	Q345A、Q345B	345	470	13	18
复层材料	1. 不锈钢复层牌号：12Cr18Ni9、06Cr19Ni10、022Cr19Ni10、06Cr25Ni20、06Cr17Ni12Mo2、06Cr18Ni11Ti、06Cr18Ni11Nb、06Cr13、022Cr18Ti、019Cr19Mo2NbTi、06Cr13Al、022Cr11Ti、022Cr12Ni、022Cr22Ni5Mo3N、022Cr25Ni7Mo4N 各牌号的化学成分应符合 GB/T 32958—2016 的相关规定 2. 除外形尺寸之外，用于衬里、热压熔合（旋压或挤压）内覆的复层钢管，在复合前应分别符合 GB/T 12771、GB/T 14976、GB/T 21832、GB/T 21833 或 YB/T 4202 的规定				

① 屈服现象不明显时，按 $R_{p0.2}$。

② Q195 的屈服强度值仅供参考，不作交货条件。

③ 基层材料各牌号的化学成分应符合 GB/T 699 或 GB/T 700 或 GB/T 1591 的相关规定

注：1. 复合钢管管体拉伸试验应测定屈服强度、抗拉强度、断后伸长率。焊接接头拉伸试验只测定抗拉强度，其值应符合本表的规定。当采用全壁厚试样时，如断后伸长率不合格，允许剖去复层仅对基层进行拉伸试验，其断后伸长率应不小于基层标准值。

2. 外径不小于 219.1mm 的复合钢管拉伸试验应截取管体横向试样和焊缝试样。采用 SAWL、HFW 工艺的复合钢管管体拉伸试样应在复合钢管上距焊缝 180°的位置截取，SAWH 钢管管体拉伸试样应在复合钢管上距螺旋焊缝至少 1/4 个板宽位置处截取。焊缝（包括 SAWL、HFW 钢管的焊缝，SAWH 钢管螺旋焊缝以及钢带对接焊缝）拉伸试样应在复合钢管上垂直于焊缝截取，且焊缝位于试样的中间。外径小于 219.1mm 的复合管管体应取纵向试样，或选择使用钢管全截面纵向试样。

1.10.6 冷拔或冷轧精密无缝钢管

表 4-1-194 冷拔或冷轧精密无缝钢管尺寸规格（GB/T 3639—2009） mm

外径和允许偏差		壁厚													
		0.5	0.8	1	1.2	1.5	1.8	2	2.2	2.5	2.8	3	3.5	4	4.5
		内径和允许偏差													
4	±0.08	3±0.15	2.4±0.15	2±0.15	1.6±0.15										
5		4±0.15	3.4±0.15	3±0.15	2.6±0.15										
6		5±0.15	4.4±0.15	4±0.15	3.6±0.15	3±0.15	2.4±0.15	2±0.15							
7		6±0.15	5.4±0.15	5±0.15	4.6±0.15	4±0.15	3.4±0.15	3±0.15							
8		7±0.15	6.4±0.15	6±0.15	5.6±0.15	5±0.15	4.4±0.15	4±0.15	3.6±0.15	3±0.25					
9		8±0.15	7.4±0.15	7±0.15	6.6±0.15	6±0.15	5.4±0.15	5±0.15	4.6±0.15	4±0.25	3.4±0.25				
10		9±0.15	8.4±0.15	8±0.15	7.6±0.15	7±0.15	6.4±0.15	6±0.15	5.6±0.15	5±0.15	4.4±0.25	4±0.25			
12		11±0.15	10.4±0.15	10±0.15	9.6±0.15	9±0.15	8.4±0.15	8±0.15	7.6±0.15	7±0.15	6.4±0.15	6±0.25	5±0.25	4±0.25	
14		13±0.08	12.4±0.08	12±0.08	11.6±0.15	11±0.15	10.4±0.15	10±0.15	9.5±0.15	9±0.15	8.4±0.15	8±0.15	7±0.15	6±0.25	5±0.25
15		14±0.08	13.4±0.08	13±0.08	12.5±0.08	12± 0.15	11.4±0.15	11±0.15	10.6±0.15	10±0.15	9.4±0.15	9±0.15	8±0.15	7±0.15	6±0.25
16		15±0.08	14.4±0.08	14±0.08	12.6±0.08	13±0.08	12.4±0.15	12±0.15	11.6±0.15	11±0.15	10.4±0.15	10±0.15	9±0.15	8±0.15	7±0.15
18		17±0.08	16.4±0.08	16± 0.04	15.6±0.08	15±0.08	14.4±0.08	14±0.08	13.6±0.15	13±0.15	12.4±0.15	12±0.15	11±0.15	10±0.15	9±0.15
20		19±0.08	18.4±0.08	18±0.08	17.6±0.08	17±0.08	16.4±0.08	16±0.08	15.6±0.15	15±0.15	14.4±0.15	14±0.15	13±0.15	12±0.15	11±0.15
22		21±0.08	20.4±0.08	20±0.08	19.6±0.08	19±0.08	18.4±0.08	18±0.08	17.6±0.08	17±0.15	16.4±0.15	16±0.15	15±0.15	14±0.15	13±0.15
25		24±0.08	23.4±0.08	23±0.08	22.6±0.08	22±0.08	21.4±0.08	21±0.08	20.6±0.08	20±0.08	19.4±0.15	19±0.15	18±0.15	17±0.15	16±0.15
26		25±0.08	24.4±0.08	24±0.08	23.8±0.08	23±0.08	22.4±0.08	22±0.08	21.6±0.08	21±0.08	20.4±0.15	20±0.15	19±0.15	18±0.15	17±0.15
28		27±0.08	26.4±0.08	26±0.08	25.6±0.08	25±0.08	24.4±0.08	24±0.08	23.6±0.08	23±0.08	22.4±0.08	22±0.15	21±0.15	20±0.15	19±0.15
30		29±0.08	28.4±0.08	28±0.08	27.8±0.08	27±0.08	26.4±0.08	26±0.08	25.6±0.08	25±0.08	24.4±0.08	24±0.15	23±0.15	22±0.15	21±0.15
32	±0.15	31±0.15	30.4±0.15	30±0.15	29.6±0.15	29±0.15	28.4±0.15	28±0.15	27.6±0.15	27±0.15	26.4±0.15	26±0.15	25±0.15	24±0.15	23±0.15
35		34±0.15	33.4±0.15	33±0.15	32.6±0.15	32±0.15	31.4±0.15	31±0.15	30.6±0.15	30±0.15	29.4±0.15	29±0.15	28±0.15	27±0.15	26±0.15
38		37±0.15	36.4±0.15	36±0.15	35.6±0.15	35±0.15	35.4±0.15	34±0.15	33.6±0.15	33±0.15	32.4±0.15	32±0.15	31±0.15	30±0.15	29±0.15
40		39±0.15	38.4±0.15	38±0.15	37.6±0.15	37±0.15	36.4±0.15	36±0.15	35.6±0.15	35±0.15	34.4±0.15	34±0.15	33±0.15	32±0.15	31.0±0.15
42	±0.20			40±0.20	39.6±0.20	39±0.20	38.4±0.20	38±0.20	37.6±0.20	37±0.20	36.4±0.20	36±0.20	35±0.20	34±0.20	33±0.20
45				43±0.20	42.6±0.20	42±0.20	41.4±0.20	41±0.20	40.6±0.20	40±0.20	39.4±0.20	39± 0.20	38±0.20	37±0.20	35±0.20
48				46±0.20	45.6±0.20	45±0.20	44.4±0.20	44±0.20	43.6±0.20	43±0.20	42.4±0.20	42±0.20	41±0.20	40±0.20	39±0.20
50				48±0.20	47.6±0.20	47±0.20	46.4±0.20	46±0.20	45.6±0.20	45±0.20	44.4±0.20	44±0.20	43±0.20	42±0.20	41±0.20

续表

外径和允许偏差		壁厚													
		0.5	0.8	1	1.2	1.5	1.8	2	2.2	2.5	2.8	3	3.5	4	4.5
		内径和允许偏差													
55	±0.25			53±0.25	52.6±0.25	52±0.25	51.4±0.25	51±0.25	50.6±0.25	50±0.25	49.4±0.25	49±0.25	48±0.25	47±0.25	46±0.25
60				58±0.25	57.6±0.25	57±0.25	56.4±0.25	56±0.25	55.6±0.25	55±0.25	54.4±0.25	54±0.25	53±0.25	52±0.25	51±0.25
65	±0.30			63±0.30	62.6±0.30	62±0.30	51.4±0.30	61±0.30	60.6±0.30	60±0.30	59.4±0.30	59± 0.30	58±0.30	57±0.30	56±0.30
70				68±0.30	67.6±0.30	67±0.30	66.4±0.30	66±0.30	65.6±0.30	65± 0.30	64.4±0.30	64±0.30	63± 0.30	62±0.30	61±0.30
75	±0.35			73± 0.35	72.6±0.35	72±0.35	71.4±0.35	71±0.35	70.6±0.35	70±0.35	69.4±0.35	69±0.35	68±0.35	67±0.35	66±0.35
80				78±0.35	77.6±0.35	77±0.35	76.4±0.35	76±0.35	75.6±0.35	75± 0.35	74.4±0.35	74± 0.35	73±0.35	72±0.35	71±0.35
85	±0.40					82.4±0.40	81.4±0.40	81±0.40	81.6±0.40	80±0.40	79.4±0.40	79±0.40	78±0.40	77±0.40	76±0.40
90						87±0.40	86.4±0.40	86±0.40	85.6±0.40	85±0.40	84.4±0.40	84±0.40	83±0.40	82±0.40	81±0.40
95	±0.45							91±0.45	90.6±0.45	90±0.45	89.4±0.45	89±0.45	88±0.45	87±0.45	86±0.45
100								96±0.45	95.6±0.45	95±0.45	94.4±0.45	94±0.45	93±0.45	92±0.45	91±0.45
110	±0.50							106±0.50	105.6±0.50	105±0.50	104.4±0.50	104±0.50	103±0.50	102±0.50	101±0.50
120								116±0.50	115.6±0.50	115±0.50	114.4±0.50	114±0.50	113±0.50	112±0.50	111±0.50
130	±0.70									125±0.70	124.4±0.70	124±0.70	123±0.70	122±0.70	121±0.70
140										135±0.70	134.4±0.70	134±0.70	133±0.70	132±0.70	131±0.70
150	±0.80											144±0.80	143±0.80	142±0.80	141±0.80
160												154±0.80	153±0.80	152±0.80	151±0.80
170	±0.90											164±0.90	163±0.90	162±0.90	161±0.90
180													173± 0.90	172±0.90	171±0.90
190	±1.00												183±1.00	182± 1.00	181±1.00
200													193±1.00	192±1.00	191±1.00

第4篇

续表

外径和允许偏差		壁厚												
		5	5.5	6	7	8	9	10	12	14	16	18	20	22
		内径和允许偏差												
4	±0.08													
5														
6														
7														
8														
9														
10														
12														
14														
15		5±0.25												
16		6±0.25	5±0.25	4±0.25										
18		8±0.15	7±0.25	6±0.25										
20		10±0.15	9±0.15	8±0.25	6±0.25									
22		12±0.15	11±0.15	10±0.15	8±0.25									
25		15±0.15	14±0.15	13±0.15	11±0.15	9±0.25								
26		16±0.15	15±0.15	14±0.15	12±0.15	10±0.25								
28		18±0.15	17±0.15	16±0.15	14±0.15	12±0.15								
30		20±0.15	19±0.15	18±0.15	16±0.15	14±0.15	12±0.15	10±0.25						
32	±0.15	22±0.15	21±0.15	20±0.15	18±0.15	16±0.15	14±0.15	12±0.25						
35		25±0.15	24±0.15	23± 0.15	21±0.15	19±0.15	17±0.15	15±0.15						
38		28±0.15	27±0.15	26±0.15	24±0.15	22±0.15	20±0.15	18±0.15						
40		30±0.15	29±0.15	28±0.15	26±0.15	24±0.15	22±0.15	20±0.15						

续表

外径和允许偏差		壁厚 5	5.5	6	7	8	9	10	12	14	16	18	20	22
		内径和允许偏差												
42	±0.20	32±0.20	31±0.20	30±0.20	28±0.20	26±0.20	24±0.20	22±0.20						
45		35±0.20	34±0.20	33±0.20	31±0.20	29±0.20	27±0.20	25±0.20						
48		38±0.20	37±0.20	36±0.20	34±0.20	32±0.20	30±0.20	28±0.20						
50		40±0.20	39±0.20	38±0.20	36±0.20	34±0.20	32±0.20	30±0.20						
55	±0.25	45±0.25	44±0.25	43±0.25	41±0.25	39±0.25	37±0.25	35±0.25	31±0.25					
60		50±0.25	49±0.25	48±0.25	45±0.25	44±0.25	42±0.25	40±0.25	36±0.25					
65	±0.30	55±0.30	54±0.30	53±0.30	51±0.30	49±0.30	47±0.30	45±0.30	41±0.30	37±0.30				
70		60±0.30	59±0.30	58±0.30	56±0.30	54±0.30	53±0.30	50±0.30	46±0.30	42±0.30				
75	±0.35	65±0.35	54±0.35	63±0.35	61±0.35	59±0.35	57±0.35	55±0.35	51±0.35	47±0.35	43±0.35			
80		70±0.35	69±0.35	68±0.35	66±0.35	64±0.35	62±0.35	60±0.35	56±0.35	52±0.35	48±0.35			
85	±0.40	75±0.40	74±0.40	73±0.40	71±0.40	49±0.40	67±0.40	65±0.40	61±0.40	57±0.40	53±0.40			
90		80±0.40	79±0.40	78±0.40	76±0.40	74±0.40	72±0.40	70±0.40	46±0.40	62±0.40	58±0.40			
95	±0.45	85±0.45	64±0.45	83±0.45	81±0.45	79±0.45	77±0.45	75±0.45	71±0.45	67±0.45	63±0.45	59±0.45		
100		90±0.45	89±0.45	88±0.45	86±0.45	84±0.45	82±0.45	80±0.45	76±0.45	72±0.45	68±0.45	64±0.45		
110	±0.50	100±0.50	99±0.50	98±0.50	96±0.50	94±0.50	93±0.50	90±0.50	85±0.50	82±0.50	78±0.50	74±0.50		
120		110±0.50	109±0.50	108±0.50	106±0.50	104±0.50	102±0.50	100±0.50	96±0.50	92±0.50	88±0.50	84±0.50		
130	±0.70	120±0.70	119±0.70	118±0.70	116±0.70	114±0.70	112±0.70	110±0.70	106±0.70	102±0.70	98±0.70	94±0.70		
140		130±0.70	129±0.70	128±0.70	126±0.70	124±0.70	122±0.70	120±0.70	116±0.70	112±0.70	106±0.70	104±0.70		
150	±0.80	140±0.80	139±0.80	138±0.80	136±0.80	134±0.80	132±0.80	130±0.80	126±0.80	122±0.80	118±0.80	114±0.80	110±0.80	
160		150±0.80	149±0.80	148±0.80	146±0.80	144±0.80	142±0.80	140±0.80	136±0.80	132±0.80	128±0.80	124±0.80	120±0.80	
170	±0.90	160±0.90	159±0.90	158±0.90	156±0.90	154±0.90	152±0.90	150±0.90	146±0.90	142±0.90	138±0.90	134±0.90	130±0.90	
180		170±0.90	169±0.90	168±0.90	166±0.90	164±0.90	162±0.90	160±0.90	156±0.90	152±0.90	148±0.90	144±0.90	140±0.90	
190	±1.00	180±1.00	179±1.00	178±1.00	176±1.00	174±1.00	172±1.00	170±1.00	166±1.00	162±1.00	158±1.00	154±1.00	150±1.00	146±1.00
200		190±1.00	189±1.00	188±1.00	186±1.00	184±1.00	182±1.00	180±1.00	176±1.00	172±1.00	168±1.00	164±1.00	160±1.00	156±1.00

表 4-1-195 冷拔或冷轧精密无缝钢管牌号及力学性能（GB/T 3639—2009）

牌号及力学性能	牌号	交货状态											
		冷加工/硬+C		冷加工/软+LC		冷加工后消除应力退火+SR			退火+A		正火+N		
		抗拉强度 R_m/MPa	断后伸长率 A/%	抗拉强度 R_m/MPa	断后伸长率 A/%	抗拉强度 R_m/MPa	上屈服强度 R_{eH}/MPa	断后伸长率 A/%	抗拉强度 R_m/MPa	断后伸长率 A/%	抗拉强度 R_m/MPa	上屈服强度 R_{eH}/MPa	断后伸长率 A/%
		≥											
	10	430	8	380	10	400	300	16	335	24	320～450	215	27
	20	550	5	520	8	520	375	12	390	21	440～570	255	21
	35	590	5	550	7	—	—	—	510	17	≥460	280	21
	45	645	4	630	6	—	—	—	590	14	≥540	340	18
	Q345B	640	4	580	7	580	450	10	450	22	490～630	355	22
化学成分的规定	钢管牌号10、20、35、45的化学成分应符合GB/T 699的规定，Q345B牌号的化学成分应符合GB/T 1591的规定												
用途	钢管适于制造机械结构、液压设备、汽车用具有特殊尺寸精度和高质量要求的管件和零件												

注：管材交货状态代号及说明：

交货状态	代号	说明
冷加工/硬	+C	最后冷加工之后钢管不进行热处理
冷加工/软	+LC	最后热处理之后进行适当的冷加工
冷加工后消除应力退火	+SR	最后冷加工之后，钢管在控制气氛中进行去应力退火
退火	+A	最后冷加工之后，钢管在控制气氛中进行完全退火
正火	+N	最后冷加工之后，钢管在控制气氛中进行正火

1.10.7 冷拔异型钢管

表 4-1-196 冷拔方形钢管尺寸规格（GB/T 3094—2012）

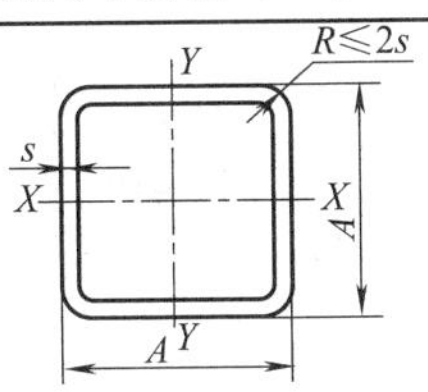

D-1 方形钢管

基本尺寸		截面面积 S	理论质量 G	惯性矩 $I_x=I_y$	截面模数 $W_x=W_y$
A	s				
mm		/cm²	/kg·m⁻¹	/cm⁴	/cm³
12	0.8	0.347	0.273	0.072	0.119
	1	0.423	0.332	0.084	0.140
14	1	0.503	0.395	0.139	0.199
	1.5	0.711	0.558	0.181	0.259
16	1	0.583	0.458	0.216	0.270
	1.5	0.831	0.653	0.286	0.357
18	1	0.663	0.520	0.315	0.351
	1.5	0.951	0.747	0.424	0.471
	2	1.211	0.951	0.505	0.561
20	1	0.743	0.583	0.442	0.442
	1.5	1.071	0.841	0.601	0.601
	2	1.371	1.076	0.725	0.725
	2.5	1.643	1.290	0.817	0.817
22	1	0.823	0.646	0.599	0.544
	1.5	1.191	0.935	0.822	0.748
	2	1.531	1.202	1.001	0.910
	2.5	1.843	1.447	1.140	1.036
25	1.5	1.371	1.077	1.246	0.997
	2	1.771	1.390	1.535	1.228
	2.5	2.143	1.682	1.770	1.416
	3	2.485	1.951	1.955	1.564
30	2	2.171	1.704	2.797	1.865
	3	3.085	2.422	3.670	2.447
	3.5	3.500	2.747	3.996	2.664
	4	3.885	3.050	4.256	2.837
32	2	2.331	1.830	3.450	2.157
	3	3.325	2.611	4.569	2.856
	3.5	3.780	2.967	4.999	3.124
	4	4.205	3.301	5.351	3.344
35	2	2.571	2.018	4.610	2.634
	3	3.685	2.893	6.176	3.529
	3.5	4.200	3.297	6.799	3.885
	4	4.685	3.678	7.324	4.185
36	2	2.651	2.081	5.048	2.804
	3	3.805	2.987	6.785	3.769
	4	4.845	3.804	8.076	4.487
	5	5.771	4.530	8.975	4.986
40	2	2.971	2.332	7.075	3.537
	3	4.285	3.364	9.622	4.811
	4	5.485	4.306	11.60	5.799
	5	6.571	5.158	13.06	6.532
42	2	3.131	2.458	8.265	3.936
	3	4.525	3.553	11.30	5.380
	4	5.805	4.557	13.69	6.519
	5	6.971	5.472	15.51	7.385
45	2	3.371	2.646	10.29	4.574
	3	4.885	3.835	14.16	6.293
	4	6.285	4.934	17.28	7.679
	5	7.571	5.943	19.72	8.763
50	2	3.771	2.960	14.36	5.743
	3	5.485	4.306	19.94	7.975
	4	7.085	5.562	24.56	9.826
	5	8.571	6.728	28.32	11.33
55	2	4.171	3.274	19.38	7.046
	3	6.085	4.777	27.11	9.857
	4	7.885	6.190	33.66	12.24
	5	9.571	7.513	39.11	14.22
60	3	6.685	5.248	35.82	11.94
	4	8.685	6.818	44.75	14.92
	5	10.57	8.298	52.35	17.45
	6	12.34	9.688	58.72	19.57
65	3	7.285	5.719	46.22	14.22
	4	9.485	7.446	58.05	17.86
	5	11.57	9.083	68.29	21.01
	6	13.54	10.63	77.03	23.70
70	3	7.885	6.190	58.46	16.70
	4	10.29	8.074	73.76	21.08
	5	12.57	9.868	87.18	24.91
	6	14.74	11.57	98.81	28.23
75	4	11.09	8.702	92.08	24.55
	5	13.57	10.65	109.3	29.14
	6	15.94	12.51	124.4	33.16
	8	19.79	15.54	141.4	37.72
80	4	11.89	9.330	113.2	28.30
	5	14.57	11.44	134.8	33.70
	6	17.14	13.46	154.0	38.49
	8	21.39	16.79	177.2	44.30
90	4	13.49	10.59	164.7	36.59
	5	16.57	13.01	197.2	43.82
	6	19.54	15.34	226.6	50.35
	8	24.59	19.30	265.8	59.06

第 4 篇

续表

基本尺寸 A/mm	s/mm	截面面积 S /cm²	理论质量 G /kg·m⁻¹	惯性矩 $I_x=I_y$ /cm⁴	截面模数 $W_x=W_y$ /cm³	基本尺寸 A/mm	s/mm	截面面积 S /cm²	理论质量 G /kg·m⁻¹	惯性矩 $I_x=I_y$ /cm⁴	截面模数 $W_x=W_y$ /cm³
100	5	18.57	14.58	276.4	55.27	130	6	29.14	22.88	739.5	113.8
	6	21.94	17.22	319.0	63.80		8	37.39	29.35	906.3	139.4
	8	27.79	21.82	379.8	75.95		10	45.42	35.66	1057.6	162.7
	10	33.42	26.24	432.6	86.52		12	52.93	41.55	1182.5	181.9
108	5	20.17	15.83	353.1	65.39	140	6	31.54	24.76	935.3	133.6
	6	23.86	18.73	408.9	75.72		8	40.59	31.86	1153.9	164.8
	8	30.35	23.83	491.4	91.00		10	49.42	38.80	1354.1	193.4
	10	36.62	28.75	564.3	104.5		12	57.73	45.32	1522.8	217.5
120	6	26.74	20.99	573.1	95.51	150	8	43.79	34.38	1443.0	192.4
	8	34.19	26.84	696.8	116.1		10	53.42	41.94	1701.2	226.8
	10	41.42	32.52	807.9	134.7		12	62.53	49.09	1922.6	256.3
	12	48.13	37.78	897.0	149.5		14	71.11	55.82	2109.2	281.2
125	6	27.94	21.93	652.7	104.4	160	8	46.99	36.89	1776.7	222.1
	8	35.79	28.10	797.0	127.5		10	57.42	45.08	2103.1	262.9
	10	43.42	34.09	927.2	148.3		12	67.33	52.86	2386.8	298.4
	12	50.53	39.67	1033.2	165.3		14	76.71	60.22	2630.1	328.8

注：1. GB/T 3094—2012 规定有方形、矩形、椭圆形、平椭圆形、内外六角形和直角梯形等截面的钢管，本手册只选编了方形和矩形两种截面的钢管。

2. 方形管还有尺寸 A（mm）为 180、200、250、280 的大规格管材未编入本表。

3. 管材通常长度为 2～9m。

表 4-1-197　　冷拔矩形钢管尺寸规格（GB/T 3094—2012）

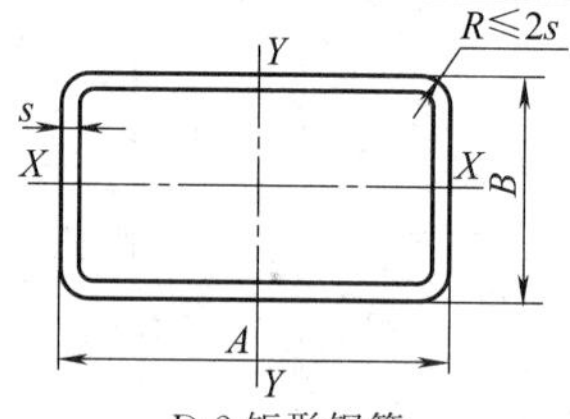

D-2 矩形钢管

基本尺寸 A/mm	B/mm	s/mm	截面面积 S/cm²	理论质量 G/kg·m⁻¹	惯性矩 I_x/cm⁴	惯性矩 I_y/cm⁴	截面模数 W_x/cm³	截面模数 W_y/cm³
10	5	0.8	0.203	0.160	0.007	0.022	0.028	0.045
		1	0.243	0.191	0.008	0.025	0.031	0.050
12	6	0.8	0.251	0.197	0.013	0.041	0.044	0.069
		1	0.303	0.238	0.015	0.047	0.050	0.079
14	7	1	0.362	0.285	0.026	0.080	0.073	0.115
		1.5	0.501	0.394	0.080	0.099	0.229	0.141
		2	0.611	0.480	0.031	0.106	0.090	0.151
	10	1	0.423	0.332	0.062	0.106	0.123	0.151
		1.5	0.591	0.464	0.077	0.134	0.154	0.191
		2	0.731	0.574	0.085	0.149	0.169	0.213
16	8	1	0.423	0.332	0.041	0.126	0.102	0.157
		1.5	0.591	0.464	0.050	0.159	0.124	0.199
		2	0.731	0.574	0.053	0.177	0.133	0.221
	12	1	0.502	0.395	0.108	0.171	0.180	0.213
		1.5	0.711	0.558	0.139	0.222	0.232	0.278
		2	0.891	0.700	0.158	0.256	0.264	0.319

续表

基本尺寸			截面面积	理论质量	惯性矩		截面模数	
A	B	s	S/cm^2	$G/kg\cdot m^{-1}$	I_x	I_y	W_x	W_y
mm					cm^4		cm^3	
18	9	1	0.483	0.379	0.060	0.185	0.134	0.206
		1.5	0.681	0.535	0.076	0.240	0.168	0.266
		2	0.851	0.668	0.084	0.273	0.186	0.304
	14	1	0.583	0.458	0.173	0.258	0.248	0.286
		1.5	0.831	0.653	0.228	0.342	0.326	0.380
		2	1.051	0.825	0.266	0.402	0.380	0.446
20	10	1	0.543	0.426	0.086	0.262	0.172	0.262
		1.5	0.771	0.606	0.110	0.110	0.219	0.110
		2	0.971	0.762	0.124	0.400	0.248	0.400
	12	1	0.583	0.458	0.132	0.298	0.220	0.298
		1.5	0.831	0.653	0.172	0.396	0.287	0.396
		2	1.051	0.825	0.199	0.465	0.331	0.465
25	10	1	0.643	0.505	0.106	0.465	0.213	0.372
		1.5	0.921	0.723	0.137	0.624	0.274	0.499
		2	1.171	0.919	0.156	0.740	0.313	0.592
	18	1	0.803	0.630	0.417	0.696	0.463	0.557
		1.5	1.161	0.912	0.567	0.956	0.630	0.765
		2	1.491	1.171	0.685	1.164	0.761	0.931
30	15	1.5	1.221	0.959	0.435	1.324	0.580	0.883
		2	1.571	1.233	0.521	1.619	0.695	1.079
		2.5	1.893	1.486	0.584	1.850	0.779	1.233
	20	1.5	1.371	1.007	0.859	1.629	0.859	1.086
		2	1.771	1.390	1.050	2.012	1.050	1.341
		2.5	2.143	1.682	1.202	2.324	1.202	1.549
35	15	1.5	1.371	1.077	0.504	1.969	0.672	1.125
		2	1.771	1.390	0.607	2.429	0.809	1.388
		2.5	2.143	1.682	0.683	2.803	0.911	1.602
	25	1.5	1.671	1.312	1.661	2.811	1.329	1.606
		2	2.171	1.704	2.066	3.520	1.652	2.011
		2.5	2.642	2.075	2.405	4.126	1.924	2.358
40	11	1.5	1.401	1.100	0.276	2.341	0.501	1.170
	20	2	2.171	1.704	1.376	4.184	1.376	2.092
		2.5	2.642	2.075	1.587	4.903	1.587	2.452
		3	3.085	2.422	1.756	5.506	1.756	2.753
	30	2	2.571	2.018	3.582	5.629	2.388	2.815
		2.5	3.143	2.467	4.220	6.664	2.813	3.332
		3	3.685	2.893	4.768	7.564	3.179	3.782
50	25	2	2.771	2.175	2.861	8.595	2.289	3.438
		3	3.985	3.129	3.781	11.64	3.025	4.657
		4	5.085	3.992	4.424	13.96	3.540	5.583
	40	2	3.371	2.646	8.520	12.05	4.260	4.821
		3	4.885	3.835	11.68	16.62	5.840	6.648
		4	6.285	4.934	14.20	20.32	7.101	8.128
60	30	2	3.371	2.646	5.153	15.35	3.435	5.117
		3	4.885	3.835	6.964	21.18	4.643	7.061
		4	6.285	4.934	8.344	25.90	5.562	8.635
	40	2	3.771	2.960	9.965	18.72	4.983	6.239
		3	5.485	4.306	13.74	26.06	6.869	8.687
		4	7.085	5.562	16.80	32.19	8.402	10.729

续表

基本尺寸			截面面积 S/cm^2	理论质量 $G/kg \cdot m^{-1}$	惯性矩		截面模数	
A	B	s			I_x	I_y	W_x	W_y
mm					cm^4		cm^3	
70	35	2	3.971	3.117	8.426	24.95	4.815	7.130
		3	5.785	4.542	11.57	34.87	6.610	9.964
		4	7.485	5.876	14.09	43.23	8.051	12.35
	50	3	6.685	5.248	26.57	44.98	10.63	12.85
		4	8.685	6.818	33.05	56.32	13.22	16.09
		5	10.57	8.298	38.48	66.01	15.39	18.86
80	40	3	6.685	5.248	17.85	53.47	8.927	13.37
		4	8.685	6.818	22.01	66.95	11.00	16.74
		5	10.57	8.298	25.40	78.45	12.70	19.61
	60	4	10.29	8.074	57.32	90.07	19.11	22.52
		5	12.57	9.868	67.52	106.6	22.51	26.65
		6	14.74	11.57	76.28	121.0	25.43	30.26
90	50	3	7.885	6.190	33.21	83.39	13.28	18.53
		4	10.29	8.074	41.53	105.4	16.61	23.43
		5	12.57	9.868	48.65	124.8	19.46	27.74
	70	4	11.89	9.330	91.21	135.0	26.06	30.01
		5	14.57	11.44	108.3	161.0	30.96	35.78
		6	15.94	12.51	123.5	184.1	35.27	40.92
100	50	3	8.485	6.661	36.53	108.4	14.61	21.67
		4	11.09	8.702	45.78	137.5	18.31	27.50
		5	13.57	10.65	53.73	163.4	21.49	32.69
	80	4	13.49	10.59	136.3	192.8	34.08	38.57
		5	16.57	13.01	163.0	231.2	40.74	46.24
		6	19.54	15.34	186.9	265.9	46.72	53.18
120	60	4	13.49	10.59	82.45	245.6	27.48	40.94
		5	16.57	13.01	97.85	294.6	32.62	49.10
		6	19.54	15.34	111.4	338.9	37.14	56.49
	80	4	15.09	11.84	159.4	299.5	39.86	49.91
		6	21.94	17.22	219.8	417.0	54.95	69.49
		8	27.79	21.82	260.5	495.8	65.12	82.63
140	70	6	23.14	18.17	185.1	558.0	52.88	79.71
		8	29.39	23.07	219.1	665.5	62.59	95.06
		10	35.43	27.81	247.2	761.4	70.62	108.8
	120	6	29.14	22.88	651.1	827.5	108.5	118.2
		8	37.39	29.35	797.3	1014.4	132.9	144.9
		10	45.43	35.66	929.2	1184.7	154.9	169.2
150	75	6	24.94	19.58	231.7	696.2	61.80	92.82
		8	31.79	24.96	276.7	837.4	73.80	111.7
		10	38.43	30.16	314.7	965.0	83.91	128.7
	100	6	27.94	21.93	451.7	851.8	90.35	113.6
		8	35.79	28.10	549.5	1039.3	109.9	138.6
		10	43.43	34.09	635.9	1210.4	127.2	164.4
160	60	6	24.34	19.11	146.6	713.1	48.85	89.14
		8	30.99	24.33	172.5	851.7	57.50	106.5
		10	37.43	29.38	193.2	976.4	64.40	122.1
	80	6	26.74	20.99	285.7	855.5	71.42	106.9
		8	34.19	26.84	343.8	1036.7	85.94	129.6
		10	41.43	32.52	393.5	1201.7	98.37	150.2

注：矩形钢管尺寸 A(mm) 为 180、200、220、240、250、300、400 大规格管材未编入本表。

表 4-1-198　**冷拔异型钢管牌号及力学性能**（GB/T 3094—2012）

	牌号	质量等级	抗拉强度 R_m /MPa	下屈服强度 R_{eL} /MPa	断后伸长率 A /%	冲击试验 温度 /℃	冲击试验 冲击吸收能量 K_{V2} /J
			不小于				不小于
管材的牌号及热处理状态交货管材的纵向力学性能	10	—	335	205	24	—	—
	20	—	410	245	20	—	—
	35	—	510	305	17	—	—
	45	—	590	335	14	—	—
	Q195	—	315～430	195	33	—	—
	Q215	A	335～450	215	30	—	—
		B				+20	27
	Q235	A	370～500	235	25	—	—
		B				+20	27
		C				0	
		D				−20	
	Q345	A	470～630	345	20	—	—
		B				+20	34
		C			21	0	
		D				−20	
		E				−40	27
	Q390	A	490～650	390	18	—	—
		B				+20	34
		C			19	0	
		D				−20	
		E				−40	27
牌号化学成分的规定	钢管牌号 10、20、35、45 的化学成分应符合 GB/T 699—2015 的规定 牌号 Q195、Q215、Q235、Q345、Q390 的化学成分应符合 GB/T 1591—2018 的规定						

注：1. 冷拔状态交货的钢管，不作力学性能试验。合金结构钢钢管的纵向力学性能应符合 GB/T 3077—2015 的规定。

2. 以热处理状态交货的 Q195、Q215、Q235、Q345 和 Q390 钢管，当截面周长不小于 240mm 且壁厚不小于 10mm 时，应进行冲击试验，其指标应符合本表规定。

3. 钢管适于制作工程中各种结构件、工具、机械零件和部件等之用。

1.10.8　低温管道用无缝钢管

表 4-1-199　**低温管道用无缝钢管牌号及力学性能**（GB/T 18984—2016）

	牌号	抗拉强度 R_m /MPa	下屈服强度或规定塑性延伸强度 $R_{eL}/R_{p0.2}$ /MPa		断后伸长率[①] A /%		
			$S\leqslant16$mm	$S>16$mm	1 号试样	2 号试样[②]	3 号试样
钢管的牌号及纵向力学性能	16MnDG	490～665	≥325	≥315	≥30		≥23
	10MnDG	≥400	≥240		≥35		≥29
	09DG	≥385	≥210		≥35		≥29
	09Mn2VDG	≥450	≥300		≥30		≥23
	06Ni3MoDG	≥455	≥250		≥30		≥23
	06Ni9DG	≥690	≥520		≥22		≥18
	① 外径小于 20mm 的钢管，本表规定的断后伸长率值不适用，其断后伸长率值由供需双方协商确定 ② 壁厚小于 8mm 的钢管，用 2 号试样进行拉伸试验时，壁厚每减少 1mm 其断后伸长率的最小值应从本表规定最小断后伸长率中减去 1.5%，并按数字修约规则修约为整数						

续表

	试样尺寸(高度×宽度)/(mm×mm)	冲击吸收能量①② K_{V2}/J		
		一组(3个)的平均值	至少2个的单个值	1个的最低值
钢管的纵向低温冲击吸收能量	10×10	≥21(40)	≥21(40)	≥15(28)
	10×7.5	≥18(35)	≥18(35)	≥13(25)
	10×5	≥14(26)	≥14(26)	≥10(18)
	10×2.5	≥7(13)	≥7(13)	≥5(9)
	① 对不能采用10mm×2.5mm冲击试样尺寸的钢管,冲击吸收能量由供需双方协商确定 ② 括号中的数值为06Ni9DG钢管的冲击吸收能量 注:钢管的纵向低温夏比V形缺口冲击吸收能量应符合本表的规定。冲击试验温度应符合如下规定:16MnDG、10MnDG和09DG为−45℃,09Mn2VDG为−70℃,06Ni3MoDG为−100℃,06Ni9DG为−196℃			
化学成分的规定	钢管牌号的化学成分应符合GB/T 18984—2016的规定			
用途	钢管适用于−196～−45℃低温压力容器管道和低温热交换器管道用的无缝管道之用			

注:1. 钢管应逐根进行液压试验,最大试验压力为10MPa,试验压力的计算按GB/T 18984—2016的规定。

2. 钢管的压扁、扩口、弯曲等试验及要求应符合GB/T 18984—2016的规定。

表 4-1-200 低温管道用无缝钢管尺寸规格(GB/T 18984—2016)

尺寸规格的规定	钢管的公称外径(*D*)和公称壁厚(*S*)应符合GB/T 17395无缝钢管尺寸规格的规定,按需方要求,可供应符合GB/T 17395规定之外的钢管					
外径和壁厚的允许偏差/mm	分类代号	制造方式	钢管公称尺寸		允许偏差	
					普通级	高级
	W-H 热轧(扩)钢管	热轧钢管	外径(*D*)	≤54	±0.40	±0.30
				>54～325	±1%*D*	±0.75%*D*
				>325	±1%*D*	—
			壁厚(*S*)	≤20	+15%*S* −10%*S*	±10%*S*
				>20	+12.5%*S* −10%*S*	±10%*S*
		热扩钢管	外径(*D*)	全部	±1%*D*	
			壁厚(*S*)	全部	±15%*S*	
	W-C 冷拔(轧)钢管	冷拔(轧)钢管	外径(*D*)	≤25.4	±0.15	
				>25.4～40	±0.20	
				>40～50	±0.25	
				>50～60	±0.30	
				>60	±0.75%*D*	±0.5%*D*
			壁厚(*S*)	≤3.0	±0.3	±0.2
				>3.0	±10%*S*	±7.5%*S*
钢管长度	钢管通常长度为4000～12000mm,可按定尺或倍尺长度交货,应在合同中注明					

1.10.9 焊接钢管尺寸规格

表 4-1-201　　普通焊接钢管尺寸规格(GB/T 21835—2008)

系列			壁厚/mm																		
系列 1			0.5	0.6	0.8	1.0	1.2	1.4		1.6		1.8		2.0		2.3		2.6		2.9	
系列 2									1.5		1.7		1.9		2.2		2.4		2.8		3.1
外径/mm			单位长度理论质量/kg·m^{-1}																		
系列 1	系列 2	系列 3																			
10.2			0.120	0.142	0.185	0.227	0.266	0.304	0.322	0.339	0.356	0.373	0.389	0.404	0.434	0.448	0.462	0.487	0.511	0.522	
	12		0.142	0.169	0.221	0.271	0.320	0.366	0.388	0.410	0.432	0.453	0.473	0.493	0.532	0.550	0.568	0.603	0.635	0.651	0.680
	12.7		0.150	0.179	0.235	0.289	0.340	0.390	0.414	0.438	0.461	0.484	0.506	0.528	0.570	0.590	0.610	0.648	0.684	0.701	0.734
13.5			0.160	0.191	0.251	0.308	0.364	0.418	0.444	0.470	0.495	0.519	0.544	0.567	0.613	0.635	0.657	0.699	0.739	0.758	0.795
		14	0.166	0.198	0.260	0.321	0.379	0.435	0.462	0.489	0.516	0.542	0.567	0.592	0.640	0.664	0.687	0.731	0.773	0.794	0.833
	16		0.191	0.228	0.300	0.370	0.438	0.504	0.536	0.568	0.600	0.630	0.661	0.691	0.749	0.777	0.805	0.859	0.911	0.937	0.986
17.2			0.206	0.246	0.324	0.400	0.474	0.546	0.581	0.616	0.650	0.684	0.717	0.750	0.814	0.845	0.876	0.936	0.994	1.02	1.08
		18	0.216	0.257	0.339	0.419	0.497	0.573	0.610	0.647	0.683	0.719	0.754	0.789	0.857	0.891	0.923	0.987	1.05	1.08	1.14
	19		0.228	0.272	0.359	0.444	0.527	0.608	0.647	0.687	0.725	0.764	0.801	0.838	0.911	0.947	0.983	1.05	1.12	1.15	1.22
	20		0.240	0.287	0.379	0.469	0.556	0.642	0.684	0.726	0.767	0.808	0.848	0.888	0.966	1.00	1.04	1.12	1.19	1.22	1.29
21.3			0.256	0.306	0.404	0.501	0.595	0.687	0.732	0.777	0.822	0.866	0.909	0.952	1.04	1.08	1.12	1.20	1.28	1.32	1.39
		22	0.265	0.317	0.418	0.518	0.616	0.711	0.758	0.805	0.851	0.897	0.942	0.986	1.07	1.12	1.16	1.24	1.33	1.37	1.44
	25		0.302	0.361	0.477	0.592	0.704	0.815	0.869	0.923	0.977	1.03	1.082	1.13	1.24	1.29	1.34	1.44	1.53	1.58	1.67
		25.4	0.307	0.367	0.485	0.602	0.716	0.829	0.884	0.939	0.994	1.05	1.10	1.15	1.26	1.31	1.36	1.46	1.56	1.61	1.70
26.9			0.326	0.389	0.515	0.639	0.761	0.880	0.940	0.998	1.06	1.11	1.17	1.23	1.34	1.40	1.45	1.56	1.66	1.72	1.82
		30	0.364	0.435	0.576	0.715	0.852	0.987	1.05	1.12	1.19	1.25	1.32	1.38	1.51	1.57	1.63	1.76	1.88	1.94	2.06
	31.8		0.386	0.462	0.612	0.760	0.906	1.05	1.12	1.19	1.26	1.33	1.40	1.47	1.61	1.67	1.74	1.87	2.00	2.07	2.19
	32		0.388	0.465	0.616	0.765	0.911	1.06	1.13	1.20	1.27	1.34	1.41	1.48	1.62	1.68	1.75	1.89	2.02	2.08	2.21
33.7			0.409	0.490	0.649	0.806	0.962	1.12	1.19	1.27	1.34	1.42	1.49	1.56	1.71	1.78	1.85	1.99	2.13	2.20	2.34
		35	0.425	0.509	0.675	0.838	1.00	1.16	1.24	1.32	1.40	1.47	1.55	1.63	1.78	1.85	1.93	2.08	2.22	2.30	2.44
	38		0.462	0.553	0.734	0.912	1.09	1.26	1.35	1.44	1.52	1.61	1.69	1.78	1.94	2.02	2.11	2.27	2.43	2.51	2.67
	40		0.487	0.583	0.773	0.962	1.15	1.33	1.42	1.52	1.61	1.70	1.79	1.87	2.05	2.14	2.23	2.40	2.57	2.65	2.82

续表

系列			壁厚/mm																	
系列 1			3.2		3.6		4.0		4.5		5.0		5.4		5.6		6.3		7.1	
系列 2				3.4		3.8		4.37		4.78		5.16		5.56		6.02		6.35		7.92
外径/mm			单位长度理论质量/kg · m^{-1}																	
系列 1	系列 2	系列 3																		
10.2																				
	12																			
	12.7																			
13.5																				
		14																		
	16		1.01	1.06	1.10	1.14														
17.2			1.10	1.16	1.21	1.26														
		18	1.17	1.22	1.28	1.33														
	19		1.25	1.31	1.37	1.42														
	20		1.33	1.39	1.46	1.52	1.58	1.68												
21.3			1.43	1.50	1.57	1.64	1.71	1.82	1.86	1.95										
		22	1.48	1.56	1.63	1.71	1.78	1.90	1.94	2.03										
	25		1.72	1.81	1.90	1.99	2.07	2.22	2.28	2.38	2.47									
		25.4	1.75	1.84	1.94	2.02	2.11	2.27	2.32	2.43	2.52									
26.9			1.87	1.97	2.07	2.16	2.26	2.43	2.49	2.61	2.70	2.77								
		30	2.11	2.23	2.34	2.46	2.56	2.76	2.83	2.97	3.08	3.16								
	31.8		2.26	2.38	2.50	2.62	2.74	2.96	3.03	3.19	3.30	3.39								
	32		2.27	2.40	2.52	2.64	2.76	2.98	3.05	3.21	3.33	3.42								
33.7			2.41	2.54	2.67	2.80	2.93	3.16	3.24	3.41	3.54	3.63								
		35	2.51	2.65	2.79	2.92	3.06	3.30	3.38	3.56	3.70	3.80								
	38		2.75	2.90	3.05	3.21	3.35	3.62	3.72	3.92	4.07	4.18								
	40		2.90	3.07	3.23	3.39	3.55	3.84	3.94	4.15	4.32	4.43								

续表

系列			壁厚/mm																		
系列 1			0.5	0.6	0.8	1.0	1.2	1.4		1.6		1.8		2.0		2.3		2.6		2.9	
系列 2									1.5		1.7		1.9		2.2		2.4		2.8		3.1
外径/mm			单位长度理论质量/kg·m^{-1}																		
系列 1	系列 2	系列 3																			
42.4			0.517	0.619	0.821	1.02	1. 22	1.42	1.51	1.61	1.71	1.80	1.90	1.99	2.18	2.27	2.37	2.55	2.73	2.82	3.00
		44.5	0.543	0.650	0.862	1.07	1.28	1.49	1.59	1.69	1.79	1.90	2.00	2.10	2.29	2.39	2.49	2.69	2.88	2.98	3.17
48.3				0.706	0.937	1.17	1.39	1.62	1.73	1.84	1.95	2.06	2.17	2.28	2.50	2.61	2.72	2.93	3.14	3.25	3.46
	51			0.746	0.990	1.23	1.47	1.71	1.83	1.95	2.07	2.18	2.30	2.42	2.65	2.76	2.88	3.10	3.33	3.44	3.66
		54		0.79	1.05	1.31	1.56	1.82	1.94	2.07	2.19	2.32	2.44	2.56	2.81	2.93	3.05	3.30	3.54	3.65	3.89
	57			0.835	1.11	1.38	1.65	1.92	2.05	2.19	2.32	2.45	2.58	2.71	2.97	3.10	3.23	3.49	3.74	3.87	4.12
60.3				0.883	1.17	1.46	1.75	2.03	2.18	2.32	2.46	2.60	2.74	2.88	3.15	3.29	3.43	3.70	3.97	4.11	4.37
	63.5			0.931	1.24	1.54	1.84	2.14	2.29	2.44	2.59	2.74	2.89	3.03	3.33	3.47	3.62	3.90	4.19	4.33	4.62
	70				1.37	1.70	2.04	2.37	2.53	2.70	2.86	3.03	3.19	3.35	3.68	3.84	4.00	4.32	4.64	4.80	5.11
		73			1.42	1.78	2.12	2.47	2.64	2.82	2.99	3.16	3.33	3.50	3.84	4.01	4.18	4.51	4.85	5.01	5.34
76.1					1.49	1.85	2.22	2.58	2.76	2.94	3.12	3.30	3.48	3.65	4.01	4.19	4.36	4.71	5.06	5.24	5.58
		82.5			1.61	2.01	2.41	2.80	3.00	3.19	3.39	3.58	3.78	3.97	4.36	4.55	4.74	5.12	5.50	5.69	6.07
88.9					1.74	2.17	2.60	3.02	3.23	3.44	3.66	3.87	4.08	4.29	4.70	4.91	5.12	5.53	5.95	6.15	6.56
	101.6						2.97	3.46	3.70	3.95	4.19	4.43	4.67	4.91	5.39	5.63	5.87	6.35	6.82	7.06	7.53
		108					3.16	3.68	3.94	4.20	4.46	4.71	4.97	5.23	5.74	6.00	6.25	6.76	7.26	7.52	8.02
114.3							3.35	3.90	4.17	4.45	4.72	4.99	5.27	5.54	6.08	6.35	6.62	7.16	7.70	7.97	8.50
	127									4.95	5.25	5.56	5.86	6.17	6.77	7.07	7.37	7.98	8.58	8.88	9.47
	133									5.18	5.50	5.82	6.14	6.46	7.10	7.41	7.73	8.36	8.99	9.30	9.93
139.7										5.45	5.79	6.12	6.46	6.79	7.46	7.79	8.13	8.79	9.45	9.78	10.44
		141.3								5.51	5.85	6.19	6.53	6.87	7.55	7.88	8.22	8.89	9.56	9.90	10.57
		152.4								5.95	6.32	6.69	7.05	7.42	8.15	8.51	8.88	9.61	10.33	10.69	11.41
		159								6.21	6.59	6.98	7.36	7.74	8.51	8.89	9.27	10.03	10.79	11.16	11.92

续表

系列			壁厚/mm																			
系列1			3.2		3.6		4.0		4.5		5.0		5.4		5.6		6.3		7.1		8.0	
系列2				3.4		3.8		4.37		4.78		5.16		5.56		6.02		6.35		7.92		8.74
外径/mm			单位长度理论质量/kg·m^{-1}																			
系列1	系列2	系列3																				
42.4			3.09	3.27	3.44	3.62	3.79	4.10	4.21	4.43	4.61	4.74	4.93	5.05	5.08	5.40						
		44.5	3.26	3.45	3.63	3.81	4.00	4.32	4.44	4.68	4.87	5.01	5.21	5.34	5.37	5.71						
48.3			3.56	3.76	3.97	4.17	4.37	4.73	4.86	5.13	5.34	5.49	5.71	5.86	5.90	6.28						
	51		3.77	3.99	4.21	4.42	4.64	5.03	5.16	5.45	5.67	5.83	6.07	6.23	6.27	6.68						
		54	4.01	4.24	4.47	4.70	4.93	5.35	5.49	5.80	6.04	6.22	6.47	6.64	6.68	7.12						
	57		4.25	4.49	4.74	4.99	5.23	5.67	5.83	6.16	6.41	6.60	6.87	7.05	7.10	7.57						
60.3			4.51	4.77	5.03	5.29	5.55	6.03	6.19	6.54	6.82	7.02	7.31	7.51	7.55	8.06						
	63.5		4.76	5.04	5.32	5.59	5.87	6.37	6.55	6.92	7.21	7.42	7.74	7.94	8.00	8.53						
	70		5.27	5.58	5.90	6.20	6.51	7.07	7.27	7.69	8.01	8.25	8.60	8.84	8.89	9.50	9.90	9.97				
		73	5.51	5.84	6.16	6.48	6.81	7.40	7.60	8.04	8.38	8.63	9.00	9.25	9.31	9.94	10.36	10.44				
76.1			5.75	6.10	6.44	6.78	7.11	7.73	7.95	8.41	8.77	9.03	9.42	9.67	9.74	10.40	10.84	10.92				
		82.5	6.26	6.63	7.00	7.38	7.74	8.42	8.66	9.16	9.56	9.84	10.27	10.55	10.62	11.35	11.84	11.93				
88.9			6.76	7.17	7.57	7.98	8.38	9.11	9.37	9.92	10.35	10.66	10.12	11.43	11.50	12.30	12.83	12.93				
	101.6		7.77	8.23	8.70	9.17	9.63	10.48	10.78	11.41	11.91	12.27	12.81	13.17	13.26	14.19	14.81	14.92				
		108	8.27	8.77	9.27	9.76	10.26	11.17	11.49	12.17	12.70	13.09	13.66	14.05	14.14	15.14	15.80	15.92				
114.3			8.77	9.30	9.83	10.36	10.88	11.85	12.19	12.91	13.48	13.89	14.50	14.91	15.01	16.08	16.78	16.91	18.77	20.78	20.97	
	127		9.77	10.36	10.96	11.55	12.13	13.22	13.59	14.41	15.04	15.50	16.19	16.65	16.77	17.96	18.75	18.89	20.99	23.26	23.48	
	133		10.24	10.87	11.49	12.11	12.73	13.86	14.26	15.11	15.78	16.27	16.99	17.47	17.59	18.85	19.69	19.83	22.04	24.43	24.66	
139.7			10.77	11.43	12.08	12.74	13.39	14.58	15.00	15.90	16.61	17.12	17.89	18.39	18.52	19.85	20.73	20.88	23.22	25.74	25.98	
		141.3	10.90	11.56	12.23	12.89	13.54	14.76	15.18	16.09	16.81	17.32	18.10	18.61	18.74	20.08	20.97	21.13	23.50	26.05	26.30	
		152.4	11.77	12.49	13.21	13.93	14.64	15.95	16.41	17.40	18.18	18.74	19.58	20.13	20.27	21.73	22.70	22.87	25.44	28.22	28.49	
		159	12.30	13.05	13.80	14.54	15.29	16.66	17.15	18.18	18.99	19.58	20.46	21.04	21.19	22.71	23.72	23.91	26.60	29.51	29.79	32.39

续表

系列			壁厚/mm																		
系列 1			0.5	0.6	0.8	1.0	1.2	1.4		1.6		1.8		2.0		2.3		2.6		2.9	
系列 2									1.5		1.7		1.9		2.2		2.4		2.8		3.1
外径/mm			单位长度理论质量/kg·m^{-1}																		
系列 1	系列 2	系列 3																			
		165								6.45	6.85	7.24	7.64	8.04	8.83	9.23	9.62	10.41	11.20	11.59	12.38
168.3										6.58	6.98	7.39	7.80	8.20	9.01	9.42	9.82	10.62	11.43	11.83	12.63
		177.8										7.81	8.24	8.67	9.53	9.95	10.38	11.23	12.08	12.51	13.36
		190.7										8.39	8.85	9.31	10.23	10.69	11.15	12.06	12.97	13.43	14.34
		193.7										8.52	8.99	9.46	10.39	10.86	11.32	12.25	13.18	13.65	14.57
219.1												9.65	10.18	10.71	11.77	12.30	12.83	13.88	14.94	15.46	16.51
		244.5												11.96	13.15	13.73	14.33	15.51	16.69	17.28	18.46
273.1														13.37	14.70	15.36	16.02	17.34	18.66	19.32	20.64
323.9																		20.60	22.17	22.96	24.53
355.6																		22.63	24.36	25.22	26.95
406.4																		25.89	27.87	28.86	30.83
457																					
508																					
		559																			
610																					
		660																			
711																					
	762																				
813																					
		864																			
914																					
		965																			

续表

系列			壁厚/mm																	
系列 1			3.2		3.6		4.0		4.5		5.0		5.4		5.6		6.3		7.1	
系列 2				3.4		3.8		4.37		4.78		5.16		5.56		6.02		6.35		7.92
外径/mm			单位长度理论质量/kg·m^{-1}																	
系列 1	系列 2	系列 3																		
		165	12.77	13.55	14.33	15.11	15.88	17.31	17.81	18.89	19.73	20.34	21.25	21.86	22.01	23.60	24.66	24.84	27.65	30.68
168.3			13.03	13.83	14.62	15.42	16.21	17.67	18.18	19.28	20.14	20.76	21.69	22.31	22.47	24.09	25.17	25.36	28.23	31.33
		177.8	13.78	14.62	15.47	16.31	17.14	18.69	19.23	21.40	21.31	21.97	22.96	23.62	23.78	25.50	26.65	26.85	29.88	33.18
		190.7	14.80	15.70	16.61	17.52	18.42	20.08	20.66	21.92	22.90	23.61	24.68	25.39	25.56	27.42	28.65	28.87	32.15	35.70
		193.7	15.03	15.96	16.88	17.80	18.71	20.40	21.00	22.27	23.27	23.99	25.08	25.80	25.98	27.86	29.12	29.34	32.67	36.29
219.1			17.04	18.09	19.13	20.18	21.22	23.14	23.82	25.26	26.40	27.22	28.46	29.28	29.49	31.63	33.06	33.32	37.12	41.25
		244.5	19.04	20.22	21.39	22.56	23.72	25.88	26.63	28.26	29.53	30.46	31.84	32.76	32.99	35.41	37.01	37.29	41.57	46.21
273.1			21.30	22.61	23.93	25.24	26.55	28.96	29.81	31.63	33.06	34.10	35.65	36.68	36.94	39.65	41.45	41.77	46.58	51.79
323.9			25.31	26.87	28.44	30.00	31.56	34.44	35.45	37.62	39.32	40.56	42.42	43.65	43.96	47.19	49.34	49.73	55.47	61.72
355.6			27.81	29.53	31.25	32.97	34.68	37.85	38.96	41.36	43.23	44.59	46.64	48.00	48.34	51.90	54.27	54.69	61.02	67.91
406.4			31.82	33.79	35.76	37.73	39.70	43.33	44.60	47.34	49.50	51.06	53.40	54.96	55.35	59.44	62.16	62.65	69.92	77.83
457			35.81	38.03	40.25	42.47	44.69	48.78	50.23	53.31	55.73	57.50	60.14	61.90	62.34	66.95	70.02	70.57	78.78	87.71
508			39.84	42.31	44.78	47.25	49.72	54.28	55.88	59.32	62.02	63.99	66.93	68.89	69.38	74.53	77.95	78.56	87.71	97.68
		559	43.86	46.59	49.31	52.03	54.75	59.77	61.54	65.33	68.31	70.48	73.72	75.89	76.43	82.10	85.87	86.55	96.64	107.64
610			47.89	50.86	53.84	56.81	59.78	65.27	67.20	71.34	74.60	76.97	80.52	82.88	83.47	89.67	93.80	94.53	105.57	117.60
		660					64.71	70.66	72.75	77.24	80.77	83.33	87.17	89.74	90.38	97.09	101.56	102.36	114.32	127.36
711							69.74	76.15	78.41	83.25	87.06	89.82	93.97	96.73	97.42	104.66	109.49	110.35	123.25	137.32
	762						74.77	81.65	84.06	89.26	93.34	96.31	100.76	103.72	104.46	112.23	117.41	118.34	132.18	147.29
813							79.80	87.15	89.72	95.27	99.63	102.80	107.55	110.71	111.51	119.81	125.33	126.32	141.11	157.25
		864					84.84	92.64	95.38	101.29	105.92	109.29	114.34	117.71	118.55	127.38	133.26	134.31	150.04	167.21
914							89.76	98.03	100.93	107.18	112.09	115.65	121.00	124.56	125.45	134.80	141.03	142.14	158.80	176.97
		965					94.80	103.53	106.59	113.19	118.38	122.14	127.79	131.56	132.50	142.37	148.95	150.13	167.73	186.94

续表

系列			壁厚/mm																	
系列 1			8.0		8.8		10		11		12.5		14.2		16		17.5		20	
系列 2				8.74		9.53		10.31		11.91		12.70		15.09		16.66		19.05		20.62
外径/mm			单位长度理论质量/kg·m^{-1}																	
系列 1	系列 2	系列 3																		
		165	30.97	33.68																
168.3			31.63	34.39	34.61	37.31	39.04	40.17	42.67	45.93	48.03	48.73								
		177.8	33.50	36.44	36.68	39.55	41.38	42.59	45.25	48.72	50.96	51.71								
		190.7	36.05	39.22	39.48	42.58	44.56	45.87	48.75	52.51	54.98	55.75								
		193.7	36.64	39.87	40.13	43.28	45.30	46.63	49.56	53.40	55.86	56.69								
219.1			41.65	45.34	45.64	49.25	51.57	53.09	56.45	60.86	63.69	64.64	71.75							
		244.5	46.66	50.82	51.15	55.22	57.83	59.55	63.34	68.32	71.52	72.60	80.65							
273.1			52.30	56.98	57.36	61.95	64.88	66.82	71.10	76.72	80.33	81.56	90.67							
323.9			62.34	67.93	68.38	73.88	77.41	79.73	84.88	91.64	95.99	97.47	108.45	114.92	121.49	126.23	132.23			
355.6			68.58	74.76	75.26	81.33	85.23	87.79	93.48	100.95	105.77	107.40	119.56	126.72	134.00	139.26	145.92			
406.4			78.60	85.71	86.29	93.27	97.76	100.71	107.26	115.87	121.43	123.31	137.35	145.62	154.05	160.13	167.84	181.98	190.58	196.18
457			88.58	96.62	97.27	105.17	110.24	113.58	120.99	130.73	137.03	139.16	155.07	164.45	174.01	180.92	189.68	205.75	215.54	221.91
508			98.65	107.61	108.34	117.15	122.81	126.54	134.82	145.71	152.75	155.13	172.93	183.43	194.14	201.87	211.69	229.71	240.70	247.84
		559	108.71	118.60	119.41	129.14	135.39	139.51	148.66	160.69	168.47	171.10	190.79	202.41	214.26	222.83	233.70	253.67	265.85	273.78
610			118.77	129.60	130.47	141.12	147.97	152.48	162.49	175.67	184.19	187.07	208.65	221.39	234.38	243.78	255.71	277.63	291.01	299.71
		660	128.63	140.37	141.32	152.88	160.30	165.19	176.06	190.36	199.60	202.74	226.15	240.00	254.11	264.32	277.29	301.12	315.67	325.14
711			138.70	151.37	152.39	164.86	172.88	178.16	189.89	205.34	215.33	218.71	244.01	258.98	274.24	285.28	299.30	325.08	340.82	351.07
	762		148.76	162.36	163.46	176.85	185.45	191.12	203.73	220.32	231.05	234.68	261.87	277.96	294.36	306.23	321.31	349.04	365.98	377.01
813			158.82	173.35	174.53	188.83	198.03	204.09	217.56	235.29	246.77	250.65	279.73	296.94	314.48	327.18	343.32	373.00	391.13	402.94
		864	168.88	184.34	185.60	200.82	210.61	217.06	231.40	250.27	262.49	266.63	297.59	315.92	334.61	348.14	365.33	396.96	416.29	428.88
914			178.75	195.12	196.45	212.57	222.94	229.77	244.96	264.96	277.90	282.29	315.10	334.52	354.34	368.68	386.91	420.45	440.95	454.30
		965	188.81	206.11	207.52	224.56	235.52	242.74	258.80	279.94	293.63	298.26	332.96	353.50	374.46	389.64	408.92	444.41	466.10	480.24

续表

系列			壁厚/mm																	
系列 1			22.2		25		28		30		32		36		40	45	50	55	60	65
系列 2				23.83		26.19		28.58		30.96		34.93		38.1						
外径/mm			单位长度理论质量/kg·m^{-1}																	
系列 1	系列 2	系列 3																		
		165																		
168.3																				
		177.8																		
		190.7																		
		193.7																		
219.1																				
		244.5																		
273.1																				
323.9																				
355.6																				
406.4			210.34	224.83	235.15	245.57	261.29	266.30	278.48											
457			238.05	254.57	266.34	278.25	296.23	301.96	315.91											
508			265.97	283.54	297.79	311.19	331.45	337.91	353.65	364.23	375.64	407.51	419.05	441.52	461.66	513.82	564.75	614.44	662.90	710.12
		559	293.89	314.51	329.23	344.13	366.67	373.85	391.37	403.17	415.89	451.45	464.33	489.44	511.97	570.42	627.64	683.62	738.37	791.88
610			321.81	344.48	360.67	377.07	401.88	409.80	429.11	442.11	456.14	495.38	509.61	537.36	562.28	627.02	690.52	752.79	813.83	873.63
		660	349.19	373.87	391.50	409.37	436.41	445.04	466.10	480.28	495.60	538.45	554.00	584.34	611.61	682.51	752.18	820.61	887.81	953.78
711			377.11	403.84	422.94	442.31	471.63	480.99	503.83	519.22	535.85	582.38	599.27	632.26	661.91	739.11	815.06	889.79	963.28	1035.54
	762		405.03	433.81	454.39	475.25	506.84	516.93	541.57	558.16	576.09	626.32	644.55	680.18	712.22	795.70	877.95	958.96	1038.74	1117.29
813			432.95	463.78	485.83	508.19	542.06	552.88	579.30	597.10	616.34	670.25	689.83	728.10	762.53	852.30	940.84	1028.14	1114.21	1199.04
		864	460.87	493.75	517.27	541.13	577.28	588.83	617.03	636.04	656.59	714.18	735.11	776.02	812.84	908.90	1003.72	1097.31	1189.67	1280.22
914			488.25	523.14	548.10	573.42	611.80	624.07	654.02	674.22	696.05	757.25	779.50	823.00	862.17	964.39	1065.38	1165.13	1263.66	1360.94
		965	516.17	553.11	579.55	606.36	647.02	660.01	691.76	713.16	736.29	801.19	824.78	870.92	912.48	1020.99	1128.26	1234.31	1339.12	1442.70

注：1. 外径尺寸分为：通用系列 1，推荐选用；非通用系列 2；少数特殊专用系列 3。
2. 壁厚尺寸分为：系列 1 为优先选用系列；系列 2 为非优先选用系列。
3. 单位长度理论质量系按钢密度为 7.85kg/dm^3 计算所得。
4. 本表尚未编入 GB/T 21835 规定的外径 1016～2540mm 共 18 个大直径规格，需用时，请参见原标准。

表 4-1-202　精密焊接钢管尺寸规格（GB/T 21835—2008）

外径/mm		壁厚/mm																					
		0.5	(0.8)	1.0	(1.2)	1.5	(1.8)	2.0	(2.2)	2.5	(2.8)	3.0	(3.5)	4.0	(4.5)	5.0	(5.5)	6.0	(7.0)	8.0	(9.0)	10.0	(11.0)	12.5	(14)
系列2	系列3	单位长度理论质量/kg·m^{-1}																							
8		0.092	0.142	0.173	0.201	0.240	0.275	0.296	0.315																
10		0.117	0.182	0.222	0.260	0.314	0.364	0.395	0.423	0.462															
12		0.142	0.221	0.271	0.320	0.388	0.453	0.493	0.532	0.586	0.635	0.666													
	14	0.166	0.260	0.321	0.379	0.462	0.542	0.592	0.640	0.709	0.773	0.814	0.906												
16		0.191	0.300	0.370	0.438	0.536	0.630	0.691	0.749	0.832	0.911	0.962	1.08	1.18											
	18	0.216	0.309	0.419	0.497	0.610	0.719	0.789	0.857	0.956	1.05	1.11	1.25	1.38	1.50										
20		0.240	0.379	0.469	0.556	0.684	0.808	0.888	0.966	1.08	1.19	1.26	1.42	1.58	1.72										
	22	0.265	0.418	0.518	0.616	0.758	0.897	0.988	1.07	1.20	1.33	1.41	1.60	1.78	1.94	2.10									
25		0.302	0.477	0.592	0.704	0.869	1.03	1.13	1.24	1.39	1.53	1.63	1.86	2.07	2.28	2.47	2.64								
	28	0.339	0.517	0.666	0.793	0.980	1.16	1.28	1.40	1.57	1.74	1.85	2.11	2.37	2.61	2.84	3.05								
	30	0.364	0.576	0.715	0.852	1.05	1.25	1.38	1.51	1.70	1.88	2.00	2.29	2.56	2.83	3.08	3.32	3.55	3.97						
32		0.388	0.616	0.765	0.911	1.13	1.34	1.48	1.62	1.82	2.02	2.15	2.46	2.76	3.05	3.33	3.59	3.85	4.32	4.74					
	35	0.425	0.675	0.838	1.00	1.24	1.47	1.63	1.78	2.00	2.22	2.37	2.72	3.06	3.38	3.70	4.00	4.29	4.83	5.33					
38		0.462	0.704	0.912	1.09	1.35	1.61	1.78	1.94	2.19	2.43	2.59	2.98	3.35	3.72	4.07	4.41	4.74	5.35	5.92	6.44	6.91			
40		0.487	0.773	0.962	1.15	1.42	1.70	1.87	2.05	2.31	2.57	2.74	3.15	3.55	3.94	4.32	4.68	5.03	5.70	6.31	6.88	7.40			
	45		0.872	1.09	1.30	1.61	1.92	2.12	2.32	2.62	2.91	3.11	3.58	4.04	4.49	4.93	5.36	5.77	6.56	7.30	7.99	8.63			
50			0.971	1.21	1.44	1.79	2.14	2.37	2.59	2.93	3.26	3.48	4.01	4.54	5.05	5.55	6.04	6.51	7.42	8.29	9.10	9.86			
	55		1.07	1.33	1.59	1.98	2.36	2.61	2.86	3.24	3.60	3.85	4.45	5.03	5.60	6.17	6.71	7.25	8.29	9.27	10.21	11.10	11.94		

续表

外径/mm		壁厚/mm																							
		0.5	(0.8)	1.0	(1.2)	1.5	(1.8)	2.0	(2.2)	2.5	(2.8)	3.0	(3.5)	4.0	(4.5)	5.0	(5.5)	6.0	(7.0)	8.0	(9.0)	10.0	(11.0)	12.5	(14)
系列2	系列3	单位长度理论质量/kg·m⁻¹																							
60			1.17	1.46	1.74	2.16	2.58	2.86	3.14	3.55	3.95	4.22	4.88	5.52	6.16	6.78	7.39	7.99	9.15	10.26	11.32	12.33	13.29		
70			1.35	1.70	2.04	2.53	3.03	3.35	3.68	4.16	4.64	4.96	5.74	6.51	7.27	8.01	8.75	9.47	10.88	12.23	13.54	14.80	16.01		
80			1.56	1.95	2.33	2.90	3.47	3.05	4.22	4.78	5.33	5.70	6.60	7.50	8.38	9.25	10.11	10.95	12.60	14.21	15.76	17.26	18.72		
	90				2.63	3.27	3.92	4.34	4.76	5.39	6.02	6.44	7.47	8.48	9.49	10.48	11.46	12.43	14.33	16.18	17.98	19.73	21.43		
100					2.92	3.64	4.36	4.83	5.31	6.01	6.71	7.18	8.33	9.47	10.60	11.71	12.82	13.91	16.05	18.15	20.20	22.20	24.14		
	110				3.22	4.01	4.80	5.33	5.85	6.63	7.40	7.92	9.19	10.46	11.71	12.95	14.17	15.39	17.78	20.12	22.42	24.66	26.86	30.06	
120							5.25	5.82	6.39	7.24	8.09	8.66	10.06	11.44	12.82	14.18	15.53	16.87	19.51	22.10	24.64	27.13	29.57	33.14	
	140						6.13	6.81	7.48	8.48	9.47	10.14	11.78	13.42	15.04	16.65	18.24	19.83	22.96	26.04	29.08	32.06	34.99	39.30	
160							7.02	7.79	8.56	9.71	10.86	11.62	13.51	15.39	17.26	19.11	20.96	22.79	26.41	29.99	33.51	36.99	40.42	45.47	
	180															21.58	23.67	25.75	29.87	33.93	37.95	41.92	45.85	51.64	
200																		28.71	33.32	37.88	42.39	46.86	51.27	57.80	
	220																		36.77	41.83	46.83	51.79	56.70	63.97	71.12
	240																		40.22	45.77	51.27	56.72	62.12	70.13	78.03
	260																		43.68	49.72	55.71	61.65	67.55	76.30	84.93

注：1. 带括号的壁厚尺寸不推荐使用。
2. 精密焊接钢管外径尺寸未规定系列1，只规定非通用系列2和少数特殊、专用的系列3。
3. 本表单位长度理论质量按钢密度为7.85kg/dm^3计算所得。

表 4-1-203　不锈钢焊接钢管尺寸规格（GB/T 21835—2008）　mm

外径			壁厚	外径			壁厚	外径			壁厚	外径			壁厚
系列1	系列2	系列3		系列1	系列2	系列3		系列1	系列2	系列3		系列1	系列2	系列3	
	8		0.3～1.2	26.9			0.5～4.5(4.6)		70		0.8～6.0	273.1			2.0～14(14.2)
		9.5	0.3～1.2			28	0.5～4.5(4.6)	76.1			0.8～6.0	323.9			2.5(2.6)～16
	10		0.3～1.4			30	0.5～4.5(4.6)			80	1.2～8.0	355.6			2.5(2.6)～16
10.2			0.3～2.0		31.8		0.5～4.5(4.6)			82.5	1.2～8.0			377	2.5(2.6)～16
	12		0.3～2.0		32		0.5～4.5(4.6)	88.9			1.2～8.0			400	2.5(2.6)～20
	12.7		0.3～2.0	33.7			0.8～5.0		101.6		1.2～8.0	406.4			2.5(2.6)～20
13.5			0.5～3.0			35	0.8～5.0			102	1.2～8.0			426	2.8(2.9)～25
		14	0.5～3.5(3.6)			36	0.8～5.0			108	1.6～8.0			450	2.8(2.9)～25
		15	0.5～3.5(3.6)		38		0.8～5.0	114.3			1.6～8.0	457			2.8(2.9)～28
	16		0.5～3.5(3.6)		40		0.8～5.5(5.6)			125	1.6～10			500	2.8(2.9)～28
17.2			0.5～3.5(3.6)	42.4			0.8～5.5(5.6)			133	1.6～10	508			2.8(2.9)～28
		18	0.5～3.5(3.6)			44.5	0.8～5.5(5.6)	139.7			1.6～11			530	2.8(2.9)～28
	19		0.5～3.5(3.6)	48.3			0.8～5.5(5.6)			141.3	1.6～12(12.5)			550	2.8(2.9)～28
		19.5	0.5～3.5(3.6)		50.8		0.8～6.0			154	1.6～12(12.5)			558.8	2.8(2.9)～28
	20		0.5～3.5(3.6)			54	0.8～6.0			159	1.6～12(12.5)			600	3.2～28
21.3			0.5～4.2		57		0.8～6.0	168.3			1.6～12(12.5)	610			3.2～28
		22	0.5～4.2	60.3			0.8～6.0			193.7	1.6～12(12.5)			630	3.2～28
	25		0.5～4.2			63	0.8～6.0	219.1			1.6～14(14.2)			660	3.2～28
		25.4	0.5～4.2		63.5		0.8～6.0			250	1.6～14(14.2)	711			3.2～28
壁厚尺寸系列	0.3～1.0(0.1进级)、1.2、1.4、1.5、1.6、1.8、2.0、2.2(2.3)、2.5(2.6)、2.8(2.9)、3.0、3.2、3.5(3.6)、4.0、4.2、4.5(4.6)、4.8、5.0、5.5(5.6)、6.0、6.5(6.3)、7.0(7.1)、7.5、8.0、8.5、9.0(8.8)、9.5、10、11、12(12.5)、14(14.2)、15、16、17(17.5)、18、20、22(22.2)、24、25、26、28														

注：1. 括号内尺寸表示由相应英制规格换算成的公制规格。

2. 本表未编入 GB/T 21835 规定的 762～1829mm 共 16 个大尺寸规格，需用时请参见原标准。

3. 外径尺寸系列 1 为通用系列，推荐使用；系列 2 为非通用系列；系列 3 为少数特殊、专用系列。

4. 不锈钢焊接钢管单位长度理论质量计算公式如下：

$$W=\frac{\pi}{1000}S(D-S)\rho$$

式中　W——钢管理论质量，kg/m；

π——圆周率，取 3.1416；

S——钢管公称壁厚，mm；

D——钢管公称外径，mm；

ρ——钢密度，kg/dm^3，不锈钢各牌号的密度按 GB/T 20878 中的给定值。

第4篇

1.10.10 直缝电焊钢管

表 4-1-204 **直缝电焊钢管牌号、力学性能及尺寸规格**（GB/T 13793—2016）

<table>
<tr><td>尺寸规格</td><td colspan="5">钢管公称外径和壁厚应符合 GB/T 21835 焊接钢管尺寸规格的相关规定，外径不大于 711mm
外径和壁厚的允许偏差分为普通精度(PD. A)、较高精度(PD. B)、高精度(PD. C)；带式输送机托辊用钢管外径和壁厚按 PD. B 交货，通常按 PD. A 交货
钢管长度 L：外径 $D\leqslant 30$mm，L 为 4～6m；$D>30$mm，L 为 4～8m；$D>70$mm，L 为 4～12m</td></tr>
<tr><td rowspan="14">钢管的牌号及力学性能</td><td rowspan="3">牌号</td><td rowspan="2">下屈服强度①
R_{eL}/MPa</td><td rowspan="2">抗拉强度
R_m/MPa</td><td colspan="2">断后伸长率
A/%</td></tr>
<tr><td>$D\leqslant 168.3$mm</td><td>$D>168.3$mm</td></tr>
<tr><td colspan="4">不小于</td></tr>
<tr><td>08、10</td><td>195</td><td>315</td><td colspan="2">22</td></tr>
<tr><td>15</td><td>215</td><td>355</td><td colspan="2">20</td></tr>
<tr><td>20</td><td>235</td><td>390</td><td colspan="2">19</td></tr>
<tr><td>Q195②</td><td>195</td><td>315</td><td rowspan="3">15</td><td rowspan="3">20</td></tr>
<tr><td>Q215A，Q215B</td><td>215</td><td>335</td></tr>
<tr><td>Q235A，Q235B，Q235C</td><td>235</td><td>370</td></tr>
<tr><td>Q275A、Q275B、Q275C</td><td>275</td><td>410</td><td rowspan="2">13</td><td rowspan="2">18</td></tr>
<tr><td>Q345A，Q345B，Q345C</td><td>345</td><td>470</td></tr>
<tr><td>Q390A、Q390B、Q390C</td><td>390</td><td>490</td><td colspan="2">19</td></tr>
<tr><td>Q420A、Q420B、Q420C</td><td>420</td><td>520</td><td colspan="2">19</td></tr>
<tr><td>Q460C、Q460D</td><td>460</td><td>550</td><td colspan="2">17</td></tr>
<tr><td>化学成分规定</td><td colspan="5">钢的牌号和化学成分(熔炼分析)应分别符合 GB/T 699—2015 中 08、10、15、20 或 GB/T 700—2006 中 Q195、Q215A、Q215B、Q235A、Q235B、Q235C、Q275A、Q275B、Q275C 或 GB/T 1591—2018 中 Q345A、Q345B、Q345C、Q390A、Q390B、Q390C、Q420A、Q420B、Q420C、Q460C、Q460D 的规定</td></tr>
<tr><td>用途</td><td colspan="5">钢管适于制作各种机械建筑业的结构件、零件、带式输送机托辊及一般流体输送管道之用</td></tr>
</table>

① 当屈服不明显时，可测量 $R_{p0.2}$ 或 $R_{t0.5}$ 代替下屈服强度。

② Q195 的屈服强度值仅作为参考，不作交货条件。

注：1. 钢管以焊接状态或热处理状态交货。

2. 按需方要求，供需双方协定，并在合同中注明，钢管可以采用热浸镀锌法在管内外表面进行镀锌后交货。

1.10.11 低压流体输送用焊接钢管

表 4-1-205 **低压流体输送用焊接钢管牌号及力学性能**（GB/T 3091—2015）

<table>
<tr><td rowspan="8">牌号及力学性能</td><td rowspan="2">牌号</td><td colspan="2">屈服强度 R_{eL}/MPa
不小于</td><td rowspan="2">抗拉强度 R_m/MPa
不小于</td><td colspan="2">断后伸长率 A/%
不小于</td></tr>
<tr><td>$t\leqslant 16$mm</td><td>$t>16$mm</td><td>$D\leqslant 168.3$mm</td><td>$D>168.3$mm</td></tr>
<tr><td>Q195</td><td>195</td><td>185</td><td>315</td><td rowspan="3">15</td><td rowspan="3">20</td></tr>
<tr><td>Q215A、Q215B</td><td>215</td><td>205</td><td>335</td></tr>
<tr><td>Q235A、Q235B</td><td>235</td><td>225</td><td>370</td></tr>
<tr><td>Q275A、Q275B</td><td>275</td><td>265</td><td>410</td><td rowspan="2">13</td><td rowspan="2">18</td></tr>
<tr><td>Q345A、Q345B</td><td>345</td><td>325</td><td>470</td></tr>
<tr><td colspan="6">牌号 Q195 的屈服强度值仅供参考，不作为交货条件</td></tr>
</table>

续表

化学成分的规定	Q195、Q215A、Q215B、Q235A、Q235B、Q275A 和 Q275B 的化学成分应符合 GB/T 700 的规定 Q345A 和 Q345B 的化学成分应符合 GB/T 1591 的规定 按需方要求，供需双方协定，可供应其他牌号的钢管

注：1. 钢管的力学性能应符合本表规定，其他牌号的力学性能由供需双方协定。

2. 钢管按焊接状态交货。根据需方要求，经供需双方协商，并在合同中注明，钢管可按焊缝热处理状态交货，也可按整体热处理状态交货。

3. 根据需方要求，经供需双方协商，并在合同中注明，外径不大于 508mm 的钢管可镀锌交货，也可按其他保护涂层交货。镀锌钢管单位理论质量的计算方法参见 GB/T 3091—2015 的规定。

4. 外径小于 219.1mm 的钢管，拉伸试验应截取母材纵向试样。直缝钢管拉伸试样应在钢管上平行于轴线方向距焊缝约 90°的位置截取，也可在制管用钢板或钢带上平行于轧制方向约位于钢板或钢带边缘与钢板或钢带中心线之间的中间位置截取；螺旋缝钢管拉伸试样应在钢管上平行于轴线距焊缝约 1/4 螺距的位置截取。其中，外径不大于 60.3mm 的钢管可截取全截面拉伸试样。

5. 外径不小于 219.1mm 的钢管拉伸试验应截取母材横向试样。直缝钢管母材拉伸试样应在钢管上垂直于轴线距焊缝约 180°的位置截取，螺旋缝钢管母材拉伸试样应在钢管上垂直于轴线距焊缝约 1/2 螺距的位置截取。

6. 外径不大于 60.3mm 的钢管全截面拉伸时，断后伸长率仅供参考，不作为交货条件。

7. 钢管的压扁试验、弯曲试验、液压试验、超声波检验等的试验方法及要求参见 GB/T 3091—2015 的规定。

8. GB/T 3091—2015 低压流体输送用焊接管适用于输送水、空气、采暖、蒸汽和燃气等低压流体之用，产品包括直缝电焊钢管、直缝埋弧焊（SAWL）钢管和螺旋埋弧焊（SAWH）钢管。

表 4-1-206　　低压流体输送用焊接钢管尺寸规格（GB/T 3091—2015）

	公称口径（DN）	外径（D）			最小公称壁厚 t	圆度不大于
		系列 1	系列 2	系列 3		
尺寸规格/mm	6	10.2	10.0	—	2.0	0.20
	8	13.5	12.7	—	2.0	0.20
	10	17.2	16.0	—	2.2	0.20
	15	21.3	20.8	—	2.2	0.30
	20	26.9	26.0	—	2.2	0.35
	25	33.7	33.0	32.5	2.5	0.40
	32	42.4	42.0	41.5	2.5	0.40
	40	48.3	48.0	47.5	2.75	0.50
	50	60.3	59.5	59.0	3.0	0.60
	65	76.1	75.5	75.0	3.0	0.60
	80	88.9	88.5	88.0	3.25	0.70
	100	114.3	114.0	—	3.25	0.80
	125	139.7	141.3	140.0	3.5	1.00
	150	165.1	168.3	159.0	3.5	1.20
	200	219.1	219.0	—	4.0	1.60

	外径（D）	外径允许偏差		壁厚（t）允许偏差
		管体	管端（距管端 100mm 范围内）	
外径和壁厚允许偏差/mm	$D \leqslant 48.3$	±0.5	—	±10%t
	$48.3 < D \leqslant 273.1$	±1%D	—	
	$273.1 < D \leqslant 508$	±0.75%D	+2.4 −0.8	
	$D > 508$	±1%D 或±10.0，两者取较小值	+3.2 −0.8	

注：1. 表中的公称口径系近似内径的名义尺寸，不表示外径减去两倍壁厚所得的内径。

2. 系列 1 是通用系列，属推荐选用系列；系列 2 是非通用系列；系列 3 是少数特殊、专用系列。

3. 外径（D）不大于 219.1mm 的钢管按公称口径（DN）和公称壁厚（t）交货，其公称口径和公称壁厚应符合本表的规定。外径大于 219.1mm 的钢管按公称外径和公称壁厚交货，其公称外径和公称壁厚应符合 GB/T 21835 的规定。

表 4-1-207 低压流体输送用焊接钢管管端用螺纹或沟槽连接钢管尺寸（GB/T 3091—2015）

公称口径/mm (*DN*)	外径/mm (*D*)	壁厚(*t*)/mm	
		普通钢管	加厚钢管
6	10.2	2.0	2.5
8	13.5	2.5	2.8
10	17.2	2.5	2.8
15	21.3	2.8	3.5
20	26.9	2.8	3.5
25	33.7	3.2	4.0
32	42.4	3.5	4.0
40	48.3	3.5	4.5
50	60.3	3.8	4.5
65	76.1	4.0	4.5
80	88.9	4.0	5.0
100	114.3	4.0	5.0
125	139.7	4.0	5.5
150	165.1	4.5	6.0
200	219.1	6.0	7.0

注：表中的公称口径系近似内径的名义尺寸，不表示外径减去两倍壁厚所得的内径。

1.10.12 冷拔精密单层焊接钢管

表 4-1-208 冷拔精密单层焊接钢管分类代号、尺寸规格、力学性能及应用（GB/T 24187—2009）

尺寸精度	代号	力学性能	代号	表面状态代号	种类	状态	代号
					光亮表面	钢管内外表面无镀层	SL
普通精度	PA	普通钢管	MA		镀铜表面	钢管的外表面镀铜	Cu
					镀锌表面[①]	钢管的外表面镀锌或锌合金	Zn
高级精度	PC	软管钢管	MB		双面镀铜表面[②]	钢管的内外表面均镀铜	Cu/Cu
					外镀锌内镀铜表面[③]	钢管的外表面镀锌或锌合金，内表面镀铜	Zn/Cu

外径/mm	壁厚/mm										外径允许偏差/mm	
	0.30	0.40	0.50	0.60	0.65	0.70	0.80	0.90	1.00	1.30	普通精度 PA	高级精度 PC
	理论质量[④]/kg·m^{-1}											
3.18	0.0213	0.0274	0.0330								±0.08	±0.05
4.00	0.0274	0.0355	0.0432	0.0503								
4.76	0.0330	0.0430	0.0525	0.0616	0.0659	0.0701						
5.00	0.0348	0.0454	0.0555	0.0651	0.0697	0.0742					±0.12	±0.07
6.00	0.0422	0.0552	0.0678	0.0799	0.0858	0.0915	0.1026	0.1132	0.1233			
6.35	0.0448	0.0587	0.0721	0.0851	0.0914	0.0975	0.1095	0.1210	0.1319			
7.94	0.0565	0.0744	0.0917	0.1086	0.1169	0.1250	0.1409	0.1563	0.1712	0.2129		
8.00	0.0570	0.0750	0.0925	0.1095	0.1178	0.1260	0.1421	0.1576	0.1726	0.2148		
9.53	0.0683	0.0901	0.1113	0.1321	0.1423	0.1524	0.1722	0.1915	0.2104	0.2639	±0.16	±0.10
10.00	0.0718	0.0947	0.1171	0.1391	0.1499	0.1605	0.1815	0.2020	0.2220	0.2789		
12.00	0.0866	0.1144	0.1418	0.1687	0.1819	0.1951	0.2210	0.2464	0.2713	0.3430		
12.70	0.0917	0.1213	0.1504	0.1790	0.1932	0.2072	0.2348	0.2619	0.2885	0.3655	±0.20	±0.12
14.00	0.1014	0.1342	0.1665	0.1983	0.2140	0.2296	0.2604	0.2908	0.3206	0.4072		
15.88	0.1153	0.1527	0.1896	0.2261	0.2441	0.2621	0.2975	0.3325	0.3670	0.4674		
16.00	0.1162	0.1539	0.1911	0.2279	0.2461	0.2641	0.3000	0.3352	0.3699	0.4713		
18.00	0.1310	0.1736	0.2158	0.2575	0.2781	0.2987	0.3393	0.3795	0.4192	0.5354		

续表

壁厚允许偏差/mm	±0.05		±0.07	
长度/m	1.5～4000，长度>8m 者以盘状交货，小于 8m 者以条状交货		弯曲度	不大于 5mm/m
外镀层标记	镀铜管——Cu，镀锌管——Zn（制冷用管） 钢管转化膜类型：光亮（A）、漂白（B）、彩虹（C）、深色（D）、复合型（E）（汽车用管）			
力学性能	钢管用冷却钢带采用冷轧低碳钢带或冷轧超低碳钢带，其化学成分及力学性能应符合 GB/T 24187—2009 的规定			
	分类	抗拉强度 R_m/MPa	屈服强度⑤ R_{eL}/MPa	断后伸长率 A/%
	普通钢管 MA	≥270	≥180	≥14
	软态钢管 MB	≥230	150～220	≥35
应用	GB/T 24187—2009《冷拔精密单层焊接钢管》参照 EN10305-2：2002《精密钢管》和 ISO 3305：1985《平端精密焊接钢管》制定和首次发布。产品适用于各种一般配管，汽车、制冷、电热电器等工业中的制作冷凝器、蒸发器、燃料管、润滑油管、电热管、冷却器管等			

① 采用电镀、化学镀或热浸镀方法。
② 采用双面镀铜的钢带制造。焊缝处的镀层质量要求由供需双方协定。
③ 采用双面镀铜的钢带制造。
④ 未增添外镀层时的理论质量，钢密度取 7.85kg/dm³。
⑤ 当屈服现象不明显时采用 $R_{p0.2}$ 代替。

注：标记示例

标记顺序：尺寸精度-规格尺寸-力学性能-表面种类及镀层后处理-标准编号

示例 1：高级精度，外径 8.00mm、壁厚 0.70mm、长度 6000mm，外表面镀锌层厚度 8μm 钝化成深色的条状定尺汽车用普通冷轧精密单层焊接钢管、标记为：PC8.00×0.70×6000-MA-Zn8D-GB/T 24187。

示例 2：普通精度、外径 4.76mm、壁厚 0.50mm、外表面镀铜的盘状制冷用软态冷轧精密单层焊接钢管，标记为：PA-4.76×0.50-MB-Cu-GB/T 24187。

1.10.13 流体输送用不锈钢焊接钢管

表 4-1-209 流体输送用不锈钢焊接钢管牌号、力学性能及尺寸规格（GB/T 12771—2008）

	新牌号	旧牌号	规定非比例延伸强度 $R_{p0.2}$/MPa	抗拉强度 R_m/MPa	断后伸长率 A/% 热处理状态	备注
			≥			
牌号及力学性能	12Cr18Ni9	1Cr18Ni9	210	520	35（非热处理状态为 25）	钢管在交货前，应采用连续式或周期式炉全长热处理，推荐的热处理制度参见原标准
	06Cr19Ni10	0Cr18Ni9	210	520		
	022Cr19Ni10	00Cr19Ni10	180	480		
	06Cr25Ni20	0Cr25Ni20	210	520		
	06Cr17Ni12Mo2	0Cr17Ni12Mo2	210	520		
	022Cr17Ni12Mo2	00Cr17Ni14Mo2	180	480		
	06Cr18Ni11Ti	0Cr18Ni10Ti	210	520		
	06Cr18Ni11Nb	0Cr18Ni11Nb	210	520		
	022Cr18Ti	00Cr17	180	360	20	
	019Cr19Mo2NbTi	00Cr18Mo2	240	410		
	06Cr13Al	0Cr13Al	177	410		
	022Cr11Ti	—	275	400	18	
	022Cr12Ni	—	275	400	18	
	06Cr13	0Cr13	210	410	20	
交货状态	钢管采用单面或双面自动焊接方法制造，以热处理并酸洗状态交货					
液压试验	钢管应逐根进行液压试验，最大试验压力不大于 10MPa，试验压力 $p=2SR/D$，式中，R 为允许应力，取 R_{eL} 的 50%，MPa；S 和 D 为公称壁厚和外径，mm；p 单位为 MPa，p 的稳压时间不少于 5s，不出现渗漏现象					
尺寸规格	钢管外径 D 和壁厚 S 应符合 GB/T 21835 焊接钢管尺寸的规定，D 和 S 的允许偏差按 GB/T 12771—2008 的规定 钢管通常长度为 3000～9000mm，定尺长度或倍尺长度应在通常长度范围内				用途：适于腐蚀性流体的输送及在腐蚀条件下工作的中、低压流体管道	

注：1. 管材牌号的化学成分应符合 GB/T 12771—2008 的规定。
2. $R_{p0.2}$ 仅在需方要求，并在合同中注明时才按本表规定。

第 4 篇

1.10.14 奥氏体-铁素体型双相不锈钢焊接钢管

表 4-1-210 奥氏体-铁素体型双相不锈钢热交换器和流体输送用焊接钢管牌号及力学性能（GB/T 21832.1～2—2018）

序号	统一数字代号	牌号	推荐热处理制度		拉伸性能 抗拉强度 R_m/MPa	规定塑性延伸强度 $R_{p0.2}$/MPa	断后伸长率 A/%	硬度 HBW	HRC
					不小于			不大于	
1	S21953	022Cr19Ni5Mo3Si2N	980～1040℃	急冷	630	440	30	290	30
2	S22253	022Cr22Ni5Mo3N	1020～1100℃	急冷	620	450	25	290	30
3	S22053	022Cr23Ni5Mo3N	1020～1100℃	急冷	655	485	25	290	30
4	S23043	022Cr23Ni4MoCuN	925～1050℃	急冷	600	400	25	290	30
5	S22553	022Cr25Ni6Mo2N	1050～1100℃	急冷	690	450	25	280	—
6	S22583	022Cr25Ni7Mo3WCuN	1020～1100℃	急冷	690	450	25	290	30
7	S25554	03Cr25Ni6Mo3Cu2N	≥1040℃	急冷	760	550	15	297	31
8	S25073	022Cr25Ni7Mo4N	1025～1125℃	急冷	800	550	15	300	32
9	S27603	022Cr25Ni7Mo4WCuN	1100～1140℃	急冷	750	550	25	300	—

注：1. GB/T 21832《奥氏体-铁素体型双相不锈钢焊接钢管》分为热交换器用管（GB/T 21832.1—2018）和流体输送用管（GB/T 21832.2—2018），此两种钢管的牌号应符合本表的规定，其化学成分应符合 GB/T 21832.1～2—2018 的规定。

2. 流体输送用钢管（GB/T 21832.2）母材的室温纵向力学性能应符合本表的规定，钢管拉伸试验亦应符合本表规定。

3. 热交换器用钢管的室温纵向力学性能应符合本表规定，序号 4 牌号的性能是指直径>25mm 钢管的数据，公称直径≤2.5mm 的管材，其 R_m、$R_{p0.2}$分别不小于 690MPa、450MPa，硬度不要求作试验。

4. 按需方要求，双方协定，并在合同中注明，对于壁厚不小于 1.7mm 的钢管可以做母材的洛氏或布氏硬度试验，其硬度值应符合本表规定。

5. 热交换器用管（GB/T 21832.1—2018）最大试验压力为 10MPa，流体输送用管（GB/T 21832.2—2018）最大试验压力为 20MPa，在试验压力下，稳压时间不少于 5s，钢管不应出现渗漏现象。

6. 钢管的压扁、水下气密性、涡流检测、金相组织均应按 GB/T 21832.1～2—2018 的规定进行试验。

表 4-1-211 奥氏体-铁素体型双相不锈钢焊接钢管尺寸规格（GB/T 21832.1～2—2018）

热交换器用管的尺寸规格	钢管公称外径 D 不大于 203mm，公称壁厚 S 不大于 8.0mm，其尺寸规格应符合 GB/T 21835 的规定，供需双方协定，可供应其他外径和壁厚的钢管		
	外径 D/mm	外径允许偏差/mm	壁厚允许偏差
	≤25	±0.10	±10%S
	>25～40	±0.15	
	>40～65	±0.25	
	>65～89	±0.30	
	>89～140	±0.38	
	>140～203	±0.76	
	钢管的通常长度为 3000～12000mm		
	钢管应采用不添加填充金属的自动电熔焊接方法制造，以热处理并酸洗状态交货		
流体输送用管的尺寸规格	钢管公称外径 D 和公称壁厚 S 应符合 GB/T 21835 的规定，供需双方协定，可供应其他外径和壁厚的钢管		
	公称外径 D/mm	外径允许偏差/mm	壁厚允许偏差
	≤38	±0.3	±12.5%S
	>38～89	±0.5	±10%S 或±0.2mm，两者取较大值
	>89～140	±0.8	
	>140～168.3	±1	
	>168.3	±0.75%D	
	钢管的通常长度为 3000～12000mm		

续表

流体输送用管的尺寸规格	钢管可选用以下一种自动电弧焊焊接方法制造： • 添加填充金属的单面焊接方法 • 添加填充金属的双面焊接方法 • 不添加填充金属的单面焊接方法 • 不添加填充金属的双面焊接方法 • 内焊缝不添加填充金属、外焊缝添加填充金属的双面焊接方法 需方指定某一种焊接方法时，应在合同中注明

注：1. 钢管的弯曲度不大于 1.5mm/m；对于壁厚与外径之比不大于 3% 的薄壁钢管，其圆度误差不超过公称外径的 1.5%，其余钢管的圆度误差不超过公称外径的公差。

2. 钢管按理论质量交货，供需双方协定，并在合同中注明，钢管可以按实际质量交货。钢管理论质量的计算方法如下

$$W=\pi\rho S(D-S)/1000$$

式中　W——钢管每米理论质量，kg/m；

π——取 3.1416；

ρ——钢的密度取 7.80kg/dm³（022Cr19Ni5Mo3Si2N 的密度取 7.70kg/dm³）；

D，S——钢管公称外径、公称壁厚；mm。

表 4-1-212　奥氏体-铁素体型双相不锈钢焊接钢管与国外钢管标准的牌号对照

中国(GB/T 21832—2008)		美国	日本	欧洲	中国原用旧牌号
统一数字代号	牌号	ASTM A790-05a	JIS G3463:2006	EN 10217-7:2005	
S21953	022Cr19Ni5Mo3Si2N	S31500	—	—	00Cr18Ni5Mo3Si2N
S22253	022Cr22Ni5Mo3N	S31803	SUS329J3LTB	X2CrNiMoN22-5-3 1.4462	00Cr22Ni5Mo3N
S22053	022Cr23Ni5Mo3N	S32205	—	—	00Cr22Ni5Mo3N
S23043	022Cr23Ni4MoCuN	S32304	—	X2CrNiN23-4 1.4362	00Cr23Ni4N
S22553	022Cr25Ni6Mo2N	S31200	—	—	00Cr25Ni6Mo2N
S22583	022Cr25Ni7Mo3WCuN	S31260	SUS329J4LTB	—	00Cr25Ni7Mo3WCuN
S25554	03Cr25Ni6Mo3Cu2N	S32550	—	—	0Cr25Ni6Mo3Cu2N
S25073	022Cr25Ni7Mo4N	S32750	—	X2CrNiMoN25-7-4 1.4410	00Cr25Ni7Mo4N
S27603	022Cr25Ni7Mo4WCuN	S32760	—	X2CrNiMoCuWN25-7-4 1.4501	0Cr25Ni7Mo4WCuN

注：本表为 GB/T 21832—2008 旧国标的附录资料，新国标 GB/T 21832.1～2—2018 将此附录资料删掉，没有列入新标准，供参考之用。

1.10.15　机械结构用不锈钢焊接钢管

表 4-1-213　机械结构用不锈钢焊接钢管牌号、尺寸规格及力学性能（GB/T 12770—2012）

尺寸规格的规定	钢管的外径和壁厚应符合 GB/T 21835—2008 的规定				
牌号及力学性能(牌号的化学成分符合 GB/T 12770—2012 的规定)	牌号	规定塑性延伸强度 $R_{p0.2}$/MPa	抗拉强度 R_m/MPa	断后伸长率 A/%	
				热处理状态	非热处理状态
		≥			
	12Cr18Ni9	210	520	35	25
	06Cr19Ni10	210	520		
	022Cr19Ni10	180	480		
	06Cr25Ni20	210	520		

第4篇

续表

	牌号	规定塑性延伸强度 $R_{p0.2}$/MPa	抗拉强度 R_m/MPa	断后伸长率 A/%	
				热处理状态	非热处理状态
		≥			
牌号及力学性能（牌号的化学成分符合 GB/T 12770—2012 的规定）	06Cr17Ni12Mo2	210	520	35	25
	022Cr17Ni12Mo2	180	480		
	06Cr18Ni11Ti	210	520		
	06Cr18Ni11Nb	210	520		
	022Cr22Ni5Mo3N	450	620	25	—
	022Cr23Ni5Mo3N	485	655	25	—
	022Cr25Ni7Mo4N	550	800	15	—
	022Cr18Ti	180	360	20	—
	019Cr19Mo2NbTi	240	410		
	06Cr13Al	177	410		
	022Cr11Ti	275	400	18	—
	022Cr12Ni	275	400	18	
	06Cr13	210	410	20	—
用途	钢管适用于机械、汽车、自行车、家具及其他机械部件和结构件				

1.10.16　机械结构用冷拔或冷轧精密焊接钢管

表 4-1-214　机械结构用冷拔或冷轧精密焊接管牌号、力学性能及产品代号（GB/T 31315—2014）

	牌号	+C		+LC		+SR			+A		+N		
		抗拉强度 R_m/MPa	断后伸长率 A/%	抗拉强度 R_m/MPa	断后伸长率 A/%	抗拉强度 R_m/MPa	下屈服强度 $R_{eL}^{①}$/MPa	断后伸长率 A/%	抗拉强度 R_m/MPa	断后伸长率 A/%	抗拉强度 R_m/MPa	下屈服强度 $R_{eL}^{①}$/MPa	断后伸长率 A/%
		≥										≥	
牌号及力学性能	Q195	420	6	370	10	370	260	18	290	28	300～400	195	28
	Q215	450	6	400	10	400	290	16	300	26	315～430	215	26
	Q235	490	6	440	10	440	325	14	315	25	340～480	235	25
	Q275	560	5	510	8	510	375	12	390	22	410～550	275	22
	Q345	640	4	590	6	590	435	10	450	22	490～630	345	22

	代号	交货状态	说　明
产品代号	+C	冷拔或冷轧/硬	最终冷拔或冷轧后，不进行热处理
	+LC	冷拔或冷轧/软	最终热处理后，进行适当的冷拔或冷轧
	+SR	冷拔或冷轧后去应力退火	最终冷拔或冷轧后，钢管采用可控气氛炉去应力退火
	+A	退火	最终冷拔或冷轧后，钢管采用可控气氛炉退火
	+N	正火	最终冷拔或冷轧后，钢管采用可控气氛炉正火

① 外径不大于 30mm 且壁厚不大于 3mm 的钢管，其最小屈服强度可降低 10MPa。

表 4-1-215 机械结构用冷拔或冷轧精密焊接钢管的尺寸及允许偏差（GB/T 31315—2014）

外径和允许偏差		壁厚δ																				
		0.5	0.8	1	1.2	1.5	1.8	2	2.2	2.5	2.8	3	3.5	4	4.5	5	5.5	6	7	8	9	10
		内径和允许偏差																				
4	±0.07	3±0.14	2.4±0.14	2±0.14																		
5	±0.07	4±0.14	3.4±0.14	3±0.14																		
6	±0.07	5±0.14	4.4±0.14	4±0.14																		
7	±0.07	6±0.14	5.4±0.14	5±0.14	4.6±0.14	4±0.14																
8	±0.07	7±0.14	6.4±0.14	6±0.14	5.6±0.14	5±0.14																
9	±0.07	8±0.14	7.4±0.14	7±0.14	6.6±0.14	6±0.14																
10	±0.07	9±0.14	8.4±0.14	8±0.14	7.6±0.14	7±0.14	6.4±0.14	6±0.14														
12	±0.07	11±0.14	10.4±0.14	10±0.14	9.6±0.14	9±0.14	8.4±0.14	8±0.14														
14	±0.07	13±0.07	12.4±0.07	12±0.07	11.6±0.14	11±0.14	10.4±0.14	10±0.14	9.6±0.14	9±0.14												
15	±0.07	14±0.07	13.4±0.07	13±0.07	12.6±0.07	12±0.14	11.4±0.14	11±0.14	10.6±0.14	10±0.14												
16	±0.07	15±0.07	14.4±0.07	14±0.07	13.6±0.07	13±0.07	12.4±0.14	12±0.14	11.6±0.14	11±0.14												
18	±0.07	17±0.07	16.4±0.07	16±0.07	15.6±0.07	15±0.07	14.4±0.07	14±0.07	13.6±0.14	13±0.14	12.4±0.14	12±0.14	11±0.14									
20	±0.07	19±0.07	18.4±0.07	18±0.07	17.6±0.07	17±0.07	16.4±0.07	16±0.07	15.6±0.14	15±0.14	14.4±0.14	14±0.14	13±0.14	12±0.14								

续表

外径和允许偏差		壁厚δ																				
		0.5	0.8	1	1.2	1.5	1.8	2	2.2	2.5	2.8	3	3.5	4	4.5	5	5.5	6	7	8	9	10
		内径和允许偏差																				
22	±0.07	21±0.07	20.4±0.07	20±0.07	19.6±0.07	19±0.07	18.4±0.07	18±0.07	17.6±0.07	17±0.14	16.4±0.14	16±0.14	15±0.14	14±0.14								
25		24±0.07	23.4±0.07	23±0.07	22.6±0.07	22±0.07	21.4±0.07	21±0.07	20.6±0.07	20±0.07	19.4±0.14	19±0.14	18±0.14	17±0.14	16±0.14							
26		25±0.07	24.4±0.07	24±0.07	23.6±0.07	23±0.07	22.4±0.07	22±0.07	21.6±0.07	21±0.07	20.4±0.14	20±0.14	19±0.14	18±0.14	17±0.14							
28		27±0.07	26.4±0.07	26±0.07	25.6±0.07	25±0.07	24.4±0.07	24±0.07	23.6±0.07	23±0.07	22.4±0.07	22±0.14	21±0.14	20±0.14	19±0.14							
30		29±0.07	28.4±0.07	28±0.07	27.6±0.07	27±0.07	26.4±0.07	26±0.07	25.6±0.07	25±0.07	24.4±0.07	24±0.14	23±0.14	22±0.14	21±0.14	20±0.14						
32	±0.14	31±0.14	30.4±0.14	30±0.14	29.6±0.14	29±0.14	28.4±0.14	28±0.14	27.6±0.14	27±0.14	26.4±0.14	26±0.14	25±0.14	24±0.14	23±0.14	22±0.14						
35		34±0.14	33.4±0.14	33±0.14	32.6±0.14	32±0.14	31.4±0.14	31±0.14	30.6±0.14	30±0.14	29.4±0.14	29±0.14	28±0.14	27±0.14	26±0.14	25±0.14						
38		37±0.14	36.4±0.14	36±0.14	35.6±0.14	35±0.14	34.4±0.14	34±0.14	33.6±0.14	33±0.14	32.4±0.14	32±0.14	31±0.14	30±0.14	29±0.14	28±0.14	27±0.14					
40		39±0.14	38.4±0.14	38±0.14	37.6±0.14	37±0.14	36.4±0.14	36±0.14	35.6±0.14	35±0.14	34.4±0.14	34±0.14	33±0.14	32±0.14	31±0.14	30±0.14	29±0.14					
42	±0.18			40±0.18	39.6±0.18	39±0.18	38.4±0.18	38±0.18	37.6±0.18	37±0.18	36.4±0.18	36±0.18	36±0.18	34±0.18	33±0.18	32±0.18	31±0.18					
45				43±0.18	42.6±0.18	42±0.18	41.4±0.18	41±0.18	40.6±0.18	40±0.18	39.4±0.18	39±0.18	38±0.18	37±0.18	36±0.18	35±0.18	34±0.18	33±0.18				
48				46±0.18	45.6±0.18	45±0.18	44.4±0.18	44±0.18	43.6±0.18	43±0.18	42.4±0.18	42±0.18	41±0.18	40±0.18	39±0.18	38±0.18	37±0.18	36±0.18				
50				48±0.18	47.6±0.18	47±0.18	46.4±0.18	46±0.18	45.6±0.18	45±0.18	44.4±0.18	44±0.18	43±0.18	42±0.18	41±0.18	40±0.18	39±0.18	38±0.18				
55	±0.23			53±0.23	52.6±0.23	52±0.23	51.4±0.23	51±0.23	50.6±0.23	50±0.23	49.4±0.23	49±0.23	48±0.23	47±0.23	46±0.23	45±0.23	44±0.23	43±0.23	41±0.23			

第4篇

续表

外径和允许偏差		壁厚δ																				
		0.5	0.8	1	1.2	1.5	1.8	2	2.2	2.5	2.8	3	3.5	4	4.5	5	5.5	6	7	8	9	10
		内径和允许偏差																				
60	±0.23			58±0.23	57.6±0.23	57±0.23	56.4±0.23	56±0.23	55.6±0.23	55±0.23	54.4±0.23	54±0.23	53±0.23	52±0.23	51±0.23	50±0.23	49±0.23	48±0.23	46±0.23			
65	±0.23			63±0.25	62.6±0.25	62±0.25	61.4±0.25	61±0.25	60.6±0.25	60±0.25	59.4±0.25	59±0.25	58±0.25	57±0.25	56±0.25	55±0.25	54±0.25	53±0.25	51±0.25			
70				68±0.25	67.6±0.25	67±0.25	66.4±0.25	66±0.25	65.6±0.25	64±0.25	64.4±0.25	64±0.25	63±0.25	62±0.25	61±0.25	60±0.25	59±0.25	58±0.25	56±0.25			
75	±0.25			73±0.30	72.6±0.30	72±0.30	71.4±0.30	71±0.30	70.6±0.30	70±0.30	69.4±0.30	69±0.30	68±0.30	67±0.30	66±0.30	65±0.30	64±0.30	63±0.30	61±0.30	59±0.30		
80				78±0.30	77.6±0.30	77±0.30	76.4±0.30	76±0.30	75.6±0.30	75±0.30	74.4±0.30	74±0.30	73±0.30	72±0.30	71±0.30	70±0.30	69±0.30	68±0.30	66±0.30	64±0.30		
85	±0.30					82±0.35	81.4±0.35	81±0.35	80.6±0.35	80±0.35	79.4±0.35	79±0.35	78±0.35	77±0.35	76±0.35	75±0.35	74±0.35	73±0.35	71±0.35	69±0.35		
90						87±0.35	86.4±0.35	86±0.35	85.6±0.35	85±0.35	84.4±0.35	84±0.35	83±0.35	82±0.35	81±0.35	80±0.35	79±0.35	78±0.35	76±0.35	74±0.35		
95	±0.35							91±0.40	90.6±0.40	90±0.40	89.4±0.40	89±0.40	88±0.40	87±0.40	86±0.40	85±0.40	84±0.40	83±0.40	81±0.40	79±0.40		
100								96±0.40	95.6±0.40	95±0.40	94.4±0.40	94±0.40	93±0.40	92±0.40	91±0.40	90±0.40	89±0.40	88±0.40	86±0.40	84±0.40	82±0.40	80±0.40
110	±0.40							106±0.45	105.6±0.45	105±0.45	104.4±0.45	104±0.45	103±0.45	102±0.45	101±0.45	100±0.45	99±0.45	98±0.45	96±0.45	94±0.45	92±0.45	90±0.45
120								116±0.45	115.6±0.45	115±0.45	114.4±0.45	114±0.45	113±0.45	112±0.45	111±0.45	110±0.45	109±0.45	108±0.45	106±0.45	104±0.45	102±0.45	100±0.45
130	±0.60									125±0.60	124.4±0.60	124±0.60	123±0.60	122±0.60	121±0.60	120±0.60	119±0.60	118±0.60	116±0.60	114±0.60	112±0.60	110±0.60
140										135±0.60	134.4±0.60	134±0.60	133±0.60	132±0.60	131±0.60	130±0.60	129±0.60	128±0.60	126±0.60	124±0.60	122±0.60	120±0.60
150	±0.60											114±0.70	143±0.70	142±0.70	141±0.70	140±0.70	139±0.70	138±0.70	136±0.70	134±0.70	132±0.70	130±0.70

注：黑框内的尺寸为常用规格。

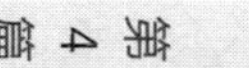

1.10.17 高温高压管道用直缝埋弧焊接钢管

表 4-1-216 高温高压管道用直缝埋弧焊接钢管牌号、尺寸规格及力学性能（GB/T 32970—2016）

尺寸规格	钢管公称外径 D≥406.4mm，公称壁厚 t≤75mm，D 和 t 的尺寸规格应符合 GB/T 21835 焊接钢管尺寸的规定 钢管通常长度为 3000～12000mm												
牌号及力学性能	牌号	抗拉强度 R_m/MPa				下屈服强度或规定塑性延伸强度 R_{eL} 或 $R_{p0.2}$/MPa				断后伸长率 A/%	冲击吸收能量 KV_2		硬度值 HBW 不大于
		壁厚/mm				壁厚/mm					试验温度/℃	3 个试样平均值/J	
		≤16	>16～≤36	>36～≤60	>60～≤75	≤16	>16～≤36	>36～≤60	>60～≤75				
	Q245	400～520			390～510	≥245	≥235	≥225	≥205	≥25	0	≥34	—
	Q345	510～640	500～630	490～620		≥345	≥325	≥315	≥305	≥20	0	≥41	—
	15Mo	450～600				≥270				≥22	室温	≥40	201
	20Mo	415～665				≥220				≥22	室温	≥40	201
	12CrMo	410～560				≥205				≥21	室温	≥40	201
	15CrMo	450～590				≥295	≥275			≥19	室温	≥47	201
	14Cr1Mo	520～680				≥310				≥19	室温	≥47	201
	12Cr1MoV	440～590		430～580		≥245		≥235		≥19	室温	≥47	201
	12Cr2Mo1	520～680				≥310				≥19	室温	≥47	201
	12Cr5Mo	480～640				≥280				≥20	室温	≥40	225
牌号化学成分规定	牌号的化学成分应符合 GB/T 32970—2016 的规定												

注：1. 钢管的室温拉伸性能应符合本表的规定。

2. 钢管母材拉伸试样应距离焊缝约 180°的位置横向截取。

3. 焊接接头拉伸试样应在钢管上垂直于焊缝截取，且焊缝位于试样的中间，试样焊缝余高应去除。焊接接头拉伸试验只测定抗拉强度，其值应不低于本表规定的抗拉强度下限值。

4. 钢管母材、焊缝和热影响区应分别进行夏比 V 形缺口横向冲击试验，其结果应符合本表规定。

5. 钢管应以焊缝消除应力热处理或整管热处理状态交货，其热处理制度应符合 GB/T 32970—2016 的相关规定。

表 4-1-217 高温高压管道用直缝埋弧焊接钢管高温力学性能（GB/T 32970—2016）

牌号	壁厚/mm	试验温度/℃						
		200	250	300	350	400	450	500
		规定塑性延伸强度最小值 $R_{p0.2}$/MPa						
Q245	>20～36	186	167	153	139	129	121	—
	>36～60	178	161	147	133	123	116	—
	>60～75	164	147	135	126	113	106	—
Q345	>20～36	255	235	215	200	190	180	—
	>36～60	240	220	200	185	175	165	—
	>60～75	225	205	185	175	165	155	—
15Mo	—	225	205	180	170	160	155	150
20Mo	—	199	187	182	177	169	160	150
12CrMo	—	181	175	170	165	159	150	140
15CrMo	>20～60	240	225	210	200	189	179	174
	>60～75	220	210	196	186	176	167	162
14Cr1Mo	>20～75	255	245	230	220	210	195	176
12Cr1MoV	>20～75	200	190	176	167	157	150	142
12Cr2Mo1	>20～75	260	255	250	245	240	230	215
12Cr5Mo	供需双方协商确定							

注：根据需方要求，经供需双方协定，并在合同中注明试验温度，钢管可进行高温拉伸试验，其规定温度下的 $R_{p0.2}$ 应符合本表规定。

1.10.18　P3 型镀锌金属软管

表 4-1-218　　P3 型镀锌金属软管尺寸规格（YB/T 5306—2006）

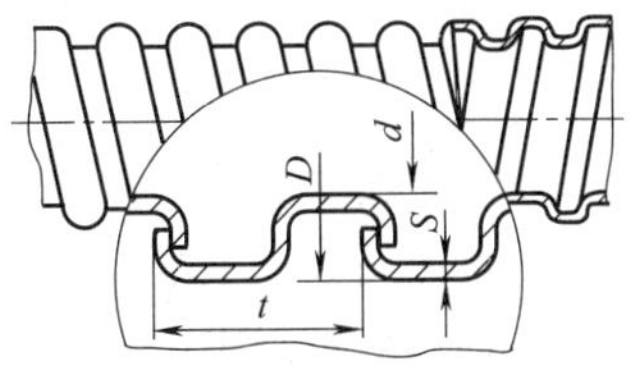

D—软管外径；t—节距；d—软管内径；S—钢带厚度

公称内径 d/mm	最小内径 d_{min}/mm	外径及允许偏差 D/mm	节距及允许偏差 t/mm	钢带厚度 S/mm	自然弯曲直径 R/mm	轴向拉力 /N ≥	理论质量 /g·m^{-1}
(4)	3.75	6.20±0.25	2.65±0.40	0.25	30	235	49.6
(6)	5.75	8.2±0.25	2.70±0.4	0.25	40	350	68.6
8	7.70	11.00±0.30	4.00±0.4	0.30	45	470	111.7
10	9.70	13.50±0.30	4.70±0.45	0.30	55	590	139.0
12	11.65	15.50±0.35	4.70±0.45	0.30	60	705	162.3
(13)	12.65	16.50±0.35	4.70±0.45	0.30	65	765	174.0
(15)	14.65	19.00±0.35	5.70±0.45	0.35	80	885	233.8
(16)	15.65	20.00±0.35	5.70±0.45	0.35	85	940	247.4
(19)	18.60	23.30±0.40	6.40±0.50	0.40	95	1120	326.7
20	19.60	24.30±0.40	6.40±0.50	0.40	100	1175	342.0
(22)	21.55	27.30±0.45	8.70±0.50	0.40	105	1295	375.1
25	24.55	30.30±0.45	8.70±0.50	0.40	115	1470	420.2
(32)	31.50	38.00±0.50	10.50±0.60	0.45	140	1880	585.8
38	37.40	45.00±0.60	11.40±0.60	0.50	160	2235	804.3
51	50.00	58.00±1.00	11.40±0.60	0.50	190	3000	1054.6
64	62.50	72.50±1.50	14.80±0.60	0.60	280	3765	1522.5
75	73.00	83.50±2.00	14.20±0.60	0.60	320	4410	1841.2
(80)	78.00	88.50±2.00	14.20±0.60	0.60	330	4705	1957.0
100	97.00	108.50±3.00	14.20±0.60	0.60	380	5880	2420.4

注：1. 钢带厚度 S 及理论重量，仅供参考。

2. 括号中的规格不推荐使用。

3. 本产品用作电线保护管。

4. 软管长度不小于 3mm。

5. 标记示例：公称内径 15mm 的 P3 型镀锌金属软管，标记为：金属软管 P3 d15-YB/T 5306—2006。

1.10.19 S 型钎焊不锈钢金属软管

表 4-1-219 S 型钎焊不锈钢金属软管尺寸规格（YB/T 5307—2006）

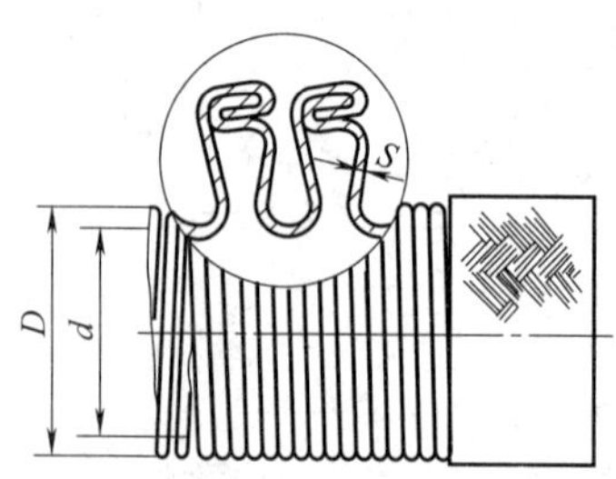

D—软管外径；d—软管内径；S—钢带厚度

公称内径 d/mm	最小内径 d_{min}/mm	软管外径 D/mm	钢带厚度 S/mm	编织钢丝直径 d_1/mm	软管性能参数		理论质量 /kg·m^{-1}
					20℃时工作压力 /MPa	20℃时爆破压力 /MPa	
6	5.9	$10.8_{-0.3}^{0}$	0.13	0.3	14.70	44.10	0.209
8	7.9	$12.8_{-0.3}^{0}$	0.13	0.3	11.75	35.30	0.238
10	9.85	$15.6_{-0.3}^{0}$	0.16	0.3	9.80	29.40	0.367
12	11.85	$18.2_{-0.3}^{0}$	0.16	0.3	9.30	27.95	0.434
14	13.85	$20.2_{-0.3}^{0}$	0.16	0.3	8.80	26.45	0.494
(15)	14.85	$21.2_{-0.3}^{0}$	0.16	0.3	8.35	25.00	0.533
16	15.85	$22.2_{-0.3}^{0}$	0.16	0.3	7.85	23.55	0.553
(18)	17.85	$24.3_{-0.3}^{0}$	0.16	0.3	7.35	22.06	0.630
20	19.85	$29.3_{-0.3}^{0}$	0.20	0.3	6.85	20.60	0.866
(22)	21.85	$31.3_{-0.3}^{0}$	0.20	0.3	6.35	19.10	0.946
25	24.80	$35.3_{-0.3}^{0}$	0.25	0.3	5.90	17.65	1.347
30	29.80	$40.3_{-0.3}^{0}$	0.25	0.3	4.90	14.70	1.555
32	31.80	$44_{-0.3}^{0}$	0.30	0.3	4.40	13.25	1.864
38	37.75	$50_{-0.3}^{0}$	0.30	0.3	3.90	11.75	2.142
40	39.75	$52_{-0.3}^{0}$	0.30	0.3	3.45	10.29	2.207
42	41.75	$54_{-0.3}^{0}$	0.30	0.3	3.45	10.29	2.342
48	47.75	$60_{-0.3}^{0}$	0.30	0.3	2.95	8.80	2.634
50	49.75	$62_{-0.3}^{0}$	0.30	0.3	2.45	7.35	2.714
52	51.75	$64_{-0.3}^{0}$	0.30	0.3	2.45	7.35	2.795

注：1. 软管理论质量不包括接头的质量。理论质量和钢带厚度仅供参考。

2. 表中带括号的规格不推荐使用。

3. 本产品采用 1Cr18Ni9Ti 不锈钢带和不锈钢丝制成。适用于电缆的护套管及非腐蚀性的液压油、燃油、润滑油和蒸汽系统的输送管道之用，使用温度范围为 0～400℃（输送管道），－200～400℃（电缆套管）。

4. 软管长度不短于 500mm。

5. 标记示例：公称内径为 10mm 的钎焊不锈钢金属软管，标记为：金属软管 S d10-YB/T 5307—2006。

第 4 篇

1.11　钢丝

1.11.1　冷拉圆钢丝、方钢丝和六角钢丝

表 4-1-220　　冷拉圆钢丝、方钢丝和六角钢丝尺寸规格（GB/T 342—2017）

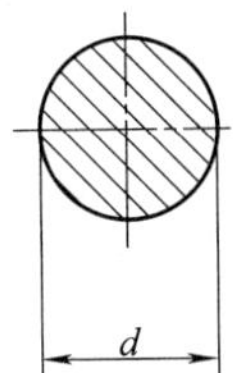
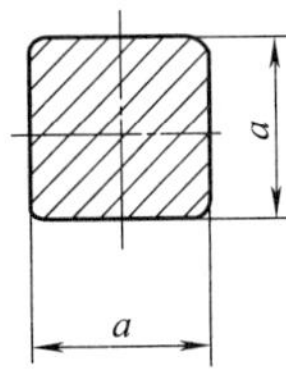
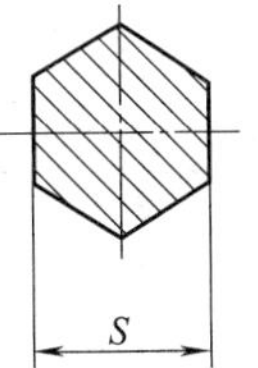

钢丝代号：
圆形钢丝：R
方形钢丝：S
六角形钢丝：H

d—圆钢丝直径；a—方钢丝的边长；S—六角钢丝的对边距离

公称尺寸/mm	圆形		方形		六角形	
	截面面积/mm²	理论质量/kg·(1000m)⁻¹	截面面积/mm²	理论质量/kg·(1000m)⁻¹	截面面积/mm²	理论质量/kg·(1000m)⁻¹
0.050	0.0020	0.016	—	—	—	—
0.053	0.0024	0.019	—	—	—	—
0.063	0.0031	0.024	—	—	—	—
0.070	0.0038	0.030	—	—	—	—
0.080	0.0050	0.039	—	—	—	—
0.090	0.0064	0.050	—	—	—	—
0.10	0.0079	0.062	—	—	—	—
0.11	0.0095	0.075	—	—	—	—
0.12	0.0113	0.089	—	—	—	—
0.14	0.0154	0.121	—	—	—	—
0.16	0.0201	0.158	—	—	—	—
0.18	0.0254	0.199	—	—	—	—
0.20	0.0314	0.246	—	—	—	—
0.22	0.0380	0.298	—	—	—	—
0.25	0.0491	0.385	—	—	—	—
0.28	0.0616	0.484	—	—	—	—
0.32	0.0804	0.631	—	—	—	—
0.35	0.096	0.754	—	—	—	—
0.40	0.126	0.989	—	—	—	—
0.45	0.159	1.248	—	—	—	—
0.50	0.196	1.539	0.250	1.962	—	—
0.55	0.238	1.868	0.302	2.371	—	—
0.63	0.312	2.447	0.397	3.116	—	—
0.70	0.385	3.021	0.490	3.846	—	—
0.80	0.503	3.948	0.640	5.024	—	—
0.90	0.636	4.993	0.810	6.358	—	—
1.00	0.785	6.162	1.000	7.850	—	—
1.12	0.985	7.733	1.254	9.847	—	—

续表

公称尺寸/mm	圆形		方形		六角形	
	截面面积/mm^2	理论质量/kg·$(1000m)^{-1}$	截面面积/mm^2	理论质量/kg·$(1000m)^{-1}$	截面面积/mm^2	理论质量/kg·$(1000m)^{-1}$
1.25	1.227	9.633	1.563	12.27	—	—
1.40	1.539	12.08	1.960	15.39	—	—
1.60	2.011	15.79	2.560	20.10	2.217	17.40
1.80	2.545	19.98	3.240	25.43	2.806	22.03
2.00	3.142	24.66	4.000	31.40	3.464	27.20
2.24	3.941	30.94	5.018	39.39	4.345	34.11
2.50	4.909	38.54	6.250	49.06	5.413	42.49
2.80	6.158	48.34	7.840	61.54	6.790	53.30
3.15	7.793	61.18	9.923	77.89	8.593	67.46
3.55	9.898	77.70	12.60	98.93	10.91	85.68
4.00	12.57	98.67	16.00	125.6	13.86	108.8
4.50	15.90	124.8	20.25	159.0	17.54	137.7
5.00	19.64	154.2	15.00	196.2	21.65	170.0
5.60	24.63	193.3	31.36	246.2	27.16	213.2
6.30	31.17	244.7	39.69	311.6	34.38	269.9
7.10	39.59	310.8	50.41	395.7	43.66	342.7
8.00	50.27	394.6	64.00	502.4	55.43	435.1
9.00	63.62	499.4	81.00	635.8	70.15	550.7
10.0	78.54	616.5	100.00	785.0	86.61	679.9
11.0	95.03	746.0	—	—	—	—
12.0	113.1	887.8	—	—	—	—
14.0	153.9	1208.1	—	—	—	—
16.0	201.1	1578.6	—	—	—	—
18.0	254.5	1997.8	—	—	—	—
20.0	314.2	2466.5	—	—	—	—

注：1. 表中的钢丝公称尺寸系列采用 GB/T 321—2005 标准中的 R20 优先数系；

2. 表中的理论质量是按密度为 7.85g/cm^3 计算，圆周率 π 取标准值，对特殊合金钢丝，在计算理论质量时应采用相应牌号的密度。

3. GB/T 342—2017 新标准删去了旧标准 GB/T 342—1997 关于产品标记及示例的规定。

第4篇

表 4-1-221　冷拉圆钢丝、方钢丝和六角钢丝公称尺寸允许偏差（GB/T 342—2017）

公称尺寸 D/mm	允许偏差级别				
	8	9	10	11	12
	允许偏差/mm				
0.05≤D<0.10	±0.002	±0.005	±0.006	±0.010	±0.015
0.10≤D<0.30	±0.003	±0.006	±0.009	±0.010	±0.022
0.30≤D<0.60	±0.004	±0.009	±0.013	±0.018	±0.030
0.60≤D<1.00	±0.005	±0.011	±0.018	±0.023	±0.035
1.00≤D<3.00	±0.007	±0.012	±0.020	±0.030	±0.050
3.00≤D<6.00	±0.009	±0.015	±0.024	±0.037	±0.060
6.00≤D<10.0	±0.011	±0.018	±0.029	±0.045	±0.075
10.0≤D<16.0	±0.013	±0.021	±0.035	±0.055	±0.090
16.0≤D<20.0	±0.016	±0.026	±0.042	±0.065	±0.105

注：1. 钢丝尺寸允许偏差级别：圆形钢丝适用 8～11 级，方形钢丝适用 9～12 级，六角形钢丝适用 9～12 级。

2. 圆钢丝的圆度应不大于直径公差之半，方钢丝正截面对角线差不大于相应级别边长公差的 0.7 倍。

3. 钢丝通常用盘状交货。钢丝用直条交货时，应在合同中注明。

4. GB/T 342—2017 代替 GB/T 342—1997。

1.11.2　一般用途低碳钢丝

表 4-1-222　一般用途低碳钢丝分类、力学性能及尺寸规格（YB/T 5294—2009）

<table>
<tr><td colspan="4">分类和代号</td><td colspan="3">按交货状态分为：
冷拉钢丝　WCD
退火钢丝　TA
镀锌钢丝　SZ</td><td colspan="3">按用途分为：
Ⅰ类　普通用
Ⅱ类　制钉用
Ⅲ类　建筑用</td></tr>
<tr><td rowspan="2">公称直径/mm</td><td colspan="5">抗拉强度/MPa</td><td colspan="2">180°弯曲试验/次</td><td colspan="2">伸长率（标距 100mm）/%</td></tr>
<tr><td>冷拉普通钢丝</td><td>制钉用钢丝</td><td>建筑用钢丝</td><td>退火钢丝</td><td>镀锌钢丝</td><td>冷拉普通用钢丝</td><td>建筑用钢丝</td><td>建筑用钢丝</td><td>镀锌钢丝</td></tr>
<tr><td>≤0.30</td><td>≤980</td><td>—</td><td>—</td><td rowspan="9">295～540</td><td rowspan="9">295～540</td><td rowspan="2">—</td><td>—</td><td>—</td><td rowspan="2">≥10</td></tr>
<tr><td>>0.30～0.80</td><td>≤980</td><td>—</td><td>—</td><td>—</td><td>—</td></tr>
<tr><td>>0.80～1.20</td><td>≤980</td><td>880～1320</td><td>—</td><td rowspan="3">≥6</td><td>—</td><td>—</td><td rowspan="7">≥12</td></tr>
<tr><td>>1.20～1.80</td><td>≤1060</td><td>785～1220</td><td>—</td><td>—</td><td>—</td></tr>
<tr><td>>1.80～2.50</td><td>≤1010</td><td>735～1170</td><td>—</td><td>—</td><td>—</td></tr>
<tr><td>>2.50～3.50</td><td>≤960</td><td>685～1120</td><td>≥550</td><td rowspan="3">≥4</td><td rowspan="3">≥4</td><td rowspan="3">≥2</td></tr>
<tr><td>>3.50～5.00</td><td>≤890</td><td>590～1030</td><td>≥550</td></tr>
<tr><td>>5.00～6.00</td><td>≤790</td><td>540～930</td><td>≥550</td></tr>
<tr><td>>6.00</td><td>≤690</td><td>—</td><td>—</td><td>—</td><td>—</td><td>—</td></tr>
</table>

注：1. 本表产品适用于一般的捆绑、牵拉、制钉、编织及建筑等；冷拉钢丝主要用于轻工业和建筑行业，如制钉、钢筋、焊接骨架、焊接网、小五金等；退火钢丝主要用于一般捆扎、牵拉、编织等；镀锌钢丝用于需要耐蚀的捆扎、牵拉、编织等。

2. 钢丝可按英制线规或其他线规号交货。

3. 钢丝圆度不超出直径公差之半。

4. 标记示例：直径为 2.00mm 的冷拉钢丝，标记为

低碳钢丝　WCD-2.00-YB/T 5294—2009

1.11.3　重要用途低碳钢丝

表 4-1-223　重要用途低碳钢丝力学性能及尺寸规格（YB/T 5032—2006）

<table>
<tr><td colspan="3">钢丝直径/mm</td><td colspan="4">力 学 性 能(不小于)</td><td rowspan="3">每盘钢丝质量[①]/kg ≥</td><td rowspan="3">镀锌钢丝锌层质量/g·m^{-2} ≥</td></tr>
<tr><td rowspan="2">公称尺寸</td><td colspan="2">允许偏差</td><td colspan="2">抗拉强度/MPa</td><td rowspan="2">扭转次数(360°)/次</td><td rowspan="2">弯曲次数(180°)/次</td></tr>
<tr><td>光面钢丝</td><td>镀锌钢丝</td><td>光面钢丝</td><td>镀锌钢丝</td></tr>
<tr><td>0.3</td><td rowspan="4">±0.02</td><td rowspan="4">+0.04
−0.02</td><td rowspan="19">395</td><td rowspan="19">365</td><td rowspan="5">30</td><td rowspan="5">打结拉力试验抗拉强度
光面钢丝：≥225MPa
镀锌钢丝：≥185MPa</td><td rowspan="2">0.3</td><td rowspan="2">10</td></tr>
<tr><td>0.4</td></tr>
<tr><td>0.5</td><td rowspan="2">0.5</td><td rowspan="2">12</td></tr>
<tr><td>0.6</td></tr>
<tr><td>0.8</td><td rowspan="5">±0.04</td><td rowspan="5">+0.06
−0.02</td><td rowspan="2">1</td><td>15</td></tr>
<tr><td>1.0</td><td rowspan="2">25</td><td>22</td><td rowspan="3">25</td></tr>
<tr><td>1.2</td><td>18</td><td rowspan="3">5</td></tr>
<tr><td>1.4</td><td rowspan="2">20</td><td>14</td></tr>
<tr><td>1.6</td><td>12</td><td>45</td></tr>
<tr><td>1.8</td><td rowspan="5">±0.06</td><td rowspan="5">+0.08
−0.06</td><td rowspan="2">18</td><td>12</td><td rowspan="6">10</td><td rowspan="2">45</td></tr>
<tr><td>2.0</td><td>10</td></tr>
<tr><td>2.3</td><td rowspan="2">15</td><td>10</td><td rowspan="2">65</td></tr>
<tr><td>2.6</td><td>8</td></tr>
<tr><td>3.0</td><td rowspan="2">12</td><td>10</td><td rowspan="2">80</td></tr>
<tr><td>3.5</td><td rowspan="5">±0.07</td><td rowspan="5">+0.09
−0.07</td><td>10</td></tr>
<tr><td>4.0</td><td rowspan="2">10</td><td>8</td><td rowspan="4">20</td><td rowspan="2">95</td></tr>
<tr><td>4.5</td><td>8</td></tr>
<tr><td>5.0</td><td>8</td><td>6</td><td rowspan="2">110</td></tr>
<tr><td>6.0</td><td>6</td><td>3</td></tr>
</table>

① 每盘钢丝由一根钢丝组成。

注：本表钢丝用 GB/T 699—2015 优质碳素钢中的低碳钢制造，适于制作机器中重要部件及零件。

第 4 篇

1.11.4 冷拉碳素弹簧钢丝

表 4-1-224 冷拉碳素弹簧钢丝分类、扭转性能及用途（GB/T 4357—2009）

分类及代号	低抗拉强度：L；中抗拉强度：M；高抗拉强度：H；静载荷：S；动载荷：D				
	强度等级	静载荷	公称直径范围/mm	动载荷	公称直径范围/mm
	低抗拉强度	SL 型	1.00～10.00	—	—
	中等抗拉强度	SM 型	0.30～13.00	DM 型	0.08～13.00
	高抗拉强度	SH 型	0.30～13.00	DH 型	0.05～13.00
	钢丝按表面状态分为光面钢丝和镀锌钢丝				
扭转试验要求	钢丝公称直径 *d*/mm	最少扭转次数/次			
		静载荷	动载荷		
	$0.70 \leqslant d \leqslant 0.99$	40	50		
	$0.99 < d \leqslant 1.40$	20	25		
	$1.40 < d \leqslant 2.00$	18	22		
	$2.00 < d \leqslant 3.50$	16	20		
	$3.50 < d \leqslant 4.99$	14	18		
	$4.99 < d \leqslant 6.00$	7	9		
	$6.00 < d \leqslant 8.00$	4①	5①		
	$8.00 < d \leqslant 10.00$	3①	4①		
化学成分	钢丝用钢的化学成分按 GB/T 4357—2009 的规定				
用途	GB/T 4357—2009 规定的冷拉碳素弹簧钢丝适用于制造静载荷和动载荷工况的机械弹簧，不适用于制造高疲劳强度弹簧（如阀门簧）。该标准定义的静载荷是指弹簧承受静态载荷或不频繁动载荷（循环次数 $N < 10^4$ 次），或承受这两种载荷。不适于低频高载荷状态。动载荷是指弹簧承受频率载荷（$N \geqslant 10^4$ 次）或以突发动载荷为主				

① 该值仅作为双方协商时的参考。

注：标记示例

1. 2.00mm 中等抗拉强度级、适用于动载的光面弹簧钢丝，标记为：光面弹簧钢丝-GB/T 4357-2.00mm-DM。
2. 4.50mm 高抗拉强度级、适用于静载的镀锌弹簧钢丝，标记为：镀锌弹簧钢丝-GB/T 4357-4.50mm-SH。

表 4-1-225 冷拉碳素弹簧钢丝直径及力学性能（GB/T 4357—2009）

钢丝公称直径/mm	抗拉强度/MPa				
	SL 型	SM 型	DM 型	SH 型	DH 型
0.30	—	2370～2650	2370～2650	2660～2940	2660～2940
0.32		2350～2630	2350～2630	2640～2920	2640～2920
0.34		2330～2600	2330～2600	2610～2890	2610～2890
0.36		2310～2580	2310～2580	2590～2890	2590～2890
0.38		2290～2560	2290～2560	2570～2850	2570～2850
0.40		2270～2550	2270～2550	2560～2830	2570～2830
0.43		2250～2520	2250～2520	2530～2800	2570～2800
0.45		2240～2500	2240～2500	2510～2780	2570～2780
0.48		2220～2480	2240～2500	2490～2760	2570～2760
0.50		2200～2470	2200～2470	2480～2740	2480～2740
0.53		2180～2450	2180～2450	2460～2720	2460～2720
0.56		2170～2430	2170～2430	2440～2700	2440～2700
0.60		2140～2400	2140～2400	2410～2670	2410～2670
0.63		2130～2380	2130～2380	2390～2650	2390～2650
0.65		2120～2370	2120～2370	2380～2640	2380～2640
0.70		2090～2350	2090～2350	2360～2610	2360～2610
0.80		2050～2300	2050～2300	2310～2560	2310～2560
0.85		2030～2280	2030～2280	2290～2530	2290～2530
0.90		2010～2260	2010～2260	2270～2510	2270～2510
0.95		2000～2240	2000～2240	2250～2490	2250～2490

续表

钢丝公称直径/mm	抗拉强度/MPa				
	SL 型	SM 型	DM 型	SH 型	DH 型
1.00	1720～1970	1980～2220	1980～2220	2230～2470	2230～2470
1.05	1710～1950	1960～2220	1960～2220	2210～2450	2210～2450
1.10	1690～1940	1950～2190	1950～2190	2200～2430	2200～2430
1.20	1670～1910	1920～2160	1920～2160	2170～2400	2170～2400
1.25	1660～1900	1910～2130	1910～2130	2140～2380	2140～2380
1.30	1640～1890	1900～2130	1900～2130	2140～2370	2140～2370
1.40	1620～1860	1870～2100	1870～2100	2110～2340	2110～2340
1.50	1600～1840	1850～2080	1850～2080	2090～2310	2090～2310
1.60	1590～1820	1830～2050	1830～2050	2060～2290	2060～2290
1.70	1570～1800	1810～2030	1810～2030	2040～2260	2040～2260
1.80	1550～1780	1790～2010	1790～2010	2020～2240	2020～2240
1.90	1540～1760	1770～1990	1770～1990	2000～2220	2000～2220
2.00	1520～1750	1760～1970	1760～1970	1980～2200	1980～2200
2.10	1510～1730	1740～1960	1740～1960	1970～2180	1970～2180
2.25	1490～1710	1720～1930	1720～1930	1940～2150	1940～2150
2.40	1470～1690	1700～1910	1700～1910	1920～2130	1920～2130
2.50	1460～1680	1690～1890	1690～1890	1900～2110	1900～2110
2.60	1450～1660	1670～1880	1670～1880	1890～2100	1890～2100
2.80	1420～1640	1650～1850	1650～1850	1860～2070	1860～2070
3.00	1410～1620	1630～1830	1630～1830	1840～2040	1840～2040
3.20	1390～1600	1610～1810	1610～1810	1820～2020	1820～2020
3.40	1370～1580	1590～1780	1590～1780	1790～1990	1790～1990
3.60	1350～1560	1570～1760	1570～1760	1770～1970	1770～1970
3.80	1340～1540	1550～1740	1550～1740	1750～1950	1750～1950
4.00	1320～1520	1530～1730	1530～1730	1740～1930	1740～1930
4.25	1310～1500	1510～1700	1510～1700	1710～1900	1710～1900
4.50	1290～1490	1500～1680	1500～1680	1690～1880	1690～1880
4.75	1270～1470	1480～1670	1480～1670	1680～1840	1680～1840
5.00	1260～1450	1460～1650	1460～1650	1660～1830	1660～1830
5.30	1240～1430	1440～1630	1440～1630	1640～1820	1640～1820
5.60	1230～1420	1430～1610	1430～1610	1620～1800	1620～1800
6.00	1210～1390	1400～1580	1400～1580	1590～1770	1590～1770
6.30	1190～1380	1390～1560	1390～1560	1570～1750	1570～1750
6.50	1180～1370	1380～1550	1380～1550	1560～1740	1560～1740
7.00	1160～1340	1350～1530	1350～1530	1540～1710	1540～1710
7.50	1140～1320	1330～1500	1330～1500	1510～1680	1510～1680
8.00	1120～1300	1310～1480	1310～1480	1490～1660	1490～1660
8.50	1110～1280	1290～1460	1290～1460	1470～1630	1470～1630
9.00	1090～1260	1270～1440	1270～1440	1450～1610	1450～1610
9.50	1070～1250	1260～1420	1260～1420	1430～1590	1430～1590
10.00	1060～1230	1240～1400	1240～1400	1410～1570	1410～1570
10.50	—	1220～1380	1220～1380	1390～1550	1390～1550
11.00		1210～1370	1210～1370	1380～1530	1380～1530
12.00		1180～1340	1180～1340	1350～1500	1350～1500
12.50		1170～1320	1170～1320	1330～1480	1330～1480
13.00		1160～1310	1160～1310	1320～1470	1320～1470

注：1. 钢丝的抗拉强度应符合本表要求。
2. 直条定尺钢丝的极限强度最多可能低 10%。
3. 中间尺寸钢丝抗拉强度值按表中相邻较大钢丝的规定执行。
4. 对特殊用途的钢丝，可商定其他抗拉强度。
5. 对直径为 0.08～0.18mm 的 DH 型钢丝，经供需双方协商，其抗拉强度波动值范围可规定为 300MPa。

第 4 篇

1.11.5　重要用途碳素弹簧钢丝

表 4-1-226　重要用途碳素弹簧钢丝尺寸规格及力学性能（YB/T 5311—2010）

项目	直径/mm	抗拉强度 R_m/MPa			直径/mm	抗拉强度 R_m/MPa		
		E组	F组	G组		E组	F组	G组
尺寸规格	钢丝分为三组：E组、F组、G组；E、F组钢丝公称直径范围为0.10～7.00mm，其直径允许偏差应符合GB/T 342中10级的规定；G组公称直径范围为1.00～7.00mm，直径允许偏差符合GB/T 342中11级规定 钢丝圆度不大于公称直径公差之半							
力学性能	0.10	2440～2890	2900～3380	—	0.90	2070～2400	2410～2740	—
	0.12	2440～2860	2870～3320	—	1.00	2020～2350	2360～2660	1850～2110
	0.14	2440～2840	2850～3250	—	1.20	1940～2270	2280～2580	1820～2080
	0.16	2440～2840	2850～3200	—	1.40	1880～2200	2210～2510	1780～2040
	0.18	2390～2770	2780～3160	—	1.60	1820～2140	2150～2450	1750～2010
	0.20	2390～2750	2760～3110	—	1.80	1800～2120	2060～2360	1700～1960
	0.22	2370～2720	2730～3080	—	2.00	1790～2090	1970～2250	1670～1910
	0.25	2340～2690	2700～3050	—	2.20	1700～2000	1870～2150	1620～1860
	0.28	2310～2660	2670～3020	—	2.50	1680～1960	1830～2110	1620～1860
	0.30	2290～2640	2650～3000	—	2.80	1630～1910	1810～2070	1570～1810
	0.32	2270～2620	2630～2980	—	3.00	1610～1890	1780～2040	1570～1810
	0.35	2250～2600	2610～2960	—	3.20	1560～1840	1760～2020	1570～1810
	0.40	2250～2580	2590～2940	—	3.50	1500～1760	1710～1970	1470～1710
	0.45	2210～2560	2570～2920	—	4.00	1470～1730	1680～1930	1470～1710
	0.50	2190～2540	2550～2900	—	4.50	1420～1680	1630～1880	1470～1710
	0.55	2170～2520	2530～2880	—	5.00	1400～1650	1580～1830	1420～1660
	0.60	2150～2500	2510～2850	—	5.50	1370～1610	1550～1800	1400～1640
	0.63	2130～2480	2490～2830	—	6.00	1350～1580	1520～1770	1350～1590
	0.70	2100～2460	2470～2800	—	6.50	1320～1550	1490～1740	1350～1590
	0.80	2080～2430	2440～2770	—	7.00	1300～1530	1460～1710	1300～1540
用途	钢丝适于制造承受动载荷（频繁变化载荷、突发冲击载荷或弹簧旋转比即弹簧指数较小的载荷）、阀门等重要用途的弹簧。弹簧成形后不需要淬火、回火处理，仅需进行低温去除应力处理。E组主要用于制造承受中等应力动载荷弹簧，F组主要用于承受较高应力的动载荷弹簧；G组主要用于制造承受振动载荷（振幅相对固定、频率高达10^7以上的交变载荷）的阀门弹簧							

注：1. 钢丝用钢的化学成分应符合YB/T 5311—2010的规定。

2. 钢丝力学性能应符合本表规定；钢丝直径中间尺寸时，R_m按相邻较大尺寸的规定数值；当需方要求，中间尺寸钢丝的R_m也可按相邻较小尺寸的规定值，但应在合同中注明。

1.11.6　优质碳素结构钢丝

表 4-1-227　优质碳素结构钢丝牌号、力学性能及尺寸规格（YB/T 5303—2010）

项目		钢丝公称直径/mm	抗拉强度 R_m/MPa ≥					反复弯曲/次 ≥				
牌号及化学成分	钢丝用钢的牌号及化学成分应符合GB/T 699—2015的规定											
			牌号					牌号				
			08、10	15、20	25、30、35	40、45、50	55、60	8、10	15、20	25、30、35	40、45、50	55、60
力学性能	硬状态	0.3～0.8	750	800	1000	1100	1200	—	—	—	—	—
		>0.8～1.0	700	750	900	1000	1100	6	6	6	5	5
		>1.0～3.0	650	700	800	900	1000	6	6	5	4	4
		>3.0～6.0	600	650	700	800	900	5	5	5	4	4
		>6.0～10.0	550	600	650	750	800	5	4	3	2	2

续表

		牌号	抗拉强度 R_m/MPa	断后伸长率 A/% ≥	断面收缩率 Z/% ≥
力学性能	软状态	10	450～700	8	50
		15	500～750	8	45
		20	500～750	7.5	40
		25	550～800	7	40
		30	550～800	7	35
		35	600～850	6.5	35
		40	600～850	6	35
		45	650～900	6	30
		50	650～900	6	30
尺寸规格	1. 钢丝按力学性能分为两类，即硬状态和软状态；按截面形状分为三种，即圆形钢丝、方形钢丝和六角钢丝。 2. 直径小于 0.7mm 的钢丝用打结拉伸试验代替弯曲试验，其打结破断力应不小于不打结破断力的 50%。方钢丝和六角钢丝不做反复弯曲性能检验。 3. 钢丝按表面状态分为冷拉(WCD)、银亮(ZY)两种。银亮钢丝尺寸及极限偏差按 GB/T 3207 规定；冷拉钢丝尺寸及极限偏差应符合 GB/T 342 的规定。级别由供需双方商定，如在合同中未注明级别要求，则按 11 级交货 推荐钢丝公称直径：(单位为 mm) 0.20～1(0.05 进级)、1.10～2.60(0.1 进级)、2.8～4.2(0.2 进级)、4.50、4.80、5.00、5.50～10.0(0.5 进级)				
用途	YB/T 5303—2010 钢丝适用于制造各种机器结构零件和标准件等				

注：1. 直径大于 7.0mm 的硬态钢丝，其反复弯曲次数不作为验收要求。
2. 方钢丝和六角钢丝不作反复弯曲性能检验。

1.11.7　合金结构钢丝

表 4-1-228　合金结构钢丝尺寸规格及力学性能（YB/T 5301—2010）

尺寸规格	1. 钢丝分为两种：交货状态为冷拉的钢丝，代号为 WCD 交货状态为退火的钢丝，代号为 A 2. 冷拉圆钢丝直径不大于 10mm；冷拉方、六角钢丝尺寸为 2.00～8.00mm 钢丝尺寸及其允许偏差应符合 GB/T 342 的规定(尺寸偏差按 11 级要求)，要求其他级别时，应在合同中注明 3. 化学成分(钢丝用钢的牌号)均应符合 GB/T 3077 的规定		
力学性能	交货状态	公称尺寸<5.0mm	公称尺寸≥5.0mm
		抗拉强度 R_m/MPa	硬度　HBW
	冷拉	≤1080	≤302
	退火	≤930	≤296

1.11.8　不锈钢丝

表 4-1-229　不锈钢丝牌号及力学性能（GB/T 4240—2009）

	牌号	公称直径范围/mm	抗拉强度 R_m/MPa	断后伸长率 A/%　≥
软态钢丝的牌号及力学性能	12Cr17Mn6Ni5N 12Cr18Mn9Ni5N 12Cr18Ni9 Y12Cr18Ni9 16Cr23Ni13 20Cr25Ni20Si2	0.05～0.10 >0.10～0.30 >0.30～0.60 >0.60～1.0 >1.0～3.0 >3.0～6.0 >6.0～10.0 >10.0～16.0	700～1000 660～950 640～920 620～900 620～880 600～850 580～830 550～800	15 20 20 25 30 30 30 30

续表

	牌号	公称直径范围/mm	抗拉强度 R_m/MPa	断后伸长率 A/% ≥
软态钢丝的牌号及力学性能	Y06Cr17Mn6Ni6Cu2 Y12Cr18Ni9Cu3 06Cr19Ni9 022Cr19Ni10 10Cr18Ni12 06Cr17Ni12Mo2 06Cr20Ni11 06Cr23Ni13 06Cr25Ni20 06Cr17Ni12Mo2 022Cr17Ni14Mo2 06Cr19Ni13Mo3 06Cr17Ni12Mo2Ti	0.05～0.10 >0.10～0.30 >0.30～0.60 >0.60～1.0 >1.0～3.0 >3.0～6.0 >6.0～10.0 >10.0～16.0	650～930 620～900 600～870 580～850 570～830 550～800 520～770 500～750	15 20 20 25 30 30 30 30
	30Cr13 32Cr13Mo Y30Cr13 40Cr13 12Cr12Ni2 Y16Cr17Ni2Mo 20Cr17Ni2	1.0～2.0 >2.0～16.0	600～850 600～850	10 15
轻拉钢丝的牌号及力学性能	牌号	公称尺寸范围/mm	抗拉强度 R_m/MPa	断后伸长率 A/% ≥
	12Cr17Mn6Ni5N 12Cr18Mn9Ni5N Y06Cr17Mn6Ni6Cu2 12Cr18Ni9 Y12Cr18Ni9 Y12Cr18Ni9Cu3 06Cr19Ni9 022Cr19Ni10 10Cr18Ni12 06Cr20Ni11 16Cr23Ni13 06Cr23Ni13 06Cr25Ni20 20Cr25Ni20Si2 06Cr17Ni12Mo2 022Cr17Ni14Mo2 06Cr19Ni13Mo3 06Cr17Ni12Mo2Ti	0.50～1.0 >1.0～3.0 >3.0～6.0 >6.0～10.0 >10.0～16.0	850～1200 830～1150 800～1100 770～1050 750～1030	
	06Cr13Al 06Cr11Ti 022Cr11Nb 10Cr17 Y10Cr17 10Cr17Mo 10Cr17MoNb	0.30～3.0 >3.0～6.0 >6.0～16.0	530～780 500～750 480～730	
	12Cr13 Y12Cr13 20Cr13	1.0～3.0 >3.0～6.0 >6.0～16.0	600～850 580～820 550～800	
	30Cr13 32Cr13Mo Y30Cr13 Y16Cr17Ni2Mo	1.0～3.0 >3.0～6.0 >6.0～16.0	650～950 600～900 600～850	

第4篇

续表

	牌号	公称尺寸范围/mm	抗拉强度 R_m/MPa	断后伸长率 A/% ≥
冷拉钢丝的牌号及力学性能	12Cr17Mn6Ni5N 12Cr18Mn9Ni5N 12Cr18Ni9 06Cr19Ni9 10Cr18Ni12 06Cr17Ni12Mo2	0.10～1.0 >1.0～3.0 >3.0～6.0 >6.0～12.0	1200～1500 1150～1450 1100～1400 950～1250	—

注：1. 钢丝按组织分为奥氏体、铁素体和马氏体三类，共计36个牌号，其化学成分应符合GB/T 4240—2009的规定。

2. GB/T 4240—2009规定的不锈钢丝主要适于制作耐蚀的机械零件，不适于弹簧、冷顶锻及焊接用。

3. 交货状态：软态—S；轻拉—LD；冷拉—WCD。

4. 软态钢丝的公称尺寸范围为0.05～16.0mm；轻拉钢丝的公称尺寸范围为0.30～16.0mm；冷拉钢丝的公称尺寸范围为0.10～12.0mm。

5. 钢丝尺寸极限偏差应符合GB/T 342—2017表2中h11级的规定。经供需双方商定并在合同中注明，可提供其他级别的钢丝。

6. 圆形钢丝的圆度应不大于直径公差之半。

7. 按需方要求，可供应直条钢丝和磨光钢丝，其尺寸及允许偏差分别按GB/T 342及GB/T 3207的规定。

8. 易切削钢丝和公称直径小于1.0mm钢丝，断后伸长率A供参考，不作为验收依据。

表 4-1-230　　不锈钢丝国内外牌号对照（GB/T 4240—2009）

中国		ASTM	UNS	JIS	EN	BS	ГОСТ
GB/T 4240—2009	GB/T 4240—1993						
12Cr17Mn6Ni5N	1Cr17Mn6Ni5N	201	S20100	SUS201	X12CrMnNiN17-7-5	—	—
12Cr18Mn9Ni5N	1Cr18Mn8Ni5N	202	S20200	—	X12CrMnNiN18-9-5	284S16	—
Y06Cr17Mn6Ni6Cu2	—	XM-1	S20300	—	—	—	—
12Cr18Ni9	1Cr18Ni9	302	S30200	SUS302	X10CrNi18-8	302S31	—
Y12Cr18Ni9	Y1Cr18Ni9	303	S30300	SUS303	X8CrNiS18-9	303S31	—
Y12Cr18Ni9Cu3	Y1Cr18Ni9Cu3	—	—	SUS303Cu	X6CrNiCuS18-9-2	—	—
06Cr19Ni10	0Cr18Ni9	304	—	SUS304	—	304S31	—
022Cr19Ni10	00Cr19Ni10	304L	—	SUS304L	X2CrNi19-11	304S11	—
10Cr18Ni12	1Cr18Ni12	305	S30500	SUS305	—	—	—
06Cr20Ni11	00Cr20Ni11	308	S30800	SUS308	—	—	—
16Cr23Ni13	2Cr23Ni13	309	S30900	—	—	—	—
06Cr23Ni13	0Cr23Ni13	309S	S30908	SUS309S	—	309S20	—
06Cr25Ni20	0Cr25Ni20	—	—	SUS310S	—	310S17	—
20Cr25Ni20Si2	2Cr25Ni20Si2	314	S31400	—	—	314S25	—
06Cr17Ni12Mo2	0Cr17Ni12Mo2	316	S31600	SUS316	—	316S19	—
022Cr17Ni12Mo2	00Cr17Ni14Mo2	316L	S31603	SUS316L	XCrNiMo17-12-2	316S14	—
06Cr19Ni13Mo3	0Cr19Ni13Mo3	317	S31700	SUS317	—	—	—
06Cr17Ni12Mo2Ti	0Cr18Ni12Mo3Ti	—	—	SUS316Ti	X6CrNiMoTi17-12-2	320S18	—
06Cr13Al	0Cr13Al	405	S40500	SUS405	X6CrAl13	—	
06Cr11Ti	0Cr11Ti	409	S40900	—	—	409S17	—
02Cr11Nb	—	409Nb	S40940	—	—	—	—
10Cr17	1Cr17	430	S43000	SUS430	—	430S18	—
Y10Cr17	Y1Cr17	430F	S43020	SUS430F	X14CrMoS17	—	—
10Cr17Mo	1Cr17Mo	434	S43400	SUS434	X6CrMo17-1	434S20	—
10Cr17MoNb	—	436	S43600	—	X6CrMoNb17-1	436S20	—
12Cr13	1Cr13	410	S41000	SUS410	X12Cr13	420S29	10X13
Y12Cr13	Y1Cr13	416	S41600	SUS416	X12CrS13	—	20X13
20Cr13	2Cr13	420	S42000	SUS420J1	X20Cr13	420S37	30X13
30Cr13	3Cr13	—	—	SUS420J2	X30Cr13	420S45	—
32Cr13Mo	3Cr13Mo	—	—	—	—	—	—
Y30Cr13	Y3Cr13	420F	S42020	SUS420F	X29CrS13	—	—

续表

中国		ASTM	UNS	JIS	EN	BS	ГОСТ
GB/T 4240—2009	GB/T 4240—1993						
40Cr13	4Cr13	—	—	—	X39Cr13	—	40X13
12Cr12Ni2	—	414	S41400	—	—	—	—
Y16Cr17Ni2Mo	—	—	—	—	X441S29	441S29	—
20Cr17Ni2	—	—	—	—	X17CrNi16-2	431S29	20X17H2

1.11.9　油淬火-回火弹簧钢丝

表 4-1-231　油淬火-回火弹簧钢丝分类、尺寸规格及力学性能（GB/T 18983—2017）

分类			静态(FD)	中疲劳(TD)	高疲劳(VD)	对应国内常用钢牌号
钢丝分类及代号	抗拉强度分级	低强度	FDC	TDC	VDC	65、70、65Mn
		中强度	FDCrV-A	TDCrV-A	VDCrV-A	50CrVA
			FDCrV-B	TDCrV-B	VDCrV-B	67CrV
			FDSiMn	TDSiMn	—	60Si2Mn(FDSiMn) 60Si2MnA(TDSiMn)
		高强度	FDCrSi	TDCrSi	VDCrSi	55CrSi
钢丝直径范围/mm			0.50～17.00	0.50～17.00	0.50～10.00	—

	直径范围/mm	抗拉强度/MPa					断面收缩率/% ≥	
		FDC TDC	FDCrV-A TDCrV-A	FDCrV-B TDCrV-B	FDSiMn TDSiMn	FDCrSi TDCrSi	FD	TD
静态级和中疲劳级钢丝力学性能	0.50～0.80	1800～2100	1800～2100	1900～2200	1850～2100	2000～2250	—	
	>0.80～1.00	1800～2060	1780～2080	1860～2160	1850～2100	2000～2250	—	
	>1.00～1.30	1800～2010	1750～2010	1850～2100	1850～2100	2000～2250	45	45
	>1.30～1.40	1750～1950	1750～1990	1840～2070	1850～2100	2000～2250	45	45
	>1.40～1.60	1740～1890	1710～1950	1820～2030	1850～2100	2000～2250	45	45
	>1.60～2.00	1720～1890	1710～1890	1790～1970	1820～2000	2000～2250	45	45
	>2.00～2.50	1670～1820	1670～1830	1750～1900	1800～1950	1970～2140	45	45
	>2.50～2.70	1640～1790	1660～1820	1720～1870	1780～1930	1950～2120	45	45
	>2.70～3.00	1620～1770	1630～1780	1700～1850	1760～1910	1930～2100	45	45
	>3.00～3.20	1600～1750	1610～1760	1680～1830	1740～1890	1910～2080	40	45
	>3.20～3.50	1580～1730	1600～1750	1660～1810	1720～1870	1900～2060	40	45
	>3.50～4.00	1550～1700	1560～1710	1620～1770	1710～1860	1870～2030	40	45
	>4.00～4.20	1540～1690	1540～1690	1610～1760	1700～1850	1860～2020	40	45
	>4.20～4.50	1520～1670	1520～1670	1590～1740	1690～1840	1850～2000	40	45
	>4.50～4.70	1510～1660	1510～1660	1580～1730	1680～1830	1840～1990	40	45
	>4.70～5.00	1500～1650	1500～1650	1560～1710	1670～1820	1830～1980	40	45
	>5.00～5.60	1470～1620	1460～1610	1540～1690	1660～1810	1800～1950	35	40
	>5.60～6.00	1460～1610	1440～1590	1520～1670	1650～1800	1780～1930	35	40
	>6.00～6.50	1440～1590	1420～1570	1510～1660	1640～1790	1760～1910	35	40
	>6.50～7.00	1430～1580	1400～1550	1500～1650	1630～1780	1740～1890	35	40
	>7.00～8.00	1400～1550	1380～1530	1480～1630	1620～1770	1710～1860	35	40
	>8.00～9.00	1380～1530	1370～1520	1470～1620	1610～1760	1700～1850	30	35
	>9.00～10.00	1360～1510	1350～1500	1450～1600	1600～1750	1660～1810	30	35
	>10.00～12.00	1320～1470	1320～1470	1430～1580	1580～1730	1660～1810	30	—
	>12.00～14.00	1280～1430	1300～1450	1420～1570	1560～1710	1620～1770	30	—
	>14.00～15.00	1270～1420	1290～1440	1410～1560	1550～1700	1620～1770	—	
	>15.00～17.00	1250～1400	1270～1420	1400～1550	1540～1690	1580～1730		

第4篇

续表

	直径范围/mm	抗拉强度/MPa VDC	VDCrV-A	VDCrV-B	VDCrSi	断面收缩率/% ≥
高疲劳级钢丝力学性能	0.50～0.80	1700～2000	1750～1950	1910～2060	2030～2230	—
	>0.80～1.00	1700～1950	1730～1930	1880～2030	2030～2230	—
	>1.00～1.30	1700～1900	1700～1900	1860～2010	2030～2230	45
	>1.30～1.40	1700～1850	1680～1860	1840～1990	2030～2230	45
	>1.40～1.60	1670～1820	1660～1860	1820～1970	2000～2180	45
	>1.60～2.00	1650～1800	1640～1800	1770～1920	1950～2110	45
	>2.00～2.50	1630～1780	1620～1770	1720～1860	1900～2060	45
	>2.50～2.70	1610～1760	1610～1760	1690～1840	1890～2040	45
	>2.70～3.00	1590～1740	1600～1750	1660～1810	1880～2030	45
	>3.00～3.20	1570～1720	1580～1730	1640～1790	1870～2020	45
	>3.20～3.50	1550～1700	1560～1710	1620～1770	1860～2010	45
	>3.50～4.00	1530～1680	1540～1690	1570～1720	1840～1990	45
	>4.20～4.50	1510～1660	1520～1670	1540～1690	1810～1960	45
	>4.70～5.00	1490～1640	1500～1650	1520～1670	1780～1930	45
	>5.00～5.60	1470～1620	1480～1630	1490～1640	1750～1900	40
	>5.60～6.00	1450～1600	1470～1620	1470～1620	1730～1890	40
	>6.00～6.50	1420～1570	1440～1590	1440～1590	1710～1860	40
	>6.50～7.00	1400～1550	1420～1570	1420～1570	1690～1840	40
	>7.00～8.00	1370～1520	1410～1560	1390～1540	1660～1810	40
	>8.00～9.00	1350～1500	1390～1540	1370～1520	1640～1790	35
	>9.00～10.00	1340～1490	1370～1520	1340～1490	1620～1770	35

<table>
<tr><td rowspan="10">双向扭转试验要求</td><td rowspan="2">公称直径/mm</td><td colspan="2">TDC　VDC</td><td colspan="2">TDCrV　VDCrV</td><td colspan="2">TDCrSi　VDCrSi</td></tr>
<tr><td>右转圈数</td><td>左转圈数</td><td>右转圈数</td><td>左转圈数</td><td>右转圈数</td><td>左转圈数</td></tr>
<tr><td>>0.70～1.00</td><td rowspan="8">6</td><td>24</td><td rowspan="8">6</td><td>12</td><td>6</td><td rowspan="8">0</td></tr>
<tr><td>>1.00～1.60</td><td>16</td><td>8</td><td>5</td></tr>
<tr><td>>1.60～2.50</td><td>14</td><td rowspan="6">4</td><td rowspan="4">4</td></tr>
<tr><td>>2.50～3.00</td><td>12</td></tr>
<tr><td>>3.00～3.50</td><td>10</td></tr>
<tr><td>>3.50～4.50</td><td>8</td></tr>
<tr><td>>4.50～5.60</td><td>6</td><td rowspan="2">3</td></tr>
<tr><td>>5.60～6.00</td><td>4</td></tr>
</table>

注：1. 静态级钢丝适用于一般用途弹簧，以 FD 表示。

2. 中疲劳级钢丝用于离合器弹簧、悬架弹簧等，以 TD 表示。

3. 高疲劳级钢丝适用于剧烈运动的场合，例如用于阀门弹簧，以 VD 表示。

4. GB/T 18983—2017《油淬火-回火弹簧钢丝》代替 YB/T 5008《阀门用油淬火-回火铬钒合金弹簧钢丝》、YB/T 5102《阀门用油淬火-回火碳素弹簧钢丝》、YB/T 5103《油淬火-回火碳素弹簧钢丝》、YB/T 5104《油淬火-回火硅锰合金弹簧钢丝》和 YB/T 5105《阀门用油淬火-回火铬硅合金弹簧钢丝》，适用于制造各种机械弹簧用碳素钢和低合金钢油淬火-回火圆截面钢丝。GB/T 18983 根据 ISO/FDIS 8458-3《机械弹簧用钢丝，油淬火和回火钢丝》制定。

5. 钢丝代号与国内常用钢牌号的对应关系，是摘自 GB/T 18983—2003 附录。

6. 公称直径>6.00mm 的钢丝绕直径等于钢丝直径 2 倍的芯棒弯曲 90°，试验后不得出现裂纹。

7. 钢丝表面应光滑，不应有对钢丝使用可能产生有害影响的划伤、结疤、锈蚀、裂纹等缺陷。

8. VD 级和 TD 级钢丝表面不得有全脱碳层，表面脱碳允许最大深度：VD 级、TD 级和 FD 级钢丝分别为 1.0%d、1.3%d、1.5%d，TDSiMn 最大深度为 1.5%d，d 为钢丝公称直径。

9. VD 级钢丝应检验非金属夹杂物，其合格级别由供需双方协商，合同未规定者，合格级别由供方确定。阀门用钢丝应在合同中注明非金属夹杂物级别。

10. 公称直径<3.00mm 的钢丝在芯棒（其直径等于钢丝直径）上缠绕至少 4 圈，其表面不得产生裂纹或断开。

11. 公称直径 0.70～6.00mm 的钢丝应进行扭转试验，单向扭转即向一个方向扭转至少 3 次直到断裂，断口应平齐。TD 级和 VD 级钢丝可采用双向扭转，试验方法，具体要求符合本表规定。

12. 标记示例：用 60Si2MnA 钢制造的直径为 11.0mm 的 TD 级钢丝，标记为：TD SiMn-11.0-GB/T 18983—2017。

1.11.10　合金弹簧钢丝

表 4-1-232　　合金弹簧钢丝尺寸规格（YB/T 5318—2010）

<table>
<tr><th>项　　目</th><th colspan="2">指　　标</th></tr>
<tr><td>尺寸规格</td><td colspan="2">1. 钢丝的直径为 0.50～14.0mm
2. 冷拉或热处理钢丝直径及直径允许偏差应符合 GB/T 342 的规定
3. 银亮钢丝直径及直径允许偏差应符合 GB/T 3207 的规定
4. 钢丝直径允许偏差级别应在合同中注明，未注明时银亮钢丝按 10 级、其他钢丝按 11 级供货</td></tr>
<tr><td>外形</td><td colspan="2">1. 钢丝的圆度不得大于钢丝直径公差之半
2. 钢丝盘应规整，打开钢丝盘时不得散乱或呈现“∞”字形
3. 按直条交货的钢丝，其长度一般为 2000～4000mm</td></tr>
<tr><td rowspan="6">盘重</td><td>钢丝直径/mm</td><td>最小盘重/kg</td></tr>
<tr><td>0.50～1.00</td><td>1.0</td></tr>
<tr><td>>1.00～3.00</td><td>5.0</td></tr>
<tr><td>>3.00～6.00</td><td>10.0</td></tr>
<tr><td>>6.00～9.00</td><td>15.0</td></tr>
<tr><td>>9.00～14.0</td><td>30.0</td></tr>
<tr><td>牌号及化学成分的规定</td><td colspan="2">采用 50CrVA、55CrSiA、60Si2MnA 牌号制作钢丝，牌号的化学成分应符合 YB/T 5318 的规定</td></tr>
</table>

注：1. 钢丝适用于制造承受中、高应力的各种机械用合金弹簧。

2. 直径大于 5mm 的冷拉钢丝，其抗拉强度不大于 1030MPa，经供需双方协商确定，也可用硬度代替抗拉强度，其硬度值不大于 302HBW。

3. 钢丝的交货状态及代号：冷拉（WCD）、热处理-退火（TA）、正火（TN）、淬火＋回火（TQT）。

4. 直径不大于 5mm 的冷拉钢丝应按 YB/T 5318—2010 规定作缠绕试验。

1.11.11　不锈弹簧钢丝

表 4-1-233　　不锈弹簧钢丝牌号、直径尺寸及抗拉强度（GB/T 24588—2009）

<table>
<tr><th rowspan="4">公称直径
d/mm</th><th colspan="5">钢丝分组、牌号及抗拉强度/MPa</th></tr>
<tr><th>A 组</th><th>B 组</th><th colspan="2">C 组</th><th>D 组</th></tr>
<tr><th rowspan="2">12Cr18Ni9
06Cr19Ni9
06Cr17Ni12Mo2
10Cr18Ni9Ti
12Cr18Mn9Ni5N</th><th rowspan="2">12Cr18Ni9
06Cr18Ni9N
12Cr18Mn9Ni5N</th><th colspan="2">07Cr17Ni7Al[①]</th><th rowspan="2">12Cr17Mn8Ni3Cu3N</th></tr>
<tr><th>冷拉
不小于</th><th>时效</th></tr>
<tr><td>0.20</td><td>1700～2050</td><td>2050～2400</td><td>1970</td><td>2270～2610</td><td>1750～2050</td></tr>
<tr><td>0.22</td><td>1700～2050</td><td>2050～2400</td><td>1950</td><td>2250～2580</td><td>1750～2050</td></tr>
<tr><td>0.25</td><td>1700～2050</td><td>2050～2400</td><td>1950</td><td>2250～2580</td><td>1750～2050</td></tr>
<tr><td>0.28</td><td>1650～1950</td><td>1950～2300</td><td>1950</td><td>2250～2580</td><td>1720～2000</td></tr>
<tr><td>0.30</td><td>1650～1950</td><td>1950～2300</td><td>1950</td><td>2250～2580</td><td>1720～2000</td></tr>
<tr><td>0.32</td><td>1650～1950</td><td>1950～2300</td><td>1920</td><td>2220～2550</td><td>1680～1950</td></tr>
<tr><td>0.35</td><td>1650～1950</td><td>1950～2300</td><td>1920</td><td>2220～2550</td><td>1680～1950</td></tr>
<tr><td>0.40</td><td>1650～1950</td><td>1950～2300</td><td>1920</td><td>2220～2550</td><td>1680～1950</td></tr>
<tr><td>0.45</td><td>1600～1900</td><td>1900～2200</td><td>1900</td><td>2200～2530</td><td>1680～1950</td></tr>
</table>

续表

公称直径 d/mm	钢丝分组、牌号及抗拉强度/mm				
	A 组	B 组	C 组		D 组
	12Cr18Ni9 06Cr19Ni9 06Cr17Ni12Mo2 10Cr18Ni9Ti 12Cr18Mn9Ni5N	12Cr18Ni9 06Cr18Ni9N 12Cr18Mn9Ni5N	07Cr17Ni7Al①		12Cr17Mn8Ni3Cu3N
			冷拉不小于	时效	
0.50	1600～1900	1900～2200	1900	2200～2530	1650～1900
0.55	1600～1900	1900～2200	1850	2150～2470	1650～1900
0.60	1600～1900	1900～2200	1850	2150～2470	1650～1900
0.63	1550～1850	1850～2150	1850	2150～2470	1650～1900
0.70	1550～1850	1850～2150	1820	2120～2440	1650～1900
0.80	1550～1850	1850～2150	1820	2120～2440	1620～1870
0.90	1550～1850	1850～2150	1800	2100～2410	1620～1870
1.0	1550～1850	1850～2150	1800	2100～2410	1620～1870
1.1	1450～1750	1750～2050	1750	2050～2350	1620～1870
1.2	1450～1750	1750～2050	1750	2050～2350	1580～1830
1.4	1450～1750	1750～2050	1700	2000～2300	1580～1830
1.5	1400～1650	1650～1900	1700	2000～2300	1550～1800
1.6	1400～1650	1650～1900	1650	1950～2240	1550～1800
1.8	1400～1650	1650～1900	1600	1900～2180	1550～1800
2.0	1400～1650	1650～1900	1600	1900～2180	1550～1800
2.2	1320～1570	1550～1800	1550	1850～2140	1550～1800
2.5	1320～1570	1550～1800	1550	1850～2140	1510～1760
2.8	1230～1480	1450～1700	1500	1790～2060	1510～1760
3.0	1230～1480	1450～1700	1500	1790～2060	1510～1760
3.2	1230～1480	1450～1700	1450	1740～2000	1480～1730
3.5	1230～1480	1450～1700	1450	1740～2000	1480～1730
4.0	1230～1480	1450～1700	1400	1680～1930	1480～1730
4.5	1100～1350	1350～1600	1350	1620～1870	1400～1650
5.0	1100～1350	1350～1600	1350	1620～1870	1330～1580
5.5	1100～1350	1350～1600	1300	1550～1800	1330～1580
6.0	1100～1350	1350～1600	1300	1550～1800	1230～1480
6.3	1020～1270	1270～1520	1250	1500～1750	—
7.0	1020～1270	1270～1520	1250	1500～1750	—
8.0	1020～1270	1270～1520	1200	1450～1700	—
9.0	1000～1250	1150～1400	1150	1400～1650	—
10.0	980～1200	1000～1250	1150	1400～1650	—
11.0	—	1000～1250	—	—	—
12.0	—	1000～1250	—	—	—

① 试样时效处理推荐工艺为：400～500℃，保温 0.5～1.5h，空冷。

1.11.12 碳素工具钢丝

表 4-1-234　碳素工具钢丝尺寸规格及力学性能（YB/T 5322—2010）

分类及尺寸规格

分类、直径及允许偏差规定	分类及代号	冷拉、热处理钢丝	磨光钢丝
	冷拉钢丝：L 磨光钢丝：Zm 热处理钢丝：R	直径及允许偏差按 GB/T 342 中 11 级（h11）的规定	直径及允许偏差按 GB/T 3207 中 h11 级的规定

钢丝长度	直径/mm	通常长度/m	短尺 长度/m ≥	短尺 数量
	1～3	1～2	0.8	不超过每批质量 1.5%
	>3～6	2～3.5	1.2	
	>6～16	2～4	1.5	

钢丝盘重	公称尺寸/mm	每盘质量/kg ≥	备　注
	<0.25	0.30	钢丝成盘交货时，每盘由同一根钢丝组成，其重量应符合本表规定 允许供应重量不少于表内规定盘重的 50% 的钢丝，其数量不得超过交货重量的 10% 钢丝采用 GB/T 1298 碳素工具钢牌号制成，牌号由需方指定，适用于制作工具及耐磨机械零件
	>0.25～0.80	0.50	
	>0.80～1.50	1.50	
	>1.50～3.00	5.00	
	>3.00～4.50	8.00	
	>4.50	10.00	

牌号及力学性能

牌号	试样淬火 淬火温度和冷却剂	试样淬火 硬度值 HRC	退火状态 硬度值 HBW	热处理状态 抗拉强度 R_m/MPa	冷拉状态 抗拉强度 R_m/MPa
T7(A)	800～820℃，水	≥62	≤187	490～685	≤1080
T8(A)、T8Mn(A)	780～800℃		≤187		
T9(A)	760～780℃，水		≤192		
T10(A)			≤207	540～735	
T11(A)、T12(A)			≤207		
T13(A)			217		

注：1. 直径小于 5mm 的钢丝，不做试样淬火硬度和退火硬度检验。
2. 检验退火硬度时，不检验抗拉强度。
3. 各牌号的化学成分应符合 GB/T 1298 的规定。

1.11.13 合金工具钢丝

表 4-1-235　合金工具钢丝尺寸规格、牌号及力学性能（YB/T 095—2015）

尺寸规格	钢丝直径范围为 1.0～20.0mm，分为退火钢丝和磨光钢丝两种 退火钢丝直径应符合 GB/T 342—2017 规定，其直径允许偏差应按 11 级精度 磨光钢丝直径应符合 GB/T 3207 规定，直径允许偏差按 11 级精度 按需方要求，可供应其他精度级别钢丝，但应在合同中注明 退火钢丝和磨光钢丝外形要求分别按 GB/T 342 和 GB/T 3207 规定

牌号、化学成分规定及力学性能：5SiMoV 和 4Cr5MoSiVS 牌号的化学成分应符合 YB/T 095—2015 的规定，其他牌号应符合 GB/T 1299—2014 的相关规定

牌号	退火交货状态钢丝硬度 HBW ≤	试样淬火硬度 淬火温度/℃	试样淬火硬度 冷却介质	试样淬火硬度 淬火硬度 HRC ≥
9SiCr	241	820～860	油	62
5CrW2Si	255	860～900	油	55
5SiMoV	241	840～860	盐水	60
5Cr3MnSiMo1V	235	925～955	空	59
Cr12Mo1V1	255	980～1040	油或(空)	62(59)
Cr12MoV	255	1020～1040	油或(空)	61(58)
Cr5Mo1V	255	925～985	空	62
CrWMn	255	820～840	油	62
9CrWMn	255	820～840	油	62
3Cr2W8V	255	1050～1100	油	52
4Cr5MoSiV	235	1000～1030	油	53
4Cr5MoSiVS	235	1000～1030	油	53
4Cr5MoSiV1	235	1020～1050	油	56

续表

预硬钢丝级别的硬度和抗拉强度	级别	1	2	3	4
	洛氏硬度　HRC	35～40	40～45	45～50	50～55
	抗拉强度/MPa	1080～1240	1240～1450	1450～1710	1710～2050
	维氏硬度①　HV	330～380	380～440	440～510	510～600

① 维氏硬度（HV）仅供参考，不作为验收依据。

注：1. 直径小于 5.0mm 的钢丝不做退火硬度检验，根据需方要求可做拉伸或其他检验，合格范围由双方协定。

2. 硬度与抗拉强度按 GB/T 1172—1999 表中铬硅锰钢的规定换算。

1.11.14　高速工具钢丝

表 4-1-236　　高速工具钢丝牌号、硬度值及尺寸规格（YB/T 5302—2010）

	牌号	交货硬度（退火态）HBW	试样热处理制度及淬火—回火硬度				
			预热温度/℃	淬火温度/℃	淬火介质	回火温度/℃	硬度 HRC ≥
钢丝牌号及硬度值	W3Mo3Cr4V2	≤255	800～900	1180～1200	油	540～560	63
	W4Mo3Cr4VSi	207～255		1170～1190		540～560	63
	W18Cr4V	207～255		1250～1270		550～570	63
	W2Mo9Cr4V2	≤255		1190～1210		540～560	64
	W6Mo5Cr4V2	207～255		1200～1220		550～570	63
	CW6Mo5Cr4V2	≤255		1190～1210		540～560	64
	W9Mo3Cr4V	207～255		1200～1220		540～560	63
	W6Mo5Cr4V3	≤262		1190～1210		540～560	64
	CW6Mo5Cr4V3	≤262		1180～1200		540～560	64
	W6Mo5Cr4V2Al	≤269		1200～1220		550～570	65
	W6Mo5Cr4V2Co5	≤269		1190～1210		540～560	64
	W2Mo9Cr4VCo8	≤269		1170～1190		540～560	66

尺寸规格：

1. 钢丝直径范围为 1.00～16.0mm
2. 退火钢丝直径尺寸及其允许偏差应符合 GB/T 342 中 9～11 级规定
3. 磨光钢丝直径尺寸及其允许偏差应符合 GB/T 3207 中 9～11 级规定
4. 退火直条钢丝的每米直线度不得大于 2mm，磨光直条钢丝每米直线度不得大于 1mm。端部变形由公称尺寸算起，端头直径增加量不是超过直径公差
5. 钢丝的圆度不得大于钢丝公称直径公差之半
6. 钢丝长度：

钢丝公称直径/mm	通常长度/mm	短尺长度/mm ≥
1.00～3.00	1000～2000	800
>3.00	2000～4000	1200

注：1. 钢丝的交货状态为退火（包括直条或盘圆）或退火磨光状态。

2. 直径不小于 5mm 的钢丝应检验布氏硬度，硬度值应符合本表规定；直径小于 5mm 的钢丝应检验维氏硬度，其硬度值为 206～256HV，若供方能保证合格，可不做检验。

3. 钢丝牌号的化学成分应符合 YB/T 5302—2010 的规定。

4. 钢丝适于制作各类工具及偶件针阀等。

第 2 章 有色金属材料

2.1 有色金属及其合金牌号表示方法

表 4-2-1 有色金属及其合金牌号表示方法及举例

分类	牌号表示方法	举例：名称	举例：牌号
铸造有色纯金属	铸造有色纯金属牌号由“Z”和相应纯金属的化学元素符号及表明产品纯度质量分数的数字或用一短横线加顺序号组成	铸造纯铝	Z Al 99.5（99.5—最低名义百分含量；Al—铝化学元素符号；Z—铸造代号）
		铸造纯钛	ZTi-1（1—纯钛产品级别）
铸造有色合金	铸造有色合金牌号由“Z”和基体金属化学元素符号、主要合金化学元素符号（其中混合稀土元素符号统一用 RE 表示）以及表明合金化学元素名义质量分数的数字组成，优质合金在牌号后面注大写字母“A”	铸造锡青铜	Z Cu Sn 3 Zn 8 Pb 6 Ni 1（1—镍的名义百分含量；Ni—镍的化学元素符号；6—铅的名义百分含量；Pb—铅的化学元素符号；8—锌的名义质量分数；Zn—锌的化学元素符号；3—锡的名义百分含量；Sn—表征合金类别的锡的化学元素符号；Cu—基体铜的化学元素符号；Z—铸造代号）
		铸造钛合金	Z Ti Al 5 Sn 2.5 (ELI)（ELI—低间隙元素的英文缩写；2.5—锡的名义百分含量；Sn—锡的化学元素符号；5—铝的名义质量分数；Al—铝的化学元素符号；Ti—基体钛的化学元素符号；Z—铸造代号）
铸造镁合金	GB/T 19078—2016 铸造镁合金锭的产品牌号以英文字母加数字再加英文字母的形式表示。第一位的英文字母是其最主要的合金组成元素代号，其后面的数字表示其最主要的合金组成元素的大致含量。最后面的英文字母为标识代号，用于标识各具体组成元素相异或元素含量有微小差别的不同合金 元素代号应符合下列规定：		

元素代号	元素名称	元素代号	元素名称	元素代号	元素名称	元素代号	元素名称
A	铝	F	铁	M	锰	S	硅
B	铋	G	钙	N	镍	T	锡
C	铜	H	钍	P	铅	W	镱
D	镉	K	锆	Q	银	Y	锑
E	稀土	L	锂	R	铬	Z	锌

续表

<table>
<tr><th rowspan="2">分类</th><th rowspan="2">牌号表示方法</th><th colspan="2">举例</th></tr>
<tr><th>名称</th><th>牌号</th></tr>
<tr><td>铸造镁合金</td><td colspan="3">A　Z　9　1　D
D——标识代号
1——表示 Zn 的质量分数大致为 1%
9——表示 Al 的质量分数大致为 9%
Z——代号名义质量分数次高的合金元素“Zn”
A——代表名义质量分数最高的合金元素“Al”

A　M　2　0　S
S——标识代号
0——表示 Mn 的质量分数小于 1%
2——表示 Al 的质量分数大致为 2%
M——代表名义质量分数次高的合金元素“Mn”
A——代表名义质量分数最高的合金元素“Al”</td></tr>
<tr><td>铸造铜及铜合金、再生铜及铜合金</td><td colspan="3">GB/T 29091—2012 还规定了铸造铜及铜合金牌号的命名方法，即在加工铜及铜合金牌号命名方法的基础上，牌号的最前端冠以“铸造”汉语拼音的第一个大写字母“Z”；再生铜及铜合金牌号命名方法，即在加工铜及铜合金牌号命名方法的基础上，牌号的最前端冠以“再生”英文单词 recycling 的第一个大写字母“R”</td></tr>
<tr><td rowspan="3">钛及钛合金</td><td rowspan="3">GB/T 3620.1—2016《钛及钛合金牌号和化学成分》规定了钛及钛合金产品的牌号。
钛及钛合金用“T”加表示金属或合金组织类型的字母及顺序号表示
TA　1
1——顺序号　金属或合金的顺序号
TA——分类代号　表示金属或合金组织类型：
TA——α 型钛及合金
TB——β 型钛合金
TC——α＋β 型钛合金</td><td>一号 α 型钛</td><td>TA1</td></tr>
<tr><td>四号 α＋β 型钛合金</td><td>TC4</td></tr>
<tr><td>二号 β 型钛合金</td><td>TB2</td></tr>
<tr><td rowspan="2">变形镁及镁合金</td><td rowspan="2">GB/T 5153—2016《变形镁及镁合金牌号和化学成分》规定了镁及镁合金加工产品的牌号。
镁合金牌号以英文字母加数字再加英文字母组成。前面的英文字母是其最主要的合金组成元素代号，此元素代号符合下表的规定，其后的数字表示其最主要合金组成元素的大致含量，最后的英文字母为标识代号，用以标识各具体组成元素相异或元素含量有微小差别的不同合金
<table>
<tr><th>元素代号</th><th>元素名称</th><th>元素代号</th><th>元素名称</th><th>元素代号</th><th>元素名称</th><th>元素代号</th><th>元素名称</th></tr>
<tr><td>A</td><td>铝</td><td>F</td><td>铁</td><td>M</td><td>锰</td><td>S</td><td>硅</td></tr>
<tr><td>B</td><td>铋</td><td>G</td><td>钙</td><td>N</td><td>镍</td><td>T</td><td>锡</td></tr>
<tr><td>C</td><td>铜</td><td>H</td><td>钍</td><td>P</td><td>铅</td><td>W</td><td>镱</td></tr>
<tr><td>D</td><td>镉</td><td>K</td><td>锆</td><td>Q</td><td>银</td><td>Y</td><td>锑</td></tr>
<tr><td>E</td><td>稀土</td><td>L</td><td>锂</td><td>R</td><td>铬</td><td>Z</td><td>锌</td></tr>
</table>
A　Z　4　1　M
M——标识代号
1——表示 Zn 的含量(质量分数)<1%
4——表示 Al 的含量(质量分数)大致为 4%
Z——代表名义含量次高的合金元素 Zn
A——代表名义含量最高的合金元素 Al</td><td>纯镁</td><td>Mg99.00</td></tr>
<tr><td>镁合金</td><td>AZ41M
ZK40A</td></tr>
</table>

第 4 篇

续表

分类	牌号表示方法	举例	
		名称	牌号
变形铝及铝合金	GB/T 16474—2011《变形铝及铝合金牌号表示方法》代替 GB/T 16474—1996 根据 GB/T 16474—2011《变形铝及铝合金牌号表示方法》的规定，变形铝及铝合金牌号用四位字符体系表示，牌号的第1、3、4位为阿拉伯数字，第2位为英文大写字母(C、I、L、N、O、P、Q、Z等8个字母除外)。第1位数字表示铝及铝合金的组别，用1～9表示，如右所示；牌号的第2位字母表示原始纯铝或铝合金的改型情况。如果第2位字母为A，则表示为原始纯铝；如果是B～Y的其他字母(按字母表顺序)，则表示为原始纯铝的改型。纯铝牌号的最后两位数字表示铝的最低质量分数，当铝的最低质量分数精确到0.01%时，最后两位数字就是小数点后的两位数字。铝合金牌号的最后两位数字仅用于区别同一组中不同的铝合金或表示铝的纯度	纯铝(Al的质量分数不小于99.00%)	1×××
		以铜为主要合金元素的铝合金	2×××
		以锰为主要合金元素的铝合金	3×××
		以硅为主要合金元素的铝合金	4×××
		以镁为主要合金元素的铝合金	5×××
		以镁、硅为主要合金元素，并以 Mg_2Si 相为强化相的铝合金	6×××
		以锌为主要合金元素的铝合金	7×××
		以其他合金元素为主要合金元素的铝合金	8×××
		备用合金组	9×××
加工铜及铜合金	GB/T 29091—2012《铜及铜合金牌号和代号表示方法》中规定了铜及铜合金加工、铸造和再生产品的牌号和代号表示方法。高铜合金是指以铜为基体金属，在铜中加入一种或几种微量元素以获得某些预定特性的合金，一般铜含量在96.0%～<99.3%(质量分数，下同)的范围内，用于冷、热压力加工 (1)铜和高铜合金的命名方法及示例(铜和高铜合金牌号中不体现铜的含量) •铜以"T+顺序号"或"T+第一主添加元素化学符号+各添加元素含量(数字间以"-"隔开)"命名 铜含量(含银)≥99.90%的二号纯铜，示例为： T2 ——顺序号	二号纯铜	T2
	银含量为0.06%～0.12%的银铜，示例为： TAg 0.1 ——添加元素(银)的名义含量(%) ——添加元素(银)的化学符号	银铜	TAg0.1
	银含量为0.08%～0.12%、磷含量为0.004%～0.012%的银铜，示例为： TAg 0.1-0.01 ——第二主添加元素(磷)的名义含量(%) ——第一主添加元素(银)的名义含量(%) ——第一主添加元素(银)的化学符号	银铜	TAg0.1-0.01

续表

分类	牌号表示方法	举例	
		名称	牌号
加工铜及铜合金	•无氧铜以“TU+顺序号”或“TU+添加元素的化学符号+各添加元素含量”命名 氧含量≤0.002%的一号无氧铜，示例为： TU1 └──顺序号	一号无氧铜	TU1
	银含量为0.15%～0.25%、氧含量≤0.003%的无氧银铜，示例为： TUAg　0.2 　　　└──添加元素(银)的名义含量(%) └──添加元素(银)的化学符号	无氧银铜	TUAg0.2
	•磷脱氧铜以“TP+顺序号”命名 磷含量为0.015%～0.040%的二号磷脱氧铜，示例为： TP2 └──顺序号	二号磷脱氧铜	TP2
	•高铜合金以“T+第一主添加元素化学符号+各添加元素含量(数字间以‘－’隔开)”命名 铬含量为0.50%～1.5%、锆含量为0.05%～0.25%的高铜，示例为： TCr　1-0.15 　　　　└──第二主添加元素(锆)的名义含量(%) 　　　└──第一主添加元素(铬)的名义含量(%) └──第一主添加元素(铬)的化学符号	高铜	TCr1-0.15
	(2)黄铜的命名方法及示例 •普通黄铜以“H+铜含量”命名 含量为铜63.5%～68.0%的普通黄铜，示例为： H65 └──铜的名义含量(%)	普通黄铜	H65
	•复杂黄铜以“H+第二主添加元素化学符号+铜含量+除锌以外的各添加元素含量(数字间以‘－’隔开)”命名 铅含量为0.8%～1.9%、铜含量为57.0%～60.0%的铅黄铜，示例为： HPb　59-1 　　　　└──第二主添加元素(铅)的名义含量(%) 　　　└──基本元素(铜)的名义含量(%) └──第二主添加元素(铅)的化学符号 注：黄铜中锌为第一主添加元素，但牌号中不体现锌的含量。	铅黄铜	HPb59-1

第4篇

续表

分类	牌号表示方法	举例	
		名称	牌号
加工铜及铜合金	(3)青铜的命名方法 青铜以“Q+第一主添加元素化学符号＋各添加元素含量(数字间以‘－’隔开)”命名 铝含量为4.0%～6.0%的铝青铜,示例为: QAl　5 5——添加元素(铝)的名义含量(%) QAl——添加元素(铝)的化学符号	铝青铜	QAl5
	含锡6.0%～7.0%、磷0.10%～0.25%的锡磷青铜,示例为: QSn　6.5-0.1 0.1——第二主添加元素(磷)的名义含量(%) 6.5——第一主添加元素(锡)的名义含量(%) QSn——第一主添加元素(锡)的化学符号	锡磷青铜	QSn6.5-0.1
	(4)白铜的命名方法 •普通白铜。普通白铜以“B+镍含量”命名 镍(含钴)含量为29%～33%的白铜,示例为: B30 30——镍的名义含量(%)	白铜	B30
	•复杂白铜。铜为余量的复杂白铜,以“B+第二主添加元素化学符号＋镍含量＋各添加元素含量(数字间以‘－’隔开)” 镍含量为9.0%～11.0%、铁含量为1.0%～1.5%、锰含量为0.5%～1.0%的铁白铜,示例为: BFe　10-1-1 1——第三主添加元素(锰)的名义含量(%) 1——第二主添加元素(铁)的名义含量(%) 10——第一主添加元素(镍)的名义含量(%) BFe——第二主添加元素(铁)的化学符号	铁白铜	BFe10-1-1
	锌为余量的锌白铜,以“B＋Zn元素化学符号＋第一主添加元素(镍)含量＋第二主添加元素(锌)含量＋第三主添加元素含量(数字间以‘－’隔开)”命名 铜含量为60.0%～63.0%,镍含量为14.0%～16.0%,铅含量为1.5%～2.0%、锌为余量的铅锌白铜,示例为: BZn　15-21-1.8 1.8——第三主添加元素(铅)含量(%) 21——第二主添加元素(锌)含量(%) 15——第一主添加元素(镍)含量(%) BZn——Zn元素化学符号	铅锌白铜	BZn15-21-1.8

2.2　铸造有色金属及其合金

2.2.1　铸造铝合金

表 4-2-2　铸造铝合金牌号及化学成分（GB/T 1173—2013）

合金种类	合金牌号	合金代号	主要元素(质量分数)/%							
			Si	Cu	Mg	Zn	Mn	Ti	其他	Al
Al-Si 合金	ZAlSi7Mg	ZL101	6.5～7.5		0.25～0.45					余量
	ZAlSi7MgA	ZL101A	6.5～7.5		0.25～0.45			0.08～0.20		余量
	ZAlSi12	ZL102	10.0～13.0							余量
	ZAlSi9Mg	ZL104	8.0～10.5		0.17～0.35		0.2～0.5			余量
	ZAlSi5Cu1Mg	ZL105	4.5～5.5	1.0～1.5	0.4～0.6					余量
	ZAlSi5Cu1MgA	ZL105A	4.5～5.5	1.0～1.5	0.4～0.55					余量
	ZAlSi8Cu1Mg	ZL106	7.5～8.5	1.0～1.5	0.3～0.5		0.3～0.5	0.10～0.25		余量
	ZAlSi7Cu4	ZL107	6.5～7.5	3.5～4.5						余量
	ZAlSi12Cu2Mg1	ZL108	11.0～13.0	1.0～2.0	0.4～1.0		0.3～0.9			余量
	ZAlSi12Cu1Mg1Ni1	ZL109	11.0～13.0	0.5～1.5	0.8～1.3				Ni 0.8～1.5	余量
	ZAlSi5Cu6Mg	ZL110	4.0～6.0	5.0～8.0	0.2～0.5					余量
	ZAlSi9Cu2Mg	ZL111	8.0～10.0	1.3～1.8	0.4～0.6		0.10～0.35	0.10～0.35		余量
	ZAlSi7Mg1A	ZL114A	6.5～7.5		0.45～0.75			0.10～0.20	Be 0～0.07	余量
	ZAlSi5Zn1Mg	ZL115	4.8～6.2		0.4～0.65	1.2～1.8			Sb 0.1～0.25	余量
	ZAlSi8MgBe	ZL116	6.5～8.5		0.35～0.55			0.10～0.30	Be 0.15～0.40	余量
	ZAlSi7Cu2Mg	ZL118	6.0～8.0	1.3～1.8	0.2～0.5		0.1～0.3	0.10～0.25		余量
Al-Cu 合金	ZAlCu5Mn	ZL201		4.5～5.3			0.6～1.0	0.15～0.35		余量
	ZAlCu5MnA	ZL201A		4.8～5.3			0.6～1.0	0.15～0.35		余量
	ZAlCu10	ZL202		9.0～11.0						余量
	ZAlCu4	ZL203		4.0～5.0						余量

续表

合金种类	合金牌号	合金代号	主要元素(质量分数)/%							
			Si	Cu	Mg	Zn	Mn	Ti	其他	Al
Al-Cu 合金	ZAlCu5MnCdA	ZL204A		4.6～5.3			0.6～0.9	0.15～0.35	Cd 0.15～0.25	余量
	ZAlCu5MnCdVA	ZL205A		4.6～5.3			0.3～0.5	0.15～0.35	Cd 0.15～0.25 V 0.05～0.3 Zr 0.15～0.25 B 0.005～0.6	余量
	ZAlR5Cu3Si2	ZL207	1.6～2.0	3.0～3.4	0.15～0.25		0.9～1.2		Zr 0.15～0.2 Ni 0.2～0.3 RE 4.4～5.0	余量
Al-Mg 合金	ZAlMg10	ZL301			9.5～11.0					余量
	ZAlMg5Si	ZL303	0.8～1.3		4.5～5.5		0.1～0.4			余量
	ZAlMg8Zn1	ZL305			7.5～9.0	1.0～1.5		0.10～0.20	Be 0.03～0.10	余量
Al-Zn 合金	ZAlZn11Si7	ZL401	6.0～8.0		0.1～0.3	9.0～13.0				余量
	ZAlZn6Mg	ZL402			0.5～0.65	5.0～6.5	0.2～0.5	0.15～0.25	Cr 0.4～0.6	余量

注：“RE” 为 “含铈混合稀土”，其中混合稀土总量应不少于 98%，铈含量不少于 45%。

表 4-2-3　铸造铝合金杂质元素允许含量（GB/T 1173—2013）

合金种类	合金牌号	合金代号	杂质元素(质量分数)/% 不大于														
			Fe		Si	Cu	Mg	Zn	Mn	Ti	Zr	Ti+Zr	Be	Ni	Sn	Pb	其他杂质总和	
			S	J													S	J
Al-Si 合金	ZAlSi7Mg	ZL101	0.5	0.9		0.2		0.3	0.35			0.25	0.1		0.05	0.05	1.1	1.5
	ZAlSi7MgA	ZL101A	0.2	0.2		0.1		0.1	0.10						0.05	0.03	0.7	0.7
	ZAlSi12	ZL102	0.7	1.0		0.30	0.10	0.1	0.5	0.2							2.0	2.2
	ZAlSi9Mg	ZL104	0.6	0.9		0.1		0.25				0.15			0.05	0.05	1.1	1.4
	ZAlSi5Cu1Mg	ZL105	0.6	1.0				0.3	0.5			0.15	0.1		0.05	0.05	1.1	1.4
	ZAlSi5Cu1MgA	ZL105A	0.2	0.2				0.1	0.1						0.05	0.05	0.5	0.5

续表

合金种类	合金牌号	合金代号	杂质元素(质量分数)/% 不大于															
			Fe		Si	Cu	Mg	Zn	Mn	Ti	Zr	Ti+Zr	Be	Ni	Sn	Pb	其他杂质总和	
			S	J													S	J
Al-Si 合金	ZAlSi8Cu1Mg	ZL106	0.6	0.8				0.2							0.05	0.05	0.9	1.0
	ZAlSi7Cu4	ZL107	0.5	0.6			0.1	0.3	0.5						0.05	0.05	1.0	1.2
	ZAlSi12Cu2Mg1	ZL108		0.7				0.2		0.20				0.3	0.05	0.05		1.2
	ZAlSi12Cu1Mg1Ni1	ZL109		0.7				0.2	0.2	0.20					0.05	0.05		1.2
	ZAlSi5Cu6Mg	ZL110		0.8				0.6	0.5						0.05	0.05		2.7
	ZAlSi9Cu2Mg	ZL111	0.4	0.4				0.1							0.05	0.05		1.2
	ZAlSi7Mg1A	ZL114A	0.2	0.2		0.2		0.1	0.1								0.75	0.75
	ZAlSi5Zn1Mg	ZL115	0.3	0.3		0.1			0.1						0.05	0.05	1.0	1.0
	ZAlSi8MgBe	ZL116	0.60	0.60		0.3		0.3	0.1		0.20				0.05	0.05	1.0	1.0
	ZAlSi7Cu2Mg	ZL118	0.3	0.3				0.1							0.05	0.05	1.0	1.5
Al-Cu 合金	ZAlCu5Mn	ZL201	0.25	0.3	0.3		0.05	0.2			0.2			0.1			1.0	1.0
	ZAlCu5MnA	ZL201A	0.15		0.1		0.05	0.1			0.15			0.05			0.4	
	ZAlCu10	ZL202	1.0	1.2	1.2		0.3	0.8	0.5					0.5			2.8	3.0
	ZAlCu4	ZL203	0.8	0.8	1.2		0.05	0.25	0.1	0.2	0.1				0.05	0.05	2.1	2.1
	ZAlCu5MnCdA	ZL204A	0.12	0.12	0.06		0.05	0.1			0.15			0.05			0.4	
	ZAlCu5MnCdVA	ZL205A	0.15	0.16	0.06		0.05										0.3	0.3
	ZAlR5Cu3Si2	ZL207	0.6	0.6				0.2									0.8	0.8
Al-Mg 合金	ZAlMg10	ZL301	0.3	0.3	0.3	0.1		0.15	0.15	0.15	0.20		0.07	0.05	0.05	0.05	1.0	1.0
	ZAlMg5Si	ZL303	0.5	0.5		0.1		0.2		0.2							0.7	0.7
	ZAlMg8Zn1	ZL305	0.3		0.2	0.1			0.1								0.9	
Al-Zn 合金	ZAlZn11Si7	ZL401	0.7	1.2		0.6			0.5								1.8	2.0
	ZAlZn6Mg	ZL402	0.5	0.8	0.3	0.25			0.1								1.35	1.65

表 4-2-4 **铸造铝合金的力学性能**（GB/T 1173—2013）

合金种类	合金牌号	合金代号	铸造方法	合金状态	力学性能 ≥		
					抗拉强度 R_m/MPa	伸长率 A/%	布氏硬度 HBW
Al-Si 合金	ZAlSi7Mg	ZL101	S、J、R、K	F	155	2	50
			S、J、R、K	T2	135	2	45
			JB	T4	185	4	50
			S、R、K	T4	175	4	50
			J、JB	T5	205	2	60
			S、R、K	T5	195	2	60
			SB、RB、KB	T5	195	2	60
			SB、RB、KB	T6	225	1	70
			SB、RB、KB	T7	195	2	60
			SB、RB、KB	T8	155	3	55
	ZAlSi7MgA	ZL101A	S、R、K	T4	195	5	60
			J、JB	T4	225	5	60
			S、R、K	T5	235	4	70
			SB、RB、KB	T5	235	4	70
			J、JB	T5	265	4	70
			SB、RB、KB	T6	275	2	80
			J、JB	T6	295	3	80
	ZAlSi12	ZL102	SB、JB、RB、KB	F	145	4	50
			J	F	155	2	50
			SB、JB、RB、KB	T2	135	4	50
			J	T2	145	3	50
	ZAlSi9Mg	ZL104	S、R、J、K	F	150	2	50
			J	T1	200	1.5	65
			SB、RB、KB	T6	230	2	70
			J、JB	T6	240	2	70
	ZAlSi5Cu1Mg	ZL105	S、J、R、K	T1	155	0.5	65
			S、R、K	T5	215	1	70
			J	T5	235	0.5	70
			S、R、K	T6	225	0.5	70
			S、J、R、K	T7	175	1	65
	ZAlSi5Cu1MgA	ZL105A	SB、R、K	T5	275	1	80
			J、JB	T5	295	2	80
	ZAlSi8Cu1Mg	ZL106	SB	F	175	1	70
			JB	T1	195	1.5	70
			SB	T5	235	2	60
			JB	T5	255	2	70
			SB	T6	245	1	80
			JB	T6	265	2	70
			SB	T7	225	2	60
			JB	T7	245	2	60

续表

合金种类	合金牌号	合金代号	铸造方法	合金状态	力学性能 ≥ 抗拉强度 R_m/MPa	伸长率 A/%	布氏硬度 HBW
Al-Si合金	ZAlSi7Cu4	ZL107	SB	F	165	2	65
			SB	T6	245	2	90
			J	F	195	2	70
			J	T6	275	2.5	100
	ZAlSi12Cu2Mg1	ZL108	J	T1	195	—	85
			J	T6	255	—	90
	ZAlSi12Cu1Mg1Ni1	ZL109	J	T1	195	0.5	90
			J	T6	245	—	100
	ZAlSi5Cu6Mg	ZL110	S	F	125	—	80
			J	F	155	—	80
			S	T1	145	—	80
			J	T1	165	—	90
	ZAlSi9Cu2Mg	ZL111	J	F	205	1.5	80
			SB	T6	255	1.5	90
			J、JB	T6	315	2	100
	ZAlSi7Mg1A	ZL114A	SB	T5	290	2	85
			J、JB	T5	310	3	95
	ZAlSi5Zn1Mg	ZL115	S	T4	225	4	70
			J	T4	275	6	80
			S	T5	275	3.5	90
			J	T5	315	5	100
	ZAlSi8MgBe	ZL116	S	T4	255	4	70
			J	T4	275	6	80
			S	T5	295	2	85
			J	T5	335	4	90
	ZAlSi7Cu2Mg	ZL118	SB、RB	T6	290	1	90
			JB	T6	305	2.5	105
Al-Cu合金	ZAlCu5Mg	ZL201	S、J、R、K	T4	295	8	70
			S、J、R、K	T5	335	4	90
			S	T7	315	2	80
	ZAlCu5MgA	ZL201A	S、J、R、K	T5	390	8	100
	ZAlCu10	ZL202	S、J	F	104	—	50
			S、J	T6	163	—	100
	ZAlCu4	ZL203	S、R、K	T4	195	6	60
			J	T4	205	6	60
			S、R、K	T5	215	3	70
			J	T5	225	3	70
	ZAlCu5MnCdA	ZL204A	S	T5	440	4	100
	ZAlCu5MnCdVA	ZL205A	S	T5	440	7	100
			S	T6	470	3	120
			S	T7	460	2	110

续表

合金种类	合金牌号	合金代号	铸造方法	合金状态	力学性能 ≥ 抗拉强度 R_m/MPa	伸长率 A/%	布氏硬度 HBW
Al-Cu合金	ZAlR5Cu3Si2	ZL207	S	T1	165	—	75
			J	T1	175	—	75
Al-Mg合金	ZAlMg10	ZL301	S、J、R	T4	280	9	60
	ZAlMg5Si	ZL303	S、J、R、K	F	143	1	55
	ZAlMg8Zn1	ZL305	S	T4	290	8	90
Al-Zn合金	ZAlZn11Si7	ZL401	S、R、K	T1	195	2	80
			J	T1	245	1.5	90
	ZAlZn6Mg	ZL402	J	T1	235	4	70
			S	T1	220	4	65

注：1. 合金状态代号含义：F—铸态，T1—人工时效，T2—退火，T4—固溶处理加自然时效，T5—固溶处理加不完全人工时效，T6—固溶处理加完全人工时效，T7—固溶处理加稳定化处理，T8—固溶处理加软化处理。

2. 铸造方法代号含义：S—砂型铸造，J—金属型铸造，R—熔模铸造，K—壳型铸造，B—变质处理。

3. 铸造铝合金单铸试样的力学性能应符合本表规定。

4. 硬度值除需方要求时，方可按本表规定检验，否则硬度值仅作参考，不作为验收依据。

表 4-2-5　　铸造铝合金热处理工艺规范（GB/T 1173—2013）

合金牌号	合金代号	合金状态	固溶处理 温度/℃	固溶处理 时间/h	固溶处理 冷却介质及温度/℃	时效处理 温度/℃	时效处理 时间/h	时效处理 冷却介质
ZAlSi7MgA	ZL101A	T4	535±5	6～12	水 60～100	室温	≥24	—
		T5	535±5	6～12	水 60～100	室温	≥8	空气
						再 155±5	2～12	空气
		T6	535±5	6～12	水 60～100	室温	≥8	空气
						再 180±5	3～8	空气
ZAlSi5Cu1MgA	ZL105A	T5	525±5	4～6	水 60～100	160±5	3～5	空气
		T7	525±5	4～6	水 60～100	225±5	3～5	空气
ZAlSi7Mg1A	ZL114A	T5	535±5	10～14	水 60～100	室温	≥8	空气
						再 160±5	4～8	空气
ZAlSi5Zn1Mg	ZL115	T4	540±5	10～12	水 60～100	150±5	3～5	空气
		T5	540±5	10～12	水 60～100			
ZAlSi8MgBe	ZL116	T4	535±5	10～14	水 60～100	室温	≥24	—
		T5	535±5	10～14	水 60～100	175±5	6	空气
ZAlSi7Cu2Mg	ZL118	T6	490±5	4～6	水 60～100	室温	≥8	空气
			再 510±5	6～8		160±5	7～9	空气
			再 520±5	8～10				
ZAlCu5MnA	ZL201A	T5	535±5	7～9	水 60～100	室温	≥24	—
			再 545±5	7～9	水 60～100	160±5	6～9	
ZAlCu5MnCdA	ZL204A	T5	530±5	9				
			再 540±5	9	水 20～60	175±5	3～5	
ZAlCu5MnCdVA	ZL205A	T5	538±5	10～18	水 20～60	155±5	8～10	
		T6	538±5	10～18		175±5	4～5	
		T7	538±5	10～18		190±5	2～4	
ZAlRE5Cu3Si2	ZL207	T1				200±5	5～10	
ZAlMg8Zn1	ZL305	T4	435±5	8～10	水 80～100	室温	≥24	—
			再 490±5	6～8				

注：本表为 GB/T 1173—2013 附录推荐的铸造铝合金热处理工艺。

表 4-2-6 铸造铝合金（Al-Cu、Al-Mg、Al-Zn 系列）高温力学性能

合金代号	铸造方法	热处理状态	性能	温度/℃							
				24	100	150	175	200	250	300	350
ZL201	S	T4	抗拉强度 R_m/MPa	335	320	305	285	275	215	150	—
			断后伸长率 A_5/%	12.0	12.2	8.0	9.5	7.5	6.5	10.0	—
ZL201A	S	T5	抗拉强度 R_m/MPa	—	—	365～375	—	295～315	—	—	—
			断后伸长率 A_5/%	—	—	9～14	—	7～10	—	—	—
ZL202	S	F	抗拉强度 R_m/MPa	165	—	150	—	145	105	45	—
			屈服强度 $R_{p0.2}$/MPa	105	—	90	—	85	70	30	—
			断后伸长率 A_5/%	1.5	—	1.5	—	1.5	3.5	20.0	—
		T2	抗拉强度 R_m/MPa	185	—	170	—	150	115	55	—
			屈服强度 $R_{p0.2}$/MPa	140	—	115	—	95	75	30	—
			断后伸长率 A_5/%	1.0	—	1.0	—	1.5	3.0	14.0	—
		T6	抗拉强度 R_m/MPa	285	270	250	—	165	115	60	—
			屈服强度 $R_{p0.2}$/MPa	275	260	240	—	115	75	35	—
			断后伸长率 A_5/%	0.5	0.5	1.0	—	2.0	6.0	14.0	—
ZL203	S	T4	抗拉强度 R_m/MPa	220	205	195	—	105	60	30	—
			屈服强度 $R_{p0.2}$/MPa	110	105	140	—	60	40	20	—
			断后伸长率 A_5/%	8.5	5.0	5.0	—	15.0	25.0	75.0	—
		T6	抗拉强度 R_m/MPa	250	235	195	—	105	60	30	—
			屈服强度 $R_{p0.2}$/MPa	165	160	140	—	60	40	20	—
			断后伸长率 A_5/%	5.0	5.0	5.0	—	15.0	25.0	75.0	—
ZL204A	S	T5	抗拉强度 R_m/MPa	480	—	395	—	325	230	155	—
			屈服强度 $R_{p0.2}$/MPa	395	—	340	—	290	205	130	—
			断后伸长率 A_5/%	5.2	—	3.8	—	2.6	2.5	3.1	—
ZL205A	S	T5	抗拉强度 R_m/MPa	480	—	380	—	345	255	165	—
			断后伸长率 A_5/%	13	—	10.5	—	4	3	3.5	—
		T6	抗拉强度 R_m/MPa	510	—	415	—	355	240	175	—
			断后伸长率 A_5/%	7	—	10.5	—	4	3	3.5	—
		T7	抗拉强度 R_m/MPa	495	—	400	—	345	—	—	—
			断后伸长率 A_5/%	3.4	—	5.5	—	4.5	—	—	—
ZL206	S	T6	抗拉强度 R_m/MPa	365	—	—	—	315	225	160	125
			屈服强度 $R_{p0.2}$/MPa	310	—	—	—	270	185	120	95
			断后伸长率 A_5/%	1.8	—	—	—	1.9	3.2	6.2	9.3
ZL208	S	T7	抗拉强度 R_m/MPa	—	—	—	—	—	135	85	50
ZL209	S	T6	抗拉强度 R_m/MPa	—	—	—	—	340	275	—	—
			断后伸长率 A_5/%	—	—	—	—	2.4	2.4	—	—
A201.0	S	T7	抗拉强度 R_m/MPa	460	—	380	—	325	195	140	—
			屈服强度 $R_{p0.2}$/MPa	430	—	360	—	310	185	130	—
			断后伸长率 A_5/%	4.5	—	6.0	—	9.0	14.0	12.0	—
	J	T6	抗拉强度 R_m/MPa	440	—	380	—	—	235	145	—
			屈服强度 $R_{p0.2}$/MPa	380	—	365	—	—	235	140	—
			断后伸长率 A_5/%	6.5	—	15.0	—	—	16.0	16.0	—
ZL301	S	T4	抗拉强度 R_m/MPa	330		240		150①	105②	75③	
			屈服强度 $R_{p0.2}$/MPa	180		130		85①	55②	30③	
			断后伸长率 A_5/%	16.0		16.0		40①	55②	70③	
ZL402	S	F	抗拉强度 R_m/MPa	345	235④	135	135	205⑤			
			屈服强度 $R_{p0.2}$/MPa	245	210④	115	115	175⑤			
			断后伸长率 A_5/%	9.0	3.0④	6.0	6.0	2.0⑤			

① 温度为 205℃。
② 温度为 260℃。
③ 温度为 315℃。
④ 温度为 79℃。
⑤ 温度为 120℃。

表 4-2-7　　**铸造铝合金（Al-Si 系列）低温和高温力学性能**

合金代号	铸造方法	热处理状态	性能	温度/℃								
				−178	−80	−28	24	100	150	205	260	315
ZL101	S	T6	抗拉强度 R_m/MPa	275	240	225	225	220	160	85	55	30
			屈服强度 $R_{p0.2}$/MPa	195	170	165	165	165	140	60	35	20
			断后伸长率 A_5/%	3.5	3.5	3.5	3.5	4.0	6.0	18.0	35.0	60.0
		T7	抗拉强度 R_m/MPa	275	240	225	235	205	160	85	55	30
			屈服强度 $R_{p0.2}$/MPa	220	200	195	205	195	140	60	35	20
			断后伸长率 A_5/%	3.0	3.0	3.0	2.0	2.0	6.0	18.0	35.0	60.0
	J	T6	抗拉强度 R_m/MPa	330	275	270	275	205	145	85	55	35
			屈服强度 $R_{p0.2}$/MPa	220	195	185	185	170	115	65	35	30
			断后伸长率 A_5/%	5.0	5.0	5.0	5.0	6.0	10.0	30.0	55.0	50.0
		T7	抗拉强度 R_m/MPa	275	240	235	225	185	145	85	50	30
			屈服强度 $R_{p0.2}$/MPa	205	180	170	165	160	115	60	35	20
			断后伸长率 A_5/%	6.0	6.0	6.0	5.0	10.0	20.0	40.0	55.0	70.0
ZL101A	J	T6	抗拉强度 R_m/MPa	—	—	—	285	—	145	85	55	30
			屈服强度 $R_{p0.2}$/MPa	—	—	—	205	—	115	60	35	20
			断后伸长率 A_5/%	—	—	—	10.0	—	20.0	40.0	55.0	70.0
YL102	Y	F	抗拉强度 R_m/MPa	360	210	305	295	255	220	165	90	50
			屈服强度 $R_{p0.2}$/MPa	160	145	145	145	140	130	105	60	35
			断后伸长率 A_5/%	1.5	2.0	2.0	2.0	5.0	8.0	15.0	29.0	35.0
YL104	Y	F	抗拉强度 R_m/MPa	—	—	—	315	295	235	145	75	45
			屈服强度 $R_{p0.2}$/MPa	—	—	—	165	165	160	90	45	30
			断后伸长率 A_5/%	—	—	—	5.0	3.0	5.0	14.0	30.0	45.0
ZL105	S	T1	抗拉强度 R_m/MPa	225	200	200	195	195	165	95	70	40
			屈服强度 $R_{p0.2}$/MPa	195	180	170	160	150	130	70	35	20
			断后伸长率 A_5/%	1.0	1.5	1.5	1.5	2.0	3.0	8.0	16.0	36.0
		T6	抗拉强度 R_m/MPa	405	360	—	240	240	225	115	70	40
			屈服强度 $R_{p0.2}$/MPa	325	285	—	170	170	170	90	35	20
			断后伸长率 A_5/%	2.0	4.0	—	3.0	2.0	1.5	8.0	16.0	36.0
		T7	抗拉强度 R_m/MPa	305	285	270	260	—	—	—	—	—
			屈服强度 $R_{p0.2}$/MPa	260	250	240	250	—	—	—	—	—
			断后伸长率 A_5/%	2.0	2.0	2.0	0.5	—	—	—	—	—
	J	T1	抗拉强度 R_m/MPa	255	240	215	205	195	160	105	70	40
			屈服强度 $R_{p0.2}$/MPa	185	170	165	165	165	140	70	35	20
			断后伸长率 A_5/%	1.0	1.5	1.5	2.0	3.0	40	19.0	33.0	38.0
		T6	抗拉强度 R_m/MPa	410	350	—	295	275	220	130	70	40
			屈服强度 $R_{p0.2}$/MPa	365	310	—	185	185	170	90	35	20
			断后伸长率 A_5/%	3.0	4.0	—	4.0	5.0	10.0	20.0	40.0	50.0
		T7	抗拉强度 R_m/MPa	315	270	260	250	225	200	130	70	40
			屈服强度 $R_{p0.2}$/MPa	260	235	225	215	200	180	90	35	20
			断后伸长率 A_5/%	1.5	2.0	2.5	3.0	4.0	8.0	20.0	40.0	50.0
ZL105A	J	T6	抗拉强度 R_m/MPa	385	345	330	315	295	260	95	50	30
			屈服强度 $R_{p0.2}$/MPa	255	235	235	235	235	240	70	40	20
			断后伸长率 A_5/%	7.0	7.0	7.0	6.0	6.0	10.0	40.0	60.0	70.0

续表

合金代号	铸造方法	热处理状态	性　　能	温度/℃								
				−178	−80	−28	24	100	150	205	260	315
ZL107	S	F	抗拉强度 R_m/MPa	235	205	200	185	—	—	—	—	—
			屈服强度 $R_{p0.2}$/MPa	220	180	170	125	—	—	—	—	—
			断后伸长率 A_5/%	1.0	1.0	1.0	2.0	—	—	—	—	—
		T5	抗拉强度 R_m/MPa	255	235	225	205	—	—	—	—	—
			屈服强度 $R_{p0.2}$/MPa	240	205	205	180	—	—	—	—	—
			断后伸长率 A_5/%	0.5	1.0	1.0	1.5	—	—	—	—	—
ZL109	J	T1	抗拉强度 R_m/MPa	295	275	260	250	240	215	180	125	70
			屈服强度 $R_{p0.2}$/MPa	270	235	215	195	170	150	105	70	30
			断后伸长率 A_5/%	1.0	1.0	1.0	0.5	1.0	1.0	2.0	5.0	10.0
ZL111	J	T6	抗拉强度 R_m/MPa	470	405	395	380	345	325	290	195	90
			屈服强度 $R_{p0.2}$/MPa	390	295	290	285	285	275	270	170	85
			断后伸长率 A_5/%	6.0	6.0	6.0	6.0	6.0	6.0	6.0	16.0	29.0
YL112	Y	F	抗拉强度 R_m/MPa	405	340	340	330	310	235	165	90	50
			屈服强度 $R_{p0.2}$/MPa	205	165	165	165	165	150	110	55	30
			断后伸长率 A_5/%	2.5	2.5	3.0	3.0	4.0	5.0	8.0	20.0	30.0
YL113	Y	F	抗拉强度 R_m/MPa	—	—	—	325	315	260	180	95	50
			屈服强度 $R_{p0.2}$/MPa	—	—	—	170	170	165	125	60	30
			断后伸长率 A_5/%	—	—	—	1.0	1.0	2.0	6.0	25.0	45.0
ZL114A	S	T6	抗拉强度 R_m/MPa	—	—	—	315	—	205	90	50	—
			屈服强度 $R_{p0.2}$/MPa	—	—	—	250	—	195	70	40	—
			断后伸长率 A_5/%	—	—	—	3.0	—	3.0	24.0	30.0	—
	J	T6	抗拉强度 R_m/MPa	—	—	—	345	—	215	85	50	—
			屈服强度 $R_{p0.2}$/MPa	—	—	—	275	—	200	60	40	—
			断后伸长率 A_5/%	—	—	—	10.0	—	11.0	29.0	—	—
ZL116	S	T5	抗拉强度 R_m/MPa	—	—	—	330	280	260	230	180	110
			屈服强度 $R_{p0.2}$/MPa	—	—	—	270	—	—	—	—	—
			断后伸长率 A_5/%	—	—	—	2	4	4.5	5	5	5.5
	J	T5	抗拉强度 R_m/MPa	—	—	—	360	—	280	250	200	—
			屈服强度 $R_{p0.2}$/MPa	—	—	—	315	—	215	150	125	—
			断后伸长率 A_5/%	—	—	—	7.0	—	8.0	13.0	—	—
ZL117	J	T7	抗拉强度 R_m/MPa	—	—	—	235～285	—	—	185～235	—	110～130
			断后伸长率 A_5/%	—	—	—	0.5～0.6	—	—	0.6～1.0	—	1.1～2.5

表 4-2-8　铸造铝合金（Al-Cu、Al-Mg、Al-Zn 系列）低温力学性能

合金代号	铸造方法	热处理状态	性　　能	温度/℃						
				−269	−253	−196	−80	−70	−40	−28
ZL201	S	T4	抗拉强度 R_m/MPa	—	—	—	—	300	280	—
			断后伸长率 A_5/%	—	—	—	—	10.0	6.5	—
ZL204A	S	T5	抗拉强度 R_m/MPa	—	—	—	—	490	485	—
			断后伸长率 A_5/%	—	—	—	—	6.5	4.7	—
ZL205A	S	T5	抗拉强度 R_m/MPa	—	—	—	—	500	480	—
			断后伸长率 A_5/%	—	—	—	—	8	8	—
		T6	抗拉强度 R_m/MPa	—	—	—	—	520	510	—
			断后伸长率 A_5/%	—	—	—	—	3	3	—
ZL209	S	T6	抗拉强度 R_m/MPa	—	—	—	—	—	460	—
			断后伸长率 A_5/%	—	—	—	—	—	1.5	—

续表

合金代号	铸造方法	热处理状态	性　能	温度/℃						
				−269	−253	−196	−80	−70	−40	−28
A201.0	J	T6	抗拉强度 R_m/MPa	—	—	—	450	—	—	—
			屈服强度 $R_{p0.2}$/MPa	—	—	—	365	—	—	—
			断后伸长率 A_5/%	—	—	—	7.0	—	—	—
	S	T7	抗拉强度 R_m/MPa	640	640	615	530	—	—	510
			屈服强度 $R_{p0.2}$/MPa	560	545	460	485	—	—	400
			断后伸长率 A_5/%	7	8	8	6	—	—	6
ZL301	S	T4	抗拉强度 R_m/MPa	—	—	240	—	295	—	—
			屈服强度 $R_{p0.2}$/MPa	—	—	225	—	205	—	—
			断后伸长率 A_5/%	—	—	1.2	—	7.7	—	—
ZL402	S	F	抗拉强度 R_m/MPa	—	—	—	—	265	—	—
			屈服强度 $R_{p0.2}$/MPa	—	—	—	—	—	—	—
			断后伸长率 A_5/%	—	—	—	—	5	—	—

表 4-2-9　　铸造铝合金物理性能

合金代号	密度 ρ /g・cm^{-3}	熔化温度范围/℃	20～100℃时平均线胀系数 α /10^{-6}K^{-1}	100℃时比热容 c /J・kg^{-1}・K^{-1}	25℃时热导率 λ /W・m^{-1}・K^{-1}	20℃时电导率 κ /%IACS	20℃时电阻率 ρ /nΩ・m
ZL101	2.66	577～620	23.0	879	151	36	45.7
ZL101A	2.68	557～613	21.4	963	150	36	44.2
ZL102	2.65	577～600	21.1	837	155	40	54.8
ZL104	2.65	569～601	21.7	753	147	37	46.8
ZL105	2.68	570～627	23.1	837	159	36	46.2
ZL106	2.73	—	21.4	963	100.5	—	—
ZL108	2.68	—	—	—	117.2	—	—
ZL109	2.68	—	19	963	117.2	29	59.4
ZL111	2.69	—	18.9	—	—	—	—
ZL201	2.78	547.5～650	19.5	837	113	—	59.5
ZL201A	2.83	547.5～650	22.6	833	105	—	52.2
ZL202	2.91	—	22.0	963	134	34	52.2
ZL203	2.80	—	23.0	837	154	35	43.3
ZL204A	2.81	544～650	22.03	—	—	—	—
ZL205A	2.82	544～633	21.9	888	113	—	—
ZL206	2.90	542～631	20.6	—	155	—	64.5
ZL207	2.83	6.03～637	23.6	—	96.3	—	53
ZL208	2.77	545～642	22.5	—	155	—	46.5
ZL301	2.55		24.5	1047	92.1	21	91.2
ZL303	2.60	550～650	20.0	962	125	29	64.3
ZL401	2.95	545～575	24.0	879	—	—	—
ZL402	2.81	—	24.7	963	138.2	35	—

注：本表资料供参考。

表 4-2-10　　**铸造铝合金的热处理及应用**

热处理名称	代号	应用要求	适用牌号	备　注
未经淬火的人工时效	T1	改善切削性能，以提高其表面粗糙度；提高力学性能（如对于 ZL103、ZL105、ZL106 等），适于处理承受载荷不大的硬模铸件	ZL104、ZL105、ZL401	在潮型和金属型铸造时，已获得某种程度淬火效果的铸件，采用这种热处理方法可以得到较好的效果
退火	T2	消除铸造应力和机械加工过程中引起的加工硬化，提高塑性，用于尺寸要求稳定的零件	ZL101、ZL102	退火温度一般为 280～300℃，保温 2～4h
淬火	T3	使合金得到过饱和固溶体，以提高强度，改善耐蚀性	ZL101、ZL201、ZL203、ZL301	因铸件从淬火、机械加工到使用，实际已经过一段时间的时效，故 T3 与 T4 无大的区别
淬火＋自然时效	T4	提高强度，并保持较高的塑性，提高在 100℃以下工作的零件的耐蚀性，用于受动载荷冲击作用的零件	ZL101、ZL201、ZL203、ZL301	当零件（特别是由 ZL201、ZL203 所做的零件）要求获得最大强度时，零件从淬火后到机械加工前，至少需要保存 4 昼夜
淬火＋不完全人工时效	T5	为获得足够高的强度并保持高的塑性，用于受高静载荷及工作温度不高的零件	ZL101、ZL105、ZL201、ZL203	人工时效是在较低的温度（150～180℃）和只经短时间（3～5h）保温后完成的
淬火＋完全人工时效	T6	为获得最大的强度和硬度，但塑性有所下降，用于受高静载荷而不受冲击的零件	ZL101、ZL104、ZL204A	人工时效是在较高的温度（175～190℃）和在较长时间的保温（5～15h）后完成的
淬火＋稳定化回火	T7	预防零件在高温下工作时其力学性能的下降和尺寸的变化，目的在于稳定零件的组织和尺寸，与 T5、T6 相比，处理后强度较低而塑性较高，用于高温下工作的零件	ZL101、ZL105、ZL207	用于高温下工作的零件。铸件在超过一般人工时效温度（接近或略高于零件工作温度）的情况下进行回火，回火温度为 200～250℃
淬火＋软化回火	T8	为获得高塑性（但强度降低）并稳定尺寸，用于高塑性要求的零件	ZL101	回火在比 T7 更高的温度（250～330℃）下进行
冷处理或循环处理	T9	为使零件获得高的尺寸稳定性，用于仪表壳体等精密零件	ZL101 ZL102	机加工后冷处理为－50℃、－70℃或－195℃（保持 3～6h），经机械加工后的零件承受循环热处理（冷却到－70℃，有时到－196℃，然后再加热到 350℃） 根据零件的用途可进行数次这样的处理，所选用的温度取决于零件的工作条件和所要求的合金性质

表 4-2-11　　**铸造铝合金部分牌号的热处理规范**

合金代号	合金状态	淬火			退火、时效或回火			应用要求
		温度/℃	时间/h	冷却介质	温度/℃	时间/h	冷却介质	
ZL101	T1	—	—	—	230±5	7～9	空气	改善可切削加工性
	T2	—	—	—	300±10	2～4	空气	要求尺寸稳定和消除内应力的零件
	T4	535±5	2～6	水（60～100℃）	—	—	—	要求高塑性的零件
	T5	535±5	2～6	水（60～100℃）	155±5	2～4	空气	要求屈服强度及硬度较高的零件
	T6	535±5	2～6	水（60～100℃）	255±5	7～9	空气	要求高强度、高硬度的零件
	T7	535±5	2～6	水（60～100℃）	250±10	3～5	空气	要求较高强度和尺寸稳定的零件
	T8	535±5	2～6	水（60～100℃）	250±10	3～5	空气	要求高塑性和尺寸稳定的零件

续表

合金代号	合金状态	淬火			退火、时效或回火			应用要求
		温度/℃	时间/h	冷却介质	温度/℃	时间/h	冷却介质	
ZL101A	T4	535±5	6～12	水[②]	—	—	—	要求高塑性的零件
	T5	535±5	6～12	水[②]	室温再 155±5	≥8 2～12	空气	要求屈服强度及硬度较高的零件
	T6	535±5	6～12	水[②]	室温再 155±5	≥8 3～18	空气	要求高强度、高硬度的零件
ZL102	T2	—	—	—	290±10	2～4	空气	小负荷和需要消除内应力的零件
ZL103	T1	—	—	—	180±5	3～5	空气	小负荷零件采用
	T2	—	—	—	290±10	2～4	空气或随炉冷却	要求尺寸稳定、消除残余内应力的零件
	T5	分级加热 515±5 525±5	 2～4 2～4	水(60～100℃)	175±5	3～5	空气	在175℃下工作，要求中等负荷的大型零件
	T7	515±5	3～6	水(60～100℃)	230±5	3～5	空气	在175～250℃高温下工作的零件
	T8	510±5	5～6	水(60～100℃)	330±5	3～5	空气	要求高塑性的零件
ZL104	T1	—	—	—	175±5	10～15	空气	承受中等负荷的大型零件
	T6	535±5	2～6	水(60～100℃)	175±5	10～15	空气	承受高负荷的大型零件
ZL105	T1	—	—	—	180±5	5～10	空气	承受中等负荷的零件
	T5	525±5	3～5	水(60～100℃)	175±5	5～10	空气	承受高负荷的零件
	T6	525±5	3～5	水(60～100℃)	200±5	3～5	空气	在≤220℃高温下工作的零件
	T7	525±5	3～5	水(60～100℃)	230±10	3～5	空气	在≤230℃高温下要求高塑性和尺寸稳定的零件
ZL105A	T5	525±5	4～12	水[②]	160±5	3～5	空气	承受高负荷的零件
ZL106	T1	—	—	—	230±5	8	空气	承受低负荷但需消除内应力的零件
	T5	515±5	5～12	水(80～100℃)	150±5	8	空气	承受高负荷的零件
	T7	515±5	5～12	水(80～100℃)	230±5	8	空气	要求尺寸稳定的零件
ZL107	T5	515±5	6～8	水(60～100℃)	175±5	6～8	空气	承受较高负荷的零件
ZL108	T1	—	—	—	190±5	8～12	空气	承受负荷较低的零件
	T6	515±5	6～8	水(60～80℃)	175±5	14～18	空气	高温下承受高负荷的零件，如大马力柴油机活塞
	T7	515±5	6～8	水(60～80℃)	240±10	6～10	空气	要求尺寸稳定和在高温下工作的零件
ZL109	T1	—	—	—	205±5	8～12	空气	强度要求不高的零件
	T6	515±5	6～8	水(60～80℃)	170±5	14～18	空气	强度要求较高的零件，如高温高速大马力活塞
ZL111	T6	分级加热 490±5 500±5 510±5	 4 4 8	水(60～100℃)	175±5	6	空气	要求高强度的砂型铸件
	T6	分级加热 515±5 525±5	 4 8	水(60～100℃)	175±5	6	空气	要求高强度的金属型铸件
ZL114A	T5	535±5	10	水[②]	室温 再160±5	≥8 4～8	空气	要求较高屈服强度和高塑性的零件
ZL115	T4	540±5	10～12	水[②]	—	—	—	要求提高强度、塑性的零件
	T5	540±5	10～12	水[②]	150	3～5	空气	要求较高屈服强度和高塑性的零件

续表

合金代号	合金状态	淬火			退火、时效或回火			应用要求
		温度/℃	时间/h	冷却介质	温度/℃	时间/h	冷却介质	
ZL116	T4 T5	535±5 535±5	10 10	水② 水②	— 175	— 6	— 空气	要求提高强度和塑性的零件 要求较高强度和高塑性的零件
ZL201	T4	分级加热 530±5 545±5	 5～9 5～9	水(60～100℃)	—	—	—	要求高塑性零件
		545±5	10～12	水(60～100℃)	—	—	—	
	T5	分级加热 530±5 545±5	 5～9 5～9	水(60～100℃)	175±5	3～5	空气	要求高屈服强度的零件
		545±5	10～12	水(60～100℃)	175±5	3～5	空气	
	T7	545±5	5～9	水(60～100℃)	250±10	3～10	空气	要求消除内应力的零件
ZL201A	T5	分级加热 535±5 545±5	 7～9 7～9	水②	160±5	6～9	空气	要求高屈服强度的零件
ZL202	T2	—	—	—	290±10	3	空气	要求尺寸稳定、消除内应力的零件
	T6	510±5	12	水(80～100℃)	155±5(S) 175±5(J)	10～14 7～14	空气	要求高强度、高硬度的零件
	T7	510±5	3～5	水(80～100℃)	200～250	3	空气	高温下工作的零件，如：活塞
ZL203	T4 T5	515±5 515±5	10～15 10～15	水(80～100℃) 水(80～100℃)	— 150±5	— 2～4	— 空气	要求提高强度和塑性的零件 要求提高屈服强度和硬度的零件
ZL204A	T5	分级加热 530±5 540±5	 9 9	水②	175±5	3～5	空气	要求较高屈服强度和高塑性的零件
ZL205A	T5 T6 T7	538±5 538±5 538±5	10～18 10～18 10～18	水② 水② 水②	155±5 175±5 190±5	8～10 4～5 2～4	空气 空气 空气	要求提高屈服强度和硬度的零件 要求高强度、高硬度的零件 要求尺寸稳定、在高温下工作的零件
ZL207	T1	—	—	—	200±5	5～10	空气	要求提高强度、消除内应力的零件
ZL301	T4	435±5	8～12	水(80～100℃) 或 60℃油	—	—	—	要求高强度和耐蚀性高的零件
ZL303	T1	—	—	—	170±5	4～6	空气	强度要求不高但需消除内应力的零件
ZL305	T4	分级加热 435±5 490±5	 8～10 6～8	水②	—	—	—	要求高强度和高耐蚀性的零件
ZL401①	T2	—	—	—	300±10	2～4	空气	要求消除应力、提高尺寸稳定性的零件
ZL402①	T1	—	—	—	180±5 或室温	10 21 天	空气 空气	要求提高强度的零件

① 一般在自然时效后使用，时效时间在 21 天以上。

② 水温由生产厂根据合金及零件种类自定。

第 4 篇

表 4-2-12 **铸造铝合金特性及应用**

组别	合金代号	铸造方法	主要特性	用途举例
铝硅合金	ZL101	砂型、金属型、壳型和熔模铸造	系铝硅镁系列三元合金，特性是：①铸造性能良好，其流动性高、无热裂倾向、线收缩小、气密性高，但稍有产生集中缩孔和气孔的倾向；②有相当高的耐蚀性，在这方面与 ZL102 相近；③可经热处理强化，同时合金淬火后有自然时效能力，因而具有较高的强度和塑性；④易于焊接，可切削加工性中等；⑤耐热性不高；⑥铸件可经变质处理或不经变质处理	适于铸造形状复杂、承受中等负荷的零件，也可用于要求高的气密性、耐蚀性和焊接性能良好的零件，但工作温度不得超过 200℃，如水泵及传动装置壳体、水冷发动机气缸体、抽水机壳体、仪表外壳、汽化器等
	ZL101A		成分、性能和 ZL101 基本相同，但其杂质含量低，且加入少量 Ti 以细化晶粒，故其力学性能比 ZL101 有较大程度的提高	同上，主要用于铸造高强度铝合金铸件
	ZL102	砂型、金属型、壳型和熔模铸造	系典型的铝硅二元合金，是应用最早的一种普通硅铝明合金，其特性是：①铸造性能和 ZL101 一样好，但在铸件的断面厚大处容易产生集中缩孔，吸气倾向也较大；②耐蚀性高，能经受得住湿的大气、海水、二氧化碳、浓硝酸、氨、硫、过氧化氢的腐蚀作用；③不能热处理强化，力学性能不高，但随铸件壁厚增加，强度降低的程度小；④焊接性能良好，但可切削性差，耐热性不高；⑤需经变质处理	常在铸态或退火状态下使用，适于铸造形状复杂、承受较低载荷的薄壁铸件，以及要求耐腐蚀和气密性高、工作温度≤200℃的零件，如仪表壳体、机器罩、盖子、船舶零件等
	ZL104	砂型、金属型、壳型和熔模铸造	系铝硅镁锰系列四元合金，特性是：①铸造性能良好，流动性高、无热裂倾向、气密性良好、线收缩小，但吸气倾向大，易于形成针孔；②可经热处理强化，室温力学性能良好，但高温性能较差（只能在≤200℃下使用）；③耐蚀性能好（类似于 ZL102，但较 ZL102 低）；④可切削加工性和焊接性一般；⑤铸件需经变质处理	适于铸造形状复杂、薄壁、耐腐蚀和承受较高静载荷和冲击载荷的大型铸件，如水冷式发动机的曲轴箱、滑块和气缸盖、气缸体以及其他重要零件，但不宜用于工作温度超过 200℃的场所
	ZL105	砂型、金属型、壳型和熔模铸造	系铝硅铜镁系列四元合金，特性是：①铸造性能良好，流动性高、收缩率较低、吸气倾向小、气密性良好、热裂倾向小；②熔炼工艺简单，不需采用变质处理和在压力下结晶等工艺措施；③可热处理强化，室温强度较高，但塑性、韧性较低；④高温力学性能良好；⑤焊接性和可切削加工性良好；⑥耐蚀性尚可	适于铸造形状复杂、承受较高静载荷的零件，以及要求焊接性能良好、气密性高或工作温度在 225℃以下的零件，如水冷发动机的气缸体、气缸头、气缸盖、空冷发动机头和发动机曲轴箱等 ZL105 合金在航空工业中应用相当广泛
	ZL105A		特性和 ZL105 合金基本相同，但其杂质 Fe 的含量较少，且加入少量 Ti 细化晶粒，属于优质合金，故其强度高于 ZL105 合金	同上，主要用于铸造高强度铝合金铸件
	ZL106	砂型、金属型铸件	系铝硅铜镁锰多元合金，特性是：①铸造性能良好，流动性大、气密性高、无热裂倾向、线收缩小，产生缩孔及气孔的倾向也较小；②可经热处理强化，室温下具有较高的力学性能，高温性能也较好；③焊接和可切削加工性能良好；④耐蚀性能接近于 ZL101 合金	适于铸造形状复杂、承受高静载荷的零件，也可用于要求气密性高或工作温度在 225℃以下的零件，如泵体、水冷发动机气缸头等
	ZL107	砂型、金属型铸造	系铝硅铜三元合金，铸造流动性和抗热裂倾向均较 ZL101、ZL102、ZL104 差，但比铝-铜、铝-镁合金要好得多；吸气倾向较 ZL101 及 ZL102 小，可热处理强化，在 20～250℃的温度范围内力学性能较 ZL104 高；可切削加工性良好，耐蚀性不高；铸件需要进行变质处理（砂型）	用于铸造形状复杂、壁厚不均、承受较高负荷的零件，如机架、柴油发动机的附件、汽化器零件，电气设备外壳等

第4篇

续表

组别	合金代号	铸造方法	主要特性	用途举例
铝硅合金	ZL108	金属型铸造	系铝硅铜镁锰多元合金，是我国目前常用的一种活塞铝合金，其特性是：①密度小、热膨胀系数低、热导率高、耐热性能好，但可切削加工性较差；②铸造性能良好，流动性高，无热裂倾向，气密性高，线收缩小，但易于形成集中缩孔，且有较大的吸气倾向；③可经热处理强化，室温和高温力学性能都较高；④在熔炼中需要进行变质处理，一般在硬模中（金属模）铸造，可以得到尺寸精确的零件，节省了加工时间，也是其一大优点	主要用于铸造汽车、拖拉机的发动机活塞和其他在 250℃ 以下高温中工作的零件，当要求热膨胀系数小、强度高、耐磨性高时，也可以采用这种合金
	ZL109	金属型铸造	系加有部分镍的铝硅铜镁多元合多，和 ZL108 一样，也是一种常用的活塞铝合金，其性能和 ZL108 相似。加镍的目的在于提高其高温性能，但实际上效果并不显著，故在这种合金中的含镍量有降低和取消的倾向	同 ZL108 合金
	ZL111	砂型、金属型铸造	系铝硅铜镁锰钛多元合金，其特性是：①铸造性能良好，流动性好、充型能力优良，一般无热裂倾向、线收缩小、气密性高，可经受住高压气体和液体的作用；②在熔炼中需进行变质处理，可经热处理强化，在铸态或热处理后的力学性能是铝-硅系合金中最好的，可和高强铸铝合金 ZL201 相媲美，且高温性能也较好；③可切削加工性和焊接性良好；④耐蚀性较差	适于铸造形状复杂、承受高负荷、气密性要求高的大型铸件，以及在高压气体或液体下长期工作的大型铸件，如转子发动机的缸体、缸盖、水泵叶轮和军事工业中的大型壳体等重要机件
	ZL114A	砂型、金属型铸造	这是成分、性能和 ZL101A 优质合金相近似的铝硅镁系铝合金，由于杂质含量少、含镁量较 ZL101A 高，且加入少量的铍以消除杂质 Fe 的有害作用，故在保持 ZL101A 优良的铸造性能和耐蚀性的同时，显著地提高了合金的强度	这种合金是铝-硅系合金中强度最高的品种之一，主要用于铸造形状复杂、高强度铝合金铸件，由于铍较稀贵，同时合金的热处理温度要求控制较严、热处理时间较长等原因，应用受到一定限制
	ZL115	砂型、金属型铸造	系加有少量锑的铝硅镁锌多元合金。在合金中添加少量的锑，目的是用其作为共晶硅的长效变质剂，以提高合金在热处理后的力学性能；成分中的锌也可起到辅助强化作用。因而，这种合金的特性是：在具有铝硅镁系合金优良的铸造性能和耐蚀性的同时，兼有高的强度和塑性，是铝-硅合金中高强度品种之一	主要用于铸造形状复杂、高强度铝合金铸件以及耐腐蚀的零件 这种合金在熔炼中不需再经变质处理
	ZL116	砂型、金属型铸造	系铝硅镁铍多元合金，这种合金的特点是：杂质中允许较多的 Fe 含量和含有少量的 Be；Be 的作用是与 Fe 形成化合物，使粗大针状的含 Fe 相变成团状，同时 Be 还有促进时效强化的作用，故加铍后显著提高了合金的力学性能，使其成为铝-硅合金中高强度品种之一。加 Be 还提高耐蚀性。由于合金的含硅量较高，有利于获得致密的铸件	适用于制造承受高液压的油壳泵体等发动机附件，以及其他外形复杂、要求高强度、高耐蚀性的机件 因 Be 的价格甚贵，且有毒，所以这种合金在使用上受到一定限制

续表

组别	合金代号	铸造方法	主要特性	用途举例
铝铜合金	ZL201	砂型、金属型、壳型和熔模铸造	系加有少量锰、钛元素的铝-铜合金，其特性是：①铸造性能不好，流动性差，形成热裂和缩孔的倾向大、线收缩大、气密性低，但吸气倾向小；②可热处理强化，经热处理后，合金具有很高的强度和良好的塑性、韧性，同时耐热性高（在强高和耐热性两方面，ZL201是铸造铝合金中最好的合金）；③焊接性能和可切削加工性能良好；④耐蚀性能差	适于铸造工作温度为175～300℃或室温下承受高负荷、形状不太复杂的零件，也可用于低温下（－70℃）承受高负荷的零件，是用途较广的一种铝合金
	ZL201A		成分、性能和ZL201基本相同，但其杂质含量控制较严，属于优质合金，力学性能高于ZL210合金	同上，主要用于要求高强度铝合金铸件的场所
	ZL202	砂型、金属型铸造	这是一种典型的铝-铜二元合金，特性是：①铸造性能不好，流动性、收缩和气密性等均一般，但较ZL203要好，热裂倾向大、吸气倾向小；②热处理强化效果差，合金的强度低、塑性及韧性差，并随铸件壁厚的增加而明显降低；③熔炼工艺简单，不需要进行变质处理；④有优良的可切削加工性和焊接性，耐蚀性差，密度大；⑤耐热性较好	用于铸造小型、低载荷的零件，亦可用来铸造在较高工作温度（≤250℃）下工作的零件，如小型内燃发动机的活塞和气缸头等。此合金由于密度大、强度低、脆性高，已为其他合金所取代，现在用得很少了
	ZL203	砂型、金属型、壳型和熔模铸造	这也是一种典型的铝-铜二元合金（含铜量比ZL202低），其特性是：①铸造性能差，流动性低、形成热裂和缩松倾向大、线收缩大、气密性一般，但吸气倾向小；②经淬火处理后，有较高的强度和好的塑性，铸件经淬火后有自然时效倾向；③熔炼工艺简单，不需要进行变质处理；④可切削加工性和焊接性良好；⑤耐蚀性差（特别是在人工时效状态下的铸件）；⑥耐热性不高	适于铸造形状简单、承受中等静负荷或冲击载荷、工作温度不超过200℃并要求可切削加工性能良好的小型零件，如曲轴箱、支架、飞轮盖等
	ZL204A	砂型铸造	这是加入少量Cd、Ti元素的铝-铜合金，通过添加少量Cd以加速合金的人工时效，加入少量Ti以细化晶粒，并降低合金中有害杂质的含量，选择合适的热处理工艺而获得R_m达437MPa的高强度耐热铸铝合金。这种合金属于固溶体型合金，结晶间隔较宽，铸造工艺较差，一般用于砂型铸造，不适于金属型铸造	这类高强度、耐热铸铝合金的力学性能达到了常用锻铝合金的力学性能水平，它们的优质铸件可以代替一般的铝合金锻件。作为受力构件，在航空和航天工业中获得了广泛的应用
	ZL205A	砂型铸造	性能同上。这是在ZL201的基础上加入了Cd、V、Zr、B等微量元素而发展起来的、R_m达437MPa以上的高强度耐热铸铝合金。微量V、B、Zr等元素能进一步提高合金的热强性，Cd能改善合金的人工时效效果，显著提高合金的力学性能。合金的耐热性高于ZL204A	
铝稀土金属合金	ZL207A	砂型及金属型铸造	系Al-RE（富铈混合稀土金属）为基的铸造铝合金。这种合金除含有较高的RE以外，还含有Cu、Si、Mn、Ni、Mg、Zr等元素，其特性是：①耐热性好，可在高温下长期使用，工作温度可达400℃；②铸造性能良好，结晶温度范围只有30℃左右，充型能力良好，且形成针孔的倾向较小，铸件的气密性高，不易产生热裂和疏松；③缺点是室温力学性能较低，成分复杂	可用于铸造形状复杂、受力不大、在高温下长期工作的铸件

续表

组别	合金代号	铸造方法	主 要 特 性	用 途 举 例
铝镁合金	ZL301	砂型、金属型和熔模铸造	系典型的铝-镁二元合金，其特性是：①在海水大气等介质中有很高的耐蚀性，在这方面是铸造铝合金中最好的；②铸造性能差，流动性和产生气孔、形成热裂的倾向一般，易产生显微疏松，气密性低，收缩率低，吸气倾向大；③可热处理强化，铸件在淬火状态下使用，具有高的强度和良好的塑性、韧性，但具有自然时效倾向。在长期使用过程中，塑性明显下降、变脆，并出现应力腐蚀倾向；④耐热性不高；⑤可切削加工性良好，可以达到很高的表面光洁度，表面经抛光后，能长期保持原来的光泽；⑥焊接性较差；⑦熔炼中容易氧化，且熔铸工艺较复杂、废品率高	适于铸造承受高静载荷和冲击载荷、暴露在大气或海水等腐蚀介质中、工作温度不超过200℃、形状简单的大、中、小型零件，如雷达底座、水上飞机和船舶配件（发动机机匣、起落架零件、船用舷窗等）以及其他装饰用零部件等
	ZL303	砂型、金属型、壳型和熔模铸造	这是添加1%左右Si和少量Mn的含Mg量为5%左右的铝-镁-硅系合金，其特性是：①耐蚀性能高，并类似、接近ZL301合金；②铸造性能尚可，流动性一般，有氧化、吸气、形成缩孔的倾向（但比ZL301好），收缩率大，气密性一般，形成热裂的倾向比ZL301小；③在铸态下具有一定的力学性能，但不能经热处理明显强化；④高温性能较ZL301高；⑤可切削性和抛光性与ZL301一样好，而焊接性则较ZL301有明显改善；⑥生产工艺简单，但熔炼中容易氧化和吸气	适于铸造同腐蚀介质接触和在较高温度（≤220℃）下工作、承受中等负荷的船舶，航空及内燃机车零件，如海轮配件、各种壳件、气冷发动机气缸头，以及其他装饰性零部件等
	ZL305	砂型铸造	这是加有少量Be、Ti元素的铝-镁-锌系合金，它是ZL301的改型合金，由于ZL301有自然时效倾向、力学性能稳定性差和有应力腐蚀倾向，故应用受到很大限制。针对ZL301合金的这一缺点，降低其Mg含量，并加入Zn及少量Ti，从而提高了合金的自然时效稳定性和耐应力腐蚀能力。合金中加入微量Be，可防止在熔炼和铸造过程中的氧化现象。合金的其他性能均与ZL301相近	用途和ZL301基本相同，但工作温度不宜超过100℃。因为这种合金在人工时效温度超过150℃时，大量强化相析出，抗拉强度虽有提高，但塑性大量下降，应力腐蚀现象也同时加剧
铝锌合金	ZL401	砂型、金属型、壳型和熔模铸造	系铝锌硅镁四元合金，俗称锌硅铝明，其特性是：①铸造性能良好，流动性好、产生缩孔和形成热裂的倾向小、线收缩小，但有较大的吸气倾向；②在熔炼中需进行变质处理；③它的主要优点在于铸态下具有自然时效能力，因而，不必进行热处理即可获得高的强度；④耐热性低，耐蚀性一般，密度大；⑤焊接和可切削加工性能良好；⑥价格便宜	适于铸造大型、复杂和承受高的静载荷而又不便进行热处理的零件，但工作温度不得超过200℃，如汽车零件，医疗器械、仪器零件、日用品等。因密度大，在某些场合下限制了它的应用
	ZL402	砂型和金属型铸造	这是含有少量Cr和Ti的铝-锌-镁系合金，其特性是：①铸造性能尚好，流动性和气密性良好，缩松和热裂倾向都不大；②在铸态经时效后即可获得较高的力学性能，在−70℃的低温下仍能保持良好的力学性能，但高温性能低（工作温度≤150℃）；③有良好的耐蚀性和耐应力腐蚀性能，在这方面超过铝铜合金而接近于铝硅合金；④可切削加工性良好，焊接性一般；⑤铸件经人工时效后尺寸稳定；⑥密度较大	适于铸造承受高的静载荷和冲击载荷而又不便于进行热处理的零件，亦可用于要求同腐蚀介质接触和尺寸稳定性高的零件，如高速旋转的整铸叶轮、飞行起落架、空气压缩机活塞、精密仪表零件等。因密度大，也限制了它的应用

2.2.2 压铸铝合金

表 4-2-13 压铸铝合金牌号、化学成分、特性及应用（GB/T 15115—2009）

牌号	代号	化学成分(质量分数)/%											特性	应用举例
		Si	Cu	Mn	Mg	Fe	Ni	Ti	Zn	Pb	Sn	Al		
YZAlSi12	YL102	10.0～13.0	≤1.0	≤0.35	≤0.10	≤1.0	≤0.50	—	≤0.40	≤0.10	≤0.15	余量	共晶铝硅合金。具有较好的抗热裂性能和很好的气密性，以及很好的流动性，不能热处理强化，抗拉强度低	用于承受低负荷、形状复杂的薄壁铸件，如各种仪壳体、汽车机匣、牙科设备、活塞等
YZAlSi10Mg	YL101	9.0～10.0	≤0.6	≤0.35	0.45～0.65	≤1.0	≤0.50	—	≤0.40	≤0.10	≤0.15	余量	亚共晶铝硅合金。有较好的耐蚀性能、较高的冲击韧性和屈服强度，但铸造性能稍差	汽车车轮罩、摩托车曲轴箱、自行车车轮、船外机螺旋桨等
YZAlSi10	YL104	8.0～10.5	≤0.3	0.2～0.5	0.30～0.50	0.5～0.8	≤0.10	—	≤0.30	≤0.50	≤0.01	余量		
YZAlSi9Cu4	YL112	7.5～9.5	3.0～4.0	≤0.50	≤0.10	≤1.0	≤0.50	—	≤2.90	≤0.10	≤0.15	余量	具有好的铸造性能和力学性能，很好的流动性、气密性和抗热裂性，较好的力学性能、切削加工性、抛光性和铸造性能	常用作齿轮箱、空冷气缸头、发报机机座、割草机罩子、气动刹车、汽车发动机零件，摩托车缓冲器、发动机零件及箱体，农机具用箱体、缸盖和缸体，3C产品壳体，电动工具、缝纫机零件、渔具、煤气用具、电梯零件等。YL112的典型用途为带轮、活塞和气缸头等
YZAlSi11Cu3	YL113	9.5～11.5	2.0～3.0	≤0.50	≤0.10	≤1.0	≤0.30	—	≤2.90	≤0.10	—	余量	过共晶铝硅合金。具有特别好的流动性、中等的气密性和好的抗热裂性，特别是具有高的耐磨性和低的线胀系数	主要用于发动机机体、刹车块、带轮、泵和其他要求耐磨的零件
YZAlSi17Cu5Mg	YL117	16.0～18.0	4.0～5.0	≤0.50	0.50～0.70	≤1.0	≤0.10	≤0.20	≤1.40	≤0.10	—	余量		
YZAlMg5Si1	YL302	≤0.35	≤0.25	≤0.35	7.60～8.60	≤1.1	≤0.15	—	≤0.15	≤0.10	≤0.15	余量	耐蚀性能强，冲击韧性高，伸长率差，铸造性能差	汽车变速器的油泵壳体，摩托车的衬垫和车架的联结器，农机具的连杆、船外机螺旋桨、钓鱼竿及其卷线筒等零件

注：1. GB/T 15115—2009 代替 GB/T 15115—1994。新标准没有规定各牌号的力学性能。

2. 除有含量范围的元素和铁为必检元素外，其余元素在有要求时抽检。

表 4-2-14　　**压铸铝合金特性评价**（GB/T 15115—2009）

合金牌号	YZAlSi10Mg	YZAlSi12	YZAlSi10	YZAlSi9Cu4	YZAlSi11Cu3	YZAlSi17Cu5Mg	YZAlMg5Si1
合金代号	YL101	YL102	YL104	YL112	YL113	YL117	YL302
抗热裂性	1	1	1	2	1	4	5
致密性	2	1	2	2	2	4	5
充型能力	3	1	3	2	1	1	5
不粘型性	2	1	1	1	2	2	5
耐蚀性	2	2	1	4	3	3	1
加工性	3	4	3	3	2	5	1
抛光性	3	5	3	3	3	5	1
电镀性	2	3	2	1	1	3	5
阳极处理	3	5	3	3	3	5	1
氧化保护层	3	3	3	4	4	5	1
高温强度	1	3	1	3	2	3	4

注：本表为 GB/T 15115—2009 在附录中提供的资料，对于压铸铝合金各牌号的性能及其他特性进行了不定量的综述，分为 5 个等级，按顺序“1”表示最佳，依次降低，“5”表示最差。

2.2.3　铸造钛和钛合金及其铸件

表 4-2-15　　**铸造钛及钛合金牌号和化学成分**（GB/T 15073—2014）

铸造钛及钛合金		化学成分(质量分数)/%																
		主要成分							杂质(不大于)									
牌号	代号	Ti	Al	Sn	Mo	V	Zr	Nb	Ni	Pd	Fe	Si	C	N	H	O	其他元素	
																	单个	总和
ZTi1	ZTA1	余量	—	—	—	—	—	—	—	—	0.25	0.10	0.10	0.03	0.015	0.25	0.10	0.40
ZTi2	ZTA2	余量	—	—	—	—	—	—	—	—	0.30	0.15	0.10	0.05	0.015	0.35	0.10	0.40
ZTi3	ZTA3	余量	—	—	—	—	—	—	—	—	0.40	0.15	0.10	0.05	0.015	0.40	0.10	0.40
ZTiAl4	ZTA5	余量	3.3～4.7	—	—	—	—	—	—	—	0.30	0.15	0.10	0.04	0.015	0.20	0.10	0.40
ZTiAl5Sn2.5	ZTA7	余量	4.0～6.0	2.0～3.0	—	—	—	—	—	—	0.50	0.15	0.10	0.05	0.015	0.20	0.10	0.40
ZTiPd0.2	ZTA9	余量	—	—	—	—	—	—	—	0.12～0.25	0.25	0.10	0.10	0.05	0.015	0.40	0.10	0.40
ZTiMo0.3Ni0.8	ZTA10	余量	—	—	0.2～0.4	—	—	—	0.6～0.9	—	0.30	0.10	0.10	0.05	0.015	0.25	0.10	0.40
ZTiAl6Zr2Mo1V1	ZTA15	余量	5.5～7.0	—	0.5～2.0	0.8～2.5	1.5～2.5	—	—	—	0.30	0.15	0.10	0.05	0.015	0.20	0.10	0.40
ZTiAl4V2	ZTA17	余量	3.5～4.5	—	—	1.5～3.0	—	—	—	—	0.25	0.15	0.10	0.05	0.015	0.20	0.10	0.40
ZTiMo32	ZTB32	余量	—	—	30.0～34.0	—	—	—	—	—	0.30	0.15	0.10	0.05	0.015	0.15	0.10	0.40
ZTiAl6V4	ZTC4	余量	5.50～6.75	—	—	3.5～4.5	—	—	—	—	0.40	0.15	0.10	0.05	0.015	0.25	0.10	0.40
ZTiAl6Sn4.5Nb2Mo1.5	ZTC21	余量	5.5～6.5	4.0～5.0	1.0～2.0	—	—	1.5～2.0	—	—	0.30	0.15	0.10	0.05	0.015	0.20	0.10	0.40

注：1. 其他元素是指钛及钛合金铸件生产过程中固有的微量元素，一般包括 Al、V、Sn、Mo、Cr、Mn、Zr、Ni、Cu、Si、Nb、Y 等（该牌号中含有的合金元素应除去）。

2. 其他元素单个含量和总量只有在需方有要求时才考虑分析。

3. 当需方要求对杂质含量有特殊限制时经双方协商，并在合同中注明即可。

4. 铸造钛及钛合金代号由 ZT 加 A、B 或 C（A、B 和 C 分别表示 α 型、β 型和 α+β 型合金）及顺序号组成，顺序号参照同类型变形钛及钛合金的表示方法。

5. GB/T 15073—2014《铸造钛及钛合金》适用于机加工石墨型、捣实型、金属型和熔模精铸型的铸件。

第
4
篇

表 4-2-16　**铸造钛及钛合金铸件牌号和附铸试样室温力学性能**（GB/T 6614—2014）

代号	牌号	抗拉强度 R_m/MPa 不小于	屈服强度 $R_{p0.2}$/MPa 不小于	断后伸长率 A/% 不小于	硬度 HBW 不大于	特性及用途举例
ZTA1	ZTi1	345	275	20	210	适用于石墨加工型、石墨捣实型、金属型和熔模精铸型生产的钛及钛合金铸件。铸造钛及钛合金的冲击性比变形钛合金高，可加工为复杂形状的零件，且省材料，应用于化工设备，如球形阀、泵、叶轮等，精密铸件也可用于航空工业。ZTB32 是耐还原性介质腐蚀性能最强的一种钛合金，但不耐氧化性介质，有脆性，用于受还原性介质腐蚀的容器和结构件
ZTA2	ZTi2	440	370	13	235	
ZTA3	ZTi3	540	470	12	245	
ZTA5	ZTiAl4	590	490	10	270	
ZTA7	ZTiAl5Sn2.5	795	725	8	335	
ZTA9	ZTiPd0.2	450	380	12	235	
ZTA10	ZTiMo0.3Ni0.8	483	345	8	235	
ZTA15	ZTiAl6Zr2Mo1 V1	885	785	5	—	
ZTA17	ZTiAl4V2	740	660	5	—	
ZTB32	ZTiMo32	795	—	2	260	
ZTC4	ZTiAl6V4	835(895)	765(825)	5(6)	365	
ZTC21	ZTiAl6Sn4.5Nb2Mo1.5	980	850	5	350	

注：1. 括号内的性能指标为氧含量控制较高时测得。

2. 铸件各牌号的化学成分应符合 GB/T 15073—2014 的规定（参见表 4-2-15）。

3. 铸件可选择以下状态供应：铸态（C）、退火态（M）、热等静压状态（HIP）或热等静压（HIP）+退火态（M）等。

4. 当需方对铸件供应状态有特殊要求时，应由供需双方商定，并在合同或技术协议中注明。

5. 允许从铸件本体上取样，其取样位置及室温力学性能指标由供需双方商定。

6. 当需方有特殊要求时，其力学性能指标应由供需双方商定，并在合同或技术协议中注明。

7. 铸件几何形状和尺寸应符合铸件图样或订货协议的规定。若铸型、模具或蜡模由需方提供，则铸件尺寸由供需双方商定。

8. 铸件尺寸公差应符合 GB/T 6414 的规定，图纸或合同中未注明时，应不低于 CT9 的要求（捣实型铸件应不低于 CT11）。如有特殊要求，由供需双方商定，并在合同或技术协议中注明。

9. 铸件适合机加工石墨型、捣实型、金属型和熔模精铸型生产工艺。

表 4-2-17　**铸造钛及钛合金铸件退火制度**（GB/T 6614—2014）

合金代号	温度 /℃	保温时间 /min	冷却方式	说　明
ZTA1、ZTA2、ZTA3	500～600	30～60	炉冷或空冷	普通退火可使合金组织稳定，且性能较均匀；消除应力退火能消除由于铸造、焊接、机加工等造成的铸件残余内应力，退火保温时间与铸件截面厚度有关。表面质量要求高的铸件，应当采用真空退火消除应力。钛合金铸件在电加工、化学铣切、酸洗、焊接及热处理中，由于和各种介质接触而吸氢，必要时可采用真空除氢退火处理。对于铸件内部质量有特别要求时，可采用热等静压处理，使铸件致密度和力学性能均有提高。有关处理工艺可按铸件设计要求确定
ZTA5	550～650	30～90		
ZTA7	550～650	30～120		
ZTA9、ZTA10	500～600	30～120		
ZTA15	550～750	30～240		
ZTA17	550～650	30～240		
ZTC4	550～650	30～240		

表 4-2-18　　铸造钛及钛合金物理性能

物理性能	温度/℃	α合金				近α合金		α+β合金						β合金
		ZTA1	ZTA2	ZTA3	ZTA7	ZTC6	BT20Л	ZTC3	ZTC4	ZTC5	BT31Л	BT9Л	BT14Л	ZTB32
密度 ρ/g·m^{-3}	20	4.505	4.505	4.505	4.42	4.54	4.45	4.60	4.40	4.43	4.43	4.49	4.50	5.69
熔化温度/℃	—	1640～1671	1640～1671	1640～1671	1540～1650	1588～1698	—	约1700	1560～1620	1540～1580	1560～1600	1560～1620	1590～1650	—
电阻率 ρ/10^{-6}Ω·m	20	0.47	0.47	0.47	1.38	—	1.63	1.61	1.60	1.71	1.69	1.69	1.61	1.00
比热容 c/J·kg^{-1}·K^{-1}	20	527	527	527	503	—	—	—	—	699	—	—	—	—
	100	544	544	544	545	—	548	507	—	733	565	544	501	—
	200	621	621	621	566	—	586	—	557	766	—	—	—	—
	300	669	669	669	587	—	632	540	574	796	—	—	—	—
	400	711	711	711	628	—	670	—	590	816	691	668	623	—
	500	753	753	753	670	—	712	586	607	841	—	—	—	—
	600	837	837	837	—	—	758	—	628	862	795	—	—	—
线胀系数 α/10^{-6}K^{-1}	20～100	8.00	8.00	8.00	8.50	—	8.80	9.10	8.90	7.38	9.50	7.60	7.80	11.20
	20～200	8.60	8.60	8.60	8.80	—	—	9.40	9.30	8.50	—	—	—	13.30
	20～300	9.10	9.10	9.10	9.10	—	—	9.40	9.50	8.70	—	—	—	14.30
	20～400	9.30	9.30	9.30	9.30	—	—	9.50	9.50	9.20	—	—	—	15.30
	20～500	9.40	9.40	9.40	9.50	—	—	9.60	—	—	10.30	9.60	8.70	15.20
	20～600	9.80	9.80	9.80	9.60	—	—	9.70	—	—	—	—	—	15.30
	20～700	10.20	10.20	10.20	—	—	—	9.90	—	—	—	—	—	15.70
	20～800	—	—	—	—	—	—	10.10	—	—	—	10.5	—	16.20
	20～900	—	—	—	—	—	—	10.50	—	—	—	—	—	16.70
	20～1000	—	—	—	—	—	—	10.80	—	—	—	—	—	17.30
热导率 λ/W·m^{-1}·K^{-1}	20	16.3	16.3	16.3	8.8	—	—	—	—	8.37	8.0	7.1	8.7	—
	100	16.3	16.3	16.3	16.3	—	8.8	8.4	8.8	9.46	8.8	8.4	9.5	—
	200	16.3	16.3	16.3	10.9	—	10.1	9.6	10.5	11.4	10.1	9.6	10.8	—
	300	16.7	16.7	16.7	12.2	—	10.9	10.9	11.3	12.73	11.3	11.3	12.1	—
	400	17.1	17.1	17.1	13.4	—	12.1	12.6	12.1	14.19	12.6	12.6	13.4	—
	500	18	18	18	14.7	—	13.8	14.2	13.4	15.53	14.2	14.6	14.3	—
	600	—	—	—	15.9	—	15.1	15.9	14.7	17.38	15.5	16.3	16.0	—
	700	—	—	—	17.2	—	16.8	—	15.5	—	16.8	18.0	16.8	—

第4篇

2.2.4 铸造镁合金锭

表 4-2-19 铸造镁合金锭牌号及化学成分（GB/T 19078—2016）

合金组别	牌号	对应 ISO 16220 的牌号	化学成分(质量分数)/%																	其他元素[9]	
			Mg	Al	Zn	Mn	RE	Gd	Y	Zr	Ag	Li	Sr	Ca	Be	Si	Fe	Cu	Ni	单个	总计
MgAl	AZ81A	—	余量	7.2～8.0	0.50～0.9	0.15～0.35	—	—	—	—	—	—	—	—	0.0005～0.002	0.20	—	0.08	0.01	—	0.30
	AZ81S	—	余量	7.2～8.5	0.45～0.9	0.17～0.40	—	—	—	—	—	—	—	—	—	0.05	0.004	0.02	0.001	0.01	—
	AZ91A	—	余量	8.5～9.5	0.45～0.9	0.15～0.40	—	—	—	—	—	—	—	—	—	0.20	—	0.08	0.01	—	0.30
	AZ91B	—	余量	8.5～9.5	0.45～0.9	0.15～0.40	—	—	—	—	—	—	—	—	—	0.20	—	0.25	0.01	—	0.30
	AZ91C	—	余量	8.3～9.2	0.45～0.9	0.15～0.35	—	—	—	—	—	—	—	—	—	0.20	—	0.08	0.01	—	0.30
	AZ91D	ISO-MB21120	余量	8.5～9.5	0.45～0.9	0.17～0.40	—	—	—	—	—	—	—	—	0.0005～0.003	0.08	0.004	0.02	0.001	0.01	—
	AZ91E	—	余量	8.3～9.2	0.45～0.9	0.17～0.50	—	—	—	—	—	—	—	—	—	0.20	0.005	0.02	0.001	0.01	0.30
	AZ91S	ISO-MB21121	余量	8.0～10.0	0.30～1.0	0.10～0.50	—	—	—	—	—	—	—	—	—	0.30	0.03	0.20	0.01	0.05	—
	AZ92A	—	余量	8.5～9.5	1.7～2.3	0.13～0.35	—	—	—	—	—	—	—	—	—	0.20	—	0.20	0.01		0.30
	AZ33M	—	余量	2.6～4.2	2.2～3.8	—	—	—	—	—	—	—	—	—	—	0.20	0.05	0.05	—	0.01	0.30
	AZ63A	—	余量	5.5～6.5	2.7～3.3	0.15～0.35	—	—	—	—	—	—	—	—	0.0005～0.002	0.05	0.005	0.02	0.001	—	0.30
	AM20S	ISO-MB21210	余量	1.7～2.5	0.20	0.35～0.6	—	—	—	—	—	—	—	—	—	0.05	0.004	0.008	0.001	0.01	—
	AM50A	ISO-MB21220	余量	4.5～5.3	0.30	0.28～0.50	—	—	—	—	—	—	—	—	0.0005～0.003	0.08	0.004	0.008	0.001	0.01	—
	AM60A	—	余量	5.6～6.4	0.20	0.15～0.50	—	—	—	—	—	—	—	—	—	0.20	—	0.25	0.01	—	0.30

续表

合金组别	牌号	对应 ISO 16220 的牌号	化学成分(质量分数)/%																	其他元素⑨	
			Mg	Al	Zn	Mn	RE	Gd	Y	Zr	Ag	Li	Sr	Ca	Be	Si	Fe	Cu	Ni	单个	总计
MgAl	AM60B	ISO-MB21230	余量	5.6～6.4	0.30	0.26～0.50	—	—	—	—	—	—	—	—	0.005～0.003	0.08	0.004	0.008	0.001	0.01	—
	AM100A	—	余量	9.4～10.6	0.20	0.13～0.35	—	—	—	—	—	—	—	—	—	0.20	—	0.08	0.01	—	0.30
	AS21B	—	余量	1.9～2.5	0.25	0.05～0.15	0.06～0.25	—	—	—	—	—	—	—	0.0005～0.002	0.7～1.2	0.004	0.008	0.001	0.01	—
	AS21S	ISO-MB21310	余量	1.9～2.5	0.20	0.20～0.6	—	—	—	—	—	—	—	—	0.0005～0.002	0.7～1.2	0.004	0.008	0.001	0.01	—
	AS41A	—	余量	3.7～4.8	0.10	0.22～0.48	—	—	—	—	—	—	—	—	—	0.6～1.4	—	0.04	0.01	—	0.30
	AS41B	—	余量	3.7～4.8	0.10	0.35～0.6	—	—	—	—	—	—	—	—	0.0005～0.002	0.6～1.4	0.004	0.02	0.001	0.01	—
	AS41S	ISO-MB21320	余量	3.7～4.8	0.20	0.20～0.6	—	—	—	—	—	—	—	—	—	0.7～1.2	0.004	0.008	0.001	0.01	—
	AE44S①	ISO-MB21410	余量	3.6～4.4	0.20	0.15～0.50	3.6～4.6	—	—	—	—	—	—	—	—	0.08	0.004	0.008	0.001	0.01	—
	AE81M②	—	余量	7.2～8.4	0.6～0.8	0.30～0.40	1.2～1.8	—	—	—	—	—	0.05～0.10	—	—	0.01	0.006	—	—	0.05	0.15
	AJ52A	—	余量	4.6～5.5	0.20	0.26～0.50	—	—	—	—	—	—	1.8～2.3	—	0.0005～0.002	0.08	0.004	0.008	0.001	0.01	—
	AJ62A	—	余量	5.6～6.6	0.20	0.26～0.50	—	—	—	—	—	—	2.1～2.8	—	0.0005～0.002	0.08	0.004	0.008	0.001	0.01	—
MgZn	ZA81M	—	余量	0.8～1.2	7.5～8.2	0.50～0.7	—	—	—	—	—	—	—	—	—	0.05	0.005	0.40～0.6	0.005	—	0.10
	ZA84M③	—	余量	3.6～4.4	7.4～8.4	0.25～0.35	—	—	—	—	—	—	0.05～0.10	—	—	—	0.008	—	—	0.01	0.10
	ZE41A①	ISO-MB35110	余量	—	3.5～5.0	0.15	1.0～1.8	—	—	0.10～1.0	—	—	—	—	—	0.01	0.01	0.03	0.005	0.01	0.30
	ZK51A	—	余量	—	3.8～5.3	—	—	—	—	0.30～1.0	—	—	—	—	—	0.01	—	0.03	0.01	—	0.30

续表

合金组别	牌号	对应 ISO 16220 的牌号	化学成分(质量分数)/%																	
			Mg	Al	Zn	Mn	RE	Gd	Y	Zr	Ag	Li	Sr	Ca	Be	Si	Fe	Cu	Ni	其他元素[9] 单个	其他元素[9] 总计
MgZn	ZK61A	—	余量	—	5.7～6.3	—	—	—	—	0.30～1.0	—	—	—	—	—	0.01	—	0.03	0.01	—	0.30
	ZQ81M	—	余量	—	7.5～9.0	—	0.6～1.2	—	—	0.30～1.0	—	—	—	—	—	—	—	0.10	0.01	—	0.30
	ZC63A	ISO-MB32110	余量	0.20	5.5～6.5	0.25～0.8	—	—	—	—	—	—	—	—	—	0.20	0.05	2.4～3.0	0.01	0.01	—
MgRE	EZ30M[1]	—	余量	—	0.20～0.7	—	2.5～4.0	—	—	0.30～1.0	—	—	—	—	—	—	—	0.10	0.01	0.01	0.30
	EZ30Z[4]	—	余量	—	0.14～0.7	0.05	2.0～3.5	—	—	0.30～1.0	—	—	—	0.50	—	0.01	0.01	0.03	0.005	0.01	0.30
	EZ33A[1]	ISO-MB65120	余量	—	2.0～3.0	0.15	2.4～4.0	—	—	0.10～1.0	—	—	—	—	—	0.01	0.01	0.03	0.005	0.01	0.30
	EV31A[5]	ISO-MB65410	余量	—	0.20～0.50	0.03	2.6～3.1	1.0～1.7	—	0.10～1.0	0.05	—	—	—	—	—	0.01	0.01	0.002	0.01	—
	EQ21A[6]	—	余量	—	—	—	1.5～3.0	—	—	0.30～1.0	1.3～1.7	—	—	—	—	0.01	—	0.05～0.10	0.01	—	0.30
	EQ21S[6]	ISO-MB65220	余量	—	0.20	0.15	1.5～3.0	—	—	0.10～1.0	1.3～1.7	—	—	—	—	0.01	0.01	0.03	0.005	0.01	—
MgGd	VW76S	—	余量	—	—	0.03	—	6.5～7.5	5.5～6.5	0.20～1.0	—	0.20	—	—	—	0.01	0.01	0.03	0.005	0.01	—
	VW103Z	—	余量	—	0.20	0.05	—	8.5～10.5	2.5～3.5	0.30～1.0	—	—	—	—	—	0.01	0.01	0.03	0.005	0.01	0.30
	VQ132Z	—	余量	0.02	0.50	0.05	—	12.5～14.5	—	0.30～1.0	1.0～2.5	—	—	0.50	—	0.05	0.01	0.02	0.005	0.01	0.30
MgY	WE43A[7]	ISO-MB95320	余量	—	0.2	0.15	2.4～4.4	—	3.7～4.3	0.10～1.0	—	0.20	—	—	—	0.01	0.01	0.03	0.005	0.01	0.30

第4篇

续表

合金组别	牌号	对应 ISO 16220 的牌号	化学成分(质量分数)/%																	
			Mg	Al	Zn	Mn	RE	Gd	Y	Zr	Ag	Li	Sr	Ca	Be	Si	Fe	Cu	Ni	其他元素⑨	
																				单个	总计
MgY	WE43B⑧	—	余量	—	—	0.03	2.4～4.4	—	3.7～4.3	0.30～1.0	—	0.18	—	—	—	—	0.01	0.02	0.004	0.01	—
	WE54A⑦	ISO-MB95310	余量	—	0.20	0.15	1.5～4.0	—	4.8～5.5	0.10～1.0	—	0.20	—	—	—	0.01	0.01	0.03	0.005	0.01	0.30
	WV115Z	—	余量	0.02	1.5～2.5	0.05	—	4.5～5.5	10.5～11.5	0.30～1.0	—	—	—	—	—	0.05	0.01	0.02	0.005	0.01	0.30
MgZr	K1A	—	余量	—	—	—	—	—	—	0.30～1.0	—	—	—	—	—	0.01	—	0.03	0.01	—	0.30
MgAg	QE22A⑥	—	余量	—	0.20	0.15	1.9～2.4	—	—	0.30～1.0	2.0～3.0	—	—	—	—	0.01	—	0.03	0.01	—	0.30
	QE22S⑥	ISO-MB65210	余量	—	0.20	0.15	2.0～3.0	—	—	0.10～1.0	2.0～3.0	—	—	—	—	0.01	0.01	0.03	0.005	0.01	—

① 稀土为富铈混合稀土。

② 稀土为纯铈稀土，其中还含有 Sb（质量分数）为 0.20%～0.30%。

③ 合金中还含有 Sn（质量分数）为 0.8%～1.4%。

④ 稀土为富钕混合稀土或纯钕稀土。当稀土为富钕混合稀土时，Nd 含量（质量分数）不小于 85%。

⑤ 稀土元素钕含量为 2.6%～3.1%，其他稀土元素的最大含量为 0.4%，主要可以是 Ce、La 和 Pr。

⑥ 稀土为富钕混合稀土，Nd 含量（质量分数）不小于 70%。

⑦ 稀土中富钕和中重稀土，WE54A、WE43A 和 WE43B 合金中含 Nd（质量分数）分别为 1.5%～2.0%、2.0%～2.5%和 2.0%～2.5%，余量为中重稀土，中重稀土主要包括：Gd、Dy、Er 和 Yb。

⑧ 其中（Zn+Ag）（质量分数）不大于 0.20%。

⑨ 其他元素是指在本表表头中列出了元素符号，但在本表中却未规定极限数值含量的元素。

注：1. 表中含量有上下限者为合金元素，含量为单个数值者为最高限，“—”为未规定具体数值。

2. AS21B、AJ52A、AJ62A、ZA81M、EZ30Z、WV115Z、EV31A、VW76S、VW103Z 和 VQ132Z 合金为专利合金，受专利权保护。在使用前，请确定合金的专利有效性，并承担相关的责任。

表 4-2-20 砂型铸造镁合金铸件的典型力学性能（GB/T 19078—2016）

合金组别	牌号	对应 ISO 16220 的牌号	状态代号	拉伸试验结果			布氏硬度（A5mm 球径）HBW
				抗拉强度 R_m/MPa	屈服强度 $R_{0.2}$/MPa	伸长率 A/%	
				不小于			
MgAl	AZ81A、AZ81S	ISO-MC21110	F	160	90	2.0	50～65
			T4	240	90	8.0	50～65
	AZ91C、AZ91D、AZ91E、AZ91S	ISO-MC21120	F	160	90	2.0	50～65
			T4	240	90	6.0	55～70
			T6	240	150	2.0	60～90
	AZ92A	—	F	170	95	2.0	—
			T4	250	95	6.0	—
			T5	170	115	1.0	—
			T6	250	150	2.0	—
	AZ33M	—	F	180	100	4.0	—
	AZ63A	—	F	180	80	4.0	45～55
			T4	235	80	7.0	50～60
			T5	180	85	2.0	50～60
			T6	235	110	3.0	65～80
	AM100A	—	T6	240	120	2.0	60～80
MgZn	ZE41A	ISO-MC35110	T5	200	135	2.5	55～70
	ZK51A	—	T5	235	140	5.0	—
	ZK61A	—	T6	275	180	5.0	—
	ZQ81M	—	T4	265	130	6.0	—
			T6	275	190	4.0	—
	ZC63A	ISO-MC32110	T6	195	125	2.0	55～65
MgRE	EZ30M	—	F	120	85	1.5	—
			T2	120	85	1.5	—
	EZ30Z	—	T6	240	140	4.0	65～80
	EZ33A	ISO-MC65120	T5	140	95	2.5	50～60
	EV31A	ISO-MC65410	T6	250	145	2.0	70～90
	EQ21A、EQ21S	ISO-MC65220	T6	240	175	2.0	70～90
MgGd	VW103Z	—	T6	300	200	2.0	100～125
	VQ132Z	—	T6	350	240	1.0	110～140
MgY	WE43A、WE43B	ISO-MC95320	T6	220	170	2.0	75～90
	WE54A	ISO-MC95310	T6	250	170	2.0	80～90
	WV115Z	—	T6	280	220	1.0	100～125
MgZr	K1A	—	F	165	40	14.0	—
MgAg	QE22A、QE22S	ISO-MC65210	T6	240	175	2.0	70～90

表 4-2-21 永久型铸造镁合金铸件的典型力学性能（GB/T 19078—2016）

合金组别	牌号	对应 ISO 16220 的牌号	状态代号	拉伸试验结果			布氏硬度（A5mm 球径）HBW
				抗拉强度 R_m/MPa	屈服强度 $R_{0.2}$/MPa	伸长率 A/%	
				不小于			
MgAl	AZ81A、AZ81S	ISO-MC21110	F	160	90	2.0	50～65
			T4	240	90	8.0	50～65
	AZ91C、AZ91D、AZ91E、AZ91S	ISO-MC21120	F	160	90	2.0	55～70
			T4	240	90	6.0	55～70
			T6	240	150	2.0	60～90
	AZ92A	—	F	170	95	2.0	—

续表

合金组别	牌号	对应 ISO 16220 的牌号	状态代号	拉伸试验结果			布氏硬度（A5mm 球径）HBW
				抗拉强度 R_m/MPa	屈服强度 $R_{p0.2}$/MPa	伸长率 A/%	
				不小于			
MgAl	AZ92A	—	T4	250	95	6.0	—
			T5	170	115	1.0	—
			T6	250	150	2.0	—
	AZ33M	—	F	180	100	4.0	—
	AM100A	—	F	140	70	2.0	50～60
			T4	235	70	6.0	50～60
			T6	240	105	2.0	60～80
MgZn	ZA81M	—	T6	300	200	7.0	—
	ZA84M	—	T6	195	150	4.0	—
	ZE41A	ISO-MC35110	T5	210	135	3.0	55～70
	ZQ81M	—	T4	265	130	6.0	—
			T6	275	190	4.0	—
	ZC63A	ISO-MC32110	T6	195	125	2.0	55～65
MgRE	EZ30M	—	F	120	85	1.5	—
			T2	120	85	1.5	—
	EZ30Z	—	T6	240	140	4.0	65～80
	EZ33A	ISO-MC65120	T5	140	100	3.0	50～60
	EV31A	ISO-MC65410	T6	250	145	2.0	70～90
	EQ21A、EQ21S	ISO-MC65220	T6	240	175	2.0	70～90
MgGd	VW76S	—	T6	300	200	1.0	110～118
	VW103Z	—	T6	340	220	2.0	100～125
	VQ132Z	—	T6	380	280	2.0	110～140
MgY	WE43A、WE43B	ISO-MC95320	T6	220	170	2.0	75～90
	WE54A	ISO-MC95310	T6	250	170	2.0	80～90
	WV115Z	—	T6	280	260	1.0	100～125
MgAg	QE22A、QE22S	ISO-MC65210	T6	240	175	2.0	70～90

表 4-2-22　高压压铸镁合金铸件的典型力学性能（GB/T 19078—2016）

合金组别	牌号	对应 ISO 16220 的牌号	状态代号	拉伸试验结果			布氏硬度（A5mm 球径）HBW
				抗拉强度 R_m/MPa	屈服强度 $R_{p0.2}$/MPa	伸长率 A/%	
MgAl	AZ81S	ISO-MC21110	F	200～250	140～160	1.0～7.0	60～85
	AZ91A、AZ91B、AZ91D、AZ91S	ISO-MC21120	F	200～260	140～170	1.0～6.0	65～85
	AZ33M	—	F	200～280	130～180	5.0～20.0	—
	AM20S	ISO-MC21210	F	150～220	80～100	8.0～18.0	40～55
	AM50A	ISO-MC21220	F	180～230	110～130	5.0～15.0	50～65
	AM60A、AM60B	ISO-MC21230	F	190～250	120～150	4.0～14.0	55～70
	AS21B、AS21S	ISO-MC21310	F	170～230	110～130	4.0～14.0	50～70
	AS41A、AS41B、AS41S	ISO-MC21320	F	200～250	120～150	3.0～12.0	55～80
	AE44S	ISO-MC21410	F	220～260	130～160	6.0～15.0	60～80
	AE81M	—	F	265～275	150～163	8.0～10.5	—
	AJ52A	—	F	190～235	110～150	3.0～9.0	50～70
	AJ62A	—	F	200～260	120～160	3.0～10.0	55～80
MgZn	ZA81M	—	F	220～280	140～180	2.0～6.0	—

表 4-2-23 铸造镁合金铸件牌号及化学成分（GB/T 19078—2016）

合金组别	牌号	对应ISO 16220的牌号	铸造工艺	化学成分(质量分数)/%																其他元素[9]		Fe/Mn[10]
				Mg	Al	Zn	Mn	RE	Gd	Y	Zr	Ag	Li	Sr	Ca	Si	Fe	Cu	Ni	单个	总计	
MgAl	AZ81A	—	S、K、L	余量	7.0～8.1	0.40～1.0	0.13～0.35	—	—	—	—	—	—	—	—	0.30	—	0.10	0.01	—	0.30	—
MgAl	AZ81S	—	D	余量	7.0～8.7	0.35～1.0	0.10～0.50	—	—	—	—	—	—	—	—	0.10	0.005	0.02	0.002	0.01	—	—
MgAl	AZ81S	—	S、K、L	余量	7.0～8.7	0.40～1.0	0.10～0.35	—	—	—	—	—	—	—	—	0.20	0.005	0.02	0.001	0.01	—	—
MgAl	AZ91A	—	D	余量	8.3～9.7	0.35～1.0	0.13～0.50	—	—	—	—	—	—	—	—	0.50	—	0.10	0.03	—	—	—
MgAl	AZ91B	—	D	余量	8.3～9.7	0.35～1.0	0.13～0.50	—	—	—	—	—	—	—	—	0.50	—	0.35	0.03	—	0.30	—
MgAl	AZ91C	—	S、K、L	余量	8.1～9.3	0.40～1.0	0.13～0.35	—	—	—	—	—	—	—	—	0.30	—	0.10	0.01	—	0.30	—
MgAl	AZ91D	ISO-MC21120	D	余量	8.3～9.7	0.35～1.0	0.15～0.50	—	—	—	—	—	—	—	—	0.10	0.005	0.02	0.002	0.02	—	0.032
MgAl	AZ91D	ISO-MC21120	S、K、L	余量	8.3～9.7	0.40～1.0	0.17～0.35	—	—	—	—	—	—	—	—	0.20	0.005	0.02	0.001	0.01	—	0.032
MgAl	AZ91E	—	S、K、L	余量	8.1～9.3	0.40～1.0	0.17～0.35	—	—	—	—	—	—	—	—	0.20	0.005	0.02	0.001	0.01	0.30	—
MgAl	AZ91S	ISO-MC21121	D、S、K、L	余量	8.0～10.0	0.30～1.0	0.10～0.6	—	—	—	—	—	—	—	—	0.30	0.03	0.20	0.01	0.05	—	—
MgAl	AZ92A	—	S、K、L	余量	8.3～9.7	1.6～2.4	0.10～0.35	—	—	—	—	—	—	—	—	0.30	—	0.25	0.01	—	0.30	—
MgAl	AZ33M	—	S、K、D	余量	2.4～4.4	2.0～4.0	—	—	—	—	—	—	—	—	—	0.20	0.05	0.05	—	0.01	0.30	—
MgAl	AZ63A	—	S	余量	5.3～6.7	2.5～3.5	0.15～0.35	—	—	—	—	—	—	—	—	0.30	0.005	0.25	0.01	—	0.30	—
MgAl	AM20S	ISO-MC21210	D	余量	1.6～2.5	0.20	0.33～0.7	—	—	—	—	—	—	—	—	0.08	0.004	0.008	0.001	0.01	—	0.012
MgAl	AM50A	ISO-MC21220	D	余量	4.4～5.3	0.30	0.26～0.6	—	—	—	—	—	—	—	—	0.08	0.004	0.008	0.001	0.01	—	0.015
MgAl	AM60A	—	D	余量	5.5～6.5	0.22	0.13～0.6	—	—	—	—	—	—	—	—	0.50	—	0.35	0.03	—	—	—

续表

合金组别	牌号	对应 ISO 16220 的牌号	铸造工艺	化学成分(质量分数)/%																		Fe/Mn[10]
				Mg	Al	Zn	Mn	RE	Gd	Y	Zr	Ag	Li	Sr	Ca	Si	Fe	Cu	Ni	其他元素[9] 单个	其他元素[9] 总计	
MgAl	AM60B	ISO-MC21230	D	余量	5.5～6.4	0.30	0.24～0.6	—	—	—	—	—	—	—	—	0.08	0.005	0.008	0.001	0.01	—	0.021
MgAl	AM100A	—	S、K、L	余量	9.3～10.7	0.30	0.10～0.35～	—	—	—	—	—	—	—	—	0.30	—	0.10	0.01	—	0.30	—
MgAl	AS21B	—	D	余量	1.8～2.5	0.25	0.05～0.15	0.06～0.25	—	—	—	—	—	—	—	0.7～1.2	0.004	0.008	0.001	0.01	—	—
MgAl	AS21S	ISO-MC21310	D	余量	1.8～2.5	0.20	0.18～0.7	—	—	—	—	—	—	—	—	0.7～1.2	0.004	0.008	0.001	0.01	—	0.022
MgAl	AS41A	—	D	余量	3.5～5.0	0.12	0.20～0.50	—	—	—	—	—	—	—	—	0.50～1.5	—	0.06	0.03	—	0.30	—
MgAl	AS41B	—	D	余量	3.5～4.7	0.12	0.35～0.7	—	—	—	—	—	—	—	—	0.50～1.5	0.004	0.02	0.002	0.02	—	0.010
MgAl	AS41S	ISO-MC21320	D	余量	3.5～4.8	0.20	0.18～0.7	—	—	—	—	—	—	—	—	0.5～1.5	0.004	0.008	0.001	0.01	—	0.022
MgAl	AE44S[1]	ISO-MC21410	D	余量	3.5～4.5	0.20	0.15～0.50	3.5～4.5	—	—	—	—	—	—	—	0.08	0.005	0.008	0.001	0.01	—	—
MgAl	AE81M[2]	—	D	余量	7.0～8.6	0.40～1.0	0.30～0.50	1.0～1.9	—	—	—	—	—	0.05～0.12	—	0.02	0.008	—	—	0.05	0.30	—
MgAl	AJ52A	—	D	余量	4.5～5.5	0.22	0.24～0.6	—	—	—	—	—	—	1.7～2.3	—	0.10	0.004	0.01	0.001	0.01	—	—
MgAl	AJ62A	—	D	余量	5.5～6.6	0.22	0.24～0.6	—	—	—	—	—	—	2.0～2.8	—	0.10	0.004	0.01	0.001	0.01	—	—
MgZn	ZA81M	—	K、D	余量	0.6～1.4	7.3～8.5	0.50～0.8	—	—	—	—	—	—	—	—	0.30	0.005	0.40～0.7	0.05	—	0.30	—
MgZn	ZA84M[3]	—	S、K	余量	3.4～4.6	7.2～8.6	0.25～0.50	—	—	—	—	—	—	0.05～0.10	—	0.10	0.008	—	—	0.01	0.30	—
MgZn	ZE41A[1]	ISO-MC35110	S、K、L	余量	—	3.5～5.0	0.15	0.8～1.8	—	—	0.40～1.0	—	—	—	—	0.01	0.01	0.03	0.005	0.01	—	—

第 4 篇

续表

合金组别	牌号	对应ISO 16220的牌号	铸造工艺	化学成分(质量分数)/%																其他元素[9]		Fe/Mn[10]
				Mg	Al	Zn	Mn	RE	Gd	Y	Zr	Ag	Li	Sr	Ca	Si	Fe	Cu	Ni	单个	总计	
MgZn	ZK51A	—	S	余量	—	3.6~5.5	—	—	—	—	0.50~1.0	—	—	—	—	—	—	0.10	0.01	—	0.30	—
	ZK61A	—	S、L	余量	—	5.5~6.5	—	—	—	—	0.6~1.0	—	—	—	—	—	—	0.10	0.01	—	0.30	—
	ZQ81M	—	S、K、L	余量	—	7.3~9.2	—	—	—	—	0.40~1.0	0.6~1.4	—	—	—	—	—	0.10	0.01	—	0.30	—
	ZC63A	ISO-MC32110	S、K、L	余量	0.20	5.5~6.5	0.25~0.8	—	—	—	—	—	—	—	—	0.20	0.05	2.4~3.0	0.01	0.01	—	—
MgRE	EZ30M[1]	—	S、K、L	余量	—	0.20~0.8	—	2.3~4.0	—	—	0.40~1.0	—	—	—	—	—	—	0.10	0.01	0.01	0.30	—
	EZ30Z[4]	—	S、K、L	余量	—	0.10~0.8	0.10	2.0~3.7	—	—	0.40~1.0	—	—	—	0.50	0.01	0.01	0.03	0.005	0.01	0.30	—
	EZ33A[1]	ISO-MC65120	S、K、L	余量	—	2.0~3.1	0.15	2.5~4.0	—	—	0.50~1.0	—	—	—	—	0.01	0.01	0.03	0.005	0.01	—	—
	EV31A[5]	ISO-MC65410	S、K、L	余量	—	0.20~0.50	0.03	2.6~3.1	1.0~1.7	—	0.40~1.0	0.05	—	—	—	—	0.01	0.01	0.002	0.01	—	—
	EQ21A[6]	—	S、K、L	余量	—	—	—	1.5~3.0	—	—	0.40~1.0	1.3~1.7	—	—	—	—	—	0.05~0.10	0.01	—	0.30	—
	EQ21S[6]	ISO-MC65220	S、K、L	余量	—	0.20	0.15	1.5~3.0	—	—	0.40~1.0	1.3~1.7	—	—	—	0.01	0.01	0.05~0.10	0.005	0.01	—	—
MgGd	VW76S	—	K	余量	—	—	0.03	—	6.5~7.5	5.5~6.5	0.40~1.0	—	0.20	—	—	0.01	0.01	0.03	0.005	0.01	—	—
	VW103Z	—	S、K、L	余量	—	0.20	—	—	8.3~10.7	2.3~3.7	0.40~1.0	—	—	—	—	0.01	0.01	0.03	0.005	0.01	0.30	—
	VQ132Z	—	S、K、L	余量	—	0.50	—	—	12.3~14.7	—	0.40~1.0	1.0~2.5	—	—	0.50	0.05	0.01	0.03	0.005	0.01	0.30	—

续表

合金组别	牌号	对应 ISO 16220 的牌号	铸造工艺	化学成分(质量分数)/%																		
				Mg	Al	Zn	Mn	RE	Gd	Y	Zr	Ag	Li	Sr	Ca	Si	Fe	Cu	Ni	其他元素[9] 单个	其他元素[9] 总计	Fe/Mn[10]
MgY	WE43A[7]	ISO-MC95320	S、K、L	余量	—	0.20	0.15	2.4~4.4	—	3.7~4.3	0.40~1.0	—	0.20	—	—	0.01	0.01	0.03	0.005	0.01	—	—
MgY	WE43B[8]	—	S、K、L	余量	—	—	0.03	2.4~4.4	—	3.7~4.3	0.40~1.0	—	0.20	—	—	—	0.01	0.02	0.005	0.01	0.30	—
MgY	WE54A[7]	ISO-MC95310	S、K、L	余量	—	0.20	0.15	1.5~4.0	—	4.8~5.5	0.40~1.0	—	0.20	—	—	0.01	0.01	0.03	0.005	0.01	0.30	—
MgY	WV115Z	—	S、K、L	余量	—	1.3~2.7	—	—	4.3~5.7	10.3~11.7	0.40~1.0	—	—	—	—	0.05	0.01	0.03	0.005	0.01	0.30	—
MgZr	K1A	—	S、L	余量	—	—	—	—	—	—	0.40~1.0	—	—	—	—	—	—	—	—	—	0.30	—
MgAg	QE22A[6]	—	S、K、L	余量	—	—	—	1.8~2.5	—	—	0.40~1.0	2.0~3.0	—	—	—	—	—	0.10	0.01	0.01	0.30	—
MgAg	QE22S[6]	ISO-MC65210	S、K、L	余量	—	0.20	0.15	2.0~3.0	—	—	0.40~1.0	2.0~3.0	—	—	—	0.01	0.01	0.03	0.005	0.01	—	—

① 稀土为富铈混合稀土。

② 稀土为纯铈稀土，其中还含有 Sb（质量分数）为 0.20%~0.30%。

③ 合金中还含有 Sn（质量分数）为 0.8%~1.4%。

④ 稀土为富钕混合稀土或纯钕稀土。当稀土为富钕混合稀土时，Nd 含量（质量分数）不小于 85%。

⑤ 稀土元素钕含量为 2.6%~3.1%，其他稀土元素的最大含量为 0.4%，主要可以是 Ce、La 和 Pr。

⑥ 稀土为富钕混合稀土，Nd 含量（质量分数）不小于 70%。

⑦ 稀土中富钕和中重稀土，WE54A、WE43A 和 WE43B 合金中含 Nd（质量分数）分别为 1.5%~2.0%、2.0%~2.5%和 2.0%~2.5%，余量为中重稀土，中重稀土主要包括：Gd、Dy、Er 和 Yb。

⑧ 其中（Zn+Ag）（质量分数）不大于 0.20%。

⑨ 其他元素是指在本表表头中列出了元素符号，但在本表中却未规定极限数值含量的元素。

⑩ 如果 Mn 含量达不到表中最小极限，或 Fe 含量超出表中规定的最大极限，则 Fe/Mn 值应符合表中规定。

注：1. 表中含量有上下限者为合金元素，含量为单个数值者为最高限，“—”为未规定具体数值。

2. AS21B、AJ52A、AJ62A、ZA81M、EZ30Z、WV115Z、EV31A、VW76S、VW103Z 和 VQ132Z 合金为专利合金，受专利权保护。在使用前，请确定合金的专利有效性，并承担相关的责任。

表 4-2-24 **铸造镁合金新、旧牌号对照**（GB/T 19078—2016）

新牌号(GB/T 19078—2016)	旧牌号(GB/T 1177—1991)	旧代号(GB/T 1177—1991)
ZK51A	ZMgZn5Zr	ZM1
ZE41A	ZMgZn4RE1Zr	ZM2
EZ30M	ZMgRE3Zn2r	ZM3
EZ33A	ZMgRE3Zn2Zr	2M4
AZ91B	ZMgA18Zn	ZM5
EZ30Z	ZMgRE2ZnZr	ZM6
ZQ81M	ZMgZn8AgZr	ZM7
AZ91S	ZMgAl10Zn	ZM10
VW103Z	EW103Z	—
VQ132Z	EQ132Z	—
WV115Z	WE115Z	—

表 4-2-25 **铸造镁合金的高温力学性能**

牌号(旧代号)	热处理状态	力学性能	试验温度/℃				
			100	150	200	250	300
ZK51A(ZM1)	T1	R_m/MPa	215	170	125	88	—
		$R_{p0.2}$/MPa	160	140	110	85	—
		A_5/%	13	16	—	—	—
	T6	R_m/MPa	235	205	160	125	85
		$R_{p0.2}$/MPa	—	—	—	—	—
		A_5/%	20	21	23	27	28
ZE41A(ZM2)	T1	R_m/MPa	215	175	165	135	—
		$R_{p0.2}$/MPa	—	130	120	105	—
		A_5/%	8	26	33	35	—
EZ30M(ZM3)	T2	R_m/MPa	130	130	130	130	110
		$R_{p0.2}$/MPa	85	69	69	69	59
		A_{10}/%	—	—	14.3	—	—
EZ33A(ZM4)	T1	R_m/MPa	148	156	141	132	94
		$R_{p0.2}$/MPa	85	73	67	63	53
		A_{10}/%	4	20	23.9	31.4	25
AZ91B (ZM5)	T4	R_m/MPa	225	180	150	120	—
		$R_{p0.2}$/MPa	79	59	49	39	—
		A_{10}/%	10	12	15	15	—
	T6	R_m/MPa	225	180	150	120	—
		$R_{p0.2}$/MPa	—	—	—	—	—
		A_{10}/%	6	10	15	15	—
EZ30Z (ZM6)	T6	R_m/MPa	203	196	193	162	109
		$R_{p0.2}$/MPa	130	129	126	121	79
		A_{10}/%	10.9	9.4	16.7	13.3	22.2
ZQ81M(ZM7)	T6	R_m/MPa	230	183	—	—	—
		$R_{p0.2}$/MPa	162	144	—	—	—
		A_{10}/%	23.9	23.2	—	—	—

注：1. 本表为参考性资料。

2. 本表代号未加括号者为 GB/T 19078—2016 牌号，加括号者为 GB/T 1177—1991 代号。

表 4-2-26　**铸造镁合金的特性及应用**

GB/T 19078—2016 牌号	GB/T 1177—1991 旧合金代号	主要特性	用途举例
ZK51A	ZM1	铸造流动性好，抗拉强度和屈服强度较高，力学性能壁厚效应较小，耐蚀性良好，但热裂倾向大故不宜焊接	适于形状简单的受力零件，如飞机轮毂
ZE41A	ZM2	耐蚀性与高温力学性能良好，但常温时力学性能比 ZM1 低，铸造性能良好，缩松和热裂倾向小，可焊接	可用于 200℃ 以下工作而要求强度高的零件，如发动机各类机匣、整流舱、电机壳体等
EZ30M	ZM3	属耐热镁合金，在 200～250℃ 下高温持久和抗蠕变性能良好，有较好的耐蚀性和焊接性，铸造性能一般，对形状复杂零件有热裂倾向	航空工业中应用历史较久，可用于 250℃ 下工作且气密性要求高的零件，如压气机机匣、离心机匣、附件机匣、燃烧室罩等
EZ33A	ZM4	铸件致密性高，热裂倾向小，无显微疏松倾向，可焊性好，但室温强度低于其他各系合金	适于制造室温下要求气密或在 150～250℃ 下工作的发动机附件和仪表壳体、机匣等
AZ91B	ZM5	属于高强铸镁合金，强度高、塑性好，易于铸造，可焊接，也能耐蚀，但有显微缩松和壁厚效应倾向	广泛用于飞机上的翼肋、发动机和附件上各种机匣等零件，导弹上作副油箱挂架、支臂、支座等
EZ30Z	ZM6	具有良好铸造性能、显微疏松和热裂倾向低，气密性好，在 250℃ 以下综合性能优于 ZM3、ZM4，铸件不同壁厚力学性能均匀	可用于飞机受力构件，发动机各种机匣与壳体，已在直升机上用于减速机匣、机翼翼肋等处
ZQ81M	ZM7	室温下拉伸强度、屈服极限和疲劳极限均很高，塑性好，铸造充型性良好，但有较大疏松倾向，不宜作耐压零件，此外，焊接性能也差	可用于飞机轮毂及形状简单的各种受力构件
AZ91S	ZM10	铝量高，耐蚀性好，对显微疏松敏感，宜压铸	一般要求的铸件

2.2.5　镁合金压铸件

表 4-2-27　**镁合金压铸件的牌号、化学成分及力学性能**（GB/T 25747—2010）

	合金牌号	合金代号	元素含量(质量分数)/%									
			Al	Zn	Mn	Si	Cu	Ni	Fe	RE	其他元素	Mg
镁合金压铸件牌号及化学成分	YZMgAl2Si	YM102	1.8～2.5	≤0.20	0.18～0.70	0.70～1.20	≤0.01	≤0.001	≤0.005	—	≤0.01	余量
	YZMgAl2Si(B)	YM103	1.8～2.5	≤0.25	0.05～0.15	0.70～1.20	≤0.008	≤0.001	≤0.0035	0.06～0.25	≤0.01	余量
	YZMgAl4Si(A)	YM104	3.5～5.0	≤0.12	0.20～0.50	0.50～1.50	≤0.06	≤0.030	—	—	—	余量

续表

	合金牌号	合金代号	元素含量(质量分数)/%									
			Al	Zn	Mn	Si	Cu	Ni	Fe	RE	其他元素	Mg
镁合金压铸件牌号及化学成分	YZMgAl4Si(B)	YM105	3.5～5.0	≤0.12	0.35～0.70	0.50～1.50	≤0.02	≤0.002	≤0.0035	—	≤0.02	余量
	YZMgAl4Si(S)	YM106	3.5～5.0	≤0.20	0.18～0.70	0.50～1.50	≤0.01	≤0.002	≤0.004	—	≤0.02	余量
	YZMgAl2Mn	YM202	1.6～2.5	≤0.20	0.33～0.70	≤0.08	≤0.008	≤0.001	≤0.004	—	≤0.01	余量
	YZMgAl5Mn	YM203	4.4～5.4	≤0.22	0.26～0.60	≤0.10	≤0.01	≤0.002	≤0.004	—	≤0.02	余量
	YZMgAl6Mn(A)	YM204	5.5～6.5	≤0.22	0.13～0.60	≤0.50	≤0.35	≤0.030	—	—	—	余量
	YZMgAl6Mn	YM205	5.5～6.5	≤0.22	0.24～0.60	≤0.10	≤0.01	≤0.002	≤0.005	—	≤0.02	余量
	YZMgAl8Zn1	YM302	7.0～8.1	0.4～1.0	0.13～0.35	≤0.30	≤0.10	≤0.010	—	—	≤0.30	余量
	YZMgAl9Zn1(A)	YM303	8.3～9.7	0.35～1.00	0.13～0.50	≤0.50	≤0.10	≤0.030	—	—	—	余量
	YZMgAl9Zn1(B)	YM304	8.3～9.7	0.35～1.00	0.13～0.50	≤0.50	≤0.35	≤0.030	—	—	—	余量
	YZMgAl9Zn1(D)	YM305	8.3～9.7	0.35～1.00	0.15～0.50	≤0.10	≤0.03	≤0.002	≤0.005	—	≤0.02	余量

	合金牌号	合金代号	拉伸性能			布氏硬度 HBW
			抗拉强度 R_m /MPa	屈服强度 $R_{p0.2}$ /MPa	断后伸长率 $A(L_0=50)$ /%	
压铸镁合金单铸试样的力学性能	YZMgAl2Si	YM102	230	120	12	55
	YZMgAl2Si(B)	YM103	231	122	13	55
	YZMgAl4Si(A)	YM104	210	140	6	55
	YZMgAl4Si(B)	YM105	210	140	6	55
	YZMgAl4Si(S)	YM106	210	140	6	55
	YZMgAl2Mn	YM202	200	110	10	58
	YZMgAl5Mn	YM203	220	130	8	62
	YZMgAl6Mn(A)	YM204	220	130	8	62
	YZMgAl6Mn	YM205	220	130	8	62
	YZMgAl8Zn1	YM302	230	160	3	63
	YZMgAl9Zn1(A)	YM303	230	160	3	63
	YZMgAl9Zn1(B)	YM304	230	160	3	63
	YZMgAl9Zn1(D)	YM305	230	160	3	63

注：1. 牌号化学成分除有范围元素和铁为必检元素外，其余元素有要求时抽检。

2. 力学性能中，表内无特殊说明者均为最小值。

3. 如果没有特殊规定，力学性能不作为验收依据。

表 4-2-28　镁合金压铸件几何公差（GB/T 25747—2010） mm

<table>
<tr><td rowspan="3"></td><td colspan="2" rowspan="2">被测量部位尺寸</td><td colspan="3">铸态</td><td colspan="3">整形后</td></tr>
<tr><td colspan="6">公差值</td></tr>
<tr><td colspan="2">≤25</td><td colspan="3">0.20</td><td colspan="3">0.10</td></tr>
<tr><td rowspan="7">平面度</td><td colspan="2">>25～63</td><td colspan="3">0.30</td><td colspan="3">0.15</td></tr>
<tr><td colspan="2">>63～100</td><td colspan="3">0.40</td><td colspan="3">0.20</td></tr>
<tr><td colspan="2">>100～160</td><td colspan="3">0.55</td><td colspan="3">0.25</td></tr>
<tr><td colspan="2">>160～250</td><td colspan="3">0.80</td><td colspan="3">0.30</td></tr>
<tr><td colspan="2">>250～400</td><td colspan="3">1.10</td><td colspan="3">0.40</td></tr>
<tr><td colspan="2">>400～630</td><td colspan="3">1.50</td><td colspan="3">0.50</td></tr>
<tr><td colspan="2">>630</td><td colspan="3">2.00</td><td colspan="3">0.70</td></tr>
<tr><td rowspan="11">平行度
垂直度
端面跳动</td><td rowspan="3">被测量部位在测量方向上的尺寸</td><td colspan="3">被测部位和基准部位在同一半模内</td><td colspan="3">被测部位和基准部位不在同一半模内</td></tr>
<tr><td>两个部位都不动的</td><td>两个部位中有一个动的</td><td>两个部位都动的</td><td>两个部位都不动的</td><td>两个部位中有一个动的</td><td>两个部位都动的</td></tr>
<tr><td colspan="6">公差值</td></tr>
<tr><td>≤25</td><td>0.10</td><td>0.15</td><td>0.20</td><td>0.15</td><td>0.20</td><td>0.30</td></tr>
<tr><td>>25～63</td><td>0.15</td><td>0.20</td><td>0.30</td><td>0.20</td><td>0.30</td><td>0.40</td></tr>
<tr><td>>63～100</td><td>0.20</td><td>0.30</td><td>0.40</td><td>0.30</td><td>0.40</td><td>0.60</td></tr>
<tr><td>>100～160</td><td>0.30</td><td>0.40</td><td>0.60</td><td>0.40</td><td>0.60</td><td>0.80</td></tr>
<tr><td>>160～250</td><td>0.40</td><td>0.60</td><td>0.80</td><td>0.60</td><td>0.80</td><td>1.00</td></tr>
<tr><td>>250～400</td><td>0.60</td><td>0.80</td><td>1.00</td><td>0.80</td><td>1.00</td><td>1.20</td></tr>
<tr><td>>400～630</td><td>0.80</td><td>1.00</td><td>1.20</td><td>1.00</td><td>1.20</td><td>1.40</td></tr>
<tr><td>>630</td><td>1.00</td><td>—</td><td>—</td><td>1.20</td><td>—</td><td>—</td></tr>
<tr><td rowspan="6">同轴度
对称度</td><td>≤30</td><td>0.15</td><td>0.30</td><td>0.35</td><td>0.30</td><td>0.35</td><td>0.50</td></tr>
<tr><td>>30～50</td><td>0.25</td><td>0.40</td><td>0.50</td><td>0.40</td><td>0.50</td><td>0.70</td></tr>
<tr><td>>50～120</td><td>0.35</td><td>0.55</td><td>0.70</td><td>0.55</td><td>0.70</td><td>0.85</td></tr>
<tr><td>>120～250</td><td>0.55</td><td>0.80</td><td>1.00</td><td>0.80</td><td>1.00</td><td>1.20</td></tr>
<tr><td>>250～500</td><td>0.80</td><td>1.20</td><td>1.40</td><td>1.20</td><td>1.40</td><td>1.60</td></tr>
<tr><td>>500～800</td><td>1.20</td><td>—</td><td>—</td><td>1.60</td><td>—</td><td>—</td></tr>
</table>

注：压铸件的尺寸公差、几何公差应符合铸件图样的规定。

表 4-2-29　国内外镁合金压铸件材料牌号（代号）对照（GB/T 25747—2010）

合金系列	GB/T 25747	ISO 16220:2005	ASTM B 94-07	JIS H 5303:2006	EN 1753—1997
MgAlSi	YM102	MgAl2Si	AS21A	MDC6	EN-MC21310
	YM103	MgAl2Si(B)	AS21B	—	—
	YM104	MgAl4Si(A)	AS41A	—	—
	YM105	MgAl4Si(B)	AS41B	MDC3B	EN-MC21320
	YM106	MgAl4Si(S)	—	—	—
MgAlMn	YM202	MgAl2Mn	—	MDC5	EN-MC21210
	YM203	MgAl5Mn	AM50A	MDC4	EN-MC21220
	YM204	MgAl6Mn(A)	AM60A	—	—
	YM205	MgAl6Mn	AM60B	MDC2B	EN-MC21230
MgAlZn	YM302	MgAl8Zn1	—	—	EN-MC21110
	YM303	MgAl9Zn1(A)	AZ91A	—	EN-MC21120
	YM304	MgAl9Zn1(B)	AZ91B	MDC1B	EN-MC21121
	YM305	MgAl9Zn1(D)	A291D	MDC1D	—

2.2.6 铸造铜及铜合金

表 4-2-30 铸造铜及铜合金牌号及化学成分（GB/T 1176—2013）

序号	合金牌号	合金名称	主要元素含量(质量分数)/%										
			Sn	Zn	Pb	P	Ni	Al	Fe	Mn	Si	其他	Cu
1	ZCu99	99 铸造纯铜											≥99.0
2	ZCuSn3Zn8Pb6Ni1	3-8-6-1 锡青铜	2.0～4.0	6.0～9.0	4.0～7.0		0.5～1.5						其余
3	ZCuSn3Zn11Pb4	3-11-4 锡青铜	2.0～4.0	9.0～13.0	3.0～6.0								其余
4	ZCuSn5Pb5Zn5	5-5-5 锡青铜	4.0～6.0	4.0～6.0	4.0～6.0								其余
5	ZCuSn10P1	10-1 锡青铜	9.0～11.5			0.8～1.1							其余
6	ZCuSn10Pb5	10-5 锡青铜	9.0～11.0		4.0～6.0								其余
7	ZCuSn10Zn2	10-2 锡青铜	9.0～11.0	1.0～3.0									其余
8	ZCuPb9Sn5	9-5 铅青铜	4.0～6.0		8.0～10.0								其余
9	ZCuPb10Sn10	10-10 铅青铜	9.0～11.0		8.0～11.0								其余
10	ZCuPb15Sn8	15-8 铅青铜	7.0～9.0		13.0～17.0								其余
11	ZCuPb17Sn4Zn4	17-4-4 铅青铜	3.5～5.0	2.0～6.0	14.0～20.0								其余
12	ZCuPb20Sn5	20-5 铅青铜	4.0～6.0		18.0～23.0								其余
13	ZCuPb30	30 铅青铜			27.0～33.0								其余
14	ZCuAl8Mn13Fe3	8-13-3 铝青铜						7.0～9.0	2.0～4.0	12.0～14.5			其余
15	ZCuAl8Mn13Fe3Ni2	8-13-3-2 铝青铜					1.8～2.5	7.0～8.5	2.5～4.0	11.5～14.0			其余
16	ZCuAl8Mn14Fe3Ni2	8-14-3-2 铝青铜		<0.5			1.9～2.3	7.4～8.1	2.6～3.5	12.4～13.2			其余
17	ZCuAl9Mn2	9-2 铝青铜						8.0～10.0		1.5～2.5			其余
18	ZCuAl8Be1Co1	8-1-1 铝青铜						7.0～8.5	<0.4			Be 0.7～1.0 Co 0.7～1.0	其余
19	ZCuAl9Fe4Ni4Mn2	9-4-4-2 铝青铜					4.0～5.0①	8.5～10.0	4.0～5.0①	0.8～2.5			其余

续表

序号	合金牌号	合金名称	主要元素含量(质量分数)/%										
			Sn	Zn	Pb	P	Ni	Al	Fe	Mn	Si	其他	Cu
20	ZCuAl10Fe4Ni4	10-4-4 铝青铜					3.5～5.5	9.5～11.0	3.5～5.5				其余
21	ZCuAl10Fe3	10-3 铝青铜						8.5～11.0	2.0～4.0				其余
22	ZCuAl10Fe3Mn2	10-3-2 铝青铜						9.0～11.0	2.0～4.0	1.0～2.0			其余
23	ZCuZn38	38 黄铜		其余									60.0～63.0
24	ZCuZn21Al5Fe2Mn2	21-5-2-2 铝黄铜	<0.5	其余				4.5～6.0	2.0～3.0	2.0～3.0			67.0～70.0
25	ZCuZn25Al6Fe3Mn3	25-6-3-3 铝黄铜		其余				4.5～7.0	2.0～4.0	2.0～4.0			60.0～66.0
26	ZCuZn26Al4Fe3Mn3	26-4-3-3 铝黄铜		其余				2.5～5.0	2.0～4.0	2.0～4.0			60.0～66.0
27	ZCuZn31Al2	31-2 铝黄铜		其余				2.0～3.0					66.0～68.0
28	ZCuZn35Al2Mn2Fe1	35-2-2-1 铝黄铜		其余				0.5～2.5	0.5～2.0	0.1～3.0			57.0～65.0
29	ZCuZn38Mn2Pb2	38-2-2 锰黄铜		其余	1.5～2.5					1.5～2.5			57.0～60.0
30	ZCuZn40Mn2	40-2 锰黄铜		其余						1.0～2.0			57.0～60.0
31	ZCuZn40Mn3Fe1	40-3-1 锰黄铜		其余					0.5～1.5	3.0～40			53.0～58.0
32	ZCuZn33Pb2	33-2 铅黄铜		其余	1.0～3.0								63.0～67.0
33	ZCuZn40Pb2	40-2 铅黄铜		其余	0.5～2.5			0.2～0.8					58.0～63.0
34	ZCuZn16Si4	16-4 硅黄铜		其余							2.5～4.5		79.0～81.0
35	ZCuNi10Fe1Mn1	10-1-1 镍白铜					9.0～11.0		1.0～1.8	0.8～1.5			84.5～87.0
36	ZCuNi30Fe1Mn1	30-1-1 镍白铜					29.5～31.5		0.25～1.5	0.8～1.5			65.0～67.0

① 表示铁含量不能超过镍含量。

注：1. ZCuAl10Fe3 合金用于焊接件，铅含量不得超过 0.02%。

2. ZCuZn40Mn3Fe1 合金用于船舶螺旋桨，铜含量为 55.0%～59.0%。

3. ZCuSn5Pb5Zn5、ZCuSn10Zn2、ZCuPb10Sn10、ZCuPb15Sn8 和 ZCuPb20Sn5 合金用于离心铸造和连续铸造，磷含量由供需双方商定。

4. ZCuAl8Mn13Fe3Ni2 合金用于金属型铸造和离心铸造，铝含量为 6.8%～8.5%。

表 4-2-31 **铸造铜及铜合金杂质元素化学成分**（GB/T 1176—2013）

序号	合金牌号	杂质元素含量(质量分数)/% ≤															
		Fe	Al	Sb	Si	P	S	As	C	Bi	Ni	Sn	Zn	Pb	Mn	其他	总和
1	ZCu99					0.07						0.4					1.0
2	ZCuSn3Zn8Pb6Ni1	0.4	0.02	0.3	0.02	0.05											1.0
3	ZCuSn3Zn11Pb4	0.5	0.02	0.3	0.02	0.05											1.0
4	ZCuSn5Pb5Zn5	0.3	0.01	0.25	0.01	0.05	0.10				2.5①						1.0
5	ZCuSn10P1	0.1	0.01	0.05	0.02		0.05				0.10		0.05	0.25	0.05		0.75
6	ZCuSn10Pb5	0.3	0.02	0.3		0.05							1.0①				1.0
7	ZCuSn10Zn2	0.25	0.01	0.3	0.01	0.05	0.10				2.0①			1.5①	0.2		1.5
8	ZCuPb9Sn5			0.5		0.10					2.0①		2.0①				1.0
9	ZCuPb10Sn10	0.25	0.01	0.5	0.01	0.05	0.10				2.0①		2.0①		0.2		1.0
10	ZCuPb15Sn8	0.25	0.01	0.5	0.01	0.10	0.10				2.0①		2.0①		0.2		1.0
11	ZCuPb17Sn4Zn4	0.4	0.05	0.3	0.02	0.05											0.75
12	ZCuPb20Sn5	0.25	0.01	0.75	0.01	0.10	0.10				2.5①		2.0①		0.2		1.0
13	ZCuPb30	0.5	0.01	0.2	0.02	0.08		0.10		0.005		1.0①			0.3		1.0
14	ZCuAl8Mn13Fe3				0.15				0.10				0.3①	0.02			1.0
15	ZCuAl8Mn13Fe3Ni2				0.15				0.10				0.3①	0.02			1.0
16	ZCuAl8Mn14Fe3Ni2				0.15				0.10					0.02			1.0
17	ZCuAl9Mn2			0.05	0.20	0.10		0.05				0.2	1.5①	0.1			1.0
18	ZCuAl8Be1Co1			0.05	0.10				0.10					0.02			1.0
19	ZCuAl9Fe4Ni4Mn2				0.15				0.10					0.02			1.0
20	ZCuAl10Fe4Ni			0.05	0.20	0.1		0.05				0.2	0.5	0.05	0.5		1.5
21	ZCuAl10Fe3				0.20						3.0①	0.3	0.4	0.2	1.0①		1.0
22	ZCuAl10Fe3Mn2			0.05	0.10	0.01		0.01				0.1	0.5①	0.3			0.75
23	ZCuZn38	0.8	0.5	0.1		0.01				0.002		2.0①					1.5
24	ZCuZn21Al5Fe2Mn2			0.1										0.1			1.0
25	ZCuZn25Al6Fe3Mn3				0.10						3.0①	0.2		0.2			2.0
26	ZCuZn26Al4Fe3Mn3				0.10						3.0①	0.2		0.2			2.0
27	ZCuZn31Al2	0.8										1.0①		1.0①	0.5		1.5
28	ZCuZn35Al2Mn2Fe1				0.10						3.0①	1.0①		0.5		Sb+P+As0.40	2.0
29	ZCuZn38Mn2Pb2	0.8	1.0①	0.1								2.0①					2.0
30	ZCuZn40Mn2	0.8	1.0①	0.1								1.0					2.0
31	ZCuZn40Mn3Fe1		1.0①	0.1								0.5		0.5			1.5
32	ZCuZn33Pb2	0.8	0.1		0.05	0.05					1.0①	1.5①			0.2		1.5
33	ZCuZn40Pb2	0.8		0.05							1.0①	1.0①			0.5		1.5
34	ZCuZn16Si4	0.6	0.1	0.1								0.3		0.5	0.5		2.0
35	ZCuNi10Fe1Mn1				0.25	0.02	0.02		0.1					0.01			1.0
36	ZCuNi30Fe1Mn1				0.5	0.02	0.02		0.15					0.01			1.0

① 不计入杂质总和。

注：未列出的杂质元素，计入杂质总和。

表 4-2-32　铸造铜及铜合金室温力学性能（GB/T 1176—2013）

序号	合金牌号	铸造方法	室温力学性能 ≥			
			抗拉强度 R_m/MPa	屈服强度 $R_{p0.2}$/MPa	伸长率 A/%	布氏硬度 HBW
1	ZCu99	S	150	40	40	40
2	ZCuSn3Zn8Pb6Ni1	S	175		8	60
		J	215		10	70
3	ZCuSn3Zn11Pb4	S、R	175		8	60
		J	215		10	60
4	ZCuSn5Pb5Zn5	S、J、R	200	90	13	60①
		Li、La	250	100	13	65①
5	ZCuSn10P1	S、R	220	130	3	80①
		J	310	170	2	90①
		Li	330	170	4	90①
		La	360	170	6	90①
6	ZCuSn10Pb5	S	195		10	70
		J	245		10	70
7	ZCuSn10Zn2	S	240	120	12	70①
		J	245	140	6	80①
		Li、La	270	140	7	80①
8	ZCuPb9Sn5	La	230	110	11	60
9	ZCuPb10Sn10	S	180	30	17	65①
		J	220	140	5	70①
		Li、La	220	110	6	70①
10	ZCuPb15Sn8	S	170	80	5	60①
		J	200	100	6	65①
		Li、La	220	100	8	65①
11	ZCuPb17Sn4Zn4	S	150		5	55
		J	175		7	60
12	ZCuPb20Sn5	S	150	60	3	45①
		J	150	70	6	55①
		La	180	80	7	55①
13	ZCuPb30	J				25
14	ZCuAl8Mn13Fe3	S	600	270	15	160
		J	650	280	10	170
15	ZCuAl8Mn13Fe3Ni2	S	645	280	20	160
		J	670	310	18	170
16	ZCuAl8Mn14Fe3Ni2	S	735	280	15	170
17	ZCuAl9Mn2	S、R	390	150	20	85
		J	440	160	20	95
18	ZCuAl8Be1Co1	S	647	280	15	160
19	ZCuAl9Fe4Ni4Mn2	S	630	250	16	160
20	ZCuAl10Fe4Ni4	S	539	200	5	155
		J	588	235	5	166
21	ZCuAl10Fe3	S	490	180	13	100①
		J	540	200	15	110①
		Li、La	540	200	15	110①
22	ZCuAl10Fe3Mn2	S、R	490		15	110
		J	540		20	120
23	ZCuZn38	S	295	95	30	60
		J	295	95	30	70
24	ZCuZn21Al5Fe2Mn2	S	608	275	15	160

续表

序号	合金牌号	铸造方法	室温力学性能 ≥			
			抗拉强度 R_m/MPa	屈服强度 $R_{p0.2}$/MPa	伸长率 A/%	布氏硬度 HBW
25	ZCuZn25Al6Fe3Mn3	S	725	380	10	160①
		J	740	400	7	170①
		Li、La	740	400	7	170①
26	ZCuZn26Al4Fe3Mn3	S	600	300	18	120①
		J	600	300	18	130①
		Li、La	600	300	18	130①
27	ZCuZn31Al2	S、R	295		12	80
		J	390		15	90
28	ZCuZn35Al2Mn2Fe2	S	450	170	20	100①
		J	475	200	18	110①
		Li、La	475	200	18	110①
29	ZCuZn38Mn2Pb2	S	245		10	70
		J	345		18	80
30	ZCuZn40Mn2	S、R	345		20	80
		J	390		25	90
31	ZCuZn40Mn3Fe1	S、R	440		18	100
		J	490		15	110
32	ZCuZn33Pb2	S	180	70	12	50①
33	ZCuZn40Pb2	S、R	220	95	15	80①
		J	280	120	20	90①
34	ZCuZn16Si4	S、R	345	180	15	90
		J	390		20	100
35	ZCuNi10Fe1Mn1	S、J、Li、La	310	170	20	100
36	ZCuNi30Fe1Mn1	S、J、Li、La	415	220	20	140

① 参考值。

注：铸造方法代号说明：S—砂型铸造；J—金属型铸造；La—连续铸造；Li—离心铸造；R—熔模铸造。

表 4-2-33 铸造铜及铜合金的特性及应用（GB/T 1176—2013）

序号	合金牌号	主要特征	应用举例
1	ZCu99	很高的导电、传热和延伸性能，在大气、淡水和流动不大的海水中具有良好的耐蚀性；凝固温度范围窄，流动性好，适用于砂型、金属型、连续铸造，适用于氩弧焊接	在黑色金属冶炼中用作高炉风、渣口小套，高炉风，渣中小套，冷却板，冷却壁；电炉炼钢用氧枪喷头、电极夹持器、熔沟；在有色金属冶炼中用作闪速炉冷却用件；大型电机用屏蔽罩、导电连接件；另外还可用于饮用水管道、铜坩埚等
2	ZCuSn3Zn8Pb6Ni1	耐磨性能好，易加工，铸造性能好，气密性能较好，耐腐蚀，可在流动海水下工作	在各种液体燃料以及海水、淡水和蒸汽（≤225℃）中工作的零件，压力不大于 2.5MPa 的阀门和管配件
3	ZCuSn3Zn11Pb4	铸造性能好，易加工，耐腐蚀	海水、淡水、蒸汽中，压力不大于 2.5MPa 的管配件
4	ZCuSn5Pb5Zn5	耐磨性和耐蚀性好，易加工，铸造性能和气密性较好	在较高负荷，中等滑动速度下工作的耐磨、耐腐蚀零件，如轴瓦、衬套、缸套、活塞离合器、泵件压盖以及蜗轮等
5	ZCuSn10P1	硬度高，耐磨性较好，不易产生咬死现象，有较好的铸造性能和切削性能，在大气和淡水中有良好的耐蚀性	可用于高负荷（20MPa 以下）和高滑动速度（8m/s）下工作的耐磨零件，如连杆、衬套、轴瓦、齿轮、蜗轮等

第4篇

续表

序号	合金牌号	主要特征	应用举例
6	ZCuSn10Pb5	耐腐蚀，特别是对稀硫酸、盐酸和脂肪酸具有耐腐蚀作用	结构材料、耐蚀、耐酸的配件以及破碎机衬套、轴瓦
7	ZCuSn10Zn2	耐蚀性、耐磨性和切削加工性能好，铸造性能好，铸件致密性较高，气密性较好	在中等及较高负荷和小滑动速度下工作的重要管配件，以及阀、旋塞、泵体、齿轮、叶轮和蜗轮等
8	ZCuPb10Sn5	润滑性、耐磨性能良好，易切削，可焊性良好，软钎焊性、硬钎焊性均良好，不推荐氧燃烧气焊和各种形式的电弧焊	轴承和轴套，汽车用衬管轴承
9	ZCuPb10Sn10	润滑性能、耐磨性能和耐蚀性能好，适合用作双金属铸造材料	表面压力高，又存在侧压的滑动轴承，如轧辊、车辆用轴承、负荷峰值 60MPa 的受冲击零件，最高峰值达 100MPa 的内燃机双金属轴瓦，及活塞销套、摩擦片等
10	ZCuPb15Sn8	在缺乏润滑剂和用水质润滑剂条件下，滑动性和自润滑性能好，易切削，铸造性能差，对稀硫酸耐蚀性能好	表面压力高，又有侧压力的轴承，可用来制造冷轧机的铜冷却管，耐冲击负荷达 50MPa 的零件，内燃机的双金属轴瓦，主要用于最大负荷达 70MPa 的活塞销套，耐酸配件
11	ZCuPb17Sn4Zn4	耐磨性和自润滑性能好，易切削、铸造性能差	一般耐磨件，高滑动速度的轴承等
12	ZCuPb20Sn5	有较高滑动性能，在缺乏润滑介质和以水为介质时有特别好的自润滑性能，适用于双金属铸造材料，耐硫酸腐蚀，易切削，铸造性能差	高滑动速度的轴承，以及破碎机、水泵、冷轧机轴承，负荷达 40MPa 的零件，抗腐蚀零件，双金属轴承，负荷达 70MPa 的活塞销套
13	ZCuPb30	有良好的自润滑性，易切削，铸造性能差，易产生比重偏析	要求高滑动速度的双金属轴承、减磨零件等
14	ZCuAl8Mn13Fe3	具有很高的强度和硬度，良好的耐磨性能和铸造性能，合金致密性能高，耐蚀性好，作为耐磨件工作温度不大于 400℃，可以焊接，不易钎焊	适用于制造重型机械用轴套，以及要求强度高、耐磨、耐压零件，如衬套、法兰、阀体、泵体等
15	ZCuAl8Mn13Fe3Ni2	有很高的力学性能，在大气、淡水和海水中均有良好的耐蚀性，腐蚀疲劳强度高，铸造性能好，合金组织致密，气密性好，可以焊接，不易钎焊	要求强度高、耐腐蚀的重要铸件，如船舶螺旋桨。高压阀体、泵体，以及耐压、耐磨零件，如蜗轮、齿轮、法兰、衬套等
16	ZCuAl8Mn14Fe3Ni2	有很高的力学性能，在大气、淡水和海水中具有良好的耐蚀性，腐蚀疲劳强度高，铸造性能好，合金组织致密，气密性好，可以焊接，不易钎焊	要求强度高、耐腐蚀性好的重要铸件，是制造各类船舶螺旋桨的主要材料之一
17	ZCuAl9Mn2	有高的力学性能，在大气、淡水和海水中耐蚀性好，铸造性能好，组织致密，气密性商，耐磨性好，可以焊接，不易钎焊	耐蚀、耐磨零件、形状简单的大型铸件，如衬套、齿轮、蜗轮，以及在 250℃ 以下工作的管配件和要求气密性高的铸件，如增压器内气封
18	ZCuAl8Be1Co1	有很高的力学性能，在大气、淡水和海水中具有良好的耐蚀性，腐蚀疲劳强度高，耐空泡腐蚀性能优异，铸造性能好，合金组织致密，可以焊接	要求强度高、耐腐蚀、耐空蚀的重要铸件，主要用于制造小型快艇螺旋桨

续表

序号	合金牌号	主要特征	应用举例
19	ZCuAl9Fe4Ni4Mn2	有很高的力学性能，在大气、淡水和海水中耐蚀性好，铸造性能好，在400℃以下具有耐热性，可以热处理，焊接性能好，不易钎焊，铸造性能尚好	要求强度高、耐蚀性好的重要铸件，是制造船舶螺旋桨的主要材料之一，也可用作耐磨和400℃以下工作的零件，如轴承、齿轮、蜗轮、螺母、法兰、阀体、导向套筒
20	ZCuAl10Fe4Ni4	有很高的力学性能，良好的耐蚀性，高的腐蚀疲劳强度，可以热处理强化，在400℃以下有高的耐热性	高温耐蚀零件，如齿轮、球形座、法兰、阀导管及航空发动机的阀座；耐蚀零件，如轴瓦、蜗杆、酸洗吊钩及酸洗筐、搅拌器等
21	ZCuAl10Fe3	具有高的力学性能，耐磨性和耐蚀性能好，可以焊接，不易钎焊，大型铸件700℃空冷可以防止变脆	要求强度高、耐磨、耐蚀的重型铸件，如轴套、螺母、蜗轮以及250℃以下工作的管配件
22	ZCuAl10Fe3Mn2	具有高的力学性能和耐磨性，可热处理，高温下耐蚀性和抗氧化性能好，在大气、淡水和海水中耐蚀性好，可以焊接，不易钎焊，大型铸件700℃空冷可以防止变脆	要求强度高、耐磨、耐蚀的零件，如齿轮、轴承、衬套、管嘴，以及耐热管配件等
23	ZCuZn38	具有优良的铸造性能和较高的力学性能，切削加工性能好，可以焊接，耐蚀性较好，有应力腐蚀开裂倾向	一般结构件和耐蚀零件，如法兰、阀座、支架、手柄和螺母等
24	ZCuZn21Al5Fe2Mn2	有很高的力学性能，铸造性能良好，耐蚀性较好，有应力腐蚀开裂倾向	适用高强、耐磨零件，小型船舶及军辅船螺旋桨
25	ZCuZn25Al6Fe3Mn3	有很高的力学性能，铸造性能良好，耐蚀性较好，有应力腐蚀开裂倾向，可以焊接	适用高强、耐磨零件，如桥梁支撑板、螺母、螺杆、耐磨板、滑块和蜗轮等
26	ZCuZn26Al4Fe3Mn3	有很高的力学性能，铸造性能良好，在空气、淡水和海水中耐蚀性较好，可以焊接	要求强度高、耐蚀零件
27	ZCuZn31Al2	铸造性能良好，在空气、淡水、海水中耐蚀性较好，易切削，可以焊接	适用于压力铸造，如电机、仪表等压力铸件，以及造船和机械制造业的耐蚀零件
28	ZCuZn35Al2Mn2Fe1	具有高的力学性能和良好的铸造性能.在大气、淡水、海水中有较好的耐蚀性，切削性能好，可以焊接	管路配件和要求不高的耐磨件
29	ZCuZn38Mn2Pb2	有较高的力学性能和耐蚀性，耐磨性较好，切削性能良好	一般用途的结构件，船舶、仪表等使用的外形简单的铸件，如套筒、衬套、轴瓦、滑块等
30	ZCuZn40Mn2	有较高的力学性能和耐蚀性，铸造性能好，受热时组织稳定	在空气、淡水、海水、蒸汽（小于300℃）和各种液体燃料中工作的零件和阀体、阀杆、泵、管接头，以及需要浇注巴氏合金和镀锡零件等
31	ZCuZn40Mn3Fe1	有高的力学性能，良好的铸造性能和切削加工性能，在空气、淡水、海水中耐蚀性能好，有应力腐蚀开裂倾向	耐海水腐蚀的零件，300℃以下工作的管配件，制造船舶螺旋桨等大型铸件
32	ZCuZn33Pb2	结构材料，给水温度为90℃时抗氧化性能好，电导率为10～14MS/m	煤气和给水设备的壳体，机器制造业，电子技术，精密仪器和光学仪器的部分构件和配件
33	ZCuZn40Pb2	有好的铸造性能和耐磨性，切削加工性能好，耐蚀性较好，在海水中有应力倾向	一般用途的耐磨、耐蚀零件，如轴套、齿轮等

第4篇

续表

序号	合金牌号	主要特征	应用举例
34	ZCuZn16Si4	具有较高的力学性能和良好的耐蚀性，铸造性能好；流动性高，铸件组织致密，气密性好	接触海水工作的管配件以及水泵、叶轮、旋塞和在空气、淡水、油、燃料，以及工作压力4.5MPa，250℃以下蒸汽中工作的铸件
35	ZCuNi10Fe1Mn1	具有高的力学性能和良好的耐海水腐蚀性能，铸造性能好，可以焊接	耐海水腐蚀的结构件和压力设备，海水泵、阀和配件
36	ZCuNi30Fe1Mn1	具有高的力学性能和良好的耐海水腐蚀性能，铸造性能好，铸件致密，可以焊接	用于需要耐海水腐蚀的阀、泵体、凸轮和弯管等

表 4-2-34　**铸造铜合金物理性能**

合金代号	密度 ρ /g·mm^{-3}	线胀系数 α /10^{-6}K^{-1}	热导率 λ /W·m^{-1}·K^{-1}	电阻率 ρ /Ω·mm^2·m^{-1}	比热容 c /J·kg^{-1}·K^{-1}	摩擦因数		耐蚀性(质量损失) /g·m^{-2}·(昼夜)$^{-1}$	
						有润滑剂	无润滑剂	在10%硫酸中	在海水中
ZQSn3-12-5	8.6	17.1	56.5	0.075	360.1	0.01	0.158		
ZQSn3-7-5-1	8.8	20.7	62.8	0.0923	365.1	0.013	0.16		
ZQSn5-5-5	8.7	19.1	93.84	0.080	376.8	0.185～0.190	0.16	4.9	0.67
ZQSn6-6-3	8.8	17.1	93.8	0.090	376.4	0.009	0.16	4.9	0.67
ZQSn7-0.2	8.8	17.5	75.4	0.123					
ZQSn10-1	8.76	18.5	36.4～49.0	0.213	396.1	0.008	0.10		
ZQSn10-2-1									
ZQSn10-2	8.6	18.2	49.4	0.160	373.5	0.006～0.008	0.16～0.20	0.14	0.92
ZQSn10-5									
ZQPb10-10	8.9					0.0045	0.1		
ZQPb12-8	8.1	17.1	41.9			0.005	0.1		
ZQPb17-4-4	9.2		60.7			0.01	0.16		
ZQPb24-2									
ZQPb25-5	9.4	18.0	58.6			0.004	0.14		
ZQPb30	9.4	18.4	58.6	0.1		0.008	0.18		
ZQPb19-2	7.6	17.0～20.1	71.2	0.11	435.4	0.006	0.18		0.25
ZQAl9-4	7.5	18.1	58.6	0.124～0.152	418.7	0.004	0.16	0.4	0.25
ZQAl10-3-1.5	7.5	16	41.9	0.125	418.7	0.012	0.21	0.7	0.20～0.25
ZH62	8.43	20.6	108.9	0.071	387.3	0.012	0.39	1.46	0.61
ZHSi80-3-3	8.5	17.0	83.7	0.20		0.006	0.173	0.009	0.15
ZHSi80-3	8.2	18.8～20.8	83.7	0.28	404.4	0.01	0.19	0.01	0.19

续表

合金代号	密度 ρ /g·mm^{-3}	线胀系数 α /10^{-6}K^{-1}	热导率 λ /W·m^{-1}·K^{-1}	电阻率 ρ /Ω·mm^2·m^{-1}	比热容 c /J·kg^{-1}·K^{-1}	摩擦因数		耐蚀性(质量损失) /g·m^{-2}·(昼夜)$^{-1}$	
						有润滑剂	无润滑剂	在10%硫酸中	在海水中
ZHPb48-3-2-1	8.2								
ZHPb59-1	8.5	20.1	108.9	0.068	502.4	0.013	0.17	1.42	0.35
ZHAl66-6-3-2	8.5	19.8	49.8						
ZHAl67-2.5	8.5		71.2						
ZHFe59-1-1	8.5	22.0	100.9	0.093		0.012	0.39	1.77	0.22
ZHMn55-3-1	8.5	19.1	51.1		372.6	0.036	0.36	0.32	0.047 g/(m^2·h)
ZHMn58-2-2	8.5	20.6	71.2	0.118	418.7	0.016	0.24		0.05 g/(m^2·h)
ZHMn58-2	8.5	21.2	70.3	0.108	376.8	0.012	0.32	1.59	0.40

注：本表资料为参考用，合金代号为GB/T 1176—1974的代号。

表 4-2-35　　铸造铜合金的热处理规范

合金牌号	应用的种类	规范
ZCuSi0.5Ni1Mg0.02	强化	固溶:940～960℃,每10mm厚保温1h,水淬 时效:480～520℃,保温1～2h,空冷
ZCuBe0.5Co2.5	强化	固溶:900～925℃,每10mm厚保温1h,水淬 时效:460～480℃,保温3～5h,空冷
ZCuBe0.5Ni1.5	强化	固溶:915～930℃,每10mm厚保温1h,水淬 时效:460～480℃,保温3～5h,空冷
ZCuBe2Co0.5Si0.25 ZCuBe2.4Co0.5	强化	固溶:700～790℃,每25mm厚保温1h,水淬 时效:310～330℃,保温2～4h,空冷
ZCuCr1	强化	固溶:980～1000℃,每25mm厚保温1h,水淬 时效:450～520℃,保温2～4h,空冷
ZCuAl10Fe4Ni4	强化	淬火:870～925℃,每10mm厚保温1h,水淬 回火:565～645℃,每25mm厚保温1h,空冷
ZCuAl10Fe3	强化	淬火:870～925℃,每10mm厚保温1h,水淬 回火:700～740℃,保温2～4h,空冷
ZCuAl8Mn13Fe3Ni2	改善耐蚀性	淬火:870～925℃,每10mm厚保温1h,水淬 回火:535～545℃,保温2h,空冷
铝青铜	焊后热处理(消除内应力)	炉内退火:以不大于100℃/h的升温速率升至450～550℃,保温4～8h,然后以不大于50℃/h的降温速率冷却至200℃以下,打开炉门冷却
		局部退火:将焊补区加热至退火温度450～550℃,保温时间的分钟数应大于该处厚度的毫米数,然后用石棉布覆盖缓冷
ZCuZn24Al5Mn2Fe2	焊后热处理(消除内应力)	以不大于100℃/h的加热速率升温至500～550℃,保温4～8h,然后以不大于50℃/h的降温速率随炉降至200℃以下,打开炉门冷却
ZCuZn40Mn3Fe1	焊后热处理(消除内应力)	以不大于100℃/h的加热速率升温至300～400℃,保温4～8h,然后以不大于50℃/h的降温速率随炉降至200℃以下,打开炉门冷却

续表

合金牌号	应用的种类	规　范
ZCuAl10Fe3	回火 （消除缓冷脆性）	850～870℃保温 2h，空冷
ZCuSn10P1	退火 （消除内应力）	500～550℃保温 2～3h，空冷或随炉冷
锡青铜	退火 （消除内应力）	650℃保温 3h，随炉冷或空冷
特殊黄铜	退火 （消除内应力）	250～350℃，2～3h，空冷

2.2.7　压铸铜合金

表 4-2-36　　压铸铜合金牌号、化学成分、力学性能及应用（GB/T 15116—1994）

	合金牌号	合金代号	化学成分(质量分数)/%															
			主要成分							杂质含量　≤								
			Cu	Pb	Al	Si	Mn	Fe	Zn	Fe	Si	Ni	Sn	Mn	Al	Pb	Sb	总和
牌号及化学成分	YZCuZn40Pb	YT40-1 铅黄铜	58.0～63.0	0.5～1.5	0.2～0.5	—	—	—	余量	0.8	0.05	—	—	0.5	—	—	1.0	1.5
	YZCuZn16Si4	YT16-4 硅黄铜	79.0～81.0	—	—	2.5～4.5	—	—	余量	0.6	—	—	0.3	0.5	0.1	0.5	0.1	2.0
	YZCuZn30Al3	YT30-3 铝黄铜	66.0～68.0	—	2.0～3.0	—	—	—	余量	0.8	—	—	1.0	0.5	—	1.0	—	3.0
	YZCuZn35Al2Mn2Fe	YT35-2-2-1 铝锰铁黄铜	57.0～65.0	—	0.5～2.5	—	0.1～0.3	0.5～2.0	余量	—	0.1	3.0	1.0	—	—	0.5	Sb+Pb+As0.4	5.0

	合金牌号	力学性能 ≥			特性及应用
		抗拉强度 R_m/MPa	伸长率 A_5/%	布氏硬度 (5/250/30) HBW	
力学性能	YZCuZn40Pb	300	6	85	塑性好，耐磨性高，优良的切削性及耐蚀性，但强度不高。适于制作一般用途的耐磨耐蚀零件，如轴套、齿轮等
	YZCuZn16Si4	345	25	85	塑性、耐蚀性均好、高强度、铸造性能优良切削性和耐磨性能一般。适于制造普通腐蚀介质中工作的管配件、阀体、盖以及各种形状较复杂的铸件
	YZCuZn30Al3	400	15	110	高强度、高耐磨性，铸造性能好，耐大气腐蚀好，耐其他介质一般，切削性能不好。适于制造在空气中工作的各种耐蚀性
	YZCuZn35Al2Mn2Fe	475	3	130	力学性能好，铸造性好。在大气、海水、淡水中有较好的耐蚀性。适于制作管路配件和一般要求的耐磨件

注：1. 本表力学性能是在规定的工艺参数下，采用单铸拉力试棒所测得的铸态性能。

2. GB/T 15117—1994 铜合金压铸件采用本表的压铸铜合金压铸而成，其尺寸及加工技术要求应符合 GB/T 15117 的规定。

第4篇

2.2.8 铸造轴承合金

表 4-2-37 铸造轴承合金牌号、化学成分及力学性能（GB/T 1174—1992）

种类	合金牌号	化学成分(质量分数)/%														铸造方法	力学性能 ≥		
		Sn	Pb	Cu	Zn	Al	Sb	Ni	Mn	Si	Fe	Bi	As	P、S、Ti	其他元素总和		R_m /MPa	A_5 /%	布氏硬度 HBW
锡基	ZSnSb12Pb10Cu4	其余	9.0～11.0	2.5～5.0	0.01	0.01	11.0～13.0	—	—	—	0.1	0.08	0.1		0.55	J	—	—	29
	ZSnSb12Cu6Cd11		0.15	4.5～6.3	0.05	0.05	10.0～13.0	0.3～0.6	—	—	0.1	—	0.4～0.7	Cd 1.1～1.6 Fe+Al+Zn ≤0.15	—	J			34
	ZSnSb11Cu6		0.35	5.5～6.5	0.01	0.01	10.0～12.0	—	—	—	0.1	0.03	0.1		0.55	J			27
	ZSnSb8Cu4		0.35	3.0～4.0	0.005	0.005	7.0～8.0	—	—	—	0.1	0.03	0.1		0.55	J			24
	ZSnSb4Cu4		0.35	4.0～5.0	0.01	0.01	4.0～5.0	—	—	—	—	0.08	0.1		0.50	J			20
铅基	ZPbSb16Sn16Cu2	15.0～17.0	其余	1.5～2.0	0.15		15.0～17.0	—	—	—	0.1	0.1	0.3		0.6	J	—	—	30
	ZPbSb15Sn5Cu3Cd2	5.0～6.0		2.5～3.0	0.15	—	14.0～16.0	—	—	—	0.1	0.1	0.6～1.0	Cd 1.75～2.25	0.4	J			32
	ZPSb15Sn10	9.0～11.0		0.7	0.005	0.005	14.0～16.0	—	—	—	0.1	0.1	0.6	Cd 0.05	0.45	J			24
	ZPbSb15Sn5	4.0～5.5		0.5～1.0	0.15	0.01	14.0～15.5	—	—	—	0.1	0.1	0.2		0.75	J			20
	ZPbSb10Sn6	5.0～7.0		0.7	0.005	0.005	9.0～11.0	—	—	—	0.1	0.1	0.25	Cd 0.05	0.7	J			18

续表

种类	合金牌号	化学成分(质量分数)/%														铸造方法	力学性能 ≥		
		Sn	Pb	Cu	Zn	Al	Sb	Ni	Mn	Si	Fe	Bi	As	P、S、Ti	其他元素总和		R_m /MPa	A_5 /%	布氏硬度 HBW
铜基	ZCuSn5Pb5Zn5	4.0～6.0	4.0～6.0	其余	4.0～6.0	0.01	0.25	2.5①	—	0.01	0.30	—	—	P 0.05 S 0.10	0.7	S J Li	200 250	13 13	60② 65②
	ZCuSn10P1	9.0～11.5	0.25		0.05	0.01	0.05	0.10	0.05	0.02	0.10	0.005	—	P 0.05～1.0 S 0.05	0.7	S J Li	200 310 330	3 2 4	80② 90② 90②
	ZCuPb10Sn10	9.0～11.0	8.0～11.0		2.0①	0.01	0.5	2.0①	0.2	0.01	0.25	0.005	—	P 0.05 S 0.10	1.0	S J Li	180 220 220	7 5 6	65② 70② 70②
	ZCuPb15Sn8	7.0～9.0	13.0～17.0		2.0①	0.01	0.5	2.0①	0.2	0.01	0.25	—	—	P 0.10 S 0.10	1.0	S J Li	170 200 220	5 6 8	60② 65② 65②
	ZCuPb20Sn5	4.0～6.0	18.0～23.0		2.0①	0.01	0.75	2.5①	0.2	0.01	0.25	—	—	P 0.10 S 0.10	1.0	S J	150 150	5 6	45② 55②
	ZCuPb30	1.0	27.0～33.0		—	0.01	0.2	—	0.3	0.02	0.5	0.005	0.10	P 0.08	1.0	J	—	—	25②
	ZCuAl10Fe3	0.3	0.2		0.4	8.5～11.0	—	3.0①	1.0①	0.20	2.0～4.0	—	—	—	1.0	S J Li	490 540	13 15	100② 110②
铝基	ZAlSn6Cu1Ni1	5.5～7.0	—	0.7～1.3	—	其余	—	0.7～1.3	0.1	0.7	0.7	—	—	Ti 0.2 Fe+Si+Mn ≤1.0	1.5	S J	110 130	10 15	35② 40②

① 不计入其他元素总和。

② 参考硬度值。

注：凡表格中所列两个数值，系指该合金主要元素含量范围，表格中所列单一数值，系指允许的其他元素最高含量。

表 4-2-38 铸造轴承合金特性及应用

组别	合金代号	主要特征	用途举例
锡基轴承合金	ZSnSb12Pb10Cu4	为含锡量最低的锡基轴承合金，其特点是：性软而韧、耐压、硬度较高，因含铅，浇注性能较其他锡基轴承合金差，热强性也较低，但价格比其他锡基轴承合金较低	适于浇注一般中速、中等载荷发动机的主轴承，但不适用于高温部分
	ZSnSb11Cu6	这是机械工业中应用较广的一种锡基轴承合金。其组成成分的特点是：锡含量较低，铜、锑含量较高。其性能特点是：有一定的韧性、硬度适中(27HB)、抗压强度较高、可塑性好，所以它的减摩性和抗磨性均较好，其冲击韧性虽比 ZSnSb8Cu4、ZSnSb4Cu4 锡基轴承合金差，但比铅基轴承合金高。此外，还有优良的导热性和耐蚀性、流动性能好，膨胀系数比其他巴氏合金都小。缺点是：疲劳强度较低，故不能用于浇铸层很薄和承受较大振动载荷的轴承。此外，工作温度不能高于 110℃，使用寿命较短	适于浇注重载、高速、工作温度低于 110℃ 的重要轴承，如：2000(735.5W)以上的高速蒸汽机、500(735.5W)的涡轮压缩机和涡轮泵、1200(735.5W)以上的快速行程柴油机、750kW 以上的电动机、500kW 以上发电机，高转速的机床主轴的轴承和轴瓦
	ZSnSb8Cu4	除韧性比 ZSnSb11Cu6 较好，强度及硬度比 ZSnSb11Cu6 较低之外，其他性能与 ZSnSb11Cu6 近似，但因含锡量高，价格较 ZSnSb11Cu6 更贵	适于浇注工作温度在 100℃ 以下的一般负荷压力大的大型机器轴承及轴衬、高速高载荷汽车发动机薄壁双金属轴承
	ZSnSb4Cu4	这种合金的韧度是巴氏合金中最高的，强度及硬度比 ZSnSb11Cu6 略低，其他性能与 ZSnSb11Cu6 近似，但价格也最贵	用于要求韧性较大和浇注层厚度较薄的重载高速轴承，如：内燃机、涡轮机、特别是航空和汽车发动机的高速轴承及轴衬
铅基轴承合金	ZPbSb16Sn16Cu2	这种合金和 ZSnSb11Cu6 相比，它的摩擦因数较大，硬度相同，抗压强度较高，在耐磨性和使用寿命方面也不低，尤其是价格便宜得多；但其缺点是冲击韧性低，在室温下是比较脆的。当轴承经受冲击负荷的作用时，易形成裂缝和剥落；当轴承经受静负荷的作用时，工作情况比较好	适用于工作温度<120℃ 的条件下承受无显著冲击载荷、重载高速的轴承，如：汽车拖拉机的曲柄轴承和 1200(735.5W)以内的蒸汽或水力涡轮机、750kW 以内的电动机、500kW 以内的发电机、500(735.5W)以内的压缩机以及轧钢机等轴承
	ZPbSb15Sn5Cu3Cd2	这种合金的含锡量比 ZPbSb16Sn16Cu2 约低 2/3，但因加有 Cd(镉)和 As(砷)，它们之间的性能却无多大差别。它是 ZPbSb16Sn16Cu2 很好的代用材料	用以代替 ZPbSb16Sn16Cu2 浇注汽车拖拉机发动机的轴承，以及船舶机械、100～250kW 电动机、抽水机、球磨机和金属切削机床齿轮箱轴承
	ZPbSb15Sn10	这种合金的冲击韧性比 ZPbSb16Sn16Cu2 高，它的摩擦因数虽然较大，但因其具有良好的磨合性和可塑性，所以仍然得到广泛的应用。合金经热处理(退火)后，塑性、韧性、强度和减摩性能均大大提高，而硬度则有所下降，故一般在浇注后均进行热处理，以改善其性能	用于浇注承受中等压力、中速和冲击负荷机械的轴承，如汽车、拖拉机发动机的曲轴轴承和连杆轴承。此外，也适用于高温轴承
	ZPbSb15Sn5	这是一种性能较好的铅基低锡轴承合金，和锡基轴承合金 ZSnSb11Cu6 相比，耐压强度相同，塑性和热导率较差，在高温高压和中等冲击负荷的情况下，它的使用性能比锡基轴承合金差；但在温度不超过 80～100℃ 和冲击载荷较低的条件下，这种合金完全可以适用，其使用寿命并不低于锡基轴承合金 ZSnSb11Cu6	可用于低速、轻压力条件下工作的机械轴承。一般多用于浇铸矿山水泵轴承，也可用于汽轮机、中等功率电动机、拖拉机发动机、空压机等轴承和轴衬

续表

组别	合金代号	主要特征	用途举例
铅基轴承合金	ZPbSb10Sn6	这种合金是锡基轴承合金 ZSnSb4Cu4 理想的代用材料，其主要特点是：①强度与弹性模量的比值 R_m/E 较大，抗疲劳剥落的能力较强；②由于铅的弹性模量较小，硬度较低，因而具有较好的顺应性和嵌藏性；③铅有自然润滑性能，并有较好的油膜吸附能力，故有较好的抗咬合性能；④铅和钢的摩擦因数较小，硬度低，对轴颈的磨损小；⑤软硬适中，韧性好，装配时容易刮削加工，使用中容易磨合；⑥原材料成本低廉，制造工艺简单，浇铸质量容易保证。缺点是耐蚀性和合金本身的耐磨性不如锡基轴承合金	可代替 ZSnSb4Cu4 用于浇注工作层厚度不大于 0.5mm、工作温度不超过 120℃的条件下，承受中等负荷或高速低负荷的机械轴承。如：汽车汽油发动机、高速转子发动机、空压机、制冷机、高压油泵等主机轴承，也可用于金属切削机床、通风机、真空泵、离心泵、燃气泵、水力涡轮机和一般农机上的轴承
铜基轴承合金	ZCuSn5Pb5Zn5	耐磨性和耐蚀性好，易切削加工，铸造性能和气密性较好	在较高负荷、中等滑动速度下工作的耐磨、耐蚀零件，如轴瓦、衬套、缸套、活塞、离合器、泵件压盖、涡轮等
	ZCuSn10P1	硬度高，耐磨性极好，不易产生咬死现象，有较好的铸造性能和可切削加工性，在大气和淡水中有良好的耐蚀性	可用于高负荷（20MPa 以下）和高滑动速度（8m/s）下工作的耐磨零件，如连杆、衬套、轴瓦、齿轮、涡轮等
	ZCuPb10Sn10	润滑性能、耐磨性能和耐蚀性能好，适合用做双金属铸造材料	表面压力高且存在侧压力的滑动轴承，如轧辊、车辆轴承、负荷峰值为 60MPa 的受冲击零件，最高峰值达 100MPa 的内燃机双金属轴瓦，以及活塞销套、摩擦片等
	ZCuPb15Sn8	在缺乏润滑剂和用水质润滑剂的条件下，滑动性和润滑性能好，易切削加工，对稀硫酸耐蚀性能好，但铸造性能差	表面压力高且有侧压力的轴承，可用来制造冷轧机的铜冷却管、耐冲击负荷达 50MPa 的零件、内燃机的双金属轴承，主要用于最大负荷达 70MPa 的活塞销套和耐酸配件
	ZCuPb20Sn5	有较高的滑动性能，在缺乏润滑介质和以水为介质时有特别好的润滑性能，适用于双金属铸造材料，耐硫酸腐蚀，易切削加工，但铸造性能差	高滑动速度的轴承及破碎机、水泵、冷轧机轴承、负荷达 40MPa 的零件、耐蚀零件、双金属轴承、负荷达 70MPa 的活塞销套
	ZCuPb30	有良好的润滑性，易切削，铸造性能差，易产生密度偏析	要求高滑动速度的双金属轴瓦、减摩零件等
	ZCuAl10Fe3	具有高的力学性能，耐磨性和耐蚀性能好，可以焊接，不易钎焊，大型铸件经 700℃空冷可以防止变脆	要求强度高、耐磨、耐蚀的重型铸件，如轴套、螺母、涡轮以及在 250℃以下温度工作的管配件
铝基轴承合金	ZAlSn6Cu1Ni1	密度小，导热性好，承载能力强，疲劳强度高，抗咬合性好。有较高的高温硬度、优良的耐蚀性和耐磨性，但摩擦因数较大，要求轴颈有较高的硬度	用于高速重载荷的机械设备轴承，亦可用于铸造铝锡合金制造的一般机床轴承

2.2.9 铸造轴承合金锭

表 4-2-39 铸造轴承合金锭牌号及化学成分（GB/T 8740—2013）

类别	牌号	化学成分(质量分数)/%										与 ASTMB23：2000(R2005)牌号对照
		Sn	Pb	Sb	Cu	Fe	As	Bi	Zn	Al	Cd	
锡基合金	SnSb4Cu4	余量	0.35	4.00～5.00	4.00～5.00	0.060	0.10	0.080	0.0050	0.0050	0.050	UNS-L13910
	SnSb8Cu4	余量	0.35	7.00～8.00	3.00～4.00	0.060	0.10	0.080	0.0050	0.0050	0.050	LUS-L13890
	SnSb8Cu8	余量	0.35	7.50～8.50	7.50～8.50	0.080	0.10	0.080	0.0050	0.0050	0.050	UNS-L13840
	SnSb9Cu7	余量	0.35	7.50～9.50	7.50～8.50	0.080	0.10	0.080	0.0050	0.0050	0.050	无
	SnSb11Cu6	余量	0.35	10.00～12.00	5.50～6.50	0.080	0.10	0.080	0.0050	0.0050	0.050	无
	SnSb12Pb10Cu4	余量	9.00～11.00	11.00～13.00	2.50～5.00	0.080	0.10	0.080	0.0050	0.0050	0.050	无
铅基合金	PbSb16Sn1As1	0.80～1.20	余量	14.50～17.50	0.6	0.10	0.80～1.40	0.10	0.0050	0.0050	0.050	UNS-L53620
	PbSb16Sn16Cu2	15.00～17.00	余量	15.00～17.00	1.50～2.00	0.10	0.25	0.10	0.0050	0.0050	0.050	无
	PbSb15Sn10	9.30～10.70	余量	14.00～16.00	0.50	0.10	0.30～0.60	0.10	0.0050	0.0050	0.050	UNS-L53585
	PbSb15Sn5	4.50～5.50	余量	14.00～16.00	0.50	0.10	0.30～0.60	0.10	0.0050	0.0050	0.050	UNS-L53565
	PbSn10Sn6	5.50～6.50	余量	9.50～10.50	0.50	0.10	0.25	0.10	0.0050	0.0050	0.050	UNS-53346

注：表内没有标明范围的值都是最大值。

表 4-2-40 铸造锡基、铅基轴承合金的成分及力学性能（GB/T 8740—2013）

类别	牌号	浇铸温度/℃	验证测试							
			主要成分(质量分数)/%				布氏硬度	抗压强度/MPa	屈服强度/MPa	抗拉强度/MPa
			Sn	Pb	Sb	Cu				
锡基	SnSb4Cu4	440	90.83		4.62	4.46	19.3	107.8	32.2	64.3
	SbSb8Cu4	420	89.39		7.42	3.12	23.7	101.5	42.0	77.0
	SnSb8Cu8	490	83.36		8.26	7.96	27.6	141.8	52.0	94.0
	SnSb9Cu7	450	83.04		8.74	7.77	24.9	140.3	54.3	88.6
	SnSb11Cu6	420	82.58		10.81	6.05	28.0	145.2	54.5	87.0
	SnSb12Pb10Cu4	480	74.11	10.48	11.55	3.78	29.2	142.0	54.5	94.2
铅基	PbSb16Sn1As1	350	1.22	81.16	15.96		23.7	96.4	30.3	54.3
	PbSn15Sn10	340	10.11	74.12	15.07		26.8	138.9	29.2	66.4
	PbSb15Sn5	340	4.93	79.14	15.24		23.7	118.5	25.6	42.0
	PbSb10Sn6	450	6.10	83.55	10.24		18.8	110.0	25.8	71.9
	PbSb16Sn16Cu2	570	16.06	余量	15.85	2.00	23.8	134.5	42.7	58.0

注：1. 铸造锡基、铅基轴承合金主要用于制造涡轮、压缩机、电气机械和齿轮等普通轴承。物理性能的测试是以 ASTMB23：2000 标准附录中的方法作为参考进行验证性的试验，经验证测试，各牌号的合金锭的布氏硬度、抗压强度、屈服强度、抗拉强度等物理性能测试值与 ASTM B23：2000《巴氏轴承合金》标准附录中所列的试验结果基本相符。这些物理性能的结果因成分的变化、浇铸温度和浇铸方法的不同而存在一定的差值，个别情况甚至出现较大的偏差。本表所列为一组按标准配制、在一定的温度下浇铸的样品的物理性能测试数据。所有数据均根据试验，验证数据进行过修正。本表的数据不是标准中的内容，只作为参考资料，供购买者选择使用轴承合金时作参考。

2. 布氏硬度的试验方法为 GB/T 231《金属材料 布氏硬度试验》；抗压强度的试验方法为 GB/T 7314《金属材料 室温压缩试验方法》、屈服强度、抗拉强度试验方法为 GB/T 228.1《金属材料 室温拉伸试验方法》。

3. 布氏硬度、抗压强度、屈服强度、抗拉强度试验的室内温度 10～25℃。

4. 供布氏硬度试验的试样是用生产铸锭的横截面切制为 15mm 厚的试块。供抗压试验的试样是用铸造件加工为直径 13mm、长 38mm 的试块。供屈服强度和抗拉强度的试样是用铸造件机械加工为直径 10mm，有效长度 100mm 的条形试样。

5. 布氏硬度值是使用一个直径 10mm 的钢球和 500kg 的负荷对试样施加 30s 形成的 3 个压痕的平均值。

6. 抗压强度值是形成试样长度 25%的变形所需的单位负荷。

7. 屈服强度值是试样的一个确定测量长度的 0.125%变形时所需的单位负荷。

8. 抗拉强度值是将试样拉断时所需的单位负荷。

2.3 变形铝及铝合金

2.3.1 变形铝及铝合金牌号、特性及应用

表 4-2-41　变形铝及铝合金类别、牌号、特性及应用（GB/T 3190—2008）

类别	新牌号	旧牌号	特性	应用举例
工业用高纯铝	1A85、1A90 1A93、1A97 1A99	LG1、LG2 LG3、LG4 LG5	工业高纯铝	主要用于生产各种电解电容器用箔材，耐酸容器等，产品有板、带、箔、管等
工业用纯铝	1060、1050A 1035、8A06	L2、L3 L4、L6	工业纯铝都具有塑性高、耐蚀、导电性和导热性好的特点，但强度低，不能通过热处理强化，切削性不好，可接受接触焊、气焊	多利用其优点制造一些具有特定性能的结构件，如铝箔制成垫片及电容器、电子管隔离网、电线、电缆的防护套、网、线芯及飞机通风系统零件及装饰件
	1A30	L4-1	特性与 1060、8A06 等类似，但其 Fe 和 Si 杂质含量控制严格，工艺及热处理条件特殊	主要用于航天工业和兵器工业纯铝膜片等处的板材
	1100	L5-1	强度较低，但延展性、成形性、焊接性和耐蚀性优良	主要生产板材、带材，适于制作各种深冲压制品
包覆铝	7A01 1A50	LB1 LB2	是硬铝合金和超硬铝合金的包铝板合金	7A01 用于超硬铝合金板材包覆，1A50 用于硬铝合金板材包覆
防锈铝	5A02	LF2	为铝镁系防锈铝，强度、塑性、耐蚀性高，具有较高的抗疲劳强度，热处理不可强化，可用接触焊氢原子焊良好焊接，冷作硬化态下可切削加工，退火态下切削性不良，可抛光	油介质中工作的结构件及导管、中等载荷的零件装饰件、焊条、铆钉等
	5A03	LF3	铝镁系防锈铝性能与 5A02 相似，但焊接性优于 5A02，可气焊、氩弧焊、点焊、滚焊	液体介质中工作的中等负载零件、焊件、冷冲件
	5A05 5B05	LF5 LF10	铝镁系防锈铝，耐蚀性高，强度与 5A03 类似，不能热处理强化，退火状态塑性好，半冷作硬化状态可进行切削加工，可进行氢原子焊、点焊、气焊、氩弧焊	5A05 多用于在液体环境中工作的零件，如管道、容器等，5B05 多用作连接铝合金、镁合金的铆钉、铆钉应退火并进行阳极化处理

续表

类别	新牌号	旧牌号	特性	应用举例
防锈铝	5A06	LF6	铝镁系防锈铝，强度较高，耐蚀性较高，退火及挤压状态下塑性良好，可切削性良好，可氩弧焊、气焊、点焊	焊接容器，受力零件，航空工业的骨架及零件、飞机蒙皮
	5A12	LF12	镁含量高，强度较好，挤压状态塑性尚可	多用航天工业及无线电工业用各种板材、棒材及型材
	5B06、5A13 5A33	LF14、LF13 LF33	镁含量高，且加入适量的 Ti、Be、Zr 等元素，使合金焊接性较高	多用于制造各种焊条的合金
	5A43	LF43	系铝、镁、锰合金，成本低，塑性好	多用于民用制品，如铝制餐具、用具
	3A21	LF21	铝锰系合金，强度低，退火状态塑性高，冷作硬化状态塑性低耐蚀性好，焊接性较好，不可热处理强化，是一种应用广泛的防锈铝	用在液体或气体介质中工作的低载荷零件，如油箱、导管及各种异形容器
	5083 5056	LF4 LF5-1	铝镁系高镁合金，由美国 5083 和 5056 合金成形引进，在不可热处理合金中具有强度良好、耐蚀性、切削性良好等优点，阳极化处理外观美丽，且电焊性好	广泛用于船舶、汽车、飞机、导弹等方面，民用多来生产自行车、挡泥板，5056 也制成管件制车架等结构件
硬铝	2A01	LY1	强度低，塑性高，耐蚀性低，点焊焊接良好，切削性尚可，工艺性能良好，在制作铆钉时应先进行阳极氧化处理	是主要的铆接材料，用来制造工作温度小于 100℃的中等强度的结构用铆钉
	2A02	LY2	具有高强度及较高的热强性，可热处理强化，耐蚀性尚可，有应力腐蚀破坏倾向，切削性较好，多在人工时效状态下使用	是一种主要承载结构材料及高温（200～300℃）工作条件下的叶轮及锻件
	2A04	LY4	剪切强度和耐热性较高，在退火及刚淬火时（4～6h 内）塑性良好，淬火及冷作硬化后切削性尚好，耐蚀性不良，需进行阳极氧化，是一种主要铆钉合金	用于制造 125～250℃工作条件下的铆钉
	2B11 2B12	LY8 LY9	剪切强度中等，退火及刚淬火状态下塑性尚好，可热处理强化，剪切强度较高	用作中等强度铆钉，但必须在淬火后 2h 内使用，用作高强度铆钉制造，但必须在淬火后 20min 内使用
	2A10	LY10	剪切强度较高，焊接性一般，用气焊、氩弧焊有裂纹倾向，但点焊焊接性良好，耐蚀性与 2A01、2A11 相似，用作铆钉不受热处理后的时间限制，是其优越之处，但需要阳极氧化处理，并用重铬酸钾填充	用作工作温度低于 100℃的要求较高强度的铆钉，可替代 2A01、2B12、2A11、2A12 等合金
	2A11	LY11	一般称为标准硬铝，中等强度，点焊焊接性良好，以其作焊料进行气焊及氩弧焊时有裂纹倾向，可热处理强化，在淬火和自然时效状态下使用，耐蚀性不高，多采用包铝，阳极化和涂漆以作表面防护，退火态切削性不好，淬火时尚好	用作中等强度的零件、空气螺旋桨叶片、螺栓铆钉等，用作铆钉应在淬火后 2h 内使用

续表

类别	新牌号	旧牌号	特　性	应用举例
硬铝	2A12	LY12	高强度硬铝，点焊焊接性良好，氩弧焊及气焊有裂纹倾向，退火状态切削性尚可，可作热处理强化，耐蚀性差，常用包铝、阳极氧化及涂漆提高耐蚀性	用来制造高负荷零件，其工作温度在150℃以下的飞机骨架、框隔、翼梁、翼肋、蒙皮等
	2A06	LY6	高强度硬铝，点焊焊接性与 2A12 相似，氩弧焊较 2A12 好，耐蚀性也与 2A12 相同，加热至 250℃以下其晶间腐蚀倾向较 2A12 小，可进行淬火和时效处理，其压力加工、切削性与 2A12 相同	可作为 150～250℃工作条件下的结构板材，但对于淬火自然时效后冷作硬化的板材，不宜在高温长期加热条件下使用
	2A16	LY16	属耐热硬铝，即在高温下有较高的蠕变强度、合金在热态下有较高的塑性，无挤压效应，切削性良好，可热处理强化，焊接性能良好，可进行点焊、滚焊和氩弧焊，但焊缝腐蚀稳定性较差，为防腐，应采取阳极氧化处理	用于在高温下（250～350℃）工作的零件，如压缩机叶片圆盘；焊接件，如容器
	2A17	LY17	成分与性能和 2A16 相近，但 2A17 在常温和 225℃下的持久强度超过 2A16，但在 225～300℃时低于 2A16 且 2A17 不可焊接	用于 20～300℃要求有高强度的锻件和冲压件
锻铝	6A02	LD2	具有中等强度，退火和热态下有高的可塑性，淬火自然时效后塑性尚好，且这种状态下的耐蚀性可与 5A2、3A21 相比，人工时效状态合金具有晶间腐蚀倾向，可切削性淬火后尚好，退火后不好，合金可点焊、氢原子焊，气焊尚好	制造承受中等载荷、要求有高塑性和高耐蚀性，且形状复杂的锻件和模锻件，如发动机曲轴箱、直升机桨叶
	6B02	LD2-1	系 Al-Mg-Si 系合金，与 6A02 相比其晶间腐蚀倾向要小	多用于电子工业装箱板及各种壳体等
	6070	LD2-2	系 Al-Mg-Si 系合金、是由美国的 6070 合金转化而来，其耐蚀性很好，焊接性能良好	可用于制造大型焊接结构件及高级跳水板等
	2A50	LD5	热态下塑性较高，易于锻造、冲压。强度较高，在淬火及人工时效时与硬铝相近，工艺性能较好，但有挤压效应，因此纵横向性能差别较大，耐蚀性较好，但有晶间腐蚀倾向，切削性良好，接触焊、滚焊良好，但电弧焊、气焊性能不佳	用于制造要求中等强度，且形状复杂的锻件和冲击件
	2B50	LD6	性能、成分与 2A50 相近，可互换通用，但热态下其可塑性优于 2A50	制造形状复杂的锻件
	2A70	LD7	热态下具有高的可塑性，无挤压效应，可热处理强化，成分与 2A50 相近，组织较 2A80 要细，热强性及工艺性能比 2A80 稍好，属耐热锻铝，其耐蚀性、可切削性尚好，接触焊、滚焊性能良好，电弧焊及气焊性能不佳	用于制造高温环境下工作的锻件，如内燃机活塞；一些复杂件如叶轮、板材，可用制造高温下的焊接冲压结构件

续表

类别	新牌号	旧牌号	特　　性	应用举例
锻铝	2A80	LD8	热态下可塑性较低，可进行热处理强化，高温强度高，属耐热锻铝，无挤压效应，焊接性与LD7相同，耐蚀性、可切削性尚好，有应力腐蚀倾向	用途与2A70相近
	2A90	LD9	有较好的热强性，热态下可塑性尚好，可热处理强化，耐蚀性、焊接性和切削性与2A70相近，是一种较早应用的耐热锻铝	用途与2A7、2A80相近，且逐渐被2A70、2A80所代替
	2A14	LD10	与2A50相比，含铜量较高，因此强度较高，热强性较好，热态下可塑性尚好，可切削性良好，接触焊、滚焊性能良好，电弧焊和气焊性能不佳，耐蚀性不高，人工时效状态时有晶间腐蚀倾向，可热处理强化，有挤压效应，因此纵横向性能有差别	用于制造承受高负荷和形状简单的锻件
	4A11	LD11	属Al-Cu-Mg-Si系合金，是由苏联AK9合金转化而来，可锻、可铸、热强性好，热膨胀系数小，抗磨性能好	主要用于制造蒸汽机活塞及气缸
	6061 6063	LD30 LD31	属Al-Mg-Si系合金，相当美国的6061和6063合金，具有中等的强度，其焊接性优良，耐蚀性及冷加工性好，是一种使用范围广、很有前途的合金	广泛应用于建筑业门窗、台架等结构件及医疗办公、车辆、船舶、机械等方面
超硬铝	7A03	LC3	铆钉合金，淬火人工时效状态可以铆接，可热处理强化，抗剪强度较高，耐蚀性和可切削性能尚好，铆钉铆接时，不受热处理后时间限制	用作承力结构铆钉，工作温度在125℃以下，可作2A10铆钉合金代用品
	7A04	LC4	系高强度合金，在刚淬火及退火状态下塑性尚可，可热处理强化，通常在淬火人工时效状态下使用，这时得到的强度较一般硬铝高很多，但塑性较低，合金点焊焊接性良好，气焊不良，热处理后可切削性良好，但退火后的可切削性不佳	用于制造主要承力结构件，如飞机上的大梁，桁条、加强框、蒙皮、翼肋、接头、起落架等
	7A09	LC9	属高强度铝合金，在退火和刚淬火状态下的塑性稍低于同样状态的2A12，稍优于7A04，板材的静疲劳、缺口敏感、耐应力腐蚀性能优于7A04	制造飞机蒙皮等结构件和主要受力零件
	7A10	LC10	是Al-Cu-Mg-Zn系合金	主要生产板材、管材和锻件等，用于纺织工业及防弹材料
	7003	LC12	属于Al-Cu-Mn-Zn系合金，由日本的7003合金转化而来，综合力学性能较好，耐蚀性好	主要用来制作型材、生产自行车的车圈
特殊铝	4A01	LT1	属铝硅合金，耐蚀性高，压力加工性良好，但机械强度差	多用于制作焊条、焊棒
	4A13 4A17	LT13 LT17	是Al-Si系合金	主要用于钎接板、带材的包覆板，或直接生产板、带、箔和焊线等
	5A41	LT41	特殊的高镁合金，其抗冲击性强	多用于制作飞机座舱防弹板
	5A66	LT66	高纯铝镁合金，相当于5A02，其杂质含量要求严格控制	多用于生产高级饰品，如笔套、标牌等

注：GB/T 3190—2008代替GB/T 3190—1996变形铝及铝合金牌号及化学成分，新标准共计牌号为159个。本表仅选编了部分牌号，即本表所列新牌号其化学成分应符合GB/T 3190—2008相应牌号的规定，本表旧牌号系GB/T 3190—1996的牌号。

第4篇

2.3.2　变形铝及铝合金状态代号

表 4-2-42　变形铝及铝合金产品基础状态、H 与 T 细分状态代号及新、旧代号对照（GB/T 16475—2008）

分类	代号	名　称	说　明
基础状态代号	F	自由加工状态	适用于在成形过程中，对于加工硬化和热处理条件无特殊要求的产品，该状态产品的力学性能不作规定
	O	退火状态	适用于经完全退火获得最低强度的加工产品
	H	加工硬化状态	适用于通过加工硬化提高强度的产品 H 后面应有 2 位或 3 位阿拉伯数字
	W	固溶处理状态	一种不稳定状态，仅适用于经固熔热处理后，室温下自然时效的合金，该状态代号仅表示产品处于自然时效阶段
	T	热处理状态（不同于 F、O、H 状态）	适用于热处理后，经过（或不经过）加工硬化达到稳定状态的产品，T 代号后面必须跟一位或多位阿拉伯数字
H 状态的细分状态代号	H 后面的第 1 位数字表示获得该状态的基本工艺，用数字 1～4 表示		
	H1×	单纯加工硬化状态	适用于未经附加热处理，只经加工硬化即可获得所需强度的状态
	H2×	加工硬化后不完全退火状态	适用于加工硬化程度超过成品规定要求后，经不完全退火，使强度降低到规定指标的产品
	H3×	加工硬化后稳定化处理状态	适用于加工硬化后经低温热处理或由于加工过程中的受热作用致使其力学性能达到稳定的产品。H3X 状态仅适用于在室温下时效（除非经稳定化处理）的合金
	H4×	加工硬化后涂漆（层）处理的状态	适用于加工硬化后，经涂漆（层）处理导致了不完全退火的产品
	H 后面的第 2 位数字表示产品的最终加工硬化程度，用数字 1～9 表示；数字 8 表示硬状态，H×8 状态的最小抗拉强度值可按 O 状态的最小抗拉强度与标准规定的强度差值之和来确定 数字 9 为超硬状态，用 H×9 表示。H×9 状态的最小抗拉强度极限值，超过 H×8 状态至少 10MPa 以上 数字 1～7 即细分状态代号 H×1、H×2、H×3、H×4、H×5、H×6、H×7 按标准规定分别表示不同的最终抗拉强度极限值		
	H 后面的第 3 位数字或字母，表示影响产品特性，但产品特性仍接近其两位数字状态（H112、H116、H320 状态除外）的特殊处理，如 H×11 代号适用于最终退火后又进行了适量的加工强化，但加工硬化程度又不及 H11 状态的产品		
分类	代号	说　明	
T 状态的细分状态代号	T1	高温成形＋自然时效 适用于高温成形后冷却、自然时效，不再进行冷加工（或影响力学性能极限的矫平、矫直）的产品	
	T2	高温成形＋冷加工＋自然时效 适用于高温成形后冷却，进行冷加工（或影响力学性能极限的矫平、矫直）以提高强度，然后自然时效的产品	
	T3	固溶热处理＋冷加工＋自然时效 适用于固溶热处理后，进行冷加工（或影响力学性能极限的矫平、矫直）以提高强度，然后自然时效的产品	

续表

分类	代号	说明
T状态的细分状态代号	T4	固溶热处理＋自然时效 适用于固溶热处理后，不再进行冷加工(或影响力学性能极限的矫直、矫平)，然后自然时效的产品
	T5	高温成形＋人工时效 适用高温成形后冷却，不经冷加工(或影响力学性能极限的矫直、矫平)，然后进行人工时效的产品
	T6	固溶热处理＋人工时效 适用于固溶热处理后，不再进行冷加工(或影响力学性能极限的矫直、矫平)，然后人工时效的产品
	T7	固溶热处理＋过时效 适用于固溶热处理后，进行过时效至稳定化状态。为获取除力学性能外的其他某些重要特性，在人工时效时，强度在时效曲线上越过了最高峰点的产品
	T8	固溶热处理＋冷加工＋人工时效 适用于固溶热处理后，经冷加工(或影响力学性能极限的矫直、矫平)以提高强度，然后人工时效的产品
	T9	固溶热处理＋人工时效＋冷加工 适用于固溶热处理后，人工时效，然后进行冷加工(或影响力学性能极限的矫直、矫平)以提高强度的产品
	T10	高温成形＋冷加工＋人工时效 适用于高温成形后冷却，经冷加工(或影响力学性能极限的矫直、矫平)以提高强度，然后进行人工时效的产品
	某些6×××系或7×××系的合金，无论是炉内固溶热处理，还是高温成形后急冷以保留可溶性组分在固溶体中，均能达到相同的固溶热处理效果，这些合金的T3、T4、T6、T7、T8和T9状态可采用上述两种处理方法中的任一种，但应保证产品的力学性能和其他性能(如耐蚀性能)	

分类	旧代号	新代号	旧代号	新代号
新旧状态代号对照	M	O	CYS	T51、T52等
	R	热处理不可强化合金：H112或F 热处理可强化合金：T1或F	CZY	T2
	Y	HX8	CSY	T9
	Y1	HX6	MCS	T62
	Y2	HX4	MCZ	T42
	Y4	HX2	CGS1	T73
	T	HX9	CGS2	T76
	CZ	T4	CGS3	T74
	CS	T6	RCS	T5

注：1. 原以R状态交货的、提供CZ、CS试样性能的产品，其状态可分别对应新代号T62、T42。
2. 本表旧代号指GB 340—1976《有色金属及合金产品牌号表示方法》中有关变形铝及铝合金产品状态代号部分。

2.3.3 变形铝合金热处理

表 4-2-43 变形铝合金常用牌号热处理工艺及应用

牌号	热处理	有效厚度/mm	退火温度/℃	保温时间/min	冷却方式	应用及说明
热处理不强化的铝合金						
1070A、1060、1050A、1035、1200、8A06、3A21	高温退火	≤6	350～500	热透为止		降低硬度，提高塑性，可达到最充分的软化，完全消除冷作硬化 需要特别注意退火温度和保温时间的选择，以免发生再结晶过程而使晶粒长大
5A02、5A03		>6	350～420	30	空冷	
5A05、5A06			310～335			
1070A、1060、1035、8A06、3A21		0.3～3	350～420(井式炉)	50～55		
		>3～6		60～65		
		>6～10		80～86		

第4篇

续表

牌　　号	热处理	有效厚度/mm	退火温度/℃	保温时间/min	冷却方式	应用及说明
热处理不强化的铝合金						
1070A、1060、1050A、1035、1200、8A06、3A21	低温退火	—	150～250	120～180	空冷	既提高塑性，又部分地保留由于冷作变形而获得的强度，消除应力，稳定尺寸 退火温度随杂质含量的增加而升高
5A02		—	150～180	60～120		
5A03		—	270～300	60～120		
3A21		—	250～280	60～150		
热处理强化的铝合金						
2A06	完全退火	—	380～430	10～60	30℃/h 炉冷至 260℃，然后空冷	提高塑性，并完全消除由于淬火及时效而获得的强度，同时可以消除内应力和冷作硬化 完全退火后，半成品可以进行高变形程度的冷压加工 淬火后或淬火及时效后用冷变形强化的 2A11、2A12、7A04、合金板材，不宜进行退火，因冷作硬化程度不超过 10%，即在临界变形程度范围内，缓慢退火加热，可引起晶粒粗大
2A11、2A12、2A16、2A17			390～450			
LT42(旧牌号)			400～450			
LC6(旧牌号)			390～430			
7A04		0.3～2	390～430(井式炉)	40～45	30℃/h 炉冷至 150℃，然后空冷	
		>2～4		50～55		
		>4～6		60～65		
2A11 2A12 6A02	快速退火	0.3～4	350～370(井式炉)	40～45	空冷	提高经淬火与时效而强化的变形铝合金的半成品及零件的塑性和软化程度 部分消除内应力 缩短退火时间 7A04、LC6(旧牌号)合金在个别情况下，可按 2A12 合金规范进行快速退火，但可能产生强化，所以退火与变形加工之间的放置时间不应超过 240h
		>4～6		60～65		
		>6～10		90～95		
2A06、2A16、2A17		—	350～370	120～240	空冷或水冷	
7A04			290～320			
6A02			380～420			
2A50			350～400			
2A14			390～410			
2A06 2A11 2A12	瞬时退火	—	350～380(硝盐槽)	60～120	水冷	为消除其半成品的加工冷作硬化，以获得继续加工的可能性

牌　　号	热处理	半成品种类	淬火最低温度/℃	最佳温度/℃	发生过烧危险温度/℃	应用及说明
6A02	淬火	棒材、锻件	510	515～530	—	淬火是将零件加热到接近共晶熔点或为保证细的晶粒和某种特殊性能而足以使强化相充分溶解的温度，并保温一定时间，然后强冷至室温，以得到稳定的过饱和固溶体 淬火后强度增高，但塑性仍然足够高，可进行冷变形 自然时效的铝合金淬火后只能短时间保持良好塑性，这个时间是：2A12 为 1.5h；2A11、6A02、2A50、2A70、2A80、2A14、2A02、2A06 等为 2～3h；7A04、LC6(旧牌号)、7A09 为 6h，因此变形工艺过程必须在上述时间内完成
2A50、2B50			500	510～540	545	
2A70			520	525～540	545	
2A80			510	515～535	545	
2A90			510	510～530	—	
2A14		板材、管材	490	500～510	517	
		棒材、锻件		495～505	515	
2A02		棒材、锻件	490	495～508	512	
2A11、2A13			480	485～510	525	
2A06			495	500～510	515	

续表

牌　　号	热处理	半成品种类	淬火最低温度/℃	最佳温度/℃	发生过烧危险温度/℃	应用及说明
2A11	淬火	板材、管材	485	490～510	520	时效的目的是将淬火所得到的过饱和固溶体在低温（人工时效）或室温（自然时效）的条件下，保持一定的时间，使强化相从固溶体中呈弥散质点析出，从而使合金异常强化，获得很高的力学性能 2A06、2A11、2A12 合金如低于150℃使用时，则进行自然时效；高于 150℃使用时，则进行人工时效 6A02、2A50、2B50、2A70、2A80、2A90、2A14、2A02、2A16、2A17 合金零件高温使用（≥150℃）时，需人工时效，但 6A02、2A50、2A14 合金零件也可采用自然时效
2A12		棒材、锻件	490	495～503	505	
			485	490～503		
2A16		板材、管材	525	530～542	545	
		棒材、锻件	520	530～542		
7A04		板材、管材	450	455～480	520～530	
7A09			450	455～480	525	
LC6(旧牌号)		棒材、锻件	450	455～473	—	
6A02		板材、管材	510	515～540	565	
2A06、2A11、2A12、6A02、2A50、2A14	自然时效	半成品种类	时效温度/℃		时效时间/h	
		各种半成品	室温		48～144 (＞96)	
6A02、2A50、2B50、2A14	人工时效	各种半成品	150～165		6～15	
2A70			180～195		8～12	
2A80			165～180		8～14	
2A90		挤压半成品	135～150		2～4	
2A02		各种半成品	165～175		10～16	
2A11		—	160±5		6～10	
2A12		板材、挤压半成品	185～195		6～12	
2A16		各种半成品	规范 1:160～175		10～16	
			规范 2:200～220		8～12	
2A17			180～195		12～16	
7A04、7A09		板材 挤压半成品	120～140		12～24	
	分级时效 一级		120±5		8	
	分级时效 二级		160±5		8	
LC5（旧牌号）、LC6（旧牌号）	分级时效 一级	模锻件、其他各种锻件	115～125		2～4	
	分级时效 二级		160～170		3～5	

2.3.4　铝及铝合金加工产品

2.3.4.1　一般工业用铝及铝合金板、带材

表 4-2-44　一般工业用铝及铝合金板、带材尺寸规格

（GB/T 3880.1—2012、GB/T 3880.3—2012）　mm

	板、带材厚度	板材的宽度和长度		带材的宽度和内径	
		板材的宽度	板材的长度	带材的宽度	带材的内径
与厚度对应的宽度和长度	>0.20～0.50	500.0～1660.0	500～4000	≤1800.0	75、150、200、300、405、505、605、650、750
	>0.50～0.80	500.0～2000.0	500～10000	≤2400.0	
	>0.80～1.20	500.0～2400.0	1000～10000	≤2400.0	
	>1.20～3.00	500.0～2400.0	100～10000	≤2400.0	75、150、200、300、405、505、605、650、750
	>3.00～8.00	500.0～2400.0	1000～15000	≤2400.0	
	>8.00～15.00	500.0～2500.0	1000～15000	—	—
	>15.00～250.00	500.0～3500.0	1000～20000	—	—

	厚度	下列宽度上的厚度允许偏差				
		≤1250.0	>1250.0～1600.0	>1600.0～2000.0	>2000.0～2500.0	>2500.0～3500.0
热轧板、带材的厚度极限偏差	2.50～4.00	±0.28	±0.28	±0.32	±0.35	±0.40
	>4.00～5.00	±0.30	±0.30	±0.35	±0.40	±0.45
	>5.00～6.00	±0.32	±0.32	±0.40	±0.45	±0.50
	>6.00～8.00	±0.35	±0.40	±0.40	±0.50	±0.55
	>8.00～10.00	±0.45	±0.50	±0.50	±0.55	±0.60
	>10.00～15.00	±0.50	±0.60	±0.65	±0.65	±0.80
	>15.00～20.00	±0.60	±0.70	±0.75	±0.80	±0.90
	>20.00～30.00	±0.65	±0.75	±0.85	±0.90	±1.00
	>30.00～40.00	±0.75	±0.85	±1.00	±1.10	±1.20
	>40.00～50.00	±0.90	±1.00	±1.10	±1.20	±1.50
	>50.00～60.00	±1.10	±1.20	±1.40	±1.50	±1.70
	>60.00～80.00	±1.40	±1.50	±1.70	±1.90	±2.00
	>80.00～100.00	±1.70	±1.80	±1.90	±2.10	±2.20
	>100.00～150.00	±2.10	±2.20	±2.50	±2.60	—
	>150.00～220.00	±2.50	±2.60	±2.90	±3.00	—
	>220.00～250.00	±2.80	±2.90	±3.20	±3.30	—

	精度分级	厚度	下列宽度上的厚度允许偏差										
			≤1000.0		>1000.0～1250.0		>1250.0～1600.0		>1600.0～2000.0		>2000.0～2500.0	>2500.0～3000.0	>3000.0～3500.0
			A 类	B 类	A 类	B 类	A 类	B 类	A 类	B 类	所有	所有	所有
冷轧板、带材的厚度极限偏差	普通级	>0.20～0.40	±0.03	±0.05	±0.05	±0.06	±0.06	±0.06	—	—	—	—	—
		>0.40～0.50	±0.05	±0.05	±0.06	±0.08	±0.07	±0.08	±0.08	±0.09	±0.12	—	—
		>0.50～0.60	±0.05	±0.05	±0.07	±0.08	±0.07	±0.08	±0.08	±0.09	±0.12	—	—

第 4 篇

续表

	精度分级	厚度	下列宽度上的厚度允许偏差										
			≤1000.0		>1000.0～1250.0		>1250.0～1600.0		>1600.0～2000.0		>2000.0～2500.0	>2500.0～3000.0	>3000.0～3500.0
			A类	B类	A类	B类	A类	B类	A类	B类	所有	所有	所有
冷轧板、带材的厚度极限偏差	普通级	>0.60～0.80	±0.05	±0.06	±0.07	±0.08	±0.07	±0.08	±0.09	±0.10	±0.13	—	—
		>0.80～1.00	±0.07	±0.08	±0.08	±0.09	±0.08	±0.09	±0.10	±0.11	±0.15	—	—
		>1.00～1.20	±0.07	±0.08	±0.09	±0.10	±0.09	±0.10	±0.11	±0.12	±0.15	—	—
		>1.20～1.50	±0.09	±0.10	±0.12	±0.13	±0.12	±0.13	±0.13	±0.14	±0.15	—	—
		>1.50～1.80	±0.09	±0.10	±0.12	±0.13	±0.12	±0.13	±0.14	±0.15	±0.15	—	—
		>1.80～2.00	±0.09	±0.10	±0.12	±0.13	±0.12	±0.13	±0.14	±0.15	±0.15	—	—
		>2.00～2.50	±0.12	±0.13	±0.14	±0.15	±0.14	±0.15	±0.15	±0.16	±0.16	—	—
		>2.50～3.00	±0.13	±0.15	±0.16	±0.17	±0.16	±0.17	±0.17	±0.18	±0.18	—	—
		>3.00～3.50	±0.14	±0.15	±0.17	±0.18	±0.17	±0.18	±0.22	±0.33	±0.19	—	—
		>3.50～4.00	±0.15		±0.18		±0.18		±0.23		±0.24	±0.51	±0.57
		>4.00～5.00	±0.23		±0.24		±0.24		±0.26		±0.28	±0.54	±0.63
		>5.00～6.00	±0.25		±0.26		±0.26		±0.26		±0.28	±0.60	±0.69
	高精级	>0.20～0.40	±0.02	±0.03	±0.04	±0.05	±0.05	±0.06	—	—	—	—	—
		>0.40～0.50	±0.03	±0.03	±0.04	±0.05	±0.05	±0.06	±0.06	±0.07	±0.10	—	—
		>0.50～0.60	±0.03	±0.04	±0.05	±0.06	±0.06	±0.07	±0.07	±0.08	±0.11	—	—
		>0.60～0.80	±0.03	±0.04	±0.06	±0.07	±0.07	±0.08	±0.08	±0.09	±0.12	—	—
		>0.80～1.00	±0.04	±0.05	±0.06	±0.08	±0.08	±0.09	±0.09	±0.10	±0.13	—	—
		>1.00～1.20	±0.04	±0.05	±0.07	±0.09	±0.09	±0.10	±0.10	±0.12	±0.14	—	—
		>1.20～1.50	±0.05	±0.07	±0.09	±0.11	±0.10	±0.12	±0.11	±0.14	±0.16	—	—
		>1.50～1.80	±0.06	±0.08	±0.10	±0.12	±0.11	±0.13	±0.12	±0.15	±0.17	—	—
		>1.80～2.00	±0.06	±0.09	±0.11	±0.13	±0.12	±0.14	±0.14	±0.15	±0.19	—	—
		>2.00～2.50	±0.07	±0.10	±0.12	±0.14	±0.13	±0.15	±0.15	±0.16	±0.20	—	—
		>2.50～3.00	±0.08	±0.11	±0.13	±0.15	±0.15	±0.17	±0.17	±0.18	±0.23	—	—
		>3.00～3.50	±0.10	±0.12	±0.15	±0.17	±0.17	±0.19	±0.18	±0.20	±0.24	—	—
		>3.50～4.00	±0.15		±0.18		±0.18		±0.23		±0.24	±0.34	±0.38
		>4.00～5.00	±0.18		±0.22		±0.24		±0.25		±0.28	±0.36	±0.42
		>5.0～6.00	±0.20		±0.24		±0.25		±0.26		±0.28	±0.40	±0.46

注：1. 一般工业用铝及铝合金板带材宽度的极限偏差、长度极限偏差、平面度、侧边弯曲度及板材对角线偏差均应符合 GB/T 3880.3—2012《一般工业用铝及铝合金板带材　第 3 部分：尺寸偏差》的规定。

2. 产品标记示例：

产品标记按产品名称、标准编号、牌号、供应状态及尺寸的顺序表示。标记示例如下。

示例 1：3003 牌号、H22 状态、厚度为 2.00mm、宽度为 1200.0mm、长度为 2000mm 的板材，标记为

板　GB/T 3880.1—3003H22-2.00×1200×2000

示例 2：5052 牌号、O 状态、厚度为 1.00mm，宽度为 1050.0mm 的带材，标记为

带　GB/T 3880.1-5052O-1.00×1050

表 4-2-45 **一般工业用铝及铝合金板、带材力学性能**（GB/T 3880.2—2012）

牌号	包铝分类	供应状态	试样状态	厚度/mm	室温拉伸试验结果				弯曲半径②	
					抗拉强度 R_m/MPa	规定非比例延伸强度 $R_{p0.2}$/MPa	断后伸长率①/%			
							A_{50mm}	A	90°	180°
					不小于					
1A97 1A93	—	H112	H112	>4.50～80.00	附实测值				—	—
		F	—	>4.50～150.00	—				—	—
1A90 1A85	—	H112	H112	>4.50～12.50	60	—	21	—	—	—
				>12.50～20.00			—	19	—	—
				>20.00～80.00	附实测值				—	—
		F	—	>4.50～150.00	—				—	—
1080A	—	O H111	O H111	>0.20～0.50	60～90	15	26	—	0*t*	0*t*
				>0.50～1.50			28	—	0*t*	0*t*
				>1.50～3.00			31	—	0*t*	0*t*
				>3.00～6.00			35	—	0.5*t*	0.5*t*
				>6.00～12.50			35	—	0.5*t*	0.5*t*
		H12	H12	>0.20～0.50	8～120	55	5	—	0*t*	0.5*t*
				>0.50～1.50			6	—	0*t*	0.5*t*
				>1.50～3.00			7	—	0.5*t*	0.5*t*
				>3.00～6.00			9	—	1.0*t*	—
		H22	H22	>0.20～0.50	80～120	50	8	—	0*t*	0.5*t*
				>0.50～1.50			9	—	0*t*	0.5*t*
				>1.50～3.00			11	—	0.5*t*	0.5*t*
				>3.00～6.00			13	—	1.0*t*	—
		H14	H14	>0.20～0.50	100～140	70	4	—	0*t*	0.5*t*
				>0.50～1.50			4	—	0.5*t*	0.5*t*
				>1.50～3.00			5	—	1.0*t*	1.0*t*
				>3.00～6.00			6	—	1.5*t*	—
		H24	H24	>0.20～0.50	100～140	60	5	—	0*t*	0.5*t*
				>0.50～1.50			6	—	0.5*t*	0.5*t*
				>1.50～3.00			7	—	1.0*t*	1.0*t*
				>3.00～6.00			9	—	1.5*t*	—
		H16	H16	>0.20～0.50	110～150	90	2	—	0.5*t*	1.0*t*
				>0.50～1.50			2	—	1.0*t*	1.0*t*
				>1.50～4.00			3	—	1.0*t*	1.0*t*
		H26	H26	>0.20～0.50	110～150	80	3	—	0.5*t*	—
				>0.50～1.50			3	—	1.0*t*	—
				>1.50～4.00			4	—	1.0*t*	—

续表

牌号	包铝分类	供应状态	试样状态	厚度/mm	室温拉伸试验结果				弯曲半径[②]	
					抗拉强度 R_m/MPa	规定非比例延伸强度 $R_{p0.2}$/MPa	断后伸长率[①]/%		90°	180°
							A_{50mm}	A		
					不小于					
1080A	—	H18	H18	>0.20～0.50	125	105	2	—	1.0t	—
				>0.50～1.50			2	—	2.0t	—
				>1.50～3.00			2	—	2.5t	—
		H112	H112	>6.00～12.50	70	—	20	—	—	—
				>12.50～25.00	70	—	—	20	—	—
		F	—	2.50～25.00	—	—	—	—	—	—
1070	—	O	O	>0.20～0.30	55～95	—	15	—	0t	—
				>0.30～0.50			20	—	0t	—
				>0.50～0.80			25	—	0t	—
				>0.80～1.50		15	30	—	0t	—
				>1.50～6.00			35	—	0t	—
				>6.00～12.50			35	—	—	—
				>12.50～50.00			—	30	—	—
		H12	H12	>0.20～0.30	70～100	—	2	—	0t	—
				>0.30～0.50			3	—	0t	—
				>0.50～0.80			4	—	0t	—
				>0.80～1.50		55	6	—	0t	—
				>1.50～3.00			8	—	0t	—
				>3.00～6.00			9	—	0t	—
		H22	H22	>0.20～0.30	70	—	2	—	0t	—
				>0.30～0.50			3	—	0t	—
				>0.50～0.80			4	—	0t	—
				>0.80～1.50		55	6	—	0t	—
				>1.50～3.00			8	—	0t	—
				>3.00～6.00			9	—	0t	—
		H14	H14	>0.20～0.30	85～120	—	1	—	0.5t	—
				>0.30～0.50			2	—	0.5t	—
				>0.50～0.80			3	—	0.5t	—
				>0.80～1.50		65	4	—	1.0t	—
				>1.50～3.00			5	—	1.0t	—
				>3.00～6.00			6	—	1.0t	—
		H24	H24	>0.20～0.30	85	—	1	—	0.5t	—
				>0.30～0.50			2	—	0.5t	—
				>0.50～0.80			3	—	0.5t	—
				>0.80～1.50		65	4	—	1.0t	—
				>1.50～3.00			5	—	1.0t	—
				>3.00～6.00			6	—	1.0t	—
		H16	H16	>0.20～0.50	100～135	—	1	—	1.0t	—
				>0.50～0.80			2	—	1.0t	—
				>0.80～1.50		75	3	—	1.5t	—
				>1.50～4.00			4	—	1.5t	—

续表

牌号	包铝分类	供应状态	试样状态	厚度/mm	室温拉伸试验结果				弯曲半径[②]	
					抗拉强度 R_m/MPa	规定非比例延伸强度 $R_{p0.2}$/MPa	断后伸长率[①]/%			
							A_{50mm}	A	90°	180°
					不小于					
1070	—	H26	H26	>0.20～0.50	100	—	1	—	1.0t	—
				>0.50～0.80			2	—	1.0t	—
				>0.80～1.50		75	3	—	1.5t	—
				>1.50～4.00			4	—	1.5t	—
		H18	H18	>0.20～0.50	120	—	1	—	—	—
				>0.50～0.80			2	—	—	—
				>0.80～1.50			3	—	—	—
				>1.50～3.00			4	—	—	—
		H112	H112	>4.50～6.00	75	35	13	—	—	—
				>6.00～12.50	70	35	15		—	—
				>12.50～25.00	60	25	—	20	—	—
				>25.00～75.00	55	15	—	25	—	—
		F	—	>2.50～150.00	—				—	—
1070A	—	O H111	O H111	>0.20～0.50	60～90	15	23	—	0t	0t
				>0.50～1.50			25	—	0t	0t
				>1.50～3.00			29	—	0t	0t
				>3.00～6.00			32	—	0.5t	0.5t
				>6.00～12.50			35	—	0.5t	0.5t
				>12.50～25.00			—	32	—	—
		H12	H12	>0.20～0.50	80～120	55	5	—	0t	0.5t
				>0.50～1.50			6	—	0t	0.5t
				>1.50～3.00			7	—	0.5t	0.5t
				>3.00～6.00			9	—	1.0t	—
		H22	H22	>0.20～0.50	80～120	50	7	—	0t	0.5t
				>0.50～1.50			8	—	0t	0.5t
				>1.50～3.00			10	—	0.5t	0.5t
				>3.00～6.00			12	—	1.0t	—
		H14	H14	>0.20～0.50	100～140	70	4	—	0t	0.5t
				>0.50～1.50			4	—	0.5t	0.5t
				>1.50～3.00			5	—	1.0t	1.0t
				>3.00～6.00			6	—	1.5t	—
		H24	H24	>0.20～0.50	100～140	60	5	—	0t	0.5t
				>0.50～1.50			6	—	0.5t	0.5t
				>1.50～3.00			7	—	1.0t	1.0t
				>3.00～6.00			9	—	1.5t	—
		H16	H16	>0.20～0.50	110～150	90	2	—	0.5t	1.0t
				>0.50～1.50			2	—	1.0t	1.0t
				>1.50～4.00			3	—	1.0t	1.0t
		H26	H26	>0.20～0.50	110～150	80	3	—	0.5t	—
				>0.50～1.50			3	—	1.0t	—
				>1.50～4.00			4	—	1.0t	—

续表

牌号	包铝分类	供应状态	试样状态	厚度/mm	室温拉伸试验结果 抗拉强度 R_m/MPa	规定非比例延伸强度 $R_{p0.2}$/MPa	断后伸长率[1]/% A_{50mm}	A	弯曲半径[2] 90°	180°
					不小于					
1070A	—	H18	H18	>0.20～0.50	125	105	2	—	1.0t	—
				>0.50～1.50			2	—	2.0t	—
				>1.50～3.00			2	—	2.5t	—
		H112	H112	>6.00～12.50	70	20	20	—	—	—
				>12.50～25.00		—	—	20	—	—
		F	—	2.50～150.00	—				—	—
1060	—	O	O	>0.20～0.30	60～100	15	15	—	—	—
				>0.30～0.50			18	—	—	—
				>0.50～1.50			23	—	—	—
				>1.50～6.00			25	—	—	—
				>6.00～80.00			25	22	—	—
		H12	H12	>0.50～1.50	80～120	60	6	—	—	—
				>1.50～6.00			12	—	—	—
		H22	H22	>0.50～1.50	80	60	6	—	—	—
				>1.50～6.00			12	—	—	—
		H14	H14	>0.20～0.30	95～135	70	1	—	—	—
				>0.30～0.50			2	—	—	—
				>0.50～0.80			2	—	—	—
				>0.80～1.50			4	—	—	—
				>1.50～3.00			6	—	—	—
				>3.00～6.00			10	—	—	—
		H24	H24	>0.20～0.30	95	70	1	—	—	—
				>0.30～0.50			2	—	—	—
				>0.50～0.80			2	—	—	—
				>0.80～1.50			4	—	—	—
				>1.50～3.00			6	—	—	—
				>3.00～6.00			10	—	—	—
		H16	H16	>0.20～0.30	110～155	75	1	—	—	—
				>0.30～0.50			2	—	—	—
				>0.50～0.80			2	—	—	—
				>0.80～1.50			3	—	—	—
				>1.50～4.00			5	—	—	—
		H26	H26	>0.20～0.30	110	75	1	—	—	—
				>0.30～0.50			2	—	—	—
				>0.50～0.80			2	—	—	—
				>0.80～1.50			3	—	—	—
				>1.50～4.00			5	—	—	—
		H18	H18	>0.20～0.30	125	85	1	—	—	—
				>0.30～0.50			2	—	—	—
				>0.50～1.50			3	—	—	—
				>1.50～3.00			4	—	—	—

续表

牌号	包铝分类	供应状态	试样状态	厚度/mm	抗拉强度 R_m/MPa	规定非比例延伸强度 $R_{p0.2}$/MPa	断后伸长率[①]/% A_{50mm}	断后伸长率[①]/% A	弯曲半径[②] 90°	弯曲半径[②] 180°
					不小于					
1060	—	H112	H112	>4.50～6.00	75	—	10	—	—	—
				>6.00～12.50	75		10	—	—	—
				>12.50～40.00	70		—	18	—	—
				>40.00～80.00	60		—	22	—	—
		F	—	>2.50～150.00	—				—	—
1050	—	O	O	>0.20～0.50	60～100	—	15	—	0t	—
				>0.50～0.80			20	—	0t	—
				>0.80～1.50		20	25	—	0t	—
				>1.50～6.00			30	—	0t	—
				>6.00～50.00			28	28	—	—
		H12	H12	>0.20～0.30	80～120	—	2	—	0t	—
				>0.30～0.50			3	—	0t	—
				>0.50～0.80			4	—	0t	—
				>0.80～1.50		65	6	—	0.5t	—
				>1.50～3.00			8	—	0.5t	—
				>3.00～6.00			9	—	0.5t	—
		H22	H22	>0.20～0.30	80	—	2	—	0t	—
				>0.30～0.50			3	—	0t	—
				>0.50～0.80			4	—	0t	—
				>0.80～1.50		65	6	—	0.5t	—
				>1.50～3.00			8	—	0.5t	—
				>3.00～6.00			9	—	0.5t	—
		H14	H14	>0.20～0.30	95～130	—	1	—	0.5t	—
				>0.30～0.50			2	—	0.5t	—
				>0.50～0.80			3	—	0.5t	—
				>0.80～1.50		75	4	—	1.0t	—
				>1.50～3.00			5	—	1.0t	—
				>3.00～6.00			6	—	1.0t	—
		H24	H24	>0.20～0.30	95	—	1	—	0.5t	—
				>0.30～0.50			2	—	0.5t	—
				>0.50～0.80			3	—	0.5t	—
				>0.80～1.50		75	4	—	1.0t	—
				>1.50～3.00			5	—	1.0t	—
				>3.00～6.00			6	—	1.0t	—
		H16	H16	>0.20～0.50	120～150	—	1	—	2.0t	—
				>0.50～0.80		85	2	—	2.0t	—
				>0.80～1.50			3	—	2.0t	—
				>1.50～4.00			4	—	2.0t	—
		H26	H26	>0.20～0.50	120	—	1	—	2.0t	—
				>0.50～0.80		85	2	—	2.0t	—
				>0.80～1.50			3	—	2.0t	—
				>1.50～4.00			4	—	2.0t	—

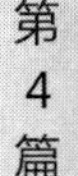

续表

牌号	包铝分类	供应状态	试样状态	厚度/mm	室温拉伸试验结果				弯曲半径[2]	
					抗拉强度 R_m/MPa	规定非比例延伸强度 $R_{p0.2}$/MPa	断后伸长率[1]/%			
							A_{50mm}	A	90°	180°
					不小于					
1050	—	H18	H18	>0.20～0.50	130	—	1	—	—	—
				>0.50～0.80			2	—	—	—
				>0.80～1.50			3	—	—	—
				>1.50～3.00			4	—	—	—
		H112	H112	>4.50～6.00	85	45	10	—	—	—
				>6.00～12.50	80	45	10	—	—	—
				>12.50～25.00	70	35	—	16	—	—
				>25.00～50.00	65	30	—	22	—	—
				>50.00～75.00	65	30	—	22	—	—
		F	—	>2.50～150.00	—				—	—
1050A	—	O H111	O H111	>0.20～0.50	>65～95	20	20	—	0t	0t
				>0.50～1.50			22	—	0t	0t
				>1.50～3.00			26	—	0t	0t
				>3.00～6.00			29	—	0.5t	0.5t
				>6.00～12.50			35	—	1.0t	1.0t
				>12.50～80.00			—	32	—	—
		H12	H12	>0.20～0.50	>85～125	65	2	—	0t	0.5t
				>0.50～1.50			4	—	0t	0.5t
				>1.50～3.00			5	—	0.5t	0.5t
				>3.00～6.00			7	—	1.0t	1.0t
		H22	H22	>0.20～0.50	>85～125	55	4	—	0t	0.5t
				>0.50～1.50			5	—	0t	0.5t
				>1.50～3.00			6	—	0.5t	0.5t
				>3.00～6.00			11	—	1.0t	1.0t
		H14	H14	>0.20～0.50	>105～145	85	2	—	0t	1.0t
				>0.50～1.50			2	—	0.5t	1.0t
				>1.50～3.00			4	—	1.0t	1.0t
				>3.00～6.00			5	—	1.5t	—
		H24	H24	>0.20～0.50	>105～145	75	3	—	0t	1.0t
				>0.50～1.50			4	—	0.5t	1.0t
				>1.50～3.00			5	—	1.0t	1.0t
				>3.00～6.00			8	—	1.5t	1.5t
		H16	H16	>0.20～0.50	>120～160	100	1	—	0.5t	—
				>0.50～1.50			2	—	1.0t	—
				>1.50～4.00			3	—	1.5t	—
		H26	H26	>0.20～0.50	>120～160	90	2	—	0.5t	—
				>0.50～1.50			3	—	1.0t	—
				>1.50～4.00			4	—	1.5t	—
		H18	H18	>0.20～0.50	135	120	1	—	1.0t	—
				>0.50～1.50	140		2	—	2.0t	—
				>1.50～3.00			2	—	3.0t	—

续表

牌号	包铝分类	供应状态	试样状态	厚度/mm	室温拉伸试验结果				弯曲半径②	
					抗拉强度 R_m/MPa	规定非比例延伸强度 $R_{p0.2}$/MPa	断后伸长率①/%			
							A_{50mm}	A	90°	180°
					不小于					
1050A	—	H28	H28	>0.20～0.50	140	110	2	—	1.0t	—
				>0.50～1.50			2	—	2.0t	—
				>1.50～3.00			3	—	3.0t	—
		H19	H19	>0.20～0.50	155	140	1	—	—	—
				>0.50～1.50	150	130		—	—	—
				>1.50～3.00				—	—	—
		H112	H112	>6.00～12.50	75	30	20	—	—	—
				>12.50～80.00	70	25	—	20	—	—
		F	—	2.50～150.00	—				—	—
1145	—	O	O	>0.20～0.50	60～100	—	15	—	—	—
				>0.50～0.80			20	—	—	—
				>0.80～1.50		20	25	—	—	—
				>1.50～6.00			30	—	—	—
				>6.00～10.00			28	—	—	—
		H12	H12	>0.20～0.30	80～120	—	2	—	—	—
				>0.30～0.50			3	—	—	—
				>0.50～0.80			4	—	—	—
				>0.80～1.50		65	6	—	—	—
				>1.50～3.00			8	—	—	—
				>3.00～4.50			9	—	—	—
		H22	H22	>0.20～0.30	80	—	2	—	—	—
				>0.30～0.50			3	—	—	—
				>0.50～0.80			4	—	—	—
				>0.80～1.50			6	—	—	—
				>1.50～3.00			8	—	—	—
				>3.00～4.50			9	—	—	—
		H14	H14	>0.20～0.30	95～125	—	1	—	—	—
				>0.30～0.50			2	—	—	—
				>0.50～0.80			3	—	—	—
				>0.80～1.50		75	4	—	—	—
				>1.50～3.00			5	—	—	—
				>3.00～4.50			6	—	—	—
		H24	H24	>0.20～0.30	95	—	1	—	—	—
				>0.30～0.50			2	—	—	—
				>0.50～0.80			3	—	—	—
				>0.80～1.50			4	—	—	—
				>1.50～3.00			5	—	—	—
				>3.00～4.50			6	—	—	—
		H16	H16	>0.20～0.50	120～145	—	1	—	—	—
				>0.50～0.80			2	—	—	—
				>0.80～1.50		85	3	—	—	—
				>1.50～4.50			4	—	—	—

续表

牌号	包铝分类	供应状态	试样状态	厚度/mm	室温拉伸试验结果				弯曲半径[2]	
					抗拉强度 R_m/MPa	规定非比例延伸强度 $R_{p0.2}$/MPa	断后伸长率[1]/%			
							A_{50mm}	A	90°	180°
					不小于					
1145	—	H26	H26	>0.20～0.50	120	—	1	—	—	—
				>0.50～0.80			2	—	—	—
				>0.80～1.50			3	—	—	—
				>1.50～4.50			4	—	—	—
		H18	H18	>0.20～0.50	125	—	1	—	—	—
				>0.50～0.80			2	—	—	—
				>0.80～1.50			3	—	—	—
				>1.50～4.50			4	—	—	—
		H112	H112	>4.50～6.50	85	45	10	—	—	—
				>6.50～12.50	80	45	10	—	—	—
				>12.50～25.00	70	35	—	16	—	—
		F	—	>2.50～150.00	—				—	—
1235	—	O	O	>0.20～1.00	65～105	—	15	—	—	—
		H12	H12	>0.20～0.30	95～130	—	2	—	—	—
				>0.30～0.50			3	—	—	—
				>0.50～1.50			6	—	—	—
				>1.50～3.00			8	—	—	—
				>3.00～4.50			9	—	—	—
		H22	H22	>0.20～0.30	95	—	2	—	—	—
				>0.30～0.50			3	—	—	—
				>0.50～1.50			6	—	—	—
				>1.50～3.00			8	—	—	—
				>3.00～4.50			9	—	—	—
		H14	H14	>0.20～0.30	115～150	—	1	—	—	—
				>0.30～0.50			2	—	—	—
				>0.50～1.50			3	—	—	—
				>1.50～3.00			4	—	—	—
		H24	H24	>0.20～0.30	115	—	1	—	—	—
				>0.30～0.50			2	—	—	—
				>0.50～1.50			3	—	—	—
				>1.50～3.00			4	—	—	—
		H16	H16	>0.20～0.50	130～165	—	1	—	—	—
				>0.50～1.50			2	—	—	—
				>1.50～4.00			3	—	—	—
		H26	H26	>0.20～0.50	130	—	1	—	—	—
				>0.50～1.50			2	—	—	—
				>1.50～4.00			3	—	—	—
		H18	H18	>0.20～0.50	145	—	1	—	—	—
				>0.50～1.50			2	—	—	—
				>1.50～3.00			3	—	—	—

续表

牌号	包铝分类	供应状态	试样状态	厚度/mm	室温拉伸试验结果				弯曲半径②	
					抗拉强度 R_m/MPa	规定非比例延伸强度 $R_{p0.2}$/MPa	断后伸长率①/%			
							A_{50mm}	A	90°	180°
					不小于					
1200	—	O H111	O H111	>0.20～0.50	75～105	25	19	—	0t	0t
				>0.50～1.50			21	—	0t	0t
				>1.50～3.00			24	—	0t	0t
				>3.00～6.00			28	—	0.5t	0.5t
				>6.00～12.50			33	—	1.0t	1.0t
				>12.50～80.00			—	30	—	—
		H12	H12	>0.20～0.50	95～135	75	2	—	0t	0.5t
				>0.50～1.50			4	—	0t	0.5t
				>1.50～3.00			5	—	0.5t	0.5t
				>3.00～6.00			6	—	1.0t	1.0t
		H22	H22	>0.20～0.50	95～135	65	4	—	0t	0.5t
				>0.50～1.50			5	—	0t	0.5t
				>1.50～3.00			6	—	0.5t	0.5t
				>3.00～6.00			10	—	1.0t	1.0t
		H14	H14	>0.20～0.50	105～155	95	1	—	0t	1.0t
				>0.50～1.50	115～155		3	—	0.5t	1.0t
				>1.50～3.00			4	—	1.0t	1.0t
				>3.00～6.00			5	—	1.5t	1.5t
		H24	H24	>0.20～0.50	115～155	90	3	—	0t	1.0t
				>0.50～1.50			4	—	0.5t	1.0t
				>1.50～3.00			5	—	1.0t	1.0t
				>3.00～6.00			7	—	1.5t	—
		H16	H16	>0.20～0.50	120～170	110	1	—	0.5t	—
				>0.50～1.50	130～170	115	2	—	1.0t	—
				>1.50～4.00			3	—	1.5t	—
		H26	H26	>0.20～0.50	130～170	105	2	—	0.5t	—
				>0.50～1.50			3	—	1.0t	—
				>1.50～4.00			4	—	1.5t	—
		H18	H18	>0.20～0.50	150	130	1	—	1.0t	—
				>0.50～1.50			2	—	2.0t	—
				>1.50～3.00			2	—	3.0t	—
		H19	H19	>0.20～0.50	160	140	1	—	—	—
				>0.50～1.50			1	—	—	—
				>1.50～3.00			1	—	—	—
		H112	H112	>6.00～12.50	85	35	16	—	—	—
				>12.50～80.00	80	30	—	16	—	—
		F	—	>2.50～150.00	—				—	—

续表

牌号	包铝分类	供应状态	试样状态	厚度/mm	室温拉伸试验结果				弯曲半径[2]	
					抗拉强度 R_m/MPa	规定非比例延伸强度 $R_{p0.2}$/MPa	断后伸长率[1]/%			
							A_{50mm}	A	90°	180°
					不小于					
包铝2A11 2A11	正常包铝或工艺包铝	O	O	>0.50～3.00	≤225	—	12	—	—	—
				>3.00～10.00	≤235	—	12	—	—	—
			T42[3]	>0.50～3.00	350	185	15	—	—	—
				>3.00～10.00	355	195	15	—	—	—
		T1	T42	>4.50～10.00	355	195	15	—	—	—
				>10.00～12.50	370	215	11	—	—	—
				>12.50～25.00	370	215	—	11	—	—
				>25.00～40.00	330	195	—	8	—	—
				>40.00～70.00	310	195	—	6	—	—
				>70.00～80.00	285	195	—	4	—	—
		T3	T3	>0.50～1.50	375	215	15	—	—	—
				>1.50～3.00			17	—	—	—
				>3.00～10.00			15	—	—	—
		T4	T4	>0.50～3.00	360	185	15	—	—	—
				>3.00～10.00	370	195	15	—	—	—
		F	—	>4.50～150.00	—				—	—
		O	O	>0.50～4.50	≤215	—	14	—	—	—
				>4.50～10.00	≤235	—	12	—	—	—
			T42[3]	>0.50～3.00	390	245	15	—	—	—
				>3.00～10.00	410	265	12	—	—	—
		T1	T42	>4.50～10.00	410	265	12	—	—	—
				>10.00～12.50	420	275	7	—	—	—
				>12.50～25.00	420	275	—	7	—	—
				>25.00～40.00	390	255	—	5	—	—
				>40.00～70.00	370	245	—	4	—	—
				>70.00～80.00	345	245	—	3	—	—
		T3	T3	>0.50～1.60	405	270	15	—	—	—
				>1.60～10.00	420	275	15	—	—	—
		T4	T4	>0.50～3.00	405	270	13	—	—	—
				>3.00～4.50	425	275	12			
				>4.50～10.00	425	275	12	—	—	—
		F	—	>4.50～150.00	—				—	—
2A14	工艺包铝	O	O	0.50～10.00	≤245	—	10	—	—	—
		T6	T6	0.50～10.00	430	340	5	—	—	—
		T1	T62	>4.50～12.50	430	340	5	—	—	—
				>12.50～40.00	430	340	—	5	—	—
		F	—	>4.50～150.00	—				—	—
包铝2E12 2E12	正常包铝或工艺包铝	T3	T3	0.80～1.50	405	270	—	15	—	5.0t
				>1.50～3.00	≥420	275	—	15	—	5.0t
				>3.00～6.00	425	275	—	15	—	8.0t

续表

牌号	包铝分类	供应状态	试样状态	厚度/mm	室温拉伸试验结果				弯曲半径[2]	
					抗拉强度 R_m/MPa	规定非比例延伸强度 $R_{p0.2}$/MPa	断后伸长率[1]/%			
							A_{50mm}	A	90°	180°
					不小于					
2014	工艺包铝或不包铝	O	O	>0.40～1.50	≤220	≤140	12	—	0*t*	0.5*t*
				>1.50～3.00			13	—	1.0*t*	1.0*t*
				>3.00～6.00			16	—	1.5*t*	—
				>6.00～9.00			16	—	2.5*t*	—
				>9.00～12.50			16	—	4.0*t*	—
				>12.50～25.00			—	10	—	—
		T3	T3	>0.40～1.50	395	245	14	—	—	—
				>1.50～6.00	400	245	14	—	—	—
		T4	T4	>0.40～1.50	395	240	14	—	3.0*t*	3.0*t*
				>1.50～6.00	395	240	14	—	5.0*t*	5.0*t*
				>6.00～12.50	400	250	14	—	8.0*t*	—
				>12.50～40.00	400	250		10	—	—
				>40.00～100.00	395	250		7	—	—
		T6	T6	>0.40～1.50	440	390	6	—	—	—
				>1.50～6.00	440	390	7	—	—	—
				>6.00～12.50	450	395	7	—	—	—
				>12.50～40.00	460	400		6	5.0*t*	
				>40.00～60.00	450	390		5	7.0*t*	
				>60.00～80.00	435	380		4	10.0*t*	
				>80.00～100.00	420	360		4		
				>100.00～125.00	410	350		4		
				>125.00～160.00	390	340		2		
		F	—	>4.50～150.00	—				—	—
包铝2014	正常包铝	O	O	>0.50～0.63	≤205	≤95	16	—	—	—
				>0.63～1.00	≤220			—	—	—
				>1.00～2.50	≤205			—	—	—
				>2.50～12.50	≤205			9	—	—
				>12.50～25.00	≤220[4]	—	—	5	—	—
		T3	T3	>0.50～0.63	370	230	14	—	—	—
				>0.63～1.00	380	235	14	—	—	—
				>1.00～2.50	395	240	15	—	—	—
				>2.50～6.30	395	240	15	—	—	—
		T4	T4	>0.50～0.63	370	215	14	—	—	—
				>0.63～1.00	380	220	14	—	—	—
				>1.00～2.50	395	235	15	—	—	—
				>2.50～6.30	395	235	15	—	—	—
		T6	T6	>0.50～0.63	425	370	7	—	—	—
				>0.63～1.00	435	380	7	—	—	—
				>1.00～2.50	440	395	8	—	—	—
				>2.50～6.30	440	395	8	—	—	—
		F	—	>4.50～150.00	—				—	—

续表

牌号	包铝分类	供应状态	试样状态	厚度/mm	室温拉伸试验结果				弯曲半径②	
					抗拉强度 R_m/MPa	规定非比例延伸强度 $R_{p0.2}$/MPa	断后伸长率①/%		90°	180°
							A_{50mm}	A		
					不小于					
包铝 2014A	正常包铝、工艺包铝或不包铝	O	O	>0.20～0.50	≤235	≤110		—	1.0t	—
				>0.50～1.50			14	—	2.0t	—
				>1.50～3.00			16	—	2.0t	—
				>3.00～6.00			16	—	2.0t	—
		T4	T4	>0.20～0.50	400	225	—	—	3.0t	—
				>0.50～1.50			13	—	3.0t	—
				>1.50～6.00			14	—	5.0t	—
				>6.00～12.50		250	14	—		—
				>12.50～25.00			—	12		—
				>25.00～40.00			—	10		—
				>40.00～80.00	395		—	7		—
		T6	T6	>0.20～0.50	440	380	—	—	5.0t	—
				>0.50～1.50			6	—	5.0t	—
				>1.50～3.00			7	—	6.0t	—
				>3.00～6.00			8	—	5.0t	—
				>6.00～12.50	460	410	8	—	—	—
				>12.50～25.00	460	410	—	6	—	—
				>25.00～40.00	450	400	—	5	—	—
				>40.00～60.00	430	390	—	5	—	—
				>60.00～90.00	430	390	—	4	—	—
				>90.00～115.00	420	370	—	4	—	—
				>115.00～140.00	410	350	—	4	—	—
2024	工艺包铝或不包铝	O	O	>0.40～1.50	≤220	≤140	12	—	0t	0.5t
				>1.50～3.00			13		1.0t	2.0t
				>3.00～6.00					1.5t	3.0t
				>6.00～9.00					2.5t	—
				>9.00～12.50					4.0t	—
				>12.50～25.00		—	—	11	—	—
		T3	T3	>0.40～1.50	435	290	12	11	4.0t	4.0t
				>1.50～3.00	435	290	14	—	4.0t	4.0t
				>3.00～6.00	440	290	14	—	5.0t	5.0t
				>6.00～12.50	440	290	13	—	8.0t	—
				>12.50～40.00	430	290	—	11	—	—
				>40.00～80.00	420	290	—	8	—	—
				>80.00～100.00	400	285	—	7	—	—
				>100.00～120.00	380	270	—	5	—	—
				>120.00～150.00	360	250	—	5	—	—
		T4	T4	>0.40～1.50	425	275	12	—	—	4.0t
				>1.50～6.00	425	275	14	—	—	5.0t
		T8	T8	>0.40～1.50	460	400	5	—	—	—
				>1.50～6.00	460	400	6	—	—	—
				>6.00～12.50	460	400	5	—	—	—
				>12.50～25.00	455	400	—	4	—	—
				>25.00～40.00	455	395	—	4	—	—
		F	—	>4.50～80.00	—				—	—

续表

牌号	包铝分类	供应状态	试样状态	厚度/mm	室温拉伸试验结果				弯曲半径[2]	
					抗拉强度 R_m/MPa	规定非比例延伸强度 $R_{p0.2}$/MPa	断后伸长率[1]/%			
							A_{50mm}	A	90°	180°
					不小于					
包铝 2024	正常包铝	O	O	>0.20～0.25	≤205	≤95	10	—	—	—
				>0.25～1.60	≤205	≤95	12	—	—	—
				>1.60～12.50	≤220	≤95	12	—	—	—
				>12.50～45.50	≤220[4]	—	—	10	—	—
		T3	T3	>0.20～0.25	400	270	10	—	—	—
				>0.25～0.50	405	270	12	—	—	—
				>0.50～1.60	405	270	15	—	—	—
				>1.60～3.20	420	275	15	—	—	—
				>3.20～6.00	420	275	15	—	—	—
		T4	T4	>0.20～0.50	400	245	12	—	—	—
				>0.50～1.60	400	245	15	—	—	—
				>1.60～3.20	420	260	15			
		F	—	>4.50～80.00	—				—	—
包铝 2017	正常包铝、工艺包铝或不包铝	O	O	>0.40～1.60	≤215	—	12	—	0.5t	—
				>1.60～2.90		≤110			1.0t	—
				>2.90～6.00					1.5t	—
				>6.00～25.00					—	—
			T42[3]	>0.40～0.50	355	—	12	—	—	—
				>0.50～1.60		195	15	—	—	—
				>1.60～2.90			17	—	—	—
				>2.90～6.50			15	—	—	—
				>6.50～25.00		185	12	—	—	—
		T3	T3	>0.40～0.50	375	—	12	—	1.5t	—
				>0.50～1.60		215	15	—	2.5t	—
				>1.60～2.90			17	—	3t	—
				>2.90～6.00			15	—	3.5t	—
		T4	T4	>0.40～0.50	355	—	12	—	1.5t	—
				>0.50～1.60		195	15	—	2.5t	—
				>1.60～2.90			17	—	3t	—
				>2.90～6.00			15	—	3.5t	—
		F	—	>4.50～150.00	—				—	—
包铝 2017A	正常包铝、工艺包铝或不包铝	O	O	0.40～1.50	≤225	≤145	12	—	5t	0.5t
				>1.50～3.00			14		1.0t	1.0t
				>3.00～6.00			13		1.5t	—
				>6.00～9.00					2.5t	—
				>9.00～12.50					4.0t	—
				>12.50～25.00			—	12	—	—

第 4 篇

续表

牌号	包铝分类	供应状态	试样状态	厚度/mm	室温拉伸试验结果				弯曲半径②	
					抗拉强度 R_m/MPa	规定非比例延伸强度 $R_{p0.2}$/MPa	断后伸长率①/%			
							A_{50mm}	A	90°	180°
					不小于					
包铝 2017A	正常包铝、工艺包铝或不包铝	T4	T4	0.40～1.50	390	245	14	—	3.0t	3.0t
				>1.50～6.00		245	15	—	5.0t	5.0t
				>6.00～12.50		260	13	—	8.0t	—
				>12.50～40.00		250	—	12	—	—
				>40.00～60.00	385	245	—	12	—	—
				>60.00～80.00	370	240	—	7	—	—
				>80.00～120.00	360		—	6	—	—
				>120.00～150.00	350		—	4	—	—
				>150.00～180.00	330	220	—	2	—	—
				>180.00～200.00	300	200	—	2	—	—
包铝 2219	正常包铝、工艺包铝或不包铝	O	O	>0.50～12.50	≤220	≤110	12	—	—	—
				>12.50～50.00	≤220④	≤110④	—	10	—	—
		T81	T81	>0.50～1.00	340	255	6	—	—	—
				>1.00～2.50	380	285	7	—	—	—
				>2.50～6.30	400	295	7	—	—	—
		T87	T87	>1.00～2.50	395	315	6	—	—	—
				>2.50～6.30	415	330	6	—	—	—
				>6.30～12.50	415	330	7	—	—	—
3A21	—	O	O	>0.20～0.80	100～150	—	19	—	—	—
				>0.80～4.50			23	—	—	—
				>4.50～10.00			21	—	—	—
		H14	H14	>0.80～1.30	145～215	—	6	—	—	—
				>1.30～4.50			6	—	—	—
		H24	H24	>0.20～1.30	145	—	6	—	—	—
				>1.30～4.50			6	—	—	—
		H18	H18	>0.20～0.50	185	—	1	—	—	—
				>0.50～0.80			2	—	—	—
				>0.80～1.30			3	—	—	—
				>1.30～4.50			4	—	—	—
		H112	H112	>4.50～10.00	110	—	16	—	—	—
				>10.00～12.50	120		16	—	—	—
				>12.50～25.00	120		—	16	—	—
				>25.00～80.00	110		—	16	—	—
		F	—	>4.50～150.00	—				—	—
3102	—	H18	H18	>0.20～0.50	160	—	3	—	—	—
				>0.50～3.00			2	—	—	—

续表

牌号	包铝分类	供应状态	试样状态	厚度/mm	室温拉伸试验结果				弯曲半径[2]	
					抗拉强度 R_m/MPa	规定非比例延伸强度 $R_{p0.2}$/MPa	断后伸长率[1]/%		90°	180°
					不小于		A_{50mm}	A		
3003	—	O H111	O H111	>0.20～0.50	95～135	35	15	—	0t	0t
				>0.50～1.50			17	—	0t	0t
				>1.50～3.00			20	—	0t	0t
				>3.00～6.00			23	—	1.0t	1.0t
				>6.00～12.50			24	—	1.5t	—
				>12.50～50.00			—	23	—	—
		H12	H12	>0.20～0.50	120～160	90	3	—	0t	1.5t
				>0.50～1.50			4	—	0.5t	1.5t
				>1.50～3.00			5	—	1.0t	1.5t
				>3.00～6.00			6	—	1.0t	—
		H22	H22	>0.20～0.50	120～160	80	6	—	0t	1.0t
				>0.50～1.50			7	—	0.5t	1.0t
				>1.50～3.00			8	—	1.0t	1.0t
				>3.00～6.00			9	—	1.0t	—
		H14	H14	>0.20～0.50	145～195	125	2	—	0.5t	2.0t
				>0.50～1.50			2	—	1.0t	2.0t
				>1.50～3.00			3	—	1.0t	2.0t
				>3.00～6.00			4	—	2.0t	—
		H24	H24	>0.20～0.50	145～195	115	4	—	0.5t	1.5t
				>0.50～1.50			4	—	1.0t	1.5t
				>1.50～3.00			5	—	1.0t	1.5t
				>3.00～6.00			6	—	2.0t	—
		H16	H16	>0.20～0.50	170～210	150	1	—	1.0t	2.5t
				>0.50～1.50			2	—	1.5t	2.5t
				>1.50～4.00			2	—	2.0t	2.5t
		H26	H26	>0.20～0.50	170～210	140	2	—	1.0t	2.0t
				>0.50～1.50			3	—	1.5t	2.0t
				>1.50～4.00			3	—	2.0t	2.0t
		H18	H18	>0.20～0.50	190	170	1	—	1.5t	—
				>0.50～1.50			2	—	2.5t	—
				>1.50～3.00			2	—	3.0t	—
		H28	H28	>0.20～0.50	190	160	2	—	1.5t	—
				>0.50～1.50			2	—	2.5t	—
				>1.50～3.00			3	—	3.0t	—
		H19	H19	>0.20～0.50	210	180	1	—	—	—
				>0.50～1.50			2	—	—	—
				>1.50～3.00			2	—	—	—
		H112	H112	>4.50～12.50	115	70	10	—	—	—
				>12.50～80.00	100	40	—	18	—	—
		F	—	>2.50～150.00	—				—	—

续表

牌号	包铝分类	供应状态	试样状态	厚度/mm	室温拉伸试验结果：抗拉强度 R_m/MPa	规定非比例延伸强度 $R_{p0.2}$/MPa	断后伸长率[①]/%：A_{50mm}	A	弯曲半径[②]：90°	180°
					不小于					
3103	—	O H111	O H111	>0.20～0.50	90～130	35	17	—	0t	0t
				>0.50～1.50			19	—	0t	0t
				>1.50～3.00			21	—	0t	0t
				>3.00～6.00			24	—	1.0t	1.0t
				>6.00～12.50			28	—	1.5t	—
				>12.50～50.00			—	25	—	—
		H12	H12	>0.20～0.50	115～155	85	3	—	0t	1.5t
				>0.50～1.50			4	—	0.5t	1.5t
				>1.50～3.00			5	—	1.0t	1.5t
				>3.00～6.00			6	—	1.0t	—
		H22	H22	>0.20～0.50	115～155	75	6	—	0t	1.0t
				>0.50～1.50			7	—	0.5t	1.0t
				>1.50～3.00			8	—	1.0t	1.0t
				>3.00～6.00			9	—	1.0t	—
		H14	H14	>0.20～0.50	140～180	120	2	—	0.5t	2.0t
				>0.50～1.50			2	—	1.0t	2.0t
				>1.50～3.00			3	—	1.0t	2.0t
				>3.00～6.00			4	—	2.0t	—
		H24	H24	>0.20～0.50	140～180	110	4	—	0.5t	1.5t
				>0.50～1.50			4	—	1.0t	1.5t
				>1.50～3.00			5	—	1.0t	1.5t
				>3.00～6.00			6	—	2.0t	—
		H16	H16	>0.20～0.50	160～200	145	1	—	1.0t	2.5t
				>0.50～1.50			2	—	1.5t	2.5t
				>1.50～4.00			2	—	2.0t	2.5t
				>4.00～6.00			2	—	1.5t	2.0t
		H26	H26	>0.20～0.50	160～200	135	2	—	1.0t	2.0t
				>0.50～1.50			3	—	1.5t	2.0t
				>1.50～4.00			3	—	2.0t	2.0t
		H18	H18	>0.20～0.50	185	165	1	—	1.5t	—
				>0.50～1.50			2	—	2.5t	—
				>1.50～3.00			2	—	3.0t	—
		H28	H28	>0.20～0.50	185	155	2	—	1.5t	—
				>0.50～1.50			2	—	2.5t	—
				>1.50～3.00			3	—	3.0t	—

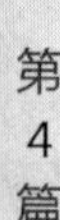

续表

牌号	包铝分类	供应状态	试样状态	厚度/mm	室温拉伸试验结果				弯曲半径[2]	
					抗拉强度 R_m/MPa	规定非比例延伸强度 $R_{p0.2}$/MPa	断后伸长率[1]/%			
							A_{50mm}	A	90°	180°
					不小于					
3103	—	H19	H19	>0.20～0.50	200	175	1	—	—	—
				>0.50～1.50			2	—	—	—
				>1.50～3.00			2	—	—	—
		H112	H112	>4.50～12.50	110	70	10	—	—	—
				>12.50～80.00	95	40	—	18	—	—
		F	—	>20.00～80.00	—				—	—
3004	—	O H111	O H111	>0.20～0.50	155～200	60	13	—	0*t*	0*t*
				>0.50～1.50			14	—	0*t*	0*t*
				>1.50～3.00			15	—	0*t*	0.5*t*
				>3.00～6.00			16	—	1.0*t*	1.0*t*
				>6.00～12.50			16	—	2.0*t*	—
				>12.50～50.00			—	14	—	—
		H12	H12	>0.20～0.50	190～240	155	2	—	0*t*	1.5*t*
				>0.50～1.50			3	—	0.5*t*	1.5*t*
				>1.50～3.00			4	—	1.0*t*	2.0*t*
				>3.00～6.00			5	—	1.5*t*	—
		H22 H32	H22 H32	>0.20～0.50	190～240	145	4	—	0*t*	1.0*t*
				>0.50～1.50			5	—	0.5*t*	1.0*t*
				>1.50～3.00			6	—	1.0*t*	1.5*t*
				>3.00～6.00			7	—	1.5*t*	—
		H14	H14	>0.20～0.50	220～265	180	1	—	0.5*t*	2.5*t*
				>0.50～1.50			2	—	1.0*t*	2.5*t*
				>1.50～3.00			2	—	1.5*t*	2.5*t*
				>3.00～6.00			3	—	2.0*t*	—
		H24 H34	H24 H34	>0.20～0.50	220～265	170	3	—	0.5*t*	2.0*t*
				>0.50～1.50			4	—	1.0*t*	2.0*t*
				>1.50～3.00			4	—	1.5*t*	2.0*t*
		H16	H16	>0.20～0.50	240～285	200	1	—	1.0*t*	3.5*t*
				>0.50～1.50			1	—	1.5*t*	3.5*t*
				>1.50～4.00			2	—	2.5*t*	—
		H26 H36	H26 H36	>0.20～0.50	240～285	190	3	—	1.0*t*	3.0*t*
				>0.50～1.50			3	—	1.5*t*	3.0*t*
				>1.50～3.00			3	—	2.5*t*	—
		H18	H18	>0.20～0.50	260	230	1	—	1.5*t*	—
				>0.50～1.50			1	—	2.5*t*	—
				>1.50～3.00			2	—	—	—

续表

牌号	包铝分类	供应状态	试样状态	厚度/mm	室温拉伸试验结果				弯曲半径[2]	
					抗拉强度 R_m/MPa	规定非比例延伸强度 $R_{p0.2}$/MPa	断后伸长率[1]/%			
							A_{50mm}	A	90°	180°
					不小于					
3004	—	H28 H38	H28 H38	>0.20～0.50	260	220	2	—	1.5t	—
				>0.50～1.50			3	—	2.5t	—
		H19	H19	>0.20～0.50	270	240	1	—	—	—
				>0.50～1.50			1	—	—	—
		H112	H112	>4.50～12.50	160	60	7	—	—	—
				>12.50～40.00			—	6	—	—
				>40.00～80.00			—	6	—	—
		F	—	>2.50～80.00	—				—	—
3104	—	O H111	O H111	>0.20～0.50	155～195	—	10	—	0t	0t
				>0.50～0.80			14	—	0t	0t
				>0.80～1.30		60	16	—	0.5t	0.5t
				>1.30～3.00			18	—	0.5t	0.5t
		H12 H32	H12 H32	>0.50～0.80	195～245	—	3	—	0.5t	0.5t
				>0.80～1.30		145	4	—	1.0t	1.0t
				>1.30～3.00			5	—	1.0t	1.0t
		H22	H22	>0.50～0.80	195	—	3	—	0.5t	0.5t
				>0.80～1.30			4	—	1.0t	1.0t
				>1.30～3.00			5	—	1.0t	1.0t
		H14 H34	H14 H34	>0.20～0.50	225～265	—	1	—	1.0t	1.0t
				>0.50～0.80			3	—	1.5t	1.5t
				>0.80～1.30		175	3	—	1.5t	1.5t
				>1.30～3.00			4	—	1.5t	1.5t
		H24	H24	>0.20～0.50	225	—	1	—	1.0t	1.0t
				>0.50～0.80			3	—	1.5t	1.5t
				>0.80～1.30			3	—	1.5t	1.5t
				>1.30～3.00			4	—	1.5t	1.5t
		H16 H36	H16 H36	>0.20～0.50	245～285	—	1	—	2.0t	2.0t
				>0.50～0.80			2	—	2.0t	2.0t
				>0.80～1.30		195	3	—	2.5t	2.5t
				>1.30～3.00			4	—	2.5t	2.5t
		H26	H26	>0.20～0.50	245	—	1	—	2.0t	2.0t
				>0.50～0.80			2	—	2.0t	2.0t
				>0.80～1.30			3	—	2.5t	2.5t
				>1.30～3.00			4	—	2.5t	2.5t
		H18 H38	H18 H38	>0.20～0.50	265	215	1	—	—	—
		H28	H28	>0.20～0.50	265	—	1	—	—	—

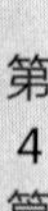

续表

牌号	包铝分类	供应状态	试样状态	厚度/mm	室温拉伸试验结果				弯曲半径[②]	
					抗拉强度 R_m/MPa	规定非比例延伸强度 $R_{p0.2}$/MPa	断后伸长率[①]/%			
							A_{50mm}	A	90°	180°
					不小于					
3104	—	H19 H29 H39	H19 H29 H39	>0.20～0.50	275	—	1	—	—	—
		F	—	>2.50～80.00	—	—	—	—	—	—
3005	—	O H111	O H111	>0.20～0.50	115～165	45	12	—	0t	0t
				>0.50～1.50			14	—	0t	0t
				>1.50～3.00			16	—	0.5t	1.0t
				>3.00～6.00			19	—	1.0t	—
		H12	H12	>0.20～0.50	145～195	125	3	—	0t	1.5t
				>0.50～1.50			4	—	0.5t	1.5t
				>1.50～3.00			4	—	1.0t	2.0t
				>3.00～6.00			5	—	1.5t	—
		H22	H22	>0.20～0.50	145～195	110	5	—	0t	1.0t
				>0.50～1.50			5	—	0.5t	1.0t
				>1.50～3.00			6	—	1.0t	1.5t
				>3.00～6.00			7	—	1.5t	—
		H14	H14	>0.20～0.50	170～215	150	1	—	0.5t	2.5t
				>0.50～1.50			2	—	1.0t	2.5t
				>1.50～3.00			2	—	1.5t	—
				>3.00～6.00			3	—	2.0t	—
		H24	H24	>0.20～0.50	170～215	130	4	—	0.5t	1.5t
				>0.50～1.50			4	—	1.0t	1.5t
				>1.50～3.00			4	—	1.5t	—
		H16	H16	>0.20～0.50	195～240	175	1	—	1.0t	—
				>0.50～1.50			2	—	1.5t	—
				>1.50～4.00			2	—	2.5t	—
		H26	H26	>0.20～0.50	195～240	160	3	—	1.0t	—
				>0.50～1.50			3	—	1.5t	—
				>1.50～3.00			3	—	2.5t	—
		H18	H18	>0.20～0.50	220	200	1	—	1.5t	—
				>0.50～1.50			2	—	2.5t	—
				>1.50～3.00			2	—	—	—
		H28	H28	>0.20～0.50	220	190	2	—	1.5t	—
				>0.50～1.50			2	—	2.5t	—
				>1.50～3.00			3	—	—	—
		H19	H19	>0.20～0.50	235	210	1	—	—	—
				>0.50～1.50	235	210	1	—	—	—
		F	—	>2.50～80.00	—				—	—
4007	—	H12	H12	>0.20～0.50	140～180	110	4	—	—	—
				>0.50～1.50			4	—	—	—
				>1.50～3.00			5	—	—	—
		F	—	2.50～6.00	110	—	—	—	—	—

第4篇

续表

牌号	包铝分类	供应状态	试样状态	厚度/mm	室温拉伸试验结果 抗拉强度 R_m/MPa	规定非比例延伸强度 $R_{p0.2}$/MPa	断后伸长率[①]/% A_{50mm}	A	弯曲半径[②] 90°	180°
					不小于					
4015	—	O H111	O H111	>0.20～3.00	≤150	45	20	—	—	—
		H12	H12	>0.20～0.50	120～175	90	4	—	—	—
				>0.50～3.00			4	—	—	—
		H14	H14	>0.20～0.50	150～200	120	2	—	—	—
				>0.50～3.00			3	—	—	—
		H16	H16	>0.20～0.50	170～220	150	1	—	—	—
				>0.50～3.00			2	—	—	—
		H18	H18	>0.20～3.00	200～250	180	1	—	—	—
5A02	—	O	O	>0.50～1.00	165～225	—	17	—	—	—
				>1.00～10.00			19	—	—	—
		H14 H24 H34	H14 H24 H34	>0.50～1.00	235	—	4	—	—	—
				>1.00～4.50			6	—	—	—
		H18	H18	>0.50～1.00	265	—	3	—	—	—
				>1.00～4.50			4	—	—	—
		H112	H112	>4.50～12.50	175	—	7	—	—	—
				>12.50～25.00	175		—	7	—	—
				>25.00～80.00	155		—	6	—	—
		F	—	>4.50～150.00	—			—	—	—
5A03	—	O	O	>0.50～4.50	195	100	16	—	—	—
		H14 H24 H34	H14 H24 H34	>0.50～4.50	225	195	8	—	—	—
		H112	H112	>4.50～10.00	185	80	16	—	—	—
				>10.00～12.50	175	70	13	—	—	—
				>12.50～25.00	175	70	—	13	—	—
				>25.00～50.00	165	60	—	12	—	—
		F	—	>4.50～150.00	—			—	—	—
5A05	—	O	O	0.50～4.50	275	145	16	—	—	—
		H112	H112	>4.50～10.00	275	125	16	—	—	—
				>10.00～12.50	265	115	14	—	—	—
				>12.50～25.00	265	115	—	14	—	—
				>25.00～50.00	255	105	—	13	—	—
		F	—	>4.50～150.00	—			—	—	—
3105	—	O H111	O H111	>0.20～0.50	100～155	40	14	—	—	0*t*
				>0.50～1.50			15	—	—	0*t*
				>1.50～3.00			17	—	—	0.5*t*
		H12	H12	>0.20～0.50	130～180	105	3	—	—	1.5*t*
				>0.50～1.50			4	—	—	1.5*t*
				>1.50～3.00			4	—	—	1.5*t*

续表

牌号	包铝分类	供应状态	试样状态	厚度/mm	室温拉伸试验结果 抗拉强度 R_m/MPa	规定非比例延伸强度 $R_{p0.2}$/MPa	断后伸长率[1]/% A_{50mm}	A	弯曲半径[2] 90°	180°
					不小于					
3105	—	H22	H22	>0.20～0.50	130～180	105	6	—	—	—
				>0.50～1.50			6	—	—	—
				>1.50～3.00			7	—	—	—
		H14	H14	>0.20～0.50	150～200	130	2	—	—	2.5t
				>0.50～1.50			2	—	—	2.5t
				>1.50～3.00			2	—	—	2.5t
		H24	H24	>0.20～0.50	150～200	120	4	—	—	2.5t
				>0.50～1.50			4	—	—	2.5t
				>1.50～3.00			5	—	—	2.5t
		H16	H16	>0.20～0.50	175～225	160	1	—	—	—
				>0.50～1.50			2	—	—	—
				>1.50～3.00			2	—	—	—
		H26	H26	>0.20～0.50	175～225	150	3	—	—	—
				>0.50～1.50			3	—	—	—
				>1.50～3.00			3	—	—	—
		H18	H18	>0.20～3.00	195	180	1	—	—	—
		H28	H28	>0.20～1.50	195	170	2	—	—	—
		H19	H19	>0.20～1.50	215	190	1	—	—	—
		F	—	>2.50～80.00	—				—	—
4006	—	O	O	>0.20～0.50	95～130	40	17	—	—	0t
				>0.50～1.50			19	—	—	0t
				>1.50～3.00			22	—	—	0t
				>3.00～6.00			25	—	—	1.0t
		H12	H12	>0.20～0.50	120～160	90	4	—	—	1.5t
				>0.50～1.50			4	—	—	1.5t
				>1.50～3.00			5	—	—	1.5t
		H14	H14	>0.20～0.50	140～180	120	3	—	—	2.0t
				>0.50～1.50			3	—	—	2.0t
				>1.50～3.00			3	—	—	2.0t
		F	—	2.50～6.00	—	—	—	—	—	—
4007	—	O H111	O H111	>0.20～0.50	110～150	45	15	—	—	—
				>0.50～1.50			16	—	—	—
				>1.50～3.00			19	—	—	—
				>3.00～6.00			21	—	—	—
				>6.00～12.50			25	—	—	—
5A06	工艺包铝或不包铝	O	O	0.50～4.50	315	155	16	—	—	—
		H112	H112	>4.50～10.00	315	155	16	—	—	—
				>10.00～12.50	305	145	12	—	—	—
				>12.50～25.00	305	145	—	12	—	—
				>25.00～50.00	295	135	—	6	—	—
		F	—	>4.50～150.00	—				—	—

续表

牌号	包铝分类	供应状态	试样状态	厚度/mm	室温拉伸试验结果				弯曲半径[②]	
					抗拉强度 R_m/MPa	规定非比例延伸强度 $R_{p0.2}$/MPa	断后伸长率[①]/%			
							A_{50mm}	A	90°	180°
					不小于					
5005 5005A	—	O H111	O H111	>0.20~0.50	100~145	35	15	—	0t	0t
				>0.50~1.50			19	—	0t	0t
				>1.50~3.00			20	—	0t	0.5t
				>3.00~6.00			22	—	1.0t	1.0t
				>6.00~12.50			24	—	1.5t	—
				>12.50~50.00			—	20	—	—
		H12	H12	>0.20~0.50	125~165	95	2	—	0t	1.0t
				>0.50~1.50			2	—	0.5t	1.0t
				>1.50~3.00			4		1.0t	1.5t
				>3.00~6.00			5	—	1.0t	—
		H22 H32	H22 H32	>0.20~0.50	125~165	80	4	—	0t	1.0t
				>0.50~1.50			5	—	0.5t	1.0t
				>1.50~3.00			6	—	1.0t	1.5t
				>3.00~6.00			8	—	1.0t	—
		H14	H14	>0.20~0.50	145~185	120	2	—	0.5t	2.0t
				>0.50~1.50			2	—	1.0t	2.0t
				>1.50~3.00			3	—	1.0t	2.5t
				>3.00~6.00			4	—	2.0t	—
		H24 H34	H24 H34	>0.20~0.50	145~185	110	3	—	0.5t	1.5t
				>0.50~1.50			4	—	1.0t	1.5t
				>1.50~3.00			5	—	1.0t	2.0t
				>3.00~6.00			6	—	2.0t	—
		H16	H16	>0.20~0.50	165~205	145	1	—	1.0t	—
				>0.50~1.50			2	—	1.5t	—
				>1.50~3.00			3	—	2.0t	—
				>3.00~4.00			3	—	2.5t	—
		H26 H36	H26 H36	>0.20~0.50	165~205	135	2	—	1.0t	—
				>0.50~1.50			3	—	1.5t	—
				>1.50~3.00			4	—	2.0t	—
				>3.00~4.00			4	—	2.5t	—
		H18	H18	>0.20~0.50	185	165	1	—	1.5t	—
				>0.50~1.50			2	—	2.5t	—
				>1.50~3.00			2	—	3.0t	—
		H28 H38	H28 H38	>0.20~0.50	185	160	1	—	1.5t	—
				>0.50~1.50			2	—	2.5t	—
				>1.50~3.00			3	—	3.0t	—
		H19	H19	>0.20~0.50	205	185	1	—	—	—
				>0.50~1.50			2	—	—	—
				>1.50~3.00			2	—	—	—
		H112	H112	>6.00~12.50	115	—	8	—	—	—
				>12.50~40.00	105		—	10	—	—
				>40.00~80.00	100		—	16	—	—
		F	—	>2.5~150.00	—				—	—

续表

牌号	包铝分类	供应状态	试样状态	厚度/mm	室温拉伸试验结果				弯曲半径[②]	
					抗拉强度 R_m/MPa	规定非比例延伸强度 $R_{p0.2}$/MPa	断后伸长率[①]/%			
							A_{50mm}	A	90°	180°
					不小于					
5040	—	H24 H34	H24 H34	0.80～1.80	220～260	170	6	—	—	—
		H26 H36	H26 H36	1.00～2.00	240～280	205	5	—	—	—
5049	—	O H111	O H111	>0.20～0.50	190～240	80	12	—	0t	0.5t
				>0.50～1.50			14	—	0.5t	0.5t
				>1.50～3.00			16	—	1.0t	1.0t
				>3.00～6.00			18	—	1.0t	1.0t
				>6.00～12.50			18	—	2.0t	—
				>12.50～100.00			—	17	—	—
		H12	H12	>0.20～0.50	220～270	170	4	—	—	—
				>0.50～1.50			5	—	—	—
				>1.50～3.00			6	—	—	—
				>3.00～6.00			7	—	—	—
		H22 H32	H22 H32	>0.20～0.50	220～270	130	7	—	0.5t	1.5t
				>0.50～1.50			8	—	1.0t	1.5t
				>1.50～3.00			10	—	1.5t	2.0t
				>3.00～6.00			11	—	1.5t	—
		H14	H14	>0.20～0.50	240～280	190	3	—	—	—
				>0.50～1.50			3	—	—	—
				>1.50～3.00			4	—	—	—
				>3.00～6.00			4	—	—	—
		H24 H34	H24 H34	>0.20～0.50	240～280	160	6	—	1.0t	2.5t
				>0.50～1.50			6	—	1.5t	2.5t
				>1.50～3.00			7	—	2.0t	2.5t
				>3.00～6.00			8	—	2.5t	—
		H16	H16	>0.20～0.50	265～305	220	2	—	—	—
				>0.50～1.50			3	—	—	—
				>1.50～3.00			3	—	—	—
				>3.00～6.00			3	—	—	—
		H26 H36	H26 H36	>0.20～0.50	265～305	190	4	—	1.5t	—
				>0.50～1.50			4	—	2.0t	—
				>1.50～3.00			5	—	3.0t	—
				>3.00～6.00			6	—	3.5t	—
		H18	H18	>0.20～0.50	290	250	1	—	—	—
				>0.50～1.50			2	—	—	—
				>1.50～3.00			2	—	—	—
		H28 H38	H28 H38	>0.20～0.50	290	230	3	—	—	—
				>0.50～1.50			3	—	—	—
				>1.50～3.00			4	—	—	—
		H112	H112	6.00～12.50	210	100	12	—	—	—
				>12.50～25.00	200	90	—	10	—	—
				>25.00～40.00	190	80	—	12	—	—
				>40.00～80.00	190	80	—	14	—	—

续表

牌号	包铝分类	供应状态	试样状态	厚度/mm	室温拉伸试验结果 抗拉强度 R_m/MPa	规定非比例延伸强度 $R_{p0.2}$/MPa	断后伸长率[①]/% A_{50mm}	A	弯曲半径[②] 90°	180°
					不小于					
5449	—	O H111	O H111	>0.50~1.50	190~240	80	14	—	—	—
				>1.50~3.00			16	—	—	—
		H22	H22	>0.50~1.50	220~270	130	8	—	—	—
				>1.50~3.00			10	—	—	—
		H24	H24	>0.50~1.50	240~280	160	6	—	—	—
				>1.50~3.00			7	—	—	—
		H26	H26	>0.50~1.50	265~305	190	4	—	—	—
				>1.50~3.00			5	—	—	—
		H28	H28	>0.50~1.50	290	230	3	—	—	—
				>1.50~3.00			4	—	—	—
5050	—	O H111	O H111	>0.20~0.50	130~170	45	16	—	0t	0t
				>0.50~1.50			17	—	0t	0t
				>1.50~3.00			19	—	0t	0.5t
				>3.00~6.00			21	—	1.0t	—
				>6.00~12.50			20	—	2.0t	—
				>12.50~50.00			—	20	—	—
		H12	H12	>0.20~0.50	155~195	130	2	—	0t	—
				>0.50~1.50			2	—	0.5t	—
				>1.50~3.00			4	—	1.0t	—
		H22 H32	H22 H32	>0.20~0.50	155~195	110	4	—	0t	1.0t
				>0.50~1.50			5	—	0.5t	1.0t
				>1.50~3.00			7	—	1.0t	1.5t
				>3.00~6.00			10	—	1.5t	—
		H14	H14	>0.20~0.50	175~215	150	2	—	0.5t	—
				>0.50~1.50			2	—	1.0t	—
				>1.50~3.00			3	—	1.5t	—
				>3.00~6.00			4	—	2.0t	—
		H24 H34	H24 H34	>0.20~0.50	175~215	135	3	—	0.5t	1.5t
				>0.50~1.50			4	—	1.0t	1.5t
				>1.50~3.00			5	—	1.5t	2.0t
				>3.00~6.00			8	—	2.0t	—
		H16	H16	>0.20~0.50	195~235	170	1	—	1.0t	—
				>0.50~1.50			2	—	1.5t	—
				>1.50~3.00			2	—	2.5t	—
				>3.00~4.00			3	—	3.0t	—
		H26 H36	H26 H36	>0.20~0.50	195~235	160	2	—	1.0t	—
				>0.50~1.50			3	—	1.5t	—
				>1.50~3.00			4	—	2.5t	—
				>3.00~4.00			6	—	3.0t	—
		H18	H18	>0.20~0.50	220	190	1	—	1.5t	—
				>0.50~1.50			2	—	2.5t	—
				>1.50~3.00			2	—	—	—

续表

牌号	包铝分类	供应状态	试样状态	厚度/mm	室温拉伸试验结果				弯曲半径②	
					抗拉强度 R_m/MPa	规定非比例延伸强度 $R_{p0.2}$/MPa	断后伸长率①/%			
							A_{50mm}	A	90°	180°
					不小于					
5050	—	H28 H38	H28 H38	>0.20～0.50	220	180	1	—	1.5t	—
				>0.50～1.50			2	—	2.5t	—
				>1.50～3.00			3	—	—	—
		H112	H112	6.00～12.50	140	55	12	—	—	—
				>12.50～40.00			—	10	—	—
				>40.00～80.00			—	10	—	—
		F	—	2.50～80.00	—				—	—
5251	—	O H111	O H111	>0.20～0.50	160～200	60	13	—	0t	0t
				>0.50～1.50			14	—	0t	0t
				>1.50～3.00			16	—	0.5t	0.5t
				>3.00～6.00			18	—	1.0t	—
				>6.00～12.50			18	—	2.0t	—
				>12.50～50.00			—	18	—	—
		H12	H12	>0.20～0.50	190～230	150	3	—	0t	2.0t
				>0.50～1.50			4	—	1.0t	2.0t
				>1.50～3.00			5	—	1.0t	2.0t
				>3.00～6.00			8	—	1.5t	—
		H22 H32	H22 H32	>0.20～0.50	190～230	120	4	—	0t	1.5t
				>0.50～1.50			6	—	1.0t	1.5t
				>1.50～3.00			8	—	1.0t	1.5t
				>3.00～6.00			10	—	1.5t	—
		H14	H14	>0.20～0.50	210～250	170	2	—	0.5t	2.5t
				>0.50～1.50			2	—	1.5t	2.5t
				>1.50～3.00			3	—	1.5t	2.5t
				>3.00～6.00			4	—	2.5t	—
		H24 H34	H24 H34	>0.20～0.50	210～250	140	3	—	0.5t	2.0t
				>0.50～1.50			5	—	1.5t	2.0t
				>1.50～3.00			6	—	1.5t	2.0t
				>3.00～6.00			8	—	2.5t	—
		H16	H16	>0.20～0.50	230～270	200	1	—	1.0t	3.5t
				>0.50～1.50			2	—	1.5t	3.5t
				>1.50～3.00			3	—	2.0t	3.5t
				>3.00～4.00			3	—	3.0t	—
		H26 H36	H26 H36	>0.20～0.50	230～270	170	3	—	1.0t	3.0t
				>0.50～1.50			4	—	1.5t	3.0t
				>1.50～3.00			5	—	2.0t	3.0t
				>3.00～4.00			7	—	3.0t	—
		H18	H18	>0.20～0.50	255	230	1	—	—	—
				>0.50～1.50			2	—	—	—
				>1.50～3.00			2	—	—	—
		H28 H38	H28 H38	>0.20～0.50	255	200	2	—	—	—
				>0.50～1.50			3	—	—	—
				>1.50～3.00			3	—	—	—
		F	—	2.50～80.00	—				—	—

续表

牌号	包铝分类	供应状态	试样状态	厚度/mm	室温拉伸试验结果				弯曲半径②	
					抗拉强度 R_m/MPa	规定非比例延伸强度 $R_{p0.2}$/MPa	断后伸长率①/%			
							A_{50mm}	A	90°	180°
					不小于					
5052	—	O H111	O H111	>0.20～0.50	170～215	65	12	—	0t	0t
				>0.50～1.50			14	—	0t	0t
				>1.50～3.00			16		0.5t	0.5t
				>3.00～6.00			18	—	1.0t	—
				>6.00～12.50	165～215		19	—	2.0t	—
				>12.50～80.00			—	18	—	—
		H12	H12	>0.20～0.50	210～260	160	4	—	—	—
				>0.50～1.50			5	—	—	—
				>1.50～3.00			6	—	—	—
				>3.00～6.00			8	—	—	—
		H22 H32	H22 H32	>0.20～0.50	210～260	130	5	—	0. 5t	1. 5t
				>0.50～1.50			6	—	1. 0t	1. 5t
				>1.50～3.00			7	—	1. 5t	1. 5t
				>3.00～6.00			10	—	1. 5t	—
		H14	H14	>0.20～0.50	230～280	180	3	—	—	—
				>0.50～1.50			3	—	—	—
				>1.50～3.00			4	—	—	—
				>3.00～6.00			4	—	—	—
		H24 H34	H24 H34	>0.20～0.50	230～280	150	4	—	0.5t	2.0t
				>0.50～1.50			5	—	1.5t	2.0t
				>1.50～3.00			6	—	2.0t	2.0t
				>3.00～6.00			7	—	2.5t	—
		H16	H16	>0.20～0.50	250～300	210	2	—	—	—
				>0.50～1.50			3	—	—	—
				>1.50～3.00			3	—	—	—
				>3.00～6.00			3	—	—	—
		H26 H36	H26 H36	>0.20～0.50	250～300	180	3	—	1.5t	—
				>0.50～1.50			4	—	2.0t	—
				>1.50～3.00			5	—	3.0t	—
				>3.00～6.00			6	—	3.5t	—
		H18	H18	>0.20～0.50	270	240	1	—	—	—
				>0.50～1.50			2	—	—	—
				>1.50～3.00			2	—	—	—
		H28 H38	H28 H38	>0.20～0.50	270	210	3	—	—	—
				>0.50～1.50			3	—	—	—
				>1.50～3.00			4	—	—	—
		H112	H112	>6.00～12.50	190	80	7	—	—	—
				>12.50～40.00	170	70	—	10	—	—
				>40.00～80.00	170	70	—	14	—	—
		F	—	>2.50～150.00	—				—	—

续表

牌号	包铝分类	供应状态	试样状态	厚度/mm	室温拉伸试验结果				弯曲半径[2]	
					抗拉强度 R_m/MPa	规定非比例延伸强度 $R_{p0.2}$/MPa	断后伸长率[1]/%			
							A_{50mm}	A	90°	180°
					不小于					
5154A	—	O H111	O H111	>0.20～0.50	215～275	85	12	—	0.5t	0.5t
				>0.50～1.50			13	—	0.5t	0.5t
				>1.50～3.00			15	—	1.0t	1.0t
				>3.00～6.00			17	—	1.5t	—
				>6.00～12.50			18	—	2.5t	—
				>12.50～50.00			—	16	—	—
		H12	H12	>0.20～0.50	250～305	190	3	—	—	—
				>0.50～1.50			4	—	—	—
				>1.50～3.00			5	—	—	—
				>3.00～6.00			6	—	—	—
		H22 H32	H22 H32	>0.20～0.50	250～305	180	5	—	0.5t	1.5t
				>0.50～1.50			6	—	1.0t	1.5t
				>1.50～3.00			7	—	2.0t	2.0t
				>3.00～6.00			8	—	2.5t	—
		H14	H14	>0.20～0.50	270～325	220	2	—	—	—
				>0.50～1.50			3	—	—	—
				>1.50～3.00			3	—	—	—
				>3.00～6.00			4	—	—	—
		H24 H34	H24 H34	>0.20～0.50	270～325	200	4	—	1.0t	2.5t
				>0.50～1.50			5	—	2.0t	2.5t
				>1.50～3.00			6	—	2.5t	3.0t
				>3.00～6.00			7	—	3.0t	—
		H26 H36	H26 H36	>0.20～0.50	290～345	230	3	—	—	—
				>0.50～1.50			3	—	—	—
				>1.50～3.00			4	—	—	—
				>3.00～6.00			5	—	—	—
		H18	H18	>0.20～0.50	310	270	1	—	—	—
				>0.50～1.50			1	—	—	—
				>1.50～3.00			1	—	—	—
		H28 H38	H28 H38	>0.20～0.50	310	250	3	—	—	—
				>0.50～1.50			3	—	—	—
				>1.50～3.00			3	—	—	—
		H19	H19	>0.20～0.50	330	285	1	—	—	—
				>0.50～1.50			1	—	—	—
		H112	H112	6.00～12.50	220	125	8	—	—	—
				>12.50～40.00	215	90	—	9	—	—
				>40.00～80.00	215	90	—	13	—	—
		F	—	2.50～80.00	—				—	—
5454	—	O H111	O H111	>0.20～0.50	215～275	85	12	—	0.5t	0.5t
				>0.50～1.50			13	—	0.5t	0.5t
				>1.50～3.00			15	—	1.0t	1.0t
				>3.00～6.00			17	—	1.5t	—
				>6.00～12.50			18	—	2.5t	—
				>12.50～80.00			—	16	—	—
		H12	H12	>0.20～0.50	250～305	190	3	—	—	—
				>0.50～1.50			4	—	—	—
				>1.50～3.00			5	—	—	—
				>3.00～6.00			6	—	—	—

续表

牌号	包铝分类	供应状态	试样状态	厚度/mm	室温拉伸试验结果 抗拉强度 R_m/MPa	规定非比例延伸强度 $R_{p0.2}$/MPa	断后伸长率[1]/% A_{50mm}	A	弯曲半径[2] 90°	180°
					不小于					
5454	—	H22 H32	H22 H32	>0.20~0.50	250~305	180	5	—	0.5t	1.5t
				>0.50~1.50			6	—	1.0t	1.5t
				>1.50~3.00			7	—	2.0t	2.0t
				>3.00~6.00			8	—	2.5t	—
		H14	H14	>0.20~0.50	270~325	220	2	—	—	—
				>0.50~1.50			3	—	—	—
				>1.50~3.00			3	—	—	—
				>3.00~6.00			4	—	—	—
		H24 H34	H24 H34	>0.20~0.50	270~325	200	4	—	1.0t	2.5t
				>0.50~1.50			5	—	2.0t	2.5t
				>1.50~3.00			6	—	2.5t	3.0t
				>3.00~6.00			7	—	3.0t	—
		H26 H36	H26 H36	>0.20~1.50	290~345	230	3	—	—	—
				>1.50~3.00			4	—	—	—
				>3.00~6.00			5	—	—	—
		H28 H38	H28 H38	>0.20~3.00	310	250	3	—	—	—
		H112	H112	6.00~12.50	220	125	8	—	—	—
				>12.50~40.00	215	90	—	9	—	—
				>40.00~120.00			—	13	—	—
		F	—	>4.50~150.00	—				—	—
5754	—	O H111	O H111	>0.20~0.50	190~240	80	12	—	0t	0.5t
				>0.50~1.50			14	—	0.5t	0.5t
				>1.50~3.00			16	—	1.0t	1.0t
				>3.00~6.00			18	—	1.0t	1.0t
				>6.00~12.50			18	—	2.0t	—
				>12.50~100.00			—	17	—	—
		H12	H12	>0.20~0.50	220~270	170	4	—	—	—
				>0.50~1.50			5	—	—	—
				>1.50~3.00			6	—	—	—
				>3.00~6.00			7	—	—	—
		H22 H32	H22 H32	>0.20~0.50	220~270	130	7	—	0.5t	1.5t
				>0.50~1.50			8	—	1.0t	1.5t
				>1.50~3.00			10	—	1.5t	2.0t
				>3.00~6.00			11	—	1.5t	—
		H14	H14	>0.20~0.50	240~280	190	3	—	—	—
				>0.50~1.50			3	—	—	—
				>1.50~3.00			4	—	—	—
				>3.00~6.00			4	—	—	—
		H24 H34	H24 H34	>0.20~0.50	240~280	160	6	—	1.0t	2.5t
				>0.50~1.50			6	—	1.5t	2.5t
				>1.50~3.00			7	—	2.0t	2.5t
				>3.00~6.00			8	—	2.5t	—

续表

牌号	包铝分类	供应状态	试样状态	厚度/mm	室温拉伸试验结果				弯曲半径[2]	
					抗拉强度 R_m/MPa	规定非比例延伸强度 $R_{p0.2}$/MPa	断后伸长率[1]/%			
							A_{50mm}	A	90°	180°
					不小于					
5754	—	H16	H16	>0.20～0.50	265～305	220	2	—	—	—
				>0.50～1.50			3	—	—	—
				>1.50～3.00			3	—	—	—
				>3.00～6.00			3	—	—	—
		H26 H36	H26 H36	>0.20～0.50	265～305	190	4	—	1.5t	—
				>0.50～1.50			4	—	2.0t	—
				>1.50～3.00			5	—	3.0t	—
				>3.00～6.00			6	—	3.5t	—
		H18	H18	>0.20～0.50	290	250	1	—	—	—
				>0.50～1.50			2	—	—	—
				>1.50～3.00			2	—	—	—
		H28 H38	H28 H38	>0.20～0.50	290	230	3	—	—	—
				>0.50～1.50			3	—	—	—
				>1.50～3.00			4	—	—	—
		H112	H112	6.00～12.50	190	100	12	—	—	—
				>12.50～25.00		90	—	10	—	—
				>25.00～40.00		80	—	12	—	—
				>40.00～80.00			—	14	—	—
		F	—	>4.50～150.00	—				—	—
5082	—	H18 H38	H18 H38	>0.20～0.50	335	—	1	—	—	—
		H19 H39	H19 H39	>0.20～0.50	355	—	1	—	—	—
		F	—	>4.50～150.00	—				—	—
5182	—	O H111	O H111	>0.2～0.50	255～315	110	11	—	—	1.0t
				>0.50～1.50			12	—	—	1.0t
				>1.50～3.00			13	—	—	1.0t
		H19	H19	>0.20～1.50	380	320	1	—	—	—
5083	—	O H111	O H111	>0.20～0.50	275～350	125	11	—	0.5t	1.0t
				>0.50～1.50			12	—	1.0t	1.0t
				>1.50～3.00			13	—	1.0t	1.5t
				>3.00～6.30			15	—	1.5t	—
				>6.30～12.50	270～345	115	16	—	2.5t	—
				>12.50～50.00			—	15	—	—
				>50.00～80.00			—	14	—	—
				>80.00～120.00	260	110	—	12	—	—
				>120.00～200.00	255	105	—	12	—	—
		H12	H12	>0.20～0.50	315～375	250	3	—	—	—
				>0.50～1.50			4	—	—	—
				>1.50～3.00			5	—	—	—
				>3.00～6.00			6	—	—	—

续表

牌号	包铝分类	供应状态	试样状态	厚度/mm	室温拉伸试验结果 抗拉强度 R_m/MPa	规定非比例延伸强度 $R_{p0.2}$/MPa	断后伸长率[①]/% A_{50mm}	A	弯曲半径[②] 90°	180°
					不小于					
5083	—	H22 H32	H22 H32	>0.20~0.50	305~380	215	5	—	0.5t	2.0t
				>0.50~1.50			6	—	1.5t	2.0t
				>1.50~3.00			7	—	2.0t	3.0t
				>3.00~6.00			8	—	2.5t	—
		H14	H14	>0.20~0.50	340~400	280	2	—	—	—
				>0.50~1.50			3	—	—	—
				>1.50~3.00			3	—	—	—
				>3.00~6.00			3	—	—	—
		H24 H34	H24 H34	>0.20~0.50	340~400	250	4	—	1.0t	—
				>0.50~1.50			5	—	2.0t	—
				>1.50~3.00			6	—	2.5t	—
				>3.00~6.00			7	—	3.5t	—
		H16	H16	>0.20~0.50	360~420	300	1	—	—	—
				>0.50~1.50			2	—	—	—
				>1.50~3.00			2	—	—	—
				>3.00~4.00			2	—	—	—
		H26 H36	H26 H36	>0.20~0.50	360~420	280	2	—	—	—
				>0.50~1.50			3	—	—	—
				>1.50~3.00			3	—	—	—
				>3.00~4.00			3	—	—	—
		H116 H321	H116 H321	1.50~3.00	305	215	8	—	2. 0t	—
				>3.00~6.00			10	—	2. 5t	—
				>6.00~12.50			12	—	4. 0t	—
				>12.50~40.00			—	10	—	—
				>40.00~80.00	285	200	—	10	—	—
		H112	H112	>6.00~12.50	275	125	12	—	—	—
				>12.50~40.00	275	125	—	10	—	—
				>40.00~80.00	270	115	—	10	—	—
				>40.00~120.00	260	110	—	10	—	—
		F	—	>4.50~150.00	—				—	—
5383	—	O H111	O H111	>0.20~0.50	290~360	145	11	—	0.5t	1.0t
				>0.50~1.50			12	—	1.0t	1.0t
				>1.50~3.00			13	—	1.0t	1.5t
				>3.00~6.00			15	—	1.5t	—
				>6.00~12.50			16	—	2.5t	—
				>12.50~50.00			—	15	—	—
				>50.00~80.00	285~355	135	—	14	—	—
				>80.00~120.00	275	130	—	12	—	—
				>120.00~150.00	270	125	—	12	—	—

第 4 篇

续表

牌号	包铝分类	供应状态	试样状态	厚度/mm	室温拉伸试验结果 抗拉强度 R_m/MPa	规定非比例延伸强度 $R_{p0.2}$/MPa	断后伸长率[①]/% A_{50mm}	A	弯曲半径[②] 90°	180°
					不小于					
5383	—	H22 H32	H22 H32	>0.20～0.50	305～380	220	5	—	0.5t	2.0t
				>0.50～1.50			6	—	1.5t	2.0t
				>1.50～3.00			7	—	2.0t	3.0t
				>3.00～6.00			8	—	2.5t	—
		H24 H34	H24 H34	>0.20～0.50	340～400	270	4	—	1.0t	—
				>0.50～1.50			5	—	2.0t	—
				>1.50～3.00			6	—	2.5t	—
				>3.00～6.00			7	—	3.5t	—
		H116 H321	H116 H321	1.50～3.00	305	220	8	—	2.0t	3.0t
				>3.00～6.00			10	—	2.5t	—
				>6.00～12.50			12	—	4.0t	—
				>12.50～40.00			—	10	—	—
				>40.00～80.00	285	205	—	10	—	—
		H112	H112	6.00～12.50	290	145	12	—	—	—
				>12.50～40.00			—	10	—	—
				>40.00～80.00	285	135	—	10	—	—
5086	—	O H111	O H111	>0.20～0.50	240～310	100	11	—	0.5t	1.0t
				>0.50～1.50			12	—	1.0t	1.0t
				>1.50～3.00			13	—	1.0t	1.0t
				>3.00～6.00			15	—	1.5t	1.5t
				>6.00～12.50			17	—	2.5t	—
				>12.50～150.00			—	16	—	—
		H12	H12	>0.20～0.50	275～335	200	3	—	—	—
				>0.50～1.50			4	—	—	—
				>1.50～3.00			5	—	—	—
				>3.00～6.00			6	—	—	—
		H22 H32	H22 H32	>0.20～0.50	275～335	185	5	—	0.5t	2.0t
				>0.50～1.50			6	—	1.5t	2.0t
				>1.50～3.00			7	—	2.0t	2.0t
				>3.00～6.00			8	—	2.5t	—
		H14	H14	>0.20～0.50	300～360	240	2	—	—	—
				>0.50～1.50			3	—	—	—
				>1.50～3.00			3	—	—	—
				>3.00～6.00			3	—	—	—
		H24 H34	H24 H34	>0.20～0.50	300～360	220	4	—	1.0t	2.5t
				>0.50～1.50			5	—	2.0t	2.5t
				>1.50～3.00			6	—	2.5t	2.5t
				>3.00～6.00			7	—	3.5t	—

续表

牌号	包铝分类	供应状态	试样状态	厚度/mm	室温拉伸试验结果				弯曲半径[2]	
					抗拉强度 R_m/MPa	规定非比例延伸强度 $R_{p0.2}$/MPa	断后伸长率[1]/%			
							A_{50mm}	A	90°	180°
					不小于					
5086	—	H16	H16	>0.20～0.50	325～385	270	1	—	—	—
				>0.50～1.50			2	—	—	—
				>1.50～3.00			2	—	—	—
				>3.00～4.00			2	—	—	—
		H26 H36	H26 H36	>0.20～0.50	325～385	250	2	—	—	—
				>0.50～1.50			3	—	—	—
				>1.50～3.00			3	—	—	—
				>3.00～4.00			3	—	—	—
		H18	H18	>0.20～0.50	345	290	1	—	—	—
				>0.50～1.50			1	—	—	—
				>1.50～3.00			1	—	—	—
		H116 H321	H116 H321	1.50～3.00	275	195	8	—	2.0t	2.0t
				>3.00～6.00			9	—	2.5t	—
				>6.00～12.50			10	—	3.5t	—
				>12.50～50.00			—	9	—	—
		H112	H112	>6.00～12.50	250	105	8	—	—	—
				>12.50～40.00	240	105	—	9	—	—
				>40.00～80.00	240	100	—	12	—	—
		F	—	>4.50～150.00	—	—	—	—	—	—
6A02	—	O	O	>0.50～4.50	≤145	—	21	—	—	—
				>4.50～10.00			16	—	—	—
			T62[5]	>0.50～4.50	295	—	11	—	—	—
				>4.50～10.00			8	—	—	—
		T4	T4	>0.50～0.80	195	—	19	—	—	—
				>0.80～2.90			21	—	—	—
				>2.90～4.50			19	—	—	—
				>4.50～10.00	175		17	—	—	—
		T6	T6	>0.50～4.50	295	—	11	—	—	—
				>4.50～10.00			8	—	—	—
		T1	T62[6]	>4.50～12.50			8	—	—	—
				>12.50～25.00			—	7	—	—
				>25.00～40.00	285		—	6	—	—
				>40.00～80.00	275		—	6	—	—
			T42[6]	>4.50～12.50	175	—	17	—	—	—
				>12.50～25.00			—	14	—	—
				>25.00～40.00	165		—	12	—	—
				>40.00～80.00			—	10	—	—
		F	—	>4.50～150.00	—	—	—	—	—	—
6061	—	O	O	0.40～1.50	≤150	≤85	14	—	0.5t	1.0t
				>1.50～3.00			16	—	1.0t	1.0t
				>3.00～6.00			19	—	1.0t	—
				>6.00～12.50			16	—	2.0t	—
				>12.50～25.00			—	16	—	—

续表

牌号	包铝分类	供应状态	试样状态	厚度/mm	室温拉伸试验结果				弯曲半径[2]	
					抗拉强度 R_m/MPa	规定非比例延伸强度 $R_{p0.2}$/MPa	断后伸长率[1]/%			
							A_{50mm}	A	90°	180°
					不小于					
6061	—	T4	T4	0.40～1.50	205	110	12	—	1.0t	1.5t
				>1.50～3.00			14	—	1.5t	2.0t
				>3.00～6.00			16	—	3.0t	—
				>6.00～12.50			18	—	4.0t	—
				>12.50～40.00			—	15	—	—
				>40.00～80.00			—	14	—	—
		T6	T6	0.40～1.50	290	240	6	—	2.5t	—
				>1.50～3.00			7	—	3.5t	—
				>3.00～6.00			10	—	4.0t	—
				>6.00～12.50			9	—	5.0t	—
				>12.50～40.00			—	8	—	—
				>40.00～80.00			—	6	—	—
				>80.00～100.00			—	5	—	—
		F	—	>2.50～150.00	—				—	—
6016	—	T4	T4	0.40～3.00	170～250	80～140	24	—	0.5t	0.5t
		T6	T6	0.40～3.00	260～300	180～260	10	—	—	—
6063	—	O	O	0.50～5.00	≤130	—	20	—	—	—
				>5.00～12.50			15	—	—	—
				>12.50～20.00			—	15	—	—
			T62[5]	0.50～5.00	230	180	—	8	—	—
				>5.00～12.50	220	170	—	6	—	—
				>12.50～20.00	220	170	6	—	—	—
		T4	T4	0.50～5.00	150	—	10	—	—	—
				5.00～10.00	130		10	—	—	—
		T6	T6	0.50～5.00	240	190	8	—	—	—
				>5.00～10.00	230	180	8	—	—	—
6082	—	O	O	0.40～1.50	≤150	≤85	14	—	0.5t	1.0t
				>1.50～3.00			16	—	1.0t	1.0t
				>3.00～6.00			18	—	1.5t	—
				>6.00～12.50			17	—	2.5t	—
				>12.50～25.00	≤155	—	—	16	—	—
		T4	T4	0.40～1.50	205	110	12	—	1.5t	3.0t
				>1.50～3.00			14	—	2.0t	3.0t
				>3.00～6.00			15	—	3.0t	—
				>6.00～12.50			14	—	4.0t	—
				>12.50～40.00			—	13	—	—
				>40.00～80.00			—	12	—	—
		T6	T6	0.40～1.50	310	260	6	—	2.5t	—
				>1.50～3.00			7	—	3.5t	—
				>3.00～6.00			10	—	4.5t	—
				>6.00～12.50	300	255	9	—	6.0t	—
		F	—	>4.50～150.00	—				—	—

续表

牌号	包铝分类	供应状态	试样状态	厚度/mm	室温拉伸试验结果				弯曲半径②	
					抗拉强度 R_m/MPa	规定非比例延伸强度 $R_{p0.2}$/MPa	断后伸长率①/%			
							A_{50mm}	A	90°	180°
					不小于					
包铝7A04 包铝7A09	正常包铝或工艺包铝	O	O	0.50～10.00	≤245	—	11	—	—	—
			T62⑤	0.50～2.90	470	390	7	—	—	—
				>2.90～10.00	490	410		—	—	—
		T6	T6	0.50～2.90	480	400		—	—	—
				>2.90～10.00	490	410		—	—	—
		T1	T62	>4.50～10.00	490	410		—	—	—
				>10.00～12.50	490	410	4	—	—	—
				>12.50～25.00				—	—	—
				>25.50～40.00			3	—	—	—
		F	—	>4.50～150.00	—				—	—
7020	—	O	O	0.40～1.50	≤220	≤140	12	—	2.0t	—
				>1.50～3.00			13	—	2.5t	—
				>3.00～6.00			15	—	3.5t	—
				>6.00～12.50			12	—	5.0t	—
		T4⑦	T4⑦	0.40～1.50	320	210	11	—	—	—
				>1.50～3.00			12	—	—	—
				>3.00～6.00			13	—	—	—
				>6.00～12.50			14	—	—	—
		T6	T6	0.40～1.50	350	280	7	—	3.5t	—
				>1.50～3.00			8	—	4.0t	—
				>3.00～6.00			10	—	5.5t	—
				>6.00～12.50			10	—	8.0t	—
				>12.50～40.00			—	9	—	—
				>40.00～100.00	340	270	—	8	—	—
				>100.00～150.00	330	260	—	7	—	—
				>150.00～175.00			—	6	—	—
				>175.00～200.00			—	5	—	—
7021	—	T6	T6	1.50～3.00	400	350	7	—	—	—
				>3.00～6.00			6	—	—	—
7022	—	T6	T6	3.00～12.50	450	370	8	—	—	—
				>12.50～25.00			—	8	—	—
				>25.00～50.00			—	7	—	—
				>50.00～100.00	430	350	—	5	—	—
				>100.00～200.00	410	330	—	3	—	—
7075	工艺包铝或不包铝	O	O	0.40～0.80	≤275	≤145	10	—	0.5t	1.0t
				>0.80～1.50				—	1.0t	2.0t
				>1.50～3.00				—	1.0t	3.0t
				>3.00～6.00				—	2.5t	—
				>6.00～12.50				—	4.0t	—
				>12.50～75.00		—	—	9	—	—

续表

牌号	包铝分类	供应状态	试样状态	厚度/mm	室温拉伸试验结果				弯曲半径[2]	
					抗拉强度 R_m/MPa	规定非比例延伸强度 $R_{p0.2}$/MPa	断后伸长率[1]/%			
							A_{50mm}	A	90°	180°
					不小于					
7075	工艺包铝或不包铝	O	T62[5]	0.40～0.80	525	460	6	—	—	—
				>0.80～1.50	540	460	6	—	—	—
				>1.50～3.00	540	470	7	—	—	—
				>3.00～6.00	545	475	8	—	—	—
				>6.00～12.50	540	460	8	—	—	—
				>12.50～25.00	540	470	—	6	—	—
				>25.00～50.00	530	460	—	5	—	—
				>50.00～60.00	525	440	—	4	—	—
				>60.00～75.00	495	420	—	4	—	—
		T6	T6	0.40～0.80	525	460	6	—	4.5*t*	—
				>0.80～1.50	540	460	6	—	5.5*t*	—
				>1.50～3.00	540	470	7	—	6.5*t*	—
				>3.00～6.00	545	475	8	—	8.0*t*	—
				>6.00～12.50	540	460	8	—	12.0*t*	—
				>12.50～25.00	540	470	—	6	—	—
				>25.00～50.00	530	460	—	5	—	—
				>50.00～60.00	525	440	—	4	—	—
		T76	T76	>1.50～3.00	500	425	7	—	—	—
				>3.00～6.00	500	425	8	—	—	—
				>6.00～12.50	490	415	7	—	—	—
		T73	T73	>1.50～3.00	460	385	7	—	—	—
				>3.00～6.00	460	385	8	—	—	—
				>6.00～12.50	475	390	7	—	—	—
				>12.50～25.00	475	390	—	6	—	—
				>25.00～50.00	475	390	—	5	—	—
				>50.00～60.00	455	360	—	5	—	—
				>60.00～80.00	440	340	—	5	—	—
				>80.00～100.00	430	340	—	5	—	—
		F	—	>6.00～50.00	—				—	—
包铝7075	正常包铝	O	O	>0.39～1.60	≤275	≤145	10	—	—	—
				>1.60～4.00				—	—	—
				>4.00～12.50				—	—	—
				>12.50～50.00		—	—	9	—	—
			T62[5]	>0.39～1.00	505	435	7	—	—	—
				>1.00～1.60	515	445	8	—	—	—
				>1.60～3.20	515	445	8	—	—	—
				>3.20～4.00	515	445	8	—	—	—
				>4.00～6.30	525	455	8	—	—	—
				>6.30～12.50	525	455	9	—	—	—
				>12.50～25.00	540	470	—	6	—	—
				>25.00～50.00	530	460	—	5	—	—
				>50.00～60.00	525	440	—	4	—	—

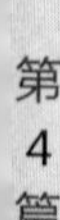

续表

牌号	包铝分类	供应状态	试样状态	厚度/mm		室温拉伸试验结果				弯曲半径②	
						抗拉强度 R_m/MPa	规定非比例延伸强度 $R_{p0.2}$/MPa	断后伸长率①/%			
								A_{50mm}	A	90°	180°
						不小于					
包铝7075	正常包铝	T6	T6	>0.39～1.00		505	435	7	—	—	—
				>1.00～1.60		515	445	8	—	—	—
				>1.60～3.20		515	445	8	—	—	—
				>3.20～4.00		515	445	8	—	—	—
				>4.00～6.30		525	455	8	—	—	—
		T76	T76	>3.10～4.00		470	390	8	—	—	—
				>4.00～6.30		485	405	8	—	—	—
		F	—	>6.00～100.00		—				—	—
包铝7475	正常包铝	O	O	1.00～1.60		≤250	≤140	10	—	—	2.0t
				>1.60～3.20		≤260	≤140	10	—	—	3.0t
				>3.20～4.80		≤260	≤140	10	—	—	4.0t
				>4.80～6.50		≤270	≤145	10	—	—	4.0t
		T761⑧	T761⑧	1.00～1.60		455	379	9	—	—	6.0t
				>1.60～2.30		469	393	9	—	—	7.0t
				>2.30～3.20		469	393	9	—	—	8.0t
				>3.20～4.80		469	393	9	—	—	9.0t
				>4.80～6.50		483	414	9	—	—	9.0t
7475	工艺包铝或不包铝	T6	T6	>0.35～6.00		515	440	9	—	—	—
		T76 T761⑧	T76 T761⑧	1.00～1.60	纵向	490	420	9	—	—	6.0t
					横向	490	415	9			
				>1.60～2.30	纵向	490	420	9	—	—	7.0t
					横向	490	415	9			
				>2.30～3.20	纵向	490	420	9	—	—	8.0t
					横向	490	415	9			
				>3.20～4.80	纵向	490	420	9	—	—	9.0t
					横向	490	415	9			
				>4.80～6.50	纵向	490	420	9	—	—	9.0t
					横向	490	415	9			
8A06	—	O	O	>0.20～0.30		≤110	—	16	—	—	—
				>0.30～0.50				21	—	—	—
				>0.50～0.80				26	—	—	—
				>0.80～10.00				30	—	—	—
		H14 H24	H14 H24	>0.20～0.30		100	—	1	—	—	—
				>0.30～0.50				3	—	—	—
				>0.50～0.80				4	—	—	—
				>0.80～1.00				5	—	—	—
				>1.00～4.50				6	—	—	—
		H18	H18	>0.20～0.30		135	—	1	—	—	—
				>0.30～0.80				2	—	—	—
				>0.80～4.50				3	—	—	—
		H112	H112	>4.50～10.00		70	—	19	—	—	—
				>10.00～12.50		80		19	—	—	—
				>12.50～25.00		80		—	19	—	—
				>25.00～80.00		65		—	16	—	—
		F	—	>2.50～150		—				—	—

续表

牌号	包铝分类	供应状态	试样状态	厚度/mm	室温拉伸试验结果				弯曲半径②	
					抗拉强度 R_m/MPa	规定非比例延伸强度 $R_{p0.2}$/MPa	断后伸长率①/%			
							A_{50mm}	A	90°	180°
					不小于					
8011	—	H14	H14	>0.20～0.50	125～165	—	2	—	—	—
		H24	H24	>0.20～0.50	125～165	—	3	—	—	—
		H16	H16	>0.20～0.50	130～185	—	1	—	—	—
		H26	H26	>0.20～0.50	130～185	—	2	—	—	—
		H18	H18	0.20～0.50	165	—	1	—	—	—
8011A	—	O H111	O H111	>0.20～0.50	85～130	30	19	—	—	—
				>0.50～1.50			21	—	—	—
				>1.50～3.00			24	—	—	—
				>3.00～6.00			25	—	—	—
				>6.00～12.50			30	—	—	—
		H22	H22	>0.20～0.50	105～145	90	4	—	—	—
				>0.50～1.50			5	—	—	—
				>1.50～3.00			6	—	—	—
		H14	H14	>0.20～0.50	120～170	110	1	—	—	—
				>0.50～1.50	125～165		3	—	—	—
				>1.50～3.00			3	—	—	—
				>3.00～6.00			4	—	—	—
		H24	H24	>0.20～0.50	125～165	100	3	—	—	—
				>0.50～1.50			4	—	—	—
				>1.50～3.00			5	—	—	—
				>3.00～6.00			6	—	—	—
		H16	H16	>0.20～0.50	140～190	130	1	—	—	—
				>0.50～1.50	145～185		2	—	—	—
				>1.50～4.00			3	—	—	—
		H26	H26	>0.20～0.50	145～185	120	2	—	—	—
				>0.50～1.50			3	—	—	—
				>1.50～4.00			4	—	—	—
		H18	H18	>0.20～0.50	160	145	1	—	—	—
				>0.50～1.50	165		2	—	—	—
				>1.50～3.00			2	—	—	—
8079	—	H14	H14	>0.20～0.50	125～175	—	2	—	—	—

① 当 A_{50mm} 和 A 两栏均有数值时，A_{50mm} 适用于厚度不大于 12.5mm 的板材，A 适用于厚度大于 12.5mm 的板材。

② 弯曲半径中的 t 表示板材的厚度，对表中既有 90°弯曲也有 180°弯曲的产品，当需方未指定采用 90°弯曲或 180°弯曲时，弯曲半径由供方任选一种。

③ 对于 2A11、2A12、2017 合金的 O 状态板材，需要 T42 状态的性能值时，应在订货单（或合同）中注明，未注明时，不检测该性能。

④ 厚度为>12.5～25.00mm 的 2014、2024、2219 合金 O 状态的板材，其拉伸试样由芯材机加工得到，不得有包铝层。

⑤ 对于 6A02、6063、7A04、7A09 和 7075 合金的 O 状态板材，需要 T62 状态的性能值时，应在订货单（或合同）中注明，未注明时，不检测该性能。

⑥ 对于 6A02 合金 T1 状态的板材，当需方未注明需要 T62 或 T42 状态的性能时，由供方任选一种。

⑦ 应尽量避免订购 7020 合金 T4 状态的产品。T4 状态产品的性能是在室温下自然时效 3 个月后才能达到规定的稳定的力学性能，将淬火后的试样在 60～65℃的条件下持续 60h 后也可以得到近似的自然时效性能值。

⑧ T761 状态专用于 7475 合金薄板和带材，与 T76 状态的定义相同，是在固溶热处理后进行人工过时效以获得良好的抗剥落腐蚀性能的状态。

注：GB/T 3880.1—2012、GB/T 3880.2—2012 关于铝及铝合金板带材的牌号化学成分应符合 GB/T 3190—2008 的规定，但牌号 4006、4007、4015、5040、5449 合金的化学成分在 GB/T 3880.1—2012 中另有规定，因此，上述 5 个牌号的化学成分应符合 GB/T 3880.1—2012 的相关规定。

2.3.4.2 铝及铝合金花纹板

表 4-2-46 铝及铝合金花纹板代号、花纹名称及图案（GB/T 3618—2006）

代号	花纹名称及图案	代号	花纹名称及图案	代号	花纹名称及图案
1号	方格形 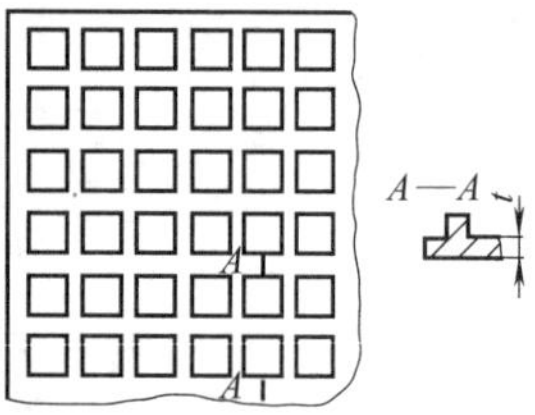 A—A	4号	三条形 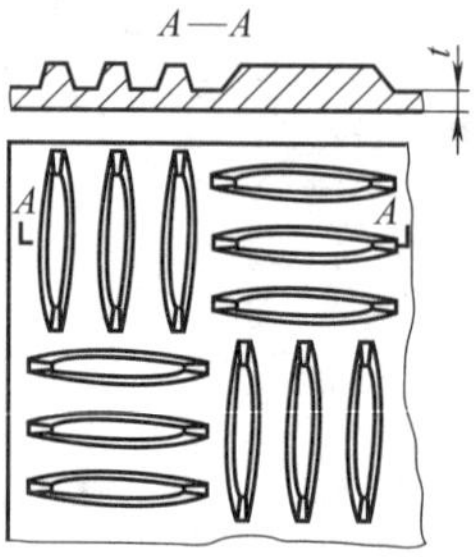 A—A	7号	四条形 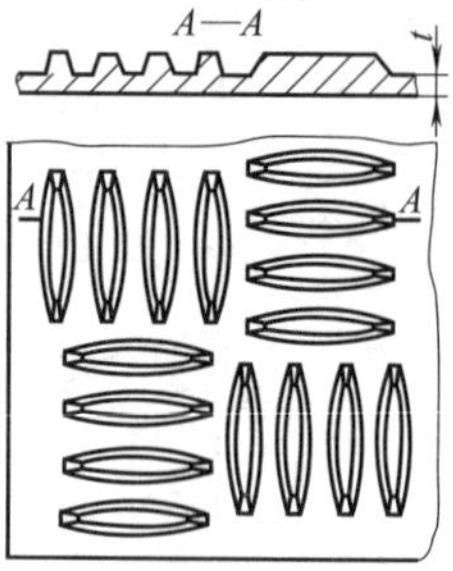 A—A
2号	扁豆形 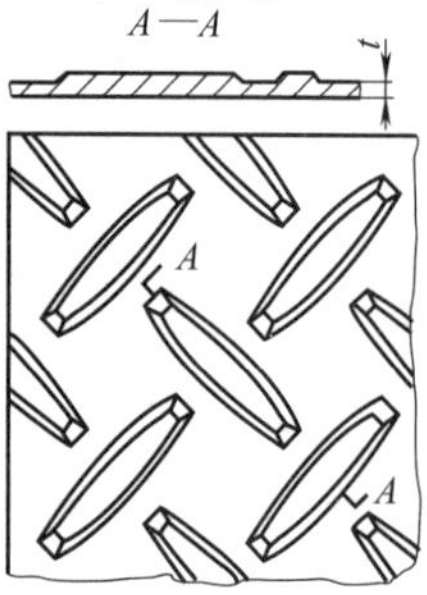 A—A	5号	指针形 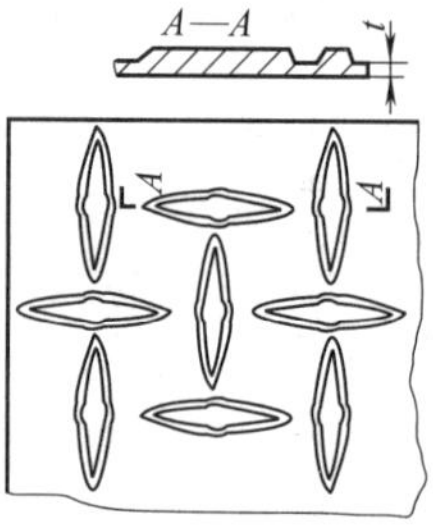 A—A	8号	三条形 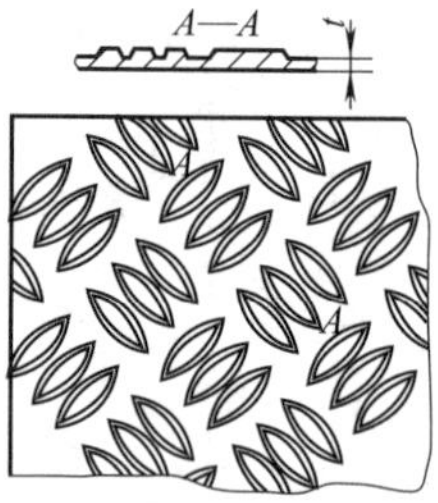 A—A
3号	五条形 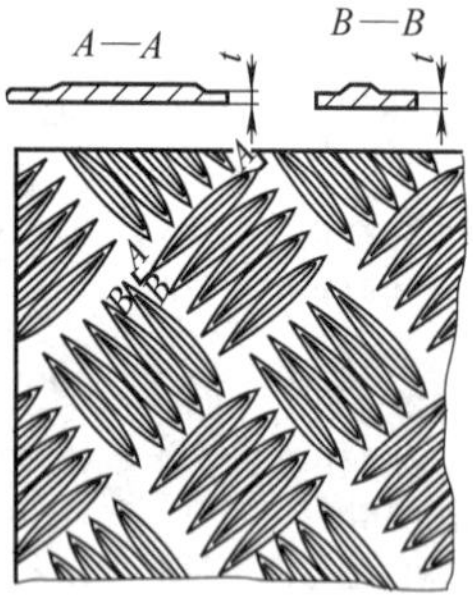 A—A B—B	6号	菱形 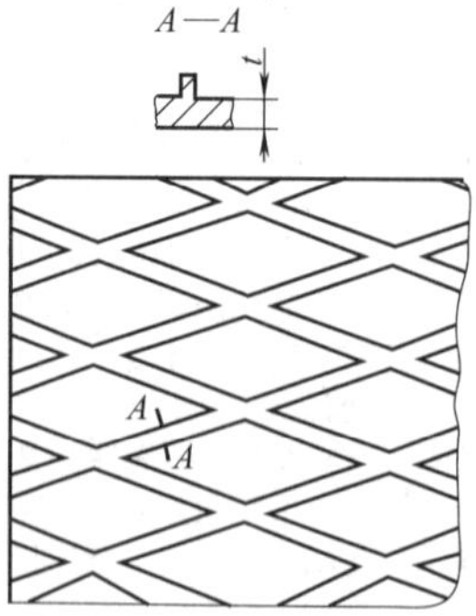 A—A	9号	星月形 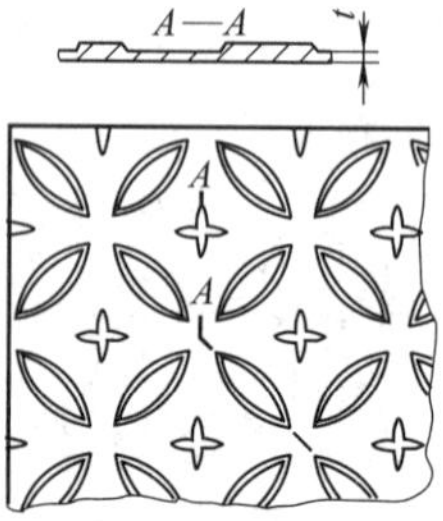 A—A

表 4-2-47　铝及铝合金花纹板牌号、状态及尺寸规格（GB/T 3618—2006）

花纹板代号名称	牌　号	状　态	底板厚度	筋高	宽度	长度
			mm			
1 号方格形板	2A12	T4	1.0～3.0	1.0	1000～1600	2000～10000
2 号扁豆形板	2A11、5A02、5052	H234	2.0～4.0	1.0		
	3105、3003	H194				
3 号五条形板	1×××、3003	H194	1.5～4.5	1.0		
	5A02、5052、3105、5A43、3003	O、H114				
4 号三条形板	1×××、3003	H194	1.5～4.5	1.0	1000～1600	2000～10000
	2A11、5A02、5052	H234				
5 号指针形板	1×××	H194	1.5～4.5	1.0		
	5A02、5052、5A43	O、H114				
6 号菱形板	2A11	H234	3.0～8.0	0.9		
7 号四条形板	6061	O	2.0～4.0	1.0		
	5A02、5052	O、H234				
8 号三条形板	1×××	H1114、H234、H194	1.0～4.5	0.3		
	3003	H114、H194				
	5A02、5052	O、H114、H194				
9 号星月形板	1×××	H114、H234、H194	1.0～4.0	0.7		
	2A11	H194				
	2A12	T4	1.0～3.0			
	3003	H114、H234、H194	1.0～4.0			
	5A02、5052	H114、H234、H194				

注：1. 各牌号的化学成分应符合 GB/T 3190—2008 相应牌号的规定。

2. 板材状态含义说明：

状态代号	状态代号含义
T4	花纹板淬火自然时效
O	花纹板成品完全退火
H114	用完全退火(O)状态的平板，经过一个道次的冷轧得到的花纹板材
H234	用不完全退火(H22)状态的平板，经过一个道次的冷轧得到的花纹板材
H194	用硬状态(H18)的平板，经过一个道次的冷轧得到的花纹板材

3. 2A11、2A12 合金花纹板双面可带有 1A50 合金包覆层，其每面包覆层平均厚度不小于底板公称厚度的 4%。

4. 需方要求其他合金、状态及规格时，双方协定并在合同中注明。

表 4-2-48 **铝及铝合金花纹板理论质量**

厚度/mm	理论质量/kg·m^{-2}	厚度/mm	理论质量/kg·m^{-2}
0.3	0.84	10	28.00
0.4	1.12	12	33.60
0.5	1.40	14	39.20
0.6	1.68	15	42.00
0.7	1.96	16	44.80
0.8	2.24	18	50.40
0.9	2.52	20	56.00
1.0	2.80	22	61.60
1.2	3.36	25	70.0
1.5	4.20	30	84.0
1.8	5.04	35	98.0
2.0	5.60	40	112.0
2.3	6.44	50	140.0
2.5	7.00	60	168.0
2.8	7.84	70	196.0
3.0	8.40	80	224.0
3.5	9.80	90	252.0
4	11.20	100	280.0
5	14.00	110	308.0
6	16.80	120	336.0
7	19.60	130	364.0
8	22.40	140	392.0
9	25.20	150	420.0

注：本表理论质量按 2A11 等代号铝合金的密度（2.8g/cm^3）计算，当铝合金密度不等于 2.8g/cm^3 时，此表理论质量乘质量换算系数即为该合金牌号板材的质量，质量换算系数=该合金牌号的密度/2.8。

表 4-2-49 **铝及铝合金花纹板力学性能**（GB/T 3618—2006）

花纹代号	牌号	状态	抗拉强度 R_m /MPa	规定非比例延伸强度 $R_{p0.2}$ /MPa	断后伸长率 A_{50}/%	弯曲系数
			≥			
1 号、9 号	2A12	T4	405	255	10	—
2 号、4 号、6 号、9 号	2A11	H234、H194	215	—	3	
4 号、8 号、9 号	3003	H114、H234	120		4	4
		H194	140		3	8
3 号、4 号、5 号、8 号、9 号	1×××	H114	80		4	2
		H194	100		3	6
3 号、7 号	5A02、5052	O	≤150		14	3
2 号、3 号	5A02	H114	180	—	3	3
2 号、4 号、7 号、8 号、9 号	5052	H194	195			8
3 号	5A43	O	≤100		15	2
		H114	120		4	4
7 号	6061	O	≤150		12	—

注：1. 1 号花纹板的室温拉伸试验结果应符合表中规定，当需方对其他代号的花纹板的室温拉伸试验性能或任意代号的花纹板的弯曲系数有要求时，供需双方应参考表中的规定具体协商，并在合同中注明。

2. 计算截面积所用的厚度为底板厚度。

表 4-2-50　**铝及铝合金花纹板理论重量**（GB/T 3618—2006）

2A11 合金花纹板						2A12 合金花纹板		当花纹板花型不变，只改变牌号时，按该牌号的密度及比密度换算系数，换算该牌号花纹板单位面积的理论质量		
底板厚度/mm	单位面积的理论质量/kg・m^{-2}					底板厚度/mm	1 号花纹板单位面积的理论质量/kg・m^{-2}			
	花纹代号							牌号	密度/g・cm^{-3}	比密度换算系数
	2 号	3 号	4 号	6 号	7 号					
1.8	6.340	5.719	5.500	—	5.668	1.0	3.452	2A11	2.80	1.000
2.0	6.900	6.279	6.060	—	6.228	1.2	4.008	纯铝	2.71	0.968
2.5	8.300	7.679	7.460	—	7.628	1.5	4.842	2A12	2.78	0.993
3.0	9.700	9.079	8.860	—	9.028	1.8	5.676	3A21	2.73	0.975
3.5	11.100	10.479	10.260	—	10.428	2.0	6.232	3105	2.72	0.971
4.0	12.500	11.879	11.660	12.343	11.828	2.5	7.622	5A02、5A43、5052	2.68	0.957
4.5	—	—	—	13.743	—	3.0	9.012			
5.0	—	—	—	15.143	—					
6.0	—	—	—	17.943	—	—	—			
7.0	—	—	—	20.743	—			6061	2.70	0.964

2.3.4.3　铝及铝合金挤压棒材

表 4-2-51　**铝及铝合金挤压棒材的牌号及力学性能**（GB/T 3191—2010）

牌号及化学成分的规定	挤压棒材的牌号及化学成分应符合 GB/3190 的相关规定						
牌号	供货状态	试样状态	直径（方棒、六角棒指内切圆直径）/mm	抗拉强度 R_m/MPa	规定非比例延伸强度 $R_{p0.2}$/MPa	断后伸长率/%	
						A	A_{50mm}
				不小于			
1070A	H112	H112	≤150.00	55	15	—	—
1060	O	O	≤150.00	60～95	15	22	—
	H112	H112		60	15	22	—
1050A	H112	H112	≤150.00	65	20	—	—
1350	H112	H112	≤150.00	60	—	25	—
1200	H112	H112	≤150.00	75	20	—	—
1035、8A06	O	O	≤150.00	60～120	—	25	—
	H112	H112		60	—	25	—
2A02	T1、T6	T62、T6	≤150.00	430	275	10	—
2A06	T1、T6	T62、T6	≤22.00	430	285	10	—
			>22.00～100.00	440	295	9	—
			>100.00～150.00	430	285	10	—
2A11	T1、T4	T42、T4	≤150.00	370	215	12	—
2A12	T1、T4	T42、T4	≤22.00	390	255	12	—
			>22.00～150.00	420	255	12	—
2A13	T1、T4	T42、T4	≤22.00	315	—	4	—
			>22.00～150.00	345	—	4	—
2A14	T1、T6、T6511	T62、T6、T6511	≤22.00	440	—	10	—
			>22.00～150.00	450	—	10	—
2014、2014A	T4、T4510、T4511	T4、T4510、T4511	≤25.00	370	230	13	11
			>25.00～75.00	410	270	12	—
			>75.00～150.00	390	250	10	—
			>150.00～200.00	350	230	8	—

第 4 篇

续表

牌号	供货状态	试样状态	直径(方棒、六角棒指内切圆直径)/mm	抗拉强度 R_m/MPa	规定非比例延伸强度 $R_{p0.2}$/MPa	断后伸长率/%	
						A	A_{50mm}
				不小于			
2014、2014A	T6、T6510、T6511	T6、T6510、T6511	≤25.00	415	370	6	5
			>25.00~75.00	460	415	7	—
			>75.00~150.00	465	420	7	—
			>150.00~200.00	430	350	6	—
			>200.00~250.00	420	320	5	—
2A16	T1、T6、T6511	T62、T6、T6511	≤150.00	355	235	8	—
2017	T4	T42、T4	≤120.00	345	215	12	—
2017A	T4、T4510、T4511	T4、T4510、T4511	≤25.00	380	260	12	10
			>25.00~75.00	400	270	10	—
			>75.00~150.00	390	260	9	—
			>150.00~200.00	370	240	8	—
			>200.00~250.00	360	220	7	—
2024	O	O	≤150.00	≤250	≤150	12	10
	T3、T3510、T3511	T3、T3510、T3511	≤50.00	450	310	8	6
			>50.00~100.00	440	300	8	—
			>100.00~200.00	420	280	8	—
			>200.00~250.00	400	270	8	—
2A50	T1、T6	T62、T6	≤150.00	355	—	12	—
2A70、2A80、2A90	T1、T6	T62、T6	≤150.00	355	—	8	—
3102	H112	H112	≤250.00	80	30	25	23
3003	O	O	≤250.00	95~130	35	25	20
	H112	H112		90	30	25	20
3103	O	O	≤250.00	95	35	25	20
	H112	H112		95~135	35	25	20
3A21	O	O	≤150.00	≤165	—	20	20
	H112	H112		90	—	20	—
4A11、4032	T1	T62	100.00~200.00	360	290	2.5	2.5
5A02	O	O	≤150.00	≤225	—	10	—
	H112	H112		170	70	—	—
5A03	H112	H112	≤150.00	175	80	13	13
5A05	H112	H112	≤150.00	265	120	15	15
5A06	H112	H112	≤150.00	315	155	15	15
5A12	H112	H112	≤150.00	370	185	15	15
5052	H112	H112	≤250.00	170	70	—	—
	O	O		170~230	70	17	15
5005、5005A	H112	H112	≤200.00	100	40	18	16
	O	O	≤60.00	100~150	40	18	16
5019	H112	H112	≤200.00	250	110	14	12
	O	O	≤200.00	250~320	110	15	13
5049	H112	H112	≤250.00	180	80	15	15
5251	H112	H112	≤250.00	160	60	16	14
	O	O		160~220	60	17	15
5154A、5454	H112	H112	≤250.00	200	85	16	16
	O	O		200~275	85	18	18

续表

牌号	供货状态	试样状态	直径(方棒、六角棒指内切圆直径)/mm	抗拉强度 R_m/MPa	规定非比例延伸强度 $R_{p0.2}$/MPa	断后伸长率/% A	断后伸长率/% A_{50mm}
				不小于			
5754	H112	H112	≤150.00	180	80	14	12
5754	H112	H112	>150.00～250.00	180	70	13	—
5754	O	O	≤150.00	180～250	80	17	15
5083	O	O	≤200.00	270～350	110	12	10
5083	H112	H112	≤200.00	270	125	12	10
5086	O	O	≤250.00	240～320	95	18	15
5086	H112	H112	≤200.00	240	95	12	10
6101A	T6	T6	≤150.00	200	170	10	10
6A02	T1、T6	T62、T6	≤150.00	295	—	12	12
6005、6005A	T5	T5	≤25.00	260	215	8	—
6005、6005A	T6	T6	≤25.00	270	225	10	8
6005、6005A	T6	T6	>25.00～50.00	270	225	8	—
6005、6005A	T6	T6	>50.00～100.00	260	215	8	—
6110A	T5	T5	≤120.00	380	360	10	8
6110A	T6	T6	≤120.00	410	380	10	8
6351	T4	T4	≤150.00	205	110	14	12
6351	T6	T6	≤20.00	295	250	8	6
6351	T6	T6	>20.00～75.00	300	255	8	—
6351	T6	T6	>75.00～150.00	310	260	8	—
6351	T6	T6	>150.00～200.00	280	240	6	—
6351	T6	T6	>200.00～250.00	270	200	6	—
6060	T4	T4	≤150.00	120	60	16	14
6060	T5	T5	≤150.00	160	120	8	6
6060	T6	T6	≤150.00	190	150	8	6
6061	T6	T6	≤150.00	260	240	9	—
6061	T4	T4	≤150.00	180	110	14	—
6063	T4	T4	≤150.00	130	65	14	12
6063	T4	T4	>150.00～200.00	120	65	12	—
6063	T5	T5	≤200.00	175	130	8	6
6063	T6	T6	≤150.00	215	170	10	8
6063	T6	T6	>150.00～200.00	195	160	10	—
6063A	T4	T4	≤150.00	150	90	12	10
6063A	T4	T4	>150.00～200.00	140	90	10	—
6063A	T5	T5	≤200.00	200	160	7	5
6063A	T6	T6	≤150.00	230	190	7	5
6063A	T6	T6	>150.00～200.00	220	160	7	—
6463	T4	T4	≤150.00	125	75	14	12
6463	T5	T5	≤150.00	150	110	8	6
6463	T6	T6	≤150.00	195	160	10	8
6082	T6	T6	≤20.00	295	250	8	6
6082	T6	T6	>20.00～150.00	310	260	8	—
6082	T6	T6	>150.00～200.00	280	240	6	—
6082	T6	T6	>200.00～250.00	270	200	6	—
7003	T5	T5	≤250.00	310	260	10	8
7003	T6	T6	≤50.00	350	290	10	8
7003	T6	T6	>50.00～150.00	340	280	10	8

续表

牌号	供货状态	试样状态	直径(方棒、六角棒指内切圆直径)/mm	抗拉强度 R_m/MPa	规定非比例延伸强度 $R_{p0.2}$/MPa	断后伸长率/%	
						A	A_{50mm}
				不小于			
7A04、7A09	T1,T6	T62,T6	≤22.00	490	370	7	—
			>22.00～150.00	530	400	6	—
7A15	T1,T6	T62,T6	≤150.00	490	420	6	—
7005	T6	T6	≤50.00	350	290	10	8
			>50.00～150.00	340	270	10	—
7020	T6	T6	≤50.00	350	290	10	8
			>50.00～150.00	340	275	10	—
7021	T6	T6	≤40.00	410	350	10	8
7022	T6	T6	≤80.00	490	420	7	5
			>80.00～200.00	470	400	7	—
7049A	T6、T6510、T6511	T6、T6510、T6511	≤100.00	610	530	5	4
			>100.00～125.00	560	500	5	—
			>125.00～150.00	520	430	5	—
			>150.00～180.00	450	400	3	—
7075	O	O	≤200.00	≤275	≤165	10	8
	T6、T6510、T6511	T6、T6510、T6511	≤25.00	540	480	7	5
			>25.00～100.00	560	500	7	—
			>100.00～150.00	530	470	6	—
			>150.00～250.00	470	400	5	—

表 4-2-52 **铝及铝合金挤压棒材尺寸规格**（GB/T 3191—2010） mm

尺寸规格的范围	圆棒直径：5～600mm 六角棒、方棒对边距离：5～200mm 棒材长度：1～6m						
截面直径允许偏差(方棒、六角棒直径指内切圆的直径)	直径	允许偏差(－)(上偏差为零)				允许偏差(±)	
		A	B	C	D	E	
						Ⅰ类	Ⅱ类
	5.00～6.00	0.30	0.48	—	—	—	—
	>6.00～10.00	0.36	0.58	—	—	0.20	0.25
	>10.00～18.00	0.43	0.70	1.10	1.30	0.22	0.30
	>18.00～25.00	0.50	0.80	1.20	1.45	0.25	0.35
	>25.00～28.00	0.52	0.84	1.30	1.50	0.28	0.38
	>28.00～40.00	0.60	0.95	1.50	1.80	0.30	0.40
	>40.00～50.00	0.62	1.00	1.60	2.00	0.35	0.45
	>50.00～65.00	0.70	1.15	1.80	2.40	0.40	0.50
	>65.00～80.00	0.74	1.20	1.90	2.50	0.45	0.70
	>80.00～100.00	0.95	1.35	2.10	3.10	0.55	0.90
	>100.00～120.00	1.00	1.40	2.20	3.20	0.65	1.00
	>120.00～150.00	1.25	1.55	2.40	3.70	0.80	1.20
	>150.00～180.00	1.30	1.60	2.50	3.80	1.00	1.40
	>180.00～220.00	—	1.85	2.80	4.40	1.15	1.70
	>220.00～250.00	—	1.90	2.90	4.50	1.25	1.95
	>250.00～270.00	—	2.15	3.20	5.40	1.3	2.0

续表

<table>
<tr><td rowspan="8">截面直径允许偏差(方棒、六角棒直径指内切圆的直径)</td><td rowspan="3">直径</td><td colspan="4">允许偏差(一)(上偏差为零)</td><td colspan="2">允许偏差(±)</td></tr>
<tr><td rowspan="2">A</td><td rowspan="2">B</td><td rowspan="2">C</td><td rowspan="2">D</td><td colspan="2">E</td></tr>
<tr><td>Ⅰ类</td><td>Ⅱ类</td></tr>
<tr><td>>270.00～300.00</td><td>—</td><td>2.20</td><td>3.30</td><td>5.50</td><td>1.5</td><td>2.4</td></tr>
<tr><td>>300.00～320.00</td><td>—</td><td>—</td><td>4.00</td><td>7.00</td><td>1.6</td><td>2.5</td></tr>
<tr><td>>300.00～400.00</td><td>—</td><td>—</td><td>4.20</td><td>7.20</td><td>—</td><td>—</td></tr>
<tr><td>>400.00～500.00</td><td>—</td><td>—</td><td>—</td><td>8.00</td><td>—</td><td>—</td></tr>
<tr><td>>500.00～600.00</td><td>—</td><td>—</td><td>—</td><td>9.00</td><td>—</td><td>—</td></tr>
<tr><td rowspan="7">弯曲度</td><td rowspan="3">直径(方棒、六角棒指内切圆直径)</td><td colspan="6">弯曲度(不大于)</td></tr>
<tr><td colspan="2">普通级</td><td colspan="2">高精级</td><td colspan="2">超高精级</td></tr>
<tr><td>任意 300mm 长度上</td><td>每米长度上</td><td>任意 300mm 长度上</td><td>每米长度上</td><td>任意 300mm 长度上</td><td>每米长度上</td></tr>
<tr><td>>10.00～80.00</td><td>1.5</td><td>3.0</td><td>1.2</td><td>2.5</td><td>0.8</td><td>2.0</td></tr>
<tr><td>>80.00～120.00</td><td>3.0</td><td>6.0</td><td>1.5</td><td>3.0</td><td>1.0</td><td>2.0</td></tr>
<tr><td>>120.00～150.00</td><td>5.0</td><td>10.0</td><td>1.7</td><td>3.5</td><td>1.5</td><td>3.0</td></tr>
<tr><td>>150.00～200.00</td><td>7.0</td><td>14.0</td><td>2.0</td><td>4.0</td><td>1.5</td><td>3.0</td></tr>
</table>

注：1. 棒材尺寸规格按本表规定由双方确定并在合同中注明。具体尺寸规格通常应在本表范围内。

2. 标记方法及示例

棒材标记按产品名称、牌号、供货状态、规格及标准编号的顺序表示。标记示例如下：

示例 1：用 2024 合金制造的、供货状态为 T3511、直径为 30.00mm，定尺长度为 3000mm 的圆棒，标记为

棒 2024-T3511　ϕ30×3000　GB/T 3191—2010

示例 2：用 2A11 合金制造的、供货状态为 T4、内切圆直径为 40.00mm 的高强度方棒，标记为

高强方棒 2A11-T4 40　GB/T 3191—2010

2.3.4.4　铝及铝合金挤压扁棒

表 4-2-53　　铝及铝合金挤压扁棒尺寸规格（YS/T 439—2012）　　mm

<table>
<tr><td colspan="3">宽度及允许偏差</td><td colspan="16">下列各厚度范围内的厚度允许偏差(±)</td></tr>
<tr><td rowspan="2">宽度范围</td><td colspan="2">允许偏差(±)</td><td colspan="2">2～6</td><td colspan="2">>6～10</td><td colspan="2">>10～18</td><td colspan="2">>18～30</td><td colspan="2">>30～50</td><td colspan="2">>50～80</td><td colspan="2">>80～120</td><td colspan="2">>120～150</td></tr>
<tr><td>普通级</td><td>高精级</td><td>普通级</td><td>高精级</td><td>普通级</td><td>高精级</td><td>普通级</td><td>高精级</td><td>普通级</td><td>高精级</td><td>普通级</td><td>高精级</td><td>普通级</td><td>高精级</td><td>普通级</td><td>高精级</td><td>普通级</td><td>高精级</td></tr>
<tr><td>10～18</td><td>0.35</td><td>0.25</td><td rowspan="3">0.25</td><td rowspan="3">0.20</td><td rowspan="3">0.30</td><td rowspan="3">0.25</td><td>0.35</td><td>0.25</td><td>—</td><td>—</td><td rowspan="2">—</td><td rowspan="2">—</td><td rowspan="3">—</td><td rowspan="3">—</td><td rowspan="4">—</td><td rowspan="4">—</td><td rowspan="5">—</td><td rowspan="5">—</td></tr>
<tr><td>>18～30</td><td>0.40</td><td>0.30</td><td rowspan="2">0.40</td><td rowspan="2">0.30</td><td>0.40</td><td>0.30</td></tr>
<tr><td>>30～50</td><td>0.50</td><td>0.40</td><td>0.50</td><td>0.35</td><td>0.50</td><td>0.40</td></tr>
<tr><td>>50～80</td><td>0.70</td><td>0.60</td><td>0.30</td><td>0.25</td><td>0.35</td><td>0.30</td><td>0.45</td><td>0.35</td><td rowspan="2">0.60</td><td>0.40</td><td rowspan="2">0.70</td><td>0.50</td><td>0.70</td><td>0.60</td></tr>
<tr><td>>80～120</td><td>1.00</td><td>0.80</td><td>0.35</td><td>0.30</td><td>0.40</td><td>0.35</td><td>0.50</td><td>0.40</td><td>0.45</td><td rowspan="2">0.60</td><td>0.80</td><td rowspan="2">0.70</td><td>1.00</td><td>0.80</td></tr>
<tr><td>>120～180</td><td>1.30</td><td>1.10</td><td>0.40</td><td>0.35</td><td>0.45</td><td>0.40</td><td>0.55</td><td rowspan="2">0.45</td><td rowspan="2">0.70</td><td rowspan="2">0.50</td><td>0.80</td><td>1.00</td><td>1.10</td><td>0.90</td><td>1.30</td><td>1.00</td></tr>
<tr><td>>180～240</td><td>1.60</td><td>1.40</td><td rowspan="5">—</td><td rowspan="5">—</td><td rowspan="2">0.50</td><td rowspan="2">0.45</td><td>0.60</td><td rowspan="2">0.90</td><td rowspan="2">0.70</td><td>1.10</td><td rowspan="2">0.80</td><td>1.30</td><td>1.00</td><td>1.50</td><td>1.20</td></tr>
<tr><td>>240～300</td><td>2.00</td><td>1.70</td><td>0.65</td><td>0.50</td><td>0.80</td><td>0.60</td><td rowspan="2">1.20</td><td>1.40</td><td>1.10</td><td>1.60</td><td>1.30</td></tr>
<tr><td>>300～400</td><td>2.50</td><td>2.00</td><td rowspan="3">—</td><td rowspan="3">—</td><td>0.70</td><td>0.60</td><td>0.90</td><td>0.70</td><td>1.00</td><td>0.80</td><td>0.90</td><td>1.60</td><td>1.20</td><td>1.80</td><td>1.40</td></tr>
<tr><td>>400～500</td><td>3.00</td><td>2.50</td><td rowspan="2">—</td><td rowspan="2">—</td><td rowspan="2">—</td><td rowspan="2">—</td><td>1.10</td><td rowspan="2">0.90</td><td>1.30</td><td rowspan="2">1.00</td><td rowspan="2">1.80</td><td>1.30</td><td>2.00</td><td>1.70</td></tr>
<tr><td>>500～600</td><td>3.50</td><td>3.00</td><td>1.20</td><td>1.40</td><td>1.40</td><td>—</td><td>—</td></tr>
</table>

注：1. 扁棒的截面尺寸及允许偏差应符合普通级规定，有要求时可双方协商选择高精级，并在订单或合同中注明。

2. 对于含镁量平均值不小于 3%的高镁合金扁棒，其普通级和高精级的偏差数值为表中对应数值的 2 倍。对于其他合金扁棒，其普通级和高精级应符合表中的规定。

3. 扁棒横截面为矩形，尺寸规格：厚度为 2～150mm，宽度为 10～600mm。定尺和倍尺的扁棒材，其长度允许偏差为$^{+20}_{0}$mm，不定尺扁棒的供应长度为 1000～6000mm。

4. 扁棒外形要求，如圆角半径、切斜度、平面间隙、扭拧度、弯曲度等，应符合 YS/T 439—2012 的有关规定。

5. 扁棒材用于各工业部门需要的横截面为矩形之棒料。

第 4 篇

表 4-2-54　　铝及铝合金挤压扁棒牌号及室温纵向力学性能（YS/T 439—2012）

合金牌号	供应状态	试样状态	厚度/mm	截面积/cm^2	抗拉强度 R_m/MPa	规定非比例伸长应力 $R_{p0.2}$/MPa	断后伸长率 A/%
					≥		
1070A、1070	H112	H112	≤120	≤200	55	15	—
1060					60		22
1050A、1050					65	20	—
1035					70		
1100、1200					75		
2A11	H112、T4	T4		≤170	370	215	12
2A12					390	255	
2A50	H112、T6	T6			355	—	
2A70、2A80、2A90							8
2A14					430		
2017	T4	T4		≤200	345	215	12
2024			≤6	≤12	390	295	
			>6～19	≤76	410	305	
			>19～38	≤130	450	315	10
3A21	H112	H112	≤120	≤170	≤165	—	20
3003					90	30	22
5052					175	70	—
5A02					≤225	—	10
5A03					175	80	13
5A05					265	120	15
5A06	H112	H112	≤120	≤170	315	155	15
5A12					370	185	
6A02	H112、T6	T6			295	—	12
6061					260	240	9
6063			≤25	≤100	205	170	
6101	T6		≤12.5	≤38	200	172	—
7A04	H112、T6		≤22	≤100	490	370	7
7A09			>22～120	≤200	530	400	6
7075			≤6.3	≤12	540	485	
			>6.3～12.5	≤30	560	505	
			>12.5～50	≤130		495	
8A06	H112	H112	≤150	≤200	70	—	10

注：1. 扁棒的牌号、化学成分应符合 GB/T 3190—2008 的规定。

2. 尺寸超出本表规定值时，扁棒材力学性能附实测结果或供需双方协商确定。

2.3.4.5　铝及铝合金（导体用）拉制圆线材

表 4-2-55　　铝及铝合金（导体用）拉制圆线材牌号、规格及性能（GB/T 3195—2016）

牌号	试样状态	直径/mm	力学性能		20℃时的电阻率 ρ /$\Omega \cdot mm^2 \cdot m^{-1}$ 不大于	导体用线材供货直径范围/mm
			抗拉强度 R_m/MPa	断后伸长率 A_{200mm}/%		
1350	O	9.50～12.70	60～100	—	0.027899	9.50～25.00
	H12、H22		80～120	—	0.028035	
	H14、H24		100～140	—	0.028080	
	H16、H26		115～155	—	0.028126	

续表

牌号	试样状态	直径/mm	力学性能 抗拉强度 R_m /MPa	力学性能 断后伸长率 A_{200mm} /%	20℃时的电阻率 ρ /$\Omega \cdot mm^2 \cdot m^{-1}$ 不大于	导体用线材供货直径范围 /mm
1350	H19	1.20～2.00	≥160	≥1.2	0.028265	1.2～6.5
		>2.00～2.50	≥175	≥1.5		
		>2.50～3.50	≥160			
		>3.50～5.30	≥160	≥1.8		
		>5.30～6.50	≥155	≥2.2		
1A50	O	0.80～1.00	≥75	≥10.0	—	0.80～20.00
		>1.00～2.00		≥12.0		
		>2.00～3.00		≥15.0		
		>3.00～5.00		≥18.0		
	H19	0.80～1.00	≥160	≥1.0	0.028200	
		>1.00～1.50	≥155	≥1.2		
		>1.50～3.00		≥1.5		
		>3.00～4.00	≥135			
		>4.00～5.00		≥2.0		
8017	O	0.20～1.00	98～159	≥10	0.028264	0.20～17.00
8030		>1.00～3.00		≥12		
8076		>3.00～5.00		≥15		
8130	H19	0.20～1.00	≥185	≥1.0	0.028976	0.20～17.00
8176		>1.00～3.00		≥1.2		
8177		>3.00～5.00		≥1.5		
8C05	O	0.30～2.50	170～190	≥3.0	0.028500	0.30～2.50
	H14		191～219			
	H18		220～249			
8C12	O	0.30～2.50	250～259		0.030500	
	H14		260～269			
	H18		270～289			

注：1. GB/T 3195—2016《铝及铝合金拉制圆线材》代替 GB/T 3195—2008。新国标按用途将线材分为导体用线材、焊接用线材、铆钉用线材、线缆编织用线材及蒸发料用线材等，本表只选编导体用线材相关资料。

2. 线材牌号的化学成分应符合 GB/T 3195 及 GB/T 3190 的相关规定。

3. 导体用线材的室温力学性能应符合本表规定，如果表中未列出的牌号及规格，线材的性能要求，由供需双方协商，并在合同中注明。

4. 标记示例

1350 牌号、H14 状态、ϕ10.0mm 的导体用线材、标记为：

导体用线材　GB/T 3195—1350H14-ϕ10.0

2.3.4.6　铝及铝合金管材尺寸规格

表 4-2-56　　铝及铝合金管材尺寸规格（GB/T 4436—2012）　　mm

冷拉、冷轧有缝圆管和无缝圆管	外径	6	8	10	12、14、15	16、18	20	22、24、25	26、28、30、32、34、35、36、38、40、42、45、48、50、52、55、58、60	65、70、75	80、85、90、95	100、105、110	115	120
	壁厚	0.5～1.0	0.5～2.0	0.5～2.5	0.5～3.0	0.5～3.5	0.5～4.0	0.5～5.0	0.75～5.0	1.5～5.0	2.0～5.0	2.5～5.0	3.0～5.0	3.5～5.0
	壁厚尺寸系列	0.5、0.75、1.0～5.0（0.5 进级）												

续表

<table>
<tr><td rowspan="4">冷拉有缝矩形管和无缝矩形管</td><td>公称边长</td><td>10、12</td><td>14、16</td><td>18、20</td><td>22、25</td><td>28、32、36、40</td><td colspan="2">42、45、50、55、60、65、70</td></tr>
<tr><td>壁厚</td><td>1.0、1.5</td><td>1.0、1.5 2.0</td><td>1.0、1.5、2.0、2.5</td><td>1.5、2.0、2.5、3.0</td><td>1.5、2.0、2.5、3.0、4.5</td><td colspan="2">1.5、2.0、2.5、3.0、4.5、5.0</td></tr>
<tr><td>公称边长/mm×mm 长×宽</td><td>14×10、16×12、18×10</td><td>18×14、20×12、22×14</td><td>25×15、28×16</td><td>28×22、32×18</td><td>32×25、36×20、36×28</td><td>40×25、40×30、45×30、50×30、55×40</td><td>60×40、70×50</td></tr>
<tr><td>壁厚</td><td>1.0、1.5、2.0</td><td>1.0、1.5、2.0、2.5</td><td>1.0、1.5 2.0、2.5、3.0</td><td>1.0、1.5 2.0、2.5、3.0、4.0</td><td>1.0、1.5 2.0、2.5、3.0、4.0、5.0</td><td>1.5、2.0、2.5、3.0、4.0、5.0</td><td>2.0、2.5、3.0、4.0、5.0</td></tr>
</table>

<table>
<tr><td rowspan="4">挤压无缝圆管</td><td>外径</td><td>25</td><td>28</td><td>30、32</td><td>34、36、38</td><td>40、42</td><td>45、48、50、52、55、58</td><td>60、62</td><td>65、70</td><td>75、80</td><td>85、90</td><td>95</td><td>100</td><td>105、110、115</td><td>120、125、130</td></tr>
<tr><td>壁厚</td><td>5.0</td><td>5.0、6.0</td><td>5.0～8.0</td><td>5.0～10.0</td><td>5.0～12.5</td><td>5.0～15.0</td><td>5.0～17.5</td><td>5.0～20.0</td><td>5.0～22.5</td><td>5.0～25.0</td><td>5.0～27.5</td><td>5.0～30.0</td><td>5.0～32.5</td><td>7.5～32.5</td></tr>
<tr><td>外径</td><td>135～145</td><td>150～155</td><td>160～200</td><td>205～260</td><td colspan="2">外径尺寸系列</td><td colspan="8">25.0、28.0～42.0(2 进级)、45.0、48.0、50.0、52.0、55.0、58.0、60.0、62.0、65.0～250.0(5 进级)(外径 270～450 尺寸规格本表未编入)</td></tr>
<tr><td>壁厚</td><td>10.0～32.5</td><td>10.0～35.0</td><td>10.0～40.0</td><td>15.0～50.0</td><td colspan="2">壁厚尺寸系列</td><td colspan="8">5.0、6.0、7.0、7.5、8.0、9.0、10.0～50.0(2.5 进级)</td></tr>
</table>

注：1. GB/T 4436—2012 规定了铝及铝合金热挤压有缝圆管、无缝圆管、有缝矩形管、正方形管、正六边形管、正八边形管、冷轧有缝圆管、无缝圆管、冷拉圆管、冷拉有缝或无缝圆管、正方形管、矩形管、椭圆形管的尺寸规格，本表只摘编了一部分内容。

2. 管材的尺寸精度和几何精度应符合 GB/T 4436—2012 的规定。管材的不定尺长度不得小于 300mm。

2.3.4.7 铝及铝合金拉（轧）制无缝管

表 4-2-57 铝及铝合金拉（轧）制无缝管牌号、力学性能及尺寸规格（GB/T 6893—2010）

<table>
<tr><td rowspan="4">牌号</td><td rowspan="4">状态</td><td rowspan="4" colspan="2">壁厚/mm</td><td rowspan="3">抗拉强度 R_m /MPa</td><td rowspan="3">规定非比例延伸强度 $R_{p0.2}$ /MPa</td><td colspan="3">断后伸长率/%</td></tr>
<tr><td>全截面试样</td><td colspan="2">其他试样</td></tr>
<tr><td>A_{50mm}</td><td>A_{50mm}</td><td>A</td></tr>
<tr><td colspan="5">不小于</td></tr>
<tr><td rowspan="2">1035
1050A
1050</td><td>O</td><td colspan="2">所有</td><td>60～95</td><td>—</td><td>—</td><td>22</td><td>25</td></tr>
<tr><td>H14</td><td colspan="2">所有</td><td>100～135</td><td>70</td><td>—</td><td>5</td><td>6</td></tr>
<tr><td rowspan="2">1060
1070A
1070</td><td>O</td><td colspan="2">所有</td><td>60～95</td><td>—</td><td colspan="3">—</td></tr>
<tr><td>H14</td><td colspan="2">所有</td><td>85</td><td>70</td><td colspan="3">—</td></tr>
<tr><td rowspan="2">1100
1200</td><td>O</td><td colspan="2">所有</td><td>70～105</td><td></td><td>—</td><td>16</td><td>20</td></tr>
<tr><td>H14</td><td colspan="2">所有</td><td>110～145</td><td>80</td><td>—</td><td>4</td><td>5</td></tr>
<tr><td rowspan="7">2A11</td><td>O</td><td colspan="2">所有</td><td>≤245</td><td>—</td><td colspan="3">10</td></tr>
<tr><td rowspan="6">T4</td><td rowspan="3">外径≤22</td><td>≤1.5</td><td rowspan="3">375</td><td rowspan="3">195</td><td colspan="3">13</td></tr>
<tr><td>>1.5～2.0</td><td colspan="3">14</td></tr>
<tr><td>>2.0～5.0</td><td colspan="3">—</td></tr>
<tr><td rowspan="2">外径>22～50</td><td>≤1.5</td><td rowspan="2">390</td><td rowspan="2">225</td><td colspan="3">12</td></tr>
<tr><td>>1.5～5.0</td><td colspan="3">13</td></tr>
<tr><td>>50</td><td>所有</td><td>390</td><td>225</td><td colspan="3">11</td></tr>
</table>

续表

牌号	状态	壁厚/mm		抗拉强度 R_m /MPa	规定非比例延伸强度 $R_{p0.2}$ /MPa	断后伸长率/%		
						全截面试样	其他试样	
						A_{50mm}	A_{50mm}	A
				不小于				
2017	O	所有		≤245	≤125	17	16	16
	T4	所有		375	215	13	12	12
2A12	O	所有		≤245	—	10		
	T4	外径≤22	≤2.0	410	255	13		
			>2.0～5.0			—		
		外径>22～50	所有	420	275	12		
		>50	所有	420	275	10		
2A14	T4	外径≤22	1.0～2.0	360	205	10		
			>2.0～5.0	360	205	—		
		外径>22	所有	360	205	10		
2024	O	所有		≤240	≤140	—	10	12
	T4	0.63～1.2		440	290	12	10	—
		>1.2～5.0		440	290	14	10	—
3003	O	所有		95～130	35	—	20	25
	H14	所有		130～165	110	—	4	6
3A21	O	所有		≤135	—	—		
	H14	所有		135	—	—		
	H18	外径<60,壁厚 0.5～5.0		185	—	—		
		外径≥60,壁厚 2.0～5.0		175	—	—		
	H24	外径<60,壁厚 0.5～5.0		145	—	8		
		外径≥60,壁厚 2.0～5.0		135	—	8		
5A02	O	所有		≤225	—	—		
	H14	外径≤55,壁厚≤2.5		225	—	—		
		其他所有		195	—	—		
5A03	O	所有		175	80	15		
	H34	所有		215	125	8		
5A05	O	所有		215	90	15		
	H32	所有		245	145	8		
5A06	O	所有		315	145	15		
5052	O	所有		170～230	65	—	17	20
	H14	所有		230～270	180	—	4	5
5056	O	所有		≤315	100	16		
	H32	所有		305	—	—		
5083	O	所有		270～350	110	—	14	16
	H32	所有		280	200	—	4	6
5754	O	所有		180～250	80	—	14	16
6A02	O	所有		≤155	—	14		
	T4	所有		205	—	14		
	T6	所有		305	—	8		
6061	O	所有		150	≤110	—	14	16
	T4	所有		205	110	—	14	16
	T6	所有		290	240	—	8	10

第4篇

续表

牌号	状态	壁厚/mm	抗拉强度 R_m /MPa	规定非比例延伸强度 $R_{p0.2}$ /MPa	断后伸长率/%		
					全截面试样	其他试样	
					A_{50mm}	A_{50mm}	A
			不小于				
6063	O	所有	≤130	—	—	15	20
	T6	所有	220	190	—	8	10
8A06	O	所有	≤120	—	20		
	H14	所有	100	—	5		
管材尺寸规格的规定	管材的尺寸规格应符合 GB/T 4436—2012 的相关规定						
管材牌号的化学成分规定	管材牌号的化学成分应符合 GB/T 3190—2008 的规定						

注：1. 断后伸长率一栏内的“A”表示原始标距（L_0）为 $5.65\sqrt{S_0}$ 的断后伸长率。

2. 产品的抗拉强度和断后伸长率应符合本表规定。5A03、5A05、5A06 牌号管材的规定非比例延伸强度参见本表规定，其他牌号的管材非比例延伸强度则应符合本表规定。

3. 标记示例

管材的标记按产品的名称、牌号、状态、规格和国家标准编号的顺序表示，标记示例如下。

示例 1：3030 牌号，O 状态，外径为 10.00mm，壁厚为 2.00mm，长度为 1500mm 的定尺圆形管材标记为

管 3030-O　ϕ10×2.0×1500　GB/T 6893—2010

示例 2：2024 牌号，T4 状态，边长为 45.00mm，宽度为 45.00mm，壁厚为 3.00mm，长度为不定尺寸的矩形管材标记为

矩形管 2024-T4　45×45×3.0　GB/T 6893—2010

2.3.4.8 铝及铝合金热挤压无缝圆管

表 4-2-58 铝及铝合金热挤压无缝圆管牌号、力学性能及尺寸规格（GB/T 4437.1—2015）

牌号	供应状态	试样状态	壁厚/mm	室温拉伸试验结果			
				抗拉强度 R_m /MPa	规定非比例延伸强度 $R_{p0.2}$/MPa	断后伸长率/%	
						A_{50mm}	A
				不小于			
1100 1200	O	O	所有	75～105	20	25	22
	H112	H112	所有	75	25	25	22
	F	—	所有	—	—	—	—
1035	O	O	所有	60～100	—	25	23
1050A	O、H111	O、H111	所有	60～100	20	25	23
	H112	H112	所有	60	20	25	23
	F	—	所有	—	—	—	—
1060	O	O	所有	60～95	15	25	22
	H112	H112	所有	60	—	25	22
1070A	O	O	所有	60～95	—	25	22
	H112	H112	所有	60	20	25	22
2014	O	O	所有	≤205	≤125	12	10
	T4、T4510、T4511	T4、T4510、T4511	所有	345	240	12	10
			所有	345	240	12	10
	T1[①]	T42	所有	345	200	12	10
		T62	≤18.00	415	365	7	6
			>18	415	365	—	6
	T6、T6510、T6511	T6、T6510、T6511	≤12.50	415	365	7	6
			12.50～18.00	440	400	—	6
			>18.00	470	400	—	6

第 4 篇

续表

牌号	供应状态	试样状态	壁厚/mm	室温拉伸试验结果			
				抗拉强度 R_m/MPa	规定非比例延伸强度 $R_{p0.2}$/MPa	断后伸长率/%	
						A_{50mm}	A
				不小于			
2017	O	O	所有	≤245	≤125	16	16
	T4	T4	所有	345	215	12	12
	T1	T42	所有	335	195	12	—
2024	O	O	全部	≤240	≤130	12	10
	T3、T3510、T3511	T3、T3510、T3511	≤6.30	395	290	10	—
			>6.30～18.00	415	305	10	9
			>18.00～35.00	450	315	—	9
			>35.00	470	330	—	7
	T4	T4	≤18.00	395	260	12	10
			>18.00	395	260	—	9
	T1	T42	≤18.00	395	260	12	10
			>18.00～35.00	395	260	—	9
			>35.00	395	260	—	7
	T81、T8510、T8511	T81、T8510、T8511	>1.20～6.30	440	385	4	—
			>6.30～35.00	455	400	5	4
			>35.00	455	400	—	4
2219	O	O	所有	≤220	≤125	12	10
	T31、T3510、T3511	T31、T3510、T3511	≤12.50	290	180	14	12
			>12.50～80.00	310	185	—	12
	T1	T62	≤25.00	370	250	6	5
			>25.00	370	250	—	5
	T81、T8510、T8511	T81、T8510、T8511	≤80.00	440	290	6	5
2A11	O	O	所有	≤245	—	—	10
	T1	T1	所有	350	195	—	10
2A12	O	O	所有	≤245	—	—	10
	T1	T42	所有	390	255	—	10
	T4	T4	所有	390	255	—	10
2A14	T6	T6	所有	430	350	6	—
2A50	T6	T6	所有	380	250	—	10
3003	O	O	所有	95～130	35	25	22
	H112	H112	≤1.60	95	35	—	—
			>1.60	95	35	25	22
	F	F	所有	—	—	—	—
包铝3003	O	O	所有	90～125	30	25	22
	H112	H112	所有	90	30	25	22
	F	F	所有	—	—	—	—
3A21	H112	H112	所有	≤165	—	—	—
5051A	O、H111	O、H111	所有	150～200	60	16	18
	H112	H112	所有	150	60	14	16
	F	—	所有	—	—	—	—

续表

牌号	供应状态	试样状态	壁厚/mm	室温拉伸试验结果			
				抗拉强度 R_m/MPa	规定非比例延伸强度 $R_{p0.2}$/MPa	断后伸长率/%	
						A_{50mm}	A
				不小于			
5052	O	O	所有	170～240	70	15	17
	H112	H112	所有	170	70	13	15
	F	—	所有	—	—	—	—
5083	O	O	所有	270～350	110	14	12
	H111	H111	所有	275	165	12	10
	H112	H112	所有	270	110	12	10
	F	—	所有	—	—	—	—
5154	O	O	所有	205～285	75	—	—
	H112	H112	所有	205	75	—	—
5454	O	O	所有	215～285	85	14	12
	H111	H111	所有	230	130	12	10
	H112	H112	所有	215	85	12	10
5456	O	O	所有	285～365	130	14	12
	H111	H111	所有	290	180	12	10
	H112	H112	所有	285	130	12	10
5086	O	O	所有	240～315	95	14	12
	H111	H111	所有	250	145	12	10
	H112	H112	所有	240	95	12	10
	F	—	所有	—	—	—	—
5A02	H112	H112	所有	225	—	—	—
5A03	H112	H112	所有	175	70	—	15
5A05	H112	H112	所有	225	110	—	15
5A06	H112、O	H112、O	所有	315	145	—	15
6005	T1	T1	≤12.50	170	105	16	14
	T5	T5	≤3.20	260	240	8	—
			3.20～25.00	260	240	10	9
6005A	T1	T1	≤6.30	170	100	15	—
	T5	T5	≤6.30	260	215	7	—
			6.30～25.00	260	215	9	8
	T61	T61	≤6.30	260	240	8	—
			6.30～25.00	260	240	10	9
6105	T1	T1	≤12.50	170	105	16	14
	T5	T5	≤12.50	260	240	8	7
6041	T5、T6511	T5、T6511	10.00～50.00	310	275	10	9
6042	T5、T5511	T5、T5511	10.00～12.50	260	240	10	—
			12.50～50.00	290	240	—	9
6061	O	O	所有	≤150	≤110	16	14
	T1②	T1	≤16.00	180	95	16	14
		T42	所有	180	85	16	14
		T62	≤6.30	260	240	8	—
			>6.30	260	240	10	9
	T4、T4510、T4511	T4、T4510、T4511	所有	180	110	16	14
	T51	T51	≤16.00	240	205	8	7
	T6、T6510、T6511	T6、T6510、T6511	≤6.30	260	240	8	—
			>6.30	260	240	10	9
	F	—	所有	—	—	—	—

续表

牌号	供应状态	试样状态	壁厚/mm	室温拉伸试验结果			
				抗拉强度 R_m/MPa	规定非比例延伸强度 $R_{p0.2}$/MPa	断后伸长率/%	
						A_{50mm}	A
				不小于			
6351	O、H111	O、H111	≤25.00	≤160	≤110	12	14
	T4	T4	≤19.00	220	130	16	14
	T6	T6	≤3.20	290	255	8	—
			>3.20～25.00	290	255	10	9
6162	T5、T5510、T5511	T5、T5510、T5511	≤25.00	255	235	7	6
	T6、T6510、T6511	T6、T6510、T6511	≤6.30	260	240	8	—
			>6.30～12.50	260	240	10	9
6262	T6、T6511	T6、T6511	所有	260	240	10	9
6063	O	O	所有	≤130	—	18	16
	T1③	T1	≤12.50	115	60	12	10
			>12.50～25.00	110	55	—	10
		T42	≤12.50	130	70	14	12
			>12.50～25.00	125	60	—	12
	T4	T4	≤12.50	130	70	14	12
			>12.50～25.00	125	60	—	12
	T5	T5	≤25.00	175	130	6	8
	T52	T52	≤25.00	150～205	110～170	8	7
	T6	T6	所有	205	170	10	9
	T66	T66	≤25.00	245	200	8	10
	F	—	所有	—	—	—	—
6064	T6、T6511	T6、T6511	10.00～50.00	260	240	10	9
6066	O	O	所有	≤200	≤125	16	14
	T4、T4510、T4511	T4、T4510、T4511	所有	275	170	14	12
	T1①	T42	所有	275	165	14	12
		T62	所有	345	290	8	7
	T6、T6510、T6511	T6、T6510、T6511	所有	345	310	8	7
6082	O、H111	O、H111	≤25.00	≤160	≤110	12	14
	T4	T4	≤25.00	205	110	12	14
	T6	T6	≤5.00	290	250	6	8
			>5.00～25.00	310	260	8	10
6A02	O	O	所有	≤145	—	—	17
	T4	T4	所有	205	—	—	14
	T1	T62	所有	295	—	—	8
	T6	T6	所有	295	—	—	8

续表

牌号	供应状态	试样状态	壁厚/mm	室温拉伸试验结果			
				抗拉强度 R_m/MPa	规定非比例延伸强度 $R_{p0.2}$/MPa	断后伸长率/%	
						A_{50mm}	A
				不小于			
7050	T76510	T76510	所有	545	475	7	—
	T73511	T73511	所有	485	415	8	7
	T74511	T74511	所有	505	435	7	—
7075	O、H111	O、H111	≤10.00	≤275	≤165	10	10
	T1	T62	≤6.30	540	485	7	—
			>6.30～12.50	560	505	7	6
			>12.50～70.00	560	495	—	6
	T6、T6510、T6511	T6、T6510、T6511	≤6.30	540	485	7	—
			>6.30～12.50	560	505	7	6
			>12.50～70.00	560	495	—	6
	T73、T73510、T73511	T73、T73510、T73511	1.60～6.30	470	400	5	7
			>6.30～35.00	485	420	6	8
			>35.00～70.00	475	405	—	8
7178	O	O	所有	≤275	≤165	10	9
	T6、T6510、T6511	T6、T6510、T6511	≤1.60	565	525	—	—
			>1.60～6.30	580	525	5	—
			>6.30～35.00	600	540	5	4
			>35.00～60.00	580	515	—	4
			>60.00～80.00	565	490	—	4
	T1	T62	≤1.60	545	505	—	—
			>1.60～6.30	565	510	5	—
			>6.30～35.00	595	530	5	4
			>35.00～60.00	580	515	—	4
			>60.00～80.00	565	490	—	4
7A04 7A09	T1	T62	≤80	530	400	—	5
	T6	T6	≤80	530	400	—	5

续表

牌号	供应状态	试样状态	壁厚/mm	室温拉伸试验结果			
				抗拉强度 R_m/MPa	规定非比例延伸强度 $R_{p0.2}$/MPa	断后伸长率/%	
						A_{50mm}	A
				不小于			
7B05	O	O	≤12.00	245	145	12	—
	T4	T4	≤12.00	305	195	11	—
	T6	T6	≤6.00	325	235	10	—
			>6.00～12.00	335	225	10	—
7A15	T1	T62	≤80	470	420	—	6
	T6	T6	≤80	470	420	—	6
8A06	H112	H112	所有	≤120	—	—	20
管材尺寸规格的规定	管材尺寸及允许偏差应符合 GB/T 4436—2012《铝及铝合金管材外形尺寸及允许偏差》的普通级的规定，需要高精度或超高精级等要求者，应在合同中注明						
管材牌号化学成分的规定	管材牌号的化学成分应符合 GB/T 3190 和 GB/T 4437.1—2015 的相关规定						

① T1 状态供货的管材，由供需双方商定提供 T42 或 T62 试样状态的性能，并在订货单（或合同）中注明，未注明时提供 T42 试样状态的性能。

② T1 状态供货的管材，由供需双方商定提供 T1 或 T42、T62 试样状态的性能，并在订货单（或合同）中注明，未注明时提供 T1 试样状态的性能。

③ T1 状态供货的管材，由供需双方商定提供 T1 或 T42 试样状态的性能，并在订货单（或合同）中注明，未注明时提供 T1 试样状态的性能。

注：1. 本表为管材纵向室温力学性能规定的指标要求。壁厚超出本表规定的管材，其力学性能由供需双方协定。

2. 管材的硬度、剥落腐蚀性能、晶间腐蚀性能、应力腐蚀性能及显微组织等要求，均应符合 GB/T 4437.1—2015 的相关规定。

3. 标记示例：2A12 牌号、供应状态为 O、外径为 40mm、壁厚 6mm、长度 4000mm 的定尺热挤压圆管，标记为

管 GB/T 4437.1—2A12　O—40×6×4000

2.4 加工钛及钛合金

2.4.1 钛及钛合金牌号、特性及应用

表 4-2-59　钛及钛合金牌号、特性及应用

牌号	特　性	应用举例
TA1 TA2 TA3 TA4	工业纯钛的杂质含量较化学纯钛要多，因此其强度、硬度也稍高，其力学性能及化学性能与不锈钢相近，比起钛合金纯钛强度低、塑性好，且可焊接、可切削加工、耐蚀性较好，在抗氧化性方面优于奥氏体不锈钢，但耐热性较差，TA1、TA2、TA3 依次杂质含量增高，机械强度、硬度依次增强，但塑性、韧性依次下降	主要用于工作温度在 350℃以下，受力不大，但要求高塑性的冲压件和耐蚀结构零件，如飞机骨架、蒙皮、船用阀门、管道、海水淡化装置等，化工上的泵、冷却器、搅拌器、蒸馏塔、叶轮等及压缩机气阀、柴油发动机活塞等。TA1、TA2 由于有良好的低温韧性及低温强度，可用作－253℃以下低温结构材料

续表

牌号	特性	应用举例
TA28	α型钛合金不能热处理强化，主要依靠固溶强化，提高力学性能，室温下其强度低于β型和α+β型钛合金，但在500～600℃其高温强度是三类钛合金中是最好的，α型钛合金组织稳定，抗氧化性及焊接性好，耐蚀性及切削加工性尚好，塑性低，压力加工性较差	可用作中等强度范围的结构材料
TA5 TA6		400℃以下腐蚀性介质中工作的零件及焊接件如：飞机蒙皮、骨架零件、压气机叶片等
TA7		500℃以下长期工作的结构件及模锻件，也是一种优良的超低温材料
TA8		500℃以下长期工作零件可用于制造压气机盘及叶片、由于组织稳定性较差，使用受到一定限制
TB2	β型钛合金可以热处理强化，合金强度高，焊接性、压力加工性良好，但性能不稳定，且熔炼工艺复杂	主要用于350℃以下工作的零件，如压气机叶片、轮盘及飞机构件等
TC1 TC2	α+β型钛合金综合力学性能较好，TC1、TC2、TC7不能热处理强化，其他可热处理强化，可切削加工，压力加工性良好、室温强度高，在150～500℃以下有较好的耐热性，综合力学性能良好	400℃以下工作的冲压件、焊接件及模锻件，也可用作低温材料
TC3 TC4		400℃以下长期工作零件、结构锻件、各种容器、泵、低温部件、坦克履带、舰船耐压壳体，TC4是α+β型钛合金中产量最多，应用最广的一种
TC6		450℃以下使用，可用作飞机发动机结构材料
TC9		500℃以下长期使用的零件，如飞机发动机叶片等
TC10		450℃以下长期工作零件，如飞机结构件、起落支架、导弹发动机外壳、武器结构件等

注：1. GB/T 3620.1—2016《钛及钛合金牌号及化学成分》代替 GB/T 3620.1—2007，新标准规定的牌号及化学成分适用于各种钛及钛产品，包括压力加工的各种加工成品和半成品（包括铸锭）。

2. 本表只选编部分牌号的特性，应用举例等资料为非标准资料，供参考。所列牌号的化学成分应符合 GB/T 3620.1—2007 相应牌号的规定。

2.4.2 钛及钛合金力学性能和物理化学性能

表 4-2-60 钛及钛合金室温及高温力学性能

代号	种类和状态	试验温度/℃	抗拉强度 R_m/MPa	屈服强度 $R_{p0.2}$/MPa	断后伸长率 A/%	冲击韧性 a_K/J·cm^{-2}	弹性模量 E/GPa
TA2	棒材，退火	20	420	—	35	105	105
TA3	棒材，退火	20	500	—	31	90	105
TA4	棒材，退火	20	600	—	24	80	105
TA28	锻件	20 300	730 370	640 320	22 26	80 180	— —
TA5	板材，退火	20 500	700 380	650 300	15 15.7	60 —	126 98
TA6	板材，退火	20 500	800 —	690 350	5 14	30～50 —	105 —
TA7	板、棒，退火	20 500	750～950 520～450	650～850 300～400	10 20	40 —	105～120 58.5
TA8	棒材，退火	20 500	1040～1100 750	980～1000 620	12 17	24～32 —	120 90
TB2	棒材，淬火+时效	20	1400	—	7	15	—
TC1	板材，退火	20 400	600～750 310～450	470～650 240～390	20～40 12～25	60～120 —	105 —
TC2	板材，退火	20 500	700 420	— —	15 —	— —	— —
TC3	棒材，退火	20 500	1100 750	1000 —	13 14	35～60 —	118 —
TC4	棒材，退火	20 400	950 640	860 500	15 17	40 —	113 —
TC6	棒材，淬火时效	20 400	1100 750	1000 600	12 15	40 —	115 —
TC9	棒材，退火	20 500	1200 870	1030 660	11 14	30 —	118 95
TC10	棒材，退火	20 450	1100 800	1050 600	12 19	40 —	108 90
TC11	棒材	20 500	1110 780	1014 600	17 22	30 —	123 99

表 4-4-61　钛及钛合金室温及高温物理性能

性能		合金代号														
		TA2、TA3、TA4	TA28	TA5	TA6	TA7	TA8	TB2	TC1	TC2	TC3	TC4	TC6	TC9	TC10	TC11
0℃密度 ρ/g·cm^{-3}		4.5	—	4.43	4.40	4.46	4.56	4.81	4.55	4.55	4.43	4.45	4.5	4.52	4.53	4.48
熔点/℃		1640～1671	—	—	—	1538～1649	—	—	—	1570～1640	1593～1610	1538～1649	1620～1650	—	—	—
比热容 c /J·g^{-1}·K^{-1}	20℃	0.544	—	—	—	0.540	—	0.540	—	—	—	—	—	—	—	—
	100℃	0.544	—	—	0.586	0.540	0.502	0.540	0.574	—	—	0.678	0.502	0.540	0.540	—
	200℃	0.628	—	—	0.670	0.569	0.586	0.553	—	0.565	0.586	0.691	0.586	—	0.548	—
	300℃	0.670	—	—	0.712	0.590	0.628	0.569	0.641	0.628	0.628	0.703	0.670	—	0.565	0.605
	400℃	0.712	—	—	0.796	0.620	0.628	0.636	0.699	0.670	0.670	0.741	0.712	—	0.557	0.654
	500℃	0.754	—	—	0.879	0.653	0.670	0.599	0.729①	0.754	0.712	0.754	0.796	—	0.528	0.712
	600℃	0.837	—	—	0.921	0.691	—	0.862	—	—	—	0.879	—	—	—	0.786
电阻率 ρ/nΩ·m		470	—	1260	1080	1380	16940	1550	—	—	1420	1600	1360	1620	1870	1710
热导率 λ /W·m^{-1}·K^{-1}	20℃	16.33	10.47	—	7.54	8.79	7.54	—	9.63	9.63	8.37	5.44	7.95	7.54	—	—
	100℃	16.33	12.14	—	8.79	9.63	8.37	12.14②	10.47	—	8.79	6.70	8.79	12.98	—	6.3
	200℃	16.33	—	—	10.05	10.89	9.63	12.56	11.72	11.30	10.05	8.79	10.05	11.30	—	7.5
	300℃	16.75	—	—	11.72	12.14	10.89	12.98	12.14	12.14	10.89	10.47	11.30	12.14	10.47	9.2
	400℃	17.17	—	—	13.40	13.40	12.14	16.33	13.40	13.40	12.56	12.56	12.59	12.98	12.14	10.5
	500℃	18.00	—	—	15.07	14.65	—	17.58	14.65	14.65	14.24	14.24	—	13.40⑧	13.40	12.1
	600℃	—	—	—	16.75	15.91	—	18.84	16.33	—	15.49	15.91	—	14.65	—	13.0
线胀系数 /10^{-6}K^{-1}	20～100℃	8.0	8.2	9.28	8.3	9.36	9.02	8.53	8.0	8.0	—	7.89	8.60	7.70	9.45	9.3
	20～200℃	8.6	—	9.53	8.9③	9.4	9.41	9.34	8.6	8.6	—	9.01	—	8.90	9.73	9.3
	20～300℃	9.1	—	9.87	9.5④	9.5	9.72	9.52	9.1	9.1	—	9.30	—	9.27	9.97	9.5
	20～400℃	9.25	—	10.08	10.4⑤	9.54	9.98	9.79	9.6	9.6	—	9.24	—	9.64	10.15	9.7
	20～500℃	9.4	—	10.09	10.6⑥	9.68	10.20	9.83	9.6	9.4	—	9.39	11.60⑥	9.85	10.19	10.0
	20～600℃	9.8	—	10.28	10.8⑦	9.86	10.42	9.99	—	—	—	9.40	—	—	12.21	10.2

① 450℃。
② 80℃。
③ 100～200℃。
④ 200～300℃。
⑤ 300～400℃。
⑥ 400～500℃。
⑦ 500～600℃。
⑧ 490℃。
注：本表资料供参考。

表 4-2-62　　**工业纯钛的耐蚀性能**

介质	溶液浓度（质量分数）/%	温度/℃	腐蚀速率/$mm \cdot a^{-1}$	耐蚀等级①
醋酸	100	20	0.000	优
		沸腾	0.000	优
蚁酸	50	20	0.000	优
草酸	5	20	0.127	良
		沸腾	29.390	差
	10	20	0.008	优
乳酸	10	20	0.000	优
		沸腾	0.033	优
	25	沸腾	0.028	优
甲酸	10	沸腾	1.270	良
	25	100	2.440	差
	50	100	7.620	差
单宁酸	25	20	<0.127	优
		沸腾	<0.127	优
柠檬酸	50	20	<0.127	优
		沸腾	<0.127	优
硬脂酸	100	20	<0.127	优
		沸腾	<0.127	优
盐酸	1	20	0.000	优
		沸腾	0.345	良
	5	20	0.000	优
		沸腾	6.530	差
	10	20	0.175	良
		沸腾	40.870	差
	20	20	1.340	差
	35	20	6.660	差
硫酸	5	20	0.000	优
		沸腾	13.01	差
	10	20	0.231	良
	60	20	0.277	良
	80	20	32.660	差
	95	20	1.400	差
硝酸	37	20	0.000	优
		沸腾	<0.127	优
	64	20	0.000	优
		沸腾	<0.127	优

介质	溶液浓度（质量分数）/%	温度/℃	腐蚀速率/$mm \cdot a^{-1}$	耐蚀等级①
硝酸	95	20	0.0025	优
磷酸	10	20	0.000	优
		沸腾	6.400	差
	30	20	0.000	优
		沸腾	17.600	差
	50	20	0.097	优
铬酸	20	20	<0.127	优
		沸腾	<0.127	优
硝酸+盐酸	1∶3（质量比）	20	0.004	优
		沸腾	<0.127	优
	3∶1（质量比）	20	<0.127	优
硝酸+硫酸	7∶3（质量比）	20	<0.127	优
	4∶6（质量比）	20	<0.127	优
苯（含微量 HCl、NaCl）	蒸气或液体	80	0.005	优
四氯化碳	蒸气或液体	沸腾	0.005	优
四氯乙烯（稳定）	蒸气或液体	沸腾	0.005	优
四氯乙烯（含 H_2O）	蒸气或液体	沸腾	0.005	优
三氯甲烯烷	蒸气或液体	沸腾	0.0003	优
三氯甲烷	蒸气或液体	沸腾	0.127	良
三氯乙烯	蒸气或液体	沸腾	0.00254	优
三氯乙烯（稳定）	99	沸腾	0.00254	优
甲醛	37	沸腾	0.127	良
甲醛 $w(H_2SO_4)=2.5\%$	50	沸腾	0.305	良
氢氧化钠	10	沸腾	0.020	优
	20	20	<0.127	优
		沸腾	<0.127	优
	50	20	<0.0025	优
		沸腾	<0.0508	优
	73	沸腾	0.127	良
氢氧化钾	10	沸腾	<0.127	优
	25	沸腾	0.305	良
	50	30	0.000	优
		沸腾	2.743	差

续表

介质	溶液浓度（质量分数）/%	温度/℃	腐蚀速率/mm·a⁻¹	耐蚀等级[①]	介质	溶液浓度（质量分数）/%	温度/℃	腐蚀速率/mm·a⁻¹	耐蚀等级[①]
氢氧化铵	28	20	0.0025	优	氯化镁	10	20	<0.127	优
碳酸钠	20	20	<0.127	优			沸腾	<0.127	优
		沸腾	<0.127	优	氯化镍	5～10	20	<0.127	优
氨 w(NaOH)=2%	—	20	0.0708	优			沸腾	<0.127	优
					氯化钡	20	20	<0.127	优
氯化铁	40	20	0.000	优			沸腾	<0.127	优
		95	0.002	优	硫酸铜	20	20	<0.127	优
氯化亚铁	30	20	0.000	优			沸腾	<0.127	优
		沸腾	<0.127	优	硫酸铵	20℃饱和	20	<0.127	优
氯化亚铝	10	20	<0.127	优			沸腾	<0.127	优
		沸腾	<0.127	优	硫酸钠		20	<0.127	优
氯化亚铜	50	20	<0.127	优			沸腾	<0.127	优
		沸腾	<0.127	优	硫酸亚铝		20	<0.127	优
氯化铵	10	20	<0.127	优			沸腾	<0.127	优
		沸腾	0.000	优	硫酸亚铜	10	20	<0.127	优
氯化钙	10	20	<0.127	优			沸腾	<0.127	优
		沸腾	0.000	优		30	20	<0.127	优
氯化铝	25	20	<0.127	优			沸腾	<0.127	优
		沸腾	<0.127	优	硝酸银	11	20	<0.127	优

① 优—腐蚀速率小于 0.127mm/a；
　良—腐蚀速率 0.127～1.27mm/a；
　差—腐蚀速率大于 1.27mm/a。

2.4.3　钛合金热处理

表 4-2-63　　**钛合金热处理种类及应用**

工艺名称	作　用	应用范围
去应力退火	部分或基本上消除残留应力，减少变形	机加工件焊接件
普通退火（工业退火）	完全消除内应力，使组织和性能均匀	铸件、锻件棒材、板材、型材
β退火	提高 α+β 型钛合金抗蠕变性能和断裂韧度，但降低低周疲劳性能和塑性	α+β 型钛合金经 α+β 区变形加工后进行
等温退火	获得稳定组织和性能，提高塑性和热稳定性	β稳定化元素含量较高的 α+β 型钛合金，如 TC6 等
双重退火（或三重退火）	同时获得稳定组织和提高强度、塑性及断裂韧度	α+β 型钛合金，如 TC6、TC9、TC11 等
真空退火	减少气体含量，防止氧化	钛合金中氢含量超过规定值时，或者成品件、薄壁精密件等
固溶+时效	提高强度和塑性，获得良好综合性能	α+β 型钛合金（TC 类）亚稳定 β 型钛合金（如 TB1、TB2）
形变热处理	提高强度、塑性、疲劳强度、热强性等，获得良好综合性能	研究和发展方向之一

2.4.4 钛及钛合金加工产品

2.4.4.1 钛及钛合金板材

表 4-2-64 钛及钛合金板材产品牌号、供应状态及尺寸规格（GB/T 3621—2007）

牌号	制造方法	供应状态	规格/mm		
			厚度	宽度	长度
TA1、TA2、TA3、TA4、TA5、TA6、TA7、TA8、TA8-1、TA9、TA9-1、TA10、TA11、TA15、TA17、TA18、TC1、TC2、TC3、TC4、TC4ELI	热轧	热加工状态(R) 退火状态(M)	>4.75～60.0	400～3000	1000～4000
	冷轧	冷加工状态(Y) 退火状态(M) 固溶状态(ST)	0.30～6	400～1000	1000～3000
TB2	热轧	固溶状态(ST)	>4.0～10.0	400～3000	1000～4000
	冷轧	固溶状态(ST)	1.0～4.0	400～1000	1000～3000
TB5、TB6、TB8	冷轧	固溶状态(ST)	0.30～4.75	400～1000	1000～3000

注：1. 工业纯钛板材供货的最小厚度为 0.3mm，其他牌号的最小厚度见表 2-68，如对供货厚度和尺寸规格有特殊要求，可由供需双方协商。

2. 当需方在合同中注明时，可供应消应力状态（M）的板材。

3. 本表牌号的化学成分应符合 GB/T 3620.1—2016 的规定。

4. 产品标记按产品名称、牌号、供应状态、规格和标准编号的顺序表示。标记示例如下。

用 TA2 制成的厚度为 3.0mm、宽度 500mm、长度 2000mm 的退火态板材，标记为

板 TA2 M 3.0×500×2000 GB/T 3621—2007。

表 4-2-65 钛及钛合金板材厚度、宽度和长度允许偏差（GB/T 3621—2007） mm

	厚度	宽度		
		400～1000	>1000～2000	>2000
厚度允许偏差	0.3～0.5	±0.05	—	—
	>0.5～0.8	±0.07	—	—
	>0.8～1.1	±0.09	—	—
	>1.1～1.5	±0.11	—	—
	>1.5～2.0	±0.15	—	—
	>2.0～3.0	±0.18	—	—
	>3.0～4.0	±0.22	—	—
	>4.0～6.0	±0.35	±0.40	—
	>6.0～8.0	±0.40	±0.60	±0.80
	>8.0～10.0	±0.50	±0.60	±0.80
	>10.0～15.0	±0.70	±0.80	±1.00
	>15.0～20.0	±0.70	±0.90	±1.10
	>20.0～30.0	±0.90	±1.00	±1.20
	>30.0～40.0	±1.10	±1.20	±1.50
	>40.0～50.0	±1.20	±1.50	±2.00
	>50.0～60.0	±1.60	±2.00	±2.50

	厚度	宽度	宽度允许偏差	长度	长度允许偏差
宽度和长度允许偏差	0.3～4.0	400～1000	+10 0	1000～3000	+15 0
	>4.0～20.0	400～3000	+15 0	1000～4000	+20 0
	>20.0～60.0	400～3000	+20 0	1000～4000	+25 0

注：GB/T 3621—2007 新修订标准将尺寸偏差中厚度规格划分为连续式。旧标准 GB/T 3621—1994 厚度尺寸为：0.3～1.2（间隔为 0.1）、1.4、(1.5)、1.6、1.8、2.0、2.2、2.5、2.8、3.0、3.5、4.0、4.5、5.0、5.5、6.0、7.0、8.0、9.0、10.0、11.0、12.0、14.0、(15.0)、16.0、18.0、20.0、22.5、25.0、28.0、30.0、32.0、35.0、38.0、40.0、42.0、45.0、48.0、50.0、53.0、56.0、60.0（单位为 mm）。

表 4-2-66　**钛及钛合金板材的平面度**（GB/T 3621—2007）

厚度/mm		≤4	＞4～10	＞10～20	＞20～35	＞35～60
规定宽度的平面度 /mm·m^{-1}	≤2000mm	20	18	15	13	8
	＞2000mm	—	20	18	15	13

注：1. TB6 板材厚度≤5mm 时，其平面度不大于 50mm/m，厚度≤4mm 的 TB5、TB8、TB2 板材，其平面度不大于 30mm/m；超出上述厚度时，其平面度由双方协商确定。

2. 其他牌号板材的平面度按本表规定。

表 4-2-67　**钛及钛合金板材横向室温力学性能**（GB/T 3621—2007）

牌号		状态	板材厚度 /mm	抗拉强度 R_m/MPa	规定非比例延伸强度 $R_{p0.2}$/MPa	断后伸长率[①] A/% ≥
TA1		M	0.3～25.0	≥240	140～310	30
TA2		M	0.3～25.0	≥400	275～450	25
TA3		M	0.3～25.0	≥500	380～550	20
TA4		M	0.3～25.0	≥580	485～655	20
TA5		M	0.5～1.0 ＞1.0～2.0 ＞2.0～5.0 ＞5.0～10.0	≥685	≥585	20 15 12 12
TA6		M	0.8～1.5 ＞1.5～2.0 ＞2.0～5.0 ＞5.0～10.0	≥685	—	20 15 12 12
TA7		M	0.8～1.5 ＞1.6～2.0 ＞2.0～5.0 ＞5.0～10.0	735～930	≥685	20 15 12 12
TA8		M	0.8～10	≥400	275～450	20
TA8-1		M	0.8～10	≥240	140～310	24
TA9		M	0.8～10	≥400	275～450	20
TA9-1		M	0.8～10	≥240	140～310	24
TA10[②]	A 类	M	0.8～10.0	≥485	≥345	18
	B 类	M	0.8～10.0	≥345	≥275	25
TA11		M	5.0～12.0	≥895	≥825	10
TA13		M	0.5～2.0	540～770	460～570	18
TA15		M	0.8～1.8 ＞1.8～4.0 ＞4.0～10.0	930～1130	≥855	12 10 8
TA17		M	0.5～1.0 ＞1.1～2.0 ＞2.1～4.0 ＞4.1～10.0	685～835	—	25 15 12 10
TA18		M	0.5～2.0 ＞2.0～4.0 ＞4.0～10.0	590～735	—	25 20 15
TB2		ST STA	1.0～3.5	≤980 1320	—	20 8
TB5		ST	0.8～1.75 ＞1.75～3.18	705～945	690～835	12 10
TB6		ST	1.0～5.0	≥1000	—	6
TB8		ST	0.3～0.6 ＞0.6～2.5	825～1000	795～965	6 8

续表

牌号	状态	板材厚度 /mm	抗拉强度 R_m/MPa	规定非比例延伸强度 $R_{p0.2}$/MPa	断后伸长率[1] A/% ≥
TC1	M	0.5～1.0 >1.0～2.0 >2.0～5.0 >5.0～10.0	590～735	—	25 25 20 20
TC2	M	0.5～1.0 >1.0～2.0 >2.0～5.0 >5.0～10.0	≥685	—	25 15 12 12
TC3	M	0.8～2.0 >2.0～5.0 >5.0～10.0	≥880		12 10 10
TC4	M	0.8～2.0 >2.0～5.0 >5.0～10.0 10.0～25.0	≥895	≥830	12 10 10 8
TC4ELI	M	0.8～25.0	≥860	≥795	10

① 厚度不大于 0.64mm 的板材，断后伸长率报实测值。

② 正常供货按 A 类，B 类适应于复合板复材，当需方要求并在合同中注明时，按 B 类供货。

注：1. 当需方要求并在合同中注明时，可测定板材纵向室温力学性能，应符合本表规定。

2. 本表未列出的其他规格板材，以及 R、Y、M 状态交货之板材，需方要求并在合同中注明时，室温力学性能报实测数据。

表 4-2-68 钛及钛合金板材高温力学性能（GB/T 3621—2007）

合金牌号	板材厚度 /mm	试验温度 /℃	抗拉强度 R_m/MPa ≥	持久强度 σ_{100h}/MPa ≥
TA6	0.8～10	350 500	420 340	390 195
TA7	0.8～10	350 500	490 440	440 195
TA11	5.0～12	425	620	—
TA15	0.8～10	500 550	635 570	440 440
TA17	0.5～10	350 400	420 390	390 360
TA18	0.5～10	350 400	340 310	320 280
TC1	0.5～10	350 400	340 310	320 295
TC2	0.5～10	350 400	420 390	390 360
TC3、TC4	0.8～10	400 500	590 440	540 195

注：1. 当需方要求并在合同中注明时，板材的高温性能应符合本表规定，试验温度应在合同中注明。

2. 本表未列出的板材高温力学性能，可按需方要求并在合同中注明报实测数据。

表 4-2-69　**钛及钛合金板材弯曲试验**（GB/T 3621—2007）

牌　号	状　态	板材厚度/mm	弯芯直径（*T* 为板厚度）/mm	弯曲角 α/(°)
TA1	M	<1.8	3*T*	105
		1.8～4.75	4*T*	
TA2	M	<1.8	4*T*	
		1.8～4.75	5*T*	
TA3	M	<1.8	4*T*	
		1.8～4.75	5*T*	
TA4	M	<1.8	5*T*	
		1.8～4.75	6*T*	
TA8	M	<1.8	4*T*	
		1.8～4.75	5*T*	
TA8-1	M	<1.8	3*T*	
		1.8～4.75	4*T*	
TA9	M	<1.8	4*T*	
		1.8～4.75	5*T*	
TA9-1	M	<1.8	3*T*	
		1.8～4.75	4*T*	
TA10	M	<1.8	4*T*	
		1.8～4.75	5*T*	
TC4	M	<1.8	9*T*	
		1.8～4.75	10*T*	
TC4ELI	M	<1.8	9*T*	
		1.8～4.75	10*T*	
TB5	M	<1.8	4*T*	
		1.8～3.18	5*T*	
TB8	M	<1.8	3*T*	
		1.8～2.5	3.5*T*	
TA5	M	0.5～5.0	3*T*	60
TA6	M	0.8～1.5	3*T*	50
		>1.5～5.0		40
TA7	M	0.8～2.0		50
		>2.0～5.0		40
TA13	M	0.5～2.0	2*T*	180
TA15	M	0.8～5.0	3*T*	30
TA17	M	0.5～1.0		80
		>1.0～2.0		60
		>2.0～5.0		50
TA18	M	0.5～1.0		100
		>1.0～2.0		70
		>2.0～5.0		60
TB2	ST	1.0～3.5		120
TC1	M	0.5～1.0		100
		>1.0～2.0		70

续表

牌号	状态	板材厚度/mm	弯芯直径（T 为板厚度）/mm	弯曲角 α/(°)
TC1	M	>2.0～5.0	3T	60
TC2	M	0.5～1.0		80
		>1.0～2.0		60
		>2.0～5.0		50
TC3	M	0.8～2.0		35
		>2.0～5.0		30

注：板材按本表规定的弯芯直径和弯曲角进行弯曲后，试样外表面不应产生开裂。

2.4.4.2 TC4ELI 钛合金板

表 4-2-70 TC4ELI 钛合金板牌号、尺寸规格及力学性能（GB/T 31297—2014） mm

项目	牌号	厚度	宽度	长度	状态
牌号及板材的尺寸规格	TC4 ELI	0.50～4.75	400～1000	1000～4000	退火态
		>4.75～100.0	400～3000	1000～6000	退火态 β退火＋二次退火态

项目	厚度	厚度允许偏差	宽度允许偏差	长度允许偏差
薄板材厚度、长度、宽度允许偏差	0.5～0.8	±0.07	$^{+5}_{0}$	$^{+10}_{0}$
	>0.8～1.0	±0.09		
	>1.0～1.5	±0.10		
	>1.5～2.0	±0.13		
	>2.0～2.5	±0.15		
	>2.5～3.0	±0.18		
	>3.0～4.75	±0.22		

项目	厚度	规定宽度范围的厚度允许偏差		
		400～1000	>1000～2000	>2000～3000
厚板材厚度允许偏差	>4.75～6.0	±0.22	±0.40	±0.80
	>6.0～8.0	±0.35	±0.60	±0.80
	>8.0～10.0	±0.40	±0.60	±0.80
	>10.0～15.0	±0.50	±0.80	±1.00
	>15.0～20.0	±0.70	±0.90	±1.10
	>20.0～30.0	±0.90	±1.00	±1.20
	>30.0～40.0	±1.10	±1.20	±1.50
	>40.0～50.0	±1.20	±1.50	±2.00
	>50.0～70.0	±1.60	±2.00	±2.50
	>70.0～100.0	±2.00	±2.50	±2.50

项目	厚度	规定宽度范围的宽度允许偏差		规定长度范围的长度允许偏差	
		400～1000	>1000～3000	1000～4000	>4000～6000
厚板材为宽度和长度允许偏差	>4.75～30.0	$^{+5}_{0}$	$^{+10}_{0}$	$^{+10}_{0}$	$^{+15}_{0}$
	>30.0～50.0	$^{+8}_{0}$	$^{+10}_{0}$	$^{+10}_{0}$	$^{+15}_{0}$
	>50.0～100.0	$^{+10}_{0}$	$^{+15}_{0}$	$^{+10}_{0}$	$^{+15}_{0}$

项目	厚度/mm	抗拉强度 R_m/MPa ≥	规定塑性延伸强度 $R_{p0.2}$/MPa ≥	断后伸长率 A_{50mm}/% ≥
板材力学性能	0.50～<0.64	895	830	8
	0.64～<25.40	895	830	10
	25.40～100.0	860	795	10

注：板材牌号的化学成分应符合 GB/T 3620.1—2016 的规定。

2.4.4.3　冷轧钛带卷

表 4-2-71　冷轧钛带卷牌号、尺寸规格及力学性能（GB/T 26723—2011）

项目	牌号	制造方法	供应状态	规格（厚度×宽度×长度）/mm
牌号及规格	TA1、TA2、TA3、TA4、TA8-1、TA9、TA9-1、TA10	冷轧	M(退火状态) Y(冷加工态)	(0.3～4.75)×(500～1500)×L

项目	公称厚度	厚度极限偏差	
		普通精度	较高精度
厚度及其极限偏差/mm	0.3～<0.5	±0.05	±0.04
	0.5～<0.7	±0.06	±0.05
	0.7～<1.0	±0.09	±0.07
	1.0～<1.5	±0.13	±0.08
	1.5～<2.0	±0.16	±0.09
	2.0～<2.5	±0.20	±0.12
	2.5～<4.0	±0.22	±0.14
	4.0～4.75	±0.30	±0.16

项目	牌号		状态	带厚/mm	抗拉强度 R_m/MPa	规定非比例延伸强度 $R_{p0.2}$/MPa	断后伸长率 A/%
室温力学性能	TA1		退火态(M)	0.3～4.75	≥240	138～310	≥24
	TA2				≥345	275～450	≥20
	TA3				≥450	380～550	≥18
	TA4				≥550	485～655	≥15
	TA8-1				≥240	138～310	≥24
	TA9				≥345	275～450	≥20
	TA9-1				≥240	138～310	≥24
	TA10①	A类			≥485	≥345	≥18
		B类			≥345	≥275	≥25

① 正常供货按 A 类，B 类适合复合板材；当需方要求时并在合同中注明时，按 B 类供货。

注：1. 在规定范围以外的钛带卷，其允许偏差由供需双方协议规定，用户需要较高精度时需在合同中注明。

2. 带卷各牌号的化学成分应符合 GB/T 3620.1 的相关规定。

3. 标记示例：用 TA2 制造的、退火状态的、厚度为 0.6mm、宽度为 1200mm 的钛带卷，标记为

带卷 TA2 M　0.6×1200　GB/T 26723—2011

2.4.4.4　钛及钛合金带与箔

表 4-2-72　钛及钛合金带与箔牌号、尺寸规格及力学性能（GB/T 3622—2012）

项目	牌号	品种	加工方式	供货状态	规格(厚度×宽度×长度)/mm	供货方式
牌号及尺寸规格	TA1、TA2 TA3、TA4 TA8、TA8-1 TA9、TA9-1 TA10	箔材	冷轧	冷加工态(Y)	(0.01～<0.03)×(30～100)×(≥500)	产品可以片式或卷式供货 卷式供货可分为切边和不切边两种
				退火态(M)	(0.03～<0.10)×(50～300)×(≥500)	
		带材	冷轧	冷加工态(Y)	(0.10～<0.30)×(50～300)×(≥500)	
				退火态(M)	(0.30～<3.00)×(<500)×L	
			热轧	热加工态(R)	(3.00～4.75)×(<600)×L	
				退火态(M)		

项目	厚度	厚度允许偏差		厚度	厚度允许偏差	
		普通精度	高精度		普通精度	高精度
厚度及厚度允许偏差/mm	0.01～0.02	±0.003	±0.002	>0.30～0.50	±0.05	±0.04
	>0.02～0.05	±0.005	±0.003	>0.50～1.00	±0.07	±0.05
	>0.05～0.07	±0.007	±0.005	>1.00～1.50	±0.11	±0.06
	>0.07～0.09	±0.100	±0.007	>1.50～2.00	±0.15	±0.07

续表

厚度及厚度允许偏差/mm	厚度	厚度允许偏差		厚度	厚度允许偏差	
		普通精度	高精度		普通精度	高精度
	>0.09～0.15	±0.015	±0.010	>2.00～3.00	±0.18	±0.09
	>0.15～0.20	±0.02	±0.015	>3.00～4.75	±0.22	±0.11
	>0.20～0.30	±0.03	±0.02	—	—	—

室温纵向力学性能	牌号		状态	产品厚度/mm	拉伸性能				弯曲性能	
					抗拉强度 R_m/MPa	规定塑性延伸 $R_{p0.2}$/MPa	伸长率 A_{50mm}/% Ⅰ级	伸长率 A_{50mm}/% Ⅱ级	弯曲角度	弯心直径（t 公称厚度）
	TA1 TA8-1 TA9-1		M	0.10～<0.50	≥240	140～310	≥24	≥40	105°	3t
				0.50～<2.00				≥35		
				2.00～4.75				—		4t
	TA2 TA8 TA9			0.10～<0.50	≥345	275～450	≥20	≥30		4t
				0.50～<2.00				≥25		
				2.00～4.75				—		5t
	TA3			0.10～<2.00	≥450	380～550	≥18	—		4t
				2.00～4.75						5t
	TA4			0.30～<2.00	≥550	485～655	≥15	—		5t
				2.00～4.75						6t
	TA10①	A类		0.10～<2.00	≥485	≥345	≥18	—		4t
				2.00～4.75						5t
		B类		0.10～<2.00	≥345	≥275	≥25	—		4t
				2.00～4.75						5t

① 一般按A类供货；B类适用于复合板材，需要时在合同中注明，按B类供货。

注：1. 产品牌号化学成分及化学成分允许偏差应符合GB/T 3620.1—2016的相关规定。

2. TA4牌号仅供带材，其最小厚度为0.3mm。

2.4.4.5 钛及钛合金网板

表4-1-73　　钛及钛合金网板的牌号、状态和规格（GB/T 26059—2010）　　mm

牌号	供应状态	板厚 d	网面规格尺寸		网眼规格尺寸		
			网面宽 B	网面长 L	长节距 TB	短节距 TL	丝梗宽 b
TA1、TA2 TA3、TA8、 TA8-1、TA9、 TA9-1、TA10、 TC1	冷冲状态(Y) 退火状态(M) 冷平退火状态(ZM)	0.5～1.5	400～1200	≤2000	4	3.5	0.5
					6.1	3.7	0.8
					8	4.5	1.5
					10	4.5	1.5
					10	5	1.5
					10.3	6	1.5
					12.5	4.5、5.0、5.5、6.0、6.5	1.7
					12.5	5.6	1.8
					13	5.5	1.5
					13	5.8	1.9
					20	7	1.7
		0.8～1.5	400～1200	≤2000	40	14	1.7

注：1. 网板以板材冷冲成形，其网板可以适用于各种用途。

2. 供应状态应在合同中注明，否则按冷冲状态供货。

3. 网板牌号的化学成分应符合GB/T 3620.1—2016的相关规定。

2.4.4.6　钛及钛合金棒材

表 4-2-74　钛及钛合金棒材牌号、状态、规格及室温力学性能（GB/T 2965—2007）

牌号		室温力学性能 ≥				棒材供应状态及规格
		抗拉强度 R_m/MPa	规定非比例延伸强度 $R_{p0.2}$/MPa	断后伸长率 A/%	断面收缩率 Z/%	
TA1		240	140	24	30	标准规定棒材的24个牌号的化学成分应符合GB/T 3620.1《钛及钛合金牌号及化学成分》的规定，棒材的直径或矩形截面厚度尺寸范围为>7～230mm 棒材供应状态为热加工态（R），其长度为300～6000mm；冷加工态（Y），其长度为300～6000mm；退火态（M），其长度为300～3000mm。TC6棒材退火态（M）为普通退火态，TC9、TA19、TC11棒材供应状态为R和Y 按供需双方协商，可供超出本表规定规格的棒材
TA2		400	275	20	30	
TA3		500	380	18	30	
TA4		580	485	15	25	
TA5		685	585	15	40	
TA6		685	585	10	27	
TA7		785	680	10	25	
TA9		370	250	20	25	
TA10		485	345	18	25	
TA13		540	400	16	35	
TA15		885	825	8	20	
TA19		895	825	10	25	
TB2	淬火性能	≤980	820	18	40	
	时效性能	1370	1100	7	10	
TC1		585	460	15	30	
TC2		685	560	12	30	
TC3		800	700	10	25	
TC4		895	825	10	25	
TC4 ELI		830	760	10	15	
TC6		980	840	10	25	
TC9		1060	910	9	25	
TC10		1030	900	12	25	
TC11		1030	900	10	30	
TC12		1150	1000	10	25	

注：1. GB/T 2965—2007规定了锻造、挤压、轧制和拉拔的钛及钛合金圆棒和矩形棒材。

2. 棒材的力学性能在经热处理后的试样上测试，试样推荐热处理制度参照原标准。棒材横截面积不大于64.5cm² 且截面厚度不大于76mm时，棒材的纵向室温力学性能按本表规定。

3. 标记示例如下。

示例1：直径50mm、长度3000mm的TC4钛合金热加工态圆棒标记为

TC4 Rϕ50×3000GB/T 2965—2007

示例2：截面厚度均为60mm、长度为2000mm的TA15钛合金退火态方棒标记为

TA15 M 60×60×2000 GB/T 2965—2007

表 4-2-75　钛及钛合金棒材高温纵向力学性能（GB/T 2965—2007）

牌号	试验温度/℃	高温力学性能 ≥			
		抗拉强度 R_m/MPa	持久强度/MPa		
			σ_{100h}	σ_{50h}	σ_{35h}
TA6	350	420	390	—	—
TA7	350	490	440	—	—
TA15	500	570	—	470	—
TA19	480	620	—	—	480
TC1	350	345	325	—	—

续表

牌号	试验温度/℃	高温力学性能 ≥			
		抗拉强度 R_m/MPa	持久强度/MPa		
			σ_{100h}	σ_{50h}	σ_{35h}
TC2	350	420	390	—	—
TC4	400	620	570	—	—
TC6	400	735	665	—	—
TC9	500	785	590	—	—
TC10	400	835	785	—	—
TC11①	500	685	—	—	640①
TC12	500	700	590	—	—

① TC11 钛合金棒材持久强度不合格时，允许再按 500℃的 100h 持久强度 σ_{100h}≥590MPa 进行检验，检验合格则该批棒材的持久强度合格。

注：当需方要求，并在合同中注明时，其高温纵向力学性能应按本表规定。

表 4-2-76　钛及钛合金棒材直径或截面厚度及其允许偏差（GB/T 2965—2007）

直径或截面厚度/mm	允许偏差/mm			弯曲度 t/mm·m^{-1} ≤
	热锻造或挤压棒	热轧棒	车(磨)光棒、冷轧或冷拉棒	
>7～15	±1.0	+0.6 −0.5	±0.3	热加工，直径 d 或截面厚度 B<35mm，弯曲度 t≤6；B≥35mm，t≤10 热加工后经车(磨)光及冷加工圆棒和矩形棒，B<35mm，t≤4；B≥35mm，t≤5
>15～25	±1.5	+0.7 −0.5	±0.4	
>25～40	±2.0	+1.2 −0.5	±0.5	
>40～60	±2.5	+1.5 −1.0	±0.6	
>60～90	±3.0	+2.0 −1.0	±0.8	
>90～120	±3.5	+2.2 −1.2	±1.2	
>120～160	±5.0	—	±1.8	
>160～200	±6.5	—	±2.0	
>200～230	±7.0	—	±2.5	

注：棒材以热加工或冷加工表面交货、也可经车（磨）光后交货。

2.4.4.7　钛及钛合金管材

表 4-2-77　钛及钛合金管牌号及尺寸规格（GB/T 3624—2010）　　mm

牌号	状态	外径	壁厚																管长度
			0.2	0.3	0.5	0.6	0.8	1.0	1.25	1.5	2.0	2.5	3.0	3.5	4.0	4.5	5.0	5.5	
TA1 TA2 TA8 TA8-1 TA9 TA9-1 TA10	退火态(M)	3～5	○	○	○	○	—	—	—	—	—	—	—	—	—	—	—	—	外径≤15，管长为 500～4000 外径>15 壁厚≤2.0，管长为 500～9000 壁厚>2.0～5.5，管长为 500～6000
		>5～10	—	○	○	○	○	○	○	—	—	—	—	—	—	—	—	—	
		>10～15	—	—	○	○	○	○	○	○	○	—	—	—	—	—	—	—	
		>15～20	—	—	—	○	○	○	○	○	○	○	—	—	—	—	—		
		>20～30	—	—	—	○	○	○	○	○	○	○	○	—	—	—	—	—	
		>30～40	—	—	—	—	—	○	○	○	○	○	○	○	—	—	—	—	
		>40～50	—	—	—	—	—	—	○	○	○	○	○	○	○	—	—	—	
		>50～60	—	—	—	—	—	—	—	○	○	○	○	○	○	○	○	—	
		>60～80	—	—	—	—	—	—	—	○	○	○	○	○	○	○	○	○	
		>80～110	—	—	—	—	—	—	—	—	—	○	○	○	○	○	○	○	

续表

<table>
<tr><th rowspan="2">牌号</th><th rowspan="2">状态</th><th rowspan="2">外径</th><th colspan="16">壁厚</th><th rowspan="2">管长度</th></tr>
<tr><th>0.2</th><th>0.3</th><th>0.5</th><th>0.6</th><th>0.8</th><th>1.0</th><th>1.25</th><th>1.5</th><th>2.0</th><th>2.5</th><th>3.0</th><th>3.5</th><th>4.0</th><th>4.5</th><th>5.0</th><th>5.5</th></tr>
<tr><td rowspan="7">TA3</td><td rowspan="7">退火态（M）</td><td>>10～15</td><td>—</td><td>—</td><td>○</td><td>○</td><td>○</td><td>○</td><td>○</td><td>○</td><td>○</td><td>—</td><td>—</td><td>—</td><td>—</td><td>—</td><td>—</td><td>—</td><td rowspan="7">外径≤15，管长为 500～4000
外径>15
壁厚≤2.0，管长为 500～9000
壁厚>2.0～5.5，管长为 500～6000</td></tr>
<tr><td>>15～20</td><td>—</td><td>—</td><td>—</td><td>○</td><td>○</td><td>○</td><td>○</td><td>○</td><td>○</td><td>○</td><td>—</td><td>—</td><td>—</td><td>—</td><td>—</td><td>—</td></tr>
<tr><td>>20～30</td><td>—</td><td>—</td><td>—</td><td>○</td><td>○</td><td>○</td><td>○</td><td>○</td><td>○</td><td>○</td><td>—</td><td>—</td><td>—</td><td>—</td><td>—</td><td>—</td></tr>
<tr><td>>30～40</td><td>—</td><td>—</td><td>—</td><td>—</td><td>—</td><td>—</td><td>○</td><td>○</td><td>○</td><td>○</td><td>○</td><td>—</td><td>—</td><td>—</td><td>—</td><td>—</td></tr>
<tr><td>>40～50</td><td>—</td><td>—</td><td>—</td><td>—</td><td>—</td><td>—</td><td>○</td><td>○</td><td>○</td><td>○</td><td>○</td><td>○</td><td>—</td><td>—</td><td>—</td><td>—</td></tr>
<tr><td>>50～60</td><td>—</td><td>—</td><td>—</td><td>—</td><td>—</td><td>—</td><td>—</td><td>○</td><td>○</td><td>○</td><td>○</td><td>○</td><td>○</td><td>—</td><td>—</td><td>—</td></tr>
<tr><td>>60～80</td><td>—</td><td>—</td><td>—</td><td>—</td><td>—</td><td>—</td><td>—</td><td>—</td><td>○</td><td>○</td><td>○</td><td>○</td><td>○</td><td>○</td><td>—</td><td>—</td></tr>
</table>

注：1. 产品采用冷轧（冷板）方法生产，适于一般工业部门的各种应用。
2. 产品牌号的化学成分应符合 GB/T 3620.1—2007 的规定。
3. ○表示可供规格产品。
4. 标记示例：产品标记按产品名称、牌号、状态、规格、标准编号的顺序表示。标记示例如下。
按本标准生产的 TA2 无缝管，退火状态，外径为 30mm，壁厚为 1.5mm，长度为 3500mm，标记为

管 TA2 M ϕ30×1.5×3500　GB/T 3624—2010

表 4-2-78　**钛及钛合金管室温力学性能**（GB/T 3624—2010）

牌号	状态	抗拉强度 R_m/MPa	规定非比例延伸强度 $R_{p0.2}$/MPa	断后伸长率 A_{50mm}/%
TA1	退火（M）	≥240	140～310	≥24
TA2		≥400	275～450	≥20
TA3		≥500	380～550	≥18
TA8		≥400	275～450	≥20
TA8-1		≥240	140～310	≥24
TA9		≥400	275～450	≥20
TA9-1		≥240	140～310	≥24
TA10		≥460	≥300	≥18

注：管材的压扁试验、水（气）压试验、弯曲试验方法及要求按 GB/T 3624—2010 的规定。

2.4.4.8　工业流体用钛及钛合金管

表 4-2-79　**工业流体用钛及钛合金管牌号、状态及规格**（YS/T 576—2006）　mm

<table>
<tr><td colspan="2">牌号</td><td colspan="9">TA1、TA2、TA3、TA9、TA10</td></tr>
<tr><td colspan="2">状态</td><td colspan="9">退火态 M</td></tr>
<tr><td rowspan="2">冷轧加工</td><td>外径</td><td>>10～15</td><td>>15～20</td><td>>20～30</td><td>>30～35</td><td>>35～40</td><td>>40～50</td><td>>50～60</td><td>>60～80</td><td>>80～110</td></tr>
<tr><td>壁厚</td><td>0.5～2.0</td><td>0.6～2.5</td><td>0.6～3.0</td><td>1.0～4.0</td><td>1.0～5.0</td><td>1.25～6.0</td><td>1.5～6.0</td><td>1.5～7.0</td><td>2.0～6.0</td></tr>
<tr><td rowspan="2">焊接法加工</td><td>外径</td><td>16</td><td>19</td><td>25、27</td><td>31、32、33</td><td>38</td><td rowspan="2">焊接-轧制法加工</td><td>外径</td><td>>15～20</td><td>>20～30</td></tr>
<tr><td>壁厚</td><td>0.5～1.0</td><td>0.5～1.25</td><td>0.5～1.5</td><td>0.8～2.0</td><td>1.5～2.5</td><td>壁厚</td><td>0.5～1.5</td><td>0.5～2.0</td></tr>
<tr><td colspan="2">壁厚尺寸系列</td><td colspan="9">0.5、0.6、0.8、1.0、1.25、1.5、2.0、2.5、3.0、3.5、4.0、4.5、5.0、5.5、6.0、7.0</td></tr>
</table>

<table>
<tr><td rowspan="4">管材长度</td><td rowspan="3">种类</td><td colspan="4">无缝管</td><td colspan="2">焊接-轧制管</td><td colspan="3">焊接管</td></tr>
<tr><td rowspan="2">外径≤15</td><td colspan="3">外径>15</td><td rowspan="2">壁厚 0.5～0.8</td><td rowspan="2">壁厚 >0.8～2.0</td><td rowspan="2">壁厚 0.5～1.25</td><td rowspan="2">壁厚 >1.25～2.0</td><td rowspan="2">壁厚 >2.0～2.5</td></tr>
<tr><td>壁厚 ≤2.0</td><td>壁厚 >2.0～4.5</td><td>壁厚 >4.5</td></tr>
<tr><td>长度</td><td>500～4000</td><td>500～9000</td><td>500～6000</td><td>500～4000</td><td>500～8000</td><td>500～5000</td><td>500～15000</td><td>500～6000</td><td>500～4000</td></tr>
</table>

第 4 篇

续表

外径及壁厚允许偏差	外径	>10～30	>30～50	>50～80	>80～100	>100～110
	外径允许偏差	±0.30	±0.50	±0.65	±0.75	±0.85
	壁厚允许偏差	名义壁厚的±10%				

注：1. 各牌号的化学成分应符合 GB/T 3620.1—2016《钛及钛合金牌号和化学成分》中相应牌号的规定。

2. 管材外径≤30mm，其直线度不大于 3mm/m；外径>30～110mm，其直线度不大于 4mm/m。

3. 管材圆度及壁厚不均不得超出外径及壁厚允许偏差。

4. 壁厚允许偏差不适用于焊接管的焊缝处。

表 4-2-80　工业流体用钛及钛合金管室温力学性能（YS/T 576—2006）

合金牌号	状态	室温力学性能			合金牌号	状态	室温力学性能		
		抗拉强度 R_m /MPa	规定非比例延伸强度 $R_{p0.2}$ /MPa	伸长率 A /%			抗拉强度 R_m /MPa	规定非比例延伸强度 $R_{p0.2}$ /MPa	伸长率 A /%
TA1	退火态 M	280～420	≥170	≥22	TA9	退火态 M	370～530	≥250	≥18
TA2		370～530	≥250	≥18	TA10		≥440	≥290	
TA3		440～620	≥320						

注：1. 产品规格在表 4-2-74 范围内时，管材的室温力学性能执行表 4-2-75 规定的指标，其中 TA10 的规定非比例延伸强度 $R_{p0.2}$($\sigma_{r0.2}$)≥300MPa。产品规格超出表 4-2-74 范围时，管材的力学性能按本表规定指标执行。

2. $R_{p0.2}$在需方要求并于合同中注明时方可测试。

3. 管材应按 YS/T 576—2006 的规定进行水压或气压试验，需方选择试验方法并在合同中注明。

4. 需方要求并在合同中注明时，管材方可按 YS/T 576—2006 的规定进行压扁试验。

5. 需方要求并在合同中注明时，对于名义直径不大于 60.33mm 的管材应进行弯管试验（弯曲直径为管材名义外径的 12 倍，弯曲角为 90°），弯曲后试样表面不得有裂纹。

2.4.4.9　钛及钛合金丝

表 4-2-81　钛及钛合金丝牌号、尺寸规格和用途（GB/T 3623—2007）

牌号	化学成分	状态	直径/mm	用途
TA1、TA1ELI、TA2、TA2ELI、TA3、TA3ELI、TA4、TA4ELI、TA28、TA7、TA9、TA10、TC1、TC2、TC3	结构件丝的化学成分应符合 GB/T 3620.1 中的相应牌号规定	热加工态 R 冷加工态 Y 退火态 M	0.1～7.0	结构件丝主要用作结构件和紧固件圆形丝材 焊丝主要用作电极材料和焊接材料圆形丝材
TA1-1、TC4、TC4ELI	焊丝化学成分应按 GB/T 3623—2007 中的相应规定		1.0～7.0	

尺寸规格和直径允许偏差	丝材一般按散卷供货，直径小于 3.5mm 焊丝可焊接复绕(盘)；直径大于 1.0mm 丝材，当需方要求且在合同中注明时可供直段丝；加工态直丝的不定尺长度为 700～3000mm；退火态直丝不定尺长度：直径大于 2.0mm 时，为 500～2000mm，直径在 1.0～2.0mm 时，为 500～1000mm。定尺长度应在不定尺长度范围内 直丝的弯曲度不得大于 5mm/m					
	直径/mm	0.1～0.2	>0.2～0.5	>0.5～1.0	>1.0～2.0	>2.0～4.0	>4.0～7.0
	允许偏差/mm	0 −0.025	0 −0.04	0 −0.06	0 −0.08	0 −0.10	0 −0.14

注：1. 丝材的用途和供应状态应在合同中注明，未注明者按加工态（Y 或 R）焊丝供应。

2. TA1ELI、TA2ELI、TA3ELI、TA4ELI、TC4ELI 为 GB/T 3620.1—2007 新增加的超低间隙牌号。

表 4-2-82　　**钛及钛合金丝（结构件丝）室温力学性能**（GB/T 3623—2007）

牌号	直径/mm	室温力学性能	
		抗拉强度 R_m/MPa	断后伸长率 A/%
TA1	4.0～7.0	≥240	≥24
TA2		≥400	≥20
TA3		≥500	≥18
TA4		≥580	≥15
TA1	0.1～<4.0	≥240	≥15
TA2		≥400	≥12
TA3		≥500	≥10
TA4		≥580	≥8
TA1-1	1.0～7.0	295～470	≥30
TC4ELI	1.0～7.0	≥860	≥10
TC4	1.0～2.0	≥925	≥8
	≥2.0～7.0	≥895	≥10

注：1. 本表为经热处理后结构件丝的室温力学性能，GB/T 3623—2007 规定的热处理制度：TA1、TA2、TA3、TA4、TA1-1 的加热温度均为 600～700℃，保温时间为 1h；TC4、TC4ELI 的加热温度为 700～850℃，保温时间为 1h。

2. 直径小于 2.0mm 的丝材断后伸长率不满足要求时可按实测值报告。

3. 本表未列牌号结构件丝的力学性能报实测数值。

2.4.4.10　钛及钛合金饼和环

表 4-2-83　　**钛及钛合金饼和环的牌号及尺寸规格**（GB/T 16598—2013）

	牌号	供应状态	产品形式	规格/mm			
				外径 D	内径 d	截面高度 H	环材壁厚
产品牌号、状态和规格	TA1、TA2、TA3、TA4、TA5、TA7、TA9、TA10、TA13、TA15、TC1、TC2、TC4、TC11	热加工态（R） 退火态（M）	饼材	150～500	—	$H<D$	—
				>500～1000	—	50～300	—
			环材	200～500	100～400	25～300	25～150
				>500～900	300～850	110～500	25～250
				>900～1500	400～1450	110～700	25～400
牌号化学成分的规定	产品牌号的化学成分应符合 GB/T 3620.1—2016《钛及钛合金牌号及化学成分》的规定，化学成分的允许偏差应符合 GB/T 3620.2—2016 的相关规定						

	饼材				环材					
	直径	允许偏差	截面高度	允许偏差	外径	允许偏差	内径	允许偏差	截面高度	允许偏差
产品经车光的尺寸及其允许偏差	150～300	+3 −1	<50	+2 0	200～400	+3 −1	100～300	+1 −3	25～100	+2 0
	>300～600	+3 −2	50～200	+3 −1	>400～600	+3 −2	>300～500	+2 −3	>100～200	+2 −1
	>600～1000	+5 −3	>200～500	+4 −2	>600～900	+5 −3	>500～800	+3 −5	>200～500	+4 −1
	—	—	—	—	>900～1200	+6 −3	>800～1100	+3 −6	>350～500	+4 −2
	—	—	—	—	>1200～1500	+8 −4	>1100～1450	+4 −8	>500～700	+5 −3

注：1. TC11 牌号的产品供应状态一般为热加工态（R）、共退火态（M）仅限于壁厚或高度不大于 100mm 的产品。

2. 产品的倒角半径为 3～10mm。

第 4 篇

表 4-2-84 钛及钛合金饼和环的室温及高温力学性能（GB/T 16598—2013）

	牌号	推荐热处理制度	室温力学性能 ≥			
			抗拉强度 R_m /MPa	规定非比例延伸强度 $R_{p0.2}$/MPa	断后伸长率 A /%	断面收缩率 Z/%
室温力学性能	TA1	600～700℃，1～4h，室冷	240	140	24	30
	TA2	600～700℃，1～4h，室冷	400	275	20	30
	TA3	600～700℃，1～4h，室冷	500	380	18	30
	TA4	600～700℃，1～4h，室冷	580	485	15	25
	TA5	700～850℃，1～4h，室冷	685	585	15	40
	TA7	750～850℃，1～4h，室冷	785	680	10	25
	TA9	600～700℃，1～4h，室冷	370	250	20	25
	TA10	600～700℃，1～4h，室冷	485	345	18	25
	TA13	780～800℃，0.5～4h，室冷	540	400	16	35
	TA15	700～850℃，1～4h，室冷	885	825	8	20
	TC1	700～850℃，1～4h，室冷	585	460	15	30
	TC2	700～850℃，1～4h，室冷	685	560	12	30
	TC4	700～800℃，1～4h，室冷	895	825	10	25
	TC11	950±10℃，1～3h，室冷	1030	900	10	30

	牌号	试验温度 /℃	高温力学性能 ≥			
			抗拉强度 R_m /MPa	持久强度/MPa		
				σ_{100h}	σ_{50h}	σ_{35h}
高温力学性能	TA7	350	490	440	—	—
	TA15	500	570	—	470	—
	TC1	350	345	325	—	—
	TC2	350	420	390	—	—
	TC4	400	620	570	—	—
	TC11	500	685	—	—	640①

① TC11 牌号产品持久强度不合格时，允许按 500℃的 100h 持久强度 σ_{100h}≥590MPa 进行检验，如检验合格则可确定该批产品的持久强度合格。

注：1. 纵剖面不大于 100cm^2 的饼材和最大截面积不大于 100cm^2 的环材，室温力学性能按本表规定。

2. 纵剖面大于 100cm^2 的饼材和最大截面积大于 100cm^2 的环材，当需方要求时（合同中注明）可测定产品力学性能，报实测数值或由供需双方约定指标值。

3. 当需方要求并在合同中注明时，纵剖面不大于 100cm^2 的饼材和最大截面积不大于 100cm^2 的环材，其高温力学性能按本表规定。

2.5　变形镁及镁合金

2.5.1　变形镁及镁合金特性及应用

表 4-2-85　变形镁及镁合金牌号、产品种类、特性及应用

牌号		产品种类	特　　性	应用举例
新	旧			
M2M	MB1	板材、棒材、型材、管材、带材、锻件及模锻件	属于镁-锰系镁合金，其主要特性是： 1）强度较低，但有良好的耐蚀性；在镁合金中，它的耐蚀性能最好，在中性介质中，无应力腐蚀破裂倾向 2）室温塑性较低，高温塑性高，可进行轧制、挤压和锻造 3）不能热处理强化 4）焊接性能良好，易于用气焊、氩弧焊、点焊等方法焊接 5）同纯镁一样，镁-锰系合金有良好的可加工性和 MB1 合金比较，MB8 合金的强度较高，且有较好的高温性能	用于制造承受外力不大，但要求焊接性和耐蚀性好的零件，如汽油和滑油系统的附件等
ME20M	MB8	板材、棒材、带材、型材、管材、锻件及模锻件		强度较 MB1 高，常用来代替 MB1 合金使用，其板材可制飞机蒙皮、壁板及内部零件，型材和管材可制造汽油和滑油系统的耐蚀零件，模锻件可制外形复杂的零件
AZ40M	MB2	板材、棒材、型材、锻件及模锻件	属于镁-铝-锌系镁合金，其主要特性是： 1）强度高，可热处理强化 2）铸造性能良好 3）耐蚀性较差，MB2 和 MB3 合金的应力腐蚀破裂倾向较小，MB5、MB6、MB7 合金的应力腐蚀破裂倾向较大 4）可加工性良好 5）热塑性以 MB2、MB3 合金为佳，可加工成板材、棒材、锻件等各种镁材；MB6、MB7 合金热塑性较低，主要用作挤压件和锻材 6）MB2、MB3 合金焊接性较好，可气焊和氩弧焊；MB5 合金的焊接性低；MB7 合金焊接性尚好，但需进行消除应力退火	用于制造形状复杂的锻件、模锻件及中等载荷的机械零件
AZ41M	MB3	板材		用作飞机内部组件、壁板
AZ61M	MB5	板材、带材、锻件及模锻件		主要用于制造承受较大载荷的零件
AZ62M	MB6	棒材、型材及锻件		主要用于制造承受较大载荷的零件
AZ80M	MB7	棒材、锻件及模锻件		可代替 MB6 使用，用作承受高载荷的各种结构零件
ZK61M	MB15	棒材、型材、带材、锻件及模锻件	属于镁-锌-锆系镁合金，具有较高的强度和良好的塑性及耐蚀性，是目前应用最多的变形镁合金之一。无应力腐蚀破裂倾向，热处理工艺简单，可加工性良好，能制造形状复杂的大型锻件，但焊接性能不合格	用做室温下承受高载荷和高屈服强度的零件，如机翼长桁、翼肋等，零件的使用温度不能超过 150℃

注：1. 各牌号的化学成分应符合 GB/T 5153—2016 的规定。旧牌号是指 GB/T 5153—1985 的牌号。

2. GB/T 5153—2016 变形镁及镁合金牌号共计 66 个，该标准规定的牌号适用于变形镁及镁合金加工的各种产品。

2.5.2 变形镁及镁合金力学性能和物理性能

表 4-2-86 变形镁合金室温力学性能参考数据

合金代号	材料品种及状态	抗拉强度 R_m /MPa	屈服强度 $R_{p0.2}$ /MPa	伸长率 A_{10} /%	断面收缩率 Z /%	弯曲疲劳强度 σ_{-1}/MPa		弹性模量 E /GPa	泊松比 μ	抗剪强度 σ_r /MPa	剪切模量 G /GPa	扭转强度 τ_b /MPa	扭转屈服强度 $\tau_{0.3}$ /MPa	扭转角 φ /(°)	抗压强度 σ_y /MPa	抗压屈服强度 $\sigma_{-0.2}$ /MPa	冲击韧性 a_K /J·cm^{-2}	布氏硬度 HBW
						光滑试样	带缺口试样											
M2M	挤压棒材	260	180	4.5	6	—	75	40	0.34	130	16	190	—	—	330	120	6	40
	退火板材(300℃退火)	210	120	8	—	—	75	—	—	—	—	—	—	—	—	—	5	45
	模锻件、锻件	245	150	6	—	—	—	—	—	—	—	—	—	—	—	—	—	45
	带材	255	185	9	—	—	6	—	—	—	—	—	—	—	—	—	—	40
	管材	235	150	7	—	—	—	—	—	—	—	—	—	—	—	—	—	40
	型材	180	165	10	—	—	—	—	—	—	—	—	—	—	—	—	—	45
AZ61M	棒材(R)	290	200	16	23	115	95	43.4	0.34	140	16	190	70	309	420	150	7	64
	锻件(M)	280	180	10	13	105	—	43	—	140	—	—	—	—	—	—	7	55
	带材(R)	300	210	13	18	115	—	43	—	145	—	—	—	—	—	—	10	55
AZ62M	棒材(R)	325	210	14.5	23	120	—	44.6	0.39	150	16	240	105	305	465	—	9.2	76
	锻件(R)	310	215	8	—	129	—	—	—	—	—	—	—	—	—	—	—	70
	(M)	330	220	6	—	110	—	—	—	—	—	—	—	—	—	—	—	70
	(C)	350	240	5	—		—	—	—	—	—	—	—	—	—	—	—	80
	带材(R)	330	225	12	—	120	—	45	—	—	—	—	—	—	—	—	—	65
	(M)	340	240	7	—	130	—	—	—	—	—	—	—	—	—	—	—	80
	(C)	350	260	7	—	—	—	—	—	—	—	—	—	—	—	—	—	80
AZ80M	棒材(C)	340	240	15	20	140	110	43	0.34	180	16	210	65	370	470	140	—	64
	锻件(C)	310	220	12	—	—	—	—	—	—	—	212	—	—	—	—	—	—
AZ40M	棒材(R)	270	180	15	—	—	—	43	—	—	—	—	—	—	—	—	—	60
	板材(M)	250	145	20	—	—	—	43	—	—	—	—	—	—	—	—	—	50
AZ41M	板材(Y_1)	310～330	220～240	10～12	—	—	—	40	—	—	—	—	—	—	—	—	—	42
	板材(M)	280～290	180～200	18～20	—	—	—	40	—	—	—	—	—	—	—	—	—	42
ME20M	棒材(R)	200～260	150～170	7～10	—	—	—	41	—	—	—	—	—	—	—	—	—	—
	板材(M)	240～270	140～200	11～20	—	—	—	41	—	—	—	—	—	—	—	—	—	55
ZK61M	棒材(C)	335	280	9	—	—	—	43	—	—	—	—	—	—	—	—	—	—
		310	250	12	—	—	—	43	—	—	—	—	—	—	—	—	—	—

表 4-2-87　**变形镁合金的高温力学性能**

牌号	材料品种及状态	力学性能	试验温度/℃				
			100	150	200	250	300
AZ40M	挤压棒材	抗拉强度 R_m/MPa	215	190	120	115	75
		屈服强度 $R_{p0.2}$/MPa	140	100	70	40	22
		伸长率 A/%	33	50	65	75	90
	模锻件	抗拉强度 R_m/MPa	210	155	105	80	45
		屈服强度 $R_{p0.2}$/MPa	150	90	60	35	25
		伸长率 A/%	30	45	55	75	125
AZ41M	热轧板（12～30mm厚）	抗拉强度 R_m/MPa	238	182	—	—	—
		屈服强度 $R_{p0.2}$/MPa	—	—	—	—	—
		伸长率 A/%	21	46.3	—	—	—
AZ61M	带材（M）	抗拉强度 R_m/MPa	265	190	150	115	—
		屈服强度 $R_{p0.2}$/MPa	160	105	80	45	—
		伸长率 A/%	21	28	28	225	—
AZ62M	锻件（C）	抗拉强度 R_m/MPa	280	200	140	95	70
		屈服强度 $R_{p0.2}$/MPa	200	140	90	55	50
		伸长率 A/%	21	40	50	80	120
	棒材（C）	抗拉强度 R_m/MPa	240	170	100	90	65
		屈服强度 $R_{p0.2}$/MPa	170	120	80	55	—
		伸长率 A/%	30	45	60	100	145
AZ80M	挤压棒材	抗拉强度 R_m/MPa	220	170	125	85	70
		屈服强度 $R_{p0.2}$/MPa	130	100	70	55	35
		伸长率 A/%	22	30	35	45	85
	棒材（C）	抗拉强度 R_m/MPa	320	230	150	100	65
		屈服强度 $R_{p0.2}$/MPa	220	150	100	60	35
		伸长率 A/%	20	41	49	83	120
ME20M	挤压棒材（D18mm未退火）	持久强度 σ_{100}/MPa	140	120	75	35	—
		蠕变强度 $\sigma_{0.1/100}$/MPa	—	57	30	—	—
	板材（厚1.5mm，350℃退火30min）	持久强度 σ_{100}/MPa	130	110	50	20	—
		蠕变强度 $\sigma_{0.1/100}$/MPa	—	50	—	—	—
ZK61M	挤压棒材（人工时效状态）	抗拉强度 R_m/MPa	260	210	150	105	70
		伸长率 A_{10}/%	20	28	55	59	62
	挤压带材（人工时效状态）	抗拉强度 R_m/MPa	260	210	140	—	—
		伸长率 A_{10}/%	20	28	50	—	—

注：本表数据仅供参考。

表 4-2-88　**变形镁及镁合金物理性能**

性能		合金代号							
		M2M	AZ40M	AZ41M	AZ61M	MZ62M	AZ80M	ME20M	ZK61M
密度(20℃)/g·cm^{-3}		1.76	1.78	1.79	1.80	1.84	1.82	1.78	1.80
电阻率ρ(20℃)/$\mu\Omega\cdot$m		0.0513	0.093	0.120	0.153	0.196	0.162	0.0612	0.0565
比热容c /J·kg^{-1}·K^{-1}	100℃	1010	1130	1090	1130	—	1130	—	—
	200℃	1050	1170	1130	1210	—	1210	—	—
	300℃	1130	1210	1210	1260	—	1260	—	—
	350℃	1170①	1260	1260	1300	—	1300	—	—
	20～100℃	1050	1050	1050	1050	1050	1050	1050	1030
线胀系数α /10^{-6}K^{-1}	20～100℃	22.29	26.0	26.1	24.4	23.4	26.3	23.61	20.9
	20～200℃	24.19	27.0	—	26.5	25.43	27.1	25.64	22.6
	20～300℃	32.01	27.9	—	31.2	30.18	27.6	30.58	—
热导率λ /W·m^{-1}·K^{-1}	30℃	125.60	96.3②	96.3	69.08	—	58.62	133.98	117.23②
	100℃	125.60	100.48	—	73.27	—	—	133.98	121.42
	200℃	138.68	104.67	—	79.55	—	—	133.98	125.60
	300℃	133.98	108.86	—	79.55	67.41	75.36	—	125.60

① 温度为400℃。
② 温度为25℃。
注：本表数据仅供参考。

第4篇

2.5.3 变形镁合金热处理

表 4-2-89 变形镁合金热处理工艺

合金代号	浇注温度/℃	均匀化退化			热加工温度/℃	退火			淬火			时效		
		温度/℃	保温时间/h	冷却方式		温度/℃	保温时间/h	冷却方式	温度/℃	保温时间/h	冷却方式	温度/℃	保温时间/h	冷却方式
M2M	720～750	410～425	12	空冷	260～450	320～350	0.5	空冷	—	—	—	—	—	—
AZ40M	700～745	390～410	10	空冷	275～450	280～350	3～5	空冷	—	—	—	—	—	—
AZ41M	710～745	380～420	6～8	空冷	250～450	250～280	0.5	空冷	—	—	—	—	—	—
AZ61M	710～730	390～405	10	空冷	250～340	320～350	0.5～4	空冷	—	—	—	—	—	—
AZ62M	710～730	—	—	—	280～350	320～350	4～6	空冷	分级加热 (1)335±5 (2)380±5	2～3 4～10	— 热水	— —	— —	— —
AZ80M	710～730	390～405	10	空冷	300～400	350～380	3～6	空冷	410～425 410～425 —	2～6 2～6 —	空冷或热水 空冷或热水 —	175～200 — 175～200	8～16 — 8～16	空冷 — 空冷
ME20M	720～750	410～425	12	空冷	280～450	250～350	1	空冷	—	—	—	—	—	—
ZK61M	690～750	360～390	10	空冷	340～420	—	—	—	— 505～515	— 24	— 空冷	170～180 160～170	10～24 24	空冷 空冷

2.5.4 镁及镁合金加工产品

2.5.4.1 镁及镁合金板材和带材

表 4-2-90 镁及镁合金板材和带材牌号、尺寸规格（GB/T 5154—2010）

牌号	供应状态	规格/mm		
		厚度	宽度	长度
Mg99.00	H18	0.20	3.0～6.0	≥100.0
M2M AZ40M	O	0.80～10.00	400.0～1200.0	1000.0～3500.0
	H112、F	>8.00～70.00	400.0～1200.0	1000.0～3500.0
AZ41M	H18、O	0.40～2.00	≤1000.0	≤2000.0
	O	>2.00～10.00	400.0～1200.0	1000.0～3500.0
	H112、F	>8.00～70.00	400.0～1200.0	1000.0～2000.0
AZ31B	H24	>0.40～2.00	≤600.0	≤2000.0
		>2.00～4.00	≤1000.0	≤2000.0
		>8.00～32.00	400.0～1200.0	1000.0～3500.0
		>32.00～70.00	400.0～1200.0	1000.0～2000.0
	H26	6.30～50.00	400.0～1200.0	1000.0～2000.0
	O	>0.40～1.00	≤600.0	≤2000.0
		>1.00～8.00	≤1000.0	≤2000.0
		>8.00～70.00	400.0～1200.0	1000.0～2000.0
	H112、F	>8.00～70.00	400.0～1200.0	1000.0～2000.0

续表

牌　　号	供应状态	规格/mm		
		厚　度	宽　度	长　度
ME20M	H18、O	0.40～0.80	≤1000.0	≤2000.0
	H24、O	>0.80～10.00	400.0～1200.0	1000.0～3500.0
	H112、F	>8.00～32.00	400.0～1200.0	1000.0～3500.0
		>32.00～70.00	400.0～1200.0	1000.0～2000.0
牌号化学成分的规定	板材和带材采用的牌号，其化学成分应按 GB/T 5153 的规定			

表 4-2-91　镁及镁合金板、带材力学性能（GB/T 5154—2010）

牌号	供应状态	板材厚度 /mm	抗拉强度 R_m/MPa	规定非比例强度/MPa		断后伸长率 A/%	
				延伸 $R_{p0.2}$	压缩 $R_{p0.2}$	$A_{5.65}$	A_{50mm}
			≥				
M2M	O	0.80～3.00	190	110	—	—	6.0
		>3.00～5.00	180	100	—	—	5.0
		>5.00～10.00	170	90	—	—	5.0
	H112	8.00～12.50	200	90	—	—	4.0
		>12.50～20.00	190	100	—	4.0	—
		>20.00～70.00	180	110	—	4.0	—
AZ40M	O	0.80～3.00	240	130	—	—	12.0
		>3.00～10.00	230	120	—	—	12.0
	H112	8.00～12.50	230	140	—	—	10.0
		>12.50～20.00	230	140	—	8.0	—
		>20.00～70.00	230	140	70	8.0	—
AZ41M	H18	0.40～0.80	290	—	—	—	2.0
	O	0.40～3.00	250	150	—	—	12.0
		>3.00～5.00	240	140	—	—	12.0
		>5.00～10.00	240	140	—	—	10.0
	H112	8.00～12.50	240	140	—	—	10.0
		>12.50～20.00	250	150	—	6.0	—
		>20.00～70.00	250	140	80	10.0	—
AZ31B	O	0.40～3.00	225	150			12.0
		>3.00～12.50	225	140			12.0
		>12.50～70.00	225	140		10.0	
	H24	0.40～8.00	270	200			
		>8.00～12.50	255	165			8.0
		>12.50～20.00	250	150		8.0	
		>20.00～70.00	235	125		8.0	
	H26	6.30～10.00	270	186			6.0
		>10.00～12.50	265	180			6.0
		>12.50～25.00	255	160		6.0	
		>25.00～50.00	240	150		5.0	
	H112	8.00～12.50	230	140			10.0
		>12.50～20.00	230	140		8.0	
		>20.00～32.00	230	140	70	8.0	
		>32.00～70.00	230	130	60	8.0	

续表

牌号	供应状态	板材厚度/mm	抗拉强度 R_m/MPa	规定非比例强度/MPa 延伸 $R_{p0.2}$	规定非比例强度/MPa 压缩 $R_{p0.2}$	断后伸长率 A/% $A_{5.65}$	断后伸长率 A/% A_{50mm}
			≥				
ME20M	H18	0.40～0.80	260	—	—	—	2.0
	H24	>0.80～3.00	250	160	—	—	8.0
		>3.00～5.00	240	140	—	—	7.0
		>5.00～10.00	240	140	—	—	6.0
	O	0.40～3.00	230	120	—	—	12.0
		>3.00～10.00	220	110	—	—	10.0
	H112	8.0～12.50	220	110	—	—	10.0
		>12.5～20.0	210	110	—	10.0	—
		>20.0～32.0	210	110	70	7.0	—
		>32.0～70.0	200	90	50	6.0	—

注：1. 镁合金板带材牌号的化学成分应符合 GB/T 5153 的规定。

2. 镁合金板材、带材产品标记按产品名称、牌号、状态、规格和标准编号的顺序表示，标记示例如下。

用 AZ41M 合金制造的，供应状态为 H112，厚度为 30.00mm，宽度为 1000.0mm，长度为 2500.0mm 的定尺板材，标记为

镁板 AZ41M-H112 30×1000×2500 GB/T 5154—2010

2.5.4.2 镁合金热挤压棒材

表 4-2-92 镁合金热挤压棒材尺寸规格（GB/T 5155—2013） mm

棒材长度：直径≤50mm，交货长度为 1000～6000mm；直径>50mm 交货长度为 500～6000mm。棒材长度可按定尺或倍尺交货，其长度偏差：下偏差为“0”上偏差为“+20mm”。

棒材直径及允许偏差

棒材直径（方棒、六角棒为内切圆直径）	直径允许偏差 A 级	B 级	C 级
5～6	−0.30	−0.48	—
>6～10	−0.36	−0.58	—
>10～18	−0.43	−0.70	−1.10
>18～30	−0.52	−0.84	−1.30
>30～50	−0.62	−1.00	−1.60
>50～80	−0.74	−1.20	−1.90
>80～120	—	−1.40	−2.20
>120～180	—	—	−2.50
>180～250	—	—	−2.90
>250～300	—	—	−3.30

外径要求（±）偏差时，其偏差为本表对应数值绝对值的一半，本表数值为下偏差，上偏差为“0”

棒材弯曲度

直径	弯曲度不大于 普通级 每米长度上 h_s	普通级 全长 L 米上 h_t	高精级 每米长度上 h_s	高精级 全长 L 米上 h_t	超高精级 每米长度上 h_s	超高精级 全长 L 米上 h_t
>10～100	3.0	3.0×L	2.0	2.0×L	1.05	1.05×L
>100～120	7.0	7.0×L	5.0	5.0×L		
>120～130	10.0	10.0×L	7.0	7.0×L		

不足 1m 棒材弯曲度按 1m 计算。直径大于 130mm 的棒材弯曲度检查由供需双方协商，并在订货单（或合同）中注明

棒材扭拧度

方棒、六角棒内切圆直径	扭拧度不大于 普通级 每米长度上	普通级 全长 L 米	高精级 每米长度上	高精级 全长 L 米	超高精级 每米长度上	超高精级 全长 L 米
≤14	8	8×L	6	6×L	4	4×L
>14～30	22	22×L	16	16×L	10	16×L
>13～50	36	36×L	24	24×L	18	24×L
>50～100	50	50×L	—	—	—	—

不足 1m 棒材扭拧度按 1m 计算。直径大于 100mm 的棒材扭拧度检查由供需双方协商，并在合同（或订货单）中注明

表 4-2-93　**镁合金热挤压棒材牌号及力学性能**（GB/T 5155—2013）

合金牌号	状态	棒材直径(方棒、六角棒内切圆直径)/mm	抗拉强度 R_m/MPa	规定非比例延伸强度 $R_{p0.2}$/MPa	断后伸长率 A/%
			不小于		
AZ31B	H112	≤130	220	140	7.0
AZ40M	H112	≤100	245	—	6.0
		>100～130	245	—	5.0
AZ41M	H112	≤130	250	—	5.0
AZ61A	H112	≤130	260	160	6.0
AZ61M	H112	≤130	265	—	8.0
AZ80A	H112	≤60	295	195	6.0
		>60～130	290	180	4.0
	T5	≤60	325	205	4.0
		>60～130	310	205	2.0
ME20M	H112	≤50	215	—	4.0
		>50～100	205	—	3.0
		>100～130	195	—	2.0
ZK61M	T5	≤100	315	245	6.0
		>100～130	305	235	6.0
ZK61S	T5	≤130	310	230	5.0

注：1. 棒材各牌号的化学成分应符合 GB/T 5153《变形镁及镁合金牌号及化学成分》的规定。

2. 直径大于 130mm 棒材力学性能附实测结果。

3. 产品标记：棒材标记按产品名称、标准编号、合金牌号、状态、规格的顺序表示，示例如下。

示例 1：ME20M 合金牌号、H112 状态、直径为 60mm、定尺长度为 4000mm 的棒材，标记为

棒材　GB/T 5155—2013　ME20M-H112　ϕ60×4000

示例 2：ZK61M 合金牌号、T5 状态、直径为 120mm、A 级精度的非定尺六角棒，标记为

棒材　GB/T 5155—2013　ZK61M-T5　六 120　A 级

2.5.4.3　镁合金热挤压管材

表 4-2-94　**镁合金热挤压管材牌号、状态、力学性能及尺寸规格**（YS/T 495—2005）

	牌号	状态	管材壁厚/mm	抗拉强度 R_m/MPa	规定非比例延伸强度 $R_{p0.2}$/MPa	断后伸长率 A/%	牌号	状态	管材壁厚/mm	抗拉强度 R_m/MPa	规定非比例延伸强度 $R_{p0.2}$/MPa	断后伸长率 A/%
牌号、状态及室温纵向力学性能				≥						≥		
	AZ31B	H112	0.7～6.3	220	140	8	ZK61S	H112	0.7～20	275	195	5
			>6.3～20			4		T5	0.7～6.3	315	260	4
	AZ61A		0.7～20	250	110	7			2.5～30	305	230	
	M2S			195	—	2						
尺寸规格	圆管			直径(外径或内径)从≤12.5～200mm 范围，其直径允许偏差应符合 YS/T 495 的规定 公称壁厚从≤1.2～100mm 范围，其壁厚允许偏差应符合 YS/T 495 的规定								
	正方形管、矩形管、正六角形管和正八角形管			公称宽度或高度从>12.5～180mm 范围，其宽度或高度允许偏差应符合 YS/T 495 的规定 公称壁厚从<1.2～50mm 范围，其壁厚允许偏差应符合 YS/T 495 的规定								

注：壁厚<1.6mm 的管材不要求规定非比例延伸强度。

2.5.4.4 镁合金热挤压矩形棒材

表 4-2-95　镁合金热挤压矩形棒材牌号、状态及室温纵向力学性能（YS/T 588—2006）

	牌号	供应状态	公称厚度/mm	横截面积/mm²	抗拉强度 R_m/MPa	规定非比例延伸强度 $R_{p0.2}$/MPa	断后伸长率 A/%	牌号	供应状态	公称厚度/mm	横截面积/mm²	抗拉强度 R_m/MPa	规定非比例延伸强度 $R_{p0.2}$/MPa	断后伸长率 A/%
牌号及力学性能					≥							≥		
	AZ31B	H112	≤6.3	所有	240	145	7	M1A	H112	≤6.3	所有	205	—	2
	AZ61A				260		8	ZK40A	T5	所有	≤3200	275	255	4
	AZ80A				295	195	9	ZK60A	H112			295	215	5
		T5			325	205	4		T5			310	250	4

	级别	宽　度	宽度允许偏差	厚度 2.00～6.00	>6.00～10.00	>10.00～18.00	>18.00～30.00	>30.00～50.00	>50.00～80.00	>80.00～120.00	>120.00～150.00
棒材宽度、厚度及允许偏差/mm				厚度偏差							
	普通级	10.00～18.00	±0.35	±0.25	±0.30	±0.35	—	—	—	—	—
		>18.00～30.00	±0.40	±0.25	±0.30	±0.40	±0.40	—	—	—	—
		>30.00～50.00	±0.50	±0.25	±0.30	±0.40	±0.50	±0.50	—	—	—
		>50.00～80.00	±0.70	±0.30	±0.35	±0.45	±0.50	±0.70	±0.70	—	—
		>80.00～120.00	±1.00	±0.35	±0.40	±0.50	±0.60	±0.70	±0.80	±1.00	—
		>120.00～180.00	±1.30	±0.40	±0.45	±0.55	±0.70	±0.80	±1.00	±1.10	±1.30
		>180.00～240.00	±1.60	—	±0.50	±0.60	±0.70	±0.90	±1.10	±1.30	±1.50
		>240.00～300.00	±2.00	—	—	±0.65	±0.80	±0.90	±1.20	±1.60	±1.80
		>300.00～400.00	±2.50	—	—	—	±0.90	±1.00	±1.20	±1.60	±1.80
		>400.00～500.00	±3.00	—	—	—	—	±1.10	±1.30	±1.80	±2.00
		>500.00～600.00	±3.50	—	—	—	—	—	±1.40	±1.80	—
	高精级	10.00～18.00	±0.25	±0.20	±0.25	±0.25	—	—	—	—	—
		>18.00～30.00	±0.30	±0.20	±0.25	±0.30	±0.30	—	—	—	—
		>30.00～50.00	±0.40	±0.20	±0.25	±0.30	±0.35	±0.40	—	—	—
		>50.00～80.00	±0.60	±0.25	±0.30	±0.35	±0.40	±0.50	±0.60	—	—
		>80.00～120.00	±0.80	±0.30	±0.35	±0.40	±0.45	±0.60	±0.70	±0.80	—
		>120.00～180.00	±1.00	±0.35	±0.40	±0.45	±0.50	±0.60	±0.70	±0.90	±1.00
		>180.00～240.00	±1.30	—	±0.45	±0.45	±0.50	±0.70	±0.80	±1.00	±1.20
		>240.00～300.00	±1.60	—	—	±0.50	±0.60	±0.70	±0.80	±1.10	±1.30
		>300.00～400.00	±2.00	—	—	—	±0.70	±0.80	±0.90	±1.20	±1.40
		>400.00～500.00	±2.50	—	—	—	—	±0.90	±1.00	±1.30	±1.70
		>500.00～600.00	±3.00	—	—	—	—	—	±1.00	±1.40	—

注：1. 本表的牌号化学成分应符合 GB/T 5153—2016《变形镁合金牌号及化学成分》的规定。

2. 标准规定矩形棒材的尺寸规格按需方要求由供需双方商定。矩形棒材截面圆角半径、长度偏差、切斜度、扭拧度、弯曲度、横截面的尺寸偏差均在标准中作出规定，见 YS/T 588—2006。横截面的宽度范围 10～600mm，厚度范围 2～150mm，其宽和厚度的尺寸偏差分为普通级和高精度级两种，需方要求高精度时，应在合同中注明，否则按普通级供货，其偏差数值参见原标准。

3. 需方要求其他牌号的棒材，其力学性能等要求由供需双方商定，并在合同中注明。

2.6 加工铜及铜合金

2.6.1 加工铜及铜合金特性及应用

表 4-2-96　加工铜及铜合金分类、代号、特性及应用

分类	组别	代号	主要特性	应用举例
加工铜	纯铜	T1 T2	有良好的导电、导热、耐蚀和加工性能，可以焊接和钎焊。含降低导电、导热性的杂质较少，微量的氧对导电、导热和加工等性能影响不大，但易引起"氢病"，不宜在高温(如>370℃)还原性气氛中加工(退火、焊接等)和使用	用于导电、导热、耐蚀器材。如：电线、电缆、导电螺钉、爆破用雷管、化工用蒸发器、储藏器及各种管道等
		T3	有较好的导电、导热、耐蚀和加工性能，可以焊接和钎焊；但含降低导电、导热性的杂质较多，含氧量更高，更易引起"氢病"，不能在高温还原性气氛中加工、使用	用于一般铜材，如：电气开关、垫圈、垫片、铆钉、管嘴、油管及其他管道等
	无氧铜	TU1、TU2	纯度高，导电、导热性极好，无"氢病"或极少"氢病"；加工性能和焊接、耐蚀、耐寒性均好	主要用作电真空仪器仪表器件
	磷脱氧铜	TP1 TP2	焊接性能和冷弯性能好，一般无"氢病"倾向，可在还原性气氛中加工、使用，但不宜在氧化性气氛中加工、使用。TP1 的残留磷量比 TP2 少，故其导电、导热性较 TP2 高	主要以管材应用，也可以板、带或棒、线供应。用作汽油或气体输送管、排水管、冷凝管、水雷用管、冷凝器、蒸发器、热交换器、火车厢零件
	银铜	TAg0.1	铜中加入少量的银，可显著提高软化温度(再结晶温度)和蠕变强度，而很少降低铜的导电、导热性和塑性。实用的银铜其时效硬化的效果不显著，一般采用冷作硬化来提高强度。它具有很好的耐磨性、电接触性和耐蚀性，如制成电车线时，使用寿命比一般硬铜高 2～4 倍	用于耐热、导电器材。如：电机整流子片、发电机转子用导体、点焊电极、通信线、引线、导线、电子管材料等
加工黄铜	普通黄铜	H96	强度比纯铜高(但在普通黄铜中，它是最低的)，导热、导电性好，在大气和淡水中有高的耐蚀性，且有良好的塑性，易于冷、热压力加工，易于焊接、锻造和镀锡，无应力腐蚀破裂倾向	在一般机械制造中用作导管、冷凝管、散热器管、散热片、汽车水箱带以及导电零件等
		H90	性能和 H96 相似，但强度较 H96 稍高，可镀金属及涂敷珐琅	供水及排水管、奖章、艺术品、水箱带以及双金属片
		H85	具有较高的强度，塑性好，能很好地承受冷、热压力加工，焊接和耐蚀性能也都良好	冷凝和散热用管、虹吸管、蛇形管、冷却设备制件
		H80	性能和 H85 近似，但强度较高，塑性也较好，在大气、淡水及海水中有较高的耐蚀性	造纸网、薄壁管、皱纹管及房屋建筑用品
		H70 H68	有极为良好的塑性(是黄铜中最佳者)和较高的强度，可加工性能好，易焊接，对一般腐蚀非常安定，但易产生腐蚀开裂。H68 是普通黄铜中应用最为广泛的一个品种	复杂的冷冲件和深冲件，如散热器外壳、导管、波纹管、弹壳、垫片、雷管等
		H65	性能介于 H68 和 H62 之间，价格比 H68 便宜，也有较高的强度和塑性，能良好地承受冷、热压力加工，有腐蚀破裂倾向	小五金、日用品、小弹簧、螺钉、铆钉和机器零件
		H63 H62	有良好的力学性能，热态下塑性良好，冷态下塑性也可以，可加工性好，易钎焊和焊接，耐蚀，但易产生腐蚀破裂，此外价格便宜，是应用广泛的一个普通黄铜品种	各种深拉深和弯折制造的受力零件，如销钉、铆钉、垫圈、螺母、导管、气压表弹簧、筛网、散热器零件等
		H59	价格最便宜，强度、硬度高而塑性差，但在热态下仍能很好地承受压力加工，耐蚀性一般，其他性能和 H62 相近	一般机器零件、焊接件、热冲及热轧零件

续表

分类	组别	代号	主要特性	应用举例
加工黄铜	镍黄铜	HNi65-5 HNi56-3	有高的耐蚀性和减摩性，良好的力学性能，在冷态和热态下压力加工性能极好，对脱锌和"季裂"比较稳定，导热导电性低，但因镍的价格较贵，故 HNi65-5 一般用得不多	压力表管、造纸网、船舶用冷凝管等，可作锡磷青铜和德银的代用品
	铁黄铜	HFe59-1-1	具有高的强度、韧性，减摩性能良好，在大气、海水中的耐蚀性高，但有腐蚀破裂倾向，热态下塑性良好	制造在摩擦和受海水腐蚀条件下工作的结构零件
		HFe58-1-1	强度、硬度高，可加工性好，但塑性下降，只能在热态下压力加工，耐蚀性尚好，有腐蚀破裂倾向	适于用热压和切削加工法制作的高强度耐蚀零件
	铅黄铜	HPb63-3	含铅高的铅黄铜，不能热态加工，可加工性极为优良，且有高的减摩性能，其他性能和 HPb59-1 相似	主要用于要求可加工性极高的钟表结构零件及汽车拖拉机零件
		HPb63-0.1 HPb62-0.8	可加工性较 HPb63-3 低，其他性能和 HPb63-3 相同	用于一般机器结构零件
		HPb61-1	可加工性好，强度较高	用于要求高加工性能的一般结构件
		HPb59-1	应用较广的铅黄铜，它的特点是可加工性好，有良好的力学性能，能承受冷、热压力加工，易钎焊和焊接，对一般腐蚀有良好的稳定性，但有腐蚀破裂倾向	适于以热冲压和切削加工制作的各种结构零件，如螺钉、垫圈、垫片、衬套、螺母、喷嘴等
	铝黄铜	HAl77-2	典型的铝黄铜，有高的强度和硬度，塑性良好，可在热态及冷态下进行压力加工，对海水及盐水有良好的耐蚀性，并耐冲击腐蚀，但有脱锌及腐蚀破裂倾向	船舶和海滨热电站中用作冷凝管以及其他耐蚀零件
		HAl67-2.5	在冷态热态下能很好地承受压力加工，耐磨性好，对海水的耐蚀性尚可，对腐蚀破裂敏感，钎焊和镀锡性能不好	海船耐蚀零件
		HAl66-6-3-2	为耐磨合金，具有高的强度、硬度和耐磨性，耐蚀性也较好，但有腐蚀破裂倾向，塑性较差。为铸造黄铜的移植品种	重负荷下工作中固定螺钉的螺母及大型蜗杆；可作铝青铜 QAl10-4-4 的代用品
		HAl60-1-1	具有高的强度，在大气、淡水和海水中耐蚀性好，但对腐蚀破裂敏感，在热态下压力加工性好，冷态下可塑性低	要求耐蚀的结构零件，如齿轮、蜗轮、衬套、轴等
		HAl59-3-2	具有高的强度，耐蚀性是所有黄铜中最好的，腐蚀破裂倾向不大，冷态下塑性低，热态下压力加工性好	发动机和船舶业及其他在常温下工作的高强度耐蚀件
	锰黄铜	HMn58-2	在海水和过热蒸汽、氯化物中有高的耐蚀性，但有腐蚀破裂倾向；力学性能良好，导热、导电性低，易于在热态下进行压力加工，冷态下压力加工性尚可，是应用较广的黄铜品种	腐蚀条件下工作的重要零件和弱电流工业用零件
		HMn57-3-1	强度、硬度高，塑性低，只能在热态下进行压力加工；在大气、海水、过热蒸汽中的耐蚀性比一般黄铜好，但有腐蚀破裂倾向	耐腐蚀结构零件
		HMn55-3-1	性能和 HMn57-3-1 接近，为铸造黄铜的移植品种	耐腐蚀结构零件
	锡黄铜	HSn90-1	力学性能和工艺性能极近似于 H90 普通黄铜，但有高的耐蚀性和减摩性，目前只有这种锡黄铜可作为耐磨合金使用	汽车、拖拉机弹性套管及其他耐蚀减摩零件
		HSn70-1	典型的锡黄铜，在大气、蒸汽、油类和海水中有高的耐蚀性，且有良好的力学性能，可加工性尚可，易焊接和钎焊，在冷、热状态下压力加工性好，有腐蚀破裂倾向	海轮上的耐蚀零件(如冷凝气管)，与海水、蒸汽、油类接触的导管，热工设备零件
		HSn62-1	在海水中有高的耐蚀性，有良好的力学性能，冷加工时有冷脆性，只适于热压加工，可加工性好，易焊接和钎焊，但有腐蚀破裂倾向	用作与海水或汽油接触的船舶零件或其他零件
		HSn60-1	性能与 HSn62-1 相似，主要产品为线材	船舶焊接结构用的焊条

续表

分类	组别	代号	主要特性	应用举例
加工青铜	加砷黄铜	HSn70A	典型的锡黄铜。在大气、蒸汽、油类、海水中有高的耐蚀性。有高的力学性能、可切削性能、冷、热加工性能和焊接性能。有应力腐蚀开裂倾向。加微量 As 可防止脱锌腐蚀	海轮上的耐蚀零件，与海水、蒸汽、油类相接触的导管和零件
		H68A	H68 为典型的普通黄铜，为黄铜中塑性最佳者，应用最广。加微量 As 可防止脱锌腐蚀，进一步提高耐蚀性能	复杂冷冲件、深冲件、波导管、波纹管、子弹壳等
	硅黄铜	HSi80-3	有良好的力学性能，耐蚀性高，无腐蚀破裂倾向，耐磨性亦可，在冷态、热态下压力加工性好，易焊接和钎焊，可加工性好，导热导电性是黄铜中最低的	船舶零件、蒸汽管和水管配件
	锡青铜	QSn4-3	为含锌的锡青铜，有高的耐磨性和弹性，抗磁性良好，能很好地承受热态或冷态压力加工；在硬态下，可加工性好，易焊接和钎焊，在大气、淡水和海水中耐蚀性好	制造弹簧（扁弹簧、圆弹簧）及其他弹性元件，化工设备上的耐蚀零件以及耐磨零件（如衬套、圆盘、轴承等）和抗磁零件、造纸工业用的刮刀
		QSn4-4-2.5 QSn4-4-4	为添有锌、铅合金元素的锡青铜，有高的减摩性和良好的可加工性，易于焊接和钎焊，在大气、淡水中具有良好的耐蚀性，只能在冷态下进行压力加工，因含铅，热加工时易引起热脆	制造在摩擦条件下工作的轴承、卷边轴套、衬套、圆盘以及衬套的内垫等。QSn4-4-4 使用温度可达 300℃以下，是一种热强性较好的锡青铜
		QSn6.5-0.1	磷锡青铜，有高的强度、弹性、耐磨性和抗磁性，在热态和冷态下压力加工性良好，对电火花有较高的抗燃性，可焊接和钎焊，可加工性好，在大气和淡水中耐蚀	制造弹簧和导电性好的弹簧接触片，精密仪器中的耐磨零件和抗磁零件，如齿轮、电刷盒、振动片、接触器
		QSn6.5-0.4	磷锡青铜，性能用途和 QSn6.5-0.1 相似，因含磷量较高，其抗疲劳强度较高，弹性和耐磨性较好，但在热加工时有热脆性，只能接受冷压力加工	除用于弹簧和耐磨零件外，主要用于造纸工业制作耐磨的铜网和单位负荷＜981MPa、圆周速度＜3m/s 的条件下工作的零件
		QSn7-0.2	磷锡青铜，强度高，弹性和耐磨性好，易焊接和钎焊，在大气、淡水和海水中耐蚀性好，可加工性良好，适于热压加工	制造中等负荷、中等滑动速度下承受摩擦的零件，如抗磨垫圈、轴承、轴套、蜗轮等，还可用作弹簧、簧片等
	铝青铜	QAl5	为不含其他元素的铝青铜，有较高的强度、弹性和耐磨性，在大气、淡水、海水和某些酸中耐蚀性高，可电焊、气焊，不易钎焊，能很好地在冷态或热态下承受压力加工，不能淬火回火强化	制造弹簧和其他要求耐蚀的弹性元件，齿轮摩擦轮，蜗轮传动机构等，可作为 QSn6.5-0.4、QSn4-3 和 QSn4-4-4 的代用品
		QAl7	性能用途和 QAl5 相似，因含铝量稍高，其强度较高	
		QAl9-2	含锰的铝青铜，具有高的强度，在大气、淡水和海水中耐蚀性很好，可以电焊和气焊，不易钎焊，在热态和冷态下压力加工性均好	高强度耐蚀零件以及在 250℃以下蒸汽介质中工作的管配件和海轮上零件
		QAl9-4	为含铁的铝青铜。有高的强度和减摩性、良好的耐蚀性，热态下压力加工性良好，可电焊和气焊，但钎焊性不好，可用作高锡耐磨青铜的代用品	制作在高负荷下工作的抗磨、耐蚀零件，如轴承、轴套、齿轮、蜗轮、阀座等，也用于制作双金属耐磨零件
		QAl9-5-1-1 QAl10-5-5	含有铁、镍元素的铝青铜，属于高强度耐热青铜，高温（400℃）下力学性能稳定，有良好的减摩性，在大气、淡水和海水中耐蚀性好，热态下压力加工性良好，可热处理强化，可焊接，不易钎焊，可加工性尚好 镍含量增加，强度、硬度、高温强度、耐蚀性提高	高强度的耐磨零件和 400～500℃工作的零件，如轴衬、轴套、齿轮、球形座、螺母、法兰盘、滑座、坦克用蜗杆等以及其他各种重要的耐蚀、耐磨零件
		QAl10-3-1.5	为含有铁、锰元素的铝青铜，有高的强度和耐磨性，经淬火、回火后可提高硬度，有较好的高温耐蚀性和抗氧化性，在大气、淡水和海水中耐蚀性很好，可加工性尚可，可焊接，不易钎焊，热态下压力加工性良好	制造高温条件下工作的耐磨零件和各种标准件，如齿轮、轴承、衬套、圆盘、导向摇臂、飞轮、固定螺母等。可代替高锡青铜制作重要机件
		QAl10-4-4	为含有铁、镍元素的铝青铜，属于高强度耐热青铜，高温（400℃）下力学性能稳定，有良好的减摩性，在大气、淡水和海水中耐蚀性很好，热态下压力加工性良好，可热处理强化，可焊接，不易钎焊，可加工性尚好	高强度的耐磨零件和高温下（400℃）工作的零件，如轴衬、轴套、齿轮、球形座、螺母、法兰盘、滑座等以及其他各种重要的耐蚀、耐磨零件
		QAl11-6-6	成分、性能和 QAl10-4-4 相近	高强度耐磨零件和 500℃下工作的高温抗蚀耐磨零件

续表

分类	组别	代号	主要特性	应用举例
加工青铜	铍青铜	QBe2	为含有少量镍的铍青铜，是力学、物理、化学综合性能良好的一种合金。经淬火调质后，具有高的强度、硬度、弹性、耐磨性、疲劳极限和耐热性；同时还具有高的导电性、导热性和耐寒性，无磁性，磁击时无火花，易于焊接和钎焊，在大气、淡水和海水中耐蚀性极好	制造各种精密仪表、仪器中的弹簧和弹性元件，各种耐磨零件以及在高速、高压和高温下工作的轴承、衬套，矿山和炼油厂用的冲击不生火花的工具以及各种深冲零件
		QBe1.7 QBe1.9	为含有少量镍、钛的铍青铜，具有和QBe2相近的特性，但其优点是：弹性迟滞小、疲劳强度高，温度变化时弹性稳定，性能对时效温度变化的敏感性小，价格较低廉，而强度和硬度比QBe2降低甚少	制造各种重要用途的弹簧、精密仪表的弹性元件、敏感元件以及承受高变向载荷的弹性元件，可代替QBe2牌号的铍青铜
		QBe1.9-0.1	为加有少量Mg的铍青铜。性能同QBe1.9，但因加入微量Mg，能细化晶粒，并提高强化相（γ_2相）的弥散度和分布均匀性，从而大大提高合金的力学性能，提高合金时效后的弹性极限和力学性能的稳定性	制造各种重要用途的弹簧、精密仪表的弹性元件、敏感元件以及承受高变向载荷的弹性元件，可代替QBe2牌号的铍青铜
	硅青铜	QSi3-1	为加有锰的硅青铜，有高的强度、弹性和耐磨性，塑性好，低温下仍不变脆；能良好地与青铜、钢和其他合金焊接，特别是钎焊性好；在大气、淡水和海水中的耐蚀性高；对于苛性钠及氯化物的作用也非常稳定；能很好地承受冷、热压力加工，不能热处理强化，通常在退火和加工硬化状态下使用，此时有高的屈服极限和弹性	用于制造在腐蚀介质中工作的各种零件，弹簧和弹簧零件，以及蜗轮、蜗杆、齿轮、轴套、制动销和杆类耐磨零件，也用于制作焊接结构中的零件，可代替重要的锡青铜，甚至铍青铜
		QSi1-3	为含有锰、镍元素的硅青铜，具有高的强度、相当好的耐磨性，能热处理强化，淬火回火后强度和硬度大大提高，在大气、淡水和海水中有较高的耐蚀性，焊接性和可加工性良好	用于制造在300℃以下，润滑不良、单位压力不大的工作条件下的摩擦零件（如发动机排气和进气门的导向套）以及在腐蚀介质中工作的结构零件
		QSi3.5-3-1.5	为含有锌、锰、铁等元素的硅青铜，性能同QSi3-1，但耐热性较好，棒材、线材存放时自行开裂的倾向性较小	主要用作在高温工作的轴套材料
	锰青铜	QMn1.5 QMn2	含锰量较QMn5低，与QMn5比较，强度、硬度较低，但塑性较高，其他性能相似，QMn2的力学性能稍高于QMn1.5	用于电子仪表零件，也可作为蒸汽锅炉管配件和接头等
		QMn5	为含锰量较高的锰青铜，有较高的强度、硬度和良好的塑性，能很好地在热态及冷态下承受压力加工，有好的耐蚀性，并有高的热强性，400℃下还能保持其力学性能	用于制作蒸汽机零件和锅炉的各种管接头、蒸汽阀门等高温耐蚀零件
	锆青铜	QZr0.2	有高的电导率，能冷、热态压力加工，时效后有高的硬度、强度和耐热性	作电阻焊接材料及高导电、高强度电极材料。如：工作温度350℃以下的电机整流子片、开关零件、导线、点焊电极等
		QZr0.4	强度及耐热性比QZr0.2更高，但电导率则比QZr0.2稍低	
	铬青铜	QCr0.5	在常温及较高温度下（<400℃）具有较高的强度和硬度，导电性和导热性好，耐磨性和减摩性也很好，经时效硬化处理后，强度、硬度、导电性和导热性均显著提高；易于焊接和钎焊，在大气和淡水中具有良好的耐蚀性，高温抗氧化性好，能很好地在冷态和热态下承受压力加工；但其缺点是对缺口的敏感性较强，在缺口和尖角处造成应力集中，容易引起机械损伤	用于制作工作温度350℃以下的电焊机电极、电机整流子片以及其他各种在高温下工作的、要求有高的强度、硬度、导电性和导热性的零件，还可以双金属的形式用于刹车盘和圆盘
		QCr0.5-0.2-0.1	为加有少量镁、铝的铬青铜，与QCr0.5相比，不仅进一步提高了耐热性和耐蚀性，而且可改善缺口敏感性，其他性能和QCr0.5相似	用于制作点焊、滚焊机上的电极等
		QCr0.6-0.4-0.05	为加有少量锆、镁的铬青铜，与QCr0.5相比，可进一步提高合金的强度、硬度和耐热性，同时还有好的导电性	同QCr0.5

第4篇

续表

分类	组别	代号	主要特性	应用举例
加工青铜	镉青铜	QCd1.0	具有高的导电性和导热性，良好的耐磨性和减摩性，耐蚀性好，压力加工性能良好，镉青铜的时效硬化效果不显著，一般采用冷作硬化来提高强度	用于工作温度 250℃下的电机整流子片、电车触线和电话用软线以及电焊机的电极和喷气技术中
	镁青铜	QMg0.8	这是含镁量在 0.7%～0.85%的铜合金。微量 Mg 降低铜的导电性较少，但对铜有脱氧作用，还能提高铜的高温抗氧化性。实际应用的铜-镁合金，其 Mg 含量一般小于 1%，过高则压力加工性能急剧变坏。这类合金只能加工硬化，不能热处理强化	主要用作电缆线芯及其他导线材料
加工白铜	普通白铜	B0.6	为电工铜镍合金，其特性是温差电动势小。最大工作温度为 100℃	用于制造特殊温差电偶（铂-铂铑热电偶）的补偿导线
		B5	为结构白铜，它的强度和耐蚀性都比铜高，无腐蚀破裂倾向	用作船舶耐蚀零件
		B19	为结构铜镍合金，有高的耐蚀性和良好的力学性能，在热态及冷态下压力加工性良好，在高温和低温下仍能保持高的强度和塑性，可加工性不好	用于在蒸汽、淡水和海水中工作的精密仪表零件、金属网和耐化学腐蚀的化工机械零件以及医疗器具、钱币
		B25	为结构铜镍合金，具有高的力学性能和耐蚀性，在热态及冷态下压力加工性良好，由于其含镍量较高，故其力学性能和耐蚀性均较 B5、B19 高	用于在蒸汽、海水中工作的耐蚀零件以及在高温高压下工作的金属管和冷凝管等
	铁白铜	BFe10-1-11	为含镍较少的结构铁白铜，和 BFe30-1-1 相比，其强度、硬度较低，但塑性较高，耐蚀性相似	主要用于船舶业代替 BFe30-1-1 制作冷凝器及其他耐蚀零件
		BFe30-1-1	为结构铜镍合金，有良好的力学性能，在海水、淡水和蒸汽中具有高的耐蚀性，但可加工性较差	用于海船制造业中制作高温、高压和高速条件下工作的冷凝器和恒温器的管材
	锰白铜	BMn3-12	为电工铜镍合金，俗称锰铜，特点是有高的电阻率和低的电阻温度系数，电阻长期稳定性高，对铜的热电动势小	广泛用于制造工作温度在 100℃以下的电阻仪器以及精密电工测量仪器
		BMn40-1.5	为电工铜镍合金，通常称为康铜，具有几乎不随温度而改变的高电阻率和高的热电动势，耐热性和耐蚀性好，且有高的力学性能和变形能力	为制造热电偶（900℃以下）的良好材料，工作温度在 500℃以下的加热器（电炉的电阻丝）和变阻器
		BMn43-0.5	为电工铜镍合金，通常称为考铜，它的特点是，在电工铜镍合金中具有最大的温差电动势，并有高的电阻率和很低的电阻温度系数，耐热性和耐蚀性也比 BMn40-1.5 好，同时具有高的力学性能和变形能力	在高温测量中，广泛采用考铜作补偿导线和热电偶的负极以及工作温度不超过 600℃的电热仪器
	锌白铜	BZn15-20	为结构铜镍合金，因其外表具有美丽的银白色，俗称德银（本来是中国银），这种合金具有高的强度和耐蚀性，可塑性好，在热态及冷态下均能很好地承受压力加工，可加工性不好，焊接性差，弹性优于 QSn6.5-0.1	用于潮湿条件下和强腐蚀介质中工作的仪表零件以及医疗器械、工业器皿、艺术品、电讯工业零件，蒸汽配件和水道配件、日用品以及弹簧管和簧片等
		BZn15-21-1.8 BZn15-24-1.5	为加有铅的锌白结构合金，性能和 BZn15-20 相似，但它的可加工性较好，而且只能在冷态下进行压力加工	用于手表工业制作精细零件
	铝白铜	BAl13-3	为结构铜镍合金，可以热处理，其特性是：除具有高的强度（是白铜中强度最高的）和耐蚀性外，还具有高的弹性和抗寒性，在低温（90K）下力学性能不但不降低，反而有些提高，这是其他铜合金所没有的性能	用于制作高强度耐蚀零件
		BA16-1.5	为结构铜镍合金，可以热处理强化，有较高的强度和良好的弹性	制作重要用途的扁弹簧

注：加工铜及铜合金各牌号的化学成分应符合 GB/T 5231 的相关规定。

2.6.2　铜及铜合金力学性能及物理性能

表 4-2-97　　铜及铜合金的低温力学性能

牌号	试样状态	试验温度/℃	抗拉强度 R_m/MPa	屈服点 σ_s/MPa	伸长率 A/%	收缩率 Z/%	冲击韧性 a_K/J·mm^{-2}
T2		+15	273	—	13.3	71.5	77.13
		−80	360		22.9	65.3	85.16
		−180	405		30.7	67.9	89.18
T3	600℃退火	+20	215	58	48	76	—
		−10	220	60	40	78	
		−40	232	63	47	77	
		−80	267	68	47	74	
		−120	284	73	45	70	
		−180	400	78	38	77	
T4		+20	225	87	30	70	175.4
		−183	245	186	31	—	—
		−196	372	—	41	72	207.8
		−253	392	—	48	74	211.7
T62	软	+20	397	137	51.3	75.5	—
		−78	421	154	53	74.6	
		−183	522	196	55.3	71	
H68	550℃退火 2h	+20	392	269	50.4	72	—
		−78	420	300	49.8	76.6	
		−183	523	397	50.8	70.7	
HPb59-1	500℃退火 2h	+20	361	141	50.2	62.5	—
		−78	374	168	49.8	64	
		−183	475	198	50.8	62	
HFe59-1-1	软	+20	431	170	34.2	42.3	118.6
		−78	476	199	33.2	42	118.6
		−183	561	245	36	40.3	103.9
		−196	575	252	34.7	38	101.9
	拉制	温室	605	557	12	36	—
		−40	649	560	14	38	
QAl9-4	锻制	温室	612	329	45	47	—
		−183	774	583	38	42	
QSn6.5-0.4		+17	618	—	12	61	—
		−196	824		29	54	
		−253	931		29	51	
QAl5		+17	412	—	61	74	—
		−196	568		84	76	
		−253	637		83	72	
QAl7	退火	+20	529	182	26	29	—
		−10	529	184	33	30	
		−40	539	185	35	36	
		−80	567	186	31	30	

表 4-2-98　**加工铜合金的物理性能**

合金牌号	上临界点/℃	下临界点/℃	密度 ρ/g·cm^{-3}	线胀系数(25～300℃) α/$10^{-6}K^{-1}$	热导率 λ/W·cm^{-1}·K^{-1}	电阻率 ρ/Ω·mm^2·m^{-1} 固态的(20℃)	液态的(在1100℃时)	电阻温度系数 a (20～100℃)
H96	1070	1050	8.85	18.1	242.8	0.031	0.24	0.0027
H90	1045	1020	8.8	18.2	167.5	0.039	0.27	0.0018
H85	1025	990	8.75	18.7	150.7	0.047	0.29	0.0016
H80	1000	965	8.65	19.1	142.4	0.054	0.33	0.0015
H75	980	—	8.63	19.6	—	—	—	—
H70	955	915	8.53	19.9	121.4	0.062	0.39	0.0014
H68	938	909	8.5	19.9	117.2	0.068	—	0.0015
H65	935	905	8.47	20.1	117.9	0.069	—	—
H62	905	898	8.43	20.6	108.9	0.071	—	0.0017
H59	895	885	8.4	21	75.4	0.063	—	0.0025
HPb74-3	965	—	8.7	19.8	121.4	0.078	—	—
HPb64-2	910	885	8.5	20.3	117.2	0.066	—	—
HPb63-3	905	885	8.5	20.5	117.2	0.066	—	—
HPb60-1	900	885	8.5	20.8	117.2	0.064	—	—
HPb59-1	900	885	8.5	20.6	104.7	0.065	—	—
HSn90-1	1015	995	8.8	18.4	125.6	0.054	—	—
HSn70-1	935	900	8.54	20.2	108.9	0.072	—	—
HSn62-1	906	885	8.45	21.4	108.9	0.072	—	—
HSn60-1	900	885	8.45	21	117.2	0.070	—	—
HAl85-0.5	1020	—	8.6	18.6	108.9	—	—	—
HAl77-2	975	935	8.5	18.5	100.5	0.077	—	—
HAl60-1-1	904	—	8.2	21.6	—	—	—	—
HAl59-3-2	956	892	8.4	19.1	83.7	0.078	—	—
HMn58-2	880	865	8.5	21.2	70.3	0.108	—	—
HMn57-3-1	—	—	—	—	—	—	—	—
HFe59-1-1	900	885	8.5	22	100.5	0.093	—	—
HFe58-1-1	—	—	—	—	—	—	—	—
HNi65-5	960	—	8.65	18.2	58.6	0.140	—	—
HSi80-3	890	—	8.6	17.1	41.9	0.20	—	—
HSi65-1.5-3	870	—	8.5	—	—	—	—	—

合金牌号	上临界点温度/℃	密度 ρ/g·cm^{-3}	线胀系数(20℃) α/$10^{-6}K^{-1}$	热导率 λ/W·m^{-1}·K^{-1}	比热容 c/J·kg^{-1}·℃$^{-1}$	20℃时电阻率 ρ/Ω·mm^2·m^{-1}	电导率/m·Ω^{-1}·mm$^{2-1}$	电阻温度系数 a (200～100℃)
QSn4-3	1045	8.8	18.0	83.7	—	0.087	—	—
QSn4-4-2.5	1018	9.0	18.2	83.7	—	0.087	—	—
QSn4-4-4	1018	9.0	18.2	83.7	—	0.087	—	—
QSn6.5-0.4	995	8.8	19.1	50.2	—	0.176	—	—
QSn6.5-0.1	995	8.8	17.2	58.6	—	0.128	—	—
QSn7-0.2		8.8	17.5	75.4	—	0.123	—	—
QSn4-0.3	1060	8.9	17.6	83.7	—	0.091	—	—
QAl5	1060	8.2	18.0	104.7	—	0.10	—	0.0016
QAl7	1040	7.8	17.8	79.5	—	0.11	—	0.001
QAl9-2	1060	7.6	17.0	71.2	436.7	0.11	—	—
QAl9-4	1040	7.5	16.2	58.6	—	0.12	6.58	—
QAl10-3-1.5	1045	7.5	16.1	58.6	435.4	0.189	6.4	—
QAl10-4-4	1034	7.46	17.1	75.4	—	0.193	5.15	—
QBe2	955	8.23	16.6	83.7～104.7	—	0.1～0.068	—	—
QBe2.15	955	8.23	16.6		—		—	—

续表

合金牌号	上临界点温度/℃	密度ρ/g·cm^{-3}	线胀系数(20℃)$\alpha/10^{-6}K^{-1}$	热导率λ/W·m^{-1}·K^{-1}	比热容c/J·kg^{-1}·℃$^{-1}$	20℃时电阻率ρ/Ω·mm^2·m^{-1}	电导率/m·Ω^{-1}·mm$^{2-1}$	电阻温度系数a(200～100℃)
QSi1-3 QSi3-1	1084 1025	8.85 8.4	18.0 15.8	— 46.1	— 376.8	0.046 0.15	— —	— —
QMn5 QMn1.5	1047	8.6	20.4	108.9	—	0.197 ≤0.087	—	0.0003 ≤0.9×10^{-3}
QCd1	1076	8.9	17.6	343.3	—	0.0270	—	0.0031
QCr0.5	1080	8.9	17.6	343.9	—	0.019	—	0.0033

注：本表为参考资料。

2.6.3 铜及铜合金热处理

表 4-2-99 铜及铜合金热处理及应用

合金牌号	热处理	应用	说明
除铍青铜外所有合金	退火	消除应力及冷作硬化，恢复组织，降低硬度，提高塑性，消除铸造应力，均匀组织和成分，改善加工性	可作为黄铜压力加工件的中间热处理工序，青铜件毛坯或中间热处理工序加热保温后空冷
H62、H68、HPb59-1等	低温退火	消除内应力，提高黄铜件(特别是薄的冲压件)耐腐蚀破裂(又称季裂)的能力	一般作为冷冲压件及机加工零件的成品热处理工序
锡黄铜 硅黄铜	致密化退火	消除铸件的显微疏松，提高铸件的致密性	
	淬火	提高塑性，获得过饱和固溶体	采用水冷
铍青铜	淬火时效(调质处理)	提高铍青铜零件的硬度、强度、弹性极限和屈服点	淬火温度为790℃±10℃，需用氢气或分解氨气保护
QAl9-2、QAl9-4、QAl10-3-1.5、QAl10-4-4	淬火回火	提高青铜铸件和零件的硬度、强度和屈服点	
QSn6.5-0.1、QSn4-3、QSi3-1、QAl7、BZn15-20	回火	消除应力，恢复和提高弹性极限	一般作为弹性元件的成品热处理工序
HPb59-1		稳定尺寸	可作为成品热处理工序

2.6.4 铜及铜合金加工产品

2.6.4.1 铜及铜合金板材

表 4-2-100 铜及铜合金板材牌号、状态及规格(GB/T 2040—2017)

分类	牌号	代号	状态	规格/mm		
				厚度	宽度	长度
无氧铜 纯铜 磷脱氧铜	TU1、TU2 T2、T3 TP1、TP2	T10150、T10180 T11050、T11090 C12000、C12200	热轧(M20)	4～80	≤3000	≤6000
			软化退火(O60)、1/4硬(H01)、1/2硬(H02)、硬(H04)、特硬(H06)	0.2～12	≤3000	≤6000
铁铜	TFe0.1	C19210	软化退火(O60)、1/4硬(H01)、1/2硬(H02)、硬(H04)	0.2～5	≤610	≤2000
	TFe2.5	C19400	软化退火(O60)、1/2硬(H02)、硬(H04)、特硬(H06)	0.2～5	≤610	≤2000

续表

分类	牌号	代号	状态	规格/mm		
				厚度	宽度	长度
镉铜	TCd1	C16200	硬(H04)	0.5～10	200～300	800～1500
铬铜	TCr0.5	T18140	硬(H04)	0.5～15	≤1000	≤2000
	TCr0.5-0.2-0.1	T18142	硬(H04)	0.5～15	100～600	≥300
普通黄铜	H95	C21000	软化退火(O60)、硬(H04)	0.2～10	≤3000	≤6000
	H80	C24000	软化退火(O60)、硬(H04)			
	H90、H85	C22000、C23000	软化退火(O60)、1/2 硬(H02)、硬(H04)			
	H70、H68	T26100、T26300	热轧(M20)	4～60	≤3000	≤6000
			软化退火(O60)、1/4 硬(H01)、1/2 硬(H02)、硬(H04)、特硬(H06)、弹性(H08)	0.2～10		
	H66、H65	C26800、C27000	软化退火(O60)、1/4 硬(H01)、1/2 硬(H02)、硬(H04)、特硬(H06)、弹性(H08)	0.2～10	≤3000	≤6000
	H63、H62	T27300、T27600	热轧(M20)	4～60	≤3000	≤6000
			软化退火(O60)、1/2 硬(H02)、硬(H04)、特硬(H06)	0.2～10		
	H59	T28200	热轧(M20)	4～60		
			软化退火(O60)、硬(H04)	0.2～10		
铅黄铜	HPb59-1	T38100	热轧(M20)	4～60		
			软化退火(O60)、1/2 硬(H02)、硬(H04)	0.2～10		
	HPb60-2	C37700	硬(H04)、特硬(H06)	0.5～10		
锰黄铜	HMn58-2	T67400	软化退火(O60)、1/2 硬(H02)、硬(H04)	0.2～10		
锡黄铜	HSn62-1	T46300	热轧(M20)	4～60		
锡黄铜	HSn62-1	T46300	软化退火(O60)、1/2 硬(H02)、硬(H04)	0.2～10	≤3000	≤6000
	HSn88-1	C42200	1/2 硬(H02)	0.4～2	≤610	≤2000
锰黄铜	HMn55-3-1 HMn57-3-1	T67320 T67410	热轧(M20)	4～40	≤1000	≤2000
铝黄铜	HAl60-1-1 HAl67-2.5 HAl66-6-3-2	T69240 T68900 T69200				
镍黄铜	HNi65-5	T69900				
锡青铜	QSn6.5-0.1	T51510		9～50	≤610	≤2000
			软化退火(O60)、1/4 硬(H01)、1/2 硬(H02)、硬(H04)、特硬(H06)、弹性(H08)	0.2～12		
	QSn6.5-0.4、Sn4-3、Sn4-0.3、QSn7-0.2	T51520、T50800、C51100、T51530	软化退火(O60)、硬(H04)特硬(H06)	0.2～12	≤600	≤2000
	QSn8-0.3	C52100	软化退火(O60)、1/4 硬(H01)、1/2 硬(H02)、硬(H04)、特硬(H06)	0.2～5	≤600	≤2000
	QSn4-4-2.5、QSn4-4-4	T53300、T53500	软化退火(O60)、1/2 硬(H02)、1/4 硬(H01)、硬(H04)	0.8～5	200～600	800～2000
锰青铜	QMn1.5	T56100	软化退火(O60)	0.5～5	100～600	≤1500
	QMn5	T56300	软化退火(O60)、硬(H04)			

续表

分类	牌号	代号	状态	规格/mm		
				厚度	宽度	长度
铝青铜	QAl5	T60700	软化退火(O60)、硬(H04)	0.4～12	≤1000	≤2000
	QAl7	C61000	1/2 硬(H02)、硬(H04)			
	QAl9-2	T61700	软化退火(O60)、硬(H04)			
	QAl9-4	T61720	硬(H04)			
硅青铜	QSi3-1	T64730	软化退火(O60)、硬(H04)、特硬(H06)	0.5～10	100～1000	≥500
普通白铜 铁白铜	B5、B19、BFe10-1-1、BFe30-1-1	T70380、T71050、T70590、T71510	热轧(M20)	7～60	≤2000	≤4000
			软化退火(O60)、硬(H04)	0.5～10	≤600	≤1500
锰白铜	BMn3-12	T71620	软化退火(O60)	0.5～10	100～600	800～1500
	BMn40-1.5	T71660	软化退火(O60)、硬(H04)			
铝白铜	BAl6-1.5	T72400	硬(H04)	0.5～12	≤600	≤1500
	BAl13-3	T72600	固溶热处理+冷加工(硬)+沉淀热处理(TH04)			
锌白铜	BZn15-20	T74600	软化退火(O60)、1/2 硬(H02)、硬(H04)、特硬(H06)	0.5～10	≤600	≤1500
	BZn18-17	T75210	软化退火(O60)、1/2 硬(H02)、硬(H04)	0.5～5	≤600	≤1500
	BZn18-26	C77000	1/2 硬(H02)、硬(H04)	0.25～2.5	≤610	≤1500

注：1. GB/T 2040—2017《铜及铜合金板材》代替 GB/T 2040—2008《铜及铜合金板材》、GB/T 2040—2008《铜及铜合金板材》代替 GB/T 2040—2002《铜及铜合金板材》、GB/T 2044《镉青铜板》、GB/T 2045《铬青铜板》、GB/T 2046《锰青铜板》、GB/T 2047《硅青铜板》、GB/T 2049《锡锌铅青铜板》、GB/T 2052《锰白铜板》、GB/T 2531 换热器固定板用黄铜板。

2. 牌号 HSn88-1 的化学成分应符合 GB/T 2040—2017 的规定，其他牌号化学成分应符合 GB/T 5231 相应牌号的规定。

3. 板材的外形尺寸及允许偏差应符合 GB/T 17793 一般用途的加工铜及铜合金板带材外形尺寸及允许偏差的规定。铜及铜合金板材和带材的厚度尺寸数值采用连续方法给定，通常可按用户要求确定，但应在 GB/T 2040 和 GB/T 2059 规定的尺寸规格范围内。常用的厚度尺寸数值为：0.005、0.008、0.010、0.012、0.015、0.02～0.10（0.01 进级）、0.12、0.15、0.18、0.20、0.22、0.25、0.30、0.32、0.34、0.35、0.40、0.45、0.50、0.52、0.55、0.57、0.60、0.65、0.70、0.72、0.75、0.80、0.85、0.90、0.93、1.00、1.10、1.13、1.20、1.22、1.30～1.50（0.05 进级）、1.60、1.65、1.80、2.00、2.20、2.25、2.50、2.75、2.80、3.00～8.0（0.5 进级）、9.0～30（1 进级）、32、34、35、36、38、40、42、44、45、46、48、50、52、54、55、56、58、60（单位为 mm）。可供板材带材选用时参考。

4. 板材供各工业部门一般用途使用。纯铜板、黄铜板在各工业部门广泛应用，复杂黄铜板主要用于制作热加工零件；铝青铜板主要用于制作机器及仪表弹簧零件；锡青铜板主要用于机器制造和仪表工业弹性元件；普通白铜板主要用于制作精密机器、化学和医疗器械各种零件，铝白铜板适于制作高强度各种零件和重要用途弹簧；锌白铜板适于制作仪器、仪表弹性元件等。

5. 产品标记按产品名称、标准编号、牌号（或代号）、状态和规格的顺序表示。标记示例如下。

（1）用 H62（T27600）制造的供应状态为 H02 尺寸精度为普通级、厚度为 0.8mm、宽度为 600mm、长度为 1500mm 的定尺板材，标记为

铜板 GB/T 2040-H62H02-0.8×600×1500

或　　铜板 GB/T 2040-T27600H02-0.8×600×1500

（2）用 H62（T27600）制造的供应状态为 H02、尺寸精度为高级、厚度为 0.8mm、宽度为 600mm、长度为 1500mm 的定尺板材，标记为：

铜板 GB/T 2040-H62H02 高 0.8×600×1500

或　　铜板 GB/T 2040-T27600H02 高 0.8×600×1500

表 4-2-101　　铜及铜合金板材室温力学性能（GB/T 2040—2017）

牌号	状态	拉伸性能			硬　度	
		厚度/mm	抗拉强度 R_m /MPa	断后伸长率 $A_{11.3}$ /%	厚度 /mm	维氏硬度 HV
T2、T3 TP1、TP2 TU1、TU2	M20	4～14	≥195	≥30	—	—
	O60	0.3～10	≥205	≥30	≥0.3	≤70
	H01		215～295	≥25		60～95
	H02		245～345	≥8		80～110
	H04		295～395	—		90～120
	H06		≥350	—		≥110

续表

牌号	状态	拉伸性能			硬度	
		厚度/mm	抗拉强度 R_m /MPa	断后伸长率 $A_{11.3}$ /%	厚度 /mm	维氏硬度 HV
TFe0.1	O60	0.3～5	255～345	≥30	≥0.3	≤100
	H01		275～375	≥15		90～120
	H02		295～430	≥4		100～130
	H04		335～470	≥4		110～150
TFe2.5	O60	0.3～5	≥310	≥20	≥0.3	≤120
	H02		365～450	≥5		115～140
	H04		415～500	≥2		125～150
	H06		460～515	—		135～155
TCd1	H04	0.5～10	≥390	—	—	—
TQCr0.5 TCr0.5-0.2-0.1	H04	—	—	—	0.5～15	≥100
H95	O60	0.3～10	≥215	≥30	—	—
	H04		≥320	≥3		
H90	O60	0.3～10	≥245	≥35	—	—
	H02		330～440	≥5		
	H04		≥390	≥3		
H85	O60	0.3～10	≥260	≥35	≥0.3	≤85
	H02		305～380	≥15		80～115
	H04		≥350	≥3		≥105
H80	O60	0.3～10	≥265	≥50	—	—
	H04		≥390	≥3		
H70、H68	M20	4～14	≥290	≥40	—	—
H70 H68 H66 H65	O60	0.3～10	≥290	≥40	≥0.3	≤90
	H01		325～410	≥35		85～115
	H02		355～440	≥25		100～130
	H04		410～540	≥10		120～160
	H06		520～620	≥3		150～190
	H08		≥570	—		≥180
H63 H62	M20	4～14	≥290	≥30	—	—
	O60	0.3～10	≥290	≥35	≥0.3	≤95
	H02		350～470	≥20		90～130
	H04		410～630	≥10		125～165
	H06		≥585	≥2.5		≥155
H59	M20	4～14	≥290	≥25	—	—
	O60	0.3～10	≥290	≥10	≥0.3	—
	H04		≥410	≥5		≥130
HPb59-1	M20	4～14	≥370	≥18	—	—
	O60	0.3～10	≥340	≥25	—	—
	H02		390～490	≥12		
	H04		≥440	≥5		
HPb60-2	H04	—	—	—	0.5～2.5	165～190
					2.6～10	—
	H06	—	—	—	0.5～1.0	≥180
HMn58-2	O60	0.3～10	≥380	≥30	—	—
	H02		440～610	≥25		
	H04		≥585	≥3		

第4篇

续表

牌号	状态	拉伸性能			硬度	
		厚度/mm	抗拉强度 R_m/MPa	断后伸长率 $A_{11.3}$/%	厚度/mm	维氏硬度 HV
HSn62-1	M20	4～14	≥340	≥20	—	—
	O60	0.3～10	≥295	≥35	—	—
	H02		350～400	≥15		
	H04		≥390	≥5		
HSn88-1	H02	0.4～2	370～450	≥14	0.4～2	110～150
HMn55-3-1	M20	4～15	≥490	≥15	—	—
HMn57-3-1	M20	4～8	≥440	≥10	—	—
HAl60-1-1	M20	4～15	≥440	≥15	—	—
HAl67-2.5	M20	4～15	≥390	≥15	—	—
HAl66-6-3-2	M20	4～8	≥685	≥3	—	—
HNi65-5	M20	4～15	≥290	≥35	—	—
QSn6.5-0.1	M20	9～14	≥290	≥38	—	—
	O60	0.2～12	≥315	≥40	≥0.2	≤120
	H01	0.2～12	390～510	≥35		110～155
	H02	0.2～12	490～610	≥8		150～190
	H04	0.2～3	590～690	≥5		180～230
		>3～12	540～690	≥5		180～230
	H06	0.2～5	635～720	≥1		200～240
	H08	0.2～5	≥690	—		≥210
QSn6.5-0.4 QSn7-0.2	O60	0.2～12	≥295	≥40	—	—
	H04		540～690	≥8		
	H06		≥665	≥2		
QSn4-3 QSn4-0.3	O60	0.2～12	≥290	≥40	—	—
	H04		540～690	≥3		
	H06		≥635	≥2		
QSn8-0.3	O60	0.2～5	≥345	≥40	≥0.2	≤120
	H01		390～510	≥35		100～160
	H02		490～610	≥20		150～205
	H04		590～705	≥5		180～235
	H06		≥685	—		≥210
QSn4-4-2.5 QSn4-4-4	O60	0.8～5	≥290	≥35	≥0.8	—
	H01		390～490	≥10		
	H02		420～510	≥9		
	H04		≥635	≥5		
QMn1.5	O60	0.5～5	≥205	≥30	—	—
QMn5	O60	0.5～5	≥290	≥30	—	—
	H04		≥440	≥3		
QAl5	O60	0.4～12	≥275	≥33	—	—
	H04		≥585	≥2.5		
QAl7	H02	0.4～12	585～740	≥10	—	—
	H04		≥635	≥5		
QAl9-2	O60	0.4～12	≥440	≥18	—	—
	H04		≥585	≥5		
QAl9-4	H04	0.4～12	≥585	—	—	—

续表

牌号	状态	拉伸性能			硬　度	
		厚度/mm	抗拉强度 R_m /MPa	断后伸长率 $A_{11.3}$ /%	厚度 /mm	维氏硬度 HV
QSi3-1	O60	0.5～10	≥340	≥40	—	—
	H04		585～735	≥3		
	H06		≥685	≥1		
B5	M20	7～14	≥215	≥20	—	—
	O60	0.5～10	≥215	≥30	—	—
	H04		≥370	≥10		
B19	M20	7～14	≥295	≥20	—	—
	O60	0.5～10	≥290	≥25	—	—
	H04		≥390	≥3		
BFe10-1-1	M20	7～14	≥275	≥20	—	—
	O60	0.5～10	≥275	≥25	—	—
	H04		≥370	≥3		
BFe30-1-1	M20	7～14	≥345	≥15	—	—
	O60	0.5～10	≥370	≥20	—	—
	H04		≥530	≥3		
BMn3-12	O60	0.5～10	≥350	≥25	—	—
BMn40-1.5	O60	0.5～10	390～590	—	—	—
	H04		≥590	—		
BAl6-1.5	H04	0.5～12	≥535	≥3	—	—
BAl13-3	TH04	0.5～12	≥635	≥5	—	—
BZn15-20	O60	0.5～10	≥340	≥35	—	—
	H02		440～570	≥5		
	H04		540～690	≥1.5		
	H06		≥640	≥1		
BZn18-17	O60	0.5～5	≥375	≥20	≥0.5	—
	H02		440～570	≥5		120～180
	H04		≥540	≥3		≥150
BZn18-26	H02	0.25～2.5	540～650	≥13	0.5～2.5	145～195
	H04		645～750	≥5		190～240

注：1. 超出表中规定厚度范围的板材，其性能指标由供需双方协商。
2. 表中的“—”，表示没有统计数据，如果需方要求该性能，其性能指标由供需双方协商。
3. 维氏硬度试验力由供需双方协商。

2.6.4.2 铜及铜合金带材

表 4-2-102　铜及铜合金带材牌号、状态及尺寸规格（GB/T 2059—2017）

分类	牌　号	代　号	状　态	厚度/mm	宽度/mm
无氧铜 纯铜 磷脱氧铜	TU1、TU2 T2、T3 TP1、TP2	T10150、T10180、 T11050、T11090 C12000、C12200	软化退火态(O60)、 1/4 硬(H01)、1/2 硬(H02)、 硬(H04)、特硬(H06)	>0.15～<0.50	≤610
				0.50～5.0	≤1200
镉铜	TCd1	C16200	硬(H04)	>0.15～1.2	≤300

第
4
篇

续表

分类	牌号	代号	状态	厚度/mm	宽度/mm
普通黄铜	H95、H80、H59	C21000、C24000、T28200	软化退火态(O60)、硬(H04)	>0.15~<0.50	≤610
				0.5~3.0	≤1200
	H85、H90	C23000、C22000	软化退火态(O60)、1/2硬(H02)、硬(H04)	>0.15~<0.50	≤610
				0.5~3.0	≤1200
普通黄铜	H70、H68 H66、H65	T26100、T26300 C26800、C27000	软化退火态(O60)、1/4硬(H01)、1/2硬(H02)、硬(H04)、特硬(H06)、弹硬(H08)	>0.15~<0.50	≤610
				0.50~3.5	≤1200
	H63、H62	T27300、T27600	软化退火态(O60)、1/2硬(H02)、硬(H04)、特硬(H06)	>0.15~<0.50	≤610
				0.50~3.0	≤1200
锰黄铜	HMn58-2	T67400	软化退火态(O60) 1/2硬(H02)、硬(H04)	>0.15~0.20	≤300
铅黄铜	HPb59-1	T38100		>0.20~2.0	≤550
	HPb59-1	T38100	特硬(H06)	0.32~1.5	≤200
锡黄铜	HSn62-1	T46300	硬(H04)	>0.15~0.20	≤300
				>0.20~2.0	≤550
铝青铜	QAl5	T60700	软化退火态(O60)、硬(H04)	>0.15~1.2	≤300
	QAl7	C61000	1/2硬(H02)、硬(H04)		
	QAl9-2	T61700	软化退火态(O60)、硬(H04)、特硬(H06)		
	QAl9-4	T61720	硬(H04)		
锡青铜	QSn6.5-0.1	T51510	软化退火态(O60)、1/4硬(H01)、1/2硬(H02)、硬(H04)、特硬(H06)、弹硬(H08)	>0.15~2.0	≤610
	QSn7-0.2、 Sn6.5-0.4、 QSn4-3、 QSn4-0.3	T51530 T51520 T50800 C51100	软化退火态(O60)、硬(H04)、特硬(H06)	>0.15~2.0	≤610
	QSn8-0.3	C52100	软化退火态(O60)、1/4硬(H01)、1/2硬(H02)、硬(H04)、特硬(H06)、弹硬(H08)	>0.15~2.6	≤610
	QSn4-4-2.5、 QSn4-4-4	T53300 T53500	软化退火(O60)、1/4硬(H01)、1/2硬(H02)、硬(H04)	0.80~1.2	≤200
锰青铜	QMn1.5	T56100	软化退火(O60)	>0.15~1.2	≤300
	QMn5	T56300	软化退火(O60)、硬(H04)		
硅青铜	QSi3-1	T64730	软化退火态(O60)、硬(H04)、特硬(H06)	>0.15~1.2	≤300
普通白铜 铁白铜 锰白铜	B5、B19 BFe10-1-1 BFe30-1-1 BMn40-1.5	T70380、T71050 T70590 T71510 T71660	软化退火态(O60)、硬(H04)	>0.15~1.2	≤400
锰白铜	BMn3-12	T71620	软化退火态(O60)	>0.15~1.2	≤400

续表

分类	牌　号	代　号	状　态	厚度/mm	宽度/mm
铝白铜	BAl6-1.5	T72400	硬(H04)	>0.15～1.2	≤300
	HAl13-3	T72600	固溶热处理+冷加工(硬)+沉淀热处理(TH04)		
锌白铜	BZn15-20	T74600	软化退火态(O60)、1/2 硬(H02)、硬(H04)、特硬(H06)	>0.15～1.2	≤610
	BZn18-18	C75200	软化退火态(O60)、1/4 硬(H01)、1/2 硬(H02)、硬(H04)	>0.15～1.0	≤400
	BZn18-17	T75210	软化退火态(O60)、1/2 硬(H02)、硬(H04)	>0.15～1.2	≤610
	BZn18-26	C77000	1/4 硬(H01)、1/2 硬(H02)、硬(H04)	>0.15～2.0	≤610

注：1. GB/T 2059—2017《铜及铜合金带材》代替 GB/T 2059—2008。

2. 带材各牌号的化学成分应符合 GB/T 5231 的规定。

3. 带材的尺寸规格应符合 GB/T 17793 的相关规定。

4. GB/T 2059—2017 带材的力学性能和 GB/T 2040—2017 板材相同牌号的力学性能基本相同，可参照表 4-2-101 查阅。

5. 带材标记示例：产品标记按产品名称、标准编号、牌号（或代号）、状态和规格的顺序表示。标记示例如下。

（1）用 H62（T27600）制造的、1/2 硬（H02）状态、尺寸精度为普通级、厚度为 0.8mm、宽度为 200mm 的带材标记为

带　GB/T 2059-H62 H02-0.8×200

或　带　GB/T 2059-T27600 H02-0.8×200

（2）用 H62（T27600）制造的、1/2 硬（H02）状态、尺寸精度为高级、厚度为 0.8mm、宽度为 200mm 的带材标记为

带　GB/T 2059-H62 H02 高-0.8×200

或　带　GB/T 2059-T27600 H02 高-0.8×200

2.6.4.3 铜及铜合金箔材

表 4-2-103　铜及铜合金箔材牌号、状态、规格及力学性能（GB/T 5187—2008）

牌号	状态	抗拉强度 R_m/MPa	伸长率 $A_{11.3}$/%	维氏硬度 HV	规格（厚度×宽度）/mm
T1、T2、T3 TU1、TU2	软(M)	≥205	≥30	≤70	(0.012～<0.025)×(≤300) (0.025～<0.15)×(≤600)
	1/4 硬(Y_4)	215～275	≥25	60～90	
	半硬(Y_2)	245～345	≥8	80～110	
	硬(Y)	≥295	—	≥90	
H68、H65、H62	软(M)	≥290	≥40	≤90	
	1/4 硬(Y_4)	325～410	≥35	85～115	
	半硬(Y_2)	340～460	≥25	100～130	
	硬(Y)	400～530	≥13	120～160	
	特硬(T)	450～600	—	150～190	
	弹硬(TY)	≥500	—	≥180	
QSn6.5-0.1 QSn7-0.2	硬(Y)	540～690	≥6	170～200	
	特硬(T)	≥650	—	≥190	
QSn8-0.3	特硬(T)	700～780	≥11	210～240	
	弹硬 TY	735～835	—	230～270	

第4篇

续表

<table>
<tr><th>牌号</th><th>状态</th><th>抗拉强度
R_m/MPa</th><th>伸长率
$A_{11.3}$/%</th><th>维氏硬度
HV</th><th>规格
(厚度×宽度)/mm</th></tr>
<tr><td>QSi3-1</td><td>硬(Y)</td><td>≥635</td><td>≥5</td><td>—</td><td rowspan="10">(0.012~<0.025)
×(≤300)
(0.025~<0.15)
×(≤600)</td></tr>
<tr><td rowspan="3">BZn15-20</td><td>软(M)</td><td>≥340</td><td>≥35</td><td rowspan="3">—</td></tr>
<tr><td>半硬(Y_2)</td><td>440~570</td><td>≥5</td></tr>
<tr><td>硬(Y)</td><td>≥540</td><td>≥1.5</td></tr>
<tr><td rowspan="3">BZn18-18
BZn18-26</td><td>半硬(Y_2)</td><td>≥525</td><td>≥8</td><td>180~210</td></tr>
<tr><td>硬(Y)</td><td>610~720</td><td>≥4</td><td>190~220</td></tr>
<tr><td>特硬(T)</td><td>≥700</td><td>—</td><td>210~240</td></tr>
<tr><td rowspan="2">BMn40-1.5</td><td>软(M)</td><td>390~590</td><td rowspan="2">—</td><td rowspan="2">—</td></tr>
<tr><td>硬(Y)</td><td>≥635</td></tr>
</table>

注：1. 各牌号的化学成分应符号 GB/T 5231 的相应规定。

2. 箔材在仪表、电子等工业部门应用。

3. 箔材的维氏硬度试验、拉伸试验任选其一，在合同中未作特别注明者，按维氏硬度试验进行测定。

4. GB/T 5187—2008 代替 GB/T 5187—1985《纯铜箔》、GB/T 5188—1985《黄铜箔》、GB/T 5189—1985《青铜箔》。

5. 标记示例：用 T2 制造的、软（M）状态、厚度为 0.05mm、宽度为 600mm 的箔材，标记为

铜箔 T2M 0.05×600 GB/T 5187—2008

2.6.4.4 铜及铜合金拉制棒

表 4-2-104 铜及铜合金拉制棒牌号、状态和规格（GB/T 4423—2007）

<table>
<tr><th rowspan="2">牌　　号</th><th rowspan="2">状　　态</th><th colspan="2">直径(或对边距离)/mm</th></tr>
<tr><th>圆形棒、方形棒、六角形棒</th><th>矩形棒</th></tr>
<tr><td>T2、T3、TP2、H96、TU1、TU2</td><td>Y(硬)
M(软)</td><td>3~80</td><td>3~80</td></tr>
<tr><td>H90</td><td>Y(硬)</td><td>3~40</td><td>—</td></tr>
<tr><td>H80、H65</td><td>Y(硬)
M(软)</td><td>3~40</td><td>—</td></tr>
<tr><td>H68</td><td>Y_2(半硬)
M(软)</td><td>3~80
13~35</td><td>—</td></tr>
<tr><td>H62</td><td>Y_2(半硬)</td><td>3~80</td><td>3~80</td></tr>
<tr><td>HPb59-1</td><td>Y_2(半硬)</td><td>3~80</td><td>3~80</td></tr>
<tr><td>H63、HPb63-0.1</td><td>Y_2(半硬)</td><td>3~40</td><td>—</td></tr>
<tr><td>HPb63-3</td><td>Y(硬)
Y_2(半硬)</td><td>3~30
3~60</td><td>3~80</td></tr>
<tr><td>HPb61-1</td><td>Y_2(半硬)</td><td>3~20</td><td>—</td></tr>
<tr><td>HFe59-1-1、HFe58-1-1、HSn62-1、HMn58-2</td><td>Y(硬)</td><td>4~60</td><td>—</td></tr>
<tr><td>QSn6.5-0.1、QSn6.5-0.4、QSn4.3、QSn4-0.3、QSi3-1、QAl9-2、QA19-4、QAl10-3-1.5、QZr0.2、QZr0.4</td><td>Y(硬)</td><td>4~40</td><td>—</td></tr>
</table>

续表

牌　号	状　态	直径(或对边距离)/mm	
		圆形棒、方形棒、六角形棒	矩形棒
QSn7-0.2	Y(硬) T(特硬)	4～40	—
QCd1	Y(硬) M(软)	4～60	—
QCr0.5	Y(硬) M(软)	4～40	—
QSi1.8	Y(硬)	4～15	—
BZn15-20	Y(硬) M(软)	4～40	—
BZn15-24-1.5	T(特硬) Y(硬) M(软)	3～18	—
BFe30-1-1	Y(硬) M(软)	16～50	—
BMn40-1.5	Y(硬)	7～40	—

注：1. 经双方协商，可供其他规格棒材，具体要求应在合同中注明。
2. 矩形棒截面宽高比：高度≤10mm、>10～20mm、>20mm，宽高比（不大于）分别为2.0、3.0、3.5。
3. 棒材牌号的化学成分应符号GB/T 5231的相应规定。

表4-2-105　铜及铜合金拉制棒尺寸及允许偏差（GB/T 4423—2007）　mm

	直径(或对边距)	圆形棒				方形棒或六角形棒			
		紫黄铜类		青白铜类		紫黄铜类		青白铜类	
		高精级	普通级	高精级	普通级	高精级	普通级	高精级	普通级
圆形棒、方形棒、六角形棒尺寸及允许偏差	≥3～≤6	±0.02	±0.04	±0.03	±0.06	±0.04	±0.07	±0.06	±0.10
	>6～≤10	±0.03	±0.05	±0.04	±0.06	±0.04	±0.08	±0.08	±0.11
	>10～≤18	±0.03	±0.06	±0.05	±0.08	±0.05	±0.10	±0.10	±0.13
	>18～≤30	±0.04	±0.07	±0.06	±0.10	±0.06	±0.10	±0.10	±0.15
	>30～≤50	±0.08	±0.10	±0.09	±0.10	±0.12	±0.13	±0.13	±0.16
	>50～≤80	±0.10	±0.12	±0.12	±0.15	±0.15	±0.24	±0.24	±0.30

	宽度或高度	紫黄铜类		青铜类	
		高精级	普通级	高精级	普通级
矩形棒尺寸及允许偏差	3	±0.08	±0.10	±0.12	±0.15
	>3～≤6	±0.08	±0.10	±0.12	±0.15
	>6～≤10	±0.08	±0.10	±0.12	±0.15
	>10～≤18	±0.11	±0.14	±0.15	±0.18
	>18～≤30	±0.18	±0.21	±0.20	±0.24
	>30～≤50	±0.25	±0.30	±0.30	±0.38
	>50～≤80	±0.30	±0.35	±0.40	±0.50

续表

棒材直度	长度	圆形棒				方形棒、六角形棒、矩形棒	
		3～≤20		>20～80			
		全长直度	每米直度	全长直度	每米直度	全长直度	每米直度
	<1000	≤2	—	≤1.5	—	≤5	—
	≥1000～<2000	≤3	—	≤2	—	≤8	—
	≥2000～<3000	≤6	≤3	≤4	≤3	≤12	≤5
	≥3000	≤12	≤3	≤8	≤3	≤15	≤5

注：1. 单向偏差为表中数值的2倍。

2. 棒材尺寸允许偏差等级应在合同中注明，未注明者按普通级精度供货。

3. 圆形棒材圆度不得超过其直径允许偏差之半。

4. 棒材的不定尺长度规定如下：

直径（或对边距离）为3～50mm，供应长度为1000～5000mm；

直径（或对边距离）为50～80mm，供应长度为500～5000mm；

经双方协商，直径（或对边距离）不大于10mm的棒材可成盘（卷）供货，其长度不小于4000mm。

定尺或倍尺长度应在不定尺范围内，并在合同中注明，否则按不定尺长度供货。

5. GB/T 4423—2007《铜及铜合金拉制棒》代替GB/T 4423—1992《铜及铜合金拉制棒》、GB/T 13809—1992《铜及铜合金矩形棒》，并将YS/T 76—1994《铅黄铜拉花棒》的内容也纳入GB/T 4423—2007。

6. GB/T 4423—2007新标准没有列出棒材尺寸的优先尺寸。GB/T 4423—1992给出的棒材尺寸的优先尺寸为：5～10（0.5分级）、11～30（1分级）、32、34、35、36、38、40、42、44、45、46、48、50、52、54、55、56、58、60、65、70、75、80（单位均为mm）。

7. 标记示例：产品标记按产品名称、牌号、状态、精度、规格和标准编号的顺序表示，圆形棒直径以“ϕ”表示，矩形棒的宽度、高度分别以“a”“b”表示，方形棒的边长以“a”表示，六角形棒的对边距以“S”表示。

1）用H62制造的、供应状态为Y2、高精级、外径20mm、长度为2000mm的圆形棒，标记为

圆形棒 H62Y_2高 20×2000 GB/T 4423—2007

2）用T2制造的、供应状态为M、高精级、外径20mm、长度为2000mm的方形棒，标记为

方形棒 T2 M高 20×2000 GB/T 4423—2007

3）用HPb59-1制造的、供应状态为Y、普通级、高度为25mm，宽度为40mm、长度为2000mm的矩形棒，标记为

矩形棒 HPb59-1Y 25×40×2000 GB/T 4423—2007

4）用H68制造的、供应状态为Y2、高精级、对边距为30mm、长度为2000mm的六角形棒，标记为

六角形棒 H68 Y_2高 30×2000 GB/T 4423—2007

表4-2-106 铜及铜合金拉制棒（圆形、方形、六角形）的力学性能（GB/T 4423—2007）

牌号	状态	直径、对边距/mm	抗拉强度 R_m/MPa	断后伸长率 A/%	布氏硬度HBW
			≥		
T2 T3	Y	3～40	275	10	—
		40～60	245	12	—
		60～80	210	16	—
	M	3～80	200	40	—
TU1 TU2 TP2	Y	3～80	—	—	—
H96	Y	3～40	275	8	—
		40～60	245	10	—
		60～80	205	14	—
	M	3～80	200	40	—
H90	Y	3～40	330	—	—
H80	Y	3～40	390	—	—
	M	3～40	275	50	—

续表

牌号	状态	直径、对边距 /mm	抗拉强度 R_m /MPa	断后伸长率 A /%	布氏硬度 HBW
			≥		
H68	Y_2	3～12	370	18	—
		12～40	315	30	—
		40～80	295	34	—
	M	13～35	295	50	—
H65	Y	3～40	390	—	—
	M	3～40	295	44	—
H62	Y_2	3～40	370	18	—
		40～80	335	24	—
HPb61-1	Y_2	3～20	390	11	—
HPb59-1	Y_2	3～20	420	12	—
		20～40	390	14	—
		40～80	370	19	—
HPb63-0.1 H63	Y_2	3～20	370	18	—
		20～40	340	21	—
HPb63-3	Y	3～15	490	4	—
		15～20	450	9	—
		20～30	410	12	—
	Y_2	3～20	390	12	—
		20～60	360	16	—
HSn62-1	Y	4～40	390	17	—
		40～60	360	23	—
HMn58-2	Y	4～12	440	24	—
		12～40	410	24	—
		40～60	390	29	—
HFe58-1-1	Y	4～40	440	11	—
		40～60	390	13	—
HFe59-1-1	Y	4～12	490	17	—
		12～40	440	19	—
		40～60	410	22	—
QAl9-2	Y	4～40	540	16	—
QAl9-4	Y	4～40	580	13	—
QAl10-3-1.5	Y	4～40	630	8	—
QSi3-1	Y	4～12	490	13	—
		12～40	470	19	—
QSi1.8	Y	3～15	500	15	—
QSn6.5-0.1 QSn6.5-0.4	Y	3～12	470	13	—
		12～25	440	15	—
		25～40	410	18	—
QSn7-0.2	Y	4～40	440	19	130～200
	T	4～40	—	—	≥180

第4篇

续表

牌号	状态	直径、对边距/mm	抗拉强度 R_m/MPa	断后伸长率 A/%	布氏硬度 HBW
			≥		
QSn4-0.3	Y	4～12	410	10	—
		12～25	390	13	—
		25～40	355	15	—
QSn4-3	Y	4～12	430	14	—
		12～25	370	21	—
		25～35	335	23	—
		35～40	315	23	—
QCd1	Y	4～60	370	5	≥100
	M	4～60	215	36	≤75
QCr0.5	Y	4～40	390	6	—
	M	4～40	230	40	—
QZr0.2、QZr0.4	Y	3～40	294	6	130①
BZn15-20	Y	4～12	440	6	—
		12～25	390	8	—
		25～40	345	13	—
	M	3～40	295	33	—
BZn15-24-1.5	T	3～18	590	3	—
	Y	3～18	440	5	—
	M	3～18	295	30	—
BFe30-1-1	Y	16～50	490	—	—
	M	16～50	345	25	—
BMn40-1.5	Y	7～20	540	6	—
		20～30	490	8	—
		30～40	440	11	—

① 此硬度值为经淬火处理及冷加工时效后的性能参考值。

注：直径或对边距离小于 10mm 的棒材不做硬度试验。

表 4-2-107 铜及铜合金拉制矩形棒材力学性能（GB/T 4423—2007）

牌号	状态	高度/mm	抗拉强度 R_m/MPa	断后伸长率 A/%
			≥	
T2	M	3～80	196	36
	Y	3～80	245	9
H62	Y_2	3～20	335	17
		20～80	335	23
HPb59-1	Y_2	5～20	390	12
		20～80	375	18
HPb63-3	Y_2	3～20	380	14
		20～80	365	19

2.6.4.5　铜及铜合金挤制棒

表 4-2-108　　铜及铜合金挤制棒牌号及尺寸规格（YS/T 649—2007）

牌　　号	状态	直径或长边对边距/mm		
		圆形棒	矩形棒①	方形、六角形棒
T2、T3	挤制(R)	30～300	20～120	20～120
TU1、TU2、TP2		16～300	—	16～120
H96、HFe58-1-1、HAl60-1-1		10～160	—	10～120
HSn62-1、HMn58-2、HFe59-1-1		10～220	—	10～120
H80、H68、H59		16～120	—	16～120
H62、HPb59-1		10～220	5～50	10～120
HSn70-1、HAl77-2		10～160	—	10～120
HMn55-3-1、HMn57-3-1、HAl66-6-3-2、HAl67-2.5		10～160	—	10～120
QAl9-2		10～200	—	30～60
QAl9-4、QAl10-3-1.5、QAl10-4-4、QAl10-5-5		10～200	—	—
QAl11-6-6、HSi80-3、HNi56-3		10～160	—	—
QSi1-3		20～100	—	—
QSi3-1		20～160	—	—
QSi3.5-3-1.5、BFe10-1-1、BFe30-1-1、BAl13-3、BMn40-1.5		40～120	—	—
QCd1		20～120	—	—
QSn4-0.3		60～180	—	—
QSn4-3、QSn7-0.2		40～180	—	40～120
QSn6.5-0.1、QSn6.5-0.4		40～180	—	30～120
QCr0.5		18～160	—	—
BZn15-20		25～120	—	—

① 矩形棒的对边距指两短边的距离。

注：1. 直径（或对边距）为 10～50mm 的棒材，供应长度为 1000～5000mm；直径（或对边距）大于 50～75mm 的棒材，供应长度为 500～5000mm；直径（或对边距）大于 75～120mm 的棒材，供应长度为 500～4000mm；直径（或对边距）大于 120mm 的棒材，供应长度为 300～4000mm。

2. YS/T 649—2007 代替 GB/T 13808—1992 铜及铜合金挤制棒，适于一般工业用途。

3. 本表各牌号的化学成分应符合 GB/T 5231 的规定。

4. 产品标记按产品名称、牌号、状态、规格和标准号的顺序表示，标记示例如下。

示例 1：用 T2 制造的、R 状态、高精级、直径为 40mm、长度为 2000mm 定尺的圆形棒材标记为

圆形棒 T2 R 高　40×2000　YS/T 649—2007

示例 2：用 H62 制造的、R 状态、普通级、长边为 50mm、短边为 20mm、长度为 3000mm 定尺的矩形棒标记为

矩形棒 H62R　50×20×3000　YS/T 649—2007

表 4-2-109　　铜及铜合金挤制棒室温纵向力学性能（YS/T 649—2007）

牌　　号	直径(对边距)/mm	抗拉强度 R_m/MPa	断后伸长率 A/%	布氏硬度　HBW
T2、T3、TU1、TU2、TP2	≤120	≥186	≥40	—
H96	≤80	≥196	≥35	—
H80	≤120	≥275	≥45	—
H68	≤80	≥295	≥45	—

第 4 篇

续表

牌 号	直径(对边距)/mm	抗拉强度 R_m/MPa	断后伸长率 A/%	布氏硬度 HBW
H62	≤160	≥295	≥35	—
H59	≤120	≥295	≥30	—
HPb59-1	≤160	≥340	≥17	—
HSn62-1	≤120	≥365	≥22	—
HSn70-1	≤75	≥245	≥45	—
HMn58-2	≤120	≥395	≥29	—
HMn55-3-1	≤75	≥490	≥17	—
HMn57-3-1	≤70	≥490	≥16	—
HFe58-1-1	≤120	≥295	≥22	—
HFe59-1-1	≤120	≥430	≥31	—
HAl60-1-1	≤120	≥440	≥20	—
HAl66-6-3-2	≤75	≥735	≥8	—
HAl67-2.5	≤75	≥395	≥17	—
HAl77-2	≤75	≥245	≥45	—
HNi56-3	≤75	≥440	≥28	—
HSi80-3	≤75	≥295	≥28	—
QAl9-2	≤45	≥490	≥18	110～190
	>45～160	≥470	≥24	—
QAl9-4	≤120	≥540	≥17	110～190
	>120	≥450	≥13	
QAl10-3-1.5	≤16	≥610	≥9	130～190
	>16	≥590	≥13	
QAl10-4-4 QAl10-5-5	≤29	≥690	≥5	170～260
	>29～120	≥635	≥6	
	>120	≥590	≥6	
QAl11-6-6	≤28	≥690	≥4	—
	>28～50	≥635	≥5	—
QSi1-3	≤80	≥490	≥11	—
QSi3-1	≤100	≥345	≥23	—
QSi3.5-3-1.5	40～120	≥380	≥35	—
QSn4-0.3	60～120	≥280	≥30	—
QSn4-3	40～120	≥275	≥30	—
QSn6.5-0.1、 QSn6.5-0.4	≤40	≥355	≥55	—
	>40～100	≥345	≥60	—
	>100	≥315	≥64	—
QSn7-0.2	40～120	≥355	≥64	≥70
QCd1	20～120	≥196	≥38	≤75
QCr0.5	20～160	≥230	≥35	—
BZn15-20	≤80	≥295	≥33	—
BFe10-1-1	≤80	≥280	≥30	—
BFe30-1-1	≤80	≥345	≥28	—
BAl13-3	≤80	≥685	≥7	—
BMn40-1.5	≤80	≥345	≥28	—

注：1. 直径大于 50mm 的 QAl10-3-1.5 棒材，当断后伸长率 A 不小于 16%时，其抗拉强度可不小于 540MPa。
2. 需方有要求并在合同中注明时，可选择布氏硬度试验，当选择硬度试验时，则不进行拉伸试验。

2.6.4.6 铜锌铋碲合金棒

表 4-2-110 铜锌铋碲合金棒牌号、尺寸规格、允许偏差及力学性能（YS/T 647—2007）

项目	牌号	化学成分	形状	状态	直径或对边距/mm	供应长度/mm
牌号及尺寸规格	HBi60-0.5-0.01 HBi60-0.8-0.01 HBi60-1.1-0.01	牌号的化学成分应符合 YS/T 647—2007 的规定	圆形、方(矩)形、六角形	Y_2	5～60	500～5000

项目	直径或对边距	推荐尺寸	直径或对边距允许偏差	
			高精级	普通级
棒材直径或对边距的允许偏差/mm	5～6	5,5.5,6	±0.06	±0.10
	>6～10	6.5,7,7.5,8,8.5,9,9.5,10	±0.08	±0.11
	>10～18	11,12,13,14,15,16,17,18	±0.10	±0.13
	>18～30	19,20,21,22,23,24,25,26,27,28,29,30	±0.10	±0.15
	>30～50	32,34,35,36,38,40,42,44,45,46,48,50	±0.13	±0.16
	>50～60	52,54,55,56,58,60	±0.24	±0.30

项目	直径或对边距	圆棒			方(矩)形棒、六角形棒
		5～18	18～40	40～60	
棒材的直度/mm	每米直度	≤2	≤1	≤0.6	≤0.3

项目	牌号	状态	抗拉强度 R_m /MPa	伸长率 A /%	硬度 HBW	切削性能 /%
棒材的力学性能和切削性能	HBi60-0.5-0.01	Y_2	≥380	≥25	110～140	>100
	HBi60-0.8-0.01	Y_2	≥390	≥22	115～145	>90
	HBi60-1.1-0.01	Y_2	≥400	≥20	120～150	≥85

注：1. YS/T 647—2007 为首次制定，参考 ASTM B249M：2004《加工铜及铜合金棒、条、型材及锻件的一般要求》和 ASTM B301M：2004《易切削铜棒材、条材、线材和型材》等标准。适用于机械、电子等行业使用的易切削铜合金棒材。

2. 棒材的精度等级应在合同中注明。

3. 圆棒材圆度不超过直径允许偏差之半。

4. 直径<10mm 的棒材不做硬度和抗拉试验。

5. 切削性能是指以 HPb63-3 为 100%的相对比较值。

6. 产品标记按产品名称、牌号、状态、规格和标准编号的顺序表示。易切削铜合金标记示例如下。

示例 1：用 HBi60-0.5-0.01 制造的、半硬态、直径为 10mm 的圆形棒标记为

圆形棒 HBi60-0.5-0.01Y_2 ϕ10 YS/T 647—2007

示例 2：用 HBi60-0.5-0.01 制造的、半硬态、长边为 40mm、短边为 25mm 的矩形棒标记为

矩形棒 HBi60-0.5-0.01Y_2 40×25 YS/T 647—2007

示例 3：用 HBi60-0.8-0.01 制造的、半硬态、边长为 60mm 的方形棒标记为

方形棒 HBi60-0.8-0.01Y_2 60 YS/T 647—2007

2.6.4.7 铜及铜合金无缝管材

表 4-2-111 铜及铜合金拉制无缝圆管尺寸规格（GB/T 16866—2006） mm

公称外径	3、4	5、6、7	8～15	16～20	21～30	31～40	42～50	52～60	62～70	72～80	82～100	105～150	155～200	210～250	260～360
公称壁厚	0.2～1.25	0.2～1.5	0.2～3.0	0.3～4.5	0.4～5.0	0.4～5.0	0.75～6.0	0.75～8.0	1.0～11.0	2.0～13.0	2.0～15.0	2.0～15.0	3.0～15.0	3.0～15.0	4.0～5.0
公称外径尺寸系列	3～40(1 进级)、42、44、45、46、48、49、50、52、54、55、56、58、60、62、64、65、66、68、70、72、74、75、76、78、80、82、84、85、86、88、90、92、94、96、100～200(5 进级)、210～360(10 进级)														
公称壁厚尺寸系列	0.2～0.6(0.1 进级)、0.75～1.5(0.25 进级)、2.0～5.0(0.5 进级)、6.0～15.0(1 进级)														

注：外径不大于 100mm 拉制管，长度为 1000～7000mm，其他圆管长度一般为 500～6000mm。

第 4 篇

表 4-2-112 铜及铜合金挤制无缝圆管尺寸规格（GB/T 16866—2006） mm

公称外径	20、21、22	23、24、25、26	27、28、29	30、32	34、35、36	38、40、42、44	45、46、48	50、52、54、55	56、58、60	62、64、65、68、70	72、74、75、78、80	85、90	95、100	105、110	115、120	125、130	135、140
公称壁厚	1.5～3、4	1.5～4	2.5～6.0	2.5～6.0	2.5～6.0	2.5～10.0	2.5～10.0	2.5～17.5	4.0～17.5	4.0～20.0	4.0～25.0	7.5、10.0～30	7.5、10.0～30	10.0～30	10.0～37.5	10.0～35	10.0～37.5
公称外径	145、150	155、160	165、170	175、180	185、190、195、200	210、220	230、240、250	260、280	290、300	公称壁厚尺寸系列	1.5～5.0（0.5进级）6.0、7.5、9.0、10.0 12.5～45.0(2.5进级)50						
公称壁厚	10.0～35.0	10.0～42.5	10.0～42.5	10.0～42.5	10.0～45.0	10.0～45.0	10.0～15.0、20.0、25.0～50	10.0～15.0、20.0、25.0、30.0	20.0、25.0、30.0								

注：1. GB/T 16866—2006 代替 GB/T 16866—1997。
2. 通常供应长度为500～6000mm。

2.6.4.8 铜及铜合金拉制管

表 4-2-113 铜及铜合金拉制管材牌号及尺寸规格（GB/T 1527—2017）

分类	牌号	代号	状态	规格/mm			
				圆形		矩(方)形	
				外径	壁厚	对边距	壁厚
纯铜	T2、T3 TU1、TU2 TP1、TP2	T11050、T11090 T10150、T10180 C12000、C12200	软化退火(O60)、 轻退火(O50)、 硬(H04)、 特硬(H06)	3～360	0.3～20	3～100	1～10
			1/2硬(H02)	3～100			
高铜	TCr1	C18200	固溶热处理+冷加工(硬)+沉淀热处理(TH04)	40～105	4～12	—	—
黄铜	H95、H90	C21000、C22000	软化退火(O60)、 轻退火(O50)、 退火到1/2硬(O82)、 硬+应力消除(HR04)	3～200	0.2～10	3～100	0.2～7
	H85、H80 HAs85-0.05	C23000、C24000 T23030					
	H70、H68 H59、HPb59-1 HSn62-1、HSn70-1 HAs70-0.05 HAs68-0.04	T26100、T26300 T28200、T38100 T46300、T45000 C26130 T26330		3～100			
	H65、H63 H62、HPb66-0.5 HAs65-0.04	C27000、T27300 T27600、C33000		3～200			
	HPb63-0.1	T34900	退火到1/2硬(O82)	18～31	6.5～13	—	—

续表

分类	牌号	代号	状态	规格/mm			
				圆形		矩(方)形	
				外径	壁厚	对边距	壁厚
白铜	BZn15-20	T74600	软化退火(O60)、退火到 1/2 硬(O82)、硬＋应力消除(HR04)	4～40	0.5～8	—	—
	BFe10-1-1	T70590	软化退火(O60)、退火到 1/2 硬(O82)、硬(H80)	8～160			
	BFe30-1-1	T71510	软化退火(O60)、退火到 1/2 硬(O82)	8～80			

管材长度	管材形状		管材外径/mm	管材壁厚/mm	管材长度/mm
	直管	圆形	≤100	≤20	≤16000
			＞100	≤20	≤8000
		矩(方)形	3～100	≤10	≤16000
	盘管	圆形	≤30	＜3	≥6000
		矩(方)形	周长与壁厚之比≤15		≥6000

注：1. GB/T 1527—2017 铜及铜合金拉制管代替 GB/T 1527—2006

2. 管材的尺寸及其允许偏差应符合 GB/T 16866 的规定。

3. 管材牌号的化学成分应符合 GB/T 5231 中相应牌号的规定。

4. GB/T 1527—2017 规定的铜及铜拉制管材表面质量要求：内外表面应光滑、清洁，不应有分层、针孔、裂纹、起皮、气泡、粗拉道及夹杂等影响使用的缺陷；但管材表面允许有轻微的、局部的、不使管材外径和壁厚超出允许偏差的细小划纹、凹坑、压入物和斑点等缺陷；轻微的矫直和车削痕迹、环状痕迹、氧化色、发暗、水迹、油迹不作为报废依据。如对管材表面质量有酸洗、除油等特殊要求，由供需双方协商确定，并在合同中注明。

5. 产品标记按产品名称、标准编号、牌号、状态、规格的顺序表示。标记示例如下。

(1) 用 T2 (T11050) 制造的、O60 (软化退火) 态、外径为 20mm、壁厚为 0.5mm 的圆形管材标记为

圆形铜管　GB/T 1527-T2　O60-ϕ20×0.5

或　圆形铜管　GB/T 1527-T11050　O60-ϕ20×0.5

(2) 用 H62 (T27600) 制造的、O82 (退火到 1/2 硬) 状态、长边为 20mm，短边为 15mm、壁厚为 0.5mm 的矩形管材标记为：

矩形铜管　GB/T 1527-H62O82-20×15×0.5

或　矩形铜管　GB/T 1527-T27600O82-20×15×0.5

表 4-2-114　　黄铜和白铜拉制管材的力学性能 (GB/T 1527—2017)

牌号	状态	拉伸试验		硬度试验	
		抗拉强度 R_m /MPa,不小于	断后伸长率 A /%,不小于	维氏硬度① HV	布氏硬度② HBW
H95	O60	205	42	45～70	40～65
	O50	220	35	50～75	45～70
	O82	260	18	75～105	70～100
	HR04	320	—	≥95	≥90
H90	O60	220	42	45～75	40～70
	O50	240	35	50～80	45～75
	O82	300	18	75～105	70～100
	HR04	360	—	≥100	≥95
H85、HAs85-0.05	O60	240	43	45～75	40～70
	O50	260	35	50～80	45～75
	O82	310	18	80～110	75～105
	HR04	370	—	≥105	≥100
H80	O60	240	43	45～75	40～70
	O50	260	40	55～85	50～80
	O82	320	25	85～120	80～115
	HR04	390	—	≥115	≥110

续表

牌号	状态	拉伸试验		硬度试验	
		抗拉强度 R_m /MPa,不小于	断后伸长率 A /%,不小于	维氏硬度[①] HV	布氏硬度[②] HBW
H70、H68、HAs70-0.05、HAs68-0.04	O60	280	43	55～85	50～80
	O50	350	25	85～120	80～115
	O82	370	18	95～135	90～130
	HR04	420	—	≥115	≥110
H65、HPb66-0.5、HAs65-0.04	O60	290	43	55～85	50～80
	O50	360	25	80～115	75～110
	O82	370	18	90～135	85～130
	HR04	430	—	≥110	≥105
H63、H62	O60	300	43	60～90	55～85
	O50	360	25	75～110	70～105
	O82	370	18	85～135	80～130
	HR04	440	—	≥115	≥110
H59、HPb59-1	O60	340	35	75～105	70～100
	O50	370	20	85～115	80～110
	O82	410	15	100～130	95～125
	HR04	470	—	≥125	≥120
HSn70-1	O60	295	40	60～90	55～85
	O50	320	35	70～100	65～95
	O82	370	20	85～135	80～130
	HR04	455	—	≥110	≥105
HSn62-1	O60	295	35	60～90	55～85
	O50	335	30	75～105	70～100
	O82	370	20	85～110	80～105
	HR04	455	—	≥110	≥105
HPb63-0.1	O82	353	20	—	110～165
BZn15-20	O60	295	35	—	—
	O82	390	20	—	—
	HR04	490	8	—	—
BFe10-1-1	O60	290	30	75～110	70～105
	O82	310	12	≥105	≥100
	H80	480	8	≥150	≥145
BFe30-1-1	O60	370	35	85～120	80～115
	O82	480	12	≥135	≥130

① 维氏硬度试验负荷由供需双方协商确定。软化退火（O60）状态的维氏硬度试验仅适用于壁厚≥0.5mm 的管材。
② 布氏硬度试验仅适用于壁厚≥3mm 的管材，壁厚<3mm 的管材布氏硬度试验供需双方协商确定。
注：管材室温纵向力学性能应符合本表的规定。

表 4-2-115 纯铜和高铜管材力学性能（GB/T 1527—2017）

牌号	状态	壁厚 /mm	拉伸试验		硬度试验	
			抗拉强度 R_m /MPa,不小于	断后伸长率 A /%,不小于	维氏硬度 HV[②]	布氏硬度 HBW[③]
T2、T3、TU1、TU2、TP1、TP2	O60	所有	200	41	40～65	35～60
	O50	所有	220	40	45～75	40～70
	H02[①]	≤15	250	20	70～100	65～95
	H04[①]	≤6	290	—	95～130	90～125
		>6～10	265	—	75～110	70～105
		>10～15	250	—	70～100	65～95
	H06[①]	≤3mm	360	—	≥110	≥105
TCr1	TH04	5～12	375	11	—	—

① H02、H04 状态壁厚>15mm 的管材、H06 状态壁厚>3mm 的管材，其性能由供需双方协商确定。
② 维氏硬度试验负荷由供需双方协商确定。软化退火（O60）状态的维氏硬度试验适用于壁厚≥1mm 的管材。
③ 布氏硬度试验仅适用于壁厚≥5mm 的管材，壁厚<5mm 的管材布氏硬度试验供需双方协商确定。
注：纵向室温力学性能管材应符合本表规定，但纯铜和高铜矩（方）形管材室温力学性能由供需双方协商确定。

2.6.4.9　铜及铜合金挤制管

表 4-2-116　铜及铜合金挤制管牌号、尺寸规格及力学性能（YS/T 662—2007）

	牌号	化学成分	规格/mm			用途
			外径	壁厚	长度	
牌号及规格	TU1、TU2、T2、T3、TP1、TP2	牌号的化学成分应符合 GB/T 5231 的规定	30～300	5～65	300～6000	YS/T 662—2007 代替 GB/T 1528—1997，管材适用于工业中一般用途
	H96、H62、HPb59-1、HFe59-1-1		20～300	1.5～42.5		
	H80、H65、H68、HSn62-1、HSi80-3、HMn58-2、HMn57-3-1		60～220	7.5～30		
	QAl9-2、QAl9-4、QAl10-3-1.5、QAl10-4-4		20～250	3～50	500～6000	
	QSi3.5-3-1.5		80～200	10～30		
	QCr0.5		100～220	17.5～37.5	500～3000	
	BFe10-1-1		70～250	10～25	300～3000	
	BFe30-1-1		80～120	10～25		

	牌号	壁厚/mm	抗拉强度 R_m/MPa	断后伸长率 A/%	布氏硬度　HBW	备注
力学性能	T2、T3、TU1、TU2、TP1、TP2	≤65	≥185	≥42	—	需方有要求并在合同中注明时，可选择进行拉伸试验或布氏硬度试验，外径大于 200mm 的管材，可不做拉伸试验
	H96	≤42.5	≥185	≥42	—	
	H80	≤30	≥275	≥40	—	
	H68	≤30	≥295	≥45	—	
	H65、H62	≤42.5	≥295	≥43	—	
	HPb59-1	≤42.5	≥390	≥24	—	
	HFe59-1-1	≤42.5	≥430	≥31	—	
	HSn62-1	≤30	≥320	≥25	—	
	HSi80-3	≤30	≥295	≥28	—	
	HMn58-2	≤30	≥395	≥29	—	
	HMn57-3-1	≤30	≥490	≥16	—	
	QAl9-2	≤50	≥470	≥16	—	
	QAl9-4	≤50	≥450	≥17	—	
	QAl10-3-1.5	<16	≥590	≥14	140～200	
		≥16	≥540	≥15	135～200	
	QAl10-4-4	≤50	≥635	≥6	170～230	
	QSi3.5-3-1.5	≤30	≥360	≥35	—	
	QCr0.5	≤37.5	≥220	≥35	—	
	BFe10-1-1	≤25	≥280	≥28	—	
	BFe30-1-1	≤25	≥345	≥25	—	

注：产品标记按产品名称、牌号、状态、规格和标准编号的顺序表示。标记示例如下。

用 T2 制造的、挤制状态、外径为 80mm、壁厚为 10mm 的圆形管材标记

管 T2R　80×10　YS/T 662—2007

2.6.4.10 无缝铜水管和铜气管

表 4-2-117 无缝铜水管和铜气管牌号、状态和规格（GB/T 18033—2007）

牌号	状态	种类	规格/mm		
			外径	壁厚	长度
TP2 TU2	硬(Y)	直管	6～325	0.6～8	≤6000
	半硬(Y_2)		6～159		
	软(M)		6～108		
	软(M)	盘管	≤28		≥15000

注：1. 无缝铜水管和铜气管主要用于输送饮用水、生活冷热供水、民用天然气、煤气及对铜无腐蚀作用的其他介质的管路，也适用于供热系统用管材。铜管一般采用焊接、扩口或压接等方式与管件相连接。

2. 管材的化学成分应符合 GB/T 5231 中 TP2 和 TU2 的规定。

3. 产品标记按产品名称、牌号、状态、规格和标准编号的顺序表示。标记示例如下。

示例 1：用 TP2 制造、供应状态为硬态、外径为 108mm，壁厚为 1.5mm，长度为 5800mm 的圆形铜管标记为

铜管 TP2 Y ϕ108×1.5×5800 GB/T 18033—2007

示例 2：用 TU2 制造、供应状态为软态、外径为 22mm、壁厚为 0.9mm、长度大于 15000mm 的圆形铜盘管标记为

铜盘管 TU2 M ϕ22×0.9×15000 GB/T 18033—2007

表 4-2-118 无缝铜水管和铜气管管材尺寸系列（GB/T 18033—2007）

公称尺寸 *DN* /mm	公称外径 /mm	壁厚/mm			理论重量/kg·m^{-1}			最大工作压力 p/MPa								
								硬态(Y)			半硬态(Y_2)			软态(M)		
		A型	B型	C型	A型	B型	C型	A型	B型	C型	A型	B型	C型	A型	B型	C型
4	6	1.0	0.8	0.6	0.140	0.117	0.091	24.00	18.80	13.7	19.23	14.9	10.9	15.8	12.3	8.95
6	8	1.0	0.8	0.6	0.197	0.162	0.125	17.50	13.70	10.0	13.89	10.9	7.98	11.4	8.95	6.57
8	10	1.0	0.8	0.6	0.253	0.207	0.158	13.70	10.70	7.94	10.87	8.55	6.30	8.95	7.04	5.19
10	12	1.2	0.8	0.6	0.364	0.252	0.192	13.67	8.87	6.65	1.87	7.04	5.21	8.96	5.80	4.29
15	15	1.2	1.0	0.7	0.465	0.393	0.281	10.79	8.87	6.11	8.55	7.04	4.85	7.04	5.80	3.99
—	18	1.2	1.0	0.8	0.566	0.477	0.386	8.87	7.31	5.81	7.04	5.81	4.61	5.80	4.79	3.80
20	22	1.5	1.2	0.9	0.864	0.701	0.535	9.08	7.19	5.32	7.21	5.70	4.22	6.18	4.70	3.48
25	28	1.5	1.2	0.9	1.116	0.903	0.685	7.05	5.59	4.62	5.60	4.44	3.30	4.61	3.65	2.72
32	35	2.0	1.5	1.2	1.854	1.411	1.140	7.54	5.54	4.44	5.98	4.44	3.52	4.93	3.65	2.90
40	42	2.0	1.5	1.2	2.247	1.706	1.375	6.23	4.63	3.68	4.95	3.68	2.92	4.08	3.03	2.41
50	54	2.5	2.0	1.2	3.616	2.921	1.780	6.06	4.81	2.85	4.81	3.77	2.26	3.96	3.14	1.86
65	67	2.5	2.0	1.5	4.529	3.652	2.759	4.85	3.85	2.87	3.85	3.06	2.27	3.17	3.05	1.88
—	76	2.5	2.0	1.5	5.161	4.157	3.140	4.26	3.38	2.52	3.38	2.69	2.00	2.80	2.68	1.65
80	89	2.5	2.0	1.5	6.074	4.887	3.696	3.62	2.88	2.15	2.87	2.29	1.71	2.36	2.28	1.41
100	108	3.5	2.5	1.5	10.274	7.408	4.487	4.19	2.97	1.77	3.33	2.36	1.40	2.74	1.94	1.16
125	133	3.5	2.5	1.5	12.731	9.164	5.540	3.38	2.40	1.43	2.68	1.91	1.14	—	—	—
150	159	4.0	3.5	2.0	17.415	15.287	8.820	3.23	2.82	1.60	2.56	2.24	1.27	—	—	—
200	219	6.0	5.0	4.0	35.898	30.055	24.156	3.53	2.93	2.33	—	—	—	—	—	—
250	267	7.0	5.5	4.5	51.122	40.399	33.180	3.37	2.64	2.15	—	—	—	—	—	—
—	273	7.5	5.8	5.0	55.932	43.531	37.640	3.54	2.16	1.53	—	—	—	—	—	—
300	325	8.0	6.5	5.5	71.234	58.151	49.359	3.16	2.56	2.16	—	—	—	—	—	—

注：1. 最大计算工作压力 p，是指工作条件为 65℃ 时，硬态（Y）允许应力为 63MPa；半硬态（Y_2）允许应力为 50MPa；软态（M）允许应力为 41.2MPa。

2. 加工铜的密度值取 8.94g/cm^3，作为计算每米铜管重量的依据。

3. 客户需要其他规格尺寸的管材，供需双方协商解决。

4. 管材公称尺寸 *DN*，用于管道系统元件的字母和数字组合的尺寸标识，它由字母和后跟无因次的整数数字组成，此数字与端部连接件的孔径或外径（用 mm 表示）等特征尺寸直接相关。

表 4-2-119　无缝铜水管和铜气管尺寸允许偏差（GB/T 18033—2007）　mm

外径	外径允许偏差			外径	外径允许偏差		
	适用于平均外径	适用于任意外径①			适用于平均外径	适用于任意外径①	
	所有状态②	硬态(Y)	半硬态(Y_2)		所有状态②	硬态(Y)	半硬态(Y_2)
6～18	±0.04	±0.04	±0.09	>89～108	±0.07	±0.20	±0.30
>18～28	±0.05	±0.06	±0.10	>108～133	±0.20	±0.70	±0.40
>28～54	±0.06	±0.07	±0.11	>133～159	±0.20	±0.70	±0.40
>54～76	±0.07	±0.10	±0.15	>159～219	±0.40	±1.50	—
>76～89	±0.07	±0.15	±0.20	>219～325	±0.60	±1.50	—

① 包括圆度偏差。
② 软态管材外径公差仅适用于平均外径公差。
注：1. 壁厚不大于 3.5mm 的管材，壁厚允许偏差为壁厚的±10%；壁厚大于 3.5mm 的管材，壁厚允许偏差为壁厚的±15%。
2. 长度不大于 6000mm 的管材，长度允许偏差为$^{+10}_{0}$mm；直管长度为定尺长度、倍尺长度时，应加入锯切分段时的锯切量，每一锯切量为 5mm。
3. 外径不大于 ϕ108mm 的硬态和半硬态直管的直度要求：长度≤6000mm，任意 3000mm 的直度不超过 12mm。

表 4-2-120　无缝铜水管和铜气管室温纵向力学性能（GB/T 18033—2007）

牌号	状态	公称外径/mm	抗拉强度 R_m/MPa	伸长率 A/%	维氏硬度 HV5
			≥		
TP2 TU2	Y	≤100	315	—	>100
		>100	295		
	Y_2	≤67	250	30	75～100
		>67～159	250	20	
	M	≤108	205	40	40～75

注：1. 维氏硬度仅供选择性试验。
2. 管材的扩口（压扁）试验、弯曲试验应符合 GB/T 18033—2007 的规定。
3. 每根管材应满足水压或气压试验或涡流探伤检验要求。管材进行水压试验时试验压力 $p_t=np$，p 为管材最大工作压力（见表 4-2-118），系数 n 推荐值为 1～1.5。在 p_t 压力下，持续 10～15s 后，管材应无渗漏和永久变形。管材进行气压试验时，其空气压力为 0.4MPa，管材完全浸入水中至少 10s，管材无气泡出现。

2.6.4.11　铜及铜合金毛细管

表 4-2-121　铜及铜合金毛细管牌号、状态、规格及尺寸允许偏差（GB/T 1531—2009）

	牌号	供应状态	规格（外径×内径）/mm	长度/mm 盘管	长度/mm 直管
牌号、状态和规格	T2、TP1、TP2、H85、H80、H70、H68、H65、H63、H62	硬(Y)、半硬(Y_2)、软(M)	(ϕ0.5～6.10)×(ϕ0.3～4.45)	≥3000	50～6000
	H96、H90 QSn4-0.3、QSn6.5-0.1	硬(Y)、软(M)			

	分级	外径		内径	
尺寸允许偏差/mm	高精级管内、外径允许偏差	公称尺寸	允许偏差	公称尺寸	允许偏差
		<1.60	±0.02	<0.60①	±0.015①
		≥1.60	±0.03	≥0.60	±0.02
	普通级管内、外径允许偏差	公称尺寸	允许偏差	允许偏差	
		≤3.0	±0.03	±0.05	
		>3.0	±0.05		

	分级						
尺寸允许偏差/mm	直管长度允许偏差	长度	50～150	>150～500	>500～1000	>1000～2000	>2000～6000
		允许偏差	±1.0	±2.0	±3.0	±5.0	±7.0

① 可不测内径及允许偏差。
注：1. GB/T 1531—2009 代替 GB/T 1531—1994。
2. 毛细管材料的牌号、化学成分应符合 GB/T 5231—2012 的规定。
3. 产品标记按产品名称、牌号、状态、精度、规格和标准编号的顺序表示。标记示例如下。
示例 1：用 T2 制造的、硬状态、高精级、外径为 2.00mm、内径为 0.70mm 的毛细管标记为
管 T2Y 高　2.00×0.70　GB/T 1531—2009
示例 2：用 H68 制造的、半硬状态、普通级、外径为 1.50mm、内径为 0.80mm 的毛细管标记为
管 $H68Y_2$　1.50×0.80　GB/T 1531—2009

表 4-2-122　　铜及铜合金毛细管纵向室温力学性能（GB/T 1531—2009）

牌　号	状　态	拉伸试验		硬度试验
		抗拉强度 R_m/MPa	断后伸长率 A/%	维氏硬度　HV
TP2、T2、TP1	M	≥205	≥40	—
	Y_2	245～370	—	—
	Y	≥345	—	—
H96	M	≥205	≥42	45～70
	Y	≥320	—	≥90
H90	M	≥220	≥42	40～70
	Y	≥360	—	≥95
H85	M	≥240	≥43	40～70
	Y_2	≥310	≥18	75～105
	Y	≥370	—	≥100
H80	M	≥240	≥43	40～70
	Y_2	≥320	≥25	80～115
	Y	≥390	—	≥110
H70、H68	M	≥280	≥43	50～80
	Y_2	≥370	≥18	90～120
	Y	≥420	—	≥110
H65	M	≥290	≥43	50～80
	Y_2	≥370	≥18	85～115
	Y	≥430	—	≥105
H63、H62	M	≥300	≥43	55～85
	Y_2	≥370	≥18	70～105
	Y	≥440	—	≥110
QSn4-0.3 QSn6.5-0.1	M	≥325	≥30	≥90
	Y	≥490	—	≥120

注：1. 外径与内径之差小于 0.30mm 的毛细管不作拉伸试验。有特殊要求者，由供需双方协商解决。

2. 毛细管的工艺性能（通气性、气密性、压力差试验或流量试验、卷边试验）以及表面质量、残余应力试验等均应符合 GB/T 1531—2009 的规定。

3. 高精级毛细管用于高精度仪表、高精密医疗仪器、空调、电冰箱等工业部门；普通级毛细管用于一般的仪器、仪表和电子等工业部门。

4. 需方要求并在合同中注明，可选择维氏硬度试验，当选择维氏硬度试验时，拉伸试验结果仅供参考。

2.6.4.12　铜及铜合金线材

表 4-2-123　　铜及铜合金线材牌号、状态及尺寸规格（GB/T 21652—2017）

分类	牌号	代号	状态	直径(对边距)/mm
无氧铜	TU0	T10130	软(O60),硬(H04)	0.05～8.0
	TU1	T10150		
	TU2	T10180		
纯铜	T2	T11050	软(O60),1/2 硬(H02),硬(H04)	0.05～8.0
	T3	T11090		
镉铜	TCd1	C16200	软(O60),硬(H04)	0.1～6.0
镁铜	TMg0.2	T18658	硬(H04)	1.5～3.0
	TMg0.5	T18664	硬(H04)	1.5～7.0
普通黄铜	H95	C21000	软(O60),1/2 硬(H02),硬(H04)	0.05～12.0
	H90	C22000		
	H85	C23000		
	H80	C24000		
	H70	T26100	软(O60),1/8 硬(H00),1/4 硬(H01),1/2 硬(H02),3/4 硬(H03),硬(H04),特硬(H06)	0.05～8.5 特硬规格 0.1～6.0 软态规格 0.05～18.0
	H68	T26300		
	H66	C26800		

续表

分类	牌号	代号	状态	直径(对边距)/mm
普通黄铜	H65	C27000	软(O60),1/8 硬(H00),1/4 硬(H01),1/2 硬(H02),3/4 硬(H03),硬(H04),特硬(H06)	0.05～13 特硬规格 0.05～4.0
	H63	T27300		
	H62	T27600		
铅黄铜	HPb63-3	T34700	软(O60),1/2 硬(H02),硬(H04)	0.5～6.0
	HPb62-0.8	T35100	1/2 硬(H02),硬(H04)	0.5～6.0
	HPb61-1	C37100	1/2 硬(H02),硬(H04)	0.5～8.5
	HPb59-1	T38100	软(O60),1/2 硬(H02),硬(H04)	0.5～6.0
	HPb59-3	T38300	1/2 硬(H02),硬(H04)	1.0～10.0
硼黄铜	HB90-0.1	T22130	硬(H04)	1.0～12.0
锡黄铜	HSn62-1	T46300	软(O60),硬(H04)	0.5～6.0
	HSn60-1	T46410		
锰黄铜	HMn62-13	T67310	软(O60),1/4 硬(H01),1/2 硬(H02),3/4 硬(H03),硬(H04)	0.5～6.0
锡青铜	QSn4-3	T50800	软(O60),1/4 硬(H01),1/2 硬(H02),3/4 硬(H03)	0.1～8.5
			硬(H04)	0.1～6.0
	QSn5-0.2	C51000	软(O60),1/4 硬(H01),1/2 硬(H02),3/4 硬(H03),硬(H04)	0.1～8.5
	Q5n4-0.3	C51100		
	QSn6.5-0.1	T51510		
	QSn6.5-0.4	T51520		
	QSn7-0.2	T51530		
	QSn8-0.3	C52100		
	QSn15-1-1	T52500	软(O60),1/4 硬(H01),1/2 硬(H02),3/4 硬(H03),硬(H04)	0.5～6.0
	QSn4-4-4	T53500	1/2 硬(H02),硬(H04)	0.1～8.5
铬青铜	QCr4.5-2.5-0.6	T55600	软(O60),固溶热处理+沉淀热处理(TF00)固溶热处理+冷加工(硬)+沉淀热处理(TH04)	0.5～6.0
铝青铜	QAl7	C61000	1/2 硬(H02),硬(H04)	1.0～6.0
	QAl9-2	T61700	硬(H04)	0.6～6.0
硅青铜	QSi3-1	T64730	1/2 硬(H02),3/4 硬(H03),硬(H04)	0.1～8.5
			软(O60),1/4 硬(H01)	0.1～18.0
普通白铜	B19	T71050	软(O60),硬(H04)	0.1～6.0
铁白铜	BFe10-1-1	T70590	软(O60),硬(H04)	0.1～6.0
	BFe30-1-1	T71510		
锰白铜	BMn3-12	T71620	软(O60),硬(H04)	0.05～6.0
	BMn40-1.5	T71660		
锌白铜	BZn9-29	T76100	软(O60),1/8 硬(H00),1/4 硬(H01),1/2 硬(H02),3/4 硬(H03),硬(H04),特硬(H06)	0.1～8.0 特硬规格 0.5～4.0
	BZn12-24	T76200		
	BZn12-26	T76210		
	BZn15-20	T74600	软(O60),1/8 硬(H00),1/4 硬(H01),1/2 硬(H02),3/4 硬(H03),硬(H04),特硬(H06)	0.1～8.0 特硬规格 0.5～4.0 软态规格 0.1～18.0
	BZn18-20	T76300		
	BZn22-16	T76400	软(O60),1/8 硬(H00),1/4 硬(H01),1/2 硬(H02),3/4 硬(H03),硬(H04),特硬(H06)	0.1～8.0 特硬规格 0.1～4.0
	BZn25-18	T76500		
	BZn40-20	T77500	软(O60),1/4 硬(H01),1/2 硬(H02),3/4 硬(H03),硬(H04)	1.0～6.0
	BZn12-37-1.5	C79860	1/2 硬(H02),硬(H04)	0.5～9.0

注 1. GB/T 21652—2017《铜及铜合金线材》代替 GB/T 21652—2008。
2. 牌号的化学成分应符合 GB/T 5231 的规定。
3. 线材的截面形状分为圆形、正方形和正六角形三种。
4. 线材适用于工业部门各种一般用途。
5. 产品标记按产品名称、标准编号、牌号（代号）、状态、精度和规格的顺序表示。标记示例如下。
(1) 用 H65（C27000）制造的、状态为 H01、高精级、直径为 3.0mm 的圆线材标记为
圆形线 GB/T 21652-H65H01 高－ϕ3.0
或　圆形线 GB/T 21652-C27000H01 高－ϕ3.0
(2) 用 BZn12-26（T76210）制造的、状态为 H02、普通级、对边距 a 为 4.5mm 的正方形线材标记为：
正方形线 GB/T 21652-BZn12-26H02-a4.5
或　正方形线 GB/T 21652-T76210H02-a4.5
(3) 用 QSn6.5-0.1（T51500）制造的、状态为 H04、高精级、对边距 s 为 5.0mm 的正六角形线材标记为：
正六角形线 GB/T 21652-QSn6.5-0.1H04 高-s5.0
或　正六角形线 GB/T 21652-T51500H04 高-s5.0

表 4-2-124　铜及铜合金线材直径（对边距）及其允许偏差（GB/T 21652—2017）　mm

直径（或对边距）	圆形		正方形、正六角形	
	普通级	高精级	普通级	高精级
0.05～0.1	±0.004	±0.003	—	—
>0.1～0.2	±0.005	±0.004	—	—
>0.2～0.5	±0.008	±0.006	±0.010	±0.008
>0.5～1.0	±0.010	±0.008	±0.020	±0.015
>1.0～3.0	±0.020	±0.015	±0.030	±0.020
>3.0～6.0	±0.030	±0.020	±0.040	±0.030
>6.0～13.0	±0.040	±0.030	±0.050	±0.040
>13.0～18.0	±0.050	±0.040	±0.060	±0.050

表 4-2-125　铜及铜合金线材室温力学性能（GB/T 21652—2017）

牌号	状态	直径(或对边距) /mm	抗拉强度 R_m /MPa	断后伸长率 /%	
				A_{100mm}	A
TU0 TU1 TU2	O60	0.05～8.0	195～255	≥25	—
	H04	0.05～4.0	≥345	—	—
		>4.0～8.0	≥310	≥10	—
T2 T3	O60	0.05～0.3	≥195	≥15	—
		>0.3～1.0	≥195	≥20	—
		>1.0～2.5	≥205	≥25	—
		>2.5～8.0	≥205	≥30	—
	H02	0.05～8.0	255～365	—	—
	H04	0.05～2.5	≥380	—	—
		>2.5～8.0	≥365	—	—
TCd1	O60	0.1～6.0	≥275	≥20	—
	H04	0.1～0.5	590～880	—	—
		>0.5～4.0	490～735	—	—
		>4.0～6.0	470～685	—	—
TMg0.2	H04	1.5～3.0	≥530	—	—
TMg0.5	H04	1.5～3.0	≥620	—	—
		>3.0～7.0	≥530	—	—
H95	O60	0.05～12.0	≥220	≥20	—
	H02	0.05～12.0	≥340	—	—
	H04	0.05～12.0	≥420	—	—
H90	O60	0.05～12.0	≥240	≥20	—
	H02	0.05～12.0	≥385	—	—
	H04	0.05～12.0	≥485	—	—
H85	O60	0.05～12.0	≥280	≥20	—
	H02	0.05～12.0	≥455	—	—
	H04	0.05～12.0	≥570	—	—

续表

牌号	状态	直径(或对边距)/mm	抗拉强度 R_m /MPa	断后伸长率/%	
				A_{100mm}	A
H80	O60	0.05～12.0	≥320	≥20	—
	H02	0.05～12.0	≥540	—	—
	H04	0.05～12.0	≥690	—	—
H70 H68 H66	O60	0.05～0.25	≥375	≥18	—
		>0.25～1.0	≥355	≥25	—
		>1.0～2.0	≥335	≥30	—
		>2.0～4.0	≥315	≥35	—
		>4.0～6.0	≥295	≥40	—
		>6.0～13.0	≥275	≥45	—
		>13.0～18.0	≥275	—	≥50
	H00	0.05～0.25	≥385	≥18	—
		>0.25～1.0	≥365	≥20	—
		>1.0～2.0	≥350	≥24	—
		>2.0～4.0	≥340	≥28	—
		>4.0～6.0	≥330	≥33	—
		>6.0～8.5	≥320	≥35	—
	H01	0.05～0.25	≥400	≥10	—
		>0.25～1.0	≥380	≥15	—
		>1.0～2.0	≥370	≥20	—
		>2.0～4.0	≥350	≥25	—
		>4.0～6.0	≥340	≥30	—
		>6.0～8.5	≥330	≥32	—
	H02	0.05～0.25	≥410	—	—
		>0.25～1.0	≥390	≥5	—
		>1.0～2.0	≥375	≥10	—
		>2.0～4.0	≥355	≥12	—
		>4.0～6.0	≥345	≥14	—
		>6.0～8.5	≥340	≥16	—
	H03	0.05～0.25	540～735	—	—
		>0.25～1.0	490～685	—	—
		>1.0～2.0	440～635	—	—
		>2.0～4.0	390～590	—	—
		>4.0～6.0	345～540	—	—
		>6.0～8.5	340～520	—	—
	H04	0.05～0.25	735～930	—	—
		>0.25～1.0	685～885	—	—
		>1.0～2.0	635～835	—	—
		>2.0～4.0	590～785	—	—
		>4.0～6.0	540～735	—	—
		>6.0～8.5	490～685	—	—
	H06	0.1～0.25	≥800	—	—
		>0.25～1.0	≥780	—	—
		>1.0～2.0	≥750	—	—
		>2.0～4.0	≥720	—	—
		>4.0～6.0	≥690	—	—

续表

牌号	状态	直径(或对边距)/mm	抗拉强度 R_m/MPa	断后伸长率/%	
				A_{100mm}	A
H65	O60	0.05～0.25	≥335	≥18	—
H65	O60	>0.25～1.0	≥325	≥24	—
H65	O60	>1.0～2.0	≥315	≥28	—
H65	O60	>2.0～4.0	≥305	≥32	—
H65	O60	>4.0～6.0	≥295	≥35	—
H65	O60	>6.0～13.0	≥285	≥40	—
H65	H00	0.05～0.25	≥350	≥10	—
H65	H00	>0.25～1.0	≥340	≥15	—
H65	H00	>1.0～2.0	≥330	≥20	—
H65	H00	>2.0～4.0	≥320	≥25	—
H65	H00	>4.0～6.0	≥310	≥28	—
H65	H00	>6.0～13.0	≥300	≥32	—
H65	H01	0.05～0.25	≥370	≥6	—
H65	H01	>0.25～1.0	≥360	≥10	—
H65	H01	>1.0～2.0	≥350	≥12	—
H65	H01	>2.0～4.0	≥340	≥18	—
H65	H01	>4.0～6.0	≥330	≥22	—
H65	H01	>6.0～13.0	≥320	≥28	—
H65	H02	0.05～0.25	≥410	—	—
H65	H02	>0.25～1.0	≥400	≥4	—
H65	H02	>1.0～2.0	≥390	≥7	—
H65	H02	>2.0～4.0	≥380	≥10	—
H65	H02	>4.0～6.0	≥375	≥13	—
H65	H02	>6.0～13.0	≥360	≥15	—
H65	H03	0.05～0.25	540～735	—	—
H65	H03	>0.25～1.0	490～685	—	—
H65	H03	>1.0～2.0	440～635	—	—
H65	H03	>2.0～4.0	390～590	—	—
H65	H03	>4.0～6.0	375～570	—	—
H65	H03	>6.0～13.0	370～550	—	—
H65	H04	0.05～0.25	685～885	—	—
H65	H04	>0.25～1.0	635～835	—	—
H65	H04	>1.0～2.0	590～785	—	—
H65	H04	>2.0～4.0	540～735	—	—
H65	H04	>4.0～6.0	490～685	—	—
H65	H04	>6.0～13.0	440～635	—	—
H65	H06	0.05～0.25	≥830	—	—
H65	H06	>0.25～1.0	≥810	—	—
H65	H06	>1.0～2.0	≥800	—	—
H65	H06	>2.0～4.0	≥780	—	—
H63 H62	O60	0.05～0.25	≥345	≥18	—
H63 H62	O60	>0.25～1.0	≥335	≥22	—
H63 H62	O60	>1.0～2.0	≥325	≥26	—
H63 H62	O60	>2.0～4.0	≥315	≥30	—
H63 H62	O60	>4.0～6.0	≥315	≥34	—
H63 H62	O60	>6.0～13.0	≥305	≥36	—

续表

牌号	状态	直径(或对边距)/mm	抗拉强度 R_m /MPa	断后伸长率/%	
				A_{100mm}	A
H63 H62	H00	0.05～0.25	≥360	≥8	—
		>0.25～1.0	≥350	≥12	—
		>1.0～2.0	≥340	≥18	—
		>2.0～4.0	≥330	≥22	—
		>4.0～6.0	≥320	≥26	—
		>6.0～13.0	≥310	≥30	—
	H01	0.05～0.25	≥380	≥5	—
		>0.25～1.0	≥370	≥8	—
		>1.0～2.0	≥360	≥10	—
		>2.0～4.0	≥350	≥15	—
		>4.0～6.0	≥340	≥20	—
		>6.0～13.0	≥330	≥25	—
	H02	0.05～0.25	≥430	—	—
		>0.25～1.0	≥410	≥4	—
		>1.0～2.0	≥390	≥7	—
		>2.0～4.0	≥375	≥10	—
		>4.0～6.0	≥355	≥12	—
		>6.0～13.0	≥350	≥14	—
	H03	0.05～0.25	590～785	—	—
		>0.25～1.0	540～735	—	—
		>1.0～2.0	490～685	—	—
		>2.0～4.0	440～635	—	—
		>4.0～6.0	390～590	—	—
		>6.0～13.0	360～560	—	—
	H04	0.05～0.25	785～980	—	—
		>0.25～1.0	685～885	—	—
		>1.0～2.0	635～835	—	—
		>2.0～4.0	590～785	—	—
		>4.0～6.0	540～735	—	—
		>6.0～13.0	490～685	—	—
	H06	0.05～0.25	≥850	—	—
		>0.25～1.0	≥830	—	—
		>1.0～2.0	≥800	—	—
		>2.0～4.0	≥770	—	—
HB90-0.1	H04	1.0～12.0	≥500	—	—
HPb63-3	O60	0.5～2.0	≥305	≥32	—
		>2.0～4.0	≥295	≥35	—
		>4.0～6.0	≥285	≥35	—
	H02	0.5～2.0	390～610	≥3	—
		>2.0～4.0	390～600	≥4	—
		>4.0～6.0	390～590	≥4	—
	H04	0.5～6.0	570～735	—	—
HPb62-0.8	H02	0.5～6.0	410～540	≥12	—
	H04	0.5～6.0	450～560	—	—
HPb59-1	O60	0.5～2.0	≥345	≥25	—
		>2.0～4.0	≥335	≥28	—
		>4.0～6.0	≥325	≥30	—

续表

牌号	状态	直径(或对边距)/mm	抗拉强度 R_m /MPa	断后伸长率/%	
				A_{100mm}	A
HPb59-1	H02	0.5～2.0	390～590	—	—
		>2.0～4.0	390～590	—	—
		>4.0～6.0	375～570	—	—
	H04	0.5～2.0	490～735	—	—
		>2.0～4.0	490～685	—	—
		>4.0～6.0	440～635	—	—
HPb61-1	H02	0.5～2.0	≥390	≥8	—
		>2.0～4.0	≥380	≥10	—
		>4.0～6.0	≥375	≥15	—
		>6.0～8.5	≥365	≥15	—
	H04	0.5～2.0	≥520	—	—
		>2.0～4.0	≥490	—	—
		>4.0～6.0	≥465	—	—
		>6.0～8.5	≥440	—	—
HPb59-3	H02	1.0～2.0	≥385	—	—
		>2.0～4.0	≥380	—	—
		>4.0～6.0	≥370	—	—
		>6.0～10.0	≥360	—	—
	H04	1.0～2.0	≥480	—	—
		>2.0～4.0	≥460	—	—
		>4.0～6.0	≥435	—	—
		>6.0～10.0	≥430	—	—
HSn60-1 HSn62-1	O60	0.5～2.0	≥315	≥15	—
		>2.0～4.0	≥305	≥20	—
		>4.0～6.0	≥295	≥25	—
	H04	0.5～2.0	590～835	—	—
		>2.0～4.0	540～785	—	—
		>4.0～6.0	490～735	—	—
HMn62-13	O60	0.5～6.0	400～550	≥25	—
	H01	0.5～6.0	450～600	≥18	—
	H02	0.5～6.0	500～650	≥12	—
	H03	0.5～6.0	550～700	—	—
	H04	0.5～6.0	≥650	—	—
QSn4-3	O60	0.1～1.0	≥350	≥35	—
		>1.0～8.5		≥45	—
	H01	0.1～1.0	460～580	≥5	—
		>1.0～2.0	420～540	≥10	—
		>2.0～4.0	400～520	≥20	—
		>4.0～6.0	380～480	≥25	—
		>6.0～8.5	360～450	≥25	—
	H02	0.1～1.0	500～700	—	—
		>1.0～2.0	480～680	—	—
		>2.0～4.0	450～650	—	—
		>4.0～6.0	430～630	—	—
		>6.0～8.5	410～610	—	—
	H03	0.1～1.0	620～820	—	—
		>1.0～2.0	600～800	—	—
		>2.0～4.0	560～760	—	—
		>4.0～6.0	540～740	—	—
		>6.0～8.5	520～720	—	—

续表

牌号	状态	直径(或对边距)/mm	抗拉强度 R_m /MPa	断后伸长率/%	
				A_{100mm}	A
QSn4-3	H04	0.1~1.0	800~1130	—	—
		>1.0~2.0	860~1060	—	—
		>2.0~4.0	830~1030	—	—
		>4.0~6.0	780~980	—	—
QSn5-0.2 QSn4-0.3 QSn6.5-0.1 QSn6.5-0.4 QSn7-0.2 QSi3-1	O60	0.1~1.0	≥350	≥35	—
		>1.0~8.5	≥350	≥45	—
	H01	0.1~1.0	480~680	—	—
		>1.0~2.0	450~650	≥10	—
		>2.0~4.0	420~620	≥15	—
		>4.0~6.0	400~600	≥20	—
		>6.0~8.5	380~580	≥22	—
	H02	0.1~1.0	540~740	—	—
		>1.0~2.0	520~720	—	—
		>2.0~4.0	500~700	≥4	—
		>4.0~6.0	480~680	≥8	—
		>6.0~8.5	460~660	≥10	—
	H03	0.1~1.0	750~950	—	—
		>1.0~2.0	730~920	—	—
		>2.0~4.0	710~900	—	—
		>4.0~6.0	690~880	—	—
		>6.0~8.5	640~860	—	—
	H04	0.1~1.0	880~1130	—	—
		>1.0~2.0	860~1060	—	—
		>2.0~4.0	830~1030	—	—
		>4.0~6.0	780~980	—	—
		>6.0~8.5	690~950	—	—
QSn8-0.3	O60	0.1~8.5	365~470	≥30	—
	H01	0.1~8.5	510~625	≥8	—
	H02	0.1~8.5	655~795	—	—
	H03	0.1~8.5	780~930	—	—
	H04	0.1~8.5	860~1035	—	—
QSi3-1	O60	>8.5~13.0	≥350	≥45	—
		>13.0~18.0		—	≥50
	H01	>8.5~13.0	380~580	≥22	—
		>13.0~18.0		—	≥26
QSn15-1-1	O60	0.5~1.0	≥365	≥28	—
		>1.0~2.0	≥360	≥32	—
		>2.0~4.0	≥350	≥35	—
		>4.0~6.0	≥345	≥36	—
	H01	0.5~1.0	630~780	≥25	—
		>1.0~2.0	600~750	≥30	—
		>2.0~4.0	580~730	≥32	—
		>4.0~6.0	550~700	≥35	—
	H02	0.5~1.0	770~910	≥3	—
		>1.0~2.0	740~880	≥6	—
		>2.0~4.0	720~850	≥8	—
		>4.0~6.0	680~810	≥10	—

续表

牌号	状态	直径(或对边距)/mm	抗拉强度 R_m/MPa	断后伸长率/%	
				A_{100mm}	A
QSn15-1-1	H03	0.5～1.0	800～930	≥1	—
		>1.0～2.0	780～910	≥2	—
		>2.0～4.0	750～880	≥2	—
		>4.0～6.0	720～850	≥3	—
	H04	0.5～1.0	850～1080	—	—
		>1.0～2.0	840～980	—	—
		>2.0～4.0	830～960	—	—
		>4.0～6.0	820～950	—	—
QSn4-4-4	H02	0.1～6.0	≥360	≥8	—
		>6.0～8.5		≥12	—
	H04	0.1～6.0	≥420	—	—
		>6.0～8.5		≥10	—
QCr4.5-2.5-0.6	O60	0.5～6.0	400～600	≥25	—
	TH04、TF00	0.5～6.0	550～850	—	—
QAl7	H02	1.0～6.0	≥550	≥8	—
	H04	1.0～6.0	≥600	≥4	—
QAl9-2	H04	0.6～1.0	≥580	—	—
		>1.0～2.0		≥1	—
		>2.0～5.0		≥2	—
		>5.0～6.0	≥530	≥3	—
B19	O60	0.1～0.5	≥295	≥20	—
		>0.5～6.0		≥25	—
	H04	0.1～0.5	590～880	—	—
		>0.5～6.0	490～785	—	—
BFe10-1-1	O60	0.1～1.0	≥450	≥15	—
		>1.0～6.0	≥400	≥18	—
	H04	0.1～1.0	≥780	—	—
		>1.0～6.0	≥650	—	—
BFe30-1-1	O60	0.1～0.5	≥345	≥20	—
		>0.5～6.0		≥25	—
	H04	0.1～0.5	685～980	—	—
		>0.5～6.0	590～880	—	—
BMn3-12	O60	0.05～1.0	≥440	≥12	—
		>1.0～6.0	≥390	≥20	—
	H04	0.05～1.0	≥785	—	—
		>1.0～6.0	≥685	—	—
BMn40-1.5	O60	0.05～0.20	≥390	≥15	—
		>0.20～0.50		≥20	—
		>0.50～6.0		≥25	—
	H04	0.05～0.20	685～980	—	—
		>0.20～0.50	685～880	—	—
		>0.50～6.0	635～835	—	—
BZn9-29 BZn12-24 BZn12-26	O60	0.1～0.2	≥320	≥15	—
		>0.2～0.5		≥20	—
		>0.5～2.0		≥25	—
		>2.0～8.0		≥30	—

续表

牌号	状态	直径(或对边距)/mm	抗拉强度 R_m/MPa	断后伸长率/%	
				A_{100mm}	A
BZn9-29 BZn12-24 BZn12-26	H00	0.1～0.2	400～570	≥12	—
		>0.2～0.5	380～550	≥16	—
		>0.5～2.0	360～540	≥22	—
		>2.0～8.0	340～520	≥25	—
	H01	0.1～0.2	420～620	≥6	—
		>0.2～0.5	400～600	≥8	—
		>0.5～2.0	380～590	≥12	—
		>2.0～8.0	360～570	≥18	—
	H02	0.1～0.2	480～680	—	—
		>0.2～0.5	460～640	≥6	—
		>0.5～2.0	440～630	≥9	—
		>2.0～8.0	420～600	≥12	—
	H03	0.1～0.2	550～800	—	—
		>0.2～0.5	530～750	—	—
		>0.5～2.0	510～730	—	—
		>2.0～8.0	490～630	—	—
	H04	0.1～0.2	680～880	—	—
		>0.2～0.5	630～820	—	—
		>0.5～2.0	600～800	—	—
		>2.0～8.0	580～700	—	—
	H06	0.5～4.0	≥720	—	—
BZn15-20 BZn18-20	O60	0.1～0.2	≥345	≥15	—
		>0.2～0.5		≥20	—
		>0.5～2.0		≥25	—
		>2.0～8.0		≥30	—
		>8.0～13.0		≥35	—
		>13.0～18.0		—	≥40
	H00	0.1～0.2	450～600	≥12	—
		>0.2～0.5	435～570	≥15	—
		>0.5～2.0	420～550	≥20	—
		>2.0～8.0	410～520	≥24	—
	H01	0.1～0.2	470～660	≥10	—
		>0.2～0.5	460～620	≥12	—
		>0.5～2.0	440～600	≥14	—
		>2.0～8.0	420～570	≥16	—
	H02	0.1～0.2	510～780	—	—
		>0.2～0.5	490～735	—	—
		>0.5～2.0	440～685	—	—
		>2.0～8.0	440～635	—	—
	H03	0.1～0.2	620～860	—	—
		>0.2～0.5	610～810	—	—
		>0.5～2.0	595～760	—	—
		>2.0～8.0	580～700	—	—
	H04	0.1～0.2	735～980	—	—
		>0.2～0.5	735～930	—	—
		>0.5～2.0	635～880	—	—
		>2.0～8.0	540～785	—	—
	H06	0.5～1.0	≥750	—	—
		>1.0～2.0	≥740	—	—
		>2.0～4.0	≥730	—	—

续表

牌号	状态	直径(或对边距)/mm	抗拉强度 R_m /MPa	断后伸长率/%	
				A_{100mm}	A
BZn22-16 BZn25-18	O60	0.1～0.2	≥440	≥12	—
		>0.2～0.5		≥16	—
		>0.5～2.0		≥23	—
		>2.0～8.0		≥28	—
	H00	0.1～0.2	500～680	≥10	—
		>0.2～0.5	490～650	≥12	—
		>0.5～2.0	470～630	≥15	—
		>2.0～8.0	460～600	≥18	—
	H01	0.1～0.2	540～720	—	—
		>0.2～0.5	520～690	≥6	—
		>0.5～2.0	500～670	≥8	—
		>2.0～8.0	480～650	≥10	—
	H02	0.1～0.2	640～830	—	—
		>0.2～0.5	620～800	—	—
		>0.5～2.0	600～780	—	—
		>2.0～8.0	580～760	—	—
	H03	0.1～0.2	660～880	—	—
		>0.2～0.5	640～850	—	—
		>0.5～2.0	620～830	—	—
		>2.0～8.0	600～810	—	—
	H04	0.1～0.2	750～990	—	—
		>0.2～0.5	740～950	—	—
		>0.5～2.0	650～900	—	—
		>2.0～8.0	630～860	—	—
	H06	0.1～1.0	≥820	—	—
		>1.0～2.0	≥810	—	—
		>2.0～4.0	≥800	—	—
BZn40-20	O60	1.0～6.0	500～650	≥20	—
	H01	1.0～6.0	550～700	≥8	—
	H02	1.0～6.0	600～850	—	—
	H03	1.0～6.0	750～900	—	—
	H04	1.0～6.0	800～1000	—	—
BZn12-37-1.5	H02	0.5～9.0	600～700	—	—
	H04	0.5～9.0	650～750	—	—

注：表中的“—”，表示没有统计数据，如果需方要求该性能，其性能指标由供需双方协商。

第4篇

2.7　镍及镍合金

2.7.1　加工镍及镍合金的特性及应用

表 4-2-126　　加工镍及镍合金牌号、特性及应用

组别	牌号	代号	性能特点及应用
纯镍	二号镍 四号镍 六号镍 八号镍	N2 N4 N6 N8	纯镍力学性能好，熔点为 1455℃，具有良好的冷加工和热加工性能，耐蚀性优良，是耐热浓碱溶液的最佳材料，耐中性和微酸性溶液以及有机溶剂，在大气、淡水和海水中具有良好的化学稳定性，无毒，能耐果酸，但不耐氧化性酸和高温含硫气体的腐蚀。用于制作机械工业中耐蚀结构件、化工设备中耐蚀结构件、医疗器械、食品餐具器皿、电子管及无线电设备零件等

续表

组别	牌号	代号	性能特点及应用
镍铜合金	28-2.5-1.5 镍铜合金（蒙乃尔合金）	NCu28-2.5-1.5	力学性能高于纯镍，具有良好的加工性能，耐高温性能好，在 750℃ 以下的大气中具有良好的稳定性，在 500℃ 高温时具有足够的强度，耐蚀性能与纯镍、铜相近，通常还优于镍和铜，特别是耐氢氟酸性能很高。用于制作要求高耐蚀性和高强度的零件，高压充油电缆、供油槽、加热设备和医疗器械零件等
	40-2-1 镍铜合金	NCu40-2-1	耐蚀性能优良、无磁性，用于制作抗磁零件

注：本表纯镍及镍铜合金牌号的化学成分应符合 GB/T 5235—2007 加工镍及镍合金化学成分的规定。GB/T 5235—2007 尚有电子用镍等合金未列入本表，此标准规定的加工镍及镍合金牌号用于电子、电器、通信、仪表、机械、化工等工业部门。

表 4-2-127　加工镍及镍合金的室温力学性能

性能		合金代号				
		N2、N4、N6、N8	NMn3	NMn5	NCr10	NCu28-2.5-1.5（蒙乃尔合金）
弹性模量 E/GPa		210～230	210	210	—	182
切变模量 G/MPa		73	—	—	—	—
抗拉强度 R_m/MPa	软材	300～600	500	550～600①	600～700	450～500
	硬材	500～900	1000	—	1100	600～850
屈服强度 $R_{p0.2}$/MPa	软材	120	165～220①	180～240①	—	240
	硬材	700	—	—	—	630～800
断后伸长率 A/%	软材	10～30	40	40～45①	35～45	25～40
	硬材	2～20	2	—	3	2～3
布氏硬度　HBW	软材	90～120	140①	147①	150～200	135
	硬材	120～240	—	—	300	210

① 热轧状态下所测数据。

表 4-2-128　加工镍及镍合金的物理性能

性能	合金代号							
	N2	N4	N6	N8	NMn3	NMn5	NCr10	NCu28-2.5-1.5（蒙乃尔合金）
密度 ρ/g·cm^{-3}	8.91	8.90	8.89	8.90	8.90	8.76	8.70	8.80
熔点/℃	1455	—	1435～1446	—	1442	1412	1437	1350
比热容 c(20℃)/J·kg^{-1}·K^{-1}	461	440	456	459	—	—	—	532④
热导率 λ/W·m^{-1}·K^{-1}	82.90	59.45	67.41	59.45	53.17	48.15	—	25.12⑤
电阻率 ρ /10^{-6}Ω·m	7.16①	6.84①	9.50①	8.2～9.2①	0.140	0.195	0.6～0.7	0.482
电阻温度系数 α_p/℃$^{-1}$ 20～100℃ 20～1000℃	0.0038② —	0.0069 —	0.0027② —	0.0052～0.0069 —	0.0042 —	0.0036 0.0024	0.00048 —	0.0019 —
线胀系数 α/10^{-6}K^{-1} 0～100℃ 25～100℃ 25～300℃	— — 16.7③	— 13.3 14.4	— — 15.3③	13.7 — —	13.4 — —	13.7 — —	12.8 — —	— 14 15
居里点/℃	353	360	360	—	—	—	—	27～95

① 计量单位为 μΩ·cm。
② 计量单位为 10^{-2}μΩ·m/℉。
③ 20～540℃时的线胀系数。
④ 200～400℃时的比热容。
⑤ 0～100℃时的热导率。

第4篇

表 4-2-129　　NCu28-2.5-1.5 合金的高温和低温力学性能

	温度/℃	室温	93	149	204	260	316	371	427	483	538
高温力学性能	屈服强度 $R_{p0.2}$/MPa	227	210	191	181	179	177	179	181	132	162
	抗拉强度 R_m/MPa	586	557	539	536	540	558	525	490	431	378
	断后伸长率 A/%	45	43.5	43	42	44	45.5	47.5	49	42	41
	弹性模量 E/GPa	182	180.6	179.9	178.5	175	170.8	164.5	156.2	143.5	112

	温度/℃	$R_{p0.2}$/MPa	R_m/MPa	A/%	温度/℃	$R_{p0.2}$/MPa	R_m/MPa	A/%
低温力学性能（合金软状态下）	20	150	500	41	−80	190	600	40
	−10	180	540	48	−120	200	640	41
	−40	180	560	47	−180	210	790	51

表 4-2-130　　镍的耐蚀性能

腐蚀介质名称	介质含量（质量分数）/%	温度/℃	腐蚀速度 /mm·a^{-1}	备　注
硫酸	5	30	0.06	当搅动溶液和溶液被空气饱和时，腐蚀速度显著增加
	5	60	0.24	
	5	102	0.84	
	10	20	0.043	
	10	77	0.3	
	10	103	3	
	20	20	0.1	
	20	105	2.82	
	95	20	1.8	
磷酸	稀释的	20	0.3	纯的
	85	95	14	—
	稀释的	80	20	不干净的
亚硫酸	1(SO_2)	20	1.4	—
氢氟酸	6	76	8.94	—
	10	10～20	0.0025	
	48	80	0.558	
乙酸	6	30	0.1	吹风时腐蚀速度显著增加
	50	20	0.25	
	5	沸腾	0.28	
	50	沸腾	0.48	
	99.9	沸腾	0.364	
脂肪酸	—	227	0.1	油酸和硬脂酸
石碳酸	—	53	0.0018	—
中性和碱性盐溶液	—	加热	0.013	硫酸盐、盐酸盐、硝酸盐、乙酸盐、碳酸盐等
氯化钠	饱和溶液	95	0.53	中性溶液
氯化铝	28～40	102	0.21	由水解产生的酸性溶液
硫化氢溶液	饱和溶液	25	0.048	—
硫酸铝	57	115	1.5	由水解产生的酸性溶液
硫酸锌	—	105	0.64	
四氯化碳	带有水分	25	0.0005	若无水分，则在沸腾时耐蚀性还相当高
三氯乙烯	带有水分	25	0.01	—

表 4-2-131　　NCu28-2.5-1.5 镍铜合金的耐蚀性能

腐蚀介质名称	介质含量(质量分数)/%	温度/℃	腐蚀速度/mm·a⁻¹	备注
工业区大气	—	—	0.003～0.0015	—
海洋大气	—	—	0.0002～0.0008	—
天然淡水	—	—	<0.003	—
天然海水	—	—	0.025～0.008	—
酸性地下水	—	—	0.36～2.8	—
蒸汽凝结水	—	—	<0.003	无空气和二氧化碳
	—	—	1.52	有空气和二氧化碳
硫酸	5	30	1.246	被空气饱和的
	5	101	0.066	—
	10	102	0.061	—
	20	104	0.19	—
	50	123	13.16	—
	75	182	43	—
	96	295	83.3	—
盐酸	10	30	2.2	—
	20	30	3	—
	30	30	8	—
	0.5	沸腾	0.74	—
	1.0	沸腾	1.07	—
	5.0	沸腾	6.2	—
氢氟酸	6	76	0.02	—
	25	30	0.005	—
	25	80	0.061	—
	50	80	0.015	—
	100	50	0.013	—
乙酸	50	20	0.3～0.6	最大腐蚀
	5	沸腾	0.033	未被空气饱和
	50	沸腾	0.053	未被空气饱和
	98	沸腾	0.048	未被空气饱和
	99.9	沸腾	0.157	未被空气饱和
脂肪酸	—	260	0.1	带水层的油酸和硬脂酸
氢氧化钠	5～50	20～100	0.001～0.015	—
	70	90～115	0.028	沸腾时
	60～75	150～175	0.12	沸腾时
	60～98	150～260	0.34	沸腾时
	60～98	400	1.25	沸腾时
氯化钠	饱和溶液	95	0.066	溶液水解成碱性
氯化铵	30～40	102	0.3	溶液水解成碱性
硝酸钠	27	50	0.05	—
硫酸锌	35	105	0.51	—
四氯化碳		30	0.003	—
三氯甲烷		30	0.0005	—
三氯乙烯		30	0.018	—

2.7.2 镍及镍合金加工产品

2.7.2.1 镍及镍合金板

表 4-2-132 镍及镍合金板牌号及规格（GB/T 2054—2013）

	牌号	制造方法	状态	规格/mm 矩形板材（厚度×宽度×长度）	规格/mm 圆形板材（厚度×直径）
板材牌号及尺寸规格	N4、N5(NW2201,N02201) N6、N7(NW2200,N02200) NSi0.19、NMg0.1、NW4-0.15 NW4-0.1、NW4-0.07、DN NCu28-2.5-1.5 NCu30(NW4400,N04400) NS1101(N08800)、NS1102(N08810) NS1402(N08825)、NS3304(N10276) NS3102(NW6600,N06600) NS3306(N06625)	热轧	热加工态(R) 软态(M) 固溶退火态(ST)	(4.1~100.0) ×(50~3000) ×(500~4500)	(4.1~100.0) ×(50~3000)
		冷轧	冷加工态(Y) 半硬状态(Y_2) 软态(M) 固溶退火态(ST)	(0.1~4.0) ×(50~1500) ×(500~4000)	(0.5~4.0) ×(50~1500)

热轧板材尺寸及允许偏差/mm 厚度	规定宽度范围的厚度允许偏差 50~1000	规定宽度范围的厚度允许偏差 >1000~3000	宽度允许极差 50~1000	宽度允许极差 >1000~3000	长度允许偏差 ≤3000	长度允许偏差 >3000~4500
4.1~6.0	±0.35	±0.40	±4	+7 −5	±5	+10 −5
>6.0~8.0	±0.40	±0.50				
>8.0~10.0	±0.50	±0.60	±6	+10 −5	+10 −5	+15 −5
>10.0~15.0	±0.60	±0.70				
>15.0~20.0	±0.70	±0.90				
>20.0~30.0	±0.90	±1.10	±8	+13 −5	+15 −5	+20 −5
>30.0~40.0	±1.10	±1.30				
>40.0~50.0	±1.20	±1.50				
>50.0~80.0	±1.40	±1.70				
>80.0~100.0	±1.60	±1.90				

冷轧板材尺寸及允许偏差/mm 厚度	规定宽度范围的厚度允许偏差 50~600	规定宽度范围的厚度允许偏差 >600~1500	宽度允许偏差	长度允许偏差
0.1~0.3	±0.03		±5	+10 −5
>0.3~0.5	±0.04	±0.05		
>0.5~0.7	±0.05	±0.07		
>0.7~1.0	±0.07	±0.09		
>1.0~1.5	±0.09	±0.11		
>1.5~2.5	±0.11	±0.13		
>2.5~4.0	±0.13	±0.15		

用途	板材适于仪表、电子通信、各种压力容器、耐蚀装置及其他工业部门制作各种零部件之用

注：板材牌号的化学成分应符合 GB/T 5235 的规定。

表 4-2-133 镍及镍合金板材力学性能（GB/T 2054—2013）

牌号	状态	厚度/mm	室温力学性能 不小于 抗拉强度 R_m/MPa	规定塑性延伸强度① $R_{p0.2}$/MPa	断后伸长率 A_{50mm}/%	硬度 HV	硬度 HRB
N4、N5 NW4-0.15 NW4-0.1 NW4-0.07	M	≤1.5②	345	80	35	—	—
		>1.5	345	80	40	—	—
	R③	>4	345	80	30	—	—
	Y	≤2.5	490	—	2	—	—

续表

牌号	状态	厚度/mm	室温力学性能　不小于			硬度	
			抗拉强度 R_m/MPa	规定塑性延伸强度①$R_{p0.2}$/MPa	断后伸长率 A_{50mm}/%	HV	HRB
N6、N7 DN⑤、NSi0.19 NMg0.1	M	≤1.5②	380	100	35	—	—
		>1.5	380	100	40	—	—
	R	>4	380	135	30	—	—
	Y④	>1.5	620	480	2	188～215	90～95
		≤1.5	540	—	2	—	—
	$Y_2$④	>1.5	490	290	20	147～170	79～85
NCu28-2.5-1.5	M	—	440	160	35	—	—
	R③	>4	440	—	25	—	—
	$Y_2$④	—	570	—	6.5	157～188	82～90
NCu30（N04400）	M	—	485	195	35	—	—
	R③	>4	515	260	25	—	—
	$Y_2$④	—	550	300	25	157～188	82～90
NS1101(N08800)	R	所有规格	550	240	25	—	—
	M		520	205	30	—	—
NS1102(N08810)	M	所有规格	450	170	30	—	—
NS1402(N08825)	M	所有规格	586	241	30	—	—
NS3102（NW6600、N06600）	M	0.1～100	550	240	30	—	≤88⑥
	Y	<6.4	860	620	2	—	—
	Y_2	<6.4	—	—	—	—	93～98
NS3304(N10276)	ST	所有规格	690	283	40	—	≤100
NS3306(N06625)	ST	所有规格	690	276	30	—	—

① 厚度≤0.5mm 板材的规定塑性延伸强度不作考核。

② 厚度<1.0mm 用于成形换热器的 N4 和 N6 薄板力学性能报实测数据。

③ 热轧板材可在最终热轧前做一次热处理。

④ 硬态及半硬态供货的板材性能，以硬度作为验收依据，需方要求时，可提供拉伸性能。提供拉伸性能时，不再进行硬度测试。

⑤ 仅适用于电真空器件用板。

⑥ 仅适用于薄板和带材，且用于深冲成形时的产品要求。用户要求并在合同中注明时进行检测。

2.7.2.2 镍及镍合金棒

表 4-2-134　镍及镍合金棒牌号和尺寸规格（GB/T 4435—2010）

棒材牌号、状态、直径及长度	牌号	状态	直径/mm	长度/mm
	N4、N5、N6、N7、N8、NCu28-2.5-1.5、NCu30-3-0.5、NCu40-2-1、NMn5、NCu30、NCu35-1.5-1.5	Y(硬) Y₂(半硬) M(软)	3～65	300～6000 直径 3～30，长度为1000～6000 直径为 30～254，长度为 300～6000
		R(热加工)	6～254	

冷加工棒材直径及允许偏差/mm	直径	允许偏差	
		高精级(±)	普通级(±)
	3～6	0.03	0.05
	>6～10	0.04	0.06
	>10～18	0.05	0.08
	>18～30	0.06	0.10
	>30～50	0.09	0.13
	>50～65	0.12	0.16

续表

	直径	允许偏差				
		挤压		热轧		锻造
		高精级(±)	普通级(±)	+	−	
热加工棒材直径及允许偏差/mm	6～15	0.60	0.80	0.60	0.50	±1.00
	>15～30	0.75	1.00	0.70	0.50	±1.50
	>30～50	1.00	1.20	1.50	1.00	±2.00
	>50～80	1.20	1.55	2.00	1.00	±3.00
	>80～120	1.55	2.00	2.20	1.20	±3.50
	>120～160	—	—	—	—	±5.00
	>120～200	—	—	—	—	±6.50
	>200～254	—	—	—	—	±7.00

注：1. 当要求单向偏差时，其值为表中数值的 2 倍；当要求棒材的直径为高精级允许偏差时，应在合同中注明，否则按普通级供货。

2. 棒材牌号的化学成分应符合 GB/T 5235 的规定。

3. 棒材适于电子、化工等部门制作各种零件之用。

4. 标记示例

示例 1：用 N6 制造的、供应状态为 R、普通级、直径为 40mm、长度为 2000mm 的圆形棒材，标记为

棒 N6 R　ϕ40×2000　GB/T 4435—2010

示例 2：用 NCu40-2-1 制造的、供应状态为 Y、高精级、直径为 15mm 的圆形棒材，标记为

棒 NCu40-2-1 Y 高　ϕ15×L　GB/T 4435—2010

表 4-2-135　　镍及镍合金棒的力学性能（GB/T 4435—2010）

合金牌号	状态	直径/mm	抗拉强度 R_m/MPa	伸长率 A/%
			≥	
N4、N5、N6、N7、N8	Y	3～20	590	5
		>20～30	540	6
		>30～65	510	9
	M	3～30	380	34
		>30～65	345	34
	R	32～60	345	25
		>60～254	345	20
NCu28-2.5-1.5	Y	3～15	665	4
		>15～30	635	6
		>30～65	590	8
	Y_2	3～20	590	10
		>20～30	540	12
	M	3～30	440	20
		>30～65	440	20
	R	6～254	390	25
NCu30-3-0.5	Y	3～20	1000	15
	R	>20～40	965	17
	M	>40～65	930	20
NCu40-2-1	Y	3～20	635	4
		>20～40	590	5
	M	3～40	390	25
	R	32～254	实测	实测

续表

合金牌号	状态	直径/mm	抗拉强度 R_m/MPa	伸长率 A/%
			≥	
NMn5	M	3～65	345	40
	R	32～254	345	40
NCu30	R	76～152	550	30
		>152～254	515	30
	M	3～65	480	35
	Y	3～15	700	8
NCu30	Y_2	3～15	580	10
		>15～30	600	20
		>30～65	580	20
NCu35-1.5-1.5	R	6～254	实测	实测

2.7.2.3　镍及镍合金管

表 4-2-136　　镍及镍合金管的牌号及尺寸规格（GB/T 2882—2013）

牌号	状态	规格/mm		
		外径	壁厚	长度
N2、N4、DN	软态(M) 硬态(Y)	0.35～18	0.05～0.90	100～15000
N6	软态(M) 半硬态(Y_2) 硬态(Y) 消除应力状态(Y_0)	0.35～110	0.05～8.00	
N5(N02201) N7(N02200)、N8	软态(M) 消除应力状态(Y_0)	5～110	1.00～8.00	
NCr15-8(N06600)	软态(M)	12～80	1.00～3.00	
NCu30(N04400)	软态(M) 消除应力状态(Y_0)	10～110	1.00～8.00	100～15000
NCu28-2.5-1.5	软态(M) 硬态(Y)	0.35～110	0.05～5.00	
	半硬态(Y_2)	0.35～18	0.05～0.90	
NCu40-2-1	软态(M) 硬态(Y)	0.35～110	0.05～6.00	
	半硬态(Y_2)	0.35～18	0.05～0.90	
NSi0.19 NMg0.1	软态(M) 硬态(Y) 半硬态(Y_2)	0.35～18	0.05～0.90	

注：1. 本表管材牌号 NCr15-18（N06600）化学成分应符合 GB/T 2882—2013 的规定，其他牌号应符合 GB/T 5235《加工镍及镍合金》的规定。

2. 管材适于仪表、化工、电信、电子、电力等工业部门制造耐蚀或其他重要零部件之用。

3. 产品标记按标准编号、产品名称、牌号、状态和规格的顺序表示，标记示例如下。

用 N6 制造的、供应状态为 Y、外径 10mm、壁厚 1.00mm、长度为 2000mm 定尺的管材，标记为

管 GB/T 2882—N6　Y—ϕ10×1.00×2000

第4篇

表 4-2-137 镍及镍合金管材尺寸规格（GB/T 2882—2013） mm

外径	壁厚																					长度
	0.05~0.06	>0.06~0.09	>0.09~0.12	>0.12~0.15	>0.15~0.20	>0.20~0.25	>0.25~0.30	>0.30~0.40	>0.40~0.50	>0.50~0.60	>0.60~0.70	>0.70~0.90	>0.90~1.00	>1.00~1.25	>1.25~1.80	>1.80~3.00	>3.00~4.00	>4.00~5.00	>5.00~6.00	>6.00~7.00	>7.00~8.00	
0.35~0.4	○	—	—	—	—	—	—	—	—	—	—	—	—	—	—	—	—	—	—	—	—	≤3000
>0.40~0.50	○	○	—	—	—	—	—	—	—	—	—	—	—	—	—	—	—	—	—	—	—	
>0.50~0.60	○	○	○	—	—	—	—	—	—	—	—	—	—	—	—	—	—	—	—	—	—	
>0.60~0.70	○	○	○	○	—	—	—	—	—	—	—	—	—	—	—	—	—	—	—	—	—	
>0.70~0.80	○	○	○	○	○	—	—	—	—	—	—	—	—	—	—	—	—	—	—	—	—	
>0.80~0.90	○	○	○	○	○	○	○	—	—	—	—	—	—	—	—	—	—	—	—	—	—	
>0.90~1.50	○	○	○	○	○	○	○	○	—	—	—	—	—	—	—	—	—	—	—	—	—	
>1.50~1.75	○	○	○	○	○	○	○	○	○	—	—	—	—	—	—	—	—	—	—	—	—	
>1.75~2.00	—	○	○	○	○	○	○	○	○	—	—	—	—	—	—	—	—	—	—	—	—	
>2.00~2.25	—	○	○	○	○	○	○	○	○	○	—	—	—	—	—	—	—	—	—	—	—	
>2.25~2.50	—	○	○	○	○	○	○	○	○	○	○	—	—	—	—	—	—	—	—	—	—	
>2.50~3.50	—	○	○	○	○	○	○	○	○	○	○	○	—	—	—	—	—	—	—	—	—	
>3.50~4.20	—	—	○	○	○	○	○	○	○	○	○	○	—	—	—	—	—	—	—	—	—	
>4.20~6.00	—	—	—	○	○	○	○	○	○	○	○	○	—	—	—	—	—	—	—	—	—	
>6.00~8.50	—	—	—	○	○	○	○	○	○	○	○	○	○	○	—	—	—	—	—	—	—	≤15000
>8.50~10	—	—	—	—	—	○	○	○	○	○	○	○	○	○	○	—	—	—	—	—	—	
>10~12	—	—	—	—	—	—	○	○	○	○	○	○	○	○	○	○	—	—	—	—	—	
>12~14	—	—	—	—	—	—	—	○	○	○	○	○	○	○	○	○	—	—	—	—	—	
>14~15	—	—	—	—	—	—	—	○	○	○	○	○	○	○	○	○	○	—	—	—	—	
>15~18	—	—	—	—	—	—	—	—	○	○	○	○	○	○	○	○	○	—	—	—	—	
>18~20	—	—	—	—	—	—	—	—	—	—	—	○	○	○	○	○	○	—	—	—	—	
>20~30	—	—	—	—	—	—	—	—	—	—	—	—	—	○	○	○	○	—	—	—	—	
>30~35	—	—	—	—	—	—	—	—	—	—	—	—	—	—	○	○	○	○	—	—	—	
>35~40	—	—	—	—	—	—	—	—	—	—	—	—	—	—	○	○	○	○	○	—	—	
>40~60	—	—	—	—	—	—	—	—	—	—	—	—	—	—	—	—	○	○	○	○	—	
>60~90	—	—	—	—	—	—	—	—	—	—	—	—	—	—	—	—	○	○	○	○	○	
>90~110	—	—	—	—	—	—	—	—	—	—	—	—	—	—	—	—	○	○	○	○	○	

注：“○”表示可供规格；“—”表示不推荐采用规格，需要其他规格的产品应由供需双方商定。

表 4-2-138　　镍及镍合金管材室温力学性能（GB/T 2882—2013）

牌号	壁厚/mm	状态	抗拉强度 R_m/MPa 不小于	规定塑性延伸强度 $R_{p0.2}$/MPa	断后伸长率/%　不小于	
					A	A_{50mm}
N4、N2、DN	所有规格	M	390	—	35	—
		Y	540	—	—	—
N6	<0.90	M	390	—	—	35
		Y	540	—	—	—
	≥0.90	M	370	—	35	—
		Y_2	450	—	—	12
		Y	520	—	6	—
		Y_0	460	—	—	—
N7(N02200)、N8	所有规格	M	380	105	—	35
		Y_0	450	275	—	15
N5(N02201)	所有规格	M	345	80	—	35
		Y	415	205	—	15
NCu30(N04400)	所有规格	M	480	195	—	35
		Y_0	585	380	—	15
NCu28-2.5-1.5 NCu40-2-1 NSi0.19 NMg0.1	所有规格	M	440	—	—	20
		Y	540	—	6	—
		Y	585	—	3	—
NCr15-8(N06600)	所有规格	M	550	240	—	30

注：1. 外径小于 18mm、壁厚小于 0.90mm 的硬（Y）态镍及镍合金管材的断后伸长率值仅供参考。

2. 供农用飞机作喷头用的 NCu28-2.5-1.5 合金硬状态管材，其抗拉强度不小于 645MPa、断后伸长率不小于 2%。

3. 当需方要求并在合同中注明，N5、N7、NCu30 管材可进行扩口试验和水压试验，其试验方法及指标要求，应符合 GB/T 2882—2013 的规定。

2.8　铅及铅合金

2.8.1　加工铅及铅合金牌号、性能及应用

表 4-2-139　　铅的性能及应用

	物理性能				力学性能	
	项目	数值	项目	数值	项目	数值
铅的物理性能和力学性能	密度(20℃)/g·cm^{-3}	11.34	比热容(20℃)/J·kg^{-1}·K^{-1}	128.7	抗拉强度 R_m/MPa	15～18
	熔点/℃	327.4	线胀系数 α/10^{-6}K^{-1}	29.3	$R_{p0.2}$/MPa	5～10
	沸点/℃	1750	热导率 λ/W·m^{-1}·K^{-1}	34	断后伸长率 A/%	50
	熔化热/kJ·mol^{-1}	4.98	电阻率 ρ/nΩ·m	206.43	硬度　HBW	4～6
	汽化热/kJ·mol^{-1}	178.8	电导率 κ/%IACS	—	弹性模量(拉伸)E/GPa	15～18
特性及应用	纯铅的密度大，熔点较低，塑性优，强度和硬度低，导热性低，电阻率高，且有很好的耐蚀性能，常温下不溶于硫酸及盐酸，对 X 射线、γ 射线和核辐射有很强的屏蔽能力，应用于制酸业、蓄电池、电缆护套以及各种耐蚀容器衬里、X 射线防护材料，铅与某些金属形成的合金，如轴承合金、电缆护套合金、铅锡焊料、保险铅丝和易熔合金，在生产中广泛应用					

第4篇

表 4-2-140 **铅及铅合金牌号、产品类别及用途**

铅锑合金牌号、产品类别及用途

牌号	主要成分(质量分数)/% Pb	Sb	产品类别	用途举例
PbSb0.5	余量	0.3~0.8	板、带、管、棒、线	适用于国防、化肥、化纤、农药、造船、电气等工业部门,用作放射性防护、耐酸、耐蚀等材料
PbSb2		1.5~2.5		
PbSb4		3.5~4.5		
PbSb4		5.5~6.5		
PbSb8		7.5~8.5		

硬铅合金牌号、产品类别及用途

牌号	主要成分(质量分数)/% Sb	Cu	Sn	Pb	产品类别	用途举例
PbSb4-0.2-0.5	3.5~4.5	0.05~0.2	0.05~0.5	余量	板、带、管、棒	在化学纤维等工业中用作耐酸、耐蚀材料
PbSb6-0.2-0.5	5.5~6.5	0.05~0.2	0.05~0.5	余量		
PbSb8-0.2-0.5	7.5~8.5	0.05~0.2	0.05~0.5	余量	板、带、管、棒、铸件	
PbSb10-0.2-0.5	9.5~10.5	0.05~0.2	0.05~0.5	余量	铸件	

	性能	制品种类	合金牌号 PbSb4	PbSb6	PbSb8
铅锑合金室温力学性能	抗拉强度 R_m/MPa	铸造品	38.64	46.88	51.00
		轧制品	27.56	28.93	31.67
		挤制品	21.38	22.75	22.75
	断后伸长率 A/%	铸造品	22	24	19
		轧制品	50	50	30
		挤制品	58	65	75
	布氏硬度 HBW	铸造品	10	12	13
		轧制品	8	9	9
		挤制品	9	11	12
	疲劳强度 σ_N/MPa	轧制品	10.35	10.35	12.06
		挤制品	—	8.24	—

	代号	状态	抗拉强度 R_m/MPa 室温	100℃	200℃	布氏硬度 HBW 室温	100℃	200℃
铅锑合金高温力学性能	RbSb6	铸态	48.1	24.1	5.88	13	6.8	2.0
		冷轧态	28.8	12.8	4.12	—	3.9	1.6

2.8.2 铅及铅合金加工产品

2.8.2.1 铅及铅锑合金板

表 4-2-141 **铅及铅锑合金耐蚀性能**

	环境	纯铅	铅锑合金	备注
纯铅及铅锑合金的腐蚀速度/mm·a^{-1}	城市工业区大气	0.00043~0.00068	0.00053	铅在大气、淡水、海水和蒸馏水中耐蚀性高,但当水中有氧或CO_2存在时腐蚀明显增加。水中铅的质量分数为0.1%,即对人体有害
	农村大气	0.00023~0.00048	0.00033	
	海洋性大气	0.00041~0.00056	0.00051	
	海水	0.01~0.015	—	

	溶液名称	耐蚀性能
铅对各种溶液的耐蚀性	硫酸	铅对硫酸有极好的耐蚀性,当硫酸质量分数高达70%~80%并且温度升至50℃时,铅仍有极好的耐蚀性。因为生成的硫酸铅保护膜此时尚不溶解,只有当硫酸的质量分数超过80%,或者当温度升高时,保护膜才被溶解,使铅遭受腐蚀
	硝酸	铅不耐硝酸腐蚀,因为所生成的硝酸铅易于水解。质量分数约为28%的硝酸对铅的腐蚀速度最大,但当硝酸质量分数超过70%时,在室温下,铅的腐蚀速度显著下降
	盐酸	铅在盐酸中也不够稳定,但对磷酸、亚硫酸、铬酸等则有良好的耐蚀性
	有机酸	铅对多数有机酸耐蚀,在浓乙酸、不含氧的草酸、酒石酸和脂肪酸中,均很稳定,但在含氧的稀乙酸、甲酸中,又迅速腐蚀
	碱溶液	铅在强碱性溶液中的腐蚀不如在盐酸中那样激烈,而在碱土金属的氢氧化物水溶液中的腐蚀速度却比在碱金属的氢氧化物水溶液中的腐蚀速度大得多
	酸性溶液	铅在酸性溶液中与铁或铜接触时,铅为阴极,其腐蚀速度不增加;反之,铅在碱性溶液中与铁或铜接触时,其腐蚀速度显著增加

表 4-2-142 铅及铅锑合金板牌号、尺寸规格及用途（GB/T 1470—2014）

项目	牌号	规格/mm 厚度	宽度	长度	用途
板材牌号、尺寸规格及用途	Pb1、Pb2	0.3～120	≤2500	≥1000	医疗、核工业放射防护和工业耐腐蚀及稀硫酸容器衬里及其他工业部门做耐酸材料，防护放射性材料之用
	PbSb0.5、PbSb1、PbSb2、PbSb4、PbSb6、PbSb8、PbSb1-0.1-0.05、PbSb2-0.1-0.05、PbSb3-0.1-0.05、PbSb4-0.1-0.05、PbSb5-0.1-0.05、PbSb6-0.1-0.05、PbSb7-0.1-0.05、PbSb8-0.1-0.05、PbSb4-0.2-0.5、PbSb6-0.2-0.5、PbSb8-0.2-0.5	1.0～120			

板材理论质量

厚度/mm	理论质量/kg·m^{-2} Pb1、Pb2	PbSb0.5	PbSb2	PbSb4	PbSb6	PbSb8	厚度/mm	理论质量/kg·m^{-2} Pb1、Pb2	PbSb0.5	PbSb2	PbSb4	PbSb6	PbSb8
0.5	5.67	5.66	5.63	5.58	5.53	5.48	20.0	226.80	226.40	225.00	223.00	221.20	219.40
1.0	11.34	11.32	11.25	11.15	11.06	10.97	25.0	283.50	283.00	281.25	278.75	276.50	274.25
2.0	22.68	22.64	22.50	22.30	22.12	21.94	30.0	340.20	339.60	337.50	334.50	331.80	329.10
3.0	34.02	33.96	33.75	33.45	33.18	32.91	40.0	453.60	452.80	450.00	446.00	442.40	438.80
4.0	45.36	45.28	45.00	44.60	44.24	43.88	50.0	567.00	566.00	562.50	557.50	553.00	548.50
5.0	56.70	56.60	56.25	55.75	55.30	54.85	60.0	680.40	679.20	675.00	669.00	663.60	658.20
6.0	68.04	67.92	67.50	66.90	66.36	65.82	70.0	793.80	792.40	787.50	780.50	774.20	767.90
7.0	79.38	79.24	78.75	78.05	77.42	76.79	80.0	902.20	905.60	900.00	892.00	884.80	877.60
8.0	90.72	90.56	90.00	89.20	88.48	87.76	90.0	1020.60	1018.80	1012.50	1003.50	995.40	987.30
9.0	102.06	101.88	101.25	100.35	99.54	98.73	100.0	1134.00	1132.00	1125.00	1135.00	1106.00	1097.00
10.0	113.40	113.20	112.50	111.50	110.60	109.70	110.0	1247.40	1245.20	1237.50	1226.50	1216.60	1206.70
15.0	170.10	169.80	168.75	167.25	165.90	164.55							

项目	内容
板材硬度（HV）	PbSb2 板材硬度≥6.6HV　PbSb4 板材硬度≥7.2HV PbSb6 板材硬度≥8.1HV　PbSb8 板材硬度≥9.5HV
牌号化学成分	板材牌号的化学成分应符合 GB/T 1470—2014 的规定

注：板材标记示例如下。

示例1：用 PbSb0.5 制造的、厚度为 3.0mm、宽度为 2500mm、长度为 5000mm 的板材，标记为

板 PbSb0.5　3.0×2500×5000　GB/T 1470—2014

示例2：用 PbSb0.5 制造的、厚度为 3.0mm、宽度为 2500mm、长度为 5000mm 的较高精度的板材，标记为

板 PbSb0.5 较高 3.0×2500×5000　GB/T 1470—2014

2.8.2.2　铅及铅锑合金管

表 4-2-143　　铅及铅锑合金管牌号、尺寸规格（GB/T 1472—2014）

	铅管			铅锑合金管		
	牌号	常用尺寸规格		牌号	常用尺寸规格	
		公称内径/mm	公称壁厚/mm		公称内径/mm	公称壁厚/mm
管材尺寸规格	Pb1 Pb2	5、6、8、10、13、16、20	2～12	PbSb0.5 PbSb2 PbSb4 PbSb6 PbSb8	10、15、17、20、25、30、35、40、45、50	3～14
		25、30、35、38、40、45、50	3～12		55、60、65、70	4～14
		55、60、65、70、75、80、90、100	4～12		75、80、90、100	5～14
		110	5～12		110	6～14
		125、150	6～12		125、150	7～14
		180、200、230	8～12		180、200	8～14

管材理论质量（铅管）

内径/mm	壁厚/mm 2	3	4	5	6	7	8	9	10	12
	理论质量/kg·m^{-1}(密度 11.34g·cm^{-3})									
5	0.5	0.9	1.3	1.8	2.3	3.0	3.7	4.7	5.3	7.3
6	0.6	1.0	1.4	1.9	2.6	3.2	4.1	4.8	5.7	7.7
8	0.7	1.2	1.7	2.3	3.0	3.7	4.5	5.4	6.4	8.5
10	0.8	1.4	2.0	2.7	3.4	4.2	5.1	6.3	7.1	9.4
13	1.1	1.7	2.4	3.2	4.1	5.0	6.0	7.0	8.2	10.7
16	1.3	2.0	2.8	3.7	4.7	5.7	6.8	8.0	9.3	12.0
20	1.6	2.5	3.4	4.4	5.5	6.7	8.0	9.3	10.7	13.7
25	—	3.0	4.1	5.4	6.6	8.0	9.4	10.9	12.5	15.8
30	—	3.5	4.9	6.2	7.7	9.2	10.8	12.5	14.2	17.9
35	—	4.1	5.6	7.1	8.8	10.5	12.3	14.1	16.0	20.1
38	—	4.1	6.0	7.6	9.4	11.2	13.1	15.1	17.1	21.4
40	—	4.6	6.3	8.0	9.8	11.7	13.7	15.7	17.8	22.2
45	—	5.1	7.0	8.9	10.9	13.0	15.1	17.3	19.6	24.3
50	—	5.7	7.7	9.8	12.0	14.2	16.5	18.9	21.4	26.5

管材理论质量（续）

内径/mm	壁厚/mm 2	3	4	5	6	7	8	9	10	12
	理论质量/kg·m^{-1}(密度 11.34g·cm^{-3})									
55	—	—	8.4	10.7	13.1	15.5	18.0	20.5	23.1	28.6
60	—	—	9.1	11.6	14.1	16.7	19.4	22.1	24.9	30.8
65	—	—	9.8	12.4	15.2	18.8	20.8	24.6	26.9	32.9
70	—	—	10.5	13.3	16.2	19.1	22.2	25.3	28.5	35.0
75	—	—	11.3	14.2	17.3	20.4	23.6	27.1	30.3	37.2
80	—	—	12.0	15.1	18.3	21.7	26.0	28.5	32.0	39.3
90	—	—	13.4	16.9	20.5	24.2	27.9	31.8	35.6	43.6
100	—	—	14.8	18.7	22.6	26.7	30.8	35.0	39.2	47.9
110	—	—	—	20.5	24.8	29.2	33.6	38.2	42.7	52.1
125	—	—	—	—	28.0	32.9	37.9	42.9	48.1	58.6
150	—	—	—	—	33.3	39.1	45.0	50.9	57.1	69.3
180	—	—	—	—	—	—	53.6	60.5	67.7	82.2
200	—	—	—	—	—	—	59.3	67.0	74.8	90.7
230	—	—	—	—	—	—	67.8	76.5	85.5	103.5

质量换算	牌号	Pb1、Pb2	PbSb0.5	PbSb2	PbSb4	PbSb6	PbSb8
	密度/g·cm^{-3}	11.34	11.32	11.25	11.15	11.06	10.97
	换算系数	1.0000	0.99982	0.9921	0.9850	0.9753	0.9674

注：1. 牌号的化学成分应符合 GB/T 1472—2014 的规定。

2. 公称壁厚尺寸系列（mm）：2、3、4、5、6、7、8、9、10、12、14。

3. 管材长度：定尺或倍尺长度供货，在合同中协定，其长度极限偏差为$^{+20}_{0}$mm。

4. 管材用于化工、染料、制药及其他工业部分作防腐材料。

5. 需方要求，并在合同中注明，可进行气压试验，最大试验压力为 0.5MPa，试验持续时间 5min，应无裂、漏现象发生。

6. 标记示例如下。

示例 1：用 Pb2 制造的、挤制状态、内径为 50mm、壁厚为 6mm 的铅管，标记为

管 Pb2Rϕ50×6　GB/T 1472—2014

示例 2：用 PbSb0.5 制造的、挤制状态、内径为 50mm、壁厚为 6mm 的高精级铅锑管，标记为

管 PbSb0.5R 高 ϕ50×6　GB/T 1472—2014

2.8.2.3　铅及铅锑合金棒和线材

表 4-2-144　铅及铅锑合金棒和线材牌号、规格及用途（YS/T 636—2007）

牌号	化学成分	产品种类及状态		尺寸规格/mm		用途
				直径	长度	
Pb1、Pb2、Pbsb0.5、Pbsb2、Pbsb4、Pbsb6	按 YS/T 636—2007 的相关规定	挤制 R	盘线	0.5～6.0	—	各工业技术部门耐酸耐蚀材料之用
			盘棒	>6.0～<20	≥2500	
			直棒	20～180	≥1000	

注：1. YS/T 636—2007 取代 GB/T 1473—1988。
2. 产品直径极限偏差分为普通级和较高级，在合同中未注明者，按普通级供货。其极限偏差数值见 YS/T 636—2007。

2.9　有色金属及合金国内外牌号对照

2.9.1　铝及铝合金国内外牌号对照

表 4-2-145　铸造铝合金国内外牌号对照

中国 GB/T 1173—2013	国际 ISO 3522:2006（E）	欧洲 EN 1706:1998	日本 JIS H5202:1999	美国 ASTM B108:2006
ZAlSi7Mg	AlSi7Mg	EN AC-AlSi7Mg EN AC-42000	AC4C	356.0 A03560
ZAlSi7MgA	AlSi7Mg	EN AC-AlSi7Mg EN AC-42000	AC4C	356.0 A03560
ZAlSi12	AlSi（12）	EN AC-AlSi12(a) EN AC-44200	AC3A	—
ZAlSi9Mg	AlSi10Mg	EN AC-AlSi10Mg(a) EN AC-43000	AC4A	359.0 A03590
ZAlSi5Cu1Mg	AlSi5Cu	EN AC-AlSi5Cu1Mg EN AC-45300	AC4D	355.0 A03550
ZAlSi5Cu1MgA	AlSi5Cu	EN AC-AlSi5Cu1Mg EN AC-45300	AC4D	355.0 A03550
ZAlSi8Cu1Mg	AlSi9Cu	EN AC-AlSi9Cu1Mg EN AC-46400	AC4B	—
ZAlSi7Cu4Mg	—	EN AC-AlSi7 Cu3Mg EN AC-46300	AC2B	319.0 A03190
ZAlSi12Cu2Mg	AlSi12Cu	EN AC-AlSi12Cu EN AC-47000	AC3A	336.0 A03360
ZAlSi12Cu1Mg1Ni1	—	—	AC3A	336.0 A03360
ZAlSi5Cu6Mg	AlCu	—	—	308.0 A03080
ZAlSi9Cu2Mg	AlSi9Cu2	—	AC4B	—
ZAlSi7Mg1A	AlSi7Mg	—	AC4C	357.0 A03570
ZAlCu4	AlCu	—	AClA.1	—
ZAlMg10	AlMg10	EN AC-AlMg9 EN AC-51200	—	—
ZAlMg5Si1	AlMg(5Si)	EN AC-AlMg5（Si） EN AC-51400	—	—
ZAlZn6Mg	AlZnMg	EN AC-AlZn5Mg EN AC-71000	—	—
ZAlSi7Cu2Mg	Al-Si7Cu2Mg	ENAC-AlSi7Cu2Mg	Al-Si7Cu2Mg	

表 4-2-146　　变形铝及铝合金国内外牌号对照

中国 GB/T 3190—2008	国际 ISO 209:2007(E)	欧洲 EN 573-3:2003	日本 JIS H4040:2006 (JIS H4001:2006)	美国 ASTM B221M:2006 (ASTM B209M:2006)
1060	—	EN AW-1060 EN AW-Al99.6	1060 (JIS H4180:1990)	1060
1070A	AW-1070A AW-Al99.7	EN AW-1070A EN AW-Al99.7	—	—
1080	—	—	1080 (JIS H4000:1990)	1080 (2006 年前注册国际牌号)
1080A	AW-1080A AW-Al99.8	EN AW-1080A EN AW-Al99.8(A)	—	—
1085	—	EN AW-1085 EN AW-Al99.85	1085 (JIS H4160:1994)	1085 (2006 年前注册国际牌号)
1100	AW-1100 AW-Al99.0Cu	EN AW-1100 EN AW-Al99.0Cu	(1100)	1100
1200	AW-1200 AW-Al99.0	EN AW-1200 EN AW-Al99.0	1200	1200 (2006 年前注册国际牌号)
1350	AW-1350 AW-EAl99.5	EN AW-1350 EN AW-Al99.5	—	1350 (2006 年前注册国际牌号)
1370	AW-1370 AW-EAl99.7	EN AW-1370 EN AW-EAl99.7	—	—
2011	AW-2011 AW-AlCu6BiPb	EN AW-2011 EN AW-AlCu6BiPb	2011	2011 (ASTM B210M:2003)
2014	AW-2014 AW-AlCu4SiMg	EN AW-2014 EN AW-AlCu4SiMg	2014	2014
2014A	AW-2014A AW-AlCu4SiMg	EN AW-2014A EN AW-AlCu4SiMg(A)	—	—
2017	AW-2017 AW-AlCu4MgSi	—	2017	2017 (ASTM B211M:2003)
2017A	AW-2017A AW-AlCu4MgSi	EN AW-2017A EN AW-AlCu4MgSi(A)	—	—
2117	—	EN AW-2117 EN AW-AlCu2.5Mg	—	2117 (2006 年前注册国际牌号)
3004	AW-3004 AW-AlMn1Mg1	EN AW-3004 EN AW-AlMn1Mg1	(3004)	3004
3104	—	EN AW-3104 EN AW-AlMn1Mg1Cu	(3104)	3104 (2006 年前注册国际牌号)
3005	AW-3005 AW-AlMn1Mg0.5	EN AW-3005 EN AW-AlMn1Mg0.5	(3005)	(3005)
3105	AW-3105 AW-AlMn0.5Mg0.5	EN AW-3105 EN AW-AlMn0.5Mg0.5	(3105)	(3105)
4032	—	EN AW-4032 EN AW-AlSi12.5MgCuNi	4032 (JIS H4140:1988)	—
4043A	AW-4043A AW-AlSi5	EN AW-4043A EN AW-AlSi5(A)	—	—
4047	AW-4047 AW-AlSi12	—	—	4047 (2006 年前注册国际牌号)
4047A	AW-4047A AW-AlSi12	EN AW-4047A EN AW-AlSi12 (A)	—	—

续表

中国 GB/T 3190—2008	国际 ISO 209:2007(E)	欧洲 EN 573-3:2013	日本 JIS H4040:2006 (JIS H4001:2006)	美国 ASTM B221M:2006 (ASTM B209M:2006)
5005	AW-5005 AW-AlMg1	EN AW-5005 EN AW-AlMg1(B)	(5005)	(5005)
5010	—	EN AW-5010 EN AW-AlMg0.5Mn	—	(5010)
5019	AW-5019 AW-AlMg5	EN AW-5019 EN AW-AlMg5	—	—
5050	AW-5050 AW-AlMg1.5	EN AW-5050 EN AW-AlMg1.5 (C)	—	(5050)
5052	AW-5052 AW-AlMg2.5	EN AW-5052 EN AW-AlMg2.5	5052	5052
5154	AW-5154 AW-AlMg3.5	—	5154 JIS H4080:2006	5154
5454	AW-5454、 AW-AlMg3Mn	EN AW-5454 EN AW-AlMg3Mn	5454	5454
5554	AW-5554 AW-AlMg3Mn	EN AW-5554 EN AW-AlMg3Mn(A)	—	5554 (2006 年前注册国际牌号)
5754	AW-5754 AW-AlMg3	EN AW-5754 EN AW-AlMg3	—	5754 (2006 年前注册国际牌号)
5056	AW-5056 AW-AlMg5Cr	—	5056	5056 (ASTM B211M: 2003)
5356	AW-5356 AW-AlMg5Cr	EN AW-5356 EN AW-AlMg5Cr(A)	—	5356 (2006 年前注册国际牌号)
5456	AW-5456 AW-AlMg5Cu1	—	—	5456
5082	AW-5082 AW-AlMg4.5	EN AW-5082 EN AW-AlMg4.5	5082 (JIS H4000:1999)	5082 (2006 年前注册国际牌号)
5182	AW-5182 AW-AlMg4.5Mn0.4	EN AW-5182 EN AW-AlMg4.5Mn0.4	5182 (JIS H4000:1999)	5182 (2006 年前注册国际牌号)
5083	AW-5083 AW-AlMg4.5Mn0.7	EN AW-5083 EN AW-AlMg4.5Mn0.7	5083	5083
5183	AW-5183 AW-AlMg4.5Mn0.7	EN AW-5183 EN AW-AlMg4.5-Mn0.7(A)	—	5183 (2006 年前注册国际牌号)
5086	AW-5086 AW-AlMg4	EN AW-5086 EN AW-AlMg4	5086 (JIS H4100:2006)	5086
6101	AW-6101 AW-EAlMgSi	EN AW-6101 EN AW-EAlMgSi	6101 (JIS H4180:1990)	6101 (2006 年前注册国际牌号)
6101A	AW-6101 A AW-EAlMgSi	EN AW-6101A EN AW-EAlMgSi(A)	—	—
6005	AW-6005 AW-AlSiMg	EN AW-6005 EN AW-AlSiMg	—	6005
6005A	—	EN AW-6005 A EN AW-AlSiMg(A)	—	6005A
6060	AW-6060 AW-AlMgSi	EN AW-6060 EN AW-AlMgSi	—	6060
6061	AW-6061 AW-AlMg1SiCu	EN AW-6061 EN AW-AlMg1SiCu	6061	6061

续表

中国 GB/T 3190—2008	国际 ISO 209:2007(E)	欧洲 EN 573-3:2013	日本 JIS H4040:2006 (JIS H4001:2006)	美国 ASTM B221M:2006 (ASTM B209M:2006)
6262	AW-6262 AW-AlMg1SiPb	EN AW-6262 EN AW-AlMg1SiPb	—	6262
6063	AW-6063 AW-AlMg0.7Si	EN AW-6063 EN AW-AlMg0.7Si	6063	6063
6463	—	EN AW-6463 EN AW-AlMg0.7Si(B)	—	6463
6181	AW-6181 AW-AlSiMg0.8	EN AW-6181 EN AW-AlSiMg0.8	—	—
6082	AW-6082 AW-AlSiMgMn	EN AW-6082 EN AW-AlSi1MgMn	—	—
7003	—	EN AW-7003 EN AW-AlZn6Mg0.8Zr	7003	—
7005	—	EN AW-7005 EN AW-AlZn4.5Mg1.5 Mn	—	7005
7020	AW-7020 AW-AlZn4.5Mg1	EN AW-7020 EN AW-AlZn4.5Mg1	—	—
7021	—	EN AW-7021 EN AW-AlZn4.5Mg1.5	—	7021 (2006 年前注册国际牌号)
7039	—	EN AW-7039 EN AW-AlZn4Mg3	—	7039 (2006 年前注册国际牌号)
7049A	AW-7049A AW-AlZn8MgCu	EN AW-7049A EN AW-AlZn8MgCu	—	—
7050	AW-7050 AW-AlZn6CuMgZr	EN AW-7050 EN AW-AlZn6CuMgZr	7050 (JIS H4140:1988)	7050 (2006 年前注册国际牌号)
7150	—	EN AW-7150 EN AW-AlZn6CuMgZr(A)	—	7150 (2006 年前注册国际牌号)
7072	—	EN AW-7072 EN AW-AlZn1	7072 (JIS H4000:1999)	7072
7075	AW-7075 AW-AlZn5.5MgCu	EN AW-7075 EN AW-AlZn5.5MgCu	7075	7075
7175	—	EN AW-7175 EN AW-AlZn5.5MgCu(B)	—	7175 (2006 年前注册国际牌号)
7475	AW-7475 AW-AlZn5.5MgCu(A)	EN AW-7475 EN AW-AlZn5.5MgCu(A)	—	—
8006	—	EN AW-8006 EN AW-AlFe1.5Mn	—	8006 (2006 年前注册国际牌号)
8014	—	EN AW-8014 EN AW-AlFe1.5Mn0.4	—	8014 (2006 年前注册国际牌号)
8079	—	EN AW-8079 EN AW-AlFe1Si	8079 (JIS H4160:1994)	8079 (2006 年前注册国际牌号)

2.9.2　镁及镁合金国内外牌号对照

表 4-2-147　铸造镁合金锭国内外牌号对照

中国 GB/T 19078—2016	国际 ISO 16220:2005	欧洲 EN 1753:1997	日本 JIS H2221:2000	美国 ASTM B93M:2006
AZ81S	—	MBMgAl8Zn1 MB21110	MD11A	—
AZ91D	MgAl9Zn1 (A) ISO MB21120	MBMgAl9Zn1 (A) MB21120	MC12A	AZ91D M11917
AZ91S	MgAl9Zn1 (B) ISO MB21121	MBMgAl9Zn1 (B) MB21121	—	—
AM20S	MgAl2Mn ISO MB21210	MBMgAl2Mn MB21210	—	—
AM50A	MgAl5Mn ISO MB21220	MBMgAl5Mn MB21220	—	AM50A M10501
AM60B	MgAl6Mn ISO MB21230	MBMgAl6Mn MB21230	MD12B	AM60B M10603
AS21S	MgAl2Si ISO MB21310	MBMgAl2Si MB21310	—	—
AS41S	MgAl4Si ISO MB21320	MBMgAl4Si MB21320	MD13A	—
ZC63A	MgZn6Cu3Mn ISO MB32110	MBZn6Cu3Mn MB32110	—	—
ZE41A	MgZn4RE1Zr ISO MB35110	MBMgZn4RE1Zr MB35110	MC110	ZE41A M16411
EZ33A	MgRE3Zn2Zr ISO MB65120	MBRE3Zn2Zr MB65120	MC18	EZ33A M12331
QE22S	MgAg2RE2Zr ISO MB65210	MBMgRE2Ag2Zr MB65210	MC19	—
EQ21S	MgRE2Ag1Zr ISO MB65220	MBMgRE2Ag1Zr MB65220	—	—
WE54A	MgY5RE4Zr ISO MB95310	MBMgY5RE4Zr MB95310	—	WE54A M18410
WE43A	MgY4RE3Zr ISO MB95320	MBMgY4RE3Zr MB95320	—	WE43A M18430

表 4-2-148　原生镁国内外牌号对照

中国 GB/T 3499—2011	国际 ISO 8287:2002	欧洲 EN12421:1998	日本 JIS H2150:1998	美国 ASTMB 92/B92M:2001
Mg9998	99.95A	EN MB99.95-A EN MB10030	—	9998A 19998
Mg9995	99.95B	EN MB99.95-B EN MB10031	—	9995A 19995
Mg9990	—	—	1 级	9990A 19990
Mg9980	99.80A	EN MB99.80-A EN MB10020	2 级	9980A 19980

表 4-2-149 变形镁及镁合金国内外牌号对照

中国 GB/T 5153—2016	国际 ISO 3116:2001	日本 JIS H4203:2005	美国 ASTMB107/B107M:2006
AZ31B	—	MB1	AZ31B M11311
AZ31S	WD21150	MB1	AZ31C M11312
AZ31T	WD21150	MB1	AZ31C M11312
AZ61A	—	MB2	AZ61A M11610
AZ61M	—	MB2	AZ61A M11610
AZ61S	WD21160	MB2	AZ61A M11610
AZ80A	—	MB3	AZ80A M11800
AZ80M	WD21170	MB3	AZ80A M11800
AZ80S	—	MB3	AZ80A M11800
AZ91D	—	MB3	AZ91D （ASTM B90/B90M:1998）
M2S	WD43150	—	M1A M15100
ZK61M	—	MB6	ZK60A M16600
ZK61S	WD32260	MB6	ZK60A M16600

表 4-2-150 镁合金压铸件材料国内外牌号对照（GB/T 25747—2010）

合金系列	GB/T 25747—2010	ISO 16220:2005	ASTM B 94-07	JIS H 5303:2006	EN 1753—1997
MgAlSi	YM102	MgAl2Si	AS21A	MDC6	EN-MC21310
	YM103	MgAl2Si(B)	AS21B	—	—
	YM104	MgAl4Si(A)	AS41A	—	—
	YM105	MgAl4Si(B)	AS41B	MDC3B	EN-MC21320
	YM106	MgAl4Si(S)	—	—	—
MgAlMn	YM202	MgAl2Mn	—	MDC5	EN-MC21210
	YM203	MgAl5Mn	AM50A	MDC4	EN-MC21220
	YM204	MgAl6Mn(A)	AM60A	—	—
	YM205	MgAl6Mn	AM60B	MDC2B	EN-MC21230
MgAlZn	YM302	MgAl8Zn1	—	—	EN-MC21110
	YM303	MgAl9Zn1 (A)	AZ91A	—	EN-MC21120
	YM304	MgAl9Zn1 (B)	AZ91B	MDC1B	EN-MC21121
	YM305	MgAl9Zn1(D)	AZ91D	MDC1D	—

2.9.3　铜及铜合金国内外牌号对照

表 4-2-151　铸造铜合金国内外牌号对照

中国 GB/T 1176—2013	欧洲 EN 1982:1998	日本 JIS H5120:2006	美国 ASTM B584:2006
ZCuSn3Zn8Pb6Ni1 3-8-6-1 锡青铜	CuSn3Zn8Pb5-C CC490K	CAC401	C83800
ZCuSn5Zn5Pb5 5-5-5 锡青铜	CuSn5Zn5Pb5-C CC491K	CAC406	C83600
ZCuSn10Pb5 10-5 锡青铜	CuSn11Pb2-C CC482K	CAC602	—
ZCuSn10Zn2 10-2 锡青铜	CuSn10-C CC480K	CAC403	C90500
ZCuPb10Sn10 10-10 铅青铜	—	CAC603	C93700
ZCuPb15Sn8 15-8 铅青铜	Cu5n7Pb15-C CC496K	CAC604	C93800
ZCuPb20Sn5 20-5 铅青铜	CuSn5Pb20-C CC497K	CAC605	—
ZCuAl9Fe4Ni4Mn2 9-4-4-2 铝青铜	CuAl10Fe5Ni5-C CC333G	CAC703	—
ZCuAl10Fe3 10-3 铝青铜	CuAl10Fe2-C CC331G	CAC701	—
ZCuAl10Fe3Mn2 10-3-2 铝青铜	CuAl10Fe2-C CC331G	CAC702	—
ZCuZn38 38 黄铜	CuZn38Al-C CC767S	CAC301	C85700
ZCuZn25Al6Fe3Mn3 25-6-3-3 铝黄铜	CuZn25Al5Mn4Fe3-C CC762s	CAC304	C86300
ZCuZn26Al4Fe3Mn3 26-4-3-3 铝黄铜	CuZn25Al5Mn4Fe3-C CC762S	CAC303	C86300
ZCuZn31Al2 31-2 铝黄铜	CuZn37Al-C CC766S	—	C86700
ZCuZn35Al2Mn2Fe1 35-2-2-1 铝黄铜	CuZn35Mn2AlFe1-C CC765S	CAC302	—
ZCuZn40Mn3Fe1 40-3-1 锰黄铜	CuZn34Mn3Al2Fe1-C CC744C	—	C86500
ZCuZn33Pb2 33-2 铅黄铜	CuZn33Pb2-C CC750S	—	C85400
ZCuZn40Pb2 40-2 铅黄铜	CuZn39Pb1Al-C CC754S	CAC202	C85400
ZCuZn16Si4 16-4 硅黄铜	CuZn16Si4 CC761S	CAC802	C87400

表 4-2-152　加工铜国内外牌号对照

中国 GB/T 5231—2012 代号及名称	国际 ISO 1337(E):1980	欧洲 EN 1652:1997	日本 JIS H3100:2006	美国 ASTM B152/B152M:2006
T1 一号铜	Cu-OF	Cu-OF CW008A	C1020	C10200

续表

中国 GB/T 5231—2012 代号及名称	国际 ISO 1337(E):1980	欧洲 EN 1652:1997	日本 JIS H3100:2006	美国 ASTM B152/B152M:2006
T2 二号铜	Cu-ETP	Cu-ETP CW004A	C1100	C11000
T3 三号铜	—	—	C1221	C12500
TU0 零号无氧铜	—	—	C1011 (JIS H3510:2006)	C10100
TU1 一号无氧铜	Cu-OF	Cu-OF CW008A	C1020	C10200
TU2 二号无氧铜	Cu-OF	Cu-OF CW008A	C1020	C10200
TP1 一号脱氧铜	Cu-DLP	Cu-DLP CW023A	C1201	C12000
TP2 二号脱氧铜	Cu-DHP	Cu-DHP CW024A	C1220	C12200
TAg0.1 0.1银铜	CuAg0.1 (ISO 1336(E):1980)	—	—	C11600

表 4-2-153 加工白铜国内外牌号对照

中国 GB/T 5231—2012 代号及名称	国际 ISO 429:1983 (ISO 430:1983)	欧洲 EN 1652:1997	日本 JIS H3100:2006 (JIS H3110:2006)	美国 ASTM B122 /B122M:2006
B25 25白铜	CuNi25	CuNi25 CW350H	—	—
B30 30白铜	CuNi30Mn1Fe	CuNi30Mn1Fe CW354H	C7150	C71500
BFe10-1-1 10-1-1铁白铜	CuNi10Fe1Mn	CuNi10Fe1Mn CW352H	C7060	C70600
BFe30-1-1 30-1-1铁白铜	CuFe30Mn1Fe	CuNi30Mn1Fe CW354H	C7150	C71500
BZn18-18 18-18锌白铜	(CuNi18Zn20)	CuNi18Zn20 CW409J	(C7521)	C75200
BZn18-26 18-26锌白铜	(CuNi18Zn27)	CuNi18Zn27 CW410J	C7701 (JIS H3130:2006)	C77000
BZn15-20 15-20锌白铜	(CuNi15Zn21)	CuNi12Zn24 CW403J	(C7451)	—
BZn15-21-1.8 15-21-1.8锌白铜	(CuNi18Zn19Pb1)	—	C7941 (JIS G 3270:2006)	—
BZn15-24-1.5 15-24-1.5锌白铜	(CuNi10Zn28Pb1)	CuNi12Zn25Pb1 CW404J	—	C79200 (ASTM B151/ B151M:2005)

表 4-2-154 加工青铜国内外牌号对照

中国 GB/T 5231—2012 代号及名称	国际 ISO 427:1983 (ISO 428:1983)	欧洲 EN 1652:1997	日本 JIS H3100:2006 (JIS H3110:2006)	美国 ASTM B139 /B139M:2006
QSn1.5-0.2 1.5-0.2锡青铜	CuSn2	—	—	C50500 (ASTM B508: 1997(2003))

续表

中国 GB/T 5231—2012 代号及名称	国际 ISO 427:1983 (ISO 428:1983)	欧洲 EN 1652:1997	日本 JIS H3100:2006 (JIS H3110:2006)	美国 ASTM B139 /B139M:2006
QSn4-0.3 4-0.3 锡青铜	CuSn4	CuSn4 CW450K	—	C51000
QSn4-3 4-3 锡青铜	CuSn4Zn2	CuSn4 CW450K	—	—
QSn4-4-2.5 4-4-2.5 锡青铜	CuSn4Pb4Zn3	—	C5441 (JIS H3270:2006)	—
QSn4-4-4 4-4-4 锡青铜	CuSn4Pb4Zn3		C5441 (JIS H3270:2006)	—
QSn6.5-0.1 6.5-0.1 锡青铜	CuSn6	CuSn6 CW452K	(C5191)	—
QSn6.5-0.4 6.5-0.4 锡青铜	CuSn6	CuSn6 CW452K	(C5191)	—
QSn7-0.2 7-0.2 锡青铜	CuSn8	CuSn8 CW453K	C5210 (JIS H3130:2006)	—
QSn8-0.3 8-0.3 锡青铜	CuSn8	CuSn8 CW453K	(C5212)	C52100
QAl5 5 铝青铜	(CuAl5)	—	(C5102)	C60800 (ASTM B111 /B111M:2004)
QAl9-4 9-4 铝青铜	(CuAl10Fe3)	CuAl8Fe3 CW303G	C6161	C61900 (ASTM B283:2006)
QAl9-5-1-1 9-5-1-1 铝青铜	(CuAl10Ni5Fe4)	CuAl10Ni5Fe4 CW307G (EN 1653:1997+ Al:2000)	C6280	C63010 (ASTM B283:2006)
QAl10-3-1.5 10-3-1.5 铝青铜	(CuAl10Fe3)	—	C6161	C62300 (ASTM B283:2006)
QAl10-4-4 10-4-4 铝青铜	(CuAl9Fe4Ni4)	CuAl10Ni5Fe4 CW307G (EN 1653:1997+ Al:2000)	C6301	C63000 (ASTM B283:2006)
QAl10-5-5 10-5-5 铝青铜	(CuAl9Fe4Ni4)		C6301	—
QAl11-6-6 11-6-6 铝青铜	(CuAl10Ni5Si4)	—	C6301	C63020 (ASTM B150/ B150M:2003)
QBe2 2 铍青铜	CuBe2 (ISO 1187:1983)	CuBe2 CW101C	C1720 (JIS H3130:2006)	C17200 (ASTM B194:2001)
QBe1.9 1.9 铍青铜	CuBe2 (ISO 1187:1983)	CuBe2 CW101C	—	—
QBe1.9-0.1 1.9-0.1 铍青铜	CuBe2 (ISO 1187:1983)	CuBe2 CW101C	C1720 (JIS H3130:2006)	C17200 (ASTM B194:2001)
QTe0.5 0.5 碲青铜	—	CuTeP CW118C (EN 12166:1998)	—	C14500 (ASTM B283:2006)

表 4-2-155 加工黄铜国内外牌号对照

中国 GB/T 5231—2012 代号及名称	国际 ISO 426-1:1983 (ISO 426-2:1983)	欧洲 EN 1652:1997	日本 JIS H3100:2006 (JIS H3110:2006)	美国 ASTM B36/B36M: 2008
H96 96 黄铜	CuZn5	CuZn5 CW500L	C2100	C21000
H90 90 黄铜	CuZn10	CuZn10 CW501L	C2200	C22000
H85 85 黄铜	CuZn15	CuZn15 CW502L	C2300	C23000
H80 80 黄铜	CuZn20	CuZn20 CW503L	C2400	C24000
H70 70 黄铜	CuZn30	CuZn30 CW505L	C2600	C26000
H68 68 黄铜	CuZn30	CuZn33 CW506L	C2680	C26800
H65 65 黄铜	CuZn35	CuZn36 CW507L	C2720	C27200
H63 63 黄铜	CuZn37	CuZn37 CW508L	C2720 (JIS H3250:2006)	C27200
H62 62 黄铜	CuZn37	CuZn37 CW508L	C2720 (JIS H3250:2006)	C27200
H59 59 黄铜	CuZn40	CuZn40 CW509L	C2800 (JIS H3250:2006)	C28000
HPb66-0.5 66-0.5 铅黄铜	(CuZn32Pb1)	—	—	C33000 (ASTM B135: 2002)
HPb63-3 63-3 铅黄铜	(CuZn34Pb2)	CuZn35Pb1 CW600N	C3560	C35600 (ASTM B453 /B453M:2005)
HPb63-0.1 63-0.1 铅黄铜	(CuZn37Pb1)	CuZn37Pb0.5 CW604N	C4620 (JIS H3250:2006)	—
HPb62-0.8 62-0.8 铅黄铜	(CuZn37Pb1)	CuZn37Pb0.5 CW604N	C3710	C37100
HPb62-3 62-3 铅黄铜	(CuZn36Pb3)	CuZn38Pb2 CW608N	C3601 (JIS H3250:2006)	C36000 (ASTM B16 /B16M:2005)
HPb62-2 62-2 铅黄铜	(CuZn37Pb2)	CuZn38Pb2 CW608N	C3713	—
HPb61-1 61-1 铅黄铜	(CuZn39Pb1)	CuZn39Pb0.5 CW610N	C3710	C37100
HPb60-2 60-2 铅黄铜	(CuZn38Pb2)	CuZn39Pb2 CW612N	C3771 (JIS H3250:2006)	C37700 (ASTM A283: 2006)
HPb59-3 59-3 铅黄铜	(CuZn39Pb3)	CuZn39Pb2 CW612N	C3561	—
HPb59-1 59-1 铅黄铜	(CuZn39Pb1)	—	C3710	C37000 (ASTM B135: 2002)
HAl77-2 77-2 铝黄铜	CuZn20Al2	CuZn20Al2As CW702R	—	C68700 (ASTM B111 /B111M:2004)

续表

中国 GB/T 5231—2012 代号及名称	国际 ISO 426-1:1983 (ISO 426-2:1983)	欧洲 EN 1652:1997	日本 JIS H3100:2006 (JIS H3110:2006)	美国 ASTM B36/B36M: 2008
HSn70-1 70-1 锡黄铜	CuZn28Si1	—	C4430	C44300 (ASTMB111 /B111:2004)
HSn62-1 62-1 锡黄铜	CuZn38Si1	CuZn38Sn1As CW715R (EN 1653:1997 +Al:2000)	C4621	C46200 (ASTMB21 /B21:2006)
HSn60-1 60-1 锡黄铜	—	CuZn39Sn1 CW719R EN 1653:1997 + Al:2000	C4640	C46400 (ASTM B124 /B124M:2006)

2.9.4　钛及钛合金国内外牌号对照

表 4-2-156　国内外铸造钛合金牌号对照

中国 GB/T 15073—2014	国际 ISO	美国	
		MIL	ASTM
ZTi1	—	—	C-Grade 2 (Ti99.23)
ZTi2	C-3 级/ (Ti≥99.14)	—	C-Grade 3 (Ti99.18)
ZTi3	—	—	—
ZTiAl4	Ti-Al4	C-4Al	C-Grade 6
ZTiAl5 Sn2.5	Ti-Al5Sn2.5	C-5Al-2.5Sn	Ti-Pd6 Grade C
ZTiPd0.2	Ti-Pd0.12(A)	C-0.12PdC	Ti-Pd7 Grade B
ZTiMo0.3Ni0.8	Ti-0.3Mo-0.8Ni	C-0.3Mo-0.8Ni	C-Grade 12
ZTiAl6Zr2Mo1 V1	Ti-6Al-2Zr-1Mo-1V	C-6Al-2Zr-1Mo-1V	—
ZTiAl4V2	Ti-4Al-2V	C-4Al-2V	—
ZTiMo32	Ti-Mo32	C-32Mo	—
ZTiAl6V4	Ti-Al6V4	C-6Al-4V	C-Grade 5
ZTiAl6Sn4.5 Nb2Mo1.5	Ti-Al6Sn4.5 Nb2 Mo1.5	C-6Al-4.5Sn-2Nb-1.5Mo	—

表 4-2-157　国内外加工钛及钛合金牌号对照

中国 GB/T 3620.1—2016	国际 ISO	美国	
		MIL	ASTM
TA1ELI	Grade 1 ELI [w(Ti)≥99.75%]	—	—
TA1	Grade 1 [w(Ti)≥99.53%]	—	Garde 1/ R50250
TA1-1	Grade 2 [w(Ti)≥99.53%]	—	—
TA2ELI	—	—	—
TA2	—	—	Grade 2/ R50400
TA3 ELI	Grade 3 ELI	—	—

续表

中国 GB/T 3620.1—2007	国际 ISO	美国	
		MIL	ASTM
TA3	Grade 3 [w(Ti)≥99.14%]	—	Grade 3/ R50550
TA4ELI	Grade 4 ELI	—	—
TA4	Grade 4 [w(Ti)≥99.09%]	—	Grade 4/ R50700
TA5	Ti-4Al-0.005B	4Al-0.005B	—
TA6	Ti-5Al	5Al	—
TA7	Ti-5Al-2.5Sn/R54520	5Al-2.5Sn/R54520	Grade 6/R54520
TA7ELI	Ti-5Al-2.5SnELI/R54520	5Al-2.5SnELI/R54520	—
TA8	Ti-0.05Pd(b)	0.05PdA	Grade 16
TA8-1	Ti-0.05Pd(a)	0.05PdB	Grade 17
TA9	Ti-Pd0.2(c)	0.2Pd/R52250A	Grade 7
TA9-1	Ti-Pd0.2(b)	0.2Pd/R52250B	Grade 11
TA10	Ti-0.3Mo-0.8Ni/R53400	Ti-0.8Ni-0.3Mo/R53400	Grade 12
TA11	Ti-8Al-1Mo-1V/R54810	Ti-8Al-1Mo-1V/R54810	—
TA12	Ti-5.5Al-4Sn-2Zr- 1Mo-1Ni-0.3Si	5.5Al-4Sn-2Zr- 1Mo-1Ni-0.25Si	—
TA12-1	Ti-5Al-4Sn-2Zr- 1.5Mo-1Nd-0.3Si	5Al-4Sn-2Zr-1.5 Mo-1Nd-0.25Si	—
TA13	Ti-2.5Cu/R50250	2.5Gu/R50250	—
TA14	Ti-2Al-11Sn-5Zr- 1Mo-0.3Si/R54790	11Sn-5Zr-2Al-1 Mo-0.3Si/R54790	—
TA15	Ti-6.5Al-1Mo-1V-2Zr	6.5Al-1Mo-1V-2Zr	—
TA15-1	Ti-2.5Al-1Mo-1V-1.5Zr	2.5Al-1Mo-1V-1.5Zr	—
TA15-2	Ti-4Al-1 Mo-1V-1.5Zr	4Al-1Mo-1V-1.5Zr	—
TA16	Ti-2Al-2.5Zr	2Al-2.5Zr	—
TA17	Ti-4Al-2V	4Al-2V	—
TA18	Ti-3Al-2.5V/R56320	3Al-2.5V/R56320	Grade 9
TA19	Ti-6Al-2Sn-4Zr-2 Mo-0.1Si/R54621	6Al-2Sn-4Zr-2Mo- 0.1Si/R54621	—
TA20	Ti-4Al-3V-1.5Zr	4Al-3V-1.5Zr	—
TA21	Ti-1Al-1Mn	1Al-1Mn	—
TA22	Ti-3Al-1Mo-1Ni-1Zr	3Al-1Mo-1Ni-1Zr	—
TA22-1	Ti-3Al-0.5Mo-0.5Ni-1Zr	3Al-0.5Mo-0.5Ni-Zr	—
TA23	Ti-2.5Al-2Zr-1Fe	2.5Al-2Zr-1Fe	—
TA23-1	Ti-2.5Al-2Zr-0.9Fe	2.5Al-2Zr-0.9Fe	—
TA24	Ti-3Al-2Mo-2Zr	3Al-2Mo-2Zr	—
TA24-1	Ti-2Al-1.5Mo-2Zr	2Al-1.5Mo-2Zr	—
TA25	Ti-3Al-2.5V-0.05Pd	3Al-2.5V-0.05Pd	Grade 8
TA26	Ti-3Al-2.5V-0.1Ru	3Al-2.5V-0.1Ru	Grade 28
TA27	Ti-0.1Ru(b)	0.10RuA	Grade 26
TA27-1	Ti-0.1Ru(a)	0.10RuB	Grade 27
TA28	Ti-3Al	3Al	—
TB2	Ti-5Mo-5V-8Cr-3Al	5Mo-5V-8Cr-3Al	—
TB3	Ti-3.5Al-10Mo-8V-1Fe	3.5Al-10Mo-8V-1Fe	—
TB4	Ti-4Al-7Mo-10V-2Fe-1Zr	4Al-7Mo-10V-2Fe-1Zr	—
TB5	Ti-15V-3Al-3Cr-3Sn	15V-3Al-3Cr-3Sn	—
TB6	Ti-10V-2Fe-3Al	10V-2Fe-3Al	—

续表

中国 GB/T 3620.1—2007	国际 ISO	美国	
		MIL	ASTM
TB7	Ti-32Mo	32Mo	—
TB8	Ti-15Mo-3Al-2.7Nb-0.25Si	15Mo-3Al-2.7Nb-0.25Si	Grade 21
TB9	Ti-3Al-8V-6Cr-4Mo-4Zr	3Al-8V-6Cr-4Mo-4Zr	Grade 19
TB10	Ti-5Mo-5V-2Cr-3Al	5Mo-5V-2Cr-3Al	—
TB11	Ti-15Mo	15Mo	—
TC1	Ti-2Al-1.5Mn	2Al-1.5Mn	—
TC2	Ti-4Al-1.5Mn	4Al-1. 5Mn	—
TC3	Ti-5Al-4V/B56540	5Al-4V/R56540	—
TC4	Ti-6Al-4V/R56400	6Al-4V/R56400	Grade 23
TC4ELI	Ti-6Al-4VELI/R56400	6Al-4VELI/R56400	—
TC6	Ti-6Al-1.5Cr-2.5 Mo-0.5Fe-0.3Si	6Al-1. 5Cr-2.5Mo- 0.5Fe-0.3Si	—
ZT3 Q/6S448-85	Ti-5Al-5Mo-2Sn- 0.25Si-0.02Ce	5Al-5Mo-2Sn-0.25 Si-0. 02Ce	—
TC8	Ti-6.5Al-3.5Mo-0. 25Si	6. 5Al-3.5Mo-0. 25Si	—
TC9	Ti-6.5Al-3.5Mo-2.5Sn-0. 3Si	6.5Al-3.5Mo-2.5Sn-0.3Si	—
TC10	Ti-6Al-6V-2Sn- 0.5Cu-0.5Fe/R56620	6Al-6V-2Sn-05 Cu-0.5Fe/R56620	—
TC11	Ti-6.5Al-3.5Mo- 1. 5Zr-0.3Si	6. 5Al-3.5Mo- 1. 5Zr-0.3Si	—
TC12	Ti-5Al-4Mo-4Cr-2 Zr-2Sn-1 Nb/R56544	5Al-4Mo-4Cr-2Zr- 2Sn-1 Nb/R56544	—
TC15	Ti-5Al-2. 5Fe	5Al-2. 5Fe	—
TC16	Ti-3Al-5Mo-4.5V	3Al-5Mo-4.5V	—
TC17	Ti-5Al-2Sn-2Zr-4 Mo-4Cr/R56522	5Al-2Sn-2Zr-4Mo- 4Cr/R56522	—
TC18	Ti-5Al-4.75Mo- 4.75V-1Cr-1Fe	5Al-4.75Mo-4.75 V-1Cr-1Fe	—
TC19	Ti-6Al-2Sn-4Zr-6 Mo/R56664	6Al-2Sn-4Zr-6 Mo/R56664	—
TC20	Ti-6Al-7Nb/R56760	6Al-7Nb/R56760	—
TC21	Ti-6Al-2Mo-1.5 Cr-2Zr-2Sn-2Nb	6Al-2Mo-1.5Cr-2 Zr-2Sn-2Nb	—
TC22	Ti-6Al-4V-0.05Pd	6Al-4V-0. 05Pd	Grade 24
TC23	Ti-6Al-4V-0. 1Ru	6Al-4V-0. 1Ru	Grade 29
TC24	Ti-4.5Al-3V-2Mo-2Fe	4.5Al-3V-2Mo-2Fe	—
TC25	Ti-6.5Al-2Mo-1 Zr-1Sn-1W-0.2Si	6.5Al-2Mo-1Zr-1 Sn-1W-0.2Si	—
TC26	Ti-13Nb-13Zr	13Nb-13Zr	—

第3章 粉末冶金材料

3.1 粉末冶金结构材料

3.1.1 粉末冶金结构零件用铁基材料

表 4-3-1 粉末冶金结构零件用铁基材料：铁与碳钢（GB/T 19076—2003）

参数		符号	单位	铁				碳钢							备注
				代号				代号							
				-F-00-100	-F-00-K120	-F-00-K140	-F-05-140	-F-05-170	-F-05-340H①	-F-05-480①	-F-08-210	-F-08-240	-F-08-450②	-F-08-550H②	
化学成分（质量分数）	$C_{化合}$③		%	<0.3	<0.3	<0.3	0.3～0.6	0.3～0.6	0.3～0.6	0.3～0.6	0.6～0.9	0.6～0.9	0.6～0.9	0.6～0.9	标准值
	Cu		%	—	—	—	—	—	—	—	—	—	—	—	
	Fe		%	余量	余量	余量	余量	余量	余量	余量	余量	余量	余量	余量	
	其他元素总和 max		%	2	2	2	2	2	2	2	2	2	2	2	
抗拉屈服强度 min		$R_{p0.2}$	MPa	100	120	140	140	170			210	240			
极限抗拉强度 min		R_m	MPa						340	480			450	550	
表观硬度			HV5	62	75	85	90	120	280HV10	300HV10	120	140	320HV10	360HV10	参考值
			洛氏	60HRF	70HRF	80HRF	40HRB	60HRB	20HRC	25HRC	60HRB	70HRB	28HRC	33HRC	
密度		ρ	g/cm³	6.7	7.0	7.3	6.6	7.0	6.6	7.0	6.6	7.0	6.6	7.0	
抗拉强度		R_m	MPa	170	210	260	220	275	410	550	290	390	520	620	
抗拉屈服强度		$R_{p0.2}$	MPa	120	150	170	160	200	①	①	240	260	③	③	
伸长率		A_{25}	%	3	4	7	1	2	nm④	nm④	1	1	nm④	nm④	
弹性模量			GPa	120	140	160	115	140	115	140	115	140	115	140	
泊松比				0.25	0.27	0.28	0.25	0.27	0.25	0.27	0.25	0.27	0.25	0.27	
无缺口夏比冲击功			J	8	24	47	5	8	4	5	5	7	5	7	
压缩屈服强度		(0.1%)	MPa	120	125	130	210	225	300	420	290	290	400	550	
横向断裂强度			MPa	340	500	660	440	550	720	970	510	690	790	950	
疲劳极限 90%存活率⑤			MPa	65	80	100	80	105	160	220	120	170	210	260	

① 在 850℃，于 0.5%碳势保护气氛中加热 30min 进行奥氏体化后油淬火，再在 180℃回火 1h。
② 在 850℃，于 0.8%碳势保护气氛中加热 30min 进行奥氏体化后油淬火，再在 180℃回火 1h。
③ 经过热处理的材料，抗拉屈服强度和极限抗拉强度近似相等。
④ nm＝没有测量。
⑤ 由旋转弯曲试验测定的存活率为 90%的疲劳耐久寿命，按 ISO 3928（GB/T 4337）切削加工的试样。

注：1. 本表材料可通过使用添加剂来提高可切削性，表中所列性能均不变化。
2. 本表烧结材料组织中碳含量可用金相法根据珠光体的面积百分含量来估计，100%珠光体近似等于含碳 0.8%，碳能快速溶于铁中，因此，在 1040℃烧结约 5min 后就很难观察到未化合的碳。

表 4-3-2　粉末冶金结构零件用铁基材料：铜钢和铜-碳钢（GB/T 19076—2003）

参数		符号	单位	铜钢		铜-碳钢								备注
				代号		代号								
				-F-00C2-140	-F-00C2-K175	-F-05C2-K270	-F-05C2-300	-F-05C2-500H①	-F-05C2-620H①	-F-08C2-350	-F-08C2-390	-F-08C2-500②	-F-08C2-620H②	
化学成分（质量分数）	$C_{化合}$③		%	<0.3	<0.3	0.3～0.6	0.3～0.6	0.3～0.6	0.3～0.6	0.6～0.9	0.6～0.9	0.6～0.9	0.6～0.9	标准值
	Cu		%	1.5～2.5	1.5～2.5	1.5～2.5	1.5～2.5	1.5～2.5	1.5～2.5	1.5～2.5	1.5～2.5	1.5～2.5	1.5～2.5	
	Fe		%	余量	余量	余量	余量	余量	余量	余量	余量	余量	余量	
	其他元素总和 max		%	2	2	2	2	2	2	2	2	2	2	
抗拉屈服强度 min		$R_{p0.2}$	MPa	140	175	270	300	③	③	350	390	③	③	
极限抗拉强度 min		R_m	MPa					500	620			500	620	
表观硬度			HV5	70	90	115	150	310HV10	390HV10	140	165	360HV10	430HV10	参考值
			洛氏	26HRB	39HRB	57HRB	68HRB	27HRC	36HRC	70HRB	78HRB	33HRC	40HRC	
密度		ρ	g/cm³	6.6	7.0	6.6	7.0	6.6	7.0	6.6	7.0	6.6	7.0	
抗拉强度		R_m	MPa	210	235	325	390	580	690	390	480	570	690	
抗拉屈服强度		$R_{p0.2}$	MPa	180	205	300	330	③	③	360	420	③	③	
伸长率		A_{25}	%	2	3	nm④	1	nm④	nm④	nm④	nm④	nm④	nm④	
弹性模量			GPa	115	140	115	140	115	140	115	140	115	140	
泊松比				0.25	0.27	0.25	0.27	0.25	0.27	0.25	0.27	0.25	0.27	
无缺口夏比冲击功			J	7	8	7	10	5	7	7	8	6	6	
压缩屈服强度		(0.1%)	MPa	160	185	380	400	560	660	450	480	560	690	
横向断裂强度			MPa	390	445	620	760	800	930	800	980	830	1000	
疲劳极限 90%存活率⑤			MPa	80	89	130	200	220	260	150	200	230	270	
疲劳极限 50%存活率⑥			MPa			110	160			120	150			

① 在 850℃，于 0.5%的碳势保护气氛中加热 30min 进行奥氏体化后油淬火，再在 180℃回火 1h。

② 在 850℃，于 0.8%的碳势保护气氛中加热 30min 进行奥氏体化后油淬火，再在 180℃回火 1h。

③ 经过热处理的材料，抗拉屈服强度和极限抗拉强度近似相等。

④ nm＝没有测量。

⑤ 由旋转弯曲试验测定的存活率为 90%的疲劳耐久极限，试样是按 ISO 3928 切削加工的。

⑥ 根据四点平面弯曲试验测定的存活率为 50%的疲劳耐久极限，试样是按 ISO 3928 制造的，不是切削加工的。

注：1. 本表材料可通过使用添加剂提高可切削性，但表中所列性能不变。

2. 混入的铜粉大约在 1082℃熔解，然后流入铁粉的颗粒之间和小孔隙中，有助于烧结过程的进行。含铜量（质量分数）为 2%或不到 2%的烧结合金一般不存在或只含有极微量未熔解的铜，当铜的百分含量较高时，就可以看到析出的铜相。铜溶于铁中，但不能渗入到较大颗粒的心部，当铜熔化时，它进行扩散或迁移，在其后留下相当大的孔隙，这在显微组织中很容易观察到。化合碳含量可用原标准中叙述的方法根据显微组织进行金相估计。

表 4-3-3 粉末冶金结构零件用铁基材料：磷钢（GB/T 19076—2003）

参数		符号	单位	磷钢①		磷-碳钢		铜-磷钢		铜-磷-碳钢		备注
				代号		代号		代号		代号		
				-F-00P05-180	-F-00P05-210	-F-00P05-270	-F-05P05-320	-F-00C2P-260	-F-00C2P-300	-F-05C2P-320	-F-05C2P-380	
化学成分（质量分数）	$C_{化合}$		%	<0.1	<0.1	0.3～0.6	0.3～0.6	<0.3	<0.3	0.3～0.6	0.3～0.6	标准值
	Cu		%	—	—	—	—	1.5～2.5	1.5～2.5	1.5～2.5	1.5～2.5	
	P		%	0.40～0.50	0.40～0.50	0.40～0.50	0.40～0.50	0.40～0.50	0.40～0.50	0.40～0.50	0.40～0.50	
	Fe		%	余量	余量	余量	余量	余量	余量	余量	余量	
	其他元素总和 max		%	2	2	2	2	2	2	2	2	
抗拉屈服强度 min		$R_{p0.2}$	MPa	180	210	270	320	260	300	320	380	
表观硬度			HV5	70	120	130	150	120	140	140	160	参考值
			洛氏	40HRB	60HRB	65HRB	72HRB	60HRB	69HRB	69HRB	74HRB	
密度		ρ	g/cm^3	6.6	7.0	6.6	7.0	6.6	7.0	6.6	7.0	
抗拉强度		R_m	MPa	300	400	400	480	400	500	450	550	
抗拉屈服强度		$R_{p0.2}$	MPa	210	240	305	365	300	340	360	400	
伸长率		A_{25}	%	4	9	3	5	3	6	2	3	
弹性模量			GPa	115	140	115	140	115	140	115	140	
泊松比				0.25	0.27	0.25	0.27	0.25	0.27	0.25	0.27	
无缺口夏比冲击功			J	18	30	9	15					
横向断裂强度			MPa	600	900	700	1000			820	1120	
疲劳极限 50%存活率②			MPa	110	140	140	175	130	160	150	180	

① 当这些材料用于磁性用途时，事先应向供应商咨询。一些粉末冶金软磁材料在 IEC 60404-8-9 中已标准化。

② 根据四点平面弯曲试验测定的存活率为 50%的疲劳耐久极限，试样是按 ISO 3928 制造的，不是切削加工的。

注：含碳量（质量分数）<0.1%的磷钢，其显微组织主要是铁素体。当用 4%的硝酸乙醇腐蚀液浸蚀时，能识别出含磷量高和低的区域。随着碳含量的增加，能观察到灰色或黑色的细小片状珠光体区与浅色的铁素体区。通过添加铜，在显微组织中能观察到网状的富铜区。磷钢还有一个特点是孔隙显著圆化。

表 4-3-4　**粉末冶金结构零件用铁基材料：镍钢**（GB/T 19076—2003）

参数		符号	单位	镍钢											备注
				代号											
				-F-05N2-140	-F-05N2-K180	-F-05N2-K550H①	-F-05N2-800H①	-F-08N2-260	-F-08N2-600H②	-F-08N2-900H②	-F-05N4-180	-F-05N4-240	-F-05N4-600H②	-F-05N4-900H②	
化学成分（质量分数）	$C_{化合}$		%	0.3～0.6	0.3～0.6	0.3～0.6	0.3～0.6	0.6～0.9	0.6～0.9	0.6～0.9	0.3～0.6	0.3～0.6	0.3～0.6	0.3～0.6	标准值
	Ni		%	1.5～2.5	1.5～2.5	1.5～2.5	1.5～2.5	1.5～2.5	1.5～2.5	1.5～2.5	3.5～4.5	3.5～4.5	3.5～4.5	3.5～4.5	
	Fe		%	余量	余量	余量	余量	余量	余量	余量	余量	余量	余量	余量	
	其他元素总和 max		%	2	2	2	2	2	2	2	2	2	2	2	
抗拉屈服强度 min		$R_{p0.2}$	MPa	140	180	③	③	260	③	③	180	240	③	③	
极限抗拉强度 min		R_m	MPa			550	800		600	900			600	900	
表观硬度			HV5	80	140	330HV10	350HV10	160	350HV10	380HV10	107	145	270HV10	350HV10	参考值
			洛氏	44HRB	62HRB	23HRC	31HRC	74HRB	26HRC	35HRC	53HRB	71HRC	21HRC	31HRC	
密度		ρ	g/cm^3	6.6	7.0	6.6	7.0	7.0	6.6	7.0	6.6	7.0	6.6	7.0	
抗拉强度		R_m	MPa	280	360	620	900	430	620	1000	285	410	610	930	
抗拉屈服强度		$R_{p0.2}$	MPa	170	220	③	③	300	③	③	220	280	③	③	
伸长率		A_{25}	%	1.5	2.5	nm④	nm④	1.5	nm④	nm④	1.0	3.0	nm④	nm④	
弹性模量			GPa	115	140	115	140	140	120	140	115	140	115	140	
泊松比				0.25	0.27	0.25	0.27	0.27	0.25	0.27	0.25	0.27	0.25	0.27	
无缺口夏比冲击功			J	8	20	5	7	15	5	7	8	20	6	9	
压缩屈服强度		(0.1%)	MPa	230	270	530	650	350	680	940	240	280	510	710	
横向断裂强度			MPa	450	740	830	1200	800	830	1280	500	830	860	1380	
疲劳极限 90%存活率⑤			MPa	100	130	180	260	150	200	320	120	150	190	290	

① 在 850℃，于 0.5%的碳势保护气氛中加热 30min 进行奥氏体化后油淬火，再在 260℃回火 1h。

② 在 850℃，于 0.8%的碳势保护气氛中加热 30min 进行奥氏体化后油淬火，再在 260℃回火 1h。

③ 经过热处理的材料，抗拉屈服强度和极限抗拉强度近似相等。

④ nm＝没有测量。

⑤ 由旋转弯曲试验测定的存活率为 90%的疲劳耐久极限，试样是按 ISO 3928 切削加工的。

注：在常规烧结中，混合于铁粉和石墨中的细镍粉，并不能充分扩散，烧结态镍钢的显微组织为浅色奥氏体富镍区及在其边缘周围为针状马氏体或贝氏体。在高于 1150℃的温度下烧结时，富镍区的体积百分数将减小。在热处理状态下，富镍区呈浅色，在其心部为奥氏体，边缘为马氏体（在×1000 倍下观察），这种多相组织是正常的。基体为马氏体，取决于淬火速率，细珠光体含量为 0～35%。

表 4-3-5　粉末冶金结构零件用铁基材料：扩散合金化镍-铜-钼钢（GB/T 19076—2003）

参数		符号	单位	镍-铜-钼钢①										备注
				代号										
				-FD-05N2C-360	-FD-05N2C-400	-FD-05N2C-440	-FD-05N2C-950H②	-FD-05N2C-1100H②	-FD-05N4C-400	-FD-05N4C-440	-FD-05N4C-450	-FD-05N4C-930H②	-FD-05N4C-1100H②	
化学成分（质量分数）	$C_{化合}$		%	0.3～0.6	0.3～0.6	0.3～0.6	0.3～0.6	0.3～0.6	0.3～0.6	0.3～0.6	0.3～0.6	0.3～0.6	0.3～0.6	标准值
	Ni		%	1.5～2.0	1.5～2.0	1.5～2.0	1.5～2.0	1.5～2.0	3.5～4.5	3.5～4.5	3.5～4.5	3.5～4.5	3.5～4.5	
	Cu		%	1.0～2.0	1.0～2.0	1.0～2.0	1.0～2.0	1.0～2.0	1.0～2.0	1.0～2.0	1.0～2.0	1.0～2.0	1.0～2.0	
	Mo		%	0.4～0.6	0.4～0.6	0.4～0.6	0.4～0.6	0.4～0.6	0.4～0.6	0.4～0.6	0.4～0.6	0.4～0.6	0.4～0.6	
	Fe		%	余量	余量	余量	余量	余量	余量	余量	余量	余量	余量	
	其他元素总和 max		%	2	2	2	2	2	2	2	2	2	2	
抗拉屈服强度 min		$R_{p0.2}$	MPa	360	400	440	③	③	400	420	450	③	③	
极限抗拉强度 min		R_m	MPa				950	1100				930	1100	
表观硬度			HV5	155	180	210	400HV10	480HV10	170	200	230HV10	390HV10	460HV10	参考值
			洛氏	73HRB	80HRB	86HRB	37HRC	45HRC	82HRB	86HRB	92HRB	36HRC	43HRC	
密度		ρ	g/cm³	6.9	7.1	7.4	7.1	7.4	6.9	7.1	7.4	7.1	7.4	
抗拉强度④		R_m	MPa	540	590	680	1020	1170	650	750	875	1000	1170	
抗拉屈服强度④		$R_{p0.2}$	MPa	390	420	460	③	③	440	460	485	③	③	
伸长率		A_{25}	%	2	3	4	nm⑤	nm⑤	1	2	3	nm⑤	nm⑤	
弹性模量			GPa	135	150	170	150	170	135	150	170	150	170	
泊松比				0.27	0.27	0.28	0.27	0.28	0.27	0.27	0.28	0.27	0.28	
无缺口夏比冲击功			J	14	22	38	11	15	21	28	39	10	15	
压缩屈服强度		(0.1%)	MPa	350	380	430	1170	1380	410	440	510	1060	1240	
横向断裂强度			MPa	1040	1200	1450	1420	1650	1220	1380	1630	1420	1650	
疲劳极限 90%存活率⑥			MPa	190	220	260	400	490	200	240	290	350	410	
疲劳极限 50%存活率⑦			MPa	170	200	240	380	—	190	220	260	—	—	

① 这些材料是由扩散合金化粉末与石墨粉的混合粉制成的。
② 在 850℃，于 0.5%的碳势保护气氛中加热 30min 进行奥氏体化后油淬火，再在 180℃回火 1h。
③ 经过热处理的材料，抗拉屈服强度和极限抗拉强度值大致相等。
④ 性能是按 ISO 2740 制得的试样经压制、烧结及热处理后（不进行切削加工）测定的。
⑤ nm＝没有测量。
⑥ 由旋转弯曲试验测定的存活率为 90%的疲劳耐久极限，试样按 ISO 3928 切削加工的。
⑦ 根据四点平面弯曲试验测定的存活率为 50%的疲劳耐久极限，试样是按 ISO 3928 制造的，非切削加工试样。

注：这些材料都是用添加有石墨粉的扩散合金化粉末制造的。这些材料具有多相显微组织。烧结态的扩散合金化钢的显微组织类似于 B.6 的镍钢，但含有较大比例的贝氏体和马氏体。热处理后，显微组织类似于热处理的镍钢。

表 4-3-6 粉末冶金结构零件用铁基材料：预合金化镍-钼-锰钢（GB/T 19076—2003）

参数		符号	单位	镍-钼-锰钢① 代号 -FL-05M07N-620H②③	-FL-05M07N-830H②③	-FL-05M1-940H②③	-FL-05M1-1120H③④	-FL-05N2M-650H③⑤	-FL-05N2M-860H③⑤	备注
化学成分（质量分数）	$C_{化合}$		%	0.4～0.7	0.4～0.7	0.4～0.7	0.4～0.7	0.4～0.7	0.4～0.7	标准值
	Ni		%	0.4～0.5	0.4～0.5	—	—	1.75～1.79	1.75～1.79	
	Mo		%	0.55～0.85	0.55～0.85	0.75～0.95	0.75～0.95	0.50～0.85	0.50～0.85	
	Mn		%	0.2～0.5	0.2～0.5	0.10～0.25	0.10～0.25	0.1～0.6	0.1～0.6	
	Fe		%	余量	余量	余量	余量	余量	余量	
	其他元素总和 max		%	2	2	2	2	2	2	
抗拉屈服强度 min		$R_{p0.2}$	MPa	⑥	⑥	⑥	⑥	⑥	⑥	
极限抗拉强度 min		R_m	MPa	620	830	940	1120	650	860	
表观硬度			HV10	340	380	350	380	320	380	参考值
			洛氏	30HRC	36HRC	32HRC	36HRC	28HRC	35HRC	
密度		ρ	g/cm³	6.7	7.0	7.0	7.2	6.7	7.0	
抗拉强度⑦		R_m	MPa	690	900	1020	1190	720	930	
伸长率⑦		A_{25}	%	nm⑧	nm⑧	nm⑧	nm⑧	nm⑧	nm⑧	
弹性模量			GPa	120	140	140	155	120	140	
泊松比				0.25	0.27	0.27	0.27	0.25	0.27	
无缺口夏比冲击功			J	8	11	10	15	7	12	
压缩屈服强度		(0.1%)	MPa	650	970	1140	1270	750	1000	
横向断裂强度			MPa	1020	1280	1480	1750	1100	1390	
疲劳极限 90%存活率⑨			MPa	240	300	310	360	250	330	

① 这些材料是由预合金化粉末与石墨粉的混合粉制成的。
② 预合金基粉末的名义成分（质量分数）是：0.45%Ni，0.7%Mo，0.35%Mn，Fe 余量。
③ 在 850℃，于 0.6%的碳势保护气氛中加热 30min 奥氏体化后油淬火，再在 180℃回火 1h。
④ 预合金基粉末名义成分（质量分数）：0.85%Mo，0.2%Mn，余量 Fe。
⑤ 预合金基粉末名义成分（质量分数）：1.8%Ni，0.7%Mo，0.3%Mn，余量 Fe。
⑥ 经热处理材料的抗拉屈服强度和极限抗拉强度值近似相等。
⑦ 热处理态的拉伸性能是由按 ISO 2740 切削加工的试样测定的。
⑧ nm＝没有测量。
⑨ 由旋转弯曲试验测定的存活率为 90%的疲劳耐久极限，试样是按 ISO 3928 由切削加工制造的。
注：本表材料均由添加有石墨粉的预合金钢粉制造。热处理后，预合金化钢具有均匀的回火马氏体组织。

表 4-3-7 粉末冶金结构零件用铁基材料：铜或铜合金熔渗钢（GB/T 19076—2003）

参数		符号	单位	渗铜钢 代号 -FX-08C10-340	-FX-08C10-760H①	-FX-08C20-410	-FX-08C20-620H①	备注
化学成分（质量分数）	$C_{化合}$②		%	0.6～0.9	0.6～0.9	0.6～0.9	0.6～0.9	标准值
	Cu		%	8～15	8～15	15～25	15～25	
	Fe		%	余量	余量	余量	余量	
	其他元素总和 max		%	2	2	2	2	
抗拉屈服强度 min		$R_{p0.2}$	MPa	340	③	410	③	
极限抗拉强度 min		R_m	MPa		760		620	
表观硬度			HV5	210	460HV10	210	390HV10	参考值
			洛氏	89HRB	43HRC	90HRB	36HRC	
密度		ρ	g/cm³	8.3	7.3	7.3	7.3	
抗拉强度		R_m	MPa	600	830	550	690	
抗拉屈服强度		$R_{p0.2}$	MPa	410	③	480	③	
伸长率		A_{25}	%	3	nm④	1	nm④	
弹性模量⑤			GPa	160	160	145	145	
泊松比⑤				0.28	0.28	0.24	0.24	
无缺口夏比冲击功			J	14	9	9	7	
压缩屈服强度		(0.1%)	MPa	490	790	480	510	
横向断裂强度			MPa	1140	1300	1080	1100	
疲劳极限 90%存活率⑥			MPa	230	280	160	190	

① 在 850℃，于 0.5%的碳势保护气氛中加热 30min 奥氏体化后油淬火，再在 180℃回火 1h。
② 仅基于铁相的。
③ 经过热处理的材料抗拉屈服强度和极限抗拉强度值近似相等。
④ nm＝没有测量。
⑤ 其值来源于超声谐振测量。
⑥ 由旋转弯曲试验测定的存活率为 90%的疲劳寿命耐久极限，试样是按 ISO 3928 切削加工制作的。
注：1. 在 100～1000 倍下能清楚地观察到富铜相。如果存在熔渗区的话，则可在指明的熔渗区测定整个零件的铜相分布。尽管铜不能充填所有的孔隙，但它会借助毛细作用首先充填相互连通的较小的孔隙。化合碳的含量仅只与铁相有关。
2. 本表数值都是基于一步熔渗处理。

表 4-3-8 **粉末冶金结构零件用铁基材料：奥氏体、马氏体及铁素体不锈钢**（GB/T 19076—2003）

参数		符号	单位	奥氏体不锈钢							马氏体不锈钢	铁素体不锈钢			备注
				代号							代号	代号			
				-FL303-170N① 303	-FL303-260N② 303	-FL304-210N① 304	-FL304-260N② 304	-FL316-170N① 316	-FL316-260N② 316	-FL316-150③ 316L	-FL410-620H④ 410	-FL410-140⑤ 410L	-FL430-170⑤ 430L	-FL434-170⑤ 434	
化学成分（质量分数）	Cr		%	17～19	17～19	18～20	18～20	16～18	16～18	16～18	11.5～13.5	11.5～13.5	16～18	16～18	标准值
	Ni		%	8～13	8～13	8～12	8～12	8～14	8～14	8～14	—	—	—	—	
	Mo		%	—	—	—	—	2～3	2～3	2～3	—	—	—	0.75～1.25	
	S		%	0.15～0.30	0.15～0.30	—	—	—	—	—	<0.03	<0.03	<0.03	<0.03	
	C		%	<0.15	<0.15	<0.08	<0.08	<0.08	<0.08	<0.03	0.10～0.25	<0.03	<0.03	<0.03	
	N		%	0.2～0.6	0.2～0.6	0.2～0.6	0.2～0.6	0.2～0.6	0.2～0.6	<0.03	0.2～0.6	<0.03	<0.03	<0.03	
	Fe		%	余量	余量	余量	余量	余量	余量	余量	余量	余量	余量	余量	
	其他元素总和 max		%	3	3	3	3	3	3	3	3	3	3	3	
抗拉屈服强度 min		$R_{p0.2}$	MPa	170	260	210	260	170	260	150	⑥	140	170	170	
极限抗拉强度 min		R_m	MPa								620④				
表观硬度			HV5	120	180	125	140	115	125	75	300HV10④	80	80	95	参考值
			洛氏	62HRB	70HRB	61HRB	68HRB	59HRB	65HRB	45HRB	23HRC④	45HRB	45HRB	50HRB	
密度		ρ	g/cm³	6.4	6.9	6.4	6.9	6.4	6.9	6.9	6.5	6.9	7.1	7.0	
抗拉强度④		R_m	MPa	270	470	300	480	280	480	390	720	330	340	340	
抗拉屈服强度④		$R_{p0.2}$	MPa	220	310	260	310	230	310	210	⑥	180	210	210	
伸长率		A_{25}	%	nm⑦	10	nm⑦	8	nm⑦	13	21	nm⑦	16	20	15	
弹性模量			GPa	105	140	105	140	105	140	140	125	165	170	165	
泊松比				0.25	0.27	0.25	0.27	0.25	0.27	0.27	0.25	0.27	0.27	0.27	
无缺口夏比冲击功			J	5	47	5	34	7	65	88	3	68	108	88	
压缩屈服强度		(0.1%)	MPa	260	320	260	320	250	320	220	640	190	230	230	
横向断裂强度			MPa	590	nm⑦	nm⑦	nm⑦	nm⑦	nm⑦	nm⑦	780	nm⑦	nm⑦	nm⑦	
疲劳极限 90%存活率⑧			MPa	90	145	105	160	75	130	115	240	125	170	150	

① -FL303-170N、-FL304-210N、-FL316-170N 都是于 1150℃在含氮气氛（如分解氨）中烧结的。
② -FL303-260N、-FL304-260N、-FL316-260N 都是于 1290℃在含氮气氛（如分解氨）中烧结的。
③ -FL316-150N 是于 1290℃在无氮气氛（如氢气或真空中反充氩气）中烧结的。
④ -FL410-620H 是于 1150℃在含氮气氛（如分解氨）中烧结的，通过快冷硬化，然后在 180℃回火 1h。
⑤ -FL410-140、-FL430-170、-FL434-170 都是于 1290℃在无氮气氛（如氢气，或真空中反充氩气）中烧结的。
⑥ 经过热处理的材料抗拉屈服强度和极限抗拉强度近似相等。
⑦ nm＝没有测量。
⑧ 由旋转弯曲试验测定的存活率为 90%的疲劳耐久极限，试样是按 ISO 3928 切削加工制造的。

注：1. 烧结不锈钢的耐蚀性不必与熔铸不锈钢相同，一般地，奥氏体不锈钢以 316L 最佳，其次是 304 和 303，而这些又都比马氏体钢和铁素体钢要好，在后者当中又以 434 最佳。
2. 烧结会影响耐蚀性，因此，-FL316-150 材料的耐蚀性比在含氮气氛中烧结者要好。
3. 建议采用烧结不锈钢之前，在预期环境中进行腐蚀试验。
4. -FL303、-FL304 及-PL306 代号不锈钢都具有奥氏体组织，且有生成孪晶的一些迹象。在 316L 不锈钢中，应有很少的或没有原颗粒界、铬的碳化物、氮化物或氧化物的迹象。
-FL410、-FL430 及-FL434 在烧结状态下都具有铁素体组织。不得有原颗粒界、氧化物或碳化物的迹象，但在显微组织中，存在微量的残留碳或氮。热处理的-FL410 在由烧结周期正常冷却后，其显微组织全部为马氏体。也可单独进行硬化。但在上述两种情况下，一般都要进行回火，以得到最佳韧度。

3.1.2　粉末冶金结构零件用铜基合金材料

表 4-3-9　　粉末冶金结构零件用有色金属材料：铜基合金（GB/T 19076—2003）

参数		符号	单位	黄铜 代号 -CL-Z20-75	黄铜 代号 -CL-Z20-80	黄铜 代号 -CL-Z30-100	黄铜 代号 -CL-Z30-110	青铜 代号 -C-T10-90R①	锌白铜 代号 -C-N18Z-120	备注
化学成分（质量分数）	Sn		%	—	—	—	—	8.5～11.0	—	标准值
	Zn		%	余量	余量	余量	余量	—	余量	
	Ni		%	—	—	—	—	—	16～20	
	Cu		%	77～80	77～80	68～72	68～72	余量	62～66	
	其他元素总和 max		%	2	2	2	2	2	2	
抗拉屈服强度	min	$R_{p0.2}$	MPa	75	80	100	110	90	120	
表观硬度			HV5	50	68	72	84	68	82	参考值
			洛氏	73HRH	82HRH	84HRH	92HRH	82HRH	90HRH	
密度		ρ	g/cm³	7.6	8.0	7.6	8.0	7.2	7.9	
抗拉强度		R_m	MPa	160	240	190	230	150	230	
抗拉屈服强度		$R_{p0.2}$	MPa	90	120	110	130	110	140	
伸长率		A_{25}	%	9	18	14	17	4	11	
弹性模量			GPa	85	100	80	90	60	95	
压缩泊松比				0.31	0.31	0.31	0.31	0.31	0.31	
无缺口夏比冲击功			J	37	61	31	52	5	33	
压缩屈服强度		(0.1%)	MPa	80	100	120	130	140	170	
横向断裂强度			MPa	360	480	430	590	310	500	

① 字母 R 表示材料经过复压。

注：黄铜、青铜和锌白铜都应烧结到很难观察到原颗粒界的状态。在烧结良好的青铜合金中，α 青铜晶粒都是从其原始细晶粒族长大生成的，并且没有青灰色的金属间化合物的迹象。

3.2　粉末冶金摩擦材料

3.2.1　铁基干式摩擦材料

表 4-3-10　　铁基干式摩擦材料组成、性能及主要适用范围（JB/T 3063—2011）

牌号	化学成分（质量分数）/% 铁	铜	锡	铅	石墨	二氧化硅	三氧化二铝	二硫化钼	碳化硅	铸石	其他	平均动摩擦因数 μ_d	静摩擦因数 μ_s	磨损率 /cm³·J⁻¹	密度 /g·cm⁻³	表观硬度 HBW	横向断裂强度 /MPa	主要适用范围
F1001G	65～75	2～5	—	2～10	10～15	0.5～3	—	2～4	—	—	0～3	>0.25	>0.45	<5.0×10⁻⁷	4.2～5.3	30～60	>50	载重汽车和矿山重型车辆的制动带
F1002G	73	10	—	8	6	—	3	—	—	—	—				5.0～5.6	40～70		拖拉机、工程机械等离合器片和刹车片
F1003G	69	1.5	1	8	16	1	—	—	—	—	3.5				4.8～5.5	35～55		挖掘机、起重机等离合器和制动器
F1004G	65～70	—	3～5	2～4	13～17	—	—	3～5	3～4	3～5	—				4.7～5.2	60～90		合金钢为对偶的飞机制动片
F1005G	65～70	1～5	2～4	2～4	—	4～6	—	—	—	—	—	>0.35			5.0～5.0	40～60		重型起重机、缆索起重机等制动器

注：1. 本表产品适于制造离合器和制动器之用。

2. 牌号标记示例：

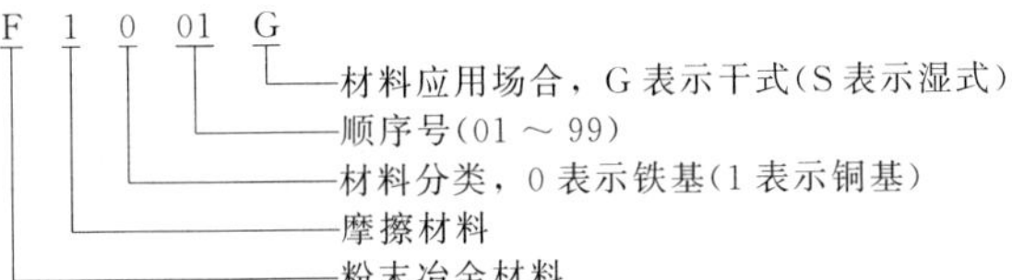

3. JB/T 3063—2011《烧结金属摩擦材料技术条件》代替 JB/T 3063—1996，两者的技术内容没有变化，只是 JB/T 3063—2011 新标准中，删去了横向断裂强度的性能数据，根据国内目前的生产实际状况，本表暂保留此项数据，可供参考之用。

第4篇

表 4-3-11 国外铁基干式摩擦材料的化学成分

序号	材料牌号	质量分数/%							资料来源
		Fe	Cu	Ni	C(石墨)	SiO_2	石棉	其他成分	
1	ФМК-11	64	15	—	9	3	3	$BaSO_4$ 6	俄罗斯
2	МКВ-50А	64	10	—	8	—	3	$FeSO_4$ 5;SiC 5;B_4C 5	俄罗斯
3	СМК	基体	9～25	—	—	—	—	Mn 6.5～10;BN 6～12;B_4C 8～15;SiC 1～6;MoS_2 2.0～5.0	俄罗斯
4	СМК-80	48	23	—	—	—	—	Mn 6.5;BN 6.5;B_4C 10.0;SiC 3.5;MoS_2 2.5	俄罗斯
5	СМК-83	54	20	—	—	—	—	Mn 7.0;BN 6.5;B_4C 9.5;SiC 1.0;MoS_2 2.0	俄罗斯
6	—	基体	—	—	5～15	—	—	MoS_2 0～10;$MoSi_2$ 5～20;SiC 5以下	美国
7	—	31.25	31.25	—	10	—	—	Mo 5;Sb 2.5;铁磷 20 可能添加 Bi、Cd、Pd	美国
8	—	基体	10～20	—	4～8	—	2～4	Co 5以下;SiC 2～10;B_4C 2～10;$FeSO_4$ 5～10	俄罗斯
9	—	60	—	5	—	—	—	Mo 5;W 5;莫来石 5;WS_2 20;可能添加 Bi、Cd、Pd	德国
10	—	3～35	—	—	—	—	—	B_4C 10～50;BN 1～5;ZrC 余量	俄罗斯
11	—	84	9	—	5	—	—	Pb 1;Sn 1	日本
12	—	60～75	—	—	10～25	—	—	SiC 20以下;以及莫来石、Al_2O_3;MoS_2、Pb 和 Sn 20以下	美国
13	—	71.4～93.2	—	1.9～11.4	—	1.9～11.4	—	Co 6.5以下;Zn 3.8～4.9	日本
14	—	基体	12～25	—	3～4	0.3～0.9	—	Pb 1～3;Zn 1～2.5	德国
15	—	90～95	—	6～15	5～10	2～13	—	Co 2～8;Cr 2～4	日本
16	—	基体	30以下	—	—	6以下	6以下	P 1以下;Al 9以下	俄罗斯
17	Fe-1A Fe-2B Fe-3C	62～72	—	15	4～8	5～13	—	Co 2;Cr 2	日本
18	—	基体	14～16	—	8～10	2～4	2～4	Fe_2O_3 8～20;$BaSO_4$ 5～7	俄罗斯
19	—	基体	—	—	1.5	—	—	Al 5;Pb 4.6;以及 Ni、Mg、Ca、Na、Ti、Si、B,总量达 5%	德国
20	—	69～78	—	—	20～25	—	—	MoS_2 2～6	法国
21	—	62.0	—	10	—	—	—	Cr 23;Pb 4.9	德国
22	—	67.0	8	—	20	—	—	Bi 5	法国
23	—	基体	—	—	10	—	—	Al 5	美国
24		70	—	—	20	—	—	生铁粉 10	美国
25		59～78	5以下	—	20～25	—	—	MoS_2 2～6;Pb 3以下;莫来石 2以下	澳大利亚
26		72～77	1以下	—	20～25	—	—	Pb 1以下	澳大利亚
27		60	—	5		—	—	Mo 5;W 5;莫来石 5;WS_2 20	德国

续表

序号	材料牌号	质量分数/%							资料来源
		Fe	Cu	Ni	C(石墨)	SiO_2	石棉	其他成分	
28		84	—	—	4	—	—	MoS_2 2;Pb 2;Sn 5;Al_2O_3 3	美国
29		31.25	31.25	—	10	—	—	Mo 5;Sb 2.5;莫来石 20	美国
30		80	—	—	20	—	—		捷克

注：本表所列铁基粉末冶金摩擦材料是从国外专利文献中摘录的。铁基粉末冶金摩擦材料适用于各种干式摩擦装置，如盘式制动器、汽车离合器、各种仪器的摩擦部件等，应用广泛。本表所列的序号1～11材料建议用于重载荷，摩擦表面温度可以达到1200～1300℃。材料序号7的静摩擦因数为0.3～0.6，动摩擦因数为0.12～0.40。当制动温度为600℃，制动能量为4410N·m/cm² 时，平均摩擦因数为0.5～0.55，稳定度为0.75～0.88，单次制动磨损为2～6μm；当制动温度为800℃，制动能量为9045.4N·m/cm² 时，平均摩擦因数为0.45～0.50，稳定度为0.85～0.90，单次制动磨损为6～11μm。其特点是，在配料中加入易熔金属铋、锑、镉和铅，在摩擦时熔化成为液相，可以得到较高的摩擦因数和高的稳定度。

在重负荷的铁路运输中，特别是对于速度高于200～250km/h的高速列车的制动装置，建议采用本表所列序号12～16的各种铁基材料。例如，材料序号12的制动履摩擦因数为0.28～0.43，运行1000km后磨损为83μm。材料序号12的特点是含有较高的摩擦添加剂（碳化硅、氧化铝）和抗卡剂（如石墨、二硫化钼和铅）。

材料序号16～20的铁基摩擦材料适于一般工业用途。以铁磷合金为基体的材料序号16，用在纺织的瓦块式制动器中，与灰铸铁配对使用，在起始制动速度为15～20m/s、压力0.196～0.294MPa时，摩擦因数为0.27～0.35，耐磨性好，保证使用要求。

材料序号17含有15%的镍，并加有钴和铬，是用作汽车履式制动器的材料。

分析本表中各材料的配方说明，用于重负荷的铁基和铁合金基材料具有两大特点：为了提高摩擦因数，一般不含氧化硅和氧化铝，而加有碳化物、硅化物、氮化物等难熔化合物；为了提高基体强度和导热性能，都含有10%～25%的铜。

不加二氧化硅的理由是：重负荷铁基材料在制动过程中，表面薄层会迅速达到1165～1170℃，这时二氧化硅与铁或其他金属氧化物会生成玻璃状硅酸盐化合物而降低摩擦因数。

表4-3-12　俄罗斯国外铁基摩擦材料的物理-力学性能及摩擦性能

	指标	ΦMK-8	ΦMK-11	MKB-50A	CMK-80
ΦMK-8等4种材料的物理-力学性能	密度/g·cm⁻³	6.0	6.0	5.0	5.7
	抗拉强度/MPa	90～100	50～70	30～40	—
	抗压强度/MPa	450～500	300～350	150～210	200～250
	剪切强度/MPa	70～90	80～100	67～85	65～80
	硬度HB	600～900	800～1000	800～1000	800～1000
	热导率/W·m⁻¹·K⁻¹	37.68	46.05～19.26	27.21～18.84	29.31～20.93
	线胀系数 α(20～900℃)/℃⁻¹	—	—	12.67×10^{-6}	—
	比热容(100～800℃)/J·g⁻¹·K⁻¹	—	—	0.50～0.83	—
	摩擦因数	0.21～0.22	—	—	—
	平均制动力矩/最大制动力矩	0.54～0.55	—	—	—
	一次制动磨损/μm	5～8	—	—	—
	对偶材料-ЧHMX铸铁	1～2	—	—	—

	指标名称	20℃	300℃	600℃
MKB-50A材料不同温度F的力学性能	抗弯强度/MPa	100～140	90～130	80～100
	抗压强度/MPa	155～210	150～200	125～155
	抗拉强度/MPa	30～40	27～45	20～30
	剪切强度/MPa	67～85	55～80	50～60
	冲击韧性/J·mm⁻²	0.8～1.2	—	—
	硬度HB	800～1200	650～850	450～550

续表

某些材料的摩擦性能

材料牌号	压力/MPa	平均单位功率/W·cm^{-2}	平均摩擦因数	摩擦因数稳定度 $\frac{f_{平均}}{f_{最大}}$	一次制动线磨损/μm		体积温度/℃
					摩擦材料	对偶材料(ЧHMX 铸铁)	
ΦMK-11	—	245	0.27	0.90	16.0	2.0	430
ΦMK-11	—	313.6	0.26	0.80	28.0	1.0	510
ΦMK-11	—	411.6	0.25	0.80	36.0	0.5	520
ΦMK-11	—	509.6	0.21	0.70	44.0	0	590
MKB-50A	—	25	0.37	0.90	6	5.5	500
MKB-50A	—	32	0.34	0.85	8	5.0	550
MKB-50A	—	42	0.30	0.80	10	4.5	580
MKB-50A	—	52	0.28	0.70	13	4.0	610
CMK-80	0.47	—	0.39	0.73	1.25	4.0	560

摩擦偶	起始滑动速度/m·s^{-1}	压力/MPa	单位制动功/J·cm^{-2}	平均摩擦因数	摩擦因数稳定度 $\frac{f_{平均}}{f_{最大}}$	单次制动磨损/μm	
						摩擦材料	对偶材料
CMK-80-38XC 钢(50HRC)	20	1.22	1600	0.36	0.73	5.0	1.0
ΦMK-11-38XC 钢	20	1.22	1600	0.21	0.70	30.0	测不出
MKB-50A-38XC 钢	20	1.22	1600	0.29	0.74	7.0	1.5
CMK-80-CЧ21-40 铸铁	20	0.20	125	0.36	0.80	0.04	0.07
CMK-83-CЧ21-40 铸铁	12	0.41	450	0.37	0.80	0.3	0.20
ΦMK-11-CЧ21-40 铸铁	12	0.41	450	0.31	0.85	0.4	0.30
MKB-50A-CЧ21-40 铸铁	12	0.41	450	0.35	0.80	0.6	0.50

注：本表是俄罗斯生产的铁基粉末冶金摩擦材料。材料 ΦMK-8 适用于重负荷的盘式制动器中，ΦMK-11 材料摩擦因数数值及稳定性均优于 ΦMK-8，但耐磨性稍差。材料 MKB-50A 用于重负荷盘式制动器；在 600℃高温时，力学性能仍良好，摩擦性能及耐磨性能均优于 ΦMK-8 和 ΦMK-11。CMK 型铁基摩擦材料具有好的摩擦性能，且稳定性很高，用于重负荷的闭式多片式制动器中，重叠系数达 0.2 的开式盘式制动器及重负荷的带式和履式制动器等制动装置中。

3.2.2 铜基干式摩擦材料

表 4-3-13 铜基干式摩擦材料组成、性能及应用（JB/T 3063—2011）

牌号	化学成分(质量分数)/%									平均动摩擦因数 μ_d	静摩擦因数 μ_s	磨损率/cm^3·J^{-1}	密度/g·cm^{-3}	表观硬度HBW	横向断裂强度/MPa	应用举例
	铜	铁	锡	锌	铅	石墨	二氧化硅	硫酸钡	其他							
F1106G	68	8	5	—	—	10	4	5	—	>0.15	>0.45	<3.0×10^{-7}	5.5～6.5	25～50	>40	干式离合及制动器
F1107G	64	8	7	—	8	8	5	—	—	>0.20	>0.45	<3.0×10^{-7}	5.5～6.2	20～50	>40	拖拉机、冲压及工程机械等干式离合器
F1108G	72	5	10	—	3	2	8	—	—	>0.20	>0.45	<3.0×10^{-7}	5.5～6.2	25～55	>60	DLM$_2$ 型、DLM$_4$ 型等系列机床、动力头的干式电磁离合器和制动器
F1109G	63～67	9～10	7～9	—	3～5	7～9	2～5	—	3	>0.20	>0.45	<3.0×10^{-7}	5.5～6.5	20～50	>60	喷撒工艺，用于 DLMK 型系列机床、动力头的干式电磁离合器和制动器
F1110G	70～80		6～8	3.5～5	2～3	3～4	3～5	—	2	>0.25	>0.40	<3.0×10^{-7}	6.0～6.8	35～65	>60	锻压机床、剪切机、工程机械干式离合器

表 4-3-14　　国外铜基干式摩擦材料的化学成分

序号	化学成分(质量分数)/%									资料来源
	Cu	Sn	Pb	Fe	C(石墨)	石棉	SiO_2	Al_2O_3	其他成分	
1	50~80	—	10 以下	20 以下	5~15	—	5 以下	—	MoS_2 20 以下;Ti 2~10	美国
2	60	—	—	—	—	—	5	—	莫来石 20;铋 15	美国
3	70	—	—	—	—	—	5	—	莫来石 20;锑 15	美国
4	44.5	—	—	—	—	—	5	—	Zn 5;莫来石 35;铋 8	美国
5	67.5	—	—	—	7.5	—	15	—	铋 10	美国
6	67.5	—	—	—	7.5	—		15	铋 10;可用 15%MgO 代替 Al_2O_3	美国
7	61~62	6	—	7~8	6	—	—	—	Zn 12;莫来石 7	美国
8	70	7	8	—	8	—	7	—	TiO_2 10	日本
9	62~67	6~10	6~12	4~6	5~9	—	4.5~8	—		日本
10	基体	6~10	10 以下	5 以下	1~8	—	—	—	Ti、V、Si、As 2~10;MoS_2 0~6	俄罗斯
11	62~72	6~10	6~12	4~6	5~9	—	4.5~8	—		日本
12	基体	5	0.5	8	4	2	3.5	5	MoO_3 6	罗马尼亚
13	62~71	6~10	6~2	4.5~8	5~9	—	—	—	Si 4.0~6.0	日本
14	基体	—	—	5~15	25 以下	—	—	5	Sb 4~8	德国
15	60~70	5~12	—		9 以下				SiO_2、Si、SiC、Al_2O_3、Fe、石棉及其他添加剂不少于 10%	前捷克斯洛伐克
16	67~80	5~12	7~11	8 以下	6~7	—	4.5 以下	—		俄罗斯
17	68~76	8~10	7~9	3~5	6~8	—	—	—		俄罗斯
18	75	—	—	—	—	—	5	—	莫来石 20	法国
19	60	—	—	—	10	—	5	—	莫来石 20;Mo 5	法国
20	25	3	—	—	—	30	5	—	玻璃料 40	德国
21	18	2	—	—	—	30	—	—	玻璃料 40;硫化铝 10	德国
22	62~86	5~10	5~15	2 以下	4~8	3 以下	3 以下	—	Ni 2 以下	俄罗斯
23	67	6	9	7	7	—	4	—		俄罗斯
24	72	5	9	4	7	—	—	—	SiC 3	俄罗斯
25	86	10	—	4 以下	—	—	—	—	Zn 2 以下	俄罗斯
26	75	8	5	4	1~20	—	—	—	Si 0.75;Zn 6	俄罗斯
27	70.9	6.3	10.9	—	7.4	—	4.5	—		美国
28	73	7.0	14.0	—	6.0	—	—	—		美国
29	62	12	7	8	7	—	4	—		美国
30	67.26	5.31	9.3	6.62	7.08	—	4.43	—		美国

续表

序号	化学成分(质量分数)/%									资料来源
	Cu	Sn	Pb	Fe	C(石墨)	石棉	SiO_2	Al_2O_3	其他成分	
31	68	8	7	7	6	—	4	—		英国
32	66～70	8～12	9～13	—	2～4	—	1～6	—		英国
33	60～90	10以下	10以下	18以下	10以下	—	2	—		日本

注：本表铜基粉末冶金干式摩擦材料资料来源于国外专利文献，在生产中经过实际应用，取得了可靠的实用效果。由于使用环境不同，适用工况条件广泛，化学组成较复杂。

本表锡青铜为基体的材料，耐磨性好，摩擦因数高，适用于各种制动和传动装置中。与铁基材料相比，它们大大降低了对偶（铸铁或钢）的磨损。

青铜基材料也用来制造飞机的摩擦盘（见本表序号1～7）。在这种情况下，有时用钛、钒、硅或砷来代替加到这类材料组分中的锡，以防止锡于高温时在支承钢背晶界上渗出所引起的晶间腐蚀。

其他材料组分是加有7%～20%的莫来石，8%～10%的铋。硅、铝和镁的氧化物起着摩擦剂的作用。

日本专利提出在铁路运输制动盘中用含有2%～25%二氧化钛的铜基材料（见本表序号8、9）。

在汽车、拖拉机制造行业中，广泛使用了锡青铜基材料。这些材料（见本表序号8～14）的特点是含有：强化金属基体的锡5%～10%；起固体润滑剂作用的铅和石墨；能提高摩擦因数的铁、二氧化硅或硅。这些材料能承受高负荷，被推荐制造制动器的制动屐或制动盘。

基阿弗利克特（Dafrikt）S型材料（见本表序号15）是前捷克斯洛伐克研制的产品，这类材料在国际上得到广泛应用，是久负盛名的优质材料，用于制造重负荷的盘式和屐式制动器、盘式电磁离合器等的粉末冶金摩擦片。

锡青铜基材料中加入2%～8% MoO_3 可增高摩擦因数和耐磨性（见本表序号12）。如含2% MoO_3 的材料，在比压为0.515MPa和速度为15.25m/s下，摩擦因数为0.35；MoO_3 含量为8%时，摩擦因数为0.435；磨损相应地为0.375mm和0.275mm。不含 MoO_3 的材料，摩擦因数为0.3，磨损为0.475mm。

铝青铜基摩擦材料在铣床电磁离合器中得到应用，其使用寿命增长2倍。

铝青铜基粉末冶金摩擦材料的密度为6.0～6.5g/cm³时，硬度为600～800MPa，抗弯强度极限达294MPa，抗剪强度极限为196MPa。在铣床电磁离合器运转条件下，对钢的摩擦因数为0.30～0.33。

3.2.3　铜基湿式摩擦材料

表4-3-15　　铜基湿式摩擦材料组成、性能及应用（JB/T 3063—2011）

牌号	化学成分(质量分数)/%								平均动摩擦因数 μ_d	静摩擦因数 μ_s	磨损率 /$cm^3 \cdot J^{-1}$	能量负荷许用值/cm	密度 /$g \cdot cm^{-3}$	表观硬度 HBW	横向断裂强度 /MPa	应用举例
	铜	铁	锡	锌	铅	石墨	二氧化硅	其他								
F1111S	69	6	8		8	6	3		0.04～0.05	0.12～0.17	$<2.0\times10^{-8}$	8500	5.8～6.4	20～50	>60	船用齿轮箱系列离合器、拖拉机主离合器、载重汽车及工程机械等湿式离合器
F1112S	75	8	3		5	5	4						5.5～6.4	30～60	>50	中等负荷(载重汽车、工程机械)的液力变速箱离合器
F1113S	73	8	8.5		4	4	2.5						5.8～6.4	20～50	>80	飞溅离合器
F1114S	72～76	3～6	7～10		5～7	6～8	1～2		0.03～0.05				≥6.7	≥40		转向离合器
F1115S	67～71	7～9	7～9		9～11	5～7			0.05～0.08		$<2.5\times10^{-8}$		5.0～6.2	20～50	>60	喷撒工艺，用于调速离合器
F1116S	63～67	9～10	7～9		3～5	7～9	2～5	3								喷撒工艺，用于船用齿轮箱系列离合器、拖拉机主离合器、载重汽车及工程机械等湿式离合器
F1117S	70～75	4～7	3～5		2～5	5～8	2～3					32000	5.5～6.5	40～60	>30	重负荷液力机械变速箱离合器
F1118S	68～74		2～4	4.5～7.5	2～4	13.5～16.5	2～4						4.7～5.1	14～20		工程机械高负荷传动件，如主离合器、动力换挡变速箱等

表 4-3-16　国外铜基湿式摩擦材料的化学成分

序号	化学成分(质量分数)/%							资料来源
	Cu	Sn	P	C(石墨)	SiO_2	Fe	其他添加剂	
1	基体	12	7	4	1.5	0.5	硅铁 0.5;石棉 2;镍 1	俄罗斯
2	73	9	4	4	—	6	皂土 2;石棉 2	俄罗斯
3	72	9	7	5	—	4	石棉 3	俄罗斯
4	73.5	9	8	4	—	4	莫来石 1.5	俄罗斯
5	68～76	8～10	7～9	6～8	—	3～5	—	俄罗斯
6	基体	3～9	6～7	6～7	—	—	滑石 7～8	俄罗斯
7	基体	5～9	5～15	0.5～10	0.5～8	—	滑石 1～16;石棉 0.5～8	俄罗斯
8	68	8	7	6	4	7	—	美国
9	62	7	12	7	4	8	—	美国
10	50～80	—	0～10	5～15	0～5	0～20	Ti,V,Si,As 2～10;MoS_2 0～6	美国
11	青铜	75	—	—	12	10	碳化硅 3	美国
12	青铜	73.8	—	3.5	9.7	10	碳化硅 3	美国
13	72	7	6	6	3	3	三氧化钼 4	英国
14	基体	4～8	—	25	—	5～15	Al_2O_3,刚玉,金刚砂或石棉 5	德国
15	基体	4～5	—	20～30	—	3～30	刚玉,金刚砂或石棉 3～10	德国
16	基体	—	—	25	—	5～15	Al_2O_3 5;Sb 4～8	德国
17	基体	5	4.7	17.5	—	—	—	德国
18	68	5.5	9	6	4.5	7	—	意大利
19	60～75	5.8	0～10	4～7	3～4	7	石棉 3～4	波兰
20	60～75	5～15	—	5～8	2～7	5～10	锌 5～10	波兰
21	62～72	6～10	2～6	5～9	—	4.5～8	硅 4～6	日本
22	62～72	6～10	6～12	5～9	4.5～8	4～6	—	日本
23	60～75	1～15	5～10	1～10	—	3～15	二硫化钼 1～10	日本

注：本表所列的铜基摩擦材料，在润滑或干摩擦条件下应用效果均较好，如本表序号 13 为英国烧结制品股份有限公司的产品，在干式或湿式条件下均可应用。

在矿物油（或合成油）润滑条件下工作的摩擦装置中，采用铜合金基，最初主要是青铜基的粉末冶金材料，现在已经研究出其他成分的材料，例如铜-锌基体粉末冶金材料。铜-锌材料基体强度高，孔隙度更高，可存留更多润滑油。与铜-锡材料相比，孔隙度较高的铜-锌材料具有较高的摩擦因数和较大的能量吸收能力。青铜和黄铜混合基材料兼有两种基体的特性，目前应用很广泛。由于各生产公司力图避开现有专利，因此，各国制造的材料常在摩擦添加剂的种类和含量方面具有各自的特点，材料组分上也名目繁多，本表资料供参考。

3.2.4　铁-铜基摩擦材料

表 4-3-17　日本部分铁-铜基摩擦材料的成分及用途

组成(质量分数)/% 序号	金属成分			摩擦剂				固体润滑剂			用途
	Cu	Fe	Sn	Fe	Mo	SiO_2	富铝红柱石	C	Pb	其他	
1	其余	—	5～10	3～6		3～6		5～10	5～10	—	日本新干线子弹列车摩擦片
2	其余	—	3～6	—		3～6		4～6	—	—	日本新干线子弹列车摩擦片
3	其余	—	5～10	3～5		3～6		10～15	10～15	—	干式离合器片
4	30～40	30～40	3～6	3～5		3～6		4～6	—	—	干式离合器片

续表

组成(质量分数)/% 序号	金属成分			摩擦剂				固体润滑剂			用途
	Cu	Fe	Sn	Fe	Mo	SiO_2	富铝红柱石	C	Pb	其他	
5	其余	—	3～6	3～5		3～6		5～10		Bi 5～10	干式离合器片
6	3～5	60～70	—	—		1～3		15～25	3～5	Bi 3～5	一般火车用摩擦片

注：铁的熔点高，并且它的强度、硬度及耐热性能都可以用不同的合金元素加以调节，所以重负荷干式工况一般采用铁基摩擦材料。由于铁基摩擦材料与铁质对偶相溶性大，摩擦时容易发生粘着，拉伤对偶表面，在其表面形成沟槽，摩擦因数变化大，导致制动不稳或失效。铜及铜合金导热性能比铁及铁合金优良，抗氧化性能亦比铁好，与铁质对偶相溶性小，故铜基摩擦副接合平稳，耐磨性好。铜基摩擦材料在高负荷条件下摩擦因数不够稳定，没有铁基摩擦材料抗高温，且铜的价格比铁高。为了综合以上两种材料的优点，研制了铁-铜基摩擦材料。该材料在较宽的能量负荷范围内摩擦因数基本稳定；另一方面它比铜基摩擦材料价格低30%左右。

3.3 粉末冶金减摩材料

3.3.1 国产粉末冶金减摩材料

3.3.1.1 粉末冶金铁基和铜基轴承材料

表 4-3-18 粉末冶金铁基和铜基轴承材料牌号、化学成分及性能 (GB/T 2688—2012)

牌号标记	基体分类	基类号	合金分类	分类号	化学成分(质量分数)/%								物理-力学性能		含油密度/g·cm^{-2}
					Fe	$C_{化合}$	$C_{总}$	Cu	Sn	Zn	Pb	其他	含油率/%	径向压溃强度/MPa	
FZ11060	铁基	1	铁	1	余量	0～0.25	0～0.5	—	—	—	—	<2	18	200	5.7～6.2
FZ11065													12	250	6.2～6.6
FZ12058			铁-石墨	2	余量	0～0.5	2.0～3.5	—	—	—	—	<2	18	170	5.6～6.0
FZ12062													12	240	6.0～6.4
FZ12158					余量	0.5～1.0	2.0～3.5	—	—	—	—	<2	18	310	5.6～6.0
FZ12162													12	380	6.0～6.4
FZ13058			铁-碳-铜	3	余量	0～0.3	0～0.3	0～1.5	—	—	—	<2	21	100	5.6～6.0
FZ13062													17	160	6.0～6.4
FZ13158					余量	0.3～0.6	0.3～0.6	0～1.5	—	—	—	<2	21	140	5.6～6.0
FZ13162													17	190	6.0～6.4
FZ13258					余量	0.6～0.9	0.6～0.9	1.5～3.9	—	—	—	<2	21	140	5.6～6.0
FZ13262													17	220	6.0～6.4
FZ13358					余量	0.3～0.6	0.3～0.6	1.5～3.9	—	—	—	<2	22	140	5.6～6.0
FZ13362													17	240	6.0～6.4
FZ13458					余量	0.6～0.9	0.6～0.9	1.5～3.9	—	—	—	<2	22	170	5.6～6.0
FZ13462													17	280	6.0～6.4
FZ13558	铜基				余量	0～0.9	0.6～0.9	4～6	—	—	—	<2	22	300	5.6～6.0
FZ13562													12	320	6.0～6.4
FZ13658					余量	0.6～0.9	0.6～0.9	4～6	—	—	—	<2	22	140～230	5.6～6.0
FZ13662													17	320	6.0～6.4
FZ14058			铁-铜	4	余量	0～0.3	0～0.3	1.5～3.9	—	—	—	<2	22	140	5.6～6.0
FZ14062													17	230	6.0～6.4
FZ14158					余量	0～0.3	0～0.3	9～11	—	—	—	<2	22	140	5.6～6.0
FZ14160													19	210	5.8～6.2
FZ14162													17	280	6.0～6.4

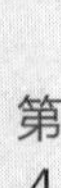

第4篇

续表

牌号标记	基体分类	基类号	合金分类	分类号	Fe	$C_{化合}$	$C_{总}$	Cu	Sn	Zn	Pb	其他	含油率/%	径向压溃强度/MPa	含油密度/$g\cdot cm^{-2}$
FZ14258	铜基	1	铁-铜	4	余量	0～0.3	0～0.3	18～22	—	—	—	<2	22	170	5.6～6.0
FZ14260													19	200	5.8～6.2
FZ14262													17	280	6.0～6.4
FZ21070		2	铜-锡-锌-铅	1	<0.5	—	0.3～2.0	余量	5～7	5～7	2～4	<1.5	18	150	6.6～7.2
FZ21075													12	200	7.2～7.8
FZ22062		2	铜-锡	2	—	—	0～0.3	余量	9.5～10.5	—	—	<2	24	130	6.0～6.4
FZ22066													19	180	6.4～6.8
FZ22070													12	260	6.8～7.2
22074						—	0～0.3	余量	9.5～10.5	—	—	<2	9	280	7.2～7.6
22162					—	—	0.5～1.8	余量	9.5～10.5	—	—	<2	22	120	6.0～6.4
22166													17	160	6.4～6.8
22170													9	210	6.8～7.2
22174													7	230	7.2～7.6
22260					—	—	2.5～5	余量	9.2～10.2	—	—	<2	11	70	5.8～6.2
22264													—	100	7.2～7.6
23065			铜-锡-铅	3	<0.5	—	0.5～2.0	余量	6～10	<1	3～5	<1	18	150	6.3～6.9
24058			铜-锡-铁-碳	4	54.2～6.2	—	0.5～1.3	34～38	3.5～4.5	—	—	<2	22	110～250	5.6～6.0
24062													17	150～340	6.0～6.4
24158					50.2～58	—	0.5～1.3	36～40	5.5～6.5	—	—	<2	22	100～240	5.6～6.0
24162													17	150～340	6.0～6.4
24258					余量	—	0～0.1	17～19	1.5～2.5	—	—	<1	24	150	5.6～6.0
24262													19	215	6.0～6.4
24266													13	270	6.4～6.8

注：1. 铁基各类轴承材料的化学成分中允许有<1%的硫。

2. 化合碳含量允许用金相法评定。

3. 铜基各类轴承材料的化学成分中的总碳指游离石墨。

4. FZ24258、FZ24262、FZ24266 为采用铁-青铜扩散合金化粉末的原料制作。

5. 轴承材料牌号标记如下。

铁基 1 类铁铜碳含油轴承为 $5.6\sim6.0g/cm^3$ 的粉末冶金轴承材料标记为：

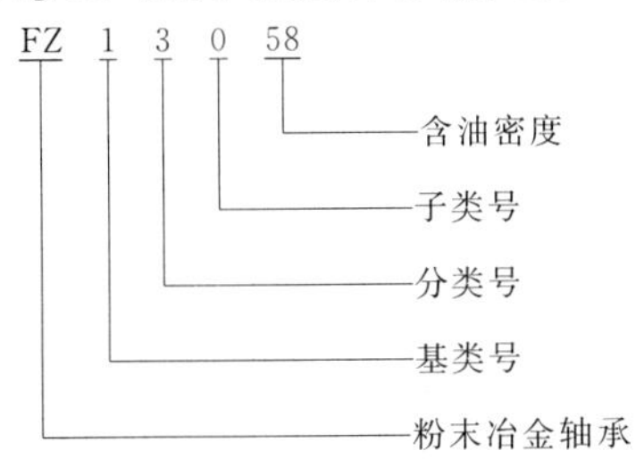

第 4 篇

3.3.1.2 粉末冶金轴承用铁、铁-铜、铁-青铜、铁-碳-石墨材料

表 4-3-19　粉末冶金轴承用材料：铁、铁-铜、铁-青铜、铁-碳-石墨（GB/T 19076—2003）

参数		符号	单位	铁		铁-铜		铁-青铜[1]				铁-碳-石墨[1]		备注
				代号[2]		代号[2]		代号[2]				代号[2]		
				-F-00-K170	-F-00-K220	-F-00C2-K200	-F-00C2-K250	-F-03C36T-K90	-F-03C36T-K120	-F-03C45T-K70	-F-03C45T-K100	-F-03G3-K70	-F-03G3-K80	
化学成分（质量分数）	$C_{化合}$[3]		%	<0.3	<0.3	<0.3	<0.3	<0.5	<0.5	<0.5	<0.5	<0.5	<0.5	标准值
	Cu		%	—	—	1～4	1～4	34～38	34～38	43～47	43～47	—	—	
	Fe		%	余量	余量	余量	余量	余量	余量	余量	余量	余量	余量	
	Sn		%	—	—	—	—	3.5～4.5	3.5～4.5	4.5～5.5	4.5～5.5	—	—	
	石墨		%	—	—	—	—	0.3～1.0	0.3～1.0	<1.0	<1.0	2.0～3.5	2.0～3.5	
	其他元素总和 max		%	2	2	2	2	2	2	2	2	2	2	
开孔孔隙度		P	%	22	17	22	17	24	19	24	19	20	13	
径向压溃强度 min		K	MPa	170	220	200	250	90～265	120～345	70～245	100～310	70～175	80～210	
密度(干态)		ρ	g/cm^3	5.8	6.2	5.8	6.2	5.8	6.2	5.6	6.0	5.6	6.0	参考值
线胀系数[4]			$10^{-6}K^{-1}$	12	12	12	14	14	14	14	14	12	12	

① 所给出径向压溃强度值的范围表明化合碳和游离石墨之间须保持平衡。

② 所有材料可浸渍润滑剂。

③ 仅铁相的。

④ 参考值。

注：1. 在铁-铜轴承中，铜应该熔化和流入周围的小孔隙中。对于含铜量（质量分数）高于 2%者，可观察到一些游离铜，若含铜量（质量分数）等于或小于 2%时，一般不会出现游离铜。轴承中应具有最少的原始颗粒边界。

2. 依据制造工艺，铁-石墨材料的显微组织中应含有游离石墨或游离石墨与化合碳的混合物。

3. 铁-青铜材料的显微组织应兼有铁和青铜组织的外观。

3.3.1.3 粉末冶金轴承用青铜、青铜-石墨材料

表 4-3-20　粉末冶金轴承用青铜、青铜-石墨材料（GB/T 19076—2003）

参数		符号	单位	青铜			青铜-石墨			备注
				代号[1]			代号[1]			
				-C-T10-K110	-C-T10-K140	-C-T10-K180	-C-T10-K90	-C-T10G-K120	-C-T10G-K160	
化学成分（质量分数）	Cu		%	余量	余量	余量	余量	余量	余量	标准值
	Sn		%	8.5～11.0	8.5～11.0	8.5～11.0	8.5～11.0	8.5～11.0	8.5～11.0	
	石墨		%	—	—	—	0.5～2.0	0.5～2.0	0.5～2.0	
	其他元素总和 max		%	2	2	2	2	2	2	
开孔孔隙度		P		27	22	15	27	22	17	
径向压溃强度　min		K	MPa	110	140	180	90	120	160	
密度(干态)		ρ	g/cm^3	6.1	6.6	7.0	5.9	6.4	6.8	参考值
线胀系数			$10^{-6}K^{-1}$	18	18	18	18	18	18	

① 所有材料都能含浸润滑剂。

3.3.2　美国粉末冶金自润滑轴承材料

表 4-3-21　粉末冶金青铜轴承材料牌号、化学组成和物理-力学性能

（摘自 MPIF35，2010 年版）

材料	材料牌号	化学组成（质量分数）/%			最小值①			密度 $D_{湿}$①② /g·cm^{-3}	
					径向压溃强度 K		含油量 $P_1$④		
		元素	最小	最大	10^3lbf/in^2	MPa	（体积分数）/%	最小	最大
青铜（低石墨）	CT-1000-K19	铜 锡 石墨 其他⑤	余量 9.5 0 0	余量 10.5 0.3 2.0	19	130	24⑥	6.0	6.4
青铜（低石墨）	CT-1000-K26	铜 锡 石墨 其他⑤	余量 9.5 0 0	余量 10.5 0.3 2.0	26	180	19	6.4	6.8
青铜（低石墨）	CT-1000-K37	铜 锡 石墨 其他⑤	余量 9.5 0 0	余量 10.5 0.3 2.0	37	260	12	6.8	7.2
青铜（低石墨）	CT-1000-K40	铜 锡 石墨 其他⑤	余量 9.5 0 0	余量 10.5 0.3 2.0	40	280	9	7.2	7.6
青铜（中等石墨）	CTG-1001-K17	铜 锡 石墨 其他⑤	余量 9.5 0.5 0	余量 10.5 1.8 2.0	17	120	22⑦	6.0	6.4
青铜（中等石墨）	CTG-1001-K23	铜 锡 石墨 其他⑤	余量 9.5 0.5 0	余量 10.5 1.8 2.0	23	160	17	6.4	6.8
青铜（中等石墨）	CTG-1001-K30	铜 锡 石墨 其他⑤	余量 9.5 0.5 0	余量 10.5 1.8 2.0	30	210	9	6.8	7.2
青铜（中等石墨）	CTG-1001-K34	铜 锡 石墨 其他⑤	余量 9.5 0.5 0	余量 10.5 1.8 2.0	34	230	7	7.2	7.6
青铜（高石墨）	CTG-1004-K10	铜 锡 石墨 其他⑤	余量 9.2 2.5 0	余量 10.2 5.0 2.0	10	70	11⑧	5.8	6.2
青铜（高石墨）	CTG-1004-K15	铜 锡 石墨 其他⑤	余量 9.2 2.5 0	余量 10.2 5.0 2.0	15	100	③	6.2	6.6

① 这些数据都是基于制成品的材料。
②含油的。假定油的密度为 0.875g/cm³。
③ 在石墨含量（5%）与密度最高（6.6g/cm³）的条件下，这种材料中仅含有微量油。在 3%石墨与 6.2～6.6g/cm³ 密度下，其含油量可能为 8%（体积分数）。
④ 随着密度增高，最小含油量将减小。表中所示之值在给出的密度上限都是有效的。
⑤ 铁含量的最大值为 1%。
⑥ 最小含油量为 27%时，密度范围为 5.8～6.2g/cm³，K 的最小值为 105MPa。
⑦ 最小含油量为 25%时，密度范围为 5.8～6.2g/cm³，K 的最小值为 90MPa。
⑧ 石墨含量为 3%时，最小含油量为 14%。

注：1. 美国金属粉末工业联合会 MPIF 标准 35《粉末冶金自润滑轴承材料标准》是美国和世界许多国家广泛采用的粉末冶金轴承标准，2010 年修订版为最新版本。

2. 青铜（低石墨）轴承具有良好的耐蚀性，此种材料密度在 6.4g/cm³ 下时，可保证有一定的韧性，能够承受振动负载。此种材料可用于打桩，也可用于办公机械、农具、机床及一般设备的轴承。密度较高（6.8g/cm³）的材料具有更高的韧性，可支承较高的负载。但密度提高时，轴承的含油量减少，因此，此种材料适于速度较低的工作条件。由于具有较高的强度，此种材料常可用于结构零件和轴承的复合件。石墨含量为 0.5%～1.8%（中等含量）时，轴承具有好的性能，适用于重负载、高速度和一般磨蚀条件工况下之用。当石墨含量大于 3%时，轴承运转平稳性非常好，适合于现场工作时较少补加油以及较高温度下使用，常用于摆动或间歇转动的工况条件的轴承。

3. 粉末冶金自润滑轴承材料牌号按 MPIF35 的规定，由前缀（表示材料化学组元的字母符号）、中部（4 位数字表示材料组成的质量分数）和后缀三部分组成，一般组成形式及有关说明如下。

前缀（表示材料化学元素，组元符号）—— 中部——后缀

字符	组成元素名称
A	铝
C	铜
CT	青铜
CNZ	锌白铜
CZ	黄铜
F	铁
FC	铁-铜或铜钢
FD	扩散合金钢
FF	软磁铁
FL	预合金铁基材料（不包括不锈钢）
FN	铁-镍或镍钢
FS	铁硅
FX	铜熔渗铁或钢
FY	铁磷
G	游离石墨
M	锰
N	镍
P	铅
S	硅
SS	不锈钢（预合金化的）
T	锡
U	硫
Y	磷
Z	锌

中部：4 位数字表示材料组成的质量分数。有关说明见本表注 4 和注 5

后缀：两位数字表示 K 的最小值，K 是以 10^3 lbf/in² 表示，需方可根据粉末冶金材料的化学成分预计 K 值，字符 K 表示轴承材料牌号

4. 在非铁材料中，4 位数字系列前 2 位数字表示主要合金化组分的质量分数。4 位数字系列后 2 位数字表示次要合金化组分的质量分数。牌号中虽未包括其他次要元素，但它们都已在每一种标准材料的"化学组成"中给出。粉末冶金非铁材料牌号举例如下。

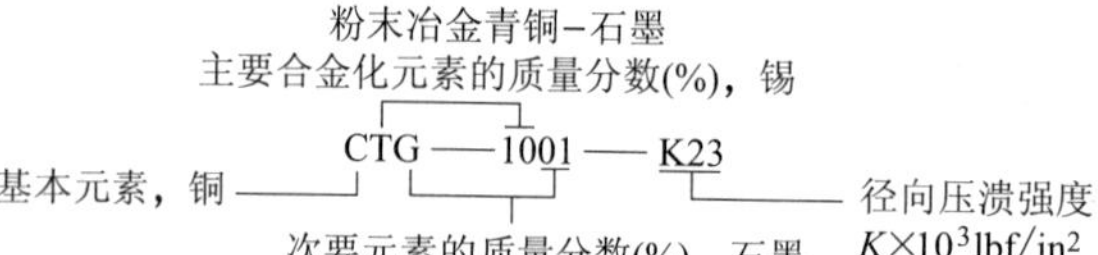

5. 在铁基材料中，主要合金化元素（除化合碳外）都包括在前缀字符牌号中。牌号中虽不包括其他元素，但在每一种标准材料的"化学组成"中都将它们列了出来。4 位数字牌号的前 2 位数字表示主要合金化组分的质量分数。4 位数字系列中最后 2 位数字表示铁基材料的化合碳含量。在牌号系统中，冶金化合碳的范围表示如下。

化合碳范围	牌号表示法
0.0%～0.3%	00
0.3%～0.6%	05
0.6%～0.9%	08

铁-石墨轴承的碳含量范围	牌号表示方法
0.0%～0.5%	03
0.5%～1.0%	08

粉末冶金铁基材料牌号举例如下：

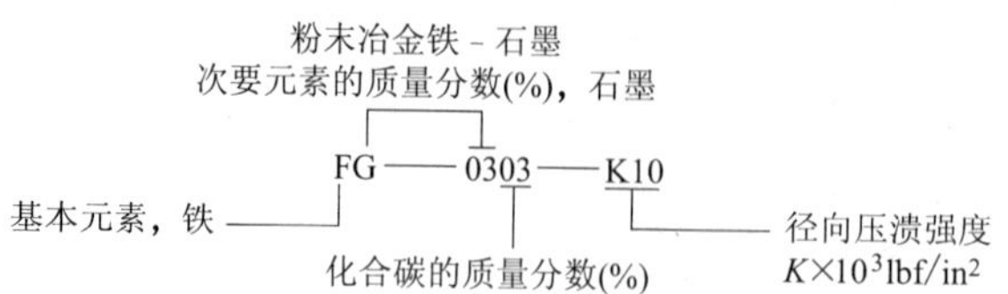

表 4-3-22 **粉末冶金扩散合金化铁-青铜轴承材料牌号、化学组成和物理-力学性能**

（摘自 MPIF 标准 35，2010 年版）

材料	材料牌号	化学组成[③]（质量分数）/%			最小值[①]			密度 $D_{湿}$[①②] /g·cm^{-3}	
					径向压溃强度 K		含油量 P_1		
		元素	最小	最大	10^3lbf/in^2	MPa	（体积分数）/%	最小	最大
扩散合金化铁-青铜	FDCT-1802-K18	铁 铜 锡 石墨 其他	余量 17.0 1.5 0 0	余量 19.0 2.5 0.1 1.0	22	150	24	5.6	6.0
	FDCT-1802-K28	铁 铜 锡 石墨 其他	余量 17.0 1.5 0 0	余量 19.0 2.5 0.1 1.0	31	215	19	6.0	6.4
	FDCT-1802-K38	铁 铜 锡 石墨 其他	余量 17.0 1.5 0 0	余量 19.0 2.5 0.1 1.0	39	270	13	6.4	6.8

① 这些数据都是基于制成品材料。

② 含油的。假定油的密度为 0.875g/cm^3。

③ 这些化学组成中没有添加石墨。

注：扩散合金化铁-青铜轴承材料，铁含量比一般的预混合铁-青铜轴承材料高。和一般的预混合青铜（90-10 青铜）轴承材料相比，扩散合金化铁-青铜轴承材料成本减少，价格较低，径向压溃强度较高。

表 4-3-23 **粉末冶金铁-青铜轴承材料牌号、化学组成和物理-力学性能**

（摘自 MPIF35，2010 年版）

材料	材料牌号	化学组成（质量分数）/%			径向压溃强度[①] K				含油量最小值 P_1[①]（体积分数）/%	密度 $D_{湿}$[①②] /g·cm^{-3}	
					10^3lbf/in^2		MPa				
		元素	最小	最大	最小	最大	最小	最大		最小	最大
铁-青铜	FCTG-3604-K16	铁 铜 锡 总碳[③] 其他	余量 34.0 3.5 0.5 0	余量 38.0 4.5 1.3 2.0	16	36	110	250	22	5.6	6.0
	FCTG-3604-K22	铁 铜 锡 总碳[③] 其他	余量 34.0 3.5 0.5 0	余量 38.0 4.5 1.3 2.0	22	50	150	340	17	6.0	6.4
	CFTG-3806-K14	铜 铁 锡 总碳[③] 其他	余量 36.0 5.5 0.5 0	余量 40.0 6.5 1.3 2.0	14	35	100	240	22	5.6	6.0

续表

材料	材料牌号	化学组成(质量分数)/%			径向压溃强度①K				含油量最小值 $P_1$①(体积分数)/%	密度 $D_{湿}$①② /g·cm⁻³	
		元素	最小	最大	10^3lbf/in² 最小	10^3lbf/in² 最大	MPa 最小	MPa 最大		最小	最大
铁-青铜	CFTG-3806-K22	铜 铁 锡 总碳③ 其他	余量 36.0 5.5 0.5 0	余量 40.0 6.5 1.3 2.0	22	50	150	340	17	6.0	6.4

① 这些数据都是基于制成品的材料。

② 含油的。假定油的密度为0.875g/cm³。

③ 冶金化合碳的最高含量为0.5%。

注：为了降低原材料成本，可用40%～60%（质量分数）铁稀释青铜。为了自润滑，这些轴承通常都含有0.5%～1.3%（质量分数）石墨。轴承的烧结要将化合碳含量减到最低限度。这类轴承可用于轻-中等负载和中等-高速条件下。往往用它们替代分马力电动机与器具中的青铜轴承。化合碳含量超过最大值时，可能形成有噪声的、硬的轴承。"总碳"的定义是冶金化合碳与游离石墨之和。

表 4-3-24 粉末冶金铁与铁-碳轴承材料牌号、化学组成和物理-力学性能

（摘自 MPIF 标准 35，2010 年版）

材料	材料牌号	化学组成(质量分数)/%			最小值① 径向压溃强度K		最小值① 含油量 P_1(体积分数)/%	密度 $D_{湿}$①② /g·cm⁻³	
		元素	最小	最大	10^3lbf/in²	MPa		最小	最大
铁	F-0000-K15	铁 碳 铜 其他	余量 0 0 0	余量 0.3 1.5 2.0	15	100	21	5.6	6.0
铁	F-0000-K23	铁 碳 铜 其他	余量 0 0 0	余量 0.3 1.5 2.0	23	160	17	6.0	6.4
铁-碳	F-0005-K20	铁 碳③ 铜 其他	余量 0.3 0 0	余量 0.6 1.5 2.0	20	140	21	5.6	6.0
铁-碳	F-0005-K28	铁 碳③ 铜 其他	余量 0.3 0 0	余量 0.6 1.5 2.0	28	190	17	6.0	6.4
铁-碳	F-0008-K20	铁 碳③ 铜 其他	余量 0.6 0 0	余量 0.9 1.5 2.0	20	140	21	5.6	6.0
铁-碳	F-0008-K32	铁 碳③ 铜 其他	余量 0.6 0 0	余量 0.9 1.5 2.0	32	220	17	6.0	6.4

① 这些数据都是基于制成品材料。

② 含油的。假定油的密度为0.875g/cm³。

③ 冶金化合碳。

注：密度为5.6～6.0g/cm³ 的普通铁可用做中等负载的轴承材料，此类材料的硬度与强度一般比90-10青铜高一些。碳与铁化合形成了钢轴承，其强度比纯铁高，同时径向压溃力较大，耐磨性与抗压强度较高。化合碳含量大于0.3%的轴承可以热处理，以全面改善力学性能。

表 4-3-25　粉末冶金铁-铜轴承材料牌号、化学组成和物理-力学性能

（摘自 MPIF 标准 35，2010 年版）

材料	材料牌号	化学组成(质量分数)/%			最小值①			密度 $D_{湿}$①②/g·cm^{-3}	
					径向压溃强度 K		含油量 P_1		
		元素	最小	最大	10^3lbf/in^2	MPa	(体积分数)/%	最小	最大
铁-铜	FC-0200-K20	铁 铜 碳 其他	余量 1.5 0 0	余量 3.9 0.3 2.0	20	140	22	5.6	6.0
	FC-0200-K34	铁 铜 碳 其他	余量 1.5 0 0	余量 3.9 0.3 2.0	34	230	17	6.0	6.4
	FC-1000-K20	铁 铜 碳 其他	余量 9.0 0 0	余量 11.0 0.3 2.0	20	140	22	5.6	6.0
	FC-1000-K30	铁 铜 碳 其他	余量 9.0 0 0	余量 11.0 0.3 2.0	30	210	19	5.8	6.2
	FC-1000-K40	铁 铜 碳 其他	余量 9.0 0 0	余量 11.0 0.3 2.0	40	280	17	6.0	6.4
	FC-2000-K25	铁 铜 碳 其他	余量 18.0 0 0	余量 22.0 0.3 2.0	25	170	22	5.6	6.0
	FC-2000-K30	铁 铜 碳 其他	余量 18.0 0 0	余量 22.0 0.3 2.0	30	210	19	5.8	6.2
	FC-2000-K40	铁 铜 碳 其他	余量 18.0 0 0	余量 22.0 0.3 2.0	40	280	17	6.0	6.4

① 这些数据都是基于制成品的材料。

② 含油的。假定油的密度为 0.875g/cm^3。

注：为了改进烧结材料的强度与硬度，可在铁中添加铜，一般铜的添加量（质量分数）为 2%、10%或 20%。添加 20%铜时，轴承材料的硬度与强度都比 90-10 青铜高，另外还具有好的振动负载能力。这类材料往往用于需要极好地兼具好的结构性能与轴承特性的场合。

表 4-3-26　粉末冶金铁-铜-碳轴承材料牌号、化学组成和物理-力学性能

（摘自 MPIF 标准 35，2010 年版）

材料	材料牌号	化学组成(质量分数)/%			最小值①			密度 $D_{湿}$①②/g·cm^{-3}	
					径向压溃强度 K		含油量 P_1		
		元素	最小	最大	10^3lbf/in^2	MPa	(体积分数)/%	最小	最大
铁-铜-碳	FC-0205-K20	铁 铜 碳③ 其他	余量 1.5 0.3 0	余量 3.9 0.6 2.0	20	140	22	5.6	6.0

第4篇

续表

材料	材料牌号	化学组成(质量分数)/%			最小值[①]			密度 $D_{湿}^{①②}$/g·cm^{-3}	
					径向压溃强度 K		含油量 P_1		
		元素	最小	最大	10^3lbf/in^2	MPa	(体积分数)/%	最小	最大
铁-铜-碳	FC-0205-K35	铁 铜 碳[③] 其他	余量 1.5 0.3 0	余量 3.9 0.6 2.0	35	240	17	6.0	6.4
	FC-0208-K25	铁 铜 碳[③] 其他	余量 1.5 0.6 0	余量 3.9 0.9 2.0	25	170	22	5.6	6.0
	FC-0208-K40	铁 铜 碳[③] 其他	余量 1.5 0.6 0	余量 3.9 0.9 2.0	40	280	17	6.0	6.4
	FC-0508-K35	铁 铜 碳[③] 其他	余量 4.0 0.6 0	余量 6.0 0.9 2.0	35	240	22	5.6	6.0
	FC-0508-K46	铁 铜 碳[③] 其他	余量 4.0 0.6 0	余量 6.0 0.9 2.0	46	320	17	6.0	6.4
	FC-2008-K44	铁 铜 碳[③] 其他	余量 18.0 0.6 0	余量 22.0 0.9 2.0	44	300	22	5.6	6.0
	FC-2008-K46	铁 铜 碳[③] 其他	余量 18.0 0.6 0	余量 22.0 0.9 2.0	46	320	17	6.0	6.4

① 这些数据都是基于制成品的材料。
② 含油的。假定油的密度为0.875g/cm^3。
③ 冶金化合碳是根据铁含量确定的。
注：在铁-铜材料中添加0.3%～0.9%（质量分数）碳可大大增高材料强度。另外，这些材料还可用热处理硬化。这些材料具有高的耐磨性与抗压强度。

表 4-3-27　　粉末冶金铁-石墨轴承材料牌号、化学组成和物理-力学性能

（摘自MPIF标准35，2010年版）

材料	材料牌号	化学组成(质量分数)/%			径向压溃强度[①] K				含油量最小值[①] P_1(体积分数)/%	密度 $D_{湿}^{①②}$/g·cm^{-3}	
					10^3lbf/in^2		MPa				
		元素	最小	最大	最小	最大	最小	最大		最小	最大
铁-石墨	FG-0303-K10	铁 石墨[③] 碳[④] 其他	余量 2.0 0 0	余量 3.0 0.5 2.0	10	25	70	170	18	5.6	6.0
	FG-0303-K12	铁 石墨[③] 碳[④] 其他	余量 2.0 0 0	余量 3.0 0.5 2.0	12	35	80	240	12	6.0	6.4

续表

材料	材料牌号	化学组成（质量分数）/%			径向压溃强度① K				含油量最小值① P_1（体积分数）/%	密度 $D_{湿}$①② /g·cm^{-3}	
					10^3lbf/in^2		MPa				
		元素	最小	最大	最小	最大	最小	最大		最小	最大
铁-石墨	FC-0308-K16	铁 石墨③ 碳④ 其他	余量 1.5 0.5 0	余量 2.5 1.0 2.0	16	45	110	310	18	5.6	6.0
	FG-0308-K22	铁 石墨③ 碳④ 其他	余量 1.5 0.5 0	余量 2.5 1.0 2.0	22	55	150	380	12	6.0	6.4

① 这些数据都是基于制成品的材料。

② 含油的。假定油的密度为 0.875g/cm^3。

③ 石墨碳也称为游离碳。

④ 冶金化合碳。

注：在铁中可混合以石墨并烧结到含有化合碳，从而使大部分石墨可用于进行辅助润滑。这些材料具有优异的阻尼特性，可制成平静运转的轴承。为了自润滑，所有材料都可以浸油。化合碳含量超过最大值时，可能形成有噪声的、硬的轴承。这种材料制造的含油轴承广泛用于内燃机车（百叶窗的衬套）、农机（联合收割机、拖拉机）、缝纫机；用于煤炭输送机、窄胶片电影放映机、汽车前悬挂杆和其他组件；用于 2000 与 BK-2 轧钢机横向输送机、板材轧机的整理机构、耐油橡胶扩孔轧机；用于电气列车车辆的制动传动、电锯机架关节及其他用途。

使用烧结 Fe-石墨含油轴承时，必须注意，连续或经常地从外部供给润滑油，不得有剧烈的冲击负荷，要采用淬硬的钢轴。

表 4-3-28　　粉末冶金自润滑轴承标准荷载

轴的速度 /m·min^{-1}	荷载/MPa									
	CT-1000	CT-1000 CTG-1001 CTG-1004	F-0000	F-0005	FC-0200	FC-1000	FC-2000	FCTG-3604	FC-0303	FG-0308
静止	45	60	69	105	84	105	105	60	77	105
慢与间歇	22	28	25	25	25	35	35	28	25	25
7～15	14	14	12	12	12	18	18	14	12	12
15～30	3.5	3.5	2.8	3.1	3.1	4.8	4.8	2.8	3.1	3.1
30～45	2.2	2.5	1.6	2.1	2.1	2.8	2.8	2.1	2.1	2.1
45～60	1.7	1.9	1.2	1.6	1.6	2.1	2.1	1.4	1.6	1.6
60～150	$p=\frac{105}{v}$	$p=\frac{105}{v}$						$p=\frac{85}{v}$		
>60			$p=\frac{75}{v}$	$p=\frac{105}{v}$	$p=\frac{105}{v}$	$p=\frac{105}{v}$	$p=\frac{105}{v}$		$p=\frac{105}{v}$	$p=\frac{105}{v}$
150～300		$p=\frac{127}{v}$								

注：p 为轴承投影面积（轴承长度与内径乘积）的荷载，MPa；v 为轴的速度，m/min。轴承荷载 p 是用力（N）除以轴承投影面积（mm^2）计算所得。极限 pv 值高的轴承和极限 pv 值低的轴承相比较：pv 值高者，可承受较大的荷载或适于在较高的转速下工作。粉末冶金轴承的性能与多种因素有关。本表数据来源于 MPIF35《粉末冶金自润滑轴承材料标准》（2010 年版）的工程技术资料，实践证明这些数据是可靠的（但没有列入标准规范），设计和应用时可供选用。

3.3.3 日本烧结金属含油轴承材料

表 4-3-29 日本烧结金属含油轴承材料的品种、化学成分和性能（摘自 JIS B1581）

种类		种类符号	含油量(体积分数)/%	化学成分(质量分数)/%							压溃强度/MPa	表面多孔性
				Fe	C①	Cu	Sn	Pb	Zn	其他		
SBF1种	1号	SBF1118	18以上	余	—	—	—	—	—	3以下	170以上	加热时油要均匀地从滑动面渗出
SBF2种	1号	SBF2118	18以上	余	—	5以下	—	—	—	3以下	200以上	
	2号	SBF2218				18～25					280以上	
SBF3种	1号	SBF3118	18以上	余	0.2～0.5	—	—	—	—	3以下	200以上	
SBF4种	1号	SBF4118	18以上	余	0.2～0.9	5以下	—	—	—	3以下	280以上	
SBF5种	1号	SBF5110	10以上	余	—	5以下	—	3以上10未满	—	3以下	150以上	
SBK1种	1号	SBK1112	12以上18未满	1以下	2以下	余	8～11	—	—	0.5以下	200以上	
	2号	SBK1218	18以上								150以上	
SBK2种	1号	SBK2118	18以上	1以下	2以下	余	6～10	5以下	1以下	0.5以下	150以上	

① 化合碳。

表 4-3-30 粉末冶金轴承合金系种类、化学成分、性能及应用

合金系(主要成分)	相应的JIS标准	化学成分(质量分数)/%						性能				应用举例
		Cu	Fe	Sn	Pb	C	其他	密度/g·cm^{-3}	含油量(体积分数)/%	压溃强度/MPa	极限 pv 值/MPa·m·min^{-1}	
Cu-Sn	SBK1218	余	—	8～11	—	—	<1	6.4～7.2	>18	>150	100	微电动机、步进电动机
Cu-Sn-Pb-C	SBK2118	余	—	8～11	<3	<3	<1	6.4～7.2	>18	>150	100	换气扇、办公机械、运输机械
Cu-Sn-C	SBK1218	余	—	8～11	—	<3	<1	6.4～7.2	>18	>150	100	音响电动机、办公机械
Cu-Sn-Pb	SBK2118	余	—	3～5	4～7	—	<1	6.4～7.2	>18	>150	20	磁带录音机输带辊轴承
Cu-Sn-Pb-C	—	余	MoS_2 1.5～5.5，Ni<3	7～11	<1.5	<1.5	<1	6.4～7.2	>12	>150	300	起动机、电动工具、VTR用的各种轴承
Cu-Sn-Pb	—	余	MoS_2 1.5～2.5	7～11	<1.5	—	<1	6.4～7.2	>12	>150	100	D、D输带辊电动机和FDD主轴电动机用的轴承
Fe-Cu-C	SBF4118	<5	余	—	—	0.2～1.8	<1	5.6～6.4	>18	>150	200	热圈、隔片、齿轮传动电动机
Fe-Cu-Pb	SBF2118	<3	余	—	<2	—	<1	5.6～6.4	>18	>200	150	小型通用电动机、缝纫机轴承
Fe-Cu-Pb-C①	SBF5110	<5	余	—	3～10	0.2～1.8	<3	5.7～7.2	>15	>200	200	家用电器电动机轴承
Fe-Cu-Sn	—	48～52	余	1～3	—	—	<3	6.2～7.0	>18	>200	150	办公机械、家用电器用轴承
Fe-Cu-C	—	14～20	余	—	—	1～4	<1	5.6～6.4	>18	>160	150	运输机械轴承
Fe-Cu-Zn①	—	18～22	余	1～3	Zn 2～7	—	<1	5.6～6.4	>18	>150	100	各种微型电动机、传输带辊轴承

① 可替代铜基轴承。

注：化学成分与密度各生产厂略有不同。

表 4-3-31　烧结金属含油轴承的各种特性

合金系(主要成分)	使用特性														
	极限 pv 值 /MPa · m · min^{-1}	轴回转				负荷			音响	高温	被切削加工性	铆接性	防锈能力	尺寸精度	价格
		高速	低速	断续	摇动	高负荷	低负荷	冲击							
Cu-Sn	100	○	·	·	·	·	○	·	*	·	○	*	○	○	±
Cu-Sn-Pb-C	100	○	○	○	○	·	○	○	·	·	○	△	○	○	±
Cu-Sn-C	100	*	○	·	·	·	○	○	○	·	○	△	○	○	±
Cu-Sn-Pb	20	·	○	·	·	△	○	·	*	·	*	·	○	*	±
Cu-Sn-Pb-C	300	*	○	○	*	*	*	○	○	○	○	△	△	△	++
Cu-Sn-Pb	100	○	*	*	○	○	*	○	*	○	○	·	○	○	++
Fe-Cu-C	200	·	·	·	·	*	○	○	△	·	△	△	△	·	=
Fe-Cu-Pb	150	○	○	·	·	·	○	△	·	·	·	○	○	○	=
Fe-Cu-Pb-C	200	○	○	○	○	·	○	·	○	·	*	○	○	○	=
Fe-Cu-Sn	150	○	·	·	·	·	○	○	○	·	○	○	○	○	=
Fe-Cu-C	150	·	·	○	○	△	○	·	△	○	○	△	△	△	=
Fe-Cu-Zn	100	○	·	·	·	○	○	·	○	·	·	△	○	○	=

注：1. * 优秀（最适）；○良好；·可；△不适。

2. 关于极限 pv 值，调整内径面的孔隙时，比表中所列数值小。

3. ++高价；±标准；=便宜。

表 4-3-32　烧结金属含油轴承材质的特点与对轴材质的适合性

合金系(主要成分)	适用例	特点	轴的材质				
			一般钢材			不锈钢	
			不进行热处理	调质	淬火-低温回火	奥氏体系	马氏体系
Cu-Sn	微型电动机、步进电动机	广泛用作音响机器、家用电器等的轴承	△	○	*	△	○
Cu-Sn-Pb-C	换气扇、办公机械、运输机械	作为铜基的标准材质用于各个领域	+	○	*	△	○
Cu-Sn-C	音响电动机、办公机械	耐烧轴性好，用于高速场合	+	○	○	△	○
Cu-Sn-Pb	磁带录音机输带辊轴承	磨合好，适用于作低摩擦材料	+	○	○	△	○
Cu-Sn-Pb-C	启动机、电动工具、VTR 用的各种轴承	适用于油膜难以形成的高温环境；高速、高负荷条件	△	○	○	△	○
Cu-Sn-Pb	D. D. 输带辊电动机和 FDD 主轴电动机用的轴承	磨合性、耐磨性好	△	○	○	△	○

续表

合金系（主要成分）	适用例	特点	轴的材质				
			一般钢材			不锈钢	
			不进行热处理	调质	淬火-低温回火	奥氏体系	马氏体系
Fe-Cu-C	垫圈、隔片、齿轮传动电动机	强度高、适合于 pv 值高的条件	△	＋	○	△	＋
Fe-Cu-Pb	小型通用电动机、缝纫机轴承	一般 Fe 基的标准材质，广泛用于各个领域	＋	○	○	△	○
Fe-Cu-Pb-C	家用电器电动机的轴承	可替代铜基轴承	＋	○	○	△	○
Fe-Cu-Sn	办公机械、家用电器用轴承	耐久性好的廉价轴承	△	○	○	△	○
Fe-Cu-C	运输机械用轴承	配合有大量的石墨，耐烧轴性好	△	○	○	△	○
Fe-Cu-Zn	各种微型电动机用，输带辊轴承用	可替代 Cu 基轴承	＋	○	○	△	○

注：＊优秀（最适）；○良好；＋可；△不适。

表 4-3-33　日本日立粉末冶金公司烧结 Fe-Cu 减摩材料牌号、化学成分、性能及特点

材料牌号	化学成分（质量分数）/%					性能		
	Fe	Cu	Pb	$C_{化合}$	其他	密度（含油）/g·cm^{-3}	含油率（体积分数）/%	压溃强度/MPa
EQ	余量	1～3	＜2	—	＜1	5.9	＞18	＞200
EF	余量	1～3	—	—	＜0.5	5.9	＞18	＞200
EPC	余量	1～3	—	0.2～0.6	＜0.5	5.9	＞18	＞250
EA	余量	14～20	—	1～4	＜0.5	5.9	＞15	＞150
EB	余量	2～5	—	1～4	＜0.5	5.9	＞15	＞150
ED	余量	1～5	＜20	—	＜1.0	6.3	＞18	＞150

材料牌号	使用特性														适用例
	极限 pv 值/MPa·m·s^{-1}	轴转速				负荷			音响	高温	切削加工性	铆接性	防锈能力	尺寸精度	价格	
		高速	低速	断续	摆动	高	低	冲击								
EQ	2.5	良	良	可	可	可	良	不可	可	可	良	良	良	良	便宜	小型电机、缝纫机、电动洗衣机
EF	2.5	良	可	可	可	可	良	可	可	优	优	不可	良	良	便宜	速度表、洗衣机、放映机
EPC	3.3	可	良	可	良	优	良	优	可	不可	不可	不可	可	可	便宜	转向衬套、齿轮传动电动机、衬圈
EA	2.5	可	可	良	良	不可	良	可	良	良	不可	不可	不可	不可	稍便宜	发动机启动机
EB	2.5	可	可	可	良	不可	良	可	可	良	不可	不可	不可	不可	稍便宜	织机、发动机启动机
ED	1.7	可	可	良	良	不可	良	可	良	良	不可	良	不可	不可	标准	发动机启动机、分电器

续表

材料牌号	特　点	JIS 的相应标准
EQ	一般轴承用标准铁基材料，应用范围广	相当 SPF 2118
EF	切削性好，作为一般轴承用材，用于许多方面	SBF 2118
EPC	烧结钢质轴承，强度高，可用于冲击负荷条件下	SBF 4118
EA	添加有石墨，抗烧接性好，可用于环境温度高的条件下	相当 SBF 2218
EB	含油率高，适用于急剧启动与继续运转的条件，另外，抗烧接性好，可用于一般用途	相当 SBF 2218
ED	含 Pb 量高，在铁基材料中磨合性最好，运转平滑	SBF 5118

3.3.4　含硫烧结 Fe-石墨轴承材料

表 4-3-34　　含硫烧结 Fe-石墨轴承材料的组成、性能与应用范围

材料	化学成分①(质量分数)/%				润滑状况	极限容许值		应用范围
	C	Cu	S	P		负荷/MPa	速度/m·s^{-1}	
烧结 Fe-C-S	1.0	—	0.8～1.0	—	有限润滑	50～250	2.0～4.0	用于制造拖拉机中变速器的衬套，调速器盘和盖的衬套，润滑机械齿轮的衬套，这些衬套过去都是用青铜制造的
烧结 Fe-Cu-C-S	1.5	2.5～3.0	0.4～0.8	—	有限润滑	50～80	2.0～8.0	温度达 200℃ 时的汽车用气门导管，铁路车辆杠杆-制动传动装置的衬套，棉花耕耘机与播种机的衬套，精-粗梳毛机和棉纺织机的衬套，饲料分发器输送机的衬套等
烧结 Fe-Cu-C-S	1.3～2.0	3.0～10.0	0.4	—	—	150～190	0.1	卡车绞车衬套，载重汽车铰链，转动凸轮的枢纽与关节的衬垫，在较高温度(达 500℃)下工作的汽车气门导管
烧结 Fe-C-S-P	1.5	—	0.7～1.0	0.5～0.7	有限润滑	—	—	丝杠车床的零件

① 余为 Fe。

第4篇

3.3.5　烧结钢-铜铅合金减摩双金属带材

表 4-3-35　　烧结钢-铜铅合金减摩双金属带材的性能与应用

材料规格		名义化学组成(质量分数)/%	性　能	应　用
SAE①	ISO②			
792	CuPb10Sn10	Cu80.0 Sn10.0 Pb10.0	高的物理性能，优异的耐冲击性和抗振性，高的负荷能力，好的耐磨性	活塞销，转向，履带支重轮，缸体，摇臂轴，轴的衬套，耐磨板，高冲击止推垫圈(用于硬轴的)
798		Cu84.0 Sn4.0 Pb8.0 Zn4.0(最大)	抗振性、负荷能力及耐蚀性好，物理强度稍低于 SAE792	一般用衬套材料，弹簧眼，摇臂，通用衬套(用于硬轴)

续表

材料规格		名义化学组成（质量分数）/%	性　能	应　用
SAE①	ISO②			
799	CuPb24Sn4	Cu72.0 Sn3.5 Pb23.0 Zn3.0(最大)	兼有好的摩擦性能、嵌入性、相容性及中等负荷能力，可承受较高的表面速度和负荷	重负荷凸轮轴，电动机，自动变速箱，液压泵，齿轮变速器的轴承
480		Cu65.0 Pb35.0	好的摩擦性能、润滑性、顺应性，比巴氏合金耐疲劳	泵，小型电动机，非腐蚀环境的轴承
482		Cu65.0 Pb28.0 Sn7.0	好的疲劳性能、顺应性及耐蚀性	中等负荷发动机，泵的轴承
49③	CuPb24Sn	Cu74.5 Pb24.5 Sn1.0	很高的疲劳性能和很好的耐蚀性	重负载发动机，泵，压缩机的软轴与硬轴用轴承
H-116③	CuPb24Sn4	Cu73.0 Sn23.75 Sn3.25	较高的疲劳性能和很好的耐蚀性	主要用于要求最高负荷和耐久性的重负载发动机(硬轴)的轴承
H-14④		Cu83.0 Pb14.0 Sn3.0	疲劳性能最高，较好的耐蚀性	柴油机的最高负荷能力(硬轴)处的轴承

① SAE是美国汽车工程协会的缩写。
② ISO是国际标准组织的缩写。
③ 是Federal Mogul的材料代号。
④ SAE49、H-116、H-14都是有表面镀层的铜铅合金材料。

注：烧结钢-铜铅合金复合材料是将铜铅合金或铅青铜合金与带钢背烧结制成的双金属带材。这种带钢背的复合减摩材料，具有高的承载能力、优良的减摩性能，在农机、汽车、飞机工业、机械及其他工程领域中应用较多。

3.3.6 烧结金属石墨材料

表4-3-36 烧结金属石墨材料的成分与应用范围

序号	石墨含量（质量分数）/%	添加剂（质量分数）/%	应用范围	特点
铁　基				
1	2～20	（达15）Cu	不润滑下工作	石墨含量高于10%～15%(体积分数)或高于4%～5%(质量分数)的烧结金属材料一般称为金属石墨材料，可以作为各种金属石墨轴承材料之用，金属石墨轴承有较多的特点：工作温度范围为－200～＋700℃；可在粉尘、污染严重的气氛中；海水、水及其他液体；强腐蚀条件下及真空条件下使用；干摩擦或油润滑条件下，承受高负荷的工作；不会损伤偶合面，不会烧轴；可制成特殊的形状；由于是热及电的良导体，在运转时，轴承中不会积蓄热能，无静电现象
2	10～30	—	序号2～7材料在沉重摩擦条件下，不润滑时工作(在水、气体、水汽中，于温度－200～600℃下；在达900℃的温度作用下与达45m/s的速度下)	
3	6～25	—		
4	6～8	—		
5	17～30	—		
6	4～14	—		
7	4～17	—		
8	10～15	(1.5～3.5) Bi、As、Sb	在 $p=0.2\sim1$MPa 和 $v=4.35\sim35.8$m/s 下，于50～370℃范围内工作	
9	达10	(0.2～10) Ni或Mn、Cr、Mo、P、Si、V、Ta、W、Nb	—	
10	达10	2～40一种或几种Ti、Ta、Zr、W、Nb、Cr、Mo、Si、B或V的碳化物	—	

续表

<table>
<tr><th>序号</th><th>石墨含量（质量分数）/%</th><th>添加剂（质量分数）/%</th><th>应用范围</th><th>特点</th></tr>
<tr><td colspan="4">铁　　基</td><td rowspan="21">石墨含量高于 10%～15%（体积分数）或高于 4%～5%（质量分数）的烧结金属材料一般称为金属石墨材料，可以作为各种金属石墨轴承材料之用，金属石墨轴承有较多的特点：工作温度范围为 -200～+700℃；可在粉尘、污染严重的气氛中；海水、水及其他液体；强腐蚀条件下及真空条件下使用；干摩擦或油润滑条件下，承受高负荷的工作；不会损伤偶合面，不会烧轴；可制成特殊的形状；由于是热及电的良导体，在运转时，轴承中不会积蓄热能，无静电现象</td></tr>
<tr><td>11</td><td><8</td><td>5 TiH_2</td><td>不润滑下工作</td></tr>
<tr><td>12</td><td>4～25</td><td>18 Ni</td><td>于高负荷、较高粉尘及不润滑下摩擦时的沉重工作条件下</td></tr>
<tr><td>13</td><td>3～7 或 5～15</td><td>(0～20)Pb、(0～25)Cu、(1～15)Ni</td><td>滑块</td></tr>
<tr><td colspan="4">铜　　基</td></tr>
<tr><td>14</td><td>4～20</td><td>Pb、Al、P、Sn、Zn</td><td>滑动、密封、轴承</td></tr>
<tr><td>15</td><td>15～16</td><td>(10～20)Pb、(9～10)Sn</td><td>在不润滑下工作</td></tr>
<tr><td colspan="4">铜与铜合金基(Cu-Al、Cu-Sn、Cu-Sn-Al、Cu-Sn-P、Cu-Sn-Zn、Cu-Sn-Pb)</td></tr>
<tr><td>16</td><td>12～20</td><td>(4～15)Ti、Mn、Co、Ni、Fe</td><td>在不润滑下工作</td></tr>
<tr><td colspan="4">青铜基或黄铜基</td></tr>
<tr><td>17</td><td>4～25</td><td>—</td><td>在温度 -200～350℃下，于水蒸气、水、气体中工作的轴承</td></tr>
<tr><td colspan="4">Cr-Co 合金基</td></tr>
<tr><td>18</td><td>40%～60%（体积分数）</td><td>—</td><td>在热水中工作</td></tr>
<tr><td colspan="4">铝　　基</td></tr>
<tr><td>19</td><td>30</td><td>—</td><td rowspan="3">这是一种热导率与耐磨性高的材料，用于制造触头、电机电刷</td></tr>
<tr><td>20</td><td>4～17</td><td>—</td></tr>
<tr><td>21</td><td>16～10</td><td>(2.5～5)Mg</td></tr>
<tr><td colspan="4">银　　基</td></tr>
<tr><td>22</td><td>10</td><td>—</td><td>同铝基</td></tr>
<tr><td colspan="4">镍-铁合金基</td></tr>
<tr><td>23</td><td>10</td><td>2.0Mn、2.5ZnS</td><td>用于在高滑动速度下，于自润滑下工作，在水中工作</td></tr>
</table>

表 4-3-37　德国 Deva Werke 的烧结金属石墨轴承材料种类、性能及特点

<table>
<tr><td rowspan="12">D类材料</td><td rowspan="5">物理-力学性能</td><td>材料代号</td><td>金属基体组成</td><td>石墨含量（质量分数）/%</td><td>密度 /g·cm^{-3}</td><td>硬度 HBW/MPa</td><td>抗压强度 /MPa</td><td>最高使用温度/℃</td><td>线胀系数 /10^{-6}℃$^{-1}$</td><td>偶合面硬度 HBW /MPa</td><td>适用范围</td></tr>
<tr><td>BL2/6</td><td>Cu-Sn-Pb</td><td>6</td><td>7.1</td><td>500～700</td><td>310</td><td rowspan="4">200</td><td rowspan="4">18</td><td rowspan="4">>2000</td><td rowspan="2">一般用水，中等负荷及中等速度</td></tr>
<tr><td>BL2/8</td><td>Cu-Sn-Pb</td><td>8</td><td>6.7</td><td>450～650</td><td>230</td></tr>
<tr><td>B1/6</td><td>Cu-Sn</td><td>6</td><td>7.0</td><td>550～750</td><td>330</td><td rowspan="2">食品、饮料、人体等忌避铅的场合</td></tr>
<tr><td>B1/8</td><td>Cu-Sn</td><td>8</td><td>6.8</td><td>500～700</td><td>250</td></tr>
<tr><td rowspan="5">减摩性能</td><td>合金基体</td><td>材料代号</td><td>负荷 /MPa</td><td colspan="5">容许的滑动速度/m·s^{-1}</td><td colspan="2">磨损量（每摩擦 1km）</td></tr>
<tr><td rowspan="2">铅青铜基</td><td>BL2/6</td><td>10～30</td><td colspan="3">10MPa 时，0.07m·s^{-1}</td><td colspan="2">30MPa 时，0.016m·s^{-1}</td><td colspan="2">7μm(2MPa·0.05m·s^{-1})</td></tr>
<tr><td>BL2/8</td><td>1～10</td><td colspan="3">1MPa 时，1.2m·s^{-1}</td><td colspan="2">10MPa 时，0.15m·s^{-1}</td><td colspan="2">5μm(2MPa·0.05m·s^{-1})</td></tr>
<tr><td rowspan="2">青铜基</td><td>B1/6</td><td>10～30</td><td colspan="3">10MPa 时，0.07m·s^{-1}</td><td colspan="2">30MPa 时，0.016m·s^{-1}</td><td colspan="2">9μm(2MPa·0.05m·s^{-1})</td></tr>
<tr><td>B1/8</td><td>1～10</td><td colspan="3">1MPa 时，1.2m·s^{-1}</td><td colspan="2">10MPa 时，0.15m·s^{-1}</td><td colspan="2">6μm(2MPa·0.05m·s^{-1})</td></tr>
<tr><td>特点</td><td colspan="10">D类材料的代表性材料为铅青铜基与青铜基材料，适用于中等负荷与中等速度、低速的轴承。金属石墨轴承的负荷与容许滑动速度的关系取决于轴承运转时发热与散热的平衡。负荷、滑动速度、对偶轴的粗糙度均影响金属石墨轴承的磨损量</td></tr>
</table>

续表

类别	项目	合金基体	石墨含量(质量分数)/%		使用温度/℃	最高负荷/MPa	最高滑动速度/m·s^{-1}	适用范围
			粉状	粒状				
T类材料	性能	铅青铜基	6 8 12	8 12	−50～+200	50 30 5	0.02 0.5 1.0	含Pb青铜，可用于水中、空气中；一般用材料
		青铜基	6 8 12	8 12		50 30 5	0.02 0.5 1.0	无铅青铜，可用于食品机械，也可用于清水中
		特殊青铜基	6 8 12	8 12	−180～+350	40 20 3	0.02 0.5 1.0	在铜合金中，尺寸稳定性优异
		Ni-Fe-Cu基	8 12		约+450	20 5	0.04 0.5	耐蚀性好，特别是在海水中耐蚀性良好
		Fe基	8		约+600	20	0.04	轴承无氧化问题的场合
		Ni基	8 12		约+600	20 5	0.04 0.3	用于放射线、原子能方面的轴承；耐蚀性非常好；在液体中使用也是好的
		Fe-Ni基	10	10	约+700	40	0.02	高温特性好；强度优异
			10					高温、耐蚀性好
	特点	适用于轻-高负荷、低-高速的金属石墨轴承，使用温度范围较大，加入的石墨有粉状和粒状之分，加入8%粉状和12%粒状石墨者，材料强度基本相同，承受的最高负荷基本相同。无杂质侵入时，使用粉状石墨较好，有砂、Fe粉侵入者，使用粉状石墨较好						

BB类材料

BB类材料是在冷轧钢板上，烧结以D类材料(BL2/8、B1/6、B1/8中之一)层制成的复合材料，适用于中-高负荷、低速金属石墨轴承。BB类材料的标准尺寸如下：

代号	厚度/mm	合金层厚度/mm	宽度$^{+2.0}_{0}$/mm	长度$^{+5.0}_{0}$/mm
P1.5	1.5±0.05	0.4	70	500
P2	2.0±0.05	0.6	70	
P2.5	2.5±0.05	0.9	120	
P3	3±0.05	1.0	120	
P8	8.0±0.075	1.3	110	

Deva塑料材料

Deva塑料材料是以耐热性高的塑料取代金属，将石墨与其他润滑剂加入其中制成的，其特点：具有优异的耐磨性；摩擦因数小，在运转中无变化；在高温条件下(约250℃)亦可用于干摩擦；热膨胀系数小；对腐蚀性气体与液体的抗力强；在低黏性流体条件下，边界润滑也是有效的；密度小，可减轻重量；模压成形性良好，易于制造特殊形状的零件。Deva塑料三种材料的物理-力学性能及最佳设计值如下：

性能		PIA	PIC	PIF
物理-力学性能	抗压强度/MPa	5.8	9.5	4.2
	硬度HBW/MPa	250	300	—
	抗拉强度/MPa	1.4	1.5	0.6
	密度/g·cm^{-3}	1.5	1.8	1.75
	线胀系数/℃$^{-1}$	22×10^{-6}	21×10^{-6}	23×10^{-6}
最佳设计值	容许负荷/MPa	3(最小)	5(最大)	1(最小)
	使用温度极限/℃	200	250	200
	滑动速度/m·s^{-1}	0.8	0.6	1.0

Deva塑料材料的摩擦因数比金属石墨材料小，完全干摩擦时的摩擦因数：启动时的静摩擦因数为0.13～0.18；运转中的动摩擦因数为0.1～0.15

3.3.7　其他烧结金属含油轴承材料

表 4-3-38　近期开发的烧结金属含油轴承的化学成分、物理-力学性能及特点

合金系（主要成分）	化学成分(质量分数)/%							密度/g·cm^{-3}	含油率(体积分数)/%	压溃强度/MPa	pv 值(最大)/MPa·m·min^{-1}	特　点
	Cu	Fe	Sn	Zn	P	C	其他					
Cu-Sn	余量	—	2～7				<2	6.7～7.8	>12	>100	50	用于便携式录音机等，摩擦因数小，省电
Cu-Sn-P-C	余量	—	8～11	—	<0.3	<3	<1	7.0～7.6	>6	>180	150	适用于低速、高荷载，在摇动条件下仍可使用。可用于替代电动机中的滚动轴承
Cu-Fe-Sn-Zn-C	余量	24～68	0.2～7	3～28	—	<2	<1	5.8～6.6	>18	>160	100	耐蚀性优良，耐磨性好，在低 pv 值下，性能与青铜材质相同。可替代青铜轴承，价格便宜。广泛用于家电、音响机器等
Fe-Cu-Sn-C	余量	40～48	3～6	—	—	0～3	<1	5.8～6.6	>18	>200	120	耐磨性近于Fe基材料，在高 pv 值下，耐磨性比青铜轴承好。广泛用于汽车、音响机器
Fe-Cu-Sn-C	余量	50～65	2～7	—	—	0～3	<2	根据使用条件	根据使用条件	>150	120	适用于高转速的含油轴承

注：本表所列烧结含油轴承材料是近期开发的新品种，其化学成分不含铅。这种无铅含油轴承材料符合环保的要求，在含油轴承设计中已经作为烧结金属含油轴承材料选用，效果好。

3.3.8　烧结金属含油轴承材料的选用

表 4-3-39　烧结金属含油轴承材料的种类、特性及用途

种类	特性及用途
Cu 基	铜基材料以烧结锡青铜应用最广泛，适用于要求耐蚀场合及低负荷-高速工况条件下。烧结锡青铜材料具有良好的耐蚀性能，较高的强度，能承受一定的冲击和振动负荷，适用于制造和轴承一体化的零件，如在办公机械、农具、计算机、机床及分马力电动机中应用，并且效果好。为了强化润滑，可添加石墨、MoS_2 及 Pb 等固体润滑剂，对于重负荷、振动、间歇转动及高温条件的工况，应选用添加石墨的青铜烧结轴承材料。铜基轴承材料应用广泛，最常用的合金系有 Cu-Sn、Cu-Sn-C、Cu-Sn-Pb-C、Cu-Sn-Pb-Zn-C 等，国内应用最广泛的是 6-6-3 青铜轴承材料
Fe 与 Fe-C	Fe 基含油轴承材料强度高，可承受高负荷，其硬度高于 Cu 基材料，对轴的磨合性较差，耐蚀性不好。但其价格较低。密度为 5.5～6.0g/cm^3 的纯 Fe 轴承材料可用作中等负荷轴承。与铁化合的 C 材料制成的轴承，其强度比纯 Fe 材料高，径向压溃强度较高，耐磨性较好，抗压强度较高。化合 C 含量大于 0.3%的 Fe-C 轴承材料，进行热处理可以进一步提高轴承力学性能

续表

种类	特性及用途
Fe-Cu	Fe-Cu基材料由于将Cu混合于Fe中，改进了力学性能，提高了强度和硬度，一般Cu的加入量为2%、10%和20%，加入Cu 20%的Fe-Cu合金比90-10青铜的强度和硬度均高，并且有好的振动负荷能力。Fe-Cu基材料更适于需要结构要求和轴承特性的应用场合
Fe-Cu-C	C的添加量为0.3%～0.9%时，可明显强化Fe-Cu合金轴承材料。添加C还可用热处理进一步改进力学性能。Fe-Cu-C材料具有优良的耐磨性及高的抗压强度，适于要求较高的工况场合之用，如运输机械用轴承、齿轮传动电动机轴承以及垫圈和隔片等
Fe-青铜	Fe-青铜轴承材料耐磨性近于Fe基材料，较Cu基轴承材料优越，在高 pv 值条件下使用，耐磨性优于青铜基轴承材料，提高了轴承的寿命。Fe-青铜材料一般含有0.5%～1.3%的石墨，自润滑性能好。适合在轻-中等负荷和中等-高速条件下应用。如分马力电动机和器械中的轴承以及汽车、家电、音响机器、事务机器轴承等。可作为青铜轴承材料的经济替代品
Fe-石墨	将石墨与Fe粉相混合，烧结到低的化合C含量，从而使大部分石墨可作润滑剂。为改进自润滑性能，还可将轴承浸以润滑油。这种Fe-石墨轴承具有优异的阻尼特性，且运转平稳。如日本烧结金属含油轴承SBF3118、SBF4118的C均为化合C，且含量都较低，是性能优良的含油轴承材料。 石墨含量在4%～5%(质量分数)的Fe-石墨材料，称为烧结金属石墨材料，其性能及应用见表4-3-36、表4-3-37

3.4 粉末冶金过滤材料

3.4.1 烧结金属过滤元件

表 4-3-40　　烧结钛过滤元件牌号和性能（GB/T 6887—2007）

牌号	液体中阻挡的颗粒尺寸值/μm		渗透性 ≥		耐压破坏强度/MPa ≥
	过滤效率(98%)	过滤效率(99.9%)	渗透系数/$10^{-12}m^2$	相对透气系数/$m^3 \cdot h^{-1} \cdot kPa^{-1} \cdot m^{-2}$	
TG003	3	5	0.04	8	3.0
TG006	6	10	0.15	30	3.0
TG010	10	14	0.40	80	3.0
TG020	20	32	1.01	200	2.5
TG035	35	52	2.01	400	2.5
TG060	60	85	3.02	600	2.5

注：1. 轧制成形的过滤元件，其耐压破坏强度不小于0.3MPa。管状元件需进行耐内压破坏强度试验。

2. 表中的“渗透系数”值对应的元件厚度为1mm。

3. 牌号中的T表示材质钛，G表示过滤，后三位数字代表过滤效率为98%时阻挡的颗粒尺寸值（μm）。

4. 烧结钛过滤元件采用粉末冶金方法生产，用于气体和液体的净化和分离。适用过滤介质为亚硝酸、酐、乙酸、硫酸、盐酸、硝酸、王水、蚁酸、柠檬酸等。

5. 各种牌号烧结钛过滤元件的化学成分，除氧含量≤1.0%以外，其余化学成分应符合GB/T 2524—2002海绵钛中对牌号MHT-160的要求。

6. GB/T 6887—2007《烧结金属过滤元件》代替GB/T 6887—1986《烧结钛过滤元件及材料》、GB/T 6888—1986《烧结镍过滤元件》和GB/T 6889—1986《烧结镍铜合金过滤元件》。

表 4-3-41　　烧结镍及镍合金过滤元件牌号及性能（GB/T 6887—2007）

牌号	液体中阻挡的颗粒尺寸值/μm		渗透性 ≥		耐压破坏强度/MPa ≥
	过滤效率(98%)	过滤效率(99.9%)	渗透系数/$10^{-12}m^2$	相对透气系数/$m^3 \cdot h^{-1} \cdot kPa^{-1} \cdot m^{-2}$	
NG003	3	5	0.08	8	3.0
NG006	6	10	0.40	40	3.0

第4篇

续表

牌号	液体中阻挡的颗粒尺寸值/μm		渗透性 ≥		耐压破坏强度/MPa ≥
	过滤效率(98%)	过滤效率(99.9%)	渗透系数/$10^{-12}m^2$	相对透气系数/$m^3 \cdot h^{-1} \cdot kPa^{-1} \cdot m^{-2}$	
NG012	12	18	0.71	70	3.0
NG022	22	36	2.44	240	2.5
NG035	35	50	6.10	600	2.5

注：1. 管状元件优先进行耐内压破坏强度试验。

2. 表中的“渗透系数”值对应的元件厚度为 2mm。

3. 本表产品采用粉末冶金方法生产，用于气体和液体的净化与分离，适用过滤介质为液态钠和钾、水银、氢氧化钠、氢氟酸、氟化物等。

4. 牌号中的 N 表示材质镍及镍合金，G 表示过滤，后三位数字表示过滤效率为 98%时阻挡的颗粒尺寸值（μm）。

5. 各种牌号烧结镍及镍合金过滤元件的化学成分应符合 GB/T 5235 加工镍及镍合金中牌号 Nb、NCu28-2.5-1.5 的规定。

表 4-3-42　烧结金属 A1 型过滤元件尺寸规格（GB/T 6887—2007）　mm

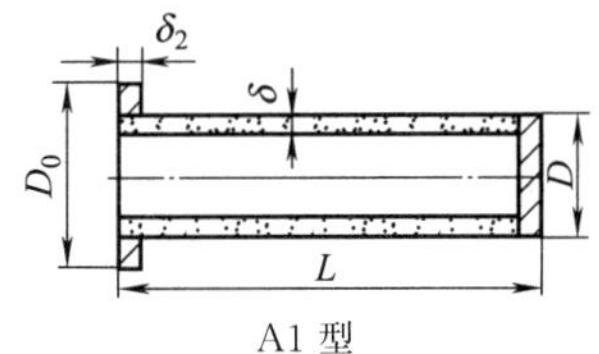

A1 型

直径 D		长度 L		壁厚 δ_1		法兰直径 D_0		法兰厚度 δ_2
公称尺寸	允许偏差	公称尺寸	允许偏差	公称尺寸	允许偏差	公称尺寸	允许偏差	
20	±1.0	200	±2	2.5	±0.5	30	±0.2	3～4
30	±1.0	200	±2	2.5	±0.5	40	±0.2	3～4
30	±1.0	300	±2	2.5	±0.5			
40	±1.0	200	±2	1.0	±0.1	52	±0.3	3～5
				1.5	±0.2			
				2.5	±0.5			
40	±1.0	300	±2	1.0	±0.1			
				1.5	±0.2			
				2.5	±0.5			
40	±1.0	400	±3	1.0	±0.1			
				1.5	±0.2			
				2.5	±0.5			
50	±1.5	300	±2	1.0	±0.1	62	±0.3	4～6
				1.5	±0.2			
				2.5	±0.5			
50	±1.5	400	±3	1.5	±0.2			
				2.0	±0.3			
				2.5	±0.5			
50	±1.5	500	±3	1.0	±0.1			
				1.5	±0.2			
				2.5	±0.5			

续表

直径 D		长度 L		壁厚 δ_1		法兰直径 D_0		法兰厚度 δ_2
公称尺寸	允许偏差	公称尺寸	允许偏差	公称尺寸	允许偏差	公称尺寸	允许偏差	
60	±1.5	300	±2	1.0	±0.1	72	±0.3	4～6
				1.5	±0.2			
				3.0	±0.5			
60	±1.5	400	±3	1.0	±0.1			
				1.5	±0.2			
				3.0	±0.5			
60	±1.5	500	±3	1.0	±0.1			
				1.5	±0.2			
				3.0	±0.5			
60	±1.5	600	±4	3.0	±0.5			
60	±1.5	700	±4	3.0	±0.5			
90	±2.0	800	±5	5.5	±0.8	110	±0.5	5～12

注：1. 壁厚公称尺寸为 1.0mm、1.5mm 的管状过滤元件由轧制板材卷焊而成。

2. 管状过滤元件标记方法：

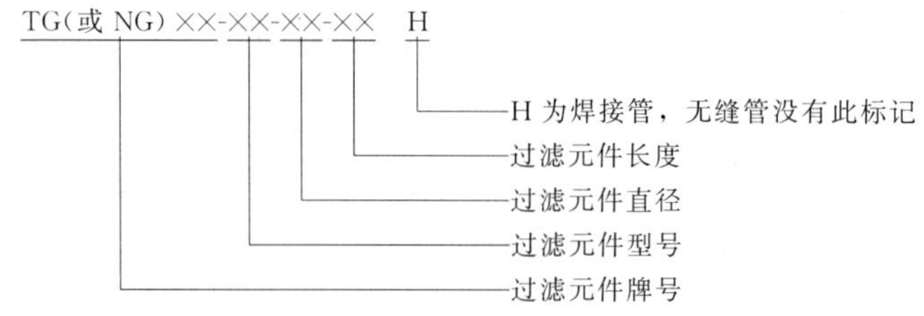

标记示例：

过滤效率为 98%时的阻挡颗粒尺寸值为 10μm，外径 20mm、长度 200mm 的 A1 型焊接烧结钛过滤元件，标记为 TG010-A1-20-200H。

表 4-3-43　烧结金属 A2 型过滤元件尺寸规格（GB/T 6887—2007）　mm

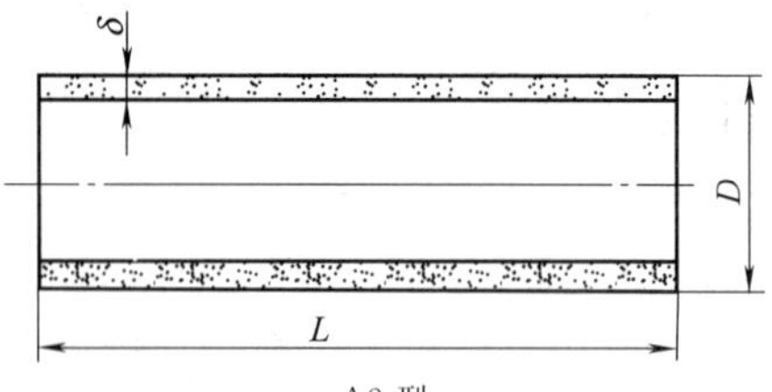

A2 型

直径 D		长度 L		壁厚 δ	
公称尺寸	允许偏差	公称尺寸	允许偏差	公称尺寸	允许偏差
20	±1.0	200	±2	2.5	±0.5
30	±1.0	200	±2	2.5	±0.5
30	±1.0	300	±2	2.5	±0.5
40	±1.0	200	±2	1.0	±0.1
				1.5	±0.2
				2.5	±0.5

第 4 篇

续表

直径 D		长度 L		壁厚 δ	
公称尺寸	允许偏差	公称尺寸	允许偏差	公称尺寸	允许偏差
40	±1.0	300	±2	1.0	±0.1
				1.5	±0.2
				2.5	±0.5
40	±1.0	400	±3	1.0	±0.1
				1.5	±0.2
				2.5	±0.5
50	±1.5	300	±2	1.0	±0.1
				1.5	±0.2
				2.5	±0.5
50	±1.5	400	±3	1.5	±0.2
				2.0	±0.3
				2.5	±0.5
50	±1.5	500	±3	1.0	±0.1
				1.5	±0.2
				2.5	±0.5
60	±1.5	300	±2	1.0	±0.1
				1.5	±0.2
				3.0	±0.5
60	±1.5	400	±3	1.0	±0.1
				1.5	±0.2
				3.0	±0.5
60	±1.5	500	±3	1.0	±0.1
				1.5	±0.2
				3.0	±0.5
60	±1.5	600	±4	3.0	±0.5
60	±1.5	700	±4	3.0	±0.5
90	±2.0	800	±5	5.5	±0.8

注：壁厚公称尺寸为 1.0mm、1.5mm 的管状过滤元件由轧制板材卷焊而成。

表 4-3-44　烧结金属 A3 型过滤元件尺寸规格（GB/T 6887—2007）　mm

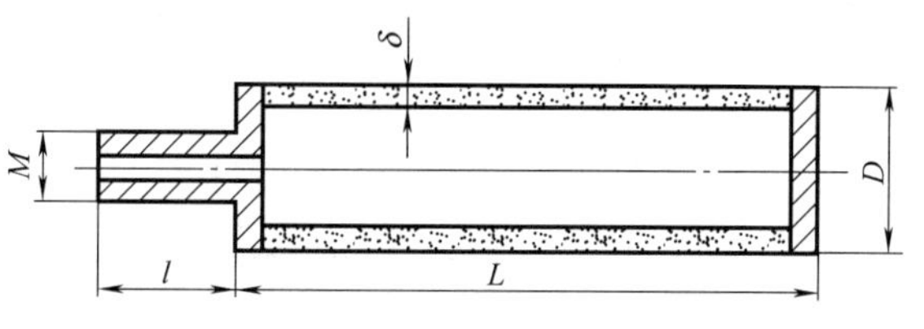

A3 型

续表

直径 D		长度 L		壁厚 δ		管接头	
公称尺寸	允许偏差	公称尺寸	允许偏差	公称尺寸	允许偏差	螺纹尺寸	长度 l
20	±1.0	200	±2	2.5	±0.5	M12×1.0	28
30	±1.0	200	±2	2.5	±0.5		
30	±1.0	300	±2	2.5	±0.5		
40	±1.0	200	±2	1.0	±0.1		
				1.5	±0.2		
				2.5	±0.5		
40	±1.0	300	±2	1.0	±0.1		
				1.5	±0.2		
				2.5	±0.5		
40	±1.0	400	±3	1.0	±0.1		
				1.5	±0.2		
				2.5	±0.5		
50	±1.5	300	±2	1.0	±0.1	M20×1.5	40
				1.5	±0.2		
				2.5	±0.5		
50	±1.5	400	±3	1.5	±0.2		
				2.0	±0.3		
				2.5	±0.5		
50	±1.5	500	±3	1.0	±0.1		
				1.5	±0.2		
				2.5	±0.5		
60	±1.5	300	±2	1.0	±0.1	M30×2.0	40
				1.5	±0.2		
				3.0	±0.5		
60	±1.5	400	±3	1.0	±0.1		
				1.5	±0.2		
				3.0	±0.5		
60	±1.5	500	±3	1.0	±0.1		
				1.5	±0.2		
				3.0	±0.5		
60	±1.5	600	±4	3.0	±0.5		
60	±1.5	700	±4	3.0	±0.5	M30×2.0	50

注：壁厚公称尺寸为1.0mm、1.5mm的管状过滤元件由轧制板材卷焊而成。

表 4-3-45 烧结金属 B1 型过滤元件尺寸规格（GB/T 6887—2007） mm

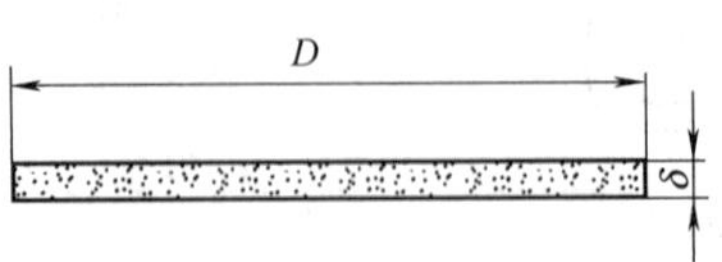

B1 型

续表

直径 D		厚度 δ	
公称尺寸	允许偏差	公称尺寸	允许偏差
10	±0.2	1.0、1.5、2.0、2.5、3.0	±0.1
30	±0.5	1.0、1.5、2.0、2.5、3.0	±0.1
50	±1.0	1.0、1.5、2.0、2.5、3.0	±0.1
80	±1.5	1.0、1.5、2.0、2.5、3.0	±0.2
100	±2.0	1.0、1.5、2.0、2.5、3.0	±0.2
200	±2.5	2.5、3.0、3.5、4.0、5.0	±0.3
300	±2.5	3.0、3.5、4.0、5.0	±0.3
400	±2.5	3.0、3.5、4.0、5.0	±0.3

注：1. 厚度公称尺寸为 1.0mm、1.5mm 的片状过滤元件由轧制板材机加工而成。

2. 片状过滤元件标记方法：

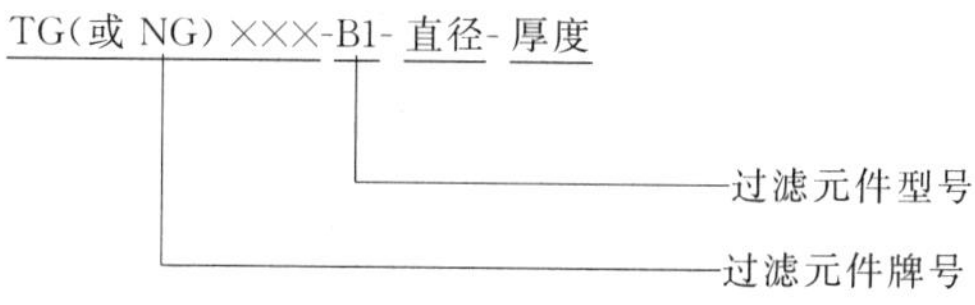

标记示例：

过滤效率为 98%时的阻挡颗粒尺寸值为 12μm，直径 30mm、厚度 3mm 的片状烧结镍及镍合金过滤元件标记为

NG012-B1-30-3

表 4-3-46　烧结钛过滤元件及材料性能

	型号	液体中阻挡的颗料尺寸值/μm		相对透气系数 /$m^3 \cdot h^{-1} \cdot kPa^{-1} \cdot m^{-2}$	耐压破坏强度 /MPa
		过滤效率(98%)	过滤效率(99.9%)		
等静压成型钛过滤元件	FTD01	1	3	≥5	≥3.0
	FTD03	3	5	≥8	≥3.0
	FTD05	5	10	≥30	≥3.0
	FTD10	10	14	≥80	≥3.0
	FTD15	15	20	≥150	≥3.0
	FTD20	20	32	≥200	≥2.5
	FTD35	35	52	≥400	≥2.5
	FTD60	60	85	≥600	≥2.5
	型号	最大孔径/μm		相对透气系数/$m^3 \cdot h^{-1} \cdot kPa^{-1} \cdot m^{-2}$	耐压破坏强度/MPa
轧制、模压成形钛过滤元件	FT05	5		≥5	≥0.5
	FT10	10		≥10	≥0.5
	FT15	15		≥30	≥0.5
	FT30	30		≥80	≥0.5
	FT50	50		≥180	≥0.5
	FT100	100		≥400	≥0.3
	FT150	150		≥600	≥0.3

注：1. 本表为国内常用的未列入国标的烧结钛过滤元件及材料的性能。钛及钛合金烧结多孔材料不但具有普通金属多孔材料的特性，而且具有密度小、比强度高、耐蚀性好、生物相容性良好等优异性能，广泛用于冶金、化工、轻工、环保能源、食品饮料、医药以及航空、航天等军工部门等的精密过滤、布气、脱碳处理、电解制气及制作生物植入体。

2. 本表相对透气系数只适用于 3mm 以下厚度的元件，大于 3mm 厚度的元件以最大孔径验收，透气度仅作参考。

表 4-3-47 **烧结镍过滤元件及材料性能**

	型号	液体中阻挡的颗料尺寸值/μm		相对透气系数/$m^3 \cdot h^{-1} \cdot kPa^{-1} \cdot m^{-2}$	耐压破坏强度/MPa
		过滤效率(98%)	过滤效率(99.9%)		
等静压成形镍过滤元件	FND03	3	5	≥8	≥3.0
	FND05	5	10	≥30	≥3.0
	FND12	12	18	≥80	≥3.0
	FND22	22	34	≥240	≥3.0
	FND35	35	56	≥600	2.5

	型号	最大孔径/μm	相对透气系数/$m^3 \cdot h^{-1} \cdot kPa^{-1} \cdot m^{-2}$	耐压破坏强度/MPa
模压成形镍过滤元件	FN05	5	≥5	≥1.0
	FN10	10	≥8	≥1.0
	FN15	15	≥30	≥1.0
	FN30	30	≥80	≥1.0
	FN50	50	≥240	≥1.0
	FN100	100	≥650	≥0.5
	FN150	150	≥800	≥0.5

	型号	液体中阻挡的颗粒尺度值/μm 过滤效率		渗透性		耐压破坏强度/MPa
		98%	99.9%	渗透系数/m^2	相对渗透系数/$m^3 \cdot h^{-1} \cdot m^{-2} \cdot kPa^{-1}$	
蒙乃尔合金多孔材料性能	NG004	4	6	$\geqslant 0.18\times10^{-12}$	≥18	3.0
	NG007	7	9	$\geqslant 0.40\times10^{-12}$	≥40	3.0
	NG010	10	14	$\geqslant 0.80\times10^{-12}$	≥80	3.0
	NG016	16	20	$\geqslant 1.61\times10^{-12}$	≥160	2.5
	NG025	25	33	$\geqslant 3.22\times10^{-12}$	≥320	2.5
	NG045	45	78	$\geqslant 6.03\times10^{-12}$	≥600	2.5
	NG080	80	100	$\geqslant 9.05\times10^{-12}$	≥900	2.5

注：1. 烧结粉末镍基多孔材料具有耐蚀、耐磨，热膨胀、电导性和磁导性好，高、低温强度高等优点。在石油化工、核能工业等行业适于高温精密过滤及充电电池的电极等，过滤元件能够过滤强腐蚀性溶液。烧结粉末镍合金多孔材料在工业上得到了广泛的应用。蒙乃尔合金是一种用途非常广泛、综合性能极佳的镍基耐蚀合金。此合金在氢氟酸和氟气介质中具有优异的耐蚀性，对热浓碱液也有优良的耐蚀性，同时还耐中性溶液、水、海水、大气、有机化合物等的腐蚀。采用蒙乃尔合金制作的多孔元件在上述环境和介质中具有高的耐蚀性，同时在海水中比铜基合金更具耐蚀性，在空气中连续工作的最高温度一般在600℃左右，在高温蒸汽中，腐蚀速度小于0.026mm/a。因此，蒙乃尔合金多孔材料可以在苛刻的腐蚀环境中实现稳定、高效的过滤作用，可用于制作动力工厂中的无缝输水管、蒸汽管中的过滤元件，海水交换器和蒸发器等的过滤器件，硫酸和盐酸环境过滤元件，原油蒸馏过滤元件，在海水中使用的过滤设备等，核工业用于制造铀提炼和同位素分离的过滤设备等，制造生产盐酸设备中的过滤元件，用于炼油厂烷基化装置氢氟酸系统低温区域的蒙乃尔合金过滤元件。

2. 本表相对透气系数仅适用于3mm以下厚度的等静压及模压成形镍过滤元件，大于3mm厚度的元件的透气度仅作参照。

3. 本表为未列入国标的国内目前常应用的烧结镍过滤材料的性能资料。

3.4.2 烧结不锈钢过滤元件

表 4-3-48 **烧结不锈钢过滤元件牌号及性能**（GB/T 6886—2017）

牌号	液体中阻挡的颗粒尺寸值/μm ≤		最大孔径/μm ≤	透气度/$m^3 \cdot h^{-1} \cdot kPa^{-1} \cdot m^{-2}$ ≥	耐压强度/MPa ≥
	过滤效率(98%)	过滤效率(99.9%)			
SG001	1	5	5	8	3.0
SG005	5	7	10	18	3.0
SG007	7	10	15	45	3.0
SG010	10	15	30	90	3.0

续表

牌号	液体中阻挡的颗粒尺寸值/μm ≤		最大孔径/μm ≤	透气度/$m^3 \cdot h^{-1} \cdot kPa^{-1} \cdot m^{-2}$ ≥	耐压强度/MPa ≥
	过滤效率(98%)	过滤效率(99.9%)			
SG015	15	20	45	180	3.0
SG022	22	30	55	380	3.0
SG030	30	45	65	580	2.5
SG045	45	65	80	750	2.5
SG065	65	85	120	1200	2.5

注：1. 过滤效率是在给定固体粒子浓度和流量的流体通过过滤元件时，过滤元件对大于某给定尺寸（x）固体颗粒的滤除百分率，即：

$$\eta_x=\frac{N_1-N_2}{N_1}\times 100\%$$

式中　N_1——过滤性元件上游单位液体容积中大于某给定尺寸（x）的固体颗粒数；

N_2——过滤性元件下游单位液体容积中大于相同尺寸（x）的固体颗粒数。

2. 管状元件耐压强度为外压强度值。

3. 烧结不锈钢过滤元件材料牌号为：1Cr18Ni9、1Cr18Ni9Ti、0Cr18Ni9、00Cr19Ni10、0Cr17Ni12Mo2、00Cr17Ni14Mo2 等，其化学成分应符合 GB/T 1220 的规定。

表 4-3-49　烧结不锈钢过滤元件（A1 型）尺寸规格（GB/T 6886—2017）　mm

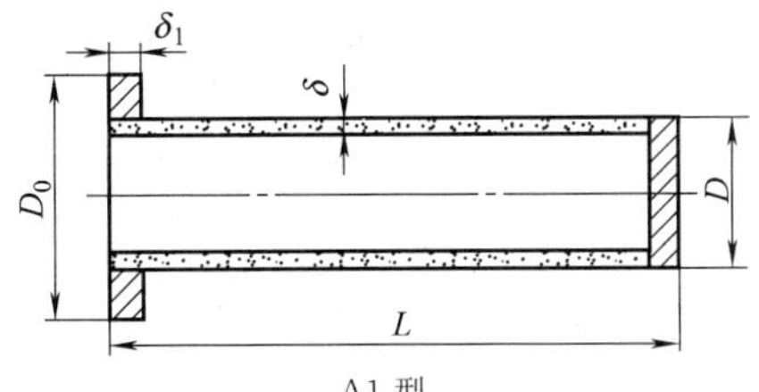

A1 型

直径 D		长度 L		壁厚 δ		法兰直径 D_0		法兰厚度 δ_1
公称尺寸	允许偏差	公称尺寸	允许偏差	公称尺寸	允许偏差	公称尺寸	允许偏差	
20	±1.0	200	±2	2.0	±0.5	30	±0.2	3～4
30	±1.0	300	±2	2.0	±0.5	40	±0.2	3～4
40	±1.0	200	±2	1.0	±0.1	50	±0.3	3～5
				1.5	±0.2			
				2.5	±0.5			
		300	±2	1.0	±0.1			
				1.5	±0.2			
				2.5	±0.5			
		400	±3	1.0	±0.1			
				1.5	±0.2			
				2.5	±0.5			
50	±1.5	300	±2	1.0	±0.1	62	±0.3	4～6
				1.5	±0.2			
				2.5	±0.5			
		400	±3	1.5	±0.2			
				2.0	±0.3			
				2.5	±0.5			
		500	±3	1.0	±0.1			
				1.5	±0.2			
				2.5	±0.5			

第4篇

续表

直径 D		长度 L		壁厚 δ		法兰直径 D		法兰厚度 δ_1
公称尺寸	允许偏差	公称尺寸	允许偏差	公称尺寸	允许偏差	公称尺寸	允许偏差	
60	±1.5	300	±2	1.0	±0.1	72	±0.3	4～6
				1.5	±0.2			
				3.0	±0.5			
		400	±3	1.0	±0.1			
				1.5	±0.2			
				3.0	±0.5			
		500	±3	1.0	±0.1			
				1.5	±0.2			
				2.5	±0.5			
		600	±3	2.5	±0.5			
		700	±4	2.5	±0.5			
		750	±4	2.5	±0.5			
90	±2.0	800	±5	3.5	±0.6	110	±0.5	5～12
100	±2.0	1000	±5	4.0	±0.6	120	±0.5	5～12

注：1. 壁厚公称尺寸为 1.0mm、1.5mm 的管状过滤元件由轧制板材卷焊而成。

2. 标记示例

（1）过滤效率为 98%时的阻挡颗粒尺寸值为 10μm，外径为 20mm、长度为 200mm 的 A1 型焊接烧结不锈钢过滤元件标记为：SG010-A1-20-200H，相同条件的无缝不锈钢过滤元件标记为：SG010-A1-20-200。

（2）过滤效率为 98%时的阻挡颗粒尺寸值为 15μm，直径为 30mm、厚度为 3mm 的片状烧结不锈钢过滤元件标记为：SG015-30-3。

表 4-3-50 烧结不锈钢过滤元件（A2 型）尺寸规格（GB/T 6886—2017） mm

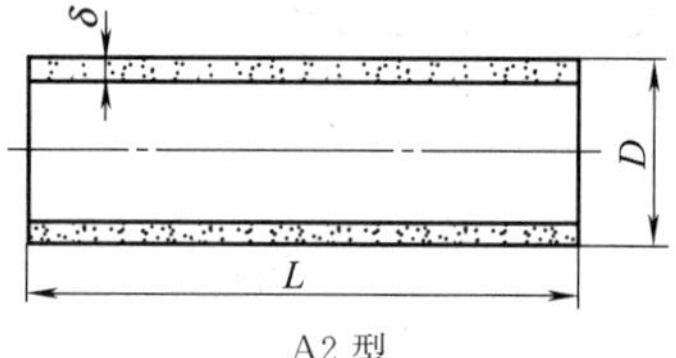

A2 型

直径 D		长度 L		壁厚 δ	
公称尺寸	允许偏差	公称尺寸	允许偏差	公称尺寸	允许偏差
20	±1.0	200	±1	2.0	±0.5
30	±1.0	200	±1	2.0	±0.5
		300	±1	2.5	±0.5
40	±1.0	200	±1	1.0	±0.1
				1.5	±0.2
				2.5	±0.5
		300	±1	1.0	±0.1
				1.5	±0.2
				2.5	±0.5
		400	±1	1.0	±0.1
				1.5	±0.2
				2.5	±0.5
50	±1.5	300	±1	1.0	±0.1
				1.5	±0.2
				2.5	±0.5
		400	±1	1.5	±0.2
				2.0	±0.3
				2.5	±0.5

续表

直径 D		长度 L		壁厚 δ	
公称尺寸	允许偏差	公称尺寸	允许偏差	公称尺寸	允许偏差
50	±1.5	500	±1	1.0	±0.1
				1.5	±0.2
				2.5	±0.5
60	±1.5	300	±1	1.0	±0.1
				1.5	±0.2
				2.5	±0.5
		400	±1	1.0	±0.1
				1.5	±0.2
				2.5	±0.5
		500	±1	1.0	±0.1
				1.5	±0.2
				2.5	±0.5
		600	±2	2.5	±0.5
		700	±2	2.5	±0.5
90	±2.0	800	±2	3.5	±0.6
100	±2.0	1000	±2	4.0	±0.6

注：壁厚公称尺寸为 1.0mm、1.5mm 的管状过滤元件由轧制板材卷焊而成。

表 4-3-51　烧结不锈钢过滤元件（A3 型）尺寸规格（GB/T 6886—2017）　mm

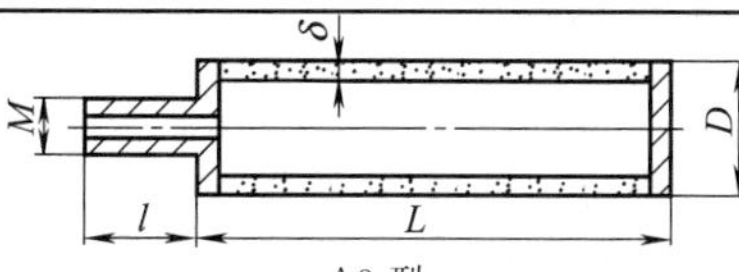

A3 型

直径 D		长度 L		壁厚 δ	管接头	
公称尺寸	允许偏差	公称尺寸	允许偏差	公称尺寸±允许偏差	螺纹尺寸	长度 l
20	±1.0	200	±2	2.0±0.5	M12×1.0	28
30	±1.0	200	±2	2.0±0.5		
		300	±2			
40	±1.0	200	±2	1.0±0.1 1.5±0.2 2.0±0.5		
		300	±2			
		400	±2			
50	±1.5	300	±2		M20×1.5	
		400	±2			
		500	±2			
60	±1.5	300	±2	1.0±0.1 1.5±0.2 2.5±0.5	M30×2.0	40
		400	±2			
		500	±2			
		600	±2		M36×2.0	100
		700	±3			
		750	±3			
		1000	±4			
		1200	±4			
		1500	±5			
		2000	±5			
70	±1.5	500	±2		M36×2.0	40
		600	±3			
		800	±3			100
		1000	±4			

第 4 篇

续表

直径 D		长度 L		壁厚 δ	管接头	
公称尺寸	允许偏差	公称尺寸	允许偏差	公称尺寸±允许偏差	螺纹尺寸	长度 l
90	±2.0	600	±2	3.5±0.6	M36×2.0	40
		800	±4		M48×2.0	140
		1000	±4			
100	±2.0	1000	±4	4.0±0.6	M48×2.0	180

注：壁厚公称尺寸为 1.0mm、1.5mm 的管状过滤元件由轧制板材卷焊而成。

表 4-3-52　烧结不锈钢过滤元件（A4 型）尺寸规格（GB/T 6886—2017）　mm

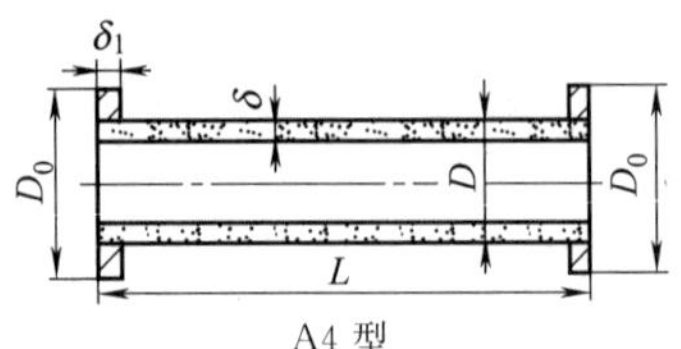

A4 型

直径 D		长度 L		壁厚 δ		法兰直径 D_0		法兰厚度 δ_1
公称尺寸	允许偏差	公称尺寸	允许偏差	公称尺寸	允许偏差	公称尺寸	允许偏差	
20	±0.5	200	±1	2.3	±0.4	30	±0.2	3～4
30	±1.0	200	±1			40	±0.2	3～4
		300	±1					
40	±1.0	200	±1			52	±0.3	3～5
		300	±1					
		400	±1					
50	±1.5	300	±1	2.3	±0.4	62	±0.3	4～6
		400	±1					
		500	±1					
60	±1.5	300	±1	2.5		72	±0.3	4～6
		400	±1					
		500	±1					
		600	±2					
		700	±2					
		750	±2					
90	±2.0	800	±2	3.5	±0.6	110	±1.0	5～12
100	±2.0	1000	±2	4.0	±0.6	130	±1.0	5～12

表 4-3-53　烧结不锈钢过滤元件（片状）尺寸规格（GB/T 6886—2017）　mm

直径 D		壁厚 δ	
公称尺寸	允许偏差	公称尺寸	允许偏差
10	±0.2	1.5　2.0、2.5、3.0	±0.1
30	±0.2	1.5　2.0、2.5、3.0	±0.1
50	±0.5	1.5　2.0、2.5、3.0	±0.1
80	±0.5	2.5、3.0、3.5、4.0、5.0	±0.2
100	±1.0	2.5、3.0、3.5、4.0、5.0	±0.2
200	±1.5	3.0、3.5、4.0、5.0	±0.3
300	±2.0	3.0、3.5、4.0、5.0	±0.3
400	±2.5	3.0、3.5、4.0、5.0	±0.3

注：片状过滤元件标记示例如下。

过滤效率为 98%时的阻挡颗粒尺寸值为 15μm，直径为 30mm、厚度为 3mm 的片状烧结不锈钢过滤元件标记为：SG015-30-3。

第 4 篇

表 4-3-54　**等静压轧制及模压成形的烧结不锈钢过滤元件型号及材料性能**

	型号	液体中阻挡的颗粒尺寸值/μm		相对透气系数 $/m^3 \cdot h^{-1} \cdot kPa^{-1} \cdot m^{-2}$	耐压破坏强度/MPa
		过滤效率(98%)	过滤效率(99.9%)		
等静压成形不锈钢过滤元件	FSD01	1	3	≥5	≥3.0
	FSD03	3	5	≥18	≥3.0
	FSD05	5	9	≥45	≥3.0
	FSD10	10	15	≥100	≥3.0
	FSD15	15	24	≥200	≥3.0
	FSD20	25	35	≥400	≥3.0
	FSD35	35	55	≥580	≥2.5
	FSD50	50	80	≥750	≥2.5
	FSD80	80	120	≥1200	≥2.5

	型号	相对透气系数 $/m^3 \cdot h^{-1} \cdot kPa^{-1} \cdot m^{-2}$	耐压破坏强度/MPa	型号	相对透气系数 $/m^3 \cdot h^{-1} \cdot kPa^{-1} \cdot m^{-2}$	耐压破坏强度/MPa
轧制、模压成形不锈钢多孔元件	FS05	≥5	≥1.0	FS50	≥380	≥1.0
	FS10	≥18	≥1.0	FS100	≥800	≥0.5
	FS15	≥45	≥1.0	FS150	≥1200	≥0.5
	FS30	≥150	≥1.0			

注：1. 本表为目前国内常用的未列入国标的烧结不锈钢过滤元件的性能资料，常用的不锈钢材质牌号有：1Cr18Ni9、1Cr18Ni9Ti、0Cr18Ni9、00Cr19Ni10、0Cr17Ni12Mo2、00Cr17Ni14Mo2 等。这类材料具有优异的耐蚀性、抗氧化性、耐磨性和力学性能，广泛应用于冶金、化工、医药、食品等行业的过滤、分离、流量控制、消声、毛细芯体等，产品形状有块状、管状、圆片状以及其他异型等。国内各生产企业可满足用户要求。

2. 相对透气系数只适合于 3mm 以下厚度的元件，大于 3mm 厚度的元件透气度仅作参考。

表 4-3-55　**冷静压不锈钢多孔滤芯的规格及性能**（德国 GKN 公司产品资料）

规格	孔隙度/%	透气系数		过滤效率 $X(T=98\%)/\mu m$	气泡压强/Pa	环拉强度/MPa
		α/m^2	β/m			
SIKA-R 0.5/S	17	0.05×10^{-12}	0.01×10^{-7}	3.2	13000	180
SIKA-R 1/S	20	0.15×10^{-12}	0.06×10^{-7}	4.3	10000	140
SIKA-R 3/S	31	0.55×10^{-12}	0.56×10^{-7}	5.1	5800	110
SIKA-R 5/S	30	0.80×10^{-12}	0.90×10^{-7}	6.5	4700	100
SIKA-R 8/S	30	1.20×10^{-12}	1.20×10^{-7}	8.7	4100	90
SIKA-R 10/S	32	1.80×10^{-12}	1.70×10^{-7}	12.6	3000	80
SIKA-R 15/S	36	4×10^{-12}	11×10^{-7}	18.4	1900	60
SIKA-R 20/S	45	10×10^{-12}	30×10^{-7}	23.9	1700	55
SIKA-R 30/S	44	17×10^{-12}	25×10^{-7}	38	1100	50
SIKA-R 50/S	44	25×10^{-12}	32×10^{-7}	45	800	35
SIKA-R 80/S	48	40×10^{-12}	50×10^{-7}	78	700	17
SIKA-R 100/S	45	65×10^{-12}	93×10^{-7}	92	550	15
SIKA-R 150/S	44	150×10^{-12}	110×10^{-7}	132	400	10
SIKA-R 200/S	54	258×10^{-12}	137×10^{-7}	173	350	5

表 4-3-56 压制成形不锈钢多孔滤芯的规格及性能（德国 GKN 公司产品资料）

规格	孔隙度 /%	透气系数		过滤效率 $X(T=98\%)/\mu m$	气泡压强 /Pa	环拉强度 /MPa
		α/m^2	β/m			
SIKA-R 0.5/AX	21	0.1×10^{-12}	0.03×10^{-7}	3.5	8300	350
SIKA-R 1/AX	21	0.2×10^{-12}	0.05×10^{-7}	3.9	8000	355
SIKA-R 3/AX	31	0.6×10^{-12}	0.4×10^{-7}	7.4	5300	311
SIKA-R 5/AX	31	1.1×10^{-12}	1.2×10^{-7}	9.2	3600	278
SIKA-R 8/AX	43	3.8×10^{-12}	13×10^{-7}	11	2400	160
SIKA-R 10/AX	40	4.2×10^{-12}	17×10^{-7}	17	1600	200
SIKA-R 15/AX	43	7.2×10^{-12}	22×10^{-7}	20	1500	138
SIKA-R 20/AX	43	14×10^{-12}	29×10^{-7}	35	1100	144
SIKA-R 30/AX	46	25×10^{-12}	36×10^{-7}	44	950	135
SIKA-R 50/AX	47	36×10^{-12}	44×10^{-7}	54	600	121
SIKA-R 80/AX	50	43×10^{-12}	47×10^{-7}	61	500	98
SIKA-R 100/AX	52	58×10^{-12}	57×10^{-7}	67	450	85
SIKA-R 150/AX	47	62×10^{-12}	63×10^{-7}	90	350	110
SIKA-R 200/AX	51	78×10^{-12}	87×10^{-7}	107	300	95

3.4.3 烧结锡青铜过滤元件

表 4-3-57 烧结锡青铜过滤元件的牌号及性能（JB/T 8395—2011）

	牌号	允许值						推荐值	
		密度 $/g\cdot cm^{-3}$	绝对过滤精度 $/\mu m$	最大孔径 $/\mu m$	渗透系数 $/10^{-12}m^2$	抗剪强度 /MPa	耐压抗压强度/MPa	渗透系数 $/10^{-12}m^2$	抗剪强度 /MPa
牌号及性能	FQG200	5.0～6.5	200	≤571	≥210	≥20	≥2.0	≥250	≥30
	FQG150	5.0～6.5	150	≤428	≥160	≥30	≥2.0	≥200	≥40
	FQG100	5.0～6.5	100	≤285	≥110	≥40	≥2.0	≥140	≥60
	FQG080	5.0～6.5	80	≤228	≥70	≥55	≥2.0	≥90	≥80
	FQG060	5.0～6.5	60	≤171	≥45	≥65	≥2.5	≥60	≥90
	FQG045	5.0～6.5	45	≤128	≥25	≥75	≥2.5	≥40	≥90
	FQG020	5.0～6.5	20	≤57	≥6	≥85	≥3.0	≥10	≥110
	FQG008	5.0～6.5	8	≤22	≥1.2	≥95	≥3.0	≥2	≥130

	产品代号	化学成分(质量分数)/%					
		Cu	Sn	Zn	P	O	其他
锡青铜球形粉末(元件材料)的代号及化学成分	QFQWCuSn-Ⅰ	87.5～90.0	10.0～11.5	—	0.2～0.40	≤0.10	≤0.60
	QFQWCuSn-Ⅱ	88.5～91.0	9.0～11.0	—	0.05～0.30	≤0.10	≤0.60
	QFQWCuSn-Ⅲ	85.5～90.0	7.3～8.7	2.3～3.7	0.05～0.30	≤0.10	≤0.60

注：1. 烧结粉末铜合金多孔材料主要包括青铜、黄铜、镍黄铜多孔材料等。这类材料过滤具有精度高、透气性好、强度高等优点，广泛用于化工、环保、气动元件等行业中的压缩空气除油净化、原油除沙、过滤、氮氢气（无硫）过滤、纯氧过滤、气泡发生器、流化床气体分布等。烧结粉末青铜多孔材料的使用温度，在油中接近400℃，低温可以达到－200℃；在空气中可达200℃。青铜过滤材料比有机滤材优越，青铜滤材在空气过滤和油过滤中，比陶瓷滤材应用得广泛，因为陶瓷滤材存在效率低、阻力大及易破损等缺点。本表为烧结锡青铜过滤元件的性能，产品为锡青铜球形粉末松装烧结制造的过滤元件及消声元件。

2. 元件的几何尺寸精度按图样要求。

3. 表中推荐值不作为法定保证值。

4. 牌号标记：

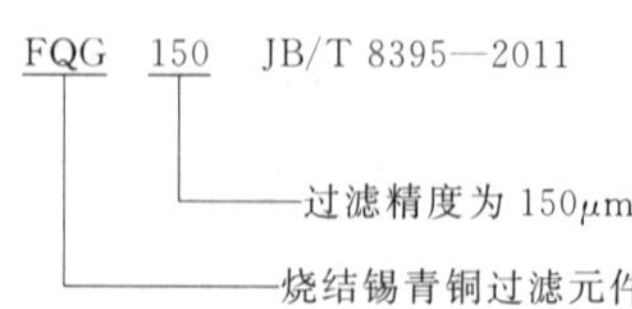

3.4.4　烧结金属纤维毡

表 4-3-58　BZ 系列不锈钢多层纤维毡型号及性能（西北有色金属研究院产品资料）

型号	平均过滤精度/μm	平均气泡点压力/Pa	渗透系数/m^2	厚度/mm	孔隙度/%
BZ5D	5.3	7322	1.9×10^{-12}	0.46	74.5
BZ7D	7.1	5524	4.2×10^{-12}	0.48	68.5
BZ10D	10.1	3775	11.1×10^{-12}	0.52	78.4
BZ15D	14	2856	12.6×10^{-12}	0.613	75.2
BZ20D	21.5	1893	25.6×10^{-12}	0.636	77.1
BZ25D	23.9	1722	33.4×10^{-12}	0.711	80.3
BZ40D	42.2	1030	78.1×10^{-12}	0.714	79.6
BZ60D	65.2	725	129.2×10^{-12}	0.755	86.2

注：烧结金属纤维毡是一种高效优质新型过滤材料，将直径为微米级的金属纤维经无纺铺制、叠配及高温烧结成为金属纤维毡。多层金属纤维毡由不同孔径层形成孔径梯度，可获得极高的过滤精度，其纳污容量远超过单层毡。金属纤维毡制品具有强度高、耐高温、可折叠、可再生、渗透性能优、耐蚀性好、孔径分布均匀、寿命长的特点，是一种适合于高温、高压及腐蚀条件下应用的新一代金属过滤材料，广泛应用于高分子聚合物、食品、饮料、气体、水、油墨、药品、化工产品及黏胶过滤；也用于高温气体除尘、炼油过程的过滤、超滤器的预过滤、真空泵保护过滤器、滤膜支撑体、催化剂载体、汽车安全气囊、飞行器燃油过滤、液压系统过滤等。近年来，国内外不锈钢纤维毡生产主要向高精度、高强度、高纳污量、多品种、系列化方向发展。我国金属纤维毡在化工、石油、冶金、机械、纺织、制药、气体分离与净化等方面得到广泛应用。西北有色金属研究院已建成了不锈钢纤维、镍纤维生产线和金属纤维毡生产线。本表为西北有色金属研究院 BZ 系列不锈钢多层纤维毡产品的资料。

3.4.5　烧结金属膜过滤材料及元件

表 4-3-59　烧结金属膜过滤材料及元件的级别及性能（GB/T 34646—2017）

级　别	最大孔径 /μm ≤	透气度 /$m^3\cdot h^{-1}\cdot kPa^{-1}\cdot m^{-2}$ ≥
MG0005	1	5
MG001	2	9
MG005	4	15
MG01	6	20
MG03	10	30
MG05	15	40
MG10	25	50
MG15	35	100
MG20	50	200
MG30	60	400

注：1. 在基体为粉末冶金方法生产的烧结金属多孔材料上，涂覆一层金属膜或陶瓷膜制备而成的产品，称为烧结金属膜过滤材料及元件。按最大孔径分为 10 个级别，级别代号中的 M 代表膜材料，G 代表过滤。

2. 标记示例：烧结金属膜过滤材料及元件按级别、型号、尺寸进行标记。

（1）最大孔径为 10μm，外径为 20mm、长度为 200mm 的 A1 型底部为焊接的烧结金属膜过滤材料及元件标记为：MG03—A1—20—200H，相同条件的整体成型烧结金属膜过滤材料及元件标记为：MG03—A1—20—200。

（2）最大孔径为 2μm，直径为 30mm、厚度为 3mm 的片状烧结金属膜过滤材料及元件标记为：MG001—30—3。

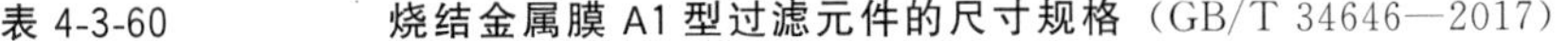

表 4-3-60　烧结金属膜 A1 型过滤元件的尺寸规格（GB/T 34646—2017）　mm

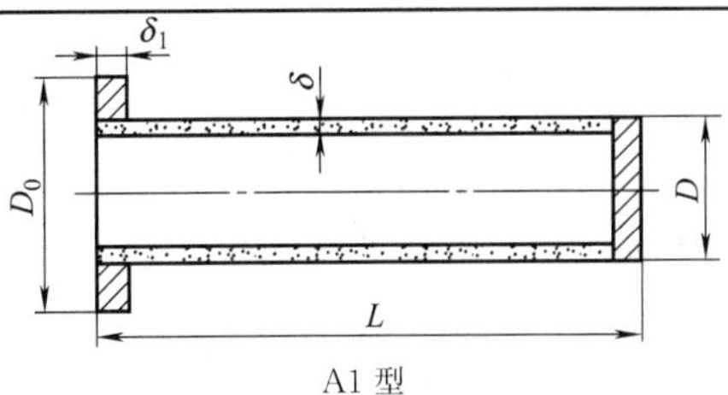

A1 型

续表

直径 D		长度 L		壁厚 δ		法兰直径 D_0		法兰厚度 δ_1
公称尺寸	允许偏差	公称尺寸	允许偏差	公称尺寸	允许偏差	公称尺寸	允许偏差	
20	±1.0	200	±2	2.0	±0.5	30	±0.2	3～4
30	±1.0	300	±2	2.0	±0.5	40	±0.2	3～4
40	±1.0	200	±2	1.0	±0.1	50	±0.3	3～5
				1.5	±0.2			
				2.5	±0.5			
		300	±2	1.0	±0.1			
				1.5	±0.2			
				2.5	±0.5			
		400	±3	1.0	±0.1			
				1.5	±0.2			
				2.5	±0.5			
50	±1.5	300	±2	1.0	±0.1	62	±0.3	4～6
				1.5	±0.2			
				2.5	±0.5			
		400	±3	1.5	±0.2			
				2.0	±0.3			
				2.5	±0.5			
		500	±3	1.0	±0.1			
				1.5	±0.2			
				2.5	±0.5			
60	±1.5	300	±2	1.0	±0.1	72	±0.3	4～6
				1.5	±0.2			
				3.0	±0.5			
		400	±3	1.0	±0.1			
				1.5	±0.2			
				3.0	±0.5			
		500	±3	1.0	±0.1			
				1.5	±0.2			
				2.5	±0.5			
		600	±3	2.5	±0.5			
		700	±4	2.5	±0.5			
		750	±4	2.5	±0.5			
90	±2.0	800	±5	3.5	±0.6	110	±0.5	5～12
100	±2.0	1000	±5	4.0	±0.6	120	±0.5	5～12

注：壁厚公称尺寸为 1.0mm、1.5mm 的管状过滤元件由轧制板材卷焊而成。

表 4-3-61　烧结金属膜 A2 型过滤元件的尺寸规格（GB/T 34646—2017）　mm

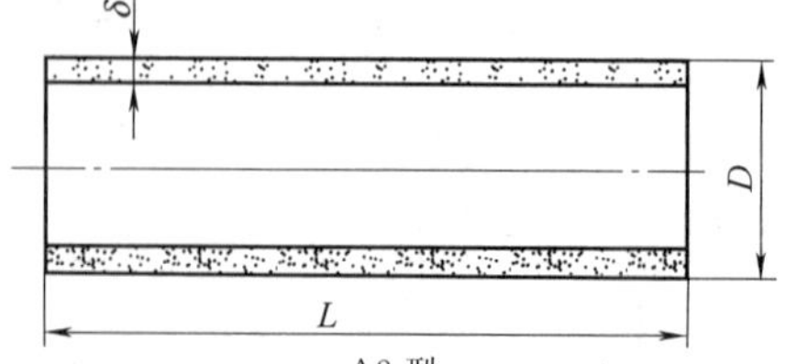

A2 型

直径 D		长度 L		壁厚 δ	
公称尺寸	允许偏差	公称尺寸	允许偏差	公称尺寸	允许偏差
20	±1.0	200	±1	2.0	±0.5
30	±1.0	200	±1	2.0	±0.5
		300	±1	2.5	±0.5

续表

直径 D		长度 L		壁厚 δ	
公称尺寸	允许偏差	公称尺寸	允许偏差	公称尺寸	允许偏差
40	±1.0	200	±1	1.0	±0.1
				1.5	±0.2
				2.5	±0.5
		300	±1	1.0	±0.1
				1.5	±0.2
				2.5	±0.5
		400	±1	1.0	±0.1
				1.5	±0.2
				2.5	±0.5
50	±1.5	300	±1	1.0	±0.1
				1.5	±0.2
				2.5	±0.5
		400	±1	1.5	±0.2
				2.0	±0.3
				2.5	±0.5
		500	±1	1.0	±0.1
				1.5	±0.2
				2.5	±0.5
60	±1.5	300	±1	1.0	±0.1
				1.5	±0.2
				2.5	±0.5
		400	±1	1.0	±0.1
				1.5	±0.2
				2.5	±0.5
		500	±1	1.0	±0.1
				1.5	±0.2
				2.5	±0.5
		600	±2	2.5	±0.5
		700	±2	2.5	±0.5
90	±2.0	800	±2	3.5	±0.6
100	±2.0	1000	±2	4.0	±0.6

注：壁厚公称尺寸为 1.0mm、1.5mm 的管状过滤元件由轧制板材卷焊而成。

表 4-3-62 烧结金属膜 A3 型过滤元件尺寸规格（GB/T 34646—2017） mm

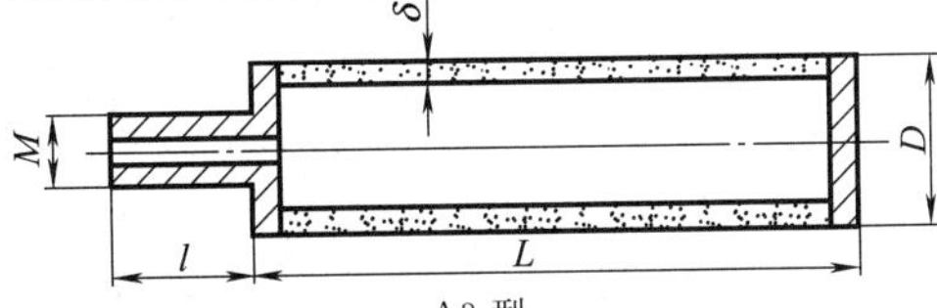

A3 型

直径 D		长度 L		壁厚 δ	管接头	
公称尺寸	允许偏差	公称尺寸	允许偏差	公称尺寸±允许偏差	螺纹尺寸	长度 l
20	±1.0	200	±2	2.0±0.5	M12×1.0	28
30	±1.0	200	±2	2.0±0.5		
		300	±2			
40	±1.0	200	±2	1.0±0.1 1.5±0.2 2.0±0.5		
		300	±2			
		400	±2			
50	±1.5	300	±2		M20×1.5	
		400	±2			
		500	±2			

续表

直径 D		长度 L		壁厚 δ	管接头	
公称尺寸	允许偏差	公称尺寸	允许偏差	公称尺寸±允许偏差	螺纹尺寸	长度 l
60	±1.5	300	±2	1.0±0.1 1.5±0.2 2.5±0.5	M30×2.0	40
		400	±2			
		500	±2			
		600	±2		M36×2.0	100
		700	±3			
		750	±3			
		1000	±4			
		1200	±4			
		1500	±5			
		2000	±5			
70	±1.5	500	±2		M36×2.0	40
		600	±3			
		800	±3			100
		1000	±4			
90	±2.0	600	±2	3.5±0.6	M36×2.0	40
		800	±4		M48×2.0	140
		1000	±4			
100	±2.0	1000	±4	4.0±0.6	M48×2.0	180

注：壁厚公称尺寸为 1.0mm、1.5mm 的管状过滤元件由轧制板材卷焊而成。

表 4-3-63　烧结金属膜 A4 型过滤元件尺寸规格（GB/T 34646—2017）　mm

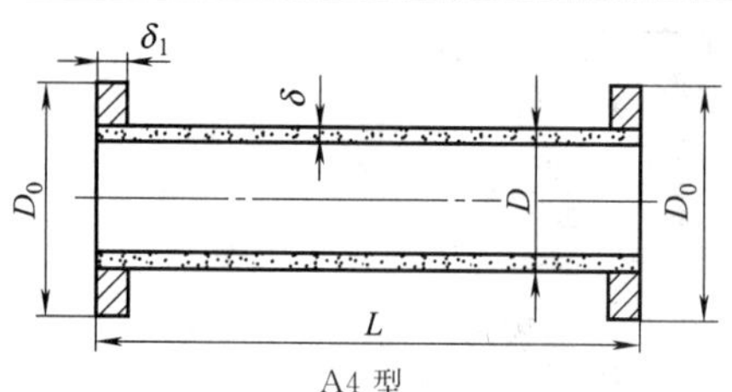

A4 型

直径 D		长度 L		壁厚 δ		法兰直径 D_0		法兰厚度 δ_1
公称尺寸	允许偏差	公称尺寸	允许偏差	公称尺寸	允许偏差	公称尺寸	允许偏差	
20	±0.5	200	±1	2.3	±0.4	30	±0.2	3～4
30	±1.0	200	±1			40	±0.2	3～4
		300	±1					
40	±1.0	200	±1			52	±0.3	3～5
		300	±1					
		400	±1					
50	±1.5	300	±1	2.3	±0.4	62	±0.3	4～6
		400	±1					
		500	±1					
60	±1.5	300	±1	2.5		72	±0.3	4～6
		400	±1					
		500	±1					
		600	±2					
		700	±2					
		750	±2					
90	±2.0	800	±2	3.5	±0.6	110	±1.0	5～12
100	±2.0	1000	±2	4.0	±0.6	130	±1.0	5～12

表 4-3-64　**烧结金属膜片状过滤元件尺寸规格**（GB/T 34646—2017）　mm

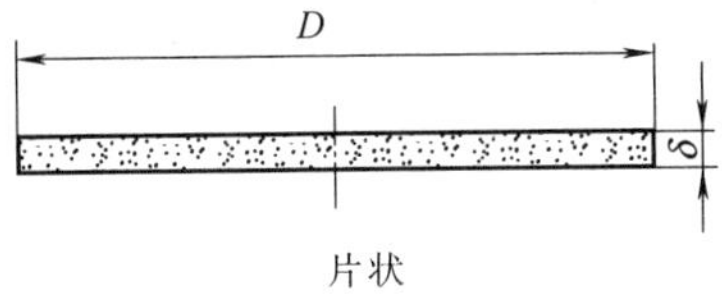

片状

直径 D		厚度 δ	
公称尺寸	允许偏差	公称尺寸	允许偏差
10	±0.2	1.5、2.0、2.5、3.0	±0.1
30	±0.2	1.5、2.0、2.5、3.0	±0.1
50	±0.5	1.5、2.0、2.5、3.0	±0.1
80	±0.5	2.5、3.0、3.5、4.0、5.0	±0.2
100	±1.0	2.5、3.0、3.5、4.0、5.0	±0.2
200	±1.5	3.0、3.5、4.0、5.0	±0.3
300	±2.0	3.0、3.5、4.0、5.0	±0.3
400	±2.5	3.0、3.5、4.0、5.0	±0.3

第 4 章 复合材料

4.1 复合材料分类

表 4-4-1 结构复合材料分类

按基体分类	
聚合物基复合材料	热固性树脂基复合材料 热塑性树脂基复合材料 橡胶基复合材料
金属基复合材料	轻金属基复合材料 高熔点金属基复合材料 金属间化合物基复合材料
陶瓷基复合材料	高温陶瓷基复合材料 玻璃基复合材料 玻璃陶瓷基复合材料
水泥基复合材料	
碳基复合材料	

按增强体分类		
纤维增强复合材料	不连续纤维增强复合材料	晶须增强复合材料 短切纤维增强复合材料
纤维增强复合材料	连续纤维增强复合材料	单向纤维增强复合材料 二维织物增强复合材料 三维织物增强复合材料
颗粒增强复合材料		微米颗粒增强复合材料 纳米颗粒增强复合材料
片材增强复合材料		人工晶片增强复合材料 天然片状物增强复合材料
叠层式复合材料		

注：按功能可将复合材料分为结构复合材料和功能复合材料。结构复合材料以力学性能为主要指标，以满足负荷要求，是机械工程常用的材料，在工程结构件制作方面采用较多。功能复合材料强调力学性能以外的其他性能，如电、热、声、磁等诸多性能，以满足技术领域的各种需要。本章只摘编结构复合材料的有关资料。

4.2 金属基复合材料

4.2.1 纤维增强金属基复合材料

4.2.1.1 碳纤维增强铜基复合材料

表 4-4-2 碳纤维增强铜基复合材料性能及应用

	材料	纤维位向	线速度 /m·s^{-1}	磨损速率 /cm·(10^{-4}km)$^{-1}$	平均摩擦因数	电刷温度/℃
性能	T300/Cu-1%Sn A类复合丝	Ⅰ	54	0.52	0.06	—
		Ⅲ	54	2.47	0.14	—
		Ⅰ	60	0.55	0.39	—
		Ⅰ	120	0.08	0.16	—
	T300/Cu-1%Sn B类复合丝	Ⅰ	60	1.44	0.16	241
		Ⅰ	120	0.94	0.18	282
	T300/Cu-10%Sn B类复合丝	Ⅰ	60	3.36	0.22	223
		Ⅰ	120	2.99	0.19	274
	HM3000/Cu-1%Sn A类复合丝	Ⅰ	54	2.85	0.36	200
		Ⅱ	54	38.27	0.41	232
	HM3000/Cu-3%Sn A类复合丝	Ⅰ	54	1.62	0.23	164
		Ⅰ	60	2.08	0.29	170
		Ⅰ	120	1.09	0.16	201

续表

	材料	纤维位向	线速度/m·s^{-1}	磨损速率/cm·(10^{-4}km)$^{-1}$	平均摩擦因数	电刷温度/℃
性能	HM3000/Cu-4%Sn A类复合丝	Ⅰ	54	4.79	0.19	194
		Ⅰ	60	3.95	0.37	217
		Ⅰ	120	1.34	0.19	258
	HM3000/Cu-4%Sn B类复合丝	Ⅰ	60	6.08	0.30	217
		Ⅰ	120	1.72	0.15	258
	HM3000/Cu-8%Sn	Ⅰ	54	2.46	0.33	114
		Ⅰ	30	2.79	0.36	155
		Ⅰ	60	1.73	0.23	102
		Ⅰ	120	1.19	0.11	126
		Ⅰ	180	0.75	0.13	140
		Ⅰ	235	2.08	0.21	265
特点及应用	具有高强度、摩擦因数小、磨损率低、可通过工作电流大、接触电压降小等优异性能，适于用作低电压、大电流电机及特殊电机的电刷材料、耐磨材料及电子材料。目前，作为耐磨材料和电机电刷材料已有较多的试验研究					

注：1. A类复合丝指纤维束中95%已浸渍好，表面金属连续；B类复合丝指纤维束浸渍不完全，但表面涂层连续。

2. 纤维位向：Ⅰ—纤维轴与滑动面垂直；Ⅱ—纤维束与滑动面平行，但与滑动方向垂直；Ⅲ—纤维轴与滑动面及滑动方向都平行。

4.2.1.2 碳纤维增强铅及铅合金复合材料

表 4-4-3　碳纤维增强铅及铅合金复合材料力学性能及应用

	材料名称 / 性能	C/Pb	C/Pb-Sn	C/Pb-Sn-Sb
力学性能	抗拉强度/MPa	33.44	67.86	74.92
特点及应用	碳纤维强度比铅及铅合金高近百倍，碳纤维增强铅及铅合金复合材料具有消声、耐酸蚀、耐磨、较高的强度和刚度，适于制作承受高负荷的自润滑轴承、薄板构件用来降低飞机、农机具、工业设备和船舶等的噪声，如装在农用拖拉机驾驶室中，可使噪声下降17dB			

4.2.1.3 碳纤维增强铝合金复合材料

表 4-4-4　碳（石墨）纤维增强铝合金复合材料性能及应用

	纤维	基体	纤维含量（质量分数）/%	密度/g·cm^{-3}	拉伸强度/MPa	弹性模量/GPa
性能	石墨纤维 GT50	201AL	30	2.39	630	160
	石墨纤维 GGY70	201AL	34	2.39	665	210
	石墨纤维 GGY70	201AL	30	2.44	560	160
	高模量沥青纤维 GHMpitch	6061AL	41	2.44	630	329
特点及应用	具有很高的比强度及比模量，良好的高温性能和导热性、低的热膨胀系数及良好的尺寸稳定性。与高强铝合金、钛合金、高强钢相比，其比强度约高一倍，比模量约高三倍，适于制作构件重量轻、刚性好的构件，壁厚最小的要求结构稳定的构件；高温性能好及尺寸稳定性好、精度要求高的构件					

4.2.1.4 石墨颗粒增强铜基、铝基复合材料

表 4-4-5　铸造铜-石墨复合材料力学性能及应用

	密度/g·cm^{-3}	拉伸强度/MPa	硬度　HBW	伸长率/%	线胀系数/℃$^{-1}$
力学性能	6.723	285	70	6.0	2.73×10^{-5}
特点及应用	将石墨粒子均匀分散于铜合金中，制成铸造铜-石墨复合材料，具有优异的摩擦性能，不论有无润滑条件，均具有较低的摩擦因数，且具有较好的振动衰减性能。其力学性能随着石墨粒子的加入量增加而有所降低，当石墨粒子数量达到15%（质量分数）时，强度仍在285MPa。是一种优良的自润滑材料，可用于作轴瓦和耐磨损零件				

第4篇

表 4-4-6　　铸造石墨铝合金复合材料物理力学性能及应用

	石墨(体积分数)/%	密度/g·cm^{-3}	拉伸强度/MPa	伸长率/%	压缩强度/MPa	硬度 HBW	油介质摩擦因数
物理力学性能	5	2.63	180	3.9	350	64	0.008
	10	2.52	150	3.0	300	59	0.01
特点及应用	用铸造法弥散石墨于铝或铝合金中的复合材料具有优良的自润滑性和减振性。可用于汽车发动机气缸、轴承及各种耐磨和减振件。石墨含量越高，强度随之有所降低；石墨含量(质量分数)小于10%时，耐磨性提高，超过10%时，随石墨含量增加耐磨性不再提高，甚至有所降低，石墨粒子经包覆后，在润滑条件下，复合材料耐磨性提高，无润滑条件下则相反。减振性能随石墨含量增加，衰减率也提高						

4.2.2　陶瓷增强金属基复合材料

4.2.2.1　SiC 增强铝基复合材料

表 4-4-7　　SiC 增强铝基复合材料性能

基体	增强体	增强体含量(体积分数)/%	制备处理工艺	弹性模量/GPa	拉伸强度/MPa	伸长率/%
6061			T6	69	310	17
6061	SiC_w①	20	T6 热挤压	103～108	365～490	2.7～15
6061	SiC_p②	25	PM，T6 热挤压	122.7	498	3.91
2024			热挤压	71.0	455	9.0
2024	SiC_p	20	热挤压	103.4	551	7.0
		30	热挤压	120.7	593	4.15
		40	热挤压	151.7	689	1.1
Al-5Si	SiC+石墨	10+3	热挤压		211	
			喷射共沉积		158	
Al-4.5Cu			液态模锻	71	182	17
Al-4.5Cu	SiC_f③	6	液态模锻	78	192	5.1
Al-4.5Cu	SiC_f	10	液态模锻	82	198	3.5

① 下标 w 表示是 SiC 晶须。
② 下标 p 表示是 SiC 颗粒。
③ 下标 f 表示是 SiC 纤维。

4.2.2.2　硼纤维增强铝基复合材料

表 4-4-8　　硼纤维增强铝基复合材料性能

基体	纤维含量(体积分数)/%	纵向		横向		纵向断裂应变
		拉伸强度/MPa	弹性模量/GPa	拉伸强度/MPa	弹性模量/GPa	
2024①	45	1287.5	202.1			0.775
	47	1420.7	222.1			0.795
	52	1721.0				
	54	1798.6				
	64	1527.6	275.9			0.72
	66	1739.2				
	70	1927.6				
2024T6①	46	1458.7	220.7			0.81
	64	1924.1	279.5			0.755
6061①	48	1489.7				
	50	1343.4	217.2			0.659
6061T6①	51	1417.2	231.7			0.736

续表

基体	纤维含量(体积分数)/%	纵向		横向		纵向断裂应变
		拉伸强度/MPa	弹性模量/GPa	拉伸强度/MPa	弹性模量/GPa	
1100[②]	20	519～540	136.7	98～117	77.9	
	25	737～837	146.9	98～117	83.75	
	30	850～890	163.4	98～117	94.80	
	35	960～1020	191.5	88～117	118.80	
	40	1070～1230	199.3	88～108	127.60	
	47	1213～1230	226.6	88～108	134.50	
	54	1200～1270	245.0	69～79	139.10	

① 硼纤维直径 140μm。
② 硼纤维直径 95μm。

4.2.2.3 陶瓷增强铝基复合材料

表 4-4-9 陶瓷增强铝基复合材料室温及高温力学性能

	纤维种类与含量(质量分数)/%		室温		250℃		300℃		350℃	
			σ_s/MPa	σ_b/MPa	σ_s/MPa	σ_b/MPa	σ_s/MPa	σ_b/MPa	σ_s/MPa	σ_b/MPa
短纤维增强铝基复合材料高温力学性能	纤维含量为0		210	297	70	115		70	35	55
	多晶氧化铝	5	232	282	112	134	79	88	54	63
		12	252	273					58	74
		20	283	312	186	198	154	155	110	112
	碳化硅晶须	12	267	359	197	226	153	180	94	124
		16	265	374					120	147
		20	298	384	268	284	207	235	163	184

	复合材料	制备工艺	试验温度/℃	弹性模量/GPa	拉伸强度/MPa	断后伸长率/%
SiC增强铝基复合材料高温力学性能	6%SiC_f/Al-4.5Cu	液态模锻	250	90	96	14.7
	10%SiC_f/Al-4.5Cu	液态模锻	250	104	109	6
	20%SiC_p/Al6061	PM+挤压	200	119	163	
	20%SiC_p/Al6061	PM+挤压	450	23	25	

4.2.2.4 纤维增强镁基复合材料

表 4-4-10 纤维增强镁基复合材料常规力学性能及高温力学性能

	SiC_p 含量(体积分数%)	弹性模量/GPa	屈服强度/MPa	拉伸强度/MPa	断裂伸长率/%
压铸SiC颗粒增强镁基(AZ91)复合材料常规力学性能	0	37.8	157.5	198.8	3.0
	6.7	46.2	186.9	231	2.7
	9.4	47.6	191.1	231	2.3
	11.5	47.6	196	228.9	1.6
	15.1	53.9	207.9	235.9	1.1
	19.6	57.4	212.1	231	0.7
	25.4	65.1	231.7	245	0.7

	纤维	纤维含量(体积分数)/%(取向)	铸锭形态	纤维预成形方法	拉伸强度/MPa		弹性模量/GPa	
					纵向	横向	纵向	横向
石墨纤维增强镁基复合材料常规力学性能	P55	40(0°)	棒	缠绕	720		172	
	P100	35(0°)	棒	缠绕	720		248	
	P75	40(±16°)+9(90°)	空心柱	缠绕	450	61	179	86
	P100	40(±16°)	空心柱	缠绕	560	380	228	30
	P55	40(0°)	板	预浸处理	480	20	159	21
	P55	20(0°)+10(90°)	板	预浸处理	280	100	83	34
	P55	20(0°)+20(90°)	板	预浸处理	450	240	90	90

第4篇

续表

	基体/增强物	温度/℃	弹性模量/GPa	屈服强度/MPa	拉伸强度/MPa	断裂伸长率/%
镁基复合材料高温力学性能	AZ91(纯基体)	21 177 260	37.8 33.6	157.5 119.0 46.2	198.8 154.0 52.5	3.0 8.8 9.0
	AZ91/SiC_p(25.4%体积含量,颗粒)	21 177 260	65.1 56.0	231.7 159.6 53.2	245 176.4 68.6	0.7 1.5 3.6

4.2.2.5 陶瓷纤维增强钛基复合材料

表 4-4-11 陶瓷纤维增强钛基复合材料常规力学性能和高温力学性能

	材料	拉伸强度/MPa	弹性模量/GPa	断裂应变/%
钛基复合材料常规力学性能(SiC纤维SCS-6增强)	SiC/Ti-6Al-4V(30%)制造态 950℃,7h热处理	1690 1434	186.2 190.4	0.96 0.86
	SiC/Ti-15V-3Sn-3Cr-3Al制造态 (38%~41%)480℃,16h热处理	1572 1951	197.9 213.0	

	材料	力学性能	温度/℃			
			25	370	565	760
钛基复合材料高温力学性能(粉末冶金法)	Ti-6Al-4V/TiC_p 10%,<44μm	屈服强度/MPa 拉伸强度/MPa 断裂应变/%	944 999 2.0	551 648 4.0	475 496 2.0	158 227 8.0
	Ti-6Al-4V/SiC_p 10%,约23μm	屈服强度/MPa 拉伸强度/MPa 断裂应变/%	 655 0.16	 537 	 517 0.07	317 330 2.0
	Ti-6Al-4V	屈服强度/MPa 拉伸强度/MPa 断裂应变/%	868 950 9.4		400 468 15.6	172 200 15.6

4.2.3 塑料-金属基复合材料

4.2.3.1 铝管搭接焊式铝塑管

表 4-4-12 铝管搭接焊式铝塑管分类、尺寸规格及技术性能(GB/T 18997.1—2003)

	流体类别		用途代号	铝塑管代号	长期工作温度 T_0/℃	允许工作压力 p_0/MPa
分类及代号	水	冷水	L	PAP	40	1.25
		冷热水	R	PAP	60	1.00
					75[1]	0.82
					82[1]	0.69
				XPAP	75	1.00
					82	0.86
	燃气[2]	天然气	Q	PAP	35	0.40
		液化石油气				0.40
		人工煤气[3]				0.20
	特种流体[4]		T		40	0.50

续表

<table>
<tr><td rowspan="2"></td><td rowspan="2">公称外径
d_n</td><td rowspan="2">公称外径偏差</td><td rowspan="2">参考内径
d_i</td><td colspan="2">圆度</td><td colspan="2">管壁厚 e_m</td><td rowspan="2">内层塑料最小壁厚
e_n</td><td rowspan="2">外层塑料最小壁厚
e_w</td><td rowspan="2">铝管层最小壁厚
e_a</td></tr>
<tr><td>盘管</td><td>直管</td><td>最小值</td><td>偏差</td></tr>
<tr><td rowspan="9">尺寸规格
/mm</td><td>12</td><td rowspan="7">+0.3
0</td><td>8.3</td><td>≤0.8</td><td>≤0.4</td><td>1.6</td><td rowspan="5">+0.5
0</td><td>0.7</td><td rowspan="7">0.4</td><td rowspan="2">0.18</td></tr>
<tr><td>16</td><td>12.1</td><td>≤1.0</td><td>≤0.5</td><td>1.7</td><td>0.9</td></tr>
<tr><td>20</td><td>15.7</td><td>≤1.2</td><td>≤0.6</td><td>1.9</td><td>1.0</td><td rowspan="2">0.23</td></tr>
<tr><td>25</td><td>19.9</td><td>≤1.5</td><td>≤0.8</td><td>2.3</td><td>1.1</td></tr>
<tr><td>32</td><td>25.7</td><td>≤2.0</td><td>≤1.0</td><td>2.9</td><td>1.2</td><td>0.28</td></tr>
<tr><td>40</td><td>31.6</td><td>≤2.4</td><td>≤1.2</td><td>3.9</td><td>+0.6
0</td><td>1.7</td><td>0.33</td></tr>
<tr><td>50</td><td>40.5</td><td>≤3.0</td><td>≤1.5</td><td>4.4</td><td>+0.7
0</td><td>1.7</td><td>0.47</td></tr>
<tr><td>63</td><td>+0.4
0</td><td>50.5</td><td>≤3.8</td><td>≤1.9</td><td>5.8</td><td>+0.9
0</td><td>2.1</td><td rowspan="2">0.4</td><td>0.57</td></tr>
<tr><td>75</td><td>+0.6
0</td><td>59.3</td><td>≤4.5</td><td>≤2.3</td><td>7.3</td><td>+1.1
0</td><td>2.8</td><td>0.67</td></tr>
</table>

<table>
<tr><td rowspan="11">管的技术性能</td><td rowspan="11">管环径向拉力和复合强度</td><td rowspan="2">公称外径 d_n/mm</td><td colspan="2">管环径向拉力/N　≥</td><td rowspan="2">爆破压力/MPa</td><td rowspan="2">管环最小平均剥离力/N</td></tr>
<tr><td>MDPE</td><td>HDPE、PEX</td></tr>
<tr><td>12</td><td>2000</td><td>2100</td><td>7.0</td><td>25</td></tr>
<tr><td>16</td><td>2100</td><td>2300</td><td>6.0</td><td>25</td></tr>
<tr><td>20</td><td>2400</td><td>2500</td><td>5.0</td><td>28</td></tr>
<tr><td>25</td><td>2400</td><td>2500</td><td rowspan="3">4.0</td><td>30</td></tr>
<tr><td>32</td><td>2500</td><td>2650</td><td>35</td></tr>
<tr><td>40</td><td>3200</td><td>3500</td><td>40</td></tr>
<tr><td>50</td><td>3500</td><td>3700</td><td rowspan="4">3.8</td><td>50</td></tr>
<tr><td>63</td><td>5200</td><td>5500</td><td>60</td></tr>
<tr><td>75</td><td>6000</td><td>6000</td><td>70</td></tr>
</table>

<table>
<tr><td rowspan="12">静液压强度试验</td><td rowspan="3">公称外径
d_n/mm</td><td colspan="5">用途代号</td><td rowspan="3">试验时间/h</td><td rowspan="3">要求</td></tr>
<tr><td colspan="2">L、Q、T</td><td colspan="3">R</td></tr>
<tr><td>试验压力/MPa</td><td>试验温度/℃</td><td colspan="2">试验压力/MPa</td><td>试验温度/℃</td></tr>
<tr><td>12</td><td rowspan="5">2.72</td><td rowspan="9">60</td><td colspan="2" rowspan="5">2.72</td><td rowspan="9">82</td><td rowspan="9">10</td><td rowspan="9">应无破裂、局部球形膨胀、渗漏</td></tr>
<tr><td>16</td></tr>
<tr><td>20</td></tr>
<tr><td>25</td></tr>
<tr><td>32</td></tr>
<tr><td>40</td><td rowspan="4">2.10</td><td rowspan="4">2.00</td><td rowspan="4">2.10①</td></tr>
<tr><td>50</td></tr>
<tr><td>63</td></tr>
<tr><td>75</td></tr>
</table>

<table>
<tr><td rowspan="11">耐拉拔性能试验</td><td rowspan="2">公称外径
d_n/mm</td><td colspan="2">短期拉拔性能</td><td colspan="2">持久拉拔性能</td><td rowspan="2">要　求</td></tr>
<tr><td>拉拔力/N</td><td>试验时间/h</td><td>拉拔力/N</td><td>试验时间/h</td></tr>
<tr><td>12</td><td>1100</td><td rowspan="9">1</td><td>700</td><td rowspan="9">800</td><td rowspan="9">冷热水用管材与管件连接处应无任何泄漏、相对轴向移动</td></tr>
<tr><td>16</td><td>1500</td><td>1000</td></tr>
<tr><td>20</td><td>2400</td><td>1400</td></tr>
<tr><td>25</td><td>3100</td><td>2100</td></tr>
<tr><td>32</td><td>4300</td><td>2800</td></tr>
<tr><td>40</td><td>5800</td><td>3900</td></tr>
<tr><td>50</td><td rowspan="3">7900</td><td rowspan="3">5300</td></tr>
<tr><td>63</td></tr>
<tr><td>75</td></tr>
</table>

续表

	项目		要求	测试方法	材料类别
管材用聚乙烯树脂技术性能	密度/g·cm^{-3}		0.926～0.940	GB/T 1033.1—2008	MDPE
			0.941～0.959		HDPE
	熔体质量流动速率(190℃、2.16kg)/g·(10min)$^{-1}$		0.1～10	GB/T 3682.1—2018	MDPE、HDPE
	拉伸强度/MPa		≥15	GB/T 1040.1—2006	MDPE
			≥21		HDPE
	长期静液压强度/MPa	80℃、50 年，预测概率 97.5%	≥3.5	GB/T 18252—2008	MDPE(乙烯与辛烯的共聚物)
		20℃、50 年，预测概率 97.5%	≥8.0		MDPE、HDPE
			≥6.3		
			≥8.0		
	热应力开裂(设计应力 5MPa、80℃、持久 100h)		不开裂	ISO 1167	MDPE、HDPE
	耐慢性裂纹增长(165h)		不破坏	GB/T 18476—2001	MDPE、HDPE
	热稳定性(200℃)		氧化诱导时间不小于 20min	GB/T 17391—1998	Q 类管材用 PE
	耐气体组分(80℃、环应力 2MPa)/h		≥30	GB/T 15558.1—2015	

① 系指采用中密度聚乙烯（乙烯与辛烯共聚物）材料生产的复合管。

② 输送燃气时应符合燃气安装的安全规定。

③ 在输送人工煤气时应注意到冷凝剂中芳香烃对管材的不利影响，工程中应考虑这一因素。

④ 系指和 HDPE 的抗化学药品性能相一致的特种流体。

注：1. 在输送易在管内产生相变的流体时，在管道系统中因相变产生的膨胀力不应超过最大允许工作压力或者在管道系统中采取防止相变的措施。

2. 铝塑管按复合组分材料分类，其形式如下。

1）聚乙烯/铝合金/聚乙烯（PAP）；

2）交联聚乙烯/铝合金/交联聚乙烯（XPAP）。

3. 标记示例：

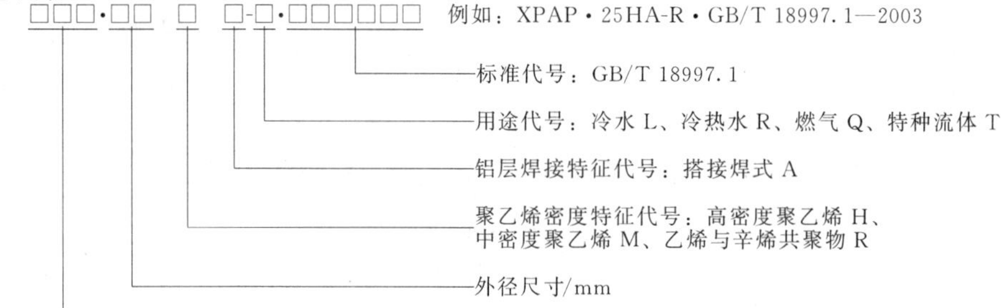

4. 铝管搭接焊式铝塑管是 GB/T 18997《铝塑复合压力管》的一种，采用搭接焊式铝塑管作为嵌入金属层增强，通过共挤热熔黏合剂与内外层聚乙烯塑料复合而成。

5. 产品适于输送一定工作压力的流体，如冷水、冷热水的饮用水输配系统和给水输配系统；采暖系统、地下灌溉系统、工业特种流体（酸、碱、盐）、压缩空气、燃气等。

6. 产品以盘卷式或直管式供货，其长度按生产厂家规定值。

7. 在铝管搭接焊缝处的塑料外层厚度至少应为本表数值的二分之一。

8. 产品外层采用不同颜色表示不同用途，冷水用铝塑管为黑色、蓝色或白色；冷热水用管为橙红色；燃气用管为黄色；室外用管外层采用黑色，但管道上应标有表示用途颜色的色标。

9. 特种流体用铝塑管耐化学性能：化学介质为 10%氯化钠溶液、30%硫酸、40%硝酸、40%氢氧化钠溶液（以上为质量分数）、体积分数为 95%的乙醇，其质量变化平均值（mg/cm^2）分别为：±0.2、±0.1、±0.3、±0.1、±1.1；试验结果要求试样内层无龟裂、变黏等现象。

10. 燃气用铝塑管耐气体组分试验：试验介质为矿物油、叔丁基硫醇、防冻剂（甲醇或乙烯甘醇）、甲苯，其最大平均质量变化率（%）分别为+0.5、+0.5、+1.0、+1.0；最大平均管环径向拉伸力的变化率均为±12%。

11. 产品的扩径试验、卫生性能、冷热水用管材应将管材与管件连接成管道系统进行耐冷热水循环性能、循环压力冲击性能、真空性能和耐拉拔性能四项系统适用性试验等，均应符合 GB/T 18997.1—2003 的规定（耐拉拔性能试验列入本表）。

12. 产品按本表给出的爆破压力值进行爆破试验时，管材不应发生破裂。

13. 外层聚乙烯塑料应该加有足量的防紫外线老化剂、抗氧化剂和产品需要的着色剂。对于使用于室外的铝塑管外层塑料，应添加按 GB/T 13021—1991 方法检测不少于 2%的炭黑，内层塑料应添加抗氧化剂，不宜有着色剂。

14. 内外层塑料宜采用混配料，亦可采用基料添加母料法生产。

15. 铝塑管用铝材按 GB/T 228 进行测试，其断裂伸长率应不小于 20%，抗拉强度应不小于 100MPa。

16. 热熔胶黏剂应是乙烯共聚物，按 GB/T 1033.1—2008 测试，其密度应大于 0.910g/cm^3；按 GB/T 3682.1—2018 测试，其熔体流动速率应小于 10g/10min（190℃、2.16kg）。

17. 材料类别：MDPE—中密度聚乙烯树脂；HDPE—高密度聚乙烯树脂；PE—聚乙烯。

4.2.3.2　铝管对接焊式铝塑管

表 4-4-13　　铝管对接焊式铝塑管分类及尺寸规格（GB/T 18997.2—2003）

	流体类别		用途代号	铝塑管代号	长期工作温度 T_0/℃	允许工作压力 p_0/MPa
分类及代号	水	冷水	L	PAP3、PAP4	40	1.40
				XPAP1、XPAP2		2.00
		冷热水	R	PAP3、PAP4	60	1.00
				XPAP1、XPAP2	75	1.50
				XPAP1、XPAP2	95	1.25
	燃气[①]	天然气	Q	PAP4	35	0.40
		液化石油气				0.40
		人工煤气[②]				0.20
	特种流体[③]		T	PAP3	40	1.00

	公称外径 d_n	公称外径偏差	参考内径 d_i	圆度		管壁厚 e_m		内层塑料壁厚 e_n		外层塑料最小壁厚 e_w	铝管层壁厚 e_a	
				盘管	直管	公称值	偏差	公称值	偏差		公称值	偏差
尺寸规格/mm	16	$^{+0.3}_{0}$	10.9	≤1.0	≤0.5	2.3	$^{+0.5}_{0}$	1.4	±0.1	0.3	0.28	±0.04
	20		14.5	≤1.2	≤0.6	2.5		1.5			0.36	
	25（26）		18.5（19.5）	≤1.5	≤0.8	3.0		1.7			0.44	
	32		25.2	≤2.0	≤1.0			1.6			0.60	
	40	$^{+0.4}_{0}$	32.4	≤2.4	≤1.2	3.5	$^{+0.6}_{0}$	1.9		0.4	0.75	
	50	$^{+0.5}_{0}$	41.4	≤3.0	≤1.5	4.0		2.0			1.00	

① 输送燃气时应符合燃气安装的安全规定。
② 在输送人工煤气时应注意到冷凝剂中芳香烃对管材的不利影响，工程中应考虑这一因素。
③ 系指和 HDPE 的抗化学药品性能相一致的特种流体。

注：1. 铝塑管按复合组分材料分类，其形式如下。

1）聚乙烯/铝合金/交联聚乙烯（XPAP1）：一型铝塑管，适于较高工作温度和较高流体压力条件应用；

2）交联聚乙烯/铝合金/交联聚乙烯（XPAP2）：二型铝塑管，适于较高工作温度和流体压力条件，抗外部恶劣环境优于 XPAP1；

3）聚乙烯/铝/聚乙烯（PAP3）：三型铝塑管，适于较低工作温度和流体压力下应用；

4）聚乙烯/铝合金/聚乙烯（PAP4）：四型铝塑管，适于较低工作温度和流体压力下应用，可用于输送燃气等气体。

2. 铝塑管按外径分类，其规格为 16、20、25（26）、32、40、50。

3. 铝层焊接特征代号：铝管对接焊式代号为 D，产品标记方法参见表 4-4-12 的注 3。

4. 铝管对接焊式铝塑管的各种性能均优于铝管搭接焊式铝塑管，详见 GB/T 18997.2—2003 有关规定。

4.2.3.3　塑覆铜管

表 4-4-14　　塑覆铜管分类、尺寸规格、性能及应用（YS/T 451—2012）

管材分类	1. 塑覆铜冷水管：塑料在管材外表面密集成环状（平形环），其断面形状如图（a）所示 2. 塑覆铜热水管：塑料在管材外表面呈齿形环状（齿形环），其齿形可为梯形、三角形或矩形，其断面形状如图（b）所示 3. 塑覆铜气管：采用图（a）或图（b）形式 4. 塑覆铜燃气管，采用图（a）或图（b）形式 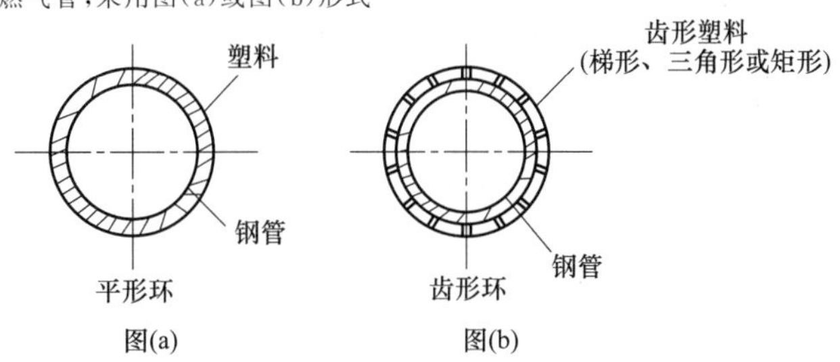 图(a)　　图(b)

第 4 篇

续表

管材技术要求	管材的牌号和化学成分应符合 GB/T 18033《无缝铜水管和铜气管》的有关规定 管材的尺寸规格应符合 GB/T 18033 的有关规定，按直管和盘状管供货
管材塑覆材料要求	铜管塑覆材为聚乙烯，应保证能在 110℃温度以下正常应用。聚乙烯的技术性能应为：密度 0.930～0.940g/cm³；熔体流动速率 0.20～0.40g/10min；脆化温度≤－70℃；维卡软化温度≥80℃ 室温下，塑覆层的延伸率 A_{ref} 应不小于 50% 塑覆层应进行老化率检测，其中：A_1/A_{ref}>0.5 塑覆层阻燃氧指数(OI)应不小于 30 塑覆层厚度尺寸及极限偏差、管端部形状均应符合 YS/T 451—2012 的规定
用途	管材适于输送冷水、热水、天然气、液化石油气、煤气和氧气等

4.2.3.4 钢塑复合管

表 4-4-15 钢塑复合管分类、代号及用途（GB/T 28897—2012）

管材名称及定义		定　义
	钢塑复合管	以钢管为基管，在其内表面或外表面或内外表面粘接上塑料防腐层的钢塑复合产品
	衬塑复合钢管	在钢管内壁粘衬薄壁塑料管的钢塑复合管
	涂塑复合钢管	在钢管内或内外表面熔融一层塑料粉末的钢塑复合管
	外覆塑复合钢管	在钢管外表面覆塑熔融的胶黏剂和熔融的塑料层的钢塑复合管
分类及代号	分类方法	分类名称及代号
	钢塑管按其防腐形式分	(1)衬塑复合钢管，代号为 SP-C (2)涂塑复合钢管，代号为 SP-T (3)外覆塑复合钢管，代号为 SP-F
	钢塑管按输送介质分	(1)冷水用钢塑复合管 (2)热水用钢塑复合管，外表面宜有红色标志或按红色制作内衬塑料管
	钢塑管的塑层材料分	(1)聚乙烯，代号为 PE (2)耐热聚乙烯，代号为 PE-RT (3)交联聚乙烯，代号为 PE-X (4)聚丙烯，代号为 PP (5)硬聚氯乙烯，代号为 PVC-U (6)氯化聚氯乙烯，代号为 PVC-C (7)环氧树脂，代号为 EP
用途	用于输送生活用饮用水、冷热水、消防用水、排水、空调用水、中低压燃气、压缩空气等钢塑管道	

表 4-4-16 钢塑复合管塑层厚度（GB/T 28897—2012） mm

	公称通径 DN	内衬塑料层		法兰面覆塑层		外覆塑层最小厚度
		厚度	极限偏差	厚度	极限偏差	
衬塑管和外覆塑复合钢管的塑层厚度	15	1.5	+0.2 -0.2	1.0	+不限 -0.5	0.5
	20					0.6
	25					0.7
	32					0.8
	40					1.0
	50					1.1
	65					1.1

第4篇

续表

<table>
<tr><td rowspan="13">衬塑管和外覆塑复合钢管的塑层厚度</td><td rowspan="2">公称通径 DN</td><td colspan="2">内衬塑料层</td><td colspan="2">法兰面覆塑层</td><td rowspan="2">外覆塑层最小厚度</td></tr>
<tr><td>厚度</td><td>极限偏差</td><td>厚度</td><td>极限偏差</td></tr>
<tr><td>80</td><td rowspan="3">2.0</td><td rowspan="3">+0.2
−0.2</td><td rowspan="3">1.5</td><td rowspan="3">+不限
−0.5</td><td>1.2</td></tr>
<tr><td>100</td><td>1.3</td></tr>
<tr><td>125</td><td>1.4</td></tr>
<tr><td>150</td><td rowspan="2">2.5</td><td>+0.2
−0.2</td><td rowspan="2">2.0</td><td rowspan="8">+不限
−0.5</td><td>1.5</td></tr>
<tr><td>200</td><td rowspan="7">+不限
−0.5</td><td rowspan="2">2.0</td></tr>
<tr><td>250</td><td rowspan="6">3.0</td><td rowspan="6">2.5</td></tr>
<tr><td>300</td><td rowspan="4">2.2</td></tr>
<tr><td>350</td></tr>
<tr><td>400</td></tr>
<tr><td>450</td></tr>
<tr><td>500</td><td>2.5</td></tr>
</table>

<table>
<tr><td rowspan="28">涂塑复合钢管塑层的最小厚度</td><td rowspan="3">公称通径 DN</td><td colspan="2">内面涂塑层</td><td colspan="2">外面涂塑层</td></tr>
<tr><td colspan="2">最小厚度</td><td colspan="2">最小厚度</td></tr>
<tr><td>聚乙烯</td><td>环氧树脂</td><td>聚乙烯</td><td>环氧树脂</td></tr>
<tr><td>15</td><td rowspan="7">0.4</td><td rowspan="7">0.3</td><td rowspan="7">0.5</td><td rowspan="7">0.3</td></tr>
<tr><td>20</td></tr>
<tr><td>25</td></tr>
<tr><td>32</td></tr>
<tr><td>40</td></tr>
<tr><td>50</td></tr>
<tr><td>65</td></tr>
<tr><td>80</td><td rowspan="4">0.5</td><td rowspan="11">0.35</td><td rowspan="4">0.6</td><td rowspan="11">0.35</td></tr>
<tr><td>100</td></tr>
<tr><td>125</td></tr>
<tr><td>150</td></tr>
<tr><td>200</td><td rowspan="7">0.6</td><td rowspan="7">0.8</td></tr>
<tr><td>250</td></tr>
<tr><td>300</td></tr>
<tr><td>350</td></tr>
<tr><td>400</td></tr>
<tr><td>450</td></tr>
<tr><td>500</td></tr>
<tr><td>600</td><td rowspan="2">0.8</td><td rowspan="2">0.4</td><td rowspan="2">1.0</td><td rowspan="2">0.4</td></tr>
<tr><td>700</td></tr>
<tr><td>800</td><td rowspan="5">1.0</td><td rowspan="5">0.45</td><td rowspan="5">1.2</td><td rowspan="5">0.45</td></tr>
<tr><td>900</td></tr>
<tr><td>1000</td></tr>
<tr><td>1100</td></tr>
<tr><td>1200</td></tr>
</table>

4.2.3.5 塑料-金属基多层复合材料

(1) 改性聚四氟乙烯 (PTFE)-青铜-钢背三层复合自润滑板材

表 4-4-17 PTFE-青铜-钢背三层复合自润滑板材的结构、化学成分及性能 (GB/T 27553.1—2011)

<table>
<tr><td>板材组成结构</td><td colspan="6">板材由表面改性聚四氟乙烯(PTFE)、中间烧结层、钢背层三层复合构成,表面层为聚四氟乙烯和填充材料的混合物组成,其厚度为 0.01～0.05mm;中间层为烧结层,由青铜球粉 CuSn10 或 QFQSn8-3 组成;钢背层材料为优质碳素结构钢,碳的含量通常小于 0.25%</td></tr>
<tr><td rowspan="4">中间层材料的化学成分</td><td colspan="2" rowspan="2">牌号</td><td colspan="4">化学成分(质量分数)/%</td></tr>
<tr><td>Cu</td><td>Sn</td><td>Zn</td><td>P</td></tr>
<tr><td colspan="2">CuSn10</td><td>余量</td><td>9～11</td><td>—</td><td>≤0.3</td></tr>
<tr><td colspan="2">QFQSn8-3</td><td>余量</td><td>7～9</td><td>2～4</td><td>—</td></tr>
<tr><td rowspan="5">板材的摩擦磨损性能</td><td colspan="2">试验形式</td><td>润滑条件</td><td>摩擦因数</td><td>磨损量/mm</td><td>磨痕宽度/mm</td></tr>
<tr><td rowspan="2">端面试验</td><td rowspan="4">两种试验方法任选一种</td><td>干摩擦</td><td>≤0.20</td><td>≤0.03</td><td>—</td></tr>
<tr><td>油润滑</td><td>≤0.08</td><td>≤0.02</td><td>—</td></tr>
<tr><td rowspan="2">圆环试验</td><td>干摩擦</td><td>≤0.20</td><td>—</td><td>≤5.0</td></tr>
<tr><td>油润滑(初始润滑)</td><td>≤0.08</td><td>—</td><td>≤4.0</td></tr>
<tr><td>板材的技术要求</td><td colspan="6">钢背层硬度为 80～140HBW
板材的压缩永久变形量:试样尺寸 10mm×10mm×2.0mm,压缩应力为 280MPa 时,永久变形量≤0.03mm
表面塑料层与中间层之间的结合强度要求大于 2MPa;中间层和钢背层的结合,按规定的试验方法弯曲 5 次,允许有裂纹,不允许有分层及剥落</td></tr>
<tr><td>板材厚度及允许偏差</td><td colspan="6">板材厚度 T 和允许偏差要求:0.75mm≤T≤1.5mm;允许偏差为±0.012mm
1.5mm<T≤2.5mm;允许偏差为±0.015mm</td></tr>
<tr><td>用途</td><td colspan="6">板材适于制作卷制轴套、止推垫片、滑块、导轨等制品件</td></tr>
</table>

(2) 改性聚甲醛 (POM)-青铜-钢背三层复合自润滑板材

表 4-4-18 POM-青铜-钢背三层复合自润滑板材的结构、化学成分及性能 (GB/T 27553.2—2011)

<table>
<tr><td>板材组成结构</td><td colspan="6">板材由表面塑料层、中间烧结层和钢背层组成
表面塑料层是聚甲醛(POM)和填充材料的混合物,其厚度为 0.2～0.5mm,塑料层上轧有润滑油穴,其形式按 GB/T 12613.3 中的 NIB 形式
中间烧结层的材料牌号、化学成分的规定与 PTFE-青铜-钢背三层自润滑板材的中间层相同(参见表 4-4-17)
钢背层材料为优质碳素结构钢,碳的含量通常小于 0.25%</td></tr>
<tr><td rowspan="3">板材的摩擦磨损性能</td><td colspan="2">试验形式</td><td>润滑条件</td><td>摩擦因数</td><td>磨损量/mm</td><td>磨痕宽度/mm</td></tr>
<tr><td>端面试验</td><td rowspan="2">两种方法任选其一</td><td>油脂润滑</td><td>≤0.1</td><td>≤0.02</td><td>—</td></tr>
<tr><td>圆环试验</td><td>油脂润滑</td><td>≤0.1</td><td>—</td><td>≤4.0</td></tr>
<tr><td>板材的技术要求</td><td colspan="6">钢背层硬度为 60～120HBW
板材的压缩永久变形量:试样尺寸为 10mm×10mm×2.0mm 时,压缩应力为 140MPa,其永久变形量≤0.05mm
板材的结合强度:在规定的试验方法试验,弯曲 5 次,允许有裂纹,不允许有分层和剥落</td></tr>
<tr><td>板材厚度及允许偏差</td><td colspan="6">板材的厚度尺寸 T 和允许偏差 ΔT:
1.0mm≤T≤1.5mm,ΔT 为±0.02mm;1.5mm<T≤2.0mm,ΔT 为±0.025mm
2.0mm<T≤2.5mm,ΔT 为±0.03mm</td></tr>
<tr><td>用途</td><td colspan="6">板材适于制成卷制轴套、止推垫片、滑块、导轨等形式的制品件</td></tr>
</table>

4.2.4　层压金属复合材料

4.2.4.1　不锈钢复合钢板和钢带

表 4-4-19　不锈钢复合钢板和钢带分级、尺寸规格、性能及应用（GB/T 8165—2008）

分级、代号、用途及界面结合率	级别	代号			界面结合率/%		用途
		爆炸法	轧制法	爆炸轧制法	复合中厚板	轧制复合带及其剪切钢板	
	Ⅰ级	BⅠ	RⅠ	BRⅠ	100	≥99	适用于不允许有未结合区存在的、加工时要求严格的结构件上
	Ⅱ级	BⅡ	RⅡ	BRⅡ	≥99		适用于可允许有少量未结合区存在的结构件上
	Ⅲ级	BⅢ	RⅢ	BRⅢ	≥95		适用于复层材料只作为耐蚀层来使用的一般结构件上

复合钢板和钢带材料典型钢号：复层材料（GB/T 3280、GB/T 4237）	复合钢板和钢带材料典型钢号：基层材料（GB/T 3274、GB/T 713、GB/T 3531、GB/T 710）
06Cr13 06Cr13Al 022Cr17Ti 06Cr19Ni10 06Cr18Ni11Ti 06Cr17Ni12Mo2 022Cr17Ni12Mo2 022Cr25Ni7Mo4N 022Cr22Ni5Mo3N 022Cr19Ni5Mo3Si2N 06Cr25Ni20 06Cr23Ni13	Q235A、B、C Q345A、B、C Q245R、Q345R、 15CrMoR 09MnNiDR 08Al

尺寸规格及材料牌号：

复合中、厚板尺寸规定：公称厚度不小于 6mm；公称宽度 1450～4000mm；公称长度 4000～10000mm；单面复合中厚板复层公称厚度 1.0～18mm，通常为 2～4 mm，基层最小厚度为 5mm

轧制复合带及其剪切钢板尺寸规定：

轧制复合板（带）总公称厚度/mm	复层厚度/mm ≥ 对称型 AB面	非对称型 A面	非对称型 B面	宽度、长度
0.8	0.09	0.09	0.06	公称宽度为 900～1200mm，剪切钢板公称长度为 2000mm，轧制带成卷交货
1.0	0.12	0.12	0.06	
1.2	0.14	0.14	0.06	
1.5	0.16	0.16	0.08	
2.0	0.18	0.18	0.10	
2.5	0.22	0.22	0.12	
3.0	0.25	0.25	0.15	
3.5～6.0	0.30	0.30	0.15	

复合中厚板力学性能：

级别	界面抗剪强度 τ/MPa	上屈服强度[①] R_{eH}/MPa	抗拉强度 R_m/MPa	断后伸长率 A/%	冲击吸收能量 KV_2/J
Ⅰ级 Ⅱ级	≥210	不小于基层对应厚度钢板标准值[②]	不小于基层对应厚度钢板标准下限值，且不大于上限值 35MPa[②]	不小于基层对应厚度钢板标准值	应符合基层对应厚度钢板的规定
Ⅲ级	≥200				

轧制复合带及其剪切钢板力学性能：等于基层材料相应牌号标准规定的力学性能。当基层选用深冲钢时，其力学性能按下表规定，当复层为 06Cr13 钢时，其力学性能按复层为铁素体不锈钢的规定

基层钢号	上屈服强度[①] R_{eH}/MPa	抗拉强度 R_m/MPa	断后伸长率 A/%：复层为奥氏体不锈钢	断后伸长率 A/%：复层为铁素体不锈钢
08Al	≤350	345～490	≥28	≥18

① 屈服现象不明显时，按 $R_{p0.2}$。

② 复合钢板和钢带的屈服下限值 R_p、抗拉强度下限值 R_m 可按下列公式计算：

$$R_p=\frac{t_1R_{p1}+t_2R_{p2}}{t_1+t_2}\qquad R_m=\frac{t_1R_{m1}+t_2R_{m2}}{t_1+t_2}$$

式中　R_{p1}，R_{p2}——复层、基层钢板屈服点下限值，MPa；

R_{m1}，R_{m2}——复层、基层钢板抗拉强度下限值，MPa；

t_1，t_2——复层、基层钢板厚度，mm。

注：1. 产品的弯曲性能、杯突试验、表面质量等均应符合 GB/T 8165—2008 的规定。

2. GB/T 8165—2008 代替 GB/T 8165—1997《不锈钢复合钢板和钢带》及 GB/T 17102—1997《不锈钢冷轧复合薄钢板和钢带》。

3. 产品用于制造石油、化工、轻工、机械、海水淡化、核工业的各类压力容器、储罐等结构件（复层厚度≥1mm 的中厚板），以及用于轻工机械、食品、炊具、建筑、装饰、焊管、铁路客车、医药、环保等行业的设备（复层厚度≤0.8mm 的单面、双面对称和非对称复合带及其剪切钢板）。

4.2.4.2　钛-钢复合板

表 4-4-20　　钛-钢复合板分类代号、性能、尺寸规格及应用（GB/T 8547—2006）

<table>
<tr><td rowspan="6">分类及代号</td><td colspan="2">生产种类</td><td>代号</td><td colspan="2">用途分类</td><td>应用举例</td></tr>
<tr><td rowspan="3">爆炸钛-钢复合板</td><td>0 类</td><td>B_0</td><td colspan="2" rowspan="5">0 类：用于过滤接头、法兰等的高结合强度，且不允许不结合区存在的复合板
1 类：将钛材作为强度设计的或特殊用途的复合板，如管板等
2 类：将钛材作为耐蚀设计，而不考虑其强度的复合板，如筒体等</td><td rowspan="5">用于耐蚀压力容器、储槽及其他设备零部件等</td></tr>
<tr><td>1 类</td><td>B_1</td></tr>
<tr><td>2 类</td><td>B_2</td></tr>
<tr><td rowspan="2">爆炸-轧制钛-钢复合板</td><td>1 类</td><td>BR_1</td></tr>
<tr><td>2 类</td><td>BR_2</td></tr>
<tr><td rowspan="4">性能</td><td colspan="2">拉伸试验</td><td colspan="2">剪切试验</td><td colspan="2">弯曲试验</td></tr>
<tr><td rowspan="2">抗拉强度 /MPa</td><td rowspan="2">伸长率 δ /%</td><td colspan="2">抗剪强度 τ/MPa</td><td rowspan="2">弯曲角 α</td><td rowspan="2">弯曲直径 D /mm</td></tr>
<tr><td>0 类复合板</td><td>其他类复合板</td></tr>
<tr><td>$>R_{mj}$</td><td>大于基材或复材标准中较低一方的规定值</td><td>≥196</td><td>≥138</td><td>内弯 180°，外弯由复材标准决定</td><td>内弯时按基材标准规定不够 2 倍时取 2 倍
外弯时为复合板厚度的 3 倍</td></tr>
<tr><td>尺寸规格</td><td colspan="6">复合板厚度 4～100mm，复材厚度一般为 1.5～10mm，复合板的复层可由多层组成
复合板宽度不大于 2200mm，可小于 1100mm
复合板长度不大于 4500mm，可小于 1100mm</td></tr>
</table>

注：1. 复合板复材的牌号为 TA1、TA2、Ti-0.3Mo-0.8Ni、Ti-0.2Pd，其化学成分应符合 GB/T 3620.1 的规定，基材应符合相关标准规定。

2. 剪切强度适用于复层厚度≥1.5mm 的复合板材。

3. 当用户要求时，供方可以做基材的拉伸试验，其抗拉强度应达到基材相应标准的要求。

4. 爆炸-轧制复合板的伸长率可以由供需双方协商确定。

5. 复合板的抗拉强度理论下限标准值 R_{mj} 可按下式计算：

$$R_{mj}=\frac{t_1R_{m1}+t_2R_{m2}}{t_1+t_2}$$

式中　R_{m1}——基材抗拉强度下限标准值，MPa；

R_{m2}——复材抗拉强度下限标准值，MPa；

t_1——基材厚度，mm；

t_2——复材厚度，mm。

4.2.4.3　钛-不锈钢复合板

表 4-4-21　　钛-不锈钢复合板分类、代号、用途及适用材料（GB/T 8546—2017）

<table>
<tr><td rowspan="2">类别</td><td colspan="3">代号</td><td rowspan="2">推荐用途</td><td rowspan="2">复　　材</td><td rowspan="2">基　　材</td></tr>
<tr><td>爆炸（B）</td><td>爆炸-退火（BM）</td><td>爆炸-轧制（BR）</td></tr>
<tr><td>0 类</td><td>B0</td><td>BM0</td><td>BR0</td><td>过渡接头、法兰等</td><td rowspan="3">GB/T 3621 钛及钛合金板材中的 TA1G、TA2G、TA9、TA10，其化学成分应符合 GB/T 3620.1 的规定</td><td rowspan="3">GB/T 24511—2009 承压设备用不锈钢板钢带中的 S30403、S30408、S31603
GB/T 4238 耐热钢板钢带中 12Cr18Ni9、06Cr19Ni10、20Cr25Ni20
NB/T 47010 承压设备用不锈钢和耐热钢锻件中的 S31608</td></tr>
<tr><td>1 类</td><td>B1</td><td>BM1</td><td>BR1</td><td>管板等</td></tr>
<tr><td>2 类</td><td>B2</td><td>BM2</td><td>BR2</td><td>筒体板等</td></tr>
</table>

注：1. 产品的形状为圆形、矩形和方形三种，其他形状的复合板可由供需双方商定。

2. 复材可在基材的一面或两面包覆，形成单面或双面复合板。产品用于在腐蚀环境中，承受一定压力、温度的压力容器、过渡接头及其他设备零件和部件等。

3. 交货状态应在合同中注明。

4. 标记示例：

a）复材厚度为 6mm 的 TA1G，基材厚度为 36mm 的 06Cr19Ni10 板，宽度为 1000mm，长度为 3000mm 的 1 类爆炸或爆炸-轧制复合板，标记为

TA1G/06Cr19Ni10　B1 或 BR1　6/36×1000×3000　GB/T 8546—2017。

b）一侧复材为厚度 4mm 的 TA2G 板，另一侧复材为厚度 2mm 的 TA1G 板，基材厚度 12mm 的 06Cr19Ni10，宽为 1100mm，长度为 3500mm，经热处理的 2 类爆炸复合板，标记为

TA2G/06Cr19Ni10/TA1G BM2 4/12/2×1100×3500 GB/T 8546—2017

表 4-4-22　　**钛-不锈钢复合板尺寸及允许偏差**（GB/T 8546—2017）

	复合板厚度	复合板厚度允许偏差	复合板宽度(或直径)允许偏差		
			宽度≤1100	宽度>1100～1600	宽度>1600
复合板厚度、宽度(或直径)允许偏差/mm	4～6	±0.6	+15 0	+15 0	+20 0
	>6～18	±0.8	+15 0	+20 0	+30 0
	>18～28	±1.0	+20 0	+30 0	+40 0
	>28～46	±1.2	+30 0	+40 0	+40 0
	>46～60	±1.5	+40 0	+40 0	+50 0
	>60	±2.0	+40 0	+50 0	+50 0
	经供需双方协商,也可提供其他规格和尺寸偏差有特殊要求的复合板				

	复合板厚度	复合板的长度允许偏差			
		长度≤1100	长度>1100～1600	长度>1600～2800	长度>2800
复合板长度允许偏差/mm	4～6	+20 0	+20 0	+30 0	+40 0
	>6～18	+30 0	+30 0	+40 0	+40 0
	>18～60	+40 0	+40 0	+40 0	+40 0
	>60	+40 0	+40 0	+40 0	+40 0

	复合板类别	0类、1类		2类
		厚度≤30mm	厚度>30mm	
复合板平面度/mm·m^{-1}	平面度	≤4	≤3	≤6
	基材为锻制品时,复合板的平面度可由供需双方商定			

注：复合板基材厚度按 GB/T 709 热轧钢板和钢带的规定。

表 4-4-23　　**钛-不锈钢复合板力学性能**（GB/T 8546—2017）

抗拉强度 R_m/MPa	伸长率 A/%	剪切强度 τ/MPa		分离强度 σ_τ/MPa	
		0类复合板	其他类复合板	0类复合板	其他类复合板
$>R_{mj}$	≥基材或复材标准中较低者的规定值	≥196	≥140	≥274	—

注：1. 复材厚度≤1.5mm 时做剪切强度试验。

2. 复合板作成管使用或基材为锻制品时，可不做拉伸性能试验。

3. 复合板的抗拉强度理论下限标准值 R_{mj}，按下式计算：

$$R_{mj}=\frac{t_1R_{m1}+t_2R_{m2}}{t_1+t_2}$$

式中　R_{m1}——基材抗拉强度下限标准值，MPa；

R_{m2}——复材抗拉强度下限标准值，MPa；

t_1——基材厚度，mm；

t_2——复材厚度，mm。

4. 复合板的内弯曲性能，弯曲直径按基材标准规定，且不低于复合板厚度的 2 倍，弯曲角为 180°，试样弯曲部分的外表面不得有裂纹。外弯曲性能，弯曲直径为复合板厚度的 3 倍，弯曲角按复材标准规定，在试样弯曲部分外表面不得有裂纹，复合界面不得有分层。

5. 0 类复合板面积结合率为 100%；1 类板面积结合率≥98%；2 类板面积结合率≥95%。

4.2.4.4　铜-钢复合板

表 4-4-24　　铜-钢复合板尺寸规格、性能及应用（GB/T 13238—1991）

	总厚度		复层厚度		长度		宽度	
尺寸规格/mm	公称尺寸	允许偏差	公称尺寸	允许偏差	公称尺寸	允许偏差	公称尺寸	允许偏差
	8～30	+12% −8%	2～6	±10%	≥1000	+25 −10	≥1000	+20 −10

	复层材料		基层材料		抗拉强度 σ_b 计算公式	应用
	牌号	化学成分规定	牌号	化学成分规定		
复层、基层材料要求及应用	Tu1 T2 B30	GB 5231 GB 5234	Q235 20g、16Mng 20R、16MnR Q345 20	GB/T 700 GB/T 713 GB/T 6654 GB/T 1591 GB/T 699	$\sigma_b=\frac{t_1\sigma_1+t_2\sigma_2}{t_1+t_2}$ σ_1，σ_2——基材、复材抗拉强度下限值，MPa t_1，t_2——基材、复材厚度，mm	适用于化工、石油、制药、制盐等工业制造耐腐蚀的压力容器及真空设备

注：1. 复合板的长度和宽度按 50mm 的倍数进级，定尺板尺寸由供需双方协商。

2. 复层厚度应在合同中注明，经需方同意，复层厚度超过正偏差亦可交货。

3. 复合板的平面度每米不大于 12mm。

4. 复合板伸长率 δ_5（%）应不小于基材标准的规定值。

5. 复合板的抗剪强度 τ_b 不小于 100MPa。

6. 复层和基层材料牌号应在合同中注明。

4.2.4.5　镍-钢复合板

表 4-4-25　　镍-钢复合板牌号、规格、性能及应用（YB/T 108—1997）

复层材料		基层材料		总厚度		复层厚度		应用
典型牌号	标准号	典型牌号	标准号	公称尺寸/mm	允许偏差	公称尺寸/mm	允许偏差	
N6 N8	GB 5235	Q235A Q235B	GB/T 700	6～10	±9%	≤2	双方协议	适用于石油、化工、制药、制盐等行业制造耐腐蚀的压力容器，原子反应堆，储藏槽及其他制品
		20g、16Mng	GB/T 713					
		20R、16MnR	GB/T 6654	>10～15	±8%	>2～3	±12%	
		Q345	GB/T 1591	>15～20	±7%	>3	±10%	
		20	GB/T 699					

剪切试验	拉伸试验		弯曲试验 $\alpha=180°$		结合度试验 $\alpha=180°$
抗剪强度 J_b /MPa ≥	抗拉强度 /MPa ≥	伸长率 δ_5 /%	外弯曲	内弯曲	分离率 c /%
196	σ_b，计算式见注 4	大于基材和复材标准值中较低的数值	弯曲部位的外侧不得有裂纹		三个结合度试样中的两个试样 c 值不大于 50

注：1. 长度和宽度按 50mm 的倍数进级。长度尺寸偏差按基材标准要求。

2. 复合板平面度 t：总厚度不大于 10mm，$t\leqslant 12$mm/m；总厚度大于 10mm，$t<10$mm/m。

3. 复合板按理论重量计算；钢密度 7.85g/cm³，镍及镍合金密度 8.85g/cm³。

4. 复合板抗拉强度 σ_b 计算式：$\sigma_b=\frac{t_1\sigma_{b1}+t_2\sigma_{b2}}{t_1+t_2}$。式中，$\sigma_{b1}$、$\sigma_{b2}$ 分别为基材、复材抗拉强度标准下限值，MPa；t_1、t_2 分别为试样基材、复材的厚度，mm。

5. 复合板应按 GB/T 7734 规定进行超声波探伤。

4.2.4.6　结构用不锈钢复合管

表 4-4-26　结构用不锈钢复合管分类、代号、尺寸规格及应用（GB/T 18704—2008）

分类及代号	圆管—R,方管—S,矩形管—Q;按交货状态分为四种:表面未抛光状态—SNB,表面抛光状态—SB,表面磨光状态—SP,表面喷砂状态—SS					
覆材和基材材料要求	覆材牌号:06Cr19Ni10、12Cr18Ni9、12Cr18Mn9Ni5N、12Cr17MnNi5N,其化学成分和力学性能应符合 GB/T 18704—2008 的规定 基材牌号:Q195、Q215、Q235,化学成分应符合 GB/T 700 的规定;力学性能应按 GB/T 18704 的相关规定					
尺寸规格/mm	圆管(R)		矩形管(Q)		方管(S)	
	外径	总壁厚	边长	总壁厚	边长	总壁厚
	12.7	0.8～2.0	20×10	0.8～2.0	15×15	0.8～2.0
	15.9	0.8～2.0	25×15	0.8～2.0	20×20	0.8～2.0
	19.1	0.8～2.0	40×20	1.0～2.5	25×25	0.8～2.5
	22.2	0.8～2.0	50×30	1.0～2.5	30×30	1.0～2.5
	25.4	0.8～2.5	70×30	1.2～2.5	40×40	1.0～2.5
	31.8	0.8～2.5	80×40	1.2～3.0	50×50	1.2～3.0
	38.1	1.2～2.5	90×30	1.2～3.0	60×60	1.4～3.5
	42.4	1.2～2.5	100×40	3.0～4.0	70×70	3.0～4.0
	48.3	1.2～2.5	110×50	3.0～4.0	80×80	3.0～4.0
	50.8	1.21～2.5	120×40	3.0～4.0	85×85	3.0～4.0
	57.0	1.0～2.5	120×60	3.5～4.5	90×90	3.0～4.0
	63.5	1.2～3.0	130×50	3.5～4.5	100×100	3.0～4.0
	76.3	1.2～3.0	130×70	3.5～4.5	110×110	3.0～4.0
	80.0	1.4～3.5	140×60	3.5～4.5	125×125	3.5～5.0
	87.0	2.2～3.5	140×80	3.5～4.5	130×130	3.5～5.0
	89.0	2.5～4.0	150×50	3.5～4.5	140×140	4.0～6.0
	102	3.0～4.0	150×70	3.5～5.0	170×170	5.0～8.0
	108	3.5～4.5	160×40	3.5～4.5		
	112	3.0～4.0	160×60	3.5～5.0		
	114	3.0～4.5	160×90	4.0～5.0		
	127	3.5～4.5	170×50	3.5～5.0		
	133	3.5～4.5	170×80	4.0～5.0		
	140	3.5～5.0	180×70	4.0～5.0		
	159	4.0～5.0	180×80	4.0～5.0		
	165	4.0～5.0	180×100	4.0～6.0		
	180	4.5～6.0	190×60	4.0～5.0		
	217	4.5～10	190×70	4.0～5.0		
	219	4.5～11	190×90	4.0～6.0		
	273	6.0～12	200×60	4.0～5.0		
	299	6.0～12	200×80	4.0～6.0		
	325	7.0～12	200×140	4.5～8.0		

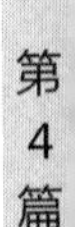

续表

总壁厚尺寸系列/mm	0.8、1.0、1.2、1.4、1.5、1.6、1.8、2.0、2.2、2.5、3.0、3.5、4.0、4.5、5.0～12.0(1进级)
管长度/mm	1000～8000
用途	结构用不锈钢复合管一般用于制造通用机械结构零部件、医疗器械、车船制造、钢结构网架、市政设施、建筑装饰、道桥铁路各种护栏等

注：1. 复合管基材和覆材可在供需双方协定之后，采用其他牌号材料制造。

2. 管材工艺性能：将管材试样外径压扁至管径的1/3时，试样不得有裂纹或裂口；用顶心锥度为60°，将管材试样外径扩至管径的6%时，不得有裂纹或裂口；将管材弯曲角度为90°，弯心半径为管材外径3.5倍，试样弯曲处内侧面不得有皱褶。

3. 圆管材外径≤63.5mm时，管材表面粗糙度不低于$Ra0.8\mu m$；圆管外径大于63.5mm及方形管和矩形管的管材表面粗糙度不低于$Ra1.6\mu m$。

4. 按理论重量交货时，管材每米理论重量W的计算式为

$$W=\frac{\pi}{1000}[S_1(D-S_1)\rho_1+S_2(D-2S_1-S_2)\rho_2]$$

式中 W——复合管的重量，kg/m；

D——复合管的外径，mm；

S_1——复合管覆材的壁厚，mm；

S_2——复合管基材的壁厚，mm；

ρ_1——复合管覆材的钢密度，kg/dm^3，不锈钢的密度为$7.93kg/dm^3$；

ρ_2——复合管基材钢的密度，kg/dm^3，碳素钢的密度为$7.85kg/dm^3$。

5. 标记示例：

1）用06Cr19Ni10的钢为覆材，Q195的钢为基材，圆形截面，抛光状态，外径25.4mm，壁厚1.2mm，长度为6000mm定尺的复合管，其标记为：06Cr19Ni10/Q195-25.4×1.2×6000-GB/T 18704—2008

[复合管以圆截面形状、抛（磨）光状态交货的，可不标注其代号]；

2）用12Cr18Ni9的钢为覆材，Q235B的钢为基材，方形截面，喷砂状态，边长30mm，壁厚1.4mm，长度为6000mm定尺的方形复合管，其标记为：12Cr18Ni9/Q235B-S. SA30×30×1.4×6000-GB/T 18704—2008。

4.3 树脂基复合材料

4.3.1 玻璃纤维增强树脂基复合材料

4.3.1.1 玻璃纤维增强聚苯乙烯复合材料

表4-4-27 玻璃纤维增强聚苯乙烯复合材料性能及应用举例

性　能	FR-PS	FR-AS	PR-AS	FR-ABS	FR-ABS	FR-ABS
纤维含量/%	30	20	35	5	10	20
相对密度	1.30	1.22	1.35	1.07	1.10	1.23
拉伸强度/MPa	85～100	135	145	70	90	110
断裂伸长率/%	2.3	3	2.6	3.5	3.2	3.0
拉伸弹性模量/MPa	8500	6500	1250	—	—	—
弯曲强度/MPa	100	130～160	180	95	110	140
弯曲弹性模量/MPa	5500～8000	6000	10000	3500	4500	6200
缺口冲击强度/$kJ\cdot m^{-2}$	3～5	4～5.5	6.5	8	7.5	7.5
热变形温度(1.85MPa)/℃	96	100	104	93	97	97
表面硬度	R-120	R-125	R-130	R-115	—	R-120
击穿电压/$kV\cdot mm^{-1}$	20	—	22	—	—	19
介电常数(10^6Hz)	3.0	3.1	3.4	—	—	3.2
特性及应用举例	聚丙乙烯具有优良的着色性能和透明性能，耐蚀性和电绝缘性均好，加工成形性好，价格低。AS(丙烯腈-苯乙烯)和ABS(丙烯腈-丁二烯-苯乙烯)明显提高了其耐热性。抗冲击性及耐化学腐蚀性能，AS和ABC的物理力学性能已达到工程塑料的要求 在增强聚苯乙烯类复合材中，用量最多的是FR-AS和FR-ABS。FR-AS的耐化学腐蚀性、耐油性和耐大气老化性能有很明显的提高。玻纤增强ABS的冲击性能有所降低，但在低温条件下，FR-ABS的抗冲击强度反而高于ABS，因此，FR-ABS多用于制作低温耐冲击制品。增强聚丙烯类复合材料注射产品多用于汽车把手及内部零部件，家用电器零件、线圈骨架、矿用蓄电池外壳，照相机、电视机、空调机等的壳体及底盘等。采用电镀可提高制品的表面质量，在小五金制品和汽车工业中得到更广泛的应用，从而节省大量有色金属					

第4篇

4.3.1.2 玻璃纤维增强聚丙烯复合材料

表 4-4-28 玻璃纤维增强聚丙烯复合材料性能及应用

性 能	测试方法 ASTM	FR-PP	FR-PP	FR-PP
玻璃纤维含量/%		10	20	30
相对密度	D702	0.96	1.03	1.12
吸水率(23℃)/%	D570	0.02	0.02	0.02
23℃平衡吸水率/%	D570	0.10	0.10	0.10
拉伸强度(23℃)/MPa	D638	54	78	90
断裂伸长率/%	D638	4	3	2
弯曲强度(23℃)/MPa	D790	75	100	1200
弯曲强度(100℃)/MPa	D790	30	45	58
弯曲弹性模量(23℃)/MPa	D790	2600	4000	5500
弯曲弹性模量(100℃)/MPa	D790	1200	2000	3000
缺口冲击强度(23℃)/$kJ \cdot m^{-2}$	D256	4	7	9
洛氏硬度	D785	R105	R107	R107
退拔磨耗/mg·(1000次)$^{-1}$	D1044	34	45	50
维卡软化点/℃	D1525	156	161	161
热变形温度(18.6kg/cm^2)/℃	D648	135	150	153
线胀系数/℃$^{-1}$	D696	6.5×10^{-5}	4.8×10^{-5}	3.7×10^{-5}
成形收缩率(3mm板)/mm·mm^{-1}	D955	0.006	0.004	0.003
介电常数(10^6Hz)	D150	2.2	2.2	2.2
介电损耗(10^6Hz)	D150	2×10^{-4}	2×10^{-4}	2×10^{-4}
体积电阻/Ω·cm	D257	10^{16}	10^{16}	10^{16}
击穿电压(3mm板)/kV·mm^{-1}	D149	30	30	20
特性及应用举例	具有耐热、高强度、刚性好、重量轻、耐蠕变等优异性能，已广泛应用于各种工程领域。如制作轻型机械零件(染色用绕丝筒，农用喷雾器筒身、气室，农用船螺旋桨)；家电工业(风扇、洗碟机、洗衣机壳体，电冰箱外壳、内衬，空调机壳体、叶片，电视机壳体，电话机齿轮)，各种防腐蚀零配件(防腐泵壳体、阀门、管件、油泵叶轮、化工容器)，汽车工业(轻型汽车、轿车前后保险杠、仪表盘、导流板、挡泥板、灯具罩壳)			

表 4-4-29 玻璃纤维增强聚丙烯复合材料耐蚀性能

腐蚀介质名称	浓度/%	温度/℃	变化率/%		腐蚀介质名称	浓度/%	温度/℃	变化率/%	
			拉伸强度	质量				拉伸强度	质量
硫酸	98	23	6	0.07	酒精	90	50	−2	0.56
	10	80	−7	0.53	乙二醇	100	80	5	0.05
	50	80	−9	0.70	乙酸乙烯	100	80	−9	4.24
盐酸	98	80	−66	2.50	苯酚	100	23	7	0.11
	10	80	−4	0.25		100	80	−5	0.24
	36	50	−9	0.64	甲醛	37	60	−19	0.52
硝酸	60	23	5	0.02	刹车油	100	80	0	1.14
	10	80	−6	0.22	汽油	100	23	−25	6.20
	50	80	−95	6.22		100	50	−30	8.12
磷酸	50	80	6	0.05	润滑油	100	80	−4	2.42
乙酸	20	23	4	0.03	机械油	100	23	−7	0.20
	20	80	−14	0.56		100	80	−25	4.72
氨水	35	23	8	0.07	洗涤剂	50	80	−7	0.32
	16	80	−45	0.70	三氯甲烷	100	23	—	13.25
氢氧化钠	50	23	14	−0.02	氯乙烯	100	23	—	6.73
	10	80	−32	2.80	四氯化碳	100	23	—	17.49
	50	80	−18	−0.13					
碳酸钠	5	80	−23	0.22					
	20	80	−7	0.04					
	饱和	80	−5	0.08					

注：本表性能为浸渍30天的试验数据。

4.3.1.3 玻璃纤维增强尼龙复合材料

表 4-4-30 玻璃纤维增强尼龙复合材料性能及应用

性能	尼龙-6							
	模塑和挤出复合物	30%～35%玻纤增强	30%长玻纤增强	40%长玻纤增强	增韧		阻燃级	40%矿物和玻纤增强
					非增强	33%玻纤增强	30%玻纤增强	
断裂抗张强度/MPa	41.3～165.4	165.4	179.2	209.6	44.8	122.7	137.9	199.9
断裂伸长率/%	130～300	2.2～3.6	2.5	2.2	65.0	4.0	3.0	2～3
抗张屈服强度/MPa	80.6	—	—	—	—	—	—	—
压缩强度(断裂或屈服)/MPa	89.6～110.3	131.0～165.4	165.4	233.0	—	—	158.5	96.5～124.1
弯曲强度(断裂或屈服)/MPa	108.2	241.3	275.8	315.1	62.7	177.8	199.9	158.5～160.0
Izod缺口冲击强度/$J \cdot m^{-1}$	32.0～117.3	117.3～181.3	224.0	341.3	874.7	186.6	80.0	32.0～224.0
洛氏硬度	R119	M93～96	M93～96	M93	—	—	—	R118～120
线胀系数/$10^{-6}℃^{-1}$	80～83	16～80	22	—	—	—	—	11～41
1.82MPa负荷下的热变形温度/℃	68.3～85	200～215.5	215.5	207.2	57.2	204.4	204.4	215.5～207.2
热导率/$10^{-4}cal \cdot s^{-1} \cdot cm^{-1} \cdot ℃^{-1}$①	5.8	5.8～11.4	—	—	—	—	—	—
密度/$g \cdot cm^{-3}$	1.12～1.14	1.35～1.42	1.4	1.45	1.07	1.33	1.62	1.45～1.50
吸水率(24h)/%	1.3～1.9	0.9～1.2	1.3	—	—	0.86	0.5	0.6～0.9
介电强度(短时间)/$V \cdot mil^{-1}$②	400	400～450	400	—	—	—	—	490～550

续表

性能	尼龙-66								
	模塑复合物	高冲橡胶改性复合物	30%～33%玻纤增强	30%长玻纤增强	40%长玻纤增强	增韧		阻燃级	
						非增强	33%玻纤增强	非增强	20%玻纤增强
断裂抗张强度/MPa	94.4	51.7	193.0	193.0	226.1	48.2	124.1～139.9	58.6～62.0	86.1
断裂伸长率/%	15～80	4～90	2.0～3.4	2.5	2.5	125	4～6	4～10	2～3
抗张屈服强度/MPa	55.1	—	172.3	—	—	—	—	—	—
压缩强度(断裂或屈服)/MPa	86.1～103.4	—	165.4～275.8	193.0	262.0	—	103.4～137.9	172.3	—
弯曲强度(断裂或屈服)/MPa	123.4～123.7	—	275.8	275.8	338.5	58.6	189.6～206.1	96.5～103.4	158.5
Izod缺口冲击强度/$J\cdot m^{-1}$	29.3～53.3	160.0～不断	85.3～240.0	213.3	368.0	906.7	218.6～240.0	26.6～32.0	58.6
洛氏硬度	R120	R114～115	R101～119	E60	—	R100	R107	M82	—
线胀系数/$10^{-6}℃^{-1}$	80	—	15～54	23.4	—	—	—	—	—
1.82MPa负荷下的热变形温度/℃	75～87.7	70～71.1	122.2～271.1	257.2	—	65.5	243.3	79.4～93.3	211.1
热导率/$10^{-4}cal\cdot s^{-1}\cdot cm^{-1}\cdot ℃^{-1}$①	5.8	—	5.1～11.7	—	—	—	—	—	—
密度/$g\cdot cm^{-3}$	1.13～1.15	1.08～1.10	1.15～1.40	1.4	1.45	1.08	1.34	1.36～1.42	1.51
吸水率(24h)/%	1.0～2.8	—	0.7～1.1	0.9	—	1.0	0.7	0.9	0.7
介电强度(短时间)/$V\cdot mil^{-1}$②	600	—	360～500	500	—	—	—	520	430

续表

性能	尼龙-610			尼龙 612			尼龙 1010		玻璃纤维增强尼龙复合材料的特性及应用
	模塑复合物	30%~35%玻纤增强	35%~45%长玻纤增强	增韧		阻燃级	非增强	30%长纤增强	
				非增强	33%玻纤增强	30%玻纤增强			
断裂抗拉强度/MPa	44.8~60.6	151.6	179.2~199.9	37.9	124.1	124.1~131.0	53.0	150.0	玻璃纤维增强尼龙的性能比一般尼龙要优越很多，力学性能、热性能、尺寸稳定性有明显提高，变曲强度和压缩强度成倍增长，耐磨性优，热变形温度明显提高。是一种机械工程中优良的材料，其用途除和一般尼龙相同之外，还适用于制作更高要求的耐磨、耐油、高强度、高韧性、高绝缘的机械、仪表、电器等的零部件。尼龙-6和尼龙-66用于制作轴承、齿轮、凸轮、滚子、滑轮、辊轴、油管、容器；尼龙-610用于制作输油管、储油容器、传送带、仪表盘、汽车中的齿轮、衬垫、滑轮等精密零部件；尼龙-612用于制作精密机械零部件、电线电缆绝缘层、工具箱架；尼龙-1010用于制作机械零部件、轴承件、轴套、油箱衬里、工业滤布、筛网、毛刷、电线电缆护套等
断裂伸长率/%		4.5①	2.9~3.2	40	5	2.0~3.5	—	2~3	
抗张屈服强度/MPa	39.9~57.9	—	—	—	—	—	—	—	
压缩强度(断裂或屈服)/MPa	—	151.6	158.5	—	—	103.4~144.7	—	—	
弯曲强度(断裂或屈服)/MPa	75.8	220.6~241.3	268.9~303.3	44.8	186.1	193.0	89.0	250.0	
Izod缺口冲击强度/$J \cdot m^{-1}$	53.3~101.3 74.6~不断③	96.0~138.6	224.0~336.0	666.7	240.0	53.3~80.0	—	—	
洛氏硬度	M78,M34③	M93	E40	—	—	M89	—	—	
线胀系数/$10^{-6}℃^{-1}$	—	—	21.6~25.2	—	—	—	—	—	
1.82MPa负荷下的热变形温度/℃	57.7~82.2	198.8~218.3	210~212.7	57.2	196.1	196.1~198.8	45	180	
热导率/$10^{-4}cal \cdot s^{-1} \cdot cm^{-1} \cdot ℃^{-1}$①	5.2	10.2	—	—	—	—	—	—	
密度/$g \cdot cm^{-3}$	1.05~1.10	1.30~1.38	1.34~1.45	1.03	1.28	1.55~1.60	1.06	1.23	
吸水率(24h)/%	0.4~1.0	0.2	0.2	0.3	0.2	0.16	—	—	
介电强度(短时间)/$V \cdot mil^{-1}$②	400	520	—	—	—	450	—	—	

① 1cal/(s·cm·℃)=418.7W/(m·K)。

② 1mil=25.4μm。

③ 在相对湿度为50%的平衡状态下测得。

4.3.1.4 玻璃纤维增强聚甲醛复合材料

表 4-4-31 玻璃纤维增强聚甲醛复合材料性能及应用

性能	均聚物	共聚物	冲击改性均聚物	冲击改性共聚物	20%玻纤增强均聚物	25%玻纤偶联共聚物
断裂抗张强度/MPa	66.8	—	448～57.9	—	58.6～62.0	110.3～127.5
断裂伸长率/%	25～75	40～75	60～200	60～150	6～7	2～3
抗张屈服强度/MPa	65.5～82.7	60.6～71.7	—	20.6～55.1	—	—
压缩强度(断裂或屈服)/MPa	107.5～124.1（含10%玻纤）	110.3（含10%玻纤）	—	—	124.1（含10%玻纤）	117.2（含10%玻纤）
弯曲强度(断裂或屈服)/MPa	93.1～96.5	89.6	—	—	103.4～110.3	124.1～193.0
Izod缺口冲击强度/$J \cdot m^{-1}$	64.0～122.6	42.6～80.0	112.0～906.7	90.6～149.3	42.6～53.3	53.3～96.0
洛氏硬度	M92～94	M78～90	M58～79	M40～70	M90	M79,R110
线胀系数/$10^{-6}℃^{-1}$	100	61～85	110～122	—	36～81	20～44
1.82MPa负荷下的热变形温度/℃	123.8～126.6	85～121.1	90～100	55.5～90.5	157.2	160～162.7
热导率/$10^{-4}cal \cdot s^{-1} \cdot cm^{-1} \cdot ℃^{-1}$①	5.5	5.5	—	—	—	—
密度/$g \cdot cm^{-3}$	1.42	1.41	1.34～1.39	1.29～1.39	1.54～1.56	1.58～1.61
吸水率(24h)/%	0.25～0.40	0.20～0.22	—	0.31～0.41	0.25	0.22～0.29
介电强度(短时间)/$V \cdot mil^{-1}$②	500	500	400～480	—	490	480～580
特性及应用举例	聚甲醛强度高、刚度和硬度均好，耐蠕变性优良，耐疲劳，耐磨性好，吸水率低，尺寸稳定性好。玻纤增强聚甲醛性能明显提高，耐疲劳提高2倍，高温耐蠕变特性更好，性能可与锌、铝相匹配。电绝缘性优良。可替代铝、锌、铜等制作各种机械零件，在汽车工业、电气工业和机械工业广泛用于制造传动零件，如轴承、支架、齿轮、齿条、凸轮等；农药机械、化工机械中的各种零件、各种化工管道零件；电机和电器工业中制造各种零件、录音机的齿轮、轴承及精密零件等					

① 1cal/(s·cm·℃)=418.7W/(m·K)。
② 1mil=25.4μm。

4.3.1.5 玻璃纤维增强聚碳酸酯复合材料

表 4-4-32 玻璃纤维增强聚碳酸酯复合材料的性能及应用

性能	测定法 ASTM	长纤维粒料纤维含量			短纤维粒料纤维含量		
		20%	30%	40%	20%	30%	40%
相对密度	D792	1.33	1.42	1.51	1.33	1.42	1.52
拉伸强度/MPa	D638	100～125	130～150	140～160	90～100	110～130	120～140
伸长率/%	D638	<5	<5	<5	<5	<5	<5
弯曲强度/MPa	D790	140～180	180～220	200～240	130～160	150～190	190～210
落球冲击强度(厚3mm)/MPa		40	40	50	40	50	50
抗弯疲劳强度(10^3次)/MPa		26.0	34.0	42.0	23.0	30.0	40.0
洛氏硬度	D789	R124 M98	R124 M98	R122 M98	R124 M98	R122 M98	R122 M98
热变形温度(1.85MPa)/℃	D648	142～150	142～150	142～150	142～150	142～150	142～150
热收缩率/%	120℃，50h	0.01～0.05	0.01～0.05	0.01～0.05	0.01～0.05	0.01～0.05	0.01～0.05
成形收缩率/%		0.10～0.20	0.05～0.15	0.02～0.08	0.10～0.40	0.05～0.30	0.02～0.28
击穿电压(厚3mm)/$kV \cdot mm^{-1}$		23.5	24.6	24.2	24.2	22.8	24.0
耐电弧性/s	JISK6911	111	115	115	110	112	113

续表

特性及应用举例	聚碳酸酯(PC)具有良好的耐冲击性、耐热性、透明性、耐蠕变、尺寸稳定及自熄等特点，但耐开裂性和耐蚀性较差，玻璃纤维增强聚碳酸酯明显地提高了耐开裂性，其拉伸强度、变曲强度、疲劳强度等力学性能也得到很大的提高，耐热性大幅度提高，成形收缩率有所降低，冲击强度稍有下降，制品的透明性低。玻纤增强聚碳酸酯的性能明显优于纯聚碳酸酯，广泛用于机械、仪表、电子、电气等部门，可用于代替铜、锌、铝等压铸负荷铸件及嵌入金属制品，如制作小模数齿轮、凸轮、齿条、机械设备外壳及护罩、水泵叶轮、水泵泵体、纺织机轴瓦、电动工具外壳，家用电器、电子计算机、电视机、电话机、高压开关等零部件

4.3.1.6 玻璃纤维增强聚苯硫醚复合材料

表 4-4-33 玻璃纤维增强聚苯硫醚复合材料性能及应用

性能	非填充	10%～20%玻纤增强	40%玻纤增强	40%长玻纤增强	矿物和玻璃填充
断裂抗张强度/MPa	65.5	51.7～96.5	120.6～190.9	158.5	89.6～159.2
断裂伸长率/%	1～2	1.0～1.5	0.9～4	1.1	<1.4
抗张屈服强度/MPa	—	—	—	—	75.8
压缩强度(断裂或屈服)/MPa	110.3	117.2～137.9	144.7～215.1	220.6	75.8～222.7
弯曲强度(断裂或屈服)/MPa	96.5	65.5～137.9	156.5～274.4	244.7	120.6～233.7
Izod 缺口冲击强度/$J \cdot m^{-1}$	<26.6	37.3～64.0	58.6～100.8	256.0	26.6～73.0
洛氏硬度	R123	R121	R123	—	R121
线胀系数/$10^{-6}℃^{-1}$	49	16～20	12.1～22	500	12.9～20
1.82MPa 负荷下的热变形温度/℃	135	226.6～248.8	251.6～265	—	260～265.5
热导率/$10^{-4}cal \cdot s^{-1} \cdot cm^{-1} \cdot ℃^{-1}$①	6.9	—	6.9～10.7	—	—
密度/$g \cdot cm^{-3}$	1.3	1.39～1.47	1.60～1.67	1.62	1.78～2.03
吸水率(24h)/%	<0.02	0.05	<0.01～0.05	—	0.02～0.07
介电强度(短时间)/$V \cdot mil^{-1}$②	380	—	360～450	—	328～450
特性及应用举例	聚苯硫醚(PPS)耐高温、阻燃、耐蚀性好，伸长率小、坚硬较脆，玻纤增强后性能得到很大提高，耐高温力学性能优良，可在－50～250℃温度下工作，耐蚀性很好，耐酸、碱、盐侵蚀，在93℃时，对160种化学药品具有耐蚀性，刚度高，可替代铜、锌、不锈钢制作各种制品，如仪器仪表中的齿轮、轴承、轴套、轴承支架；防腐泵泵体、叶轮、化工机械密封零件、阀门、管件；电器中的骨架、支座、电机零件、托架；空压机活塞、汽车转向拉杆、衬套等				

① 1cal/(s·cm·℃)＝418.7W/(m·K)。

② 1mil＝25.4μm。

4.3.1.7 玻璃纤维增强热固性树脂复合材料

表 4-4-34 玻璃纤维增强热固性树脂复合材料性能及应用

性能	环氧树脂						酚醛树脂		
	双酚A型环氧		酚醛环氧		脂环族	脂肪族	高强玻纤	改性酚醛开刀丝玻纤	层压板
	玻纤	层压板	玻纤、填料	层压板	层压板	层压板			
成形收缩率/%	0.1～0.8	—	0.4～0.8	—	—	—	0.1～0.4	—	—
抗拉强度/MPa	35～138	220～412	34～86	216～284	196～235	332	48～124	78～102	196
断后伸长率/%	4	—	—	—	—	—	0.2	—	—
抗压强度/MPa	124～276	201～492	165～330		220～274	155	110～248	100～115	—
抗弯强度/MPa	55～206	112～442	69～150	370	294～392	339	84～413	170～215	245

续表

性　能	环氧树脂						酚醛树脂		
	双酚A型环氧		酚醛环氧		脂环族	脂肪族	高强玻纤	改性酚醛开刀丝玻纤	层压板
	玻纤	层压板	玻纤、填料	层压板	层压板	层压板			
缺口冲击韧性/kJ·m^{-2}	0.63～21	196～274(无缺口)	0.63～1.1	—	137～167(无缺口)	306(无缺口)	1～18	98～180(无缺口)	210(无缺口)
拉伸弹性模量/GPa	20.6	—	14.5	—	—	—	13～22.7	—	—
弯曲弹性模量/GPa	13.8～31	—	9.6～19.2	—	24.5	—	7.9～22.7	—	—
硬度洛氏、巴柯尔	100～112 HRM	—	70～74 巴柯尔	—	—	—	—	—	—
线胀系数/10^{-5}℃$^{-1}$	1.1～5	—	1.8～4.3	—	—	—	—	—	—
热变形温度(1.82 MPa)/℃	107～260	—	154～230	—	—	—	176～315	≥250(马丁温度)	—
热导率/W·m^{-1}·K^{-1}	0.17～0.42	—	0.35	—	—	—	—	—	—
密度/g·cm^{-3}	1.6～2	—	1.6～2.05	1.6～1.7	1.6～1.7	—	1.44～1.56	1.6～1.72	1.60～1.70
吸水率/%(24h)	0.04～0.2	—	0.04～0.29	0.93	—	—	0.20	0.05～0.15	—
(饱和)	—	—	0.15～0.30	—	—	—	0.35	—	—
介电强度/kV·mm^{-1}	9.8～15.7	—	12.8～17.7	—	—	—	—	—	11.8～27.6
特点及应用	良好的电绝缘性和黏结性能，较高的机械强度和耐热性，耐一般酸、碱及有机溶剂，耐霉菌，成形收缩率小，体积收缩率1%～5%，加入固化剂后一般需加压加热成形，亦可在接触压力下常温固化。用于制作高强度制品、电绝缘件、电机护环、汽车零件、容器、风扇叶片、螺旋桨、泵、阀、船舶零部件、衬里等						优良的耐酸性、耐烧蚀性、电绝缘性、耐硫化氢、油、水、汽油、苯，能承受较大负荷，尺寸稳定、加热成形，硬脆、价廉，适于耐蚀件、泵、阀、管道、风机、管配件、酚醛层压板、绝缘结构件、轴瓦、导向轮、电信仪表中的绝缘配件，耐烧蚀材料、开关等电器零件		

性能	酚醚树脂		聚酰亚胺	不饱和聚酯树脂					糠酮树脂
	层压板	模压件开刀丝玻纤	体积分类50%玻纤	短切玻纤	玻璃布	SMC①	SMC②	玻纤	层压板
成形收缩率/%	—	—	0.20	0.1～0.2	0.02～0.2	0.05～0.40	0.05～0.40	0.1～1.0	—
抗拉强度/MPa	282～317	76～198	44	20.7～68.9	207～344	48～172	20.7～68.9	27.6～65	209
断后伸长率/%	—	—	—	<1	1～2	3	—	—	—
抗压强度/MPa	—	104～142	23	138～207	172～344	103～206	96～206	103～248	350
抗弯强度/MPa	430	114～190	147	48～138	276～344	68.9～248	110～165	58.6～179	147
缺口冲击韧性/kJ·m^{-2}	83.6	70～191	12.3	3.2～3.4	10～63	14.7～46.2	4.2～27.3	1.5～33.6	186(无缺口)
拉伸弹性模量/GPa	—	—	—	6.9～17	10～31	4.6～17.2	10～17.2	13.8～19.3	—
弯曲弹性模量/GPa	—	—	13.6	6.9～11.8	6.9～20.6	6.9～15	—	13.8	—

续表

性能	酚醚树脂		聚酰亚胺	不饱和聚酯树脂					糠酮树脂
	层压板	模压件开刀丝玻纤	体积分类50%玻纤	短切玻纤	玻璃布	SMC①	SMC②	玻纤	层压板
硬度(洛氏、巴柯尔)	—	巴柯尔 56～59	118HRK	巴柯尔 50～80	巴柯尔 60～80	巴柯尔 50～70	巴柯尔 50～65	—	95HRE
线胀系数/10^{-5}℃$^{-1}$	—	—	1.3	2～3.3	1.5～3	1.4～2	—	1.5～3.3	—
热变形温度(1.82MPa)/℃	>250	>250	309	>204	>204	190～260	160～204	204～260	>300(马丁耐热)
热导率/W·m^{-1}·K^{-1}	—	—	0.36	—	—	—	0.75～0.92	0.63～1.05	—
密度/g·cm^{-3}	1.78	1.52	1.60～1.70	1.65～2.32	1.50～2.10	1.65～2.60	1.72～2.1	2.0～2.3	1.70
吸水率/% (24h)	0.04	0.04	0.70	0.06～0.28	0.05～0.5	0.10～0.25	0.10～0.45	0.03～0.50	0.10
(饱和)	—	—	—	—	—	—	—	—	—
介质强度/kV·mm^{-1}	—	—	17.6	13.6～16.5	13.8～19.7	15～19.7	11.8～15.4	9.8～20.9	17.5
特点及应用	耐蚀性好，耐热性能良好，黏结性能和耐磨性能很好，可作砂轮胶黏剂，也可作为耐蚀、耐高温、电绝缘和耐烧蚀材料等		耐高温老化、耐辐射，在300℃尚能保持一定的机械强度，耐热性最好的一种热固性材料。可作C级绝缘材料，高温电机中的槽楔、仪表骨架、高温电气开关等	良好的电绝缘性、耐蚀性、韧性和透明性，可在接触压力下常温固化，工艺简便，成形收缩率较大，体积收缩率6%～10%，价格较低。适于制作波形瓦、浴缸、槽车、储槽、容器、船艇、电气设备、飞机零部件、雷达罩、管道、冷水塔、净水槽等					优异的耐蚀性、耐许多种强酸、碱、盐及有机溶剂(除强氧化性酸外)，耐热性和电绝缘性良好，质脆、价低。制作化工设备中的耐蚀件、高温绝缘件

① 片状模塑料。

② 团状模塑料。

4.3.1.8　玻璃纤维增强塑料夹砂管

表 4-4-35　　玻璃纤维增强塑料夹砂管分类、代号及应用（GB/T 21238—2016）

按工艺方法分类、压力等级、环刚度等级及公称直径范围	工艺方法分类	定长缠绕工艺　代号Ⅰ
		离心浇铸工艺　代号Ⅱ
		连续缠绕工艺　代号Ⅲ
	压力等级 PN/MPa	0.1,0.25,0.4,0.6,0.8,1.0,1.2,1.4,1.6,2.0,2.5,3.2
	环刚度等级 SN/Pa	1250,2500,5000,7500,10000
	公称直径(内径)/mm	100～4000
	介质最高温度/℃	50
管材特性及应用	玻璃纤维增强塑料管道广泛用于输送水、石油、多种化学介质及各种气体等。由于玻璃纤维增强塑料管道重量轻、强度高，运输、安装、维修方便，成本低、耐蚀耐磨、不会对水质和土壤造成二次污染，使用安全可靠，已成为国内生产量最大的玻璃纤维增强塑料制品 目前，国内的玻璃纤维增强塑料管道主要采用不饱和聚酯树脂制造，成形工艺有卷制、手糊、纤维缠绕、离心浇铸等，近年夹砂管(在管中填充有适量精选硅砂以增加其刚度的一种玻璃纤维增强塑料管)由于刚性高、成本低而得到普及 采用离心浇注工艺成形的玻璃纤维增强不饱和聚酯树脂夹砂管，是 GB/T 21238—2016 规定的《玻璃纤维增强塑料夹砂管》，该类管是以玻璃纤维为增强材料、不饱和聚酯树脂为基体、硅砂为粒状填充料，含或不含粉状填充料(如碳酸钙)，采用离心浇铸成形工艺、定长缠绕工艺或连续缠绕工艺方法成形制造的管，简称 FRPM 管。 适用范围：适用于公称直径为 100～4000mm，压力等级为 0.1～2.5MPa，环刚度等级为 1250～10000Pa 地下和地面用给排水、水利、农田灌溉等管道工程用 FRPM 管，介质最高温度不超过 50℃。非夹砂玻璃纤维增强塑料管及公称直径、压力等级、环刚度等级不在本表所给定范围内的 FRPM 管也可参照使用	

注：1. 标记：按产品代号（FRPM)-生产工艺-公称直径-压力等级-环刚度等级标准号；示例：FRPM-Ⅰ-1200-0.6-5000 GB/T 21238—2016 表示采用定长纤维缠绕工艺生产、公称直径为 1200mm、压力等级为 0.6MPa、环刚度等级为 5000Pa，按 GB/T 21238—2016 生产的 FRPM 管。

2. 国内生产企业：上海耀华玻璃钢有限公司、浙江东方豪博管业有限公司、新疆永昌积水复合材料有限公司、北京华实玻璃钢制品有限公司、昊华中意玻璃钢有限公司、大庆金威玻璃钢有限公司、山东胜利新大实业集团有限公司、山东格瑞德集团等。

表 4-4-36　　玻璃纤维增强不饱和聚酯树脂夹砂管的技术要求（GB/T 21238—2016）

项目		离心浇铸玻璃纤维增强不饱和聚酯树脂夹砂管	定长与连续缠绕玻璃纤维增强不饱和聚酯树脂夹砂管
原材料	增强材料	无碱无捻玻璃纤维纱应符合 GB/T 18369 的规定；无碱玻璃纤维制品应符合相应的标准的规定	
	树脂	不饱和聚酯树脂应符合 GB/T 8237 的规定；其他树脂应符合相应标准的规定	
	内衬层树脂	应采用间苯型不饱和聚酯树脂或乙烯基酯树脂或双酚 A 型树脂；用于给水工程的其卫生指标必须满足 GB 13115 的规定	
	颗粒材料	最大粒径不得大于 2.5mm 和 1/5 管壁厚度之间的较小值；石英砂的 SiO_2 含量应大于 95%，含水量应不大于 0.2%；碳酸钙的 $CaCO_3$ 含量应大于 98%，含水量应不大于 0.2%	
内衬层树脂浇铸体	拉伸强度/MPa	≥10	≥60
	拉伸模量/MPa		≥2.50
	断裂伸长率/%	≥15	≥3.5
结构层树脂浇铸体	拉伸强度/MPa	≥60	
	拉伸模量/MPa	≥3.0	
	断裂伸长率/%	≥2.5	
	热变形温度/℃	≥70	
外观	内表面应光滑平整，无对使用性能有影响的龟裂、分层、针孔、杂质、贫胶区、气泡和纤维浸润不良等现象；管端应平齐；棱边应无毛刺；外表面无明显缺陷		
管壁结构	通常内分衬层、结构层和外表层组成；内衬层厚度应不小于 1.2mm		

续表

<table>
<tr><th colspan="3">项目</th><th>离心浇铸玻璃纤维增强不饱和聚酯树脂夹砂管</th><th>定长与连续缠绕玻璃纤维增强不饱和聚酯树脂夹砂管</th></tr>
<tr><td colspan="3">管外表面巴氏硬度</td><td colspan="2">≥40</td></tr>
<tr><td colspan="3">管壁中树脂不可溶分含量/%</td><td colspan="2">≥90</td></tr>
<tr><td colspan="3">直管段管壁组分含量</td><td colspan="2">玻璃纤维、树脂和颗粒材料的含量由管材设计确定，并应在相关技术文件中明确给出</td></tr>
<tr><td colspan="3">卫生性能</td><td colspan="2">用于给水的管应符合 GB 5749 的要求，并定期检测</td></tr>
<tr><td rowspan="2">尺寸</td><td colspan="2">管壁厚度</td><td colspan="2">平均厚度不小于规定的设计厚度，其中最小管壁厚度不小于设计厚度的 90%</td></tr>
<tr><td colspan="2">长度与允许偏差</td><td colspan="2">有效长度为 3m、4m、5m、6m、9m、10m、12m；特殊管长由供需双方商定；允许偏差为有效长度的±0.5%</td></tr>
<tr><td rowspan="7">力学性能</td><td colspan="2">初始环刚度 S_0</td><td colspan="2">应不小于相应的环刚度等级值 SN</td></tr>
<tr><td rowspan="2">初始环向拉伸强力 F_{th}</td><td>有长期水压设计压力基准 HDP 时</td><td colspan="2">根据工程设计确定，其最小值按下式计算：
$$F_{th}=C_1\times PN\times DN/2$$
式中 F_{th}——管的初始环向拉伸强力，kN/m；
C_1——系数，见表 4-4-39；
PN——压力等级，MPa；
DN——公称直径，mm</td></tr>
<tr><td>无长期水压设计压力基准试验结果时</td><td colspan="2">取 $C_1=6.3$，F_{th} 值见表 4-4-42</td></tr>
<tr><td rowspan="2">初始轴向拉伸强力 F_{tL} 及拉伸断裂应变</td><td>管道不承受由管内压直接产生的轴向力或未受到特殊轴向力时</td><td colspan="2">F_{tL} 应不小于表 4-4-43 的规定值；管壁轴向拉伸断裂应变不小于 0.25%</td></tr>
<tr><td>管道承受由管内压产生的轴向力时</td><td colspan="2">F_{tL} 应按下式计算：
$$F_{tL}\geqslant C_1\times PN\times DN/4$$
式中 F_{tL}——管的初始轴向拉伸强力，kN/m；
C_1——系数，见表 4-4-39 当无长期水压设计压力基准试验结果时，取 $C_1=6.3$；
PN——压力等级，MPa；
DN——公称直径，mm</td></tr>
<tr><td colspan="2">水压渗漏</td><td colspan="2">相应公称压力等级的 1.5 倍静水内压，保持 2min 进行试验，管体及连接部位不应渗漏</td></tr>
<tr><td colspan="2">短时失效水压</td><td colspan="2">应不小于管的压力等级 C_1 倍（按表 4-4-39 取值），无长期水压设计压力基准试验结果时，C_1 取 6.3</td></tr>
<tr><td colspan="3">初始挠曲性能</td><td colspan="2">径向变形率见表 4-4-40</td></tr>
<tr><td colspan="3">管壁初始环向弯曲强度 F_{tm}</td><td colspan="2">应根据工程设计确定，其最小值按下式计算：
$$F_{tm}=4.28\frac{E_p t\Delta}{(D+\Delta/2)^2}$$
式中 F_{tm}——管壁初始环向弯曲强度，MPa；
t——管壁实际厚度，mm；
D——管计算直径，mm；
Δ——管初始挠曲试验达到挠曲水平 B 时的径向压缩变形量，mm；
E_p——管壁弯曲模量，MPa</td></tr>
<tr><td colspan="3">长期静水压设计压力基准 HDP</td><td colspan="2">应满足：$HDP\geqslant C_3\times PN$
式中 HDP——长期水压设计压力基准，MPa；
PN——压力等级，MPa；
C_3——系数，见表 4-4-41</td></tr>
</table>

第4篇

续表

项目	离心浇铸玻璃纤维增强不饱和聚酯树脂夹砂管	定长与连续缠绕玻璃纤维增强不饱和聚酯树脂夹砂管
长期弯曲应变 S_b	应满足下式要求： $S_b \geqslant 4.28\dfrac{\Delta s \times t}{(D+\Delta s/2)^2}$ 式中　S_b——长期弯曲应变； Δs——管初始挠曲试验达到挠曲水平 B 时的径向压缩变形量 Δ 的 60%，mm； D——管计算直径，mm； t——管壁实际厚度，mm	

表 4-4-37　外径系列管的尺寸和偏差（GB/T 21238—2016）

公称直径/mm	外直径/mm	允许偏差/mm	公称直径/mm	外直径/mm	允许偏差/mm
200	208.0	+1.0 −1.0	1600	1638.0	+2.0 −2.8
250	259.0	+1.0 −1.0	1800	1842.0	+2.0 −3.0
300	310.0	+1.0 −1.0	2000	2046.0	+2.0 −3.0
350	361.0	+1.0 −1.2	2200	2250.5	+2.0 −3.2
400	412.0	+1.0 −1.4	2400	2453.0	+2.0 −3.4
450	463.0	+1.0 −1.6	2600	2658.0	+2.0 −3.6
500	514.0	+1.0 −1.8	2800	2861.0	+2.0 −3.8
600	616.0	+1.0 −2.0	3000	3066.0	+2.0 −4.0
700	718.0	+1.0 −2.2	3200	3270.0	+2.0 −4.2
800	820.0	+1.0 −2.4	3400	3474.0	+2.0 −4.4
900	924.0	+1.0 −2.6	3600	3678.0	+2.0 −4.6
1000	1026.0	+2.0 −2.6	3800	3882.0	+2.0 −4.8
1200	1229.0	+2.0 −2.6	4000	4086.0	+2.0 −5.0
1400	1434.0	+2.0 −2.8			

注：1. 可根据实际情况采用其他外径系列管的尺寸，但其外径偏差应满足相应要求。

2. 对于 *DN*300 的管，外直径也可采用 323.8mm；对于 *DN*400 的管，外直径也可采用 426.6mm。该两种规格的正偏差为 1.5mm，负偏差为 0.3mm。

表 4-4-38 **内径系列管的尺寸与偏差**（GB/T 21238—2016）

公称直径/mm	直径范围/mm		允许偏差/mm	公称直径/mm	直径范围/mm		允许偏差/mm
	最小	最大			最小	最大	
100	97	103	±1.5	1200	1195	1220	±5.0
125	122	128	±1.5	1400	1395	1420	±5.0
150	147	153	±1.5	1600	1595	1620	±5.0
200	196	204	±1.5	1800	1795	1820	±5.0
250	246	255	±1.5	2000	1995	2020	±5.0
300	296	306	±1.8	2200	2195	2220	±5.0
350	346	357	±2.1	2400	2395	2420	±6.0
400	396	408	±2.4	2600	2595	2620	±6.0
450	446	459	±2.7	2800	2795	2820	±6.0
500	496	510	±3.0	3000	2995	3020	±6.0
600	595	612	±3.6	3200	3195	3220	±6.0
700	659	714	±4.2	3400	3395	3420	±6.0
800	795	816	±4.2	3600	3595	3620	±6.0
900	895	918	±4.2	3800	3795	3820	±7.0
1000	995	1020	±4.2	4000	3995	4020	±7.0

注：管两端有效直径的设计值应在本表的内直径范围内，两端内直径的偏差应在本表规定的偏差范围之内。

表 4-4-39 **初始环向拉伸强力的系数 C_1**（GB/T 21238—2016）

压力等级 (*PN*)/MPa	C_1				
	$\alpha=1.5$	$\alpha=1.75$	$\alpha=2.0$	$\alpha=2.5$	$\alpha=3.0$
0.1	4	4	4.2	5.3	6.3
0.25	4	4	4.2	5.3	6.3
0.4	4	4	4.1	5.1	6.2
0.6	4	4	4	5.0	6.0
0.8	4	4	4	4.9	5.9
1.0	4	4	4	4.8	5.7
1.2	4	4	4	4.7	5.6
1.4	4	4	4	4.6	5.5
1.6	4	4	4	4.5	5.4
2.0	4	4	4	4.3	5.1
2.5	4	4	4	4	4.8

注：1. $\alpha=p_0/\mathrm{HDP}$；其中 p_0 为短时失效水压，HDP 为长期静水压设计压力基准。

2. 当管的环向拉伸强力值的离散系数 $C_V>9.0\%$ 时，C_1 应取为表中值乘以 $0.8236/(1-1.96C_V)$。

表 4-4-40 **初始挠曲性的径向变形率及要求**（GB/T 21238—2016）

挠曲水平	环刚度等级/$\mathrm{N\cdot m^{-2}}$				要求
	1250	2500	5000	10000	
A/%	18	16	12	9	管内壁无裂纹
B/%	30	25	20	15	管壁结构无分层、无纤维断裂及屈曲

注：对于其他环刚度管的初始挠曲性的径向变形率按下述要求执行：

1）对于环刚度 S_0 在标准等级之间的管，挠曲水平 *A* 和 *B* 对应的径向变形率分别按线性插值的方法确定；

2）对于环刚度 $S_0\leqslant1250\mathrm{Pa}$ 或 $\geqslant10000\mathrm{Pa}$ 的管，挠曲水平 *A* 和 *B* 按下式计算：

挠曲水平 *A* 对应的径向变形率 $=18\times(1250/S_0)^{1/3}$

挠曲水平 *B* 对应的径向变形率 $=30\times(1250/S_0)^{1/3}$

表 4-4-41　长期水压设计压力基准的系数 C_3（GB/T 21238—2016）

压力等级/MPa	系数 C_3	压力等级/MPa	系数 C_3
≤0.25	2.1	1.2	1.87
0.4	2.05	1.4	1.84
0.6	2.0	1.6	1.8
0.8	1.95	2.0	1.7
1.0	1.9	2.5	1.6

表 4-4-42　无 PDB 时初始环向拉伸强力 F_{th} 的最小值（GB/T 21238—2016）

公称直径 DN /mm	F_{th}(最小)/kN·m^{-1}											
	压力等级/MPa											
	0.1	0.25	0.4	0.6	0.8	1.0	1.2	1.4	1.6	2.0	2.5	3.2
100	32	79	126	189	252	315	378	441	500	632	788	1008
125	99	98	158	236	315	394	423	551	630	783	984	1240
150	47	118	189	284	378	473	557	662	756	944	1181	1512
200	63	158	252	378	504	630	756	882	1008	1240	1675	2016
250	79	197	315	473	630	788	945	1103	1250	1575	1969	2520
300	95	236	378	540	756	945	1134	1333	1440	1800	2250	3024
350	110	275	441	562	882	1108	1323	1544	1764	2205	2756	3528
400	126	315	504	756	1008	1260	1512	1764	2016	2530	1150	4032
450	142	351	567	851	1134	1418	1701	1985	2268	2845	3544	4536
500	258	394	630	945	1260	1575	1890	2205	2520	3160	3938	5040
600	289	473	756	1134	1512	1890	2268	2646	3024	3780	4725	5048
700	221	551	882	1323	1764	2205	2645	3087	3523	4410	5513	7056
830	252	630	1008	1512	2016	2520	3024	3528	4032	5040	6300	8064
900	284	709	1134	1701	2258	2835	3432	3959	4536	5670	7088	9072
1000	315	788	1260	1860	2520	3150	3780	4410	5040	6300	7875	10080
1200	378	945	1512	2808	3024	3760	4536	5292	6048	7500	9450	12096
1400	441	1103	1754	2446	3523	4410	5232	6174	7056	8820	11025	14112
1600	504	1200	2016	3024	4032	5040	6048	7056	8064	10080	12600	16126
1800	567	1418	2248	3402	4536	5570	6804	7938	9072	11340	14175	18144
2000	630	1575	2520	3780	5040	6300	7560	8820	10080	12600	15750	20160
2200	693	1733	2772	4158	5544	6930	8316	9702	11088	13850	17385	22176
2400	756	1890	3024	4530	6048	7560	9072	10584	12095	15120	18900	24192
2400	819	2048	3276	4914	6552	8190	9528	11466	13104	16380	20475	26208
2800	882	2205	3528	5292	7056	8820	10564	12348	14112	17640	22060	28224
3000	945	2363	3780	5670	7560	9450	11340	13230	15120	18900	23625	30240
3200	1038	8520	4032	6048	8064	10080	12096	14112	16128	20160	25200	32255
3400	1071	2678	4284	6426	8568	10710	12852	14994	17136	21420	26775	34272
3500	1134	2835	4536	6804	9072	11340	13608	15876	18144	22680	28350	36288
3800	1197	2998	4788	7182	9576	11970	14364	16758	19152	23940	25925	38304
4000	1260	3150	5040	7560	10080	12600	15120	17640	20160	25200	31500	40320

表 4-4-43 初始轴向拉伸强力 F_{tL} 的最小值（GB/T 21238—2016）

公称直径/mm	F_{tL}(最小)/MPa									
	压力等级/MPa									
	≤0.4	0.6	0.8	1.0	1.2	1.4	1.6	2.0	2.5	3.2
100	70	75	78	80	83	87	90	100	110	125
125	75	80	85	90	93	97	100	110	120	135
150	80	85	93	100	103	107	110	120	130	145
200	85	95	103	110	113	117	120	130	140	155
250	90	105	115	125	128	132	135	150	165	190
300	95	115	128	140	143	147	150	170	190	220
350	100	123	137	150	156	162	168	192	215	283
400	105	130	145	160	168	177	185	213	240	285
450	110	140	158	175	184	194	203	234	265	315
500	115	150	170	190	200	210	220	255	290	345
600	125	165	193	220	232	244	255	300	345	415
700	135	180	215	250	263	277	290	343	395	475
800	150	200	240	280	295	310	325	378	450	545
900	165	215	263	310	325	340	355	430	505	520
1000	185	230	285	340	357	373	390	473	555	685
1200	205	260	320	380	407	433	460	558	655	790
1400	225	290	355	420	457	493	530	643	755	916
1600	250	320	390	460	507	553	600	728	855	1040
1800	275	350	425	500	557	613	670	813	955	1160
2000	300	380	460	540	607	673	740	898	1055	1285
2200	325	410	495	580	657	733	810	983	1155	1410
2400	350	440	530	620	707	793	880	1068	1255	1530
2600	375	470	565	660	757	853	950	1153	1355	1655
2800	400	505	605	705	810	915	1020	1238	1455	1780
3000	430	540	645	750	863	977	1090	1323	1555	1900
3200	460	575	685	795	917	1038	1160	1408	1655	2025
3400	490	610	725	840	970	1100	1230	1493	1755	2150
3600	520	645	765	885	1023	1162	1300	1578	1855	2250
3800	550	680	805	930	1077	1223	1370	1663	1955	2400
4000	580	715	845	975	1130	1285	1440	1748	2055	2520

4.3.2 碳纤维增强树脂基复合材料

4.3.2.1 碳纤维增强聚酰亚胺复合材料

表 4-4-44 连续碳纤维增强聚酰亚胺复合材料性能及应用

性能	65% T300/聚酰亚胺		70% AS/聚酰亚胺	
	22℃	177℃	22℃	177℃
拉伸强度/GPa	1.080	1.049	1.401	1.291
拉伸弹性模量/GPa	140	135	126	130
压缩强度/GPa	1.24	0.827	1.24	1.134
压缩弹性模量/GPa	125	141	129	132
弯曲强度/GPa	1.406	1.234	1.546	1.232
弯曲弹性模量/GPa	116	127	127	119
剪切强度/MPa	102	70.3	93.8	67.5
特性及应用	聚酰亚胺具有优异的耐高温性能，韧性和电性能好，固有的阻燃性和高的耐辐射性。碳纤维增强后，其性能均提高，可用于制作轴承、日用机械零件、办公机械零部件、化工器材以及航空飞机一次结构件			

4.3.2.2 碳纤维增强尼龙 66

表 4-4-45 沥青碳纤维及涂镍碳纤维增强尼龙 66 复合材料性能

性能	50%PAN碳纤维	30%沥青碳纤维	40%沥青碳纤维	15%涂镍碳纤维	40%涂镍碳纤维
断裂抗张强度/MPa	262.0	106.8～107.5	120.6～132.7	96.5	137.9
断裂伸长率/%	1.2	2.0	1.5	1.6	2.5
压缩强度(断裂或屈服)/MPa	—	141.3	165.4	—	—
弯曲强度(断裂或屈服)/MPa	372.3	170.9～179.2	193.0～199.9	144.7	186.1
Izod 缺口冲击强度/$J \cdot m^{-1}$	106.6	32.0～37.3	37.3～42.6	37.3	53.3
洛氏硬度	—	—	—	—	—
线胀系数/10^{-6}℃$^{-1}$	—	16.0～19.0	9.0～14.0	—	—
1.82MPa负荷下的热变形温度/℃	257.2	240.5～254.4	246.1～254.4	237.7	243.3
热导率/$10^{-4}cal \cdot s^{-1} \cdot cm^{-1} \cdot$℃$^{-1}$①	—	—	—	—	—
密度/$g \cdot cm^{-3}$	1.38	1.30～1.31	1.36～1.38	1.20	1.46
吸水率(24h)/%	0.5	0.6	0.5	1.0	0.8
介电强度(短时间)/$V \cdot mil^{-1}$②	—	—	—	—	—

① 1cal/(s·cm·℃)=418.7W/(m·K)。

② 1mil=25.4μm。

4.3.2.3 碳纤维增强聚苯硫醚复合材料

表 4-4-46 碳纤维增强聚苯硫醚复合材料性能及应用举例

注射模塑试样的性能		ASTM试验方法	基体树脂	编号		
				RTP 1383	RTP 1385	RTP 1387
碳纤维体积分数/%			0	20	30	40
收缩率	0.32cm 断面	D955	0.01	0.0015	0.001	0.0005
	0.64cm 断面		0.009	0.002	0.001	0.0008

第4篇

续表

注射模塑试样的性能		ASTM试验方法	基体树脂	编号		
				RTP 1383	RTP 1385	RTP 1387
相对密度		D792	1.3	1.38	1.42	1.46
吸水性/% 23℃ 24h		D570	0.02	0.02	0.02	0.02
拉伸强度/MPa		D638	65.5	151.7	172.3	182.7
拉伸弹性模量/GPa		D638	4.3	17.2	25.5	31.0
伸长率/%		D638	1.6	0.75	0.5	0.5
弯曲强度/MPa		D790	96.5	186.2	213.7	234.4
弯曲弹性模量/GPa		D790	3.79	14.5	17.2	24.1
压缩强度/MPa		D695	110.3	165.5	179.3	186.2
悬臂梁冲击强度/$J \cdot m^{-1}$	缺口	D256	21.3	42.6	64	64
	非缺口		96	160	213	213
体积电阻率/$\Omega \cdot cm$		D257	10^{16}	75	40	30
热变形温度/℃	1.82MPa	D648	135	260	260	260
	0.46MPa		148.9	260^+	260^+	260^+
燃烧性 UL94			VE-0	VE-0	VE-0	VE-0
线胀系数/$10^{-5}K^{-1}$		D696	4.86	1.98	1.60	1.40
热导率/$W \cdot m^{-1} \cdot K^{-1}$		C177	0.288	0.303	0.36	0.48
特性及应用举例		碳纤维增强聚苯硫醚密度小，导电性能良好，耐蚀性优，耐溶液、耐高温性能好，易加工成形，具有优良的综合性能。用于制作板状加热器、电磁屏蔽材料、防静电材料、化工生产的泵、管、阀及其他零部件、汽车传感器、小型开关等				

注：本表材料为黑色，注射压力为0.103～138MPa，注射筒温度为302～340℃，模具温度为38～175℃。

4.3.2.4 碳纤维增强热固性树脂复合材料

表4-4-47 碳纤维增强热固性树脂单向层压板性能及应用

	性能	T300/3231①	T300/4211②	T300/5222①	T300/QY8911③	T300/5405④
碳纤维增强热固性树脂单向层压板	纵向抗拉强度/MPa	1750	1396	1490	1548	1727
	纵向拉伸弹性模量/GPa	134	126	135	135	115
	泊松比	0.29	0.33	0.30	0.33	0.29
	横向抗拉强度/MPa	49.3	33.9	40.7	55.5	75.5
	横向拉伸弹性模量/GPa	8.9	8.0	9.4	8.8	8.6
	纵向抗压强度/MPa	1030	1029	1210	1226	1104
	纵向压缩弹性模量/GPa	130	116	134	125.6	125.5
	横向抗压强度/MPa	138	166.6	197.0	218	174
	横向压缩弹性模量/GPa	9.5	7.8	10.8	10.7	8.1
	纵横抗剪强度/MPa	106	65.5	92.3	89.9	135
	纵横切变模量/GPa	4.7	3.7	5.0	4.5	4.4
	密度/$g \cdot cm^{-3}$	—	1.56	1.61	1.61	—
	玻璃化转变温度/℃	—	154～170	230	268～276	210

续表

	特点	应用部门	用途举例
碳纤维增强热固性树脂复合材料特点及应用	碳纤维增强热固性塑料具有很好的力学性能,包括较高的高温和低温力学性能,抗疲劳及耐蚀性能均好,并且具有高的比强高和比模量,同时,可以通过设计和加工的措施,可获得材料多项特殊性能,以满足不同的应用要求,在机械工业、航空航天及其他工业中都得到了应用	汽车工业	螺旋桨轴、弹簧、底盘、车轮、发动机零件,如活塞、连杆、操纵杆等
		纺织机械	梭子等
		电子器械	雷达设备、复印机、电子计算机、工业机器人等
		化工机械	导管、油罐、泵、搅拌器、叶片等
		医疗器械	X射线床和暗盒、骨夹板、关节、轮椅、单架等
		体育器械	高尔夫球棒、球头、钓竿、羽毛球拍、网球拍、小船、游艇、赛车、自行车等
		航空航天	飞机方向舵、升降舵、口盖、机翼、尾翼、机身、发动机零件等;人造卫星、火箭、飞船等
		其他	石油井架、建筑物、桥、铁塔、高速离心机转子、飞轮、烟草制造机板簧等

① 纤维含量(体积分数)φ_f=65%±3%,环氧体系,空隙率<2%。

② φ_f=60%±3%,环氧体系,空隙率<2%。

③ φ_f=60%±5%,双马来酰亚胺体系,空隙率<2%。

④ φ_f=60%±3%,双马来酰亚胺体系,空隙率<2%(3231、4211、5222均为环氧体系,QY8911、5405为双马来酰亚胺体系)。

4.3.2.5 碳纤维增强热塑性树脂复合材料

表 4-4-48 碳纤维增强热塑性树脂复合材料性能及应用

	性能	聚砜		线性聚酯		乙烯-四氟乙烯共聚物	
		纯树脂	碳纤维 30%	纯树脂	碳纤维 30%	纯树脂	碳纤维 30%
碳纤维增强聚砜、线性聚酯及乙烯-四氟乙烯共聚物	密度/$g \cdot cm^{-3}$	1.24	1.37	1.32	1.47	1.70	1.73
	吸水率/% 24h饱和	0.20 0.60	0.15 0.38	0.03 —	0.04 0.23	0.02 —	0.018 —
	加工收缩率/%	0.7～0.8	0.1～0.2	1.7～2.3	0.1～0.2	15～2.0	0.15～0.25
	抗拉强度/MPa	71	161	56	140	45	105
	断后伸长率/%	20～100	2～3	10	2～3	150	2～3
	抗弯强度/MPa	108	224	91	203	70	140
	弯曲弹性模量/GPa	2.7	14.3	2.4	14	1.4	11.6
	抗剪强度/MPa	63	66	49	56	42	49
	冲击韧性(悬臂梁)/$kJ \cdot m^{-2}$ 缺口	2.5	2.5	0.63	2.5	未断	8.4～16.5
	冲击韧性(悬臂梁)/$kJ \cdot m^{-2}$ 无缺口	126	12.6～14.7	52.5	8.4～10.5	未断	21
	热变形温度(1.85MPa)/℃	174	185	68	221	74	241
	线胀系数/$10^{-5}K^{-1}$	5.6	1.08	9.5	0.9	7.6	1.4
	热导率/$W \cdot m^{-1} \cdot K^{-1}$	0.26	0.79	0.15	0.94	0.23	0.81
	表面电阻率/Ω	10^8	1～3	10^{15}	2～4	5×10^{14}	3～5

	性能	纯尼龙66	碳纤维增强尼龙66(质量分数)			
			碳纤维 20%	碳纤维 30%	碳纤维 40%	碳纤维 20% 玻纤 20%
碳纤维增强尼龙66	密度/$g \cdot cm^{-3}$	1.14	1.23	1.28	1.34	1.40
	吸水率/% 24h饱和	1.60 —	0.6 2.7	0.5 2.4	0.4 2.1	0.5
	成形收缩率(3mm厚)/%	1.5	0.2～0.3	0.15～0.25	0.15～0.25	0.25～0.35
	抗拉强度/MPa	83	196	245	280	238
	断后伸长率/%	10	3～4	3～4	3～4	3～4
	抗弯强度/MPa	105	294	357	420	343
	弯曲弹性模量/GPa	2.8	16.8	20.3	23.8	19.6
	抗剪强度/MPa	67	84	91	98	91
	冲击韧性/$kJ \cdot m^{-2}$ 缺口悬臂梁	1.89	2.31	3.15	3.36	3.78
	冲击韧性/$kJ \cdot m^{-2}$ 无缺口悬臂梁	—	—	25.2	23.3	33.6
	热变形温度(1.85MPa)/℃	66	257	257	260	260

续表

	特点	应用举例
特点及应用举例	韧性好，损伤容限大，耐环境性能优异，对水、光、溶剂和化学药品均有很好的抗耐性，耐高温性能好，（长期工作温度一般可达 150℃以上），预浸料储存期长，工艺简单、效率高，成形后的制品可采用热加工方法修整，装配自由度大，废料可回收，在各个工业部门有广泛的应用前景	用于制造轴承、轴承保持架、活塞环、调速器、复印机零件、齿轮、化工设备，电子电器工业中的继电器零件、印制电路板、赛车、网球拍、高尔夫球棒、钓鱼竿、撑竿跳高竿、医用 X 射线设备、纺织机械中的剑杆、连杆、推杆、梭子等；航空航天工业中做结构材料之用，如制作机身、机翼、尾翼、舱内材料、人造卫星支架、导弹弹翼、航天机构件等

4.3.3 钛酸钾晶须增强树脂基复合材料

表 4-4-49　　钛酸钾晶须增强树脂基复合材料的性能及应用

性能	聚甲醛		尼龙 66		改性聚苯醚		聚对苯二甲酸丁二醇酯	
	未增强	增强	未增强	增强	未增强	增强	未增强	增强
相对密度	1.41	1.58	1.14	1.41	1.09	1.17	1.31	1.61
拉伸强度/MPa	57	100	81	144	51	59	55	117
伸长率/%	60	4.0	>50	4.0	11	4.7	>100	4.0
弯曲强度/MPa	98	153	120	218	87	89	85	178
弯曲弹性模量/MPa	2400	6300	2800	8400	2400	3100	2300	9100
缺口冲击强度/kJ · m^{-2}	4.0	4.2	4.4	4.5	10	3.8	3.0	4.2
动摩擦因数	0.35	0.28	0.61	0.28	—	0.24	—	0.13
热变形温度/℃	94	150	90	235	105	110	56	190

特性	增强塑料	用途举例
钛酸钾晶须可用于增强各种热塑性树脂，增强后的材料性能均有明显的提高，也可用于热固性树脂增强。用于制作结构零件。也可用于涂料的增强材料。此晶须增强的各种材料，其耐热性、耐磨性、强度、电性能均好，应用范围不断扩大	增强聚甲醛(POM)	手表齿轮、照相机齿轮、微型电动机齿轮、磁带录音机零件
	增强对苯二甲酸丁二醇酯(PBT)	电键开关、接线器、电机零件、继电器、凸轮、插头
	增强尼龙 66	轴承、凸轮、齿轮、绕线管、带轮、滚动轴承保持架
	增强尼龙 6	轴承、齿轮、工业用扣件、自动闭门装置、线圈架、按钮
	增强特殊尼龙	滑动零件、消声齿轮、薄壁制品、机械零件、运动器材
	增强改性聚苯醚(PPE)	复印机零件、软磁盘机零件、打印机零件、薄壁机罩
	增强聚亚苯基硫醚(PPS)	复印机零件、滑动零件、汽车零件
	增强 ABS	复印机零件、电镀零件、钟表零件、运动器材
	增强聚氯乙烯	珠光薄板、装饰带、涂层管
	增强聚丙烯	音响设备零件、其他成形零件、汽车零件

第 4 篇

4.3.4 硼纤维-环氧复合材料

表 4-4-50　　硼纤维-环氧层压板性能及应用

性能		硼纤维/环氧单向层压板		±45°硼纤维/环氧层压板	
		室温	177℃	室温	177℃
纤维含量(体积分数)/%		50	50	50	50
密度/g · cm^{-3}		2.007	2.007	2.007	2.007
拉伸强度/MPa	0°	1323	1082	200	76
	90°	72	41	200	76
压缩强度/MPa	0°	2432	799	207	76
	90°	276	76	207	76

续表

性　　能		硼纤维/环氧单向层压板		±45°硼纤维/环氧层压板	
		室温	177℃	室温	177℃
平面剪切强度/MPa		105	38	531	411
层间剪切强度/MPa		90	48		
最大应变/10^{-6}	0°	0.065	0.0076	0.026	0.05
	90°	0.004	0.0076	0.026	0.05
拉伸弹性模量/GPa	0°	207	206	18	8
	90°	190	78	18	8
压缩弹性模量/GPa	0°	207	206	18	8
	90°	190	78	18	8
平面剪切模量/GPa		4.8	2.2	55	53
泊松比	0°	0.21	0.21	0.848	0.927
	90°	0.019	0.008	0.848	0.927
特性及应用举例		硼纤维环氧复合材料的比强度和比模量很高，一般是钢的近 3 倍，层压板的低温性能优良，在－54℃时的性能和室温性能相近。硼复合材料由于性能优越，在飞机制造中应用多；在民用工业中，目前采用硼纤维和碳纤维混杂增强环氧树脂材料，制作体育用品和娱乐用品，如高尔夫球棒、网球拍、羽毛球拍、钓鱼竿、滑雪板等，其他方面应用如制成超离心超导发生器，高速高应力旋转机等			

4.3.5　混杂纤维增强树脂复合材料

表 4-4-51　　混杂纤维增强热塑性树脂复合材料性能及应用

	性　　能	层板编号						
		4-C/K-2	4-C/K-3	4-C/K-4	4-C/G-1	4-C/G-2	4-C/G-3	4-C/G-4
以 4211 环氧体系为基体的混杂纤维增强复合材料	铺层方式	$[0^\circ_{2C}/0^\circ_{6K}]$	$[0^\circ_{3C}/0^\circ_{5K}]$	$[0^\circ_{4C}/0^\circ_{4K}]$	$[0^\circ_{C}/0^\circ_{7G}]$	$[0^\circ_{2C}/0^\circ_{6G}]$	$[0^\circ_{3C}/0^\circ_{5G}]$	$[0^\circ_{4C}/0^\circ_{4G}]$
	混杂比/%	16.4	20.1	37.0	7.0	15.0	24.9	39.8
	纵向抗拉强度/MPa	754	747	1010	524	679	720	762
	纵向拉伸弹性模量/GPa	77.8	65.7	76.2	47.5	58.0	61.5	65.9
	泊松比	0.37	0.36	0.36	—	—	—	—
	横向抗拉强度/MPa	—	—	25	—	—	—	—
	横向拉伸弹性模量/GPa	—	—	11.5	—	—	—	—
	纵向抗压强度/MPa	393	415	561	620	670	690	686
	纵向压缩模量/GPa	77.8	64.6	76.1	49.6	58.0	61.9	65.9
	横向抗压强度/MPa	—	—	37	—	—	—	121
	横向压缩模量/GPa	—	—	5.6	—	—	—	14.0
	抗弯强度/MPa	863	848	1118	1058	1169	1140	1130
	弯曲弹性模量/GPa	56.3	64.3	72.5	42.9	61.5	68.1	77.1
	层间抗剪强度/MPa	—	—	74	—	—	—	79
	纵横抗剪强度/MPa	—	—	72	—	—	—	61
	纵横切变模量/GPa	—	—	3.9	—	—	—	5.5
以 QY8911 双马来体系为基体的混杂纤维增强复合材料	性　　能	板层编号						
		Q-C/G-4	Q-C/G-5	Q-C/G-6	Q-C/G-7	Q-C/G-8	Q-C/K-1	Q-C/K-2
	铺层方式	$[0^\circ_{4C}/0^\circ_{2G}]_s$	$[0^\circ_{4C}/0^\circ_{4G}]_s$	$[(0^\circ_{4C}/0^\circ_{4G})_s]_s$	$[0^\circ_{G}/0^\circ_{2C}]$ $[0^\circ_{G}/0^\circ_{C}/0^\circ_{G}]_s$	$[0^\circ_{2G}/0^\circ_{2C}]$ $[0^\circ_{G}/0^\circ_{C}]_s$	$[0^\circ_{3C}/0^\circ_{3K}]_s$	$[(0^\circ_{C}/0^\circ_{K})_3]_s$
	混杂比/%	67.6	51.1	51.1	51.1	51.1	38.0	38.0
	纵向抗拉强度/MPa	945	982	1047	1204	1248	725	739
	纵向拉伸强度模量/GPa	113.0	91.0	83.5	95.9	85.7	85.0	80.8
	泊松比	0.33	0.38	0.35	0.35	0.32	—	0.40

续表

	性能	板层编号						
		Q-C/G-4	Q-C/G-5	Q-C/G-6	Q-C/G-7	Q-C/G-8	Q-C/K-1	Q-C/K-2
以 QY8911 双马来体系为基体的混杂纤维增强复合材料	横向抗拉强度/MPa	—	—	59	—	—	—	—
	横向拉伸弹性模量/GPa	—	—	11.0	—	—	—	—
	纵向抗压强度/MPa	1048	836	950	887	852	—	—
	纵向压缩模量/GPa	105.0	78.7	96.9	81.8	78.4	—	—
	横向抗压强度/MPa	160	—	169	—	191	—	—
	横向压缩模量/GPa	14.5	—	16.6	—	13.8	—	—
	抗弯强度/MPa	2345	1754	1976	1982	1943	—	—
	弯曲弹性模量/GPa	134.8	—	108.5	100.6	78.7	—	—
	层间抗剪强度/MPa	91	—	101	92	88	—	—
	纵横抗剪强度/MPa	—	—	89	—	—	—	—
	纵横切变模量/GPa	—	—	4.6	—	—	—	—

	材料	混杂结构	抗拉强度/MPa	抗压强度/MPa	拉伸弹性模量(纵向)/GPa	压缩模量(纵向)/GPa	拉伸弹性模量(横向)/GPa	压缩模量(横向)/GPa
碳纤、玻纤和芳纶纤维增强复合材料	S-GL/T300	$(0°_4/\pm45°_2)_s$	975	644	44.8	39.3	21.4	22.7
	T300/B	$(0°_4/\pm45°)_s$	1085	542	147	117	30.3	17.9
	B/T-300/T-300	$(0°_3/\pm45°)_s$	856	654	152	24.1	57.9	15.1
	S-GL/B	$(0°_5/\pm45°)_s$	1665	517	49.6	48.9	29.6	23.4
	K-49/T-300/K-49	$(0°_2/\pm90°)_s$	496	175	48.2	39.3	27.6	20.7
	T-300/HMS	$(0°_4/\pm45°_3)_s$	633	545	74.4	71.7	24.8	21.4
	HTS/B	$(0°_5/\pm45°)_s$	799	625	74.4	88.2	24.8	17.2
	S-GL/HMS	$(0°_4/\pm45°)_s$	751	399	19.3	36.5	7.6	18.6

	性能		1		2		3		4		5		6		7		8	
			经	纬	经	纬	经	纬	经	纬	经	纬	经	纬	经	纬	经	纬
碳纤维/玻璃纤维混合而增强环氧树脂复合材料(上海玻璃钢所)	纤维含量(体积分数)/%	碳纤	47		27		23		20		15		11		10		5	
		玻璃纤维			2	1	7	1	6	2	9	1	10	1	11	1	16	1
	相对密度		1.41		1.40		1.50		1.55		1.48		1.52		1.48		1.54	
	纵向拉伸强度/MPa		950		607		670		570		518		380		449		346	
	纵向拉伸弹性模量/GPa		92.5		75.7		71.5		74.4		53.8		43.3		42.7		36.6	

	T300/K-49 纤维比例(质量)	相对密度	拉伸		压缩		弯曲		短梁剪切强度/MPa
			强度/GPa	弹性模量/GPa	强度/MPa	0.02%变形的强度/MPa	强度/MPa	0.02%变形的强度/MPa	
T-300/凯芙拉-49 单向混杂增强环氧复合材料(纤维质量分数 60%)	100/0	1.60	1.565	145	1007	678	1606	1605	91
	75/25	1.56	1.282	120	938	469	1358	1248	76
	50/50	1.51	1.231	108	688	413	1103	827	56
	0/100	1.35	1.262	77	286	182	634	339	49

	T-300/K-46 比例(质量)	拉伸		压缩			弯曲		短梁剪切强度/MPa
		最大强度/MPa	弹性模量/GPa	0.02%变形强度/MPa	最大强度/MPa	弹性模量/GPa	0.02%变形强度/MPa	最大强度/MPa	
T-300/凯芙拉-49 混杂带和织物增强环氧复合材料(织物质量含量 50%)	[0]带								
	100/0	1565	140	678	1007	117	1606	1606	91
	75/25	1282	116	474	938	106	1248	1358	76
	50/50	1214	99	413	688	87	827	1103	56
	0/100	1262	72	182	280	61	339	634	49
	[0/90]带								
	100/0	765	66		907	72	848	976	
	75/25	644	61	320	954	60	584	848	
	50/50	571	50	156	369	47	396	667	
	0/100	605	36	75.1	153	34	179	413	
	[经纬平衡的织物]								
	100/0	477	70	336	587	58	660	660	39.7
	75/25	470	69.6	238	277	49	487	583	32.1
	50/50	422	57	163	241	42	296	447	28.6
	0/100	573	38.5	81.4	159	29	183	414	26.0

特性及应用		
特性及应用	特点	混杂纤维增强塑料是由两种或两种以上的纤维，匹配协调增强一种基体的塑料，因此，具有优异的综合性能，如提高冲击韧性、冲击强度、疲劳强度；调节混杂比，可以得到不同要求的热膨胀系数(包括为零)的材料，也可以得到设计要求的性能，以满足不同的技术要求及用途，降低成本，综合经济效益好
	应用举例	在造船工业中用于制作钓鱼船壳体、高性能船壳体、巡逻船壳体等；在体育器材中制作网球拍、羽毛球拍、高尔夫球杆、滑雪板、标枪、X 射线床、钓鱼竿、快艇外壳、划桨等；在汽车工业中制作弹簧片和传动轴(CFRP 作皮层，GFRP 作芯层)，框架、车门等；在航空工业中可用于制作直升机的旋转翼等

注：4-4211 树脂体系和 Q-QY8911 双马来树脂体系中：C—碳纤维 T-300；G—玻璃纤维；K—芳纶纤维（Kerlar-49）。

4.4 陶瓷基复合材料

4.4.1 纤维增强陶瓷基复合材料

4.4.1.1 陶瓷纤维增强陶瓷基复合材料

表 4-4-52 陶瓷纤维增强陶瓷基复合材料性能及应用

	材料	工艺	抗弯强度/MPa	断裂韧性/MPa·$m^{1/2}$
SiC 晶须-陶瓷基复合材料	$SiC_{(w)}/Si_3N_4$	反应烧结	900	20
	$SiC_{(w)}/Si_3N_4$	压滤或冷等静压+热压或热等静压	650～950	6.5～8.0
	$SiC_{(w)}/Si_3N_4$	热压(1800℃)	680	7～9
	$SiC_{(w)}/Si_3N_4$	气氛压力烧结(1700～1900℃)	950	9.8
	$SiC_{(w)}/Si_3N_4$	热压(1700℃)		10.5
	C 涂层 $SiC_{(w)}/Si_3N_4$	泥浆压滤+热等静压		4.8(2.2μm) 5.2(3.8μm)
	20%$SiC_{(w)}/Al_2O_3$	热压	800	8.7
	30%$SiC_{(w)}/Al_2O_3$	热压	700	9.5
	40%$SiC_{(w)}/Al_2O_3$	热压(1850℃)	1110	6.0
	$SiC_{(w)}/Al_2O_3$	烧结	414	4.3
	$SiC_{(w)}$/Y-TZP	热压	1329±13	14.8±0.7
	$SiC_{(w)}$/莫来石		452	4.4
	$SiC_{(w)}/ZrO_2$/莫来石	热压	1100～1400	6～8
SiC 纤维-陶瓷基复合材料	$SiC_{(f)}$/玻璃陶瓷		850	17
	$SiC_{(f)}$/SiC	浸渍+反应烧结	800	
	$SiC_{(f)}$/SiC	前驱陶瓷聚合物浸渍+热解	约 300(1000℃) 约 250(1300℃)	
	$SiC_{(f)}$/SiC 泡沫	纤维缠绕泡沫	4.8	
	$SiC_{(f)}$/锆英石	1610℃热压	700	
	$SiC_{(f)}/SiC_{(w)}$/锆英石	热压	647±17	
	$SiC_{(f)}/ZrO_2$		200	25.0
	BNi 涂层 $SiC_{(f)}/ZrTiO_4$	热压	950(室温)	20
			700(800℃)	18.5
			400(1200℃)	7.5
	$SiC_{(f)}/Al_2O_3$	金属直接氧化法	461(室温)	27.8(室温)
			488(1200℃)	23.3(1200℃)
	$SiC_{(f)}/Si_3N_4$	浸渍+反应烧结	75	
陶瓷纤维(晶须)-陶瓷基复合材料	$C_{(f)}/Si_3N_4$		690(室温) 532(1200℃)	28.1(室温) 41.8(1200℃)
	SiC 涂层 $C_{(f)}/Si_3N_4(Si)$	金属直接氧化	392	18.5
	$C_{(f)}/SiO_2$	定向缠绕+热压	152GPa(室温) 103GPa(800℃)	
	$C_{(f)}$/莫来石		610(室温) 882(1200℃)	18(室温) 18.2(1200℃)

续表

	材　　料	工　　艺	抗弯强度/MPa	断裂韧性/MPa·$m^{1/2}$
陶瓷纤维(晶须)-陶瓷基复合材料	$C_{(f)}/SiC_{(W)}/Si\text{-}N$	浸渍＋无压烧结	500～700	
	$C_{(f)}/SiC$	浸渍＋热解	400	15
	$C_{(f)}$/硼硅酸盐玻璃	溶胶凝胶浸渍＋热压	115～376	2.2～10.4
	$BN_{(f)}$/赛隆陶瓷	热压(1700℃)	600	5.5～6
	5%$BN_{(f)}/MgO$	热压	130	
	15%$BN_{(f)}/MgO$	热压	190	
	$Al_2O_{3(W)}/TZP$	热压(1500℃)	250GPa(弹性模量)	8.7～10
	$B_4C_{(W)}/Al_2O_3$	热压		9.5
	$B_4C_{(W)}/SiC$			3.8
特性及应用举例	纤维增强陶瓷基复合材料的性能明显优于陶瓷材料，其最重要的特点，是在高温下长期工作不产生蠕变，在温度经常变化下亦具有很好的耐冲击性能，高温强度高，工作温度范围扩大。连续纤维增强陶瓷基复合材料的强度和断裂韧性高，是目前断裂韧性最好的一种材料，且强度均匀性好，温度变化对于性能的影响很小，高温力学性能和常温力学性能保持相近，抗静态和动态疲劳性能高。不连续纤维(短纤维、晶须)增强陶瓷基复合材料具有较高的耐磨性和耐蚀性，耐高温蠕变性优异，断裂韧性良好，晶须增强陶瓷复合材料的性能优于短纤维增强陶瓷基复合材料。这类新型陶瓷复合材料目前主要在国防工业、航空航天以及精密机械制造等方面应用。由于复合材料的设计和工艺的技术发展很快，这类材料的应用范围特别是民用机械工业中的应用会越来越广泛			

4.4.1.2　颗粒增强陶瓷基复合材料

表 4-4-53　　颗粒增强陶瓷基复合材料性能

复合材料增强剂/基体	抗弯强度/MPa		室温断裂韧性 K_{IC}/MPa·$m^{1/2}$	耐疲劳	抗氧化性
	室温	高温			
非氧化物/非氧化物					
$BN_{(p)}/AlN\text{-}SiC$		28，1530℃	未知	未知	较好(至 1600℃)
SiC/SiC	350～750	未知	18	未知	＜10μm^2/h，1600℃
$SiC_{(p)}/HfB_2$	380	28，1600℃	未知	未知	12μm，2000℃/h
$SiC_{(p)}/HfB_2\text{-}SiC$	1000	未知	未知		5%质量增加，1600℃/h
$SiC/MoSi_2$	310	20，1400℃	约 8	未知	＜10μm^2/h，1600℃
$ZrB_{2(pl)}/ZrC(Zr)$	1800～1900	未知	18	未知	未知
20%(体积分数)SiC/Si_3N_4	500	未知	12		好(至 1600℃)
10%(质量分数)$SiC_{(W)}/Si_3N_4$②	1026	657，1300℃	8.9		
10%(质量分数)$SiC_{(W)}/Si_3N_4$③	1068	386，1300℃	9.4		
氧化物/氧化物					
$Al_2O_{3(w)}/A_3S_2$	约 180		未知	未知	分解反应
Al_2O_3/ZrO_2	500～900		未知	未知	稳定
YAG/Al_2O_3	373	198，1650℃	4	未知	稳定
非氧化物/氧化物					
$SiC/ZrB_2\text{-}Y_2O_3$	未知	16，1530℃	未知	未知	差
TiB_2/ZrO_2	未知		未知	未知	差
SiC/Al_2O_3	600～800	未知	5～9	未知	差(＞1200℃)
30%(体积分数)SiC/ZrO_2	650	400，1000℃	12	①	差(＞1000℃)
$SiC_{Nicalon}/Al_2O_3$	450	350，1200℃	21 (18，1200℃)		
特性及应用	颗粒增强陶瓷基复合材料是由球状颗粒复合相增强，其增强效果比纤维增强要差，但是，由于制造工艺较简单，易于制作形状复杂的制品，因此，生产中有较多的应用。颗粒增强陶瓷基复合材料的性能也低于纳米复合陶瓷				

① 在 42MPa 压强下经受 50000 次循环后出现 0.22μm 裂纹。
② 加入 1.2%（质量分数）Al_2O_3。
③ 加入 5.5%（质量分数）Y_2O_3/MgO。

第4篇

4.4.2 金属陶瓷

表 4-4-54 金属陶瓷牌号、成分、性能及应用

	系列	中国牌号	相当于ISO牌号	化学组成(质量分数)/%				物理、力学性能		
				WC	TiC	TaC(NbC)	Co	密度/g·cm^{-3}	硬度HRA	抗弯强度/MPa
牌号、成分及性能	WC-Co	YG3	K01	97			3	14.9～15.3	91.0	1050
		YG4C	—	97			4	14.9～15.0	88.5	1300
		YG6	K10	94			6	14.6～15.0	89.5	1450
		YG6X	K10	94			6	14.6～15.0	91.0	1350
		YG8	K30	92			8	14.4～14.8	89	1500
		YG15	—	85			15	13.9～14.1	87	1900
	TiC-WC-Co	YT5	P30	85	6		9	12.5～13.2	89.5	1300
		YT14	P20	78	14		8	11.2～11.7	90.5	1200
		YT15	P10	79	15		6	11.0～11.7	91.0	1150
		YT30	P01	66	30		4	9.4～9.8	92.8	900
	WC-TaC(NbC)-Co	YG6A	K10	91				14.6～15.0	91.5	1400
		YG8A	K30	91				14.5～14.9	89.5	1500
	WC-TiC-TaC(NbC)-Co	YW1	M10	84	6		6	12.8～13.3	91.5	1200
		YW2	M20	82	6		8	12.6～13.0	90.5	1350
		YW3						12.7～13.0	92.0	1400
		813		88	1		8		92.0	1800～1900
	TiC 基合金	YN05			79	1	Ni 7	5.56	93.9	800～950
		YN10			62		Mo 14	6.3	92	1100
	超细合金WC-Co	YH1						14.2～14.4	93	1800～2200
		YH3						13.9～14.2	93	1700～2100
特性	金属陶瓷是由1～2种陶瓷相和金属或合金组成的复合材料，陶瓷相体积比例为15%～85%，在制造温度下，金属相和陶瓷相之间溶解度较小。它具有陶瓷的耐高温、耐磨性高、高硬度、抗氧化、化学稳定性高等优异性能，又兼有金属的韧性和可塑性优点，是一种综合性能很好的高温材料和高硬质为工具材料									

表 4-4-55 Ti(CN)-Ni 系等金属陶瓷的性能

材料体系	抗弯强度/MPa			K_{IC}/MPa·m$^{1/2}$	硬度HRA
	室温	900℃	1000℃		
$(Nb_{0.064}Ti_{0.957})C_{0.729}$-Ni 合金	1400～1500			>18	
Ti(CN)-Ni	1417	845		18.8	
$Ti(CN)_x$-Ni	1171	350～450	19.0	86.2	
$Ti(CN)_x$-(NiMo)	1417		570～690	18.8	87.1
$Ti(CN)_x$-Ni-Y_2O_3	1430		600～640	18.1	86.5
TiC-Ni(日本东北大学)	1980～2570			6.0～9.5	
TiC-Ni(J. Wambold)		980			

表 4-4-56 金属陶瓷的应用范围

材料体系	材料特性	应用举例
WC-Co	高强、高硬、耐磨、抗冲击、化学稳定性好	轴承、喷嘴、轧辊、衬套、耐磨导轨、球座、顶尖，化工用密封环、阀、泵的零件 塞规、块规、千分尺等
WC-Co 系低 Co 刀具(Co 质量分数<10%) 低 Co 粗晶粒合金刀具	高硬耐磨	各类铸铁、渗碳钢及淬火钢、有色金属及非金属材料、各种耐热合金、钛合金、不锈钢的切削加工 地质石油钻探旋转钻进钻头和截煤齿、软质岩石冲击回转钻进钻头

第4篇

续表

材料体系	材料特性	应用举例
WC-Co 系中钻工具（Co 质量分数 10%～15%）	韧性硬度居中	矿山工具、中硬和硬质岩冲击回转钻进钻头、引伸模、拉丝模、金属及合金挤压加工模具
WC-Co 系高 Co 工具	高韧高强	冷锻模、冲压模、挤压模、镦模
钢质硬质合金		刀具加工有色金属和合金 冷镦、冷冲、冷挤、引伸、拉拔、剪裁、落料、成形、打印、热镦、热冲、热铸等
WC-Ni 系	耐腐蚀性好、无磁性	各种密封环、阀门、圆珠笔尖、热轧辊等 铁氧体成形模具、磁带导向板
WC-(Ni+Fe)系	高强耐磨	冲压模具、冲压凿岩钻头
WC-NbC-Co 系刀具		切削高锰钢、合金钢
WC-TiC-Co，WC-TiC-TaC-Co 系	不与钢产生月牙洼磨损、抗氧化性好	碳钢的切削加工
Cr_3C_2	抗氧化、耐腐蚀	金属热挤模、油井阀球和量具等
W-Cr-Al_2O_3	良好的耐热性、优良的抗冲刷性	制造火箭喷嘴等
Cr-Al_2O_3	耐热性能高	制造喷气发动机喷嘴、熔融铜的注入管和流量调节阀、炉膛、合金铸造的芯子等
Cr_3C	抗氧化性佳	制作高温轴承、青铜挤压模、喷嘴等
ZrO_2-TiC	耐热性和抗氧化性好	制作熔化 Ti、Cr、Zr、V、Nb 等金属的坩埚等

4.4.3 氧化锆增强陶瓷基复合材料

表 4-4-57 氧化锆增强陶瓷基复合材料性能及应用

	性能		Y-TZP		Y-TZP-Al_2O_3			Al_2O_3
			烧结	热等静压	20A	40A	60A	
Y-TZP 与 Y-TZP-Al_2O_3 复合材料性能	抗弯强度/MPa	室温	1200	1700	2400	2100	2000	350
		高温	800℃ 350	1000℃ 350	1000℃ 800	1000℃ 1000	1000℃ 1000	800℃ 250
	断裂韧性(M、I 法)/MPa·$m^{1/2}$		7	7	6	—	—	3
	硬度 HV(10MPa)	室温	1280	1330	1470	1570	1650	1600～2000
		1000℃	400	400	480	550	650	—
	密度/g·cm^{-3}		6.05	6.07	5.51	5.02	4.6	3.9
	弹性模量/GPa		205	205	260	280	—	407
	抗热冲击性/℃		250	250	470	470	—	200
	热导率/W·m^{-1}·K^{-1}	室温	2.5	2.5	5.0	7.9	—	28.8
		800℃	2.5	2.5	3.6	5.4	—	—
	线胀系数(200℃)/10^{-6}℃$^{-1}$		10	10	9.4	8.5		6.5 (25～500℃)

	性能	陶瓷基体		ZrO_2-陶瓷基体复合材料	
		断裂韧性 K_{IC}/MPa·$m^{1/2}$	抗弯强度 /MPa	断裂韧性 K_{IC}/MPa·$m^{1/2}$	抗弯强度 /MPa
ZrO_2 增韧的各种陶瓷材料的性能	立方 ZrO_2	2.4	180	2～3	200～300
	部分稳定 ZrO_2			6～8	600～800
	TZP			7～12	1000～2500
	Al_2O_3	4	500	5～8	500～1300
	β″-Al_2O_3	2.2	220	3.4	330～400
	莫来石	1.8	150	4～5	400～500
	尖晶石	2	180	4～5	350～500
	堇青石	1.4	120	3	300
	烧结氮化硅	5	600	6～7	700～900

续表

特性及应用	氧化锆增强陶瓷基复合材料是一种氧化锆相变增韧陶瓷，利用马氏体相变原理研制的各种性能优异的氧化锆增韧系列陶瓷复合材料在工程技术中得到广泛的应用 氧化锆增韧陶瓷热导率小、线胀系数大、强度高、韧性好，适合绝热发动机对陶瓷材料的要求。在绝热发动机中，氧化锆增韧陶瓷可用于制作缸盖底板、活塞顶、活塞环、叶轮壳罩、气门导管、进气和排气阀座、轴承、凸轮等零件 Mg-PSZ 可用作水平连续铸钢用分离环、切削工具、模具、喷砂嘴、轴承，超细粉碎用砂磨机、研磨粉料用磨球、纺织工业用瓷件、摩擦片等，还可制作日常生活用的菜刀、剪刀、梳子等 添加 CeO_2 和 Ta_2O_5 的氧化锆可用作磁流体发电热壁通道的电极材料。CaO 稳定的氧化锆可以和低温导电性较好的铬酸钙镧制成复合式电极 氧化锆增韧氮化硅陶瓷主要用于要求韧性和强度较高，但使用温度不十分高的场合，如制造切削刀具等，可提高刀具的抗冲击性、耐磨性和使用寿命

注：TZP—四方氧化锆多晶体陶瓷；Y-TZP—以 Y_2O_3 为稳定剂制得的 TZP。

第4篇

第5章 3D打印材料

5.1 3D打印技术和材料的特点

三维快速成形打印（three dimensional printing）简称3D打印，又称作增材制造（additive manufacturing），是指从三维模型数据出发，采用离散分层，将特定材料（液体、粉末、丝材等）逐层累加精准堆积连接材料快速制造实体零件的过程；其制造过程区别于传统减材制造技术和模具成形的材料变形过程，实现了材料加工方式的本质变革。该方法能够实现复杂结构不同材料零件的无模具、快速、全致密直接成形，具有高柔性、短周期、环境友好、低成本和市场响应快等优点，已经在航空航天、石油、船舶、机械制造、生物医学等诸多工程领域取得了一定成就，具有十分广阔的应用前景。从最初出现液态光敏树脂选择性固化成形机（美国3D Systems公司的SLA技术）到德国EOS公司率先制备金属零件，3D打印从制备光固化材料、高分子及聚合物包覆材料及其模具发展为具有直接成形多种金属（包括稀有金属）组件，修复难熔金属和贵重组件等广泛应用的新型技术。

3D打印技术能够加工出传统制造方法无法加工或难以加工的具有非常规结构（如空心、多孔、网格及异质材料和功能梯度结构）特征的零部件；既能丰富产品设计创新，又能在一定材料领域内提高成形零部件性能和服役寿命，实现轻量化、高性能化和功能集成化。3D打印技术还能灵活地与铸造、金属冷喷涂及机加工等现有制造工艺集成，形成复合制造技术，从而降低制造成本，缩短制造周期。

5.1.1 3D打印制造技术的工艺特点及其应用

现有的3D打印技术可以分为：直接能量沉积、材料挤出、材料喷射、粉末床熔化、叠层制造、黏结剂喷射及光聚合固化等几大类成形方式。其中3D打印早期的工艺主要有立体光固化成形（SLA）、叠层实体制造（LOM）、粉末激光选区烧结（SLS）、熔融沉积成形（FDM）及三维喷印技术等，成形材料主要是非金属材料包括光敏树脂材料、热塑性材料及片状纸质材料等。

3D打印制造技术具体对应名称及相应工艺特点列于表4-5-1（包括基本要素和特殊成形过程）供参考对应。本章列采用3D打印制备出的材料，其技术性能等参数是在所标注的具体3D打印实施方法条件下获得的（与表4-5-1对应），所列出的数值为各种3D打印部件典型值（供参考比较），不应用于测试、设计规范及质量控制目的；最终用途材料受到设计加工测试多因素条件影响，实际值或因构建条件而有所不同。

表4-5-1 3D打印主要方法与特点

主要3D打印方法分类	原料形式/原料输送方式	3D打印方法	3D打印方法英文简称	3D打印方法英文全称	特点及应用
3D打印成形金属材料	同轴送粉/送丝	激光增材制造	LAM	laser additive manufacturing	基于同步送粉(送丝)高能束(激光、电子束、电弧等)熔覆成形的增材制造技术,能够快速制备具有高性能复杂形状金属零部件
		直接激光制造	DLF	direct laser (light) fabrication	
		激光熔化沉积	LMD	laser melting deposition	
		直接金属沉积	DMD	direct metal deposition	
		直接能量沉积	DED	direct energy deposition	
		激光立体成形	LSF	laser solid forming	
		激光快速成形	LRF	laser rapid forming	
		激光金属成形	LMF	laser metal forming	

续表

主要 3D 打印方法分类	原料形式/原料输送方式	3D 打印方法	3D 打印方法英文简称	3D 打印方法英文全称	特点及应用
3D 打印成形金属材料	同轴送粉/送丝	激光近净成形	LENS[TM]	laser engineering net shaping	基于同步送粉(送丝)高能束(激光、电子束、电弧等)熔覆成形的增材制造技术,能够快速制备具有高性能复杂形状金属零部件
		电子束自由成形制造	EBF[3]	electron beam freeform fabrication(wire)	
		电弧增材制造	WAAM	wire+arc additive manufacture	
	粉床铺粉	选区激光熔化	SLM	selective laser melting	以选区激光(电子束)熔化技术为代表的基于粉末床成形技术,尺寸精度高。注:SLS 用于合金注塑模具,有一定气孔率,力学性能低于铸锻件
		选区激光烧结	SLS	selective laser sintering	
		电子束熔化成形	EBM	electron beam melting	
		电子束选区熔化	EBSM	electron beam selective melting	
3D 打印成形非金属材料	紫外光固化性树脂/混合液体	立体光固化成形	SLA	stereo lithography appearance	紫外光照射液态紫外光敏树脂使其固化成形技术。光敏树脂中光引发剂在紫外光辐射下裂解成活性自由基,引发预聚体和活性单体聚合在扫描区逐层固化形成立体原型
	液态树脂	连续液面成形	CLIP	continuous liquid interface production	Carbon 公司最新突破性的技术,使用 UV 光投影透氧光学及可编程液体树脂生产部件,具有优良的力学性能、分辨率和表面粗糙度
	粉末+黏结剂	彩色喷射打印	CJP	color jet printing	采用粉末材料如石膏、塑料等通过喷头喷射黏合剂将工件截面打印层层堆积成形
		多喷嘴喷射打印	MJP	multi jet printing	采用压电喷射打印高精度逐层堆叠或光固化塑料树脂或蜡铸造材料层,可打印出高精确度、耐用、细节特征明显的打印品
	热塑性塑料或树脂砂/粉末	选区激光烧结	SLS	selective laser sintering	采用铺粉辊将粉末材料平铺于粉床,控制激光束根据零件各层截面信息进行扫描,选择性地将粉末材料层层烧结堆积成形
	热塑性材料/熔丝	熔融沉积成形	FDM	fusion depositions modeling	丝状热塑性材料由供丝机构送至喷头加热熔融后选择性层层涂覆材料成形,多采用热塑性材料如 ABS、PA、PC 和 PPSF

续表

主要 3D 打印方法分类	原料形式/原料输送方式	3D 打印方法	3D 打印方法英文简称	3D 打印方法英文全称	特点及应用
3D 打印成形非金属材料	纸/塑料薄膜/复合材料	叠层实体制造	LOM	laminated object manufacturing	片材表面预涂热熔胶，热压辊热压片材使热熔胶熔化与前一层片材逐层粘接的 3D 成形方法

5.1.2 3D 打印材料的特点及发展现状

3D 打印制造过程为逐点、逐线、逐面添加材料而形成三维复杂结构零件，其适用于几乎任何类型材料的制造；同时发展出的适合于各类工艺的大量新材料也进一步推动材料领域发展。随着 3D 打印装备趋于成熟和商业化，3D 打印用材料已经成为影响 3D 打印未来发展方向的关键因素。目前，3D 打印用材料根据化学组分大体上可以分为有机高分子材料、金属材料、无机非金属材料和复合材料。

3D 打印金属材料粉末主要有钛合金、镍基合金、钴铬合金、不锈钢及铝合金等材料，其中航空用钛合金及镍基高温合金典型成分如 Ti-6Al-4V，In718/In625 及 Hastelloy X 以及常用钢铁材料如不锈钢 316L，17-4PH 等粉末材料商业化水平较高，包括美国 3D Systems 公司、德国 EOS 公司及英国 LPW 公司等均有商用粉出售，但往往适用于其各自公司固定系列的 3D 打印机并更倾向于提供整体的 3D 打印方案。而其他特殊成分以及工业合金设计考虑了 3D 打印技术可打印性的新型合金成分金属粉末材料，由于要求球形度高、流动性好、含氧量可控、空心率少以及成分稳定多项指标必须同时满足，目前仍处于小型特殊化制备阶段。国内商用适合 3D 打印的高性能金属粉末品种及商用粉末较少（以中航迈特为代表）。

3D 打印非金属材料包括光敏树脂、其他热塑性工程塑料及陶瓷材料和新型氧化石墨烯及石墨烯添加复合材料。其中 SLA 光敏树脂材料主要由可光固化的预聚物、活性稀释剂和光引发剂等材料组成，新型 SLA 光敏树脂采用以丙烯酸酯和环氧化合物为主体的混合物，自由基和阳离子光引发剂双重引发的物质体系，目前主要应用在模具及创意领域，有待开发功能性如可打印多孔生物材料的光敏凝胶材料，研发新型无毒环保光敏树脂。其他热塑性 3D 打印用工程塑料应用广泛，主要包括 ABS，PC 和尼龙材料，PC-ABS，PC-ISO（经医学认证的医学修复及食品等应用材料）及 PSU（可制备航空等应用最终零件材料）。3D 打印用陶瓷粉末是陶瓷粉末和粘接剂粉末组成混合物，通过烧结剂熔化而使陶瓷粉末烧结在一起，需较高温度后处理。3D 打印陶瓷工艺及材料尚未成熟，商品化粉末较少（如奥地利 Lithoz 公司和武汉三维公司氧化铝和氧化锆等少量品种），多处于研制阶段。鉴于新型二维碳材料石墨烯及相关氧化石墨烯等材料的优异性能和潜在的应用价值，研究人员正在尝试制备出高质量、大面积石墨烯材料并通过降低制备成本使其应用产业化。石墨烯复合材料是石墨烯应用领域重要研究方向，在储能、液晶器件、电子及生物和催化剂载体等领域有应用前景，主要是石墨烯聚合物复合材料和石墨烯基无机纳米复合材料两方面，也在发展石墨烯增强体在金属基，多孔陶瓷材料上的应用探索。石墨烯及氧化石墨烯商用材料飞速发展，Angstron 材料公司、中科院成都有机化工公司等均有不同层数及含量的石墨烯商业化生产。但石墨烯应用于 3D 打印目前仅有美国 Black Magics 3D 公司开发的石墨烯与工程塑料 PLA 复合颗粒及石墨烯/聚苯乙烯复合长丝等少量商用产品。石墨烯复合材料可以借鉴相关基底材料（如工程塑料）的 3D 打印工艺进行快速直接成形，但其材料和 3D 打印方法仍处于初期研究阶段。

5.1.3 3D 打印材料的分类

目前 3D 打印材料可以按上述具体材料成形典型工艺进行分类，主要包括光固化型高分子材料（即光敏树脂）（适应于 SLA 工艺）、热塑性高分子材料（适应于 FDM 及 SLS 技术）以及金属粉末材料（适应于 SLM 和 LMD 等直接能量沉积方式）等。按材料的物理状态分为液体材料（SLA）、薄片材料（LOM）、粉末材料及丝状材料等。还可以按材料成形步骤如直接成形材料（包括金属材料、聚合物等）和间接成形材料等多种方法各有侧重地对 3D 打印材料进行不同分类。

本章侧重应用方便，先按常规材料分类方法分为金属材料和非金属材料两大类。在金属材料中选取 3D 打印达到零件使用综合性能的典型钛合金、镍基高温合金、钢铁材料和铝合金及钴铬合金分别给出数据，未涉及探索研究性质的金属基复合材料；在非金属材料中将有机非金属材料分为光敏材料及其他高分子材料，和无机非金属陶瓷材料一起介绍；并简介了新型石墨烯材料及其复合材料，可供 3D 打印新型材料参考。

5.2　3D 打印金属材料

5.2.1　3D 打印钛及钛合金材料

5.2.1.1　3D 打印工程钛合金材料牌号、成形方式、技术性能及应用

表 4-5-2　3D 打印工程钛合金材料牌号、成形方式、技术性能及应用

牌号	成形方式	样品状态及后处理	力学性能测试方向/条件	屈服强度 $R_{p0.2}$/MPa	抗拉强度 R_m/MPa	伸长率 A/%	冲击韧性 a_k/J·cm^{-2}	断面收缩率 Z/%	特点及应用
TA7	SLM	AS	T/室温	1062±13	1167±4	8.2±0.3	8.6±0.2	—	α钛合金。高比屈服应力，低热传导、耐腐蚀；机加工较困难。应用于燃气涡轮发动机领域的不规则的形状复杂零件；聚变反应堆特殊零件结构材料；TA7 ELI 火箭液氢燃料涡轮泵的导流片等
		AS	L/室温	1077±17	1173±14	7.7±0.6	8.0±0.4	—	
	EBSM	AS	T/室温	650	740	8	—	22	
		AS	L/室温	600	640	6	—	18	
TA12	LMD	AS	T/室温	980	1065	7.0	—	—	近α型双相钛合金。热稳定性与高温持久性能优良，适合 550℃ 高温下长期工作，有较好塑性。用于制造航空发动机压气机盘、鼓筒、叶片等
		AS	T/500℃	475	740	7.2	—	—	
TA15	LMD	AS	T/室温	—	1040～1070	10.5～13.5	—	—	近α型钛合金。具有良好的热强性、可焊性以及接近于α-β型钛合金的工艺塑性，中等的室温和高温强度以及良好的热稳定性。用于制造 500℃ 以下长时间工作的飞机发动机零件和焊接承力零部件；飞机次承力结构件，具有优异的室温及高温拉伸性能
		AS	L/室温	837.5±45.96	931.50±37.48	18.20±2.40	—	—	
				955～1150	1030～1190	10～14	—	—	

牌号	成形方式	样品状态及后处理	力学性能测试方向/条件	屈服强度 $R_{p0.2}$/MPa	抗拉强度 R_m/MPa	伸长率 A/%	断面收缩率 Z/%	特点及应用
TA15	LMD	AS+800℃/20min/AC	T/室温	—	930～1030	13.5～14.5	—	激光熔化沉积快速成形 TA15 钛合金的室温拉伸力学性能表现出一定的各向异性。横向强度略大于纵向，纵向塑性略高于横向。激光熔化沉积快速成形 TA15 钛合金具有十分优异的高温持久性能
		AS+800℃/20min/AC	T/500℃	—	650～715	13～22	—	
		AS+800℃/20min/AC	L/室温	—	970～1020	15.0～23.5	—	
		AS+800℃/20min/AC	L/500℃	—	680～695	8.5～18	—	
		AS+830℃/20min/AC	L	—	965～1010	14.5～21.0	—	
	LSF	AS	T	1180	1250	4.7	9.0	
		AS	L	1120	1180	7.5	29.5	
		AS+退火(800℃/100min/AC)	L	1040	1120	10.0	27	

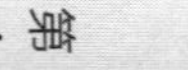

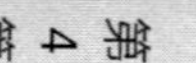

续表

牌号	成形方式	样品状态及后处理	力学性能测试方向/条件	屈服强度 $R_{p0.2}$/MPa	抗拉强度 R_m/MPa	伸长率 A/%	断面收缩率 Z/%	特点及应用
TA15	LSF	AS+固溶时效(950℃/1h, WQ+550℃,6h/AC)	L	1140	1330	8.0	16.5	激光熔化沉积快速成形 TA15 钛合金的室温拉伸力学性能表现出一定的各向异性。横向强度略大于纵向,纵向塑性略高于横向。激光熔化沉积快速成形 TA15 钛合金具有十分优异的高温持久性能
		AS+双固溶时效(950℃/1h,WQ+850℃/1h,WQ+550℃/6h/AC)	L	1040	1160	9.5	11	
		AS(500℃测得)	L	735	820	10.0	60	
	LRF	AS+940℃1h,AC	—	1245.7	1056.5	15.6	—	

牌号	成形方式	样品状态及后处理	方向	屈服强度 $R_{p0.2}$/MPa	抗拉强度 R_m/MPa	伸长率 A/%	断面收缩率 Z/%	弹性模量 E/GPa	特点及应用
TC2	LMD	AS	L	691	752	15.3	—	—	中等强度($R_m \geq 685$ MPa)的近 α 型 Ti-Al-Mn 系钛合金,工艺塑性良好、焊接性能优异、成本较低。广泛用于制造机翼、安定面、襟翼等受力的板材冲压件、焊接件、各种导管以及型材等,如飞机的机尾罩前段蒙皮和发动机的下罩
		AS	T	694	779	8.8	—	—	
		AS	L	673±28	708±18	8.2±1.0	21.7±3.3	—	
		AS+965℃/0.5h,AC	L	742±19	820±13	11±1.5	28.5±1.5	—	
		AS+965℃/0.5h/WQ+560℃/2h/AC	L	855±5	912±3	10.2±2.9	29.3±4.9	—	
TC4	SLM	AS	—	1110±9	1267±5	7.28±1.12	—	109.2±3.1	由于其具有较高的比强度,所以在航空领域应用广泛,并且在 500℃(773K)具有较高的耐蚀性能,具有高的屈服强度和极限抗拉强度。同时 TC4 具有良好的生物相容性,广泛应用于医学领域如植入物等
		AS	—	990±5	1095±10	8.1±0.3	—	110±5	
		AS+540℃/5h,WQ	—	1118±39	1223±52	5.36±2.02	—	112.6±30.2	
		AS+850℃/2h,FC	—	955±6	1004±6	12.84±1.36	—	114.7±3.6	
		超固溶处理	L	913±7	1019±11	8.9±1	—	96.7±5	
		超固溶处理	T	836±64	951±55	7.9±2	—	95±4	
		两相区热处理	L	944±8	1036±30	8.5±1	—	103±11	
		两相区热处理	T	925±14	1040±4	7.5±2	—	98±3	
		低温热处理	L	965±16	1046±6	9.5±1	—	101±4	
		低温热处理	T	900±101	1000±53	1.9±0.8	—	110±29	
		AS	L	1137±20	1206±8	7.6±2	—	105±5	
		AS	T	962±47	1166±25	1.7±0.3	—	102±7	
		AS	—	1026±35	1082±34	9±2	—	—	
		AS+2h/800℃	L	960±30	1040±30	5±2	—	—	
		AS+2h/1050℃	L	798±30	945±30	12±2	—	—	

续表

牌号	成形方式	状态及后处理	方向	屈服强度 $R_{p0.2}$/MPa	抗拉强度 R_m/MPa	伸长率 A/%	弹性模量 E/GPa	特点及应用
TC4	SLM	AS+HIP(2h/920℃,100MPa)	L	912±30	1005±30	8±2	—	具有良好的生物相容性，广泛应用于医学领域如植入物等
		AS+800℃/4h	L	862±3	937±4	11.4±0.8	—	
		AS+4h/650℃	L	1124±7	1170±6	10±1	—	
	LENS	AS	—	990～1005	1042～1103	4～7	—	
		时效 500℃/7h	—	991～1000	1044～1073	9～10	—	

牌号	成形方式	状态及后处理	方向	屈服强度 $R_{p0.2}$/MPa	抗拉强度 R_m/MPa	伸长率 A/%
TC4	EBM	AS	—	830±5	915±10	13.1±0.4
		AS	—	869±7.2	928±9.8	9.9±1.7
		AS	T	1006	1066	15
		AS	L	1001	1073	11
		AS	—	1110～1115	1115～1200	16～25
		AS	T	870±8	971±3	12±1
		AS	L	879±13	953±9	14±1
		AS	L	879±110	953±84	14±0.1
		AS	T	870±70	971±30	12±0.1
		AS+HIP	T	866±6	959±8	14±1
		AS+HIP	L	868±3	942±3	13±1
		AS+HIP	L	868±25	942±24	13±0.1
		AS+HIP	T	867±55	959±79	14±0.1
		STA(500℃/h)	—	1039	1294	10
		AS	T	973～1006	1032～1066	12～15
		AS	L	1001～1051	1073～1116	11～15
	EBF[3]	AS	—	837	907	11

牌号	成形方式	状态及后处理	方向	屈服强度 $R_{p0.2}$/MPa	抗拉强度 R_m/MPa	伸长率 A/%	断面收缩率 Z/%	弹性模量 E/GPa
TC4	WAAM	AS	—	805～865	918～965	8.2～14.1	—	—
	LSF	AS	—	920～1080	1050～1130	13～15	—	—
		AS	—	990.30	1071.80	10.50	18.96	—
		AS+545℃/4h,AC	—	976.59	1083.60	11.67	21.68	—
		AS+920℃(真空)/3h 固溶处理+545℃/4h,AC	—	920.89	1002.38	16.17	36.96	—
		AS	T	839.5±11	937.8±11	17.8±0.5	34.2±2	—
		AS	—	920～1080	1050～1130	13～15	—	—

第4篇

续表

牌号	成形方式	状态及后处理	方向	屈服强度 $R_{p0.2}$/MPa	抗拉强度 R_m/MPa	伸长率 A/%	断面收缩率 Z/%	弹性模量 E/GPa
TC4	LSF	AS	T	970±17	1087±8	17.6±0.7	13.6±0.5	—
		AS	L	960±26	1063±20	13.3±1.8	10.9±1.4	—
	LRF	AS	—	1060~1135	1130~1200	5.1~9.5	—	—
	DMD	AS	—	1105±19	1163±22	4±1	—	—
		AS+950℃,FC	—	959±12	1045±16	10.5±1	—	—
	DLD	AS	L	950±2	1025±10	5±1	—	—
		AS	T	950±2	1025±10	12±1	—	—
		AS	—	908	1038	3.8	—	119
		AS+704℃/1h	—	959	1049	3.7	—	112

牌号	成形方式	状态及后处理	方向	屈服强度 $R_{p0.2}$/MPa	抗拉强度 R_m/MPa	伸长率 A/%	弹性模量 E/GPa
TC4	DLD	AS+1050℃/2h	—	957	1097	3.4	118
		AS+HIP920℃/4h/100MPa	—	957	1097	3.4	118
	DED	AS	L	1099±2	976±24	4.9±0.1	—
		AS	L	1063±20	960±26	10.9±1.4	—
		AS	T	1041±12	945±13	14.5±1.2	—
		AS	—	1140	1070	约6	—
		AS	—	1172	1069	11	—
		AS	—	973	1077	11	—
		AS	L	1035±29	910±9.9	3.3±0.76	—
		AS	L	1321±6	1166±6	2.0±0.7	—
		AS	L	1085~1150	985~1050	5.1~8.5	105~115
		AS	L	1211±31	1100±12	6.5±0.6	118±2.3
		AS	T	1080	1008	1.6	—
		AS	L	1250±50	1070±50	5.5±1	—
		AS	T	1180±30	1050±40	8.5±1.5	—
		AS	L	1269±9	1195±19	5±0.5	—
		AS	T	1219±20	1143±30	4.89±0.6	—
		AS	T	1190	1005	2.6	115
		AS	L	1230±50	1060±50	10±2	110±10
		AS	T	1200±50	1070±50	11±3	110±10

续表

牌号	成形方式	状态及后处理	方向	屈服强度 $R_{p0.2}$/MPa	抗拉强度 R_m/MPa	伸长率 A/%	弹性模量 E/GPa
TC4	DED	AS+(700～730℃/2h)	L	1111	1066	5.2	116
		AS+(700～730℃/2h)	T	832	832	0.8	112
		AS+950℃/1h+538℃/4h+AC	L	1153	1052	5.3	—
		AS+950℃/1h+538℃/4h+AC	T	1141	1045	9.2	—
		AS+900℃/100MPa/2h	L	1006	949	13.1	118
		AS+900℃/100MPa/2h	T	1002	899	11.8	114
		AS+800℃/2h	T	1040	962	5	—
		AS+950℃/0.5h	L	1042±20	960±19	13±0.6	118±2.3
		AS+1000℃/1h+FC/4h	—	945.85	826.87	12.67	—
		AS+1000℃/1h+FC/4h	—	908.63	804.77	18.11	—
		AS+1020℃/2hFC	L	840±27	760±19	14.06±2.53	114.7±0.9
		AS+1050℃/2h	T	945	798	11.6	—

牌号	成形方式	状态及后处理	方向	屈服强度 $R_{p0.2}$/MPa	抗拉强度 R_m/MPa	伸长率 A/%	断面收缩率 Z/%	特点及应用
TC4	DED	AS+920℃/100MPa/2h	T	1005	912	8.3	—	同前
		AS+600～700℃/2hFC+920℃/103MPa/4hFC	L	1100±50	1000±60	12.5±0.5	—	
			T	1020	930	15.5±2	—	
TC11	LAM	AS	—	1016±12	1103±12	14±1.1	—	TC11室温和高温下具有良好的综合力学性能，它已经广泛应用于关键的结构部件飞机发动机，如压缩机盘和叶片
	LAM	AS	L	932	1018	14.7	28.4	
		AS	T	1001	1089	9.9	15.8	
		α+β两相区热处理	L	895	1033	16.8	40.0	
		α+β两相区热处理	T	971	1099	11.8	22.3	
		β相区热处理	L	895	1038	10.0	16.0	
		β相区热处理	T	915	1059	9.0	13.7	
	LMD	AS	—	990	1042	7	—	
	LMD	AS	—	1030±11	1101±9	10.2±2.2	17±1	
TC17 [123]	LMD	AS	—	1179	1230	7	9.3	具有强度高、断裂韧度好、淬透性高等优点，常用于设计大截面的锻件与发动机风扇、压气机盘件
	LAM	AS	T	1220±2	1225±7	3.4±0.8	8.3±0.3	
	LAM	AS	L	1030±26	1053±17	14±1.5	42±2.8	
	LAM	退火态	T	1220±2	1230±4	2.4±0.3	3±2	
	LAM	退火态	L	1180±1	1210±14	3.8±0.3	10±1.8	

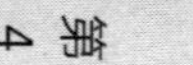

续表

牌号	成形方式	方向	状态及后处理	屈服强度 $R_{p0.2}$/MPa	抗拉强度 R_m/MPa	伸长率 A/%	弹性模量 E/GPa	断面收缩率 Z/%	特点及应用
TC18	LMD	L	AS	1147±15	1178±20	5±0.8	—	9.8±1.7	TC18与其他钛合金相比，在退火态具有最高的强度，并且具有较好的淬透性，广泛应用于飞机的结构件，如飞机的机厢和机身
		L	AS+750℃/2h/AC	935±5	940±5	9.3±1.2	—	21.3±3.0	
		L	AS+870℃/2h,FC+750℃/2h,AC+600℃/4h,AC	1036±15	1135±7	10.7±1.2	—	26.3±0.5	
		—	AS	1095	1188	5.75	—	10.50	
		L	700℃/2h/AC	1063±7	1090±7	6.7±0.6	—	12.3±2.6	
		L	860℃/4h,WQ+700℃/2h/AC	1007±3	1034±4	8±0.8	—	16.7±1.9	
		L	860℃/1h,WQ+700℃/2h/AC	996±4	1025±17	11.5±0.4	—	23.3±5.0	
TC20	SLM	L	AS	1440±59	1515±60	—	88±2	—	TC20适合医学功能性植入物，具有优良的生物相容性
		T	AS	1360±30	1480±26	—	88±2	—	

牌号	成形方式	方向	状态及后处理	屈服强度 $R_{p0.2}$/MPa	抗拉强度 R_m/MPa	伸长率 A/%	断面收缩率 Z/%	特点及应用
TC21	LENS	L	AS	1077	1014	10.5～13.0	19～25	TC21成形件组织细小，其性能与锻件相当，具有短周期、高柔性等特点
		T	AS	1107～1117	1046～1055	11.0～11.5	20～21	
		T	AS	1028～1030	1148～1150	8	—	
		L	AS+800℃/1h,AC+600℃/1h/AC	1135～1150	1067～1088	13.0～15.0	22～25	
		T	AS+800℃/1h,AC+600℃/1h/AC	1152～1161	1084～1093	10.0～13.5	18～21	
	LAM	T	600℃/2h/AC	995	1268	3	—	
		L	600℃/2h/AC	969	1060	11	—	
		T	870℃/1h/FC+600℃/2h/AC	868	997	2.8	—	
		L	870℃/1h/FC+600℃/2h/AC	845	933	16	—	
BurTi	DLD	—	AS(755W)	908±35	1000±16	20±7	—	阻燃β钛合金
		—	AS(755W)+700℃/2h/Ar保护	901±28	995±18	21±6	—	
		—	AS(755W)+HIP/930℃/4h/103MPa	896±15	991±7	23±3	—	
Ti2448	SLM	—	AS	563±38	665±18	13.8±4.1	弹性模量 E/GPa 53±1	β型钛合金杨氏模量低，无生物毒性元素，有较好生物相容性和力学综合性能，具有低模量和高强度平衡

续表

牌号	成形方式	方向	状态及后处理	屈服强度 $R_{p0.2}$/MPa	抗拉强度 R_m/MPa	伸长率 A/%	断面收缩率 Z/%	特点及应用
Ti60A	LMD	—	AS	1007±16	1077±13	4.7±1.2	8.7±1.4	Ti60 用于服役温度在 600℃航空发动机的压缩机盘和叶片。具有比强度高、热强性和热稳定性好等优点，已经成为我国航空发动机整体叶盘应用材料
		—	AS /600℃高温拉伸	513±2	655±10	14±1.5	28±3	
		—	AS+600℃100h，AC	855±14	865±8	0.5±0.3	3.0±1.2	
		—	AS+1020℃/1h/AC+700℃/2h/AC	936±13	1033±11	7.5±2	9.0±2.0	
		—	AS+1020℃/1h/AC+700℃/2h/AC /600℃高温拉伸	468±25	605±40	17±6	38±12	
		—	AS+1040℃/1h/AC+700℃/2h/AC	944±2	1039±4	11±1	14.0±3.0	
		—	AS+1040℃/1h/AC+700℃/2h/AC /600℃高温拉伸	495±5	630±5	19.5±1.5	30±1.5	
Ti60	LSF	—	AS	1150	1260	7.0	12.0	
		—	AS(600℃高温拉伸)	735	900	13.5	44.0	
		—	AS+980℃/2h，AC+650℃/3h，AC	1100	1170	8.5	15.0	
		—	AS+980℃/2hAC+650℃/3hAC，600℃高温拉伸	635	765	20.5	50.5	

注：AS—As Fabricated 沉积态；AC—Air cooled 空冷；FC—Furnace cooled 炉冷（设备中冷却）；HIP—Heat Isostatic Pressing 热等静压；L—纵向（也是垂直方向 V）；T—横向（也是水平方向 H）；Ar—氩气；WQ—水淬；OQ—油淬。

5.2.1.2 3D 打印生物钛合金材料牌号、成形方式、技术性能及应用

表 4-5-3 3D 打印生物钛合金及纯钛材料牌号及成形方式、技术性能及应用

牌号	成形方式	状态	孔隙率/%	抗压强度/MPa	屈服强度 $R_{p0.2}$/MPa	抗拉强度 R_m/MPa	伸长率 A/%	弹性模量 E/GPa
TC4	EBM	均匀多孔	65	110	—	—	—	2.7
		梯度多孔	45.6	366.5	—	—	—	64.8
	EBM	支架与矩形支柱-1	50.8	163	—	—	—	2.9
		支架与矩形支柱-2	60.4	117	—	—	—	2.7
		支架与矩形支柱-3	70.3	83	—	—	—	2.1
	SLM	支架与矩形支柱	70.2	155	—	—	—	5.1
		转向架式支撑架	71.9	145	—	—	—	3.7
		支架与矩形支柱	68.7	164	—	—	—	6.7

续表

牌号	成形方式	状态	孔隙率/%	抗压强度/MPa	屈服强度 $R_{p0.2}$/MPa	抗拉强度 R_m/MPa	伸长率 A/%	弹性模量 E/GPa
TC4	SLS	3D 低孔隙率	16.2	—	—	—	—	3.7
		3D 中孔隙率	38.5	—	—	—	—	3.5
		3D 高孔隙率	70	—	—	—	—	2.6
	SLM	AS	—	—	1125	1250	6.0	94
		AS+(850℃/1.5h,再降至500℃)	—	—	950	1005	12.0	115

牌号	成形方式	状态	孔隙率/%	载荷形式	屈服强度 $R_{p0.2}$/MPa	抗拉强度 R_m/MPa	伸长率 A/%	弹性模量 E/GPa
TC4	SLM	全致密	0.8	拉伸	940±10	989±10	2.1±0.9	118.9±11.3
				压缩	1040±13	1842±17	25.0±0.7	—
		多孔表面 1mm	37.9	拉伸	560±5	589±9	2.4 ±1.6	65.1± 12.2
				压缩	578±21	1072±10	26.0±1.0	—
		多孔芯	48.4	拉伸	407±9	432±11	1.1±0.9	47.6± 11.2
				压缩	422±14	579±1	18.6±0.1	—
		多孔表面 2mm	62.1	拉伸	—	230±15	—	30.5±2.0
				压缩	257±1	393±22	18.9±0.9	—
		完全多孔	79.2	压缩	19.0±0.4	21.5±0.3	1.5±0.1	—
TC4	SLM	AS	—	拉伸	1165.69±107.25	1055.59±63.63	6.10±2.57	131.51±16.40
TC4	3DP 齿科	AS	—	拉伸	1388.62±41.16	1387.66±41.06	15.93±1.03	—

牌号	成形方式	状态及后处理	屈服强度 $R_{p0.2}$/MPa	抗拉强度 R_m/MPa	伸长率 A/%	弹性模量 E/GPa	特点及应用
纯钛	LENS	AS	395± 10	880±15	—	—	生物医学工业中使用了很长时间，主要是用来替换或修复硬组织。纯钛生物相容性、耐蚀性以及抗疲劳强度好。包括髋关节，膝关节或肩关节的关节面更换。磨损引起的金属离子释放会引起体内的有毒金属离子导致的植入失败或金属病
	SLM	AS	395±10	880±15	—	—	
	SLM	AS	560±5	1136±15	51±3.5	—	
	EBM	AS	377±10	475±15	28.5±0.5	—	
	SLM	AS	619.57±20.2	703.05±16.22	5.19±0.32	111.59±2.65	
工业纯钛 TA2	LSF	AS	621.3±6.4	713.6±0.8	14±1.3	—	
	LSF	AS	271.3±3.4	390.2±5.6	25.4±3.6	—	

5.2.1.3　商用 3D 打印钛及钛合金粉末及材料

表 4-5-4　中航工业北京航空材料研究院 3D 打印 TC4（Ti6Al4V）粉末特性及其他钛合金粉末产品

Ti-6Al-4V								其他主要产品			
粒度范围	形貌	粒度分布			流动性①/s	松装密度/$g\cdot cm^{-3}$	氧含量（质量分数）/%	纯钛粉	钛合金粉	钛铝合金粉	钛锆合金粉
0～25μm	球形	$D10$:7μm	$D50$:15μm	$D90$:24μm	无	2.10	0.07～0.11 ASTM 标准：≤0.13	TA0 级（CP Ti Grade 1）	TC4(Ti6Al4V)，高韧 TC4(Ti4Al2V)，TA7，TA11，TA15，TC11	Ti47Al2Cr2Nb 高铌含量（原子分数）5%～10%	ZrTi
0～45μm	球形	$D10$:15μm	$D50$:34μm	$D90$:48μm	≤120	2.55					
15～45μm	球形	$D10$:20μm	$D50$:35μm	$D90$:50μm	≤50	2.53					
45～105μm	球形	$D10$:53μm	$D50$:72μm	$D90$:105μm	≤25	2.56					
75～180μm	球形	$D10$:80μm	$D50$:125μm	$D90$:200μm	≤23	2.80					

① 霍尔流量法。

表 4-5-5　中航迈特 3D 打印钛合金批产粉末产品及特性

类　别	合金牌号及特性	参照标准
合金牌号	TA0，TA1，TC4，TC4 ELI，TC11，TC17，TC18，TC21，TA7，TA12，TA15，TA17，TA19，Ti40，Ti60，TiAl（Ti36Al，Ti48Al2Cr2Nb），TiNi，TiNb，ZrTi	GB/T 3620.1 GB/T 3620.2 GB/T 4698 ASTM F2924 ASTM F3001 ASTM F3187 AMS 4998 AMS 4999 GB/T 1480 GB/T 5329 GB/T 8180
粉末粒度/μm	0～20，15～45，15～53，53～105，53～150，105～250	
球形度	球形或近球形，显微颗粒球形度 $\psi_0 \geqslant 0.90$	
外观质量	目视呈银灰色，无明显氧化色颗粒	
制备过程	真空自耗＋锻造/浇铸制棒＋电极感应纯净熔炼＋超声速气雾化制粉＋筛分分级＋检验包装	
包　装	真空包装（铝箔袋）或充氩气保护包装（铝瓶）	
企业标准	中航迈特 Q/6S 036—2015《3D 打印用 TC4 钛合金粉末规范》 中航迈特 Q/6S 037—2015《3D 打印用 TA15 钛合金粉末规范》 中航迈特 Q/6S 038—2015《3D 打印用 TA19 钛合金粉末规范》	
3D 打印应用	SLM 选区激光熔化、EBM 电子束熔融、LMD 激光金属沉积等	
其他应用	粉末冶金（PM）、注射成形（MIM）、热等静压（HIP）、喷涂（SP）、焊接修复等	

表 4-5-6　中航迈特 3D 打印钛合金材料牌号、技术性能及成形工艺

合金牌号	技术性能			材料成形工艺	状态及后处理
	抗拉强度 R_m/MPa	屈服强度 $R_{p0.2}$/MPa	延伸率 A/%		
TC4	1040～1130	950～1010	8～18	选区激光熔化	烧结热处理态
	950～1130	830～1080	9～12	激光熔覆成形	热处理态
	≥895	≥825	8～10	锻造	退火态（标准参照）

续表

合金牌号	技术性能			材料成形工艺	状态及后处理
	抗拉强度 R_m/MPa	屈服强度 $R_{p0.2}$/MPa	延伸率 A/%		
TC11	1080～1150	910～1030	6～15	激光熔覆成形	热处理态
	≥1030	≥910	≥8	锻造	退火态(标准参照)
TA15	950～1200	855～970	8～14	激光熔覆成形	热处理态
	≥930	≥855	8～10	锻造	退火态(标准参照)

表 4-5-7　德国 EOS 公司 3D 打印钛及钛合金粉末牌号、化学成分及应用

牌　号	化学成分(质量分数)/%									粒径①/μm	特点及应用
	Ti	Al	V	Fe	C	O	N	H	Y		
Ti6Al4V	余量	5.50～6.75	3.50～4.50	≤0.30	≤0.08	≤0.20	≤0.05	≤0.015	≤0.005	39±3(*D*50)	功能原型、系列生产零件、航天、赛车、生物医学植入物
Ti64ELI	余量	5.50～6.50	3.50～4.50	≤0.25	≤0.08	≤0.13	≤0.05	≤0.012	≤0.005	39±3(*D*50)	航天、赛车、医疗，如生物医学应用(需要遵守关于验证和法律规定的要求)、医疗植入体、医疗工具与器械、义齿
CP-Ti grade 2	余量	—	—	≤0.3	≤0.08	≤0.25	≤0.03	≤0.015	—	<63，>63 粉末不超过 0.3%(质量分数)	各种医用植入物(CMF 植入物、脊柱植入物、四肢植入物)，需要结合良好的力学性能(延展性)、重量轻和耐蚀性的部件

① 根据 DIN ISO 13320 进行粒度分布分析。

表 4-5-8　德国 EOS 公司 3D 打印钛及钛合金材料牌号及技术性能

材料	3D 打印系统①	条件	方向	抗拉强度 R_m/MPa	屈服强度 $R_{p0.2}$/MPa	伸长率 A/%	硬度② HV	密度③ /g·cm^{-3}	喷丸后的表面粗糙度/μm
Ti6Al4V	EOSINT M 290 400W	沉积态	—	1290±80	1150±80	8±4	320±15	4.41	*Ra*5～9，*Rz*20～50
		热处理态④	—	1070±80	1010±80	14±4	—		
	EOS M400 SF	沉积态	—	1270	1100	8.7	340	4.4	*Ra*5～10，*Rz*15～30
		热处理态④	—	1040	930	14	—		
	EOS M 404 system	热处理态④	T	1070	955	13	330±30	约 4.41	*Ra*6～15，*Rz*30～75
			L	1080	990	15			
Ti64ELI	EOSINT M 290 400W	沉积态	—	1290±80	1150±80	8±4	320±15	4.41	*Ra*5～9，*Rz*20～50
		热处理态④		1070±80	1010±80	14±4			
	EOS M400 SF	沉积态	—	1270	1100	8.7	340	4.4	*Ra*5～10，*Rz*15～30
		热处理态④		1040	930	14			

续表

材料	3D 打印系统①	条件	方向	抗拉强度 R_m/MPa	屈服强度 $R_{p0.2}$/MPa	伸长率 A/%	硬度② HV	密度③ /g·cm^{-3}	喷丸后的表面粗糙度/μm
CP-Ti grade 2	EOS M 290 400W	沉积态	—	660	560	22	—	4.5	$Ra<10, Rz<55$
		热处理态⑤		570	445	26	195		
	EOS M404 system	热处理态⑥	T	570	430	24	—	约 4.5	$Ra<10, Rz<55$
			L	560	430	24			

① 采用 DMLS 法制备；
② 根据标准 EN ISO 6507-1：2005，载荷 5kgf（HV5）进行硬度测量；
③ 据 ISO 3369 在空气和水中称量；
④ 在氩气中 800℃热处理样品 2h；
⑤ 在氩气中 700℃±10℃热处理样品 2h±0.5h；
⑥ 在氩气中 700℃热处理样品 1.5h。

表 4-5-9　德国 Concept Laser 公司 3D 打印钛及钛合金粉末牌号、化学成分及应用

牌号	化学成分(质量分数)/%								特点及应用
	Ti	Al	V	N	C	Fe	H	O	
Ti6Al4V (rematitan® CL)	90		6		4		<1		获得适当的批准可以用于生产牙冠和牙桥、金属陶瓷饰面的框架、铸件，用于复合修复的主要和次要部件以及用于植入物的超结构
Ti6Al4V ELI (CL 41TI ELI)	余量	5.5～6.5	3.5～4.5	≤0.05	≤0.08	≤0.25	≤0.012	≤0.13	获得适当的批准可用于制造汽车运动和航空航天工业轻型零部件以及医疗领域植入物。应用实例：具有集成冷却结构的组件、仿生组件和具有生物类似结构的骨头泡沫
CP-Ti grade 2 (CL 42TI)	余量	—	—	≤0.03	≤0.08	≤0.30	≤0.015	≤0.25	通过适当的批准后可用于航空，航天和医疗行业的原型、单件或系列零件，例如具有集成冷却结构的功能组件，航空用轻质部件，仿生优化的功能组件，骨替代材料，个体生物相容的植入物或具有微孔结构的假体

表 4-5-10　德国 Concept Laser 公司 3D 打印钛及钛合金材料牌号及技术性能

牌号	条件	方向	抗拉强度 R_m/MPa	屈服强度① $R_{p0.2}$/MPa	伸长率② A/%	弹性模量 E/GPa	热导率③ λ/W·m^{-1}·K^{-1}	线胀系数③ /K^{-1}
Ti6Al4V (rematitan® CL)	热处理④	—	1005	950	10	115	—	10.16×10^{-6}
Ti64ELI (CL 41TI ELI)	热处理⑤	T	1092±12	1035±9	10±1	约 110	7	9×10^{-6}
		45°(极角)	1106±2	1062±4	11±1			
		L	1071 ±8	989 ±10	9±1			

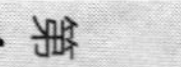

续表

牌　号	条件	方向	抗拉强度 R_m/MPa	屈服强度[①] $R_{p0.2}$/MPa	伸长率[②] A/%	弹性模量 E/GPa	热导率[③] λ/W·m^{-1}·K^{-1}	线胀系数[③] /K^{-1}
Ti CP grade 2 (CL 42TI)	热处理[⑥]	—	610 ±10	550 ±20	18 ±2	110	21	8.9×10^{-6}

① 根据 DIN EN 50125 在 20℃进行拉伸试验。
② 特殊的热处理可以产生更高的伸长率。
③ 根据材料制造商的数据表规定。
④ 加热 4h 至 820℃/氩气保护/1.5h/FC 至 500℃。
⑤ 加热 4h 至 840℃/氩气保护/2h/FC 至 500℃。
⑥ 加热 4h 至 1000℃/氩气保护/1h/FC 至 70℃。

表 4-5-11　德国 SLM Solution 公司钛及钛合金的牌号及成分

牌　号	化学成分(质量分数)/%									
	Ti	Al	V	Fe	C	N	O	H	其他	其他总和
Ti6Al4V ELI (grade 23)[①] 20～63 μm	余量	5.50～6.50	3.50～4.50	0.25	0.08	0.03	0.13	0.0125	0.1(每种)	0.4
Ti Gd Ⅱ[②] 20～63μm	余量	—	—	0.3	0.08	0.03	0.25	0.015	0.1(每种)	0.4

① 化学成分由 F136，B348 得出。
② 化学成分由 F67，B348 得出。

表 4-5-12　德国 SLM Solution 公司钛及钛合金的牌号、技术性能及应用

牌　号	状态[①]	抗拉强度 R_m/MPa	屈服强度 $R_{p0.2}$/MPa	伸长率 A/%	断面收缩率 Z/%	弹性模量 E/GPa	维氏硬度 HV10	表面粗糙度 Ra/μm	表面粗糙度 Rz/μm	特点及应用
Ti6Al4V ELI (grade 23)[②] 20～63μm	沉积态	1301±18	1158±16	3±1	5±2	113±9	380±8	14±1	86±11	有良好的耐蚀性、比强度高、高循环疲劳强度、高韧性。应用于航天、汽车、医学、能源等方面
	热处理态	1031±5	970±6	12±1	28±7	118±2	—	—	—	
Ti Gd Ⅱ[③] 20～63μm	沉积态	＞290	＞180	＞20	—	105	130～210	—	36±4	有优异的生物相容性，在海水中具有优异的耐蚀性，有良好的延展性，中等强度。常用于医学、航天、能源、化学/石油化工、热交换器等方面

① 性能数据均根据 SLM 标准的工艺条件和参数得出。
② 层厚为 50μm。
③ 层厚为 30μm。

表 4-5-13　美国 3D Systems 公司 3D 打印钛及钛合金粉末牌号、化学成分、特点及应用

牌　号	化学成分(质量分数)/%									特点及应用
	Fe	Ti	C	Al	V	O	N	H	Y	
Ti6Al4V TiGr5	≤0.30	余量	≤0.08	5.50～6.75	3.5～4.5	≤0.20	≤0.05	≤0.015	≤0.005	具有轻量、强度高等特点，在航空航天、运动和航海产品中得到广泛应用。有优异的生物相容性，适用于医疗植入物、医用工具和装置以及假牙
Ti6Al4V ELI Ti Gr23 (A)	≤0.25	余量	≤0.08	5.5～6.5	3.5～4.5	≤0.13	≤0.03	≤0.012	≤0.005	具有高比强度和优异的生物相容性，通常用于航空和医疗应用。例如外科植入物、正牙器械或关节内置换。Ti6Al4V ELI(Gr23)与 Ti6Al4V(Gr5)相比氧含量减少到 0.13%(最大值)，其延展性和断裂韧性得到改善，强度有所降低
纯钛(Grade1) Ti Gr1 (A)	≤0.20	余量	≤0.08	—	—	≤0.18	≤0.03	≤0.015	—	具有低刚度和优异的生物相容性，适用于医疗应用。纯钛(Grade1)是最具韧性的医用钛级材料，适用于需要在手术期间手动制模以适合于患者的植入物，如骨板和其他固定装置。具有优良的耐蚀性(耐氯离子点蚀和空蚀)

表 4-5-14　美国 3D Systems 公司 3D 打印钛及钛合金粉末牌号及技术性能

牌　号	测试样品条件①	方向	力学性能②③							热性能⑥		物理性能
			抗拉强度 R_m/MPa	屈服强度 $R_{p0.2}$/MPa	伸长率 A/%	断面收缩率 Z/%	冲击韧性④ /J·cm^{-2}	弹性模量⑤ /GPa	硬度	热导率 λ⑦ /W·m^{-1}·K^{-1}	线胀系数 /10^{-6}K^{-1}	密度③ /g·cm^{-3}
Ti6Al4V Ti Gr5	去应力	T	1180±30	1090±30	9±2	—	20(min)	105～120	(40±2)HRB	6.7	8.6⑧	4.42
		L	1160±50	1080±50	9±2	—						
	热等静压	T	1000±30	910±20	15±3	—	20±2	105～120	(36±2)HRB			
		L	1020±50	930±20	14±3	—						
Ti6Al4V ELI Ti Gr23(A)	去应力	T	1100±100	1040±100	11±2	37±10	21±6	115±5	(37±2)HRC	6.7	8.6⑨	4.42
		L	1100±100	1030±120	11±2	45±10						
	热等静压	T	960±60	870±50	16±4	40±12	32±4	115±5	(34±1)HRC			
		L	950±50	870±70	16±2	46±5						

第 4 篇

续表

牌号	测试样品条件①	方向	力学性能②③							热性能⑥		物理性能
			抗拉强度 R_m/MPa	屈服强度 $R_{p0.2}$/MPa	伸长率 A/%	断面收缩率 Z/%	冲击韧性④ /J·cm^{-2}	弹性模量⑤ /GPa	硬度	热导率 λ⑦ /W·m^{-1}·K^{-1}	线胀系数 /10^{-6}K^{-1}	密度③ /g·cm^{-3}
纯钛(Grade1) Ti Gr1(A)	去应力	T	500±30	380±30	29±5	53±5	80～120	105～120	(85±5)HRB	16	7.17⑨	4.51
		L	500±30	380±30	30±5	53±6						
	热等静压	T	460±30	340±20	36±5	58±10	35～45	105～120	(80±5)HRB			
		L	460±30	340±20	36±5	60±10						

① 采用 SLM 方法制备钛合金样品。
② 在 ProX DMP 320（配置 A）上使用标准参数制造的零件。
③ 基于平均值和标准差值。
④ 采用 V 型缺口夏氏试样，DMV 探针测试。
⑤ 基于最小和最大范围的值。
⑥ 基于文献的数值。
⑦ 在 50℃测试所得。
⑧ 20～100℃温度范围所测的值。
⑨ 20～600℃温度范围所测的值。

表 4-5-15　英国 LPW Tech 公司 3D 打印钛合金粉末牌号及化学成分（质量分数）　%

牌号	Ti	Al	V	O	C	N	H	Fe	Mo	Si	Sn	Yt	Zr	其余成分
LPW CPTi	余量	—	3.5～4.5	<0.18	<0.08	<0.03	<0.015	<0.20	—	—	—	—	—	≤0.1(每种) ≤0.4(总和)
LPW Ti6242	余量	5.5～6.5	—	<0.20	<0.05	<0.05	<0.0125	<0.10	1.80～2.20	0.06～0.10	1.80～2.20	<0.005	3.60～4.40	—
LPW Ti64	余量	5.5～6.75	3.50～4.50	0.13～0.18	<0.10	<0.04	<0.012	<0.30	—	—	—	—	—	≤0.1(每种) ≤0.2(总和)
LPW Ti64 Gd5	余量	5.5～6.75	3.5～4.5	<0.20	<0.08	<0.05	<0.015	<0.40	—	—	—	—	—	—
LPW Ti64 Gd23	余量	5.5～6.5	3.5～4.5	<0.13	<0.08	<0.03	<0.0125	<0.25	—	—	—	—	—	≤0.1(每种) ≤0.4(总和)

表 4-5-16　**英国 Renishaw 公司 3D 打印 Ti6Al4V 钛合金粉末成分及应用**

化学元素	Ti	Al	V	Fe	O	C	N	H	Yt	其余成分	特点及应用
含量(质量分数)/%	余量	5.5～6.5	3.5～4.5	≤0.25	≤0.13	≤0.08	≤0.05	≤0.012	≤0.005	≤0.10(每种) ≤ 0.40(总和)	医疗和牙科、航空航天和国防、赛车运动、珠宝和艺术、海事应用、高端运动器材

表 4-5-17　**英国 Renishaw 公司 3D 打印（单层层高 30μm）Ti6Al4V 技术性能**

设备/功率	状态	方向	抗拉强度① R_m/MPa	屈服强度① $R_{p0.2}$/MPa	伸长率① A/%	弹性模量 E/GPa	硬度② HV0.5	表面粗糙度③ /μm
AM250/200W	沉积态＋退火(850℃±10℃/2h)	H	1089±7	1007±5	16±1	129±7	368±10	4～6
		V	1085±12	985±23	14±1	126±15	372±7	4～7
	沉积态＋热等静压	H	1033±4	947±4	16±1	127±3	352±9	4～6
		V	1034±7	923±21	17±1	125±4	360±7	4～7

① 测试前加工，拉伸性能在室温下测试 ASTM E8，基于样品大小为 6 的值。
② 抛光后经 ASTM E384-11 测试。
③ 喷丸后测试符合 JIS B 0601－2001（ISO 97）。

表 4-5-18　**英国 Renishaw 公司 3D 打印（单层层高 60μm）Ti6Al4V 技术性能**

设备/功率	状态	方向	抗拉强度① R_m/MPa	屈服强度① $R_{p0.2}$/MPa	伸长率① A/%	弹性模量 E/GPa	硬度② HV0.5	表面粗糙度③ /μm
AM250/200W	沉积态＋退火(850℃±10℃/2h)	H	1091±6	1020±25	16±1	132±9	363±11	3～4
		V	1084±8	987±22	17±1	128±7	363±13	5～7
	沉积态＋热等静压	H	1052±3	957±2	16±1	127±3	361±7	3～4
		V	1058±9	973±24	18±1	131±6	360±10	5～7

① 测试前加工，拉伸性能在室温下测试 ASTM E8，基于样品大小为 6 的值。
② 抛光后经 ASTM E384-11 测试。
③ 喷丸后测试符合 JIS B 0601－2001（ISO 97）。

表 4-5-19　**瑞典 Acram EBM 公司 3D 打印钛合金粉末牌号、化学成分及应用**

牌号	化学成分(质量分数)/%								粒度/μm	特点	特点及应用
	Fe	Ti	C	Al	V	O	N	H			
Ti6Al4V	0.10	余量	0.03	6.0	4.0	0.15	0.01	0.003	45～100	具有良好的机械加工性能和良好的力学性能；在航空航天、汽车和船舶设备等各种轻量化应用中具有最好的综合性能；生物相容性好，可与组织或骨头直接接触；与 Ti6Al4V	直接制造赛车和航空航天工业的零件和原型；生物力学应用，如植入物和假体；海洋应用；化学工业；燃气轮机

续表

牌号	化学成分(质量分数)/%								粒度/μm	特点	特点及应用
	Fe	Ti	C	Al	V	O	N	H			
Ti6Al4V ELI	0.10	余量	0.03	6.0	4.0	0.10	0.01	<0.003	45～100	比含有更少的氧、氮、碳和铁；ELI(Extra Low Interstitials)超低间隙原子提供更好的延展性和断裂韧性；海水中耐应力腐蚀开裂性能优异	生物医学植入物；航空部件；低温应用；海上设备(在海水中具有高耐应力腐蚀开裂性能)
Titanium Grade 2	0.05	余量	0.005	—	—	0.19	0.004	0.0009	45～100	优异的耐蚀性、可成形性和可焊性；2级纯钛在医疗行业有着广泛的应用；纯钛(Grade 2)的生物相容性好，可与组织或骨头直接接触	整形外科应用，如植入物和假体；机身和飞机发动机零件；海洋化学部件；冷凝管；热交换器

表 4-5-20 瑞典 Arcam EBM 公司 3D 打印钛合金材料牌号及技术性能

牌号	技术性能[①]						
	抗拉强度 R_m/MPa	屈服强度 $R_{p0.2}$/MPa	伸长率 A/%	断面收缩率 Z/%	弹性模量/GPa	疲劳强度[②]	硬度 HRC
Ti6Al4V	1020	950	14	40	120	>10000000 次循环[③]	33
Ti6Al4V ELI	970	930	16	50	120	>10000000 次循环	32
Titanium Grade 2	570	540	21	55	—	—	—

① 采用 EBM 方法制备钛合金材料。
② 疲劳强度测定在 600MPa。
③ 经过热等静压 920℃/100MPa/120min 后所测定的值。

5.2.2 3D 打印镍基高温合金材料

5.2.2.1 3D 打印镍基高温合金材料牌号、成形方式、技术性能及应用

表 4-5-21 3D 打印镍基高温合金材料牌号及成形方式、技术性能及应用

牌号	成形方法	样品测试条件	方向	技术性能				硬度 HV	特点及应用
				抗拉强度 R_m/MPa	屈服强度 $R_{p0.2}$/MPa	伸长率 A/%	弹性模量 E/GPa		
Inconel 718	SLM	沉积态	—	1137～1148	889～907	19.2～25.9	204	365	沉淀硬化型 Ni-Cr-Fe 奥氏体高温合金，具有优秀的蠕变性能、抗氧化性和耐热腐蚀性，服役温度650℃，广泛应用于涡轮叶片、燃烧室和核反应堆
		HT[①]	—	1280～1358	1102～1161	10～22	201	—	
	SLM	沉积态	L	904±22	572±44	19±4	162±18	322±10	
			T	991±62	643±63	13±6	193±24	297±5	

续表

牌号	成形方法	样品测试条件	方向	技术性能				硬度 HV	特点及应用
				抗拉强度 R_m/MPa	屈服强度 $R_{p0.2}$/MPa	伸长率 A/%	弹性模量 E/GPa		
Inconel 718	SLM	HT②	L	1320±6	1074±42	19±2	163±30	463±8	沉淀硬化型 Ni-Cr-Fe 奥氏体高温合金，具有优秀的蠕变性能、抗氧化性和耐热腐蚀性，服役温度650℃，广泛应用于涡轮叶片、燃烧室和核反应堆
			T	1377±66	1159±32	8±6	199±15	—	
	SLM	沉积态	L	1010±10	737±4	20.6±2.1	—	—	
			T	1085±11	816±24	19.1±0.7	—	—	
	LSF	沉积态	—	936	729	21.0	—	—	
	EBM	沉积态	L	1138±24	925±20	15.7±4.3	—	—	
			T	1061±83	894±24	11.5±6.9	—	—	
		HIP+STA③	L	1266±44	1061±16	21.1±1.1	—	—	
			T	1240±49	1035±17	21.8±2.4	—	—	

①固溶处理 980℃/1h/AC+双时效 720℃/8h/FC/+620℃/8h/AC

②固溶处理 1100℃/1h+时效 720℃/8h(FC 100℃/h)，620℃/10h(AC)

③热等静压 HIP/1200℃/100MPa/240min+STA 固溶处理 1066℃/60min/760℃/10h+时效 650℃/10h

牌号	成型方法	性能测试条件	方向	技术性能					硬度 HRC	特点及应用
				抗拉强度 R_m/MPa	屈服强度 $R_{p0.2}$/MPa	伸长率 A/%	断面收缩率 Z/%	弹性模量 E/MPa		
Inconel 625	SLM	HT①	T	878.5±1.5	641.5±23.5	30±2	—	196±12	—	具有优良的耐蚀性和抗氧化性，常温和高温下均表现出优良的拉伸和疲劳特性，广泛用于航空航天化工领域关键零件的成形制造
	LMD	沉积态	T	1000±10	656±14	24±5	—	—	—	
			L	882±7	480±20	36±5	—	—	—	
	EBM	沉积态	—	750	410	44	—	—	14	
		沉积态(538℃高温)	—	590	300	53	—	—	14	
		HIP②	—	770	330	69	—	—	8	
		HIP②(538℃高温)	—	610	230	70	—	—	6	
	DED	沉积态	T	1052	694	33	39.3	—	—	
			L	829	490	43	53.3	—	—	
Rene88DT	LSF	HT③	—	1250～1350	990～1000	8～11	13～15	—	—	沉淀强化型镍基粉末高温合金，具有裂纹扩展速率低、耐高温、抗开裂等优点，服役温度750 ℃。主要应用于飞机发动机涡轮盘的制备
		HIP+HT④	—	1400～1440	1010～1030	16.5～16.7	17.5～18	—	—	

①固溶处理 1040℃/2h 快冷 15℃/min 至 720℃，时效 7h+二次时效 650℃/ 8h

②热等静压 HIP/1120℃/4h/0.1GPa

③固溶处理 1160℃/2h/AC/+时效 760℃/8h/AC

④HIP/1160℃/200MPa/2h+固溶处理 1160℃/2h/AC/+时效 760℃/8h/AC

续表

牌　号	成形方法	样品测试条件	技术性能				硬度 HV	主要特点与应用
			抗拉强度 R_m/MPa	屈服强度 $R_{p0.2}$/MPa	伸长率 A/%	断面收缩率 Z/%		
Rene95	LDD	HT①	1045～1247	—	7～16.2	—	540	沉淀强化型的镍基高温合金。其沉淀相γ的体积分数高达50%，具有良好的高温强度和蠕变性能，服役温度达650℃，主要用于航空发动机涡轮盘等盘件以及鼓筒轴、环形件及热端转动件
	LRF	沉积态	1176	—	4.53	—	496.3	
		HT②	1311	1070	12.04	—	—	
		HT②(650℃高温拉伸)	945	—	7.34	—	—	
FGH95	LDD	沉积态	1400	1204	18	—	—	沉淀强化型的镍基高温合金，具有晶粒细小、组织均匀及优异的高温强度，服役温度650℃，屈服强度高，疲劳性能好。主要用于高性能航空发动机的高压涡轮盘、涡轮工作叶片挡板等高温承力部件
GH4141	LDM	沉积态	1117±35.1	852±9.4	21±2.5	22.7±1.5	426±8.5	沉淀强化型的镍基高温合金，具有良好的高温强度和耐蚀、抗氧化及蠕变性能，显微结构高温稳定，服役温度815～980℃，主要是用于喷气飞机发动机的高温部分和发散密封以及组成军用涡轮发动机排气喷嘴的组件
		HT③	838±40.3	563±27.3	42.2±6.8	38.7±6.3	261±25.2	
		HT④	1083±30.8	835±10.4	12±4.1	20.8±8.2	448±10.7	
	LDM	时效(800℃高温性能)	855	682	30.3	—	45.8	

①固溶处理 1250℃/2h/AC 至 800℃/16h/FC

②固溶处理—真空 10^{-3}Pa/1165℃/1h/风扇快冷＋时效 760℃±10℃/24h/FC

③1065℃/4h/AC

④1065℃ /4h/AC＋760℃/16h/AC

牌　号	成形方法	样品测试条件	技术性能				主要特点与应用
			抗拉强度 R_m/MPa	屈服强度 $R_{p0.2}$/MPa	伸长率 A/%	硬度 HV	
IN100	LAM	HT①	1030～1050	823～956	5～9	—	铸造镍基高温合金，主要是作为喷气发动机部件，例如在中温区域运行的涡轮叶片和车轮
K4202	SLM	沉积态 L	948	722	19	—	沉淀强化型镍基铸造高温合金，具有优良的综合力学性能、焊接性能。作为我国航天领域的专用材料，K4202合金主要用于制造航天发动机中的热端部件，可在−196～850℃范围内可靠使用。我国专门为新一代液氧/煤油发动机研发的新型高温合金，不仅具有一般高温合金的高强度、抗氧化腐蚀性能，还具有优异的抗富氧燃烧侵蚀性能
		沉积态 T	910	660	40.3	—	
		HT②	1320.6	1034.5	18.9	—	
		沉积态	1045.2	722.9	36.3	283	
		沉积态(700℃高温拉伸)	724	666	12.6	—	
		HT③	1210.2	948.3	13.3	377	
		HT④	1311.5	1042.3	17.0	387	

续表

牌号	成形方法	样品测试条件	技术性能				主要特点与应用
			抗拉强度 R_m/MPa	屈服强度 $R_{p0.2}$/MPa	伸长率 A/%	硬度 HV	
Hastelloy X	SLM	沉积态	936	816	35	—	Hastelloy X 合金是一种镍-铬-铁-钼合金，具有出色的抗氧化性和高温强度。它已被广泛用于燃气区域组件的燃气涡轮发动机，例如过渡管、燃烧室罐、喷杆和火焰保持器以及加力燃烧室、尾管和座舱加热器
		沉积态＋HIP⑤	841	558	30	—	

① 固溶处理 1080℃/双时效 845℃//760℃。
② 时效 850℃/4h/AC。
③ 固溶＋时效 QJ 2665A—2006 标准热处理，1125℃/4h/AC ＋825℃/5h/AC。
④ 时效 825℃/5h/AC。
⑤ HIP/1107℃/100MPa/4h。

5.2.2.2 商用 3D 打印镍基高温合金粉末及材料

表 4-5-22 中航工业北京航空材料研究院 GH4169（IN718）粉末特性及其他镍基合金粉末产品

IN718								其他主要产品
粒度范围/μm	形貌	粒度分布/μm			流动性①/s	松装密度/g·cm⁻³	氧含量(质量分数)/%	
0～25	球形	$D$10:6	$D$50:16	$D$90:23	无	4.2	0.006～0.018，ASTM 标准：≤0.02	K403、K417、K418、K441、K4169 等系列、DZ4、DZ5、DZ22、DZ125 等系列、GH536、GH625、GH169、GH738、GH742 等系列、FGH91、FGH95、FGH96、FGH97 等系列
0～45	球形	$D$10:9	$D$50:28	$D$90:39	≤30	4.5		
15～45	球形	$D$10:14	$D$50:35	$D$90:45	≤28	4.4		
45～105	球形	$D$10:53	$D$50:69	$D$90:95	≤16	4.5		
75～180	球形	$D$10:78	$D$50:120	$D$90:165	≤18	4.4		

① 霍尔流量法。

表 4-5-23 中航迈特新研发镍基合金及批产粉末产品

类别	合金牌号及特性	参照标准
合金牌号	In718(GH4169)、In 625(GH3625)、Hastelloy X(GH3536)、Waspaloy(GH738)、In713C(K418)、K465、K640、Rene125(DZ125)、DD6、FGH95、FGH96、FGH97	GB/T 14992 ASTM F3055 ASTM F3049 ASTM F3187 GB/T 1480 GB/T 5329 GB/T 8180
粉末粒度/μm	0～20，15～45，15～53，53～105，53～150，105～250	
球形度	球形或近球形，显微颗粒球形度 $\psi_0 \geqslant 0.85$	
外观质量	目视呈灰色，无明显氧化色颗粒	

第 4 篇

续表

类别	合金牌号及特性	参照标准
制备过程	真空熔炼母合金＋真空感应纯净熔炼＋超声速气雾化制粉＋筛分分级＋检验包装	GB/T 14992 ASTM F3055 ASTM F3049 ASTM F3187 GB/T 1480 GB/T 5329 GB/T 8180
包　装	真空包装(铝箔袋)或充氩气保护包装(塑料瓶)	
企业标准	中航迈特 Q/6S 039—2015《3D 打印用 GH4169 高温合金粉末规范》 中航迈特 Q/6S 040—2015《3D 打印用 GH3625 高温合金粉末规范》 中航迈特 Q/6S 041—2015《3D 打印用 GH3536 高温合金粉末规范》 中航迈特 Q/6S 021—2015《激光修复用 DZ125 高温合金粉末规范》 中航迈特 Q/6S 022—2015《热等静压用 FGH97 高温合金粉末规范》	
3D 打印应用	SLM 选区激光熔化、EBM 电子束熔融、LMD 激光金属沉积等	
其他应用	粉末冶金(PM)、注射成形(MIM)、热等静压(HIP)、喷涂(SP)、焊接修复等	

表 4-5-24　**中航迈特镍基合金材料牌号及技术性能**

合金牌号	材料成形工艺	状态及后处理	技术性能		
			抗拉强度 R_m/MPa	屈服强度 $R_{p0.2}$/MPa	伸长率 A/%
IN718 高温合金粉	选区激光熔化	烧结热处理态	1350～1500	1140～1280	9～20
	激光熔敷成形	热处理态	1340～1360	1130～1170	16～28
	锻造	退火态(标准参照)	≥1280	≥1040	≥12
IN625 高温合金粉	选区激光熔化	烧结热处理态	830～1140	550～820	30～40
	锻造	退火态(标准参照)	≥830	≥410	≥30

表 4-5-25　**德国 EOS 公司 3D 打印镍基合金粉末牌号及化学成分**

牌　号	化学成分(质量分数)/%																	粉末粒径/μm
	Ni	Fe	Cr	Nb	Mo	Ti	Al	Co	Cu	C	Si	Mn	P	S	B	W	Se	Ta	
Hastelloy X	余量	17.0～20.0	20.5～23.0	—	8.0～10.0	≤0.15	≤0.5	0.5～2.5	≤0.5	≤0.1	≤1.0	≤1.0	≤0.04	≤0.03	≤0.01	0.2～1.0	≤0.005	—	<63 >63 粉末质量分数不超过 0.5%①
Inconel 625	余量	≤5.00	20.0～23.0	3.15～4.15	8.0～10.0	≤0.40	≤0.40	≤1.0	—	≤0.10	≤0.5	≤0.5	≤0.015	≤0.015	—	—	—	≤0.05	35±6②(d50)
Inconel 718	50～55	余量	17.0～21.0	4.75～5.5	2.8～3.3	0.65～1.15	0.20～0.80	≤1.0	≤0.3	≤0.08	≤0.35	≤0.35	≤0.015	≤0.015	≤0.006	—	—	—	>63 >63 粉末质量分数不超过 0.3%①

① 根据 DIN ISO 4497 或者 ASTM B214 进行筛分分析。

② 根据 ISO 13320 进行粉末粒径分布分析。

表 4-5-26　德国 EOS 公司 3D 打印镍基合金材料牌号、技术性能及应用

材料	系统	条件	方向	抗拉强度 R_m/MPa	屈服强度 $R_{p0.2}$/MPa	伸长率 A/%	硬度[1] HRC	密度[2] /g·cm^{-3}	特点及应用
Inconel 625	EOSINT M systems 270 Dual Mode	沉积态	T	990±50	725±50	35±5	约 30	8.4	常应用于功能原型、系列生产零件、航天、赛车、工业(例如高温涡轮机部件)等方面
			L	900 ±50	615 ±50	42±5			
		去应力[3]	T	1040 ±100	720 ±100	35±5			
			L	930 ±100	650 ±100	44±5			
	EOS DMLS™ system: EOS M280	沉积态	T	980±5	720±5	33±2	27	8.4	
			L	870±5	630±5	48±2			
		热处理态[4][5]	T	1000±10	680±5	35±2			
			L	880±10	630±5	49±2			
	EOS M290	沉积态	T	980±5	720±5	33±2	27	8.4	
			L	870±10	630±5	48±2			
		热处理态[4][5]	T	1000±10	680±5	34±2			
			L	890±10	640±5	49±2			
Hastelloy X	EOS M 290 systems	沉积态	T	820±50	630±50	27±8	—	≥8.2	具有高强度和高温抗氧化性能优异的特点，服役温度可达 1200℃。常应用于航空航天(涡轮部件等)、工业(例如工业炉中的燃烧室、燃烧器部件、风扇、滚筒炉膛和支撑部件)
			L	675±50	545±50	39±8			
	EOS DMLS system M400-4	沉积态	—	770	610	31	—	≥8.2	
		热处理态[6]	—	710	345	45			
Inconel 718	EOS M systems M280/290 400W	20℃时的拉伸性能 沉积态	T	1060±50	780±50	27±5	约 30	≥8.15	沉淀强化镍铬合金，具有优良的拉伸、疲劳和抗蠕变性能。常应用于功能原型、系列生产零件、航天、赛车、工业(例如高温涡轮机部件)等方面
			L	980±50	634±50	31±5			
		20℃时的拉伸性能 热处理态[7]	L	1400±100	1150±100	15±3	约 47		
		20℃时的拉伸性能 热处理态[8]	L	1380±100	1240±100	18±5	约 43		
		649℃时的拉伸性能 热处理态[7]	L	1170±50	970±50	16±3	—		
		649℃时的拉伸性能 热处理态[8]	L	1210±50	1010±50	20±3	—		
	EOS DMLS system: M400 SF	沉积态	—	1040	710	26	—	≥8.15	
		热处理态[9]	—	1470	1200	15	—		
	EOS M404 system	热处理态[9]	T	1510	1305	15	—	≥8.15	
			L	1420	1215	16	—		

① 洛氏硬度（HRC）按照 EN ISO 6508-1 标准在抛光表面上测量。请注意，测量的硬度可能会有很大的变化，这取决于样品的制备方式。
② 根据 ISO 3369 在空气和水中称量。
③ 去应力：在 870℃（1600℉）下退火 1h，快速冷却。
④ 热处理步骤：在 870℃下退火 1h，快速冷却。
⑤ 这些值取决于平台中样品的方向。
⑥ 热处理步骤：根据 AMS2773 和 AMS5390，在 1177℃下固溶退火 1h，然后迅速空冷至 60℃以下。
⑦ 根据 AMS 5662 热处理如下：a：固溶退火 980℃/1h，空气（氩）冷却。b：时效处理：在 720℃保温 8h，2h 内随炉冷却至 620℃并保温 8h，空气（/氩）冷却。
⑧ 根据 AMS 5664 热处理如下：a：固溶退火 1065℃/1h，空气（/氩）冷却。b：时效处理：在 760℃保温 10h，2h 内随炉冷却至 650℃并保温 8h，空气（/氩）冷却。
⑨ 根据航空航天材料规范 AMS 2774D 和 AMS 5662 热处理：a：固溶退火 954℃，每 25mm 厚度 1h，空气/氩冷却；b：时效处理：在 718℃保温 8h 随炉冷却到 621℃保温 18h，空气/氩冷却。

表 4-5-27　　德国 Concept Laser 公司 3D 打印镍基合金粉末牌号、化学成分

牌号	化学成分(质量分数)/%															
	Ni	Cr	Nb	Ta	Mo	Ti	Al	Co	C	Mn	Si	P	S	B	Cu	Fe
Inconel 718 (CL 100 NB)	50.0～55.0	17.0～21.0	4.75～5.50	—	2.80～3.30	0.65～1.15	0.20～0.80	≤1.0	≤0.08	≤0.35	≤0.35	≤0.015	≤0.015	≤0.006	≤0.3	余量
Inconel 625 (CL 101NB)	余量	20.0～23.0	3.15～4.15		8.0～10.0	≤0.40	≤0.40	≤1.0	≤0.1	≤0.5	≤0.5	≤0.015	≤0.015	—	—	≤5.0

表 4-5-28　　德国 Concept Laser 公司 3D 打印镍基合金材料牌号、技术性能及应用

牌号	条件	方向	抗拉强度 R_m/MPa	屈服强度 $R_{p0.2}$/MPa	伸长率 A/%	弹性模量 /GPa	热导率 λ /W·m⁻¹·K⁻¹	线胀系数 /K⁻¹	特点及应用
Inconel 718[①②] (CL 100 NB)	热处理[③]	T	1340±12	1007±11	16±1	约 200	约 12	约 13×10^{-6}	高温应用零部件、涡轮结构(航空或固定涡轮发动机)或赛车排气道
		(45°极角)	1351±21	1047±8	17±2				
		L	1283±20	951±7	15±4				
Inconel 625[②] (CL 101 NB)	热处理[④]	T	1061±18	713±15	41±4	约 200	10	约 12.8×10^{-6}	
		(45°极角)	1126±6	784±10	32±2				
		L	932±28	661±13	31±7				

① 抗拉强度、屈服强度、伸长率及杨氏模量均根据 DIN EN 50125 在 20℃进行拉伸试验所得。

② 弹性模量、热导率以及线胀系数均为零件制造商所提供。

③ 固溶退火 980℃/1h/FC+时效 720℃/氩气保护 8h/冷却 2h 至 620℃/8h/AC。

④ 加热 875℃/氩气保护/30min。

表 4-5-29　　德国 SLM Solution 公司镍基合金的牌号、平均粒径及成分

牌号及平均粒径	化学成分(质量分数)/%																
	Ni	Cr	Co	Mo	Al	Fe	Ti	Nb	Ta	W	C	B	Cu	Mn	P	S	Si	Zr
HX 10～45μm	余量	20.5～23	0.5～2.5	8～10	—	17～20	—	—	—	0.2～1.0	0.05～0.15	—	—	1	0.04	0.03	1	—
IN625 10～45μm	余量	20～23	1	8～10	0.4	5	0.4	3.15～4.15	—	—	0.10	—	—	0.5	0.015	0.015	0.5	—
IN718 10～45μm	50～55	17～21	1	2.8～3.3	0.2～0.8	余量	0.65～1.15	4.75～5.50		—	0.08	0.006	0.3	0.35	0.015	0.015	0.35	—
IN939 10～45μm	余量	22～23	18～20	—	1～3	—	3.0～4.5	0.5～1.5	1.0～1.8	1～3	0.15	—	—	0.5	—	—	0.5	0.1

表 4-5-30　　德国 SLM Solution 公司镍基合金的牌号及性能

牌号	状态[1]	抗拉强度 R_m/MPa	屈服强度 $R_{p0.2}$/MPa	伸长率 A/%	断面收缩率 Z/%	弹性模量 E/GPa	维氏硬度 HV	表面粗糙度 Ra/μm	表面粗糙度 Rz/μm	特点及应用
HX[2] 10-45μm	沉积态	772±24	595±28	20±6	21±7	162±11	248±4	9±1	60±6	高强度、良好的延展性、在高温下优异的抗氧化性、高达 850℃的蠕变强度。应用于航天、能源、化学工业、涡轮零件等方面
IN625[2] 10-45μm	沉积态	961±41	707±41	33±2	51±5	182±9	285±3	7±2	40±10	高强度、良好的延展性、低于 700℃时具有优异的蠕变破裂强度、优异的耐蚀性。应用于航天、能源、化学工业、涡轮零件等方面
IN718[3] 10-45μm	沉积态	994±40	702±65	24±1	40±7	166±12	293±3	7±2	36±8	高强度、良好的延展性、优异的力学性能、高达 700℃优异的抗氧化性。应用于航天、能源、化学工业、涡轮零件等方面
IN939[2] 10-45μm	沉积态	1009±35	735±41	30±4	45±7	177±8	302±3	6±1	42±6	高强度、良好的延展性、优异的高温力学性能、优异的耐蚀性。应用于航天、能源、化学工业、涡轮零件等
	热处理态	1348±57	957±18	11±2	12±2	195±6	—	—	—	

① 性能数据均根据 SLM 标准的工艺条件和参数得出。

② 层厚为 30μm。

③ 层厚为 50μm。

表 4-5-31　　美国 3D Systems 公司 3D 打印镍基合金粉末牌号、化学成分

牌　号	化学成分(质量分数)/%																		熔点 /℃
	Ni	Cr	Mo	Fe	Co	Nb	Ta	Ti	Al	Cu	Mn	Si	C	P	S	Pb	Se	B	
Inconel 718	50.0～55.0	17.00～21.0	2.80～3.30	余量	≤1.00	4.75～5.50		0.65～1.15	0.20～0.80	≤0.30	≤0.35	≤0.35	≤0.08	≤0.015	≤0.015	≤0.001	≤0.001	≤0.006	1260～1335
Inconel 625	≥58.00	20.00～23.0	8.00～10.00	≤5.00	≤1.00	3.15～4.15	≤ 0.05	≤0.40	≤0.40	≤0.50	≤0.50	—	—	—	—	—	—		1290～1350

表 4-5-32　　美国 3D Systems 公司 3D 打印镍基合金材料牌号及技术性能

牌号[1]	条件	方向[2]	抗拉强度 R_m/MPa	屈服强度 $R_{p0.2}$/MPa	伸长率 A/%	断面收缩率 Z/%	冲击韧性[3] /J·cm^{-2}	硬度 HRC	热导率[4] λ/W·m^{-1}·K^{-1}	线胀系数 /10^{-6}K^{-1}	密度 /g·cm^{-3}	特点及应用
Inconel 718	沉积态	L	930±20	660±20	36±2	—	110±6	20±2	11.4(21℃) 18.3(100℃)	13.2(200℃) 13.9(600℃)	8.2	沉淀强化镍基高温合金，具有优异的拉伸和疲劳性能，服役温度达700℃，良好的高温蠕变及断裂强度；耐蚀性和低温性能均优异。是燃气轮机部件、仪表部件、动力和加工工业部件等高温应用的理想选择
	去应力	T	1120±20	910±20	24 ±2		56±9	32±1				
		L	1130±10	850±20	31±2							
	时效	T	1300±30	1010±30	21± 2		44± 5	39± 1				
		L	1230±20	1010±20	24± 4							

续表

牌号[①]	条件	方向[②]	抗拉强度 R_m/MPa	屈服强度 $R_{p0.2}$/MPa	伸长率 A/%	断面收缩率 Z/%	冲击韧性[③] /J·cm^{-2}	硬度 HRC	热导率[④] λ/W·m^{-1}·K^{-1}	线胀系数 /10^{-6}K^{-1}	密度 /g·cm^{-3}	特点及应用
Inconel 625	沉积态	T	1040±20	770±30	22±2	—	—	29±3	9.8(21℃)	12.8(93℃) 14.0(538℃) 15.8(871℃)	8.44	具有高强度和高耐蚀性能，应用于反应堆容器、管道、热交换器、阀门、发动机排气系统、涡轮机密封件、螺旋桨叶片、潜艇配件、推进电机、反应堆堆芯和核反应堆控制棒组件
		L	1030±20	730±20	33±1	30±2						
	去应力	T	1110±60	750±60	19±3	—	—	32±3				
		L	1050±30	700±40	23±3	26±2						
	低温固溶退火	T	1030±20	640±20	27±3	—	84±7	28±4				
			980±20	600±20	34±3	31±1						

① 在 ProX DMP 320，Config B 上使用标准参数制造的零件。

② T 向拉伸测试使用 ASTM E8M 长方形截面样品，L 向拉伸测试使用 ASTM E8M 圆形截面 4 型样品。

③ 在室温下使用夏比 V 型缺口冲击试样 A 进行测试。

④ 基于文献的数值。

表 4-5-33　美国 ExOne 公司 3D 打印镍基合金粉末牌号、化学成分

牌　号	化学成分(质量分数)/%							
	Ni	Cr	Mo	Nb	N	C	O	S
Inconel 625	Bal.	23.79	10.53	4.61	0.11	0.01	0.67	0.011

表 4-5-34　美国 ExOne 公司 3D 打印镍基合金粉末牌号及性能

牌号	条件	方向	技术性能								特点及应用
			抗拉强度 R_m/MPa	屈服强度 $R_{p0.2}$/MPa	伸长率 A/%	弹性模量 E/GPa	硬度 HRB	热导率 λ /W·m^{-1}·K^{-1}	线胀系数 /10^{-6}K^{-1}	密度 /g·cm^{-3}	
Inconel 625	沉积态	T	676	290	51	193	84	9.9(室温)	13.5	8.35	奥氏体镍铬基高温合金，具有优异的力学性能。在1050℃的高温下，有较高的抗氧化能力，对硝酸、磷酸、硫酸和盐酸等具有良好的抗氧化能力。广泛用于燃气轮机叶片、密封件、燃烧室、涡轮增压器转子及密封、电动潜油井泵电机轴、高温紧固件、化工压力容器、热交换器管、核压水堆蒸汽发生器、天然气加工等
		L	669	303	41	200					
	热等静压	T	717	290	57	214	93	—	—	8.486	
		L	717	303	34	220					

表 4-5-35　英国 LPW 公司 3D 打印镍基高温合金粉末成分

牌号	化学成分(质量分数)/%																				
	Ni	Al	W	Co	Cr	Mo	Mn	B	Fe	C	Si	P	S	Zr	Ti	Ta	Nb+Ta	Nb	Hf	Cu	Mg	Se
LPW 247LC	余量	5.4～5.8	9.5～10.5	9.0～9.5	8.0～8.5	0.4～0.6	—	0.001～0.018	<0.05	0.04～0.08	<0.05	<0.015	<0.003	0.006～0.015	<0.9	3.0～3.5	—	—	1.2～1.6	—	<0.008	—
LPW 263	余量	0.3～0.6	—	19～21	19～21	5.6～6.1	<0.6	<0.005	<0.7	0.04～0.08	<0.40	<0.015	<0.007	—	1.9～2.4	—	—	—	—	<0.2	—	—
LPW 276	余量	—	3.5～3.5	<2.50	14.5～16.5	15～17	<1	<0.006	4.0～7.0	<0.02	<0.08	<0.03	<0.003	—	—	—	—	—	—	—	—	—
LPW 625	余量	<0.4	3.5～4.5	<1.0	20～23	8～10	<0.5	—	<5.0	<0.10	<0.50	<0.015	<0.015	—	<0.40	<0.05	—	3.15～4.15	—	<0.5	—	—
LPW 713LC	余量	5.5～6.5	—	<1.0	11～12	3.8～5.2	<0.25	0.03～0.07	<0.5	0.03～0.07	<0.50	<0.015	<0.015	0.05	0.5～0.9	<0.015	—	1.5～2.5	—	<0.5	—	—
LPW 718	50～55	0.3～0.7	—	<1.0	17～21	2.8～3.3	<0.35	<0.006	15～21	0.02～0.08	<0.35	<0.015	<0.015	0.15	0.75～1.15	—	4.75～5.5	—	—	<0.3	<0.01	<0.005

牌号	化学成分(质量分数)/%																				
	Ni	Al	W	Co	Cr	Mo	Mn	B	Fe	C	Si	P	S	Zr	Ti	Ta	Ti+Al	Nb	Hf	Cu	La	V
LPW 738LC	余量	3.2～3.7	2.4～2.8	8.0～9.0	15.7～16.3	1.5～2.0	<0.2	0.007～0.012	<0.5	0.09～0.13	<0.3	<0.015	<0.01	0.03～0.08	3.2～3.7	1.5～2.0	6.5～7.2	0.6～1.1	—	<0.1	—	—
LPW 939	余量	1.4～2.4	1.3～2.1	18.5～19.5	21.5～23.25	—	—	<0.01	～	0.1～0.2	—	—	—	<0.1	1.9～2.4	0.9～1.9	—	<1.0	—	—	—	—
LPW H230	余量	0.2～0.5	13～15	<5.0	20～24	1.0～3.0	0.3～1.0	—	<3.0	0.05～0.15	0.25～0.75	<0.03	<0.015	—	—	—	—	—	—	—	0.005～0.05	—
LPW WASP	余量	1.2～1.6	—	12～15	18～21	3.5～5.0	<0.1	0.003～0.01	<2.0	0.02～0.10	<0.10	<0.01	<0.01	—	2.75～3.50	—	—	—	—	—	—	—
LPW XLC	余量	—	<1.0	1.5～2.5	20.5 23.5	8.0～10.0	—	<0.006	17～20	0.05～0.08	<1.0	<0.015	<0.015	—	—	—	—	<0.25	<0.25	<0.2	—	<0.25

表 4-5-36 英国 Renishaw 公司 3D 打印镍基高温合金粉末成分（质量分数） %

牌号	Ni	Cr	Fe	Mo	Nb	Ta	Ta+Nb	Ti	Co	Al	Mn	Si	Cu	N	P	S	O	C	Ca	B	Mg	Se
In625	余量	20～30	≤5.0	8～10	3.15～4.15	≤0.05	—	≤0.4	≤1.0	≤0.4	≤0.5	≤0.5	≤0.5	≤0.02	≤0.015	≤0.015	≤0.02	≤0.10	—	—	—	—
In718	50～55	17～21	余量	2.8～3.3	—	—	4.75～5.5	0.65～1.15	≤1.0	0.2～0.8	≤0.35	≤0.35	≤0.3	≤0.03	≤0.015	≤0.015	≤0.03	0.02～0.05	≤0.10	≤0.005	≤0.01	≤0.005

表 4-5-37 英国 Renishaw 公司 3D 打印 In625 镍基高温合金材料技术性能（层厚 30μm）

设备/功率	状态	方向	抗拉强度 R_m/MPa	屈服强度 $R_{p0.2}$/MPa	伸长率① A/%	弹性模量 E/GPa	硬度② HV0.5	表面粗糙度③ /μm	应用
AM250/200W	沉积态	H	1055±3	767±9	34±1	205±10	331±8	2～3	汽车；航空航天和国防；化学工业；海洋工程/海水热交换器；石油和天然气工业；核工业
		V	964±2	676±7	42±1	186±11	332±8	6～7	
	退火(1050℃/1h)	H	1020±1	633±1	39±1	206±3	251±13	2～3	
		V	955±2	598±2	43±1	200±2	254±16	6～7	

① 测试前加工，拉伸性能在室温下测试 ASTM E8，基于样品大小为 6 的值。
② 抛光后经 ASTM E384-11 测试。
③ 喷丸后测试符合 JIS B 0601—2001（ISO 97）。

表 4-5-38 英国 Renishaw 公司 3D 打印 In625 镍基高温合金材料技术性能（层厚 60μm）

设备/功率	状态	方向	抗拉强度 R_m/MPa	屈服强度 $R_{p0.2}$/MPa	伸长率① A/%	弹性模量 E/GPa	硬度② HV0.5	表面粗糙度③ /μm	应用
AM250/200W	沉积态	H	922±9	667±11	18±2	175±16	302±13	1.5～2	汽车；航空航天和国防；化学工业；海洋工程/海水热交换器；石油和天然气工业；核工业
		V	770±56	536±34	11±4	176±9	308±6	6～7	
	退火(1050℃/1h)	H	1005±6	600±4	31±2	208±4	279±7	1.5～2	
		V	985±10	583±2	32±4	209±6	290±8	6～7	

① 测试前加工，拉伸性能在室温下测试 ASTM E8，基于样品大小为 6 的值。
② 抛光后经 ASTM E384-11 测试。
③ 喷丸后测试符合 JIS B 0601—2001（ISO 97）。

表 4-5-39 英国 Renishaw 公司 3D 打印 In718 镍基高温合金材料力学性能（层厚 30μm）

设备/功率	状态	方向	抗拉强度 R_m/MPa	屈服强度 $R_{p0.2}$/MPa	伸长率 A/%	弹性模量 E/GPa	硬度 HV0.5	表面粗糙度 /μm
AM250/200W	沉积态	H	1040±7	758±4	30±1	186±5	277±9	1.28～1.36
		V	971±3	636±19	36±1	158±18	302±8	1.72～1.96

续表

设备/功率	状态	方向	抗拉强度 R_m/MPa	屈服强度 $R_{p0.2}$/MPa	伸长率 A/%	弹性模量 E/GPa	硬度 HV0.5	表面粗糙度 /μm
AM250/200W	AS+时效处理(980℃±10℃/1h,720℃±10℃/8h,620℃±10℃/8h)	H	1467±6	1259±5	17±1	195±13	418±9	1.28～1.36
		V	1391±9	1202±15	17±1	186±15	488±11	1.72～1.96
	AS+HIP	H	1379±3	1088±26	25±1	207±4	456±11	1.28～1.36
		V	1346±5	1052±4	24±1	201±3	463±7	1.72～1.96

表 4-5-40　英国 Renishaw 公司 3D 打印 In718 镍基高温合金材料力学性能（层厚 60μm）

设备/功率	状态	方向	抗拉强度 R_m/MPa	屈服强度 $R_{p0.2}$/MPa	伸长率 A/%	弹性模量 E/GPa	硬度 HV0.5	表面粗糙度 /μm
AM250/200W	AS	H	1057±11	753±8	25±3	203±10	275±14	1.14～1.70
		V	943±38	639±13	19±8	191±9	295±11	2.36～3.0
	AS+时效处理(980℃±10℃/1h,720℃±10℃/8h,620℃±10℃/8h)	H	1504±3	1306±10	16±2	202±4	465±28	1.14～1.70
		V	1439±11	1231±10	16±2	198±11	467±20	2.36～3.0
	AS+HIP	H	1289±4	958±8	23±2	219±6	408±11	1.14～1.70
		V	1228±24	929±10	17±4	214±7	418±16	2.36～3.0

5.2.3 3D打印钢铁材料

5.2.3.1 3D打印钢铁材料粉末牌号、技术性能及应用

表 4-5-41　3D 打印钢铁材料粉末相应牌号、技术性能及应用

钢铁材料牌号	成形方法	样品处理条件	方向	力学性能					硬度 HRC	特点及应用
				抗拉强度 R_m/MPa	屈服强度 $R_{p0.2}$/MPa	伸长率 A/%	断面收缩率 Z/%	弹性模量 E/GPa		
18Ni300	SLM	沉积态	—	1290±114	1214±99	13.3±1.9	—	163±4.5	39.9	超低碳马氏体时效硬化型超高强度钢，具有高强度、高韧性和良好的工艺性能。在航天、航空等领域得到了广泛的研究和应用，如火箭发动机外壳、高压容器、飞机起落架等
		时效 480/5h	—	2217±73	1998±32	1.6±0.26	—	189±2.9	58	
	SLM	沉积态	T	1260.1±79	768.0± 29	13.9±2	—	—	—	
		时效 480℃/5h	T	2216.1±156	1953.0± 87	3.1±0.4	—	—	—	
		沉积态	L	1324.7±51	825.9± 96	14.0±1.5	—	—	—	
		时效 480℃/5h	L	2088.3±190	1833.3±65	3.2±0.6	—	—	—	

续表

钢铁材料牌号	成形方法	样品处理条件	方向	力学性能					硬度 HRC	特点及应用
				抗拉强度 R_m/MPa	屈服强度 $R_{p0.2}$/MPa	伸长率 A/%	断面收缩率 Z/%	弹性模量 E/GPa		
300M	LMD	—	—	1909	—	7.5	—	—	53～58	低合金中碳马氏体强化型超高强度钢，具有成本低、强度高、韧性和抗应力腐蚀能力好等优点，广泛应用于飞机大梁和起落架、发动机轴等
	LSF	—	—	1859～1965	1748～1849	5.5～8	—	—	—	
AF1410	LAM	505℃回火	T	1771.5±4.9	—	12.5±0.7	65.5±2.1	—	—	二次硬化高合金超高强度钢（UHSS），具有优异的塑韧性、良好的抗应力腐蚀性及焊接性，广泛应用于飞机起落架、轮船主轴等大型承力构件
		505℃回火	L	1768.0±8.5	1588.0±5.7	14.0±0.7	67.0±0.6	—	—	

钢铁材料牌号	成形方法	样品处理条件	方向	力学性能				硬度	特点及应用
				抗拉强度 R_m/MPa	屈服强度 $R_{p0.2}$/MPa	伸长率 A/%	断面收缩率 Z/%		
AerMet100	LMD	沉积态	L	1583±38	1062±10	12.3～20.3	36.4±8.3	400HV	新型二次硬化耐蚀超高强度钢，具有强度高、断裂韧性好、耐腐蚀及抗应力腐蚀开裂等优点，应用于战斗机起落架等飞机关键部件，取代 300M，AF1410 以及 AIS14340 等传统超高强度钢应用于飞机制动钩锚杆和紧固件等重要零部件
		沉积态	T	1456±78	1137±35	4.6±1.8	15.7±3.1		
	EBF	沉积态	X	1775	1616	11.5	60	—	
		930℃ HIP	X	1948.3	1635.5	12.83	58	—	
		1000℃ HIP	X	1911.3	1647	12.17	59.3	—	
		沉积态	Z	1865.5	1556.5	11.75	54.4	—	
		930℃ HIP	Z	1932	1649.7	12.25	59	—	
		1000℃ HIP	Z	1905.3	1665.7	13.17	60.3	—	
AISI420	SLM	沉积态	—	1386±243	—	7.1±0.63	—	45～55HRC	马氏体型不锈钢，具有一定的耐磨和耐蚀性，硬度较高，适宜制造承受高负荷、高耐磨及腐蚀介质作用下的塑料模具、透明塑料制品模具及精密仪器、轴承等
		退火	—	1055±50	—	17.9±2.7	—	—	
		淬火＋回火	—	1837±21	—	13.8±1.1	—	—	

钢铁材料牌号	成形方法	样品处理条件	力学性能				硬度 HV	特点及应用
			抗拉强度 R_m/MPa	屈服强度 $R_{p0.2}$/MPa	伸长率 A/%	断面收缩率 Z/%		
AISI431	LDM	680℃/AC	905±6	—	16.3±0.8	59.8±2.4	—	马氏体型不锈钢，具有较高强度和延展性，被广泛用作海底电机轴和汽轮机应用中的关键材料
		1050℃/OQ＋315℃/3h/AC	1283±16	—	14.5±.5	55.7±7.8	—	

续表

钢铁材料牌号	成形方法	样品处理条件	力学性能				硬度 HV	特点及应用
			抗拉强度 R_m/MPa	屈服强度 $R_{p0.2}$/MPa	伸长率 A/%	断面收缩率 Z/%		
1Cr12Ni2WMoVNb	LDM	580℃/AC(L)	1223±20.8	—	7.7±0.58	38.7±8.5	424	马氏体型不锈钢，具有优异的力学性能和适度的耐蚀性，被广泛用作关键部件，如压缩机叶片、叶盘、燃气轮机和蒸汽轮机轴等
		1150℃/OQ+580℃，AC(L)	1303±15.3	—	13.8±1.26	62±3.3	—	
05Cr15Ni5Cu4Nb	SLM	沉积态	1128.5	864	14	69.5	358.5±3.4	马氏体沉淀硬化不锈钢，具有较高的强度和韧性及优异的耐蚀性，被广泛应用宇航工业、核工业等领域如直升机甲板、涡轮机叶片、核废物桶
		直接时效态 485℃/4h/AC	1440	1132.5	11.25	57.5	477.6±9.8	
		固溶时效态 1040℃/1h/AC+485℃/4h/AC	1367	1276	11.25	58	452.25±11.1	

钢铁材料牌号	成形方法	样品处理条件	力学性能			硬度	特点及应用
			抗拉强度 R_m/MPa	屈服强度 $R_{p0.2}$/MPa	伸长率 A/%		
S-04	SLM	沉积态	1116.3±0.18	881.9±3.90	11.6±1.49	—	马氏体时效不锈钢，具有优异的低温、超低温性能和优良的耐蚀性、抗氧化性能，广泛用于多种航天发动机关键构件的制造
		固溶处理1130℃/3h/AC+(−70℃)/2h+400℃/3h AC时效	1226.7±56.4	1007.2±8.0	14.5±0.04	—	
17-4PH	SLM	沉积态(L)	1255 ±3	661±24	9.9±0.2	333±2HV	马氏体沉淀硬化型不锈钢，具有耐蚀、高强度、耐压、耐磨等优异性能。服役温度达315℃。主要用在机电轴类、汽轮机部件、阀门阀杆等
		480℃/1h(L)	1417±6	945±12	11.7±0.8	375 ±3HV	
		620℃/4h(L)	1319±2	1005±15	4.8±0.0	381±3HV	
		1040℃/30min+480℃/1h(L)	1444±2	1352±18	2.9±0.1	417± 5HV	
		1040℃/30min+620℃/4h(L)	1017±15	859±11	7.7±0.3	317± 3HV	
	SLM	沉积态	1103.77～1105.75	633.75～666.25	20.48～21.28	—	
		1040℃/30min+550℃/4h	1089.14～1123.44	1027.42～1032.05	14.72～16.64	—	
	SLM	沉积态(L/T)	940～1060	580～650	5.8～14.5	—	
		1040℃/30min+480℃/1h(L/T)	1150～1410	1020～1250	2.8～11	—	

续表

钢铁材料牌号	成形方法	样品处理条件	方向	力学性能 抗拉强度 R_m/MPa	屈服强度 $R_{p0.2}$/MPa	伸长率 A/%	断面收缩率 Z/%	弹性模量 E/GPa	硬度 HV	相对密度 /%	特点及应用
316L	EBM	室温(22℃)	—	509±5	253±3①	59±3	67±6	—	153	99.8	马氏体不锈钢,具有优异的耐蚀性,在化工行业有着广泛的应用,如石油精炼装置。高温强度好,抗蠕变性能优秀。固溶态无磁性,适合于医疗器械、植入体、珠宝首饰、手表、特殊结构零件等
		高温(250℃)	—	386±3	152±3①	46±3	77±3	—			
	SLM	沉积态	水平	510±4	406±20	18±1	—	145	—	—	
		沉积态	垂直	522±5	427±8	15±2	—	163	—	—	
		HIP	水平	428±13	201±4	38±6	—	171	—	—	
	L3DP	—	—	—	380～550②	—	—	—	170～190	98.1	
	EBSM	—	—	560	—	—	—	—	320～340	99.96	
	SLS	沉积态	—	—	52.8③	—	—	6.64	—	—	
		1250℃+HIP	—	507.2	480	—	—	—	—	95	
H13	SLM	沉积态	—	1712±103	1236±178	4.1±1.2	—	190±11	894±48	—	具有良好的热强度及热硬度、高耐磨性及韧性和较好的耐热疲劳性,广泛地应用于各种热挤压模、锻模和镁、铝合金的压铸模
	LAM	回火(550℃,2h)	—	1928.2	—	6.4	—	—	600	—	

钢铁材料牌号	成形方法	样品处理条件	力学性能 抗拉强度 R_m/MPa	屈服强度 $R_{p0.2}$/MPa	伸长率 A/%	硬度 HV0.2	相对密度 /%	特点及应用
304	SLM	沉积态	666～713	519～551	32.4～43.6	—	98.4～99.7	具有优异的耐蚀性、耐热性与良好的塑性韧性、低温强度和机械特征(冲压、弯曲等热加工性),常用于要求耐酸、耐碱和耐盐腐蚀等关键零部件,是工业领域应用最为广泛的一种铬镍不锈钢
	LAM	沉积态	720	572	58.6	—	—	
5CrNi4Mo	SLM	沉积态	1240～1576	—	4.0～5.6	689.5	98.1	具有高韧性、高硬度、高抗压强度及尺寸稳定性能优良等特点,用于制作切割、压印和注塑成形模具
		热处理(640℃/3h)	1324～1682	—	8.8～9.7	—		

① Charpy-V impact test 压缩试验。

② 常温压缩试验,压缩速度为 0.1mm/min,最大载荷设置为 80kN。

③ 压缩实验数据。

注:X 方向为垂直于堆积路径方向;Y 方向为沿堆积路径方向;Z 方向为堆积的高度方向。

5.2.3.2　商用 3D 打印钢铁材料粉末牌号、技术性能及应用

表 4-5-42　中航迈特公司 3D 打印不锈钢粉末牌号及技术性能

合金牌号	材料成形工艺	状态及后处理	技术性能		
			抗拉强度 R_m/MPa	屈服强度 $R_{p0.2}$/MPa	伸长率 A/%
17-4PH 不锈钢粉	选区激光熔化	烧结热处理态	1100～1400	540～890	13～2
	激光熔覆成形	热处理态	1080～1100	940～980	14～16
	锻造	退火态(标准参照)	≥930	≥725	≥10

表 4-5-43　德国 EOS 公司 3D 打印不锈钢粉末牌号及化学成分

牌　号	化学成分(质量分数)/%														
	Fe	Ni	Cr	C	Mo	Co	Al	Mn	Si	Cu	Ti	P	S	N	Nb+Ta
CX	余量	8.4～10	11～13	<0.05	1.1～1.7	—	1.2～2.0	<0.4	<0.4	—	—	—	—	—	—
17-4PH	余量	3.0～5.0	15～17.5	<0.07	—	—	—	<1.0	<1.0	3.0～5.0	—	<0.04	<0.03	—	0.15～0.45
15-5PH(PH1)	余量	3.5～5.5	14～15.5	<0.07	<0.5	—	—	<1.0	<1.0	2.5～4.5	—	—	—	—	N 0.15～0.45
316L	余量	13～15	17～19	<0.03	2.25～3.0	—	—	<2.0	<0.75	<0.5	—	<0.025	<0.01	<0.1	—
18Ni300(MS1)	余量	17～19	≤0.5	≤0.03	4.5～5.2	8.5～9.5	0.05～0.15	≤0.1	≤0.1	≤0.5	0.6～0.8	≤0.01	≤0.01	—	—

表 4-5-44　德国 EOS 公司 3D 打印不锈钢粉末牌号及技术性能

牌号	系统	状态	方向	力学性能			硬度 HRC	密度 /g·cm^{-3}	表面粗糙度(喷丸后)/μm	特点及应用
				抗拉强度 R_m/MPa	屈服强度 $R_{p0.2}$/MPa	伸长率 A/%				
CX	EOS M 290 /EOSINT M 280[①]	沉积态	—	1080	840	14	51[③]	7.7	Ra 5；Rz 26	具有优异的耐蚀性、高强度和优异的硬度。该材料非常适用于制造医疗产品或腐蚀性塑料产品的注塑工具，需要高强度和高硬度的工业应用
		HT[②]	—	1760	1670	7				
17-4PH	EOS M 290	沉积态	水平	886±70.4	860.6±75.7	19.9±1.2	23.9±3.6	7.79	Ra 3.5～5.9；Rz 17.3～27.7（水平）Ra 3.4～5.5；Rz 15.9～28.5（垂直）	具有良好的耐磨性和耐蚀性。用于制造医疗器械（例如手术工具、矫形器械）和耐酸和耐腐蚀部件
			垂直	924.2±65.9	861.3±44.7	20.1±1.5				
		真空 H900[④]	水平	1335.8±5.2	1235.2±9.8	14±0.8	42.1±0.5			
			垂直	1342.6±7.7	1250.7±13.5	13.5±0.7				
		可控气氛 HT[⑤]	水平	1340±5.9	1235.5±8.7	13.5±0.9	42.1±0.5			
			垂直	1345.5±2.8	1242.6±10.1	12.6±0.9				

续表

牌号	系统	状态	方向	力学性能			硬度 HRC	密度 /g·cm^{-3}	表面粗糙度（喷丸后）/μm	特点及应用
				抗拉强度 R_m/MPa	屈服强度 $R_{p0.2}$/MPa	伸长率 A/%				
17-4PH	EOS DMLS systems⑥	沉积态	—	770	720	21	41	7.77	Ra 7.5;Rz 40	具有良好的耐磨性和耐蚀性。用于制造医疗器械（例如手术工具、矫形器械）和耐酸和耐腐蚀部件
		HT⑦	—	1310	1200	12.5				

①拉伸测试 ISO 6892-1:2009 (B) Annex D，比例测试件，颈部直径 5.0mm，原始标距长度 25mm

②热处理程序：a. 固溶＋退火 900℃/1h/RAC；b. 时效 530℃/ 3h

③洛氏硬度（HRC）根据 EN ISO 6508-1 测量

④固溶退火：1040℃±15℃/30min/空冷。时效：480℃/1h/空冷

⑤固溶退火：气体保护（Ar），1040℃±15℃/30min/空冷。时效：480℃/1h/空冷

⑥拉伸测试 ISO6892/ASTM A564M -13(4D)比例测试件，颈部直径 5.0mm，标距长度 $4D=4\times$直径(20.0mm)

⑦根据 ASTM A564M(UNS S17400-630 型)热处理：固溶退火＋时效处理(H900)

牌号	系统	状态	方向	技术性能				硬度	密度 /g·cm^{-3}	表面粗糙度 喷丸后 /μm	特点及应用
				抗拉强度 R_m/MPa	屈服强度 $R_{p0.2}$/MPa	伸长率 A/%	弹性模量 E/GPa				
17-4PH (GP1)	EOSINT M270①	沉积态	水平	930±50	586±50(R_{eL}) 645±50(R_{eH})	31±5	170±30	(230±20)HV	7.8	Ra 2.5～4.5; Ry 15～40	具有良好的耐蚀性能和良好的力学性能，特别是在激光加工状态下具有优良的延展性，被广泛用于各种工程应用
			垂直	960±50	570±50(R_{eL}) 630±50(R_{eH})	35±5					
		去应力②	水平	1100	590(R_{eL}) 634(R_{eH})	29	180				
			垂直	980	550(R_{eL}) 595(R_{eH})	31					
15-5PH (PH1)	DMLS M290③	沉积态	水平	1200±50	1025±85	17±4	—	40～43HRC	7.7	Ra 5.0 Rz 25.0	具有优异的耐腐蚀性能和机械性能（特别是在沉淀硬化态）。广泛用于各种医疗，航空航天和其他需要高硬度和强度的工程应用
			垂直	1200±50	930±75	14±4	—				
		HT④	水平	1450±100	1350±100	15±3	—	—			
			垂直	1440±100	1300±100	13±3	—				

续表

牌号	系统	状态	方向	技术性能				硬度 HRB	密度 /g·cm^{-3}	表面粗糙度 喷丸后 /μm	特点及应用
				抗拉强度 R_m/MPa	屈服强度 $R_{p0.2}$/MPa	伸长率 A/%	弹性模量 E/GPa				
316L	EOS M404[⑤]	沉积态[①]	水平	650	550	40	—	90	7.9	Ra 3～8；Rz 20～45	具有高延展性和耐蚀性。它可用于如钟表和珠宝制造、手术辅助器械、内窥镜手术和骨科医疗及航空航天等领域
			垂直	590	490	45	—				
	EOSINT M280[⑥]	沉积态	水平	640±50	530±60	40±15	185	89	7.9	Ra 5±2；Rz 30±10	
			垂直	540±55	470±90	50±20	180				
	EOS M100[⑦]	沉积态	水平	650	535	35	—	—	7.98	Ra<12；Rz<62	
			垂直	590	490	45	—				
	EOS M290[①]	沉积态	—	590	500	46.7	—	—	7.9	Ra 4；Rz 20	

①拉伸测试 ISO 6892:1998(E) Annex C,比例试件:颈部直径 5mm,原始标距长度 25mm

②去应力后热处理/1h

③拉伸测试 ISO 6892:1998(E) Annex C,比例试件:颈部直径 5mm,原始标距长度 25mm,试件激光沉积层厚 20μm/层

④改良 H900 热处理/硬化温度 525℃/延至 4h

⑤拉伸测试 ISO 6892-1:2016 B10 比例试件:颈部直径 5mm,原始标距长度 4D = 20.0mm,应力速率 10MPa/s,塑性区应变速度 0.3751/min

⑥拉伸测试 ISO 6892/ASTM E8M 比例试件:颈部直径 5mm,原始标距长度 4D = 20.0mm,应力速率 10MPa/s,塑性区应变速度 0.3751/min

⑦拉伸测试 ISO 6892 & ASTM E8M 比例试件:颈部直径 4mm,原始标距长度 4D=16 mm,应力速率 10MPa/s,塑性区应变速度 0.3751/min

牌号	系统	状态	方向	技术性能				硬度 HRC	密度 /g·cm^{-3}	喷丸后 表面粗糙度 /μm	特点及应用
				抗拉强度 R_m/MPa	屈服强度 $R_{p0.2}$/MPa	伸长率 A/%	弹性模量 E/GPa				
18Ni300 (MS1)	EOSINT M270[①]	沉积态	水平	1100±100	1050±100	10±4	160±25	33～37	8.0～8.1	Ra 4～6.5 Rz 20～50	合金工具钢（欧标 1.2709，德标 X3NiCoMoTi18-9-5)具有优异的强度和高韧性。应用于系列生产零件、工具(如铝压铸)、机械工业、航天等领域
			垂直	1100±100	1000±100	10±4	150±20				
		HT[②]	—	2050±100	1990±100	4±2	180±20	50～56			
	EOSINT M280[③]	沉积态	水平	1200±100	1100±100	12±4	150±25	33～37	8.0～8.1	Ra 4～6.5 Rz 20～50	
			垂直	1100±150	930±150	—	140±25				
	EOS M290 system[④]	HT[⑤]	水平	2080	2010	4	—	50～57	8.0～8.1	Ra 4～6.5 Rz 20～50	
			垂直	2080	2000	4	—				
	EOS M400 system	沉积态	—	1200	1070	11	—	50～56	8.0～8.1	—	
		HT[②]	—	2080±100	2030±100	2±1	—			—	
	EOS M404 system	沉积态	水平	1200	1020	13	—	50～57	8.0～8.1	Ra 4～6.5 Rz 20～50	
			垂直	1200	1050	11	—				

第 4 篇

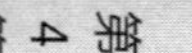

续表

牌号	系统	状态	方向	技术性能				硬度 HRC	密度 /g·cm^{-3}	喷丸后表面粗糙度 /μm	特点及应用
				抗拉强度 R_m/MPa	屈服强度 $R_{p0.2}$/MPa	伸长率 A/%	弹性模量 E/GPa				
18Ni300 (MS1)	EOS M404 system	HT②	水平	2060	1990	4	—	50～57	8.0～8.1	Ra 4～6.5 Rz 20～50	合金工具钢（欧标 1.2709，德标 X3NiCoMoTi18-9-5）具有优异的强度和高韧性。应用于系列生产零件、工具（如铝压铸）、机械工业、航天等领域
			垂直	2080	2010	3	—				

① 拉伸测试 ISO 6892-1:2009 (B) Annex D，比例试件：颈部直径 5mm，原始标距长度 25mm。

② 时效温度 490℃/6h/空冷。

③ 拉伸测试 ISO 6892－1:2009 (B) Annex D，比例试件：颈部直径 5mm，原始标距长度 25mm。

④ 拉伸测试 ISO 6892－1 B10 比例试件：颈部直径 5mm，原始标距长度 25mm。

⑤ 热处理：固溶处理 940℃/2h/空冷＋时效 490℃/6h/空冷。

表 4-5-45　德国 Concept Laser 公司 3D 打印不锈钢粉末牌号及化学成分

牌号	化学成分(质量分数)/%														
	Fe	Ni	Cr	C	Mo	Co	Al	Mn	Si	Cu	Ti	P	S	N	Nb+Ta
316L (CL20ES)	余量	10.0～10.3	16.5～18.5	0～0.03	2.0～2.5	—	—	0～2.0	0～1.0	—	—	0～0.045	0～0.03	—	—
18Ni300 (CL50WS)	余量	17～19	≤0.25	≤0.03	4.5～5.2	8.5～10	—	≤0.15	≤0.1	—	0.8～1.2	≤0.01	≤0.01	—	—
CL91RW	余量	9.2	12	≤0.03	1.4	—	1.6	0.3	0.3	—	—	—	—	—	—
17-4PH (CL92PH)	余量	3.0～5.0	15～17.5	0～0.07	—	—	—	0～1.0	0～1.0	3.0～5.0	—	0～0.04	0～0.03	—	0.15～0.45

表 4-5-46　德国 Concept Laser 公司 3D 打印不锈钢粉末牌号及技术性能

牌号	状态	方向	技术性能				硬度 HRC	特点及应用
			抗拉强度 R_m/MPa	屈服强度 $R_{p0.2}$/MPa	伸长率 A/%	弹性模量 E/GPa		
316L① (CL20ES)	HT②	水平	529±8	330±8	63±5	200	20	具有耐腐蚀、高拉伸强度等特点，适合低温连续运行，服役温度高达 300℃。应用于耐酸、耐腐蚀或植入物及医疗、汽车工业、珠宝及模具等
		垂直	650±5	374±5	65±4	200	20	
		45°	640±7	385±6	63±5	200	20	

续表

牌号	状态	方向	技术性能				硬度 HRC	特点及应用
			抗拉强度 R_m/MPa	屈服强度 $R_{p0.2}$/MPa	伸长率 A/%	弹性模量 E/GPa		
18Ni300[①] (CL50WS)	HT[③]	水平	1880±29	1778±27	5±1	200	52	合金工具钢(德标 X3NiCoMoTi18-9-5;欧标 1.2709),具有高韧性、低失真、简单的热修复、高强度等性能。用于系列注塑以及压铸和功能组件
		垂直	1882±14	1814±25	7±1	200	52	
		45°	1969±39	1864±75	5±1	200	52	
CL91RW[①]	HT[④]	—	1700	1600	>2	200	48~50	热作不锈钢,具有耐腐蚀、耐磨、高度可抛光、易于加工固化等特点。适用于制造具有适形冷却的工具部件,用于系列注塑和承受高机械负载的不锈钢部件
17-4PH[⑤] (CL92PH)	HT1[⑥]	—	1350±50	125±50	5±2	—	43~46	沉淀硬化不锈钢,具有高强度、高韧性、耐腐蚀等性能,用于制造功能部件或医疗器械
	HT2[⑥]	—	900±60	820±50	13±2	—	31~35	

① 根据 DIN EN 50125 在 20℃进行拉伸试验，DIN EN ISO 6508 进行硬度测试。

② 加热 3h 至 550℃，保温 6h/炉冷。

③ 升温速度 100℃/h，加热至 540℃，保温 6~10h，试样炉冷（冷速 100℃/h）。

④ 升温速度 100℃/h，加热至 530℃，保温 4h，试样炉冷（冷速 100℃/h）。

⑤ 根据 ASTM A564 / A564M-13 UNS S17400 处理获得最大伸长率；根据 ASTM A564/A564M-13 UNS S17400 处理获得最大强度。

⑥ HT1-固溶退火+时效硬化（H900）；HT2-时效硬化（H1150）。

表 4-5-47　美国 3D Systems 公司 3D 打印不锈钢粉末牌号及化学成分

牌号	化学成分(质量分数)/%											
	Fe	C	Mn	P	S	Si	Cr	Ni	Cu	Nb+Ta	Mo	N
17-4PH	余量	<0.07	<1.00	<0.040	<0.030	<1.00	15.00~17.50	3.00~5.00	3.00~5.00	0.15~0.45	—	—
316L	余量	≤0.030	≤2.00	≤0.045	≤0.030	≤1.00	16.50~18.50	10.00~13.00	—	—	2.00~2.50	≤0.11

表 4-5-48　美国 3D Systems 公司 3D 打印不锈钢粉末牌号性能及应用

牌号	系统	条件	状态	测试方向	技术性能[⑤]				硬度 HRC	特点及应用
					抗拉强度 R_m/MPa	屈服强度 $R_{p0.2}$/MPa	伸长率 A/%	A_K[④] /J		
17-4PH	ProX DMP 320	ASTM E8M	沉积态	垂直[③]	1100±90	830±110	19±4	71±20	32±4	具有优异的耐蚀性、高强度及良好的韧性的综合性能,服役温度达 315℃。用于航天、化学、石化、能源、手术器械,用于直接生产工具和模具以及需要高强度和高硬度的高性能部件
			H900[①]	水平[②]	1450±10	1280±30	11±1	7±2	40±2	
				垂直[③]	1380±20	1260±100	12±2			

续表

牌号	系统	条件	状态	测试方向	技术性能⑤ 抗拉强度 R_m/MPa	屈服强度 $R_{p0.2}$/MPa	伸长率 A/%	A_K④ /J	硬度 HRC	特点及应用
17-4PH	ProX DMP 320	ASTM E8M	H1150	水平②	1180±10	1130±20	12±1	11±5	35±3	具有优异的耐蚀性、高强度及良好的韧性的综合性能，服役温度达 315℃。用于航天、化学、石化、能源、手术器械，用于直接生产工具和模具以及需要高强度和高硬度的高性能部件
				垂直③	1080±50	1020±170	16±4			
	ProX DMP 200	ASTM E8	沉积态	—	1100±50	620±30	16±2.0	—	(300±20)HV	
			热处理态	—	1300±50	1100±50	10±2.0	—	(400±20)HV	

牌号	系统	条件	状态	方向	技术性能 抗拉强度 R_m/MPa	屈服强度 $R_{p0.2}$/MPa	伸长率 A/%	断面收缩率 Z/%	a_K /J·cm^{-2}	弹性模量 E/GPa	硬度 HRB	特点及应用
316L	3D Systems DMP 320	ASTM E8M	去应力热处理	水平	660±20	530±20	39±5	65±5	215±15	180±15	90±6	奥氏体型不锈钢，316 不锈钢超低碳型，具有优良的室温机械和耐蚀性能，耐氯气腐蚀性能优异，适合海洋应用。316L 不锈钢也是氢气氛或氢管道/冷却应用的首选材料。此外，316L 在零下甚至低温条件下都保持了良好的力学性能，适用于低温环境下的结构构件。广泛应用于制药行业、食品机械、化学工业、流程工业、医疗工具等
				垂直	570±30	440±20	49±5	65±5		—	90±6	
			完全退火	水平	610±30	370±30	51±5	61±5	220±15	180±15	83±4	
				垂直	540±30	320±20	66±5	62±5		—	83±4	

① H900 及 H1150 代表热处理条件。
② 以长方形截面 ASTM E8M 样品测试。
③ 以 4 型圆形截面 ASTM E8M 样品测试。
④ 室温下以 Charpy(V 型缺口)摆锤式冲击试验 A 型样品测试(ASTM E23)。
⑤ 3D 打印 17-4PH 材料由于热处理不同组织性能不同。

表 4-5-49　美国 ExOne 公司 3D 打印不锈钢粉末牌号及化学成分

牌号	化学成分(质量分数)/% Fe	Ni	Cr	C	Cu	Nb+Ta	Mn	Si	Mo
17-4PH	余量	3～5	15.5～17.5	<0.07	3～5	0.15～0.45	1.0	<1.0	—
316L	余量	10～14	16～18	<0.03	—	—	<2.0	<1.0	2～3

表 4-5-50　美国 ExOne 公司 3D 打印不锈钢粉末牌号及技术性能

牌号	条件	状态	方向	技术性能 R_m/MPa	$R_{p0.2}$/MPa	A/%	A_K/J	E/GPa	硬度 HRB	泊松比	相对密度/%	特点及应用
17-4PH	ASTM E8	H900	水平	1317	1034	12	65	193	41HRC	0.29	98	卓越的力学性能、耐蚀性和低成本。在汽车、医疗和普通行业市场中有广泛的应用，用于生产包括手术工具、金属过滤器、泵、叶轮和汽车结构零件
			垂直	1310	1020	11		200			—	
316L	ASTM E8	沉积态	水平	582	224	55	63	220	71	0.27	98	具有高抗拉强度和很高的热抵抗力，是易于加工和抛光的耐蚀材料
			垂直	526	226	52		186				
60%316+40% bronze	ASTM E8	沉积态	—	580	283	14.5	—	135	60	—	95	包括 60% 不锈钢并熔渗 40% 青铜的基质材料。该材料的屈服强度较低，因此易于加工和抛光，耐蚀性好
60%420+40% bronze	ASTM E8	退火	—	496	427	7.0	—	147	93	—	95	有良好的力学性能，适用于退火和非退火情况，可接受加工、焊接和抛光处理，并且具有出色的耐磨性
		未退火		682	455	2.3		147	97			

表 4-5-51　英国 Renishaw 公司 3D 打印 316L 不锈钢粉末成分和应用

元素	化学成分(质量分数)/% Fe	Cr	Ni	Mo	Mn	Si	N	O	P	C	S	特点及应用
含量	余量	16.0～18.0	10.0～14.0	2.0～3.0	≤2.0	≤1.0	≤0.1	≤0.1	≤0.045	≤0.03	≤0.03	塑料注射和压力压铸模具、挤压模具、手术工具、餐具和厨具、海事组件、主轴和螺钉和通用工程

表 4-5-52　英国 Renishaw 公司 3D 打印 316L 不锈钢材料技术性能

设备/功率	状态	方向	抗拉强度 R_m/MPa	屈服强度① $R_{p0.2}$/MPa	伸长率 A/%	弹性模量 E/GPa	硬度② HV0.5	表面粗糙度③ /μm
AM250/200W	沉积态	H	676±2	547±3	43±2	197±4	198±8	4～6
		V(Z)	624±17	494±14	35±8	190±10	208±6	4～6

① 由 Nadcap 和 UKAS 认证的独立实验室在常温进行测试。试样经机加工，测试 ASTM E8。

② 抛光后按 ASTM E384-11 测试。

③ 喷丸后进行 JIS B 0601—2001（ISO 97）测试。

表 4-5-53　英国 Renishaw 公司 3D 打印 M300 高强钢粉末成分和应用

化学元素	Fe	Ni	Co	Mo	Ti	Si	Mn	C	P	S	特点及应用
含量	余量	17～19	7～10	4.5～5.2	0.3～1.2	≤0.10	≤0.15	≤0.03	≤0.01	≤0.01	高强钢，应用件包括模具镶件、模具及高强度组件

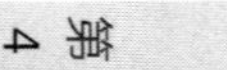

表 4-5-54 英国 Renishaw 公司 3D 打印 M300 高强钢材料成形设备及材料技术性能

设备及功率	状态	方向	抗拉强度[①] R_m/MPa	屈服强度[①] $R_{p0.2}$/MPa	伸长率 A/%	弹性模量 E/GPa	硬度[②] HV0.5	表面粗糙度[③] /μm
AM250 和 AM400 /200W	AS[④]	H	1141±7	1016±8	7.3±1	160±5	363±5	3.5～5
		V	1122±14	999±20	7.5±1	162±10	355±7	4～6
	AS+时效硬化[⑤]	H	1806±6	1753±20	5.5±1	170±8	542±7	3.5～5
		V	1794±9	1730±20	7±1	175±11	543±8	4～6
AM400/400W	AS[④]	H	1147±3	976±17	15±1	185±9	350±15	3.5～4
		V	1035±10	794±22	10±2	189±6	357±12	7.5～10.5
	AS+时效硬化[⑤]	H	1917±8	1873±26	6±2	218±22	574±7	3.5～4
		V	1952±23	1898±29	3±1	199±8	561±13	7.5～10.5

① 在环境温度下测试至 ASTM E8。在测试之前加工。基于样本大小为 6 的值。

② 抛光后按 ASTM E384-11 测试。

③ 按 JIS B 0601—2001（ISO 97）进行测试。在喷丸之后建造。

④ 激光加工过程中单次层高为 40μm。

⑤ 时效硬化条件：在 60～90min 内加热至 500℃±10℃，保持 6h，接着，炉冷却至 300℃，最后空冷。

5.2.4 3D 打印铝合金材料

5.2.4.1 3D 打印铝合金粉末牌号、技术性能及应用

表 4-5-55 3D 打印铝合金粉末牌号、技术性能及应用

名义牌号/成分	成形方式	状态	屈服强度 $R_{p0.2}$/MPa	抗拉强度 R_m/MPa	伸长率 A/%	特点及应用
AlSi12	SLM	沉积态	260	380	3	Al_2Cu 沉淀强化镁合金，具有军事、汽车和航空工业方面的应用
		热处理 450℃/6h	95	145	15	
	SLM	去应力(240℃/OC)	372.3±27.2	218.0±6.9	3.41±0.29	
		SLM[①]	361.1±4.5	201.5±3.7	4.05±0.15	
	SLM	低功率(20J/mm^3)	149～183	190～230	0.86～1.09	
		高功率(39.6J/mm^3)	187～211	357～408	3.12～4.22	
AlSi10Mg	LMD	沉积态	230±5	328±4	6.2±0.4	铸造铝合金，相当于国标 ZL104 合金
	LAM	沉积态	275	340	8	
	SLM	沉积态 L	250	340	1.3	
		沉积态 T	230	315	1.05	

续表

名义牌号/成分	成形方式	状　　态	屈服强度 $R_{p0.2}$/MPa	抗拉强度 R_m/MPa	伸长率 A/%	特点及应用
2139	EBF	T 向/退火 160℃/18h	321±26	430±8	—	新型 2×××系铝合金(Al-Cu-Mg-Ag)，具有优越的毁伤容限、耐热和抗弹机能，有潜力应用于下一代超声速飞机蒙皮和战车装甲等
2219	EBF	沉积态	110	280	18	变形铝合金，机械加工性能好，钎焊性能差，易于电弧焊和电焊，耐蚀性差。适用于 315℃下工作的结构件、高强度焊接件
		T62 热处理态[②]	290	410	10～12	
Scalmalloy RP0.66-4.5	SLM	退火 325℃/4h	520	530	14	重量轻，具有高延展性，良好的耐蚀性和可焊性，易于加工，抗疲劳性能好，工作温度达 250℃。应用于汽车、航空航天等领域

① 过程底层加热 200℃＋去应力 240℃/OC。

② 固溶处理 535℃/1h/WQ＋退火 190℃/36h。

5.2.4.2　商用 3D 打印铝合金材料粉末牌号、技术性能及应用

表 4-5-56　中航迈特铝合金粉末牌号及特性

类别	合金牌号及特性	参照标准
合金牌号	2219、2024、6061、AlSi7Mg(ZL101)、AlSi12(ZL102)、AlSi10Mg(ZL104)、Al-Si5Cu1Mg(ZL105)	GB/T 1173 GB/T 1480 GB/T 5329 GB/T 8180
粉末粒度/μm	0～20，15～45，15～53，53～105，53～150，105～250	
球形度	球形或近球形，显微颗粒球形度 $\psi_0 \geqslant 0.85$	
外观质量	目视呈浅灰色，无明显氧化色颗粒	
制备过程	真空熔炼母合金＋真空感应纯净熔炼＋超声速气雾化制粉＋筛分分级＋检验包装	
包　装	真空包装(铝箔袋)或充氩气保护包装(铝瓶)	
企业标准	中航迈特 Q/6S 043—2015《3D 打印用 AlSi10Mg 铝合金粉末规范》	
3D 打印应用	SLM 选区激光熔化、LMD 激光金属沉积等	
其他应用	粉末冶金(PM)、注射成形(MIM)、热等静压(HIP)、喷涂(SP)、焊接修复等	—

表 4-5-57　中航迈特 3D 打印 AlSi10Mg 铝合金技术性能

合金牌号	材料成形工艺	状态及后处理	力学性能		
			抗拉强度 R_m/MPa	规定非比例延伸强度 $R_{p0.2}$/MPa	伸长率 A/%
AlSi10Mg	选区激光融化	烧结热处理态	280～350	170～220	8～18
	锻造	退火态(标准参照)	≥300	≥170	≥3.5

表 4-5-58　德国 EOS 公司 3D 打印 AlSi10Mg 合金粉末成分（质量分数）　%

牌号	Al	Si	Mg	Fe	Cu	Mn	Ni	Zn	Pb	Sn	Ti	粒径/μm
				≤								
AlSi10Mg	余量	9.0～11.0	0.2～0.45	0.55	0.05	0.45	0.05	0.10	0.05	0.05	0.15	≤90 >90 粒径的含量(质量分数)小于 0.5%

表 4-5-59　德国 EOS 公司 3D 打印 AlSi10Mg 合金材料牌号、设备型号、技术性能及应用

牌号	设备型号	状态	方向	规定非比例延伸强度 $R_{p0.2}$/MPa	抗拉强度 R_m/MPa	伸长率 A/%	弹性模量 E/GPa	疲劳强度 /MPa	密度 /g·cm^{-3}	硬度 HBW	特点及应用
AlSi10Mg	EOSINT M 280 或 EOS M 290①②	沉积态	T	270±10	460±20	9±2	75±10	97±7	2.67	119±5	与其他铝合金相比具有良好的强度及硬度，热导率高，可以承受高动态载荷和重载。应用于薄壁复杂形状铸件
			L	240±10	460±20	6±2	70±10				
		去应力 300℃/2h	T	230±15	345±15	12±2	70±10				
			L	230±15	350±15	11±2	60±10				
	EOS M290③	沉积态	T	270±10	460±20	10±2	—	—	—	—	
			L	235±10	470±20	6±2	—				
		去应力 270℃/1.5h	T	220	340	12	—	—	—	—	
			L	225	350	9	—				
	EOS M400-4①	沉积态	T	265	410	6	—	—	2.65	—	
			L	240	440	4	—				
	EOS M 400④⑤	沉积态	—	244	395	3.2	—	—	2.64	—	
		去应力 300℃/2h		165	290	7.3	—	—		—	
	EOSINT M 280①	沉积态⑥	T	220	360	8	70	—	2.67	—	
			L	210	390	6	70				

① 拉伸样品根据 ISO 6892-1：2009（B）annex D，比例样品直径 5mm/标距 25mm。
② 疲劳实验频率 50Hz，$R=-1$，达到 5000000 循环次数未断裂停止测量。
③ 拉伸样品根据 ISO 6892-1 B10，比例样品直径 5mm/标距 25mm。
④ 粉末粒度 $d90<106\mu m$（测试方法激光衍射 ISO 13320-1）。
⑤ 伸实验根据 EN ISO 6892-1：2009 B10，比例柱状样品直径 5mm/标距 25mm。
⑥ 沉积平台温度 200℃。

表 4-5-60　德国 Concept Laser 公司铝合金粉末化学成分

牌号	化学成分(质量分数)/%											
	Si	Mg	Fe	Mn	Ti	Cu	Zn	C	Ni	Pb	Sn	Al
AlSi12 (CL 30AL)	10.5～13.5	≤0.05	≤0.55	≤0.35	≤0.15	≤0.05	≤0.10	≤0.05	≤0.05	≤0.05	≤0.05	余量

续表

牌号	化学成分(质量分数)/%											
	Si	Mg	Fe	Mn	Ti	Cu	Zn	C	Ni	Pb	Sn	Al
AlSi10Mg (CL 32/32AL)	9.0～11.0	0.2～0.45	≤0.55	≤0.45	≤0.15	≤0.10	≤0.10	≤0.05	≤0.05	≤0.05	≤0.05	余量

表 4-5-61　德国 Concept Laser 公司铝合金牌号及技术性能

牌号	成形方式	状态	方向	规定非比例延伸强度 $R_{p0.2}$/MPa	抗拉强度① R_m/MPa	伸长率 A/%	弹性模量 E/GPa	特点及应用
AlSi12 (CL 30AL)	—	去应力退火②	横向 T	211±4	329±4	9±1	75	用于生产汽车和航空航天工业领域轻量化部件
			纵向 L	205±3	344±2	6±1	75	
AlSi10Mg (CL 32/32AL)	MLM	去应力退火②	横向 T	218±7	345±8	6±1	75	用于生产功能部件或医疗器械
			纵向 L	214±19	345±11	3±1	75	

① 拉伸试验根据 DIN EN 50125 室温下进行。

② 去应力退火 240℃/6h/炉冷至 100℃/AC。

表 4-5-62　德国 SLM Solution 公司铝合金牌号及粉末成分

牌号	化学成分(质量分数)/%													
	Al	Si	Mg	Cu	Fe	Mn	Zn	Ti	Ni	Pb	Sn	Cr	其他	其他总和
AlSi10Mg 20～63μm	Bal.	9.00～11.00	0.20～0.45	0.05	0.55	0.45	0.1	0.15	0.05	0.05	0.05	—	0.05	0.15
AlSi12 20～63μm	Bal.	10.50～13.50	—	0.05	0.55	0.35	0.1	0.15	—	—	—	—	0.05	0.15
AlSi7Mg 0.6 20～63μm	Bal.	6.50～7.50	0.45～0.70	0.05	0.19	0.1	0.07	0.25	—	—	—	—	0.03	0.1
AlSi9Cu3 20～63μm	Bal.	8.00～11.00	0.05 ～0.55	2.00～4.00	1.3	0.55	1.2	0.25	0.55	0.35	0.25	0.15	0.05	0.15

表 4-5-63　德国 SLM Solution 公司铝合金的牌号、性能及应用

牌号	状态[①]	抗拉强度[②] R_m/MPa	规定非比例延伸强度 $R_{p0.2}$/MPa	伸长率 A/%	断面收缩率 Z/%	弹性模量 E/GPa	维氏硬度 HV	表面粗糙度 Ra/μm	表面粗糙度 Rz/μm	特点及应用
AlSi10Mg 20～63μm	沉积态	386±42	268±8	6±1	7±1	61±9	122±2	8±1	63±10	非常好的耐蚀性、良好的导电性、高动态韧性、优异的导热性。应用于航天、汽车、工程、热交换器等方面
AlSi12 20～63μm	沉积态	409±20	211±20	5±3	—	—	110	—	34±4	非常好的耐蚀性、良好的导电性、卓越的导热性。应用于航天、汽车、工程、热交换器等方面
AlSi7Mg0.6 20～63μm	沉积态	375±17	211±18	8±2	8±2	59±21	112±3	6±1	45±1	良好的导电性、优异的 SLM 可加工性、良好的耐蚀性、良好的抗应变能力、优异的导热性。应用于航天、汽车、热交换器、研究、原型机制造等方面
AlSi9Cu3 20～63μm	沉积态	415±15	236±8	5±1	11±1	57±5	129±1	7±1	46±7	优异的 SLM 可加工性、良好的导电性、良好的高温强度、高导热性。应用于航天、汽车、热交换器、研究、原型机制造等方面

① 层厚均为 50μm。
② 性能数据均根据 SLM 标准的工艺条件和参数得出。

表 4-5-64　美国 3D Systems 公司铝合金粉末化学成分

牌号	化学成分(质量分数)/%										
	Al	Si	Mg	Fe	Cu	Ni	Mn	Zn	Pb	Sn	Ti
AlSi12	余量	11～13	杂质含量≤0.6								
AlSi10Mg	余量	9.0～11.0	0.20～0.45	≤0.55	≤0.10	≤0.05	≤0.35	≤0.10	≤0.05	≤0.05	≤0.15

表 4-5-65　美国 3D Systems 公司铝合金材料电子束选区熔化成形后机械性能表格

牌号	成形设备	成形方式	状态	规定非比例延伸强度 $R_{p0.2}$/MPa	抗拉强度 R_m/MPa	伸长率 A/%	弹性模量 E/GPa	冲击韧性 a_K/J·cm^{-2}	硬度 HB	特点及应用
AlSi12	ProX DMP 200/300	EBM	沉积态	270±20	480±20	5.5±1.0	—	—	137±1.5	—
		EBM	热处理	180±20	240±20	20±4.0	—	—	90～95	
AlSi10Mg	ProX DMP 320	EBM	—	230±40	420±60	5±3	62±15	6±1	56±6	良好的强度和硬度，高热导率。应用于汽车、航空领域轻质零件，薄壁零件，换热器等
		EBM	去应力	160±30	260±10	13±8	67±15	18±2	27±4	

表 4-5-66　NASA EBF³ 电子束自由制造铝合金所用金属线成分

牌号	化学成分(质量分数)/%									
	Al	Cu	Mg	Ag	Mn	Si	Zr	V	Ti	Fe
2139	93.8	4.7	0.52	0.38	0.36	0.008	<0.002	—	0.051	0.062
2219	余量	6.1	0.01	—	0.30	0.04	0.12	0.09	0.13	0.13

表 4-5-67　空客 APWORKS 公司开发 Scalmalloy（铝镁钪合金）粉末成分

牌号	化学成分(质量分数)/%											
	Sc	Mg	Zr	Si	Fe	Cu	Mn	Cr	Ti	Ni	Pb	Sn
Scalmalloy RP0.66-4.5	0.66	4.5	0.37	0.17	0.068	<0.001	0.51	0.002	0.006	<0.001	<0.001	0.009

表 4-5-68　英国 LPW 公司 3D 打印铝合金粉末牌号及成分

牌号	化学成分(质量分数)/%											
	Al	Cr	Cu	Fe	Mn	Mg	Si	Ti	Zn	Zr	Ni	Pb	Sn
LPW 6061	余量	<0.35	0.15～0.40	<0.70	<0.15	0.80～1.20	0.40～0.80	<0.15	<0.25	—	—	—	—
LPW 7050	余量	<0.04	2.00～2.60	<0.15	<0.10	1.90～2.60	<0.12	<0.06	5.70～6.70	0.08～0.15	—	—	—
LPW 7075	余量	0.18～0.25	1.20～2.00	<0.50	<0.30	2.10～2.90	<0.40	<0.20	5.10～6.10	—	—	—	—
LPW AlSi7Mg	余量	—	<0.04	<0.14	0.50～0.60	0.25～0.45	6.70～7.30	0.08～0.12	<0.09	—	—	—	—
LPW AlSi10Mg	余量	—	<0.05	<0.25	<0.10	0.25～0.45	9.00～11.00	<0.15	<0.10	—	<0.05	<0.02	<0.02
LPW AlSi12	余量	—	<0.30	<0.25	<0.10	<0.10	11.0～13.0	—	<0.20	—	—	<0.02	<0.02

5.2.5　3D打印钴铬合金材料

5.2.5.1　3D打印钴铬合金粉末牌号、技术性能及应用

表 4-5-69　3D 打印用 CoCrMo 粉末成分

牌号	化学成分(质量分数)/%								
	Co	Cr	Mo	Si	Fe	Mn	Ni	C	粉末粒度/μm
ASTM F75	余量	27.0～30.0	5.0～7.0	≤1.0	≤0.75	≤1.0	<0.5	<0.15	平均粒径 22
ASTM F75	60～65	26.0～30.0	5.0～7.0	≤1.0	≤1.0	≤1.0	<0.1	<0.15	约 40
Co212-F	余量	28.5	6.0	≤1.0	0.75	≤1.0	≤1.0	0.02	约 31μm(P_{50}=16.7)

表 4-5-70　3D 打印 CoCr（Mo）合金牌号、成形方法及成形材料力学性能

CoCrMo 牌号	成形方式/设备	状态	屈服强度 $R_{p0.2}$/MPa	抗拉强度 R_m/MPa	伸长率 A/%	弹性模量 E/GPa	硬度 HV	特点及应用
ASTM F75	SLM/ DiMetal-100(280)	沉积态	689	970	3.1	230	40HRC	医用钴铬合金具有良好的生物相容性，耐疲劳性、耐蚀性，综合力学性能高，用于口腔修复体和人工关节的制造领域，定制各种形状的牙齿、口腔活动义齿支架。具有高强度、良好的伸长率及加工性能，以使支架获得足够的固位力
		热处理①	568	815	10.2	220	37HRC	
ASTM F75	SLM/EOSINT M270	沉积态②	873±76	1303±73	—	—	400～550	
		沉积态③	428±43	1159±18	—	—	408～525	
Co212-F	SLM/PM 100 (Phenix Systems)	沉积态	817±20	980±30	8±2	—	—	
CoCr 合金	SLM/Conceptlaser CUSING MlabR	沉积态	996.7±16.8	997±14	20.86±1.5	—	345±3.9	

① 固溶处理 1150℃/1h/真空（或充 Ar）＋FC 至 300℃/AC。

② SLM 参数为：激光功率 190W，激光扫描速度 800mm/s，搭接宽度 0.1mm，层厚 20μm。

③ SLM 参数为：激光功率 190W，激光扫描速度 535mm/s，搭接宽度 0.14mm，层厚 40μm。

5.2.5.2 商用 3D 打印钴铬材料粉末牌号、技术性能及应用

表 4-5-71　中航迈特 CoCrMo（W）粉末牌号及特性

类别	合金牌号及特性	参照标准
合金牌号	CoCrMo(W)	GB/T 17100 ASTM F75 ASTM F562 GB/T 1480 GB/T 5329 GB/T 8180
粉末粒度/μm	0～20,15～45,15～53,53～105,53～150,105～250	
球形度	球形或近球形，显微颗粒球形度 $\psi_0 \geqslant 0.85$	
外观质量	目视呈灰色，无明显氧化色颗粒	
制备过程	真空熔炼母合金＋真空感应纯净熔炼＋超声速气雾化制粉＋筛分分级＋检验包装	
企业标准	中航迈特 Q/6S 042—2015《3D 打印用钴铬合金粉末规范》	
3D 打印应用	SLM 选区激光熔化、EBM 电子束熔融、LMD 激光金属沉积等	
其他应用	粉末冶金(PM)、注射成形(MIM)、喷涂(SP)、焊接修复等	—

表 4-5-72　德国 EOS 公司 3D 打印 CoCr 粉末材料牌号及化学成分

牌号	化学成分(质量分数)/%								
	Co	Cr	Mo	W	Si	Mn	Fe	C	Ni
EOS CoCr MP1	60～65	26～30	5～7	—	≤1.0	≤1.0	≤0.75	≤0.16	0.10
EOS CoCr SP2	63.8	24.7	5.1	5.4	1.0	≤0.10	≤0.50	—	—

表 4-5-73 德国 EOS 公司 3D 打印 CoCrMo 材料牌号、成形设备及技术性能

牌号	成形设备	状态	方向	规定非比例延伸强度 $R_{p0.2}$/MPa	抗拉强度[3] R_m/MPa	伸长率 A/%	弹性模量 E/GPa	密度 /g·cm^{-3}	热导率 λ /W·m^{-1}·K^{-1}	线胀系数 /K^{-1}	硬度
EOS CoCr MP1	EOSINT M 270/280	沉积态	T	1060±100	1350±100	11±3	200±20	8.3	13(20℃) 18(300℃) 22(500℃) 33(1000℃)	13.6×10^{-6}(20～500℃) 15.1×10^{-6}(500～1000℃)	35～45HRC
			L	800±100	1200±150	24±4	190±20				
		去应力热处理[1]	T	600±50	1100±100	min20	200±20		—	—	
			L	600±50	1100±100	min20	200±20				
EOS CoCr SP2	EOSINT M 270/100	去应力热处理[2]	—	850	1350	3	约 200	8.5	—	14.5×10^{-6}(20～600℃)	420HV

① 高温去应力热处理：氩气保护 1150℃/6h。
② 去应力：750 ℃/1h 4 洛氏硬度（HRC），根据 EN ISO 6508-1 测量。
③ 拉伸测试 ISO 6892-1：2009（B）Annex D，比例测试件，颈部直径 5.0mm，原始标距长度 25mm。

表 4-5-74 德国 Concept laser 公司 3D 打印 CoCrW 粉末材料成分

牌号	化学成分(质量分数)/%				
	Co	Cr	W	Si	其他(Mn,N,Nb,Fe 等)
CoCrW (remanium star CL)	60.5	28	9	1.5	<1,无 Ni,Be,Ga

表 4-5-75 德国 Concept laser 公司 3D 打印 CoCrW 材料技术性能

牌号	状态	方向	规定非比例延伸强度 $R_{p0.2}$/MPa	抗拉强度 R_m/MPa	伸长率 A/%	弹性模量 E/GPa	密度 /g·cm^{-3}	特点及应用
CoCrW	热处理态[1]	横向 T	792±24	1136±24	8±3	230	8.6	用于生产冠和桥梁,金属陶瓷饰面的框架,铸件,用于复合修复的主要和次要部件
		纵向 L	835±44	1200±14	11±1	230		

① 热处理：1150℃/1h/炉冷至 300℃/AC。

表 4-5-76 德国 SLM Solution 公司 CoCrMo 合金粉末牌号及成分

牌号	化学成分(质量分数)/%																		
	Co	Cr	Mo	W	Al	Si	Fe	Mn	Ti	Ni	C	B	N	P	S	Pb	Be	Cd	其他	其他总和
CoCr28Mo6 10～45μm[1]	余量	27.00～30.00	5.00～7.00	0.2	0.1	1	0.75	1	0.1	0.5	0.35	0.01	0.25	0.02	0.01	—	—	—	—	—

第4篇

续表

牌号	化学成分(质量分数)/%																		
	Co	Cr	Mo	W	Al	Si	Fe	Mn	Ti	Ni	C	B	N	P	S	Pb	Be	Cd	其他	其他总和
SLM MediDent 10～45μm	余量	22.7 ～ 26.7	4.0 ～ 6.0	4.4～6.4	—	2	0.5	0.1	—	0.1	0.02	0.1	—	0.1	0.1	0.02	0.02	0.02	0.5	0.5

① 化学成分根据 F75 得出。

表 4-5-77 德国 SLM Solution 公司 CoCrMo 合金材料牌号、技术性能及应用

牌号	状态	抗拉强度 R_m/MPa	规定非比例延伸强度 $R_{p0.2}$/MPa	伸长率 A/%	断面收缩率 Z/%	弹性模量 E/GPa	维氏硬度 HV	表面粗糙度 Ra/μm	表面粗糙度 Rz/μm	特点及应用
CoCr28Mo6 10～45μm	沉积态①	1101 ± 78	720 ± 18	10 ± 4	11 ± 4	194 ± 9	375 ± 2	10 ± 1	64 ± 6	卓越的生物相容性、耐热性、抵抗热疲劳性、抗氧化性。应用于医学、航天、能源、涡轮零件等方面
	沉积态②	1039 ± 91	705 ± 73	10 ± 4	11 ± 3	191 ± 10	372 ± 7	10 ± 2	65 ± 12	
SLM MediDent 10～45μm	—	1062 ± 46	319± 18	—	—	114 ± 5	—	7 ± 1	43 ± 2	优良的生物相容性和耐蚀性。常用于牙齿、医学方面

① 层厚为 30μm。
② 层厚为 50μm。

表 4-5-78 美国 3D Systems 公司 3D 打印 CoCrMo 粉末牌号及化学成分

牌号	化学成分(质量分数)/%						
	Co	Cr	Mo	Si	Mn	Fe	C
LaserForm® CoCrF75(A)	余量	27.0～30.0	5.0～7.0	≤1.0	≤1.0	0.50	0.0～0.02

表 4-5-79 美国 3D Systems 公司 3D 打印 CoCrMo 材料牌号、技术性能及其应用

合金牌号	成形设备	状态	方向	规定非比例延伸强度 $R_{p0.2}$/MPa	抗拉强度 R_m/MPa	伸长率 A/%	弹性模量 E/GPa	硬度 HV	特点及应用
LaserForm® CoCrF75 (A)	ProX DMP 200/300	去应力	T	1030±70	540±30	29±6	225±5	29±6	钴铬钼合金具有高强度和高硬度，高温性能良好，具有良好的耐蚀性和生物相容性。在医疗工具和设备、模具、工业等应用，如高温下耐磨高强部件、生物医学应用中理想的牙科种植和假体等
			L	1000±30	520±30	29±4			
		热等静压	T	1020±70	510±30	29±6	225±5	39±3	
			L	950±40	475±30	23±3			

表 4-5-80　英国 LPW 公司 3D 打印钴铬合金粉末及成形方式

牌号	成形方式	化学成分(质量分数)/%														
		B	C	Co	Cr	Fe	Mn	Ni	Si	V	Ta	Ti	W	Zr	Mo	W+Mo
LPW 64	LMD	0.005～0.1	0.70～1.00	余量	26～30	<3.0	<1.00	4.0～6.0	<1.00	0.75～1.25	—	—	—	—	—	18～21
LPW 509	LMD	—	0.55～0.65	余量	>22.5	—	—	9.0～11.0	—	—	3.00～4.00	0.15～0.30	6.50～7.50	0.30～0.60	—	—
LPWCo6	LMD	—	0.90～1.25	余量	26.5～30.5	<3.0	<0.5	<3.0	>12.0	—	—	—	>3.5	—	<1.0	—

表 4-5-81　瑞典 ARcamAB 公司的 3D 打印 CoCr 合金粉末化学成分表

牌号	化学成分(质量分数)/%														
	Al	B	C	Co	Cr	Fe	Mn	Mo	N	Ni	P	S	Si	Ti	W
CoCr 合金 Arcam ASTM F75	<0.01	<0.01	<0.02	余量	27～30	0.17	<1	5～7	<0.05	<0.2	<0.02	<0.01	<0.1	<0.01	<0.2

表 4-5-82　瑞典 ARcamAB 公司的 3D 打印 CoCr 合金材料牌号、技术性能及应用

牌号	成形方式	抗拉强度 R_m/MPa	规定非比例延伸强度 $R_{p0.2}$/MPa	伸长率 A/%	断面收缩率 Z/%	特点及应用
CoCr 合金 Arcam ASTM F75	EBM	1050±13	600±13	20±3	20±3	具有良好的高温性能，高强度，良好的耐蚀性和耐磨性，良好的生物相容性。可用于医疗及航空航天等领域，用于骨科关节和牙科植入物、发动机中的燃料喷嘴和工业燃气轮机导叶等部件

5.3　3D 打印非金属材料

5.3.1　3D 打印光敏树脂材料

5.3.1.1　国产 3D 打印光敏树脂材料牌号、成分、技术性能及应用

表 4-5-83　上海移石新材料科技公司 3D 打印光敏树脂材料牌号、技术性能及应用

牌号①	特点	外观②	黏度(25℃)/mPa·s	临界曝光量 E_c/mJ·cm^{-2}	拉伸强度/MPa	弹性模量/MPa	伸长率/%	冲击强度/J·m^{-1}	特点及应用
5200 系列	通用型，类 ABS	多种颜色	200	4	60	2800	7	22	手板、导管、零部件、汽车等

续表

牌号①	特点	外观②	黏度(25℃)/mPa·s	临界曝光量 E_c/mJ·cm^{-2}	拉伸强度/MPa	弹性模量/MPa	伸长率/%	冲击强度/J·m^{-1}	特点及应用
5201 系列	韧性,类 PP	多种颜色	200	4.5	55	2300	30	35	—
5202 系列	半柔性,类 TPU	多种颜色	200	5	50	1800	60	48	—
5203 系列	柔性,类橡胶	多种颜色	200	6.5	40	1000	300	120	—
5204 系列	熔模铸造用	绿、橘色	200	6	30	1800	25	—	珠宝、手饰等

① LCD 型光敏树脂。

② 多种颜色如白色、灰色、透明黄色、绿色、蓝色、黑色等。

公司牌号①	X-6000(W,G,R,Y)	X-6006(W)	6007(W)	6008(W)
外观	琥珀色液体(白色液体、灰色液体、大红色液体、黄色液体)	琥珀色液体(白色液体)		
相对密度(25℃)	1.06～1.10	1.06～1.11	1.15	1.15
黏度(30℃)/mPa·s	350～450	350～451	330～430	300～400
临界曝光量/mJ·cm^{-2}	5～6.5	5	10	10
固化厚度/mm	0.1	0.1	0.16	0.16
打印层厚范围/mm	0.02～0.10	0.02～0.10	0.02～0.2	0.02～0.2
硬度(D)	85～90	70～75	80～90	75～80
拉伸强度/MPa	60	65	70	68
弯曲强度/MPa	88	85	89	85
断裂伸长率/%	5	25	8	12
杨氏模量/MPa	2800	2500	2900	2800
冲击强度/J·m^{-1}	25	35	19.5	20
热变形温度(66psi)②/℃	75	65	95	70
热变形温度(200psi)/℃	60	50	49	48
应用	可用于汽车、医疗、消费电子等领域的模型,用于普通部件、功能性部件、手板类的制作。X-6000 主要用于 SLA/DLP 型桌面 3D 打印机,X-6006、X-6007、X-6008 主要用于工业级 SLA 型 3D 打印机			

①DLP 型光敏树脂。

②1psi=6894.76Pa。

续表

公司牌号	X-5000 (W,G,R,Y)	X-5001 (W,G,R,Y)	X-5003 (W,G,R,Y)	X-5006 (W,G,R,Y)	X-5007 (W,G,R,Y)	X-5006T-R
外观	琥珀色液体(白色液体、灰色液体、大红色液体、黄颜色液体)					大红色液体
相对密度(25℃)	1.03～1.07	1.03～1.07	1.03～1.07	1.03～1.07	1.03～1.07	1.13～1.17
黏度(30℃)/mPa·s	80～120	80～120	130～170	450～550	450～550	200～500
临界曝光量 E_c/mJ·cm^{-2}	5～6.5	5～6.5	8～9	5～6.5	5～6.5	4.0～6.0
固化厚度 D_p/mm	0.1	0.1	0.1	0.1	0.1	0.1
打印层厚范围/mm	0.02～0.10	0.02～0.10	0.02～0.10	0.02～0.10	0.02～0.10	0.02～0.10
硬度(D)	85～90	70～80	30～40	70～75	60～65	85～95
拉伸强度/MPa	60	55	40	58	56	68
弯曲强度/MPa	88	83	65	90	80	95
断裂伸长率/%	5	30	100	25	50	5
杨氏模量/MPa	2800	2300	1500	2500	2200	3500
冲击强度/J·m^{-1}	25	35	65	30	45	15
热变形温度(66psi)/℃	75	60	40	65	55	110
热变形温度(200psi)/℃	60	50	30	50	45	90
应用	可用于汽车、医疗、消费电子等领域的模型,用于普通部件、功能性部件、手板类的制作					

表 4-5-84　珠海正邦科技公司 3D 打印光敏树脂材料牌号、技术性能及应用

公司牌号	外观	密度 /g·cm^{-3}	黏度(28℃) /mPa·s	固化深度 /mm	临界曝光量 /mJ·cm^{-2}	特点及应用
C-UV 8981	白色	1.12	209	0.18	10.7	是一种具有精确和耐久特性的完全透明的立体光造型树脂。它被用于固态激光的光固化成形法,可应用于于汽车、医疗、消费电子等工业领域的母模、概念模型、一般部件、功能性部件的制作
C-UV 8671	白色	1.17～1.20	500～580	0.13	9	模拟 ABS 材料,可广泛用于汽车、医疗、消费电子等工业领域
GenL	白色	1.13	376	0.148	7.8	可应用于于汽车、医疗、消费电子等工业领域的母模、概念模型、一般部件、功能性部件的制作。用 GenL 树脂制造的部件耐久性长达 6.5 个月以上
C-UV 9400	白色	1.13	355	0.145	9.3	可应用于于汽车、医疗、消费电子等工业领域的母模、概念模型、一般部件、功能性部件的制作。用 C-UV 9400 树脂制造的部件耐久性长达 6.5 个月以上
C-UV 321	蓝色	—	2000～3000	—	—	用于珠宝模型的橡胶首模

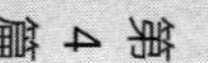

续表

公司牌号	外观	密度/g·cm^{-3}	黏度(28℃)/mPa·s	固化深度/mm	临界曝光量/mJ·cm^{-2}	特点及应用
C-UV 211	—	1.18	362	—	—	用于珠宝市场的直接熔模铸造，它提供了出色烧尽特性并构建具有高品质和清晰的细节
C-UV 9411	透明	1.12	1090	0.12	8.4	是一种特殊的可区域选色的3D模型光敏树脂，借助于对特定区域的加强颜色，非常适合医学或者是工业上的设计模拟
C-UV 611	灰色膏体	—	40000	—	—	用于铜等材料及导线线圈的绝缘，主要粘接铜、硬质塑料和其他金属

公司牌号	硬度D	弯曲模量/MPa	弯曲强度/MPa	拉伸模量/MPa	拉伸强度/MPa	断后伸长率/%	缺口冲击强度/J·m^{-1}	热变形温度/℃	玻璃化转变温度/℃	密度/g·cm^{-3}
C-UV 8981	86	1981～2022	66～72	1932～2022	38～43	11～23	44～62	48	57	—
C-UV 8671	85	2420～2520	89～90	2400～2500	55～60	11～15	34～40	70	71	1.2
GenL	87	2592～2675	70～75	2599～2735	39～56	13－20	—	62	73	1.16
C-UV 9400	83	2692～2775	69～74	2189～2395	27～31	12～20	58～70	52	62	1.16
C-UV 321	87	2510	77.8	—	—	—	—	—	—	—
C-UV 211	69	404	23	—	16.8	7.46	11	—	—	—
C-UV 9411	75	—	—	1322	46	7	—	70	53	1.18
C-UV 611	80	—	—	5500	—	—	—	—	—	—

表 4-5-85 苏州中瑞科技公司3D打印光敏树脂牌号、技术性能及应用

公司牌号①		ZR680(精细白)	ZR820(高透明)	ZR710(强韧白)	Real ABS(强韧黄)	Red Wood(伐木红)
物理特性（液态）	外观	白色液体	透明液体	白色液体	亮黄色液体	伐木色(粉)液体
	密度/g·cm^{-3}	1.1	1.1	1.1		
	黏度(25℃)/mPa·s	450	190	400		
	固化深度/mm	≥0.16	≥0.18	≥0.17		
	临界曝光量/mJ·cm^{-2}	8.5	6.9	7.9		
成形件A（不经后固化）	抗弯模量/MPa	1500～1700	1500～1700	2000～2300		
	抗弯强度/MPa	55～60	45～55	75～85		
	缺口冲击强度/J·m^{-1}	60～68	25～35	35～45		
	1.2mm折弯角/(°)	140～170	140～170	≥170～180		

续表

公司牌号①		ZR680(精细白)	ZR820(高透明)	ZR710(强韧白)	Real ABS(强韧黄)	Red Wood(伐木红)
成型件 B (90minUV 汞灯固化)	抗弯模量/MPa	2688～2790	1890～2340	2813～3520		
	抗弯强度/MPa	66～73	55～62	83～90		
	缺口冲击强度/J·m^{-1}	66～73	40～55	42～50		
	硬度	88	79	87～92		
	断裂延长率/%	10～15	10～15	13～20		
	热变形温度/℃	52	52	52		
	玻璃化温度/℃	62	62	62		
应用	航空航天工业、汽车工业电子电器行业、珠宝行业、建筑行业、医学产业、娱乐及创意产业产品设计与制造产业					

① 适用于中瑞科技光固化 3D 打印机。

表 4-5-86　深圳光华伟业公司 3D 打印光敏树脂牌号、技术性能

树脂型号	生物基环保光敏树脂	珠宝铸造光敏树脂	牙科铸造光敏树脂	非铸造通用光敏树脂
牌号	LD1001	LD2001,LC2002	LD2010,LC2020	LD1002,LA1003,LC1004
颜色	红、黄、绿	黄、绿	绿	白、灰、黄、橙、透明
黏度 25℃/mPa·s	250～350	100～150	100～150	100～150
固化收缩率/%	5.20～5.76	4.06～5.08	1.88～2.45	3.72～4.24
密度(液态)/g·cm^{-3}	1.0～1.11	1.07～1.12	1.07～1.12	1.07～1.12
拉伸强度/MPa	32～36	42～46	42～46	35～42
断裂伸长率/%	36～48	11～20	11～20	11～20
弯曲强度/MPa	71～80	49～58	49～58	59～70
弯曲模量/MPa	1.61～2.56	1.19～2.13	1.19～2.13	1.88～2.38
表面硬度	70D	65D	81D	88D

5.3.1.2　国外 3D 打印光敏材料牌号、技术性能及应用

表 4-5-87　美国 3D System 公司 SLA 技术 3D 打印光敏树脂材料牌号、技术性能及应用

公司牌号	黏度(30℃)/mPa·s		热变形温度(HDT)/℃	特点及应用
	0.46MPa	1.81MPa		
	ASTM D 648			
Accura 25	250	58～63	51～55	精密且灵活的塑料适用于卡扣装配件、汽车造型零部件和仪表板、真空铸造母模、具有模制聚丙烯(PP)外观的耐用功能原型

续表

公司牌号	黏度(30℃)/mPa·s		热变形温度(HDT)/℃	特点及应用
	0.46MPa	1.81MPa		
	ASTM D 648			
Accura PP White(SL 7811)	210	47	—	一种弹性的坚韧塑料,模拟和替代数控加工的白色聚丙烯制品。适用于卡扣装配件、持久耐用的功能原型和真空铸造的母模
VisiJet SL Flex	180～280	—	53	精密且灵活的塑料适用于卡扣装配件、真空铸造母模、具有模制聚丙烯(PP)外观的耐用功能原型,汽车造型零部件和仪表板
Accura Xtreme	250～300	62	54	坚韧的灰色塑料,可防止破损并处理具有挑战性的功能组件。取代 CNC 加工的聚丙烯和 ABS。对于真空铸造的主图案也是理想的。用于卡扣装配件、消费品或电子产品的外罩、通常采用聚丙烯(PP)或 ABS 制造的零部件
Accura Xtreme White 200	650～750	47	42	耐用白色塑料,防破损,可处理棘手的功能装配件。替代数控加工的聚丙烯和 ABS。是真空铸造母模的理想之选。还用于难度较大的功能装配件、卡扣组件和装配件
VisiJet SL Tough	180～250	—	54	坚韧的灰色塑料,可防止破损并处理具有挑战性的功能组件。取代 CNC 加工的聚丙烯和 ABS。对于真空铸造的主图案也是理想的。用于小批量生产 ABS 类部件、造型、拟合和功能测试、RTV/Silicone 模具的母模
Accura 55	155～185	55～58	51～53	刚性、坚固且精密的塑料,适合功能装配件和短期生产部件,呈现模制 ABS 外观。用于汽车内部组件电子组件、聚氨酯浇注的母模、通常采用聚丙烯(PP)或 ABS 制造的零部件
Accura ABS White(SL7810)	210	51	—	坚硬耐用的材料,可以让用户在不需上漆的情况下构建白色部件,模拟和替代数控加工的白色 ABS 制品,用于功能装配件和短期生产部件
Accura ABS Black(SL7820)	210	51	—	刚性和坚韧的材料,允许用户建立黑色部分,而不需要绘画。模拟和替换用于功能组件和短期生产零件的 CNC 加工黑色 ABS 制品。通常用于 ABS 注塑成型的最终用途部件、汽车组件、电子设备外壳、玩具、真空铸造的母模
VisiJet SL Black	180～260	—	51	刚性和坚韧的材料,允许用户建立黑色部分,而不需要绘画。模拟和替换用于功能组件和短期生产零件的 CNC 加工黑色 ABS 制品。通常用于 ABS 注塑成型的最终用途部件、汽车组件、电子设备外壳、玩具、真空铸造的母模
Accura ClearVue Free(SL 7870)	180	48	41	通用原型设计,用于清晰度要求较高的模型、头灯和透镜、液体流动和可视化模型、透明装配件、卡扣连接和复杂装配件、医疗模型和医疗设备
Accura ClearVue	235～260	51	50	高透明度塑料,具有卓越的防潮/防湿性,可广泛用于头灯、复杂装配件或流体流动等透明度是关键因素的应用中。通过美国药典(USP)第六类认证通用原型设。用于对清晰度要求较高的模型、头灯和透镜、液体流动和可视化模型、透明装配件、卡扣连接和复杂装配件、医疗模型和医疗设备

续表

公司牌号	黏度(30℃)/mPa·s		热变形温度(HDT)/℃	特点及应用
	0.46MPa	1.81MPa		
	ASTM D 648			
VisiJet SL Clear	200～300	—	50	高透明度塑料，具有卓越的防潮/防湿性，可广泛用于头灯、复杂装配件或流体流动等透明度是关键因素的应用中。通过美国药典(USP)第六类认证通用原型设计，用于对清晰度要求较高的模型，头灯和透镜，液体流动和可视化模型，透明装配件，卡扣连接和复杂装配件，医疗模型和医疗设备
Accura 60	150～180	53～55	48～50	透明塑料，用于快速生产模制聚碳酸酯(PC)外观的高强度刚性部件，也适用于熔模铸造模型坚固的功能原型、透明装配件、清晰显示模型、医疗仪器、设备和实验室器具、照明组件(透镜等)、液体流动和可视化模型
Accura CastPro	240～260	51	50	高精度材料，适合采用 QuickCast 建模样式的坚固、高质量熔模铸造模型。用于原型金属零部件，不含模具制造的低级到中级生产运行，钛合金铸件，铝镁锌合金铸件，铁铸件
Accura CastPro Free (SL 7800)	205	62	—	高精度的材料，用于航空航天的稳定、高质量的 3D 打印投影铸模，使用 QuickCast 构造样式，不含重金属
Accura Phoenix	120～130	83	64	耐热塑料，具有卓越的透明度，有助于观察复杂汽车部件中热流体流动情况以及装配件制品中的内部结构。用于复杂汽车部件中的热流体流动，发动机罩内测试，严苛的流体流动测试，复杂的装配件制品
Accura 48 HTR	200～250	130	110	刚性和坚硬的塑料材料，用于需要高耐热性的应用。用于发动机罩内的汽车零部件，进气歧管设计分析和验证，传动液流动分析，环境控制导管，航天风洞模型
Accura SL 5530	210～270	70～85	55～58	防潮、防水且不受溶剂腐蚀影响(包括汽车溶剂)，光学清晰，耐热性高。用于发动机罩内部组件测试，HVAC 组件测试，进气歧管测试，风洞测试，灯具测试(家用和工业)，耐高温 RTV 模具
Accura PEAK	605	153	124	刚性，陶瓷增强复合材料，具有优异的耐热、耐湿和耐磨损性。用于水和液体处理组件，风洞模型，母模，固定装置、量具和夹具
Accurae-Stone™	200～300	58～63	51～55	用于数字牙科模型制作，冠桥学习和工作模型，畸齿矫正学习和工作模型
VisiJet SL Jewel	130～200	—	32	高分辨率材料经过优化，可用于珠宝生产中的直接铸造，珠宝生产的母模生产，适用于对细节要求较高的模型、硅胶部件的蛋壳模具
VisiJet SL e-Stone™	170～270	—	53	用于数字牙科模型制作，冠桥学习和工作模型，畸齿矫正学习和工作模型
VisiJet SL Impact	680～780	—	42	超耐用白色塑料，防破损，可处理棘手的功能装配件，替代数控加工的聚丙烯和 ABS，是真空铸造母模的理想之选。用于难度较大的功能装配件、卡扣组件和装配件和用于真空铸造的母模

表 4-5-88 美国 3D Systems 公司 SLA 技术 3D 打印光敏树脂材料牌号及技术性能

类别＼技术性能及测试方法	公司牌号	挠曲模量/MPa	弯曲强度/MPa	拉伸模量/MPa	拉伸强度/MPa	断裂伸长率/%	冲击强度/J·m^{-1}
	ASTM	D 790	D 790	D 638	D 638	D 638	D 256
聚丙烯类	Accura 25	1380～1660	55～58	1590～1660	38	13～20	19～24
	Accura PP White (SL 7811)	1960～2060	64～66	2030～2230	40～42	7～13	42～59
	VisiJet SL Flex	1420	57	1620	38	16	22
坚韧/耐用的类	Accura Xtreme	1520～2070	52～71	1790～1980	33～44	14～22	35～52
	Accura Xtreme White 200	2350～2550	75～79	2300～2630	45～50	7～20	55～66
	VisiJet SL Tough	1850	62	1890	41	18	44
	VisiJet SL Impact	2390	74	2626	48	14	65
ABS 类	Accura 55	2690～3240	88～110	3200～3380	63～68	5～8	12～22
	Accura ABS White (SL 7810)	2040～2120	74～76	2290～2400	46～48	8～14	24～47
	Accura ABS Black (SL 7820)	2260～2370	75～78	1890～2440	45～47	6～13	39～56
	VisiJet SL Black	2350	76	2150	45	5	47
透明材料	Accura ClearVue Free (SL 7870)	1940～2250	73～76	1920～2010	38～42	10～22	23～51
	Accura ClearVue	1980～2310	72～84	2270～2640	46～53	3～15	40～58
	Accura 60	2700～3000	87～101	2690～3100	58～68	5～13	15～25
	VisiJetSL Clear	2330	83	2560	52	6	46
铸造类	Accura CastPro	2310～2340	82～84	2490～2620	52～53	4.1～8.3	43～49.5
	Accura CastPro Free (SL 7800)	2200～2480	81～83	1940～2350	45～48	9～19	35～50
高温类	Accura Phoenix	2140～2330	96～100	2340～2640	45～61	3～5	13～19
	Accura 48 HTR	2760～3400	105～118	2800～3980	64～67	4～7	22～29
	Accura SL 5530	2620～3240	63～87	2889～3144	57～61	3.8～4.4	21
	Accura PEAK	4180～4790	77～126	4220～4790	57～78	1.3～2.5	21.3～27.3
医疗类	AccuraeStone™	1350～1750	54～59	1500～1750	37～39	10～23	18～25
	AccuraClearVue	1980～2310	72～84	2270～2640	46～53	3～15	40～58
	VisiJet SL Jewel	1824	61	1910	40	12	45
	VisiJete-Stone™	1550	57	1630	38	17	22
	VisiJet SL Clear	2330	83	2560	52	6	46

注：1. VisiJet 系列材料适用于 ProJet 7000 HD，ProJet 6000HD 机型。Accura 系列材料适用于 ProX 800，ProX 950。

2. 本文档中的信息包括打印各种部件的典型值，仅供参考和比较。此信息不应用于测试、设计规范或质量控制目的。最终用途的材料性能可能受到设计、加工、操作和最终使用条件、测试条件、颜色等因素的影响，但不限于此。实际值会因构建条件而异。

3. SLA 是 “Stereo lithography Appearance” 的缩写，即立体光固化成形法。

表 4-5-89 美国 3D Systems 公司 MJP 技术 3D 打印光敏材料牌号、物理性能及应用

分类	公司牌号	颜色	密度(固体,20℃)/g·cm^{-3}	吸水率(24h)/%	HDT/℃		描述	特点及应用
					0.45MPa	1.82MPa		
				ASTMD570	D648	D648		
紫外线固化塑料	VisiJet CR-BK	不透明的黑色	1.18	0.50	61	41	刚性 ABS	刚性黑色材料,外观和感觉像注塑塑料,表面光滑
	VisiJetCR-WT200	不透明的白色	1.18	0.50	46	41		制造坚硬的白色塑料部件,具有极高的耐用性,表面光滑,有高刚性。Ⅵ级材料,可用于某些医疗应用,并提供适度的力学性能
	VisiJetCR-CL 200	半透明清晰	1.18	0.50	46	41	刚性聚碳酸酯类	是一种 VI 级材料,适用于某些医疗应用以及需要刚性功能和适度弯曲的其他非医疗应用
紫外线固化弹性体	VisiJet CE-NT	半透明的自然	1.12	0.90	—	—	弹性	行业内性能最佳的弹性材料之一,可用于功能原型制造,从而满足苛刻的工程和设计应用要求。这种全新的半透明自然色弹性材料具有惊人的拉伸性能,可为医学建模应用制作十分逼真的人体解剖模型
	VisiJet CE-BK	不透明的黑色	1.12	0.60	—	—		行业内性能最佳的弹性材料之一,可满足苛刻的工程和设计应用需求。用于原型制造各种要求类橡胶功能的机械应用,适合垫片、二次成形和其他要求极度柔韧性能的应用

表 4-5-90 美国 3D Systems 公司 MJP 技术 3D 打印光敏材料分类、牌号及技术性能

分类 \ 技术性能及测试方法	公司牌号①	拉伸强度/MPa	拉伸模量/MPa	断裂伸长率/%	弯曲强度/MPa	弯曲模量/MPa	冲击强度(缺口)/J·m^{-1}	抗撕裂性/kN·m^{-1}	硬度
	测试方法 ASTM	D638	D638	D638	D790	D790	D256	D624	2240
紫外线固化塑料	VisiJet CR-BK	45～52	2200～2900	7～11	63～76	1800～2100	17～24	—	78～83D
	VisiJetCR-WT 200①	37～47	1000～1600	7～16	61～72	1400～2000	16～19	—	76～80 D
	VisiJet CR-CL 200①	37～47	1000～1600	7～16	61～72	1400～2000	16～19	—	76～80 D
紫外线固化弹性体	VisiJet CE-NT	0.2～0.4	0.27～0.43	160～230	—	—	—	3.1～3.7	27～33A
	VisiJet CE-BK	0.2～0.4	0.27～0.43	160～230	—	—	—	3.1～3.7	27～33A

① 与此材料兼容的打印机：ProJet MJP 5600。MJP 技术是 MultiJet Printing 的缩写，MJP 多喷嘴喷墨 3D 打印技术是采用压电喷射打印高解析度逐层堆叠或者光固化塑料树脂或熔模铸造材料层。

第4篇

表 4-5-91 美国 3D Systems 公司 MJP 技术 3D 打印 VisiJet M2 系列光敏材料牌号、物理性能及应用

分类	公司牌号	颜色	密度(固体)/g·cm^{-3}	吸水率(24h)/%	HDT/℃		特点及应用
					0.45MPa	1.82MPa	
			ASTM D792	D570	D648	D648	
紫外线固化塑料	VisiJet Armor M2G-CL	透明清晰	—	—	47	43	用于 ProJet MJP 2500 Plus 的 VisiJet Armor(M2G－CL)材料具有坚韧的 ABS 类似透明性能的塑料,表现出拉伸强度和弯曲度的出色组合。通用于各种应用领域,提供先进的原型设计性能,可满足几乎所有工程需求
	VisiJet ProFlex M2G-DUR	透明清晰	—	—	—	—	适用于活动铰链应用以及需要耐用性和极度柔韧性的一系列应用。这种类似聚丙烯的透明塑料提供了高抗冲击性和极端柔性的有效组合,可提供强大的工程级性能
	VisiJet M2R-GRY	不透明的灰色	1.16	0.50	51	45	具有刚性功能,硬质底漆灰色涂层。其高视觉对比度使其成为需要精确细节的功能应用的理想选择。作为 USP Class VI 的认证材料,使它满足医疗应用需求,例如手术导板
	VisiJet M2R-WT	不透明的白色	1.16	0.50	51	45	为大多数原型应用提供了注塑成形塑料的外观和感觉,具有适度柔性的刚性功能在加工应用中提供了多功能性,例如钻孔、攻螺纹和金属嵌件。作为具有 ISO 10993 生物相容性的 USP Class VI 认证材料,可用于医疗应用,例如手术导板
	VisiJet M2R-BK	不透明的黑色	1.16	0.50	61	53	具有比 M2 材料更高的拉伸强度和模量性能,使其成为更硬的塑料,是面板和薄壁部件的理想材料
紫外线固化的弹性体	VisiJet M2R-CL	半透明清晰	1.16	0.50	51	45	是一种 USP Class VI 认证的材料,具有 ISO 10993 生物相容性,适用于某些医疗应用,如手术导板以及需要刚性功能和适度弯曲的其他非医疗应用
	VisiJet M2 ENT	半透明的自然色	1.12	0.90	—	—	是一种有弹性的半透明材料,非常适用于打印柔软的橡胶状部件,如垫片、管道等。这种弹性体材料出色地兼具了柔韧性和强度,具有惊人的伸长率和完整的弹性记忆
	VisiJet M2 EBK	不透明的黑色	1.12	0.60	—	—	是一种有弹性的黑色不透明材料,非常适用于打印柔软的橡胶状部件,如垫片、管道等。这种弹性体材料出色地兼具了柔韧性和强度,具有惊人的伸长率和完整的弹性记忆

表 4-5-92　美国 3D Systems 公司 MJP 技术 3D 打印 VisiJet M2 系列光敏材料牌号及技术性能

分类	公司牌号①	拉伸强度/MPa	拉伸模量/MPa	断裂伸长率/%	弯曲强度/MPa	弯曲模量/MPa	冲击强度(缺口)/J·m^{-1}	硬度
	ASTM	D638	D638	D638	D790	D790	D256	2240
紫外线固化塑料	VisiJet Armor M2G-CL	30～35	1500～2000	55～65	40～45	1000～1200	40～50	70D
	VisiJet ProFlex M2G-DUR	15～20	250～350	65～75	N/A	N/A	70～80	60D
	VisiJet M2R-GRY	35～45	1500～2000	20～30	50～60	1700～2200	20～25	77D
	VisiJet M2R-WT	35～45	1500～2000	20～30	50～60	1700～2200	20～25	77D
	VisiJet M2R-BK	45～55	2000～2500	6～12	80～90	2400～3000	15～18	81D
	VisiJet M2R-CL	35～45	1500～2000	20～30	50～60	2000～2500	20～25	77D
紫外线固化的弹性体	VisiJet M2 ENT	0.2～0.4	0.27～0.43	160～230	—	—	—	28～32A
	VisiJet M2 EBK	0.2～0.4	0.27～0.43	160～230	—	—	—	28～32A

① 与此材料兼容的打印机：ProJet MJP 2500 Series。

表 4-5-93　美国 3D Systems 公司 MJP 技术 3D 打印 VisiJet M3 系列光敏材料牌号、技术性能及应用

公司牌号①	颜色	液体密度/g·m^{-3}	拉伸强度/MPa	拉伸模量/MPa	断裂伸长率/%	弯曲强度/MPa	HDT(0.45MPa)/℃	特点及应用
			D638	D638	D638	D790	D648	
VisiJet M3-X	白色	1.04	49	2168	8.30	65	88	是一种坚硬的 ABS 类材料，具有注塑成形塑料的外观、触感和性能。它生成具有白色光滑表面和耐高温性的耐用部件，是产品模型、原型设计和快速模具制造的理想之选
VisiJet M3Black	黑色	1.02	35.2	1594	19.7	44.5	57	是一种外观和触感类似于注塑成形塑料的黑色耐用材料，可用于更严格的检测和用途。这种材料具有高伸长率，适于各种要求卡扣连接和强度性能的应用
VisiJet M3Crystal	自然	1.02	42.4	1463	6.83	49	56	是一种半透明材料，具备高耐用性和稳定性，是透明功能测试与快速模具制造应用的理想之选。材料还通过美国药典（USP）第六类认证，获准用于医疗应用
VisiJet M3Proplast	自然	1.02	26.2	1108	8.97	26.6	46	自然色刚性塑料，具有入门级力学性能，适用于一般用途原型应用
VisiJet M3Navy	蓝色	1.02	20.5	735	8	28.1	46	蓝色刚性塑料，具有入门级力学性能，适用于一般用途原型应用
VisiJet M3 Techplast	灰色	1.02	22.1	866	6.1	28.1	46	灰色刚性塑料，具有入门级力学性能，适用于一般用途原型应用

续表

公司牌号①	颜色	液体密度 /g·m^{-3}	拉伸强度 /MPa	拉伸模量 /MPa	断裂伸长率 /%	弯曲强度 /MPa	HDT (0.45MPa) /℃	特点及应用
			D638	D638	D638	D790	D648	
VisiJet M3 Procast	深蓝	1.02	32	1724	12.3	45	—	可针对极为小巧精致的珠宝首饰、医疗仪器和设备以及其他定制铸造金属应用提供高级的直接微型铸造性能

① 与此材料兼容的打印机：ProJet MJP 3600 Series。

表 4-5-94　荷兰皇家帝斯曼 DSM 公司光敏树脂材料牌号、技术性能及应用

公司牌号	液体性质			光学性能			特点及应用
	外观	黏度(30℃) /mPa·s	密度 /g·cm^{-3}	E_c /mJ·cm^{-2}	D_p /mil①	E_{10} /mJ·cm^{-2}	
Somos® 9120	透明	450	1.13	10.9	5.6	65	非常适用于流体流动分析、电气外壳和汽车零部件等应用。由于这种材料是半柔性的，因此也可以用于搭扣功能测试
Somos® 9420 White	米白色	475	1.13	15	5.4	96	非常适用于卡扣、电子和汽车零部件以及包装的设计和测试
Somos®9110	透明的琥珀色	230	1.13	8	5.2	55	适用于耐用性和坚固性成为关键要求的应用，例如汽车部件、电子外壳、医疗产品、大型面板和搭扣配件
Somos® ProtoGen 18120	半透明	300	1.16	6.73	4.57	57	非常适合需要精确的RTV模式、耐用的概念模型、高精度、耐湿和耐高温部件的医疗、电子、航空航天和汽车市场
Somos® ProtoGen 18420	白色	350	1.16	6.73	4.34	67.6	
Somos® ProtoGen 18920	灰色	350	1.16	7	4.2	76	
Somos® BioClear	光学透明的，接近无色	260	1.12	11.5	6.5	54	专为非植入式医疗应用而设计，与人体接触有限，例如牙科钻导引器和器械原型
Somos® Element	澄清	125	1.11	10	5.2	68.4	适用于高端合金铸件
Somos® EvoLVe 128	白色	380	1.12	9.3	4.3	95.1	坚固的功能原型、卡扣设计、夹具
Somos® GP Plus 14122	不透明的白色	340	1.16	13	6.25	64	航空航天零件、汽车零件、消费品零件、小批量生产零件
Somos® NeXt	白色	1000	1.17	12	5.8	67	坚固的功能性最终用途原型、卡扣设计、夹具和固定装置、包装和运动产品
Somos® PerFORM	米白色	1000	1.61	7.8	4.3	80	模具(高温测试)、电气外壳、汽车外壳

① 1mil=25.4×10^{-6}m。

表 4-5-95　荷兰皇家帝斯曼 DSM 公司光敏树脂材料牌号及技术性能

公司牌号	线胀系数(CTE)/$10^{-6}K^{-1}$				介电常数			介电强度/$kV \cdot mm^{-1}$	T_g/℃	HDT/℃	
	−40～0℃	0～50℃	50～100℃	100～150℃	60Hz	1kHz	1MHz			0.46MPa	1.81MPa
ASTM	E831-05	E831-05	E831-05	E831-05	D150-98	D150-98	D150-98	D149-97a	E1545-00	D648	D648
Somos® 9420 White	96.8	149.5	178.7	144	5.33	4.66	3.94	14.1		49	37
Somos® ProtoGen 18120	61.3～71.8	75.0～107.5	99.4～111.0	143.4～173.3	3.5～3.6	3.4～3.5	3.2～3.3	15.2～15.7	76～94	95～97	79～82
Somos® ProtoGen 18420	67.3～68.2	82.2～86.4	110.4～116.0	152.7～163.2	3.1～3.3	3.1～3.2	2.9～3.0	13.8～14.1	78～96	93～98	74～78
Somos® ProtoGen 18920	64.7	74.2	79.2	138.8	3.28	3.23	3.04	14.3～15.2	97.5	96.5	78.6
Somos® BioClear	66～67	90～96	170～189	185～189	9～4.1	3.7～3.9	3.4～3.5	15.4～16.3	39～46	45.9～54.5	49.0～49.7
Somos® Element	56.8	75.7	137	142	3.7	3.6	3.4	18.3	58	58	53
Somos® EvoLVe 128	56.5	76.5	163	174	3.9	3.7	3.5	31	—	52.3	49.6
Somos® GP Plus 14122	63	89	170	172	3.8	3.7	3.4	17.9	—	46	41
Somos® NeXt	73	111	172	173	4.7	4	3.6	15.2	—	56	50
Somos® PerFORM	29.9	49.4	79.1	80.9	4	3.8	3.6	26.3	72	132	82
Somos® ProtoTherm 12120	58.1	80.7	111.4	136.1	4.14	4.04	3.81	15.5	74	56.5	51.9
Somos® Taurus	76.5	105.3	151.9	171.4	4.6	4.2	3.7	17.1	—	62	50
Somos® WaterClear Ultra 10122	65	90	168	159	3.1	3.5	3.1	150	44	47	43
Somos® WaterShed XC 11122	67	93	180	187	4	3.8	3.5	15.9	43	50	49

表 4-5-96　荷兰皇家帝斯曼 DSM 公司光敏树脂材料牌号及材料 UV 固化后技术性能

公司牌号	拉伸模量/MPa	屈服拉伸强度/MPa	断裂拉伸强度/MPa	断裂伸长率/%	屈服伸长率/%	泊松比	抗弯强度/MPa	挠曲模量/MPa	Izod 冲击强度(缺口)/$J \cdot m^{-1}$	硬度 D	吸水率/%
测试 ASTM	D638M	D638M	D638M	D638M	D638M	D638M	D790M	D2240	D256A	D2240	D570～98
Somos® 9120	1350	—	31	—	20	—	45	1380	51	81	—
Somos® 9420 White	—	700	19	28	—	0.43	27	834	0.46	72	0.93
Somos® 9110	1590	—	31	—	15～21	—	44	1450	55	83	—
Somos® ProtoGen 18120	2910～2990	68.8～69.2	—	7～8	—	0.43	88.5～91.5	2330～2490	0.3～0.25	87～88	0.75
Somos® ProtoGen 18420	2880～2960	66.1～68.1	—	6～9	—	0.4～0.42	84.9～87.7	2880～2340	0.15～0.18	86～87	0.61
Somos® ProtoGen 18920	2544～2916	69.2～69.6	—	4～9	—	—	92.1～98.1	2504～3696	0.20～0.24	86～88	0.38
Somos® BioClear	2650～2800	—	47.1～53.6	11～20	3	—	63.1～74.2	2040～2370	0.2～0.3	—	0.35
Somos® Element	3170	—	53	2.3	—	—	114	3230	22	86	0.36

第 4 篇

续表

公司牌号	拉伸模量/MPa	屈服拉伸强度/MPa	断裂拉伸强度/MPa	断裂伸长率/%	屈服伸长率/%	泊松比	抗弯强度/MPa	挠曲模量/MPa	Izod 冲击强度（缺口）/J·m^{-1}	硬度 D	吸水率/%
测试 ASTM	D638M	D638M	D638M	D638M	D638M	D638M	D790M	D2240	D256A	D2240	D570-98
Somos® EvoLVe 128	2964	56.8	—	11	—	—	—	2654	38.9	82	0.4
Somos® GPPlus 14122	2510	—	37	7.5	3	0.41	67.3	2200	26	79	0.4
Somos® NeXt	2430	42.2	32.8	9	3	0.43	69.3	2470	50	82	0.4
Somos® PerFORM	10500	—	68	1.1	—	0.32	120	10000	17	94	0.2
Somos® ProtoTherm 12120	3520	—	70.2	4	—	—	109	3320	12	85	0.37
Somos® Taurus	2310	46.9	—	24	4.0	0.45	73.8	2054	47.5	83	0.75
Somos® WaterClear Ultra 10122	2880	—	56	7.5	4	0.41	84	2490	25	87	1.1
Somos® WaterShed XC 11122	2770	—	50.4	15.5	3	—	68.7	2205	25	—	0.35

注：文档中的信息包括打印各种部件的典型值，仅供参考和比较。此信息不应用于测试、设计规范或质量控制目的。最终用途的材料性能可能受到设计、加工、操作和最终使用条件、测试条件、颜色等因素的影响，但不限于此。实际值会因构建条件而异。

表 4-5-97　美国 Ausbond 公司 3D 打印光敏树脂牌号、技术性能及应用

性能/型号	A370①	A378②	A376③
外观	透明/绿色/红色/棕色	白色	浅黄色透明液体
密度(25℃)/g·cm^{-3}	1.12	1.1	1.06
黏度(25℃)/mPa·s	80～120	350～500	60～100
固化深度/mm	0.1	0.12	0.1
临界曝光量/mJ·cm^{-2}	12	10.5	12
硬度	80D	80D	85D
断裂延伸率/%	10～20	12～16	10～20
拉伸强度/MPa	35～42	53～59	35～42
弯曲强度/MPa	62～70	90～106	62～70
体积收缩率/%	2.5	≤2.5	2.5
应用	低收缩率、低气味、无刺激，在潮湿环境中具有更好的强度及尺寸特性。可建造精确的部件	模拟 ABS 材料，可广泛应用于汽车、医疗、消费电子等工业领域	—

① A370 适用于极光尔沃打印机、正盛 3D 打印机，ARE3D 打印机，大族激光 3D 打印机。

② A378 适用于 RSpro450 工业级光固化打印机、SLA 工业级光固化 3D 打印机、SA600 光固化 3D 打印机。

③ A376 适用于 FSL3D 打印机、Formlabs Form 2、SLA 桌面型打印机。

5.3.2　其他 3D 打印高分子材料

5.3.2.1　国产 3D 打印高分子材料牌号、技术性能及用途

表 4-5-98　湖南华曙公司 3D 打印塑料粉末技术性能及应用

公司牌号	材料类别	松装密度 /g·cm^{-3}	制件密度 /g·cm^{-3}	颜色	特点及应用
FS 3300PA	尼龙粉末	0.48	0.95	白色	色泽稳定，抗氧化性好，尺寸稳定性好，产品喷漆效果好，具有优异的力学性能，吸水率低，易于加工，适合于力学性能和韧性要求高的产品、零部件制造或利用黏结剂制造的大型件
FS 3400GF	玻璃微珠复合尼龙粉末	0.67	1.26	灰色	易于加工，耐磨性能好，热变形温度高，有良好的光泽性及优异的尺寸稳定性，表面光滑细腻，适合于力学性能要求高的产品、零部件或利用黏结剂制造的大型件等
FS 3400CF	碳纤维复合尼龙粉末	0.52	1.14	淡黄色	刚度大，产品相对密度低，热变形温度高，具有优异的强度和硬度，适合于强度要求高的产品，及对产品自身重量有要求的零件、航天航空零件和汽车运动应用中的气动零部件
FS 3250MF	矿物纤维复合尼龙粉末	0.51	1.08～1.10	黑色	力学性能好，热变形温度高，收缩变化率小，具有良好的粉末材料重复利用性，产品具有优异的尺寸稳定性，由于矿物纤维的添加增强了材料的力学性能
Rilsan® Invent Nature	尼龙 P11 粉末	0.55	1.2	浅灰色	—
Ultrasint X043	尼龙 6 粉末	0.52	1.14	黑色	—
FS 6028PA	尼龙 6 粉末	0.52	1.15	淡黄色	高性能、高强度、良好的可回收性，拉伸强度超过了同类的大多数材料，具有优秀的热变形温度，弹性模量高，具有优异的刚性
FS 8100PPS	PPS 粉末	0.57	1.28	淡黄色	—
FS 1092A-TPU	TPU 粉末	0.64	1.2	白色	—
X92A-2TPU	TPU 粉末	0.46	1.2	白色	具有高耐磨性，硬度范围广，随着硬度的增加，其产品仍保持良好的弹性，制品的承载能力、抗冲击性及减振性能突出，耐油、耐水、耐霉菌，且加工性能好

表 4-5-99　湖南华曙高科技公司 3D 打印塑料材料牌号、分类及技术性能

公司牌号/产品类别	FS 3300PA /尼龙粉末	FS 3400GF /玻璃微珠复合尼龙粉末	FS 3400CF /碳纤维复合尼龙粉末	FS 3250MF /矿物纤维复合尼龙粉末	Rilsan® Invent Nature /尼龙 P11 粉末	Ultrasint X043 /尼龙 6 粉末	FS 6028PA /尼龙 6 粉末	FS 8100PPS /PPS 粉末	FS 1092A-TPU /TPU 粉末	X92A-2TPU /TPU 粉末
熔点/℃	183	184	222	184	183	225	220	295	169	183

续表

公司牌号/产品类别	FS 3300PA /尼龙粉末	FS 3400GF /玻璃微珠复合尼龙粉末	FS 3400CF /碳纤维复合尼龙粉末	FS 3250MF /矿物纤维复合尼龙粉末	Rilsan® Invent Nature /尼龙 P11 粉末	Ultrasint X043 /尼龙 6 粉末	FS 6028PA /尼龙 6 粉末	FS 8100PPS /PPS 粉末	FS 1092A-TPU /TPU 粉末	X92A-2TPU /TPU 粉末
热变形温度(1.8MPa)①/℃	83.5	88	99	72	129	93	100	116	—	—
热变形温度(0.45MPa)①/℃	146.2	162	—	168	171	191	199	220	—	—
拉伸强度①/ MPa	46	44	75	65～70	51	74	78	47	18	20
拉伸模量①/MPa	1602	3500	3750	4700	6130	3457	3550	3412	61	n/a
断裂伸长率①/%	36%	5%	4.50%	3.00%	5%	4.00%	13.00%	3.80%	276%	520%
弯曲强度①/MPa	46.3	68	110	94	76	99	121	63	6.2	—
弯曲模量①/MPa	1300	2415	3200	4500	4633	2842	3300	2906	86	27
缺口冲击强度②/kJ · m^{-2}	4.9	4.13	3	4.3	5.59	10.5	3.1	2.1	—	—
无缺口冲击强度②/kJ · m^{-2}	13.2	19.28	9	16	20.78	67.2	9.7	5.7	—	—

① 参照标准 GB/T 1040.2—2006。

② 参照标准 GB/T 1843—2008。

表 4-5-100　广州阳铭新材料科技公司 3D 打印材料牌号、技术性能及应用

公司牌号/分类	拉伸强度/MPa	弯曲模量/MPa	断裂伸长率/%	吸水性/%	使用温度/%	特点及应用
PC 400/改性聚碳酸酯	≥70	≥1500	≥10	≤0.2	≤150	自主开发应用于工业级 3D 打印的改性 PC 线材。具有极其优异的力学性能，耐热性好，韧性高，熔融流动性好。3D 打印成形稳定精准，外观光滑，收缩率很低，带有天然的哑光光泽。材料表面容易打磨，可进行抛光、打孔、切削、开螺纹等进一步 CNC 加工。主要用于工业产品原型制造，如电子仪器、电信产品、电器、大小家电、汽车内饰件等；其改性后材料 3D 打印成形的制件，可用于工业零配件的研发与批量制造，更扩展到机械、汽车及汽配、电子产品、模具、船舶，甚至航天航空等尖端领域
PA B330/改性尼龙	≥650	≥1200	≥10	≤2	≤110	自主开发的一款应用于准工业级 3D 打印的改性 PA 线材。具有优异的力学性能和自润滑性能，耐热温度高，耐磨性好，韧性高，熔融流动性好。3D 打印成形稳定精准，外观光滑，收缩率极低，带有天然的哑光光泽。适用于部分高端的桌面级/准工业级 FDM 式 3D 打印机。PA 材料除了可以用于 PLA 和 ABS 的应用领域，用于制作工艺品、玩具、普通零件、手板、模型、建筑模型，以及家装、家具、灯饰、医疗、教学、艺术等领域外，可以用于工业领域使用的零配件的研发与批量制造

续表

公司牌号/分类	拉伸强度/MPa	弯曲模量/MPa	断裂伸长率/%	吸水性/%	使用温度/%	特点及应用
PA B380/改性尼龙	≥70	≥1200	≥10	≤2	≤120	自主开发的一款应用于工业级 3D 打印的改性 PA 线材。具有极其优异的力学性能，材料耐热温度高，耐磨性好，带自润滑性能，韧性高，熔融流动性好；3D 打印成形稳定精准，外观光滑，收缩率极低，带有天然的哑光光泽。自支撑材料结构极容易去除，可以使用水溶性 PVA 材料作为支撑材料
ABS（聚丙烯腈-丁二烯-苯乙烯）	≥45	≥1500	≥10	≤1	≤75	ABS 线材拥有力学强度优良、较高的使用温度、韧性较好、抗冲击强度较高、熔融流动性好等特点。3D 打印成形稳定精准，外观光滑，色彩鲜艳，自生成支撑料容易去除或可使用水溶性支撑料。可以制作工艺品、玩具、零件、手板、模型、建筑模型外，还可用于家装、家具、灯饰、医疗、教学、艺术等领域。由于优良的力学强度与较高的使用温度，使用 ABS 材料的 3D 打印成形制件，可以用于工业领域的低强度零配件的研发与批量制造，应用领域扩展到机械、汽车及汽配、电子产品、模具等领域
PLA/聚乳酸	≥50	≥1800	≥10	≤1	≤60	PLA 线材拥有力学强度优良、熔融流动性好、3D 打印成形温度较低、3D 打印成形稳定精准、外观光滑、收缩率极低、不易变形、色彩鲜艳等优点。PLA 材料具有脆性较大、抗冲击强度弱、易脆裂、自生成支撑料难去除的缺点。PLA 的 3D 打印成形制品更耐摔、不断裂不开裂，应用领域更广泛。可以制作工艺品、玩具、零件、手板、模型、建筑模型外，还可用于家装、家具、灯饰、医疗、教学、艺术等领域。此 PLA 线材材料与普通 PLA 线材相比，力学强度更好，具有一定的韧性
PLA-T（PLA Tough）/高韧聚乳酸	≥50	≥1300	≥50	≤1	≤60	自主开发应用于 3D 打印的改性 PLA 线材。除了具有普通 PLA 线材的力学强度优良、熔融流动性好、3D 打印成形温度较低、3D 打印成形稳定精准、外观光滑、收缩率极低、不易变形、色彩鲜艳等优点外，针对性地改善了 PLA 材料脆性较大、抗冲击强度弱、易脆裂、自生成支撑料难去除的缺点，PLA-T 的 3D 打印成形制品有韧性，更耐摔、不断裂不开裂，应用领域与 PLA 类似但更广泛

5.3.2.2　国外打印 3D 高分子材料牌号、成分、技术性能及用途

表 4-5-101　　德国 EOS 公司 3D 打印高分子材料类别、牌号及应用

产品类别	公司牌号	特点及应用
Polyamide 12	PA 2200	功能部件
	PrimePart® PLUS (PA 2221)	
	PA 2202 black	
Polyamide 12(玻璃微珠填充)	PA 3200 GF	坚硬的外壳、有磨损和磨损要求的零件、在高温条件下使用的零件
Polyamide 12(填铝)	Alumide®	金属表面处理应用、需要加工的零件、热负荷零件

第4篇

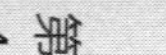

续表

产品类别	公司牌号	特点及应用
Polyamide12(碳纤维增强)	CarbonMide®	轻质且坚硬的功能部件、金属替代品
Polyamide 11	PA 1101	需要耐冲击的功能部件、具有薄膜铰链等功能元件的部件
	PA 1102 black	与 PA 1101 的典型应用类似、通过批量着色适用于耐刮擦部件
Polyamide 12	PA 2201	功能部件
	PA 2105	牙齿
Polyamide 12(阻燃剂)	PA 2210 FR	航空航天、电气和电子
	PrimePart® FR (PA 2241 FR)	航空航天
TPE-APolye-heramide-BlockCopolymer	PrimePart® ST (PEBA 2301)	减振装置,保险杠/垫子,垫圈/垫圈密封件,鞋底元件
Polystyrene	PrimeCast® 101	主模式的熔模铸造、主模式真空铸造、经济的视觉原型
Polyaryletherketone	EOS PEEK HP3	金属替代品、航空航天、汽车和赛车、电子和电子、医疗

表 4-5-102 德国 EOS 公司 3D 打印高分子材料牌号及物理性能

公司牌号	熔化温度 (20℃/min)/℃	维卡软化温度 (50℃/h,50N)/℃	载荷下渗入温度/℃		密度 /kg·m^{-3}	粉末颜色
			1.80MPa	0.45MPa		
PrimePart® PLUS PA 2221 | PA12	187	—	70	157	970	白色
PrimePart® ST PEBA 2301 | TPA	150	—	—	—	9500	白色
PA 3200 GF | PA12-GB	176	166	96	157	1220	白色
PrimeCast 101 | PS	—	—	—	—	770	—
PA 2241 FR | PA12	185	—	84/—	154/—	1000	白色
PA 2210 FR | PA12 FR	185	—	—	—	1060/—	白色
PA 2202 black | PA12	176	—	75	154	980	黑色
PA 2201 | PA12	176	—	181	163	930	白色
PA 2200 Top Speed/Quality 1.0 | PA12	176	163	—	—	930	白色
PA 2200 Speed/Performance 1.0 | PA12	176	163	—	—	930	白色
PA 2200 Balance 1.0 | PA12	176	163	—	—	930	白色
PA 2105 | PA12	176	—	—	—	950	米色
PA 1102 black | PA11	201	—	—	—	990	黑色
PA 1101 | PA11	201	—	46	108	99	白色
EOS PEEK HP3 | PEEK	372	—	165	—	1310	—
CarbonMide | PA12-CF	176	—	—	—	1040	—
Alumide | PA12-MED(Al)	—	169	144	175	1360	—

表 4-5-103 德国EOS公司3D打印高分子材料牌号及技术性能

牌号	拉伸模量/MPa			拉伸强度/MPa			断裂应变/%			夏比冲击强度/kJ·m^{-2}		弯曲模量/MPa	抗弯强度/MPa
	X	Y	Z	X	Y	Z	X	Y	Z	无缺口	缺口	—	—
PrimePart® PLUS PA 2221 | PA12	1650	1650	1600	47	47	40	16	16	4	34.5	61.3	1390	59
PrimePart® ST PEBA 2301 | TPA	75	75	80	8	8	7	200	200	70	—	—	—	—
PA 3200 GF | PA12—GB	3200	3200	2500	51	51	47	9	9	5.5	35	5.4	2900	73
PrimeCast 101 | PS	1600	—	—	5.5	—	—	0.4	—	—	—	—	—	—
PA 2241 FR | PA12(dry/cond)	1900/1600	1900/1600	1900/1600	49/44	49/44	46/41	15/22	15/22	6/9	—	—	—	—
PA 2210 FR | PA12 FR (dry/cond)	2500/2400	2500/2400	2300/2200	46/43	46/43	41/38	4/7	4/7	3/4	—	—	2300	65
PA 2202 black | PA12	1850	1850	1800	50	50	48	12	12	6	—	—	1350	53
PA 2201 | PA12	1700	1700	—	48	48	—	15	—	—	53	4.8	1500	58
PA 2200 Top Speed 1.0 | PA12	1500	1500	1500	45	45	38	18	18	3	53	4.8	1500	—
PA 2200 Top Quality 1.0 | PA12	1800	1800	1750	52	52	52	20	20	7	53	4.8	1500	—
PA 2200 Speed 1.0 | PA12	1600	1600	1550	48	48	42	18	18	4	53	—	1500	—
PA 2200 Balance 1.0 | PA12	1650	1650	1650	48	48	42	18	18	4	53	4.8	1500	—
PA 2105 | PA12	1850	1850	1800	54	54	54	20	20	15	—	—	—	—
PA 1102 black | PA11	1560	1560	1610	48	48	48	45	45	28	—	7.8	—	—
PA 1101 | PA11	1600	1600	1600	48	48	48	45	45	30	—	7.8	—	—
EOS PEEK HP3 | PEEK	4250	—	—	90	—	—	2.8	—	—	—	—	—	—
CarbonMide | PA12-CF	6100	3400	2200	72	56	25	4.1	6.3	1.3	20.5	5.3	—	—
Alumide | PA12-MED(Al)	3800	3800	—	48	48	—	4	—	—	29	4.6	3600	72

表 4-5-104 美国3D Systems公司SLS技术3D打印高分子材料物理性能及应用

公司牌号①	HDT/℃		耐燃等级	硬度	特点及应用
	0.45MPa	1.82MPa			
DuraForm® ProX® PA	182	97	HB	73D	生产部件,搭扣/活动铰链,汽车设计,航空零件和管道,医疗应用,夹具/工具
DuraForm® PA	180	95	HB	73D	
DuraForm® ProX® GF	180	129	HB	73D	生产部件,汽车设计,航空零件和管道,夹具/工具
DuraForm® GF	179	134	HB	77D	

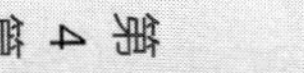

续表

公司牌号[①]	HDT/℃		耐燃等级	硬度	特点及应用
	0.45MPa	1.82MPa			
DuraForm® ProX® HST	183	171	HB	73D	生产部件,汽车设计,航空零件和管道,夹具/工具
DuraForm® HST	184	179	HB	75D	
DuraForm® ProX® EX BLK	193	57	HB	76D	生产部件,搭扣/活动铰链,汽车设计,航空零件和管道,夹具/工具
DuraForm® EX	188	48	HB	74D	
DuraForm® ProX® AF+	182	174	HB	78D	生产部件,汽车设计,航空零件和管道,夹具/工具
DuraForm® ProX FR1200	180	94	HB	77D	生产部件,航空零件和管道,阻燃生产零部件
DuraForm® FR1200[②]	180	94	HB	76D	
DuraForm® TPU[②]	—	—	—	59A	生产部件,密封件和软管,鞋
DuraForm® Flex[②]	—	—	—	45～75A	生产部件,密封件和软管,鞋
CastForm® PS	—	—	—	—	垫圈

① 与此材料兼容的打印机：sPro 60 HD-HS，sPro 230，sPro 140。

② 适用于 sPro^{TM}60 HD-HS 型号打印机。

表 4-5-105　　美国 3D Systems 公司 SLS 技术 3D 打印高分子材料技术性能

公司牌号	烧结部分密度 /g·cm^{-3}	弯曲模量 /MPa	弯曲强度 /MPa	拉伸模量 /MPa	拉伸强度 /MPa	断裂伸长率 /%	冲击强度/J·m^{-1}	
							无缺口	缺口
DuraForm® ProX® PA	0.95	1650	63	1770	47	22	45	644
DuraForm® PA	1.03	1387	48	1586	43	14	32	336
DuraForm® ProX® GF	1.33	3120	60	3720	45	2.80	48	207
DuraForm® GF	1.49	3106	37	4068	26	1.40	41	123
DuraForm® ProX® HST	1.12	3430	75	4123	44	4.30	55	307
DuraForm® HST	1.2	4400～4550	83～89	5475～5725	48～51	4.50	37.4	310
DuraForm® ProX® EX BLK	1.02	1360	51	1570	43	60	75	3336
DuraForm® EX	1.01	1310	46	1517	48	47	74	1486
DuraForm® ProX® AF+	1.31	3710	64	4340	37	3	54	255
DuraForm® ProX FR1200	1.03	1720	61	2010	45	8	24	278
DuraForm® FR1200 *	1.02	1770	62	2040	41	5.90	25	233
DuraForm® TPU *	0.78	6	—	5.3	2	220	—	—
DuraForm® Flex *	—	5.9	48	5.9	1.8	110	—	—
CastForm® PS	0.86	—	—	1604	2.84	—	< 1114	—

注：SLS工艺又称为选择性激光烧结。选择性激光烧结加工过程是采用铺粉辊将一层粉末材料平铺在已成形零件的上表面，并加热至恰好低于该粉末烧结点的某一温度，控制系统控制激光束按照该层的截面轮廓在粉末上扫描，使粉末的温度升至熔化点，进行烧结，并与下面已成形的部分实现黏结。

表 4-5-106　美国 3D Systems 公司 CJP 技术 3D 打印高分子材料技术性能

材料①	渗入剂	组　成	抗拉强度/MPa	断裂伸长率/%	抗弯强度/MPa	弯曲模量/MPa	弹性模量/MPa	特点及应用
			ASTM D638	ASTM D638	ASTM D790	ASTM D790	ASTM D638	
VisiJet PXL	ColorBond™	VisiJet PXL＋1 份快速粘接渗入剂	14.2	0.23	31.1	7163	9450	快速固化浸渗剂，适用于颜色模型，以提高强度和颜色的活力。最流行的解决方案
VisiJet PXL	StrengthMax™	VisiJet PXL＋2 份高强度环氧渗入剂	26.4	0.21	44.1	10680	12560	双组分环氧浸渗剂，功能模型的理想选择，以显着提高强度
VisiJet PXL	Salt Water	VisiJet PXL＋环境友好型安全盐和水渗入剂	2.38	0.04	13.1	6355	12855	仅适用于单色型号。提供足够的强度安全处理，经济适用型
VisiJet PXL	Cure™ Wax	VisiJet PXL＋环境友好型安全蜡质渗入剂	9.2	0.09	11.7	4833	22570	有足够的强度和光滑的表面光洁度

① 适用 3D Systems 公司机型 ProJet CJP 260Plus，ProJet CJP 360，ProJet CJP 460Plus，ProJet CJP 660Pro，ProJet CJP 860Pro。

注：CJP：彩色粘接打印（color jet printing），采用的材料均为粉末状的材料，如石膏粉末、塑料粉末，并通过喷头喷射黏合剂将工件的截面“打印”出来并一层层堆积成形。

表 4-5-107　美国 Carbon 公司 CLIP 技术 3D 打印高分子材料物理性能及应用

公司牌号	密度/g·cm^{-3}	硬度 D	线胀系数/10^{-6}℃$^{-1}$	HDT/℃ 0.46MPa	HDT/℃ 1.81MPa	特点及应用	材料描述
		ASTM D2240	ASTM E228	ASTM D648	ASTM D648		
CE 220	1.12	—	60	219	191	非常适合需要长期热稳定性的应用，如发动机罩下部件、电子组件和工业产品。CE 与玻璃纤维填充尼龙相当	CE：氰酸酯
CE 221	1.15	92	—	231	201		
PR 25	1.1	—	—	61	45	—	DPR：牙科生产
DPR 10	1.1	—	—	61	45	Carbon 的 DPR 10 树脂非常适合牙科模型和模具，具有高精度和快速的适印性。DPR 10 也可以回收，以便具有成本效益的使用	
RPU 60	1.02	80	100	58	49	刚性聚氨酯广泛用于各种行业，包括汽车和工业。RPU 70 具有 UL 94 HB 阻燃等级。RPU 与 ABS 相当	RPU：刚性聚氨酯
RPU 61	1.01	78	99	59	48		
RPU 70	1.01	80	—	70	55		

续表

公司牌号	密度 /g·cm⁻³	硬度 D	线胀系数 /10^{-6}℃$^{-1}$	HDT/℃		特点及应用	材料描述
				0.46MPa	1.81MPa		
		ASTM D2240	ASTM E228	ASTM D648	ASTM D648		
FPU 50	1.06	71	129	78	52	FPU具有较高的冲击强度、循环寿命和CLIP卓越的表面光洁度，被设计成可以承受重复的压力，使其成为坚固的外壳、铰链机构和摩擦配合的理想选择	FPU：柔性聚氨酯
UMA 90	1.1	86	—	51	44	适合生产制造夹具和通用样机	UMA：尿烷甲基丙烯酸酯
EPX 81	1.12	90	65	140	131	适用于各种汽车、工业和消费类产品。EPX与玻璃填充PBT相当	EPX：环氧树脂

表 4-5-108　美国 Carbon 公司 CLIP 技术 3D 打印高分子材料技术性能

公司牌号	拉伸模量 /MPa	屈服拉伸强度 /MPa	断裂拉伸强度 /MPa	断裂伸长率 /%	屈服伸长率 /%	抗弯强度 /MPa	挠曲模量 /MPa	Izod冲击强度/J·m^{-1}	
								缺口	无缺口
	D638M	D638M	D638M	D638M	D638M	D790M	D2240	D256A	D4812
CE 220	4200±300	—	100±10	3±1	—	150±10	4000±200	13±5	255±95
CE 221	3870±140	—	92±13	3.3±0.8	—	131±27	3780±113	15±1	291±46
PR 25	1450±50	—	46±4	4±1	—	80±5	2250±250	20±1	170±20
DPR 10	1450±50	—	46±4	4±1	—	80±5	2250±250	21±1	171±20
RPU 60	1600±100	42±2	48±8	130±10	6±1	42±2	1450±500	29±1	933±85
RPU 61	1500±100	40±2	42±3	120±10	6±1	37±2	1100±100	27±2	1.2±0.2
RPU 70	1900±200	45±2	45±2	100±20	—	62±9	1800±300	22±1	530±30
FPU 50	860±110	20±1	29±1	280±15	7±1	32±1	831±36	40±5	—
UMA 90	2000±100	46±3	46±3	17±2	—	79±5	2010±119	33±4	496±141
EPX 81	3140±105	—	88±3	5.2±0.7	—	119±21	3250±45	23±5	291±48

注：CLIP：Carbon3D公司的CLIP技术（continuous liquid interface production，连续液面生产3D打印技术）。

表 4-5-109　美国 Stratasys 公司 FDM 技术 3D 打印高分子材料牌号及物理性能

公司牌号	热性能					电性能				
	HDT/℃		T_g/℃	维卡软化温度 (Rate B/50)/℃	线胀系数 /℃$^{-1}$	体积电阻率 /Ω·cm	电容率	消耗因数	绝缘强度 /V·mil^{-1}	绝缘强度
	0.46MPa	1.81MPa								
	ASTM D648		DSC(SSYS)	ASTM D1525	ASTM E831	ASTM D257	ASTM D150-98	ASTM D150-99	ASTM D149-09	
ABSplus-P430	96	82	108	—	8.82×10^{-5}	2.6×10^{15}～5.0×10^{16}	2.3～2.85	0.0046～0.0053	130	290

续表

公司牌号	热性能					电性能				
	HDT/℃		T_g/℃	维卡软化温度(Rate B/50)/℃	线胀系数/℃$^{-1}$	体积电阻率/Ω·cm	电容率	消耗因数	绝缘强度/V·mil^{-1}	绝缘强度
	0.46MPa	1.81MPa								
	ASTM D648		DSC(SSYS)	ASTM D1525	ASTM E831	ASTM D257	ASTM D150-98	ASTM D150-99	ASTM D149-09	
ABSi	86	73	116	—	12.1×10^{-5}	1.5×10^{9}～6.1×10^{10}	3.4～3.6	0.12～0.15	100～320	—
ABS-M30	96	82	108	99	8.46×10^{-5}	4.0×10^{15}～3.3×10^{16}	2.6～2.86	0.0048～0.0054	100	360
ABS-M30i	96	82	108	99	8.46×10^{-5}	—	2.7～2.9	0.0053～0.0051	370～80	—
ABS－ESD7	96	82	108	99	8.46×10^{-5}	3.0×10^{9}～4.0×10^{10}	—	—	—	—
ASA	98	91	108	103	8.28×10^{-6}	1.0×10^{14}～1.0×10^{15}	2.97～3.04	0.009	329	414
PC-ISO	133	127	161	139	—	—	3.0～2.8	0.0009～0.0005	70～370	—
PPSF/PPSU	—	189	230	—	5.5×10^{-5}	—	3.0～3.2	0.0015～0.0011	80～290	—
ULTEM 1010 Resin	216	213	215	214	25×10^{-6}°F^{-1}	1.0×10^{14}～8.96×10^{15}	2.67	0.001	240	293
ULTEM 9085 Resin	—	153	186	—	65.27×10^{-6}	4.9×10^{15}～8.2×10^{15}	3～3.2	0.0026～0.0027	110～290	—
PLA	53	51	63	54	101×10^{-6}	2.9×10^{15}	1.51	0.005	154	—

表 4-5-110　美国 Stratasys 公司 FDM 技术 3D 打印高分子材料牌号、技术性能及应用

公司牌号	颜色	比重	耐燃等级	洛氏硬度	特点及应用
		ASTM D792	UL94	ASTM D785	
ABSplus-P430	象牙色，白色，黑色，深灰色，红蓝色，橄榄绿，油桃荧光黄	1.04	HB	109.5	3D打印的部件具备持久的机械强度和稳定性。ABSplus能够与可溶性支撑材料一起使用，因而不需手动移除支撑，并轻松制造出复杂形状以及较深内部腔洞

第4篇

续表

公司牌号	颜色	比重	耐燃等级	洛氏硬度	特点及应用
		ASTM D792	UL94	ASTM D785	
ABSi	半透明的自然色，半透明的琥珀色，半透明的红色	1.08	HB (1.5mm)	108	支持 FDM 系统构建透光且可应用于汽车设计的组件。半透明部件同样能用于检测流体运动
ABS-M30	自然色、白色、黑色、深灰色、红色和蓝色	1.04	HB (2.50mm)	109.5	非常适合概念模型和中等要求零件，包括功能性原型、夹具、卡具、制造加工和最终用途零件
ABS-M30i	象牙色	1.04	HB (1.5mm)	109.5	用来构建功能原型、工具以及能通过 γ 射线或 ETO 杀菌的最终用途零件。良好的机械强度，符合 ISO 10993 以及美国药典塑料Ⅵ级的标准
ABS-ESD7	黑色	1.04	HB (1.5mm)	109.5	适用于一个静态电荷就可能损坏组件、降低性能或引起爆炸的配件应用，FDM 技术可提供 ABS-ESD7 静电耗散热塑性塑料，工程师能够使用 FDM 部件为组装电子元件制造出合格的夹具和卡具
ASA	红色、橙色、黄色、绿色、深蓝色、白色、深灰色、浅灰色、象牙色和黑色	1.05	HB	82	具有 10 种耐褪色的颜色，可将较高的机械强度和紫外线稳定性能与 FDM 技术具备的最佳部件美感相结合。可构建耐用的原型以进行拟合、形状和功能测试，或制作最终用途零件。应用于电气设备外壳、支架及体育用品和汽车原型
PLA	黑、白、浅灰、中灰、红、蓝及透明红、蓝、黄、绿	1.264	—	—	新型塑料适用于 Stratasys F123™系列打印机，比 ABS 更高的刚度，低熔点，可用于快速概念模型设计、高拉伸强度低成本原型制造
尼龙 6	黑色	—	—	—	制造夹具、固定装置、导轨及其他有高张力和机械强度要求的制造辅助工具。在投入工具生产前测试组件的功能性能，例如踏板、把手、扣栓、齿轮、连接器、轴承、固定器以及盖子
FDM 尼龙 12(未退火)	黑色	—	HB	—	适用于需要高耐疲劳度的应用，包括可重复使用的卡扣以及摩擦贴合嵌件。航空和汽车应用包括定制生产工具、夹具和卡具以及用于内饰板、低热进气组件以及天线罩的原型。在消费品的产品开发方面，可制造用于卡扣面板以及防冲击组件的耐用原型
PC	白色	1.2	HB	115	功能性原型、工具以及最终用途零件。具有高强度与抗弯强度特性，这使它成为高要求成形需求、金属弯曲与复合工作的工具、卡具和图案的理想之选
PC-ABS	黑色	1.1	HB	110	电动工具成形以及工业设备制造。工程热塑性塑料通过 3D 打印能够制作出更高强度的部件，进而确保更好地进行测试以及制作出模拟最终产品材料性能的原型

续表

公司牌号	颜色	比重	耐燃等级	洛氏硬度	特点及应用
		ASTM D792	UL94	ASTM D785	
PC-ISO	白色、半透明自然色	1.2	HB	—	是一种生物相容性热塑性塑料，它能够让医疗、制药和食品包装工程师和设计师直接通过 CAD 数据以 3D 方式打印出高强度且具有耐热性的手术规划模型、工具以及卡具
PPSF/PPSU	黄褐色	1.28	V0	M86	制造汽车发动机罩原型、可灭菌医疗器械、内部高要求应用工具
ULTEM 1010 Resin	自然色	1.27	V0(1.5mm) V0.5VA (3mm)	109	用于金属、塑料或复合部件制作的自定义工具。可承受高压蒸气灭菌的医疗器械，如手术导板。用于食品生产的耐高温冲模、模型和固定装置。用于舱外航空航天组件和发动机罩内汽车组件，包括外壳、管道和半结构式组件
ULTEM 9085 Resin	褐色，黑色	1.34	V0(1.5mm, 3mm)	—	一种 FDM 热塑性塑料，因其 FST 评级、高强度重量比以及现有认证，成为了航空航天、汽车和军事应用的理想之选。设计和制造工程师能用它 3D 打印高级功能原型以及生产零件。高级应用包括功能性原型、制造工具以及小批量高价值生产部件

表 4-5-111 美国 Stratasys 公司 FDM 技术 3D 打印高分子材料牌号及技术性能

公司牌号	抗拉强度①/MPa	屈服强度①/MPa	拉伸模量①/MPa	断裂拉伸伸长率①/%	屈服拉伸伸长率①/%	冲击强度②/J·m⁻¹		抗弯强度③/MPa		挠曲模量③/MPa		弯曲应变③/%	
						缺口	无缺口	XZ④	ZX⑤	XZ④	ZX⑤	XZ④	ZX⑤
ABSplus-P430	33	31	2200	6	2	106	—	58	35	2100	1650	2	2
ABSi	37	—	1920	4.40	—	96.4	191.1	62	—	1920	—	—	—
ABS-M30	32	31	2230	7	2	128	300	60	48	2060	1760	4	3.50
ABS-M30i	36	—	2240	4	—	139	283	61	—	2300	—	—	—
ABS-ESD7	36	—	2400	3	—	28	55	61	—	2400	—	—	—
PLA	45	48	3039	2.5	1.5	27	192	84	45	2930	2470	4.1	3.7

公司牌号	抗拉强度/MPa		屈服强度/MPa		拉伸模量/MPa		断裂拉伸伸长率/%		屈服拉伸伸长率/%		冲击强度/J·m⁻¹		抗弯强度/MPa		挠曲模量/MPa		弯曲应变/%	
	XZ③	XZ④	XZ③	XZ④	XZ③	XZ④	XZ③	XZ④	XZ③	XZ④	缺口	无缺口	XZ③	ZX④	XZ③	ZX④	XZ③	ZX④
ASA	33	30	29	27	2010	1950	9	3	2	2	64	321	60	48	1870	1630	无断裂	4
尼龙 6	67.6	36.5	49.3	28.9	2232	1817	38.0	3.2	2.3	1.7	43	192	97.2	82	2196	1879	无断裂	无断裂
FDM 尼龙 12(未退火)	—	—	53	48	1310	1241	9.5	5.0	6.5	5.0	150	>2000	69	60	1300	1250	无断裂	>10

续表

技术性能 / 公司牌号	抗拉强度/MPa		屈服强度/MPa		拉伸模量/MPa		断裂拉伸伸长率/%		屈服拉伸伸长率/%		冲击强度/J·m^{-1}		抗弯强度/MPa		挠曲模量/MPa		弯曲应变/%	
	XZ③	XZ④	XZ③	XZ④	XZ③	XZ④	XZ③	XZ④	XZ③	XZ④	缺口	无缺口	XZ③	ZX④	XZ③	ZX④	XZ③	ZX④
PC	57	42	40	30	1944	1958	4.8	2.5	2.2	2.0	73	877	89	68	2006	1800	无断裂	4
PC-ABS	41	—	—	—	1900	—	6	—	—	—	196	481	68	—	1900	—	—	—
PC—ISO	57	—	—	—	2000	—	4	—	—	—	86	53	90	—	2100	—	—	—
PPSF/PPSU	55	—	—	—	2100	—	3	—	—	—	58.7	165.5	110	—	2200	—	—	—
ULTEM 1010 Resin	81	37	64	42	2770	2200	3.30	2.00	2.20	1.50	41	326	144	77	2820	2230	无断裂	3.50
ULTEM 9085 树脂	69	42	47	33	2150	2270	5.80	2.20	2.20	1.70	120	781	112	68	2300	2050	无断裂	3.70

① 抗拉强度、屈服强度、拉伸模量、断裂拉伸伸长率及屈服拉伸伸长率的测量方法为 ASTM D638。

② 冲击强度测量方法 ASTM D256。

③ 弯曲强度、挠曲强度及弯曲应变测试方法 ASTM D790。

④ XZ 样品为 X-Z 平面长度沿 X 轴方向样品。

⑤ ZX 样品为 X-Z 平面长度沿 Z 轴方向样品。

表 4-5-112　美国 Stratasys 公司 PolyJet 技术 3D 打印高分子材料牌号、技术性能及应用

材料类型	公司牌号	技术性能①					特点及应用
		HDT/℃		冲击强度(缺口)/J·m^{-1}	吸水率/%	T_g/℃	
		0.45MPa	1.82MPa				
数字 ABS	DIGITAL ABS PLUS,REEN(RGD5160-DM,RGD5161-DM) DIGITAL ABS PLUS,IVORY(RGD-51300DM,RGD5131-DM)	56～68	51～55	90～115	—	47～53	功能性原型,制造工具,模具,包括注塑模具。用于高温或低温用途的卡扣部件、电气部件、机壳、手机盖、引擎部件和机罩
高温材料	RGD525	63～67	55～57	14～16	1.2～1.4	62～65	静态部件的外观、装配及热功能测试。要求优质表面的高分辨率部件,强光照射条件下的展览模型。耐热夹具和卡具。水龙头、管道和家用电器
透明材料	RGD720	45～50	45～50	20～30	1.5～2.2	48～50	透明或透视零件的成形和拟合测试;玻璃、眼镜、灯罩、灯箱;彩染,医疗,艺术与展品建模
	VEROCLEAR RGD810	45～50	45～50	20～30	1.1～1.5	52～54	
模拟聚丙烯材料	DURUS WHITE RGD430	37～42	32～34	40～50	1.5～1.9	35～37	可以提供良好的耐久性和表面光洁度。使用它快速构建卡扣组件的坚固原型、活动铰链和其他高要求的应用
	RIGUR RGD450	49～54	45～50	30～35	—	48～52	

续表

材料类型	公司牌号	技术性能①					特点及应用
		HDT/℃		冲击强度	吸水率	T_g	
		0.45MPa	1.82MPa	(缺口)/J·m^{-1}	/%	/℃	
刚性不透明材料	VERO PURE WHITE RGD837/GRAY RGD850/BLACKPLUS RGD875/WHITEPLUS RGD835/YELLOW RGD836/CYAN RGD841/MAGENTA RGD851	45～50	45～50	20～30	1.1～1.5	52～54	刚性不透明光聚合物具备出色的细节呈现度，呈灰色、黑色、白色和蓝色。可以用 3D 打印的方法制造出精确、美观原型；可用于适合性、形状和功能的测试，对于活动和组装部件也同样适用。用于制作光滑、精密的夹具、卡具和制造模具
	VERO BLUE RGD840	45～50	45～50	20～30	1.5～2.2	48～50	
橡胶材料	TANGO BLACKPLUS FLX980/FLX930	—	—	—	—	—	制造展览与交流模型、橡胶包裹层和覆膜。适合模具加工或制作原型的软触感涂层和防滑表面。旋钮、手柄、拉手、把手、把手垫片、封条、橡皮软管、鞋类
	AGILUS30 FLX935/BLACK FLX985	—	—	—	—	—	
	TANGO BLACK FLX973/ GRAY FLX950	—	—	—	—	—	
牙科材料	Clear Bio-compatible MED610	45～50	45～50	20～30	1.1～1.5	52～54	专为数字化牙科以及牙齿矫正应用(包括石制模型和牙套)而设计。刚性不透明，材料本色为桃色，具备高细节呈现度以及尺寸稳定性。VeroDent MED670 带有自然桃红色调，提供高品质的细节、强度以及耐久度。VeroDentPlus MED690 制造优良细节和表面，可提供极佳的强度、精度和耐久度的深米色材料。VeroGlaze MED620，具有 A2 色的不透明材料，可提供行业最佳的色泽匹配，是制作义齿贴面试戴和诊断蜡型的理想材料，获得医学批准，可在口腔内放置长达 24h。用于打印牙齿和牙龈模型
	VeroGlaze MED620	45～50	45～50	20～30	1.2～1.5	52～54	
	VeroDent MED670	45～50	45～50	20～30	1.1～1.5	52～54	
	VeroDentPlus MED690	45～50	45～50	20～30	1.2～1.5	52～54	

① HDT 测试方法 D-648-06，冲击强度测试方法 D-256-06，吸水率测试方法 D-570-98 24h，T_g 测试方法 DMA。

注：PolyJet 是指 3D 打印聚合物喷射技术（polymer jetting）。

表 4-5-113　美国 Stratasys 公司 PolyJet 技术 3D 打印高分子材料牌号及技术性能

材料分类	公司牌号	抗拉强度/MPa	断裂伸长率/%	拉伸模量/MPa	抗弯强度/MPa	弯曲模量/MPa
高温材料	RGD525	70～80	10～15	3200～3500	110～130	3100～3500
透明材料	RGD720	50～65	15～25	2000～3000	80～110	2700～3300
	VEROCLEAR RGD810	50～65	10～15	2000～3000	75～110	2200～3200
刚性不透明的材料	VERO PUREWHITE RGD837，VERO GRAY RGD850，VERO BLACKPLUS RGD875，VERO WHITE PLUS RGD835 VERO YELLOW RGD836，VERO CYAN RGD841，VERO MAGENTA RGD851	50～65	10～25	2000～3000	75～110	2200～3200
	VEROBLUE RGD840	50～60	15～25	2000～3000	60～70	1900～2500

续表

材料分类	公司牌号	抗拉强度 /MPa	断裂伸长率 /%	拉伸模量 /MPa	抗弯强度 /MPa	弯曲模量 /MPa
模拟聚丙烯材料	DURUS WHITE RGD430	20～30	40～50	1000～1200	30～40	1200～1600
	RIGUR RGD450	40～45	20～35	1700～2100	52～59	1500～1700
橡胶材料	TANGO BLACK PLUS FLX980 AND TANGO PLUS FLX930	0.8～1.5	170～220	—	—	—
	AGILUS30 FLX935 AND AGILUS30 BLACK FLX985	2.4～3.1	220～240	—	—	—
	TANGO BLACK FLX973	1.8～2.4	45～55	—	—	—
	TANGO GRAY FLX950	3～5	45～55	—	—	—
牙科材料	Clear Bio～compatible MED610	50～65	10～25	2000～3000	75～110	2200～3200
	VeroGlaze MED620	55～65	15～25	2300～3300	80～100	2300～3200
	VeroDent MED670	50～60	10～25	2000～3000	75～110	2200～3200
	VeroDentPlus MED690	54～65	15～25	2200～3200	80～110	2400～3300

表 4-5-114　美国惠普公司 3D 打印高分子 PA 塑料材料牌号、技术性能及应用

公司牌号[①]	粉末熔点 /℃	粉末尺寸 /μm	粉末体积密度 /g·cm^{-3}	部件密度 /g·cm^{-3}	HDT/℃	
					0.45MPa	1.82MPa
HP 3D HR PA12	187	60	0.425	1.01	175	95
HP 3D HR PA12 GB	186	58	0.48	1.3	174	111
HP 3D HR PA11	202	54	0.48	1.05	185	54
VESTOSINT® 3D Z2773PA12	187	57	0.46	—	—	

公司牌号[①]	抗拉强度[②③] /MPa	拉伸模量[②③] /MPa	断裂伸长率[②③] /%	Izod 冲击强度(缺口)[③] /kJ·m^{-2}	弯曲强度[③] /MPa	弯曲模量[③] /MPa	特点及应用
HP 3D HR PA12	48	1800	20	3.5	65	1730	生产实用复杂零件，坚固耐用的热塑性塑料，生产具有平衡性能和强大结构的高密度部件。对油、油脂、脂肪族碳氢化合物和碱具有优异的耐化学性。对于复杂的装配、外壳、密封和防水应用非常理想。生物相容性认证，符合美国药典 I-VI 和美国 FDA 对完整皮肤表面装置的指导
HP 3D HR PA12 GB	31	2700	7.8	2.9	—	—	生产坚硬的功能部件，40%玻璃珠填充热塑性材料，具有最佳力学性能和高重复使用性。尺寸稳定性和重复性好。非常适合要求高刚度的应用，如外壳和外壳、固定装置和工具

续表

公司牌号①	抗拉强度②③ /MPa	拉伸模量②③ /MPa	断裂伸长率②③ /%	Izod 冲击强度(缺口)③ /kJ·m^{-2}	弯曲强度③ /MPa	弯曲模量③ /MPa	特点及应用
HP 3D HR PA11	52	1800	50	6	70	1650	提供最佳力学性能的热塑性材料。提供优异的耐化学性和增强的断裂伸长率。用于假肢、鞋垫、运动用品、卡扣、活动铰链等，提供抗冲击性和延展性
VESTOSINT® 3D Z2773 PA12	48	1700	20	—	—	—	—

① 材料适用于 HP Jet Fusion 3D 4210/4200 打印方案。
② 性能测量 X-Y 面内。
③ 拉伸、弯曲及冲击测试方法分别为 ASTM D638，ASTM D790 及 ASTM D256-A 方法。
注：上述技术信息表示典型平均值不能在特定用途直接使用。

表 4-5-115　美国 Cubic Technologies 公司 3D 打印高分子 Solid VC 材料牌号及技术性能及应用

公司牌号①	抗拉强度 /MPa	拉伸模量 /MPa	断裂伸长率 /%	热变形温度 /℃	密度 /g·cm^{-3}	颜色	特点及应用
Solid VC	40～50	1200～2000	30～100	45～55	1.38	透明/琥珀色	主要应用于构建快速原型及模型和模具

① 刚性聚氯乙烯复合物，由多个硬质 PVC 片构成，用液体黏合剂黏合，属于 LOM 3D 打印技术。

5.3.3　3D 打印陶瓷材料

5.3.3.1　3D 打印陶瓷材料类型、技术性能及应用

表 4-5-116　DIP 法制备的 3Y-TZP 陶瓷产品名称、技术性能及应用性能及应用

材料	粉末	油墨			烧结陶瓷			应用
		动力黏度 /mPa·s	粒度 /μm	固体含量（体积分数）/%	弯曲强度 /MPa	断裂应力 /MPa	相对密度 /%	
3Y-TZP 陶瓷（3Y-TZP 水悬浮液）	ZrO_2 粉末（Zirconium Oxide UPH，Framatome ANP Cezus，France）and a 3Y-TZP 粉末（Z-3YS-E，Tosoh Corp.，Japan）	10	30	24.2	764～930（四点弯曲）	400～1200	>96	假牙桥架

表 4-5-117 DIP 法制备 Si_3N_4 陶瓷材料技术性能及应用

材料	粉末	油墨			烧结陶瓷		应用
		动态黏度 /mPa·s	粒度 /μm	固体含量(体积分数) /%	断裂韧性 /MPa·$m^{0.5}$	硬度 HV 0.2	
Si_3N_4陶瓷(氮化硅浊液)	Si_3N_4粉末(SN-E10,UBE Industries,Japan)/yttrium-aluminium-garnet 粉末(YAG,Sintertechnik,Pretzfeld,FRG)	20~40	30	30.2	4.4	17	小齿轮

表 4-5-118 SLS+CIP 法制备 Al_2O_3 陶瓷技术性能及应用

材料	添加剂	Al_2O_3粉体		烧结陶瓷未经过冷等静压		冷等静压处理	应用
		$d50$/μm	纯度/%	相对密度/%	弯曲强度/MPa	相对密度/%	
Al_2O_3陶瓷	1.5%聚乙烯醇(PVA)Coating(涂层)+8%环氧树脂E06(ER06)	0.4	99.7	34	1.1	>92	小齿轮

表 4-5-119 LENS 法制备 Al_2O_3/YAG 陶瓷材料技术性能及应用

材料	粉体成分	粉体			烧结陶瓷				应用
		Al_2O_3纯度(质量分数)/%	Y_2O_3纯度(质量分数)/%	粉末尺寸 /μm	相对密度 /%	密度 /g·cm^{-3}	显微硬度 /GPa	断裂韧性 /MPa·$m^{1/2}$	
Al_2O_3/YAG	$Al_2O_3+Y_2O_3$	99.73	99.78	40~90	98.60	4.23	17.35	3.14	空圆筒结构

5.3.3.2 国产 3D 打印陶瓷材料类型、技术性能及应用

表 4-5-120 武汉三维公司 3D 打印光固化技术制备陶瓷材料产品名称、技术性能及应用

产品名称①	纯度 /%	相对密度 /%	抗弯强度(三点弯曲) /MPa	特点及应用
氧化铝陶瓷 Al_2O_3	95~99.8	95~98	400	目前应用最为广泛的工业陶瓷,其耐受的温度高达1700℃,并且在高温下性能依然良好
氧化锆陶瓷 ZrO_2	95~99.9	95~99	1100	相变增韧和微裂纹增韧,所以有很高的强度和韧性,高硬度、高强度和高韧性就保证了氧化锆陶瓷具有其他结构陶瓷不可比拟的耐磨性;经过打磨的氧化锆陶瓷有着类似金属的光泽,并且可以调配不同的色彩,可用于珠宝奢侈品领域
羟基磷灰石 HAP	95~99.9	95~98	75	与人体骨骼成分、结构基本一致,生物活性和相容性好,能与人体骨骼形成很强的化学结合,用作骨缺损的填充材料,能为新骨的形成提供支架,发挥骨传导作用,是理想的硬组织替代材料

① 适用机型专业级的大幅面光固化陶瓷 3D 打印机 CERAMAKER300,桌面级的光固化面打印机(DLP)C30。

5.3.3.3 国外 3D 打印陶瓷类型、技术性能及应用

表 4-5-121 奥地利 Lithoz 公司 3D 打印 LCM 技术制备陶瓷材料牌号、技术性能及应用

公司牌号	材料	泥浆		烧结陶瓷						特点及应用
		固体含量(体积分数)/%	动力黏度/Pa·s	相对密度/%	纯度/%	抗弯强度/MPa	表面粗糙度 Ra/μm	相对介电常数	介电损耗 $\tan\delta$	
LithaLox HP500	Alumina (Al_2O_3)	49	11.5	99.4	99.99	430(四点弯曲)	0.4	9.8～10	0.002～0.004	氧化铝(Al_2O_3)是重要的氧化物陶瓷材料之一，具有高硬度、耐腐蚀和耐高温的特点。由氧化铝制成的部件是电绝缘的，防刺穿，应用广泛，例如电子工业中的基材、纺织工程中的导纱器、热处理中的保护等
LithaLox 350D	Alumina (Al_2O_3)	49	8.5	98.4	99.8	359(三点弯曲)	0.9	9.8～10	0.002～0.004	
LithaCon 3Y 610 purple	3%(摩尔分数)氧化钇稳定的氧化锆(YSZ)	39	41	99.74	99.9	700(四点弯曲)	0.6	29	0.001	优异的强度、断裂韧性、耐磨性和抗热振性；与其耐化学腐蚀性相结合，氧化锆成为高温下结构元件的理想材料。用于对材料有极高要求的应用，如高端金属成形、阀门、轴承和切割工具。氧化锆的生物相容性有助于在牙科等医疗应用中的使用，并作为永久植入物的一部分
LithaNit 720	β-SiAlON 类型	40	5	99.8	—	—	0.65	8.1	—	具有高强度、高韧性、耐热冲击性和良好的耐化学腐蚀性等性能。LithaNit 720 零件可以在高达 1200℃的温度下使用，应用广泛，如绝缘子、弹簧、叶轮等。由于具有骨整合潜力和抗感染特性，它为永久性植入物的医学工程提供了极大的可能性

注：LCM 技术是一种基于浆液的工艺，陶瓷粉末均匀分散在光固化单体体系中，通过掩模曝光选择性聚合，最初形成绿色部件。这些绿色部件基本上是光敏聚合物基体内陶瓷颗粒的复合物，其作为陶瓷颗粒的黏合剂，在热处理过程中，通过热解除去有机基质，在烧结过程中颗粒被致密化得到致密的陶瓷体。

公司牌号	材料	泥浆	烧结陶瓷										应用
		固体含量(体积分数)/%	理论密度/g·cm^{-3}	相对密度/%	抗弯强度(浸渍)/MPa	抗弯强度/MPa	表面粗糙度/μm	扩张率/% 1000℃	扩张率/% 1500℃	方英石含量(质量分数)/%	最大烧结粒径/μm	最大晶粒尺寸/μm	
LithaCore 450	二氧化硅、氧化铝、锆石	63	2.44	72	18(三点弯曲)	10(三点弯曲)	<3	<0.2	<0.5	20～40	100	1575	用于熔模铸造用铸芯的生产。典型应用包括涡轮叶片的单晶铸造。是为高精度陶瓷芯的精密加工制造而开发的

第 4 篇

续表

公司牌号	材料	粉末		泥浆		烧结陶瓷			特点及应用
		重金属含量（最大）	纯度/%	动力黏度/Pa·s	固体含量（体积分数）/%	相对密度/%	孔隙率/%	抗弯强度/MPa	
LithaBone 300	β-磷酸三钙（β-TCP）陶瓷	50×10^{-6}	≥95	<12	46	97	5	34（三点弯曲）	磷酸三钙（TCP）具有良好的生物相容性、生物可吸收性和骨传导性，因此是再生医学中骨替代材料的良好选择

表 4-5-122 奥地利 Lithoz 公司 LCM 方法制备陶瓷材料牌号及技术性能

公司牌号	材料	理论密度/$g\cdot cm^{-3}$	断裂韧性/$MPa\cdot m^{1/2}$	硬度 HV10	热导率/$W\cdot m^{-1}\cdot K^{-1}$	工作温度/℃ max	比电阻率/Ω·cm
LithaLox HP500	Alumina(Al_2O_3)	3.985	4～5	1450	37	1650	10^{14}
LithaLox 350D		3.985	3	1450	37	1650	10^{14}
LithaCon 3Y 610 purple	3%（摩尔分数）氧化钇稳定的氧化锆	6.07	6.5～8	1300	2.5～3	1500	$>10^{10}$
LithaNit 720	β SiALON 类型	3.23	7.7	1500	28	1200	10^{10}

表 4-5-123 德国 Voxeljet 公司砂粒材料牌号及技术性能

模型材料	类型	粒度/μm	灼减量（质量分数）/%	层厚/μm	抗弯强度①/MPa	透气性	特点及应用
石英砂	GS 14	140	≤1.9	300	≥2.2	≥80	高表面要求的模具和型芯
	GS 19	190	≤1.9	300/400	≥2.2	≥180	高透气性的芯子
	GS 25	250	≤1.9	300	≥2.5	≥3.0	型芯。最高的透气性
陶粒砂	陶粒砂	200	≤1.5	300	≥3.0	≥150	高耐热性，低热延伸性，良好的包装，良好的强度和表面，可代替铬铁矿、红柱石或锆石

① 抗弯强度取决于砂子的类型。

注：此表为呋喃树脂砂型，黏结剂为冷成形呋喃树脂，黏结剂和层厚精度只适用于 VoxelJet 的 3D 打印服务中心。

5.3.4　3D 打印石墨烯/氧化石墨烯及其复合材料

5.3.4.1　国产 3D 打印石墨烯/氧化石墨烯种类、牌号、技术性能及应用

表 4-5-124　中科院成都有机化工有限公司石墨烯材料牌号、技术性能及应用

种类	纯度(质量分数)/%	厚度/nm	尺寸/μm	层数/层	比表面积/$m^2 \cdot g^{-1}$	电导率/$S \cdot m^{-1}$	振实密度/$mg \cdot mL^{-1}$	金属含量/10^{-6}	粉末颜色	成分	Area(CPS)	含量(质量分数)/%	所占比例/%	特点及应用
高纯石墨烯 TNPRGO	>98	1~3	>50	<3	100~200	1000~1500	5~10	—	黑色	C	8300	0.25	96.48	聚合物中的添加剂、催化剂，用于阴极射线照明元件的电子场发射器、平板显示器、电信网络中的气体放电管、电磁波吸收和屏蔽、能量转换、锂电池阳极、储氢、纳米管复合材料，用于 STM、AFM 和 EFM 技术的纳米探针、纳米光刻、纳米电极、传感器、复合材料中的增强材料、超级电容器
										O	800	0.66	3.52	
还原氧化石墨烯 TNRGO	>98	0.55~3.74	0.5~3	<10	500~1000	—	—	—	黑色	C	37995.3	96.41	—	—
										O	3736.8	3.59	—	
工业级还原氧化石墨烯 TNIRGO	>97	—	<6	<10	80~120	> 1000	—	<500	黑色	—	—	—	—	采用独创煅烧还原工艺制备，具有良好的单层分散性能，并具有较高的电导率和比表面积，易分散，是一款性能优异的导电骨架材料和导电添加剂。适用于锂离子电池、超级电容器等电化学储能器件，也可作为导电填料应用于塑料、橡胶、涂料领域

表 4-5-125　中科院成都有机化工有限公司高导电石墨烯材料牌号及技术性能

性　质	高导电石墨烯 TNERGO			
	TNHRGO	TNERGO-3	TNERGO-10	TNERGO-50
层数(layers)/层	<10	<3	<3	<3
纯度(purity)(质量分数)/%	—	>98	>98	>98

续表

性质	高导电石墨烯 TNERGO			
	TNHRGO	TNERGO-3	TNERGO-10	TNERGO-50
片径(scale)/μm	0.06～0.12	1～5	8～15	>50
比表面积 SSA/$m^2 \cdot g^{-1}$	150～200	50～80	70～110	110～170
灰分(ASH)(质量分数)/%	<1	<1	<1	<1
体积电阻率/$\mu\Omega \cdot m$	—	600～800	600～800	600～800
碳含量(原子分数)/%	—	>98.16	>98.16	>98.16
氧含量(原子分数)/%	—	<1.84	<1.84	<1.84
外观	灰黑色蓬松粉末	灰黑色蓬松粉末	灰黑色蓬松粉末	灰黑色蓬松粉末
制备方法	等离子法	化学氧化还原法		

表 4-5-126 中科院成都有机化工有限公司石墨烯薄膜材料种类、牌号、技术性能及应用

种类	尺寸	产品编号	等级①	方阻/Ω	应用或产品描述
铜基体石墨烯薄膜	1cm×1cm	TNFCA1	单层 A	300～600	石墨烯薄膜生长在铜箔的表面，生长的层数为单层或少层(少于 10 层)。该薄膜完整性高，单层覆盖率高，导电性好，迁移率可达 $6000cm^2/(V \cdot s)$。目前最大尺寸可达 30cm×70cm 规格
		TNFCB1	单层 B	700～1500	
		TNFCF1	少层	500～1200	
	2cm×2cm	TNFCA2	单层 A	300～600	
		TNFCB2	单层 B	700～1500	
		TNFCF2	少层	500～1200	
	5cm×5cm	TNFCA5	单层 A	300～600	
		TNFCB5	单层 B	700～1500	
		TNFCF5	少层	500～1200	
	5cm×10cm	TNFCA51	单层 A	300～600	
		TNFCB51	单层 B	700～1500	
		TNFCF51	少层	500～1200	
	10cm×10cm	TNFCA10	单层 A	300～600	
		TNFCB10	单层 B	700～1500	
		TNFCF10	少层	500～1200	
	10cm×15cm	TNFCA15	单层 A	300～600	
		TNFCB15	单层 B	700～1500	
		TNFCF15	少层	500～1200	
	20cm×30cm	TNFCA23	单层 A	300～600	
		TNFCB23	单层 B	700～1500	
		TNFCF23	少层	500～1200	

续表

种类	尺寸	产品编号	等级[①]	方阻/Ω	应用或产品描述
铜基体泡取式石墨烯	1cm×1cm	TNFPCA1	单层 A	300～600	泡取式石墨烯是将铜基底石墨烯旋涂上一层有机聚合物保护膜，经过背部超净处理得到。这种石墨烯使用方便，可以直接放到刻蚀液里把铜刻蚀掉，再转移到去离子水里漂洗掉刻蚀液即可使用
		TNFPCB1	单层 B	700～1500	
		TNFPCF1	少层	500～1200	
	2cm×2cm	TNFPCA2	单层 A	300～600	
		TNFPCB2	单层 B	700～1500	
		TNFPCF2	少层	500～1200	
	5cm×5cm	TNFPCA5	单层 A	300～600	
		TNFPCB5	单层 B	700～1500	
		TNFPCF5	少层	500～1200	
	5cm×10cm	TNFPCA51	单层 A	300～600	
		TNFPCB51	单层 B	700～1500	
		TNFPCF51	少层	500～1200	
	10cm×10cm	TNFPCA10	单层 A	300～600	
		TNFPCB10	单层 B	700～1500	
		TNFPCF10	少层	500～1200	
氧化硅基底石墨烯薄膜	1cm×1cm	TNFMA1	单层 A	300～600	石墨烯转移至氧化硅片上，可以使用客户提供的氧化硅片 氧化硅参数要求： 类型：P 型重掺杂（$R=3\times10^{-3}\Omega\cdot cm$） 厚度：525μm±20μm 氧化层厚度：300nm
		TNFMB1	单层 B	700～1500	
		TNFMF1	少层	500～1200	
	2cm×2cm	TNFMA2	单层 A	300～600	
		TNFMB2	单层 B	700～1500	
		TNFMF2	少层	500～1200	
	5cm×5cm	TNFMA5	单层 A	300～600	
		TNFMB5	单层 B	700～1500	
		TNFMF5	少层	500～1200	
	7cm×7cm	TNFMA7	单层 A	300～600	
		TNFMB7	单层 B	700～1500	
		TNFMF7	少层	500～1200	
石英基底石墨烯薄膜	1cm×1cm	TNFQA1	单层 A	300～600	石墨烯转移至石英片上，可以使用客户提供的石英片 石英片参数要求： 光学级石英片 圆形和方形 厚度 3mm 和 1mm
		TNFQB1	单层 B	700～1500	
		TNFQF1	少层	500～1200	
	2cm×2cm	TNFQA2	单层 A	300～600	
		TNFQB2	单层 B	700～1500	
		TNFQF2	少层	500～1200	

第 4 篇

续表

种类	尺寸	产品编号	等级①	方阻/Ω	应用或产品描述
石英基底石墨烯薄膜	5cm×5cm	TNFQA5	单层 A	300～600	石墨烯转移至石英片上，可以使用客户提供的石英片 石英片参数要求： 光学级石英片 圆形和方形 厚度 3mm 和 1mm
		TNFQB5	单层 B	700～1500	
		TNFQF5	少层	500～1200	

① A 级单层覆盖率大于 97%；B 级单层覆盖率大于 85%；少层石墨烯在 10 层以下。

表 4-5-127　中科院成都有机化工有限公司石墨烯泡沫材料种类、牌号、技术性能及应用

种类	规格	产品编号	等级	厚度/mm	应用
镍泡沫石墨烯	1cm×1cm	TNNFA1	A	1～1.2	石墨烯按镍泡沫的结构生长 镍泡沫石墨烯用途广泛，可用于锂电池的电极材料，可大大提高电池容量，可制作传感器，可用于超级电容等
	2cm×2cm	TNNFA2	A	1～1.2	
	5cm×5cm	TNNFA5	A	1～1.2	
	5cm×10cm	TNNFA51	A	1～1.2	
悬空自助转移镍泡沫石墨烯	1cm×1cm	TNNFTA1	A	1～1.2	镍泡沫石墨烯放在镍刻蚀液中去除镍，再移到"悬空基底"上，使用者拿到产品后只需将其在去离子水中轻轻释放就可得到可直接转移至任何基底的泡沫状石墨烯。泡沫石墨烯用途广泛，可用于锂电池的电极材料，可大大提高电池容量，制作传感器，可用于超级电容等
	2cm×2cm	TNNFTA2	A	1～1.2	
	5cm×5cm	TNNFTA5	A	1～1.2	
	5cm×10cm	TNNFTA51	A	1～1.2	

表 4-5-128　中科院成都有机化工有限公司功能化石墨烯材料种类、技术性能及应用

种类	纯度(质量分数)/%	厚度/nm	尺寸/μm	层数/层	比表面积/$m^2 \cdot g^{-1}$	含氨量(质量分数)/%	含氮量(质量分数)/%	含氧量(质量分数)/%	电导率/$S \cdot m^{-1}$	振实密度/$mg \cdot mL^{-1}$	粉末颜色	成分	Area (CPS)	表面积	含量(质量分数)/%	所占比例	含量(原子分数)/%
氮掺杂石墨烯	>98	1～3	2～10	<3	100～300	—	5～10	—	—	5～10	黑色	C	—	63480.8	83.57	—	88.31
												N	—	6492.9	7.71	—	5.38
												O	—	11984.9	—	—	6.32
												H	—	—	0.23	—	—
羧基化石墨烯	>98	0.55～3.74	0.5～3	<10	—	—	—	>15	—	—	黑色	C	57286.3	—	0.25	81.78%	—
												O	33697.8	—	0.66	18.22%	—
羟基化石墨烯	>98	0.55～3.74	0.5～3	<10	—	—	—	—	>10	—	黑色	C	72453.7	—	0.25	86.63%	—
												O	29531.8	—	0.66	13.37%	—
氨基化石墨烯	>98	0.55～3.74	0.5～3	<10	—	～0.5	—	—	—	—	黑色	C	66309.1	—	0.25	86.13%	—
												O	20083.8	—	0.66	9.88%	—
												N	5164.4	—	0.42	3.99%	—

表 4-5-129　中科院成都有机化工有限公司纳米石墨烯片牌号、技术性能及应用

种类	纯度（质量分数）/%	厚度/nm	尺寸/μm	层数/层	pH 值	振实密度/$g \cdot cm^{-3}$	体积电阻率/Ω·cm	特点及应用
纳米石墨烯片 TNGNPs	>99.5	4～20	5～10	<20	7.00～7.65（30℃）	0.6	2～16	纳米石墨烯片具有优异的导热性，应用在导热胶、导热高分子复合材料、散热材料中。纳米石墨烯片本身具有非常高的热导率，可作为复合材料的添加剂，可大幅度地提高基体材料的热导率。同时在导电橡胶、导电塑料、抗静电材料方面有广阔的应用前景
工业级纳米石墨烯片 TNIGNP	>90	—	2～16	<30	—	0.6	2～13	
工业级纳米石墨烯片 TNIGNP-2	>90	—	2～13	<30	—	0.2	0.2	

表 4-5-130　中科院成都有机化工有限公司石墨烯功能油墨种类、技术性能及应用

种类	油墨名称	TNRGO-YS	特点及应用
石墨烯导电发热油墨	固含量/%	16±1	针对锂离子电池低电压启动、柔性便携、保健强身等电热膜需求，开发了石墨烯导电发热油墨，它是以高导电石墨烯为功能填料开发的快干型低阻抗导电油墨产品，适用于丝网印刷
	成膜树脂	纤维素醚	
	黏度（4# 转子，30r/min，25℃）/Pa·s	<15	
	体积电阻率（10μm）/Ω·cm	0.06～0.08	
	附着力	0 级	
	固化条件（150℃）/min	20～25	
	使用方法	使用前需充分搅拌均匀，以恢复流动性。150～200 目丝网印刷在基材上，如纸张、PET 膜	
	清洗	采用酒精、乙酸丁酯直接清洗	
	存储条件	密封、干燥、阴凉	
	应用	导电性涂层 导电发热性涂层	

表 4-5-131 中科院成都有机化工有限公司石墨烯-炭黑复合粉体种类、技术性能

种类	纯度（质量分数）/%	石墨烯含量（质量分数）/%	层数/层	比表面积/$m^2 \cdot g^{-1}$	电阻率/$\Omega \cdot cm$	粉末颜色	成分	石墨烯含量（质量分数）/%	比电阻/$\Omega \cdot cm$	比表面积/$m^2 \cdot g^{-1}$
石墨烯/白炭黑复合粉体 TNRGO-BTH	>98	5～50	<3	110～150	<10	黑灰色	石墨烯白炭黑复合粉末	28	0.48	138.4
							白炭黑	0	93193	147.4
石墨烯/炭黑复合粉体 TNRGO-CB	>98	20～50	<3	100～130	<0.5	黑色	石墨烯白炭黑复合粉末	20	0.233	121
							炭黑	0	0.288	108

表 4-5-132 中科院成都有机化工有限公司石墨烯-碳纳米管复合粉体种类、技术性能

性质	石墨烯-碳纳米管复合粉体（TNRGO-CNT）	
	TNRGO-CNT2	TNRGO-CNT8
石墨烯层数/层	<3	<3
石墨烯含量（质量分数）/%	10～50	10～50
碳纳米管外径/nm	8～15	>50
比表面积 SSA/$m^2 \cdot g^{-1}$	—	—
灰分（ASH）（质量分数）/%	<3	<3
碳含量（质量分数）/%	>97	>97
外观	黑色蓬松粉末	黑色蓬松粉末

表 4-5-133 中科院成都有机化工有限公司工业纳米石墨烯-碳纳米管复合物种类、技术性能

种类	纯度（质量分数）/%	层数/层	碳纳米管管径/nm	纳米石墨烯片与碳纳米管复合比例	中值粒径（$d50$）/μm
工业级纳米石墨烯-碳纳米管复合物 TNIGNP-CNTs	>90	<30	50～80	4∶1（可调）	5～7

表 4-5-134 厦门凯纳石墨烯公司石墨烯粉体牌号、技术性能及应用

种类	石墨烯层数	碳含量（质量分数）/%	接杆氧含量	片径（$D50$）/μm	片径（$D90$）/μm	径厚比	表观	堆积密度/$g \cdot mL^{-1}$	含水量/%	特点及应用
KNG-G2 石墨烯粉体	1～3层，单层率大于80%	约98	极少	7～12	11～15	平均9500	黑灰色粉末	0.01～0.02	<2	由机械剥离法制得，表面含氧官能团极少，导电导热性能好；具有超大的径厚比，粉体堆积密度小；用途广泛，可改善材料的导电、导/散热、防腐、光/热稳定性、强度、耐磨等性能

续表

种类	石墨烯层数	碳含量（质量分数）/%	接杆氧含量	片径（$D50$）/μm	片径（$D90$）/μm	径厚比	表观	堆积密度 /g·mL^{-1}	含水量 /%	特点及应用
KNG-NG-G2（亲油）	1～3 层，单层率大于 80%	约 98	极少	4～7	9～11	平均 8500	黑灰色粉末	0.01～0.02	<2	由机械剥离法制得，表面含氧官能团极少，导电导热性能好；具有超大的径厚比，粉体堆积密度小
KNG-G2-3（亲水）	1～3 层，单层率大于 80%	约 93	极少	4～7	9～11	平均 8500	黑灰色粉末	0.01～0.02	<2	由机械剥离法制得，表面含氧官能团极少，导电导热性能好；具有超大的径厚比，粉体堆积密度小；用途广泛，可改善材料的导电、导/散热、防腐、光/热稳定性、强度、耐磨等性能

表 4-5-135　厦门凯纳石墨烯公司石墨烯微片粉体牌号、技术性能及应用

种类	直径（$D50$）/μm	片层厚度/nm	含水率 /%	堆积密度 /g·cm^{-3}	外观	特点及应用
石墨烯微片-150（粉体）KNG-150	3～6	—	≤1.5	0.15～0.20	黑色粉体	应用于聚氯乙烯复合材料。石墨烯微片通过原位聚合得到石墨烯/聚氯乙烯复合材料，石墨烯添加量（质量分数）为 0.2%时，复合材料热老化时间和冲击强度得到大幅度提升，拉伸强度和弹性模量也同步得到增强；应用于高性能润滑油。添加极少量的 KNG-150，可在耐高温高压、抗磨、防磨损、防黏结等方面大幅提升汽车润滑油的润滑性能和使用寿命
石墨烯微片-180（粉体）KNG-180	7～10	<100	<1.5	0.13～0.18	灰黑色粉体	应用于热交换、热传导领域；热传导性弹性体；应用于导热黏胶剂；塑胶导电及抗静电改性，显著降低塑胶的电阻值；应用于改善塑胶的耐磨、润滑性能及耐蚀性能；应用于电子领域：电池导电浆液、电容器导电涂层、燃料电池双极板以及电极添加剂等；应用于容器阻隔、防渗透：油箱、输油管道、塑料储罐、弹性体垫片、密封件
石墨烯微片（粉体）KNG-182	约 40	<100	<1.5%	0.13～0.18	灰黑色粉体	应用于热交换、热传导领域；热传导性弹性体；应用于导热黏胶剂：随着电子元件和电子设备向薄轻方向发展，对于用作密封和热界面材料的导热黏胶剂需要量越来越高，添加有石墨烯微片的黏胶剂广泛用于化工热交换器的黏结、导热灌封、半导体陶瓷基片与导热底座的黏合等导热非绝缘领域；应用于塑胶导电及抗静电改性：显著降低塑胶的电阻值；应用于改善塑胶的耐磨、润滑性能及耐蚀性能；应用于电子领域：电池导电浆液、电容器导电涂层、燃料电池双极板以及电极添加剂等；应用于容器阻隔、防渗透：油箱、输油管道、塑料储罐、弹性体垫片、密封件

表 4-5-136 厦门凯纳石墨烯公司石墨烯粒子牌号、技术性能及应用

种类	粒径/mm	平均宏观尺寸/mm	堆积密度/g·cm^{-3}	接杆氧含量	改性剂含量(质量分数)/%	含碳量(质量分数)/%	含水率/%	外观	特点及应用
石墨烯粒子 KNG-C162	2～3	—	0.15～0.25	—	—	—	≤2	黑灰色颗粒	产品为颗粒状，粉尘污染小，加工性能好；产品轻微受力即可散开成粉体，不影响分散
KNG-T181-2 石墨烯粒子（导热塑胶专用）	—	约4	0.33～0.38	极少	2	98	<2	灰黑色片状物	可大幅度提升塑胶的导热性能；产品呈大片状，适合各种熔融工艺，易加料，粉尘污染小；产品表面经过改性，与树脂相容性和分散好；产品导电，外观呈灰黑色，应用于导热塑胶领域

表 4-5-137 天津普兰纳米科技有限公司石墨烯及石墨烯氧化物牌号、技术性能及应用

产品名称	产品型号	导电性	层数	厚度/nm	纯度/%	尺寸	金属含量/10^{-6}	不溶性杂质/%	形态	特点及应用
单层石墨烯氧化物	SGraphene-001	—	单层	0.7～1.2	>99	几百纳米到几微米	<10	<0.01	固体粉末	适用于各种成膜、药物载体、复合材料等
单层石墨烯	SGraphene-001	—	单层	0.7～1.2	>99	几百纳米到几微米	<10	—	固体粉末	适合用于各种导电添加剂、复合材料等
寡层石墨烯	FGraphene-070	—	85%为2～4层	1～3	>99	几百纳米到几微米	<10	<0.01	固体粉末	适合用于各种导电膜、药体、复合材料等
寡层石墨烯	FGraphene-080	导电性良好	>85%为4～8层	2～4	>99	—	<10	<0.01	固体粉末	适用于各种导电膜、复合导电添加材料

5.3.4.2 国外3D打印石墨烯/氧化石墨烯种类、牌号、技术性能及应用

表 4-5-138 美国 Angstron Materials 公司石墨烯材料种类、牌号、技术性能及应用

种类/牌号	厚度/nm	横向尺寸(X-Y)/μm	比表面积/m^2·g^{-1}	真密度/g·cm^{-3}	固体含量(质量分数)/%	碳含量(质量分数)/%	氧含量(质量分数)/%	氢含量(质量分数)/%	氮含量(质量分数)/%	灰分(质量分数)/%	水分/%	特点及应用
氧化石墨烯粉体/N002-PDE	2～3	≤7	≥400	≤2.20	≥98.90	60～80	10～30	≤2.00	≤0.50	≤2.50	≤1.00	—
极化石墨烯粉末/N008-P-40	50～100	≤10	20～40	≤2.20	≥99.00	≥97.00	≤1.00	≤1.00	—	≤2.50	≤1.00	应用于隔离膜、导电复合材料、纳米复合材料、热辐射、导电橡胶、导电胶、隔离膜等

续表

种类/牌号	厚度/nm	横向尺寸(X-Y)/μm	比表面积/$m^2 \cdot g^{-1}$	真密度/$g \cdot cm^{-3}$	固体含量(质量分数)/%	碳含量(质量分数)/%	氧含量(质量分数)/%	氢含量(质量分数)/%	氮含量(质量分数)/%	灰分(质量分数)/%	水分/%	特点及应用
极化石墨烯粉末/N008-P-10	50～100	≤7	≤40	≤2.20	≥99.00	≥96.00	≤1.00	≤1.00	≤0.20	≤2.50	≤1.00	应用于导电复合材料、纳米复合材料、热辐射、导电油墨、导电橡胶、导电胶等
原始石墨烯粉末/N008-N	50～100	5	≤30	≤2.20	≥98.80	≥97.00	≤2.00	≤1.00	≤0.50	≤1.00	≤1.20	应用于导电复合材料、纳米复合材料、热辐射、导电油墨、导电胶
薄层石墨烯粉末/N006-P	约 10～20	5	≥15	≤2.20	≥98.80	≥95.00	≤4.00	≤1.00	≤0.20	≤2.50	≤1.20	应用于导电复合材料、纳米复合材料、热辐射、导电油墨、导电橡胶、导电胶、隔离膜
少层石墨烯粉末/N002-PDR	层数<3	≤10	400～500	≤ 2.20	≥97.90	≥95.00	≤2.50	≤2.00	≤0.50	≤2.50	≤0.50	应用于导电薄膜、隔离膜、能源电池、太阳能电池、透明电极、纳米复合材料、热辐射、电容、导电油墨、有机半导体

表 4-5-139　美国 BlackMagic 3D 公司石墨烯复合材料种类、牌号、技术性能及应用

种类	体积电阻率/Ω·cm	热导率/$W \cdot m^{-1} \cdot K^{-1}$	碳含量(质量分数)/%	直径/mm	层厚/mm	打印速度/$mm \cdot min^{-1}$	搭接率/%	加热床(可选)/℃	加工温度/℃	碳纤维/石墨烯/%	颜色	特点及应用
导电热塑性石墨烯- PLA 颗粒	1	0.28	16	1.5～2.0	—	—	—	—	180～190	—	黑色/银色/哑光	电信、医疗设备、外壳和包装、汽车和航空航天、振动阻尼和电气接地
石墨烯-耐冲击性聚苯乙烯长丝 Graphene-HIPS-400	不导电	—	—	1.75(±0.07)；3.00	0.1～0.2	2500	15～20	80	195	—	黑色/银色/哑光	Graphene-HIPS-400 长丝是高科技工程 FDM 材料，可应用于大部分 FDM 3D 打印设备。添加石墨烯片状纳米颗粒制成，该长丝为半柔性，具有高抗冲击性。它还具有改进的层间黏合性作用，可为 3D 打印物提供出色的力学性能

续表

种类	体积电阻率/Ω·cm	热导率/W·m^{-1}·K^{-1}	碳含量(质量分数)/%	直径/mm	层厚/mm	打印速度/mm·min^{-1}	搭接率/%	加热床(可选)/℃	加工温度/℃	碳纤维/石墨烯/%	颜色	特点及应用
耐冲击性聚苯乙烯长丝-碳纤维-石墨烯长丝G6-Impact™	不导电	—	—	1.75(±0.07)	0.1～0.2	2400	—	20～80推荐60	210～230	20	黑色/银色/哑光	可应用于大部分FDM 3D打印设备制备稳定敏感科学仪器,光学支架,显微镜和激光安装座、电缆和设备安装座和平台的基础材料、工具手柄,防护密封垫和垫子以及建筑鞋、高尔夫球杆和棒球球拍手柄

表 4-5-140 美国 BlackMagic 3D 公司石墨烯复合材料 G6-Impact™ 长丝技术性能

参数	单位	ASTM 法	耐冲击性(聚苯乙烯基体)	G6-Impact™	增强率/%
储能模量	GPa	D 638	1.3	5.7	337
抗拉强度	MPa	D 638	25.9	34	31
悬臂梁缺口冲击强度	J·m^{-1}	D 256	42.9	85.9	101

第6章　非金属材料

6.1　工程塑料及塑料制品

6.1.1　常用工程塑料品种、特性及应用

6.1.2　常用工程塑料牌号及性能

6.1.3　塑料棒材

6.1.4　塑料板材和薄膜

6.1.5　塑料管材

6.1.6　工程常用塑料的选用

6.1

（扫码阅读或下载）

6.2　橡胶及橡胶制品

6.2.1　常用橡胶种类、特性及应用

6.2.2　橡胶板

6.2.3　橡胶管

6.2

（扫码阅读或下载）

6.3　陶瓷

6.3.1　陶瓷分类

6.3.2　化工陶瓷

6.3.3　过滤陶瓷

6.3.4　结构陶瓷

6.3

（扫码阅读或下载）

6.4　玻璃

6.4.1　平板玻璃

6.4.2　钢化玻璃

6.4.3　石英玻璃

6.4

（扫码阅读或下载）

6.5　石墨材料和石墨烯材料

6.5.1　石墨材料

6.5.2　石墨烯材料

6.5

（扫码阅读或下载）

6.6　石棉及石棉制品

6.6.1　常用石棉性能及应用

6.6.2　石棉橡胶板

6.6.3　耐油石棉橡胶板

6.6.4　耐酸石棉橡胶板

6.6.5　工农业机械用摩擦片

6.6.6　石棉布、带

6.6.7　石棉绳

6.6.8　石棉密封填料

6.6

（扫码阅读或下载）

6.7　隔热材料

6.7.1　绝热用玻璃棉及其制品

6.7.2　膨胀珍珠岩绝热制品

6.7.3　膨胀蛭石及其制品

6.7.4　泡沫石棉

6.7
（扫码阅读或下载）

6.8 涂料

6.8.1 涂料产品分类、名称及代号
6.8.2 常用涂料的性能特点及应用
6.8.3 常用涂料型号、名称、成分及应用
6.8.4 涂料的选用

6.8
（扫码阅读或下载）

6.9 其他非金属材料

6.9.1 木材
6.9.2 纸制品
6.9.3 工业用毛毡

6.9
（扫码阅读或下载）

参 考 文 献

[1] 干勇，田志凌，董瀚，王新林主编．中国材料工程大典：第2、3卷．钢铁材料工程（上、下）．北京：化学工业出版社，2006.

[2] 黄伯云，李成功，石力开，邱冠周，左铁镛主编．中国材料工程大典：第4、5卷．有色金属材料工程（上、下）．北京：化学工业出版社，2006.

[3] 曾正明主编．机械工程材料：金属材料：第7版．北京：机械工业出版社，2010.

[4] 方昆凡主编．工程材料手册：黑色金属材料卷．北京：北京出版社，2002.

[5] 曾正明主编．实用有色金属材料手册．北京：机械工业出版社，2016.

[6] 曲在纲，黄月初编著．粉末冶金摩擦材料．北京：冶金工业出版社，2005.

[7] 张华诚主编．粉末冶金实用工艺学．北京：冶金工业出版社，2004.

[8] 奚正平，汤慧萍等编著．烧结金属多孔材料．北京：冶金工业出版社，2009.

[9] 赵渠森主编．先进复合材料手册．北京：机械工业出版社，2003.

[10] 张晓明，刘亚雄编著．纤维增强热塑性复合材料及其应用．北京：化学工业出版社，2007.

[11] 郑水林编著．非金属矿物材料．北京：化学工业出版社，2007.

[12] 张玉龙主编．塑料品种与性能手册．北京：化学工业出版社，2007.

[13] 周祥兴编著．工程塑料牌号及生产配方．北京：中国纺织出版社，2008.

[14] 马之庚，陈开来主编．工程塑料手册．北京：机械工业出版社，2004.

[15] 张玉龙，孙敏主编．橡胶品种与性能手册．北京：化学工业出版社，2007.

[16] 郑水林编著．非金属矿加工与应用．第2版．北京：化学工业出版社，2009.

[17] 贾德昌，宋桂明等编著．无机非金属材料性能．北京：科学出版社，2008.

[18] 王文广等主编．塑料材料的选用．北京：化学工业出版社，2007.

[19] 合金钢钢种手册编写组．合金钢钢种手册：1～5册．北京：冶金工业出版社，1983.

[20] 曾正明主编．机械工程材料：非金属材料．北京：机械工业出版社，2004.

[21] 成大先主编．机械设计手册．第6版．第1卷．北京：化学工业出版社，2016.

[22] 中国机械工程学会热处理学会《热处理手册》编委会．热处理手册．第3版：第1卷、第2卷．北京：机械工业出版社，2003.

[23] 中国机械工程学会铸造分会．铸造手册．第2版：第1卷、第3卷．北京：机械工业出版社，2003.

[24] 闻邦椿主编．机械设计手册．第6版．第1卷．北京：机械工业出版社，2018.

[25] 中国科学院武汉文献情报中心，材料科学战略情报研究中心编著．材料发展报告—新型与前沿材料．北京：科学出版社，2014.

[26] 齐宝森等编著．新型金属材料——性能与应用．北京：化学工业出版社，2015.

[27] 干勇，杨卯生编著．特种合金钢选用与设计．北京：化学工业出版社，2015.

[28] 李志等编著．航空超高强度钢．北京：国防工业出版社，2012.

[29] 曾正明主编．实用金属材料选用手册．北京：机械工业出版社，2012.

[30] 方昆凡主编．机械工程材料实用手册．北京：机械工业出版社，2016.

[31] 曾正明主编．实用钢铁材料手册（3版）．北京：机械工业出版社，2015.

[32] 张玉龙等．实用工程塑料手册．北京：机械工业出版社，2012.

[33] 干勇等编著．材料延寿与可持续发展战略报告．北京：化学工业出版社，2016.

[34] 《先进碳材料科学与功能应用技术》编委会．先进碳材料科学与功能应用技术．北京：科学出版社，2016.

[35] （英）玛杜丽·沙伦（Madhuri Sharon），马赫斯赫瓦尔·沙伦（Maheashwar Sharon）著．石墨烯—改变世界的新材料．张纯辉，沈启慧译．北京：机械工业出版社，2017.

[36] （美）Subbiah Alwarappan Ashok Kumar著．石墨烯基材料——科学与技术．朱安娜等译．北京：国防工业出版社，2016.

[37] 郑玉婴著．石墨烯基复合材料及电性能．北京：科学出版社，2018.

[38] 陈永胜，黄毅等编著．石墨烯—新型二维碳纳米材料．北京：科学出版社，2013.

[39] 付长璟编著．石墨烯的制备、结构及应用．哈尔滨：哈尔滨工业大学出版社，2017.

[40] 张永忠，黄灿，吴复尧等．激光熔化沉积TA12钛合金的组织及性能［J］．中国激光，2012，36（12）：3215-3219.

[41] 韩盼盼，冀宣名．基于热处理温度对TA12钛合金组织与性能控制的研究［J］．金属材料，2016，（5）：91-93.

[42] 王华明，李安，张凌云等．激光熔化沉积快速成形TA15钛和金的力学性能［J］．航空制造技术，2008，（7）：26-29.

[43] 林鑫，黄卫东．高性能金属构件的激光增材制造［J］．中国科学：信息科学，2015，45（9）：1111-1126.